Klaus Mainzer
Hrsg.

Philosophisches Handbuch Künstliche Intelligenz

mit 30 Abbildungen und 2 Tabellen

Springer VS

Hrsg.
Klaus Mainzer
TUM Senior Excellence Faculty
Technische Universität München (TUM)
München, Deutschland

ISBN 978-3-658-19605-9 ISBN 978-3-658-19606-6 (eBook)
https://doi.org/10.1007/978-3-658-19606-6

Die Deutsche Nationalbibliothek verzeichnet diese Publikation in der Deutschen Nationalbibliografie; detaillierte bibliografische Daten sind im Internet über https://portal.dnb.de abrufbar.

Planung/Lektorat: Frank Schindl
Springer VS ist ein Imprint der eingetragenen Gesellschaft Springer Fachmedien Wiesbaden GmbH und ist ein Teil von Springer Nature.
Die Anschrift der Gesellschaft ist: Abraham-Lincoln-Str. 46, 65189 Wiesbaden, Germany

Inhaltsverzeichnis

Autorenverzeichnis

Susanne Beck Juristische Fakultät, Leibniz Universität Hannover, Hannover, Deutschland

Nicolas Berberich Institute of Cognitive Systems, Technische Universität München, München, Deutschland

Wolfgang Bibel Fachbereich Informatik, TU Darmstadt, Darmstadt, Deutschland

Benno Blumoser Siemens AG, München, Deutschland

Stefania Centrone Logic and Philosophy of Science, Technische Universität München, München, Deutschland

Gordon Cheng Institute of Cognitive Systems, Technische Universität München, München, Deutschland

Hans Förstl Psychiatry & Psychotherapy, Technische Universität München, München, Deutschland

Michael Funk Philosophy of Media and Technology, University of Vienna, Wien, Österreich

Hajo Greif Department of Philosophy and Ethics in Administration, Warzaw University of Technology, Warschau, Polen

Armin Grunwald Karlsruher Institut für Technologie (KIT), Institut für Technikfolgenabschätzung und Systemanalyse (ITAS), Karlsruhe, Deutschland

Sami Haddadin Institute of Robotics and Machine Intelligence, Technische Universität München, München, Deutschland

Wieland Holfelder Engineering, Google Germany GmbH, München, Deutschland

Stefan Höltgen DFG-Projekt Computerphilologie: Technische Lektüren der BASIC Programmierkultur Abteilung Medienwissenschaft, Universität Bonn, Bonn, Deutschland

Marc-Thorsten Hütt Department of Life Sciences and Chemistry, Jacobs University Bremen, Bremen, Deutschland

Reinhard Kahle Theorie und Geschichte der Wissenschaften, Universität Tübingen, Tübingen, Deutschland

CMA, FCT, Universidade Nova de Lisboa, Caparica, Portugal

Alexander Kriebitz TUM School of Governance, Technische Universität München, München, Deutschland

Klaus Kornwachs Technikphilosophie, University of Ulm, Ulm, Deutschland

Wolfgang Küchlin Wilhelm-Schickard-Institut für Informatik, Universität Tübingen, Tübingen, Deutschland

Sicco Lehmann-Brauns Siemens AG, München, Deutschland

Vittorio Lippi Fakultät IV – Elektrotechnik und Informatik, TU Berlin, Berlin, Deutschland

Christoph Lütge Business Ethics, Technische Universität München, München, Deutschland

Holger Lyre Lehrstuhl für Theoretische Philosophie, Universität Magdeburg, Magdeburg, Deutschland

Klaus Mainzer TUM Senior Excellence Faculty, Technische Universität München (TUM), München, Deutschland

Thomas Mergner Neurology, University Clinics, Freiburg, Deutschland

Christian Pallay TUM Senior Excellence Faculty, Technische Universität München (TUM), München, Deutschland

Max Raphael Business Ethics, Technische Universität München, München, Deutschland

Markus Reigl Siemens AG, München, Deutschland

Claudia Schubert Fakultät für Rechtswissenschaft, Universität Hamburg, Hamburg, Deutschland

Max Senges 42 Wolfsburg, Wolfsburg, Germany

Sarah Spiekermann Institut für Wirtschaftsinformatik und Gesellschaft, Wirtschaftsuniversität Wien, Wien, Österreich

Sabine Thürmel TUM Senior Excellence Faculty, Technische Universität München, München, Deutschland

Bernhard Waltl Department of Informatics, Technical University of Munich, München, Deutschland

Marc-Denis Weitze Legal Informatics, acatech, München, Deutschland

Sonja Zillner Siemens AG, München, Deutschland

Einführung

Klaus Mainzer

Zusammenfassung

Diese Einführung erläutert das Profil eines „Philosophischen Handbuchs der Künstlichen Intelligenz". Es geht zunächst um Grundlagenforschung, in der die logisch-erkenntnistheoretischen und methodischen Grundlagen der KI erklärt werden. Das jeweilige Innovationspotenzial und die jeweiligen Grenzen der KI-Verfahren gilt es auszuloten und zu bestimmen. Neben der methodischen und kritischen Klärung der Grundbegriffe und Verfahren geht es schließich um Orientierungswissen für die Einzelwissenschaften und Gesellschaft. KI-Forschung soll als verantwortbare Dienstleistung für uns Menschen gestaltet werden.

Schlüsselwörter

Philosophie · Grundlagenforschung · Orientierungswissen · MINT · STEM · Verantwortung · Technikgestaltung

Künstliche Intelligenz (KI) beherrscht längst unser Leben. Spätestens seit den Chatbots wie ChatGPT ist „KI" im Alltag angekommen – wie vorher bereits Apps und alle möglichen soziale Medien. Smartphones, die mit uns sprechen, Armbanduhren, die unsere Gesundheitsdaten aufzeichnen, Arbeitsabläufe, die sich automatisch organisieren, Autos, Flugzeuge und Drohnen, die sich selbst steuern, Verkehrs- und Energiesysteme mit autonomer Logistik oder Roboter, die ferne Planeten erkunden, sind technische Beispiele einer vernetzten Welt intelligenter Systeme.

Seit der Antike bauen Menschen Kraftmaschinen, die mittlerweile ihre körperlichen Kräfte weit übertreffen. Früh erlebten sie die Mühsal, die nicht nur mit

K. Mainzer (✉)
TUM Senior Excellence Faculty, Technische Universität München (TUM), München, Deutschland
E-Mail: mainzer@tum.de

K. Mainzer (Hrsg.), *Philosophisches Handbuch Künstliche Intelligenz*,
https://doi.org/10.1007/978-3-658-19606-6_60

körperlicher Arbeit, sondern auch mit komplizierten Rechen-, Planungs- und Entscheidungsaufgaben verbunden ist. Nicht nur unsere körperlichen Kräfte sind beschränkt, sondern auch die Denkgeschwindigkeit und Speicherkapazität unseres Gehirns. Warum sollten nicht auch Maschinen möglich sein, die uns diese intellektuelle Mühsal abnehmen? Das waren jedenfalls die Visionen, die große Philosophen und Mathematiker wie Leibniz und Pascal zu Beginn der Neuzeit hatten.

Im 20. Jahrhundert definierte der britische Logiker und Mathematiker Alan M. Turing (1912–1954) in dem nach ihm benannten Turing-Test ein System dann als intelligent, wenn es in seinen Antworten und Reaktionen nicht von einem Menschen zu unterscheiden ist. Der Nachteil dieser Definition ist, dass der Mensch zum Maßstab von Intelligenz gemacht wird. Auch biologische Organismen sind nämlich Beispiele von „intelligenten" Systemen, die wie der Mensch in der Evolution entstanden sind und mehr oder weniger selbstständig Probleme effizient lösen können.

Gelegentlich ist die Natur Vorbild für technische Entwicklungen. Häufig finden Informatik und Ingenieurwissenschaften jedoch Lösungen, die anders und sogar besser und effizienter sind als in der Natur. So war der Flugzeugbau erst dann erfolgreich, als man aufhörte, Flugapparate nach dem Vorbild von Vögeln zu bauen. Erst die Ausnutzung der Gesetze der Aerodynamik und der Materialkunde führte zu technischen Lösungen, die bekannte Entwicklungen der Evolution weit überholten. Es gibt also nicht „die" Intelligenz, sondern Grade effizienter und automatisierter Problemlösungen, die von technischen oder natürlichen Systemen realisiert werden können.

Wie keine Technologie vorher zielt die Künstlichen Intelligenz (KI) in das Zentrum des menschlichen Selbstverständnisses. Zudem sind die Grundlagen der KI tief in der Philosophie der Logik, des Denkens und Wissens verwurzelt. Daher nennen wir dieses Buchprojekt auch ein „Philosophisches Handbuch der Künstlichen Intelligenz". Es geht also nicht bloß um ein Add-on zur KI-Forschung, das neben vielen Einzelwissenschaften auch die Folgen der KI für die Philosophie betrachtet. Vielmehr sollen zunächst die Grundlagen der KI-Forschung methodisch und begrifflich geklärt werden. Philosophie wird als **Grundlagenforschung** verstanden, die logisch und methodisch die Prinzipien von Wissenschaft und Technik untersucht. Daher handelt es sich um ein „Philosophisches Handbuch" (in diesem Fall der KI) und nicht um eine Bindestrich-Philosophie, also ein Handbuch der Philosophie einer Einzelwissenschaft. Denken und Wissen selber und das Selbstverständnis der Menschen verändern sich durch KI grundlegend. Darum geht es in diesem Handbuch und macht sein Alleinstellungsmerkmal aus.

Philosophie gilt seit der Antike als Ursprung der Wissenschaften. Sie fragt auch heute noch nach den Prinzipien (lateinisch principium = Ursprung, Anfang) unseres Wissens, seinen logischen Grundlagen, seinen transdisziplinären Zusammenhängen, seinen sozio-kulturellen Bedingungen und ethischen Konsequenzen. In der Fokussierung auf Wissenschaft und Technik vermag die Philosophie heute Kompetenzen für interdisziplinäre Aufgaben zu fördern, z. B. die Vermittlung komplexer Zusammenhänge oder die argumentative Begründung kritischer Standpunkte. Neben der methodischen und kritischen Klärung der **Grundlagen** fällt Philosophie damit auch die Rolle des **Orientierungswissens** für die Einzelwissenschaften zu. Hochentwickelte Zivilisationen hängen wie nie zuvor in der Geschichte von technisch-wissenschaftlichem Wissen und Können ab. Das wird in Zukunft zentral für die Künstliche Intelligenz zutreffen. Daher wird es zunehmend auch auf Orientierungswissen für die Gesellschaft ankommen.

Das „*Philosophische Handbuch der Künstlichen Intelligenz*" schlägt daher die *Brücke von der Grundlagenforschung zum Orientierungswissen*. Es greift damit die Bildungs- und Ausbildungsziele der MINT-Initiative auf (unterstützt durch die wissenschaftlichen Akademien, Ausbildungs- und Forschungseinrichtungen), die Mathematik (M), Informatik (I), Naturwissenschaft (N) und Technik (T) als fachübergreifendes Schlüsselwissen für technisch-wissenschaftlich gestützte Gesellschaften versteht. International ist die Rede von STEM für Science (S), Technology (T), Engineering (E) und Mathematics (M). Additives Wissen und Ausbildung in getrennten Disziplinen der Mathematik, Informatik, Naturwissenschaft und Technik reichen aber nicht aus. In der Künstlichen Intelligenz wachsen diese Disziplinen mit den Human- und Sozialwissenschaften zusammen. MINT und STEM müssen daher als fachübergreifendes Bildungs- und Orientierungswissen für Schülerinnen und Schüler, Studierende, Lehrende und Forschende, schließlich für alle philosophisch Interessierten verstanden werden. Damit sind auch bereits wesentliche Adressaten dieser Publikation genannt.

Das Handbuch gliedert sich in neun Teile, in denen die Autoren des Handbuchs zentrale Teilaspekte des jeweiligen Kapitels in einzelnen Artikeln behandeln. Die Artikel können jeweils für sich gelesen werden und standen auch bereits vor der Printfassung online. Zugleich bauen sie aber auch aufeinander auf und sind miteinander vernetzt. Da KI in dynamischer Entwicklung ist, spielt eine online Fassung, die ständig ergänzt und verbessert wird, eine wichtige Rolle. Eine Printfassung kann nur eine Momentaufnahme dieser Entwicklung sein. Allerdings hebt die Philosophie Grundlagen und langfristige Trends hervor, die auch die disruptiven Innovationssprünge der Technik überdauern. Insofern macht gerade ein „Philosophisches Handbuch" Sinn, da es zu langfristigen Grundlegungen und Orientierungen einlädt.

Der **1. Teil** beginnt mit einer Geschichte der KI, die ihre Anfänge in Mythologie, Philosophie und Technik berücksichtigt. Leibnizens Forderung einer *lingua characteristica* und des *calculus ratiocinator* wurde grundlegend für die Philosophie und Mathematik des wissenschaftlichen Rechnens. Sein Programm einer *mathesis universalis* lässt bereits universelle Rechner und die Digitalisierung der Welt ahnen. Aber schon Leibniz forderte auch *theoria cum praxi*, um Dienstleistung und humane Ziele der Algorithmen herauszustellen. Im 20. Jahrhundert begannen die Pionierjahre der KI-Forschung mit Turings Definition der „Künstlichen Intelligenz". Der nach ihm benannte „Turing-Test" ist ein Simulationsspiel auf einer Turingmaschine als theoretischem Prototyp eines digitalen programmgesteuerten Computers, der in den 1940er-Jahren von John von Neumann und Konrad Zuse erstmal technisch realisiert wurde. Seine nach von Neumann benannte Rechnerarchitektur liegt bis heute allen digitalen programmgesteuerten Systemen vom Smartphone bis zu Supercomputern zugrunde.

In **Teil 2** geht es um die logischen Grundlagen der KI. Logisches Denken gilt seit alters her als Ausdruck von Intelligenz. Daher wurde den programmgesteuerten digitalen Computern zunächst logisches Schließen beigebracht. Die dazu entwickelten Computersprachen werden bis heute in der KI benutzt. Logisch-mathematisches Schließen führt zu automatischem Beweisen, das Computerprogramme sichern hilft. Philosophisch werfen Beweise, die von Computern gefunden werden, tief liegende erkenntnistheoretischen Fragen nach der Kreativität eines Computerprogramms auf. Es ist bemerkenswert, dass diese an der Logik orientierte („symbolische“) KI bis heute praktische Anwendung z. B. in der Automobilindustrie findet. Logikbasierte Expertensysteme simulierten erstmals Diagnosen von Medizinern und Analysen von Chemikern. Heute gehören Expertensysteme zum Alltag in Forschung und Beruf, ohne dass sie noch als „künstliche Intelligenz“ wahrgenommen werden. Aus der Beweistheorie der logisch-mathematischen Grundlagenforschung wurden maschinelle Beweisassistenten entwickelt, die eine sichere Verifikation von KI-Programmen liefern können. Grundlagenforschung wird so zum Garanten einer verlässlichen KI wenigstens für diejenigen Teile der KI, die sich in bestimmten Klassen von formalen Sprachen darstellen lassen.

Teil 3 wendet sich einem der spektakulärsten Durchbrüche der KI zu. Gemeint sind sprachverarbeitende Systeme, da Sprache traditionell als Domäne des Menschen galt. KI wird zur großen Herausforderung der Sprachphilosophie. Zunächst wird die Entwicklung des Sprachprogramms ELIZA dargestellt, das mit seinen damals verblüffenden Effekten einer Kommunikation in natürlicher Sprache einen der ersten Hypes der KI bei einem breiteren Publikum auslöste. Aus heutiger Sicht war ELIZA ein erster Chatbot, allerdings in dem äußerst beschränkten Rahmen damals bekannter formaler Computersprachen. Die dabei verwendeten Tools zeigen, wie unterschiedlich Technik und Gehirn Sprachprobleme lösen können. Maschinelle Sprachverarbeitung, Sprachphilosophie, Gehirn- und Kognitionsforschung stehen in einem engen Austausch. Seit Ende 2022 kommen Chatbots auf der Grundlage von Large Language Modellen (LLM) und Big Data in allen Berufs- und Alltagsdomänen zum Einsatz. In verblüffender Weise simulieren sie die Kommunikationsfähigkeit von Menschen und bestehen in unterschiedlichen Anwendungsgebieten den Turing-Test. Insbesondere der Medien- und Kulturbetrieb scheint auf den Kopf gestellt, wenn Chatbots besser sprechen und formulieren als Menschen. Werden Menschen in diesen Bereichen durch KI-Systeme ersetzbar? Erst eine genaue Analyse der logisch-mathematischen und technischen Grundlagen der Chatbots macht die Grenzen und Unterschiede zu menschlicher Sprachkommunikation deutlich. Jedenfalls zeigen diese Grundlagenanalysen auch das Besondere und Eigentümliche menschlicher Intelligenz.

Natürliche Intelligenz entstand in der Evolution. Es liegt daher nahe, die Evolution durch Algorithmen zu simulieren. In **4. Teil** werden zunächst die Grundlagen konnektiver komplexer Systeme in den Naturwissenschaften erklärt. Ein früher digitaler Ansatz zur Simulation evolutionärer Prozesse waren zelluläre Automaten, die bereits die Computerpioniere John von Neumann und Konrad Zuse untersuchten und bis heute grundlegende Modellierungsmethoden sind, die nicht nur in der Biologie, sondern in allen möglichen komplexen Systemen der Natur- und Sozialwissenschaften Anwendung finden. Genetische und evolutionäre Algorithmen werden mittlerweile auch in der Technik angewendet. Philosophisch stellt sich die

Frage, was die Unterschiede und Gemeinsamkeiten von Evolution und Algorithmen sind. In der Bioinformatik wachsen mittlerweile Life Science und Informatik zusammen.

Biologische Gehirne ermöglichen nicht nur erstaunliche kognitive Leistungen wie Sehen, Sprechen, Hören, Fühlen und Denken. Sie arbeiten auch wesentlich effizienter als energiefressende Supercomputer. Thema des **5. Teils** sind daher neuronale Netze und Lernalgorithmen, die diese Fähigkeiten entschlüsseln sollen. Verbunden mit Supercomputern übertreffen sie mittlerweile die Lernfähigkeit des Menschen. Machine learning ist ein großer Hype in Technik und Wirtschaft. Allerdings führen Größe und Komplexität der neuronalen Netze zu „Schwarzen Kästen" (Black Boxes), deren kausalen Abläufe nicht mehr durchschaubar sind. Erkenntnistheoretisch zeigt sich im Machine Learning die alte Debatte zwischen Hume und Kant, ob Erkenntnis nur auf statistischen Korrelationen von Wahrnehmungsdaten beruht oder der kategorischen Erklärung durch kausale Wechselwirkungen von Ursachen und Wirkungen bedarf. Größere Erklärbarkeit (explainability) und Zurechnung (accountability) sind zentrale Herausforderungen der Forschung. Nur bei klarer Unterscheidung von Ursachen und Wirkungen lassen sich auch Verantwortungsfragen klären. Hier sind Grundlagenforschung, Ethik und Recht unmittelbar miteinander verbunden.

Eine technische Grenze des Machine Learning ist die Tatsache, dass neuronale Netze auf digitalen Computern nur simuliert werden. Sie verbrauchen daher mit Big Data enorme Energie und laufen bei wachsender Datenmenge mit ihrer von Neumann Architektur in einen „Flaschenhals" (von Neumann bottleneck). Neuromorphe Computer setzen demgegenüber ähnlich wie das Gehirn auf analoge Informationsverarbeitung. Als Hardware dient zwar wie bei digitalen Computern das bewährte und billige Silizium, als Architektur allerdings am Gehirn orientierte Netzwerke, die technisch in elektronischen oder optisch-photonischen Verschaltungssystemen realisiert werden. Im Zeitalter von Energiekrise und Nachhaltigkeit sind neuromorphe Systeme also eine technisch-praktische Herausforderung. Theoretisch lässt sich beweisen, dass analoge Systeme Probleme lösen und entscheiden können, die auf digitaler Grundlage nicht durchführbar sind. Das trifft auch auf der Grundlage von Materialien der Quantenphysik zu. Algorithmen des Quantenformalismus lösen Probleme (z. B. Verschlüsselungsprobleme der Kryptografie) in polynomialer Zeit, was (bisher) mit klassischen digitalen Rechnerstrukturen ausgeschlossen ist. Vom Standpunkt der Neurowissenschaften erscheint zwar die Hypothese von Roger Penrose unrealistisch, dass Erkenntnisvorgänge in biologischen Gehirnen durch den Quantenformalismus erklärt werden könnten. Denkbar wären allerdings technische neuromorphe Quantensysteme, die höchst effizient Probleme (besser als biologische Gehirne?) lösen könnten.

In **Teil 6** geht es um die Verbindung von Künstlicher Intelligenz mit Robotik. Maschinelle Intelligenz wird zur Grundlage einer zunehmend automatisierten Arbeits- und Lebenswelt. Die Entwicklung geht von maschinellen Assistenzsystemen zu humanoiden Robotern in menschenähnlicher Gestalt, die mit Menschen am Arbeitsplatz und im Alltag zusammenwirken. In einem stationären Industrieroboter werden Arbeitsschritte in einem Computerprogramm festgelegt. Soziale und kognitive Roboter müssen demgegenüber lernen, ihre Umwelt wahrzunehmen, selbstständig zu entscheiden und zu handeln. Dazu muss digitale Software mit analoger Sensortechnologie verbunden werden, um diese Art der sozialen Intelligenz zu realisieren. Es geht also um „Körperlichkeit" (embodiment) wie in einem biologischen Organismus mit sozialer Intelligenz.

Philosophisch hat das Thema der Körperlichkeit und „Leiblichkeit" eine lange Tradition vor allem in der Phänomenologie, um die verschiedenen Erscheinungen und Strukturen von Körperempfindung und Körpererleben zu beschreiben. Gelegentlich wird sogar geäußert, dass der Körper seine eigene Intelligenz habe. In einem Organismus reichen Gehirne eben nicht aus, sondern müssen Körperempfindungen zur Welterfahrung mitberücksichtigt werden. Die Philosophie des Embodiment kann unmittelbare Auswirkung auf die Gestaltung von technisch-praktischen Anwendungen z. B. in der Pflegerobotik haben. Die Erfahrung der Körperlichkeit führt bei Menschen (gelegentlich auch bei höheren Säugetierarten unterstellt) zur Fähigkeit, sich in die Perspektive eines anderen Subjekts hineinzuversetzen. Aus diesem tieferen Verständnis entstehen Mitgefühl, Rücksicht, Respekt, aber auch Scham, Verachtung und Hass. Diese „Theory of Mind" (TOM) beschäftigt ständig einen großen Teil des Zentralnervensystems sozialer Lebewesen. Sind oder werden neuromorphe Maschinen dazu fähig sein? Der Autor des Artikels „TOM" kommt als Psychiater und Psychotherapeut zu dem Schluss: „Rechenmaschinen benötigen Strom und kompetente Wartung, nicht aber Nestwärme."

Die traditionelle Philosophie verbindet Intelligenz mit einem einzelnen Organismus wie einer menschlichen Person. **Teil 7** untersucht, ob und bis zu welchem Ausmaß Intelligenz in globalen Netzen wie dem Internet realisiert ist, die zunehmend mit selbstlernenden Algorithmen ausgestattet werden. Damit zeichnet sich auch eine neue Philosophie der Intelligenz ab. Ein Beispiel sind die globalen Mobilitätsnetze. Automobile sind analoge und digitale Systeme. Mit unterschiedlichen Graden der Autonomie erzeugen Fahrzeuge intelligentes Verhalten, das den Menschen als Fahrer mehr oder weniger vollständig ersetzen soll. Welche Anwendungsszenarien sind damit in Verkehrssystemen verbunden? Wie die Schwarmintelligenz zeigt, ist Intelligenz auch in der Natur keineswegs auf einzelne Organismen beschränkt. Im Internet der Dinge können Objekte und Geräte mit digitaler Informationsverarbeitung und analogen Sensoren ausgestattet werden, um Probleme kollektiv zu lösen. Ein weiteres aktuelles Beispiel ist das industrielle Internet, in dem Produktion und Vertrieb sich weitgehen selbstständig auf analoger und digitaler Basis organisieren. Insofern eine Fabrik mehr oder weniger selbstständig Probleme lösen kann, wird sie mehr weniger Grade der Intelligenz realisieren. Allgemein spricht man mittlerweile von Cyberphysical Systems, die Smart Cities, Smart Factories und Smart Grids erfassen.

Damit ergeben sich ethisch und rechtlich hochbrisante Themen der KI-Entwicklung, die bereits im öffentlichen Bewusstsein angekommen sind. **Teil 8** berücksichtigt ethische und rechtliche Fragen der KI in der Roboter- und Medizintechnik ebenso wie beim autonomen Fahren. Intelligente Algorithmen werden in Zukunft zunehmend die Aufgaben von Institutionen wie z. B. Banken, Firmen und Verwaltungen übernehmen. Bis zu welchem Grad ist KI für juristische Falllösungen und Rechtssprechung einsetzbar? Welche Zukunft hat die Demokratie im Zeitalter der KI? Was heißt überhaupt noch Verantwortung, wenn Entscheidungen zunehmend an KI-Systeme delegiert werden?

Teil 9 zieht Konsequenzen aus der Technikphilosophie für die Technikgestaltung. Seit ihrer Entstehung ist die KI-Forschung mit großen Visionen über die Zukunft der Menschheit verbunden. Wird es neuromorphe Computer geben, die das menschliche Gehirn vollständig simulieren können? Wie unterscheiden sich analoge Verfahren der Natur von digitaler Technik? Konvergieren die Technologien des Künstlichen Lebens aus Systembiologie und synthetischer Biologie mit Künstlicher Intelligenz? Bei aller Nüchternheit der alltäglichen KI-Forschung motivieren und beeinflussen Hoffnungen und Ängste die Entwicklung hoch technisierter Gesellschaften. Gerade in den Hochburgen der amerikanischen Informations- und Computertechnologie wie z. B. Silicon Valley glaubt man, einen Zeitpunkt („Singularität") voraussagen zu können, ab dem KI den Menschen ablösen wird. Andere Großmächte wie China fassen ebenfalls KI mit ihrer materialen Basis der Chipindustrie als Schlüssel zur Macht auf. Die Rede ist bereits von einer kollektiven Superintelligenz, in die sich nach der Philosophie des Transhumanismus der Mensch transformieren wird. Umso wichtiger wird die öffentliche Debatte über KI und die Professionalität der Wissenschaftskommunikation, der ein eigener Artikel gewidmet ist. Ziel bleibt bei allen unterschiedlichen Bewertungen, KI als Dienstleistung am Menschen zu gestalten.

Das Handbuch schließt mit einem **Epilog** unter dem Titel „Grenzen der KI – theoretisch, praktisch, ethisch". Dabei werden „Grenzen" in der philosophischen Tradition der Erkenntnistheorie verstanden. So nahm Kant an, dass Wissenschaft und Forschung durch Erkenntniskategorien begrenzt seien. Mit Blick auf die damalige Newtonsche Physik waren das die Kategorien von z. B. Raum, Zeit, Wahrnehmung, Substanz und Kausalität, sofern sie mathematisch modellierbar und messbar waren. Jenseits dieser kategorialen Grenzen wurden Erkenntnisobjekte als nicht berechenbar und Probleme als unentscheidbar (z. B. die Fragen nach Gott, Freiheit und Seele) angenommen, denen aber gleichwohl für das praktische Handeln als „regulative Leitideen" eine zentrale Orientierungsfunktion zukam. Auf dem Hintergrund der Weiterentwicklung der Physik in Relativitäts- und Quantentheorie stellte sich allerdings spätestens seit Anfang des 20. Jahrhunderts die Frage, wie die kategorialen Grenzen Kants passend zu fassen und für die neuen Wissensgebiete gegebenenfalls zu erweitern seien.

Ähnlich präzisierte Turing in der Tradition von Leibniz das Konzept digitaler Berechenbarkeit, das technisch in programmierbaren digitalen Computern bis heute von Smartphones und Chatbots bis zu Supercomputern realisiert wird. Damit wurden aber auch die Grenzen digitaler Berechenbarkeit deutlich – digital prinzipiell nicht entscheidbare Probleme (z. B. Turings Halteproblem und damit äquivalente mathematische Probleme) und digital technisch-praktisch nicht lösbare NP-Probleme (z. B. optimale Route eines Handlungsreisenden). Gödels Unvollständigkeit ist eine unmittelbare Konsequenz dieser Grenzen digitaler Berechenbarkeit. Die Komplexitätstheorie der mathematischen Logik und Informatik relativiert diese

Grenzen in Graden der digitalen Berechenbarkeit (z. B. mit Turings Orakelmaschinen). Die digitale Berechenbarkeitstheorie mit ihren Grenzen ist die Basis der darauf aufbauenden klassischen („symbolischen") KI.

Die Grenzen der Berechenbarkeit verschieben sich allerdings, wenn das Konzept der Berechenbarkeit von digitalen und diskreten Größen auf kontinuierliche und analoge Größen erweitert wird. Dann lassen sich einzelne Probleme theoretisch entscheiden und lösen, die digital prinzipiell ausgeschlossen waren (z. B. inverse Probleme der medizinischen Bildgebung). Technisch-praktisch wären dazu passende analoge Rechner notwendig, wie sie derzeit in neuromorphen Rechnerarchitekturen und in einer am Gehirn orientierten KI angestrebt werden. Ähnlich werden digitale NP-Probleme technisch-praktisch lösbar, wenn Algorithmen auf der Grundlage des Quantenformalismus zugelassen werden. Ähnlich lässt sich beweisen, dass Turings Halteproblem entscheidbar wird, wenn man eine relativistische Raum-Zeit zulässt, wie sie bei Schwarzen Löchern angenommen wird.

Werden Berechenbarkeit und die darauf aufbauende KI damit abhängig von der physikalischen und biologischen Natur? Sind sie also erkenntnistheoretisch a posteriori und „naturalistisch"? Eindeutig nein – ebenso wenig wie die Mathematik a posteriori und „naturalistisch" ist. Ob Probleme berechenbar sind, hängt von dem angenommenen und vorausgesetzten mathematischen Konzept der Berechenbarkeit ab. Dabei kann es sich um digitale Berechenbarkeit (mit ganzen und rationalen Zahlen), analoge Berechenbarkeit (mit reellen und komplexen Zahlen), den mathematischen Formalismus der Quantenmechanik oder der Relativitätstheorie handeln. Dann allerdings folgt die Entscheidbarkeit und Berechenbarkeit einzelner Probleme mathematisch notwendig und damit a priori aus den angenommenen Berechenbarkeitskonzepten und kann durchaus unterschiedlich sein. Wie diese mathematischen Formalismen technisch realisiert oder physikalisch modelliert werden können, ist eine empirische Frage.

Daher „ist" unsere Welt nicht digital, analog, quantenmechanisch und oder relativistisch. Bisher haben sich relativistisch-quantenmechanische Modelle im Experiment nur als hochgradig bestätigt herausgestellt. Auch digitale Technik mit diskreten Größen hat sich in vielen Anwendungsbereichen bisher nur hochgradig bewährt. Derzeit beobachten wir in neuromorphen Rechnerstrukturen eine Renaissance analoger Technik, die sich als äußerst energieeffizient und damit umweltschonend bewährt und zudem zusätzliche Probleme lösen könnte. Mit der besseren Beherrschung der Quantentechnologie könnten Quantencomputer zu enormer Steigerung der Rechenleistung und Verschiebung der Grenzen zu Gunsten von P-Problemen beitragen.

Daher wird eine Erweiterung zu einer hybriden KI gefordert, die digitales, analoges und Quanten-Computing in neuromorphen Rechnerstrukturen verbindet. In unterschiedlichen Anwendungsdomänen bewähren sich unterschiedliche Konzepte. Anwendungen werden sowohl für Roboter als auch in intelligenten Infrastrukturen erörtert. Ziel ist eine Künstliche Intelligenz als Dienstleistung am Menschen, um Vertrauen in KI durch Technikgestaltung zu erreichen. Ethische Orientierung der KI als humane Dienstleistung sind Menschenwürde und Autonomie, wie sie in den Grundrechten demokratischer Verfassungen gefordert werden.

Im Sinn der traditionellen Erkenntnistheorie sind das die „regulativen Ideen", die unabhängig von den jeweiligen Grenzen der Berechenbarkeit unser praktisches Handeln anleiten sollen.

Abschließend dankt der Herausgeber den Autoren des Handbuchs für ihre grundlegenden Fachartikel, die zentrale Beiträge zu den jeweiligen Kapiteln sind. Dem Springer-Verlag und insbesondere Frau Kerstin Zeiger sei für die langjährige redaktionelle Zusammenarbeit gedankt. Dabei konnten wir uns noch nicht auf KI, aber eine bewährte Redaktionstechnik verlassen.

Teil I

Geschichte der Künstlichen Intelligenz

Anfänge der Künstlichen Intelligenz in Technik- und Philosophiegeschichte

Klaus Mainzer

Inhalt

Zusammenfassung

Anfänge von Automatisierung und Vorstellungen künstlicher Menschen finden sich in nahezu allen alten Hochkulturen. Die Grundlagen der dabei verwendeten Technik sind ähnlich. Allerdings weichen die Akzeptanz und Bewertung auf dem Hintergrund verschiedener Weltbilder und religiöser Vorstellung teilweise voneinander ab. Mit der Entstehung der neuzeitlichen Naturwissenschaft und Technik seit der Renaissance werden die Grundlagen der Automatisierung von Wirtschaft und Gesellschaft gelegt. Die schrittweise Industrialisierung der Gesellschaft ist mit den Phasen der Automatisierung und dem Einsatz programmgesteuerter Rechner seit Ende des 18. Jahrhunderts verbunden. Auf dieser Grundlage werden die technisch-wissenschaftlichen Konzepte der Künstlichen Intelligenz und des Künstlichen Lebens aktueller Forschung möglich. Bemerkenswert ist, dass alte Visionen und Fiktionen über künstliche Menschen und künstliches Leben nach wie vor die moderne Entwicklung in allen Kulturen begleiten.

K. Mainzer (✉)
TUM Senior Excellence Faculty, Technische Universität München (TUM), München, Deutschland
E-Mail: mainzer@tum.de

K. Mainzer (Hrsg.), *Philosophisches Handbuch Künstliche Intelligenz*,
https://doi.org/10.1007/978-3-658-19606-6_1

Schlüsselwörter

Automat · Android · Mechanik · Selbstorganisation · Künstliches Leben · Seele

1 Anfänge von Automaten in Antike und Mittelalter

Wie der griechische Titan Prometheus, der aus Ton Menschen formte, strebten auch Menschen in einer langen Kulturgeschichte danach, sich zum Schöpfer von Leben aufzuschwingen. Das Schicksal des Prometheus ist bekannt: Als er den Menschen das Feuer bringt, wird er von Zeus an einen Felsen gefesselt. Ein Adler frisst ihm täglich die nachwachsende Leber ab. Den Menschen aber schickt Zeus die Pandora mit ihrer Büchse schrecklicher Plagen.

Mit Daidalos, mit dem der alte Menschheitstraum vom Fliegen beginnt, verbindet die antike Mythologie auch erste Vorstellungen von Automaten: „Die Zeitgenossen des Daidalos priesen über alles den Genius ihres Meisters, der so vortrefflich baute und der Standbilder erfand, der aus Gold und Elfenbein Götterbilder verfertigte, die glauben machten, die Himmlischen schritten leibhaftig zu ihren Altären" (Snell 1961, S. 213; von Ranke-Graves 1984, S. 287).

Automat ist im antiken Sprachgebrauch ein Apparat, der selbsttätig Leistungen vollbringen kann. Selbsttätigkeit charakterisiert nach antiker Auffassung lebende Organismen. Berichte über hydraulische und mechanische Automaten werden bereits in der antiken Literatur auf dem Hintergrund der damaligen Technik erwähnt. In nahezu allen frühen Hochkulturen wird über Automaten spekuliert. So soll bereits in der Zhou-Dynastie (10. Jahrhundert v. Chr.) der chinesische Handwerker Yan Shi humanoide Puppen gebaut haben, die singen und tanzen konnten. Ausführlich dokumentiert sind die Werke des chinesischen Universalgelehrten Su Song (1020–1101 n. Chr.), dessen wichtigste Erfindung eine wasserbetriebene astronomische Uhr (*shuiyun yixian tai*) war, die über eine Hemmung und ein Kettengetriebe verfügte (Needham und Ling 1965, S. 446 ff.).

Über diesen Mechanismus hat Su Song auch ein Buch geschrieben (1092), in dem er seinen Uhrenautomaten detailliert erklärte. Das Uhrwerk war in einer dreistöckigen hölzernen Pagode (12 m hoch und 7 m breit) untergebracht. Neben der Tageszeit zeigte es auch den Lauf der Gestirne und Planeten in einem bronzenen Himmelsglobus im zweiten Stock und einer bronzenen Armillarsphäre zur Himmelsbeobachtung im dritten Stock an. Ein senkrechtes Wasserrad mit Ankerhemmung trieb über Zahnräder eine vertikale Achse an, mit der acht waagerechte Räder für die Zeitanzeige, Himmelsglobus und Armillarsphäre bewegt wurden. Nachfolger von Su Song nahmen permanent Anpassungen und Änderungen der Konstruktion vor. Zur Zeitanzeige verwendete Su Song vier Puppen, die Schläge mit Schlaginstrumenten für Glocken, Trommel und Gong ausführten. Zudem traten zur Zeitanzeige hölzerne Puppen auf, die auf einem Rad rotierten und in Fenstern zur Zeitanzeige erschienen. Wassergetriebene Uhren hatten in China eine lange Tradition. Bereits im 2. Jahrhundert v. Chr. fertigte Zhang Heng (78–139 v. Chr.) einen wassergetriebenen

Himmelsglobus. 979 n. Chr. konstruierte Zhang Sixun eine 4 m hohe astronomische Uhr, die Vorläufer des Uhrenturms von Su Song wurde.

Im 4. Jahrhundert v. Chr. soll der griechische Mathematiker Archytas von Tarent einen mechanischen Vogel entworfen haben, der durch Dampf angetrieben wurde. Der griechische Mathematiker und Mechaniker Heron von Alexandreia (10–70 n. Chr.) beschreibt in seinem Buch *‚Automaten'* automatische Puppen und Spielwerke, die durch Gewichte angetrieben werden (Heron 1899–1914). Al-Jazari (1136–1206), ein islamischer Ingenieur und Erfinder der Artuqid-Dynastie, entwarf und konstruierte eine Reihe von automatischen Maschinen. Um 1205 verfasste er ein Werk über mechanische Apparaturen, das *‚Buch des Wissens von sinnreichen mechanischen Vorrichtungen'*, das auch als *Automata* im westlichen Kulturbereich bekannt wurde (Routledge 1974). Al-Jazari verstand sich in der Tradition von Maschinenbauern, die ihre Wurzeln in hellenistischer Zeit bis auf Archimedes zurückführten.

Aber auch die indische Kultur weiß von Automaten zu berichten. Die indische *Lokapannatti*, (Skilling 1990), eine Sammlung von Geschichten und Legenden aus dem 11. und 12. Jahrhundert, berichtet von König Ajatashatru von Magadha, der die Reliquien von Buddha in einem unterirdischen Stupa verbarg. Die Reliquien wurden durch bewaffnete Roboter (bhuta vahana yanta) geschützt. Die Legende ist hochaktuell, denn sie setzt sich mit der Furcht auseinander, die Kontrolle über solche Kriegsroboter zu verlieren.

Zur gleichen Zeit spielt eine Legende im Abendland, in der ein Konflikt zwischen Robotik und traditioneller Religion geschildert wird. Albertus Magnus (1193?–1280) gilt im Hochmittelalter als herausragender Philosoph und Naturforscher in aristotelischer Tradition. Berichtet wird, dass Albert eine „sprechende Bildsäule" geschaffen haben soll. Sein bedeutendster Schüler war Thomas von Aquin, der die Dogmatik der katholischen Kirche maßgeblich prägte und für die folgenden Jahrhunderte zum dominierenden Kirchenlehrer aufstieg. Thomas soll der Legende nach diese Säule zerstört haben (Scheeben 1955, S. 200, 202–204; Strandh 1992, S. 173 ff.). In aristotelischer Tradition war er der Auffassung, dass eine Seele Voraussetzung für Selbstbewegung sei und diese Seele in christlicher (nicht aristotelischer) Deutung nur von Gott stammen könnte. Daher hätte der Statue, so die thomistische Deutung, für Selbstbewegung „eine Seele eingehaucht" werden müssen. Das konnte aber nach Thomas nur auf Magie zurückzuführen sein. Daher müssten diejenigen, die „Standbilder reden und sich bewegen lassen," Anhänger der „Schwarzen Kunst" sein (Thomas von Aquin (1933): *Summa theologica* I, 115, 5).

Villard de Honnecourt (1200–1235), der französische Künstler und Baumeister gotischer Kathedralen, baut Automaten in der Tradition von Heron von Alexandrien, die z. B. beim Dombau eingesetzt werden sollen. In dieser Tradition stehen auch die Maschinen und Automaten, die Leonardo da Vinci (1452–1519) in der Renaissance entwirft (Leonardo 2006). Mehr Visionär als mathematischer Ingenieur zeichnet er bereits „Flug-Maschinen" und „Automobile", deren Realisation weit von den technischen Möglichkeiten seiner Zeit entfernt ist. So entwirft Leonardo einen mechanischen Ritter in Rüstung, der in der Lage war, sich aufzusetzen, seine Arme zu bewegen, zu winken und Kopf und Kiefer zu bewegen. Die Vision von Kriegsrobotern ist also von Anfang an mit der Entwicklung der Robotik verbunden.

Für die abendländische Deutung der Robotik wird auch die Legende des Golems in jüdischer Tradition prägend. Der Legende nach wurde der Golem von einem gelehrten Rabbiner aus Lehm gebaut, um die Gemeinde in Verfolgungszeiten zu schützen. Golem bedeutet hebräisch *‚ungeformte Masse'*. Auf Kombinatorik und Zahlenmystik griff die jüdische Kabbalistik im Spätmittelalter zurück, um geheime Wahrheiten über Gott und die Welt zu entschlüsseln. Im *„Buch der Schöpfung"* (*sefer jezirah*) sollten aus den 10 pythagoreischen Urzahlen und 22 Buchstaben des hebräischen Alphabets in baumartigen Diagrammen („sephirotische Bäume") die 32 „Wege der Weisheit" erschlossen werden, durch die Gott die Welt erschuf (Herrmann 2008). Auf diese Weise wurde jedes Ding in der Welt mit einer verborgenen Buchstabenkombination verbunden, der wiederum Zahlen und Zahlenkombinationen aufgrund numerischer Bewertungen der einzelnen Buchstaben entsprechen. Mit Buchstabenkombinationen des *‚Buchs der Schöpfung'* konnte auch der Golem programmiert werden. Aber wehe, wenn er sich gewalttätig selbstständig macht: Im Stummfilmklassiker *‚Der Golem'* nach Meyrinks gleichnamigem Roman wird dieses Drama im frühen 20. Jahrhundert eindrucksvoll geschildert.

Wie steht es um den Zusammenhang von Denken und Automaten? Um 1300 taucht bei dem katalanischen Mönch und Philosophen Raimundus Lullus (1232–1315) die Idee auf, auch die Wahrheiten jedes speziellen Wissensgebietes durch kombinatorische Verfahren mit Buchstaben und Symbolen zu bestimmen. Der barocke Universalgelehrte und Jesuit Athanasius Kircher (1602–1680) fördert bereits das Konzept einer Universalsprache, in der alles Wissen dargestellt werden sollte. Hier schließt der Philosoph und Mathematiker Gottfried Wilhelm Leibniz (1646–1716) unmittelbar an und entwirft ein folgenreiches Programm der *Mathesis Universalis*. Leibniz will Denken und Wissen auf Rechnen zurückführen, um dann alle wissenschaftlichen Probleme durch Rechenkalküle lösen zu können. In seinem Zeitalter der *Mechanik* stellt man sich die Natur wie ein perfektes Uhrwerk vor, in dem jeder Zustand wie durch ineinandergreifende Zahnräder determiniert wird. Entsprechend führt eine mechanische Rechenmaschine jeden Rechenschritt einer Rechenfolge nacheinander aus.

2 Selbstorganisation des Lebens versus Maschine: Von Aristoteles zur Iatrophysik

Die ersten Ansätze von Wissenschaft und Philosophie, die mechanische und mathematische Modelle des Lebens entwarfen, gehen auf die griechischen Atomisten und Pythagoreer zurück. Nach Demokrit sollten selbst Lebensvorgänge auf kleine unteilbare Teilchen (Atome) zurückgeführt werden, die sich im leeren Raum bewegen. In pythagoreischer Tradition brachte Platon die damals angenommenen Elemente der Natur mit den fünf regulären Körpern des euklidischen Raumes zusammen. Das alles klingt vom Standpunkt heutiger mathematischer Naturwissenschaft einleuchtend, war aber in der damaligen Zeit zu spekulativ und wenig überzeugend. Warum sollte man auch die vertrauten Lebensvorgänge durch abstrakte, starre und tote Dinge erklären, die man doch nicht wahrnehmen konnte? Viel naheliegender und realistischer war für die damaligen Menschen der umgekehrte Weg, nämlich das Unbekannte nach dem Vorbild der vertrauten organischen Lebensvorgänge zu erklären.

Daher lehnte Aristoteles (384–322 v. Chr.) den atomistischen Reduktionismus und die Mathematisierung der Lebensvorgänge als spekulativ ab. Nur die ewigen Kreisbewegungen der Sterne sind nach Aristoteles mathematisierbar, die Unruhe des Lebens nicht. Leben zeichnet sich nach Aristoteles durch die Fähigkeit zur Selbstbewegung aus, ohne von außen angestoßen zu werden. Leben bedeutet in diesem Sinn „eine Seele besitzen", die wiederum als organisierende Kraft (*Entelechie*) der Materie verstanden wird. Entelechie (gr. *entelecheia*) bezeichnet die Eigenschaft von etwas, sein Ziel (*telos*) in sich selbst zu haben. Der Begriff wurde von Aristoteles in seiner Metaphysik IX, 8 eingeführt.

Die Selbstorganisation des Lebens, so könnte man modern sagen, wird nach Aristoteles durch Ziele und Zwecke funktional gesteuert (Teleologie). So wächst der Baum aus dem Samen zu dem Zweck, seine endgültige Gestalt zu erreichen.

Bemerkenswert ist, dass Aristoteles die Natur in eine stetige Stufenfolge von mehr oder weniger belebten Organismen (*scala naturae*) gliedert und nicht in einen absoluten Gegensatz von „tot" und „lebendig" oder „organisch" und „anorganisch":

> „Die Natur macht den Übergang vom Leblosen zum Lebendigen so allmählich, dass durch die Stetigkeit desselben die Grenze zwischen beiden und die Stellung der Mittelglieder unsicher ist. Nach dem Reich des Leblosen kommt zunächst das der Pflanzen, und unter diesen sind nicht nur die einzelnen Unterschiede der größeren oder geringeren Lebendigkeit zu bemerken, sondern auch die ganze Gattung erscheint im Vergleich mit dem Anorganischen als belebt, im Vergleich mit den Tieren als leblos. Weiter ist auch der Übergang von den Pflanzen zu den Tieren ein stetiger. Denn bei manchen Seetieren kann man zweifeln, ob sie Tiere oder Pflanzen sind, da sie an dem Boden angewachsen sind und nicht losgetrennt leben können, ja die ganze Klasse der Schalentiere gleicht mit denen zusammengehalten, die gehen können, bloßen Pflanzen." (Aristoteles 1957)

Aristoteles ist einer der ersten beobachtenden Botaniker, Zoologen und Physiologen (Kullmann und Föllinger 1997; Fischer und Mainzer 1990, S. 11–44). Er stellt eine erste Systematik der Pflanzen und Tiere nach unterschiedlichen Merkmalen auf und versucht, physiologische Prozesse zu beschreiben. Eine solche organische Einstellung zum Leben hat praktische Folgen z. B. in der Medizin. So lehrt später Galenus, der Leibarzt des Kaisers Marc Aurel, im Sinne aristotelischer Teleologie, dass Körperorgane vollkommen ihren Funktionen angepasst seien (Kollesch und Nickel 1994). Als Beispiel wird auch das Verdauungssystem angeführt, das den „nützlichen" Teil der Nahrung verdaue, in das Blut absorbiere und die Abfallprodukte zurück lasse. Das Leben erfordert daher gesunde Ernährung, d. h. aristotelisch im Einklang und im Maß mit den Funktionen des Organismus.

Ein Höhepunkt der mittelalterlichen Naturforschung war der persische Universalgelehrte und Mediziner Ibn Sina (lateinisch: Avicenna) (980–1037), der die aristotelisch geprägte Naturforschung auf allen Gebieten weitertrieb und mit seinem ‚Kanon der Medizin' das medizinische Wissen und die medizinische Ausbildung auch im Abendland bis in die frühe Neuzeit beeinflusste. Von Avicenna selber sind zwar keine Ausführungen zu Automaten bekannt. Sein physiologisches Wissen eines Organismus prägte aber die Vorstellungswelt der frühen Ingenieure, die sich in der Renaissance mit Robotik beschäftigten.

Der entscheidende Schritt zur neuzeitlichen Physik war die Verbindung von Mathematik, Beobachtung, Experiment und Technik, die in der Renaissance viele Wissenschaftler anstrebten. Mit seiner scharfen Kritik an der aristotelischen Bewegungslehre leitete Galilei faktisch die Ablösung der Physik von der aristotelisch-mittelalterlichen Philosophie ein. Damit war aber keine Lösung aus der Philosophie schlechthin gemeint. Vielmehr sollte die alte durch eine neue mathematische und experimentelle Naturphilosophie abgelöst werden. Entsprechend lautet auch der Titel von Isaac Newtons Hauptwerk von 1687 „*Philosophiae naturalis principia mathematica*". Geometrie und Mechanik werden zum Vorbild der Naturwissenschaften. In der Wissenschaftsgeschichte spricht man deshalb auch von einer Mechanisierung des Weltbildes (Dijksterhuis 1956). Wie in einem großen Uhrwerk sollte in der Natur ein Rad ins andere greifen und, über viele Stufen vermittelt, Bewegungen verursachen. Wenn Gott einmal die Uhr der Natur aufgezogen hat, so funktioniert sie nach mechanischen Gesetzen in prästabilierter Harmonie, wie Leibniz sich ausdrückt.

Auch die Physiologie der Lebensvorgänge sollte nun mechanistisch erklärt werden. So modifiziert René Descartes Harveys Hypothese vom Blutkreislauf, in dem das Herz als Pumpmaschine eingesetzt wurde. Allgemein stellte Descartes vom tierischen und menschlichen Körper fest, dass sich sein Mechanismus allein aus der Einrichtung der Organe ergibt „und das mit der gleichen Notwendigkeit wie der Mechanismus einer Uhr aus der Kraftlage und Gestalt ihrer Gewichte und Räder folgt" (Descartes 1920, 5. Teil, S. 39 ff.). Die Anatomie des menschlichen Körpers, die man spätestens seit der Renaissance durch die Sektion von Leichen studierte, war nichts anderes als eine Anwendung der cartesischen analytischen Methode, wonach ein System zunächst in seine Teile zu zerlegen sei, um dann seine Funktion durch die Gesetze der Geometrie und Mechanik zu erklären.

Der italienische Physiker und Physiologe G. A. Borelli (1608–1679), der mit seiner Iatrophysik als Vorlaufer der Biophysik verstanden werden kann, übertrug einen berühmten Ausspruch Galileis auf die Biologie, wenn er in „*De motu animalium*" feststellt:

> „Und da die wissenschaftliche Erkenntnis aller dieser Dinge vorwiegend auf der Geometrie beruht, wird es richtig sein, dass Gott bei der Erschaffung der tierischen Organismen Geometrie trieb, und dass wir zu ihrem Verständnis die Geometrie brauchen; denn sie ist die einzige und passende Wissenschaft; wenn man die göttliche Schrift der Tierwelt lesen und verstehen will." (Borelli 1927, S. 1 ff.)

3 Leibniz und natürliche Automaten

In seiner Monadologie verkündet Leibniz eine folgenschwere Vision „natürlicher Automaten", die angesichts heutiger Forschung über Computermodelle von Organismen, Organen, Zellen und Proteinen von großer Aktualität ist:

> „So ist jeder organische Körper eines Lebewesens eine Art von göttlicher Maschine oder natürlichem Automaten, der alle künstlichen Automaten unendlich übertrifft. Denn eine durch Menschenkunst gebaute Maschine ist nicht auch Maschine in jedem ihrer Teile. So hat z. B. der Zahn eines Messingrades Teile oder Stücke, die für uns nichts kunstvolles mehr sind und die nichts mehr von der Maschine merken lassen, zu deren Betrieb das Rad bestimmt war. Aber die Maschinen der Natur, d. h. die lebendigen Körper, sind noch in ihren kleinsten Teilen, bis ins Unendliche hinein, Maschinen. Eben darin besteht der Unterschied zwischen Natur und Kunst, d. h. zwischen der göttlichen Kunstfertigkeit und der unsrigen." (Leibniz 1956, § 64)

Die Kenntnis von Mikroorganismen verdankt Leibniz seiner Bekanntschaft mit dem niederländischen Naturforscher und Mikroskopbauer Antoni van Leeuwenhoek, der mit seinen perfekt geschliffenen Linsen Vergrößerungen bis zum 270-fachen erreichte (Meyer 1998). 1675 beobachtete Leeuwenhoek Protozoen und Bakterien – beide nannte er *animalcules* – im Teichwasser, Regenwasser und im menschlichen Speichel. Leibniz stellte sich diese Vergrößerungen bis ins Unendliche mit immer neuen Subsystemen vor. Ihre Deutung als kleinste „lebende" Maschinen erscheint uns heute angesichts von Nanomaschinen und künstlichen Mikroorganismen der synthetischen Biologie sehr suggestiv.

Leibniz nennt solche Subsysteme „Monaden" (Einheiten). Eine zentrale Eigenschaft von Monaden besteht darin, dass man sie nicht zerlegen kann, ohne dass sie ihre Einheit verlieren: Ein zerschnittener lebender Körper stirbt, wenn lebenswichtige Organe getrennt werden. Eine Zelle verliert ihre Eigenschaften des Lebens wie z. B. die der Selbstreproduktion, wenn sie zerlegt wird und ihre Teile getrennt werden. Eine Zelle ist häufig mit z. B. Tausenden von Proteinen dicht gepackt, die jede für sich autonome biochemische Einheiten darstellen. Ihr komplexes Stoff- und Regulationsnetzwerk lässt sich nicht einfach zerlegen, ohne das Gesamtsystem zu zerstören: Das Ganze ist mehr als die Summe seiner Teile.

Leibniz bezeichnet ‚Monaden' als elementare Automaten (*automates incorporels*), die durch eine Skala von *Zuständen (perceptions)* bestimmt seien: Die elementaren Automaten bilden Aggregate von mehr oder weniger großer Komplexität, die durch unterschiedliche Korrelationen bestimmt und als *zusammengesetzte Automaten* aufgefasst werden. Komplexitätsgrade von Aggregaten drücken sich in der jeweiligen hierarchischen Struktur und Subordination ihrer Teile aus. In einer *scala naturae* wird es möglich, die Welt von physikalischen Gegenständen über biologische Organismen bis zu denkenden Wesen als Automatensysteme wachsender Komplexität auf der Grundlage monadologischer Elementarautomaten zu begreifen.

Um Bewusstseins-, Denk- und Empfindungszustände des Gehirns zu verstehen, reicht aber die mechanische Zerlegung von Aggregaten in Einzelteile nicht aus: „Denkt man sich etwa eine Maschine," schreibt Leibniz in der Monadologie § 17,

„die so beschaffen wäre, dass sie denken, empfinden und perzipieren könnte, so kann man sie sich derart proportional vergrößert denken, dass man in sie wie in eine Mühle eintreten könnte. Dies vorausgesetzt, wird man bei der Besichtigung ihres Inneren nichts weiter als einzelne Teile finden, die einander stoßen, niemals aber etwas, woraus eine Perzeption zu erklären wäre."

Statt einer mechanischen Mühle stellen wir uns heute die Gehirnstruktur derart vergrößert vor, dass wir in sie eintreten, das Feuern der Neuronen sehen, ohne aber auf ‚Bewusstsein', ‚Denken' oder ‚Empfindungen' zu stoßen. Die Neuronen haben keine ‚Gedanken' oder ‚Empfindungen'. Erst ihre synaptischen Verschaltungen erzeugen neuronale Aktivitätsmuster, die korreliert sind mit unseren Wahrnehmungen, Empfindungen und Gedanken. Leibniz sprach von einer ‚prästabilisierten Harmonie' zwischen der Mechanik des Körpers und seinen seelischen Zuständen.

Unsere heutigen Computermodelle dieser Einheiten (Monaden) wären im Sinne von Leibniz Elementarautomaten. Da es sich bei den Modellen um logisch-mathematische Strukturen handelt, fasst er sie als geistige Organisationspläne auf, die von Gott geschaffen wurden. Der Prototyp eines Automaten ist für Leibniz eine Rechenmaschine.

4 „Der Mensch – eine Maschine" (La Mettrie)

Maschinen und Automaten waren im 17. und 18. Jahrhundert ein bekanntes Deutungsmuster der Natur. Bereits Thomas Hobbes beginnt seinen berühmten „Leviathan" (1651) mit dem Satz:

> „Die Natur ... wird durch die Kunstfertigkeit des Menschen, wie in vielen anderen Dingen, so nachgeahmt, dass sie ein künstliches Tier erschaffen kann. Denn da ja das Leben nur eine Bewegung von Gliedern ist, deren Beginn in irgendeinem Hauptteil liegt, warum können wir dann nicht sagen, dass alle Automaten ... ein künstliches Leben haben?" (Hobbes 1996)

Leibnizens fromme Unterscheidung von „göttlichen" und „künstlichen" Automaten war im Zeitalter der Aufklärung nicht länger haltbar. Als am 11. November 1751 der Verfasser der Kampfschrift „*L'homme machine*" (Die Maschine Mensch) (La Mettrie 2009), der französische Arzt und Philosoph Julien Offray de La Mettrie, am Hof Friedrichs II. von Preußen auf Schloss Sanssouci starb, hielt sich die Trauer seiner Zeitgenossen in Grenzen. Den Menschen als nichts weiter als eine sich selbst steuernde „lebende Maschine" zu betrachten, schien selbst aufgeklärten Gelehrten noch Mitte des 18. Jahrhunderts eine kühne Provokation.

Sieht man allerdings vom weltanschaulichen Pulverdampf der Aufklärung und den polemischen und zeitbedingten Seitenhieben des Autors ab und konzentriert sich allein auf seine wissenschaftlichen Kernaussagen, bleibt mit den Augen des 21. Jahrhunderts erstaunlich wenig Grund zur Aufregung. So forderte La Mettrie zunächst nichts weiter als eine wissenschaftliche Medizin, die sich nicht auf Spekulationen, sondern methodisch auf Beobachtungen (z. B. in der Pathologie) und theoretisch auf Mechanik (die damalige Physik), Chemie, Anatomie und Physiologie stützen sollte. Selbststeuerung des Organismus hatte er vielfach physiologisch an zuckenden Muskelfasern von Tieren und Menschen untersucht. Solche „Irritabilität" hielt er auch als Ursache von mentalen und emotionalen Regungen im Körper für wahrscheinlich. Das war eine (damals zwar noch nicht) überprüfbare, jedenfalls wissenschaftliche Hypothese. Die Physiologie sollte danach den Übergang zur Psychologie bilden. La Mettrie also nichts weiter als der Vorläufer einer physiologischen Psychologie?

Damit würden wir die Deutungsmacht von Metaphern unterschätzen. „Maschine" bedeutete im 18. Jahrhundert einen „seelenlosen" Apparat, der bestenfalls mit der Feinmechanik der Uhrmachertechnik konstruiert war. Im Zeitalter des Rokoko wurden Spielautomaten auf der Grundlage der Uhrmachertechnik gebaut. Der Schweizer Uhrmacher Pierre Jacquet-Droz (1721–1790) entwarf komplizierte Uhrwerke, die in die Figuren von menschlichen Puppen eingekleidet waren (Soriano 1985). Diese Androiden spielten z. B. auf den Tasten einer Orgel oder schrieben kurze Texte in Handschrift.

Allerdings zog La Mettrie Konsequenzen für die Ethik, mit denen er nicht nur die traditionelle Religion gegen sich aufbrachte. La Mettries Maschinentheorie entspricht nämlich auf Seiten der Ethik ein Hedonismus, wonach angenehme Zustände der Maschine eng mit der menschlichen Gesundheit verknüpft sind. Dann hängen nicht nur motorische Tätigkeiten und Denken, sondern auch moralische Entscheidungen vom Zustand der Maschine ab und sind damit nur noch Fragen der Medizin. Schuldgefühle und das Gewissen erweisen sich nach La Mettrie als Funktionen, die den angenehmen Zuständen entgegenwirken und damit zu Schädigungen der Persönlichkeit führen können. Das schien selbst den Aufklärungsphilosophen des 18. Jahrhunderts zu weit zu gehen, für die Vernunft und Moral an die Stelle Gottes getreten war (Baruzzi 1968). Der heutige Leser fühlt sich an Sigmund Freuds spätere Kritik an einem dominierenden Über-Ich erinnert, das mit seinen Vernunft- und Moralforderungen z. B. Neurosen auslösen kann. So war man wohl am Ende selbst am Hof des aufgeklärten Königs von Preußen erleichtert, als dieser unbequeme Zeitgeist der Legende nach an einer verdorbenen Pastete oder, wie auch vermutet wurde, an Gift verstarb.

5 Androiden und Automaten im Zeitalter der Mechanik

Ein führender französischer Ingenieur und Erfinder war in dieser Zeit Jacques de Vaucanson (1709–1782). Gefördert von Ludwig XV. ließ er sich beim Bau von künstlichen Menschen durch Ärzte und Chirurgen beraten. 1737 baute er einen mechanischen Flötenspieler, der zwölf Lieder spielen konnte. Grundlage war eine mechanische Stiftwalze mit zwei Bewegungsrichtungen. Der Flötenspieler konnte sich drehen und Bewegungen zur Seite ausführen, die durch ein Schneckengetriebe bewirkt wurden (Vaucanson 1738). Diesen Androiden konnte er 1738 der französischen Akademie der Wissenschaften vorstellen. Ziel von Vaucanson war ein genau funktionierendes Modell eines künstlichen Menschen.

Sein vielfach abgebildetes Meisterwerk ist eine mechanische Ente (Augspurgischer Intelligenz=Zettel 1748, Num. 15, 3). Sie setzte sich aus mehr als 400 beweglichen Einzelteilen zusammen. Neben Flügelschlagen, Schnattern und Wasser trinken, verfügte sie über einen künstlichen Verdauungsapparat. Die Ente pickte zunächst Körner auf, die dann in einem biegsamen Gummischlauch als künstlichem Darm durch eine chemische Reaktion „verdaut" wurden. Der dann ausgeschiedenen „Kot" soll über eine nahezu naturgetreue Zusammensetzung verfügt haben.

1745 baute Vaucanson auch den ersten vollautomatischen Webstuhl. Friedrich der Große hätte auch diesen kreativen und zukunftsweisenden Ingenieur gerne nach Preußen geholt, zumal der automatische Webstuhl in Frankreich auf Widerstand bei den Zünften stieß. Der internationale Wettbewerb um die besten Köpfe und Innovationen beginnt. Vaucanson lehnte jedoch aus patriotischen Gründen ab.

Der automatisierte Webstuhl wurde 1805 durch den Erfinder Joseph-Marie Jacquard (1752–1834) optimiert (Bohnsack 1993). Er baute verschiedene mechanische Komponenten bereits bekannter Webstühle ein, tauschte den bestehenden Antriebszylinder gegen ein Prisma aus und integrierte ein durch Lochkarten programmierbares System. Tatsächlich bestand die entscheidende Verbesserung von Jacquards Musterwebstuhl darin, dass die bisherige Nockenwalze durch eine Lochkartensteuerung ersetzt wurde. Dadurch konnten endlose Muster von beliebiger Komplexität mechanisch hergestellt werden.

Auf der Lochkarte wurden Informationen über das zu webende Muster mechanisch kodiert. Dazu wurden die Lochkarten mit Nadeln abgetastet: Ein Loch bedeutete Fadenhebung. Kein Loch stand für Fadensenkung. Die einzelnen Lochkarten wurden zu langen Lochstreifen verbunden. So ließen sich großflächige Muster herstellen. Offensichtlich ist die Jacquard-Steuerung eine frühe Anwendung der Digitaltechnik.

Damit war dieser Webstuhl Beispiel einer ersten programmierbaren Maschine. Die Lochstreifen konnten aufgehoben, erneut verwendet oder durch andere Lochstreifen für andere Muster ersetzt werden. Die Lochstreifen waren die ersten Schritte zu einer „Software" zur Steuerung der Automatisierung. Die kostengünstige Umstellung von Mustern bei der Herstellung wechselnder Webmuster auf derselben Maschine führte zur Automatisierung der Weberei. Seit 1815 wurde dieser Webstuhl zunächst in Frankreich angewendet und revolutionierte die Textilindustrie. Damit leitete Vaucason die erste Phase der Industrialisierung ein, die mit Blick auf die Industrialisierungsphase der Künstlicher Intelligenz (Industrie 4.0) heute Industrie 1.0 genannt wird.

Im Zeitalter der Mechanik faszinieren menschenähnliche Automaten nicht nur in Europa. Karakuri Puppen (*karakuri ningyo*) sind traditionelle japanische mechanisierte Puppen oder Automaten, die im 17. Jahrhundert bis 19. Jahrhundert entwickelt wurden (Hosokawa Hanzō 1796). Das japanische Wort *karakuri* bedeutet „Mechanismus" oder „Trick". Damit wird bereits in der Bezeichnung der Puppen die technische Vorrichtung beim Namen genannt, die das Amüsement des Betrachters hervorrufen soll. Es wird also keine Angst vor Robotern und Automaten suggeriert. Das ist eine Einstellung in der japanischen Kultur, die bis heute prägend ist und daher auch zur hohen Akzeptanz dieser Technologie in Japan beiträgt (Pauer 2010).

Unterschieden werden drei Haupttypen von *karakuri* Puppen. Puppen der Art *butai karakuri* wurden im Theater verwendet. Puppen der Art *zashiki karakuri* waren klein und wurden in Zimmern und Häusern aufgestellt. Puppen der Art *dashi karakuri* kamen bei religiösen Festen zum Einsatz, um traditionelle Mythen und Legenden nachzustellen. Die verschiedenen Formen des traditionellen japanischen Theaters wurden durch diese mechanisierten Puppen beeinflusst. Die gebräuchlichste Art sind bis heute *zashiki karakuri* Puppen, mit denen die japanische Tee-Zeremonie nachgestellt wird:

Der Ablauf beginnt damit, dass eine Tasse Tee auf die Hände der japanisch gekleideten Puppe abgestellt wird. Dann rollt sie eine bestimmte, vorher eingestellte Strecke geradeaus. Dabei werden zwei kleine Füße bewegt, um Laufen zu simulieren. Entsprechend den Regeln der japanischen Teezeremonie nickt die Puppe fortwährend mit dem Kopf und bietet schließlich dem Gast die Teeschale mit einer Verbeugung an. Wenn der Gast die Tasse aufnimmt, stoppt der Roboter. Hat der Gast die Schale schließlich ausgetrunken und wieder auf dem kleinen Tablett der Puppe abgestellt, dreht sie sich um 180 Grad. Abschließend bewegt sie sich zurück zu ihrem ursprünglichen Ausgangspunkt. Dort bleibt sie nach dem Herunternehmen der Schale stehen.

Der Mechanismus wird über eine Abfolge von Nocken und Hebeln gesteuert. Auslöser ist jeweils die Be- bzw. Entlastung der Hände. Über die Hebelwirkung der Arme betätigt das Gewicht der Schale einen Schalter, der eine Spiralfeder freigibt, die zuvor mit einem Schlüssel aufgezogen wurde. Die Abläufe werden ähnlich wie bei einem Uhrwerk auf die anderen beweglichen Teile übertragen. Die Spiralfeder war aus Fischbein gefertigt, also einem Material, das typisch für die Inselnation Japan ist.

Die Bewegungsabläufe entsprechen genau den Ritualen der Tee-Zeremonie. Die Puppen wurden tatsächlich bei Tee-Zeremonien eingesetzt. Wenn man bedenkt, dass die traditionelle Tee-Zeremonie einen quasi-religiösen Status in der japanischen Kultur einnimmt, wird noch einmal die hohe Akzeptanz der Robotik in Japan verständlich (Wagner 2009).

6 Kant über Maschinen und Willensfreiheit

Nach traditioneller asiatischer Vorstellung ist alles und jedes „beseelt“: Pflanzen und Tiere, Berge und Seen bringen eine Harmonie zum Ausdruck, in der Menschen eingebettet sind. Wenn sie klug sind, tragen sie mit zu dieser Harmonie bei und stören sie nicht. Demgegenüber hat im Cartesianischen Dualismus nur der Mensch eine „unsterbliche Seele“. Diese Vorstellung radikalisiert eine in der christlich-jüdischen Tradition angelegte Vorstellung, die in der aristotelischen Naturphilosophie keineswegs angelegt ist. Dort ist alles Seiende durch eine jeweils typische „Entelechie“ charakterisiert. Leibniz hatte versucht, diese ursprünglich-aristotelische Vorstellung in seinen „natürlichen Automaten“ zum Ausdruck zu bringen.

Nach Descartes ist allerdings alles Körperliche nichts anderes als ein „toter“ Automat, der nach mechanischen Gesetzen funktioniert. Tiere galten als tote Automaten, die beliebiger Quälerei in Experimenten ausgesetzt werden konnten. Das hat

Nachwirkungen bis in die Ethik und das Recht selbst heutiger säkularisierter Gesellschaften. Tiere gelten bis heute im Tierrecht als „Sachen". „Person" ist nur der Mensch. Wie lächerlich rückständig die heutige Rechtsprechung mit diesem Dualismus ist, zeigen die Erkenntnisse moderner Evolutionsbiologie und Kognitionsforschung.

Für Immanuel Kant (1724–1804) ist La Mettries Reduktion des Lebens auf Newtons Mechanikgesetze unannehmbar. Berühmt wird sein Ausspruch in seiner Schrift „Kritik der Urteilskraft" (§ 75), wonach es nie einen „Newton des Grashalms" geben könne:

> „Es ist nämlich ganz gewiss, dass wir die organisierten Wesen und deren innere Möglichkeit nach bloß mechanischen Prinzipien der Natur nicht einmal zureichend kennen lernen, viel weniger uns erklären können; und zwar so gewiss, dass man dreist sagen kann: es ist für Menschen ungereimt, auch nur einen solchen Anschlag zu fassen, oder zu hoffen, dass noch etwa dereinst ein Newton aufstehen könne, der auch nur die Erzeugung eines Grashalms nach Naturgesetzen, die keine Absicht geordnet hat, begreiflich machen werde; sondern man muss diese Einsicht den Menschen schlechterdings absprechen. Dass dann aber auch in der Natur, wenn wir sie zum Prinzip derselben in der Spezifikation ihrer allgemeinen uns bekannten Gesetze durchdringen könnten, ein hinreichender Grund der Möglichkeit organisierten Wesen, ohne ihrer Erzeugung eine Absicht unterzulegen (also im bloßen Mechanismus derselben), gar nicht verborgen liegen könne, das wäre wiederum von uns zu vermessen geurteilt, denn woher wollen wir das wissen?"

Tatsächlich lässt sich Leben nicht aus Newtons Gesetzen der Mechanik allein erklären. Newtons Methode der Mathematisierung von Naturgängen in dynamischen Systemen ist aber heute längst Grundlage der Biophysik und Systembiologie. Die Selbstorganisation des Lebens lässt sich in Phasenübergängen komplexer zellulärer Systeme mathematisch modellieren, wie in verschiedenen Artikeln dieses Handbuch gezeigt wird. Im 20. Jahrhundert sind Physiker wesentlich an der Begründung der Molekularbiologie beteiligt. Der Physiknobelpreisträger Erwin Schrödinger schreibt 1944 sein Buch „Was ist Leben?", mit dem er zu einem der „Newtons des Grashalms" im 20. Jahrhundert wird. Schließlich werden in der synthetischen Biologie Organismen wie z. B. Bakterien nach molekularbiologischen Prinzipien wie in der Technik entworfen und gebaut. Wir sprechen von Gen- und Biotechnologie.

Auch La Mettries physiologische Psychologie ist für Kant unannehmbar, da sie keinen Raum für Spontaneität und Willensfreiheit lässt und den Menschen den (nach damaliger Auffassung) deterministischen Naturgesetzen vollständig unterwirft. Ethik (im Sinne von Kant) als Übernahme von Pflichten und Verantwortung für freie Entscheidungen wäre damit ausgeschlossen. Kalküle sind nach Kant nur Schemata und Konstruktionen des menschlichen Verstandes, mit denen er rechnend seine Vorstellungen von der Welt ordnet. Für die menschliche Vernunft postulierte er ein „Reich der Freiheit", in dem autonome Entscheidungen möglich seien. Für Kant ist also Willensfreiheit eine Forderung („Postulat") der Vernunft, um Verantwortung und Schuld als Grundlage unserer Rechtssysteme zu ermöglichen, keine naturwissenschaftliche Tatsache. Aber auch Leibnizens Automaten (Monaden) werden zurückgewiesen, da sie, wie Kant meint, die Grenzen menschlicher Erfahrung übersteigen. In Kants „Kritik der Urteilskraft" wird die Rede von Automaten nur noch als

Metapher verwendet, um die Selbstorganisation von lebenden Organismen zu illustrieren (Kant 2009, B 291 f.).

Auf dem Hintergrund von Kants Kritik am mechanistischen Weltbild entsteht Anfang des 19. Jahrhunderts in Deutschland eine romantische Naturphilosophie, in der Natur wieder als Organismus begriffen wird. Friedrich Wilhelm Schelling (1775–1854) entwirft eine „Wissenschaft vom Lebendigen“, in der er Organisation und Reproduktion als Kennzeichen des Lebendigen herausstellt:

> „Es ist also eine Organisation, die durch alle diese Stufen herab allmählich bis in die Pflanze sich verliert, und eine ununterbrochen wirkende Ursache, die von der Sensibilität des ersten Tiers an bis in die Reproduktionskraft der letzten Pflanze sich verliert.“ (Schelling 1927, S. 206 f.)

Lorenz Oken (1779–1851), Mediziner und Gründungsrektor der Universität Zürich, beschreibt als Anhänger der romantischen Naturphilosophie einen „Planetarischen Prozess“, in dem der lebende Organismus aus einer Synthese von Magnetismus, Chemismus und Galvanismus erklärt wird (Oken 1831, S. 32 ff.). So modern uns heute Grundbegriffe wie Selbstorganisation und Selbstreproduktion anmuten, so bleiben sie damals Spekulation, bestenfalls geniale Intuition, da eine entsprechend experimentell-naturwissenschaftliche Basis fehlt (Paslack 1991).

7 Evolution und Selektion des Lebens (Darwin)

Das friedliche Bild eines sich organisch und harmonisch entfaltenden Lebens wurde bald schon in der Biologie verdrängt. Charles Darwins Lehre von der Entwicklung der biologischen Arten durch natürliche Zuchtauswahl schien die Annahme von zielgerichteten (teleologischen) Kräften der belebten Natur überflüssig zu machen (Darwin 2006).

Die Durchsetzung einer Art im „*survival of the fittest*“ (Herbert Spencer) hängt kausal vom größeren Selektionsvorteil unter bestimmten Umweltbedingungen (z. B. Nahrung, Klima) ab. Dabei greift Darwin Ideen auf, die vorher teilweise auch bereits Jean-Baptiste de Lamarck (1744–1829) geäußert hatte (Lefèvre 2001, S. 176–201). Allerdings lehnt er Lamarcks Annahme, dass durch Lernen erworbene Eigenschaften vererbbar seien, entschieden ab. Entscheidend sind für Darwin die Variabilität einer Art und die natürliche Selektion, die der Entwicklung über viele Generationen eine Richtung gibt. Viele Zeitgenossen empfanden den Darwinismus nicht nur als naturwissenschaftliche Theorie. Darwins Evolutionstheorie entwarf vielmehr ein Bild des Lebens, in dem sich die Gesellschaft des 19. Jahrhunderts mit ihrer stürmischen Fortschrittsdynamik, den Erfolgen der „Tüchtigen“ und der erbarmungslosen Verelendung und Selektion der „Schwachen“ wiedererkannte. Seit dieser Zeit spricht man auch vom Sozialdarwinismus als einer politischen Einstellung (Wuketits 2005).

Eine Ausweitung der Evolution des Lebens vom Einzeller bis zum Menschen trägt in der zweiten Hälfte des 19. Jahrhunderts Ernst Haeckel vor. Dabei konnte die

Evolutionstheorie in dieser Zeit keineswegs mit bereits bestätigten physikalischen und chemischen Theorien begründet werden. Außer einigen morphologisch vergleichenden Studien lag nämlich zur Zeit Darwins als Bestätigung wenig vor. So beschreibt Darwin zwar die Variabilität einer Art und die natürliche Selektion, ohne sie aber erklären zu können. Die Vererbungsgesetze Mendels waren ihm (wie seinen Zeitgenossen) unbekannt. Dennoch wird einer der großen Physiker des 19. Jahrhunderts rückblickend auf sein Jahrhundert sagen:

> „Wenn Sie mich nach meiner innersten Überzeugung fragen, ob man unser Jahrhundert einmal das eiserne Jahrhundert oder das Jahrhundert des Dampfes oder der Elektrizität nennen wird, so antworte ich ohne Bedenken, das Jahrhundert Darwins wird es heißen." (Boltzmann 1905a)

Die Rede ist von Ludwig Boltzmann (1844–1909). Als Physiker hatte er die Atomhypothese der Chemiker übernommen und eine statistisch-molekulare Begründung der Wärmetheorie, also der Thermodynamik, verfochten. 1886 gab Boltzmann die physikalische Erklärung der Fotosynthese, die ja eine bioenergetische Voraussetzung des Lebens ist. Als Naturphilosoph entwarf er um die Jahrhundertwende ein Gesamtbild des Lebens, das auf der Evolutionstheorie, der Thermodynamik und dem übrigen physikalischen und chemischen Wissen des 19. Jahrhunderts gründet und in vielem bereits unser heutiges naturwissenschaftliches Bild des Lebens vorwegnimmt.

Wie ist es möglich, dass in einer Natur, die nach dem zweiten Hauptsatz der Thermodynamik auf Unordnung, Tod und Zerfall programmiert scheint, die Evolution des Lebens zu immer komplexeren Ordnungs- und Lebenssystemen stürmt? Boltzmann gibt Erklärungen, die bereits moderne biochemische Grundbegriffe der molekularen Selbstvermehrung (Autokatalyse) und des Energie- und Stoffwechsels (Metabolismus) entwerfen:

> „Wir machen die Hypothese", so schreibt Boltzmann, „es hatten sich Atomkomplexe entwickelt, die imstande waren, sich durch Bildung Gleichartiger um sich herum zu vermehren. Von den so entstandenen größeren Massen waren jene am lebensfähigsten, die sich durch Teilung zu vervielfältigen vermochten, dann jene, denen eine Tendenz innewohnte, sich nach Stellen günstiger Lebensbedingungen hinzubewegen."

Die Entstehung von ersten primitiven Lebewesen führt Boltzmann auf eine Auslese aus unbelebten Bausteinen zurück, die er 1904 mit der Brownschen Bewegung in Zusammenhang brachte:

> „... es waren also zunächst nur ganz einfache Individuen, einfache Zellen oder Protoplasmaklümpchen vorhanden. Stete Bewegung, die sogenannte Brownsche Molekularbewegung, ist ja, wie man weiss, allen kleinen Klümpchen eigen; ein Anwachsen durch Aufsaugen ähnlicher Bestandteile und eine nachherige Vermehrung durch Teilung ist auf rein mechanischem Wege vollkommen begreiflich. Ebenso begreiflich ist es, dass die raschen Bewegungen durch die Umwelt beeinflusst und modifiziert wurden. Solche Klümpchen, bei denen diese Modifikation in dem Sinne erfolgte, dass sie sich durchschnittlich (mit Vorliebe) dorthin bewegten, wo es besser zum Aufsaugen geeignete Stoffe (bessere Nahrung) gab, gelangten besser zum Wachstum und häufiger zur Fortpflanzung und überwucherten daher bald alle anderen." (Boltzmann 1905b, S. 225–239)

Die Pflanzen, die ihren Körper aus einfachen Bestandteilen aufbauen, sind nach Boltzmann als komplexe Ordnungsgebilde unwahrscheinliche Strukturen, die gegen die in ihrem Körper (nach dem zweiten Hauptsatz der Thermodynamik) spontan auftretende Tendenz zur Entropievermehrung mit Sonnenlicht ankämpfen. Wegen der hohen Temperatur der Sonne wird der Erde Energie verhältnismäßig niedriger Entropie zugeführt, die zur Kompensierung der spontanen Entropiezunahme in den Pflanzen verwendet werden kann. Boltzmann stellt deshalb zur Fotosynthese 1886 fest:

> „Der allgemeine Daseinskampf der Lebewesen ist daher nicht ein Kampf um die Grundstoffe ... Auch nicht um Energie, welche in Form von Wärme, leider unverwandelbar, in jedem Körper reichlich vorhanden ist, sondern ein Kampf um die Entropie, welche durch den Übergang von der heißen Sonne zur kalten Erde disponibel wird. Diesen Übergang möglichst auszunützen, breiten die Pflanzen die unermesslichen Flächen ihrer Blätter aus und zwingen die Sonnenenergie in noch unerforschter Weise, ehe sie auf das Temperaturniveau der Erde herabsinkt, chemische Synthesen auszuführen, von denen man in unseren Laboratorien noch keine Ahnung hat. Die Produkte dieser chemischen Küche bilden das Kampfobjekt für die Tierwelt.“ (Boltzmann 1905c)

Boltzmann verlängerte seine physikalisch begründete Evolutionstheorie bis zur stammesgeschichtlichen Entwicklung des Nervensystems und der damit verbundenen Entstehung von Gedächtnis und Bewusstsein. Danach wurde bereits das Überleben einfacher Lebewesen durch die Empfänglichkeit für äußere Eindrücke, chemische Beschaffenheit und Bewegung des umgebenden Mediums wie z. B. Licht und Schatten gefördert. Die Empfindlichkeit führte nach Boltzmann zur Entwicklung von Empfindungsnerven, die Beweglichkeit zu Bewegungsnerven:

> „Das Gehirn betrachten wir als den Apparat, das Organ zur Herstellung der Weltbilder, welches sich wegen der großen Nützlichkeit dieser Weltbilder für die Erhaltung der Art entsprechend der Darwinschen Theorie beim Menschen geradeso zur besonderen Vollkommenheit ausbildete, wie bei der Giraffe der Hals, beim Storch der Schnabel zu ungewöhnlicher Länge.“ (Boltzmann 1905c, S. 94–119)

Auch die Fähigkeit, Begriffe und Denkansätze zu bilden, werden von Boltzmann evolutionistisch erklärt. Aus der Tatsache, dass jeder Mensch in den Kategorien von Raum, Zeit und Kausalität denkt, folgert er ihre genetische Verankerung. Denkgesetze werden nun evolutionistisch durch ihre Zweckmäßigkeit beim Kampf der Vorfahren ums Überleben gedeutet. Boltzmann zögert nicht, die gesamte kulturelle und gesellschaftliche Entwicklung der Menschheit als Fortsetzung der biologischen Evolution zu erklären. Technik und Maschinen liefern dazu die Werkzeuge, mit denen Menschen ihre organischen Fähigkeiten verstärken und erweitern.

8 Anfänge der Rechenmaschinen und Computer

Rechenmaschinen erweitern die menschliche Fähigkeit des Rechnens mit atemberaubender Beschleunigung. In den Rechenmaschinen des 17. und 18. Jahrhunderts musste jeder elementare Rechenschritt einer Rechenaufgabe noch per Hand eingegeben und nacheinander ausgeführt werden. Die Weiterentwicklung zur programmgesteuerten Rechenmaschine wurde maßgeblich durch die aufkommende industrielle Fertigung der Manufakturen gefördert. Seit Mitte des 18. Jahrhunderts finden sich Versuche, um das Weben von Stoffmustern zunächst mit Walzen nach dem Vorbild barocker Spielautomaten, dann durch hölzerne Lochkarten zu steuern.

Diese Idee der Programmsteuerung wendete der englische Mathematiker Charles Babbage (1792–1871) auf Rechenmaschinen an (Babbage 1837). Seine „*analytical engine*" sah neben einem vollautomatischen Rechenwerk (*mill*) für die vier Grundrechenarten nach dem Prinzip dekadischer Zahnräder und einem Zahlenspeicher (*store*) für 1000 Zahlen von je 50 Stellen weiterhin eine Lochkartensteuereinheit, ein Dateneingabegerät für Zahlen und Rechenoperationen und ein Datenausgabewerk mit Druckvorrichtung vor. Damit sind die wesentlichen Komponenten einer programmgesteuerten digitalen Rechenmaschine genannt. Zu Lebzeiten von Babbage scheiterte ihre Realisation am damaligen Stand der Feinmechanik. Später erwies sie sich in allen Teilen als funktionstüchtig.

Für die Computerphilosophie wird Babbages Mitstreiterin, die Countess of Lovelace und Tochter Lord Byrons, bedeutsam. Aufgrund ihrer Erfahrung als Programmiererin der Babbage-Maschine prognostiziert sie:

> „Die Analytical Engine wird andere Dinge außer Zahlen bearbeiten. Wenn man Tonhöhen und Harmonien auf sich drehende Zylinder überträgt, dann könnte diese Maschine umfangreiche und auf wissenschaftliche Weise erzeugte Musikstücke jeder Komplexität und Länge komponieren. Allerdings kann sie nur das schaffen, was wir ihr zu befehlen wissen." (Lovelace 1842)

Programmgesteuerte Maschinen können danach nie kreativ sein und Neues erzeugen, das nicht vorher in die Maschine als Programm eingegeben wurde. Orientiert am Konzept sequenzieller Programmierung wird dem Computer jegliche Fähigkeit zu Spontaneität und Kreativität abgesprochen. Kunst ist danach etwas typisch Menschliches.

Babbages programmgesteuerte Rechenmaschine ist der Höhepunkt des Rechnerbaus im Zeitalter der Mechanik. Faradays und Maxwells Elektrodynamik und der Fortschritt der Elektrotechnik um die Jahrhundertwende brachten neue technische Möglichkeiten zur Konstruktion von Rechnern. An die Stelle von Zahnrädern traten nun Scheiben, die durch Elektromagneten gedreht wurden. Durch Elektrodynamik und elektrotechnische Industrie in der zweiten Hälfte des 19. Jahrhunderts werden neue technische Voraussetzungen zur Konstruktion von Rechnern gelegt. Während Holleriths Tabulierungs- und Zählmaschine zum Einsatz kommt, denkt der spanische Ingenieur Torres y Quevedo über Steuerungsprobleme für Torpedos und Boote nach und konstruiert 1911 den ersten Schachautomaten für einen Endkampf Turm-König gegen König.

Elektrizität, Licht und Strom inspirieren auch Literaten, Science-Fiction Autoren und die beginnende Filmindustrie. 1879 erscheint der Roman ‚*L'Ève nouvelle*' (Neue Eva), in dem eine künstliche Frau durch Elektrizität belebt und mit Geist ausgestattet wird, wie früher bereits Mary Shelleys ‚Frankenstein'. 1923 erdichtet der tschechische Schriftsteller Capek eine Familie von Robotern, mit denen die Menschheit von schwerer Arbeit befreit werden soll. Schließlich werden die Roboter mit Emotionen versehen. Als Maschinenmenschen können sie ihr Sklavendasein nicht länger ertragen und proben den Aufstand gegen ihre menschlichen Herren. In den Kinos laufen Filme wie ‚*Homunculus*' (1916), ‚*Alraune*' (1918) und ‚*Metropolis*' (1926).

Technisch wurden bald auch bistabile Kippschalter (*flip-flop*) erfunden, mit dem duale Signale übermittelt werden konnten. Seit Anfang der 30er-Jahre des letzten Jahrhunderts wurden die ersten dualen Rechenmaschinen gebaut. So konstruierte der Engländer E.W. Phillips eine duale Multiplikationsmaschine, in der binäre Zahlen durch elektrische Impulse übertragen werden (Phillips 1936). Nach dem Franzosen Louis Couffignal entwickelte der deutsche Ingenieur Konrad Zuse (1910–1995) seit 1936 zunächst mechanische, später elektromechanische Dualrechner (Zuse 1962, 1970).

In der Industrie- und Militärforschung wurden in den 30er-Jahren zwar erste Spezialrechner für begrenzte Rechenaufgaben gebaut. Grundlegend war aber die Entwicklung von universellen programmgesteuerten Computern, die für unterschiedliche Anwendungen programmiert werden können. Am 11. April 1936 meldete Zuse seine ‚Verfahren zur selbsttätigen Durchführung von Rechnungen mit Hilfe von Rechenmaschinen' zum Patent an (Zuse 1936). 1938 ist mit der Z1 eine erste mechanische Version fertig, die 1941 durch die Z3 mit elektromechanischen Relaisschaltern ersetzt wird. Z3 ist der erste programmkontrollierte Computer (Z3) mit einem Relaisspeicher von 2600 Relais für 64 Worte mit einer Wortlänge von je 22 Bit. Mit Bit (Abk. für engl. *binary digit*) wird die kleinste Darstellungseinheit für Daten in binärer Zahlendarstellung bezeichnet, d. h. ein Bit kann für Null oder Eins stehen. Die Multiplikationszeit der Z3 betrug 3 Sekunden.

Grundlegend ist Zuses Architektur von getrennten Einheiten, die unabhängig von der damaligen technischen Realisation auch in heutigen Computern noch anzutreffen sind: Speicher, Rechenwerk, Kontrolleinheit für die einzelnen Befehle, Ein- und Ausgabeeinheiten für Zahlen und Steuerung (durch einen Lochstreifen). Interne Rechenvorgänge sind in Binärzahlen, also 0 und 1 kodiert. Dezimalzahlen werden bei der Eingabe automatisch in Binärzahlen verschlüsselt, die bei der Ausgabe wieder dezimal übersetzt werden.

Für das Konzept programmgesteuerter Universalrechner ist das Jahr 1936 ein ‚*annus mirabilis*'. Was der Ingenieur Zuse technisch entwirft, wird von dem britischen Logiker und Mathematiker Alan M. Turing (1912–1954) als logisch-mathematischer Begriff definiert: Was ist überhaupt ein maschinelles Rechenverfahren unabhängig von seiner technischen Umsetzung? Turings ideale Rechenmaschine setzt neben einem unbegrenzten Speicher nur kleinste und einfachste Programmbefehle voraus, auf die im Prinzip jedes noch so komplizierte Computerprogramm zurückgeführt werden kann.

Der erste voll elektronische Rechner mit 18.000 Elektronenröhren war ENIAC (Electronic Numerical Integrator and Automatic Calculator), der 1946 von J. Presper Eckert und John W. Mauchly fertiggestellt wurde (Multiplikationszeit 3 Millisekunden) (Goldstine und Goldstine 1946). Im selben Jahr schlug der ungarisch-amerikanischen Mathematiker John von Neumann (1903–1957) seine bahnbrechenden Konzepte zur Konstruktion eines universellen Computers vor, der technischen, wissenschaftlichen und kommerziellen Zwecken genügen sollte. Bis heute orientieren sich die meisten Rechenanlagen an den Strukturprinzipien eines von-Neumann-Computers. Dieser Rechnertyp besteht aus den fünf Funktionseinheiten: Steuerwerk, Rechnerwerk, Speicher, Eingabewerk und Ausgabewerk. Die Struktur eines von-Neumann-Computers ist unabhängig von den zu bearbeitenden Problemen.

Zur Lösung eines Problems muss von außen eine Bearbeitungsvorschrift („Programm") eingegeben und im Speicher abgelegt werden. Programme, Daten, Zwischen- und Endergebnisse werden in demselben Speicher abgelegt. Der Speicher ist in gleich große Zellen unterteilt, die fortlaufend durchnummeriert sind. Über die Adressennummer einer Speicherzelle kann deren Inhalt abgerufen oder verändert werden. Aufeinanderfolgende Befehle eines Programms werden in aufeinanderfolgenden Speicherzellen abgelegt. Das Ansprechen des nächsten Befehls geschieht vom Steuerwerk aus durch Erhöhen der Befehlsadresse um Eins. Durch Sprungbefehle kann von der Bearbeitung der Befehle in der gespeicherten Reihenfolge abgewichen werden. Dabei werden arithmetische Befehle (z. B. Addieren, Multiplizieren), logische Befehle (z. B. logische Verknüpfungen wie „und", „oder"), Transportbefehle (z. B. vom Speicher zum Rechenwerk), bedingte Sprünge und sonstige Befehle (z. B. Unterbrechen, Warten) unterschieden. Alle Daten (z. B. Befehle, Adressen) werden binär kodiert. Besondere Schaltwerke besorgen die erforderlichen Dekodierungen. Die Funktionseinheiten eines von-Neumann-Computers sind unabhängig von den jeweiligen technischen Standards, mit denen sie historisch realisiert wurden.

Der Name John von Neumann ist nicht nur mit der technischen Entwicklung von ENIAC verbunden. Die Forschungsrichtung des ‚*Künstlichen Lebens*' beginnt mit seiner mathematischen Theorie zellulärer Automaten, die sich ähnlich wie natürliche Organismen selbst reproduzieren können. Zuse stellte eine Analogie zwischen den Mustern zellulärer Automaten und der Verteilung von physikalischen Teilchen in Raum und Zeit her. Er spricht von ‚*Digitalteilchen*' im ‚*Rechnenden Raum*' und begreift das Universum selbst als Computer. Leibnizens ‚*Mathesis Universalis*' ist damit für das 20. Jahrhundert neu formuliert.

Seit den 50er-Jahren werden Computergenerationen unterschieden, wobei jede Generation durch die verwendete Schaltkreistechnologie charakterisiert ist (Mainzer 1979). In der 1. Generation bis Ende der 50er-Jahre werden Elektronenröhren als Schaltelemente mit einer Geschwindigkeit von ca. 1000 Additionen pro Sekunde verwendet. In der 2. Generation bis Ende der 60er-Jahre folgen Halbleiterschaltkreise mit Transistoren und Dioden, die eine Geschwindigkeit von 10.000 Additionen pro Sekunde erlauben. In der 3. Generation seit Mitte der 60er-Jahre werden teilweise integrierte Schaltkreise mit einer Geschwindigkeit von circa 500.000 Additionen pro Sekunde benutzt. In der 4. Generation seit Anfang der 70er-Jahre überwiegen hochintegrierte Schaltkreise mit einer Geschwindigkeit von ca. 10 Millionen Additionen pro Sekunde. In der 5. Generation seit Anfang der 80er-Jahre gibt es höchstintegrierte Schaltkreise mit mehreren Prozessoren auf einem Chip (d. h. auf einem Plättchen aus einem Halbleitermaterial wie z. B. Silizium). Damit sind wir in der jüngsten Technikgeschichte des Computers angelangt, in der Computermodelle des Lebens und der Künstlichen Intelligenz entworfen werden konnten, von denen in den folgenden Handbuchartikeln die Rede ist.

Literatur

Aristoteles. 1957. *Historia animalium* 588b 4 (Aristoteles, *Tierkunde*, übers. v. P. Gohlke, Paderborn).
Augspurgischer Intelligenz=Zettel, 11. April 1748.
Babbage, C. 1837. On the mathematical powers of the calculating engine (unpublished manuscript, Dec. 1837). In *The Origins of digital computers – Selected papers* (1975), Hrsg. B. Randell, 17–52. Berlin: Springer.
Baruzzi, A., Hrsg. 1968. *Aufklärung und Materialismus im Frankreich des 18. Jahrhunderts. La Mettrie, Helvétius, Diderot, Sade*. München: List Verlag.
Bohnsack, A. 1993. *Der Jacquard-Webstuhl*. München: Deutsches Museum.
Boltzmann, L. 1905a. Der zweite Hauptsatz der mechanischen Wärmetheorie. In *Populäre Schriften*, Hrsg. L. Boltzmann, 24–46. Leipzig: J.A. Barth.
Boltzmann, L. 1905b. Entgegnung auf einen von Prof Oswald über das Glück gehaltenen Vortrag. In Boltzmann 1905, 225–239.
Boltzmann, L. 1905c. Über die Frage nach der objektiven Existenz der Vorgänge in der unbelebten Natur. In Boltzmann 1905, 94–119.
Borelli, G.A. 1927. *De motu animalium*, übers. v. M. Mengeringhausen. Leipzig Akad. Verlagsgesellschaft.
Darwin, C. 2006. *Gesammelte Werke*, übers. v. J. Victor Carus. Frankfurt a. M.: Zweitausendeins Buch.
Descartes, R. 1919/1920. *Discours de la méthode*, übers. v. A. Buchenau. Leipzig: F. Meiner.
Dijksterhuis, E. J. 1956. *Die Mechanisierung des Weltbildes*. Berlin: Springer.
Fischer, E. P., und K. Mainzer, Hrsg. 1990. *Die Frage nach dem Leben*. München: Springer.
Goldstine, H. H., und A. Goldstine. 1946. The electronic numerical integrator and computer (ENIAC). *Mathematical Tables and Other Aids to Computation* (The American Mathematical Society) 215:97–110.
Heronis Alexandrini Opera quae supersunt omnia. 1899–1914. Teubner, griechisch/deutsch, 5 Bände, Band 1 Pneumatica et automata, 1899, Band 2 Mechanica et Catoptrica, 1900, Band 3 Rationes dimetiendi et comentatio dioptrica 1903, Band 4 Heronis definitiones cum variis collectionibus 1912, Band 5 Heronis quae feruntur stereometrica et de mensuris 1914.
Herrmann, K., Hrsg. 2008. *Sefer Jezira – Buch der Schöpfung*. Frankfurt a. M./Leipzig: Verlag der Weltreligionen.
Hobbes, T. 1996. *Leviathan*, übers. v. J. Schlösser, Hrsg. v. H. Klenner. Hamburg: F. Meiner.
Hosokawa Hanzō. 1796. *arakuri zui* (dt.: „Illustrationssammlung zur Maschinenkunstfertigkeit").
Kant, I. 2009. *Kritik der Urteilskraft*, Hrsg. Heiner F. Klemme Philosophische Bibliothek 507. Hamburg: F. Meiner.
Kollesch, J., und D. Nickel. 1994. *Antike Heilkunst – Ausgewählte Texte*. Stuttgart: Reclam.
Kullmann, W., und S. Föllinger, Hrsg. 1997. *Aristotelische Biologie. Intentionen, Methoden, Ergebnisse*. Stuttgart: F. Steiner.
La Mettrie, J. O. de. 2009. *L'homme machine* (*Die Maschine Mensch*) übers. u. Hrsg. v. C. Becker. Hamburg: F. Meiner.
Lefèvre, W. 2001. Jean Baptiste Lamarck. In *Darwin & Co. Eine Geschichte der Biologie in Portraits*, Hrsg. I. Jahn und M. Schmitt, Bd. 1. München: C.H. Beck.
Leibniz, G. W. 1956. *Monadologie*, übers. v. A. Buchenau, Hrsg. v. H. Herring. Hamburg: C.H. Beck.
Leonardo, Vinci da. 2006. *Das da Vinci Universum – Die Notizbücher des Leonardo*, Hrsg. Emma Dickens. Berlin: Ullstein.
Lovelace, Countess of. 1842. Translator's notes to an article on Babbage's Analytical Engine. In *Scientific Memoirs*, Hrsg. v. R. Taylor, Bd. 3, 691–731.
Mainzer, K. 1979. Entwicklungsfaktoren der Informatik in der Bundesrepublik Deutschland. In *Geplante Forschung. Vergleichende Studien über den Einfluss politischer Programme auf die Wissenschaftsentwicklung*, Hrsg. W. van den Daele, W. Krohn, und P. Weingart, 117–180. Frankfurt a. M.: Suhrkamp.

Meyer, K. 1998. *Geheimnisse des Antoni van Leeuwenhoek*. Lenerich: Pabst Science Publishers.
Needham, J., und Wang Ling. 1965. *Science and civilization in China*. Band 4. Teil 2 (Mechanical engineering). Cambridge: Cambridge University Press.
Oken, L. 1831. *Lehrbuch der Naturphilosophie*. Jena: Friedrich Fromman.
Paslack, R. 1991. *Urgeschichte der Selbstorganisation. Zur Archäologie eines wissenschaftlichen Paradigmas*. Braunschweig Vieweg.
Pauer, E. 2010. Japanische Automaten – Vorläufer der modernen Roboter? *Technikgeschichte* 77:4.
Phillips, E. W. 1936. Binary calculations. *Journal of the Institute of Actuaries* 67:187–221.
von Ranke-Graves, R. 1984. *Griechische Mythologie. Quellen und Deutung*. Hamburg: Rowohlt.
Routledge Hill, D., Hrsg. 1974. *The book of knowledge of ingenious mechanical devices by Ibn al-Razzaz al-Jazari*. Dordrecht: Reidel.
Scheeben, H. C. 1955. *Albertus Magnus*. Köln: Bonner Buchgemeinde.
Schelling, F. W. J. 1927. *Sämtliche Werke* Bd. II, Hrsg. v. M. Schröter. München: C.H. Beck.
Skilling, P. 1990. Lokapannatti. B.E. 2528 (1985). *Buddhist Studies Review* 7(1–2): 119–120. (UK Association for Buddhist Studies).
Snell, H. 1961. *Griechische Liebessagen und Schelmenstücke*. München: Heimeran.
Soriano, A., Hrsg. 1985. *Mechanische Spielfiguren aus vergangenen Zeiten*. Paris: Sauret.
Strandh, S. 1992. *Die Maschine. Geschichte – Elemente – Funktion*. Augsburg: Weltbild.
Thomas, von Aquin. 1933ff. *Summa theologica*. Graz: Pustet.
Vaucanson, J. de. 1738. *Le mécanisme du fluteur automate. Avec la description d'un canard artificiel, mangeant, beuvant, digerant & se vuidant . . . imitant en diverses manières un canard vivant . . .. Et aussi celle d'une autre figure . . . jouant du tambourin & de la flute*. Paris. Deutsche Ausgabe: *Beschreibung eines mechanischen Kunst-Stucks, und automatischen Flöten-Spielers, . . . samt Einer Description sowohl einer künstlich-gemachten Ente, . . . als auch einer andern gleichfalls wunderbaren Figur*. Augsburg 1748.
Wagner, C. 2009. The Japanese way of robotics: Interacting „naturally" with robots as a national character? In *Proceedings of the 18th IEEE international symposium on robots and human interactive communications*, 27.09.–02.10.2009, Toyama/Japan, 169–174.
Wuketits, F. 2005. *Darwin und der Darwinismus*. München: C.H. Beck.
Zuse, K. 1936. *Verfahren zur selbsttätigen Durchführung von Rechnungen mit Hilfe von Rechenmaschinen*. Deutsche Patentanmeldung Z 23624 (11. April 1936).
Zuse, K. 1962. Entwicklungslinien einer Rechengeräte-Entwicklung von der Mechanik zur Elektronik. In *Digitale Informationswandler*. Braunschweig 1962, Hrsg. W. Hoffmann, 508–532 Braunschweig: C.H. Beck.
Zuse, K. 1970. *Der Computer – mein Lebenswerk*. Berlin/München: Springer.

Leibniz und die künstliche Intelligenz

Lingua characteristica und *Calculus ratiocinator*

Stefania Centrone

Inhalt

Zusammenfassung

Dieser Artikel untersucht Gottfried Wilhelm Leibniz als Erfinder einiger Konzepte, die der künstlichen Intelligenz zugrunde liegen. Leibniz Ideen einer *lingua characteristica* und eines *calculus ratiocinator* werden an ihrem Entstehungsort, der *Dissertatio de Arte Combinatoria* (1666), untersucht. Zudem wird auf ihr Vorbild, die *ars magna* von Raymund Lull, hingewiesen und einige wichtige Ausarbeitungen der Leibnizschen Konzepte betrachtet, wie die *logische Grammatik* von Edmund Husserl, die *Algebra der Logik* von George Boole und die *Begriffsschrift* von Gottlob Frege. Darüber hinaus wird eine Interpretation der Leibnischen Konzepte im Lichte der Gödelschen Sätze versucht und die wichtigste Praezisierung des Begriffs eines Algorithmus, die *Turingmaschine*, analysiert. Schließlich werden Leibniz' Dualsystem und Leibniz' Rechenmaschine dargestellt.

S. Centrone (✉)
Logic and Philosophy of Science, Technische Universität München, München, Deutschland
E-Mail: stefania.centrone@tum.de

K. Mainzer (Hrsg.), *Philosophisches Handbuch Künstliche Intelligenz*,
https://doi.org/10.1007/978-3-658-19606-6_52

Schlüsselwörter

Leibniz · *Calculus ratiocinator* · *Lingua characteristica* · Husserl · Boole · Frege · Gödel · Turingmaschine

1 Einleitung

Die logischen Konzepte, die der künstlichen Intelligenz zugrunde liegen, haben sich im Laufe der Jahrhunderte aus der Arbeit einer Reihe begabter Denker entwickelt, die sich um die Beziehungen zwischen ihren Konzepten und deren physischen Realisierung bemüht haben. Zweifellos ist Gottfried Wilhelm Leibniz (1646–1716) einer der wichtigsten unter ihnen, wenn nicht der wichtigste. Dieser Aufsatz ist Leibniz' Beiträgen zur Mechanisierung des Denkens sowie einigen Interpretationen seiner bahnbrechenden Ideen der *lingua characteristica* und des *calculus ratiocinator* gewidmet.

In der Schrift von Leibniz mit dem Titel *De Arte Characteristica ad perficiendas scientias ratione nitentes*, die auf das Jahr 1688 datiert werden kann, findet der Leser eine der meist zitierten Stellen Leibniz' zu der Idee, dass rationales Argumentieren im Grunde analog zu einer Berechnung durchgeführt werden kann. Er schreibt:[1]

> Um zur Bezeichnung der Gedanken durch Zeichen zurückzukommen, glaube ich, dass die Streitfragen nie ein Ende haben werden und dass es nicht möglich sein wird, die Sekten zum Schweigen zu zwingen, wenn wir nicht von komplizierten Argumenten auf einfache Kalküle und von Ausdrücken vager und unbestimmter Bedeutung auf bestimmte Charaktere übergehen. Es muss uns gelingen, jeden Paralogismus zu einem Kalkül-Fehler und jedes Sophisma zu einem Solözismus oder einer Sprachwidrigkeit (*barbarismus*) zurückzuführen, welche dank der Gesetze der philosophischen Grammatik einfach entdeckt werden können. Wenn sich eine Meinungsverschiedenheit erhebt, so wird nicht mehr Diskussion zwischen zwei Philosophen nötig sein, als zwischen zwei Rechenspezialisten. Es reicht dann nämlich, die Stifte in die Hand zu nehmen, sich an die Rechentische zu setzen, und sich einander (wenn man möchte, nach Hinzuziehung eines Freundes) zu sagen: Rechnen wir's doch aus!

Vom Standpunkt der Entwicklung der künstlichen Intelligenz aus sind die leibnizschen Konzepte der *lingua characteristica* und des *calculus ratiocinator* kaum zu unterschätzen. Es handelt sich um zwei Hauptbausteine der heutigen Computer. Um Informationen zu verarbeiten, bedarf ein Computer (i) einer mit gewissen Eigenschaften der Übersichtlichkeit, leichten Erlernbarkeit, Eindeutigkeit, und Ausdrucksstärke versehenen künstlichen Sprache zur Kodierung der Begriffe, welche

---

[1] *AA* VI.4A, 912–913. Die Akademie Ausgabe der Werke Leibniz', *G.W. Leibniz, Sämtliche Schriften und Briefe* (Berlin 1990^{+}), kurz: *AA*, wird im Text nach römischer Reihennummer, arabischer Bandnummer und Seite mit einem Komma getrennt, zitiert.

algorithmisch behandelt werden sollen, und (ii) eines Algorithmus zur Verarbeitung der in der künstlichen Sprache kodierten Informationen.

In diesem Aufsatz werden wir uns zunächst mit Leibniz' *ars characteristica* (*lingua* und *calculus*) in der *Dissertatio de Arte Combinatoria* (1666)[2] beschäftigen (§ **2**), um danach auf ihr wichtigstes Vorbild, Raymund Lulls *ars magna* (§ **3**), einzugehen.

Daraufhin werden wir einige Interpretationen der leibnizschen Konzepte untersuchen, die sich aus Sicht der Mechanisierung des Denkens als sehr bedeutsam erwiesen haben. Hierbei wird die Interpretation der *lingua characteristica* vorgestellt, wie sie der Vater der Phänomenologie, Edmund Husserl (1859–1838) entwickelt hat und die viele Züge der *Theorie der semantischen Kategorien* von Stanislaw Leśniewski (1886–1939) und der *Kategorialgrammatik* von Kasiemierz Ajdukiewicz (1890–1963) aufweist (§ **4**). Danach werden wir auf die Ausarbeitung des Begriffs des *calculus ratiocinator* als *Logikkalkül* oder *Algebra der Logik* eingehen, wie sie der englische Mathematiker und Logiker George Boole (1815–1864) aufstellt (§ **5**), sowie auf einige Unterschiede, die der Vater der modernen Logik, Gottlob Frege (1848–1925), zwischen seiner *Begriffsschrift* und der formalen Sprache des italienischen Mathematikers Giuseppe Peano (1858–1932), erkennt (§ **6**). Ferner werden wir uns einer Interpretation der *lingua characteristica* und des *calculus ratiocinator* im Lichte der gödelschen Sätze annehmen (§ **7**), um danach die wichtigste Verwirklichung von Leibniz' Traum im 20. Jahrhundert, die Turingmaschine, zu betrachten (§ **8**).

Schließlich kehren wir zu Leibniz zurück, um uns einerseits mit einer Reihe spezifischer Ideen von Leibniz zu beschäftigen, die wie das duale System eine direkte Anwendung in der heutigen Informationswissenschaft haben (§ **9**), andererseits werden wir Leibniz' Versuch darstellen, eine Rechenmaschine konkret zu konstruieren (§ **10**).

2 Die *ars characteristica* beim frühen Leibniz

Lebniz' Jugendwerk, die *Dissertatio de arte combinatoria*, ist die Erweiterung einer mit *Disputatio de arithmetica complexionibus* betitelten Abhandlung, die Leibniz 1666 an der Philosophischen Fakultät Leipzig einreichte, um eine Dozentenstelle zu erhalten.[3] Über die Wichtigkeit der *Dissertatio* äußert sich Leibniz wiederholt in seinen späteren Werken.[4] Um nur ein Beispiel zu nennen, schreibt Leibniz in einem

[2] *AA VI*, 1, 163–230.; *G IV*, 27–102. Die *Philosophischen Schriften von G.W. Leibniz* (Berlin 1875–90), kurz: *G*, werden im Text nach römischer Bandnummer und arabischer Seitennummer mit einem Komma getrennt, zitiert.

[3] *AA VI*, 1, 163–230; *G IV*, 27–102.

[4] Vgl. beispielsweise *AA VI*, 1, 279; *G VII*, 185; *G VII*, 293; *G III*, 620.

Text, welcher auf den Sommer 1679 datiert werden kann,[5] er sei, „schon als Knabe auf [. . .] Betrachtungen geführt worden", die ihn zu einer Entdeckung von erstaunlicher Tragweite geführt haben: „Es müsste sich [. . .] ein *Alphabet der menschlichen Gedanken* ersinnen und durch die Verknüpfung seiner Buchstaben und die Analysis der Worte, die sich aus ihnen zusammensetzen, alles andere entdecken und beurteilen lassen."[6] Er behauptet, es sei möglich, das gesamte (in der *Enzyklopädie* enthaltene) Wissen auf einige wenige Grundelemente (Grundbegriffe und Grundsätze) durch Analyse (*Analysis*) mit einem Prezedere zurückzuführen, das der Primfaktorzerlegung analog ist. Den Grundbegriffen sollen Zeichen für Grundbegriffe, den Verknüpfungen sollen Zeichen für Verknüpfungen und den Relationen sollen Zeichen für Relationen zugeordnet werden. Jedem Denkschritt entspricht eine analoge Operation in den Zeichen. Ordnen wir jedem einfachen Begriff ein Zeichen zu und stellen wir ferner gewisse allgemeine Regeln der Verknüpfung dieser Zeichen auf, so gewinnen wir eine symbolische Sprache die ihre eigenen Gesetze hat. Die Verletzung dieser Gesetze, müsste sich dann für uns an der Form der Zeichen selbst verraten, sodass wir einen latenten logischen Widerspruch in den Denkschritten an direkt sinnlich fassbaren „unmöglichen" Zeichenkombinationen sichtbar machen können.[7]

In einem Brief an Walter von Tschirnhaus,[8] der Ende Dezember 1679 datiert ist, preist Leibniz seine Entdeckung so:[9]

> Als ich achtzehn war, schrieb ich ein Büchlein mit dem Titel *De Arte Combinatoria* [. . .] und entdeckte einen sicheren Faden für das Denken (*certum meditandi filum*), bewundernswertes Hilfsmittel der wahren Analyse, dessen Korollar die [künstliche] Sprache oder die allgemeine Charakteristik ist.

In seiner 1901 erschienenen *La Logique de Leibniz*, welche eine detaillierte Studie zu Leibniz' Nachlass enthält, fasst der französische Logiker, Mathematiker

[5]In der *Akademie* Ausgabe trägt diese Schrift den Titel „*De Numeris Characteristicis ad Linguam Universalem Constituendam*" *AA VI*, 4, 263–270. In der *Gerhardt* Ausgabe wird diese Schrift wie folgt gekennzeichnet: „*Ohne Überschrift, die Characteristica Universalis betreffend*" *G VII*, 184–189.

[6]*AA VI*, 4, 264–265: *G VII*, 185.

[7]Zu dieser Interpretation vgl. Cassirer 1929 *III*, 411 ff.

[8]Ehrenfried Walther von Tschirnhaus (Kieslingswalde 1651-Dresden 1708) was ein Deutscher Naturforscher (Mathematiker, Physiker, Philosoph). Er stand in Beziehung zu den größten Wissenschaftlern und Philosophen seiner Zeit, unter anderen, Huygens, Newton, Spinoza und Leibniz. In der Mathematik untersuchte er die Lösung algebraischer Gleichungen und wandelte sie in Binomialgleichungen um (*T Umformungen*). In der Philosophie veröffentlichte er 1687 eine *Medicina mentis*, die das spinozianische Thema der ethischen Funktion der Philosophie (verstanden als „Medizin" des Geistes) aufgreift und, in der Logik, die Frage der Definition anschneidet, die im Deutschland des 18. Jahrhunderts breite Resonanz in der logisch-methodologischen Debatte finden wird.

[9]*AA II*, 1, 782–785, hier: 784.

und Linguist Louis Couturat (1868–1914) Leibniz' Ergebnisse in der *Dissertatio* wie folgt zusammen:[10]

> [Der junge Leibniz war der Meinung,] alle Wahrheiten können anhand der Analyse der in ihnen vorkommenden Begriffe aus einer kleinen Anzahl einfacher Wahrheiten hergeleitet werden sowie alle Begriffe können durch Analyse auf eine kleine Anzahl primitiver und undefinierbarer Begriffe zurückgeführt werden. Wäre dies getan, so genüge es, solche einfache Begriffe, wahre Elemente alles Denkens, vollständig aufzulisten, mit Zahlen zu versehen, und miteinander zu kombinieren, um alle zusammengesetzten Begriffe durch einen unfehlbaren Vorgang zu erhalten. So würde man ein Alphabet der menschlichen Gedanken bilden und alle zusammengesetzten Begriffe wären nichts anders als Kombinationen einfacher Begriffe, genauso wie Wörter und Sätze unendlich variierte Kombinationen der 25 Buchstaben des Alphabets sind.

Aus der Perspektive der künstlichen Intelligenz kann Leibniz' *lingua characteristica* als ein Zeichensystem zur Kodierung der einfachen Begriffe angesehen werden und Leibniz' *calculus ratiocinator* als ein Komplex von Regeln äußerst allgemeiner Natur, die die Bedingungen des Operierens mit Symbolen bestimmen.

Leibniz scheint zu glauben, dass alle deduktiven Probleme, wie beispielsweise das Problem, ob eine gewisse Konklusion aus gewissen Prämissen logisch folgt, in die *lingua characteristica* kodiert und durch den *calculus ratiocinator entschieden* werden können. Wir können diese Idee durch das folgende Schema bildlich darstellen (Abb. 1):

Was bedeutet aber, dass der *calculus ratiocinator* ein deduktives Problem „*entscheidet*"? Bevor wir uns dieser Frage zuwenden, werfen wir einen Blick auf Leibniz' Vergangenheit. Was oder wer diente Leibniz als Inspirationsquelle für seine Ideen der *lingua* und des *calculus*?

Abb. 1 Leibniz' *Calculus ratiocinator*. (Quelle: eigenen Darstellung)

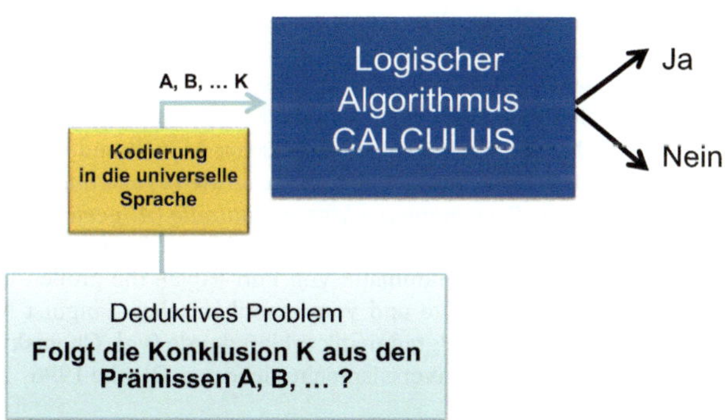

[10]Vgl. Couturat 1901, 34–35.

3 Vorbilder der *ars characteristica*, insbesondere die *ars magna* von Raymund Lull

Leibniz ist weder der einzige noch der erste, der versucht hat eine *ars characteristica* zu entwickeln.[11] Er selbst verweist auf die *ars magna* (*Große Kunst*) des mallorquinischen Philosophen, Logikers und später franziskanischen Theologen, Raymund Lull (1232–1316), als Inspirationsquelle für seine *ars characteristica*.[12] Einige bezeichnen Lull darüber hinaus sogar „als gemeinen Ursprung der modernen Computertheorie“.[13]

Der *corpus lullianus* ist enorm und beinhaltet über 280 Titel.[14] Einige der wichtigsten Ergebnisse sind in einem etwa 1305 angefertigten aber 1500 veröffentlichten Werk, der *Ars generalis ultima*,[15] enthalten, sowie im dazugehörigen Kompendium, der *Ars Brevis*, enthalten.[16] Unsere Ausführungen orientieren sich nach der *Ars Brevis*.

---

[11]Vgl. Eco 1993: *La ricerca della lingua perfetta nella cultura europea* (*Die Suche nach der perfekten Sprache in der Europäischen Kultur*). Unter den verschiedenen Projekten, eine *lingua generalis* zu entwickeln, siehe insbesondere Francis Bacon (1561–1626), in Bacon 1603 (*The Advancements of Learning*), 121 und 1623 (*De Augmentis Scientiarum*), 522. René Descartes (1596–1650) weist in einem Brief an den Pater Mersenne vom 20 November 1629 auf die Notwendigkeit eines universellen Schriftensystems hin, welches nach dem Vorbild der Zahlbildung für die numerischen Zahlenreihe mittels einiger weniger Grundbegriffe alle anderen Begriffe konstruiert und zugleich ein Mittel für ihre systematische Nomenklatur an die Hand gibt: („Man sollte sämtliche Gedanken methodisch so anordnen, wie die natürliche Zahlenreihe methodisch angeordnet ist. Wie man an einem einzigen Tag in irgendeiner fremden Sprache sämtliche Zahlen bis ins Unendliche zu nennen und zu schreiben erlernen kann, die Zahlen, die jedenfalls eine endlose Reihe von Kombinationen bilden, ebenso muss man die Möglichkeit finden, sämtliche Wörter zu konstruieren, die erforderlich sind, um alles auszudrücken, was dem menschlichen Verstand einfällt und einfallen kann [...] Die Erfindung einer solchen Sprache hängt von der wahren Philosophie ab. Nur sie ist in der Lage, sämtliche Gedanken der Menschen aufzuzählen, harmonisch aneinanderzureihen und zugleich klar und einfach zu machen [...]. Alles hängt davon ab, die einfachen Ideen zu finden, die der Vorstellung jedes Menschen eigentümlich sind und aus denen sich alles zusammensetzt, was die Menschen denken.“) Der französische Philosoph Antoine Arnauld (1612–1694) und der jansenistischer Mönch und Linguist Claude Lancelot (1615–1695) veröffentlichten 1660 eine *Grammaire générale et raisonnée contenant les fondements de l'art de parler, expliqués d'une manière claire et naturelle* (*Allgemeine und rationale Grammatik, beinhaltend die Grundlage der Kunst des Sprechens, erklärt in einer klaren und natürlichen Weise*) und entwickelten darin die Grammatik von Port-Royal, die großen Einfluss auf viele Projekte des 17. und 18. Jahrhunderts hatte und vom amerikanischen Linguist Noam Chomsky (1928+) als Vorläufer zu seiner Universalgrammatik erklärt wurde (vgl. Chomsky 1966). Für einen Überblick über weitere Projekte einer Universalsprache siehe u. a. Blanke 1996, 27–35; Cohen 1954, 49–63; Rossi 1960.

[12]Brief an den Herzog Johann Friedrich von Hannover (Oktober 1671). *AA II*, 1, 260–269, hier: 261.

[13]Künzel und Cornelius 1991, 23.

[14]Vgl. das Verzeichnis der *Raimundi Lulli Opera Latina*, Lull 1959+.

[15]Lull 1970.

[16]Lull 1999.

	PRINCIPIA ABSOLUTA	PRINCIPIA RELATIVA	QUESTIONES	SUBJECTA	VIRTUTES	VITIA
B	Bonitas	Differentia	Utrum?	Deus	Iustitia	Avaritia
C	Magnitudo	Concordantia	Quid?	Angelus	Prudentia	Gula
D	Aeternitas	Contrarietas	De quo?	Coelum	Fortitudo	Luxuria
E	Potestas	Principium	Quaere	Homo	Temperantia	Superbia
F	Sapientia	Medium	Quantum	Imaginatio	Fides	Acidia
G	Voluntas	Finis	Quale?	Sensitiva	Spes	Invidia
H	Virtus	Majoritas	Quando?	Vegetativa	Charitas	Ira
I	Veritas	Aequalitas	Ubi?	Elementativa	Patientia	Mendacium
K	Gloria	Minoritas	Quomodo? Cum quo?	Instrumentativa	Pietas	Inconstantia

Abb. 2 Lulls Alphabet. (Quelle: eigene Darstellung)

Lulls logisches System, welches er in der *Ars Brevis* präsentiert, besteht aus einem Alphabet und vier Figuren. Ersteres enthält neun Buchstaben: **B** bis **K**, die in Abb. 2 in der ersten vertikalen Spalte notiert sind.

Mit jedem Zeichen des Alphabets sind sechs Kategorienbegriffe assoziiert, welche in der ersten waagerechten Reihe notiert sind: *absolute Prinzipien, relative Prinzipien, Fragen, Subjekte, Tugenden, Laster.* Unter jede Kategorie fallen neun Begriffe, von denen ein jeder mit einem der Buchstaben assoziiert ist.

Die erste Figur, die in Abb. 3 zu sehen ist, nennt Lull „**A**“ nach dem ersten Buchstaben des phönizischen und hebräischen Alphabets „Aleph“. „**A**“ steht für „Gott“. Diese Figur besteht in der *Ars Brevis* aus drei konzentrischen Kreisen, auf denen die neun Buchstaben und die neun Grundbegriffe einmal in ihrer nominalen und einmal in ihrer prädikativen Form verzeichnet sind. Die Kreise sind als Scheiben vorzustellen, die sich um dieselbe Achse drehen. Durch das Drehen der Kreisscheiben erhält man alle Kombinationen der Form Subjekt-Kopula Prädikat (S-ist-P), die durch die neun Grundbegriffe gebildet werden können. In der Figur **A** können Subjekt und Prädikat ausgetauscht werden, wie beispielsweise: „Güte ist groß“ und „Größe ist gut“ (Beispiele Lulls).[17] Die Linien innerhalb des innersten Kreises verbinden die einzelnen Grundbegriffe miteinander. Es gibt 36 Verbindungslinien, aber wegen der Austauschbarkeit von Subjekt und Prädikat ergeben sich insgesamt 72 Grundbegriffskombinationen. „In dieser Figur sucht (*inquirit*) der Benutzer dieser Art nach den natürlichen Verbindungen zwischen Subjekt und Prädikat sowie nach ihrer Anordnung und ihrem Verhältnis (*dispositionem et proportionem*) zueinander, sodass er den Mittelbegriff zum Bilden eines Schlusses finden kann.“[18] Figur **A** soll die Bildung korrekter Syllogismen ermöglichen.

In der Begrifflichkeit der modernen Mathematik stellt Figur A einen Graphen dar, d. h. eine abstrakte Struktur, mit neun Eckpunkten (siehe Abb. 4).

Die Linien zwischen den Eckpunkten werden „Kanten“ genannt, und stellen eine paarweise Verbindung zwischen den Eckpunkten dar. Der von Lull beschriebene Graph ist eine sogenannte Clique, d. h. ein Graph bei dem jede Ecke mit jeder

[17] loc. cit.

[18] Lull 1999, 9.

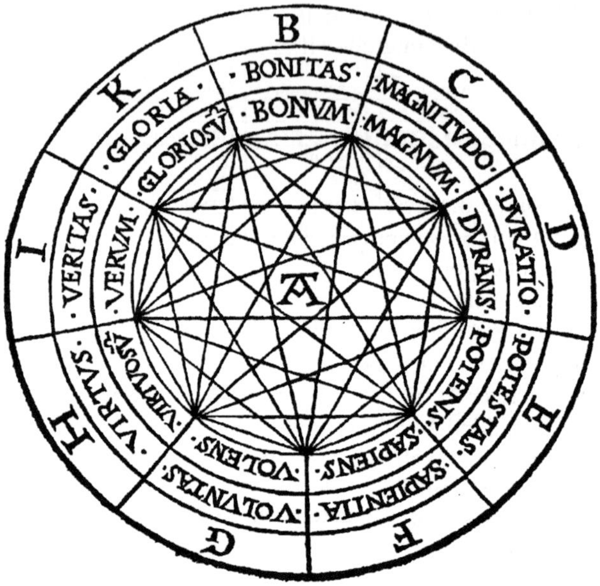

Abb. 3 Lulls Figur „A“. (Quelle: Llull, Ars magna generalis et ultima (per B. Lavinheta limata), 1517)

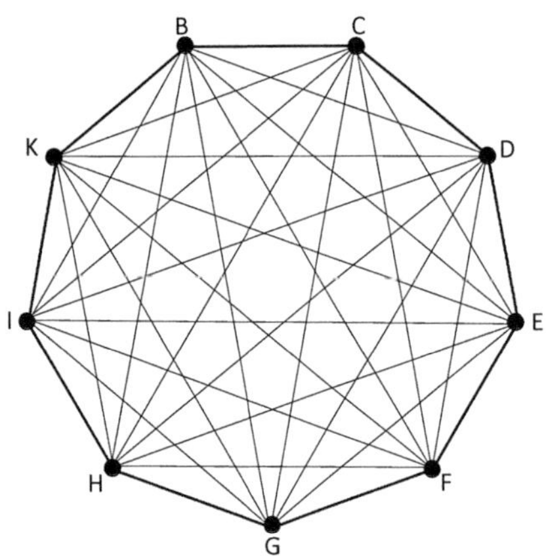

	B	C	D	E	F	G	H	I	J
B	0	1	1	1	1	1	1	1	1
C	1	0	1	1	1	1	1	1	1
D	1	1	0	1	1	1	1	1	1
E	1	1	1	0	1	1	1	1	1
F	1	1	1	1	0	1	1	1	1
G	1	1	1	1	1	0	1	1	1
H	1	1	1	1	1	1	0	1	1
I	1	1	1	1	1	1	1	0	1
J	1	1	1	1	1	1	1	1	0

Abb. 4 Lulls Figur „A“ (Graph). (Quelle: eigene Darstellung)

anderen Ecke verbunden ist. Wir sehen insbesondere, dass dieser Graph *ungerichtet* ist, da man die Prädikation umkehren kann. Darüber hinaus ist der Graph schleifenfrei, d. h. keine Ecke wird mit sich selbst verbunden, da Lull die Selbstprädikation nicht explizit berücksichtigt. Die Einträge auf der Diagonalen der Inzidenzmatrix (d. h. der Tabelle, welche die Beziehungen der Knoten und der Kanten darstellt) werden als 0 und alle anderen als 1 bezeichnet.

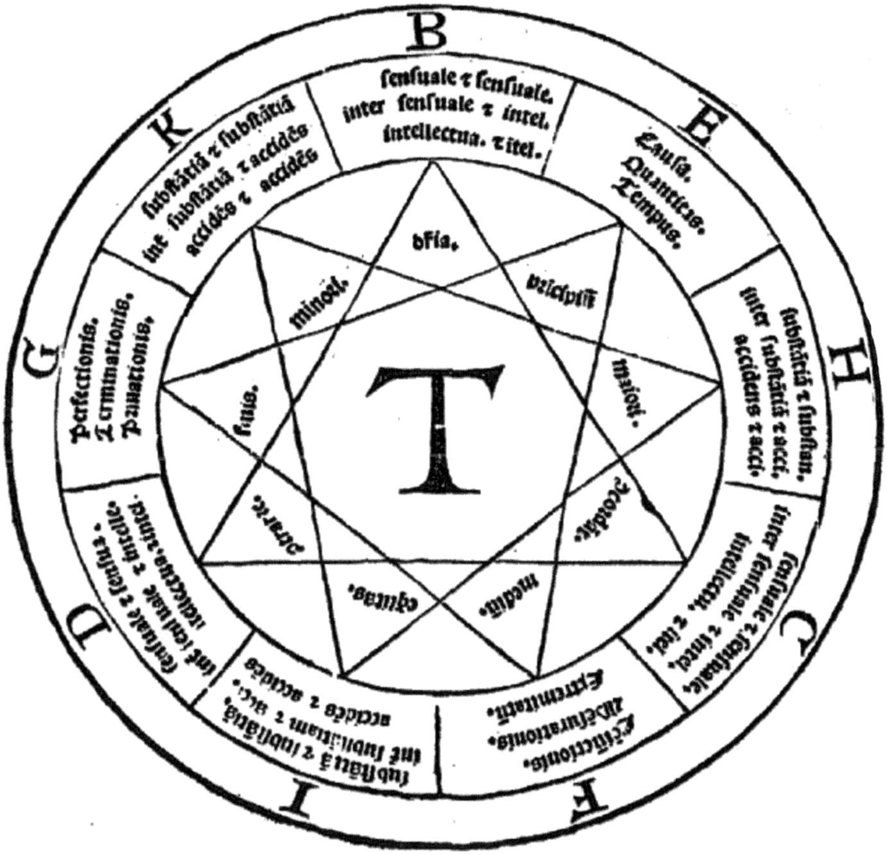

Abb. 5 Lulls Figur „T". (Quelle: Llull, Ars magna generalis et ultima (per B.Lavinheta limata), 1517)

Die zweite Figur „**T**", die in Abb. 5 zu sehen ist, besteht aus der Überschneidung von drei Dreiecken, von denen in den Manuskripten das erste (BCD) grün, das zweite (EFG) rot und das dritte (HJK) gelb gefärbt sind.

Es handelt sich um keine kombinatorische Figur, sondern eher um eine visuelle Gedächtnisstütze, um sich die festen Verhältnisse zwischen den relationalen Begriffen und „allem, was ist (*quidquid est*)"[19] in Erinnerung zu rufen.

Die Figuren **A** und **T** werden in der *dritten Figur* zusammengefasst. Diese Figur trägt in der *Ars Brevis* keinen besonderen Namen und besteht aus 36 Zellen (Abb. 6).

[19]Lull 1999, 9.

Abb. 6 Lulls dritte Figur. (Quelle: eigene Darstellung)

BC	CD	DE	EF	FG	GH	HI	IK
BD	CE	DF	EG	FH	GI	HK	
BE	CF	DG	EH	FI	GK		
BF	CG	DH	EI	FK			
BG	CH	DI	EK				
BH	CI	DK					
BI	CK						
BK							

In jeder Zelle sind zwei Buchstaben enthalten, welche für das Subjekt und das Prädikat stehen. Jeder Buchstabe kann für alle Bedeutungen der Figur **A** und für alle Bedeutungen der Figur **T** stehen. Überdies kann jeder Buchstabe mit jedem anderen (bis auf sich selbst) kombiniert werden. „Diese Figur", so Lull, „ist ausgesprochen allgemein, wodurch der Verstand in ganz besonderer Weise offen wird für die Gewinnung von Erkenntnissen."[20] Stillschweigend lässt Lull nur Kombinationen aus den Kategorien der *principia absoluta* und der *principia relativa* zu.[21] Demgemäß löst die dritte Figur in der heutigen Begrifflichkeit *die Aufgabe, die Anzahl aller zweielementigen Teilmengen aus einer 9-elementigen Menge zu finden.*

Die vierte Figur, die in Abb. 7 dargestellt ist, ist die allgemeinste und fasst all die bisher vorgestellten zusammen.

Sie besteht aus drei mit den Buchstaben des Lull'schen Alphabets verzeichneten Kreisen. Dabei ist der äußere Kreis im Gegensatz zu den beiden inneren unbeweglich. Der mittlere Kreis wird gegen den äußeren Kreis, während der innere gegen den mittleren gedreht wird. Auf dieser Weise werden *alle* Dreierkombinationen der neun Buchstaben *unter Berücksichtigung der Reihenfolge* (BCD, CDE, ...) mechanisch generiert. Die Aufgabe, welche Lull lösen wollte, ist in der heutigen Begrifflichkeit diejenige, *alle möglichen Variationen ohne Wiederholung von 3 Buchstaben aus einer 9-elementigen Buchstabenmenge zu finden.*

---

[20]Lull 1999, 19.

[21]Grob gesprochen betrachtet er für die erste Kammer BC nur die folgenden Kombinationen:

	PRINCIPIA ABSOLUTA	PRINCIPIA RELATIVA
B	Bonitas	Differentia
C	Magnitudo	Concordantia

Bonitas est {*Differentia, Magnitudo, Concordantia*}; Magnitudo est {*Bonitas, Differentia, Concordantia*}; Differentia est {*Bonitas, Magnitudo, Concordantia*}; Corcordantia est {*Bonitas, Magnitudo, Differentia*}. Außerdem sind *Differentia* (Unterschied) und *Concordantia* (Übereinstimmung) zwei der drei Relationalen Begriffe, welche die Eckpunkte des Dreiecks BCD aus Figur T besetzen. Der dritte relationale Begriff, der *Gegensatz* wird nicht berücksichtigt, denn Lull legt als Bedingung der Figur T fest, dass „eine Kammer der anderen nicht entgegengesetzt sein [soll]" (loc. cit. 19).

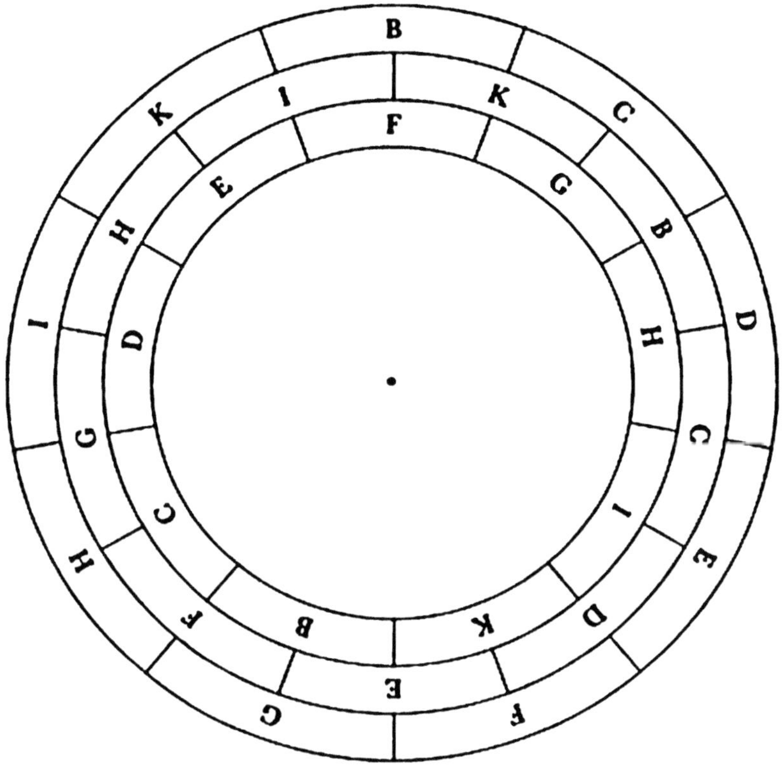

Abb. 7 Lulls vierte Figur. (Quelle: eigene Darstellung)

Insbesondere sollen **(i)** die *Reihenfolge* sowie **(ii)** die *Vermeidung von Wiederholungen* berücksichtigt werden. So sind beispielsweise (B,C,D) und (B,D,C) verschiedene Variationen. *Die Anzahl der Variationen ohne Wiederholung von k Objekten aus einer Menge von n Objekten wird in der heutigen Kombinatorik durch die folgende Gleichung berechnet*:

$$\frac{n!}{(n-k)!}$$

wobei n! die Fakultät von *n*, d. h. das Produkt aller natürlichen Zahlen von 1 bis n

$$n! = 1 \cdot 2 \cdot 3 \cdot \ldots \cdot n$$

ist.

Kommen wir nun zu einigen wichtigen Interpretationen bzw. Ausarbeitungen von Leibniz' Errungenschaften: *lingua* und *calculus*.

4 Husserls Interpretation der *lingua characteristica*.

Der Vater der Phänomenologie, Edmund Husserl, interpretiert Leibniz *lingua characterstica* in einer Richtung, die Leśniewskis *Theorie der semantischen Kategorie*[22] sowie Ajdukiewicz' *Kategorialgrammatik*[23] vorwegnimmt. Über Husserl als Vorgänger Leśniewskis äußert sich der polnische Logiker Alfred Tarski (1901–1983) wie folgt:[24]

> [Der] Begriff [der semantischen (oder Bedeutungs-) Kategorien], welcher von E. Husserl stammt, wurde durch Leśniewski in die *Untersuchungen über die Grundlagen der deduktiven Wissenschaften* eingeführt. Formal betrachtet, ist die Rolle dieses Begriffs bei dem Aufbau einer Wissenschaft analog der Rolle des Begriffs Typus im System der *Principia Mathematica* von Whitehead und Russell; was aber seinen Ursprung und seinen Inhalt anbelangt, entspricht er (annäherungsweise) eher dem aus der Grammatik der Umgangssprache wohl bekannten Begriff des Redeteiles. Während die Typentheorie hauptsächlich als eine Art Vorbeugungsmittel gedacht war, das die deduktiven Wissenschaften vor eventuellen Antinomien bewahren sollte, dringt die Theorie der semantischen Kategorien so tief in die fundamentalen, die Sinnhaftigkeit der Ausdrücke betreffende Intuitionen hinein, dass es kaum möglich ist, sich eine wissenschaftliche Sprache vorzustellen, deren Aussagen einen deutlichen inhaltlichen Sinn besitzen, deren Bau jedoch mit der in Rede stehenden Theorie in einer ihrer Auffassungen nicht in Einklang gebracht werden kann.

Aber Leśniewski selbst hatte auf die Vorgängerschaft Husserls hingewiesen:[25]

> Im Jahre 1922 habe ich eine Konzeption der „semantischen Kategorien" skizziert, die mir diese oder jene – meiner Ansicht nach jeder intuitiven Begründung entbehrenden – „Hierarchie der Typen" ersetzen sollte. Diese Konzeption, um überhaupt sinnvoll reden zu wollen, wäre ich auch anzuerkennen gezwungen, auch wenn es auf der Welt keinerlei „Antinomien" gäbe. Indem meine Konzeption der semantischen Kategorien in Bezug auf ihre theoretischen Konsequenzen in enger formaler Verwandtschaft mit den bekannten Theorien der logischen Typen blieb, knüpfte sie, was ihre intuitive Seite anbetrifft, eher an die Tradition der „Kategorien" von Aristoteles, der „Redeteil" der traditionellen Grammatik und der Bedeutungskategorien von Herrn Edmund Husserl an.

In seiner *vierten logischen Untersuchung* (*Der Unterschied der selbstständigen und unselbstständigen Bedeutungen und die Idee der reinen Grammatik*) schreibt Husserl: „Innerhalb der reinen Logik gibt es eine Sphäre von [...] Gesetzen die, im Unterschiede von den logischen Gesetzen im üblichen [...] Sinne, mit guten Gründen als rein grammatische zu bezeichnen wären." [26] Es lohnt sich, Husserls Argumente in § 14 der *vierten Untersuchung* (*Die Gesetze des zu vermeidenden Unsinns*

[22]Vgl. Leśniewski 1929.

[23]Vgl. Ajdukiewicz 1935.

[24]Tarski 1935, 75.

[25]Leśniewski 1929, 14.

[26]Edmund Husserl, *Logische Untersuchungen*. Bd II/1: *Untersuchungen zur Phänomenologie und Theorie der Erkenntnis* (1901, ^{2}1913). Fortan: *LU*. Hier: *LU IV*, 295.

und diejenigen des zu vermeidenden Widersinns. Die Idee der reinen Grammatik)[27] genauer zu verfolgen:[28]

> [A]priorischen Bedeutungsgesetze [...] sind es, welche den vom Rationalismus des 17. und 18. Jahrhunderts concipirten Gedanken einer universellen Grammatik einen sicheren Halt geben. [...] Instinktiv hatten die älteren Grammatiker [...] die bezeichnete Gesetzessphäre im Auge, wenn sie sie auch nicht zu begrifflicher Klarheit zu bringen vermochten.

Philosophisch ist, so Husserl, die reine Grammatik „von allergrößtem Interesse". [29] Man sollte sich klar machen, dass „aller Tadel der alten Lehre von einer *grammaire générale et raisonné* nur die Unklarheit ihrer historischen Gestaltungen und die Vermengung von Apriorischem und Empirischem trifft".[30] „Es ist für die Sprachforschung von fundamentaler Bedeutung [...], dass die Sprache nicht bloß ein physiologisches, psychologisches und kulturhistorisches, sondern auch ein apriorisches Fundament hat."[31]

Die rein logische Grammatik oder „*Formenlehre der Bedeutungen*",[32] wie Husserl sich ausdrückt, untersucht (i) die „reinen Bedeutungskategorien", d. h. die grundlegenden semantischen Kategorien, (ii) die Formen der Verbindung zwischen den „niederen Bedeutungselementen zu den einfachen Sätzen",[33] (iii) die Formen der Verbindung von Sätzen zu Sätzen (insbesondere solche, die deduktiv relevant sind, wie die Konjunktion, die Disjunktion und die Implikation)[34] sowie (iv) die Gesetze, die „die schrittweisen Complicationen [bestimmen], durch welche eine unendliche Mannigfaltigkeit neuer und immer neuer Formen aus den primitiven erwächst".[35]

Was will Husserl unter „semantischen Kategorien" verstanden wissen?

Analysieren wir einen einfachen kategorischen Satz, d. h. ein Satz von der Form *Subjekt-Kopula-Prädikat*, so kommen wir höchstwahrscheinlich zu dem Schluss, dass auf jeden Fall die Kategorien *Subjekt* und *Prädikat* zu den grundlegenden semantischen Kategorien gehören. Eine Kategorie ist aber ein Gattungsbegriff, unter den alle Satzelemente fallen die mit Bezug auf unser Beispiel als Subjekt oder als Prädikat in einem kategorischen Satz vorkommen können. Analysieren wir aber die Sprache unabhängig von ihrer Sinnhaftigkeit, so ist das, was wir eigentlich suchen,

---

[27] *LU IV*, 334–342.

[28] *LU IV*, 334–342.

[29] *LU IV*, 338.

[30] loc. cit.

[31] loc.cit.

[32] Siehe beispielsweise den Titel des § 13. *Die Gesetze der Bedeutungscomplexion und die logische Formenlehre. LU IV*, 328; oder *LU IV*, 338: „Wir können abschließend sagen: Innerhalb der reinen Logik grenzt sich als eine, an sich betrachtet erste und grundlegende Sphäre, die *reine Formenlehre der Bedeutungen* [...] ." Meine Kursivierung.

[33] Vgl. *LU Proleg.*, § 67, 244.

[34] *LV96*, 140.

[35] Vgl. *LU Proleg.*, § 67, 244.

wie ein Subjekt*ausdruck* und ein Prädikat*ausdruck* zusammengesetzt werden sollen, um eine kategorische Satz*form* zu erhalten. Die logische Grammatik bedarf also zunächst eines Alphabets, das Subjekt*ausdrücke* und Prädikat*ausdrücke* und überdies auch alle Zeichen enthält, die notwendig sind, um die Sprache als syntaktisches Gebilde zu gewinnen. Blicken wir auf die Art und Weise, wie wir die Sprache verwenden, so können wir sagen, dass sie zwei Hauptaufgaben erfüllt: (i) Individuen *zu bezeichnen* und (ii) *darzutun*, dass *es sich so und so verhält*. Das Alphabet wird also Zeichen enthalten, die *Gegenstände*, solche die *Eigenschaften* und *Relationen* und solche die *Verfahren* bezeichnen. Darüber hinaus wird es auch *Zeichen für Verknüpfungen zwischen Satzelementen* und *Zeichen für Verknüpfungen zwischen Sätzen* geben müssen. Sieht man genauer hin, so sind die grundlegenden semantischen Kategorien auf der Basis der bisherigen Überlegungen eher *Kategorien von Typen von Ausdrücken* als Bedeutungskategorien. Die Kategorie der Ausdrücke, die eine *hinweisende* Funktion erfüllen, wird „Kategorie der *Termformen*", die Kategorie der Ausdrücke, die eine *deklarative* Funktion erfüllen, wird „Kategorie der *Aussagenformen*" genannt. Nun ist aber ein *Gattungsbegriff*, extensional betrachtet eine *Menge*. Die Kategorie der Terme wird als Menge betrachtet, die alle möglichen Termformen enthält. Die Kategorie der Aussagen wird als Menge betrachtet, die alle möglichen Aussageformen enthält. Eine Menge kann aber nicht nur als Extension eines Prädikats, sondern auch *induktiv* definiert werden. Die induktive Definition ist eine *konstruktive Methode* zur Definition einer Menge von Objekten aus Basisobjekten mittels gewisser Erzeugungsregeln, die beschreiben, wie man aus gegebenen Elementen neue gewinnen kann.

Es ist in der Literatur über die *vierte logische Untersuchung* von Edmund Husserl schon oft bemerkt worden, dass Husserls logische Grammatik das Konzept einer *formalen Sprache* sowie die Modalitäten ihrer Bildung, die wir gerade beschrieben haben, deutlich vorwegnimmt.[36]

Die reine logische Grammatik stellt keine Fragen in Hinsicht auf die Gegenständlichkeit bzw. Wahrheit der sprachlichen Gebilde. Sie bildet aber die *ideale Struktur* aller Sprachen und wird von jeder Sprache stillschweigend vorausgesetzt oder, was dasselbe ist, in jeder Sprache wird die grammatikalische Richtigkeit bzw. Wohlgeformtheit der sprachlichen Ausdrücke gewährleistet. Die Syntax jeder Sprache schließt a priori Gebilde aus, die nicht wohl-geformt sind. Die reine Grammatik

> legt das ideale Gerüst bloß, das jede faktische Sprache [...] in verschiedener Weise mit empirischem Material ausfüllt und umkleidet. Wie viel vom tatsächlichen Inhalt der historischen Sprachen, sowie von ihren grammatischen Formen in dieser Weise empirisch bestimmt sein mag, an dieses ideale Gerüst ist jede gebunden; und so muss die theoretische Erforschung desselben eines der Fundamente für die letzte wissenschaftliche Klärung aller Sprache überhaupt ausmachen (*LU IV*, 338–339).

[36]Vgl. u. a. Centrone 2010, 114 ff.

5 Booles Interpretation des *calculus* ratiocinator

Die progressive Entfernung der Algebra des 19. Jahrhunderts von ihrer traditionellen Interpretation als Größenlehre erreicht den Höhepunkt mit dem *Logikkalkül* oder der *Algebra der Logik* des Englischen Mathematiker und Logiker George Boole (1815–1864), welches die Grundlage für die moderne Computertechnik bildet. In der *Einleitung* zu seinem ersten wichtigen Werk, *The Mathematical Analysis of Logic* (1847), schreibt Boole: [37]

> Wer mit dem gegenwärtigen Stand der symbolischen Algebra vertraut ist, weiß, dass die Geltung der Prozesse der Analysis nicht von der Interpretation der vorkommenden Symbole, sondern nur von den Gesetzen ihrer Verknüpfung abhängt. Jede Art der Interpretation, die die Geltung der vorausgesetzten Relationen nicht beeinflusst, ist gleich zulässig, und daher kann dasselbe Verfahren bei der einen Interpretation die Lösung eines Problems der Zahlenlehre, bei einer anderen Interpretation die Lösung eines Problems der Geometrie, bei einer Dritten, die Lösung eines Problems der Dynamik oder Optik liefern.

Das Logikkalkül ist ein System von Gleichungen, die strukturelle Eigenschaften von Operationen unabhängig von der Interpretation der angewendeten Zeichen festlegen. Man kann den Logikkalkül als algorithmisches Zeichensystem für die geregelte Herleitung von Zeichen aus Zeichen ansehen, das verschiedenen Objektgebieten dienen kann, also nicht nur Zahlen- oder Größengebieten, sondern auch Bereichen, deren Gegenstände Sätze, Konzepte und im Allgemeinen *qualitative Daten* sind.

In seinem 1854 erschienenen Meisterwerk, *The Laws of Thought*, nimmt sich Boole vor, die *Gesetze des Denkens* zu untersuchen, d. h. die Gesetze jener Operationen des Geistes, die das rationale Argumentieren ermöglichen. Auf diese Gesetze soll das Logikkalkül gegründet werden.[38] (Wir sehen hier von der Frage ab, ob Boole ein logischer Psychologist ist oder nicht.)[39]

Boole unterscheidet zwischen *allgemeinen* und *grundlegenden* Denkgesetzten. Aus den letzteren sollen alle logischen Gesetze überhaupt gewonnen werden.[40] Das System der grundlegenden Denkgesetze wird durch einen Algorithmus widergespiegelt, der auf dem Isomorphismus zwischen algebraischen Operationen und Denkoperationen beruht. Boole untersucht zwei Arten von Relationen: Relationen zwischen Dingen und Relationen zwischen Sachverhalten. Als Relationssystem zwischen Dingen interpretiert ist der Logikkalkül die *Klassenlogik*, als Relationssystem zwischen Sachverhalten interpretiert ist der Logikkalkül die *Aussagenlogik*. Boole glaubt eine perfekte logische Methode gefunden zu haben, welche die praktische Anwendung der Logik ermöglicht und zudem die Hauptaufgabe der prakti-

[37] Boole 1847, 3.

[38] Vgl. Boole 1854, Kap. III, § 7 ff.

[39] Für eine ausführliche Besprechung des logischen und erkenntnistheoretischen Psychologismus am Ende des 19. Jahrhunderts siehe Husserl *LU Proleg.*

[40] Vgl. Boole 1854, Kap. I, §§ 3–5.

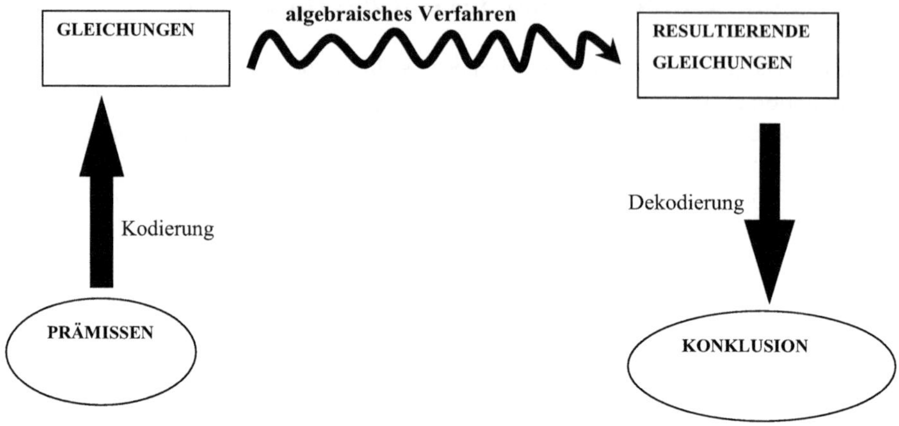

Abb. 8 Booles *Calculus ratiocinator*. (Quelle: eigene Darstellung)

schen Logik löst. Diese lautet, in der modernen Begrifflichkeit ausgedrückt: Alle logischen Folgerungen einer gegebenen Satzmenge zu finden.

Die Kapitel V. und VI. aus *Laws of Thought* legen die allgemeine Form des Argumentierens mit Symbolen fest.

Abb. 8 kann als grafische Darstellung der booleschen Interpretation des *calculus ratiocinator* angesehen werden. Dabei wird der *calculus* als *formales Rechenverfahren* aufgefasst, das mit symbolischen Gleichungen operiert. Der *Anfang* und das *Ende* des Verfahrens sind *semantisch interpretierbar*. Die Anfangsgleichungen sind Formalisierungen bestimmter konkreter Prämissen, die resultierende Gleichung ist ebenfalls sowohl interpretationsfähig als auch interpretationsbedürftig, und korrekt interpretiert, ergibt sich die Konklusion, die aus den Prämissen logisch folgt. Nach Booles Dafürhalten ist es jedoch nicht nötig, die Anforderung zu stellen, alle Zwischenschritte der Berechnung sollen interpretierbar sein.[41] Würde man eine solche Anforderung stellen, so würde man die Berechnung an Allgemeingültigkeit verlieren. Auf diese Konzeption bezieht man sich gelegentlich mit dem Namen „Symbolismus als Black Box". Die algebraischen Berechnungen werden als eine Art schwarze Schachtel angesehen, in die die Daten, oder genauer ihre Kodierung in die *lingua characterica* (Anfangsgleichungen), eingegeben werden. Diese werden dann ausgewertet. Die daraus resultierende Gleichung, wenn sie korrekt dekodiert wird, liefert die Konklusion, welche aus den Prämissen folgt. Was in der Schachtel eigentlich passiert, *die Rechenschritte, braucht man nicht zu interpretieren*. Mit anderen Worten: Es finden Rechenschritte statt, die nicht interpretierbar sind. Dies stellt aber, nach Booles Dafürhalten, kein Problem dar. Wichtig ist nur, dass die Box (der *calculus*) immer korrekt funktioniert.

Kommen wir nun zu der Frege-Peano Kontroverse in Hinsicht auf die Interpretation der leibnizschen Begriffe.

[41]Vgl. Boole 1854, Kap. V, §§ 3,4.

6 Frege Interpretation der *lingua characteristica und des calculus ratiocinator*

Die *Begriffsschrift* ist ein Büchlein, das 1879 mit dem Untertitel „Eine der arithmetischen nachgebildete Formelsprache des reinen Denkens“ veröffentlicht wurde. Es enthält die erste Formalisierung eines prädikatenlogischen Kalküls zweiter Stufe mit Identität, allerdings in einer schwer zu beherrschenden zweidimensionalen Notation geschrieben. Die *Begriffsschrift* wurde entworfen, um im Einklang mit dem Programm der Logizismus die Arithmetik auf der Logik zu gründen: Arithmetische Axiome sollen aus logischen Grundgesetzen als Theoreme abgeleitet werden und alle Ableitungen sollen begriffsschriftlich erfolgen.

In einem Text aus dem Jahr 1896 mit dem Titel *Über die Begriffsschrift des Herrn Peano und meine eigene*[42] erklärt Frege, die Notwendigkeit einer Begriffsschrift gefühlt zu haben, als er „nach den unbeweisbaren Grundsätzen oder Axiomen fragte, auf denen die ganze Mathematik beruht“.[13] Ist eine Theorie ein Instrument, das die Erkenntnis eines gewissen Gegenstandsgebietes ermöglicht, so entsteht die Frage, ob die Axiome der Theorie hinreichend und vollzählig sind, um alle wahren Sätze der Theorie durch Demonstration herzuleiten. Ein Hindernis dazu bildet die Mehrdeutigkeit der natürlichen Sprache sowie „der Mangel an festen Formen des Schließens“.[44] Um *alle* Axiome und *alle* einfachen Schlussregeln auszusondern, wird „ein ganz neues Hilfsmittel des Gedankenausdrucks“ gebraucht, „bei dem logische Vollkommenheit mit möglichster Kürze vereinigt ist.“ Man wird die Anzahl der Schlussweisen möglichst beschränken und diese als Regeln dieser neuen Sprache aufstellen. „Dieser ist“ – so Frege – „der Grundgedanke einer *Begriffsschrift*. [. . .] Sie ist, um einen Leibnizschen Ausdruck zu gebrauchen, eine *lingua characterica*.“[45]

Frege erklärt, dass das Schließen in seiner *Begriffsschrift* nach Art einer Berechnung vorgeht. Dies sei nicht in dem Sinne zu interpretieren, als ob dabei ein Algorithmus herrsche, wie der Algorithmus zur Berechnung der Addition oder der Multiplikation, „sondern in dem Sinne, dass überhaupt ein Algorithmus da ist, d. h. ein Ganzes von Regeln, die den Übergang von einem Satz oder von zwei zu einem neuen beherrschen, sodass nichts geschieht, was nicht diesen Regeln gemäß wäre“.[46] Seine Absicht sei also auf „lückenlose Strenge der Beweisführung und größte logische Genauigkeit gerichtet, daneben auf Übersichtlichkeit.“[47]

In diesem Zusammenhang betrachtet Frege eine Schrift von Peano mit dem Titel *„Notation de logique mathématique. Introduction au Formulaire de Mathématique*

---

[42]Frege 1896.

[43]Frege 1896, 362.

[44]Frege 1896, 362.

[45]Frege 1896, 362.

[46]Frege 1896, 363–364.

[47]Frege 1896, 364.

publié par la Rivista di Matematica", [48] welche vom Verfasser als Einleitung zur „*Formulaire de Mathématique*",[49] buchstäblich „Sammlung von Formeln", gedacht ist. Letzteres sollte die Gesamtheit des in der Peano'schen Begriffsschrift verzeichneten mathematischen Wissens enthalten. Die Absicht von Peano scheint, so Frege, mehr auf die „Aufspeicherung des Wissens als auf das Beweisen gerichtet",[50] dies geht auch aus dem Fehlen der Schlussregeln in Peanos Begriffsschrift hervor, denn Frege betrachtet die Formeln, die Peano im Teil 1 der *Formulaire de Mathématique* auflistet, nicht als logische Schlussregeln.

Sodann vergleicht Frege Peanos Logik und Booles Logik mit seiner eigenen *Begriffschrift*. Dabei stellt er heraus, worin der wesentliche Unterschied zwischen ihnen besteht. Boole entwerfe einen *calculus ratiocinator*; Peano eine *lingua characterica*, während Freges *Begriffsschrift* sei beides mit gleichem Nachdruck. Es lohnt sich die folgende Stelle aus Frege 1896 ganz zu zitieren:

> Booles Logik ist Logik und nichts als dies. Nur auf die logische Form kommt es ihr an, gar nicht darauf, einen Inhalt in diese Form zu gießen und das ist gerade die Absicht des Herrn Peano. In dieser Hinsicht steht sein Unternehmen meiner Begriffsschrift näher als der Logik von Boole. In anderer Hinsicht kann man auch eine engere Verwandtschaft zwischen der Boolschen Logik und meiner *Begriffsschrift* anerkennen, sofern nämlich der Hauptnachdruck auf das Schließen fällt, was in der Peanoschen rechnenden Logik weniger betont wird. Mit Leibnizschen Ausdrücken kann man sagen: Booles Logik ist ein *calculus ratiocinator*, aber keine *lingua characterica*, die Peano'sche mathematische Logik ist in der Hauptsache eine *lingua characterica*, daneben auch ein *calculus ratiocinator*, während meine *Begriffsschrift* beides mit gleichem Nachdruck sein soll.

Wenden wir uns nun zu einer Interpretation der *lingua characteristica* und des *calculus ratiocinator* im Lichte der gödelschen Sätze.

7 *Lingua characteristica* und *calculus ratiocinator* im Lichte der Gödelschen Sätze

In einem unveröffentlichten, um 1961 geschriebenen Aufsatz mit dem Titel *The modern development of the foundation of mathematics in the light of philosophy* spricht der österreichische und später amerikanische Logiker Kurt Gödel (1906–1978) von Sinn und Zweck seiner *Vollständigkeits*- und *Unvollständigkeitstheoreme*. Aus heutiger Perspektive betrachtet kann Gödels *Vollständigkeitstheorem* so gedeutet werden, dass Leibniz' Traum eines *calculus ratiocinator* in einem präzisen Rahmen – nämlich dem der Prädikatenlogik erster Stufe – verwirklicht werden kann.

[48]Peano 1894. Vgl. Kennedy 2002: „Im Sommer 1891 kaufte Peano eine bescheidene Villa in Cavoretto, einer Vorstadt südlich von Turin, an der Ostseite des Po. 1898 installierte er darin seine eigene Druckerei für die *Rivista di Matematica* und für das daraus hervorgehende *Formulaire de Mathématiques*."

[49]Peano 1895.

[50]Frege 1896, 365.

Laut diesem Theorem sind alle logischen Wahrheiten bzw. logischen Folgerungen innerhalb eines Kalküls ableitbar. Diese nüchterne Formulierung des Theorems darf nicht darüber hinwegtäuschen, dass seine Implikationen gewichtig sind: Die semantischen Begriffe der logischen Wahrheit und der logischen Folgerung sind höchst *ineffektiv*. Um einen Satz im Hinblick auf seine logische Wahrheit überprüfen zu können, müsste man alle unendlich vielen Interpretationen der nicht logischen Teile des Satzes betrachten und für jede einzelne dieser Interpretationen überprüfen, ob der Satz bei ihr wahr ist oder nicht. Ganz anders wenn es zu beweisen gelingt, dass alle logischen Wahrheiten bzw. logischen Folgerungen innerhalb eines Kalküls ableitbar sind: Dann kann die Bestimmung der Allgemeingültigkeit des Satzes zurückgeführt werden auf die Aufgabe, einen Beweis für diesen Satz zu finden, der von einigen wenigen Axiomen und Schlussregeln Gebrauch macht. Leibniz's Traum von einem *calculus ratiocinator* kann auf dem elementaren Niveau der Prädikatenlogik erster Stufe und unter Berücksichtigung der Einschränkungen der von Church und Turing 1936 bewiesenen Theoreme (Unentscheidbarkeit bzw. Semi-Entscheidbarkeit der Prädikatenlogik erster Stufe)[51] als realisiert gelten.

Dagegen muss Gödels erstes Unvollständigkeitstheorem so gedeutet werden, dass Leibniz' Projekt einer *lingua characteristica* nicht verwirklicht werden kann. Es besagt, dass jede Theorie, die „etwas Arithmetik enthält" und zudem effektiv und widerspruchsfrei ist, zugleich syntaktisch unvollständig ist. Nun mag man fragen, was dieses Ergebnis mit der *lingua characteristica* zu tun hat. Gödels Theorem gibt die Antwort auf eine vom Deutschen Mathematiker und Begründer des Formalismus, David Hilbert (1862–1943), klar gestellte Frage: Ist es möglich, die konkrete Arithmetik der natürlichen Zahlen zu formalisieren? Gödel beweist, dass jede Theorie, die die oben angegebenen Bedingungen erfüllt, syntaktisch unvollständig sein muss. Das bedeutet: Sie enthält mindestens eine wohlgeformte Aussage, die mit Hilfe dieser Theorie weder bewiesen noch widerlegt werden kann. Damit ist aber zugleich gezeigt, dass der Aufbau einer *lingua characteristica* nicht möglich ist. Denn wäre es doch möglich, so könnten alle Begriffe durch entsprechende *charactere* (um Leibniz' Ausdruck zu verwenden), alle Begriffsverknüpfungen und alle Relationen zwischen Begriffen durch entsprechende Zeichen dieser Sprache ersetzt und jede Ja-oder-Nein-Frage durch einfaches Ausrechnen gelöst werden. Genau das ist aber nach Gödels Theorem nicht möglich, sodass das Ziel einer *lingua characteristica* aufgegeben werden muss, und damit viele Zielsetzungen der Mathematik und der exakten Wissenschaften im Allgemeinen. Dazu gehört insbesondere ein zentraler Anspruch des Leibnizschen Rationalismus, „dass für von der Vernunft gestellt klare Frage die Vernunft auch klare Antworten finden kann".[52] Gödel weist auf einen Ausweg hin:[53]

---

[51]Vgl. Turing 1936; Church 1936.

[52]Gödel 1961, 301.

[53]loc. cit. 303.

> Nun gibt es ja heute den Beginn einer Wissenschaft, welche behauptet, eine systematische Methode für eine solche Sinnklärung zu haben, und das ist die von Husserl begründete Phänomenologie. Die Sinnklärung besteht hier darin, dass man die betreffenden Begriffe schärfer ins Auge fasst, in dem man die Aufmerksamkeit in einer bestimmten Weise dirigiert, nämlich auf unsere eigenen Akte bei der Verwendung dieser Begriffe, [...]

Tatsächlich lohnt es sich, den von Gödel an dieser Stelle vorgeschlagenen Weg einzuschlagen, wenn es darum geht, die Annahmen über die Natur des Geistes zu entlarven, die der künstlichen Intelligenz und der Konstruktion von intelligenten Automaten zugrunde liegen. Denn welche intelligente Automaten wir realisieren, hängt schließlich von den Eigenschaften des Geistes ab, die wir als konstitutiv für die Intelligenz ansehen oder, was dasselbe ist, von dem Modell des Geistes, das wir annehmen.[54]

8 Turingmaschinen

Ganz zu Anfang unserer Darstellung haben wir dem frühen Leibniz die Auffassung zugeschrieben, alle deduktiven Probleme seien im Grunde in die *lingua characteristica kodierbar* und durch den *calculus entscheidbar*. Diese Interpretation haben wir in Abb. 1 grafisch dargestellt.

Die Frage, was „*entscheidbar*" eigentlich bedeutet, entsteht aber viel später gegen Ende der 20er-Jahre im vergangenen Jahrhundert. Warum ausgerechnet dann? Man kann zwei Gründe dafür nennen: (i) Zum einen die Publikation der *Grundzüge der theoretischen Logik* von Hilbert und Ackermann im Jahre 1928. Hier findet man das sogenannte „Entscheidungsproblem" zum ersten Mal formuliert. Es handelt sich um die Frage, ob die Prädikatenlogik *entscheidbar* ist. Wäre die Antwort auf diese Frage positiv, so würde man die Notwendigkeit eines mathematischen Gegenstücks für das Konzept eines Algorithmus wahrscheinlich nicht sehen. Um beispielsweise zu zeigen, dass die Aussagenlogik entscheidbar ist, genügt es, einen Algorithmus vorzuweisen, der für jede in der Sprache der Aussagenlogik geschriebene Aussage entscheidet, ob es sich um eine Tautologie handelt oder nicht. Als Beispiel für einen solchen Algorithmus sei auf die Wahrheitstabellen hingewiesen. Ist aber die Antwort auf die Entscheidbarkeitsfrage negativ, so muss man zeigen, dass es *keinen* Entscheidungsalgorithmus gibt, der die Aufgabe löst. Wie soll man aber verfahren, wenn man über kein mathematisches Gegenstück dafür verfügt? (ii) Der andere Grund ist der Beweis (1930–31) von Gödels Unvollständigkeitssätzen. Diese gelten, wie wir oben gesehen haben, für jede Theorie, die „etwas Arithmetik enthält" und zudem effektiv und widerspruchsfrei ist. Die Bedingung der Effektivität kann auch wie folgt formuliert werden: Die Menge der spezifischen Axiome der Theorie soll „entscheidbar" sein. Wiederum: Was heißt „*entscheidbar*"?

[54] Dazu siehe u. a. Dreyfus 1972.

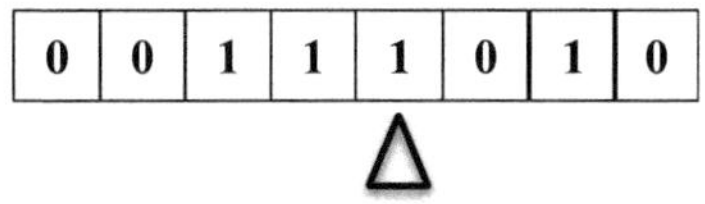

Abb. 9 Turingmaschine. (Quelle: eigene Darstellung)

Die Aufgabe, ein mathematisches Gegenstück für das Konzept eines Algorithmus zu finden, wurde 1936 vom britischen Logiker Alan Turing (1912–1954) gelöst. Die Turingmaschine ist die natürlichste und leichteste Präzisierung dieses Konzepts.[55]

Turing geht von der Analyse einer *Berechnung aus*, die von einem *menschlichen Rechner* (**computor**) *U* „mit Bleistift und Papier" ausgeführt wird. Der Rechner geht von gewissen *Anfangsdaten* aus und folgt einem bestimmten *Algorithmus*. Die Berechnung ist ein Verfahren, das in *diskreten* Schritten fortschreitet. Der Rechner verfügt über ein endliches Alphabet zur Darstellung der Daten und verwendet für seine Berechnung ein Mittel (Blatt Papier), worauf er die Lese- und Schreibeoperationen ausführt (Speicherung der Anfangsdaten, intermediäre Rechnung, Ergebnis). Zu jedem Zeitpunkt der Berechnung beobachtet der Rechner nur eine *endliche* Raumregion, worauf sich *höchstens* eine *endliche* Zeichenfolge befindet. Überdies verfügt der Rechner über eine endliche Menge von innerlichen, mentalen Zuständen. Intuitiv gesprochen „erinnert er sich" zu jedem Zeitpunkt an das zu vorangehenden Zeitpunkten Ausgeführte bzw. Beobachtete. Jeder Übergang oder jede Transition hängt aufgrund der Algorithmusbefehle eindeutig und ausschließlich von dem beobachteten Zeichen zum Zeitpunkt t, vom Zustand, in dem sich der Rechner zum Zeitpunkt t befindet, und von der Aktion die in einer Transition ausgeführt wird. Die Aktion besteht in einer Änderung der Lage des Systems (Schreiben bzw. Löschen gewisser Zeichen, Beobachten einer neuen Region, Speichern im inneren Speicher (Gedächtnis)). Jede Aktion ändert die Lage des Systems in einer endlichen Weise. Kommen wir nun zu der abstrakten, nicht anthropomorphischen Beschreibung einer Turingmaschine.

Eine Turingmaschine besteht aus einem (unendlich langen) Speicherband mit unendlich vielen sequenziell angeordneten Feldern, einem vordefinierten endlichen Alphabet, einem programmgesteuerten Lese- und Schreibkopf und einer endlichen Menge von Zuständen (Abb. 9).

In jedem Schritt der Rechnung befindet sich der Lese- und Schreibkopf in einem Zustand $s_k \in \{s_0, \ldots, s_n\}$ und kann sich auf dem Speicherband entweder feldweise nach links oder nach rechts bewegen oder pro Feld genau ein Zeichen aus dem Alphabet drucken. Die Turingmaschine modifiziert die Eingabe auf dem Band nach einem festgelegten Programm. Das Programm besteht aus einer finiten Befehlsliste. Befehle sind geordnete Viertupel, die wie folgt aussehen:

$$< \text{beobachtetes Zeichen, Zustand} \Rightarrow \text{elementare Operation, neuer Zustand} > .$$

[55] Für die folgenden Betrachtungen vgl. Turing 1936; Hermes 1961, Kap. 2.

Das Programm erfüllt immer die Bedingung der *Kohärenz*: Für jedes geordnete Paar

$$< \text{beobachtetes Zeichen, Zustand} >$$

gibt es *höchstens* einen Befehl, der mit jenem geordneten Paar anfängt.

Das Programm erfüllt zudem oft die Bedingung der *Vollständigkeit*: Für jedes geordnete Paar

$$< \text{beobachtetes Zeichen, Zustand (verschieden vom Endzustand)} >$$

gibt es *wenigstens* einen Befehl, der mit jenem geordneten Paar anfängt.

Eine Turingmaschine stoppt, wenn für den aktuellen Zustand und das gelesene Bandsymbol keine Überführung zu einem neuen Zustand definiert ist. Es hängt also im Allgemeinen von der Kombination aus Zustand und Symbol ab, ob die Turingmaschine weiter rechnet oder stoppt. Zustände, in denen die Turingmaschine unabhängig von dem gelesenen Bandsymbol anhält, bezeichnet man als Endzustände. Es gibt aber auch Turingmaschinen, die für gewisse Eingaben niemals stoppen.

Dass der Begriff der Turingmaschine eine adäquate Auffassung des Begriffs des Algorithmus ist, ist eine *Plausibilitätsbetrachtung*: Es ist klar, dass jede Turingmaschine einen Algorithmus darstellt. Aber: Dass jeder Algorithmus durch eine geeignete Turingmaschine simuliert werden kann, ist eine These (*Turing-Church These*), die nur durch den bisherigen Mangel an Gegenbeispielen und die Äquivalenz der verschiedenen formalen Gegenstücke für das Konzept der Berechenbarkeit im intuitiven Sinne bekräftigt werden kann.[56]

In einer Nachschrift zur ersten italienischen Ausgabe seines Aufsatzes *Über formal Unentscheidbare Sätze der Principia Mathematica und verwandter Systeme* äußert sich Kurt Gödel über Turing Konzeptualisierung wie folgt:[57]

> In consequence of later advances [...] due to A.M. Turing's work,[58] a precise and unquestionably adequate definition of the general concept of formal system can now be given [. . .]. That is, it can be proved rigorously that in every consistent formal system that contains a certain amount of finitary number theory there exist undecidable arithmetic propositions and that, moreover, the consistency of any such system cannot be proved in the system. Turing's work gives an analysis of the concept of „mechanical procedure" (alias „algorithm" or „computation procedure" or „finite combinatorial procedure"). This concept is shown to be equivalent with that of a „Turing machine".

[56]Zwischen 1930 und 1936 wurden fünf extensional äquivalente mathematische Modelle für das Konzept der Berechenbarkeit im intuitiven Sinne entwickelt: *λ-Definierbarkeit* (Kleene 1935; Church 1936), *Allgemeine Bereichenbarkeit* bzw. Herbrand-Gödel *Berechenbarkeit* (Gödel 1934), *μ-Berechenbarkeit* (Kleene 1938), *S-Berechenbarkeit* bzw. *Repräsentierbarkeit* (Gödel 1936) und *Turing-Berechenbarkeit* (Turing 1936). Für eine ausführliche Einleitung in die Berechenbarkeitstheorie siehe Hermes 1961.

[57]Gödel 1964.

[58]Turing 1936.

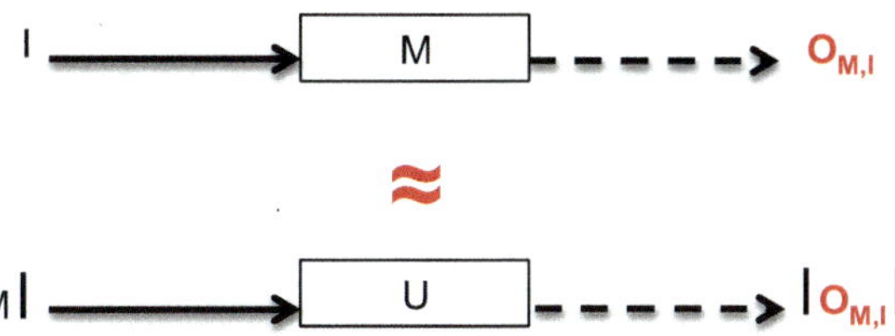

Abb. 10 Universalmaschine. (Quelle: eigene Darstellung)

Sehr wichtig aus Sicht der Mechanisierung des Denkens ist die Turing *Universalmaschine*, die jede Spezialmaschine simulieren kann. Der Unterschied zwischen der Arbeitsweise einer Spezialmaschine und einer Universalmaschine wird in Abb. 10 grafisch dargestellt.

Die Realisierbarkeit der Universalmaschine ist nur vor dem Hintergrund der Homogenität von Programmen und Daten möglich: *Die Ausführung eines Algorithmus* ausgehend von gewissen Eingabedaten *hat selbst algorithmische Natur*. Neben der Eingabe des zu berechnenden Problems, übergibt man der Maschine eine Beschreibung des auszuführenden Algorithmus (eine Spezialmaschine). Das entspricht unserem gewohnten Bild vom Computer. Wir haben nicht für jede Aufgabe ein spezielles Gerät, sondern können verschiedene Programme ausführen, die wir vorher in den Speicher geladen haben. Vergleichen wir an dieser Stelle Abb. 1 und 10, so können wir behaupten, dass die Universalmaschine die vollkommenste Verwirklichung von Leibniz's Traum zu sein scheint.

Wenden wir uns nun einer Theoretisierung von Leibniz zu, die eine direkte Anwendung in der heutigen Informationswissenschaft gefunden hat.

9 Leibniz' duales System

Leibniz hat bereits Ende des 17. Jahrhunderts seine Idee des Dualsystems (oder Binär-, Zweiersystem, 2-adische Darstellung) entwickelt. Bevor wir uns dieses anschauen, betrachten wir zunächst einmal Zahlsysteme im Allgemeinen. Im Alltag nutzen wir das Dezimalsystem. Wir lernen schon in der Grundschule unsere Zahlen als Summe von Zehnerpotenzen zu schreiben. Wenn wir „137" schreiben, sagen wir, die „1" stehe an der Hunderterstelle, „3" an der Zehnerstelle und „9" an der Einerstelle. Mit anderen Worten

$$139 = 100 + 30 + 9$$

oder erneut anders geschrieben

$$139 = 1 \cdot 10^2 + 3 \cdot 10^1 + 9 \cdot 10^0$$

Wenn wir es etwas allgemeiner halten wollen, können wir also jede natürliche Zahl wie folgt ausdrücken:

$$N = \sum_{i=0}^{n} z_i \times 10^i$$

wobei $z_i \in \{0,1, 2,3, 4,5, 6,7, 8,9\}$.

Etwas später lernen wir, dass wir auch rationale und reelle Zahlen darstellen können, wenn wir uns erinnern, dass negative Potenzen für Brüche stehen: $10^{-i} = \frac{1}{10^i}$. Damit können wir auch rationale Zahlen ausdrücken:

$$Q = \sum_{i=-m}^{n} z_i \times 10^i$$

Wenn wir hier die Zahl der Stellen gegen unendlich laufen lassen, kommen wir über Grenzwerte sogar zu den reellen Zahlen. Nun hängt bei dieser Darstellung nichts an der 10, wir können dies prinzipiell mit jeglicher natürlichen Zahl als sogenannte Basis $b \geq 2$ erreichen. Wir können also jede natürliche Zahl wie folgt darstellen

$$N = \sum_{i=0}^{n} z_i \times b^i$$

wobei $z_i \in \{0,1, 2, \ldots, b - 1\}$.

Wir können also insbesondere auch die Zwei als Basis wählen. Wir stellen also jede Zahl als eine Folge von Nullen und Einsen dar. „101“ beispielsweise bezeichnet in diesem System die 5. Oder anders ausgedrückt:

$$5 = 4 + 0 + 1 = 1 \cdot 2^2 + 0 \cdot 2^1 + 1 \cdot 2^0.$$

Das Dualsystem ist hierbei ein besonders praktisches System, da es nur zwei Zustände zu ihrer Realisierung braucht. Wir sagen heute: „Der Computer rechnet nur mit Nullen und Einsen“. Gemeint ist hierbei, dass etwas mit zwei Zuständen Zahlen im Dualsystem darstellen kann. Beim Computer ist dies, dass ein Strom fließt bzw. eine Spannung besteht. Nun ist eine Zahl allein noch nicht besonders interessant, wir können diese jedoch auf verschiedene Weise zum Codieren von Information nutzen. Wir können – wie in der Logik üblich – beispielsweise „0“ als „falsch“ und „1“ als „wahr“ lesen. Konzipieren wir nun Schaltungen (genauer Logik-Gatter), die einen Strom aus einem Ausgang weitergeben, wenn mindestens einer von zwei Eingängen Strom weitergibt, so hätten wir etwas wie das logische „oder“ gebaut. Doch es gibt noch viel weitere Möglichkeiten, die für den Computer genutzt werden. Beispielsweise können 7-Bits, also 7-stellige Binärzahlen ein ASCII Zeichen kodieren. Führen wir uns nun vor Augen, dass die Binärzahl 1111111 folgender Dezimalzahl entspricht:

$$127 = 1 + 2 + 4 + 8 + 16 + 32 + 64.$$

Wir können also 127 Zeichen mit ASCII Code aufrufen. Um nur einige Beispiele zu geben, steht in dieser Codierung „156“ für das Symbol für den britischen Pfund „£“, oder „102“ für den kleingeschriebenen Buchstaben „f“.

10 Leibniz' Rechenmaschine

Leibniz begann um 1672 in Paris mit seiner Arbeit an einer Rechenmaschine. Ihm gelang es hierbei nicht nur die erste Maschine, die alle vier Grundrechenarten berechnen konnte, zu fertigen, sondern er entwickelte neue Komponenten, die deren Bau überhaupt erst ermöglichten.

Die hier geschilderte Maschine basiert auf dem Dezimalsystem. Leibniz überlegte auch eine auf dem Dualsystem basierende „Machina arithmetica dyadica" zu konstruieren, kam jedoch nie über eine konzeptionelle Phase hinaus, wohingegen die Versuche, die das Dezimalsystem nutzten, nicht nur realisiert wurden, sondern sogar in Serienproduktion gehen sollten. Hierzu kam es jedoch nicht. Frei nach seinem Motto *theoria cum praxi* beschäftigte er sich daher auch mit faktischen Problemen der damaligen technischen Möglichkeiten.

Leibniz' Arbeit war hierbei von Blaise Pascal beeinflusst, dessen Maschine jedoch nur addieren und subtrahieren konnte. Leibniz stellte sich die Aufgabe, auch die Multiplikation und Division zu ermöglichen. Einen ersten hölzernen Prototyp seiner Maschine stellte er 1673 bei der *Royal Society of London* vor und erhielt sehr positive Rückmeldungen. Er wurde als Mitglied in diese aufgenommen. Die Konstruktion sollte er bis zu seinem Lebensende verfeinern und heute wissen wir noch von drei weiteren Modellen. Eines hiervon – um 1690 gebaut – wurde 1894 wiederentdeckt und ist heute in Hannover zu bewundern.

Die technische Innovation bestand u. a. aus der Nutzung von Staffelwalzen, welche er für dieses Projekt erfand. Er verfolgte hauptsächlich diesen Ansatz neben einiger Arbeit mit Sprossenrädern. Eine Staffelwalze ist ein Zylinder, auf dem unterschiedlich lange Zähne aufgebracht sind. Diese Staffelwalzen können damit sozusagen Ziffern speichern. Die Rotation dieser entspricht dem sukzessiven Erhöhen bzw. der Reduktion dieser Ziffern. Dies konnte mit einer Kurbel geschehen. Multiplikation wurde als wiederholtes Addieren realisiert und die Division entsprechend als wiederholtes Subtrahieren. Besonders problematisch sind hierbei die Überträge. Dies ging sogar soweit, dass es eine rege Debatte darum gab, ob die Leibniz Maschine tatsächlich funktionierte. Badur und Rottstedt 2004 konnten bei ihrem Nachbau jedoch sehr plausibel machen, dass Leibniz' Maschine bei richtiger Anwendung auch mit mehreren aufeinanderfolgenden Überträgen keine Probleme hat. Es ist also auch möglich, etwas wie $999 + 1 = 1000$ zu berechnen. Das Endergebnis der Rechnung lässt sich dann an kleinen runden Scheiben ablesen.

Fazit

Ausgehend von Leibniz' Begriffen einer *lingua characteristica* und eines *calculus ratiocinator* haben wir einige Versuche betrachtet, Leibniz' Traum zu verwirklichen. So haben wir die moderne Interpretation der *lingua characteristica* als *formale Sprache* untersucht, die der Vater der Phänomenologie, Edmund Husserl, an den Tag legt sowie die Interpretation des *calculus* als *Algebra der Logik* von George Boole und Freges Interpretation von *lingua* und *calculus* als *Begriffsschrift* geschildert. Sodann haben wir eine Interpretation der Leibnischen Konzepte im Lichte der Gödelschen Sätze versucht und noch eine letzte Verwirklichung von *lingua* und *calculus* als Turingmaschine dargelegt. Schließlich haben wir Leibniz' Dualsystem und Leibniz' Rechenmaschine etwas aus der Nähe betrachtet. Viele wichtige Konzeptualisierungen wie Peanos *latino sine flexione* und Leibniz' *theoria cum praxi* konnten nicht genügend gewürdigt werden. Aber das ist eine andere Geschichte.

Literatur

Antoine, Arnauld, und Lancelot Claude. 1660. *Grammaire générale et raisonnée contenant les fondemens de l'art de parler, expliqués d'une manière claire et naturelle*. Paris: Pierre Le Petit.

Ajdukiewicz, Kazimierz 1935. Die syntaktische Konnexitaet. *Studia Philosophica* 1:1–27.

Bacon, Francis. 1603/1905. The advancement of learning. In *Philosophical works,* Hrsg. J. M. Robertson. London: Routledge.

Bacon, Francis. 1623/1905. De Augmentis Scientiarum. In *Philosophical works*, Hrsg. J. M. Robertson. London: Routledge.

Badur, Klaus, und Wolfgang Rottstedt. 2004. Und sie rechnet doch richtig. Erfahrungen beim Nachbaueiner Leibniz-Rechenmaschine. *Studia Leibnitiana* 36(2): 130–146.

Blanke, Detlev. 1996. Leibniz und die Lingua Universalis. *Sitzungsberichte der Leibniz-Sozietät* 13:27–35.

Boole, George. 1847. *The mathematical analysis of logic, being an essay towards a calculus of deductive reasoning*. Cambridge: Macmillan, Barclay, & Macmillan.

Boole, George. 1854. *An investigation of the laws of thought on which are founded the mathematical theories of logic and probabilities*. London: Macmillan (Reprint: Dover 1958).

Cassirer, Ernst. 1929. *Philosophie der Symbolischen Formen, Dritter Teil*. Berlin: Bruno Cassirer. (^{5}2010. Hamburger Ausgabe. Hamburg: Meiner).

Centrone, Stefania. 2010. *Logic and Philosophy of Mathematics in the Early Husserl*. Berlin: Springer.

Chomsky, Noam. 1966. *Cartesian linguistics: A chapter in the history of rationalist thought*. New York: Harper & Row. (^{3}2009. Hrsg. J. McGilvray, Cambridge: Cambridge University Press).

Church, Alonzo. 1936. An unsolvable problem of elementary number theory. *American Journal of Mathematics* 58:345–363.

Cohen, Jonathan. 1954. On the project of a universal character. *Mind. A quarterly review of psychology and Philosophy* 63:49–63.

Couturat, Louis. 1901. *La Logique de Leibniz: d'après des documents inédits*. Paris: Félix Alcan.

Dreyfus, Hubert. 1972. *What Computers can't do?* New York: MIT Press.

Eco, Umberto. 1993. *La ricerca della lingua perfetta nella cultura europea*. Roma-Bari: Laterza.

Frege, Gottlob. 1896. Über die Begriffschrift des Herrn Peano und meine eigene. *Berichte über die Verhandlungen der königlich-sächsischen Gesellschaft der Wissenschaften zu Leipzig, Mathematisch-Physikalische Klasse* 48:361–378.

Gödel, Kurt. 1934/1986. *On undecidable propositions of formal mathematical systems*, Notes by S. C. Kleene and J. B. Rosser on lectures at the Institute for Advanced Study, Princeton, New Jersey. In *K. Gödel: Collected Works*, Hrsg. S. Feferman et al., Bd. 1, 346–371. Oxford: Oxford University Press.

Gödel, Kurt. 1936. Über die Länge von Beweisen. *Ergebnisse eines mathematischen Kolloquiums* 7:23–24.

Gödel, Kurt. 1961/1995. *The modern development of the foundations of mathematics in the light of philosophy*. In *K. Gödel: Collected Works*, Hrsg. S. Feferman et al., Bd. 3, 374–387. Oxford: Oxford University Press.

Gödel, Kurt. 1964/1965. Postscriptum to Gödel, Kurt. 1934 On undecidable propositions of formal mathematical systems. In *M. Davis: The undecidable*, 71–73. Hewlett: Raven Press.

Hermes, Hans. 1961. *Aufzählbarkeit, Entscheidbarkeit, Berechenbarkeit.* Berlin: Springer.

Husserl, Edmund. 1901. *Logische Untersuchungen, Bd II: Untersuchungen zur Phämenologie und Theorie der Erkenntnis.* Halle: Max Niemeyer. ([2]1913–1921). Abk.: LU.

Kennedy, Hubert. 2002. *Giuseppe Peano* (Deutsche Übersetzung von Ruth Amsler). San Francisco: Peremptory Publications.

Kleene, Stephan C. 1935. A theory of positive integers in formal logic. *American Journal of Mathematics* 57:153–173, 219–224.

Kleene, Stephan C. 1938. On notation for ordinal numbers. *The Journal of Symbolic Logic* 3:150–155.

Künzel, Werner, und Cornelius, Heiko. [5]1991. *Die Ars Generalis Ultima des Raymundus Lullus.* Berlin: Künzel.

Leibniz, Gottfried Wilhelm. 1875–1890. *Die philosophischen Schriften von G. W. Leibniz*, Hrsg. C. I. Gerhardt, Bd. 7. Berlin/Halle: Weidmann. (Nachdruck, 1978. Hildesheim: Olms). [Abk.: G].

Leibniz, Gottfried Wilhelm. 1962–1999. *Sämtliche Schriften und Briefe*, Hrsg. Berlin-Brandenburgischen Akademie der Wissenschaften und der Akademie der Wissenschaften in Göttingen. VI. Reihe, VI.4. Berlin: Akademie. [Abk.: AA].

Leśniewski, Stanisław. 1929. Grundzüge eines neuen Systems der Grundlagen der Mathematik. *Fundamenta Mathematicae* 14:1–81.

Lull, Raymund. 1721–1742. *Raimundi Lulli Opera Omnia*, Moguntia (Mainz): Typographia Mayeriana. (Bd I–IV und IX–X. VII und VII sind nie erschienen). Nachdruck. 1965. Frankfurt a. M.: Minerva.

Lull, Raymund. 1959+. *Raimundi Lulli Opera Latina*, Palma de Mallorca: Maioricensis Schola Lullistica (Bd. I–V). Turnhout: Brepols (Bd. VI-).

Lull, Raymund. 1970. *Ars generalis ultima*. Frankfurt a. M.: Minerva.

Lull, Raymund. 1999. *Ars brevis*. Hamburg: Mainer.

Peano, Giuseppe. 1894. *Notation de logique mathématique. Introduction au Formulaire de Mathématiques.* Turin: Guadagnini.

Peano, Giuseppe. 1895. *Formulaire de Mathématiques, 1. Rivista di matematica.* Turin: Bocca.

Rossi, Paolo. 1960. *Clavis Universalis. Arti mnemoniche e logica combinatoria da Lullo a Leibniz.* Milano/Napoli: Ricciardi.

Tarski, Alfred. 1935. Der Wahrheitsbegriff in den formalisierten Sprachen. *Studia Philosophica [Lemberg]* 1:261–405.

Turing, Alan. 1936. On computable numbers, with an application to the Entscheidungsproblem. *Proceedings of the London Mathematical Society II* 42:230–265.

Vom Turing-Test zum General Problem Solver. Die Pionierjahre der künstlichen Intelligenz

Christian Pallay

Inhalt

Zusammenfassung

Als eigenständige Forschungsdisziplin existiert künstliche Intelligenz seit Mitte des 20. Jahrhunderts. Dieser Artikel gibt einen historischen Überblick über die Entstehungszeit rund um die namensgebende Dartmouth Conference im Jahr 1956. Er beschreibt die Rahmenbedingungen und begünstigend Faktoren in den Jahren vor der Konferenz sowie die wesentlichen philosophischen und praktischen Arbeiten, die vor und nach 1956 entstehen, insbesondere von Alan Mathison Turing, Herbert Alexander Simon und Allen Newell.

Schlüsselwörter

Turing · Turing-Test · Logic Theorist · General Problem Solver · Dartmouth Conference

C. Pallay (✉)
TUM Senior Excellence Faculty, Technische Universität München (TUM), München, Deutschland
E-Mail: pallay@mail.de

K. Mainzer (Hrsg.), *Philosophisches Handbuch Künstliche Intelligenz*,
https://doi.org/10.1007/978-3-658-19606-6_3

1 Einleitung

Als künstliche Intelligenz (KI) kann man das Forschungsfeld bezeichnen, das sich mit Systemen – meistens Softwareprogramme, die auf digitalen Computern ausgeführt werden – beschäftigt, die Probleme lösen, für die ein Mensch Intelligenz benötigen würde. Trotz ihres noch sehr jungen Alters hat die KI als Wissenschaftsdisziplin bereits eine bewegte Geschichte hinter sich. Neben Zeiten des Aufschwungs finden sich zwei sogenannte KI-Winter, die durch mangelnde Forschungsförderung und fehlendes Interesse an dem Feld definiert sind.

Diese Arbeit gibt einen Überblick über die Pionierzeit der künstlichen Intelligenz. Orientiert man sich an dem Begriff, wären dies die Jahre ab 1956 – das Jahr, in dem der Begriff künstliche Intelligenz bzw. sein englisches Pendant *artificial intelligence* im Rahmen einer Konferenz kreiert wird. Doch die KI entsteht nicht unvermittelt, sie folgt auf eine lange Entwicklung und ist durch ältere Disziplinen geprägt. Insbesondere ab den 1940er-Jahren werden die Grundsteine gelegt. Arbeiten aus dieser Zeit tragen wesentlich dazu bei, das neue Feld zu definieren, und es in eine bestimmte Richtung zu lenken. Ein historischer Überblick über das Werden der künstlichen Intelligenz kann daher nicht erst im Jahr 1956 beginnen. Um die anfänglichen Entwicklungen einordnen zu können, muss auch ein Blick auf die Jahre davor geworfen werden.

Nach diesem einführenden Kapitel zeigt das nachfolgende zweite auf, dass der Gedanke künstlicher Intelligenz die Menschheit schon seit Jahrtausenden begleitet. Neben der Darstellung von Artefakten in der Kunst, entfaltet sich über Jahrhunderte die Vorstellung, menschliche Gedanken als logische Aussagen formalisieren zu können. Das dritte Kapitel beschreibt die vorherrschenden Rahmenbedingungen, die schließlich in der Entstehung der KI als Wissenschaftsdisziplin münden. Anschließend wird im vierten Kapitel der Blick auf die relevanten Arbeiten von Alan Mathison Turing gerichtet, der künstliche Intelligenz von Beginn an als interdisziplinäres Forschungsgebiet versteht. Während Turing Fragen stellt, die bis heute im Zentrum philosophischer Betrachtungen der KI stehen, sind es Herbert Alexander Simon und Allen Newell, die der frühen praktischen KI ihren Stempel aufdrücken. Das fünfte Kapitel betrachtet neben der namensgebenden KI-Konferenz eben diese ersten Implementierungen. Ein sechstes Kapitel schließt den Artikel in Form eines Fazits ab.

2 Drei Jahrtausende künstliche Intelligenz?

Die Sehnsucht des Menschen nach der Schaffung künstlicher Wesen ist nicht neu. Die Prometheussage des Epikers Hesiod, die Mystik um den jüdischen Golem aus dem Mittelalter, der Homunculus des Paracelsus, Jacques de Vaucansons mechanische Ente, Wolfgang von Kempelens Schachtürke, Pierre Jaquet-Drozs Androiden, Mary Shelleys Roman *Frankenstein oder Der moderne Prometheus*. Dies sind nur einige der bekannteren Beispiele des uralten Schöpfungstraums des Menschen. Während diese Artefakte der Kunst durch ihre Beschaffenheit den Blick auf das

Physische lenken, gibt es unter Gelehrten auf der anderen Seite eine lange Tradition, das Hauptaugenmerk auf das Psychische zu legen.

Grundlage hierzu bildet insbesondere die Geschichte logischen Schließens, die spätestens im ersten Jahrtausend v. Chr. auf verschiedenen Kontinenten ihren Anfang nimmt. Zumindest seit mehreren Jahrhunderten findet sich in der Literatur darüber hinaus die Idee, menschliche Gedanken als logische Aussagen und Ableitungen zu formalisieren und mechanisieren. Beispiele gibt es auch hier genug, u. a. die Ansichten von Thomas Hobbes aus dem 17. Jahrhundert. Für diesen „ist VERNUNFT [Hervorhebung im Original] [. . .] nichts anderes als *Rechnen* [Hervorhebung im Original] (das heißt Addieren und Subtrahieren).“[1] Die im gleichen Jahrhundert veröffentlichten Vorschläge des Gottfried Wilhelm Leibniz auf dem Weg zur *scientia universalis* sind ähnlich zu interpretieren. Basis einer solchen Universalwissenschaft wäre die *characteristica universalis*, eine Universalsprache zum natürlichen und unverfälschten Ausdruck der Gedanken, sowie der ergänzende *calculus ratiocinator* zur rechnergestützten und logischen Manipulation des Wissens. So lasse sich jede Art der Argumentation auf Berechnung reduzieren. Tatsächlich systematische Ansätze im Bereich der symbolischen Logik liefern schließlich George Boole und Gottlob Frege im 19. Jahrhundert. Ihre Interpretation der mathematischen Logik bringen sie bereits durch Titel ihrer Werke zum Ausdruck: Boole etwa spricht von den *Gesetzen des Denkens*,[2] Frege von einer *Formelsprache des reinen Denkens*.[3]

Inspiriert von Freges Arbeit publizieren Alfred North Whitehead und Bertrand Russell zwischen 1910 und 1913 die dreibändige *Principia Mathematica*. In diesem mathematischen Grundlagenwerk versuchen die Autoren mithilfe von Axiomen und Inferenzregeln die Mathematik auf die Logik zurückzuführen. In der Folge stellt David Hilbert die Frage auf, ob ein solches System, das sowohl vollständig als auch konsistent ist, überhaupt existieren kann. Es müsste also sichergestellt sein, dass sich alle mathematischen Wahrheiten auf diese Art herleiten lassen, gleichzeitig dürften aber keine Widersprüche ableitbar sein. Viele Mathematiker beteiligen sich an diesem sog. Hilbertprogramm und zeigen auch Widerspruchsfreiheit und Vollständigkeit von Teilsystemen der Logik, etwa der Aussagen- und Prädikatenlogik. Letztlich zeigt Kurt Friedrich Gödel 1931 mit seinen zwei Unvollständigkeitssätzen aber die Grenzen formaler Systeme auf, Turing und Alonzo Church veröffentlichen 1936 darauf aufbauende Arbeiten. Gödel beweist, dass jedes hinreichend starke formale System, wie etwa die Arithmetik, wahre Aussagen enthält, die prinzipiell nicht beweisbar sind. Er lässt allerdings das Entscheidungsproblem offen, also die Frage, ob es nicht ein Verfahren geben kann, das zweifelsfrei in endlicher Zeit zeigt, ob ein

[1]„REASON [Hervorhebung im Original] [. . .] is nothing but *reckoning* [Hervorhebung im Original] (that is, adding and subtracting)“ – eigene Übersetzung nach (Hobbes und Gaskin 1998, S. 28).

[2]Der vollständige Titel des 1854 publizierten Werkes lautet *An Investigation of the Laws of Thought on Which are Founded the Mathematical Theories of Logic and Probabilities*.

[3]Der vollständige Titel des 1879 veröffentlichten Werkes lautet *Begriffsschrift, Eine der arithmetischen nachgebildete Formelsprache des reinen Denkens*.

bestimmter mathematischer Satz beweisbar ist oder nicht. Oder anders formuliert: Kann es einen Algorithmus geben, der für jedes Inputelement einer Menge nach endlich vielen Schritten zweifelslos zeigt, ob dieses Eingabeelement eine bestimmte Eigenschaft hat oder nicht? Turing und Church zeigen schließlich unabhängig voneinander, dass ein solches Verfahren nicht existieren kann. Als Beispiel dient Turing das Halteproblem: Es ist unentscheidbar, ob ein bestimmtes Computerprogramm bei einer bestimmten Eingabe nach endlicher Zeit stoppt oder nicht.

Für den Beweis entwickelt Turing das Konzept der Turingmaschine. Dieses theoretische Rechnermodell zeigt auf, dass ein unendlich langes Speicherband in der Form eines Arrays und ein programmgesteuerter Lese- und Schreibkopf ausreichend sind, über die schrittweise Manipulation von Symbolen beliebige Berechnungen auszuführen. Turings abstrakte Maschine ist damit ein Model physischer digitaler Computer, die zu jener Zeit jedoch noch nicht existieren. Darüber hinaus macht die Turingmaschine den Begriff des Algorithmus mathematisch greifbarer.[4] Erst später wird festgestellt, dass es grundsätzlich möglich ist, mit einem Computer eine Turingmaschine zu simulieren – Computer sind turingmächtig –, sowie mit einer Turingmaschine einen Computer.[5] Heute spricht man von der Church-Turing-These, wenn man die Menge der intuitiv – vom Menschen – berechenbaren Funktionen mit denen gleichsetzt, die durch eine Turingmaschine berechnet werden können. Für die aufkommende Entwicklung digitaler Computer und der künstlichen Intelligenz ist die Unlösbarkeit des Entscheidungsproblems zwar relevant, viel bedeutender ist aber die Erkenntnis, was innerhalb bestimmter Grenzen alles möglich ist. Daher wird die symbolische Logik trotz inhärenter Limitierungen auf dem Weg zur Replikation menschlichen Denkens zunächst die Methode der Wahl. Was jedoch zu diesem Zeitpunkt noch nicht existiert, ist ein entsprechendes Medium, ein konkretes Pendant zur abstrakten Turingmaschine.

3 Digitalisierung, Information und Vernetzung

Dies ändert sich jedoch in den 1940er-Jahren. Es bleibt nicht bei den theoretischen Konzepten, die ersten turingmächtigen Computer entstehen. Die Faszination ist groß, immerhin zeigen die früheren Resultate, dass die digitalen Rechenmaschinen jede Funktion berechnen können, die auch der Mensch berechnen kann. Könnten dann nicht beliebige Gedanken, die auf Gehirnen „ausgeführt" werden, in Form von Programmen auch auf Computern ausgeführt werden?

---

[4]Zur etwa der gleichen Zeit entstehen weitere äquivalente Formalisierungen, wie beispielsweise das Lambda-Kalkül von Church oder die Klasse μ-rekursiver Funktionen u. a. durch Gödel, Jacques Herbrand, Rózsa Péter und Stephen Cole Kleene. Allgemein gilt die Turingmaschine durch ihre Schlichtheit jedoch als das intuitivste der diversen Konzepte.

[5]Streng genommen stimmt die erste Aussage nicht: Im Gegensatz zu dem theoretischen Konzept der Turingmaschine besitzt ein physischer Computer niemals unendlich viel Speicher. Da dies in der Praxis jedoch keine Rolle spielt, da es stets möglich ist, Speicher (nachträglich) zu ergänzen, spricht man von der Turingmächtigkeit von Computern.

Spätestens nach dem Ende der Kriegswirren werden auch Journalisten auf diese neuartigen Maschinen aufmerksam. Die Parallele zum Gehirn findet sich bald auch in regulären Presseerzeugnissen. 1946 schreiben beispielsweise die Tageszeitung *The Times* sowie die Wochenzeitung *The Listener* von einem „elektronischen“[6] oder einem „mechanischen Gehirn.“[7] Obwohl es von Anfang an Stimmen gibt, die den Begriff für ungeeignet halten,[8] setzt sich die Analogie zwischen Computer und Gehirn fest, besteht im Grunde – ob sinnvoll oder nicht – bis heute.

Zunächst existieren jedoch wenige Computer, so dass Forscher auch andere Überlegungen anstellen, die abstrakte Turingmaschine zu konkretisieren. Warren Sturgis McCulloch und Walter Pitts schlagen bereits 1943 vor, nach dem Vorbild des Gehirns ein Netz aus künstlichen Hardwareneuronen zu bauen (McCulloch und Pitts 1943). Obwohl das vorgelegte System nicht lernfähig ist, begründet der Artikel den Forschungsgegenstand künstlicher neuronaler Netze. Vereinzelt wird die Arbeit sogar als die erste Arbeit der künstlichen Intelligenz angesehen (Negnevitsky 2005). Als biologisches Vorbild ihres stark simplifizierten Modells dienen die Nervenzellen des Menschen, die ihren Input über Dendriten aufnehmen sowie ihren Output über ein Axon weiterleiten. Das McCulloch-Pitts-Neuronenmodell besteht aus einem singulären Neuron, das beliebig viele erregende und hemmende Reize als Input aufnehmen kann. Der Output hingegen entspricht einer binären Reaktion und kann somit ausschließlich die Werte 0 und 1 annehmen. Eine weitere zentrale Eigenschaft, die McCulloch und Pitts aus der Neurophysiologie ableiten, ist das Alles-oder-nichts-Gesetz: Die Reaktion eines Neurons in Form eines Aktionspotenzials erfolgt nur dann, wenn der Reiz einen bestimmten Schwellenwert überschreitet. Das Neuron verhält sich nun wie folgt: Liegt mindestens ein hemmendes Signal vor, so ist der Output grundsätzlich 0. Es wird also angenommen, dass ein einzelnes inhibitorisches Signal ausreichend ist, um ein mögliches Aktionspotenzial zu unterdrücken. Liegt indessen kein hemmendes Signal an, so werden die erregenden Reize zunächst aufsummiert, dann mit einem vordefinierten Schwellenwert des Neurons verglichen. Überschreitet die Summe diesen Wert, reagiert die Zelle und feuert ein Aktionspotenzial ab. In diesem Fall ist ihr Output 1, im anderen Fall wird die Zelle nicht genug erregt, ihr Output ist 0. Aufgrund des binären Outputs ist es möglich, im Rahmen des Modells auf einfach symbolische Logik zurückzugreifen. Indem man die Anzahl der erregenden und hemmenden Inputsignale sowie den Schwellenwert anpasst, lassen sich die wesentlichen Operatoren der booleschen Algebra – Und, Oder, Nicht – simulieren. Aus den Resultaten schließen McCulloch und Pitts: „Dies ist von Interesse, da es eine psychologische Rechtfertigung für die Turing-Definition der Berechenbarkeit und ihrer Äquivalente, Churchs λ-Definierbarkeit und Kleenes primitive Rekursivität, leistet: Wenn eine Zahl von einem Organismus berechnet

[6]„electronic brain“ – eigene Übersetzung, z. B. nach (The Times 1946) und (The Listener 1946).

[7]„mechanical brain“ – eigene Übersetzung, z. B. nach (The Times 1949).

[8]Z. B. kritisiert Douglas Hartree den Begriff sechs Tage nach der ersten Verwendung durch *The Times* in eben dieser Zeitung (Hartree 1946).

werden kann, ist sie nach diesen Definitionen berechenbar, und umgekehrt."[9] Sie gehen also davon, dass mit künstlichen Neuronen das berechnet werden kann, was auch mit biologischen Neuronen berechnet werden kann.

Ebenfalls 1943 veröffentlichen Arturo Rosenblueth Stearns, Norbert Wiener und Julian Himely Bigelow das Paper *Behavior, Purpose and Teleology*, das sich zum größten Teil mit der Kommunikation biologischer und maschineller Systeme beschäftigt (Rosenblueth et al. 1943). Sie vertreten dabei die als Teleologie bezeichnete Ansicht, dass systemische Aktionen, Handlungen und Prozesse immer ziel- oder zweckorientiert ablaufen. In der Folge entsteht 1944 die *Teleological Society*. Daran auch beteiligt sind John von Neumann und Howard Hathaway Aiken, also Forscher, die entscheidende Beiträge zu den ersten digitalen Computern liefern. Geplant ist eine lose Verbindung von Wissenschaftlern, die sich mit Themen wie Kommunikation und Steuerung sowie Informationsverarbeitung beschäftigen, sei es in der Maschine oder im Lebewesen. An dem ersten und einzigen Treffen nehmen im Jahr 1945 schließlich auch McCulloch und Pitts teil (Aspray 1990). Während es keine weiteren offiziellen Treffen im Rahmen der *Teleological Society* gibt, entstehen daraus in der Folge die interdisziplinären Macy-Konferenzen, die 1946 bis 1953 stattfinden und wie die *Teleological Society* ebenso von der Macy-Stiftung gefördert werden. Die Konferenzen führen noch deutlich mehr als die Gesellschaft zum Austausch zwischen Wissenschaftlern und zu interdisziplinären Forschungsprojekten. Wiener gibt dem entsprechenden Forschungsfeld schließlich 1947 den Namen Kybernetik, definiert es ein Jahr später als den Fachbereich, der sich mit der „Theorie von Steuerung und Kommunikation, ob Maschine oder Tier"[10] beschäftigt. Im Zentrum steht der Mechanismus der Rückkopplung – oder Feedback. Dieser hilft einem System bei der Erreichung eines Ziels, indem es ihm mitteilt, ob eine Verhaltensanpassung notwendig ist. Hierzu wird ein Teil des Outputs dem System erneut als Input zugeführt. Kommunikation von Information findet hier zwischen System und Umwelt, aber auch innerhalb des Systems statt. Es handelt sich somit um informationsverarbeitende Systeme.

Einen weiteren wichtigen und eng damit verwandten Beitrag leistet Claude Elwood Shannon im gleichen Jahr. Er begründet die Informationstheorie, spricht aber zunächst ebenso von einer „Theorie der Kommunikation."[11] Abstrakt formuliert ist Information die „Verringerung von Ungewissheit durch Kommunikation" (Wersig 1971, S. 123). Konkret wird der Begriff jedoch selten definiert, da das Konzept sehr weit gefasst ist (Cover und Thomas 1991). Normalerweise wird Information jedoch wahrscheinlichkeitstheoretisch interpretiert. Danach steigt der Informationsgehalt einer Nachricht, je seltener ein Symbol auftritt. Der mittlere

[9] „This is of interest as affording a psychological justification of the Turing definition of computability and its equivalents, Church's λ – definability and Kleene's primitive recursiveness: if any number can be computed by an organism, it is computable by these definitions, and conversely." – eigene Übersetzung nach (McCulloch und Pitts 1943, S. 129).

[10] „control and communication theory, whether in the machine or in the animal" – eigene Übersetzung nach (Wiener 1985, S. 11).

[11] „theory of communication" – eigene Übersetzung nach (Shannon 1948, S. 379).

Informationsgehalt einer Nachricht kann mit der Entropie berechnet werden. Als Einheit zum Messen von Information führt Shannon den Begriff des Bits ein.[12] Substanziell ist bei Shannons Informationsbegriff, dass er diesen von jeglichem semantischen und pragmatischen Gehalt isoliert.

Während die *Teleological Society* überwiegend in den USA basierte Wissenschaftler zusammenbringt, entsteht im Vereinigten Königreich ab 1949 eine ähnliche Verbindung: der *Ratio Club*. Nach dem Gründer John Bates besteht das zentrale Aufnahmekriterium darin, sich schon mit Kybernetik beschäftigt zu haben, bevor das namensgebende Buch von Wiener erschienen ist. Die meisten sind dennoch mit den kybernetischen Arbeiten aus den USA vertraut. Insgesamt finden 38 Treffen statt – zu Beginn nahezu monatlich, dann seltener und zuletzt 1955.[13] Ein Teilnehmer ist etwa William Grey Walter, der ab 1948 erste mobile autonome Roboter entwickelt. Aufgrund ihres Aussehens und ihrer langsamen Bewegungen sind diese heute als Walters Schildkröten bekannt. Ein weiterer Teilnehmer ist William Ross Ashby, der bis 1948 den Homöostaten baut, eine der ersten Maschinen, die ihr Verhalten auf Umwelteinflüsse anpasst. The Time bezeichnet das selbstregulierende System gar als „denkende Maschine."[14] Insgesamt handelt es sich um eine stark interdisziplinäre Gruppe. Die Teilnehmer kommen u. a. aus Disziplinen wie der Mathematik, Physik, Biologie, Medizin und Psychologie. Vereinzelt finden auch Gastbesuche aus den Vereinigten Staaten statt. Zum ersten Treffen hält beispielsweise McCulloch einen Vortrag. Der *Ratio Club* setzt jedoch einen anderen Schwerpunkt als die Kollegen aus den USA. Im Mittelpunkt steht die Anwendung der Kybernetik und Informationstheorie auf die Biologie und insbesondere das Gehirn (Holland und Husbands 2011).

Für McCorduck stehen jedoch die Gemeinsamkeiten der verschiedenen Forschungsgruppen und Systeme im Vordergrund. Sie interpretiert die beschriebenen Entwicklungen als nicht nur für die Entstehung der künstlichen Intelligenz zentral. Vielmehr handelt es sich um einen wissenschaftshistorischen „Wechsel von einem dominanten Modell, oder einer Menge an Erklärungen für Phänomene, zu einem andern. *Energie* [Hervorhebung im Original] – der zentrale Begriff der Newtonschen Mechanik – wurde nun durch *Information* [Hervorhebung im Original] ersetzt."[15] Dieser Paradigmenwechsel wird demnach durch das Aufkommen der Informationsverarbeitungssysteme charakterisiert. Gemein ist den Systemen die Bedeutsamkeit von Informationsübertragung, d. h. Kommunikation, die sowohl innerhalb des Systems als auch nach außen in der Interaktion mit der Umwelt stattfindet. Die Realisierung der Information kann grundsätzlich auf vielfältige Weise erfolgen.

[12]Die Bezeichnung Bit führt Shannon auf einen Vorschlag von John Wilder Tukey zurück (Shannon 1948).

[13]Mit Ausnahme eines Wiedersehenstreffens im Jahr 1958.

[14]„thinking machine" – eigene Übersetzung nach (Ashby 1949, S. 66).

[15]„switch from one dominant model, or set of explanations for phenomena, to another. *Energy* [Hervorhebung im Original] – the notion central to Newtonian mechanics – was now replaced by *information* [Hervorhebung im Original]." – eigene Übersetzung nach (McCorduck 2004, S. 52).

Zeitgleich entsteht mit dem physischen Computer aber eine ideale Plattform zur Verarbeitung.

Die Entwicklung digitaler Computer mit der Information als zentraler Einheit kann daher als wesentliche Vorrausetzung für die Entwicklung der KI in den danach folgenden Jahren genannt werden. Jedoch hat auch die interdisziplinäre Vernetzung der interessierten Forscher, die sich in ersten Gruppen und Veranstaltungen verständigen, einen großen Anteil daran. Sowohl für die Entwicklung digitaler Computer als auch als Mitglied des *Ratio Club* ist eine weitere zentrale Figur der Frühzeit der KI: Alan Mathison Turing.

4 Alan Turing und die Philosophie der künstlichen Intelligenz

Turing beschäftigen Themen maschineller Intelligenz spätestens ab 1941. Zu diesem Zeitpunkt dauert der Zweite Weltkrieg an, und Turing arbeitet im Bletchley Park im Vereinigten Königreich an der Entzifferung des Nachrichtenverkehrs der deutschen Kriegsgegner. Laut Copeland und Proudfoot schildert ihnen Donald Michie, der ebenfalls in der britischen Funkabhörstelle angestellt ist, dass Turing zu jener Zeit bereits entsprechende Themen diskutiert und ergründet. Beispielsweise setzt er sich damit auseinander, wie Computer heuristische Verfahren zum Lösen von Problemen anwenden, gegebenenfalls sogar dazulernen könnten. Eine typische Anwendung sieht er in schachspielenden Maschinen (Copeland und Proudfoot 2004). Unter den Kollegen kursiert gar eine von Turing verfasste maschinengeschriebene Arbeit über maschinelle Intelligenz. Copeland und Proudfoot bemerken: „Jetzt verloren, war dies zweifellos der früheste Artikel im Bereich der KI.“[16]

Erhalten hingegen ist eine Vorlesung, die Turing 1947 der *London Mathematical Society* gibt (Turing 1986a). Zu Beginn beschreibt Turing die *Automatic Computing Engine* (*ACE*), einen der ersten Computer, an dessen Design er entscheidend beteiligt ist. Anschließend geht Turing auf Programmiertechniken, wie etwa die Auslagerung wiederverwendbarer Funktionalitäten in Module, ein. Über beide Themen schreibt Turing bereits 1945 ausführlich in seinem Antragsdokument zum Bau des *ACE* (Turing 1986b). Im dritten Abschnitt präsentiert Turing jedoch neue Ideen. Er erläutert zunächst, wie konventionelle Softwareprogramme grundsätzlich von einem Menschen entwickelt werden und anschließend fortwährend und unveränderlich die gleiche Aufgabe ausführen. Dazu schlägt Turing eine Weiterentwicklung vor: selbstmodifizierende Programme. Diese würden zwar weiterhin ihre ursprünglich angestrebte Aufgabe erfüllen, dabei aber z. B. immer effizienter werden. Der Computer würde dadurch ein Verhalten zeigen, das zum Zeitpunkt der Programmierung nicht vorhergesehen werden konnte. Die Aussage, dass Computer nur Prozesse ausführen

[16] „Now lost, this was undoubtedly the earliest paper in the field of AI.“ – eigene Übersetzung nach (Copeland und Proudfoot 2004, S. 329).

können, zu denen sie detailliert instruiert wurden, wäre nach Turing damit falsch.[17] Die Beziehung zwischen Computer und Programmierer stellt er sich vielmehr als Schüler-Lehrer-Verhältnis vor: „Was wir wollen, ist eine Maschine, die aus Erfahrung lernen kann."[18] Und weiter: „Ich denke, dass man die Maschine als intelligent betrachten muss, wenn dies geschieht."[19] Als mögliches Anwendungsbeispiel dient Turing erneut Schach. Von einer schachlernenden Maschine könnte man nach Turing dann sogar den Intelligenzquotienten ermitteln – ein Gedanke, den Turing später noch intensiver verfolgen sollte. Turing legt mit dieser Vorlesung 1947 den Grundstein für maschinelles Lernen, einem Teilgebiet der künstlichen Intelligenz, das sich mit aus Erfahrung lernenden Systemen beschäftigt.

1948 vertieft Turing seine Gedanken zu lernenden Maschinen in *Intelligent Machinery* (Turing 1968). Erneut beweist Turing erstaunlichen Weitblick, indem er verschiedene Konzepte teilweise um Jahrzehnte vorwegnimmt. Allerdings wird das Paper erst 1968 und damit lange nach Turings frühem Tod im Jahr 1954 publiziert, da es der Direktor des *National Physical Laboratoy*, an dem Turing mittlerweile angestellt ist, zunächst als ungeeignet erachtet. Er bezeichnet es gar als „‚Aufsatz eines Schuljungen.'"[20] Heute wird es hingegen des Öfteren als erstes Manifest der künstlichen Intelligenz bezeichnet (Copeland und Proudfoot 1999). Es ist das erste überlieferte Paper, dass sich ausschließlich mit der Materie maschineller Intelligenz beschäftigt und einen breiten Überblick über Möglichkeiten derselben verschafft. Turing konfrontiert den Leser bereits im ersten Satz mit dem Zweck der Arbeit: „Ich schlage vor, die Frage zu untersuchen, ob Maschinen intelligentes Verhalten zeigen können."[21] Nach einer Einführung in Argumente für und gegen diese Möglichkeit, konzipiert Turing eine Klassifikation von Maschinen. Einen Typ von Maschinen nennt Turing *unorganized machines*. Als Beispiel beschreibt er ein System, das aus einer großen Anzahl an gleichen Elementen besteht, die untereinander verbunden sind und über Signalkanäle kommunizieren. Auch Turing stellt sich diese Elemente als Neuronen vor, als ein Modell des Nervensystems. Im Unterschied zu McCulloch und Pitts charakterisiert Turing das System aber nicht statisch, sondern als von außen modifizierbar oder gar selbstmodifizierend. Den menschlichen Kortex ordnet Turing ebenso in die Klasse der *unorganized machines* ein. Wie würde man nun eine solche intelligente Maschine selbst realisieren können?

---

[17]Turing spielt damit auf die Aussage von Ada Lovelace an, die bereits 1843 davon spricht, dass die mechanische Rechenmaschine ihres Förderers Charles Babbage nichts (neues) erschaffen kann, sondern nur die Anweisungen ausführen kann, die ein Mensch vorgibt (Menabrea und Lovelace 1843). Turing bezieht sich allerdings auch auf Kritiker seiner Zeit, die Originalität in Computern ablehnen.

[18]„What we want is a machine that can learn from experience." – eigene Übersetzung nach (Turing 1986a, S. 123).

[19]„When this happens I feel that one is obliged to regard the machine as showing intelligence." – eigene Übersetzung nach (Turing 1986a, S. 123).

[20]„‚schoolboy's essay'" – eigene Übersetzung nach (Copeland 2004, S. 401).

[21]„I propose to investigate the question as to whether it is possible for machinery to show intelligent behaviour." – eigene Übersetzung nach (Turing 1968, S. 27).

Hierzu sieht Turing zwei Ansätze: einen mobilen und einen stationären. Für den ersten Vorschlag stellt er fest, dass im Prinzip jeder Teil des Menschen durch ein maschinelles Pendant imitiert werden kann. Beispielsweise könnten Ohren durch Mikrofone, Augen durch Kameras sowie Gliedmaßen durch Roboterarme und -beine substituiert werden. Das Gehirn würde durch elektronische Elemente realisiert werden, etwa nach der Art des bereits beschriebenen Neuronenmodells. Turing stellt sich gar vor, dass man dem Roboter erlauben sollte, sich selbstständig durch das Land zu bewegen, um eigene Beobachtungen zu machen. Somit wäre das System selbstständig lernfähig. Mit diesem mobilen Ansatz beschreibt Turing das, was man heute als verkörperte künstliche Intelligenz bezeichnet. Nach dieser Sichtweise setzt eine generelle künstliche Intelligenz ein sog. Embodiment voraus. Dies bedeutet, dass die Entwicklung von vielfältigen Fähigkeiten, wie denen eines Menschen – im Gegensatz zu stark spezialisierten Systemen –, die physische Interaktion mit der Umwelt erfordert. Diese Methode würde zwar einen hohen Aufwand erfordern, wie Turing weiter feststellt, gleichwohl sei es „wahrscheinlich der ‚sichere' Weg, eine denkende Maschine zu produzieren."[22]

Als Alternative beschreibt Turing einen stationären Ansatz, also eine maschinelle Intelligenz ohne Möglichkeit zur Fortbewegung, hypothetisch aber mit Sprachvermögen sowie der Fähigkeit zu visueller und auditiver Sinneswahrnehmung. Weiter schlägt er fünf Anwendungsfelder vor, in denen ein solches System eingesetzt werden könnte: Diverse Spiele, beispielsweise Schach oder Poker, Spracherwerb, maschinelle Übersetzung, Kryptografie und Mathematik. Insbesondere die ersten drei spezifischen Themen sind auch heute noch wesentliche Forschungskomplexe in der künstlichen Intelligenz, die letzteren beiden in Teilen aber ebenso. Turing betont erneut, dass das System lernfähig sein sollte. Anthropomorphisierend stellt er fest: „Es wäre ziemlich unfair zu erwarten, dass eine Maschine direkt aus dem Werk auf Augenhöhe mit einem Universitätsabsolventen konkurriert."[23] Wie ein Kind auch sollte eine Maschine ausgebildet und trainiert werden, die Unterstützung eines Lehrers haben. Um einen Lerneffekt hervorzurufen, könnte darüber hinaus mit Verstärkung und Bestrafung gearbeitet werden. Was Turing hier beschreibt, ist ein zentraler Aspekt des Lernens in allen Lebewesen und als operante Konditionierung ein etabliertes Konzept der Verhaltenspsychologie. Dabei wird die Häufigkeit eines Verhaltens durch dessen Konsequenzen gesteuert, indem eine gewünschte Reaktion auf einen Reiz belohnt, eine unerwünschte Reaktion hingegen bestraft wird. Insbesondere Anfang des 19. Jahrhunderts leisten Edward Lee Thorndike und Burrhus Frederic Skinner wesentliche Beiträge dieser psychologischen Forschung (Thorndike 1911; Skinner 1938). Dabei müssen die Subjekte, wie beispielsweise Katzen oder Hunde, bestimmte Puzzles lösen, etwa durch die Bedienung eines einfachen Mechanismus. Ein Erfolg wird durch Nahrung belohnt. Die Forschungen zeigen,

[22] „probably the ‚sure' way of producing a thinking machine" – eigene Übersetzung nach (Turing 1968, S. 39).

[23] „It would be quite unfair to expect a machine straight from the factory to compete on equal terms with a university graduate." – eigene Übersetzung nach (Turing 1968, S. 40).

dass die Subjekte zunächst durch Versuch und Irrtum instinktiv mit der Umgebung interagieren. Wenn sich ein Erfolg einstellt und eine Belohnung mit Futter folgt, steigt die Wahrscheinlichkeit, dass das Tier das entsprechende Verhalten in Zukunft wiederholt. Die Anwendung operanter Konditionierung innerhalb der KI ist heute als bestärkendes Lernen eine der drei Hauptstrategien im Bereich maschinellen Lernens. Bei den anderen beiden Ansätzen handelt es sich um das durch einen Lehrer unterstützte überwachte Lernen sowie das unüberwachte Lernen, bei dem es darum geht, in beliebigen Daten selbstständig Strukturen zu identifizieren. Betrachtet man Turings Vorschläge, dass ein Roboter selbstständig Beobachtungen macht – unüberwachtes Lernen – oder wie ein Kind von einem Lehrer unterrichtet wird – überwachtes Lernen –, dann hat Turing in *Intelligent Machinery* die drei zentralen Strategien im Bereich des Maschinenlernens vorweggenommen.

Turing beendet die Arbeit mit einem weiteren wegweisenden Ansatz. So stellt er zunächst fest, dass das Lösen von Problemen häufig auf Suchverfahren zurückgeführt werden kann, ist sogar davon überzeugt, dass „intellektuelle Tätigkeit hauptsächlich aus verschiedenen Suchprinzipien besteht.“[24] Viele Problemlösungen könnte daher ein Computer übernehmen, indem dieser – im einfachsten Fall – jede Möglichkeit durchtestet, oder – besser – den Suchraum zunächst durch heuristische Verfahren minimiert. Eine Möglichkeit wäre ein logikbasierter Ansatz, der Probleme formalisiert und diese dann mithilfe von Ableitungsregeln deduktiv löst. Hier nimmt Turing das maschinengestützte und automatisierte Beweisen von Theoremen vorweg, ein Feld, in dem kurze Zeit später viel praktische Aktivität zu verzeichnen ist. Eine andere Art der Suche könne nach genetischem oder evolutionärem Vorbild realisiert werden. Hauptkriterium dieser Heuristik sei demnach der Anpassungswert, also die reproduktive Fitness. Hier deutet Turing an, was heute als evolutionäre Algorithmen bezeichnet wird. Diese Heuristiken orientieren sich an genetischen Konzepten wie Selektion, Mutation oder Rekombination. Im letzten Abschnitt von *Intelligent Machinery* beschreibt Turing schließlich noch einen Vorläufer dessen, was er in seinem nächsten Paper im Detail besprechen wird: den Turing-Test.

Diesem widmet er 1950 das gesamte Paper *Computing Machinery and Intelligence* (Turing 1950). Während Turing zu diesem Zeitpunkt bereits fest überzeugt ist, dass die Realisierung maschineller Intelligenz nur eine Frage der Zeit ist, existieren unter Turings Zeitgenossen auch andere, die der Vorstellung skeptisch gegenüberstehen. Turing bietet mit seinem Artikel beiden Gruppen etwas an. Für diejenigen, die wie er überzeugt sind, dass maschinelle Intelligenz realisierbar ist, entwickelt er ein Experiment, durch das ermöglicht werden soll, jene Intelligenz in Maschinen zu testen. Den Skeptikern auf der anderen Seite antwortet er vorausahnend auf eine Reihe von Einwänden gegenüber seiner Methode, insbesondere aber gegenüber der generellen Möglichkeit intelligenter Maschinen.

Erneut formuliert er seine Ausgangsüberlegung direkt im ersten Satz: „„Können Maschinen denken?““[25] Anschließend benennt Turing die Schwierigkeiten, die in

---

[24] „intellectual activity consists mainly of various lines of search“ – eigene Übersetzung nach (Turing 1968, S. 51).

[25] „„Can machines think?““ – eigene Übersetzung nach (Turing 1950, S. 433).

einer spezifischen Bestimmung der Begriffe seiner Ausgangsfrage liegen. Eine Definition will er daher vermeiden, indem er die Frage durch ein Verfahren ersetzt: das *imitation game*. Zunächst führt Turing ein klassisches Spiel aus dem viktorianischen Zeitalter heran, an dem drei Personen teilnehmen: eine weibliche Kandidatin, ein männlicher Kandidat, und ein Juror beliebigen Geschlechts. Die Spieler sind räumlich getrennt, kommunizieren aber schriftlich miteinander. Das Spielziel des Jurors ist es, das jeweils korrekte Geschlecht der beiden Kandidaten zu ermitteln. Die Kandidaten haben hingegen beide das Spielziel, den Juror davon zu überzeugen, die Frau zu sein. Während also der Mann den Juror zu täuschen versucht, versucht die Frau den Juror zu unterstützen, die korrekte Entscheidung zu treffen. Turing reflektiert nun, was passieren wird, wenn ein Kandidat durch eine Maschine ersetzt wird. Hierzu verfolgt er verschiedene Verfahren, teilweise noch mit Bezug auf das Geschlecht der menschlichen Kandidaten. Es ist letztlich jedoch eine geschlechtsneutrale Variante, die sich in der Literatur als Standardinterpretation des *imitation games* durchgesetzt: der Turing-Test. Hierbei kommuniziert ein Juror maschinenschriftlich mit einem Menschen beliebigen Geschlechts und einer Maschine. In der Kommunikation selbst existieren keine Beschränkungen, wie Turing an vier Beispieläußerungen von einem potenziellen Juror an dessen Gesprächspartner zeigt:

- „Bitte schreiben Sie mir ein Sonett zum Thema Forth Bridge.“[26]
- „Addiere 34.957 zu 70.764“[27]
- „Spielen Sie Schach?“[28]
- „Mein König steht auf E8, sonst habe ich keine Figuren mehr. Sie haben nur noch Ihren König auf E6 und einen Turm auf H1. Sie sind am Zug. Was spielen Sie?“[29]

Der Turing-Test gilt für eine Maschine dann als bestanden, wenn sie das Verhalten eines Menschen derart imitieren kann, dass ein Juror nicht in der Lage ist, zwischen der Maschine und dem Menschen zu unterscheiden. Turing fragt somit nicht mehr abstrakt, ob Maschinen denken können – er fragt, ob es eine Maschine geben kann, die sich maschinenschriftlich von einem denkenden Menschen ununterscheidbar verhalten kann. Intelligenz wird in Turings Test mit linguistischen Verhalten assoziiert.

Turing selbst ist von Anfang an bewusst, dass sein Test Möglichkeiten für Einwände bietet. Diese richten sich überwiegend jedoch nicht gegen sein Verfahren, Intelligenz in Maschinen nachzuweisen, sondern vielmehr gegen die generelle Möglichkeit, dass Maschinen Intelligenz besitzen können. Insgesamt liefert er neun

[26]„Please write me a sonnet on the subject of the Forth Bridge.“ – eigene Übersetzung nach (Turing 1950, S. 434).

[27]„Add 34.957 to 70.764“ – eigene Überstzung nach (Turing 1950, S. 434).

[28]„Do you play chess?“ – eigene Übersetzung nach (Turing 1950, S. 434).

[29]„I have K at my K1, and no other pieces. You have only K at K6 and R at R1. It is your move. What do you play?“ – eigene Übersetzung nach (Turing 1950, S. 435), Schachinterpretation und -notation nach (Fokker 2012).

Repliken aus den unterschiedlichsten Standpunkten. Auffällig ist, wie interdisziplinär Turing das Thema maschineller Intelligenz bereits betrachtet. Er widerlegt Argumentationslinien gegen die KI, die u. a. auf Erkenntnissen aus Mathematik, Philosophie, Neurowissenschaften, Psychologie und sogar Theologie basieren. Seit dem Erscheinen von *Computing Machinery and Intelligence* sind eine Vielzahl von wissenschaftlichen Beiträgen über den Turing-Test erschienen. Die vertretenen Positionen könnten unterschiedlicher nicht sein. Unabhängig davon, wie man das Verfahren letztlich bewertet, Turings Artikel gilt heute als „einer der am häufigsten zitierten und diskutierten in der modernen philosophischen Literatur."[30] Spätestens damit hat Turing die künstliche Intelligenz als neue Forschungsdisziplin in der Philosophie verankert.

5 Dartmouth Conference und praktische KI

Turing mag der erste sein, der entsprechende Artikel verfasst, die ausschließlich künstliche Intelligenz behandelen, den Begriff hat er jedoch nicht geprägt. Dieser wird einige Jahre später eingeführt. Am 31. August 1955 beantragt eine Gruppe von Forschern um John McCarthy und Marvin Lee Minsky eine Finanzierung für ein Forschungsprojekt im Sommer 1956.

Minsky beschäftigt sich zu diesem Zeitpunkt bereits seit einigen Jahren mit der Thematik, baut ab 1951 zusammen mit Dean S. Edmonds den *Stochastic Neural Analog Reinforcement Calculator* (*SNARC*). Aus 40 Neuronen bestehend simuliert dieses Netz eine Ratte, die ihren Weg durch ein Labyrinth sucht. Jedes Neuron korrespondiert mit einer Position, Verbindungen entsprechen den Wegen zwischen diesen. Welchen Weg die simulierte Ratte nun verfolgt, basiert auf Erkenntnissen von Donald Olding Hebb. Dieser beschreibt 1949 erstmals umfassend die nach ihm benannte Hebbsche Lernregel über die synaptische Verstärkung zwischen zwei Neuronen: Je häufiger zwei Neuronen gleichzeitig aktiv sind, desto stärker ist die gemeinsame Verknüpfung. Die synaptische Plastizität kann somit als Grundlage von Gedächtnis und Lernen angesehen werden (Hebb 1949). Sobald die künstliche Ratte durch Zufall den richtigen Weg wählt, verstärken Minsky und Edmonds manuell die entsprechende Verbindung. Es handelt sich somit um die von Turing 1947 vorgeschlagene operante Konditionierung, nur dass die Belohnung umgangen wird, indem die Neuronenverbindungen direkt verstärkt werden. Nichtsdestotrotz erhöht sich dadurch die Wahrscheinlichkeit, dass das gewünschte Verhalten wiederholt auftritt. Im Gegensatz zu dem fest programmierten Neuronenmodell von McCulloch und Pitts ist *SNARC* daher – wie ein natürliches neuronales Netz auch – anpassungs- und lernfähig. Dies kann als Voraussetzung für die Simulation menschlicher Gedanken gelten. Minsky publiziert die Ergebnisse mit noch größeren künstlichen neuronalen Netzen erstmals 1954 (Minsky 1954). Zusammen mit einem Artikel von Farley und

[30]„one of the most cited and discussed in modern philosophical literature" – eigene Übersetzung nach (Hodges 2008, S. 75).

Clark (Farley und Clark 1954) sind es die ersten veröffentlichten praktischen Ergebnisse künstlicher neuronaler Netzwerke, die durch Verstärkung lernen.

McCarthy auf der anderen Seite prägt schließlich den Begriff, der noch heute das Forschungsfeld bezeichnet. Im Vorfeld der Konferenz editiert er mit Shannon ein Sammelwerk mit dem Namen *Automata Studies*, so dass diese Bezeichnung zunächst nahe liegt. Die Artikel, die sie erhalten, sind letztlich aber nicht das, was McCarthy sich für die Konferenz erhofft. Ihn fasziniert der Gedanke von lernenden Maschinen und maschineller Intelligenz. Daher argumentiert er schließlich für eine alternative Bezeichnung und setzt sich als Hauptorganisator am Ende auch durch: In dem Förderantrag – *A Proposal for the Dartmouth Summer Research Project on Artificial Intelligence* – wird erstmalig von *artificial intelligence* – künstliche Intelligenz – gesprochen (McCarthy et al. 2006). Grundlage des Projekts ist die „Annahme, dass alle Aspekte des Lernens oder jede andere Eigenschaft von Intelligenz im Prinzip so genau beschrieben werden können, dass eine Maschine zu deren Simulation gebaut werden kann.“[31] Als mögliche spezifische Forschungsthemen werden u. a. Automatisierung, Selbstmodifizierung, natürliche Sprachverarbeitung, neuronale Netze, Kreativität und Zufälligkeit vorgeschlagen. Neben den genannten Antragsstellern – größtenteils Computerpioniere, deren Hintergrund überwiegend in der Mathematik, Logik und Elektrotechnik liegt – nehmen auch zahlreiche Wissenschaftler aus anderen Fachbereichen, wie z. B. Kognitionswissenschaften, Kybernetik, Psychologie oder Wirtschaftswissenschaften, teil. Retrospektiv wird die acht Wochen andauernde *Dartmouth Conference* auch eher als erweiterte Brainstorming-Session – und nicht als durchgeplantes und geleitetes Forschungsvorhaben – betrachtet. Die Interdisziplinarität und das lange Entwickeln von Ideen haben jedoch dazu beigetragen, dass sich die künstliche Intelligenz im Nachfeld der Konferenz als eigenes Fachgebiet konsolidieren kann. Viele der Teilnehmer werden in der Folgezeit zu anerkannten Experten in der neu geschaffenen Disziplin. Mittlerweile wird die *Dartmouth Conference* mehrheitlich als Geburtsstunde des akademischen Fachgebiets der künstlichen Intelligenz angesehen (Solomonoff 1985; Moor 2006), wenn auch nicht von allen (Kline 2011).

Zwei weitere Teilnehmer der Konferenz sind Herbert Alexander Simon und Allen Newell. Beide beschäftigen sich in den Jahren vor der Konferenz mit Entscheidungsfindung, Problemlösen und Informationsverarbeitung, allerdings im Kontext der Wirtschaftswissenschaften. Über die *RAND Cooperation* finden die beiden schließlich zusammen und diskutieren die Idee, menschliches Denken in Maschinen zu simulieren. Als erste Zusammenarbeit konzentrieren sie sich auf ein Softwareprogramm, das Beweise von Theoremen in symbolischer Logik entdecken soll. Unterstützt werden sie dabei von John Clifford Shaw, einem Systemprogrammierer der *RAND Cooperation*. Die Entwicklung dieses Programms beginnt schließlich 1955 im Vorfeld der *Dartmouth Conference*. Eine frühe Version dieses *Logic*

[31] „the conjecture that every aspect of learning or any other feature of intelligence can in principle be so precisely described that a machine can be made to simulate it“ – eigene Übersetzung nach (McCarthy et al. 2006, S. 12).

Theorists (*LT*)[32] wird schließlich auch im Rahmen der Konferenz präsentiert. Es ist überdies das einzige funktionsfähige Programm, das im Rahmen der acht Wochen gezeigt wird. Die Reaktionen der anderen Teilnehmer fallen zunächst bescheiden aus. Ungeachtet dessen führt die Konferenz im Kontext der Entwicklung intelligenter Systeme zu einem Aufkommen von symbolischen Methoden nach dem Prinzip des *LT*. Dabei ist die Repräsentation der Modelle explizit, erfolgt durch menschenlesbare Symbole. Mithilfe eines Regelsets – und gegebenenfalls einer zusätzlichen Wissensbasis – geht man Probleme deduktiv über die Manipulation dieser Symbole an.

Der *Logic Theorist* wird nach der Konferenz von Newell, Simon und Shaw weiterentwickelt. In der ersten Publikation legen sie dar, wie sich das Programm von vorherigen unterscheidet. Anders als die klar systematischen Algorithmen, die auf wenige Methoden zurückgreifen und kaum von Bedingungen abhängen, stützt sich der *LT* als ein komplexes Informationsverarbeitungssystem verstärkt auf heuristische Methoden. Diese Art, Probleme zu lösen, sei geradezu charakteristisch für das menschliche Denken. Überdies sei das Programm beschränkt lernfähig: Einmal konstruierte Beweise werden gespeichert und können dann in Form von Bausteinen für subsequente Beweise herangezogen werden (Newell und Simon 1956). Als von Menschen bewiesenes Pendant des *LT* betrachten sie die *Principia Mathematica*. Wie sie später berichten, beweist der *Logic Theorist* schließlich 38 der ersten 52 Theoreme aus Kap. 2 der *Principia* (Newell et al. 1957). Ein begleitender Artikel erläutert die entsprechende Programmierung (Newell und Shaw 1957).

Auch nach den ersten Veröffentlichungen arbeiten Newell, Shaw und Simon an der Optimierung des *Logic Theorists*, zusätzlich auch an einer generellen Theorie menschlichen Problemlösens (Newell et al. 1958). Damit beschäftigen sich zeitgleich auch insbesondere Forscher aus der Psychologie. Maßgebliche Studien führen Omar Khayyam Moore und Scarvia B. Anderson 1954 durch. Im Rahmen ihrer Experimente entwickeln sie eine Reihe an logischen Rätseln – die prinzipiell auch der *Logic Theorist* lösen könnte – und präsentieren diese menschlichen Testsubjekten. Aufgabe der Teilnehmer ist es, ihre Gedanken zu verbalisieren, während sie die Logikprobleme lösen (Moore und Anderson 1954a, b). Anschließend konstatieren Moore und Anderson: „Die ‚Gesetze der Logik' mit den ‚Gesetzen des Denkens' gleichzusetzen oder, im Allgemeinen, die logischen Aspekte von Problemen und die psychologischen Aspekte der Problemlösung zu verwechseln, ist ein nicht selten begangener Fehler."[33] Die Resultate sind für Newell, Simon und Shaw bedeutsam, da sie erkennen, dass Menschen beim Lösen von Problemen möglicherweise ganz anders vorgehen als es der *Logic Theorist* tut. Um die Daten im Detail auswerten zu können, führen sie in der Konsequenz ähnliche Experimente durch. Die zentrale Erkenntnis bei der Durchsicht der menschlichen Gedankenprotokolle ist schließlich,

[32]Die Autoren bezeichnen ihr Programm zunächst selbst als *Logic Theory Machine*, jedoch hat sich in der Literatur der Name *Logic Theorist* durchgesetzt.

[33]„To identify ‚laws of logic' with ‚laws of thought' or, in general, to confuse the logical aspects of problems and the psychological aspects of problem solving is a mistake not infrequently made." – eigene Übersetzung nach (Moore und Anderson 1954a, S. 156).

dass das Vorgehen der Testsubjekte im Kern unabhängig von der spezifischen Aufgabe ist. Ziel der drei Forscher ist es in der Folge, dieses Prinzip als wesentliches Merkmal eines neuen Computerprogramms umzusetzen.

Dies spiegelt sich schließlich auch im Namen dieses Programms wider: *General Problem Solver* (*GPS*). Als *general* – allgemein – wird das Programm indes nicht bezeichnet, weil es alle Probleme lösen kann. Vielmehr wird es so genannt, da es beliebige Probleme, die in eine bestimmte allgemeine Form gebracht werden können, als Input akzeptiert, sowie, weil die angewandten Methoden keinen spezifischen Bezug zum Gegenstand des jeweiligen Problems haben (Simon et al. 1966). Um ein Problem mit dem *GPS* lösen zu können, muss es zunächst in eine entsprechende Repräsentation in der Form von Objekten und Operatoren transformiert werden. Ein Objekt ist eine beliebige Entität, die durch Eigenschaften beschrieben wird, die sie besitzt, sowie durch Unterschiede im Vergleich zu anderen Objekten. Ein Operator ist eine mathematische Vorschrift, etwa eine Funktion, die auf ein oder mehrere Objekte angewandt werden kann, um diese zu manipulieren. Newell, Shaw und Simon veranschaulichen dies durch die folgenden zwei Beispiele: Im Schach etwa könnten Positionen durch Objekte und regelkonforme Züge durch Operatoren dargestellt werden. Beim Beweisen von Theoremen hingegen wären diese die entsprechenden Objekte, zulässige Inferenzregeln die darauf anzuwendenden Operatoren. In beiden Fällen würde man wiederholt Operatoren auf Objekte anwenden, um ein Ziel zu erreichen. Im ersten Fall beginnt man mit dem Objekt, das der Grundstellung im Schach entspricht. Ziel wäre eine Position, in der der gegnerische König im Schachmatt steht. Im zweiten Fall entsprechen die Ausgangsobjekte den Axiomen des zugrunde liegenden logischen Systems, Ziel ist das zu beweisende Theorem (Newell et al. 1960).

Um ein Problem zu lösen, greift der *GPS* auf Rekursion zurück, indem er versucht, jedes Ziel in einfachere Teilziele zu zerlegen. Resultate von Subroutinen werden temporär abgespeichert und später bei Bedarf wieder angefordert. Zum Lösen der Probleme dienen dem *GPS* im Wesentlichen zwei Heuristiken: *means-ends analysis* und Planung. Im Rahmen der *means-ends analysis* betrachtet man die Unterschiede, die zwischen den Eigenschaften von Objekten bestehen. Diese Unterschiede können als Differenzen quantifiziert werden. Das Ziel ist, die Differenzen zwischen dem vorliegenden Objekt und dem Zielobjekt schrittweise zu minimieren. Dies geschieht mithilfe der Operatoren. Diese manipulieren Objekte und ihre Eigenschaften – und damit die Differenzen zum Zielobjekt. Die Reduzierung mancher Differenzen erweist sich in der Regel als schwerer als die anderer. Schwerer zu reduzierende Differenzen haben daher Priorität, auch wenn dies auf Kosten leichter zu reduzierender Differenzen geht. Die Objekte werden letztlich so lange manipuliert bis keine weiteren Fortschritte in der Reduzierung von Differenzen zu verzeichnen sind. Ein Defizit dieser Vorgehensweise ist die mangelnde Voraussicht, da schrittweise und nur mit den Werten des aktuellen Zustands gearbeitet wird. Als ergänzende Heuristik existiert daher als Pendant die Planung. Bevor mit der Lösung eines Problems begonnen wird, erstellt die Planungsmethode eine Abstraktion aller Objekte und Operatoren – sozusagen ein Model des Models. Ferner wird auch das korrespondierende Problem abstrahiert und damit eine Lösung angestrebt. In der

Regel ist das neu kreierte Problem leichter als das originäre. Sollte ein Lösungsweg gefunden werden, wird aus diesem ein Plan für das Vorgehen für das originäre Problem geformt.

Die Erwartungen an den *GPS* sind aufgrund der ersten Erfolge des *Logic Theorists* sowie der nachfolgenden Korrekturen aufgrund der psychologischen Forschungsergebnisse groß. Nach einigen Experimenten stellt sich jedoch heraus, dass der *GPS* tatsächlich nicht auf Probleme jeder Art, sondern nur auf eine limitierte Klasse wohldefinierter Probleme angewandt werden kann. Nach Mainzer sollte der *GPS* „die heuristische Basis für menschliches Problemlösen überhaupt festlegen" (Mainzer 2019, S. 11). Vor diesem Hintergrund sind die praktischen Resultate in wenigen spezifischen Problemen als enttäuschend zu betrachten. Nichtsdestotrotz verfassen Newell und Simon einige Jahre später die *physical symbol system hypothesis*, ihre zentrale Hypothese der symbolischen künstlichen Intelligenz. Sie besagt, dass menschliches Denken wie Informationsverarbeitung im Computer einer reinen Manipulation von Symbolen entspricht. Das Gehirn ist, ebenso wie der Computer, nur ein Medium, das zwar als Hardware der Ausführung einer Software dient, jedoch beliebig ersetzt werden könnte. Für sie ist Intelligenz nicht an eine Trägersubstanz gebunden.

Mitte der 1960 Jahre endet schließlich die erste Phase der KI (Mainzer 2019). In der Folge werden neue Anwendungsbereiche – größtenteils bereits von Turing angestoßen – erfasst. Beispiele beinhalten Sprachverarbeitung, Mikrowelten oder Systeme, die Spiele wie Schach oder Dame lösen. Die symbolische KI entwickelt sich dabei weiter. Man überlegt, wie sich Wissen im Computer repräsentieren und speichern lässt. Die Programme greifen schließlich vermehrt auf Wissensbasen zurück, erste Expertensysteme werden entwickelt. Zentrales Paradigma der KI bleibt die symbolische KI noch zwei weitere Jahrzehnte. Dann wird sie schließlich abgelöst: Seit Ende der 1980er dominiert die subsymbolische KI – also künstliche neuronale Netze wie bereits bei McCulloch, Pitts, Turing und Minsky.[34]

6 Fazit

Diese Arbeit beschreibt in fünf Kapiteln die historische Entwicklung der künstlichen Intelligenz in ihren Anfangsjahren. Dabei liegt der Fokus insbesondere auf den 1940er- und 1950er-Jahren. Besonders die Einflüsse von Turing sowie Newell und Simon, die das Feld nachhaltig prägen, werden erörtert. Insgesamt kann man konstatieren: Die künstliche Intelligenz steht auf den Schultern vieler Riesen, sowohl in der historischen Tiefe als auch in der schöpferischen Breite.[35] In der unmittelbaren Zeit vor der Entstehung Mitte des 20. Jahrhunderts sind zwei Aspekte

[34]Gleichermaßen tritt der symbolische Ansatz wiederkehrend auf: Immerhin gibt es ihn ja bereits bei Leibniz, Boole und Frege.

[35]Eine ausführliche Betrachtung in allen Einzelheiten findet sich insbesondere in (McCorduck 2004), etwas reduzierter auch in (Crevier 1993).

von essenzieller Bedeutung: die Entwicklung digitaler Computer, die mit einem Fokus auf das Konzept der Information einhergeht, sowie Vernetzung und Austausch interdisziplinär interessierter Forscher.

Es ist unwahrscheinlich, dass es ohne den digitalen Computer keine weitere Entwicklung im Bereich maschineller Intelligenz gegeben hätte. Bereits in den ersten Jahren der Kybernetik werden neuronale Netze modelliert, die durchaus in Hardwareneuronen implementierbar sind. Auch ist das Konzept der Turingmaschine nicht an gewöhnliche Computer gebunden, und könnte mit vollkommen anderen Komponenten – und sei es biologischer Art – realisiert werden. Und dennoch muss man feststellen: Digitale Computer dienen der KI von nahezu Anfang an als materielles Fundament. Es sind Aspekte des Computers wie Programmierbarkeit, Geschwindigkeit oder Reproduzierbarkeit, die der jungen Wissenschaft erlauben, ihr Potenzial auf einem physischen Medium voll zu entfalten.

Als zweiten Aspekt kann man die Forscher und insbesondere ihren Austausch nennen. Die Interdisziplinarität beteiligter Individuen zeichnet die KI von Anfang aus. Logik, Mathematik, Informationstheorie, Kybernetik, Neurophysiologie, Psychologie, Philosophie sind nur einige der Forschungsfelder, aus denen die KI damals wie heute schöpft. Anders als bei der Entstehung von Wissenschaften wie etwa der Psychologie oder der Soziologie hat sich hier keine Wissenschaft aus einer anderen Disziplin herausgelöst, sondern Forscher aus den unterschiedlichsten Bereichen haben zusammen ein neues Feld erschlossen. Der interdisziplinäre Austausch spiegelt sich in informellen Gruppen wie der *Teleological Society* und dem *Ratio Club* sowie der *Dartmouth Conference* wider. Die künstliche Intelligenz ist eine Forschungsdisziplin, die sich in weniger als 70 Jahren enorm entwickelt hat. Der Großteil der Menschen technologisierter Nationen kommt regelmäßig mit Software in Berührung, die man heute als schwache – spezialisierte – künstliche Intelligenz bezeichnet. Starke – generelle – künstliche Intelligenz ist jedoch noch nicht absehbar, und den Turing-Test hat auch noch keine Maschine bestanden. Aber, ob nun praktisch, wie etwa Newell und Simon, oder eher philosophisch, wie Turing: Die KI eröffnet dem Interessenten alle Möglichkeiten an sie heranzutreten, und allein ihre Existenz ist ein klares Plädoyer für Interdisziplinarität!

Literatur

Ashby, W. R. 1949. The thinking machine. *Time* LIII(4): 66.

Aspray, William. 1990. *John von Neumann and the origins of modern computing*. Cambridge, MA: The MIT Press.

Copeland, B. Jack. 2004. Intelligent machinery (1948). In *The essential Turing: Seminal writings in computing, logic, philosophy, artificial intelligence, and artificial life plus the secrets of enigma*, Hrsg. B. Jack Copeland, 395–432. Oxford: Clarendon Press.

Copeland, B. Jack, und Diane Proudfoot. 1999. Alan Turing's forgotten ideas in computer science. *Scientific American* 280(4): 98–103. https://doi.org/10.1038/scientificamerican0499-98.

Copeland, B. Jack, und Diane Proudfoot. 2004. The computer, artificial intelligence, and the Turing test. In *Alan Turing: Life and legacy of a great thinker*, Hrsg. Christof Teuscher, 317–351. Berlin/Heidelberg: Springer.

Cover, Thomas M., und Joy A. Thomas. 1991. *Elements of information theory*. New York: Wiley.

Crevier, Daniel. 1993. *AI: The tumultuous history of the search for artificial intelligence*. New York: BasicBooks.

Farley, B. G., und W. A. Clark. 1954. Simulation of self-organizing systems by digital computer. *Transactions of the IRE Professional Group on Information Theory* 4(4): 76–84. https://doi.org/10.1109/TIT.1954.1057468.

Fokker, Jeroen. 2012. The chess example in Turing's mind paper is really about ambiguity. In *Turing-100. The Alan Turing centenary*, 92–97. Manchester: EasyChair. https://doi.org/10.29007/bmfh.

Hartree, D. R. 1946. The „electronic brain“: A misleading term, no substitute for thought. *The Times*, 7. November.

Hebb, D. O. 1949. *The organization of behavior: A neuropsychological theory*. New York/London: Wiley/Chapman & Hall.

Hobbes, Thomas, und J. C. A. Gaskin. 1998. *Leviathan*. Oxford: Oxford University Press.

Hodges, Andrew. 2008. What did Alan Turing mean by „machine?“ In *The mechanical mind in history*, Hrsg. Phil Husbands, Owen Holland, und Michael Wheeler, 75–90. Cambridge, MA/London: The MIT Press.

Holland, Owen, und Phil Husbands. 2011. The origins of British cybernetics: The Ratio Club. *Kybernetes* 40(1/2): 110–123. https://doi.org/10.1108/03684921111117951.

Kline, Ronald R. 2011. Cybernetics, automata studies, and the Dartmouth conference on artificial intelligence. *IEEE Annals of the History of Computing* 33(4): 5–16. https://doi.org/10.1109/MAHC.2010.44.

Mainzer, Klaus. 2019. *Künstliche Intelligenz – Wann übernehmen die Maschinen?* Berlin/Heidelberg: Springer.

McCarthy, John, Marvin L. Minsky, Nathaniel Rochester, und Claude E. Shannon. 2006. A proposal for the Dartmouth summer research project on artificial intelligence: August 31, 1955. *AI Magazine* 27(4): 12–14. https://doi.org/10.1609/aimag.v27i4.1904.

McCorduck, Pamela. 2004. *Machines who think: A personal inquiry into the history and prospects of artificial intelligence*. Natick: A K Peters.

McCulloch, Warren S., und Walter Pitts. 1943. A logical calculus of the ideas immanent in nervous activity. *The Bulletin of Mathematical Biophysics* 5(4): 115–133. https://doi.org/10.1007/BF02478259.

Menabrea, L. F., und Ada Lovelace. 1843. Sketch of the Analytical Engine invented by Charles Babbage: With notes by the translator. In *Scientific memoirs: Selected from the transactions of foreign academies of science and learned societies, and from foreign journals*, Hrsg. Richard Taylor, 666–731. London: Richard and John E. Taylor.

Minsky, Marvin Lee. 1954. *Theory of neural-analog reinforcement systems and its application to the brain-model problem*. PhD Dissertation, Princeton University, Princeton.

Moor, James. 2006. The Dartmouth College artificial intelligence conference: The next fifty years. *AI Magazine* 27(4): 87–91. https://doi.org/10.1609/aimag.v27i4.1911.

Moore, Omar Khayyam, und Scarvia B. Anderson. 1954a. Modern logic and tasks for experiments on problem solving behavior. *The Journal of Psychology* 38(1): 151–160. https://doi.org/10.1080/00223980.1954.9712926.

Moore, Omar Khayyam, und Scarvia B. Anderson. 1954b. Search behavior in individual and group problem solving. *American Sociological Review* 19(6): 702–714. https://doi.org/10.2307/2087917.

Negnevitsky, Michael. 2005. *Artificial intelligence: A guide to intelligent systems*. Harlow: Addison-Wesley.

Newell, Allen, und J. C. Shaw. 1957. Programming the logic theory machine. In *Proceedings of the western joint computer conference: Papers presented at the Joint IRE-AIEE-ACM computer conference*, 230–240, Los Angeles. 26–28 Feb 1957. New York: ACM Press. https://doi.org/10.1145/1455567.1455606.

Newell, Allen, und Herbert A. Simon. 1956. The logic theory machine – A complex information processing system. *IEEE Transactions on Information Theory* 2(3): 61–79. https://doi.org/10.1109/TIT.1956.1056797.

Newell, Allen, J. C. Shaw, und Herbert A. Simon. 1957. Empirical explorations of the logic theory machine: A case study in heuristic. In *Proceedings of the western joint computer conference: Papers presented at the Joint IRE-AIEE-ACM computer conference*, 218–230, Los Angeles, 26–28 Feb 1957. New York: ACM Press. https://doi.org/10.1145/1455567.1455605.

Newell, Allen, J. C. Shaw, und Herbert A. Simon. 1958. Elements of a theory of human problem solving. *Psychological Review* 65(3): 151–166. https://doi.org/10.1037/h0048495.

Newell, A., J. C. Shaw, und H. A. Simon. 1960. Report on a general problem-solving program. In *Information processing: Proceedings of the international conference on information processing*, 256–264. UNESCO, Paris, 15–20 June 1959. Munich: R. Oldenbourg.

Rosenblueth, Arturo, Norbert Wiener, und Julian Bigelow. 1943. Behavior, purpose and teleology. *Philosophy of Science* 10(1): 18–24. https://doi.org/10.1086/286788.

Shannon, Claude E. 1948. A mathematical theory of communication. *Bell System Technical Journal* 27(3): 379–423. https://doi.org/10.1002/j.1538-7305.1948.tb01338.x.

Simon, Herbert A., Allen Newell, Marvin L. Minsky, George A. Miller, und Sidney S. Alexander. 1966. Simulation of human thinking. In *Computers and the world of the future*, Hrsg. Martin Greenberger, 94–131. Cambridge, MA: The MIT Press.

Skinner, Burrhus F. 1938. *The behavior of organisms: An experimental analysis*. New York: Appleton-Century-Crofts.

Solomonoff, Ray J. 1985. The time scale of artificial intelligence: Reflections on social effects. *Human Systems Management* 5(2): 149–153. https://doi.org/10.3233/HSM-1985-5207.

The Listener. 1946. Did you hear that?: An arithmetical robot. 14. November.

The Times. 1946. An electronic brain: Solving abstruse problems, valves with a memory. 1. November.

The Times. 1949. The mechanical brain: Answer found to 300 year-old problem, 11. Juni.

Thorndike, Edward L. 1911. *Animal intelligence: Experimental studies*. New York: The Macmillan Company.

Turing, Alan M. 1950. Computing machinery and intelligence. *Mind* LIX(236): 433–460. https://doi.org/10.1093/mind/LIX.236.433.

Turing, Alan M. 1968. Intelligent machinery. In *Cybernetics*, Hrsg. C. R. Evans und A. D. J. Robertson, 27–52. London: Butterworths.

Turing, Alan M. 1986a. Lecture to the London Mathematical Society on 20 February 1947. In *A.M. Turing's ACE report of 1946 and other papers*, Hrsg. B. E. Carpenter und R. W. Doran, 106–124. Cambridge, MA: The MIT Press.

Turing, Alan M. 1986b. Proposal for development in the mathematics division of an Automatic Computing Engine (ACE). In *A.M. Turing's ACE report of 1946 and other papers*, Hrsg. B. E. Carpenter und R. W. Doran, 20–105. Cambridge, MA: The MIT Press.

Wersig, Gernot. 1971. *Information, Kommunikation, Dokumentation: Ein Beitrag zur Orientierung der Informations- und Dokumentationswissenschaften*. München-Pullach/Berlin: Verlag Dokumentation.

Wiener, Norbert. 1985. *Cybernetics: Or control and communication in the animal and the machine*. Cambridge, MA: The MIT Press.

Teil II

Logische Grundlagen der Künstlichen Intelligenz

Grundlagen des logischen Schließens

Reinhard Kahle

Inhalt

Zusammenfassung

In diesem Artikel wird die moderne Logik in ihren verschiedenen Spielarten und im Zusammenhang mit grundsätzlichen metatheoretischen Resultaten und Fragestellungen dargestellt.

Schlüsselwörter

Aussagenlogik · Logik erster Stufe · Mathematische Logik · Syntax · Semantik

R. Kahle (✉)
Theorie und Geschichte der Wissenschaften, Universität Tübingen, Tübingen, Deutschland

CMA, FCT, Universidade Nova de Lisboa, Caparica, Portugal
E-Mail: reinhard.kahle@uni-tuebingen.de

K. Mainzer (Hrsg.), *Philosophisches Handbuch Künstliche Intelligenz*,
https://doi.org/10.1007/978-3-658-19606-6_4

1 Historischer Abriß

Schluß ist eine Rede, in welcher, wenn etwas gesetzt wird, etwas von diesem Gesetzten Verschiedenes notwendig dadurch folgt, daß dieses ist. Ich meine mit dem Ausdruck «dadurch daß dieses ist», daß es um seinetwillen folgt, mit dem Ausdruck aber, daß es um seinetwillen folgt, daß es keiner Bestimmung von außen her bedarf, um das Notwendige zu ergeben.
Aristoteles, Analyt. Pr. I, ı. 24 b 18[1]

Logik als die Lehre dessen, was ohne Rückgriff auf empirisches Wissen oder axiomatische Setzung, das heißt, ohne den „Inhalt" einer Aussage, sondern allein aufgrund deren „Form" gefolgert werden kann, geht auf Aristoteles zurück. In den unter dem Titel *Organon* zusammengefaßten Werken geht er dabei u. a. der Frage nach, welche Schlüsse für Aussagen der Form „Alle S sind P", „Kein S ist P", „Einige S sind P" und „Einige S sind nicht P" gültig sind.

Dabei werden immer zwei Aussagen als Prämissen vorausgesetzt, die einen gemeinsamen *Mittelbegriff* haben, und geprüft, ob eine aus den *Außenbegriffen* gebildete Aussage daraus folgt. Zum Beispiel gilt der klassische Schluß:

$$\frac{\begin{array}{c}\text{Alle } S \text{ sind } M.\\ \text{Alle } M \text{ sind } P.\end{array}}{\text{Alle } S \text{ sind } P.}$$

Dagegen wäre

$$\frac{\begin{array}{c}\text{Alle } S \text{ sind } M.\\ \text{Einige } M \text{ sind } P.\end{array}}{\text{Einige } S \text{ sind nicht } P.}$$

ein Fehlschluß. Es ist durchaus bemerkenswert, daß Aristoteles schon Buchstaben als Variablen für Prädikate einsetzte; Schlüsse mit konkreten Begriffen sind die Ausnahme.[2]

Die Klassifikation der Syllogismen in gültige Schlüsse und Fehlschlüsse beschäftigte die Philosophie von der Antike über das Mittelalter bis in die Neuzeit. Auch wenn die Syllogismen weit davon entfernt sind, die Logik für allgemeine Aussagen, wie wir sie heute betreiben, abzudecken, wurde Aristoteles' Logik für mehr als 2000 Jahre als ausreichend empfunden, soweit, daß Immanuel Kant sie für „geschlossen und vollendet" hielt.[3]

---

[1]Zitiert nach Trendelenburg, (Aristoteles 1967, S. 25).

[2]Siehe (Patzig 1963, S. 14). Zudem benutzte Aristoteles auch keine Singularurteile als Prämissen gültiger Schlüsse, (Patzig 1963, S. 14). Das bekannte Beispiel: „Alle Menschen sind sterblich."; „Sokrates ist ein Mensch."; also „Sokrates ist sterblich." stammt erst aus späterer Zeit.

[3]„Daß die *Logik* diesen sicheren Gang schon von den ältesten Zeiten her gegangen sei, läßt sich daraus ersehen, daß sie seit dem *Aristoteles* keinen Schritt rückwärts hat tun dürfen, ... Merkwürdig ist noch an ihr, daß sie auch bis jetzt keinen Schritt vorwärts hat tun können, und also allem Anschein nach geschlossen und vollendet zu sein scheint" (Kant 1787, B VIII).

Ein Umdenken setzte im wesentlichen erst mit George Boole ein, der erkannte, daß sich *aussagenlogische* Verknüpfungen durch mathematische Operationen abbilden lassen.[4]

Die damit eingeleitete „Mathematisierung der Logik" war aber noch insoweit unzureichend, als sie keine adäquate Formalisierung von Quantoren kannte. Diese wurde von Gottlob Frege angegeben, der damit die Grundlage für die moderne *Prädikatenlogik* schuf. Freges umfassende Idee, die Mathematik auf Logik zu reduzieren (Frege 1893/1903), erwies sich aber als problematisch, weil sein dafür entworfenes (höherstufiges) Logiksystem inkonsistent war.

Nachdem Giuseppe Peano (1889) eine Liste *nicht-logischer Axiome* für die Arithmetik vorlegte und dabei zugleich die moderne formal-logische Notation einführte, versuchten Whitehead und Russell (1910–1913) in ihrem monumentalen dreibändigen Werk *Principia Mathematica* das Fregesche Programm auf der Grundlage einer Typentheorie zu retten. Auch wenn sich ihr Ansatz in der intendierten Form nicht durchsetzen konnte, war damit ein bis heute nachwirkendes Beispiel gesetzt, wie sich das logische Schließen in der Mathematik in ein rigides formales System übersetzen lassen sollte.

Die moderne mathematische Logik, so wie wir sie heute kennen, wurde im wesentlichen von David Hilbert und seiner Schule begründet; siehe (Hilbert und Ackermann 1928) als grundlegendes Lehrbuch und (Hilbert und Bernays 1934, 1939) als umfassende Ausarbeitung der metamathematischen Ergebnisse.[5] Hilbert (1928) artikulierte sein Anliegen wie folgt:

> Mit dieser Neubegründung der Mathematik, die man füglich als eine Beweistheorie bezeichnen kann, glaube ich die Grundlagenfragen in der Mathematik als solche endgültig aus der Welt zu schaffen, indem ich jede mathematische Aussage zu einer konkret aufweisbaren und streng ableitbaren Formel mache und dadurch den ganzen Fragenkomplex in die Domäne der reinen Mathematik versetze.

Auch wenn es strittig ist, ob die Grundlagenfragen tatsächlich „endgültig aus der Welt geschafft" wurden, darf das hinter diesem Anliegen stehende Vorhaben,[6] als weitestgehend geglückt betrachtet werden. Das gelingt einerseits durch die von Hilbert

---

[4]Vorangegangene, tief liegende konzeptionelle Ansätze zu einer umfassenden Reform der Logik in Richtung Mathematik lassen sich schon bei Leibniz (1982, 2000, 2019) finden. Sie kamen aber nicht über einen programmatischen Status hinaus und gerieten in Vergessenheit (Peckhaus 1997). Siehe dazu auch den Beitrag von Stefania Centrone (2023) in diesem Handbuch.

[5]Natürlich sind seitdem viele neue Resultate hinzugekommen und auch die Darstellung ist sowohl typografisch als auch konzeptionell optimiert worden. Neben der Modelltheorie ist vor allem auch die Rekursionstheorie als neuer Zweig der mathematischen Logik entwickelt worden, deren erste Ergebnisse im klassischen Werk von Kleene (1952) dargestellt wurden. Vom Tübinger Logiker Walter Felscher stammt das Zitat: „Hilbert-Bernays ist das alte Testament; Kleene ist das neue Testament."

[6]Gentzen (1938) hatte dieses Vorhaben wie folgt charakterisiert:

> Ein Hauptmerkmal des Hilbertschen Standpunkts scheint mir das Bestreben zu sein, das mathematische Grundlagenproblem der *Philosophie* zu entziehen und es soweit wie irgendmöglich mit den eigenen Hilfsmitteln der Mathematik zu behandeln.

propagierte Beweistheorie, in der die prinzipielle Formalisierbarkeit des mathematischen Schließens untersucht wird.[7] Andererseits komplementierte Tarski die in der Beweistheorie untersuchten Herleitungssysteme mit einer formale Definition einer Semantik. Da sich diese Semantik mengentheoretisch fassen läßt, ist auch deren Untersuchung im Sinne Hilberts „in die Domäne der reinen Mathematik" versetzt worden.

Der Unterschied von *Syntax* (als der Bereich, in dem formale Herleitungen geführt werden) und *Semantik* (wo es um die *Bedeutung* der in der Syntax niedergelegten formalen Elemente geht) wird zum Teil dahingehend verabsolutiert, daß gesagt wird, *logisches Schließen* sei der Semantik vorbehalten, während man in einem Kalkül lediglich *herleite*.[8] Wir unterscheiden hier, im Fall der Logik erster Stufe, den semantischen Begriff des *Folgerns* (siehe Def. 16) von dem des *Herleitens* (als Beweisen in einem Kalkül; siehe Def. 17). Aufgrund des *Adäquatheitssatzes* (Theorem 18) wissen wir, daß die beiden Begriffe äquivalent sind, und *danach* können sie als zwei gleichwertige Ausgestaltungen des logischen Schließen betrachtet werden.

2 Aussagenlogik

In der Aussagenlogik befaßt man sich mit der Wahrheit von Sätzen, die durch *aussagenlogische* Verknüpfungen verbunden sind und deren Wahrheit „keiner Bestimmung von außen her bedarf". Unter die aussagenlogischen Verknüpfungen fallen vor allem die Negation („nicht"), Konjunktion („und"), Disjunktion („oder") und Implikation („wenn ... dann").

Definition 1 (Sprache der Aussagenlogik). Zur Sprache der Aussagenlogik gehören:

- Eine abzählbar unendliche Menge von *Aussagenvariablen*, die wir mit A, B, C, ..., A_1, A_2, ... bezeichnen.
- Die folgenden aussagenlogischen Verknüpfungen:[9]
  1. $\neg$ (Negation; einstellig)
  2. $\wedge$ (Konjunktion; zweistellig)
  3. $\vee$ (Disjunktion; zweistellig)
  4. $\rightarrow$ (Implikation; zweistellig)

[7]Man beachte, daß es Hilbert keinesfalls um eine *Formalisierung* der Mathematik ging, sondern lediglich darum, daß man sich der Formalisierbarkeit der Mathematik vergewissert und aus dieser metamathematische Schlüsse zieht, die auf die Mathematik zurückwirken, ohne daß eine Formalisierung selbst durchgeführt werden müßte; siehe auch (Kahle 2019).

[8]So zum Beispiel in (Eley 1985, S. 226) (wobei es dem Autor allerdings in erster Linie um die Frage der Benutzung von Annahmen im Kalkül geht): „Das Ableiten im Sequenzenkalkül ist *kein* logisches Schließen."

[9]Man kann noch weitere Verknüpfungen hinzunehmen oder auch bestimmte der hier ausgewählten weglassen und später als Abkürzungen einführen.

Definition 2 (Sätze der Aussagenlogik).

1. Jede Aussagenvariable ist ein Satz der Aussagenlogik.
2. Wenn φ ein Satz der Aussagenlogik ist, so auch $\neg\varphi$.
3. Wenn φ und ψ Sätze der Aussagenlogik sind, so auch $\varphi \wedge \psi$, $\varphi \vee \psi$ und $\varphi \rightarrow \psi$.

Für die Sätze der Aussagenlogik läßt sich in Abhängigkeit von den möglichen Wahrheitswerten w („wahr") und f („falsch") für Sätze eine *Wahrheitswertsemantik* definieren, die üblicherweise durch Wahrheitstafeln angegeben wird:

φ	$\neg\varphi$
w	f
f	w

Diese Wahrheitstafel ist so zu lesen, daß, wenn φ den Wahrheitswert w hat, $\neg\varphi$ den Wahrheitswert f bekommt und umgekehrt.

Für die weiteren Verknüpfungen haben wir die folgenden Wahrheitstafeln:

φ	ψ	$\varphi \wedge \psi$
w	w	w
w	f	f
f	w	f
f	f	f

φ	ψ	$\varphi \vee \psi$
w	w	w
w	f	w
f	w	w
f	f	f

φ	ψ	$\varphi \rightarrow \psi$
w	w	w
w	f	f
f	w	w
f	f	w

Für einen konkreten Satz der Aussagenlogik läßt sich der Wahrheitswert in Abhängigkeit der Wahrheitswerte der im Satz auftretenden Aussagenvariablen rekursiv über den Aufbau dieses Satzes bestimmen. Zum Beispiel erhalten wir für $(A \rightarrow B) \rightarrow (\neg B \rightarrow \neg A)$ die folgende Wahrheitstafel:

A	B	$A \rightarrow B$	$\neg A$	$\neg B$	$\neg B \rightarrow \neg A$	$(A \rightarrow B) \rightarrow (\neg B \rightarrow \neg A)$
w	w	w	f	f	w	w
w	f	f	f	w	f	w
f	w	w	w	f	w	w
f	f	w	w	w	w	w

Der betrachtete Satz ist also unter jeder möglichen Wahrheitwertbelegung für A und B wahr; ihre Wahrheit bedarf also auch keiner weiteren Bestimmung von außen (d. h. Kenntnis über A oder B); solche Sätze werden *Tautologien* genannt.

Definition 3 (Tautologie; Erfüllbarkeit; Unerfüllbarkeit).

- Ein aussagenlogischer Satz heißt *Tautologie*, wenn er für jede Wahrheitswertbelegung seiner Aussagenvariablen wahr ist.

- Ein aussagenlogischer Satz heißt *erfüllbar*, wenn es (mindestens) eine Wahrheitswertbelegung seiner Aussagenvariablen gibt, die diesen Satz wahr macht.
- Ein aussagenlogischer Satz heißt *unerfüllbar*, wenn es keine Wahrheitswertbelegung seiner Aussagenvariablen gibt, die diesen Satz wahr machen würde.

Diese drei Definition stehen dahingehend im Zusammenhang, daß φ genau dann eine Tautologie ist, wenn $\neg\varphi$ unerfüllbar ist; und ψ genau dann unerfüllbar ist, wenn ψ *nicht* erfüllbar ist. Im folgenden steht vor allem die Frage nach der Bestimmung der Tautologien im Vordergrund; es sei aber schon hier darauf verwiesen, daß das duale Problem, das nach der Erfüllbarkeit eines Satzes fragt (und nach englisch *satisfiability* „SAT-solving" genannt wird), gerade in der klassischen KI einen besonderen Stellenwert hat, da es aus komplexitätstheoretischer Sicht besser als das Tautologieproblem gehandhabt werden kann; siehe dazu die Beiträge (Küchlin 2023) und (Küchlin und Mainzer 2023) in diesem Handbuch.

Im Prinzip lassen sich für einen gegebenen aussagenlogischen Satz alle drei Eigenschaften mit Hilfe von Wahrheitstafeln ausrechnen. Der sich daraus ergebende *Entscheidungsalgorithmus* ist allerdings komplexitätstheoretisch[10] unbrauchbar, da mit der Anzahl der Aussagenvariablen die Anzahl der Zeilen in einer Wahrheitstafel exponentiell steigt.

Neben den Wahrheitstafeln kann man alternativ einen *Kalkül* definieren, worunter man allgemein ein Herleitungssystem versteht, bei dem aus Sätzen, die man als Axiome voraussetzt, mit Hilfe von Herleitungsregeln neue Sätze gewonnen werden können. Tatsächlich gibt es verschiedene Kalküle, die alle ihre Vor- und Nachteile haben (siehe den entsprechenden Abschnitt unten). Hier skizzieren wir beispielhaft einen Hilbert-Kalkül für die Aussagenlogik.

Definition 4 (Hilbert-Kalkül für die Aussagenlogik). Wir definieren den *Hilbert-Kalkül* H_A als ein Herleitungssystem mit den folgenden (logischen) Axiomen[11] und einer Regel:

- $\varphi \to (\psi \to \varphi)$
- $(\varphi \to (\chi \to \psi)) \to (\varphi \to \chi) \to (\varphi \to \psi)$
- $(\neg\varphi \to \neg\psi) \to (\psi \to \varphi)$
- $\varphi \to (\varphi \vee \psi)$
- $\psi \to (\varphi \vee \psi)$
- $(\varphi \to \chi) \to ((\psi \to \chi) \to ((\varphi \vee \psi) \to \chi))$
- $(\varphi \wedge \psi) \to \varphi$
- $(\varphi \wedge \psi) \to \psi$
- $\varphi \to (\psi \to (\varphi \wedge \psi))$

[10] Zum Begriff der Komplexität siehe den entsprechenden Abschnitt unten.

[11] Genauer: Axiomenschemata, da es sich jeweils um unendliche Listen für alle Einsetzungen des entsprechenden Schemas mit beliebigen korrekt geformten Sätzen handelt, siehe z. B. (Kutschera 1967, Bem. 1, S. 83 ff.).

Als Regel haben wir nur den *Modus Ponens:*

$$\frac{\begin{array}{c}\varphi \rightarrow \psi \\ \varphi\end{array}}{\psi}$$

Ein *Beweis von φ ausgehend von einer Menge von Sätzen Φ (im Hilbert-Kalkül H_A)*, ist eine endliche Folge von Sätzen $\psi_1, \psi_2, \ldots, \psi_n$ mit $\psi_n = \varphi$, und jede dieser Sätze ψ_i ist

- ein Axiom von H_A,
- ein Element von Φ oder
- wird aus den vorhergehenden Sätzen ψ_j durch Anwendung einer Regel gewonnen.

Wir sagen, daß *φ aus Φ beweisbar ist* (im Hilbert-Kalkül H_A), und schreiben $\Phi \vdash \varphi$, falls es einen Beweis von φ ausgehend von Φ gibt. Läßt sich φ ohne weitere Voraussetzungen beweisen, d. h. ist Φ die leere Menge, schreiben wir einfach $\vdash \varphi$.

Für das Verhältnis eines Kalküls zur zugehörigen Semantik erwartet man zuerst die *Korrektheit* des Kalküls, d. h. daß alle herleitbaren Sätze semantisch wahr sind. Bei vorgegebener Semantik ergibt sich die Korrektheit in der Regel nach Konstruktion des Kalküls. Zusätzlich will man aber auch die *Vollständigkeit* gewährleistet haben, d. h. daß sich alle semantisch wahren Sätze auch herleiten lassen. Dies ist in der Regel nicht unmittelbar garantiert und muß, häufig aufwendig, bewiesen werden. *Korrektheit* und *Vollständigkeit* werden in der *Adäquatheit* zusammengefaßt, genauer in der *Adäquatheit eines Kalküls für eine gegebene Semantik.*

Theorem 5 (Adäquatheit von H_A bezüglich der aussagenlogischen Wahrheitswertsemantik). *Sei φ ein aussagenlogischer Satz. Dann gilt:*

$$\varphi \textit{ ist eine Tautologie} \quad \textit{genau dann wenn} \quad \vdash \varphi$$

Für einen Beweis dieses Theorems, der für den Teil der Vollständigkeit nichttriviale Methoden (maximal konsistente Mengen) benötigt, verweisen wir auf (Kutschera 1967, § 1.3.5).[12]

[12]Einen entsprechenden Beweis sollte man in jedem guten Logiklehrbuch zur Aussagenlogik, das einen Hilbert-Kalkül benutzt, finden können. Wir verweisen hier auf (Kutschera 1967), da dieses Buch, trotz seines Alters, eine vergleichsweise moderne Notation benutzt, vor allem aber viele Details ausführt, die oft übergangen oder dem Leser als Übungsaufgaben überlassen werden. In der Darstellung der Logik erster Stufe lehnen wir uns allerdings eng an (Barwise 1977) an.

3 Logik erster Stufe

Die Aussagenlogik stößt an ihre Grenzen, wenn man Sätze betrachtet, die Quantoren beinhalten. Die Gültigkeit eines aristotelischen Syllogismus wie z. B.: „Alle Rechtecke sind Vierecke. Alle Quadrate sind Rechtecke. Also: Alle Quadrate sind Vierecke.“ läßt sich aussagenlogisch nicht zeigen, da weder der Allquantor noch die Kopula („sind“) analysiert werden können. Aristoteles’ Syllogismen kommen ihrerseits an ihre Grenzen, wenn wir *zweistellige* Relationen betrachten, wie z. B. in dem Schluß: Aus $x < y$ und $y < z$ folgt, daß $x < z$. Die *Logik erster Stufe* erlaubt deshalb, Prädikate beliebiger Stelligkeit zu behandeln (wobei aber die Quantoren nur über einen vorgegebenen Objektbereich laufen dürfen, nicht aber z. B. über die Prädikate der Logik erster Stufe).

Im Vergleich zur Aussagenlogik erfordert die Einführung von Prädikaten, Quantoren und speziell der Gleichheit einen konzeptionellen Neuaufbau, da jetzt nicht nur (wahrheitswertfähige) Aussagen als ganzes zu betrachten sind, sondern auch deren interne Struktur. Diese beinhaltet insbesondere Objektbereiche, über die die Quantoren laufen sollen, sowie Terme, die Objekte dieser Bereiche bezeichnen sollen und in die Gleichheitsrelation eingesetzt werden können; weiterhin werden auch beliebige Relationen und Funktionen betrachtet.

Die Bezeichnung „erste Stufe“ bezieht sich darauf, daß man nur über die Objekte eines zugrundegelegten Objektbereichs quantifizieren kann, nicht aber über Mengen solcher Objekte oder – was in gewissem Sinne gleichwertig wäre – über Eigenschaften dieser Objekte. Eine Logik „zweiter Stufe“ sollte also z. B. gestatten, auch über Relationen zu quantifizieren. Eine Aussage wie „jede Ordnungsrelation, die reflexiv, symmetrisch und transitiv ist, ist eine Äquivalenzrelation“ läßt sich unmittelbar nur in einer Logik zweiter Stufe ausdrücken. Es hat sich aber gezeigt, daß eine Logik zweiter Stufe (und damit auch jeder höheren Stufe) keine vollständige Axiomatisierung zuläßt und damit dem logischen Schließen in gewissem Sinne unzugänglich ist.

Logik erster Stufe wird häufig auch *Prädikatenlogik* genannt, womit die Möglichkeit, Sätze mit (mehrstelligen) Prädikaten zu analysieren, hervorgehoben wird.[13] Hier können beide Begriffe als gleichbedeutend betrachtet werden, wobei wir allerdings die Gleichheit in der Logik erster Stufe einbauen werden (während z. T. ein Unterschied zwischen *Prädikatenlogik* (ohne Gleichheit) und *Prädikatenlogik mit Gleichheit* gemacht wird).

Wir betrachten also das Gleichheitszeichen, das syntaktisch auch als ein zweistelliges Relationszeichen eingeführt werden könnte, als logisches Zeichen, weil – im Vorgriff auf die Semantik – die Interpretation dieses Zeichens eindeutig festgelegt sein wird.

Definition 6 (Sprache erster Stufe). Eine *Sprache erster Stufe* $\mathcal{L}$ ist eine Menge von Symbolen, die in die folgenden sechs (disjunkte) Teilmengen aufgeteilt werden kann:

[13]Mehrstellige Prädikate werden ihrerseits auch als Relationen bezeichnet. In einer engeren, heute eigentlich obsoleten Nomenklatur wurde das Wort *Prädikat* für einstellige Relationen reserviert; umgekehrt ist es z. T. auch noch üblich, das Wort *Relation* für zweistellige Prädikate zu reservieren.

- logische Zeichen: $\{\neg, \wedge, \vee, \rightarrow, \forall, \exists, =\}$;
- Konstantensymbole: $\mathcal{C} \subseteq \{c_i | i \in \mathbb{N}\}$,
- Funktionszeichen: $\mathcal{F} \subseteq \left\{f_i^j | i \in \mathbb{N}, j \in \mathbb{N}, j > 0\right\}$,

  wobei f_i^j das i-te Funktionszeichen mit Stelligkeit j ist;
- Relationszeichen: $\mathcal{R} \subseteq \left\{R_i^j | i \in \mathbb{N}, j \in \mathbb{N}, j > 0\right\}$,

  wobei R_i^j das i-te Relationszeichen mit Stelligkeit j ist;
- Variablen: $\{x, y, z, w, \ldots, x_0, x_1, x_2, \ldots\}$;
- Hilfszeichen: {„(", „)", „ , ", „ ."}.

Für eine konkrete Sprache erster Stufe müssen nach der Definition nur die Mengen $\mathcal{C}$, $\mathcal{F}$ und $\mathcal{R}$ angegeben werden; wir werden später die Peano-Arithmetik, deren Sprache ein Beispiel einer Sprache erster Stufe ist, genauer untersuchen.

Definition 7 (Terme). Die *Terme* von $\mathcal{L}$ werden wie folgt *induktiv* definiert:

1. Jede Variable ist ein Term.
2. Jedes Konstantensymbol ist ein Term.
3. Falls $t_1, t_2, \ldots, t_n$ Terme sind und f^n ein n-stelliges Funktionszeichen ist ($n > 0$), dann ist $f^n(t_1, t_2, \ldots, t_n)$ ebenfalls ein Term.

Statt wie in der Aussagenlogik von *Sätzen* zu sprechen, werden wir in der Logik erster Stufe *Formeln* und *Aussagen* einführen, wobei Formeln „freie" Variablen enthalten können, während diese in Aussagen nicht mehr auftreten dürfen. Es sind damit die Aussagen (der Logik erster Stufe), die den Sätzen (der Aussagenlogik) als wahrheitswertfähigen (und in gewissen Sinne wahrweitswertbedürftigen) Symbolketten entsprechen.

Definition 8 (Formeln). Die *Formeln* von $\mathcal{L}$ werden wie folgt *induktiv* definiert:

1. Falls t_1 und t_2 Terme sind, dann ist $t_1 = t_2$ eine Formel.
2. Falls $t_1, t_2, \ldots, t_n$ Terme sind und R^n ein n-stelliges Relationszeichen ist ($n \geq 1$), dann ist der Ausdruck $R^n(t_1, t_2, \ldots, t_n)$ eine Formel.
3. Falls φ und ψ Formeln sind, dann sind auch die folgenden Ausdrücke Formeln: $(\neg\varphi)$, $(\varphi \wedge \psi)$, $(\varphi \vee \psi)$, $(\varphi \rightarrow \psi)$.
4. Falls φ eine Formel ist und x eine Variable, dann sind auch die Ausdrücke $(\forall x.\varphi)$ und $(\exists x.\varphi)$ Formeln.

Die Formeln, die nach Punkt 1 bis 3 gebildet werden, heißen auch *Primformeln.*

Anmerkung 9 Um Klammern zu sparen, verwendet wir die üblichen Konventionen: Äußere Klammern können weggelassen werden, $\neg$ bindet stärker als $\wedge$ und $\vee$, und diese binden stärker als $\rightarrow$. Während $\wedge$ und $\vee$ kommutativ sind, und fehlende Klammern bei iterierten Anwendungen desselben Junktors beliebig gesetzt werden können, legen wir fest, daß $\rightarrow$ *rechtsassoziativ* ist, d. h. $\varphi \rightarrow \psi \rightarrow \chi$ steht für $(\varphi \rightarrow (\psi \rightarrow \chi))$. Der Wirkungsbereich eines Quantors erstreckt sich bis zur nächsten schließenden Klammer, die nicht hinter dem Quantor geöffnet wurde, oder bis zum Ende der Formel. Und gleichartige Quantoren können in einer Liste zusammengefaßt werden, d. h. $\forall x_1, x_2, \ldots, x_n.\varphi$ steht für $\forall x_1.\forall x_2.\ldots \forall x_n.\varphi$.

Definition 10 (Freie Variablen einer Formel; Aussagen). Die Menge $FV(\varphi)$ der *freien Variablen* einer Formel φ ist folgendermaßen *rekursiv* definiert:

1. Ist φ eine Primformel, dann ist $FV(\varphi)$ die Menge der in φ auftretenden Variablen;
2. $FV(\neg\varphi) = FV(\varphi)$;
3. $FV(\varphi \wedge \psi) = FV(\varphi \vee \psi) = FV(\varphi \rightarrow \psi) = FV(\varphi) \cup FV(\psi)$;
4. $FV(\exists x.\varphi) = FV(\forall x.\varphi) = FV(\varphi)\setminus\{x\}$.

Eine *Aussage (erster Stufe)* der Sprache $\mathcal{L}$ ist eine Formel φ ohne freie Variablen, d. h. mit $FV(\varphi) = \emptyset$.

Bisher haben wir nur endliche Zeichenfolgen betrachtet, die wir *Terme* oder *Formeln* nennen, wobei unter den Formeln noch speziell die *Aussagen* ausgezeichnet wurden. Bis hierher sind die Zeichenreihen aber als „bedeutungslos" zu betrachten. Im folgenden wollen wir angeben, wie ihnen eine Bedeutung *im üblichen logischen Sinne* zugeordnet werden kann.

Definition 11 (Struktur). Eine *$\mathcal{L}$-Struktur* ist ein Paar $\mathfrak{M} = \langle M, F\rangle$, wobei M eine nicht-leere Menge (das *Universum* von $\mathfrak{M}$) und F eine Funktion ist, deren Argumentbereich aus den Konstantensymbolen, Funktions- und Relationszeichen von $\mathcal{L}$ besteht, so daß gilt:

1. Falls $c \in \mathcal{C}$, dann ist $F(c) \in M$.
2. Falls $f^j \in \mathcal{F}$, mit $j > 0$, dann ist $F(f^j) : M^j \rightarrow M$, d. h. eine j-stellige Funktion von M^j nach M.
3. Falls $R^j \in \mathcal{R}$, mit $j > 0$, dann ist $F(R^j) \subseteq M^j$;

Statt $F(c)$ schreiben wir im folgenden einfach $c^{\mathfrak{M}}$ und entsprechend $f^{\mathfrak{M}}$ und $R^{\mathfrak{M}}$, wobei die jeweilige Stelligkeit aus dem Kontext klar sein wird.

In einer Struktur $\mathfrak{M}$ wird variablenfreien Termen und Primformeln, die durch ein Relationszeichen gewonnen wurden, eine *Bedeutung* auf der Grundlage des Universums von $\mathfrak{M}$ zugeordnet. Variablen bleiben dabei erst einmal unberücksichtigt; für diese müssen wir noch *Belegungen* hinzunehmen.

Definition 12 (Belegung). Eine *Belegung* in $\mathfrak{M}$ ist eine Funktion σ, die als Argumentbereich die Variablen von $\mathcal{L}$ hat und als Wertebereich die Menge M.

Definition 13 (Interpretation eines Terms). Seien $\mathcal{L}$ und $\mathfrak{M}$ gegeben und sei σ eine Belegung in $\mathfrak{M}$. Dann definieren wir $(t)^{\mathfrak{M}}_{\sigma}$ folgendermaßen rekursiv für jeden Term t von $\mathcal{L}$:

1. Falls t eine Variable x ist, dann ist $(x)_\sigma^{\mathfrak{M}} = \sigma(x)$.
2. Falls t eine Konstante c ist, dann ist $(c)_\sigma^{\mathfrak{M}} = (c)^{\mathfrak{M}}$.
3. Falls t ein Term der Form $f^j(t_1, \ldots, t_j)$ ist, dann ist

$$(t)_\sigma^{\mathfrak{M}} = (f^j)^{\mathfrak{M}}\left((t_1)_\sigma^{\mathfrak{M}}, \ldots, (t_j)_\sigma^{\mathfrak{M}}\right).$$

Für die folgende Definition benötigen wir eine Möglichkeit, Belegungen (d. h. Zuordnungen von Elementen von M zu Variablen) zu *modifizieren.*

Definition 14 (Modifizierte Belegung). Gegeben sei eine Belegung σ und ein Element $a \in M$. Mit $\sigma\begin{bmatrix} a \\ x \end{bmatrix}$ bezeichnen wir die Belegung, die mit σ für alle Variablen außer x übereinstimmt und unabhängig vom Wert $\sigma(x)$ neu $\sigma\begin{bmatrix} a \\ x \end{bmatrix}(x) = a$ festlegt, genauer:

$$\sigma\begin{bmatrix} a \\ x \end{bmatrix}(y) = \begin{cases} \sigma(y), & \text{falls } y \text{ eine von } x \text{ verschiedene Variable ist,} \\ a, & \text{falls } y \text{ die Variable } x \text{ ist.} \end{cases}$$

Definition 15 (Erfüllbarkeitsrelation). Es sei $\mathfrak{M}$ eine $\mathcal{L}$-Struktur. Wir definieren für jede Belegung σ und jede Formel φ die Beziehung $\mathfrak{M}, \sigma \models \varphi$:

1. $\mathfrak{M}, \sigma \models (t_1 = t_2)$ genau dann, wenn $(t_1)_\sigma^{\mathfrak{M}}$ das gleiche Element von M ist wie $(t_2)_\sigma^{\mathfrak{M}}$,
2. $\mathfrak{M}, \sigma \models R_i^j(t_1, \ldots, t_j), j > 0$, genau dann, wenn $\left((t_1)_\sigma^{\mathfrak{M}}, \ldots, (t_j)_\sigma^{\mathfrak{M}}\right) \in \left(R_i^j\right)^{\mathfrak{M}}$,
3. $\mathfrak{M}, \sigma \models (\neg\varphi)$ genau dann, wenn es nicht der Fall ist, daß $\mathfrak{M}, \sigma \models \varphi$,
4. $\mathfrak{M}, \sigma \models (\varphi \wedge \psi)$ genau dann, wenn $\mathfrak{M}, \sigma \models \varphi$ und $\mathfrak{M}, \sigma \models \psi$,
5. $\mathfrak{M}, \sigma \models (\varphi \vee \psi)$ genau dann, wenn $\mathfrak{M}, \sigma \models \varphi$ oder $\mathfrak{M}, \sigma \models \psi$.
6. $\mathfrak{M}, \sigma \models (\varphi \rightarrow \psi)$ genau dann, wenn es nicht der Fall ist, daß $\mathfrak{M}, \sigma \models \varphi$, oder wenn $\mathfrak{M}, \sigma \models \psi$,
7. $\mathfrak{M}, \sigma \models (\forall x.\varphi)$ genau dann, wenn für alle Elemente $a \in M$ gilt $\mathfrak{M}, \sigma\begin{bmatrix} a \\ x \end{bmatrix} \models \varphi$,
8. $\mathfrak{M}, \sigma \models (\exists x.\varphi)$ genau dann, wenn es ein Element $a \in M$ gibt, so daß $\mathfrak{M}$, $\sigma\begin{bmatrix} a \\ x \end{bmatrix} \models \varphi$.

Die Belegung σ ist nötig, um den *freien* Variablen in einer Formel Elemente aus M zuzuordnen. Für *Aussagen* φ (d. h. Formeln ohne freie Variablen) spielt σ in der Beziehung $\mathfrak{M}, \sigma \models \varphi$ keine Rolle und wir können sie weglassen.

Definition 16. Sei Φ eine Menge von $\mathcal{L}$-Aussagen und $\mathfrak{M}$ eine $\mathcal{L}$-Struktur.

- $\mathfrak{M}$ ist ein *Modell* von Φ, in Zeichen $\mathfrak{M} \models \Phi$, falls für jede Aussage $\varphi \in \Phi$ gilt $\mathfrak{M} \models \varphi$.
- Eine Aussage ψ folgt (semantisch) aus Φ, in Zeichen $\Phi \models \psi$, falls für jedes Modell $\mathfrak{M}$ von Φ auch $\mathfrak{M} \models \psi$ gilt.

Für $\mathfrak{M} \models \varphi$ sagen wir auch, daß φ in $\mathfrak{M}$ *gültig* ist. Wenn $\mathfrak{M} \models \varphi$ für jede Struktur $\mathfrak{M}$ gilt, schreiben wir auch $\models \varphi$. Die Aussage φ heißt in diesem Fall *allgemeingültig*.

In der reinen Logik ist man an der Bestimmung der Allgemeingültigkeit von Aussagen interessiert. Wenn man dazu die Definition der Erfüllbarkeitsrelation verwenden will, stellt man fest, daß diese – im Gegensatz zu den Wahrheitstafeln im aussagenlogischen Fall – keinen direkten *Entscheidungsalgorithmus* liefert. Im Fall einer allquantifizierten Aussage müßte man z. B. für Modelle, deren Universum unendlich viele Elemente hat, die Erfüllbarkeit von unendlich vielen instanziierten Formeln prüfen. Es ist eines der fundamentalen Theoreme der Logik, daß es prinzipiell keinen Entscheidungsalgorithmus für die Prädikatenlogik erster Stufe gibt.

Auch wenn es für das semantische Folgern keinen Entscheidungsalgorithmus gibt, so kann man wenigstens wieder einen *Kalkül* definieren, der zumindest im Prinzip die allgemeingültigen Aussagen *aufzuzählen* erlaubt. „Aufzählen" heißt, daß wir eine potenziell unendliche Liste von Aussagen generieren (durchaus mit Hilfe eines Computerprogramms) können, die alle allgemeingültigen Aussagen enthält. Das Problem ist, daß wir u. U. erst die unendliche Liste vollständig durchlaufen haben müßten, bevor wir sicher sein könnten, daß eine Aussage *nicht* allgemeingültig ist.

Wir skizzieren hier kurz die Erweiterung des Hilbert-Kalküls, den wir für die Aussagenlogik definiert hatten, auf die Logik erster Stufe.

Definition 17 (Hilbert-Kalkül für die Logik erster Stufe). Wir definieren den *Hilbert-Kalkül* H_P als ein Herleitungssystem mit den folgenden (logischen) Axiomen und Regeln:

1. Die aussagenlogischen Axiome von H_A (jetzt erweitert auf alle Formeln der zugrundegelegten Logik erster Stufe).
2. Die Gleichheitsaxiome:
   - $(x = x)$,
   - $(x = y) \to (y = x)$,
   - $(x_1 = x_2 \wedge x_2 = x_3) \to (x_1 = x_3)$,
   - $(x_1 = y_1 \wedge \cdots \wedge x_n = y_n) \to (R(x_1, \ldots, x_n) \to R(y_1, \ldots, y_n))$,
   - $(x_1 = y_1 \wedge \cdots \wedge x_m = y_m) \to (f(x_1, \ldots, x_m) = f(y_1, \ldots, y_m))$,

   wobei R ein n-stelliges Relationssymbol und f ein m-stelliges Funktionssymbol ist.

3. Die Quantorenaxiome. Es sei t ein Term, der in $\varphi(x)$ „frei für x ist", d. h. keine Variable von t würde in $\varphi(t)$ durch einen Quantor gebunden:
   - $(\forall x.\varphi(x)) \rightarrow \varphi(t)$,
   - $\varphi(t) \rightarrow (\exists x.\varphi(x))$.

   Als Regeln haben wir:

1. Modus Ponens.

$$\frac{\begin{array}{c}\varphi \rightarrow \psi \\ \varphi\end{array}}{\psi}$$

2. Generalisierung; dabei sei x eine Variable, die nicht frei in φ auftritt.

$$\frac{\varphi \rightarrow \psi(x)}{\varphi \rightarrow \forall y.\psi(y)}$$

$$\frac{\psi(x) \rightarrow \varphi}{(\exists y.\psi(y)) \rightarrow \varphi}$$

Die Herleitbarkeitsrelation $\Phi \vdash \varphi$ wird für H_P analog zum aussagenlogischen Kalkül H_A definiert.

Es läßt sich jetzt wieder zeigen, daß der Kalkül H_P semantisch vollständig ist bezüglich der Erfüllbarkeitsrelation $\models$. Dieser Satz wurde 1929 von Kurt Gödel in seiner Dissertation (Gödel 1930) bewiesen und wird, mit Betonung des technisch nicht-trivialen Teils seines Beweises, häufig kurz als *Gödelscher Vollständigkeitssatz* bezeichnet.

Theorem 18 (Adäquatheit von H_P bezüglich $\models$). *Es sei Φ eine Menge von Aussagen einer prädikatenlogischen Sprache $\mathcal{L}$. Eine Aussage φ ist aus Φ genau dann beweisbar, wenn φ in allen Strukturen gültig ist, die Modelle von Φ sind. In Zeichen*:

$$\Phi \vdash \varphi \quad \textit{genau dann, wenn} \quad \Phi \models \varphi.$$

Der Beweis dieses Theorems wird häufig mit Hilfe einer von Henkin eingeführten Technik geführt und findet sich zum Beispiel in (Barwise 1977).

4 Mathematische Logik

Der Hilbert-Kalkül H_P kann dazu dienen, allgemeingültige Aussagen zu finden, die sich aus der leeren Menge von Annahmeformeln herleiten lassen. Seine tatsächliche Kraft entwickelt der Kalkül aber erst, wenn man als Menge von Annahmeformeln *nicht-logische Axiome* voraussetzt, die z. B. eine spezifische mathematische Struktur wiedergeben sollen.[14]

Wir werden hier die (erststufige) Peano-Arithmetik[15] beispielhaft behandeln, da sie einerseits mit der Behandlung der natürlichen Zahlen das elementare Fündament der Mathematik umfaßt, andererseits bereits die Grenzen der logischen Formalismen aufzeigt, die sich in den Gödelschen Unvollständigkeitssätzen äußern.

Definition 19 (Sprache der Peano-Arithmetik). Die Sprache der *Peano-Arithmetik* $\mathcal{L}_{\mathsf{PA}}$ umfaßt ein Konstantensymbol in $\mathcal{C} = \{0\}$ und drei Funktionszeichen in $\mathcal{F} = \{s, +, \cdot\}$, wobei s ein einstelliges Funktionszeichen für die Nachfolgerfunktion ist sowie $+$ und $\cdot$ zweistellige Funktionszeichen für die Addition und Multiplikation. $\mathcal{L}_{\mathsf{PA}}$ enthält keine Relationszeichen, d. h. $\mathcal{R} = \varnothing$.

Definition 20 (Peano-Arithmetik). Die Peano-Arithmetik PA umfaßt die folgenden sechs nicht-logischen Axiome und das anschließende Axiomenschema:

(PA1) $\forall x. \neg\, (s(x) = 0)$,
(PA2) $\forall x, y.\ s(x) = s(y) \rightarrow x = y$,
(PA3) $\forall x.\ x + 0 = x$,
(PA4) $\forall x, y.\ x + s(y) = s(x + y)$,
(PA5) $\forall x.\ x \cdot 0 = 0$,
(PA6) $\forall x, y.\ x \cdot s(y) = (x \cdot y) + x$.
Das Axiomenschema der vollständigen Induktion. Für jede Formel φ gilt:

$$\varphi(0) \wedge (\forall y. \varphi(y) \rightarrow \varphi(s(y))) \rightarrow \forall x. \varphi(x).$$

Anmerkung 21 Wir hatten in die Sprache $\mathcal{L}_{\mathsf{PA}}$ keine Relationszeichen aufgenommen, da sich die üblichen in der Arithmetik benutzten Relationen in der Logik erster Stufe definieren lassen. Zum Beispiel können wir für Terme t_1 und t_2 festsetzen:

$$t_1 < t_2 \quad \text{steht für} \quad \exists x. \neg(x = 0) \wedge t_1 + x = t_2.$$

[14]Auch wenn die Logik erster Stufe keinesfalls auf Anwendung in der Mathematik beschränkt werden sollte, sind außermathematische Beispiele, bei denen sich interessante Fragen mit Hilfe von Herleitungen klären lassen würden, eher selten (wenn wir insbesondere spezifische Datenstrukturen aus der Informatik zur Mathematik rechnen). Ein Beispiel, das sich sowohl bei Ackermann in (Hilbert und Ackermann 1959) als auch bei Carnap (1960) (und mit Bezug auf ihn bei Kutschera (1967)) findet, sind Familienverhältnisse basierend auf Relationen der Art „x ist Vater von y“, „u ist Tochter von v“, etc. Zu den Ansätzen, Allgemeinwissen in formalen Systemen zu repräsentieren, siehe die Bemerkung zu *Expertensystemen* im letzten Abschnitt.

[15]Peano (1889) hatte seine Axiome zuerst in einem mindestens zweitstufigen Kontext formuliert, zu einer Zeit als auch Dedekind (1888) einen entsprechenden Ansatz in einem mengentheoretischen Kontext vorgestellt hatte (Kahle 2017). Die moderne erststufige Fassung geht wohl auf Bernays zurück, siehe (Kahle 2021).

Definition 22 (Die Struktur der natürlichen Zahlen). Die *Struktur der natürlichen Zahlen* $\mathcal{N}$ im Sinne von Definition 11 wird für die Sprache $\mathcal{L}_{\mathsf{PA}}$ als mengentheoretisches Objekt definiert: $\mathcal{N} = \langle \mathbb{N}, 0, \_ + 1, +, \cdot \rangle$. $\mathbb{N}$ ist dabei die Menge der natürlichen Zahlen, 0 das ausgezeichnete (erste) Element in dieser Menge. $\_ + 1$, $+$ und $\cdot$ sind *Funktionen* als übliche mathematische (mengentheoretischen) Objekte. Zum Beispiel ist die Interpretation von + die folgende (unendliche) Menge der Tripel (x, y, z) mit $x + y = z$:

$$\begin{array}{l}\{(0,0,0),(0,1,1),(0,2,2),(0,3,3),\ldots\\ \;\;(1,0,1),(1,1,2),(1,2,3),(1,3,4),\ldots\\ \;\;(2,0,2),(2,1,3),(2,2,4),(2,3,5),\ldots\\ \;\;\;\;\vdots \qquad\qquad\qquad\qquad\qquad\qquad\;\}.\end{array}$$

Es gilt nun, daß $\mathcal{N}$ ein Modell von PA im Sinne von Definition 16 ist, d. h. für jede Aussage φ gilt

$$\text{Aus} \quad \mathsf{PA} \vdash \varphi \quad \text{folgt} \quad \mathcal{N} \models \varphi.$$

Diese Eigenschaft folgt im Prinzip schon aus der Konstruktion von $\mathcal{N}$ und kann gegebenenfalls mit mengentheoretischen Mitteln bewiesen werden.

Die Peano-Arithmetik ist also *korrekt* (bezüglich $\mathcal{N}$) ist, in dem Sinne, daß alle in PA herleitbaren Aussagen in der Struktur der natürlichen Zahlen gültig sind. Die naheliegende Frage ist jetzt, ob auch die Gegenrichtung stimmt, d. h. ob auch aus $\mathcal{N} \models \varphi$ folgt, daß $\mathsf{PA} \vdash \varphi$.

Der erste Gödelsche Unvollständigsatz besagt nun gerade, daß diese Implikation nicht gilt. Tatsächlich kann man sich leicht überlegen, daß diese Implikation mit der *syntaktischen Vollständigkeit* von PA äquivalent ist. Diese wird von Gödel dahingehend verneint, daß es eine Aussage φ_G gibt mit:

$$\mathsf{PA} \nvdash \varphi_G \quad \text{und} \quad \mathsf{PA} \nvdash \neg\varphi_G.$$

Die Grundidee des Beweises des ersten Unvollständigkeitssatzes ist denkbar einfach.[16] Man betrachte das klassische Paradoxon des *Lügners:*

Dieser Satz ist falsch.

Offensichtlich können wir diesem Satz keinen der beiden Wahrheitswerte *wahr* oder *falsch* zuordnen, ohne einen Widerspruch herauszufordern.

Analog betrachte man den folgenden sogenannten *Gödelschen Satz*:

Dieser Satz ist nicht beweisbar in PA.

[16] In nicht-technischer Form werden die Gödelschen Unvollständigkeitssätze und die unmittelbaren Folgerungen ausführlicher in (Kahle 2007) vorgestellt. Die folgende Darstellung folgt in groben Zügen den Ausführungen von Smorynski (1977).

Sollte sich dieser Satz in der Sprache der Peano-Arithmetik *korrekt* ausdrücken lassen, kann er weder beweisbar noch widerlegbar sein:[17]

- Wäre der besagte Satz beweisbar, würde er seiner Bedeutung widersprechen, was im Widerspruch zur korrekten Formalisierung steht.
- Wäre seine Negation beweisbar, besagt die inhaltliche Deutung, daß der Satz beweisbar wäre, was zu einem Widerspruch führen würde.

Somit bliebt nur die Möglichkeit, daß weder dieser Satz noch seine Negation beweisbar ist, d. h. aber, daß die Peano-Arithmetik syntaktisch *unvollständig* ist.

Um nun diesen Satz zu formalisieren, müssen zwei Aufgaben gelöst werden:

1. Zuerst ist es nötig, *Beweisbarkeit in* PA zu formalisieren.
2. Anschließend muß man noch eine Möglichkeit finden, die Selbstreferenz („*Dieser* Satz ... “) auszudrücken.

Beides wurde von Gödel (1931) in seinem berühmten Artikel geleistet. Für die allgemeine Bedeutung seiner Unvollständigkeitssätze ist es wesentlich, daß die Methode nicht auf PA beschränkt ist, sondern unmittelbar für jedes Axiomensystem T verwendet werden kann, das eine *rekursive* Erweiterung von PA ist. *Rekursive Erweiterung* bedeutet, daß sich die Liste der Kodierungen der Axiome durch eine zahlentheoretische *rekursive Funktion* aufzählen läßt.[18] Wir sind also in der Lage, für jedes solches T einen (jeweils verschiedenen) Gödelsatz

Dieser Satz ist nicht beweisbar in T.

formalisieren können.

Wir skizzieren hier nur grob die Schritte, die zu dem formalen Ergebnis der Unvollständigkeitssätze führen. Eine genauere Durchführung findet sich, wenn man nicht auf die Orginalarbeit von Gödel zurückgreifen will, zum Beispiel in knapper Form in dem Artikel von Smorynski (1977) im *Handbook of Mathematical Logic.*[19]

In einem ersten Schritt überlegt man sich, daß Beweise des Hilbert-Kalküls endlich Folgen von Formeln sind, wobei diese Formeln wieder endliche Symbolfolgen der Sprachelemente einer Sprache erster Stufe sind. Wenn man die Sprachelemente durch

[17]„Korrekt“ bedeutet hier, daß seine inhaltliche Deutung – insbesondere von „beweisbar“ – den Möglichkeiten der Peano-Arithmetik entspricht.

[18]Zum Begriff der rekursiven Funktion siehe unten im Abschnitt zur Entscheidbarkeit, insbesondere Fußnote 33.

[19]Man findet die Gödelschen Sätze auch in jedem besseren Logiklehrbuch, wobei allerdings nicht immer der ursprüngliche *beweistheoretische* Weg von Gödel nachvollzogen wird. Oft wird entweder ein *rekursionstheoretischer* Weg genommen, oder es wird ein auf Tarski zurückgehender *modelltheoretischer* Weg eingeschlagen. In jenem Fall ergibt sich der erste Unvollständigkeitssatz als Folgerung des Unentscheidbarkeitsresultats der Logik erster Stufe von Church, so z. B. in dem klassischen Lehrbuch (Shoenfield 1967). Wenn man von Tarskis Wahrheitsbegriff ausgeht, erhält man zwar einen äußerlich einfacheren Beweis des ersten Unvollständigkeitssatzes – siehe dazu z. B. die Anfangskapitel von (Smullyan 1992) –; ein solcher Beweis stellt allerdings deutlich weniger Information zur Verfügung.

natürlichen Zahlen kodiert, läßt sich eine Formel φ durch eine endliche Sequenz von natürlichen Zahlen repräsentieren, die ihrerseits durch eine Zahl kodiert werden kann. Damit erhält man die *Gödelnummer* $\ulcorner\varphi\urcorner$ der Formel φ. Ein Beweis dieser Formel kann dann durch eine Sequenz $\langle\ulcorner\varphi_0\urcorner, \ulcorner\varphi_1\urcorner, \ldots, \ulcorner\varphi_{n-1}\urcorner, \ulcorner\varphi\urcorner\rangle$ der Gödelnummern der in dem Beweis auftretenden Formeln dargestellt werden, die sich nun erneut als durch eine einzige natürliche Zahl darstellen läßt.

Für die Durchführung dieses Kodierungsapparates, bei dem man z. B. darauf achten muß, daß sich die Substitution von Termen für Variablen auf den Kodes nachvollziehen läßt, kann man zuerst zeigen, daß sich alle notwendigen zahlentheoretischen Funktionen und Relationen als *rekursive* Funktionen bzw. rekursive Relationen einführen lassen, wobei der Begriff der Rekursivität aus der Berechenbarkeitstheorie entlehnt ist.

Aus technischer Sicht ist es dann die zentrale Frage, ob sich die rekursiven Relationen in einem Axiomensystem *repräsentieren* lassen.

Definition 23. Sei T ein Axiomensystem einer Sprache erster Stufe, die für jede natürliche Zahl n einen Term[20] $\overline{n}$ besitzt. Dann definieren wir:

- Eine Relation $R \subseteq \mathbb{N}^n$ ist *ziffernweise repräsentierbar in* T durch eine Formel φ, falls für alle natürlichen Zahlen $m_1, \ldots, m_n$ gilt:
  $R(m_1, \ldots, m_n)$ trifft zu genau dann, wenn $\mathsf{T} \vdash \varphi(\overline{m_1}, \ldots, \overline{m_n})$,
- R ist *stark ziffernweise repräsentierbar in* T, *wenn zusätzlich gilt:*
  $R(m_1, \ldots, m_n)$ trifft nicht zu genau dann, wenn $\mathsf{T} \vdash \neg\varphi(\overline{m_1}, \ldots, \overline{m_n})$.

In PA läßt sich die natürliche Zahl n durch den Term $\underbrace{S(S(\ldots S}_{n \text{ mal}}(0)\ldots))$ repräsentieren, und wir erhalten das folgende Resultat:[21]

Theorem 24 (Repräsentationstheorem). *Sei* T *eine rekursive Erweiterung von* PA. *Dann repräsentiert* T *stark ziffernweise alle rekursiven Relationen.*

Mit Hilfe des Kodierungsapparates lassen sich viele technische Hilfsfunktionen definieren, von denen wir hier später zwei benutzen werden:

- Sub(y, z) ist eine Funktion, die für jede Formel $\varphi(x)$ mit genau einer freien Variable x und jeden Term t, die Substitution von t für x auf den entsprechenden Gödelnummern ausführt: $\mathrm{Sub}(\ulcorner\varphi(x)\urcorner, \ulcorner t\urcorner) = \ulcorner\varphi(t)\urcorner$.
- Num(n) liefert für eine natürlich Zahl n die Gödelnummer des Terms $\overline{n}$ (in der Peano-Aritmetik also $\underbrace{S(S(\ldots S}_{n \text{ mal}}(0)\ldots))$: $\mathrm{Num}(n) = \ulcorner\,\overline{n}\,\urcorner$.

[20] $\overline{n}$ wird auch *Numeral* oder *Ziffer* genannt.

[21] Der Beweis für PA selbst ist relativ kompliziert, was aber im wesentlichen an der Besonderheit der Peano-Arithmetik liegt, in der die Exponentialfunktion nicht direkt axiomatisiert wurde.

Im folgenden sei T eine rekursive Erweiterung von PA.

Im Hinblick auf die erste Aufgabe, *Beweisbarkeit in* T zu formalisieren, ist es wesentlich, daß wir eine rekursive Relation $\mathrm{Bew}_{\mathsf{T}}$ definieren können, so daß $\mathrm{Bew}_{\mathsf{T}}(x, y)$ genau dann gilt, wenn x die Gödelnummer einer Herleitung der Formel mit Gödelnummer y in T ist.

Aufgrund des Repräsentationstheorems gilt dann, daß es eine Formel $\overline{\mathrm{Bew}_{\mathsf{T}}}(x, y)$ in der Sprache von T gibt mit:

- $\mathrm{Bew}_{\mathsf{T}}(m_1, m_2)$ ist richtig genau dann, wenn $\mathsf{T} \vdash \overline{\mathrm{Bew}_{\mathsf{T}}}(\overline{m_1}, \overline{m_2})$.
- $\mathrm{Bew}_{\mathsf{T}}(m_1, m_2)$ ist falsch genau dann, wenn $\mathsf{T} \vdash \neg\overline{\mathrm{Bew}_{\mathsf{T}}}(\overline{m_1}, \overline{m_2})$.

$\mathrm{Bew}_{\mathsf{T}}(x, y)$ ist ein *Beweisprädikat.* Wenn wir jetzt ein *Beweisbarkeitsprädikat* definieren wollen, können wir das durch die folgende Festsetzung tun:

$$\mathrm{Bw}_{\mathsf{T}}(y) \Leftrightarrow \exists x.\mathrm{Bew}_{\mathsf{T}}(x, y).$$

Dieses Prädikat ist allerdings nicht mehr rekursiv, da sich der Existenzquantor nicht beschränken läßt.[22] Damit läßt sich auch nicht mehr folgern, daß es eine entsprechende Formel gibt, die dieses Prädikat in der Peano-Arithmetik *stark ziffernweise* repräsentiert. Wir können dennoch einfach die Definition innerhalb der Peano-Arithmetik nachbilden und setzen:

$$\mathrm{B}_{\mathsf{T}}(y) \Leftrightarrow \exists x.\overline{\mathrm{Bew}_{\mathsf{T}}}(x, y).$$

Jetzt gilt zuerst nur:

$$\mathsf{T} \vdash \varphi \;\Rightarrow \mathsf{T} \vdash \mathrm{B}_{\mathsf{T}}(\ulcorner \varphi \urcorner). \tag{1}$$

Da wir im Originalbeweis für den ersten Gödelschen Unvollständigkeitssatz aber auch die Rückrichtung benötigen werden, wird diese als eine Instanz der sogenannten ω-Konsistenz von T einfach als Voraussetzung hinzugenommen (siehe dazu aber auch die Bemerkung 27 unten). Damit haben wir die erste Aufgabe, Beweisbarkeit in T zu formalisieren, erfüllt.

Die zweite Aufgabe, die Selbstreferenz des Gödelsatzes auszudrücken, wird durch das folgende sehr mächtige *Diagonalisierungslemma* gelöst:

Theorem 25 (Diagonalisierungslemma). *Sei* T *eine rekursive Erweiterung von* PA *und sei* $\varphi(x)$ *eine Formel mit der einzigen freien Variablen x. Dann gibt es eine Aussage* φ *so daß*:

$$T \vdash \psi \leftrightarrow \varphi(\ulcorner \psi \urcorner).$$

[22] Daß sich dies nicht nur aus der naiven Definition ergibt, bei der man keine Schranke für eine Gödelnummer eines zu suchenden Beweises sieht, sondern prinzipiell gilt, ist letztlich wieder eine Folgerung des ersten Gödelschen Unvollständigkeitssatzes.

Die mit Hilfe dieses Lemmas definierte Aussage ψ kann inhaltlich gelesen werden als: „Ich habe die Eigenschaft φ."

Der Beweis des Diagonalisierungslemmas ist von verblüffender Einfachheit, so daß wir ihn hier vorführen.[23]

Beweis (des Diagonalisierungslemmas). Sei $\vartheta(x)$ die Formel $\varphi(\mathrm{Sub}(x, \mathrm{Num}(x)))$, die *Diagonalisierung* von φ. Nun sei $\overline{m}$ die Gödelnummer $\ulcorner \vartheta(x) \urcorner$ und ψ die Formel $\vartheta(\overline{m})$.

$$\begin{aligned} \psi &\leftrightarrow \vartheta(\overline{m}) \\ &\leftrightarrow \varphi(\mathrm{Sub}(\overline{m}, \mathrm{Num}(\overline{m}))) \\ &\leftrightarrow \varphi(\mathrm{Sub}(\ulcorner \vartheta(x) \urcorner, \ulcorner \overline{\mathrm{m}} \urcorner)) \\ &\leftrightarrow \varphi(\ulcorner \vartheta(\overline{\mathrm{m}}) \urcorner) \\ &\leftrightarrow \varphi(\ulcorner \psi \urcorner) \end{aligned}$$

Damit haben wir alle Werkzeuge zur Hand, um den ersten Gödelschen Unvollständigkeitssatz für T zu beweisen.

Theorem 26 (Erster Unvollständigkeitssatz). *Sei* T *eine rekursive Erweiterung von PA, die als konsistent vorausgesetzt wird. Dann gibt es eine Aussage* φ_G *so daß:*

1. $\mathsf{T} \nvdash \varphi_G$;
2. *Falls, für alle* φ, $\mathsf{T} \vdash \mathrm{B}_\mathsf{T}(\ulcorner \varphi \urcorner) \Rightarrow \mathsf{T} \vdash \varphi$, *dann gilt* $\mathsf{T} \nvdash \neg\varphi_G$.

Beweis. Nach dem Diagonalisierungslemma gibt es eine Aussage φ_G so daß

$$\mathsf{T} \vdash \varphi_G \leftrightarrow \neg \mathrm{B}_\mathsf{T}(\ulcorner \varphi_G \urcorner). \qquad (*)$$

1. Angenommen $\mathsf{T} \vdash \varphi_G$. Dann folgt mit (1) auch $\mathsf{T} \vdash \mathrm{B}_\mathsf{T}(\ulcorner \varphi_G \urcorner)$. Aufgrund von (*) haben wir aber auch $\mathsf{T} \vdash \neg\mathrm{B}_\mathsf{T}(\ulcorner \varphi_G \urcorner)$ im Widerspruch zur Konsistenz von T.
2. Angenommen $\mathsf{T} \vdash \neg\varphi_G$. Dann gilt nach (*) auch $\mathsf{T} \vdash \neg\neg\mathrm{B}_\mathsf{T}(\ulcorner \varphi_G \urcorner)$ und weiter $\mathsf{T} \vdash \mathrm{B}_\mathsf{T}(\ulcorner \varphi_G \urcorner)$. Aufgrund der angenommenen Voraussetzung erhalten wir daraus $\mathsf{T} \vdash \varphi_G$, wieder im Widerspruch zur Konsistenz von T.

Anmerkung 27 Die in 2. gemachte Voraussetzung $\mathsf{T} \vdash \mathrm{B}_\mathsf{T}(\ulcorner \varphi \urcorner) \Rightarrow \mathsf{T} \vdash \varphi$ ist eine Instanz der sogenannten ω-Konsistenz, die besagt, daß man für eine Formel φ nicht $\exists x.\varphi(x)$ aber gleichzeitig $\neg\varphi(\overline{n})$ für alle natürlichen Zahlen beweisen kann. Da $\mathcal{N}$ ein Modell von PA ist, ist PA sicherlich ω-konsistent. Für die beweistheoretische Argumentation wird man aber natürlich nicht auf semantische Eigenschaften von PA zurückgreifen wollen. Insofern könnte die Voraussetzung als ein „Schönheits-

[23]In der gegebenen Form des Beweises wird allerdings vorausgesetzt, daß T auch für die benutzten rekursiven *Funktionen* einen repräsentierenden Term besitzt, was z. B. in PA noch nicht der Fall sein muß, sondern erst in einer passenden konservativen Erweiterung garantiert ist. Die Konservativität dieser Erweiterung garantiert aber, daß der mit Hilfe de Diagonalisierungslemmas gezeigte Unvollständigkeitssatz auch für PA selbst gilt.

fehler“ des Gödelschen Resultats betrachtet werden. 1936 gelang es aber Rosser, durch eine geschickte Abwandlung des Beweisbarkeitsprädikats zu zeigen, daß der erste Gödelsche Unvollständigkeitssatz in der gleichen Allgemeinheit auch ohne diese Voraussetzung bewiesen werden kann.

Anmerkung 28 (*Der zweite Gödelsche Unvollständigkeitssatz*).

Der zweite Gödelsche Unvollständigkeitssatz besagt, daß ein *konsistentes* Axiomensystem T, das mindestens die Ausdrucksstärke der Peano-Arithmetik besitzt, nicht seine eigene Konsistenz beweisen kann, wobei sich die Konsistenz mit Hilfe des entwickelten Kodierungsapparates wie folgt formalisieren läßt: $\mathrm{Con}_{\mathsf{T}} \Leftrightarrow \neg \mathrm{B}_{\mathsf{T}}(\ulcorner \overline{0} = \overline{1} \urcorner)$.

Die Idee zum Beweis des 2. Gödelschen Unvollständigkeitssatz besteht darin, den Beweis des 1. Gödelschen Unvollständigkeitssatzes in T zu formalisieren. Es gilt allgemein:

$$\mathsf{T} \nvdash \varphi_G \;\Rightarrow \mathsf{T} \text{ ist konsistent.}$$

Der erste Unvollständigkeitssatz besagte nun gerade:

$$\mathsf{T} \text{ ist konsistent } \;\Rightarrow \mathsf{T} \nvdash \varphi_G.$$

Die Formalisierung dieser beiden Argumente *innerhalb* von T liefert dann, daß die Aussage φ_G aus dem Beweis des ersten Gödelschen Unvollständigkeitssatzes beweisbar äquivalent zur formalisierten Konsistenzaussage von T ist, formal:

$$\mathsf{T} \vdash \varphi_G \leftrightarrow \mathrm{Con}_{\mathsf{T}}.$$

Mit der Unbeweisbarkeit von φ_G in T folgt also auch $\mathrm{T} \nvdash \mathrm{Con}_{\mathsf{T}}$.

Der ausführliche Beweis dieses Resultats ist sehr aufwendig, da man für die Formalisierung der Argumente noch die *Hilbert-Bernays-Löb-Ableitbarkeitsbedingungen* für das Beweisbarkeitsprädikat B_{T} zeigen muß.

Offensichtlich würde uns die Herleitbarkeit von $\mathrm{Con}_{\mathsf{T}}$ in T keine wirkliche Evidenz für die Konsistenz von T geben (da in einem inkonsistenten System jede Formel herleitbar ist). Interessant ist aber das unmittelbare Korollar, daß, wenn T nicht $\mathrm{Con}_{\mathsf{T}}$ herleiten kann, auch kein (in einem formal zu spezifizierenden Sinne) *schwächeres* Axiomensystem die Konsistenz von T beweisen kann. Damit wurde die Hoffnung des sogenannten *Hilbertschen Programms* in seiner ursprünglichen Form zunichte gemacht, mit Hilfe schwacher Theorien die Konsistenz starker Theorien zu zeigen. Daher spielt der zweite Gödelsche Unvollständigkeitssatz eine bedeutende Rolle in der Debatte um die Grundlagen der Mathematik, auch wenn er natürlich nicht ausschließt, daß man sich mit *anderen* Mitteln der Konsistenz einer mathematischen Theorie versichern kann; siehe hierzu z. B. die Diskussion in (Kahle 2015) und für weiterführende Entwicklungen (Kahle 2020).

Dieses Resultat wird – wie auch der erste Unvollständigkeitssatz – häufig in der Diskussion um die prinzipiellen Unterschiede informatischer und menschlicher

Leistungsfähigkeit beim Beweis logischer und mathematische Sachverhalte beziehungsweise weitergehend auch bei der Bestimmung von *Intelligenz* eingesetzt (und zwar sowohl für und gegen die jeweilige Position, je nach philosophischer Überzeugung). Für Fragen, die das logische Schließen an sich betreffen, ist der zweite Unvollständigkeitssatz allerdings von weit geringerer Bedeutung als der erste.

5 Weitere Logiken

Intuitionistische Logik

Die bisher zugrunde gelegte Logik war *zweiwertig* in dem Sinne, daß in der Aussagenlogik jede Aussage entweder den Wahrheitswert wahr oder den Wahrheitswert falsch zugewiesen bekommen muß. In der Logik erster Stufe ist, aufgrund der Definition der Erfüllbarkeitsrelation, jede Aussage *in einer konkreten Struktur* entweder falsch oder wahr.

Auf der Herleitungsseite spiegelt sich die Zweiwertigkeit in unseren Hilbert-Kalkülen durch das *Tertium-non-datur* wider, d. h. den Satz (bzw. die Aussage) $\varphi \vee \neg\varphi$, der, wenn er nicht schon ein Axiom ist, so doch zumindest herleitbar ist.

In der *intuitionistischen Logik* wird diese Prinzip, und seine äquivalenten Folgerungen, abgelehnt. Damit gilt insbesondere nicht die Kontraposition, d. h. die Äquivalenz von $\varphi \rightarrow \psi$ mit $\neg\psi \rightarrow \neg\varphi$.

Philosophisch wurde der *Intuitionismus* von dem holländischen Mathematiker L.E.J. Brouwer als Grundlage für die Mathematik propagiert, bei der insbesondere in mathematischen Argumenten auf Fallunterscheidungen, die sich – bisher oder auch prinzipiell – nicht entscheiden lassen, verzichtet werden soll. Im weiteren mathematischen Kontext hat dies zur Folge, daß intuitionistische (d. h. ohne Tertium-non-datur) bewiesene Sätze im allgemeinen eine *konstruktive* Interpretation zulassen. Zum Beispiel läßt sich aus einen intuitionistischen Beweis einer Aussage der Form $\forall x \exists y.\varphi(x, y)$, wobei φ keine weiteren Quantoren enthält, ein Computerprogramm gewinnen, das für gegebenes x ein y berechnet, so daß $\varphi(x, y)$ erfüllt ist.

Der von Brouwer informell konzipierte Intuitionismus wurde für die Logik und Arithmetik – mit Billigung Brouwers – von seinem Studenten Heyting in ein formales Herleitungssystem überführt, das sich durch unseren Hilbert-Kalkül wiedergeben läßt, wobei das Axiom, das die Negation regelt $((\neg\varphi \rightarrow \neg\psi) \rightarrow \psi \rightarrow \varphi)$ zu ersetzen ist durch das *Ex-falso-quodlibet*, das sich formal als $\perp \rightarrow \varphi$ axiomatisieren läßt, wobei $\perp$ eine Aussagenkonstante (oder 0-stelliges Relationszeichen) ist, deren intendierte Interpretation „das Falsche" ist. Bei Hinzunahme dieser Konstante läßt sich die Negation $\neg\varphi$ als Abkürzung für $\varphi \rightarrow \perp$ definieren.

In diesem Kalkül läßt sich $\varphi \vee \neg\varphi$ nicht mehr beweisen und er ist damit nicht mehr vollständig bezüglich der Standardsemantik (Wahrheitstafeln im Fall der Aussagenlogik; Erfüllbarkeit im Fall der Prädikatenlogik). Das war aber natürlich gerade beabsichtigt.

Wenn man die nicht-logischen Axiome der Peano-Arithmetik in analoger Form zur intuitionistischen Prädikatenlogik hinzunimmt, bekommt man die *Heyting-Arithmetik* HA.

Es ist ein technisch interessanter Satz, daß sich die Peano-Arithmetik in der Heyting-Arithmetik interpretieren läßt, wenn man jede Formel durch ihre *doppelte Negation* ersetzt.

Theorem 29 (Doppelnegationsinterpretation).

$$\textit{Falls } \mathsf{PA} \vdash \varphi, \quad \textit{dann } \mathsf{HA} \vdash \neg\neg\varphi.$$

Im allgemeinen ist das Beweisen in einem intuitionistischen Kalkül aufwendiger als im klassischen Fall, da weniger Beweismittel zur Verfügung stehen; als Gegenleistung kann man aber unter Umständen mehr Information aus einem intuitionistischen Beweis gewinnen, z. B. um die oben erwähnten Algorithmen zu erhalten.

Im Kontext der historischen Debatte um den Intuitionismus sollte aber noch darauf verwiesen werden, daß 1) die formalen intuitionistischen Kalküle eigentlich nicht der ursprünglichen Brouwerschen Idee, die Mathematik auf *Intuition* aufbauend neu zu begründen, gerecht werden und 2) die mathematisch relevanten Unterschiede erst in der Analysis (die über natürlichen Zahlen hinaus die reellen Zahlen behandelt) richtig zu Tage treten. Für die intuitionistische Analysis, in der Brouwer Prinzipien zugrundelegte, die *per se* mit der klassischen Analysis unverträglich sind, gilt die Doppelnegationsinterpretation nicht mehr.

Modallogik

Historisch war die ursächliche Charakteristik einer *Logik*, daß ein von ihr zur Verfügung gestellter Schluß, „keiner Bestimmung von außen her bedarf".[24] Es wurde schon von Aristoteles erkannt, daß auch Schlüsse mit *Modalitäten* der Form „*X ist notwendig*" oder „*X ist möglich*" ohne weitere Kenntnis von *X* als korrekt erkannt werden können.[25]

Die Logik selbst liefert dabei aber keine Kriterien, wie man *notwendige* oder *mögliche* Aussagen finden kann, wenn man sich nicht auf eine (triviale, weil nicht über die Logik selbst hinausgehende) Bedeutung von *logisch notwendig* beschränkt.

Als formales System kann (aussagenlogische) Modallogik als eine Erweiterung der Aussagenlogik um zwei neue satzbildende Operatoren $\Box$ und $\Diamond$ eingeführt werden, wobei die induktive Definition der Sätze (Definition 2) für die aussagenlogische Modallogik umzuschreiben und um die folgende Klausel zu ergänzen ist:

4. Wenn φ ein Satz der aussagenlogischen Modallogik ist, so sind auch $\Box\varphi$ und $\Diamond\varphi$ Sätze der aussagenlogischen Modallogik.

Dabei ist die Idee, daß $\Box\varphi$ für „φ ist notwendig" steht und $\Diamond\varphi$ für „φ ist möglich".

[24] Siehe das zu Beginn gegebenen Zitat von Aristoteles.

[25] „Diese Entdeckung, daß von relativen Notwendigkeiten auf weitere geschlossen werden kann, ohne daß man auf ein *bestimmtes* Wissen *W* zurückgreifen muß, liefert die Grundlage einer *Modallogik.*" (Lorenzen und Schwemmer 1973, S. 83).

Tatsächlich könnte der Möglichkeitsoperator $\Diamond$ auch definitorisch als Abkürzung eingeführt werden, wobei das folgende, die Dualität der beiden Operatoren ausdrükkende Axiom als Definition gewählt würde:

$$\Diamond\varphi \leftrightarrow \neg\Box\neg\varphi.$$

Zusätzlich zum Modus Ponens nimmt man zur aussagenlogischen Modallogik die folgende, englisch *Necessitation* genannte Regel zum Kalkül hinzu (man beachte dabei, daß φ *ohne* die Verwendung von Annahmen hergeleitet worden sein muß):

$$\frac{\varphi}{\Box\varphi}$$

Darauf aufbauend sind durch die Hinzunahme unterschiedlicher Axiome verschiedene Modallogiken entwickelt worden, von denen wir hier das bekannteste System **S4** vorstellen. **S4** enthält die folgenden drei zusätzlichen Axiome:

K. $\Box(\varphi \rightarrow \psi) \rightarrow (\Box\varphi \rightarrow \Box\psi)$.

T. $\Box\varphi \rightarrow \varphi$.

4. $\Box\varphi \rightarrow \Box\Box\varphi$.

Es gibt eine weitreichende philosophische Diskussion darüber, welche Axiome den Begriff von – logischer und weitergehend *metaphysischer* – Notwendigkeit adäquat wiedergeben. Die Korrektheit der drei genannten Axiome ist weitestgehend unumstritten; das gilt aber nicht mehr für das folgende Axiom, das ausdrückt: „was möglich ist, ist notwendigerweise möglich". Es wird formal für den Übergang von **S4** zu **S5** als weiteres Axiom hinzugenommen:

5. $\Diamond\varphi \rightarrow \Box\Diamond\varphi$.

Für den bereits vorliegenden Kalkül wurde in den 1950er-Jahren eine passende Semantik unabhängig voneinander durch Kanger, Hintikka und Kripke entwickelt. Diese ist heute unter dem Namen *Mögliche-Welten-Semantik* bekannt.[26]

Dabei wird die Wahrweitswertsemantik, wie sie im aussagenlogischen Fall in den Wahrheitstafeln vorliegt, auf *Welten* relativiert, so daß ein Satz in einer Welt wahr und

[26]Für einen historischen Überblick zur Möglichen-Welten-Semantik verweisen wir auf Copeland (2002). Zur der oben bereits erwähnten Einschränkung, die die (logische) Analyse von Modalitäten betrifft, schreibt Føllesdal (1980) treffend:

> Diese Semantiken für die Modallogik benutzen allesamt [...] den Begriff der möglichen Welt als eine grundlegenden, undefinierten Begriff. Aus diesem Grund darf man sie lediglich als algebraische Strukturen ansehen, die die logischen Wechselbeziehungen zwischen verschiedenen modalen Komponenten klären, aber uns keine Kriterien zur Verfügung stellen, was möglich ist und was notwendig ist.

in einer anderen falsch sein kann. Mit Rückgriff auf Leibniz ist die naive Idee, daß „X ist notwendig“ bedeuten soll, daß X in allen möglichen Welten wahr sei. Um geschachtelte Notwendigkeiten behandeln zu können, wird aber noch eine *Erreichbarkeitsrelation* zwischen den Welten benötigt. Damit läßt sich dann spezifizieren, daß X in einer Welt W notwendig ist, wenn es in allen von W aus erreichbaren Welten wahr ist.

Die Mögliche-Welten-Semantik ist technisch sehr elegant, in dem Sinne, daß sich die Gültigkeit von modallogischen Axiomen in algebraischen Eigenschaften der Erreichbarkeitsrelation ausdrücken läßt. z. B. ist Axiom **5** gültig, wenn die Erreichbarkeitsrelation *euklidisch* ist.

Aus technischer Sicht ist die aussagenlogische Modallogik weniger aufgrund der philosophischen Absicht, rein logische Folgerungen unter Modaloperatoren ziehen zu können, von Interesse, sondern weil sie *entscheidbare* Erweiterungen der Aussagenlogik zuläßt. Tatsächlich konnte gezeigt werden, daß Beweisbarkeit in **S4** und Unbeweisbarkeit in **S5** in interessanten Komplexitätsklassen liegen, und die nachfolgenden Untersuchungen haben im Bereich des sogenannten *model-checkings* zu konkreten Anwendungen in der Informatik geführt (Ladner 1977; Vardi 1997).

Zwar läßt sich keine scharfe Grenze zwischen entscheidbaren und unentscheidbaren Logiken ziehen. Es hat sich aber herausgestellt, daß die Grenze der Entscheidbarkeit im wesentlichen noch bis zu den drei, im Prinzip äquivalenten, Logikfamilien der *description logics* (Beschreibungslogiken) (Baader et al. 2003), *multimodalen Logiken* (Carnielli und Pizzi 2008) und *guarded fragments* (Logiken bei den denen die Quantoren „bewacht“ werden) (Andréka et al. 1998) hinausgeschoben werden kann. Insbesondere die Beschreibungslogiken, aber auch die multimodalen Logiken wurden explizit für die computer-unterstützte *Wissensrepräsentation* entwickelt beziehungsweise herangezogen.

Die Modallogik ist auch auf die Logik erste Stufe ausgedehnt worden, was aber konzeptionelle Schwierigkeiten nach sich zieht.

Einerseits interferieren die Modaloperatoren mit den Quantoren und es ist philosophisch umstritten, welche Eigenschaften dabei als gegeben vorauszusetzen sind. Deutlich wird dies besonders an der sogenannten *Barcan-Formel* $(\forall x.\Box\varphi) \rightarrow \Box(\forall x.\varphi)$ (Barcan 1946, dort dual für $\Diamond$ formuliert), deren Interpretation in der Möglichen-Welten-Semantik dazu führt, daß alle Objekte, die in irgendeiner von der aktuellen Welt aus zugänglichen möglichen Welt existieren, auch in der aktuellen Welt existieren müssen. Die (Un-)Gültigkeit dieser Interpretation hat zu heftigen Debatten unter philosophischen Logikern geführt.

Andererseits geht auch der technisch interessante Aspekt, daß die aussagenlogische Modallogik eine *entscheidbare* Erweiterung der Aussagenlogik ist, verloren, da bereits die Logik erster Stufe unentscheidbar ist. Im Hinblick auf die Semantik möglicher Welten kann man sich fragen, ob es nicht sinnvoller ist, den Weltenbegriff und die Erreichbarkeitsrelation direkt zu axiomatisieren (wozu die Logik erster Stufe in der Lage ist). Damit lassen sich alle gewünschten oder unerwünschten semantischen Eigenschaften explizit axiomatisch einführen bzw. ausschließen. Dieses Vorgehen unterminiert allerdings den eingangs beschriebenen *rein logischen* Charakter einer Modallogik, da man für die Gültigkeit von $\Box\varphi$ zwar noch nicht unmittelbar auf konkretes Wissen über φ, aber solches über die Welten und ihre Beziehung untereinander zurückgreifen muß.

6 Kalküle

Hilbert-Kalkül

Wir hatten als Kalküle bisher nur Hilbert-Kalküle betrachtet, die sich dadurch auszeichnen, daß sie sich mit wenigen Regeln formulieren lassen, dafür allerdings viele Axiome benötigen. Die Modus-Ponens-Regel repräsentiert zwar sehr gut das intuitive Verständnis der Implikation; sie ist aber fatal für eine (naive) Beweissuche, da man bei gegebener Konklusion ψ im Prinzip alle syntaktisch möglichen Formeln φ als mögliche Prämissen für einen Beweis durchprobieren müßte. Auch die Formalisierung informeller mathematischer Beweise ist im Hilbert-Kalkül in der Regel aufwendig und zum Teil kontraintuitiv. Gewisse Vorteile hat der Hilbert-Kalkül aber bei der Beweisüberprüfung schon formalisierter Beweise, bei denen sich die Korrektheit der Beweisschritte einfach verifizieren läßt. Und schließlich ist die *Gödelisierung* für die Formalisierung des Beweisbarkeitsprädikats vergleichsweise einfach. Tatsächlich geht es bei vielen metamathematischen Untersuchungen nur um die prinzipielle Formalisierbarkeit (die für den Hilbert-Kalkül unproblematisch ist) und nicht um die konkrete Formalisierung gegebener Beweise.

In anderen Kontexten können aber die beiden folgenden Kalkülformen, die beide von Gerhard Gentzen (1935) im Umfeld der Hilbertschen Beweistheorie entwickelt wurden, deutliche Vorteile haben.[27] Um diese richtig zur Geltung kommen zu lassen, wollen wir im folgenden die Logik erster Stufe *ohne* Gleichheit betrachten. Natürlich läßt sich die Gleichheit durch Axiome, Regeln oder Schlußfiguren in Analogie zu den Gleichheitsaxiomen des Hilbert-Kalküls einführen, mit denen dann die Adäquatheits- und Äquivalenzresultate gültig bleiben; bei der Schnittelimination (Theorem 41) bzw. Normalisierung kann die Gleichheit aber nicht ohne weiteres hinzugenommen werden.[28]

Sequenzenkalkül

Definition 30. Eine *Sequenz* ist ein Ausdruck der Form $\Gamma \Rightarrow \Delta$, wobei Γ und Δ endliche (möglicherweise leere) Sequenzen von Formeln erster Stufe $\varphi_1, \ldots, \varphi_n$ und $\psi_1, \ldots, \psi_m$ sind.

$\Gamma \Rightarrow \Delta$ wird informell gelesen als: Die *Konjunktion* der φ_i impliziert die *Disjunktion* der ψ_j.

Wir haben die folgenden Spezialfälle:

[27] Siehe dazu auch den Beitrag von Klaus Mainzer (2023) in diesem Handbuch.

[28] Zur Schnittelimination im Genzen-Kalkül mit Gleichheit siehe z. B. (Takeuti 1987, § I.1.7).

- Wenn Γ leer ist, wird die Disjunktion der ψ_j behauptet.
- Wenn Δ leer ist, wird die Negation der Konjunktion der φ_i behauptet.
- Wenn Γ und Δ leer sind, wird ein Widerspruch behauptet.

Wir benutzen große griechische Buchstaben Γ, Δ, Λ, Θ, Ξ, ... für endliche Sequenzen von Formeln.

Definition 31 (Identitätsaxiom).

$$\varphi \Rightarrow \varphi$$

für jede Formel φ.

Definition 32 (Schnittregel).

$$\frac{\Gamma \Rightarrow \Delta, \varphi \quad \varphi, \Lambda \Rightarrow \Theta}{\Gamma, \Lambda \Rightarrow \Delta, \Theta}(\mathit{Schnitt})$$

φ wird *Schnittformel* dieses Schlusses genannt.

Definition 33 (Strukturregeln).

- Vertauschung (*Exchange*)

$$\frac{\Gamma, \varphi, \psi, \Lambda \Rightarrow \Delta}{\Gamma, \psi, \varphi, \Lambda \Rightarrow \Delta}(\mathcal{X}_l) \quad \frac{\Gamma \Rightarrow \Delta, \varphi, \psi, \Lambda}{\Gamma \Rightarrow \Delta, \psi, \varphi, \Lambda}(\mathcal{X}_r)$$

- Verdünnung (*Weakening*)

$$\frac{\Gamma \Rightarrow \Delta}{\Gamma, \varphi \Rightarrow \Delta}(\mathcal{W}_l) \quad \frac{\Gamma \Rightarrow \Delta}{\Gamma \Rightarrow \Delta, \varphi}(\mathcal{W}_r)$$

- Kontraktion (*Contraction*)

$$\frac{\Gamma, \varphi, \varphi \Rightarrow \Delta}{\Gamma, \varphi \Rightarrow \Delta}(\mathcal{C}_l) \quad \frac{\Gamma \Rightarrow \Delta, \varphi, \varphi}{\Gamma \Rightarrow \Delta, \varphi}(\mathcal{C}_r)$$

Definition 34 (Logische Regeln).

- Negation

$$\frac{\Gamma \Rightarrow \Delta, \varphi}{\neg\varphi, \Gamma \Rightarrow \Delta}(\neg \mathrm{L}) \quad \frac{\psi, \Gamma \Rightarrow \Delta}{\Gamma \Rightarrow \Delta, \neg\psi}(\neg \mathrm{R})$$

- Implikation

$$\frac{\Gamma \Rightarrow \Delta, \varphi \quad \psi, \Lambda \Rightarrow \Theta}{\varphi \rightarrow \psi, \Gamma, \Lambda \Rightarrow \Delta, \Theta}(\rightarrow \mathrm{L}) \quad \frac{\psi, \Gamma \Rightarrow \Delta, \psi}{\Gamma \Rightarrow \Delta, \varphi \rightarrow \psi}(\rightarrow \mathrm{R})$$

- Konjunktion

$$\frac{\varphi, \Gamma \Rightarrow \Delta}{\varphi \wedge \psi, \Gamma \Rightarrow \Delta}(\wedge \mathrm{L1}) \quad \frac{\psi, \Gamma \Rightarrow \Delta}{\varphi \wedge \psi, \Gamma \Rightarrow \Delta}(\wedge \mathrm{L2})$$

$$\frac{\Gamma \Rightarrow \Delta, \varphi \quad \Gamma \Rightarrow \Delta, \psi}{\Gamma \Rightarrow \Delta, \varphi \wedge \psi}(\wedge \mathrm{R})$$

- Disjunktion

$$\frac{\varphi, \Gamma \Rightarrow \Delta \quad \psi, \Gamma \Rightarrow \Delta}{\varphi \vee \psi, \Gamma \Rightarrow \Delta}(\vee \mathrm{L})$$

$$\frac{\Gamma \Rightarrow \Delta, \varphi}{\Gamma \Rightarrow \Delta, \varphi \vee \psi}(\vee \mathrm{R1}) \quad \frac{\Gamma \Rightarrow \Delta, \psi}{\Gamma \Rightarrow \Delta, \varphi \vee \psi}(\vee \mathrm{R2})$$

- Quantoren

$$\frac{\varphi(t), \Gamma \Rightarrow \Delta}{\forall x.\varphi(x), \Gamma \Rightarrow \Delta}(\forall \mathrm{L}) \quad \frac{\Gamma \Rightarrow \Delta, \varphi(y)}{\Gamma \Rightarrow \Delta, \forall x.\varphi(x)}(\forall \mathrm{R})$$

$$\frac{\varphi(y), \Gamma \Rightarrow \Delta}{\exists x.\varphi(x), \Gamma \Rightarrow \Delta}(\exists \mathrm{L}) \quad \frac{\Gamma \Rightarrow \Delta, \varphi(t)}{\Gamma \Rightarrow \Delta, \exists x.\varphi(x)}(\exists \mathrm{R})$$

  - In ∀L und ∃R ist t ein beliebiger Term.
  - Die Variable y in ∀R und ∃L ist eine *Eigenvariable* des betreffenden Schlusses, d. h. y darf nicht in der unteren Sequenz auftreten.

Definition 35 (Herleitbarkeit im Sequenzenkalkül). Eine Sequenz $\Gamma \Rightarrow \Delta$ ist im Sequnzenkalkül herleitbar, wenn sie sich ausgehend von Identitätsaxiomen durch eine endliche Anzahl von Anwendungen von Regeln als Endsequenz gewinnen läßt.

Beispiel 36 *(Tertium-non-datur).* Das *Tertium-non-datur* ist im Sequenzenkalkül her leitbar:

$$\cfrac{\cfrac{\cfrac{\cfrac{\cfrac{\varphi \Rightarrow \varphi}{\Rightarrow \varphi, \neg\varphi}(\neg \mathrm{R})}{\Rightarrow \varphi, \varphi \vee \neg\varphi}(\vee \mathrm{R2})}{\Rightarrow \varphi \vee \neg\varphi, \varphi}(X_r)}{\Rightarrow \varphi \vee \neg\varphi, \varphi \vee \neg\varphi}(\vee \mathrm{R1})}{\Rightarrow \varphi \vee \neg\varphi}(C_r)$$

Es gilt, wie für den Hilbert-Kalkül, die Adäquatheit des Sequenzenkalküls bezüglich der Erfüllbarkeitsrelation $\models$.

Theorem 37 (Adäquatheit des Sequenzenkalkalüls bezüglich $\models$). *Es sei Φ eine Menge von Aussagen und φ eine Aussage einer prädikatenlogischen Sprache $\mathcal{L}$. Die Sequenz $\Phi \Rightarrow \varphi$ ist genau dann herleitbar, wenn φ in allen Strukturen gültig ist, die Modelle von Φ sind. In Zeichen:*

$$\Phi \Rightarrow \varphi \textit{ ist herleitbar} \quad \textit{genau dann, wenn} \quad \Phi \models \varphi.$$

Der Beweis läßt sich im Prinzip analog zu dem Adäquatheitsbeweis für den Hilbert-Kalkül H_p führen. Hat man allerdings bereits einmal einen Adäquatheitsheitsbeweis für einen Kalkül geführt, kann man ihn für einen weiteren Kalkül auch indirekt durch einen Äquavalenzbeweis zwischen diesem und jenem Kalkül gewinnen. Es gilt jedenfalls das folgende Theorem.

Theorem 38 (Äquivalenz von Hilbert-Kalkül und Sequenzenkalkül). *Es sei Φ eine Menge von Aussagen und φ eine Aussage einer prädikatenlogischen Sprache $\mathcal{L}$. Dann gilt*

$$\Phi \vdash \varphi \quad \textit{genau dann, wenn} \quad \Phi \Rightarrow \varphi \textit{ ist herleitbar}.$$

Eine gute Zusammenstellung, die verschiedene Kalkülformen vergleicht, und die auch die entsprechenden Beweise ausführt, findet sich in (Troelstra und Schwichtenberg 2000), oder man greife auf die Originalarbeit von Gentzen (1935) zurück.

Anmerkung 39 Die *intuitionistische Logik* läßt sich im Sequenzenkalkül durch eine einfache syntaktische Beschränkung gewinnen:

φ ist intuitionistisch aus Φ herleitbar, wenn nur höchstens eine Formel in den Sequenzen auf der rechten Seite zugelassen ist.

Man sieht auch sofort, daß der in Beispiel 36 gegebene Beweis des *Tertium-non* mehr als eine Formel auf der rechten Seite benutzt.

Anmerkung 40 Die *Strukturregeln* des Sequenzenkalkül erlauben eine sehr detaillierte Untersuchung von „Bookkeeping"-Fragen beim Hantieren mit Sequenzen. Das hat Vorteile sowohl bei der Beweisführung metatheoretischer Resultate als auch bei einer Implementierung, in der Listen im Vergleich zu Mengen als Datenstruktur vorzuziehen sind. Insbesondere können aber auch noch interessante Varianten sogenannter *substruktureller Logiken* untersucht werden, bei denen die ein oder andere Strukturregel weggelassen wird (Došen und Schroeder-Heister 1994). Die bekannteste ist dabei sicherlich die Lineare Logik (Girard 1987), die in der Informatik Anwendung gefunden hat; aber auch der Lambek-Kalkül (Lambek 1968, 1969), der in der Linguistik verwendet wird, ist unter die substrukturellen Logiken zu rechnen.

Das zentrale metatheoretische Resultat des Sequenzenkalküls ist der folgende Satz:

Theorem 41 (Gentzens Hauptsatz – Schnittelimination). *Wenn eine Sequenz $\Gamma \Rightarrow \Delta$ herleitbar ist, ist sie auch ohne Schnitte herleitbar.*

Der Beweis läßt sich über den Aufbau von Herleitungen im Sequenzenkalkül führen, wobei die syntaktische Komplexität der Schnittformeln sukzessive reduziert wird. Dabei zahlt man aber einen hohen Preis, in einem formalen Sinne, da die Höhe der Herleitungen in Abhängigkeit der Komplexität der ursprünglichen Schnittformeln superexponentiell wachsen kann. Aus diesem Grund ist eine Schnittelimination in der Regel nicht praktisch ausführbar; theoretisch hat sie aber weitreichende Folgen.

Theorem 42 (Subformeleigenschaft). *Wenn eine Sequenz $\Gamma \Rightarrow \Delta$ herleitbar ist, dann gibt es auch eine Herleitung dieser Sequenz, in der alle Formeln Teilformeln der Formeln in Γ und Δ sind.*

In einem schnittfreien Beweis werden, wenn man ihn von unten nach oben betrachtet, die Formeln der Endsequenz sukzessive in Teilformeln aufgespalten, bis man zu Identitätsaxiomen kommt. Damit trägt man letztlich der zitierten Charakterisierung des Logischen von Aristoteles Rechnung, nämlich daß sich die Herleitbarkeit einer Formel durch rein syntaktische Analyse „ohne Bestimmung von außen" überprüfen läßt. Neben dem erwähnten Problem der Komplexität schnittfreier Herleitungen, ergibt sich aber bei der Subformeleigenschaft noch das begrifflich verdeckte Problem, daß für eine quantifizierte Formel wie $\forall x.\varphi(x)$ für jeden Term t die Formel $\varphi(t)$ als „Teilformel" zählt. Wenn nun eine quantifizierte Formel bewiesen werden soll, gibt es im allgemeinen keine Möglichkeit zu bestimmen, welches konkrete t in einem schnittfreien Beweis benutzt werden solle. Deshalb erhält man aus der Subformeleigenschaft noch kein *Entscheidungsverfahren* für die Prädikatenlogik.

Wir können aber aus der Subformeleigenschaft ein weiteres Korollar ableiten:

Theorem 43 (Konsistenz der Prädikatenlogik erster Stufe).[29] *Ein Widerspruch, d. h. die leere Sequenz, ist nicht herleitbar.*

Natürliches Schließen

Die Schlußfiguren des natürlichen Schließens sind die folgenden, wobei $\neg\varphi$ als Abkürzung aufzufassen ist für $\varphi \rightarrow \bot$, mit $\bot$ einem logischen Symbol für *das Falsche.* Eine in eckige Klammern gesetzte Formel deutet an, daß bei dem betreffenden Schluß eine (oder mehrere) Annahmen, die man in oberhalb des Schlusses liegenden Teilbäumen gemacht hat, *geschlossen* werden können (und sollen).

[29] Hier erst einmal nur ohne Gleichheit.

$$\frac{\varphi \quad \psi}{\varphi \vee \psi}\wedge\mathrm{E} \qquad \frac{\varphi \wedge \psi}{\varphi}\wedge\mathrm{B_L} \qquad \frac{\varphi \wedge \psi}{\psi}\wedge\mathrm{B_R}$$

$$\frac{\varphi}{\varphi \vee \psi}\vee\mathrm{E_L} \qquad \frac{\psi}{\varphi \vee \psi}\vee\mathrm{E_R} \qquad \frac{\varphi \vee \psi \quad \begin{matrix}[\varphi]\\ \vdots \\ \chi\end{matrix} \quad \begin{matrix}[\psi]\\ \vdots \\ \chi\end{matrix}}{\chi}\vee\mathrm{B}$$

$$\frac{\varphi(y)}{\forall\chi.\varphi(\chi)}\forall\mathrm{E} \qquad \frac{\forall\chi.\varphi(x)}{\varphi(t)}\forall\mathrm{B} \qquad \frac{\varphi(t)}{\exists\chi.\varphi(x)}\exists\mathrm{E} \qquad \frac{\exists\chi.\varphi(\chi) \quad \begin{matrix}[\varphi(y)]\\ \vdots \\ \chi\end{matrix}}{\chi}\exists\mathrm{B}$$

$$\frac{\begin{matrix}[\varphi]\\ \vdots \\ \psi\end{matrix}}{\varphi \to \psi}\to\mathrm{E} \qquad \frac{\varphi \quad \varphi \to \psi}{\psi}\to\mathrm{B}$$

$$\frac{\begin{matrix}[\neg\varphi]\\ \vdots \\ \bot\end{matrix}}{\varphi}\text{Reductio-ad-absurdum}$$

Dabei gelten für die Quantorenschlüsse wieder die üblichen Variablenbedingungen, d. h. bei $\forall E$ darf y in keiner Annahme, von der $\varphi(y)$ abhängt, frei Vorkommen; bei $\exists B$ darf y nicht frei in χ auftreten und auch in keiner offenen Annahme in der Flerleitung von χ, außer in dem zu schließenden $\varphi(y)$. In $\forall B$ und $\exists E$ muß t frei für x sein (siehe Definition 17).

Definition 44 (Herleitbarkeit im natürlichen Schließen). Eine Formel φ ist im natürlichen Schließen herleitbar, wenn man φ als Endformel (Wurzel) eine Baumes erhält, der mittels der Schlußfiguren gewonnen wird, wobei alle Annahmen geschlossen sind.

Beispiel 45 *(Tertium-non-datur)*

$$\dfrac{\dfrac{\dfrac{\dfrac{\dfrac{\dfrac{[\varphi]^1}{\varphi \vee \neg\varphi}\vee\mathrm{E_L} \quad [\neg(\varphi \vee \neg\varphi)]^2}{\bot}\to\mathrm{B}}{\neg\varphi}\to\mathrm{E}^1}{\varphi \vee \neg\varphi}\vee\mathrm{E_R} \quad [\neg(\varphi \vee \neg\varphi)]^2}{\bot}\to\mathrm{B}}{\varphi \vee \neg\varphi}\text{Reductio-ad-absurdum}^2$$

Anmerkung 46 Der angegebene Kalkül des natürlichen Schließens entspricht im wesentlichen dem von Gentzen (1935) gegebenen Kalkül NK für die klassische

Logik. Um die intuitionistische Logik zu erhalten, muß man die Schlußfigur *Reductio-ad-absurdum* weglassen und durch das schwächere *Ex-falso-quodlibet* ersetzen:

$$\frac{\bot}{\varphi}\,\text{Ex-falso-quodlibet}$$

Damit erhält man einen Kalkül, der Gentzens NJ entspricht.

Nach Gentzens Auffassung ist das natürliche Schließen besser als die anderen Kalküle dazu geeignet, das tatsächliche Schließen des Mathematikers abzubilden. Die in den Schlußfiguren zum Ausdruck kommende *Harmonie* von Einführungs- und Beseitigungsregeln (Dummett 1981, 1991) hat auch ihren Niederschlag in der philosophischen Reflexion des Logikbegriffs gefunden, z. B. in der *general proof theory* (Prawitz 1974) bzw. *beweistheoretischen Semantik* (Schroeder-Heister 2016). Darüber hinaus ist das natürliche Schließen technisch in zweierlei Hinsicht von Bedeutung. Einerseits gilt hier in Entsprechung zur Schnittelimination im Sequenzenkalkül, daß sich Beweise *normalisieren* lassen, d. h. daß man einen gegebenen Beweis in eine spezifische *Normalform* überführen kann, bei der auf eine Einführungsregel keine Beseitigungsregel folgt, die die gerade eingeführte Formel sofort wieder beseitigt. Wie im Fall der Schnittelimination gilt aber auch, daß die Normalisierung hohe Kosten verursacht, in dem Sinne, daß die Berechnung der Normalform aus komplexitätstheoretischen Überlegungen heraus unpraktisch ist.

Andererseits gibt es einen tiefliegend Zusammenhang zwischen *intuitionistischen* Beweisen im natürlichen Schließen und dem auf Alonzo Church zurückgehenden λ-Kalkül. Trotz seines (historisch bedingten) Namens läßt sich der λ-Kalkül heute einfach als eine Programmiersprache auffassen (wie sie z. B. in SCHEME in ungetypter Form und in HASKELL oder ML in getypter Form vorliegt). In einer äußerst knappen Darstellung lassen sich im λ-Kalkül ausgehend von einer Menge von Variablen Terme $t, s, \ldots$ einerseits durch *Anwendungen* neue Terme $t\,s$ bilden oder andererseits durch *Abstraktionen* Terme der Form $\lambda x.t$. Eine solche Abstraktion steht für eine Funktion, die sich bei Anwendung auf ein Argument durch die *β-Reduktion* ausrechnen läßt: $(\lambda x.t)\ s \rightarrow t[s/x]$.

Wenn man sich auf das Implikationsfragment des natürlichen Schließens beschränkt, läßt sich die Implikationseinführung als (getypte) Abstraktion auffassen, und die Beseitung als Anwendung: $(\lambda x^{\varphi}.t^{\psi})^{\varphi\rightarrow\psi}$ und $(t^{\varphi\rightarrow\psi}s^{\varphi})^{\psi}$. Damit läßt sich der λ-Kalkül als Notationssystem für Herleitungen benutzen, und es stellt sich heraus, daß die Normalisierung der Ausrechnung von β-Reduktionen entspricht. Diese Beziehung ist unter dem Namen *Curry-Howard Isomorphismus* bekannt.[30]

[30]Curry hat ursprünglich diesen Isomorphismus für den Hilbert-Kalkül mit der *kombinatorischen Logik* aufgestellt; Howard übertrug das Ergebnis dann auf das natürliche Schließen und den λ-Kalkül. Wer mit der Beziehung zwischen kombinatorischer Logik und λ-Kalkül vertraut ist, kann damit auch die gegenseitigen Übersetzungen von Hilbert-Kalkül und natürlichem Schließen ineinander gewinnen.

Für den Vollständigkeitsbeweis und die Äquivalenz des natürlichen Schließens mit den beiden anderen Kalkülformen verweisen wir wieder auf (Troelstra und Schwichtenberg 2000) und (Gentzen 1935).

7 Entscheidbarkeit

In spezifischer Form hatte Hilbert das Entscheidungsproblem für diophantische Gleichungen als 10. Problem in die berühmten Liste der Hilbertschen Probleme, die er 1900 auf dem Internationalen Mathematiker-Kongreß in Paris vorgestellt hatte, aufgenommen. 1917 formulierte er allgemeiner „das Problem der *Entscheidbarkeit* einer mathematischen Frage durch eine endliche Anzahl von Operationen" (Hilbert 1918, S. 413).[31] Der Frage der Entscheidbarkeit der Herleitbarkeit kommt in der mathematischen Logik dann eine ganz besondere Bedeutung zu.

Das Entscheidungsproblem und seine (negative) Lösung durch Church und Turing ist eng mit der Entwicklung der mathematischen Logik in den 1920er- und 1930er-Jahren verbunden. Insbesondere wurde dabei der Begriff der *Berechenbarkeit* formal herausgearbeitet.[32] Eine Möglichkeit, Berechenbarkeit formal zu fassen, ist durch die μ-rekursiven Funktionen gegeben.

Definition 47 (μ-rekursive Funktionen). Die Menge der *μ-rekursiven Funktionen* ist wie folgt induktiv definiert:

1. $Z() = 0$, die (nullstellige) *Nullfunktion*, ist μ-rekursiv;
2. $S(x) = x + 1$, die (einstellige) *Nachfolgerfunktion*, ist μ-rekursiv;
3. $P_i^n(x_1, x_2, \ldots, x_n) = x_i$, $1 \leq i \leq n \in \mathbb{N}$, die ($n$-stelligen) *Projektionsfunktionen*, sind μ-rekursiv;
4. Falls g eine n-stellige μ-rekursive Funktion ist und $h_1, \ldots, h_n$ m-stellige μ-rekursive Funktionen sind, dann ist die *Komposition* $f(\mathrm{x}) = g(h_1(\mathrm{x}), \ldots, h_n(\mathrm{x}))$ eine m-stellige μ-rekursive Funktion;
5. Falls g eine n-stellige und h eine $n + 2$-stellige μ-rekursive Funktion ist, dann ist die folgende, durch *primitive Rekursion* definierte Funktion f eine $n + 1$-stellige μ-rekursive Funktion:
$$f(0, \mathbf{y}) = g(\mathbf{y}),$$
$$f(x+1, \mathbf{y}) = h(f(x, \mathbf{y}), x, \mathbf{y}).$$

---

[31] Dieses Entscheidungsproblem ist zu unterscheiden von Hilberts optimistischer Überzeugung zum „Problem der prinzipiellen *Lösbarkeit einer jeden mathematischen Frage*" (Hilbert 1918, S. 412). Letzteres steht als eigenes neben dem Entscheidungsproblem; der fehlende Zusatz „durch eine endliche Anzahl von Operationen" läßt erkennen, daß Hilbert bei der Frage der *Lösbarkeit* nicht (nur) an algorithmische Methoden gedacht hat.

[32] Die Liste der daran beteiligten Logiker ist lang; wir wollen hier nur Ackermann, Bernays, Péter, Herbrand, Gödel, Church, Turing und Kleene erwähnen, wobei sich Kleene (1952) ganz besonders um die Etablierung der *Berechenbarkeits-* oder *Rekusionstheorie* als eigenständiger Zweig der mathematischen Logik verdient gemacht hat.

6. Falls g eine $n+1$-stellige μ-rekursive Funktion ist, dann ist auch

$$f(\mathbf{y}) = \mu x[g(x,\mathbf{y}) = 0]$$

eine n-stellige μ-rekursive Funktion, mit

$$\mu x[g(x,\mathbf{y}) = 0] = \begin{cases} x & \text{falls } x \text{ die kleinste natürliche Zahl ist,} \\ & \text{mit } g(x,\mathbf{y}) = 0, \text{und } g(z,\mathbf{y}) \text{ist definiert für alle } z < x. \\ \text{undefiniert} & \text{sonst.} \end{cases}$$

Mit Hilfe des μ-Operators sucht man die kleinste Nullstelle der Funktion $g(x, \mathbf{y})$, sofern diese existiert (und $g(x, \mathbf{y})$ für die kleineren Werte definiert ist). Da es Vorkommen kann, daß $g(x, \mathbf{y})$ keine Nullstelle besitzt, kann es passieren, daß der Funktionswert von $\mu x[g(x, \mathbf{y}) = 0]$ undefiniert ist. Funktionen, die nicht auf allen natürlichen Zahlen definiert sind, nennt man *partielle Funktionen.*[33] Man kann sich (mit Hilfe eines induktiven Arguments) überlegen, daß alle μ-rekursiven Funktionen intuitiv berechenbar sind (und tatsächlich lassen sie sich in der Regel unmittelbar in jeder höheren Programmiersprache implementieren). Daß umgekehrt alle intuitiv berechenbaren Funktionen auch μ-rekursiv sind, läßt sich nicht formal beweisen (da der Begriff der intuitiv berechenbaren Funktion nicht formal gegeben ist), aber es gibt eine starke empirische Evidenz dafür. Auf der Grundlage der sogenannten *Churchen These* wird dementsprechend der Begriff der *intuitiven Berechenbarkeit* durch die Klasse der *μ-rekursiven Funktionen* oder auch durch den Begriff der *Turing-Berechenbarkeit* als adäquat erfaßt betrachtet.

Die Frage, ob die Herleitbarkeit in der Logik erster Stufe in diesem Sinne berechenbar ist, konnte von Church negativ beantwortet worden. Für eine moderne Darstellung kann man dafür auf das spezifischere Resultat von Turing zurückgreifen, welches besagt, daß das *Halteproblem* rekursiv unentscheidbar ist.

Theorem 48 (Unentscheidbarkeit des Halteproblems). *Es gibt keine rekursive Funktion $H(x, y)$ mit der folgenden Eigenschaft:*

$$H(x,y) = \begin{cases} 0, & \textit{falls } x \textit{ der Kode einer } \mu\textit{-rekursiven Funktion } f \textit{ ist und} \\ & f(y) \textit{ nach endlich vielen Schritten ein Ergebnis liefert,} \\ 1, & \textit{falls } x \textit{ der Kode einer } \mu\textit{-rekursiven Funktion } f \textit{ ist und } f(y) \textit{ undefiniert ist.} \end{cases}$$

Wir wollen hier einen „one-minute proof" von Dershowitz (2005, S. 128) eines Spezialfalls dieses Theorems im Original wiedergeben.

[33] Traditionell wurden in der Mathematik Funktionen als *total* aufgefaßt und die *rekursiven Funktionen* (auf die sich die Verwendung des Begriffs *rekursiv* in den vorhergehenden Abschnitten bezieht) können formal als die *totalen μ-rekursiven Funktionen* eingeführt werden, d. h. diejenigen μ-rekursiven Funktionen, die für alle natürlichen Zahlen definiert sind.

The idea is to formalize a paraphrasing of the trick question [...]

Will you not answer „yes" to this question?

computationally.

Consider any programming language supporting programs as data (as in typical AI languages),[34] which has some sort of conditional (**if** ... **then** ... **else** ...) and includes at least one non-terminating program (which we denote **loop**). Consider the decision problem of determining whether a program *X* diverges on itself, that is, $X(X) = \bot$, where $\bot$ denotes a non-halting computation. Suppose *A* were a program that purported to return true (*T*) for (exactly) all such *X*. Then *A* would perforce fail to answer correctly regarding the behavior of the following (Lisp-ish) program:

$$C(Y) := \textbf{if } A(Y) \textbf{ then } T \textbf{ else loop}(),$$

since we would be faced with the following contradiction:

$$C(C) \text{ returns } T \;\Leftrightarrow\; A(C) \text{ returns } T \;\Leftrightarrow\; C(C) \text{ diverges.}$$

The first biconditional is by construction of *C* (the only case in which *C* returns *T* is when *A* does); the second, by specification of *A* (*A* is to return *T* iff the program it is applied to is self-looping).

So, we are forced to reject the supposition that there exists such an *A*.

Praktisch jedes andere Unentscheidbarkeitsresultat läßt sich auf das Halteproblem zurückführen. Das gilt insbesondere für die Frage nach der Entscheidbarkeit der Logik erster Stufe (mit Gleichheit).

Theorem 49 (Satz von Church). *Die Logik erster Stufe ist unentscheidbar, in dem Sinne, daß es keine rekursive Funktion gibt, die entscheidet, ob eine Aussage einer Sprache der Logik erster Stufe (mit Gleichheit) allgemeingültig ist oder nicht.*

Der Beweis läßt sich mit Hilfe einer Gödelisierung des Theorem-Begriffs für die Prädikatenlogik erster Stufe (mit Gleichheit) führen, wobei ein Diagonalisierungsargument zeigt, daß dieser nicht rekursiv sein kann, siehe z. B. (Shoenfield 1967, § 6.8).

Mathematisch interessant ist insbesondere, daß auch Hilberts 10. Problem, die Frage nach einem Entscheidungsalgorithmus für die Lösbarkeit diophantischer Gleichungen, nicht positiv gelöst werden kann. Der Beweis dieser Aussage war nicht trivial und gelang Matiyasevich 1970 nach Vorarbeiten von J. Robinson, Davis und Putnam, siehe z. B. Matiyasevich (1996).

Theorem 50 (Das 10. Hilbertsche Problem). *Es gibt keinen rekursiven Algorithmus, der für eine beliebige diophantische Gleichung entscheidet, ob sie lösbar ist.*

---

[34] Für andere Programmiersprachen (und auch für unsere rekursiven Funktionen), gibt Dershowitz noch die folgende Modifikation an:

> Programming languages that do not directly support „procedures as parameters" need to use some „code" *c* as the parameter instead of program *C* itself, but otherwise the undecidability proof is unchanged:
>
> $C(c)$ returns $T \Leftrightarrow A(c)$ returns $T \Leftrightarrow C(c)$ diverges.

8 Komplexität

Selbst wenn man einen Entscheidungsalgorithmus kennt, bedeutet das zunächst nur, daß ein Computer *im Prinzip* die Aufgabenstellung automatisch lösen kann. Um sie auch *praktisch* lösen zu können, muß noch sichergestellt werden, daß die Rechenzeit für die Berechnung des Ergebnisses nicht zu hoch ist. Aus dieser Fragestellung hat sich die *Komplexitätstheorie* entwickelt, die von vergleichsweise abstrakten Annahmen ausgehend Kriterien für praktisch ausführbare (engl. *feasible*) Algorithmen entwickelt hat, die sich empirisch bewährt haben.

Im Prinzip geht man dabei von der Beschreibung einer Turing-Maschine aus und *zählt* die Schritte, welche die Turing-Maschine in Abhängigkeit der Eingabe bis zum Halten ausführt. Da sich natürliche Zahlen in binärer (ebenso wie dezimaler, aber nicht unärer) Schreibweise logarithmisch verkürzt schreiben lassen, kann man für die Messung der Komplexität einer Funktion, die x als Argument nimmt, $\log(x)$ (genauer $\lceil \log(x) \rceil$, d. h. die kleinste natürliche Zahl $\geq \log(x)$, was in der Regel mit $|x|$ abgekürzt wird) als Ausgangswert ansetzen. Für die meisten interessanten Komplexitätsklassen läßt sich zeigen, daß es auf die Details der genauen Definition einer Turing-Maschine nicht ankommt.[35]

Es hat sich (empirisch) gezeigt, daß die Laufzeit von Algorithmen, die eine Funktion $f(x)$ effektiv berechnen sollen, *polynomial* beschränkt sein sollte, d. h. die Rechnenschritte für die Berechnung von $f(x)$ sollten durch $p(|x|)$, mit p ein Polynom, beschränkt sein. Man kann sich leicht vergegenwärtigen, daß dagegen *exponentielle Rechenzeit,* d. h. Rechenzeit die (von unten) durch $e(|x|)$ mit einer Expontialfunktion e beschränkt wird, schon für kleine Argument zu nicht mehr vertretbaren Wartezeiten bei der Ausführung des Algorithmus führen kann.

Auch wenn in einer Feinanalyse natürlich der Grad des Polynoms und die Größe des tatsächlich benutzten Arguments noch eine Rolle spielen, so ist die theoretische Grenze zwischen polynomialen und exponentiellen Algorithmen doch überraschend zweckmäßig und stabil.

Sowohl von praktischer als auch theoretischer Seite gibt es dann noch eine spezifische Komplexitätsklasse, die in gewissem Sinne genau auf der Grenze zwischen polynomialen und exponentiellen Algorithmen liegt: NP. Bei NP handelt es sich um eine Klasse von Entscheidungsproblemen, d. h. Algorithmen, die nur zwei Werte (*ja* oder *nein*, beziehungsweise mathematisch z. B. 0 oder 1) liefern. Die intuitive Idee ist dabei, daß man für ein gegebenes Problem (das sich in der Regel zahlentheoretisch formulieren läßt), eine Lösung *rät* und diese dann in polynomialer Zeit *überprüft.* Hat man die richtige Lösung geraten, weiß man „schnell", daß sie richtig ist; man weiß auch „schnell", daß sie falsch ist, nur muß man dann neu

---

[35] Das gilt daher, weil sich die verschiedenen Varianten in der Regel gegenseitig *polynomial* simulieren lassen.

raten.[36] Im allgemeinen läßt sich aber kein Verfahren angeben, wie für die Probleme das „richtige Raten" durch einen polynomialen Suchalgorithmus durchgeführt werden kann. Intuitiv erscheint es unwahrscheinlich, daß dies gehen sollte, doch konnte diese Frage, die kurz als $P \stackrel{?}{=} NP$ formuliert wird, bis heute nicht beantwortet werden, und sie gilt allgemein als das größte offene Problem der theoretischen Informatik.

Das oben kurz angesprochene *Erfüllbarkeitsproblem* SAT *für aussagenlogische Formeln* liegt nicht nur in NP, sondern ist sogar NP-*vollständig*. Das heißt es gilt unter einer geeigneten Definition von (polynomialer) Rückführung eines Problems auf ein anderes:

Theorem 51 (Satz von Cook).[37] *Jedes Problem in* NP *läßt sich (polynomial) auf* SAT *zurückführen.*

Aus theoretischer Sicht ist SAT vor allem deshalb wichtig, weil man mit einem polynomialen Algorithmus zur Lösung dieses Problems $P = NP$ zeigen würde.[38] Aber auch aus praktischer Sicht ist SAT interessant, weil es viele Probleme gibt, die sich in SAT modellieren lassen, und die dann, auch wenn es keinen allgemeinen „schnellen" Algorithmus zur Lösung von SAT gibt, als spezifische Probleme „gerade noch" praktisch lösbar sind (siehe dazu Küchlin (2023) in diesem Handbuch).

9 Logisches Schließen und Künstliche Intelligenz

Alan Turing hat die konzeptionelle Idee einer künstlicher Intelligenz für moderne Computer in seinem berühmten Artikel (Turing 1950) vorgestellt. Dabei schlug er insbesondere mit dem *Turing-Test* ein einfaches Kriterium vor, nach dem sich von künstlicher Intelligenz sprechen lasse, wenn ein Computer bei einer sprachlichen Frage-Antwort-Interaktion von einem Menschen nicht unterscheidbar sein sollte. Auch wenn Turings Überlegungen noch primär theoretischer Natur waren, erlaubte die Entwicklung leistungsfähigerer Computer schon bald, an Implementierungen von Programmen zu denken, die zumindest in Ansätzen intelligentes Verhalten

[36]Die Klasse der Entscheidungsprobleme, die sich mit einer *deterministischen* Turing-Maschine in polynomialer Zeit entscheiden lassen, wird mit P bezeichnet. NP ist die Klasse der Entscheidungsprobleme, die sich in polynomialer Zeit mit einer *nicht-deterministischen* Turing-Maschine „entscheiden" lassen. Das N steht dabei für *nicht-deterministisch,* womit sich das Raten im Maschinenmodell formalisieren läßt, um den Preis, daß diese Maschinen nicht mehr wirklich rechnen, sondern verschiedene Rechenmöglichkeiten in einer Baumstruktur zusammenstellen.

[37]Interessanterweise hatte Cook in seinem Originalartikel (1971) SAT gar nicht behandelt, sondern als Theorem „nur" formuliert, daß das aussagenlogische Tautologieproblem NP-*hart* ist; Karp (1972) erkannte aber, daß der von Cook gegebenen Beweis unmittelbar die Vollständigkeit von SAT liefert. Für eine moderne Darstellung der Komplexitätstheorie sei beispielhaft auf (Goldreich 2010) verwiesen.

[38]Da allgemein $P \neq NP$ vermutet wird, ist nicht zu erwarten, daß man einen solchen Algorithmus finden wird.

zeigen sollten. Unter den ersten Implementierungen, die unter dieser Maßgabe entwickelt wurden, findet sich mit der *Logic Theory Machine* ein Programm, das Beweise der *Principia Mathematica* finden – oder sollten wir sagen: wiederfinden? – kann.[39]

Später wurden dann – unter Zuhilfenahme von in der mathematischen Logik entwickelten Formalismen, wie λ-Kalkül und die Resolutionsmethode – spezifische Programmiersprachen im Rahmen des Paradigmas der künstlichen Intelligenz entwickelt, wobei LISP und PROLOG die bekanntesten sein dürften (siehe (Küchlin und Mainzer 2023, § 4) in diesem Handbuch).

Umfassende Anwendungen versprach sich die klassische KI allerdings von einer *regelbasierten Wissenrepräsentation*, die in Form von *Expertensystemen* Fragen aller Art – durchaus auch in normalsprachlicher Interaktion – beantworten sollte (siehe auch Bibel (2023) in diesem Handbuch). An diesem Punkt stellt sich heraus, daß vor allem die Komplexitätsprobleme des logischen Schließens unterschätzt worden waren.[40] Selbst wenn man sich auf entscheidbare Fragmente der Logik erster Stufe beschränkt, ist es bei nicht trivialen Anwendungen häufig so, daß die Entscheidungsalgorithmen eine Komplexität jenseits der als akzeptabel geltenden Polynomialzeitgrenze haben. Letztlich ist es gerade das an der Grenze liegende NP-vollständige SAT-*solving*,[41] das für spezifische Anwendungen gerade noch effektiv eingesetzt werden kann (siehe Küchlin (2023) in diesem Handbuch).

Neben den theoretischen Komplexitätsproblemen hat sich aber auch praktisch herausgestellt, daß der Versuch, Allgemeinwissen als Regeln in formalen Systemen zu repräsentieren, sehr schnell an seine Grenzen stößt, da die Struktur der nichtlogischen Komponenten eine Komplexität aufweist, die sich nicht in kanonischer Weise formal abbilden läßt. Insofern sind Expertensysteme nur im Rahmen sehr eingeschränkter Anwendungsgebiete implementierbar, und letztlich konnte die klassische KI in diesem Bereich ihren ursprünglichen Ansprüchen nicht gerecht werden. Auch für die erfolgreichen SAT-Anwendungen läßt sich konstatieren, daß der aufwendige – und wenn man so sagen will: intelligente – Teil in der Modellierung der gegebenen Problemstellung als aussagenlogisches Erfüllbarkeitsproblem liegt, während das eigentliche SAT-*solving* mit den vorliegenden Implementierungen im

[39]Siehe dazu und zu mehr über die Anfänge der KI (Pallay 2023) in diesem Handbuch.

[40]Turing (1950, S. 451) selbst hatte davor gewarnt:

> The view that machines cannot give rise to surprises is due, I believe, to a fallacy to which philosophers and mathematicians are particularly subject. This is the assumption that as soon as a fact is presented to a mind all consequences of that fact spring into the mind simultaneously with it. It is a very useful assumption under many circumstances, but one too easily forgets that it is false.

[41]In naiver Form ist SAT-*solving* eigentlich kein logisches Schließen, sondern ein kombinatorisches Ausrechnen von Belegungsmöglichkeiten; es ist aber nicht nur theoretisch mit dem logischen Schließen verbunden, sondern die modernen SAT-*solving*-Algorithmen machen auch praktisch Gebrauch von Prinzipien des logischen Schließens, z. B. Resolution (Küchlin und Mainzer 2023, § 2).

Prinzip nur noch eine triviale Angelegenheit ist (siehe dazu wieder Küchlin (2023) in diesem Handbuch).

In der modernen Künstliche Intelligenz, die von Schlagwörtern wie *maschinellem Lernen* und *Big Data* lebt, hat man sich von der regelbasierten Wissenrepräsentation gelöst und bietet Problemlösungstechniken auf statistischer Basis an. Diese Techniken zeigen naturgemäß ihre Vorteile bei Problemen, die sich durch stetige Funktionen über den reellen Zahlen modellieren lassen. Eine Anwendung auf diskrete Fragestellungen, die keiner Stetigkeit unterliegen, erscheint konzeptionell nicht unmittelbar erfolgversprechend zu sein.[42] Die hier im Hintergrund stehende Spannung zwischen (kontinuierlichem) *Größencharakter* und *zahlentheoretischen Eigenschaften* der Zahlen wurde von Hermann Weyl (1971, S. 37) sehr gut durch Platos *Zahl der Bürger der idealen Stadt*, die $5040 = 7!$ betragen sollte, illustriert:

> $5040 = 2^4 \cdot 3^2 \cdot 5 \cdot 7$ [besitzt] viele Teiler, während 5039 eine Primzahl ist. Wenn in PLATOS idealer Stadt *ein* Bürger über Nacht stirbt und dadurch die Bürgerzahl auf 5039 erniedrigt, ist sie sogleich völlig korrumpiert.

Daher ist auch nicht zu erwarten, daß man formale Beweise für offene mathematische Fragestellungen durch statistische KI suchen sollte. Umgekehrt könnte aber die Hoffnung bestehen, daß sich das logische Schließen da anwenden läßt, wo man mit formalen Methoden das Verhalten der *Black-Box*-Algorithmen an Hand ihres *Input-Output*-Verhaltens formal überprüft; Voraussetzung dafür ist aber natürlich, daß sich dieses Verhalten hinreichend bestimmen läßt.[43]

Wir wollen abschließend das spezielle Verhältnis von logischem Schließen und „Intelligenz" beleuchten. Aus dem ersten Gödelschen Unvollständigkeitssatz ergibt sich, daß es in der Mathematik nicht einfach um das Finden eines Beweises *in einem vorgegebenen formalen System* geht, sondern häufig um das Finden des passenden formalen Rahmens, in dem sich der gesuchte Satz beweisen läßt. Letzteres wird aber gerade nicht von Gödels Unvollständigkeitssatz in Frage gestellt; im Gegenteil, es ist eine Folgerung dieses Satzes, daß sich Mathematiker zuweilen nach stärkeren Mitteln umsehen müssen.

Dies wird eindrücklich belegt durch den Beweis der Fermatschen Vermutung von Andrew Wiles. Obwohl sich die Fermatsche Vermutung in der Sprache der Peano-Arithmetik formulieren läßt, benutzt der Beweis starke Methoden der algebraischen Geometrie, und er läßt sich, so wie er von Wiles angegeben wurde, in naiver Form erstmal nur in ZFC erweitert um einige Grothendieck-Universen formalsieren (McLarty 2010). Die Ausdrucksstärke dieser Theorie liegt, im Vergleich zu PA, jenseits von Gut und Böse. An der spezifischen Leistung Wiles', um die es uns hier geht, würde sich voraussichtlich auch nichts ändern, wenn man seinen Beweis letztlich in PA formalisieren könnte. Es gibt *speed-up*-Resultate, die erwarten lassen,

[42] Man versuche doch z. B. einen C++-Compiler mittels maschinellen Lernens zu erstellen. (Dieses Beispiel verdanke ich Hans Leiß, München.) Für eine weitergehende Kritik der modernen KI, siehe Mainzer und Kahle (2022).

[43] Siehe hierzu den Beitrag von Bernhard Waltl (2023) in diesem Handbuch.

daß ein solcher PA-Beweis extrem lang würde. Damit würde sicherlich auch die Information verloren gehen, die den Beweis verständlich und nachvollziehbar macht (selbst wenn sich die Korrektheit des mutmaßlichen PA-Beweises mit Computerunterstützung überprüfen ließe). Das, was an Wiles' Beweis *intelligent* zu nennen ist, liegt nicht im reinen Schließen, sondern in der Form, wie höhere mathematische Konzepte zum Beweis herangezogen wurden.

Wir würden also die Intelligenz, die Mathematiker bei dem Beweis eines Satzes aufbringen müssen, in der Wahl der passenden formalen Mittel lokalisieren, anstatt sie nur im logischen Schließen zu suchen. Damit ergibt sich auch die Herausforderung für die Künstliche Intelligenz, über das mechanische Schließen hinaus den passenden formalen Rahmen zu ermitteln, den man zum Beweis eines konkreten mathematischen Satzes heranziehen sollte. Aber mehr noch: Wenn Mathematiker gefragt werden, warum ein Satz wahr ist, können sie als Antwort den Beweis angeben. Entsprechend wird das maschinelle Lernen die Bezeichnung *Künstliche Intelligenz* im Sinne von Turing erst dann mit Recht führen können, wenn es in dieser Situation in der Lage ist, auf die Frage *Warum?* in Übereinstimmung mit dem Turing-Test einen Beweis als Antwort zu geben.

Literatur

Andréka, H., I. Németi, und J. van Benthem. 1998. Modal languages and bounded fragments of predicate logic. *Journal of Philosophical Logic* 27:217–274.

Aristoteles. 1967. *Texte zur Logik*. Reinbek: Rowohlt.

Baader, F., D. Calvanese, D. L. McGuiness, D. Nardi, und P. F. Patel-Schneider. 2003. *The Description Logic Handbook: Theory, Implementation, Applications*. Cambridge: Cambridge University Press.

Barcan, R. C. 1946. A functional calculus of first order based on strict implication. *Journal of Symbolic Logic* 11(1): 1–16.

Barwise, J. 1977. An introduction to first-order logic. In *Handbook of Mathematical Logic*, Hrsg. J. Barwise, 5–46. Amsterdam: North-Holland.

Bibel, W. 2023. Automatisierung der Deduktion. In *Philosophisches Handbuch Künstliche Intelligenz*, Hrsg. K. Mainzer. Berlin: Springer. In diesem Buch.

Carnap, R. 1960. *Einführung in die symbolische Logik*, 2. Aufl. Wien: Springer.

Carnielli, W., und C. Pizzi. 2008. *Modalities and Multimodalities, Band 12 von Logic, Epistemology, and the Unity of Science*. Berlin: Springer.

Centrone, S. 2023. Leibniz und die künstliche Intelligenz: Lingua characteristica und Calculus ratiocinator. In *Philosophisches Handbuch Künstliche Intelligenz*, Hrsg. K. Mainzer. Berlin: Springer. In diesem Buch.

Cook, S. A. 1971. The complexity of theorem-proving procedures. In *Proceedings of the Third ACM Symposium on Theory of Computing*, 151–158.

Copeland, B. J. 2002. The genesis of possible worlds semantics. *Journal of Philosophical Logic* 31(2): 99–137.

Dedekind, R. 1888. *Was sind und was sollen die Zahlen?* Braunschweig: Vieweg.

Dershowitz, N. 2005. The four sons of Penrose. In *Proceedings of the Eleventh Conference on Logic Programming for Artificial Intelligence and Reasoning (LPAR), Band 3835 der Lecture Notes in Artificial Intelligence*, Hrsg. G. Sutcliffe und A. Voronkov, 125–138. Berlin: Springer.

Došen, K., und P. Schroeder-Heister. 1994. *Substructural Logics*. Oxford: Oxford University Press.

Dummett, M. 1981. *Frege. Philosophy language*, 2. Aufl. London: Duckworth.

Dummett, M. 1991. *The logical basis of metaphysics*. London: Duckworth.
Eley, L. 1985. *Philosophie der Logik, Band 230 der Erträge der Forschung*. Darmstadt: Wissenschaftliche Buchgesellschaft.
Føllesdal, D. 1980. Eintrag Semantik. In *Handbuch wissenschaftstheoretischer Begriffe*, Hrsg. J. Speck, Bd. 3 (R–Z), 568–579. Göttingen: Vandenhoek & Ruprecht.
Frege, G. 1893/1903. *Grundgesetze der Arithmetik*. Jena: Hermann Pohle. 2 Bände.
Gentzen, G. 1935. Untersuchungen über das logische Schließen I, II. *Mathematische Zeitschrift* 39:176–210, 405–431.
Gentzen, G. 1938. Die gegenwärtige Lage in der mathematischen Grundlagenforschung. *Forschungen zur Logik und zur Grundlegung der exakten Wissenschaften, Neue Folge* 4, 5–18, auch in *Deutsche Mathematik* 3:255–268, 1939.
Girard, J.-Y. 1987. Linear logic. *Theoretical Computer Science* 50:1–102.
Gödel, K. 1930. Die Vollständigkeit der Axiome des logischen Funktionenkalküls. *Monatshefte für Mathematik und Physik* 37:349–360.
Gödel, K. 1931. Über formal unentscheidbare Sätze der Principia Mathematica und verwandter Systeme I. *Monatshefte für Mathematik und Physik* 38:173–198.
Goldreich, O. 2010. *P, NP, and NP-Completeness*. Cambridge: Cambridge University Press.
Hilbert, D. 1918. Axiomatisches Denken. *Mathematische Annalen* 78(3/4): 405–415.
Hilbert, D. 1928. Die Grundlagen der Mathematik. *Abhandlungen aus dem mathematischen Seminar der Hamburgischen Universität* 6(1/2): 65–85.
Hilbert, D., und W. Ackermann. 1928. *Grundzüge der theoretischen Logik, Band XXVII von Die Grundlehren der mathematischen Wissenschaften in Einzeldarstellungen*. Berlin: Springer.
Hilbert, D., und W. Ackermann. 1959. *Grundzüge der theoretischen Logik, Band XXVII von Die Grundlehren der mathematischen Wissenschaften in Einzeldarstellungen*, 4. Aufl. Berlin: Springer.
Hilbert, D., und P. Bernays. 1934. *Grundlagen der Mathematik I, Band 40 von Die Grundlehren der mathematischen Wissenschaften in Einzeldarstellungen*. Berlin: Springer.
Hilbert, D., und P. Bernays. 1939. *Grundlagen der Mathematik II, Band 50 von Die Grundlehren der mathematischen Wissenschaften in Einzeldarstellungen*. Berlin: Springer.
Kahle, R. 2007. Die Gödelschen Unvollständigkeitssätze. *Mathematische Semesterberichte* 54(1): 1–12.
Kahle, R. 2015. Gentzen's theorem in context. In *Gentzen's Centenary: The quest for consistency*, Hrsg. R. Kahle und M. Rathjen, 3–24. Berlin: Springer.
Kahle, R. 2017. Von Dedekind zu Zermelo versus Peano zu Gödel. *Mathematische Semesterberichte* 64(2): 159–167.
Kahle, R. 2019. Is there a „Hilbert Thesis"? *Studia Logica* 107(1): 145–165.
Kahle, R. 2020. „Sehr geehrter Herr Professor!" Proof theory in 1949 in a letter from Schütte to Bernays. In *The Legacy of Kurt Schütte*, Hrsg. R. Kahle und M. Rathjen, 3–19. Berlin: Springer.
Kahle, R. 2021. Dedekinds Sätze und Peanos Axiomata. *Philosophia Scientiæ* 25(1): 69–93. Special Issue on Giuseppe Peano and his School: logic, epistemology and didactics.
Kant, I. 1787. *Kritik der reinen Vernunft*, 2. Aufl. Riga: Johann Friedrich Hartknoch.
Karp, R. M. 1972. Reducibility among combinatorial problems. In *Complexity of Computer Computations*. The IBM Research Symposia Series, Hrsg. R. Miller, J. Thatcher, und J. Bohlinger, 85–103. New York: Plenum Press.
Kleene, S. C. 1952. *Introduction to Metamathematics*. New York: D. Van Nostrand Company.
Kutschera, F. v. 1967. *Elementare Logik*. Wien: Springer.
Küchlin, W. 2023. Anwendungen des SAT-Solvings. In *Philosophisches Handbuch Künstliche Intelligenz*, Hrsg. K. Mainzer. Berlin: Springer. In diesem Buch.
Küchlin, W., und K. Mainzer. 2023. Logische Grundlagen der klassischen KI. In *Philosophisches Handbuch Künstliche Intelligenz*, Hrsg. K. Mainzer. Berlin: Springer. In diesem Buch.
Ladner, R. E. 1977. The computational complexity of provability in systems of modal propositional logic. *SIAM Journal on Computing* 6(3): 467–480.
Lambek, J. 1968. Deductive systems and categories. I: Syntactic calculus and residuated categories. *Mathematical Systems Theory* 2:287–318.

Lambek, J. 1969. Deductive systems and categories. II. Standard constructions and closed categories. In *Category Theory, Homology Theory and Applications, Band 86 der Lecture Notes in Mathematics*, Hrsg. P. Hilton, 76–122. Berlin: Springer.

Leibniz, G. W. 1982. *Allgemeine Untersuchungen über die Analyse der Begriffe und Wahrheiten, Band 338 der Philosophischen Bibliothek*. Hamburg: Meiner.

Leibniz, G. W. 2000. *Die Grundlagen des logischen Kalküls, Band 525 der Philosophischen Bibliothek*. Hamburg: Meiner.

Leibniz, G. W. 2019. *Schriften zur Syllogistik, Band 712 der Philosophischen Bibliothek*. Hamburg: Meiner.

Lorenzen, P., und O. Schwemmer. 1973. *Konstruktive Logik, Ethik und Wissenschaftstheorie, Band 700 der B.I.-Hoschultaschenbücher*. Darmstadt: B.I.-Wissenschaftsverlag.

Mainzer, K., und R. Kahle. 2022. *Grenzen der KI – theoretisch, praktisch, ethisch*. Berlin: Springer.

Mainzer, K. 2023. Von der Beweistheorie zu maschinellen Beweisassistenten. In *Philosophisches Handbuch Künstliche Intelligenz*, Hrsg. K. Mainzer. Berlin: Springer. In diesem Buch.

Matiyasevich, Y. 1996. *Hilbert's tenth problem*. Cambridge, MA: MIT Press.

McLarty, C. 2010. What does it take to prove Fermat's last theorem? Grothendieck and the logic of number theory. *Bulletin of Symbolic Logic* 16(3): 359–377.

Pallay, C. 2023. Vom Turing-Test zum General Problem Solver. Die Pionierjahre der künstlichen Intelligenz. In *Philosophisches Handbuch Künstliche Intelligenz*, Hrsg. K. Mainzer. Berlin: Springer. In diesem Buch.

Patzig, G. 1963. *Die Aristotelische Syllogistik*, 2. Aufl. Abhandlungen der Akademie der Wissenschaften in Göttingen. Philologisch-historische Klasse. Dritte Folge. Nr. 42. Göttingen: Vandenhoeck & Ruprecht.

Peano, I. 1889. *Arithmetices Principia Nova Methodo Exposita*. Augustae Taurinorum: Bocca.

Peckhaus, V. 1997. *Logik, Mathesis universalis und allgemeine Wissenschaft. Leibniz und die Wiederentdeckung der formalen Logik im 19. Jahrhundert*. Berlin: Akademie Verlag.

Prawitz, D. 1974. On the idea of a general proof theory. *Synthese* 27(1/2): 63–77.

Schroeder-Heister, P. 2016. Proof-theoretic semantics. In *The Stanford Encyclopedia of Philosophy*. (Winter 2016), Hrsg. E. N. Zalta. Metaphysics Research Lab, Stanford University.

Shoenfield, J. R. 1967. *Mathematical Logic*. Addison-Wesley. Nachdruck durch ASL, AK Peters, 2000.

Smorynski, C. 1977. The incompleteness theorems. In *Handbook of mathematical logic*, Hrsg. J. Barwise, 821–865. Amsterdam: North-Holland.

Smullyan, R. M. 1992. *Gödel's incompleteness theorems. Band 19 der Oxford Logic Guides*. Oxford: Oxford University Press.

Takeuti, G. 1987. *Proof Theory. Band 81 der Studies in Logic and the Foundations of Mathematics*, 2. Aufl. Amsterdam: North-Holland.

Troelstra, A. S., und H. Schwichtenberg. 2000. *Basic proof theory*, 2. Aufl. Cambridge: Cambridge University Press.

Turing, A. 1950. Computing machinery and intelligence. *Mind* 59:433–460.

Vardi, M. 1997. Why is modal logic so robustly decidable? In *Descriptive complexity and finite models, Band 31 der DIMACS series in discrete mathematics and theoretical computer science*, Hrsg. N. Immerman und P. G. Kolaitis, 149–184. Providence: American Mathematical Society.

Waltl, B. 2023. Erklärbarkeit und Transparenz im Machine Learning. In *Philosophisches Handbuch Künstliche Intelligenz*, Hrsg. K. Mainzer. Berlin: Springer. In diesem Buch.

Weyl, H. 1971. Über den Symbolismus der Mathematik und mathematischen Physik. In *Hilbert*, Hrsg. K. Reidemeister, 20–38. Berlin: Springer.

Whitehead, A. N., und B. Russell. 1910–1913. *Principia Mathematica*. Cambridge: Cambridge University Press. 3 Bände. 1. Aufl.; 2. Aufl. 1925–27.

Logische Grundlagen der klassischen KI

Klaus Mainzer und Wolfgang Küchlin

Inhalt

Zusammenfassung

Das Feld der KI umfasst traditionell mehr als nur das vergleichsweise moderne Maschinelle Lernen. Die Idee, dass moderne Computer die Realisierung einer „Künstlichen Intelligenz" erlauben könnten, reicht mindestens bis zu Turing und seinem berühmten Test zurück. Eine KI muss ihre Umgebung wahrnehmen können, das Wissen repräsentieren und daraus zur Problemlösung Schlussfolgerungen ziehen, sowie letztlich Aktionen ergreifen. Wir geben einen Abriss über klassische automatisierte Problemlösungsverfahren der KI, die seit den 1960er-Jahren aus formalen Logikkalkülen entwickelt wurden. Man spricht daher auch von symbolischer KI, häufig im Gegensatz zum modernen Machine Learning, das vor allem auf neuronalen Netzen und Lernalgorithmen aufbaut (vgl. Artikel „Statistisches und kausales Lernen"). Die klassische symbolische KI ist aber damit keineswegs überholt. Wegen ihres hohen Sicherheitsstandards und ihrer praktischen Effizienz spielen die Methoden der klassischen KI in der Anwendung nach wie vor eine Rolle. In diesem Artikel werden die Grundlagen von symbo-

K. Mainzer (✉)
TUM Senior Excellence Faculty, Technische Universität München (TUM), München, Deutschland
E-Mail: mainzer@tum.de

W. Küchlin
Wilhelm-Schickard-Institut für Informatik, Universität Tübingen, Tübingen, Deutschland
E-Mail: Wolfgang.Kuechlin@uni-tuebingen.de

K. Mainzer (Hrsg.), *Philosophisches Handbuch Künstliche Intelligenz*,
https://doi.org/10.1007/978-3-658-19606-6_5

lisch-logischen Verfahren erläutert, die bei praktischen Problemlösungen angewendet werden können (vgl. Artikel „Symbolische KI für die Produktkonfiguration der Automobilindustrie"). In einem anderen Artikel wird gezeigt, wie sich Methoden der logischen Erfüllbarkeit (satisfiability = SAT) auch auf das moderne Machine Learning mit neuronalen Netzen anwenden lässt (vgl. Artikel „Verifikation und Sicherheit für neuronale Netze und Machine Learning".

Schlüsselwörter

Allgemeingültigkeit · Erfüllbarkeit (Satisfiability) · Resolutionsmethode · Automatisches Beweisen · Prolog · Lisp

1 Einleitung

In der ersten Phase der KI-Forschung war die Suche nach allgemeinen Problemlösungsverfahren wenigstens in der formalen Logik erfolgreich. Dort wurde ein mechanisches Verfahren angegeben, um die logische Allgemeingültigkeit von Formeln zu beweisen. Das Verfahren konnte auch von einem Computerprogramm ausgeführt werden und leitete in der Informatik das automatische Beweisen ein (Mainzer 2019, Kap. 3).

Der Grundgedanke ist einfach zu verstehen. In der Algebra werden Buchstaben x, y, z, ... durch Rechenoperationen wie z. B. Addieren (+) oder Subtrahieren (–) verbunden. Die Buchstaben dienen als Leerstellen (Variablen), um Zahlen einzusetzen. In der formalen Logik werden Aussagen durch Variablen A, B, C, ... bezeichnet, die durch logische Junktoren wie z. B. ‚und' ($\wedge$), ‚oder' ($\vee$),wenn-dann' ($\rightarrow$), ‚nicht' ($\neg$) verbunden werden. Die Aussagenvariablen dienen als Leerstellen, um Aussagen einzusetzen, die entweder wahr oder falsch sind. So ist z. B. $A \wedge B$ eine logische Formel, die durch Einsetzung der wahren Aussagen $1+3=4$ für A und $4=2+2$ für B in die wahre Aussage $1+3=4 \wedge 4=2+2$ übergeht. In der Arithmetik ergibt sich daraus der wahre Schluss $1+3=4 \wedge 4=2+2 \rightarrow 1+3=2+2$ (vgl. Artikel über Grundlagen des logischen Schließens). Allgemein ist aber der Schluss $A \wedge B \rightarrow C$ nicht wahr. Demgegenüber ist der Schluss $A \wedge B \rightarrow A$ logisch allgemeingültig, da für die Einsetzung von beliebigen wahren oder falschen Aussagen für A und B sich immer eine wahre Gesamtaussage ergibt.

2 Erfüllbarkeit und Resolutionsmethode

Der Beweis für die Allgemeingültigkeit eines logischen Schlusses kann in der Praxis sehr kompliziert sein. Daher schlug John A. Robinson 1965 die sogenannte Resolutionsmethode vor, nach der Beweise nach dem Muster logischer Widerlegungsverfahren gefunden werden können (Robinson 1965; Richter 1978, S. 185 ff.; Schöning

1987, S. 85 ff.). Man startet also mit der Annahme des Gegenteils (Negation), d. h. der logische Schluss sei nicht allgemeingültig. Im nächsten Schritt wird danngezeigt, dass alle möglichen Anwendungsbeispiele dieser Annahme zu einem Widerspruch führen. Es gilt also das Gegenteil der Negation und der logische Schluss ist allgemeingültig. Die Robinsonsche Resolutionsmethode benutzt logische Vereinfachungen, wonach man jede logische Formel in eine sogenannte konjunktive Normalform umwandeln kann. In der Aussagenlogik besteht eine konjunktive Normalform aus negierten und nicht negierten Aussagenvariablen (Literale), die durch Konjunktion ($\wedge$) und Disjunktion ($\vee$) verbunden sind.

Bei der konjunktiven Normalform $(\neg A \vee B) \wedge \neg B \wedge A$ besteht die Formel aus den Konjunktionsgliedern (Klauseln) $\neg A \vee B$, $\neg B$ und A, die durch die Konjunktion $\wedge$ verbunden sind. In diesem Beispiel folgt aus den Konjunktionsgliedern $\neg A \vee B$ und $\neg B$ logisch das Literal $\neg A$. (Der Grund ist einfach: Aus ¬B folgt, dass $\neg A \vee B$ nur wahr werden kann, wenn $\neg A$ wahr ist.) Aus $\neg A$ und dem restlichen Konjunktionsglied A folgt im nächsten Schritt die immer falsche Aussageform $\neg A \wedge A$ und damit der Widerspruch ⊡ („leeres Wort"):

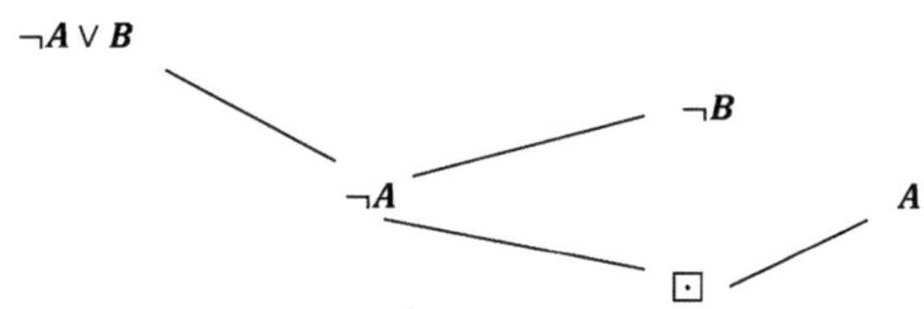

Mechanisch besteht das Verfahren also darin, widersprechende Teilaussagen aus Konjunktionsgliedern einer logischen Formel zu streichen („Resolution") und diese Prozedur mit den entstehenden „Resolventen" und einem entsprechenden anderen Konjunktionsglied der Formel zu wiederholen, bis ein Widerspruch (die „leere" Klausel, die nie wahr werden kann) abgeleitet werden kann.

In einem entsprechenden Computerprogramm terminiert dieses Verfahren für die Aussagenlogik. Es zeigt also in endlicher Zeit, ob die vorgelegte logische Formel allgemeingültig ist. Allerdings wächst die Rechenzeit nach den bisher bekannten Verfahren exponentiell mit der Anzahl der Literale einer Formel. Was nun die „Künstliche Intelligenz" betrifft, so können Computerprogramme mit der Resolutionsmethode automatisch über die Allgemeingültigkeit logischer Schlüsse wenigstens in der Aussagenlogik im Prinzip entscheiden. Menschen hätten große Schwierigkeiten, bei komplizierten und langen Schlüssen den Überblick zu bewahren. Zudem sind Menschen wesentlich langsamer. Mit steigender Rechenkapazität können Maschinen also wesentlich effizienter diese Aufgabe des logischen Schließens erledigen.

In der Prädikatenlogik werden Aussagen in Eigenschaften (Prädikate) zerlegt, die Objekten zu- oder abgesprochen werden. So wird in der Aussage $P(a)$ (z. B. ‚Anna ist Studentin') einem Individuum namens ‚Anna' (a) das Prädikat ‚Studentin' (P) zugesprochen. Diese Aussage ist wieder entweder wahr oder falsch. In einer prädikativen Aussageform $P(x)$ werden Leerstellen (Individuenvariablen) $x, y, z, \ldots$ verwendet, für die Individuen $a, b, c, \ldots$ einer angenommenen Anwendungsdomäne (z. B. die Studierenden einer Universität) eingesetzt werden können. Neben den logischen Verknüpfungen der Aussagenlogik können nun auch Allquantoren $\wedge x$ (‚Für alle x') und Existenzquantoren $\vee x$ (‚Es gibt ein x') verwendet werden. So ist z. B.

$$\wedge x\, P(x) \rightarrow \vee x\, P(x)$$

ein allgemeingültiger Schluss der Prädikatenlogik.

Für die Formeln der Prädikatenlogik lässt sich ebenfalls ein verallgemeinertes Resolutionsverfahren angeben, um wieder aus der Annahme der allgemeinen Ungültigkeit einer Formel einen Widerspruch abzuleiten. Dazu muss eine Formel der Prädikatenlogik ähnlich wie in der Aussagenlogik (aber deutlich komplizierter) in eine Normalform gebracht werden, aus deren Klauseln sich mechanisch ein Widerspruch ableitet lässt. Falls die Formel tatsächlich widersprüchlich ist, kommt das Verfahren auch in endlicher Zeit zu diesem Ergebnis. Allgemeingültigkeit kann man gleichermaßen in endlicher Zeit nachweisen, da in diesem Fall die Negation der Formel widersprüchlich ist (es gibt kein Gegenbeispiel). Allerdings gibt es einen dritten Fall in dem die Formel in manchen Anwendungsfällen wahr ist und in anderen falsch, je nachdem wie man die Individuen und Prädikate interpretiert („mit Leben füllt"). Daher kann es in der Prädikatenlogik (im Unterschied zur Aussagenlogik) vorkommen, dass das Resolutionsverfahren kein Ende findet. Das Computerprogramm läuft dann unbegrenzt weiter. Es kommt dann darauf an, Teilklassen zu finden, in denen das Verfahren nicht nur effizient läuft, sondern überhaupt terminiert. Maschinelle Intelligenz kann zwar die Effizienz von Entscheidungsprozessen steigern und sie beschleunigen. Sie ist aber auch (wie menschliche Intelligenz) den prinzipiellen Grenzen logischer Entscheidbarkeit unterworfen.

3 Geschichtliche Entwicklung des automatischen Beweisens

Die Schule um den Mathematiker David Hilbert hatte in den 1920er-Jahren gezeigt, dass Prädikatenlogik die „Sprache der Mathematik" ist, d. h. dass mathematische Konzepte in Prädikatenlogik formuliert werden können. Gleichzeitig hatte die mathematische Logik ein (zunächst sehr theoretisches) Verfahren entwickelt, um die Allgemeingültigkeit (bzw. Widersprüchlichkeit) einer Formel mechanisch nachzuweisen. Eine Formel kann nur dann widersprüchlich sein, wenn es ein endliches Anwendungsbeispiel gibt, das den Widerspruch aufzeigt. Außerdem gibt es zu jeder Formel ein „allgemeinstes" (i.A. unendlich großes) Anwendungsbeispiel.

Dieses nach dem Logiker Jacques Herbrand benannte Beispiel besteht aus aussagenlogischen Formeln, die man systematisch und sukzessiv aus den in der Formel vorkommenden Symbolen konstruieren kann. Diese Formeln stellen generische Namen dar für Individuen, die in einem beliebigen Anwendungsbeispiel nach Maßgabe der prädikatenlogischen Formel notwendigerweise vorkommen müssen. Jeder endlich große Anfang des Beispiels stellt nun eine Konjunktion von aussagenlogischen Formeln dar, deren Erfüllbarkeit (oder Widersprüchlichkeit) man mit rein aussagenlogischen Mitteln in endlicher Zeit entscheiden kann (z. B. trivialerweise mit Wahrheitstabellen).

Mit der Verfügbarkeit von Computern in den 1950er-Jahren begannen mehrere Forscher in den USA das genannte Beweisverfahren konkret auszuformen und auf verschiedene Arten zu implementieren. Das Kernproblem war dabei, zunächst ein effizientes Verfahren für die aussagenlogische Erfüllbarkeit (SAT-Solving) zu finden, die wiederholt für endliche Anfänge des kombinatorisch stark anwachsenden Herbrand Beispiels nachzuweisen war.

Willard V. O. Quine hatte dazu Wahrheitstabellen vorgeschlagen, die aber exponentielles Wachstum aufweisen (Quine 1955). Paul Gilmore hatte stattdessen eine disjunktive Form der Art $(A \wedge B \wedge C \ldots \vee E \wedge F \wedge G \ldots \vee \ldots)$ benutzt und auf einer IBM 704 implementiert, aber auch dieser Ansatz war schon auf kleinen Beispielen ineffizient (Gilmore 1960). Die Firma IBM produzierte von 1954 bis 1960 das Modell 704 mit Schaltkreisen aus Röhren, etwa 18KB bis 144KB Hauptspeicher aus Magnetkernen sowie Magnetbandspeicher von je 5MB. Martin Davis und Hilary Putnam fassten 1960 in einer auch heute noch sehr lesenswerten Arbeit im Journal of the ACM die Gesamtsituation zusammen und präsentierten zudem ein völlig neues Verfahren für die Erfüllbarkeitsprüfung, das im Kern auf der (später so bezeichneten) Idee der Resolution aufbaut (Davis und Putnam 1960). Sie konnten damit von Hand ein Beispiel von Gilmore rechnen, bei dem dessen Programm abbrechen musste.

Danach implementierten Davis, Logemann und Loveland das neue Verfahren ebenfalls auf einer IBM 704 und entdeckten sofort, dass es an einer entscheidenden Stelle verändert werden musste, um nicht ebenfalls ein explosives Wachstum der Formeln auszulösen. In ihrer 1962 publizierten Arbeit wird der heute als „DPLL“ bekannte rekursive Algorithmus zum Suchen einer erfüllenden Variablenbelegung beschrieben, der erstmalig ein praktikables Verfahren zum SAT-Solving darstellt und bis in die 1990er-Jahre hinein Bestand hatte (Davis et al. 1962). Das Beispiel von Gilmore wurde damit in nur zwei Minuten automatisch gelöst.

Im Jahr 1965 publizierte John A. Robinson eine neue Methode zum Beweisen in Prädikatenlogik (Robinson 1965). Dieses „Resolution“ genannte Verfahren erlaubt es, direkt aus der Menge der prädikatenlogischen Klauseln neue logisch implizierte Klauseln abzuleiten, ohne wie zuvor einen Umweg über die Aussagenlogik zu nehmen. Falls die ursprüngliche Formel (bzw. deren Klauselmenge) widersprüchlich ist, kann man immer in endlicher Zeit die „leere“ Klausel ableiten, die nicht erfüllt werden kann und so den Widerspruch zu Tage treten lässt. Die aussagenlogische Variante wurde bereits oben demonstriert. Prädikatenlogisch ist die Sache komplizierter, denn die beiden Klauseln $\{P(x)\}$ und $\{\neg P(f(y))\}$ widersprechen sich auf den ersten Blick noch nicht. Allerdings sind x und y implizit als allquantifiziert zu verstehen, sodass aus $\forall x.P(x)$ auch $\forall x.P(f(x))$ folgt und damit ein Widerspruch zu $\neg P(f(y))$.

Zum Vergleich: in der „alten“ Methode aus den 1950er-Jahren hätte man den Widerspruch durch sukzessives und im Prinzip zielloses Aufbauen des Herbrand-Beispiels wie folgt ermitteln müssen: Soll es ein nicht-leeres Beispiel geben, so muss mindestens ein Individuum „a“ vorhanden sein und es muss eine Funktion „f“ geben. Damit muss es auch ein „$f(a)$“ geben, und weiter „$f(f(a))$“, „$f(f(f(a)))$“, usf. Wir prüfen nun, ob durch Einsetzen von a (in x und y) alleine ein Widerspruch zu Tage tritt; das ist nicht der Fall. Auch durch Einsetzen von a für x und $f(a)$ für y

ergibt sich kein Widerspruch. Erst durch Einsetzen von $f(a)$ für x und a für y tritt der Widerspruch zu Tage. Durch geschicktes Einsetzen kommt man also (viel) schneller zum Ziel als durch ungeschicktes Einsetzen, und nach jedem Einsetzen braucht man eine erneute Erfüllbarkeitsprüfung. Demgegenüber vergleicht Robinson die prädikatenlogischen Formeln systematisch und stellt die Gleichheit durch gezieltes Einsetzen („Unifikation") her. Im Beispiel sehen wir, dass wir im alten Verfahren für x ein Individuum „$f(a)$" einsetzen müssen, wenn wir für y „a" einsetzen, oder eben für x ein „$f(f(a))$" und für y dann ein „$f(a)$" etc.

Prädikatenlogische Resolution ist deutlich effizienter als das vorhergehende Verfahren; die Gilmore Formel wird nach nur 6 einfachen Resolutionsschritten (Ableitung neuer Klauseln) als widersprüchlich erkannt, was auch von Hand problemlos zu bewältigen ist. Im Gegenzug waren die ersten 24 Einsetzungen (endlich großen Anfänge, s.o.) von Davis und Putnam jeweils erfüllbar, und erst die 25. Einsetzung erzeugte einen Widerspruch (in 75 Klauseln).

Aufgrund der deutlich besseren Effizienz wendete sich die damalige KI sofort der Resolutionsmethode als neuem Werkzeug für das zentrale Problem des „Reasoning" (Herstellen von Schlussfolgerungen) zu. Ein unabhängig agierender intelligenter Akteur oder Agent muss seine Umwelt wahrnehmen können, daraus Schlussfolgerungen für sein intendiertes Handeln ableiten und diese sodann in Aktionen übersetzen. Hieraus ergaben sich Teilgebiete der KI wie Bilderkennung („Computer Vision") und Sprachverstehen einerseits und Robotik andererseits sowie als zentrale Komponente Wissensrepräsentation mit intelligentem Schlussfolgern und Planen. Nach der herkömmlichen wissenschaftlichen Methode modelliert man die Umwelt mathematisch, um durch Berechnungen Vorhersagen treffen können. Da die Mathematik (nach Hilbert) im Kern prädikatenlogisch gefasst werden kann, liegt es nahe, eine prädikatenlogische Repräsentation und einen automatischen Beweiser als zentrales Werkzeug vorzusehen.

Schon im Jahr 1971 publizierte Nils Nilsson vom Stanford Research Institute SRI das einflussreiche Buch „Problem solving methods in AI" (Nilsson 1971), vgl. auch (Nilsson 1980; Genesereth und Nilsson 1989). Neben verschiedenen Algorithmen um Gewinnstellungen in Lösungsräumen z. B. von Brettspielen zu suchen, widmen sich 3 von 8 Kapiteln dem Automatischen Beweisen mit der Resolutionsmethode und ihren Anwendungsmöglichkeiten. Hier geht es nun nicht mehr nur um den effizienten Beweis eines logischen Widerspruchs, sondern vor allem auch um die Extraktion von konkreten Handlungsanweisungen und Antworten aus dem Widerspruchsbeweis. Ein Beispiel ist die Extraktion eines Plans zum Erfüllen eines Ziels bis hin zum automatischen Schreiben eines Programms.

Eine eingeschränkte Form von Klauseln (sog. Horn-Klauseln) wurden zur Grundlage der neuen Programmiersprache PROLOG (s.u.). Grundidee ist hier, sowohl Daten als auch Berechnungsregeln als Menge von Klauseln zu schreiben und einen universellen Beweiser für die konkreten Berechnungen zu nutzen. Dies sollte transparente, leicht wartbare Programme ermöglichen ohne die Notwendigkeit komplexer Schleifenkonstrukte und Verzweigungen. Einer der ersten Prolog Compiler wurde um 1978 am „Department for Artificial Intelligence" der Universität Edinburgh fertiggestellt (Clocksin und Mellish 1981).

In Deutschland begann eine kleine Gruppe um Jörg Siekmann, damals Assistent an der Universität Karlsruhe (heute KIT), mit der Programmierung eines Resolutionsbeweisers; ein Ziel sollte es sein, die Beweise in einem Lehrbuch der Berechnungstheorie automatisch nachzuvollziehen. Diese Gruppe organisierte 1983 die führende Tagung „International Joint Conference of AI (IJCAI-83)“ in Karlsruhe. Themen waren System Support, Theorem Proving, Cognitive Modelling, Automatic Programming, Planning and Search, Knowledge Representation, Learning and Knowledge Acquisition, Logic Programming, Natural Language, Expert Systems, Vision, Robotics.

Aber in Deutschland war die KI noch nicht wirklich etabliert. Einen eigenen Fachbereich gab es dafür anders als in Edinburgh nicht; erst 1988 wurde das Deutsche Forschungszentrum KI (DFKI) gegründet. Ein führendes Lehrbuch der Informatik sprach noch von der „sogenannten künstlichen Intelligenz“. Allerdings erwiesen sich viele kühne Ziele der KI auch als ungemein schwieriger als zunächst vermutet. Nicht nur scheint Intelligenz doch ein unerwartet komplexes (und leistungsfähiges) Phänomen zu sein. Auch schon mathematische Logik und ihre Beweise sind nicht einfach zu bewältigen, besonders wenn dies effizient und in nützlicher Frist geschehen soll. Bereits 1962 hatten Davis, Logemann und Loveland resümiert: „We hoped that some mathematically meaningful and, perhaps nontrivial, theorems could be solved. The actual achievements in this direction were somewhat disappointing“ (Davis et al. 1962, S. 395).

Zwischenzeitlich war das SAT-Solving der Aussagenlogik etwas in Vergessenheit geraten, da es ja für Beweise in der Prädikatenlogik nicht mehr gebraucht wurde. Dies blieb im Wesentlichen bis Mitte der 1990er-Jahre so. Dann aber wurden mikroelektronische Schaltungen immer komplexer, deren Schaltpläne im Wesentlichen in Boole'scher Algebra (Schaltalgebra) vorliegen. Ein weit publiziertes Ereignis war 1994 ein (seltener) Fehler in der Gleitkommadivision des Pentium 5 Prozessors der Firma Intel. Im Zuge des neu erwachten Interesses an der Verifikation kombinatorischer Schaltkreise gelang Joao Marques-Silva (1995) und seinem Betreuer Karem Sakallah 1996 ein wesentlicher und richtungsweisender konzeptioneller Durchbruch beim SAT-Solving: die intelligente Kombination der DPLL Suchprozedur mit dem Deduktionsverfahren der (aussagenlogischen) Resolution zum *conflict driven clause learning* CDCL (Marques-Silva und Sakallah 1996, 1999).

Deduktionsverfahren häufen ständig neues Wissen an, indem sie dynamisch neue Klauseln erzeugen und leiden in der Folge unter hohem Speicherverbrauch. Reines DPLL-Suchen hat keinen dynamischen Speicherbedarf, kann aber unter langen Laufzeiten leiden, wenn es durch backtracking wiederholt auf dieselbe Weise bei der Lösung derselben Teilmenge von Formeln scheitert. Das CDCL Verfahren besteht nun darin, dass man aus den Konflikten lernt, auf die man bei der DPLL Suche stößt. Ein Konflikt besteht darin, dass eine der Klauseln unter der momentan untersuchten Variablenbelegung falsch (*false*) wird. Dieser Fall tritt niemals direkt durch eine *true/false* Entscheidung auf, sondern immer durch weitere Wertepropagationen aufgrund einer Entscheidung.

Solche Propagationen werden immer durch Klauseln erzwungen: z. B. erzwingt eine Klausel $\{x, y\}$ die Propagation von y=*true* sobald x=*false* gesetzt wird. Falls eine

Klausel *false* wird, so liegt das daran, dass sie die umgekehrte Propagation erzwingen würde, im Beispiel etwa $\{x, \neg y\}$. In dieser Situation gibt es aber immer eine Resolvente, im Beispiel wäre das $\{x\}$. Als Resolvente ist die Klausel eine logische Konsequenz der zu lösenden Formel und kann als zusätzliche Klausel „gelernt" werden. In unserem Beispiel würde sie verhindern, dass nach backtracking jemals wieder eine Lösung mit $x=$*false* versucht wird, denn $\{x\}$ erzwingt zuvor sofort $x=$*true*.

Eine in der Praxis ungeheuer wichtige Konsequenz des CDCL Solving besteht darin, dass der Solver im Fall einer unlösbaren Formel nun die leere Klausel „lernt" und dazu einen Resolutionsbeweis konstruiert. Nun kann das bislang lapidare Ergebnis „UNSAT" durch einen nachvollziehbaren (und unabhängig nachprüfbaren) Beweis begründet werden. In Fällen, wo „UNSAT" auf einen Fehler in der Anwendung (z. B. einem Schaltkreis) zeigt, kann aus dem Beweis oft eine Anleitung zur konkreten Lokalisation des Fehlers und zu seiner Korrektur entnommen werden.

Neben dem Lernen wurden für moderne CDCL Solver weitere wichtige Komponenten entwickelt, wie z. B. hoch effiziente Implementierungen der Wertepropagation und gute Heuristiken zur Auswahl der nächsten zu belegenden Variable. Außerdem entstanden um das CDCL-Solving weitere verwandte Algorithmen wie die Berechnung von Primimplikanten (wichtig für die Minimierung von Formeln) oder zur Berechnung maximaler lösbarer Teilmengen von unlösbaren Klauselmengen (wichtig für Optimierungszwecke). Einen umfassenden Überblick gibt das Handbook of Satisfiability (Biere et al. 2009).

Einige wesentliche industrielle Anwendungsgebiete für das SAT-Solving sind heute die formale Verifikation von Mikroelektronik und von Software sowie die Lösung von Konfigurationsproblemen. Im Falle von Software übersetzt man ein Programm vollautomatisch in eine Boolesche Formel. Im Falle von Konfigurationsproblemen (z. B. plugin Konfiguration im Eclipse Programm-Editor) codiert man die Randbedingungen („wenn *A* dann nur wenn auch *B* aber nicht *C* oder *D*") als Klauseln und lässt den Solver eine gültige Konfiguration berechnen. Auch den Konfiguratoren der Automobilindustrie, die man im Internet benutzen kann, liegen ähnliche Randbedingungen zugrunde. Viele Automobilhersteller benutzen heute SAT-Solver um ihre hochkomplexen Konfigurationsprobleme zu lösen bzw. die Formelsysteme zu analysieren und zu validieren (Küchlin und Sinz 2000; Sinz et al. 2003), Kap. ▶ „Symbolische KI für die Produktkonfiguration in der Automobilindustrie". In der Mikrobiologie bestehen Anwendungsmöglichkeiten dadurch, dass sowohl Proteine als auch Gene durch die Kombination von endlich vielen Grundbausteinen gebildet werden, was man durch Boolesche Variablen codieren kann.

Moderne CDCL Solver funktionieren äußerst effizient und robust, ohne händische Hilfen, und bewältigen Anwendungsprobleme mit (Hundert-)Tausenden von Variablen und Klauseln. Da das Erfüllbarkeitsproblem ein NP-vollständiges Problem ist (es ist das prototypische NP-vollständige Problem) ist kein Algorithmus bekannt, der es auch im verzwicktesten Fall in weniger als exponentieller Zeit (in der Anzahl der Variablen) löst; außerdem ist die Existenz eines solchen Algorithmus sehr unwahrscheinlich. Andererseits können somit auch alle anderen NP-vollständigen Probleme im Kern durch SAT-Solver gelöst werden (Knuth 2016; Thomason 2018; Bringsjord et al. 2018).

Insgesamt gibt es viele wichtige Anwendungsprobleme, bei denen die Struktur der Klauseln ein praktisch effizientes CDCL Solving erlaubt. Selbst wenn also durch die KI Forschung auf dem Gebiet des Reasoning bis jetzt nicht alle Erwartungen und Hoffnungen erfüllt werden konnten, so hat schon alleine das daraus entstandene SAT-Solving zu vielen konkreten Anwendungen in Industrie und Wissenschaft geführt.

4 KI-Programmiersprachen

Grundlage der symbolischen KI sind Programmiersprachen, die aus formalen Kalkülen der Logik und Mathematik entwickelt wurden.

4.1 KI-Programmiersprache Prolog

Um ein Problem mit einem Computer zu lösen, muss das Problem in eine Programmiersprache übersetzt werden. So war FORTRAN eine der ersten Programmiersprachen, bei denen ein Programm aus einer Folge von Befehlen an den Computer besteht wie z. B. „springe an die Stelle z im Programm", „schreibe in die Variable x den Wert a". Im Zentrum stehen Variablen, also maschinentechnisch Register- bzw. Speicherzellen, in denen Eingabewerte gespeichert und verarbeitet werden. Wegen der eingegebenen Befehle spricht man auch von einer imperativen Programmiersprache.

In einer prädikativen Programmiersprache wird demgegenüber Programmierung als Beweisen in einem System von Tatsachen aufgefasst. Diese Wissensdarstellung ist aus der Logik wohlvertraut. Eine entsprechende Programmiersprache heißt „Programming in Logic" (PROLOG), die seit Anfang der 1970er-Jahre in Gebrauch ist (Kowalski 1979; Hanus 1986; Schefe 1987, S. 285 ff.). Grundlage ist die Prädikatenlogik, die wir schon im vorherigen Abschnitt kennengelernt haben. Wissen wird in der Prädikatenlogik als Menge von wahren Aussagen dargestellt. Um Wissensverarbeitung geht es in der KI-Forschung. Daher wurde PROLOG zu einer zentralen Programmiersprache der KI.

Hier wollen wir einige Bausteine von PROLOG einführen, um den Zusammenhang mit der Wissensverarbeitung zu verdeutlichen. Die logische Aussage „Die Objekte $O_1, \ldots, O_n$ stehen in der Relation R" entspricht einem Sachverhalt bzw. Faktum, dem man in der Prädikatenlogik die allgemeine Form $R(O_1, \ldots, O_n)$ gibt. In PROLOG schreibt man:

$\mathtt{NAME(O_1,\ \ldots,\ O_n)}$,

wobei „NAME" ein beliebiger Name einer Relation ist. Zeichenfolgen, die in der syntaktischen Form von Fakten wiedergegeben werden, heißen Literale.

Ein Beispiel eines Faktums bzw. Literals lautet:

```
verheiratet (sokrates, xantippe)
verheiratet (abélard, eloise)
ist lehrer (sokrates, platon)
ist lehrer (abélard, eloise)
```

Behauptungen und Beweise über vorgegebene Fakten lassen sich nun in Frage-Antwort-Systemen darstellen. Dabei werden Fragen mit einem Fragezeichen und Ausgaben des Programms mit einem Stern bezeichnet:

```
?  verheiratet (sokrates, xantippe)
*  ja
?  ist lehrer (sokrates, xantippe)
*  nein
```

Fragen können sich auch gezielt auf Objekte beziehen, für die in diesem Fall Variablen eingesetzt werden. In Programmiersprachen werden dafür anschauliche Bezeichnungen wie z. B. „mann“ für einen beliebigen Mann bzw. „lehrer“ für einen beliebigen Lehrer verwendet:

```
?  verheiratet (mann, xantippe)
*  mann = sokrates
?  ist lehrer (lehrer, platon)
*  lehrer = sokrates
```

Allgemein lautet eine Frage in PROLOG „sind L_1 und L_2 und … und L_n wahr?“ oder kurz:

$? \; L_1, \; L_2, \; \ldots, \; L_n$

wobei L_1, L_2, …, L_n Literale sind. Logische Schlussregeln wie der direkte Schluss (modus ponens) lauten „wenn L_1 und L_2 und … und L_n wahr ist, dann ist auch L wahr“ oder kurz:

$L \; :- \; L_1, \; L_2, \; \ldots, \; L_n$

So lässt sich die Regel einführen:

```
ist schüler (schüler, lehrer) :- ist lehrer (lehrer, schüler)
```

Dann folgt aus den vorgegebenen Fakten:

```
?  ist schüler (schüler, sokrates)
*  schüler = platon
```

Aufgrund einer vorgegebenen Wissensbasis in Form von Literalen können in PROLOG Lösungen einer Frage bzw. Problemstellung nach der Resolutionsmethode gefunden werden.

4.2 KI-Programmiersprache LISP

Alternativ zu Aussagen und Relationen lässt sich Wissen auch durch Funktionen und Zuordnungen wie in der Mathematik darstellen. Funktionale Programmiersprachen fassen daher Programme nicht als Systeme von Tatsachen und Schlussfolgerungen (wie PROLOG) auf, sondern als Funktionen von Mengen von Eingabewerten in Mengen von Ausgabewerten. Während prädikative Programmiersprachen an der Prädikatenlogik orientiert sind, gehen funktionale Programmiersprachen auf den λ-Kalkül zurück, den Alonzo Church 1932/33 zur Formalisierung von Funktionen mit Rechenvorschriften definierte (Church 1941). Ein Beispiel ist die funktionale Programmiersprache LISP, die von John McCarthy bereits Ende der 1950er-Jahre während der ersten KI-Phase eingeführt wurde (McCarthy et al. 1960; Stoyan und Goerz 1984). Daher ist sie eine der ältesten Programmiersprachen überhaupt und war von Anfang an mit dem Ziel der Künstlichen Intelligenz verbunden, menschliche Wissensverarbeitung auf die Maschine zu bringen. Wissen wird dabei durch Datenstrukturen dargestellt, Wissensverarbeitung durch Algorithmen als effektive Funktionen.

Als Datenstrukturen werden in LISP („List Processing Language") lineare Listen von Symbolen verwendet. Die kleinsten (unteilbaren) Bausteine von LISP heißen Atome. Es können Zahlen, Zahlenfolgen oder Namen sein. In der Arithmetik werden die natürlichen Zahlen durch Zählen erzeugt, indem man mit dem „Atom" der Eins (1) beginnt und dann Schritt für Schritt den Nachfolger $n+1$ durch Hinzufügen der Eins aus der Vorgängerzahl n bildet. Daher werden arithmetische Eigenschaften für alle natürlichen Zahlen induktiv definiert: Man definiert zunächst eine Eigenschaft für die Eins. Im induktiven Schritt wird die Eigenschaft unter der Voraussetzung, dass sie für eine beliebige Zahl n definiert sei, auch für den Nachfolger $n+1$ definiert. Induktive Definitionen lassen sich für endliche Symbolfolgen verallgemeinern. So werden aus den Atomen induktiv s-Ausdrücke („s" für „symbolisch") als Objekte von LISP geformt:

1) Ein Atom ist ein s-Ausdruck.
2) Wenn x und y s-Ausdrücke sind, dann auch (x.y).

Beispiele für s-Ausdrücke lauten 211, (A.B), (TIMES.(2.2)), wobei 211, A, B, TIMES und 2 als Atome aufgefasst werden. Listen werden nun ebenfalls induktiv definiert:

1) NIL („leere Symbolfolge") ist eine Liste.
2) Wenn x ein s-Ausdruck und y eine Liste ist, dann ist der s-Ausdruck (x.y) eine Liste.

Als vereinfachte Schreibweise wird die leere Liste NIL als () notiert und die vielen Klammern in der allgemeinen Form

```
(S1.(S2.(...(SN.NIL)...)))
```

vereinfacht zu (S1 S2 ... SN). Listen können wieder Listen als Elemente enthalten, was den Aufbau sehr komplexer Datenstrukturen erlaubt.

Programmieren in LISP bedeutet algorithmische Verarbeitung von s-Ausdrücken und Listen. Eine Funktionsanwendung wird als Liste notiert, wobei das erste Listenelement der Name der Funktion ist und die restlichen Elemente die Parameter der Funktionsargumente sind. Dazu werden folgende elementaren Grundfunktionen vorausgesetzt: Die Funktion CAR liefert, angewendet auf einen s-Ausdruck, den linken Teil, d. h.

```
(CAR(x.y)) = x,
```

während die Funktion CDR den rechten Teil ergibt, d. h.

```
(CDR(x.y)) = y.
```

Die Funktion CONS vereinigt zwei s-Ausdrücke zu einem s-Ausdruck, d. h.

```
(CONS x y) = (x.y).
```

Wendet man diese Funktionen auf Listen an, so liefert also CAR das erste Element, CDR die restliche Liste ohne das erste Element. CONS ergibt eine Liste mit dem ersten Parameter als erstes Element und dem zweiten Parameter als Rest.

Listen und s-Ausdrücke können auch als binär geordnete Bäume dargestellt werden. Abb. 1a zeigt die Baumdarstellung der allgemeinen Liste (S1 S2 ... SN) mit den jeweiligen Anwendungen der Grundfunktionen CAR und CDR, während Abb. 1b den

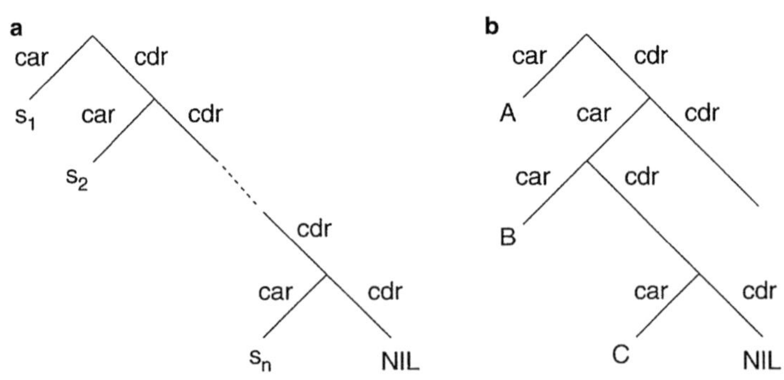

Abb. 1 Baumdarstellungen (**a**) der Liste (S1 S2 ... SN) und (**b**) des s-Ausdruck (A.((B.(C.NIL)))). (Quelle: eigene Darstellung)

s-Ausdruck (A.((B.(C.NIL)))) darstellt. Funktionskompositionen wie z. B. (CAR.(CDR.x)) drücken die Hintereinanderausführung zweier Funktionsanwendungen aus, wobei die innere Funktion zuerst ausgewertet wird. Bei mehrstelligen Funktionen werden alle Argumente zuerst ausgewertet und dann die Funktion angewendet. Listen werden in der Regel als Anwendung einer Funktion aufgefasst. Dann bedeutet (ABCDEF), dass die Funktion A auf B, C, D, E und F anzuwenden ist.

Oft ist aber auch sinnvoll, Listen als (geordnete) Mengen von Symbolen aufzufassen. So macht es wenig Sinn (14235) als Anwendung der Funktion 1 auf die Argumente 4, 2, 3, 5 zu lesen, wenn es um eine Sortierungsaufgabe der Zahlen geht. In LISP wird daher das Symbol QUOTE eingeführt, wonach die folgende Liste nicht als Funktionsanweisung, sondern als Aufzählung von Symbolen zu verstehen ist: z. B. QUOTE(14235) oder kurz '(14235). Dann ist nach Definition z. B. CAR'(123) = 1, CDR'(123) = '(23) und CONS1'(23) = '(123). Während Variable durch literale Atome notiert werden, können nicht-numerische Konstanten durch Quotierung von Variablen unterschieden werden: z. B. die Variablen x und LISTE und die Konstanten 'x und 'LISTE.

Nach diesen Vereinbarungen definiert man mit Hilfe von Grundfunktionen in LISP neue Funktionen. Die allgemeine Form einer Funktionsdefinition lautet:

```
(DE NAME (P1 P2 ... PN) s-Ausdruck).
```

Dabei sind P1, P2, ..., PN die formalen Parameter der Funktion, NAME ist die Bezeichnung der Funktion. Der s-Ausdruck heißt Rumpf der Funktion und beschreibt die Funktionsanwendung mit den formalen Parametern. Wenn in einem Programm die Funktion NAME in der Form NAME (A1 A2 ... AN) auftritt, dann sind im Rumpf der Funktion die formalen Parameter P1, P2, ..., PN durch die entsprechenden aktuellen Parameter A1, A2, ..., AN zu ersetzen und der so veränderte Rumpf auszuwerten.

Als Beispiel wird die Funktion DREI definiert, die das dritte Element einer Liste berechnet:

```
(DE DREI (LISTE)(CAR(CDR(CDR LISTE)))).
```

Die Funktionsanweisung DREI'(415) ersetzt im Rumpf der Funktion DREI die formalen Parameter durch (CAR(CDR(CDR '(415)))). Die Auswertung liefert dann den Wert 5 als drittes Element der vorgelegten Liste.

Um Bedingungen und Fallunterscheidungen für Funktionen formulieren zu können, werden neue Atome wie z. B. NIL für „falsch" und T („true" für „wahr") und neue Grundfunktionen wie z. B. EQUAL zum Vergleich zweier Objekte eingeführt:

```
(EQUAL 12) = NIL
(EQUAL 11) = T
```

Die allgemeine Form eines bedingten Ausdrucks in LISP lautet:

```
(COND
          (Bedingung 1 s-Ausdruck 1)
          (Bedingung 2 s-Ausdruck 2)
                              ⋮
          (Bedingung N s-Ausdruck N))
```

Falls die *i*-te Bedingung ($1 \leq i \leq N$) den Wahrheitswert T und alle vorhergehenden Bedingungen den Wert NIL liefern, ist das Ergebnis des bedingten Ausdrucks der *i*-te s-Ausdruck. Der bedingte Ausdruck erhält den Wert NIL, falls alle Bedingungen den Wert NIL haben.

Als Beispiel sei eine Funktion definiert, mit der die Länge einer Liste berechnet werden kann:

```
(DE LENGTH (LISTE)
       (COND
                   ((EQUAL LISTE NIL)0)
                     (T(PLUS(LENGTH
                            (CDR LISTE))1))))
```

Die erste Bedingung stellt fest, ob die Liste leer ist. In diesem Fall hat sie die Länge 0. Die zweite Bedingung geht davon aus, dass die Liste nicht leer ist. In diesem Fall wird die Länge der Liste berechnet, in dem zur Länge der um das erste Element verkürzten Liste (LENGTH(CDR LISTE)) die Zahl 1 hinzu addiert wird.

Wir definieren nun, was allgemein unter einem LISP-Programm zu verstehen ist:

Ein LISP-Programm ist selber eine Liste von Funktionsdefinitionen und ein Ausdruck, der mit diesen Funktionsdefinitionen auszuwerten ist:

```
((DE Funct 1 ...)
 (DE Funct 1 ...)
        ⋮
 (DE Funct N ...)
  s-Ausdruck)
```

In den durch Punkte angedeuteten Rümpfen der verwendeten Funktionen können alle bisher definierten Funktionen verwendet werden. Da also ein LISP-Programm selber wieder ein s-Ausdruck ist, haben Programme und Daten in LISP die gleiche Form. Deshalb kann LISP auch als Metasprache für Programme auftreten, d. h. in LISP kann über LISP-Programme gesprochen werden. Eine weitere Eignung von LISP für Probleme der Wissensverarbeitung in der KI ist dadurch gegeben, dass eine flexible Verarbeitung von Symbolen und Strukturen möglich ist. Numerische Berechnungen sind nur Spezialfälle.

In der KI wird versucht, Problemlösungsstrategien algorithmisch zu strukturieren und sie dann in eine KI-Programmiersprache wie LISP zu übersetzen. Ein zentraler KI-Anwendungsbereich sind Suchprobleme. Wenn z. B. ein Gegenstand in einer großen Menge gesucht wird und kein Wissen über einen Lösungsweg des Problems zur Verfügung steht, dann werden auch Menschen einen heuristischen Lösungsweg wählen, der als British-Museum-Algorithmus bekannt ist.

Beispiele für den British-Museum-Algorithmus sind die Suche eines Buchs in einer Bibliothek, einer Zahlenkombination bei einem Tresor oder einer chemischen Formel unter endlich vielen Möglichkeiten bei gegebenen Rahmenbedingungen. Die Lösung wird nach diesem Verfahren mit Sicherheit gefunden, wenn alle endlich vielen Möglichkeiten bzw. Fälle geprüft werden und folgende Voraussetzungen erfüllt sind:

1) Es gibt eine Menge von formalen Objekten, in der die Lösung enthalten ist.
2) Es gibt einen Generator, d. h. ein vollständiges Aufzählungsverfahren für diese Menge.
3) Es gibt einen Test, d. h. ein Prädikat, das feststellt, ob ein erzeugtes Element zur Problemlösungsmenge gehört oder nicht.

Der Suchalgorithmus heißt daher auch „GENERATE_AND_TEST (SET)“ und soll zunächst inhaltlich beschrieben werden:

```
Funktion GENERATE_AND_TEST (SET)
```

Wenn die zu untersuchende Menge SET leer ist,
dann Misserfolg,
sonst
sei ELEM das nächste Element aus SET;
Wenn ELEM Zielelement,
dann liefere es als Lösung,
sonst wiederhole diese Funktion
mit der um ELEM verminderten Menge SET.

Für die Formulierung dieser Funktion in LISP werden folgende Hilfsfunktionen benötigt, deren Bedeutung inhaltlich umschrieben werden: GENERATE erzeugt ein Element der gegebenen Menge. GOALP ist eine Prädikatsfunktion, die T liefert, wenn das Argument der Lösungsmenge angehört, sonst NIL. SOLUTION verarbeitet das Lösungselement zur Ausgabe. REMOVE liefert die um das gegebene Element verkleinerte Menge. Die Formalisierung in LISP lautet nun

```
(DE GENERATE_AND_TEST(SET)
      (COND ((EQUAL SET NIL)'FAIL)
            (T(LET(ELEM(GENERATE SET))
                 (COND((GOALP ELEM)(SOLUTION ELEM))
                             (T(GENERATE_AND_TEST
                                  (REMOVE ELEM SET))))))))
```

An diesem Beispiel wird deutlich: Menschliches Denken muss nicht unbedingt Vorbild für eine effiziente maschinelle Problemlösung sein. Ziel ist vielmehr, die Schnittstelle Mensch-Maschine mit einer ausdrucksstarken KI-Programmiersprache zu optimieren. Ob diese Sprachen mit ihren Datenstrukturen auch kognitive Strukturen des menschlichen Denkens simulieren bzw. abbilden, ist Thema der Kognitionspsychologie. KI-Programmiersprachen werden primär als computergestützte Werkzeuge zur optimalen Problemlösung eingesetzt.

Literatur

Biere, Armin, Marijn Heule, Hans van Maaren, und Toby Walsh, Hrsg. 2009. *Handbook of satisfiability*. Amsterdam: IOS Press.

Bringsjord, Selmer, und Govindarajulu, Naveen Sundar. 2018. Artificial intelligence. In *The Stanford Encyclopedia of Philosophy (Fall 2018 Edition)*, Hrsg. Edward N. Zalta. https://plato.stanford.edu/archives/fall2018/entries/artificial-intelligence/.

Church, Alonzo. 1941. *The calculi of lambda-conversion*. Princeton: University Press.

Clocksin, William F., und Christopher S. Mellish. 1981. *Programming in Prolog*. Berlin: Springer.

Davis, Martin, und Hilary Putnam. 1960. A computing procedure for quantification theory. *Journal of the ACM* 7(3): 210–215.

Davis, Martin, George Logemann, und Donald Loveland. 1962. A machine program for theorem-proving. *Communications of the ACM* 5(7): 394–397.

Gilmore, Paul C. 1960. A proof method for quantification theory. *IBM Journal of Research and Development* 4:28–35.

Hanus, Michel. 1986. *Problemlösen in PROLOG*. Stuttgart: Vieweg & Teubner.

Knuth, Donald E. 2016. *Satisfiability. The art of computer programming*, Bd. 4, Fasc. 6. Boston: Addison Wesley.

Kowalski, Robert A. 1979. *Logic for problem solving*. New York: Prentice Hall.

Küchlin, Wolfgang, und Carsten Sinz. 2000. Proving consistency assertions for automotive product data management. *Journal of Automated Reasoning* 24:145–163.

Mainzer, Klaus. 2019. *Künstliche Intelligenz. Wann übernehmen die Maschinen?* 2. Aufl. Berlin: Springer.

Marques-Silva, Joao P. 1995. Search algorithms for satisfiability problems in combinatorial switching circuits. PhD thesis, University of Michigan.

Marques-Silva, Joao P., und Karem A. Sakallah. 1996. GRASP: A new search algorithm for satisfiability. In *IEEE/ACM International Conference on Computer-Aided Design*, San Jose, CA, 220–227.

Marques-Silva, Joao P., und Karem A. Sakallah. 1999. GRASP: A search algorithm for propositional satisfiability. *IEEE Transactions on Computers* 48(5): 506–521.

McCarthy, John, Paul W. Abrahams, Daniel J. Ewards, Timothy P. Hart, und Michael I. Levin. 1960. *LISP 1 programmer's manual. MIT Computer Center and Research Laboratory of Electronics*. Cambridge, MA: MIT Press.

Michael R. Genesereth, und Nils J. Nilsson.1989. *Logische Grundlagen der Künstlichen Intelligenz*. Vieweg+Teubner.

Nilsson, Nils J. 1971. *Problem solving methods in artificial intelligence*. New York: Mc Graw Hill.

Nilsson, Nils J. 1980. *Principles of artificial intelligence*. Palo Alto: Tioga Publishing Co.

Quine, Willard V. O. 1955. A proof procedure for quantification theory. *Journal of Symbolic Logic* 20:141–149.

Richter, Michael M. 1978. *Logikkalküle*. Stuttgart: BG Teubner.

Robinson, John Alan. 1965. A machine oriented logic based on the resolution principle. *Journal of the Association for Computing Machinery* 12:23–41.

Schefe, Peter. 1987. *Informatik – Eine konstruktive Einführung. LISP, PROLOG und andere Konzepte der Programmierung*. Mannheim: B.I. Wissenschaftsverlag.

Schöning, Uwe. 1987. *Logik für Informatiker*. Mannheim: B. I. Wissenschaftsverlag.

Sinz, Carsten, Andreas Kaiser, und Wolfgang Küchlin. 2003. Formal methods for the validation of automotive product configuration data. *Artificial Intelligence for Engineering Design, Analysis and Manufacturing* 17(1): 75–97.

Stoyan, Herbert, und Günther Goerz. 1984. *LISP – Eine Einführung in die Programmierung*. Berlin: Springer.

Thomason, Richmond. 2018. *„Logic and Artificial Intelligence", The Stanford Encyclopedia of Philosophy* (Winter 2018 Edition), Hrsg. Edward N. Zalta. https://plato.stanford.edu/archives/win2018/entries/logic-ai/.

Symbolische KI für die Produktkonfiguration in der Automobilindustrie

Wolfgang Küchlin

Inhalt

Zusammenfassung

Die Automobilindustrie bietet ihre Fahrzeuge in einer praktisch endlosen Vielzahl von Varianten an. Diese entstehen durch Kombinationen von Ausstattungsoptionen, die sich von Kunden zu einem individuellen Produkt konfigurieren, d. h. zusammenstellen lassen. Die Kombinationsmöglichkeiten unterliegen dabei einer Vielzahl von Konfigurationsregeln, die typischerweise in einer Spielart von Aussagenlogik notiert sind. Hierbei repräsentieren die Symbole die Ausstattungsoptionen, und die Formeln definieren die Möglichkeiten zu ihrer Zusammenstellung in einem Fahrzeug. Insgesamt erhält man eine symbolische Beschreibung des Fahrzeugangebots, die sog. Modellbeschreibung. Aber auch die Auswahl der Teile, aus denen jedes Fahrzeug letztendlich aufgebaut wird, ist durch Formeln der Aussagenlogik beschrieben. Fehler in den Formeln können teure Konsequenzen in der Produktion nach sich ziehen. Aufgrund der astronomischen Varianz ist es praktisch unmöglich, solche Fehler durch erschöpfendes Testen zu finden. Jedoch ermöglichen automatische Beweisverfahren der Symbolischen KI, sog. Erfüllbarkeitsprüfer (SAT-Solver), die effiziente formal-logische Analyse auch sehr großer Regelmengen. Nicht nur die Anwesenheit von

W. Küchlin (✉)
Wilhelm-Schickard-Institut für Informatik, Universität Tübingen, Tübingen, Deutschland
E-Mail: Wolfgang.Kuechlin@uni-tuebingen.de

K. Mainzer (Hrsg.), *Philosophisches Handbuch Künstliche Intelligenz*,
https://doi.org/10.1007/978-3-658-19606-6_53

Fehlern, sondern auch deren Abwesenheit kann automatisch bewiesen werden, und alle Resultate können nachvollziehbar erklärt werden. Diese Methoden sind mittlerweile im breiten industriellen Einsatz.

Schlüsselwörter

Automobilindustrie · Konfiguration · Produktdokumentation · Modellbeschreibung · Stückliste · Aussagenlogik · Automatisches Beweisen · Erfüllbarkeitsprüfer · SAT-Solver

1 Einleitung

Symbolische Logik spielt eine wichtige und zentrale Rolle in der Automobilindustrie. Allgemein gesprochen geht es sowohl um die Beschreibung aller Konfigurationsmöglichkeiten für die Fahrzeuge im Angebot eines Herstellers, als auch um die Beschreibung der Teile, die für den Bau einer beliebigen Fahrzeugkonfiguration benötigt werden. Da Formulierungen in natürlicher Sprache oder einfache Angebotstabellen mit der wachsenden Komplexität des Angebots nicht Schritt halten konnten, verwenden viele Hersteller bereits seit längerer Zeit maschinell auswertbare Formeln der Aussagenlogik (Schöning 1987), wenn auch in herstellerspezifischen Dialekten und Schreibweisen. Allerdings ergeben sich dadurch auch sehr große und komplexe Formelwerke und somit neue Fehlerquellen. Diese lassen sich mit modernen Algorithmen des Automatischen Beweisens, einer Disziplin der Symbolischen KI bzw. des Symbolischen Rechnens, beherrschen.

Symbolische KI ist eine Teildisziplin der klassischen KI, bei der es um die Automatisierung logischer Schlussfolgerungen geht mit dem ursprünglichen Ziel, das allgemeine Problemlösen zu automatisieren (Nilsson 1971, 1980; Genesereth und Nilsson 1987). Der dominante Ansatz nutzt Prädikatenlogik als Modellierungssprache für Problemstellungen in Kombination mit der mechanischen Inferenzmethode der *Resolution* (Robinson 1965). Ein zeitlich früherer Ansatz bestand in einer Reduktion des prädikatenlogischen Problems auf Aussagenlogik in Kombination mit einer maschinellen *Erfüllbarkeitsprüfung* (Davis und Putnam 1960). In ihrer verbesserten Form (Davis et al. 1962) ist die Prüfung nach ihren Autoren als *DPLL SAT-Solving* bekannt geworden. Es wurde aber schnell offensichtlich (Davis et al. 1962), dass das Davis-Putnam Verfahren auf der Prädikatenlogik völlig ineffizient ist. In den 1990er-Jahren wuchsen schließlich in der Halbleiterindustrie immer größere rein aussagenlogische Problemstellungen heran, die zu einem erstarkten Interesse an SAT-Solving als Analyse- und Verifikationsmethode führten. Etwa seit dem Jahr 2000 steht eine aus DPLL weiterentwickelte, deutlich mächtigere Generation von „lernenden" SAT-Solvern nach der CDCL Methode zur Verfügung (Marques-Silva und Sakallah 1999), mit der viele industrielle und wissenschaftliche Probleme effizient gelöst werden können (Biere et al. 2009; Schöning and Torán 2012; Knuth 2016).

In der zweiten Hälfte der 1990er-Jahre erforschte der Autor mit seinen Doktoranden, gefördert durch die damalige DaimlerChrysler AG, wie die immer größer werdenden Formelsysteme der Automobilkonfiguration unter Einsatz von SAT-Solving analysiert und besonders hinsichtlich häufiger Fehler untersucht werden können (Küchlin und Sinz 2000; Sinz et al. 2003). Inzwischen sind die in Tübingen entstandenen Methoden bei einer Anzahl von Automobilherstellern im täglichen industriellen Einsatz, nicht zuletzt mit Software, die unmittelbar am Tübinger Technologietransferzentrum aus dieser Forschung entstand.

2 Individualisierte Massenfertigung und Produktdokumentation

Automobile werden nach dem Prinzip der *individualisierten Massenfertigung* (*mass customization*) produziert (Tiihonen und Felfernig 2017). Sie werden zwar in großen Massen am Fließband gefertigt, aber sie werden zuvor individuell konfiguriert, indem man aus einer großen Anzahl von Ausstattungsoptionen eine Auswahl trifft und diese zu einem persönlichen Fahrzeug kombiniert. Auf diese Weise können höchst individuelle Fahrzeuge angeboten werden, die sich trotzdem zu relativ günstigen Kosten produzieren lassen.

Produkte der individuellen Massenfertigung sind modularisiert, d. h. sie werden aus Modulen zusammengestellt, von denen jeder wieder in einer Anzahl von Varianten zur Verfügung steht. Als Beispiel eines Moduls denke man sich einen Fahrersitz mit Optionen für Farbe, Sitzbezug, Heizung, Belüftung, sowie für diverse mechanische oder elektrische Einstellungsmöglichkeiten. Jedes Fahrzeug wird dann als individuelle Konfiguration von Ausstattungsoptionen bestellt und als Zusammenbau der entsprechenden Modulvarianten gefertigt. Gemäß den Gesetzen der Kombinatorik liegt die Anzahl der einzelnen Fahrzeuge eines Modells (die *Varianz*) je nach Zählweise typischerweise in einer Größenordnung von 10^{20} bis 10^{30} und darüber hinaus (Astesana et al. 2010b; Kübler et al. 2010; Zengler und Küchlin 2013). In anderen Worten: Man kann für jeden Bewohner der Erde weit über eine Milliarde (10^9) verschiedene Fahrzeuge konfigurieren, ohne dabei eine einzige Konfiguration zu wiederholen.

Die *Produktdokumentation* hat zwei Kernaufgaben: Einerseits beschreibt sie die Produktvielfalt, die verkauft werden kann, und andererseits dokumentiert sie für jedes individuell konfigurierte Produkt, aus welchen Bestandteilen es gefertigt wird (Haag 1998). Einfach gesagt stellt der erste Teil, die *Produkt-* oder *Modellbeschreibung (MB, bzw. model description – MD)*, das Produktangebot dar, das im Verkaufsprospekt erscheint. Der zweite Teil, die *Stückliste* (*Bill-of-Materials – BoM*), enthält alle Bauteile, die für den Zusammenbau der Fahrzeuge zur Verfügung stehen, seien sie mechanisch, elektronisch, oder Softwarebausteine. Etwas genauer kennt die Automobilindustrie sowohl eine Produktdokumentation auf der Entwicklungsebene als auch eine auf der Verkaufsebene, um das, was man im Prinzip bauen kann, von dem zu unterscheiden, was man tatsächlich anbieten möchte. Das Produktdokumentations-Management (*Product Documentation Management* – PDM) bzw. das *Produktlebens-*

zyklus-Management (*Product Lifecycle Management* – PLM) verwaltet die Produktdokumentation über den gesamten Lebenszyklus des Produkts, von Entwicklung und Verkauf über die Produktion bis zur Ersatzteilversorgung. Da Teile und ihre Lieferanten stetig erneuert werden, besteht auch ständiger Änderungsbedarf im PDM. Eine allgemeine Einführung ins PDM aus der Sicht des Verkaufskonfigurators der Firma SAP findet sich bei Haag (1998).

3 Logik-Codierung der Modellbeschreibung

Mit einer Varianz, die in die Trilliarden geht, ist es nicht mehr möglich, das Produktangebot explizit als Liste aller möglichen Bestellungen (Orders) und der für den Zusammenbau nötigen Teile aufzuschreiben. Stattdessen wird in der Automobilindustrie allgemein ein PDM Ansatz benutzt, der auf Symbolischer Logik beruht (Kaiser und Küchlin 2001b). Zwei häufig eingesetzte Formalismen sind das Modellieren des PDM als Menge Boolescher Randbedingungen (*set-of-constraints*), oder aber als etwas allgemeineres *Bedingungserfüllungsproblem* (*Constraint Satisfaction Problem – CSP*). Die Sicht eines CSP wird z. B. im SAP Konfigurator (Haag 1998) und im RENAULT Konfigurator und PDM System eingenommen (Astesana et al. 2010a, b). Der CSP Ansatz stammt aus der Forschung der Künstlichen Intelligenz (KI) und erlaubt allgemeinere als nur Boolesche Randbedingungen, wie etwa numerische Bedingungen, die im Beispiel von Haag bei der Konfiguration von Küchen als Längenmaße auftreten (Haag 1998). Komplexere Bedingungen ziehen jedoch den Preis komplexerer Lösungsalgorithmen und potenziell (sehr viel) längerer Laufzeiten nach sich.

Viele wichtige Probleme im automobilen PDM sind aber rein aussagenlogisch modellierbar, und viele sehr große Systeme Boolescher Formeln, die in speziellen Anwendungen auftreten, können von modernen CDCL SAT-Solvern sehr effizient gelöst werden. Eine ganze Reihe von Automobilherstellern, darunter DAIMLER, codieren ihre PDM Systeme direkt in Aussagenlogik, während z. B. RENAULT zunächst von einem CSP Modell mit Booleschen Bedingungen ausgeht. Die Grundideen des Booleschen Codierens sind, erstens, jede Ausstattungsoption durch einen Optionscode (eine Boolesche Variable) zu codieren, zweitens, die Modellbeschreibung als Menge Boolescher Konfigurationsbedingungen zu repräsentieren, und drittens, statt einer statischen Stückliste für jedes einzelne Fahrzeug zu einer einzigen dynamischen *Varianten*-Stückliste für eine ganze Fahrzeugklasse oder Baureihe überzugehen. Aus letzterer kann für jedes tatsächlich bestellte Fahrzeug die individuelle statische BoM durch aussagenlogische Evaluation berechnet werden.

Durch die Benutzung Boolescher Optionscodes ist jede beliebige Kombination von Ausstattungen nun über eine vollständige *true*/*false* Belegung der Codes gegeben, wobei *true* der Anwesenheit der Option und *false* ihrer Abwesenheit in einer klassischen Bestellung bzw. Konfiguration entspricht. Eine beliebige Kombination ist aber nur dann eine tatsächlich *baubare* oder *valide* Order, falls durch die Variablenbelegungen alle Konfigurationsbedingungen der Modellbeschreibung (im logischen Sinn) erfüllt werden. Aus der Sicht der Booleschen Algebra entspräche eine explizite Auflistung aller validen Orders einer Formel in Disjunktiver Normalform (DNF) bestehend aus Konjunktionsgliedern, die jeweils alle Ausstattungscodes positiv oder negativ enthalten (sog. *Minterme*). Bei 10^{20} Produkten bestünde die DNF also aus 10^{20} Mintermen und könnte in der Praxis nicht mehr dargestellt werden. Das logische Konzept einer solchen *Produktübersichtsformel* (Product Description Formula – PDF), deren Lösungen die validen Orders darstellen, erweist sich aber dennoch als extrem nützlich (Küchlin und Sinz 2000).

Abgesehen von Ausnahmen haben Formeln mit einer großen Anzahl von Lösungen (Modellen) üblicherweise eine wesentlich kompaktere Repräsentation in Form einer Menge von Bedingungen (*set-of-constraints*), d. h. als eine Menge von kleineren Booleschen Formeln, die von einem Modell alle gleichzeitig erfüllt sein müssen. Die Wahl einer solchen Form für eine Produktbeschreibung ist aber auch ganz natürlich. Bedingungen schränken die Art und Weise ein, in der Ausstattungsoptionen in einem Fahrzeug bzw. Optionscodes in einer Order kombiniert werden können. Die Einschränkungen können zahlreiche Gründe haben, insbesondere gesetzliche, technische oder vertriebliche.

Es gibt viele Möglichkeiten, diese Konfigurationsbedingungen als Formeln zu repräsentieren. Als konkretes Beispiel folgt DAIMLER einem Design, das für jeden Optionscode C zwei Arten von Bedingungen vorsieht. Der erste Typ, die *Baubarkeitsbedingung* für C, repräsentiert eine Boolesche Bedingung B_C aus Optionscodes, die eine Order erfüllen muss, falls sie C enthält. Daraus resultiert eine Formel ($C \rightarrow B_C$) als Konfigurationsbedingung. Der zweite Typ, die *Zusteuerbedingung* für C, repräsentiert eine Bedingung S_C, die impliziert, dass C in der Order enthalten sein muss, sofern die Order S_C erfüllt. Dies ergibt die Formel ($S_C \rightarrow C$) als Konfigurationsbedingung. Hierbei sind auch rein numerische Symbole als Optionscodes (Abb. 1) zulässig. Insgesamt spricht man auch von *Codebedingungen* oder *Coderegeln*.

Die Menge dieser Bedingungen an alle Optionscodes entspricht in etwa der Modellbeschreibung von DAIMLER, genannt *Produktübersicht (PÜ)*. Eine entsprechende *Produktbeschreibungsformel* (PDF) als Konjunktion aller Bedingungen, angereichert durch zusätzliche Logik zur Codierung einiger impliziter Annahmen, wurde erstmals in der zweiten Hälfte der 1990er-Jahre unter dem Namen *Produktübersichtsformel (PÜF)* eingeführt (Küchlin und Sinz 2000). Die ungefähre Größe

```
P9 → 27+50+53;
„Falls P9 in der Konfiguration enthalten ist, müssen auch 27, 50, und 53 enthalten sein."
P9 ← (M21 + -M03 / M22) + 80 / Z4+ -(M23 + Z7)
40 → L+95+60+87+ -P4+
        ((M21/M61)+(93/95)+(10A/20A)+(34/35)+(31/36/37) /
        / M62+(2XL/57L/51L)+(93/95)+(10A/20A)+(34/35)+ (31/37));
```

Abb. 1 Drei erfundene Konfigurationsbedingungen mit logischen Operatoren und Optionscodes in einer Notation ähnlich der von DAIMLER. ‚+' steht für ‚and', ‚/' für ‚or', ‚-' für ‚not'. (Quelle: eigene Darstellung)

einer solchen PDF für eine Baureihe beläuft sich typischerweise auf einige Hundert Kilobytes, wenn man von kompakten Codes aus wenigen Zeichen ausgeht.

Zum leichteren Verständnis kann man eine Modellbeschreibung zusätzlich in *Familien* verwandter Codes strukturieren. Eine Familie besteht jeweils aus einer Menge von Codes, von denen immer genau einer (*exactly-one*) in einer Order gewählt werden muss, wie z. B. eine Familie von Codes für Motoren, für Fahrersitze, für Getriebevarianten, etc. Die *exactly-one* Bedingungen aller Familien sind zunächst implizit gegeben und müssen in einer Booleschen PDF durch zusätzliche Constraints modelliert werden. Für Familien wie Anhängerkupplungen oder Schiebedächer wird ein zusätzlicher *Null-Code* vorgesehen, der gewählt wird, wenn *keine* Option dieser Familie verbaut werden soll. Damit einhergehend bietet sich eine weitere Strukturierung der Konfigurationsbedingungen an. Man dokumentiert dann, von welchen Kombinationen von fremden Codes die einzelnen Familienmitglieder impliziert werden. Die Coderegeln erhalten somit die Form $(c_1 \wedge \ldots . \wedge c_n \rightarrow f_1 \vee \ldots \vee f_m)$ wobei alle f_i einer einzigen Familie angehören müssen. Diese Implikationen lassen sich unmittelbar als sogenannte *Klauseln* $(\neg c_1 \vee \ldots \vee \neg c_n \vee f_1 \vee \ldots \vee f_m)$ darstellen und direkt in einen SAT-Solver eingeben.

Bei der eng verwandten CSP Modellierung hat man ebenfalls eine Familienstruktur, hier mit expliziten mehrwertigen Familienvariablen, deren Werte die einzelnen Familienmitglieder bezeichnen. Anforderungen an CSP-Solver aus Sicht der Automobilindustrie finden sich bei Astesana et al. (2010b). Falls ohnehin nur Boolesche Bedingungen vorkommen, bekommt man aber durch eine einfache Übersetzung in eine rein Boolesche PDF ein schnelles Lösungsverfahren mittels eines SAT-Solvers, wie etwa bei RENAULT (Pargamin 2002).

Es gibt auch gemischte Repräsentationen der MB, wo jede Bedingung wiederum aus einer DNF besteht, also konzeptionell aus einer Tabelle von baubaren Varianten (*Variantentabelle*). Die PDF besteht dann in erster Näherung aus der Konjunktion aller Tabellen, die über gemeinsame Variablen verbunden sind. Die Tabellen können wiederum einer Familienstruktur folgen. Man generiert durch geschickte Auswahl weniger Familien (z. B. Motoren und Getriebe) eine Tabelle aus Familienspalten und trägt jede baubare Kombination von Mitgliedern der Familien in jeweils eine Zeile ein. Diese Darstellung ähnelt traditionellen Papiertabellen, bei denen pro Zeile eine baubare Kombination durch Kreuze in den jeweiligen Spalten notiert wird. Für diese Darstellungsform wurde bei RENAULT Ende der 1990er-Jahre ein spezieller SAT-Solver entwickelt und zunächst für einen webbasierten Konfigurator verwendet (Pargamin 2002).

4 Logik-basierte Fahrzeugkonfiguration

Der unmittelbarste Nutzen einer PDF ergibt sich als logische Basis für einen Fahrzeugkonfigurator, denn die Bedingungen, die die Kombinationsmöglichkeiten von Optionen einschränken, können auch als Konfigurationsregeln interpretiert werden. Eine übliche Order auf Papier führt eine Menge S von Codes für Ausstattungen auf, die alle im Fahrzeug enthalten sein müssen. Ausstattungen, deren Codes fehlen, werden auch nicht in der Order enthalten sein. Damit ist die Order vollständig beschrieben und es ergibt sich in natürlicher Weise eine Variablenbelegung von *true* für alle Codes in S, und mit *false* für alle anderen Codes. Wir erhalten damit einen einfachen Prüfer für die Korrektheit einer so ergänzten *vollständigen Order*: Eine vollständige Order ist *valide* (bzw. als Fahrzeug *baubar*), wenn sie alle Bedingungen der PD erfüllt, bzw. wenn ihre Variablenbelegung ein logisches Modell der PDF darstellt. Dies kann ohne SAT-Solver über eine einfache Evaluation der PDF festgestellt werden.

Während eines Konfigurationsprozesses, also beim sukzessiven Aufbau einer Fahrzeugbestellung, hat man es aber nur mit einer *partiellen Order* zu tun, die in jeder Iteration um einen weiteren Code ergänzt wird. Eine partielle Order P legt lediglich die Variablenbelegung der dort enthaltenen Codes fest; die Belegung aller anderen Codes wird erst im weiteren Verlauf des Konfigurationsprozesses bestimmt. Der Begriff der Baubarkeit lässt sich nun wie folgt übertragen: Eine partielle Order P, bestehend aus einer Menge von Codes und deren Wahrheitsbelegungen (im einfachsten Fall ist dies jeweils *true*), heißt *valide* bzw. *baubar*, falls es eine vollständige valide Order gibt, deren Variablenbelegungen auf den entsprechenden Codes mit P übereinstimmen. Anders gesprochen: P ist *baubar*, falls P in geeigneter Weise zu einer vollständigen validen Order O ergänzt werden kann. Es lässt sich also aufgrund von O ein Fahrzeug bauen, das die gemäß P gewünschten Optionen enthält (und im Allgemeinen weitere andere). Falls P baubar ist, lässt sich eine solche Order O als Berechnungsergebnis eines SAT-Solvers finden (wobei das Ergebnis i. A. natürlich nicht eindeutig ist).

In offensichtlicher Weise lassen sich, ausgehend von P, auch alle insgesamt noch zur Verfügung stehenden Ausstattungen ermitteln: Für jeden noch nicht belegten Code C wird der Reihe nach geprüft, ob die um C erweiterte partielle Order immer noch baubar ist.

Der so entstehende Konfigurator hat einige Vorteile, die ihn besonders als Hilfsmittel der Dokumentationsabteilung wertvoll machen: er arbeitet unmittelbar auf der Modellbeschreibung ohne jede weitere Umcodierung in andere Konfigurationsregeln – er steht also nach jeder Regeländerung in der MB unmittelbar zur Verfügung; der Konfigurationsprozess ist außerdem unabhängig von einer festen Reihenfolge. Er ist in dem Sinn frei von Sackgassen, dass jedes valide P zu einer vollständigen Order ergänzt werden kann (falls gewünscht automatisch durch den SAT-Solver). Sackgassen können sich dennoch ergeben, wenn an einem Punkt nur eine andere als die gewünschte Order als Ergänzung möglich ist.

5 Die Varianten-Stückliste

Um das mit einer validen Fahrzeugorder bestellte Fahrzeug letztlich bauen zu können, muss man die dazu notwendigen Bauteile bestimmen; dies können z. B. mechanische, elektronische oder Softwarekomponenten sein, bis hin zu Klebeetiketten und Handbüchern in der passenden Sprache. Jede individuelle Order muss natürlich mit einer dazu genau passenden individuellen Menge von Bauteilen gefertigt werden; diese Liste von Teilen wird im Maschinenbau als *Stückliste* (*Bill-of-Materials – BoM*) bezeichnet. Bei herkömmlicher Fertigung mit wenigen Varianten kann die Stückliste für jede Maschine vor dem Verkauf bestimmt und gespeichert werden und steht dann für die Fertigung zur Verfügung. In der variantenreichen Massenfertigung des Automobilbaus ist dies nicht länger möglich. Die Stückliste enthält nun die Obermenge aller Teile, die für beliebige Fahrzeuge einer gesamten Baureihe gebraucht wird, sodass die individuelle Stückliste jedes Fahrzeugs als Teilmenge darin enthalten ist.

Diese Baureihen-Stückliste wird auch als *Varianten-Stückliste (variant BoM*) bezeichnet, da sie für jedes Teil alle seine Varianten enthält (z. B. alle Arten von Lenkrädern), die jemals für irgendeine Fahrzeugorder einer Baureihe gebraucht werden (z. B. Mercedes C-Klasse, BMW 3er, AUDI A4, etc.). Vereinfacht besteht die BoM nun aus einer Abfolge von *Positionen* (wie z. B. die Lenkrad-Position), die jeweils in eine Menge von *Positions-Varianten* aufgefächert sind. Jede Position korrespondiert idealisiert zu einer geometrischen Einbauposition im Fahrzeug, an der ein prototypisches Teil (z. B. ein Lenkrad) positioniert ist. Die Positionsvarianten und die Positionsvarianten dokumentieren die konkreten Varianten dieses Teils, die für die verschiedenen Fahrzeugvarianten zur Verfügung stehen (z. B. alle verschiedenen Lenkräder). Anders gesprochen ist die idealisierte Varianten-Stückliste eine Liste aller für eine Baureihe zur Verfügung stehenden Teile, gruppiert nach Positionen bestehend aus den Varianten eines jeden Teils. Die Gesamtlänge hängt natürlich von der Komplexität der Baureihe ab und auch von der herstellerspezifischen Ausprägung (z. B. mögen die Softwarevarianten oder die Farbvarianten ausgelagert sein). Aber typischerweise enthält sie Tausende von Positionen mit insgesamt Zehntausenden Positionsvarianten.

Es wird nun eine zweite, tiefere Konfigurationsebene benötigt, wiederum mit aussagenlogischen Regeln, sodass die individuelle BoM einer Fahrzeugorder aus der Varianten-BoM abgeleitet werden kann. Zu diesem Zweck ist jeder Positionsvariante, d. h. jeder konkreten Teilevariante mit Teilenummer, eine logische *Auswahlbedingung* beigeordnet. Das zugehörige Teil wird genau dann zur Fertigung einer Fahrzeugorder benötigt, wenn die entsprechende *true/false* Belegung der Codes der Order die Auswahlbedingung logisch erfüllt (diese also zu *true* evaluiert). Wenn also eine Order gefertigt werden soll, dann wird jede Auswahlbedingung der Variantenstückliste unter der Variablenbelegung der Order evaluiert, und es werden alle Teilenummern aufgesammelt, deren Auswahlbedingungen zu *true* evaluieren (Abb. 2).

Position	Variante	Reifentyp	Teile-Nr.	Auswahlbedingung
20020	100	205/55 R16 91V	T1234001	V2+(40 / 45)
20020	200	205/55 R16 91W	T1234002	V0+(40 / 45 / M22+M5+M12)
20020	300	205/55 R16 91H	T1234003	V1+(40 / 45)

Abb. 2 Fiktive BoM Position Nr. 20020 für drei Reifenvarianten und Auswahlbedingungen mit Optionscodes (vereinfachte Regelnotation im Stil von DAIMLER). (Quelle: eigene Darstellung)

6 Symbolische Analyse und Verifikation

In der Zusammenfassung haben wir zwei Ebenen von Konfigurationsproblemen:

1. Die obere Ebene der *Modellbeschreibung* (MB) beschäftigt sich mit der Konfiguration einer Order als Kombination von Ausstattungsoptionen (gegeben durch Codes). Sie ist durch eine Menge Boolescher Bedingungen gegeben und kann samt aller impliziten Annahmen hinreichend kompakt als eine einzige Formel (PDF) codiert werden.
2. Die untere Ebene der *Variantenstückliste* (BoM) beschäftigt sich mit der Konfiguration des bestellten Produkts aus Einzelteilen „bis hin zur letzten Schraube und dem letzten Byte". Hierzu ist zu jeder Teilevariante deren Boolesche Auswahlbedingung hinterlegt.

Wegen der schieren Menge und Größe der Formeln (für jede Baureihe Tausende Bedingungen in der MB, Zehntausende Auswahlbedingungen in der BoM) und zusätzlich der permanenten Anpassungen entlang des gesamten Lebenszyklus des Produkts, von der Entwicklung und dem Verkauf über die Produktion bis zum Ende der Ersatzteilversorgung, ist es für Menschen praktisch unmöglich, Fehler zu vermeiden. Andererseits können Fehler sehr kostspielig werden: Auf der oberen Ebene könnte ein Auftrag abgelehnt werden, obwohl er gebaut werden könnte, oder er könnte akzeptiert werden, obwohl er nicht gebaut werden kann oder darf. Auf der unteren Ebene kann die Auswahl eines falschen Teils eine Vielzahl von schweren Problemen nach sich ziehen, von Unterbrechungen am Fließband bis hin zu Problemen bei der Sicherheit oder der Homologation (offizielle Zertifizierung). Da etwa alle 90 Sekunden ein Fahrzeug das Fließband verlässt, sind auch kurze Unterbrechungen kostspielig.

An dieser Stelle ist es offensichtlich, dass die Formelmenge prinzipiell durch maschinelle Beweisverfahren analysiert und bearbeitet werden kann. Es stellen sich aber für eine industrielle Anwendung die Fragen:

1. Welche Fehler sind praxisrelevant, und wie können die Fehlerfälle symbolisch beschrieben werden, um deren Anwesenheit oder Abwesenheit zu beweisen?
2. Welche Beweisverfahren sind praxistauglich, also effizient genug und stabil genug für den Dauerbetrieb, ohne dass sie von Spezialisten wie Logikern, Mathematikern, oder Informatikern beaufsichtigt werden müssen und ohne dass die Anwender durch die Berechnungszeit in der eigentlichen Arbeit behindert werden?

Diese Fragen waren Hauptgegenstand der frühen Forschung (Küchlin und Sinz 2000; Sinz et al. 2003; Astesana et al. 2010a, b). Noch in den 1990er-Jahren war nicht klar, welche Beweisverfahren den Anforderungen der Praxis außerhalb des Labors genügen würden. Zunächst wurden einige spezielle SAT-Solver (Pargamin 2002; Sinz et al. 2003) und auch andere Spezialverfahren entwickelt. Unabhängig von der herstellerspezifischen Modellierungsart der MB ist es aber immer effizient möglich, eine PDF in Konjunktiver Normalform (CNF), d. h. als Menge von Klauseln herzustellen (Schöning 1987), sodass sie als Eingabe für einen Standard SAT-Solver verwendet werden kann. Inzwischen haben sich „lernende" SAT-Solver nach dem CDCL Prinzip (Marques-Silva und Sakallah 1999; Biere et al. 2009) in jeder Beziehung als vollständig praxistauglich erwiesen. Die Dauer einzelner Solver-Aufrufe liegt üblicherweise im einstelligen Millisekunden-Bereich, Analysen ganzer Baureihen können allerdings eine hohe sechsstellige Anzahl von Aufrufen erfordern. CDCL-Solver liefern außerdem für unerfüllbare Formeln einen klassischen (aussagenlogischen) Resolutionsbeweis, der eine nachvollziehbare Erklärung des Widerspruchs und somit eine Ursachenforschung ermöglicht. Erklärbarkeit ist in der Praxis ungemein wichtig, denn Erklärungen komplexer Zusammenhänge liefern einen wertvollen (und oft den einzigen) Ansatz für die Beseitigung von tief liegenden Fehlern. Mittlerweile haben sich einige Standard-Analysen für die Modellbeschreibung und die Stückliste herauskristallisiert, die von vielen Herstellern angewendet werden.

6.1 Logische Analyse der Modellbeschreibung

Eine formale Verifikation der Modellbeschreibung ist schon deshalb nicht möglich, da die Modellbeschreibung die einzige formale Spezifikation des Produktangebots ist. Allerdings ist es möglich, durch automatische Beweisverfahren gewisse verborgene Eigenschaften der MB ans Tageslicht zu fördern, die sich erst durch das Zusammenspiel der vielen Bedingungen ergeben. Als Beispiel sei ein Code C mit der einzigen Zusteuerbedingung ($A \rightarrow C$) gegeben. Es kann nun durchaus sein, dass diese Zusteuerbedingung sich schon als logische Konsequenz der Baubarkeitsbedingungen der MB ergibt, oder dass sich implizit eine weitere Zusteuerbedingung ($B \rightarrow C$) ergibt, die nicht explizit dokumentiert ist. Ebenso kann es sein, dass die Baubarkeitsbedingungen in ihrem Zusammenspiel verbieten, dass A und C überhaupt gleichzeitig in einer Order vorkommen, sodass als logische Konsequenz A=*false* folgt. Dadurch wäre einerseits „A" als Bestelloption „ausgehebelt", andererseits wäre ($A \rightarrow C$) als Konfigurationsregel wirkungslos, da C ihretwegen nie zugesteuert würde. In jedem Fall wäre ein mögliches Missverständnis bei der Dokumentation zu vermuten, dem man nachgehen sollte.

Eine übliche Analyse der Modellbeschreibung untersucht jeden Code auf seinen Status (Kaiser und Küchlin 2001a): Der Status von C ist *zwingend* bzw. *notwendig*, wenn C in jeder validen Order (positiv) vorkommen muss; *unmöglich* bzw. *überflüssig*, wenn C in keiner validen Order (positiv) vorkommen kann; andernfalls *optional*. In heutiger Terminologie geht es um die Bestimmung des positiven und negativen Rückgrats (*backbone*) der MB und dessen möglichst effiziente Berechnung (Kaiser und Küchlin 2001a).

In der Praxis kommen Codes, die für Kunden sichtbar und wählbar sind, nur in Ausnahmefällen im Backbone der MB vor, z. B. als *unmöglich* kurz vor ihrer

Freischaltung bei einem Modellwechsel. Fehlerfälle sind allerdings oftmals signifikant: Ein unmöglicher Landescode macht Orders für ein ganzes Land unmöglich, ein unabsichtlich zwingender oder unmöglicher Ausstattungscode schränkt die Wahlfreiheit des Kunden unnötig ein. Allerdings enthält die MB auch interne Herstellercodes (Zengler und Küchlin 2013); falls der interne Code für eine Batterieversion *unmöglich* ist, so wird diese nie verbaut. Die Typisierung der Codes ist besonders für Teilmengen des Produktangebots nützlich, z. B. für bestimmte Märkte oder Motor-Getriebe Kombinationen (sog. *Baumuster* innerhalb der Baureihe). Man möchte bzw. muss wissen, welche Codes im jeweiligen Kontext zwingend oder verboten sind, besonders wenn sie für die Homologation (Zertifizierung) relevant sind, wie z. B. Reifengrößen in Verbindung mit einem Motor.

6.2 Logische Analyse der Varianten-Stückliste

Wie bei der Modellbeschreibung gibt es auch bei der Stückliste keine weitere formale Spezifikation, gegen die man verifizieren könnte. Allerdings gibt es für eine idealisierte Stückliste eine zentrale Korrektheitsbedingung, die unabhängig vom Fahrzeughersteller gilt: Im Kern muss jede Fahrzeugkonfiguration an jeder Position der Stückliste genau eine Variante „treffen" (auswählen). Diese Bedingung wird üblicherweise in die beiden Analysen auf *Doppeltreffer* und *Fehltreffer* aufgebrochen. Außerdem möchte man die Stückliste (und damit auch das Lager) um unnötige Teile bereinigen und analysiert daher auch das Vorkommen von *Waisen* (Küchlin und Sinz 2000; Sinz et al. 2003):

Doppeltreffer: Eine Fahrzeugkonfiguration erzeugt an einer Position einen Doppeltreffer, wenn sie dort zwei Positionsvarianten (und damit zwei alternative Teile) gleichzeitig trifft.

Fehltreffer: Eine Fahrzeugkonfiguration erzeugt an einer Position einen Fehltreffer, wenn sie dort keine der Varianten (und damit kein Teil) trifft. Eine Position zu der es Fehltreffer gibt, ist *unvollständig*, da sie nicht alle Orders abdeckt; andernfalls ist sie *vollständig*.

Waisen: Eine Teilevariante, die von keiner Fahrzeugkonfiguration getroffen werden kann, ist an dieser Position eine Waise (das Teil ist dort überflüssig).

In der Praxis sind besonders Fehltreffer und Doppeltreffer kritisch, da sie die Produktion am Fließband unterbrechen können (Abb. 3).

Offensichtlich kommt es in allen Fällen nur auf *valide* Fahrzeugkonfigurationen an. Angesichts der astronomischen Varianz kann man sich für eine Validierung aber nicht damit begnügen, eine Modellbeschreibung nur bezüglich einer gegebenen (notwendigerweise kleinen) Menge von Orders zu überprüfen, z. B. bezüglich des Produktionsvolumens des letzten Jahres. Stattdessen muss man nach der Existenz von theoretisch möglichen Orders bezüglich der MB suchen. Dazu muss man das Regelwerk der MB mit dem Regelwerk der BoM in Beziehung setzen. Dies gelang erstmals ab etwa 1996 mit der Hilfe eines SAT-Solvers (Küchlin and Sinz 2000; Sinz et al. 2003).

Position	Variante	Reifentyp	Auswahlbedingung
20020	100	205/55 R16 91V	V2+(40 / 45)
20020	200	205/55 R16 91W	V0+(40 / 45 / M22+M5+M12)
20020	300	205/55 R16 91H	V1+(40 / 45)

Doppeltreffer: Es existiert ein Doppeltreffer zwischen den Varianten 100 und 300 falls V1 und V2 gemeinsam in einer validen Order vorkommen können. Ein Doppeltreffer exististiert aber nicht, falls die MB dies verbietet, z. B. durch die Bedingung (-V2 / -V1).

Fehltreffer: Die Position ist z. B. unvollständig falls es eine valide Order ohne M22, 40, und 45 gibt, d. h. eine Konfiguration, in der M22, 40, und 45 den Wert *false* haben.

Waise: Reifentyp 205/55 R16 91V an Variante 100 ist eine Waise z. B. wenn V2 in einer Order unmöglich ist, d. h. wenn V2=*false* durch die MB impliziert wird.

Abb. 3 Exemplarische Fehlerfälle an einer fiktiven BoM Position. (Quelle: eigene Darstellung)

7 Zusammenfassung

Das Management von Konfigurationsbedingungen, ihre Analyse und Verifikation, ist eine der großen Geschäftsanwendungen der klassischen symbolischen KI in Form von Aussagenlogik und Automatischem Beweisen mittels SAT-Solving. (Andere wichtige Anwendungen sind z. B. die Verifikation von mikroelektronischen Schaltungen und von Software.) Aus Sicht der KI geht es in allen Fällen darum, vollautomatisch Schlussfolgerungen aus den Gegebenheiten der Umwelt (hier der Produktvielfalt) zu ziehen bzw. auf intelligente Weise Fragen über die Umwelt beantworten zu können. In der Tat sind neue Anwender oft über die Intelligenz einer Antwort verblüfft, bis sie die logische Erklärung gesehen und Schritt für Schritt nachvollzogen haben.

Das Geschäftsmodell der individualisierten Massenfertigung verlangt konfigurierbare, aus austauschbaren Modulen aufgebaute Produkte. Das Konzept von Industrie 4.0 propagiert einen voll automatisierten Informationsfluss ausgehend von der Kundenseite, wo das Produkt im Internet konfiguriert und bestellt wird, über die Produktion und die Auslieferung bis zur Rechnungsstellung und Bezahlung. Dies bedeutet, dass die Konfiguration und die Herstellung des Produkts möglichst ohne menschliche Intervention erfolgen sollte. Modellbeschreibung und Stückliste müssen daher absolut fehlerfrei sein.

Obwohl die Automobilindustrie eben erst den Übergang zur Internet basierten Bestellung beginnt, perfektioniert sie bereits seit längerem die individualisierte Massenproduktion und hat daher eine starke Motivation für eine fehlerfreie Produktdokumentation. Dies gilt insbesondere für die deutschen Hersteller von Premiumfahrzeugen, die hoch konfigurierbare Fahrzeuge mit zahlreichen Sonderausstattungen in praktisch alle Länder der Erde verkaufen. Jeder Fehler in der Produktdokumentation schlägt sich hier früher oder später im Fahrzeug nieder und sorgt für teilweise hohe Kosten, sei es am Band oder bei Rückrufen.

Der Erfolg des symbolischen Ansatzes auf diesem Gebiet beruht auf der besonders glücklichen Kombination der relativ einfachen Aussagenlogik mit dem hocheffizienten Lösungsverfahren des CDCL SAT-Solving. Aussagenlogik („the rules of thought" – George Boole) kann auch von Nicht-Logikern verstanden werden, ist aber gleichzeitig mächtig genug, um das Anwendungsproblem zu beschreiben. Daher kann die Modellierung im Wesentlichen bereits von Industrieseite erbracht werden. Die Ergebnisse der Beweisverfahren stehen daher im engen Bezug zur Anwendung und sind somit nicht nur rein mathematisch korrekt, sondern auch auf der Anwendungsseite bedeutungsvoll und nützlich. Die klassischen Analysen laufen bequem in der Komfortzone eines CDCL-Solvers. Überraschende Verzögerungen oder gar Abstürze kommen nicht vor. Außerdem gibt es ein reiches Ökosystem an weiteren Methoden, Algorithmen und Implementierungen, sowie an Forschung und Erfahrung im Umfeld des SAT-Solving, was neue Anwendungen erleichtert (Biere et al. 2009).

Weitere wichtige Themenkreise für den Einsatz automatischer Beweis- und Berechnungsverfahren in diesem Umfeld sind u. a. die automatische Berechnung von Ursachen und Erklärungen für die Ergebnisse (Kaiser und Küchlin 2001c; Walter et al. 2017), die Unterstützung für den Aufbau nachweislich korrekter Modellbeschreibungen und Stücklisten, sowie Optimierungsverfahren für die Konfiguration (Walter et al. 2013; Walter und Küchlin 2014) und für die Planung (Walter et al. 2015).

Die hier beschriebenen Methoden sind so oder in ähnlicher Weise im täglichen Produktiveinsatz bei mindestens 8 Automobilmarken in Deutschland, Frankreich und den USA. Dieser Artikel reflektiert im Wesentlichen unsere Tübinger Forschungsergebnisse, Entwicklungen und Erfahrungen aus dem Technologietransfer seit etwa 1996, aus dem die Erstausrüstung der Software für bislang 4 Automobilhersteller hervorging. Eine umfassendere Behandlung von alternativen Entwicklungen im Automobilbereich sowie von Konfigurationsproblemen in anderen Kontexten war im Rahmen dieses Beitrags nicht möglich.

Danksagung Die Erforschung, Entwicklung und Anwendung der beschriebenen Methoden am Arbeitsbereich für Symbolisches Rechnen und am Steinbeis Transferzentrum STZ OIT an der Universität Tübingen wäre nicht möglich gewesen ohne eine Vielzahl von engagierten Doktoranden, Mitarbeitern und Kunden. Besonderer Dank gilt der damaligen DaimlerChrysler AG für die Förderung des initialen universitären Forschungsprojekts.

Literatur

Astesana, Jean Marc, Laurent Cosserat, und Hélène Fargier. 2010a. Constraint-based modeling and exploitation of a vehicle range at Renault's: Requirements analysis and complexity study. In *Proceedings of the ECAI 2010 configuration workshop*, 33–39. Lissabon.

Astesana, Jean Marc, Laurent Cosserat, und Hélène Fargier. 2010b. Constraint-based vehicle configuration: A case study. *Proceedings of the 2010 IEEE International Conference on Tools with Artificial Intelligence (ICTAI)* 01:68–75. Arras.

Biere, Armin, Marijn Heule, Hans van Maaren, und Toby Walsh, Hrsg. 2009. *Handbook of satisfiability*. Amsterdam: IOS Press.

Davis, Martin, und Hilary Putnam. 1960. A computing procedure for quantification theory. *J.ACM* 7(3): 201–215.

Davis, Martin, George Logemann, und Donald Loveland. 1962. A machine program for theorem proving. *Communications of the Association for Computing Machinery* 5(7): 394–397.

Genesereth, Michael R., und Nils J. Nilsson. 1987. *Logical foundations of artificial intelligence*. Los Altos: Morgan Kaufmann Publishers. Deutsche Übersetzung: *Logische Grundlagen der Künstlichen Intelligenz*. Wiesbaden: Vieweg, 1989.

Haag, Albert. 1998. Sales configuration in business processes. *IEEE Intelligent Systems* 13(4): 78–85.

Kaiser, Andreas, und Wolfgang Küchlin. 2001a. Detecting inadmissible and necessary variables in large propositional formulae. In *Proceedings of the first international joint conference on automated reasoning, IJCAR, short paper session*, 96–102. Siena.

Kaiser, Andreas, und Wolfgang Küchlin. 2001b. Automotive product documentation. In *Proceedings of the 14th international conference on industrial and engineering applications of artificial intelligence and expert systems, IEA/AIE*, 465–475. Budapest.

Kaiser, Andreas, und Wolfgang Küchlin. 2001c. Explaining inconsistencies in combinatorial automotive product data. In *Proceedings of the 2nd international conference on intelligent technologies (InTech)*, 198–204. Bangkok.

Knuth, Donald E. 2016. *Satisfiability. The art of computer programming*, Bd. 4, Fasc. 6. Boston: Addison Wesley.

Kübler, Andreas, Christoph Zengler, und Wolfgang Küchlin. 2010. Model counting in product configuration. In *Proceedings of the first international workshop on logics for component configuration LoCoCo 2010, electronic proceedings in theoretical computer science (EPTCS)*, Bd. 29, 44–53. Edinburgh.

Küchlin, Wolfgang, und Carsten Sinz. 2000. Proving consistency assertions for automotive product data management. *Journal of Automated Reasoning* 24:145–163.

Marques-Silva, Joao P., und Karem A. Sakallah. 1999. GRASP: A search algorithm for propositional satisfiability. *IEEE Transactions on Computers* 48(5): 506–521.

Nilsson, Nils J. 1971. *Problem solving methods in artificial intelligence*. New York: Mc Graw Hill.

Nilsson, Nils J. 1980. *Principles of artificial intelligence*. Palo Alto: Tioga Publishing Co.

Pargamin, Bernard. 2002. Vehicle sales configuration: The cluster tree approach. In *Configuration workshop notes, 15th European conference on artificial intelligence (ECAI)*. Lyon.

Robinson, John Alan. 1965. A machine oriented logic based on the resolution principle. *Journal of the Association for Computing Machinery* 12(1): 23–41.

Schöning, Uwe. 1987. *Logik für Informatiker*. Mannheim: B. I. Wissenschaftsverlag.

Schöning, Uwe, und Jacobo Torán. 2012. *Das Erfüllbarkeitsproblem SAT*. Berlin: Lehmanns media.

Sinz, Carsten, Alexander Kaiser, und Wolfgang Küchlin. 2003. Formal methods for the validation of automotive product configuration data. *Artificial Intelligence for Engineering Design, Analysis and Manufacturing (AIEDAM)* 17(1): 75–97.

Tiihonen, Juha, und Alexander Felfernig. 2017. An introduction to personalization and mass customization. *Journal of Intelligent Information Systems* 49:1–7. Special issue on personalization and mass customization.

Walter, Rouven, und Wolfgang Küchlin. 2014. ReMax – a MaxSAT aided product configurator. Applications of MaxSAT in automotive configuration. In *Proceedings of the 15th international configuration workshop, Vol. 1128 of CEUR workshop proceedings*, 21–28. Vienna.

Walter, Rouven, Christoph Zengler, und Wolfgang Küchlin. 2013. Applications of MaxSAT in automotive configuration. In *Proceedings of the 16th International Configuration Workshop, Vol. 1220 of CEUR Workshop Proceedings*, 59–66. Novi Sad.

Walter, Rouven, Thore Kübart, und Wolfgang Küchlin. 2015. Optimal coverage in automotive configuration. In *Proceedings of mathematical aspects of computer and information sciences – 6th international conference MACIS 2015, Vol. 9582 of lecture notes in computer science*, 611–626. Berlin.

Walter, Rouven, Alexander Felfernig, und Wolfgang Küchlin. 2017. Constraint-based and SAT-based diagnosis of automotive configuration problems. *Journal of Intelligent Information Systems* 49(1): 87–118.

Zengler, Christoph, und Wolfgang Küchlin. 2013. Boolean quantifier elimination for automotive configuration – a case study. In *Formal methods for industrial critical systems, 18th international workshop, FMICS 2013*, 48–62. Madrid.

Automatisierung der Deduktion

Wolfgang Bibel

Inhalt

Zusammenfassung

Vor dem Hintergrund der menschlichen Fähigkeit zur Erweiterung unseres Wissens durch logisches Schließen vermittelt dieser Beitrag einen Überblick der Automatischen Deduktion (AD), eines Teilgebiets der Disziplin der Künstlichen Intelligenz (KI). Er erläutert die Grundmerkmale sowohl der Resolutionsmethode als auch der Konnektionsmethode in der AD und umschreibt deren Varianten und Spezialisierungen sowie die aus der AD hervorgegangenen Beweissysteme, deren Leistungsfähigkeit und vielfältige Anwendungen. Der Text vermittelt zudem einen Einblick in die historische Entwicklung der AD sowie eine Vorstellung von ihrer Rolle, auch im Kontext von Lernverfahren, in der künftigen Entwicklung der KI.

Schlüsselwörter

Automatische Deduktion · Automatisches Beweisen · Konnektionsmethode · KI · Logik

W. Bibel (✉)
Fachbereich Informatik, TU Darmstadt, Darmstadt, Deutschland

K. Mainzer (Hrsg.), *Philosophisches Handbuch Künstliche Intelligenz*,
https://doi.org/10.1007/978-3-658-19606-6_56

1 Einleitung

Durch aufsehenerregende Erfolge ist die Technologie der Künstlichen Intelligenz (KI) im letzten Jahrzehnt erneut in den Fokus des allgemeinen Interesses gerückt. Dadurch ist auch das Interesse der anderen Wissenschaften an der KI als naturwissenschaftlicher Disziplin, an ihrem methodischen Ansatz sowie dem sich daraus ergebenden Potenzial und an ihren vielen Teilgebieten gewachsen. Die Automatische Deduktion (AD) ist eines dieser auch akademisch fest etablierten Teilgebiete der KI. Der vorliegende Beitrag vermittelt einen Überblick der AD und geht dabei in der folgenden Weise vor.

Im nachfolgenden Abschn. 2 wird die Thematik der KI und speziell die der AD kurz umrissen, in der – ausgehend von logischen Kalkülen – maschinelle Verfahren zum logischen Schließen auf formalisiertem Wissen entwickelt, im Computer experimentell getestet und in Anwendungen praktisch eingesetzt werden. Die Motivationen für diese grundlegenden Forschungen werden im Abschn. 3 ausführlicher erläutert. Auf der Grundlage der Sprache der Prädikatenlogik erster Stufe (PL1) für die Repräsentation von Wissen als logische Formeln werden das Vorgehen zum automatischen Nachweis der Gültigkeit einer solchen Formel mittels der Konnektionsmethode (KM) in der AD im Abschn. 4 an zwei Beispielen ausführlich illustriert und dabei die zugrunde liegenden Begriffe und Aspekte beschrieben. Im anschließenden Abschn. 5 wird eine vereinfachte Form der Darstellung logischer Formeln, nämlich ihre Matrix- bzw. Klauselform eingeführt, die der Resolutionsmethode (RM) als dem gängigsten Verfahren der AD zugrunde liegt. Das vermittelte Verständnis der KM für diese Repräsentation der Formeln überträgt sich dann auf dasjenige der RM in einfacher Weise. Damit sind somit die beiden geläufigsten allgemeinen Verfahren der AD eingeführt.

Abschn. 6 berichtet von den vielen Varianten der beiden grundlegenden Methoden sowie von möglichen Spezialisierungen zur Verbesserung der Effizienz der Verfahren unter Berücksichtigung spezifischer Formelstrukturen. Zudem richtet er den Blick auf sowohl speziellere als auch allgemeinere Logiken als die PL1. Der darauffolgende Abschn. 7 fokussiert nach einem kurzen Blick in die Geschichte der AD auf die in diesem Gebiet entstandenen Beweissysteme. Beispielsweise wird der Code des – unter den international führenden Konkurrenten – kompaktesten Beweisers leanCoP angegeben, um den Lesern einen gewissen Eindruck von der inhärenten Komplexität eines solchen Systems zu vermitteln. Zudem wird erläutert, wie die Leistungsfähigkeit der Systeme untereinander verglichen werden kann und wie diese Vergleiche und der Leistungsstand der AD im Hinblick auf die unzähligen Anwendungsmöglichkeiten zu beurteilen sind. Weiter wird beschrieben, wie diese Leistungsfähigkeit mit Lernverfahren, die auf der KI-Methodik der neuronalen Netze beruhen, noch erheblich gesteigert werden kann. Mit dem Abschn. 8 schließt sich ein perspektivischer Ausblick der weiteren Entwicklung der KI als Disziplin und Technologie sowie speziell der AD an, deren künftige Beiträge weiterhin als grundlegend eingeschätzt werden. Ein Fazit beschließt die Arbeit.

2 Motivation und Grundlagen zum logischen Schlußfolgern

Das Bestreben nach einem Verständnis seiner Umwelt ist dem Menschen quasi angeboren. Fortschritte in diesem Bestreben können ihm das Dasein erleichtern. In den Wissenschaften ist dieses Bestreben mit großen Erfolgen und zum allgemeinen Nutzen institutionalisiert worden.

Zur Umwelt gehören zunächst die mit unseren Sinnen direkt oder indirekt wahrnehmbaren Erscheinungsformen einschließlich uns Menschen selbst. Unter allen Lebewesen ist der Mensch mit dem umfangreichsten Repertoire an Fähigkeiten ausgestattet, die man *geistige* nennt. Ein naturwissenschaftlich gesichertes Verständnis dieser und weiterer Arten von Phänomenen ist eines der Ziele der wissenschaftlichen Disziplin der Künstlichen Intelligenz (KI). Verständlicherweise haben sich die KI-Pioniere zunächst vorzugsweise die geistigen Fähigkeiten von Menschen als Objekt des Studiums vorgenommen (und nicht etwa diejenigen von – sagen wir – Hunden und Katzen).

Bei den geistigen Fähigkeiten des Menschen handelt es sich um ein dichtes Geflecht von Leistungen unterschiedlichster Art. Es entspricht gängigem wissenschaftlichen Vorgehen, im ersten Anlauf die Komplexität der Aufgabenstellung dadurch zu reduzieren, daß man ein solches Geflecht erst einmal in sinnvolle Komponenten zerlegt, die dann separat studiert werden können. Das Schlußfolgern bzw. Inferenzieren ist eine solche sinnvoll analysierbare Komponente im dichten Geflecht geistiger Fähigkeiten und es handelt sich dabei zudem um einen der fundamentalen Aspekte des menschlichen Geistes.

Beim logischen Schlußfolgern wird aus gegebenem Wissen auf weiteres Wissen geschlossen. Wir Menschen nutzen diese geistige Fähigkeit täglich in vielfältiger Weise, ohne uns dessen überhaupt bewußt zu werden; ohne sie wären beispielsweise sprachliche Kommunikation, Planen und Einschätzungen von Handlungsmöglichkeiten und vieles andere schlicht nicht möglich. Logisches Schließen bildet zudem eines der Fundamente wissenschaftlicher Theoriebildung. Kurz, bei der Erforschung des Schlußfolgerns handelt es sich in der Tat um ein sehr grundlegendes Unterfangen (Bibel und Kreitz 2015).

Vor der Erfindung des Computer in der Mitte des letzten Jahrhunderts konnte das Schließen nur wiederum durch Schlußfolgern aus den Beobachtungen von beispielsweise sprachlichen Äußerungen abstrahiert und dann formal nachgebildet werden, ein Bemühen, das auf eine mehr als zweitausendjährige Geschichte der Logik zurückblicken kann (Bibel 2020). Daraus sind formale Sprachen und Kalküle des Schließens entstanden. Man unterscheidet dabei die Inferenzmodi Deduktion, Induktion und Abduktion, unter denen wir uns hier auf die Deduktion konzentrieren wollen, weil sie repräsentativ auch für die anderen Modi stehen kann. Traditionelle Deduktionskalküle wie die Aristotelischen Syllogismen, der Hilbert-Kalkül oder der Sequenzenkalkül und der Kalkül des natürlichen Schließens von Gentzen samt der dabei jeweils verwendeten sprachlichen Formalismen sind in Kahle (2022, in diesem Band) ausführlich besprochen. Diese umfangreiche, ausgefeilte und formale Grundlage aus der Mathematischen Logik bildet den Ausgangspunkt für die Automatisierung der Deduktion.

3 Zweierlei Motivationen zur Automatisierung der Deduktion

Die Motivation zur Automatisierung der Deduktion speist sich aus zwei deutlich unterscheidbaren Quellen. Schon der Begriff des Kalküls (lat. calculus = Rechenstein) bringt zum Ausdruck, daß mit der Kalkülisierung der Logik die Möglichkeit eröffnet ist, logisches Schließen in der traditionellen Form des Rechnens mit Zahlen durchführen zu können. (Kahle 2022, Abschn. 1) spricht entsprechend von einer „Mathematisierung der Logik". Das berühmte Leibnizsche *calculemus* (Gerhardt 1875–1890, S. 64, 184, 200) ist in genau diesem Sinne des Schließens mittels Rechnen zu verstehen.

Das Rechnen hat eine Jahrtausende lange und bis heute blühende Tradition zur Unterstützung der geistigen Fähigkeiten in bestimmten Anwendungen wie etwa beim Handel. Geräte zur mechanischen Ausführung von Rechnungen haben eine ähnlich lange Tradition (Bruderer 2020). Die Formalisierung des logischen Schließens zielte daher spätestens seit Leibniz auch auf die Ausdehnung dieser Unterstützung auf den Bereich des logischen Denkens. Auch die Idee, hierbei Rechengeräte einzusetzen, ist deshalb bereits im 19ten Jahrhundert erstmals realisiert worden (Jevons 1869, S. 60).

Diese so beschriebene Quelle der Motivation zur Automatisierung der Deduktion in Form der Mathematisierung der Logik geht davon aus, daß die zugrunde liegenden logischen Kalküle das menschliche Schließen korrekt modellieren. Wir wissen inzwischen, daß diese Annahme tatsächlich nicht zutrifft. Die im Abschn. 2 genannte Zielsetzung der KI eines Verständnisses unseres Schließens ist mit den Erkenntnissen aus der Logik daher noch nicht erreicht. Erst mit der Erfindung des universellen Computer ist eine Quelle für diese Motivation der KI erschlossen worden, die sich von der vorher beschriebenen Quelle deutlich unterscheidet. Denn nun läßt sich unser Schließen auf dem Computer in unterschiedlicher Weise modellieren und mit Experimenten diejenige Modellierung herausfinden, die dem menschlichen Vorbild am nächsten kommt. In diesem Sinne folgt die Modellierung und damit die Theoriebildung durch die Automatisierung der Deduktion als Teilgebiet der KI deren naturwissenschaftlicher Methodologie, die über diejenige der Logik entscheidend hinausgeht.[1]

Die beiden unterschiedlichen Motivationsquellen führen aus folgenden Gründen jedoch nicht zu zwei getrennten Teilgebieten der (automatischen) Deduktion. Die Formalisierung der Logik hat mit Gottlob Frege (Frege 1879) eine Ausdrucksstärke erreicht, die es erlaubt, mit seinem oder mit daraus entwickelten Kalkülen alles

[1] In Bibel (2022) ist dieser naturwissenschaftliche Aspekt der KI ausführlich dargestellt und begründet.

Formalisierbare darin zu formalisieren. Ihm selbst ging es um die Formalisierung der (gesamten) Mathematik (Kahle 2022, Abschn. 1, in diesem Band). Angesichts dieser (in einem bestimmten Sinne) universellen Ausdrucksstärke ist es daher auch möglich, im Rahmen eines logischen Kalküls unterschiedliche Modellierungen des menschlichen Schließens im Sinne der KI zu formalisieren und in Experimenten zu testen. Den Arbeiten in der Deduktion ist es daher in einzelnen Fällen nicht prima vista anzusehen, unter welcher der beiden Motivationen sie jeweils durchgeführt wurden.

In der vorliegenden Arbeit werden wir uns vor allem auf einen Überblick der Automatisierung der Prädikatenlogik erster Stufe (PL1) konzentrieren, die aus den soeben beschriebenen Gründen unter beiden Motivationen von Interesse ist. Daher sei schon hier darauf hingewiesen, daß es jenseits der logischen Kalküle klassischer Natur (wie beispielsweise der PL1) umfangreiche und unterschiedlichste Arbeiten in der KI und Kognitionswissenschaft gibt, die sich an der beschriebenen KI-Motivation orientieren. Als unterschiedliche Beispiele seien die Arbeiten zum nichtmonotonen Schließen (Brewka 1991) sowie zum Schließen aus kognitionswissenschaftlicher Sicht (Khemlani und Johnson-Laird 2012; Oliviera da Costa et al. 2017) genannt.

4 Beweissuche in der Konnektionsmethode

Im Abschn. 2 haben wir bereits festgestellt, daß mit dem logischen Schlußfolgern der verfügbare Wissensfundus erweitert werden kann. Dazu ist es zunächst erforderlich, eine präzise Sprache zur Verfügung zu stellen, in der Wissen eindeutig formuliert bzw. repräsentiert werden kann. In der Tradition der Logik sind solche formalen Sprachen entwickelt worden, wie im letzten Abschnitt bereits erwähnt ist. Die Sprache der Prädikatenlogik erster Stufe (PL1) ist eine derartige Wissensrepräsentationssprache. In Kahle (2022, in diesem Band) ist sie in den Definitionen 6–8 präzise definiert, sodaß wir hierauf Bezug nehmen können.[2]

In der PL1 wird Wissen in der Gestalt einer Formel repräsentiert. Ein Beispiel ist die folgende Formel:

$$(\forall a \neg Pa \rightarrow \neg \exists y Qy) \rightarrow \exists z Pz \vee \neg \exists b Qfb$$

In ihr wird behauptet, daß man logisch aus dem durch $\forall a \neg Pa \rightarrow \neg \exists\, yQy$ repräsentierten Wissen – der Voraussetzung – auf $\exists zPz \vee \neg \exists bQfb$ – die Konklusion – schließen könne bzw., anders ausgedrückt, daß die Konklusion aufgrund der Voraussetzung bewiesen werden kann bzw., nochmals anders ausgedrückt, daß die Formel als Ganzes logisch *gültig* ist. Formale Systeme bzw. Kalküle der Logik ermöglichen die Feststellung dieser Gültigkeit auf rein syntaktische Weise. In der Automatischen

[2] Die vom Autor der vorliegenden Arbeit über Jahrzehnte verwendeten Bezeichnungskonventionen (s. z. B. Bibel 1992) weichen nur unwesentlich von den Kahleschen ab, sodaß sich aus den geringfügigen Abweichungen keine Probleme für den Leser ergeben sollten.

Deduktion bzw. dem Automatischen Beweisen (AD bzw. ATP bzw. AR)[3] wird diese Feststellung der Gültigkeit automatisiert und kann dann auf beliebig komplexe Formeln angewandt werden.

Im Umgang mit solchen Formeln ist es im Hinblick auf die Automatisierung von Vorteil, die Anzahl der in ihnen auftretenden logischen Operatoren so gering wie möglich zu halten, weil im Formalismus dann weniger unterschiedliche Fälle zu berücksichtigen sind. Dazu sind in der Logik Regeln erarbeitet worden, die die Umformung der Formeln ohne Veränderung des repräsentierten Wissens ermöglicht (Bibel 1992). Die Anwendung der entsprechenden Regeln auf die obige Formel mit dem Ziel der Ersetzung der logischen Operatoren $\rightarrow$ und $\forall$ führt zu folgender *äquivalenter* Formel, kurz F_1 genannt, die nur noch die logischen Operatoren $\neg$, $\vee$, $\exists$ enthält, auf die wir uns auch im Folgenden beschränken wollen:

$$\neg(\exists aPa \vee \neg\exists yQy) \vee \exists zPz \vee \neg\exists bQfb$$

Die Gültigkeit von F_1 läßt sich beispielsweise mit einem der am Ende des Abschn. 2 genannten logischen Kalküle, etwa mit dem Gentzenschen Sequenzenkalkül nachweisen, indem man eine *Ableitung* von F_1 aus Axiomen unter Anwendung der Kalkülregeln angibt. Wie bei der Anzahl der auftretenden Operatoren erleichtert es die Arbeit im Hinblick auf die Automatisierung, wenn der zugrunde liegende Kalkül ohne Verlust möglichst wenige Regeln enthält. Der Sequenzenkalkül mit 29 Regeln erweist sich dabei als viel zu aufgebläht. In (Bibel und Otten 2020) findet sich ein von Kurt Schütte stammender Kalkül (GS), der diese 29 Regeln ohne nennenswerte Einbuße und lediglich durch Redundanzelimination auf 3 reduziert. In der zitierten Arbeit ist auch eine Ableitung in GS unserer Formel F_1 aus den Axiomen mit fünf Schritten angegeben (s. Fig. 1 dort). Die Aufgabe eines Systems in AD ist es, eine solche Ableitung zu gegebenem F_1 automatisch zu *finden* und so die Gültigkeit der Formel nachzuweisen. Mathematisch gesehen bildet eine solche Ableitung dann einen Beweis, weshalb auch der Begriff der *Beweisverfahren* geläufig ist.

In der AD ist diese Elimination von Redundanz zur Effizienzsteigerung auf die Spitze getrieben, sodaß die verwendeten Kalküle im Wesentlichen nur noch eine einzige Regel aufweisen. Beispielsweise besteht im hier erläuterten Konnektionskalkül diese Regel in der Identifikation einer sogenannten Konnektion, einer strukturellen Konstellation innerhalb der Formel mit bestimmten Eigenschaften. Dieser Schritt der Anwendung dieser Regel wird dann solange durchgeführt, bis ein bestimmtes Erfolgskriterium erfüllt ist. Für F_1 ist ein solcher erfolgreicher Beweis, erreicht in zwei Schritten, im Wesentlichen durch die beiden im folgenden Bild gezeigten Konnektionen gegeben (Bibel und Otten 2020, Fig. 5):

[3] Die hier verwendete Abkürzung AD ist für sich weniger gebräuchlich, ist aber in der international führenden Konferenz CADE (Conference on Automated Deduction) fest verankert. ATP steht für das synonym verwendete Automated Theorem Proving bzw. Automatische Beweisen, AR für Automated Reasoning.

$$\neg(P^1 a \vee \neg\exists y\, Q^0 y) \vee \exists z\, P^0 z \vee \neg Q^1 fb \text{ with } \sigma = \{y_1 \backslash fb, z_1 \backslash a\}$$

Die Prädikatszeichen *P, Q* sind darin mit sogenannten *Polaritäten* 0 und 1 versehen, die die gerade (0) oder ungerade (1) Anzahl von auf die Positionsstelle wirkenden Negationszeichen angeben. Zudem sind die Existenzquantoren mit der Polarität 1 vereinbarungsgemäß als selbstverständlich einfach weggelassen. Schließlich ist noch eine *Substitution* σ angegeben, wonach der Term *y* durch den Term *fb* und *z* durch *a* ersetzt wird (zum Index 1 an den Variablen s.u.). Man spricht hier auch von der *Unifikation* der beiden Termpaare. Ein konnektiertes Paar wie ($P^1 a$, $P^0 z$) mit gleichem Prädikatszeichen, aber verschiedenen Polaritäten nennt man eine *Konnektion.*[4] Durch die angegebene Ersetzung bzw. Unifikation werden die beiden konnektierten Formelteile, die man *Literale* nennt, bei beiden Konnektionen bis auf die unterschiedlichen Polaritäten jeweils identisch. Gibt es eine solche Substitution mit diesem Ergebnis, nennt man die Konnektion *unifizierbar.* Ist all dies wie beschrieben für alle identifizierten Konnektionen erfüllt und *spannen* diese gefundenen Konnektionen die Formel in einem näher zu definierenden Sinne (s. Abschn. 5) *auf,* dann ist der Beweis im Konnektionskalkül erfolgreich erbracht, wie für die Beispielformel F_1 mit den beiden Konnektionen in zwei Schritten geschehen.

Bevor wir auf weitere Details zur Beweisfindung im Konnektionskalkül eingehen, sei hier zum besseren Verständnis noch eine allgemeine Bemerkung eingeschoben. Die traditionellen Logikkalküle sind für die Anwendung durch den Menschen konzipiert und sind entsprechend vergleichsweise lesbar und verständlich. Die Kalküle der AD sind dagegen auf Effizienz in der algorithmischen Verarbeitung getrimmt und erheben nicht den Anspruch in Bezug auf die Anwendung durch und die Verständlichkeit für Menschen. Sie sind zudem in ihren Details sehr komplex und können in einem Überblicksbeitrag wie dem vorliegenden naturgemäß daher nur hinsichtlich ihrer grundlegenden Merkmale relativ oberflächlich erläutert werden (wie dies für komplexe KI-Systeme immer der Fall ist). Letztlich spielt für den Nutzer eines solchen Systems ja nur das erbrachte Ergebnis in Form eines lesbaren und nachvollziehbaren Beweises eine Rolle. Deshalb sei nochmals darauf hingewiesen, daß ein gefundener Konnektionsbeweis eine Abstraktion bzw. Kompression eines entsprechenden Beweises im Gentzenschen Sequenzenkalküls darstellt. Letzterer – oder auch ein daraus resultierender mathematischer Text – kann dem Nutzer daher mittels spezieller Übersetzungssysteme aus dem gefundenen Konnektionsbeweis auch automatisch zur Verfügung gestellt werden. In diesem Kontext sei erwähnt, daß die hier erläuterte Konnektionsmethode (KM) und deren Kalkülvarianten unter ihren Konkurrenten im AD im Hinblick auf höchstmögliche Effizienz am

[4] Die Darstellung einer Konnektion durch Bögen auf der Formel erleichtert die Verständlichkeit. Technisch gesehen ist eine Konnektion lediglich ein Paar zweier Positionen in der Formel, also ein strukturelles Element, mit dem die Formel annotiert wird.

kompaktesten verdichtet sind und gleichwohl in dieser direkten Verbindung mit einem natürlichen und für Menschen leichter lesbaren Kalkül stehen.

Unsere bisherige Beispielformel ist zu einfach, um ein weiteres wichtiges Merkmal von Konnektionsbeweisen zu illustrieren. Zur folgenden Formel F_2 ist daher ein Konnektionsbeweis mit drei Konnektionen angegeben, die in zwei unterschiedlichen *Instanzen* des Mittelteils $\exists^2 x \neg (\ldots)$ enden.

$$\neg N^1 0 \vee \exists^2 x \neg(\neg N^0 x \vee N^1 fx) \vee N^0 ff0 \quad \textbf{with} \quad \sigma = \{x_1 \backslash 0, x_2 \backslash f0\}$$

Der Quantor $\exists$ steht bekanntlich für „es gibt", beschränkt sich daher nicht notwendig auf ein einziges Objekt, sondern kann sich auf mehrere, ja beliebig viele Objekte beziehen. Entsprechend muß die von ihm beeinflußte Teilformel zur erfolgreichen Beweisfindung ggf. in mehreren Instanzen berücksichtigt werden. Im Beispiel werden genau zwei solcher Instanzen zum Beweis benötigt, weshalb der Quantor mit der *Multiplizität* 2 als oberer Index dekoriert ist. Zudem ist bei den Konnektionenenden in den Mittelteil hinein angegeben, welche der beiden Instanzen 1 oder 2 jeweils gemeint ist, während sich bei den Enden mit nur einer Instanz diese Angabe als redundant erübrigt. Ebenso sind nun auch zwei Instanzen der vom Quantor gebundenen Variablen x in Betracht zu ziehen, was mit dem unteren Index an x geschieht. (Das erklärt nun auch, warum im obigen Beweis von F_1 in der Substitution y_1, z_1 anstelle von y, z zur Bezeichnung der ersten – und in diesem Fall einzigen – Instanz Verwendung fand.) Mit der angegebenen Substitution sind die drei gezeigten Konnektionen unifiziert und aufspannend (s. Abschn. 5), der Beweis also erbracht, die Formel also gültig.

Die Suche nach einem Beweis für eine gegebene Formel F läßt sich aus Sicht der KM nun in folgender Weise beschreiben: Bestimme in der Menge K_F aller vorhandenen Konnektionen von F eine unifizierbare und aufspannende Teilmenge. K_F läßt sich leicht vorweg bestimmen (bzw. in die Datenstruktur der Formel miteinbeziehen), wobei es sich wegen unbeschränkter Multiplizitäten der auftretenden Quantoren um eine ebenfalls unbeschränkte Menge handeln kann. Genau darin liegt die Komplexität jeglicher Beweissuche in PL1 begründet. Es läßt sich aus diesem Grund im Allgemeinen auch nicht entscheiden, ob bei erfolgloser Beweissuche dies an dem noch nicht ausreichenden Suchaufwand oder daran liegt, daß die untersuchte Formel gar nicht gültig ist: die PL1 ist *unentscheidbar*. Bei jedem Suchlauf sind zu jeder vorgegebenen Zeitschranke daher die drei folgenden Ausgänge möglich: Beweis gefunden;[5] Formel nicht gültig; kein Ergebnis.

Es gibt viele Varianten der algorithmischen Lösung der Bestimmung der gesuchten Teilmenge von K_F, also viele unterschiedliche Konnektionskalküle unter dem gemeinsamen Dach der KM, beispielsweise ein simpler Suchprozeß entlang der

[5] Beweise sind immer endlich und beweisbare Formeln immer endlich beweisbar; die Unbeschränktheit bezieht sich daher immer nur auf den Suchraum nach den Beweisen.

Konnektionen, *zielorientiert*, dh. ausgehend von der Konklusion von F, im Falle von F_2 also ausgehend von $N^0\mathit{ff}0$ längs der drei Konnektionen von rechts nach links.

5 Beweisverfahren für Matrix-repräsentierte Formeln

Im vorangehenden Abschnitt haben wir ein Verfahren zur Bestimmung der Gültigkeit einer Formel der PL1 illustriert. Dabei war die Gestalt der Formeln so gut wie nicht eingeschränkt, denn die Beschränkung auf die drei ausgewählten logischen Operatoren war nur der Übersichtlichkeit halber erfolgt, hat also nichts mit dem Verfahren als solches zu tun und kann leicht aufgehoben werden. Eine Reihe von Verfahren der AD operiert dagegen auf einer dezidiert eingeschränkten Gestalt der gegebenen Formel, in die die zu beweisende Formel dann mittels bekannter Regeln der Logik, aber unter Informationsverlust, erst umgeformt werden muß (Bibel 1992). Die gängigste in der AD verwendete Formelgestalt ist die Matrix- oder Klauselform (die hier nur in ihrer einfachsten Form erläutert wird).

Um eine gegebene Formel in Matrixform zu transferieren, werden mittels der sogenannten Skolemisierung alle All-Quantoren der Polarität 0 und alle Existenz-Quantoren der Polarität 1 eliminiert und die von diesen gebundenen Variablen durch ihre jeweiligen Skolemterme ersetzt. Die restlichen Quantoren werden an den Anfang (oder Kopf) der Formel gezogen. Der quantorenfreie Rumpf der Formel wird auf disjunktive Normalform gebracht, worauf sich die weitere Untersuchung dann konzentriert. Wendet man dieses beispielsweise in (Bibel 1992) ausführlich beschriebene Umformungsverfahren auf unsere Formel F_1 an, ergibt sich die Formel $(\neg Pa \wedge Qy) \vee Pz \vee \neg Qfb$. In dieser Normalform ist jede Formel eine Disjunktion und jedes Disjunktionsglied eine Konjunktion von Literalen. Die logischen Operatoren verstehen sich infolge dieser Standardisierung also von selbst und können daher weggelassen werden, wodurch wir bei einer Menge von Mengen von Literalen landen, im Beispiel $\{\{\neg Pa, Qy\}, \{Pz\}, \{\neg Qfb\}\}$. Die Literalmengen nennt man auch *Klauseln*. Diese Gestalt von Formeln als Klauselmengen läßt sich in der Ebene illustrativ als *Matrix* wie folgt repräsentieren.

$$\left[\begin{bmatrix}\neg Pa\\ Qy\end{bmatrix}\ [Pz]\ [\neg Qfb]\right] \qquad \sigma = \{y_1 \backslash fb, z_1 \backslash a\}$$

In diese Matrix haben wir gleich auch die bereits vorher identifizierten Konnektionen samt der Substitution eingefügt, die den Beweis der zugrunde liegenden Formel erbringen.

In dieser Darstellung läßt sich nun auch das bislang nicht erklärte Erfolgskriterium für einen gefundenen Konnektionsbeweis leicht erklären. Dazu betrachten wir eine Teilmenge der in der Matrix auftretenden Literale so, daß aus jeder Klausel genau ein Literal ausgewählt wird, und nennen dies dann einen *Pfad* durch die Matrix. Im Beispiel gibt es genau zwei solcher Pfade, nämlich $\{\neg Pa, Pz, \neg Qfb\}$ und

$\{Qy, Pz, \neg Qfb\}$. Dann ist die Konnektionenmenge *aufspannend* genau dann, wenn jeder der Pfade durch die Matrix eine Konnektion daraus enthält, was hier offensichtlich der Fall und in der Matrixdarstellung sofort zu erkennen ist. Dieses Kriterium läßt sich auf die im vorangegangenen Abschnitt betrachteten Formeln anstelle von Matrizen leicht übertragen, sodaß nun auch noch diese Lücke geschlossen ist.

Damit haben wir die Grundmerkmale der KM vollständig erläutert. Es läßt sich nun aber auch die im Abschn. 2 von (Mainzer und Küchlin 2022, in diesem Band) erläuterte Resolutionsmethode (RM) an unserem Beispiel illustrieren, die ebenfalls auf Matrizen operiert. Mit ihr läßt sich unsere Formel in den folgenden beiden, durch das logische $\vdash$ repräsentierten Schritten beweisen:

$$\{\,\{\neg Pa, Qy\}, \{Pz\}, \{\neg Qfb\}\,\} \quad \vdash \quad \{\,\{\neg Pa, Qy\}, \{Pz\}, \{\neg Qfb\}, \{Qy'\}\,\} \quad \vdash$$

$$\{\,\{\neg Pa, Qy\}, \{Pz\}, \{\neg Qfb\}, \{Qy'\}, \{\}\,\}$$

Im ersten Schritt wird aus den ersten beiden Klauseln der Matrix eine neue Klausel $\{Qy'\}$, die *Resolvente*, durch Entfernung der unifizierten konnektierten P-Literale und unter Verwendung einer neuen Variablen y' gebildet und zur bisherigen Matrix hinzugefügt. Das Analoge geschieht dann in der entstandenen Matrix mit den beiden letzten Klauseln, wobei das Ergebnis die leere Klausel $\{\}$ ist, deren Auftreten hier das Erfolgskriterium für einen gefundenen Beweis ist.[6]

Wie man erkennen kann, operieren beide Verfahren auf den Konnektionen der Formel. Während die KM jedoch nur deren strukturelle Lage innerhalb der gegebenen Formel markiert, verändert die Resolution mit jedem Schritt die zu untersuchende Formel durch Hinzufügung der gebildeten Resolvente samt den dadurch neu entstehenden Konnektionen.[7] In genau diesem Sinne ist die KM deutlich kompakter: in ihr erfolgt die Beweissuche ausschließlich auf der gegebenen Formel mittels struktureller Markierungen, während bei der RM das zu untersuchende Formelgebilde (die Matrix) mit der Beweissuche anwächst. Hierin scheint ein Effizienzpotenzial zu liegen, das zugunsten der KM und gegen die RM spricht. Zudem kann die KM unmittelbar auf der gegebenen Formel in ihrer natürlichen Form operieren und muß diese nicht unter Informationsverlust und potenziellem Mehraufwand erst in ihre Klauselform transferieren. Auch ist, wie in Abschn. 4 bereits erwähnt, ein von der KM gefundener Beweis leicht und unmittelbar in für Menschen verständlichere Form übersetzbar.

---

[6] Diese Erläuterung der Resolution weicht in einem völlig unbedeutenden Punkt von der üblichen Beschreibung ab. Denn hier haben wir den *Gültigkeits*beweis für die gegebene Formel gegeben, während die Resolution meist als *Widerspruchs*beweis für die negierte Formel beschrieben wird. Diese Negierung führt zur gleichen Matrix, nur steht jedes der darin auftretenden Literale (z. B. $\neg Pa$) dann in der gegensätzlichen Polarität (z. B. Pa).

[7] In den üblichen Einführungen der Resolution bleibt dieser nachteilige Aufblähungseffekt meist unerwähnt.

6 Varianten, Spezialisierungen und Alternativen

Die Automatische Deduktion (AD) hat sich im Verlauf von mehr als einem halben Jahrhundert zu einer umfangreichen Disziplin mit vielen sehr unterschiedlichen Facetten entwickelt. In den beiden vorangegangenen Abschnitten wurden zwei grundlegende und konkurrierende Methoden zur Beweisfindung in der PL1 in Grundzügen erläutert. Die Resolutionsmethode (RM) ist dabei seit ihrer Erfindung durch Alan Robinson (1965) die dominierende Methode geblieben. Im Vergleich dazu bildet die Community der Konnektionsmethode (KM) (Andrews 1981; Bibel 1983) bislang eine kleine Minderheit, die sich aus guten Gründen gleichwohl weiterhin behauptet.

Entsprechend umfangreich ist die entstandene Literatur über die RM, für die es unzählige Varianten gibt, die ua. versuchen, den Nachteil der expliziten Generierung aller Resolventen samt Konnektionen so gering wie möglich zu halten. Dazu muß man sich vor Augen halten, daß es bei schwierigeren Theoremen nicht ungewöhnlich ist, daß das Verfahren im Laufe der Beweissuche Millionen von Resolventen generieren und alle im Auge behalten muß. Durch den erreichten Fortschritt sowohl in der AD wie auch in der Informationstechnologie (IT) können Beweissysteme aber selbst eine derartige Aufgabenlast mit einem zeitlich relativ kurzen Rechenaufwand bewältigen.

Auch zur KM sind viele Varianten entwickelt worden. Andererseits stehen für sie im Vergleich zur Resolution noch immer wichtige Forschungsaufgaben zur Lösung an. Eine davon ist die Wiederverwendung bereits erarbeiteter Konnektionsstrukturen quasi als Lemmata bei der Beweissuche, um die mehrfache Wiederholung der gleichen Sucharbeit dadurch vermeiden zu können. Erinnern wir uns an die Formel F_2 und ihren Beweis aus dem Abschn. 4. Die darin zu beweisende Aussage war $Nff0$, was in dieser Formel semantisch für „2 ist eine natürlich Zahl" bzw. $N2$ steht. Modifizieren wir das Beispiel nun geringfügig, indem wir unter der gleichen Voraussetzung stattdessen $N4$ beweisen. Dann sind nach dem bisher erläuterten Verfahren vier Instanzen der mittleren Klausel mit insgesamt fünf Konnektionen erforderlich. Verwendet man aber die beiden Instanzen dieser Klausel aus dem Beweis für $N2$ samt Konnektion und Substitution *als Ganzes*, quasi als Lemma, dann benötigt man diesen Teil einfach nur ein zweites Mal, wobei die beiden Instanzen dieses Teils dann mit einer einzigen weiteren Konnektion verbunden werden. Insgesamt reduziert sich der Konnektionsbeweis so auf nur noch vier statt fünf Konnektionen. Hinter dieser – infolge des einfachen Beispiels nur vermeintlich geringen – Einsparung[8] steckt tatsächlich ein riesiges Verbesserungspotenzials für die KM, das bis heute algorithmisch nicht ausgeschöpft, sondern bislang nur theoretisch mit der Konnektionsstrukturmethode erfaßt wurde (Bibel und Eder 1993, Sect. 2.10). Aus theoretischer Sicht sind die beiden besprochenen Methoden RM und KM nach dem Einbau dieser Verbesserung in die KM dann gleichmächtig. Welche von beiden Methoden sich letztendlich aber in praxi als die bessere herausstellen wird, ist eine bislang wissen-

[8] Selbst in diesem einfachen Beispiel beträgt die erreichbare Einsparung im Fall $N32$ bereits 79 %.

schaftlich noch unentschiedene Frage. Die Argumente am Ende des vorangegangenen Abschn. 5 und diejenigen am Ende des vorliegenden Abschnitts sprechen dafür, daß der Wettbewerb schließlich durchaus noch zugunsten der KM ausgehen könnte (Bibel 2017).

Neben der RM und der KM gibt es noch eine weitere umfangreich erforschte Alternative in Form der sogenannten Tableauxverfahren (D'Agostino et al. 1999). Im Abschn. 4 haben wir dargelegt, daß sich die KM aus dem Sequenzenkalkül durch Reduktion auf eine einzige Regel ergeben hat. Im Falle der Tableauxverfahren handelt es sich um eine vergleichbare Reduktion aus dem Sequenzenkalkül, die hier aber nicht ganz so weit wie bei der KM getrieben wurde, sodaß die Verständlichkeit für den Forschenden – auf Kosten der Effizienz – noch besser erhalten geblieben ist. In jedem Fall sind Tableaux durch den gemeinsamen Ausgangspunkt sehr eng mit der KM verwandt und unterstützen somit den auch von der KM betriebenen Forschungsstrang innerhalb der AD.

Die PL1 ist in ihrer Ausdrucksstärke so allgemein, daß man in ihr im Prinzip alles Formalisierbare auch formalisieren kann. Insofern sind die bislang beschriebenen Beweisverfahren ebenfalls so allgemein wie überhaupt möglich. Im Hinblick auf die Effizienz der Verfahren lassen sich diese jedoch für die jeweils betrachteten Theoriebereiche durchaus spezialisieren. Tritt beispielsweise in dem repräsentierten Wissen die Gleichheitsrelation „=" auf, so kann man deren Eigenschaften in der PL1 axiomatisch formalisieren und eines der bislang besprochenen *allgemeinen* Verfahren auf die sich so ergebende Formel anwenden. Effizienter ist es aber, Gleichheiten wie in der Mathematik gewohnt *speziell* zu behandeln.

Derartige Spezialisierungen sind für die Theorie der Gleichheit, für eine Reihe weiterer Theorien sowie für den logischen Operator der Äquivalenz vor allem innerhalb der RM schon weit vorangetrieben worden, während hier die KM aus den erwähnten Gründen der Kapazität noch hinterherhinkt. Die in beiden Methoden verwandte Unifikation ist selbst ein ausgiebig erforschter Bereich. Auch diese läßt sich in Bezug auf spezielle Theorien wie der Gleichheit erweitern, die in das Unifikationsverfahren mit eingebaut werden können. So erweisen sich dann zwei Terme als unifizierbar *modulo Gleichheit* (bzw. modulo irgendeiner anderen Theorie), womit ein weiteres Forschungsfeld der AD lediglich streifend erwähnt ist. In einem solchen Kontext wird auch die mathematische Induktion in die Verfahren in spezieller Weise mit einbezogen (Bibel 1992).

Wegen der genannten Allgemeinheit ist mit der Automatisierung der Deduktion auch eine der Inferenzmodi Induktion und Abduktion gegeben. Man muß diese Formen des Schließens nur entsprechend axiomatisch charakterisieren und kann sie dann deduktiv behandeln. Wieder empfiehlt sich im Hinblick auf Effizienz aber auch hierzu eine speziellere Behandlung.

Zwar ist die PL1 aufgrund ihrer Universalität ausreichend. Dennoch werden je nach Anwendungsbereich auch eine Reihe anderer Logiken in Betracht gezogen, auf die wir aus Platzgründen hier nur kurz eingehen können. Die *Hornlogik* ist eine eingeschränkte PL1 (Bibel 1992), die in der *Logikprogrammierung* ein breites Anwendungsfeld gefunden hat. Gleichwohl unterscheidet sich die Beweissuche in ihr nicht grundlegend von der hier bislang beschriebenen.

Die *Aussagenlogik* (Kahle 2022, Abschn. 2) ist wesentlich ausdrucksschwächer als die PL1, kann gleichwohl für eine Reihe von Anwendungen nutzbringend eingesetzt werden. Dabei kann je nach Anwendung sowohl die Gültigkeit (wie oben für die PL1) als auch die Erfüllbarkeit (Kahle 2022, Def.3) einer Formel für den Nachweis zugrunde gelegt werden. Für beide Aufgabenstellungen sind in der AD ausgefeilte Verfahren erarbeitet worden.[9]

Die *Prädikatenlogiken höherer Stufe* (HOL – für higher-order logic) sind im Vergleich mit der PL1 dagegen wesentlich ausdrucksstärker (Bibel 1992). Entsprechend schwieriger gestaltet sich in diesen die Beweissuche. Gleichwohl spielen auch diese Logiken in der AD eine wichtige Rolle und ihre Beweisverfahren werden deshalb bis heute weiter entwickelt. Dies gilt in analoger Weise für die nichtklassischen Logiken wie die *Intuitionistische Logik* sowie für die Familie der *Modallogiken* (Bibel und Otten 2020) und *Beschreibungslogiken* (Baader et al. 2007). Für die in diesem Absatz genannten Logiken spielt im Hinblick auf deren Beweisverfahren die KM bereits heute eine dominierende Rolle.

7 Historische Entwicklung, Systeme und Anwendungen

Am Ende des Abschn. 2 haben wir die Kalküle aus der traditionellen Logik als Ausgangspunkt für die Automatische Deduktion (AD) bezeichnet. Am Beginn des vorliegenden Abschnitts wollen wir zunächst einen kurzen Blick auf die Geschichte der Entwicklung der AD werfen, mit dem die Ausführungen im Abschn. 3 von Mainzer und Küchlin (2022, in diesem Band) ergänzt werden.

Die erste Publikation zur AD weltweit stammt vom Computer-Pionier Konrad Zuse (Zuse 1948), der dort in seiner Programmiersprache *Plankalkül* die Grundzüge eines Beweisverfahrens für die PL1 beschreibt. Diese bemerkenswerte Pionierleistung wurde seither in der Literatur völlig ignoriert und ist erst jüngst wieder zum Vorschein gekommen (Bibel 2021). Die weitere Entwicklung der AD mit den grundlegenden Beiträgen vor allem von Dag Prawitz und Alan Robinson, in Deutschland zudem von Gerd Veenker, und vielen anderen ist in Bibel (2007) ausführlich dargestellt.[10]

Die Arbeiten in der AD waren von Anfang an begleitet von der Entwicklung zugehöriger Systeme zum Experimentieren mit den theoretischen Modellen. Beispielsweise stammt vom aktuellen Autor der erste Beweiser PRV in (einem Vorläufer) der KM aus dem Jahre 1970.[11] Unter den inzwischen unzähligen weiteren

[9] Die Aussagenlogik spielt auch in der Komplexitätstheorie eine wichtige Rolle, weil mit ihr das zentrale ungelöste Problem der Informatik „$P = NP$?“ eng verbunden ist, auf das wir hier nicht näher eingehen können, auch wenn es für die AD von großer Relevanz ist.

[10] In Deutschland durfte die AD durch das in den 1990er-Jahren von der DFG geförderte Schwerpunktprogramm Deduktion unter der Koordination des aktuellen Autors eine weltweit beachtete Blüte erleben.

[11] Das System befindet sich in *The Theorem Prover Museum*, https://theoremprover-museum.github.io/. Zugegriffen 04.01.2022.

Beweisern der verschiedensten Arten sei hier das leistungsstarke System *E* genannt (Schulz et al. 2019) und der extrem kompakte und im Vergleich selbst mit großen Beweissystemen sehr erfolgreiche KM-Beweiser leanCoP (in der Version 2.0) von Jens Otten zur Illustration präsentiert (Bibel und Otten 2020).

```
prove(I,S) :- \+member(scut,S) -> prove([-(#)],[],I,[],S) ;
    lit(#,C,_) -> prove(C,[-(#)],I,[],S).
prove(I,S) :- member(comp(L),S), I=L -> prove(1,[]) ;
    (member(comp(_),S);retract(p)) -> J is I+1, prove(J,S).
prove([],_,_,_,_).
prove([L|C],P,I,Q,S) :- \+ (member(A,[L|C]), member(B,P),
    A==B), (-N=L;-L=N) -> ( member(D,Q), L==D ;
    member(E,P), unify_with_occurs_check(E,N) ; lit(N,F,H),
    (H=g -> true ; length(P,K), K<I -> true ;
    \+p -> assert(p), fail), prove(F,[L|P],I,Q,S) ),
    (member(cut,S) -> ! ; true), prove(C,P,I,[L|Q],S).
```

leanCoP ist in der Programmiersprache PROLOG kodiert, die selbst quasi als Beweissystem in Hornlogik konzipiert ist (Mainzer und Küchlin 2022, in diesem Band). Dieser Beweiser[12] enthält ersichtlich genau vier Klauseln (bzw. PROLOG-Regeln), in denen ein bestimmter Kalkül der im Abschn. 4 beschriebenen KM algorithmisch implementiert ist.[13] Seine Korrektheit ist mathematisch verifiziert (Otten und Bibel 2003), was für seine Konkurrenten selten zutrifft.

Da sich die Komplexität der Laufzeit von Beweisern theoretisch nur sehr schwierig bestimmen lässt, stellt sich die Frage, wie deren Leistungsfähigkeit wenigstens grob verglichen werden kann. Hierzu ist beispielsweise seit 1993 die Sammlung TPTP (Thousands of Problems for Theorem Provers) erstellt worden, die fortlaufend erweitert wird (Sutcliffe 2017). Jährlich findet ein internationaler Wettbewerb (CASC) statt, bei dem viele der führenden Beweiser in verschiedenen Kategorien gegeneinander antreten und so ihre relative Leistungsfähigkeit anhand von Aufgaben aus dieser Sammlung messen.[14] Allein TPTP enthält inzwischen mehr als 23.000 Probleme.[15] Von diesen sind etwa die Hälfte mit automatischen Beweisern innerhalb vorgegebener Zeitlimits (z. B. 5 Minuten) lösbar (Clark und Perrault 2021, Abschn. 2.6).

Wie sind diese Zahlen zu bewerten? Dazu kommt es darauf an, welchen Gesichtspunkt man bei der Bewertung einnehmen möchte. Aus Sicht der AD-Forscher zeigen

[12] Im Netz unter http://www.leancop.de (Zugegriffen am 29.01.22) frei verfügbar.

[13] leanCoP ist ein Repräsentant einer Familie von Beweisern mit unterschiedlichem Profil (Bibel und Otten 2020).

[14] Die in diesem Artikel erwähnten Leistungen einzelner Beweiser wie *E* und leanCoP orientieren sich an deren Erfolgen bei CASC.

[15] Neben TPTP gibt es eine Reihe weiterer Sammlungen mit insgesamt Zig-Tausenden von Problemen. Allein auf der TPTP-Webseite http://www.tptp.org/ (Zugegriffen am 05.01.2022) werden weitere 16 derartiger Sammlungen gelistet.

sie, daß die Entwicklung dieser Beweiser noch längst nicht abgeschlossen ist. Denn wir werden nicht ruhen, bis unsere Beweiser möglichst alle Probleme lösen.

Aus Sicht von Anwendern und Beobachtern sprechen diese Zahlen dagegen eine wahrhaft beeindruckende Sprache. Denn ein Beweissystem wie leanCoP ist in der Lage, Tausende von Beweisen jeweils in Sekunden- oder Minutenschnelle für – teilweise anspruchsvolle – mathematische Problemstellungen aus den unterschiedlichsten Gebieten zu erbringen, was entsprechende menschliche Fähigkeiten in jeder Hinsicht weit übertrifft. Da wir uns inzwischen an die Geschwindigkeit der im Computer ablaufenden Prozesse gewöhnt haben, mag man noch neidvoll hinnehmen, daß der Mensch für die Erbringung eines Beweises je nach Schwierigkeitsgrad Stunden, Tage oder gar Wochen benötigt, wozu das System vergleichsweise in Minuten fähig ist. In jedem Fall muß es jedoch tief beeindrucken, daß kein Mensch jemals in der Lage wäre, Tausende solcher Probleme aus den verschiedensten Gebieten wie am Fließband zu erbringen, auch für solche, für die er sich bislang überhaupt keinerlei Expertise hätte erwerben können, während derartige Gebietswechsel diese Beweiser naturgemäß völlig kalt lassen. Zudem nimmt das Staunen seit Jahren aus folgenden Gründen weiter zu.

Die Suchaufwände zum automatischen Finden eines Beweises sind wie erwähnt teilweise gigantisch. Mathematiker nutzen in der erfolgreichen Suche ihre Erfahrung, die sie sich in der jahrelangen Ausübung angeeignet haben. Es war daher ein naheliegender Gedanke, auch AD-Systeme aus ihren Erfahrungen lernen zu lassen. Die nach des Autors Kenntnis *erste* Publikation in dieser Kombination der AD mit Lernverfahren stammt aus seiner Münchener Gruppe und basiert auf der Methodik neuronaler Netze (Ertel et al. 1989).[16] In den über drei Jahrzehnten seither hat sich dieses aussichtsreiche Spezialgebiet der AD rasant entwickelt. Durch die zusätzliche Fähigkeit zum Lernen hat sich die Performanz der Systeme enorm verbessert, wie inzwischen in einer umfangreichen Literatur ausgewiesen wird (Färber et al. 2021), die zum überwiegenden Teil auf der KM basiert.

Aus Mathematikerkreisen hört man gelegentlich noch den skeptischen Einwand, daß es bei der Arbeit in der Mathematik ja nicht nur um das Beweisen gehe. In der Tat müssen interessante mathematische Probleme überhaupt auch erst entdeckt werden. Aber genau das ist mit einem auf Lernen beruhenden Beweissystem beispielsweise vor kurzem geschehen, das mathematische Probleme aus der Knotentheorie sowie aus der Gruppentheorie entdeckt und erstmals bewiesen hat (Davies et al. 2021).

Angesichts des weit fortgeschrittenen Standes der Forschung in der AD ist es nicht verwunderlich, daß AD-Systeme seit Jahrzehnten in den unterschiedlichsten Anwendungsbereichen erfolgreich eingesetzt werden, von denen wir hier aus Platzgründen nur wenige aufzählen, ohne darauf näher eingehen zu können. An erster Stelle stehen natürlich die Anwendungen in der Mathematik (Bancerek et al. 2015;

---

[16]Ein Antrag des Autors auf eine DFG-Sachbeihilfe mit dem Titel „*Lerngesteuerte Zyklen- und Instanzenbestimmung bei der Beweissuche*“ wurde 1995 mit der Begründung mangelhafter Erfolgsaussichten abgelehnt.

Blanchette et al. 2015; The mathlib Community 2020). Als nächstes nennen wir ihre Verwendung als Programmiersprachen in Form der *Logikprogrammierung*. Die weltweit erste logische Programmiersprache – ja die erste Programmiersprache überhaupt – ist der Plankalkül von Konrad Zuse aus den 1940er Jahren (Zuse 1948). Zwar ist diese Pionierleistung in der Literatur zumindest wahrgenommen worden; jedoch wurde dabei immer ignoriert, daß es sich um eine *Logik*programmiersprache handelt, worauf erst jüngst hingewiesen wurde (Bibel 2020, 2021). Wie das in diesem Abschnitt gezeigte Programm bezeugt, ist die Logikprogrammierung bis heute von größtem Nutzen und zwar in vielfältigen Varianten. Eine der für die Praxis erfolg- und aussichtsreichsten Varianten ist das *Answer Set Programming*, das seine Leistungsfähigkeit aus dem Fokus auf die Aussagenlogik als Ausführungsebene bezieht (Gebser et al. 2012).

Weitere etablierte Anwendungsbereiche sind die *Verifikation* und die *Synthese* generell von Programmen ebenso wie von Hardware, die *Planung* von Abläufen sowie die *Konfiguration* komplexer Produkte (beispielsweise in der Automobilindustrie), die *Verarbeitung natürlicher Sprache*, die Erstellung und Verarbeitung von Ontologien (z. B. im Bereich der Medizin), die Lösung aufwändigster *Suchprobleme* (als Standardbeispiel das Problem des Handlungsreisenden), um nur einige wenige hier abschließend zu nennen.

8 Perspektive der Deduktion

Mit der Erfindung des universellen Computer hat die Menschheit den Beginn einer neuen Epoche ihrer Geschichte erreicht, der durch eine grundlegende Wende im Verständnis alles Informationellen, Psychischen und Geistigen markiert ist. Alle Phänomene in diesem so umrissenen Bereich waren vor diesem Beginn in Bezug auf ihre inneren Mechanismen nur Überlegungen und Mutmaßungen zugänglich, die durch keinerlei Experimente überprüft werden konnten und daher bis zu einem gewissen Grad Spekulation bleiben mußten. Mit deren funktioneller Modellierbarkeit im universellen Computer konnten Theorien über jegliche solche Phänomene nun erstmalig auch experimentell ausgetestet und überprüft werden. Im unmittelbaren Gefolge solch völlig neuer Möglichkeiten ist gleich am Beginn dieser Epoche die neue naturwissenschaftliche Disziplin der Künstlichen Intelligenz (KI) entstanden (Bibel 2022).

Das Schließen im Denken des Menschen ist eines der unzähligen Phänomene in dem von dieser grundlegenden Wende betroffenen Bereich. Als Automatische Deduktion (AD) ist sie Teil der KI, wie in Abschn. 2 bereits ausgeführt. Unter all den anderen derartigen Phänomenen zeichnet sich die Deduktion dadurch aus, daß zum Zeitpunkt der beschriebenen Wende ihre theoretische Formalisierung weitestgehend ausgereift war, die experimentellen Arbeit damit also sofort nach dieser Wende begonnen werden konnten.

Deduktion operiert auf Wissen, die Verfahren der AD daher auf – beispielsweise in der PL1 – formalisiertem Wissen. Schon heute sind umfangreiche Wissensbestände der Menschheit in dieser formalisierten Form als Wissensbasen verfügbar. Da die

Deduktion aus gegebenem Wissen neues zu generieren vermag, sind diese Wissensbasen zusammen mit AD, dann als *Wissenssysteme*, potenziell noch erheblich reicher an jederzeit und gezielt oder bedarfsgerecht verfügbarem Wissen.

Wissen spielt im Leben des Einzelnen ebenso wie in der Gesellschaft eine der entscheidenden Rollen für die Erstellung erreichbarer Ziele und das zu deren Erreichung erforderliche Verhalten. Die tägliche Erfahrung lehrt, daß aus Unwissen oder fehlerhaftem Umgang mit Wissen die vielen Probleme entstehen, denen wir als Menschen und Gesellschaft fortwährend ausgesetzt sind. Aus dieser Erkenntnis ist die Vision entstanden, mit Wissenssystemen diese Probleme vermeiden zu helfen. Dazu stelle man sich künstlich intelligente, rationale Akteure (AIRA)[17] vor, die jederzeit und überall über das weltweit vorhandene Wissen verfügen und dieses für alle denkbaren Zwecke fehlerlos und konsistent mit den vorgegebenen, als vorteilhaft erkannten Zielen einsetzen können. Angesichts des erreichten technologischen Standes in der KI ist eine solche Vorstellung völlig realistisch. Als unsere Diener könnten AIRAs im persönlichen wie im öffentlichen Leben ein quasi fehlerloses Handeln auf einer konsistent konzipierten sozialen, ethischen und moralischen Basis ermöglichen. AD hat diese Vision in eine erreichbare Nähe gerückt.

In der aktuellen medialen Diskussion, ausgelöst durch wahrhaft beeindruckende jüngste Erfolge der KI, liegt der Fokus des öffentlichen Interesses vor allem auf der Verfügbarkeit massenhafter Daten und auf Verfahren, aus solchen Daten durch induktives Erlernen Strukturen und Wissen erschließen zu können. Im letzten Abschnitt haben wir die große Bedeutung solcher Lernverfahren im Kontext von AD kennengelernt. Daten sind Wissen in rudimentärster Form und nur ein Teil des Wissensfundus der Menschheit. Ohne diesen Wissensfundus in seiner Gesamtheit wären wir überhaupt nicht überlebensfähig. Zumindest beim gegenwärtigen Stand der KI wäre es daher völlig verfehlt, ja geradezu gefährlich, die große Bedeutung des von der Menschheit bereits erarbeiteten Wissens – jenseits von primitiven Daten und dem aus diesen induktiv erschließbaren Wissen – und seiner deduktiven Verarbeitung zu unterschätzen. Lernverfahren können, wie wir gesehen haben, Wissensverfahren unterstützen, derzeit (und mutmaßlich noch lange) aber sicherlich nicht ersetzen. Ohne Wissenssysteme bliebe die vielversprechende Vision von AIRAs auf lange Zeit wohl undenkbar.

9 Fazit

Das menschliche Schlußfolgern besteht in der mentalen Fähigkeit, aus verfügbarem Wissen neues Wissen zu erschließen. Sie ist für jegliche Kommunikation, für planvolles Handeln, für Vorausschau und Erklärung, vor allem auch für jegliche wissenschaftliche und technologische Arbeit von zentraler Bedeutung. In dem Teilgebiet der Automatischen Deduktion (AD) wird diese Fähigkeit auf Computer

[17] Englisch „artificially intelligent rational agents" (Bibel 2014); in dieser Referenz ist die damit verbundene Vision detailliert ausgeführt.

funktional modelliert. Die dabei entstehenden Systeme finden, ebenso wie die analoge mentale Fähigkeit beim Menschen, in den unterschiedlichsten Bereichen eine Fülle von Anwendungen.

Im vorliegenden Beitrag ist das methodische Vorgehen eines solchen Systems anhand grundlegender Merkmale erläutert worden. Weiter haben wir die in der AD verfolgten umfangreichen Detailbereiche und noch ungelösten Forschungsfragen umschrieben. Schließlich ist die Entwicklung der AD von ihrer historischen Wurzel in der Logik her bis zum heutigen Stand dargestellt. Auf dieser Grundlage eröffnet sich die Perspektive eines grundlegenden Beitrags der AD zur weiteren technologischen Entwicklung der menschlichen Gesellschaften.

Dank Steffen Hölldobler, Reinhard Kahle, Jens Otten, Stephan Schulz und Christoph Wernhard bin ich für Hinweise zum Text, Hannes Bibel für komputertechnische Unterstützung und nicht zuletzt Klaus Mainzer für die Einladung zu diesem Beitrag sehr dankbar.

Literatur

Andrews, P. B. 1981. Theorem proving via general matings. *Journal of the ACM* 28:193–214.

Baader, F., et al. Hrsg. 2007. *The description logic handbook: Theory, implementation and applications,* 2. Ausg. Cambridge: Cambridge University Press.

Bancerek, G., et al. 2015. Mizar: State-of-the-art and Beyond. *Intelligent Computer Mathematics*. https://doi.org/10.1007/978-3-319-20615-8_17. Cham: Springer.

Bibel, W. 1983. Matings in matrices. *Communications ACM* 26:844–852.

Bibel, W. 1992. *Deduktion – Automatisierung der Logik*. München: Oldenbourg.

Bibel, W. 2007. Early history and perspectives of automated deduction. In *Proceedings of the 30th annual German conference on Artificial Intelligence (KI-2007)*, Hrsg. J. Hertzberg, M. Beetz und R. Englert, Bd. LNAI 4667, 2–18. Berlin: Springer.

Bibel, W. 2014. Artificial intelligence in a historical perspective. *AI Communications* 27:87–102. https://doi.org/10.3233/AIC-130576.

Bibel, W. 2017. A vision for automated deduction rooted in the connection method. In *The 26th international conference on automated reasoning with analytic tableaux and related methods proceedings, TABLEAUX 2017*, Hrsg. R. Schmidt und C. Nalon, Bd. LNAI 10501, 3–21. Cham: Springer. https://doi.org/10.1007/978-3-319-66902-1_1.

Bibel, W. 2020. On the development of AI in Germany. *KI - Künstliche Intelligenz* 34:251–258. https://doi.org/10.1007/s13218-020-00654-x.

Bibel, W. 2021. Laßt hundert Blumen blühen. In *50. Jahrestagung der Gesellschaft für Informatik, INFORMATIK 2020, Back to the future*, Hrsg. R. H. Reussner, A. Koziolek und R. Heinrich, 729–746. Bonn: Gesellschaft für Informatik (GI) [Reihe: Lecture Notes in Informatik].

Bibel, W. 2022. Komputer kreiert Wissenschaft. Informatik Spektrum, Springer. https://doi.org/10.1007/s00287-022-01456-1.

Bibel, W., und E. Eder. 1993. Methods and calculi for deduction. In *Handbook of logic in artificial intelligence and logic programming*, Hrsg. D. M. Gabbay, C. J. Hogger und J. A. Robinson, Bd. 1, 71–193. Oxford: Oxford University Press.

Bibel, W., und Kreitz, C. 2015. Deductive reasoning systems. In *International encyclopedia of the social and behavioral sciences,* Hrsg. J. D. Wright, 2. Ausg., Bd. V, S. 933–940. Oxford: Elsevier.

Bibel, W., und J. Otten. 2020. From Schütte's formal systems to modern automated deduction. In *The legacy of Kurt Schütte*, Hrsg. R. Kahle und M. Rathjen, 215–249. Cham: Springer.

Blanchette, J. C., M. W. Haslbeck, D. Matichuk, und T. Nipkow. 2015. Mining the archive of formal proofs. In *Intelligent computer mathematics*, 3–17. Cham: Springer. https://doi.org/10.1007/978-3-319-20615-8_1.

Brewka, G. 1991. *Nonmonotonic reasoning: Logical foundations of commonsense*, Bd. Cambridge Tracts in Theoretical Computer Science 12. Cambridge: Cambridge University Press.

Bruderer, H. 2020. *Meilensteine der Rechentechnik*, 3. Ausg., Bd. 1–2. Berlin/Boston: Walter de Gruyter Oldenbourg.

Clark, J., und Perrault, R. 2021. *The AI index report*. Stanford: Stanford University, Human-Centered Artificial Intelligence. https://aiindex.stanford.edu/report/.

D'Agostino, M., D. M. Gabbay, und R. Hähnle. 1999. In *Handbook of tableau methods*, Hrsg. J. Posegga. Berlin: Springer.

Davies, A., et al. 2021. Advancing mathematics by guiding human intuition with AI. *Nature* 600: 70–74. https://doi.org/10.1038/s41586-021-04086-x.

Ertel, W., J. M. Schumann, und C. B. Suttner. 1989. Learning heuristics for a theorem prover using back propagation. In *5. Österreichische Artificial-Intelligence-Tagung: Igls/Tirol, 28.–31. März*, Hrsg. J. Retti und K. Leidlmair, 87–95. Berlin: Springer.

Färber, M., C. Kaliszyk, und J. Urban. 2021. Machine learning guidance for connection tableaux. *Journal of Automated Reasoning* 65:287–320. https://doi.org/10.1007/s10817-020-09576-7.

Frege, G. 1879. *Begriffsschrift, eine der arithmetischen nachgebildete Formelsprache des reinen Denkens*. Halle: Louis Nebert.

Gebser, M., R. Kaminski, B. Kaufmann, und T. Schaub. 2012. *Answer set solving in practice*, Synthesis lectures on artificial intelligence and machine learning ed. London: Morgan and Claypool Publishers.

Gerhardt, C. I. (Hrsg). 1875–1890. *Die philosophischen Schriften von Gottfried Wilhelm Leibniz* (Bd. 7: Scientia Generalis. Characteristica. Philosophische Abhandlungen. Streitschriften zwischen Leibniz und Clarke 1715). Weidmannsche Buchhandlung.

Jevons, W. S. 1869. *The substitution of similars – The true principle of reasoning, derived from a modification of Aristotle's Dictum*. London: Macmillan. https://archive.org/details/substitutionofsi00jevorich. Zugegriffen am 30.12.2021.

Kahle, R. 2022. Grundlagen des logischen Schließens. In *Philosophisches Handbuch Künstliche Intelligenz*, Hrsg. K. Mainzer. Cham: Springer.

Khemlani, S., und P. N. Johnson-Laird. 2012. Theories of the syllogism: A meta-analysis. *Psychological Bulletin 138*(3): 427–457.

Mainzer, K., und W. Küchlin. 2022. Logische Grundlagen der klassischen KI. In *Philosophisches Handbuch Künstliche Intelligenz*, Hrsg. K. Mainzer. Cham: Springer.

Oliviera da Costa, A., E.-A. Dietz Saldanha, S. Hölldobler, und M. Ragni. 2017. A computational logic approach to human syllogistic reasoning. *Proceedings of the Annual Conference of the Cognitive Science Society* 39:883–888.

Otten, J., und W. Bibel. 2003. leanCoP: Lean connection-based theorem proving. *Journal of Symbolic Computation* 36:139–161. https://doi.org/10.1016/S0747-7171(03)00037-3.

Robinson, J. A. 1965. A machine-oriented logic based on the resolution principle. *Journal of the ACM* 12:23–41.

Schulz, S., S. Cruanes, und P. Vukmirović. 2019. Faster, higher, stronger: E 2.3. In *Proceedings of the 27th CADE. LNAI 11716*, Hrsg. P. Fontaine, 495–507. Natal/Brasil: Springer.

Sutcliffe, G. 2017. The TPTP problem library and associated infrastructure. *Journal of Automated Reasoning* 59(4): 483–502.

The mathlib Community. 2020. The Lean mathematical library. *CPP 2020: Proceedings of the 9th ACM SIGPLAN international conference on certified programs and proofs,* S. 367–381. ACM. https://doi.org/10.1145/3372885.3373824

Zuse, K. 1948. Über den Plankalkül als Mittel zur Formulierung schematisch-kombinativer Aufgaben. *Archiv der Mathematik* 1(6): 441–449.

Von der Beweistheorie zu maschinellen Beweisassistenten

Klaus Mainzer

Inhalt

Zusammenfassung

Die moderne Beweistheorie eröffnet die Möglichkeit, interaktive und automatische Beweisassistenten zu entwickeln, die sowohl Beweise in der Mathematik als auch Softwareprogramme in der Informatik überprüfen können. Die zunehmende Komplexität von menschlichem Wissen und menschlicher Technik macht Verifikation zu einem Schlüsselproblem zukünftiger Entwicklungen, insbesondere auf dem Gebiet der Künstlichen Intelligenz. Der Artikel zeigt aber auch, wie tief diese aktuellen Entwicklungsfragen in den Grundlagen von Logik, Mathematik und Philosophie verwurzelt sind.

Schlüsselwörter

Entscheidbarkeit · Korrektheit · Komplexität · Intuitionismus · Typentheorie · HoTT · univalente Mathematik · Verifikation · Beweisassistent

K. Mainzer (✉)
TUM Senior Excellence Faculty, Technische Universität München (TUM), München, Deutschland
E-Mail: mainzer@tum.de

K. Mainzer (Hrsg.), *Philosophisches Handbuch Künstliche Intelligenz*,
https://doi.org/10.1007/978-3-658-19606-6_7

1 Grundlagen der Berechenbarkeit und Entscheidbarkeit

Wenn Intelligenz mit Computern realisiert werden soll, dann muss sie auf Rechenleistungen zurückführbar sein. Rechnen ist aber ein mechanischer Vorgang, der sich in elementare Rechenschritte zerlegen lässt. In der Arithmetik können elementare Rechenschritte von Schulkindern ausgeführt werden. Wir sprechen dann von ‚Algorithmen' nach dem persischen Mathematiker al-Chwarismi, der um ca. 800 n. Chr. Lösungsverfahren für einfache algebraische Gleichungen fand. Turing zeigte 1936, wie ein Rechenverfahren in eine Folge kleinster und einfachster Schritte zerlegt werden kann. Damit gelang ihm erstmals, den allgemeinen Begriff eines effektiven Verfahrens (Algorithmus) logisch-mathematisch zu präzisieren. Erst dann lässt sich nämlich unabhängig von der jeweiligen Computertechnik beantworten, ob ein Problem prinzipiell berechenbar oder nicht berechenbar sei.

Ein Beispiel für ein endliches Alphabet besteht aus den beiden Zeichen 0 und 1, mit denen sich alle natürliche Zahlen 1,2, . . . darstellen lassen. Wie beim Zählen lässt sich nämlich jede natürliche Zahl 1,2,3,4 . . . durch entsprechend häufige Addition von 1 erzeugen, also 1, 1 + 1, 1 + 1 + 1, 1 + 1 + 1 + 1, ... Auf dem Schreibband einer Turingmaschine wird eine natürliche Zahl daher durch eine entsprechende Kette von Einsen dargestellt, die nacheinander in einem Feld gedruckt sind. Am Anfang und Ende wird jede Zahl mit Null begrenzt. In Abb. 1 sind die Zahlen 3 und 4 auf einem Schreibband notiert.

Ein Additionsprogramm für die Aufgabe 3 + 4 besteht darin, die Null zwischen den beiden Einserketten zu löschen und die linke Einserkette um ein Feld nach rechts zu verschieben. So entsteht eine Einserkette aus sieben Einsen, also eine Darstellung der Zahl Sieben. Danach stoppt das Programm.

Nicht jedes Programm einer Turingmaschine ist so einfach wie die Addition. Im Prinzip kann aber das Rechnen mit natürlichen Zahlen auf das Manipulieren von 0 und 1 mit den Elementarbefehlen einer Turingmaschine zurückgeführt werden. Allgemein untersucht die Arithmetik mehrstellige Funktionen f mit Argumenten $x_1, \ldots, x_n$, also z. B. $f(x_1, x_2) = x_1 + x_2$. Jedes Argument ist eine Zahl, die auf einem Turingband durch eine Einserkette dargestellt wird. Die restlichen Felder sind leer, d. h. mit 0 bedruckt. Nun lässt sich allgemein die Turing-Berechenbarkeit einer Funktion definieren:

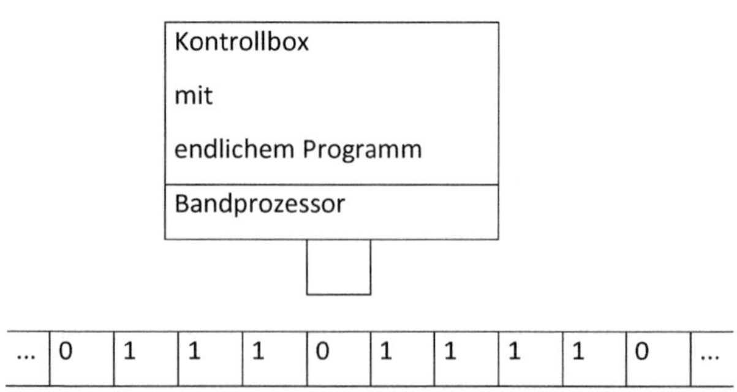

Abb. 1 Turingmaschine mit Schreibband. (Mainzer 2019, S. 28)

Am Anfang einer Rechnung stehen auf einem Turingband nur Einserketten, die durch Nullen getrennt sind, also: ... $0x_1$ $0x_2$ 0 ... $0x_n$ 0 .... Eine n -stellige Funktion f mit Argumenten $x_1, \ldots, x_n$ heißt Turing-berechenbar, wenn es eine Turingmaschine gibt, die mit einer Bandbeschriftung ... $0x_1$ $0x_2$ ... $0x_n$ ... beginnt und nach endlich vielen Schritten mit der Bandbeschriftung ...$0f(x_1, \ldots, x_n)0$ ... stoppt. Dabei wird der Funktionswert $f(x_1, \ldots, x_n)$ durch eine entsprechende Einserkette dargestellt.

Jede Turingmaschine kann durch die Liste ihrer Anweisungen eindeutig definiert werden. Dieses Turingprogramm besteht aus endlich vielen Anweisungen und Zeichen eines endlichen Alphabets. Anweisungen und Zeichen können durch Zahlen kodiert werden. Daher lässt sich eine Turingmaschine eindeutig durch einen Zahlenkode (Maschinennummer) charakterisieren, der das entsprechende Maschinenprogramm mit seinen endlich vielen Zeichen und Anordnungen verschlüsselt. Diese Maschinennummer kann wie jede Zahl als Folge von Nullen und Einsen auf einem Turingband notiert werden. Damit war es Turing möglich, das Verhalten einer beliebigen Turingmaschine auf einer beliebigen Bandschrift durch eine bestimmte Turingmaschine mit vorgegebenem Turingband zu simulieren. Turing nannte eine solche Maschine universell. Sie übersetzt jede Anweisung der simulierten Maschine, deren Maschinenkode auf ihrem Band notiert ist, in einen entsprechenden Bearbeitungsschritt einer beliebig vorgegebenen Bandinschrift.

Vom logischen Standpunkt ist jeder universelle programmkontrollierte Computer, wie er z. B. von John von Neumann oder Zuse gebaut wurde, nichts anderes als eine technische Realisation einer solchen universellen Turingmaschine, die jedes mögliche Turingprogramm ausführen kann. Ein Computer ist heute ein Vielzweckinstrument, das wir als Schreibmaschine, Rechner, Buch, Bibliothek, Videogerät, Drucker oder Multimedia-Show verwenden können je nachdem, welches Programm wir einstellen und laufen lassen. Aber auch Smartphones und Automobile stecken voller Computerprogramme. Jedes dieser Programme lässt sich im Prinzip auf ein Turingprogramm zurückführen. Wegen ihrer vielfältigen Aufgaben wären diese Turingprogramme sicher sehr viel unübersichtlicher, größer und langsamer als die Programme, die wir heute installieren. Aber vom logischen Standpunkt sind diese technischen Fragen unerheblich. Jeder Computer kann also im Prinzip bei beliebiger Vergrößerung der Speicherkapazität und Verlängerung der Rechenzeit dieselbe Klasse von Funktionen berechnen, die auch von einer Turingmaschine berechnet werden kann.

Neben Turingmaschinen wurden verschiedene andere Verfahren zur Definition berechenbarer Funktionen vorgeschlagen, die sich als mathematisch äquivalent mit der Berechenbarkeit durch Turingmaschinen erwiesen (Hermes 1978; Brauer und Indermark 1968). In einer nach ihm benannten These (Churchsche These) stellte A. Church fest, dass der Begriff der Berechenbarkeit überhaupt durch eine Definition wie die Turing-Berechenbarkeit vollständig erfasst sei. Die Churchsche These kann natürlich nicht bewiesen werden, da sie präzise Begriffe wie Turing-Berechenbarkeit mit intuitiven Vorstellungen von Rechenverfahren vergleicht. Sie wird allerdings dadurch gestützt, dass alle bisherigen Definitionsvorschläge zur Turing-Berechenbarkeit mathematisch äquivalent sind.

Wenn wir bestimmen wollen, wie intelligent eine Problemlösung ist, dann ist zunächst zu klären, wie schwierig und komplex ein Problem ist. In der Theorie der Berechenbarkeit, die auf Turing zurückgeht, wird die Komplexität eines Problems durch den Rechenaufwand der Problemlösung gemessen. Nach der Churchschen These liegt mit der Turingmaschine ein exakter Maßstab für Berechenbarkeit vor. Die Frage, ob ein Problem effektiv entscheidbar ist, hängt mit seiner Berechenbarkeit unmittelbar zusammen. So lässt sich z. B. die Frage, ob eine natürliche Zahl gerade ist oder nicht, in endlich vielen Schritten entscheiden, indem wir für eine vorgelegte Zahl nachprüfen, ob sie durch 2 teilbar ist oder nicht. Das lässt sich mit einem Programm einer Turingmaschine nachrechnen.

Es reicht aber nicht aus, auf Probleme ein vorgegebenes Entscheidungsverfahren anwenden zu können. Häufig kommt es darauf an, Lösungsverfahren zu finden. Anschaulich stellen wir uns ein Maschinenprogramm vor, das systematisch alle Zahlen aufzählt, die ein Problem lösen bzw. eine Eigenschaft erfüllen. Eine arithmetische Eigenschaft heißt effektiv aufzählbar, wenn ihre zutreffenden Zahlen durch ein effektiv berechenbares Verfahren (Algorithmus) aufgezählt (gefunden) werden können.

Um für eine beliebig vorgelegte Zahl zu entscheiden, ob sie gerade ist, reicht es allerdings nicht aus, alle geraden Zahlen nacheinander effektiv aufzuzählen, um zu vergleichen, ob die gesuchte Zahl dabei ist. Wir müssen ebenso alle nicht-geraden (ungeraden) Zahlen effektiv aufzählen können, um vergleichen zu können, ob die gesuchte Zahl zu der Menge derjenigen Zahlen gehört, die die geforderte Eigenschaft nicht erfüllen.

Allgemein ist eine Menge effektiv entscheidbar, wenn sie selbst und ihre Komplementärmenge (deren Elemente nicht zur Menge gehören) effektiv aufzählbar sind. Daher folgt, dass jede effektiv entscheidbare Menge auch effektiv aufzählbar ist. Es gibt aber effektiv aufzählbare Mengen, die nicht entscheidbar sind. Damit sind wir an der Kernfrage angelangt, ob es auch nicht-berechenbares (nicht-algorithmisches) Denken gibt. Ein Beispiel eines nicht effektiv entscheidbaren Problems betrifft die Turingmaschine selbst.

Stopp-Problem der Turingmaschine
Es gibt prinzipiell kein allgemeines Entscheidungsverfahren für die Frage, ob eine beliebige Turingmaschine mit einem entsprechenden Maschinenprogramm bei einem beliebigen Input nach endlich vielen Schritten stoppt oder nicht.

Turing begann seinen Nachweis der Unentscheidbarkeit des Stopp-Problems mit der Frage, ob alle reellen Zahlen berechenbar seien. Eine reelle Zahl wie $\pi = 3.1415926 \ldots$ besteht aus einer unendlichen Anzahl von Ziffern hinter dem Dezimalpunkt, die zufällig verteilt scheinen. Dennoch gibt es ein endliches Verfahren bzw. Programm zur schrittweisen Berechnung jeder Ziffer mit wachsender

Genauigkeit von π. Daher ist π eine berechenbare reelle Zahl. In einem ersten Schritt definiert Turing eine nachweislich nicht-berechenbare reelle Zahl.

Ein Turing-Programm besteht aus einer endlichen Liste von Symbolen und Operationsanweisungen, die wir durch Zahlenkodes verschlüsseln können. Tatsächlich geschieht das auch im Maschinenprogramm eines Computers. Auf diesem Weg lässt sich jedes Maschinenprogramm eindeutig durch einen Zahlenkode charakterisieren. Diese Zahl nennen wir Kode- bzw. Programmnummer eines Maschinenprogramms. Wir stellen uns nun eine Liste von allen möglichen Programmnummern vor, die in der Reihenfolge $p_1, p_2, p_3, \ldots$ mit zunehmender Größe geordnet sei. Falls ein Programm eine reelle Zahl mit unendlicher Anzahl von Ziffern hinter dem Dezimalpunkt (wie z. B. π) berechnet, dann wird sie in der Liste hinter der entsprechenden Programmnummer notiert. Andernfalls bleibt die Zeile hinter einer Programmnummer leer (Chaitin 1998):

$$\begin{array}{ll}
p_1 & -.\underline{z_{11}}\; z_{12}\; z_{13}\; z_{14}\; z_{15}\; z_{16}\; z_{17} \cdots \\
p_2 & -.z_{21}\; \underline{z_{22}}\; z_{23}\; z_{24}\; z_{25}\; z_{26}\; z_{27} \cdots \\
p_3 & -.z_{31}\; z_{32}\; \underline{z_{33}}\; z_{34}\; z_{35}\; z_{36}\; z_{37} \cdots \\
p_4 & \\
p_5 & -.z_{51}\; z_{52}\; z_{53}\; z_{54}\; \underline{z_{55}}\; z_{56}\; z_{57} \cdots \\
. & \\
. & \\
. &
\end{array}$$

Zur Definition seiner nicht-berechenbaren Zahl wählt Turing die unterstrichenen Werte auf der Diagonale der Liste, ändert sie um (z. B. durch Addition von 1) und setzt diese veränderten Werte (mit *) mit einem Dezimalpunkt am Anfang zu einer neuen reellen Zahl zusammen:

$$-.z^*{}_{11}\; z^*{}_{22}\; z^*{}_{33}\; z^*{}_{44}\; z^*{}_{55} \cdots$$

Diese neue Zahl kann nicht in unserer Liste vorkommen, da sie sich in der ersten Ziffer von der ersten Zahl hinter p_1 unterscheidet, in der zweiten Ziffer von der zweiten Zahl hinter p_2, etc. für alle ihre Ziffern hinter dem Dezimalpunkt. Daher ist die so definierte reelle Zahl nicht-berechenbar.

Mit dieser Zahl beweist Turing im nächsten Schritt die Nicht-Entscheidbarkeit des Stopp-Problems. Wäre nämlich das Stopp-Problem entscheidbar, dann könnten wir entscheiden, ob das n-te Computerprogramm (mit $n = 1, 2, \ldots$) eine n-te Ziffer hinter dem Dezimalpunkt nach endlich vielen Schritten berechnet, stoppt und ausdruckt. Wir könnten also eine reelle Zahl berechnen, die nach ihrer Definition nicht in der Liste aller berechenbaren reellen Zahlen vorkommen kann.

Die Unentscheidbarkeit des Stopp-Problems ist keineswegs nur von logischem Interesse. Mathematische Probleme, die mit dem Stopp-Problem äquivalent sind, können damit auch als prinzipiell nicht entscheidbar nachgewiesen werden. Ein Beispiel ist das berühmte 10. Hilbertsche Problem aus einer Liste von 23 (damals) offenen Problemen. Algebraische Gleichungen, die nur Multiplikation, Addition und

Potenzierung von ganzen Zahlen zulassen, werden (nach dem griechischen Mathematiker Diophantos von Alexandrien) diophantisch genannt. Im Jahr 1900 fragte David Hilbert nach einem Algorithmus, der entscheiden kann, ob eine diophantische Gleichung eine Lösung besitzt. Im Jahr 1970 bewies der russische Mathematiker J.V. Matijasevic vom V.A. Steklov Institut in St. Petersburg, dass Hilberts 10. Problem äquivalent zu Turings Stopp-Problem und damit prinzipiell nicht entscheidbar ist (Matijasevich 1970, 1993).

Algorithmen lassen sich auch auf Logikkalküle anwenden. Formale Ableitungen (Beweise) des Logikkalküls lassen sich als Aufzählungsverfahren verstehen, mit denen die Kodenummern der logischen Wahrheiten aufgezählt werden können. In diesem Sinn ist die Menge der logischen Wahrheiten der Prädikatenlogik 1. Stufe (PL 1) effektiv aufzählbar. Sie ist aber nicht effektiv entscheidbar, da es kein allgemeines Verfahren gibt, um für eine beliebige Zahl auszurechnen, ob sie Kodenummer einer beweisbaren Formel (also eine logische Wahrheit) der PL1 ist oder nicht. Dabei muss betont werden, dass es kein allgemeines Entscheidungsverfahren für diesen Kalkül gibt.

Der formale Logikkalkül der PL1 ist vollständig, da wir mit ihm alle logischen Wahrheiten der Prädikatenlogik 1. Stufe formal ableiten können. Demgegenüber ist der Formalismus der Arithmetik mit den Grundrechenarten unvollständig (K. Gödels erster Unvollständigkeitssatz 1931; vgl. Artikel über Grundlagen des logischen Schließens). Im Unterschied zu Gödels umfangreichem Beweis folgt die Unvollständigkeit der Arithmetik unmittelbar aus Turings Stopp-Problem:

Falls es nämlich ein vollständiges formales axiomatisches System geben würde, aus dem alle mathematischen Wahrheiten ableitbar sind, dann hätten wir auch ein Entscheidungsverfahren darüber, ob ein Computerprogramm irgendwann stoppt. Wir durchlaufen dazu einfach alle möglichen Beweise, bis wir entweder einen Beweis finden, dass das Programm stoppt, oder einen Beweis finden, dass es nie stoppt. Falls es daher eine endliche Menge von Axiomen zur Ableitung aller mathematischen Beweise geben würde, könnten wir darüber entscheiden, ob ein Computerprogramm nach endlich vielen Schritten stoppt oder nicht im Widerspruch zur Nicht-Entscheidbarkeit des Stopp-Problems.

Im zweiten Gödelschen Unvollständigkeitssatz wird gezeigt, dass die Widerspruchsfreiheit eines formalen Systems nicht mit den finiten Mitteln bewiesen werden kann, die in diesem System selbst verwendet werden. Mit finiten Beweismitteln meinen wir solche Verfahren, die dem Zählprozess 1, 2, 3, ... nachgebildet sind.

Wenn man die Beweismethoden über die finiten Beweismethoden dieses Typs hinaus erweitert, wird die Widerspruchsfreiheit der formalen Zahlentheorie mit stärkeren Mitteln beweisbar. Das war die grundlegende Idee des Logikers und Mathematikers G. Gentzen (1909–1945), mit der er die moderne Beweistheorie einleitete und wichtige Impulse für spätere Computerprogramme der Informatik gab. 1936, also im Jahr von Turings berühmtem Artikel über das Entscheidungsproblem, schrieb er (Gentzen 1938, S. 260):

„Man kann es auch so ausdrücken, dass sich für die Zahlentheorie kein ein für allemal ausreichendes System von Schlussweisen angeben lässt, sondern dass vielmehr immer wieder Sätze gefunden werden können, deren Beweise neuartige Schlussweisen erfordern."

Auf Computer übertragen folgt daraus, dass es nicht „den" Supercomputer geben kann, der für beliebige Inputs alle möglichen (mathematischen) Probleme entscheiden kann. Wir können aber unvollständige Formalismen ständig ergänzen, um so zu reichhaltigeren und damit mächtigeren Programmen zu kommen.

2 Grundlagen der Komplexitätstheorie

Die Komplexität von Formeln führt uns zu Graden der Entscheidbarkeit (Shoenfield 1967): So besteht die Formel „Für alle natürlichen Zahlen n und alle natürlichen Zahlen m gibt es eine natürliche Zahl p, so dass $m+n=p$" (formal: $\forall m \forall n \exists p\, m+n=p$) aus einer Gleichung mit dem Additionsterm $m+n$ und Variablen m, n und p, die durch einen Existenzquantor $\exists$ und zwei Allquantoren $\forall$ erweitert wird. Die Addition von zwei Zahlen ist effektiv berechenbar und daher die in der Gleichung behauptete Eigenschaft effektiv entscheidbar. Allgemein besteht eine arithmetische Formel aus einer effektiv entscheidbaren Eigenschaft, die durch logische Quantoren erweitert wird. Je nach Anzahl, Art und Reihenfolge dieser Quantoren lassen sich Klassen unterschiedlich komplexer Formeln unterscheiden, die Graden der Entscheidbarkeit entsprechen.

Entscheidbare Eigenschaften entsprechen Turingmaschinen, die nach endlich vielen Schritten stoppen. Treten Quantoren hinzu, muss das Konzept der Turingmaschine erweitert werden, weil Rechenprozesse unter Umständen mehrfach unendlich (d. h. entlang aller natürlichen Zahlen) durchlaufen werden müssen. Gelegentlich ist von Hyper-Berechenbarkeit (hypercomputation) die Rede. Allerdings handelt es sich dabei nur um formale Modelle von Rechenmaschinen jenseits der technisch-physikalischen Realisierung durch physikalische Rechenmaschinen. Bemerkenswert ist, dass Turing in seiner Dissertation das Thema der Hyper-Berechenbarkeit bereits anspricht und danach fragt, wie Maschinen sich jenseits effektiver Algorithmen verhalten.

Für die Künstliche Intelligenz ist hervorzuheben, dass die Klassen und Grade der Berechenbarkeit und Entscheidbarkeit auf logisch-mathematischen Beweisen beruhen. Sie gelten also unabhängig von der technischen Leistungsstärke physikalischer Computer. Auch zukünftige Supercomputer werden die Gesetze der Logik und Mathematik nicht überwinden! Für den Intelligenzgrad einer Problemlösung ist nicht nur die Frage interessant, ob ein Problem prinzipiell entscheidbar sei, sondern wie und mit welchem Aufwand eine Entscheidung herbeigeführt werden kann.

Betrachten wir das bekannte Problem eines Handlungsreisenden, der seine Kunden in ihren verschiedenen Städten nacheinander auf der kürzest möglichen Strecke abfahren soll. Bei z. B. 3 Kunden hat er beim ersten Kunden 3 Möglichkeiten der Anfahrt von zu Hause. Für den zweiten Kunden verbleiben dann $2 = 3 - 1$ Möglichkeiten der Anfahrt. Für den dritten Kunden bleibt nur noch $1 = 3 - 2$ Möglichkeit der Anfahrt, um dann nach Hause zurückzufahren. Die Anzahl der Routen umfasst also $3 \cdot 2 \cdot 1 = 6$ Möglichkeiten. Statt Möglichkeiten sagen die Mathematiker

‚Fakultät' und schreiben 3! = 6. Mit wachsender Kundenzahl steigen die Möglichkeiten extrem schnell von 4! = 24 über 5! = 120 bis 10! = 3628800. Eine praktische Anwendung ist die Frage, wie ein Automat auf kürzestem Weg 442 Löcher in eine Platine bohren kann. Solche Leiterplatten befinden sich mit ähnlich hohen Anzahlen in Haushaltsgeräten, Fernsehempfängern oder Computern. Die Zahl 442! mit über tausend Dezimalstellen lässt sich nicht ausprobieren. Wie effektiv kann eine Lösung sein?

In der Komplexitätstheorie der Informatik werden Grade von Berechenbarkeit und Entscheidbarkeit unterschieden (Arora und Barak 2009). Dazu kann die Rechenzeit als Anzahl der Elementarschritte eines Turingprogramms in Abhängigkeit von der Länge der Bandinschrift bei Rechnungsbeginn (‚Input') gewählt werden. Ein Problem hat lineare Rechenzeit, wenn die Rechenzeit nur proportional zur Länge der Summanden zunimmt: Bei der Multiplikation wächst die Anzahl der Rechenschritte proportional zum Quadrat der Inputlänge. Wächst die Anzahl der Rechenschritte proportional zum Quadrat, Polynom oder Exponenten der Inputlänge, spricht man von quadratischer, polynomialer und exponentialer Rechenzeit.

Lange Rechenzeiten kommen bei einer deterministischen Turingmaschine dadurch zustande, dass alle Teilprobleme und Fallunterscheidungen eines Problems systematisch nacheinander geprüft und berechnet werden müssen. Manchmal scheint es deshalb ratsamer, sich unter einer endlichen Anzahl von Möglichkeiten durch eine Zufallsentscheidung eine Lösung auszuwählen. So verfährt eine nichtdeterministische Turingmaschine: Sie rät eine Antwort auf das Problem und beweist dann die geratene Antwort. Um zu entscheiden, ob z. B. eine natürliche Zahl zusammengesetzt ist, rät die nichtdeterministische Maschine einen Teiler, teilt die gegebene Zahl mit Rest durch den Teiler und überprüft, ob der Rest aufgeht. In diesem Fall bestätigt die Maschine, dass die Zahl zusammengesetzt ist. Demgegenüber muss eine deterministische Turingmaschine systematisch nach einem Teiler suchen, indem sie z. B. jede von Eins verschiedene kleinere Zahl als die vorgegebene Zahl aufzählt und den Teilbarkeitstest durchführt.

Probleme, die in polynomialer Zeit durch eine deterministische Maschine entschieden werden, heißen P-Probleme. Werden Probleme in polynomialer Zeit von einer nichtdeterministischen Maschine entschieden, sprechen wir von NP-Problemen. Nach dieser Definition sind alle P-Probleme auch NP-Probleme. Es ist allerdings nach wie vor eine offene Frage, ob alle NP-Probleme auch P-Probleme sind, also nichtdeterministische Maschinen bei polynomialer Rechenzeit durch deterministische Maschinen ersetzt werden können.

Wir kennen heute Probleme, die zwar nicht entschieden werden, von denen wir aber exakt bestimmen können, wie schwierig sie sind. Aus der Aussagenlogik ist das Problem bekannt, wie für eine beliebige aus Elementaraussagen zusammengesetzte Aussage herausgefunden werden soll, welche der Elementaraussagen wahr bzw. falsch sein müssen, damit die gesamte Aussage wahr ist.

So ergeben die durch die logische Verknüpfung ‚und' verbundenen Elementaraussagen A und B nur dann eine wahre zusammengesetzte Aussage, wenn beide Elementaraussagen A bzw. B wahr sind. Die durch ‚oder' verbundenen Elementaraussagen ergeben nur dann eine wahre zusammengesetzte Aussage, wenn wenigstens eine Elementaraussage wahr ist. Man sagt in diesen Fällen, dass die zusammengesetzten Aussagen ‚erfüllbar' seien. Demgegenüber bilden die durch ‚und' verbundene Elementaraussage A und ihre Verneinung keine erfüllbare Aussage: Beide Elementaraussagen können nicht zugleich wahr sein. Die Rechenzeit eines Algorithmus, der alle Kombinationen von Wahrheitswerten einer zusammengesetzten Aussage überprüft, hängt ab von der Anzahl ihrer Elementaraussagen. Bisher ist weder ein Algorithmus bekannt, der das Problem in Polynomialzeit löst, noch wissen wir, ob es einen solchen Algorithmus überhaupt gibt. Der amerikanische Mathematiker Stephen A. Cook konnte 1971 allerdings beweisen, dass das Erfüllbarkeitsproblem mindestens so schwierig ist wie jedes andere Problem aus der Klasse der NP-Probleme.

Zwei Probleme sind äquivalent in ihrer Schwierigkeit, falls eine Lösung des einen Problems auch eine Lösung des anderen Problems liefert. Ein Problem, das in diesem Sinne äquivalent ist mit einer Klasse von Problemen, heißt vollständig in Bezug auf diese Klasse. Nach dem Erfüllbarkeitsproblem konnten noch andere klassische Probleme wie z. B. das Problem des Handlungsreisenden als NP-vollständig bewiesen werden.

NP-vollständige Probleme gelten als hoffnungslos schwierig. Praktiker suchen daher nicht nach exakten Lösungen, sondern unter praktikablen Einschränkungen nach fast optimalen Lösungen. Hier ist Einfallsreichtum, Fantasie und Kreativität gefragt. Das Rundreiseproblem ist nur ein Beispiel für praktische Planungsprobleme, wie sie sich alltäglich beim Entwurf z. B. von Verkehrs- und Kommunikationsnetzen unter sich ständig verändernden Netzbedingungen stellen. Je weniger Rechenaufwand, Zeit und Speicherkapazität ein Algorithmus benötigt, umso preisgünstiger und wirtschaftlicher gestalten sich praktische Problemlösungen. Die Komplexitätstheorie liefert also die Rahmenbedingungen für praktische intelligente Problemlösungen.

3 Grundlagen der Beweistheorie

In der KI realisieren Algorithmen Wissensverarbeitung, indem aus Datenstrukturen (also Zeichenreihen) weitere Zeichenreihen abgleitet werden. Das entspricht dem Ideal des mathematischen Beweisens, das in der Mathematik seit der Antike vertreten wird. Euklid hatte gezeigt, wie aus als wahr vorausgesetzten Axiomen nur durch logische Schlüsse mathematische Lehrsätze abgeleitet und bewiesen werden konnten. In der KI stellt sich die Frage, ob mathematisches Beweisen auf Algorithmen übertragen und damit „automatisiert" werden kann. Dahinter steht dann die grundlegende KI-Frage, ob und bis zu welchem Grad Denken automatisiert, also durch einen Computer ausgeführt werden kann.

Schauen wir uns dazu einen klassischen Beweis näher an: Um 300 v. Chr. bewies Euklid die Existenz unendlich vieler Primzahlen (Aigner und Ziegler 2001, S. 3). Euklid vermeidet den Begriff „unendlich" und behauptet: „Es gibt mehr Primzahlen als jede vorgelegte Anzahl von Primzahlen". Eine Primzahl ist eine natürliche Zahl, die genau zwei natürliche Zahlen als Teiler hat. Eine Primzahl ist also eine natürliche

Zahl größer als eins, die nur durch sich selbst und durch 1 ganzzahlig teilbar ist. Beispiele: 2, 3, 5, 7, … Wir argumentieren mit einem Widerspruchsbeweis. Wir nehmen das Gegenteil der Behauptung an, schließen logisch unter dieser Annahme auf einen Widerspruch. Die Annahme war also falsch. Wenn wir nun voraussetzen, dass eine Aussage entweder war oder falsch ist, dann gilt das Gegenteil der Annahme: die Behauptung ist richtig.

Nun also der Widerspruchsbeweis: Angenommen es gäbe nur endlich viele Primzahlen $p_1, \ldots, p_n$. Mit m bezeichnen wir die kleinste Zahl, die von allen diesen Primzahlen geteilt wird, d. h. das Produkt $m = p_1 \cdot \ldots \cdot p_n$. Für den Nachfolger $m + 1$ von m gibt es zwei Möglichkeiten:

1. Fall: $m + 1$ ist eine Primzahl. Nach Konstruktion ist sie größer als $p_1, \ldots, p_n$ und damit eine zusätzliche Primzahl im Widerspruch zur Annahme.
2. Fall: $m + 1$ ist keine Primzahl. Dann muss sie einen Teiler q besitzen. Nach Annahme muss q dann eine der Primzahlen $p_1, \ldots, p_n$ sein. Damit ist sie auch ein Teiler von m. Die Primzahl q teilt also sowohl m also auch den Nachfolger $m + 1$. Dann teilt sie auch die Differenz von m und $m + 1$, also 1. Das kann aber nicht zutreffen, da 1 nach Definition keine Primzahl als Teiler besitzt.

Der Nachteil an diesem Beweis ist, dass wir die Existenz der Primzahlen konstruktiv nicht bewiesen haben. Wir haben nur gezeigt, dass das Gegenteil der Annahme zu Widersprüchen führt. Um die Existenz eines Objekts zu beweisen, benötigen wir einen Algorithmus, der ein Objekt erzeugt und beweist, dass die Aussage für dieses Beispiel richtig ist. Formal lautet eine Existenzaussage $A \equiv \exists x B(x)$. In einer abgeschwächten Form könnten wir fordern, eine Liste von endlich vielen Zahlen $t_1, \ldots, t_n$ zu konstruieren, die Kandidaten für die Aussage B sind, so dass die Oder-Aussage $B(t_1) \vee \ldots \vee B(t_n)$ gilt, also die Aussage B für wenigstens eine der konstruierten Zahlen $t_1, \ldots, t_n$ wahr ist. Das könnte auch eine Maschine leisten. Wenn allgemein für alle x ein y mit $B(x, y)$ existieren soll, also formal $A \equiv \forall x \exists y B(x, y)$ gilt, dann benötigen wir einen Algorithmus p, der für jeden x-Wert einen Wert $y = p(x)$ konstruiert, so dass $B(x, p(x))$ für alle x gilt, also formal $\forall x B(x, p(x))$. In einer schwächeren Form wären wir zufrieden, wenn für den Suchprozess eines y-Wertes für einen gegeben x-Wert wenigstens eine obere Schranke $b(x)$ berechnet werden könnte, also formal $\forall x \exists y \leq b(x) B(x, y)$. Damit lässt sich der Suchprozess genau abschätzen.

Der amerikanische Logiker G. Kreisel hat deshalb gefordert, dass Beweise mehr als bloße Verifikationen sein sollen. Sie sind gewissermaßen „eingefrorene“ Algorithmen. Man muss sie nur in den Beweisen entdecken und „herauswinden“ (unwinding proofs) (Feferman 1996). Dann können sie auch Maschinen übernehmen.

Tatsächlich ist im Beweis von Euklid ein konstruktives Verfahren „versteckt“. Es lässt sich nämlich für jede Position r einer Primzahl p_r (in der Aufzählung $p_1 = 2$, $p_2 = 3, p_3 = 5, \ldots$) eine obere Schranke $b(r)$ berechnen, also zu jeder vorgelegten Anzahl von Primzahlen eine weitere angeben, die allerdings unterhalb einer berechenbaren Schranke liegt. In Euklids indirektem Beweis werden ja endlich viele

Primzahlen angenommen, die kleiner oder gleich einer Schranke x sind, also $p \leq x$. Damit wird dann eine Zahl $1 + \prod_{p \leq x} p$ konstruiert, aus der die Widersprüche abgeleitet werden. (Dabei bezeichnet $\prod_{p \leq x} p$ das Produkt aller Primzahlen, die kleiner als x sind.) Wir konstruieren daher zunächst die Schranke

$$g(x) := 1 + x! \geq 1 + \prod_{p \leq x} p.$$

Die Fakultätsfunktion $1 \cdot 2 \cdot \ldots \cdot x = x!$ lässt sich durch die sogenannte Stirling-Formel abschätzen. Wir zielen allerdings auf eine obere Schranke der $r + 1$-ten Primzahl p_{r+1}, die nur von der Position r in der Aufzählung der Primzahlen anstelle von der unbekannten Schranke $x \geq p_r$ abhängt. Euklids Beweis zeigt $p_{r+1} \leq p_1 \cdot \ldots \cdot p_r + 1$. Daraus lässt sich für alle $r \geq 1$ (durch vollständige Induktion über r) beweisen, dass $p_r < 2^{2^r}$. Die gesuchte berechenbare Schranke ist also $b(r) = 2^{2^r}$.

In Logik und Mathematik werden Formeln (also Zeichenreihen) Schritt für Schritt abgeleitet, bis der Beweis einer Behauptung abgeschlossen ist. Computerprogramme arbeiten im Grunde wie Beweise. Schritt für Schritt leiten sie nach festgelegten Regeln Zeichenfolgen ab, bis ein formaler Ausdruck gefunden ist, der für eine Lösung des Problems steht. Stellen wir uns z. B. die Montage eines Werkstücks auf einem Fließband vor. Das entsprechende Computerprogramm beschreibt, wie das Werkstück Schritt für Schritt aus vorausgesetzten Einzelteilen nach Regeln aufeinander aufbauend entsteht.

Ein Kunde wünscht von einem Informatiker ein Computerprogramm, das ein solches Problem löst. Bei einem sehr komplexen und unübersichtlichen Produktionsprozess, möchte er sicher vorher einen Beweis, dass das Programm auch korrekt arbeitet. Eventuelle Fehler wären gefährlich oder würden erhebliche Mehrkosten verursachen. Ein Informatiker beruft sich dazu auf eine Software, die den Beweis automatisch aus den formalen Eigenschaften des Problems extrahiert hat. So wie Software im „Data Mining" zur Suche von Daten oder Datenkorrelationen eingesetzt wird, so lässt sich passende Software auch zur automatischen Suche von Beweisen einsetzen. Man spricht dann von „proof mining " (Kohlenbach 2008, Kap. 2). Das entspricht Georg Kreisels Ansatz, Algorithmen aus Beweisen herauszufiltern (unwinding proofs), nun allerdings automatisch durch Computerprogramme.

Dann entsteht allerdings die Frage, ob die Software zur Extraktion des Beweises selber zuverlässig ist. In einem genau vorgegebenen Rahmen lassen sich solche Zuverlässigkeitsbeweise für die zugrunde gelegte Software führen. Der Kunde kann dann sicher sein, dass das Computerprogramm für seine Problemlösung korrekt arbeitet. Dieses „automatische Beweisen" hat also nicht nur erhebliche Bedeutung für die moderne Softwaretechnik. Sie führt auch zu philosophisch tiefen Fragen, wieweit nämlich (mathematisches) Denken automatisiert werden kann: Die Beweisfindung ist automatisch. Den Korrektheitsbeweis der dazu verwendeten Software führt aber ein Mathematiker. Selbst wenn wir diesen Beweis wieder automatisieren würden, entsteht eine grundlegende erkenntnistheoretische Frage: Führt uns das nicht in einen Regress, an dessen Ende immer der Mensch steht (stehen muss)?

Ein Beispiel ist das interaktive Beweissystem MINLOG, das aus formalen Beweisen automatisch Computerprogramme heraus extrahiert (Schwichtenberg 2006; Schwichtenberg und Wainer 2012, Kap. 7). Es benutzt die Computersprache LISP. Ein einfaches Beispiel ist die Behauptung, dass für jede Liste v von Symbolen in LISP eine Umkehrliste w mit umgekehrter Anordnung der Symbole existiert. Das ist wieder eine Behauptung von der Form $A \equiv \forall v \exists w B(v, w)$. Der Beweis kann informal durch eine Induktion über den Aufbau der Listen v geführt werden. MINLOG extrahiert daraus automatisch ein passendes Computerprogramm. Aber auch für anspruchsvolle mathematische Beweise lässt sich diese Software benutzen. Ein allgemeiner Zuverlässigkeitsbeweis garantiert, dass die Software korrekte Programme liefert (Mayr et al. 1998).

Um Widersprüche zu vermeiden, wie sie Anfang des 20. Jahrhunderts die Grundlagendiskussion der Mathematik auslösten, sollten Beweise konstruktiv sein. Hilbert wollte mathematische Theorien zunächst formalisieren und für diese Formalismen nachträglich konstruktive Widerspruchsfreiheits- und Vollständigkeitsbeweise führen. Die Mathematiker sollten also weiterhin ungestört ihre Arbeit tun und die Logiker würden sich danach um ihre Korrektheit und Widerspruchsfreiheit kümmern. Wie die Gödelschen Sätze zeigen, lässt sich das Hilbertsche Programm nur bedingt realisieren. Demgegenüber wollte Brouwers Intuitionismus von vornherein nur konstruktive Verfahren in der Mathematik zulassen. Mit Blick auf Sicherungsverfahren spielen intuitionistische Verfahren selbst bei maschinellen Computerprogrammen bis heute eine Rolle. Daher sei zunächst an einige logische und philosophische Grundkonzepte von Brouwers Intuitionismus erinnert.

Nach L.E.J. Bouwer (1881–1966) wird eine mathematische Wahrheit durch die Konstruktion eines „kreativen Subjekts" begründet (Brouwer 1907, 1975). Nach Kant kann eine mathematische Konstruktion nur in einem endlichen Verfahren Schritt für Schritt in der Zeit realisiert werden – nach dem Vorbild der Zählschritte beim Zählen der natürlichen Zahlen (Kant 1787). Daher hängt nach Brouwer eine mathematische Wahrheit von endlich vielen Schritten der Realisation in der Zeit durch ein kreatives Subjekt ab. Formal heißt das nach einer Definition von G. Kreisel (1967):

Ein kreatives Subjekt verfügt über einen Beweis einer Aussage A auf der Stufe m (formal: $\sum\vdash_m A$) genau dann, wenn gilt:

(CS1) Für jede Aussage A ist $\sum\vdash_m A$ eine entscheidbare Funktion von A :

$$\forall x \in \mathbb{N} \left(\sum \vdash_x A \vee \neg \sum \vdash_x \mathrm{A}\right)$$

$$\text{(CS2)} \quad \forall x, y \in \mathbb{N} \left(\sum \vdash_x A \rightarrow \left(\sum \vdash_{x+y} A\right)\right)$$

$$\text{(CS3)} \exists x \in \mathbb{N} \left(\sum \vdash_x A\right) \leftrightarrow A$$

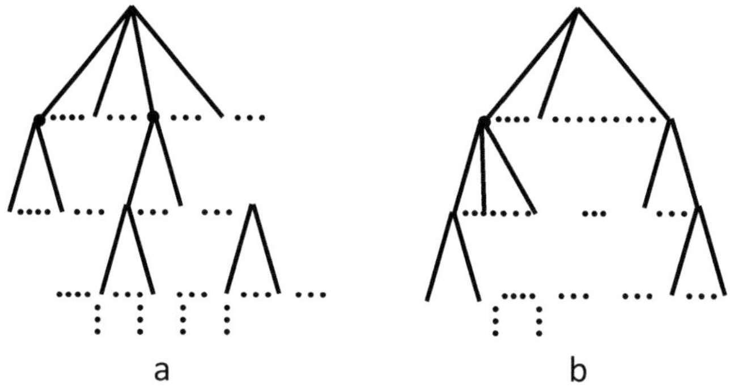

Abb. 2 Intuitionistische Mengen als „Ausbreitung“ (Spread)(**a**) und „Fächer“ (Fan)(**b**). (Quelle: eigene Zeichnung)

Daher können unendliche Mengen nicht wie in der klassischen Mengenlehre „aktual“ gegeben sein, sondern nur schrittweise in endlich vielen Schritten entstehen. Man spricht dann auch von „potentiell“ unendlich. Eine „Ausbreitung“ (spread) ist das intuitionistische Analogon zu einer Menge in der Mengenlehre, da unendliche Mengen als dauernd sich entfaltend und nie vollendet betrachtet werden (Abb. 2a). Daher ist eine „Ausbreitung“ (spread) in grafischer Darstellung ein abzählbar sich verzweigender Baum, der nur unendliche Äste enthält und dessen Knoten mit natürlichen Zahlen oder anderen endlichen Objekten verbunden sind.

Ein „Fächer“ (fan) ist grafisch ein endlich sich verzweigender Baum (spread) (Abb. 2b).

Ein Ast ist eine intuitionistische Wahlfolge, d. h. eine unendliche Folge von Zahlen (oder endlichen Objekten), die Schritt für Schritt nach einem Gesetz (Algorithmus) oder ohne Gesetz (z. B. Münzwurf) erzeugt wird. Eine gesetzlose Folge ist nie beendet. Die einzige verfügbare Information über eine gesetzlose Folge auf jeder Stufe liefert der bis dorthin erzeugte Anfangsteil der Folge (Troelstra 1968; Dummett 1977).

Die Analogie der intuitionistischen Konstrukte mit Datenstrukturen wie Bäumen und Listen in der Informatik ist offensichtlich. Die intuitionistische Interpretation der logischen Konstanten geht auf Brouwer, Heyting und Kolmogrov zurück (Heyting 1934; Kolmogorov 1932; Kohlenbach 2008, S. 43). Die Brouwer-Heyting-Kolmogorov (BHK)-Interpretation erklärt die Bedeutung logischer Konstanten mit Termen von Beweiskonstruktionen:

Es gibt keinen Beweis von $\bot$ („Falsch“).

i. Ein Beweis von $A \wedge B$ ist ein Paar (q, r) von Beweisen, wobei q ein Beweis von A und r ein Beweis von B *ist.*

ii. Ein Beweis von $A \vee B$ ist ein Paar (n, q), das aus einer ganzen Zahl n und einem Beweis q besteht, der A beweist, falls $n = 0$ und entsprechend B, falls $n \neq 0$.
iii. Ein Beweis p von $A \rightarrow B$ ist eine Konstruktion, die einen hypothetischen Beweis q von A in einen $p(q)$ von B transformiert.
iv. Ein Beweis p von $\forall x A(x)$ ist eine Konstruktion, die für jede Konstruktion c_d eines Elements d aus der Domäne des Allquantors einen Beweis $p(c_d)$ von $A(d)$ erzeugt.
v. Ein Beweis von $\exists x A(x)$ ist ein Paar (c_d, q), wobei c_d die Konstruktion eines Elements d aus der Domäne des Existenzquantors und q ein Beweis von $A(d)$ ist.

4 Beweise als Programme mit intuitionistischen Typen

1969 beobachtete der Logiker W.A. Howard (wie vorher bereits H.B. Curry), dass Gentzens Beweissystem natürlichen Schließens (vgl. Artikel über die Grundlagen des logischen Schließens) in seiner intuitionistischen Version direkt als eine typisierte Variante der Berechnung in Form des Churchschen Lambda-Kalküls interpretiert kann (Howard 1969). Man spricht daher auch vom Curry-Howard Isomorphismus. Nach Church bedeutet $\lambda a.\ b$ eine Funktion, die ein Element a auf den Funktionswert b mit $\lambda a.\ b[a] = b$ abbildet. Im Folgenden werden Beweise durch Terme $a, b, c, \ldots$, Aussagen durch $A, B, C, \ldots$ repräsentiert (Mainzer 2018a, Kap. 9).

Beispiele

$$\begin{array}{lc} & [A] \\ \lambda a.b & \vdots \\ & \underline{B} \\ (\rightarrow \mathrm{I}) & A \rightarrow B \end{array}$$

$$\begin{array}{lc} & [A] \\ \lambda a(\lambda b.a) & \vdots \\ & \underline{B \rightarrow A} \\ (\rightarrow \mathrm{I}) & A \rightarrow (B \rightarrow A) \end{array}$$

Ein Beweis ist ein Programm, und die Formel, die er beweist, ist der Typ für dieses Programm. Nach Gentzens Kalkül des natürlichen Schließens lässt sich auch sein Sequenzenkalkül (vgl. Artikel über die Grundlagen des logischen Schließens) durch den Lambda-Kalkül charakterisieren:

Intuitionistischer Sequenzenkalkül	Lambda-Kalkül Typen Zuordnungsregeln
$\dfrac{}{\Gamma_1, \alpha,\ \Gamma_2 \vdash \alpha}\ \mathrm{Ax}$	$\dfrac{}{\Gamma_1, x{:}\ \alpha,\ \Gamma_2 \vdash x{:}\ \alpha}$
$\dfrac{\Gamma, \alpha \vdash \beta}{\Gamma \vdash \alpha \to \beta} \to I$	$\dfrac{\Gamma, x{:}\ \alpha \vdash t{:}\ \beta}{\Gamma \vdash \lambda x.t{:}\ \alpha \to \beta}$
$\dfrac{\Gamma \vdash \alpha \to \beta \quad \Gamma \vdash \alpha}{\Gamma \vdash \beta} \to E$	$\dfrac{\Gamma \vdash t{:}\ \alpha \to \beta \quad \Gamma \vdash u{:}\ \alpha}{\Gamma \vdash tu.\ \beta}$

Ein Beweis von $\Gamma \vdash \alpha$ bedeutet, dass man über ein Programm verfügt, das für gegebene Werte mit Typen aufgelistet in Γ ein Objekt vom Typ α herstellt. Ein Axiom korrespondiert zur Einführung einer neuen Variablen mit einem neuen und uneingeschränktem Typ, die $\to I$ Einführungsregel korrespondiert zur Funktionsabstraktion und die $\to E$ Eliminationsregel korrespondiert zur Funktionsanwendung.

$t : \alpha$ bedeutet sowohl „*t beweist* α" als auch „*t ist vom Typ* α".

Auch Aussagen lassen sich als Typen in der intuitionistischen Typentheorie verstehen. Nach dem Curry-Howard Isomorphismus von Aussagen als Typen ist $\Sigma x{:}A.B.$ die disjunkte Summe der A-indizierten Familie von Typen B und $\Pi x{:}A.B.$ ihr cartesisches Produkt (Dybjer und Palmgren 2016).

$$\bot = \varnothing$$

$$\top = 1$$

$$A \vee B = A + B$$

$$A \wedge B = A \times B$$

$$A \supset B = A \to B$$

$$\exists x : A.B = \Sigma x : A.B$$

$$\forall x : A.B = \Pi x : A.B$$

Die kanonischen Elemente von $\Sigma x{:}A.\ B$ sind Paare $(a,\ b)$ mit $a : A$ und $b : B[x := a]$ vom Typ, der durch Ersetzung aller frei vorkommenden x in B durch a entsteht. Die

Elemente von $\Pi x{:}A.\ B$ sind (berechenbare) Funktionen f mit $fa : B[x := a]$, wobei $a : A$.

Wie lassen sich Theoreme als Typen nach dem Curry-Howard Isomorphismus verstehen? Als Beispiel betrachten wir das Theorem, wonach es beliebig große Primzahlen gibt, d. h. formal:

$$\forall m : \mathrm{N}.\exists n : \mathrm{N}.m < n \wedge Prime(n)$$

Nach dem Curry-Howard Isomorphismus wird daraus der Typ von Funktionen, die eine Zahl m auf ein Tripel $(n,(p, q))$ abbilden, wobei n eine Zahl ist, p ein Beweis, dass $m < n$ ist, und q ein Beweis, dass n eine Primzahl ist:

$$\Pi m : N.\Sigma n : N.m < n \times Prime(n).$$

Das ist ein Beispiel für das Beweis-als-Programm Prinzip: Danach wird ein konstruktiver Beweis, dass es beliebig große Primzahlen gibt, zu einem Programm, das für gegebene Zahlen eine größere Primzahl zusammen mit Beweisen erzeugt, dass sie in der Tat größer und Primzahl ist.

Zusätzlich zu den Typenformern des Curry-Howard Isomorphismus erweiterte der Logiker und Philosoph P. Martin-Löf die basale intuitionistische Typentheorie, die Heytings Arithmetik der höheren Typen HA^{ω} und Gödels System T der primitiv-rekursiven Funktionen höheren Typs enthält, mit primitiven Identitätsttypen, wohlgeordneten Baumtypen, Hierarchien von Universen und allgemeinen Begriffen induktiver und induktiv-rekursiver Definitionen. Martin-Löfs beweistheoretische Erweiterung betrifft sowohl die Anwendung auf die Programmierung als auch auf die Formalisierung der Mathematik (Martin-Löf 1998).

Neben den gegebenen Regeln für Π gibt es analoge Regeln für andere Typenformer, die den logischen Konstanten der typisierten Prädikatenlogik entsprechen:

Π-Formation	Π-Einführung	Π-Elimination
$\dfrac{\Gamma \vdash A \quad \Gamma, x{:}A \vdash B}{\Gamma \vdash \Pi x{:}A.B}$	$\dfrac{\Gamma, x{:}A \vdash b{:}\beta}{\Gamma \vdash \lambda x.b{:}\Pi x{:}A.B}$	$\dfrac{\Gamma \vdash f{:}\Pi x{:}A.B \quad \Gamma \vdash a{:}A}{\Gamma \vdash fa{:}B[x := a]}$

Π-Gleichheit wird durch β- und η-Konversion eingeführt:

β-Konversion	η-Konversion
$\dfrac{\Gamma, x{:}A \vdash b{:}B \quad \Gamma \vdash a{:}A}{\Gamma \vdash (\lambda x.b)a = b[x := a]{:}B[x := a]}$	$\dfrac{\Gamma \vdash f{:}\Pi x{:}A.B}{\Gamma \vdash \lambda x.fx = f{:}\Pi x{:}A.B}$

Konguenzregeln erhalten Gleichheit:

Kongruenzregel
$\dfrac{\Gamma \vdash A = A' \quad \Gamma, x{:}A \vdash B = B'}{\Gamma \vdash \Pi x{:}A.B = \Pi x{:}A'.B'}$

In der intuitionistischen Typenarithmetik werden wie in der Peano-Arithmetik die natürlichen Zahlen mit 0 und der Nachfolgeroperation *s* erzeugt:

N-Formation	N-Einführung
$\Gamma \vdash \mathrm{N}$	$\Gamma \vdash 0{:}\mathrm{N} \quad \dfrac{\Gamma \vdash 0{:}\mathrm{N}}{\Gamma \vdash s(a){:}N}$

Die Eliminationsregel behauptet, dass so die einzige Möglichkeit gegeben ist, eine natürliche Zahl zu erzeugen. Die Funktion $f(c) = R(c, d, xy.\ e)$ wird definiert durch primitive Rekursion über der natürlichen Zahl *c* mit Basis *d* und Schrittfunktion $xy.\ e$ (oder $\lambda xy.\ e$), die den Wert *y* für die vorherige Zahl x : N auf den Wert für $s(x)$ abbildet:

N-Elimination
$\dfrac{\Gamma, x{:}\mathrm{N} \vdash C \quad \Gamma \vdash c{:}\mathrm{N} \quad \Gamma \vdash d{:}C[x := 0] \quad \Gamma, y{:}\mathrm{N}, z{:}C[x := y] \vdash e{:}C[x := s(y)]}{\Gamma \vdash R(c, d, yz.e){:}C[x := c]}$

N-Gleichheit (unter passenden Prämissen)
$R(0, d, yz.e) = d{:}C[x := 0]$
$R(s(a), d, yz.e) = e[:= a,\ z := R(a, d, yz.e)]{:}C[x := s(a)]$

Um Widersprüche mit unbegrenzten Begriffsbildungen wie dem Universum aller Typen zu vermeiden, führte Martin-Löf das Universum kleiner Typen ein (Martin-Löf 1975; Palmgren 1998):

U-Formation
$\Gamma \vdash \mathrm{U}$

U-Einführung	
$\Gamma \vdash \emptyset : \mathbf{U}$	$\Gamma \vdash 1 : \mathbf{U}$
$\dfrac{\Gamma \vdash A : U \quad \Gamma \vdash B : U}{\Gamma \vdash A + B : U}$	$\dfrac{\Gamma \vdash A : U \quad \Gamma \vdash B : U}{\Gamma \vdash A \times B : U}$
$\dfrac{\Gamma \vdash A : U \quad \Gamma \vdash B : U}{\Gamma \vdash A \to B : U}$	
$\dfrac{\Gamma \vdash A : U \quad \Gamma, x{:}A \vdash B : U}{\Gamma \vdash \Sigma x{:}A.\, B : U}$	$\dfrac{\Gamma \vdash A : U \quad \Gamma, x{:}A \vdash B : U}{\Gamma \vdash \Pi x{:}A.\, B : U}$
$\Gamma \vdash \mathbf{N} : \mathbf{U}$	

U-Elimination
$\dfrac{\Gamma \vdash A : \mathbf{U}}{\Gamma \vdash A}$

Das typentheoretische Universum U ist analog zu einem Grothendieck-Universum in der Mengenlehre. Das Grothendieck-Universum ist eine Menge von Mengen, die abgeschlossen unter allen Methoden ist, mit denen Mengen in der Zermelo-Fraenkel Mengenlehre gebildet werden können:

1. $x \in U, y \in x \Rightarrow y \in U$ (Transitivität)
2. $x, y \in U \Rightarrow \{x, y\} \in U$
3. $x \in U \Rightarrow \mathcal{P}(x) \in U$ (Potenzmenge)
4. $\{x_\alpha\}_{\alpha \in I}$ Familie von Elementen aus $U, I \in U \Rightarrow \bigcup_{\alpha \in I} x_\alpha \in U$

Der Mathematiker A. Grothendieck (1928–2014) benutzte dieses Universum als eine Möglichkeit, um echte Klassen in der algebraischen Geometrie zu vermeiden (Grothendieck 1971–1977). Die Existenzsicherung dieses Universums liegt jenseits der üblichen Axiome der Zermelo-Fraenkel Mengenlehre und impliziert die Existenz von stark unerreichbaren Kardinalzahlen. Die Tarski-Grothendieck Mengenlehre ist eine axiomatische Behandlung der Mengenlehre, die in einigen automatischen Beweissystemen benutzt wird, in denen jede Menge zu einem Grothendieck-Universum gehört. Das Konzept eines Grothendieck-Universums kann auch im Rahmen der Kategorientheorie in einem Topos definiert werden.

In der intuitionistischen Typentheorie ist das Auswahlaxiom ein beweisbares Theorem. Es ist nämlich eine unmittelbare Folge der BHK-Interpretation der intuitionistischen Quantoren. In typentheoretischer Übersetzung lautet das Auswahlaxiom:

$$(\Pi x : A.\Sigma y : B.C) \to \Sigma f : (\Pi x : A.B).C[y{:=}fx]$$

Beweis:

- $\Pi x : A.\ \Sigma y : B.\ C$ ist der Typ von Funktionen, die Elemente $x : A$ auf Paare (y, z) mit $y{:}B$ und $z{:}C$ abbilden.
- Die Auswahlfunktion f wird durch Rückgabe der ersten Komponenten $y{:}B$ dieses Paars erhalten.

In der Mengenlehre ist das Auswahlaxiom allerdings nicht immer konstruktiv. Typen sind im allgemeinen keine konstruktiven Approximationen von Mengen im klassischen Sinn (Martin-Löf 2009).

Mit Blick auf Datenstrukturen in der Informatik ist bemerkenswert, wie sich wohlgeordnete Bäume und iterative Mengen in der intuitionistischen Typentheorie darstellen lassen. Elemente des Typs Wx : A. B von wohlgeordneten Bäumen variieren und verzweigen sich beliebig. Daher sind sie durch eine verallgemeinerte induktive Definition gegeben (z. B. W-Formation und W-Einführung, analog W-Elimination und W-Gleichheit). Jedes $a : A$ repräsentiert einen Termkonstruktor sup a mit (möglicherweise unendlich) stelligem $B[x := a]$:

W-Formation	W-Einführung
$$\frac{\Gamma \vdash A \qquad \Gamma, x{:}A \vdash B}{\Gamma \vdash \mathrm{W}x{:}A.B}$$	$$\frac{\Gamma \vdash a{:}A \qquad \Gamma, y{:}B[x := a] \vdash b{:}\mathrm{W}x{:}A.B}{\Gamma \vdash \mathrm{sup}(a,y,b){:}\mathrm{W}x{:}A.B}$$

Wohlfundierte Bäume können auf ein typentheoretisches Modell der konstruktiven Mengenlehre erweitert werden (Aczel 1978). Die beweistheoretische Anwendung der intuitionistischen Typentheorie wird auf die konstruktive ZF-Mengenlehre durch den Typ iterativer Mengen erweitert:

$$\mathrm{V} = \mathrm{W}x : \mathrm{U}.x$$

Wenn a : U ein kleiner Typ ist und $x : A \vdash M$ eine indizierte Familie von iterativen Mengen, dann ist $\mathrm{sup}(A, x, M)$ resp. $\{M|\ x : A\}$ eine iterative Menge. Eine iterative Menge ist einerseits eine Datenstruktur im funktionalen Programmieren der Informatik. Andererseits kann Typ V auch im Rahmen der Mathematik als ein konstruktives typentheoretisches Modell der kumulativen Hierarchie in der ZF-Mengenlehre interpretiert werden.

In der intuitionistischen Typentheorie werden induktive Typen durch Konstruktoren eingeführt:

Beispiele

a) Typ $\mathbb{N}$ der natürlichen Zahlen mit Konstruktoren
- $0 : \mathbb{N}$
- $\mathrm{succ} : \mathbb{N} \to \mathbb{N}$

b) Typ List(A) der endlichen Listen von Elementen des Typs A mit Konstruktoren
- nil : List(A) (leere Liste)
- cons : $A \to$ List(A) $\to$ List(A) (Hinzufügung eines Elements am Anfang der Liste)
- app:List(A) $\to$ List(A) $\to$ List(A) (Verbindung zweier Listen)

Ein Induktionsprinzip beweist eine Behauptung für einen Typ, der durch seine Konstruktoren frei erzeugt ist.

Beispiel

Sei W-Typ $\mathrm{W}_{(a\,:\,A)}B(a)$ wohlgeordneter Bäume mit Knoten, die mit Elementen $a : A$ und $B(a)$-vielen Ästen verbunden sind. Man beweist eine Behauptung $E : \mathrm{W}_{(a:A)}B(a) \to \mathcal{U}$ über allen Elementen des Typs $\mathrm{W}_{(a\,:\,A)}B(a)$ durch Beweis für seine Konstruktoren.

Die beweistheoretische Anwendung der intuitionistischen Typentheorie kann auf wachsende mengentheoretische Universen in Analogie zu wachsenden großen Kardinalzahlen erweitert werden (Rathjen et al. 1998, Setzer 2000):

Mengentheoretische Universen	große Kardinalzahlen
Hierarchien von Universen (Palmgren 1998)	**unerreichbare Kardinalzahlen**
Superuniversen (Rathjen et al. 1998)	**hyperunerreichbare Kardinalzahlen**
Mahlo Universen (Setzer et al. 2003)	**Mahlo Kardinalzahlen**
⋮	⋮

Diese Konstruktionen von Universen werden ermöglicht, indem das Schema der induktiven Definitionen in der intuitionistischen Typentheorie durch induktiv-rekursive Definitionen erweitert wird. In diesem Fall wird gleichzeitig induktiv ein Typ und eine Funktion aus dem durch Rekursion definierten Typ erzeugt.

5 Von der Typentheorie zur univalenten Mathematik

In der Tradition von Leibnizens Mathesis Universalis stellt sich die Frage, bis zu welchem Grad das Denken von (mengentheoretischen) Unendlichkeiten durch formale Kodes („Typen“) dargestellt werden kann, die durch „Maschinen“ bearbeitbar sind. In der Informatik lassen sich Typen des funktionalen Programmierens als erste Schritte in diese Richtung verstehen. 1679 skizzierte Leibniz in einem Brief an Huygens seine Ideen zu einer „analysis situs", aus der sich die Topologie als mathematische Disziplin entwickeln sollte. Leibniz hatte bereits die Idee, topologische Zusammenhänge durch einen formalen algebraischen Kalkül zu formalisieren:

„... il nous faut encor une autre Analyse proprement geometrique ou lineaire, qui nous exprime directement, *situm*, comme l'algebre exprime *magnitudinem*. Et je croy d'en avoir le moyen, et qu'on pourroit representer des figures et mesme des machines et mouvemens en characteres, comme l'Algebre represente les nombres ou grandeurs; et je vous envoye un essay qui me parait considerable" (Leibniz 1899; Freudenthal 1972).

Beispiele solcher algebraische Terme nennt Leibniz „characteristica geometrica propria" wie zum Beispiel:

$$A \infty B \text{ (Koinzidenz)}$$

$$A \sim B \text{ (Ähnlichkeit)}$$

$$A\ 8\ B \text{ (Kongruenz)}$$

Eulers Problem der Sieben Brücken von Königsberg und die Polyeder-Formel waren erste Theoreme der Analysis Situs als historischer Ursprung der Topologie. In der modernen Mathematik benutzt die algebraische Topologie Methoden aus der abstrakten Algebra, um topologische Räume zu studieren. Ein grundlegendes Ziel besteht darin, algebraische Invarianten zu finden, die topologische Räume bis auf Homomorphie klassifizieren.

Seit ihren Anfängen spielen Datentypen eine Schlüsselrolle in Computersprachen: Wieweit können mathematische Objekte mit Typen von Computersprachen repräsentiert werden? Die Homotopie Theorie stammt aus der algebraischen Topologie und homologischen Algebra mit Beziehungen zur höheren Kategorientheorie, die als abstraktes Fundament der Mathematik verstanden warden kann. Demgegenüber ist die Typentheorie ein Zweig der mathematischen Logik und theoretischen Informatik. Die Homotopie Typentheorie (Homotopy Type Theory – HoTT) verbindet beide Ansätze und interpretiert Typen als Objekte der abstrakten Homotopie Theorie. Daher versucht HoTT, sowohl eine universale („univalente") Grundlegung der Mathematik als auch einen Kalkül für einen Beweisassistenten zu entwickeln.

Um HoTT in der Typentheorie zu verstehen, sei zunächst an die Homotopie Theorie selber erinnert. In der Topologie heißen zwei stetige Funktionen von einem topologischen Raum zu einem anderen (griechisch: ὁμός *homós* „dasselbe, ähnlich" und τόπος *tópos* „Ort"), falls die eine Funktion in die andere *„stetig deformiert"* werden kann (Abb. 3).

Formal wird eine *Homotopie* zwischen zwei stetigen Funktionen f und g von einem topologischen Raum X zu einem topologischen Raum Y als stetige Funktion $H : X \times [0,1] \rightarrow Y$ vom Produkt des Raums X mit dem Einheitsintervall $[0,1]$ zu Y derart definiert, dass für $x \in X$ gilt $H(x,0) = f(x)$ und $H(x,1) = g(x)$. In diesem Fall sagt man, dass f und g homotop sind (Hazewinkel 2001).

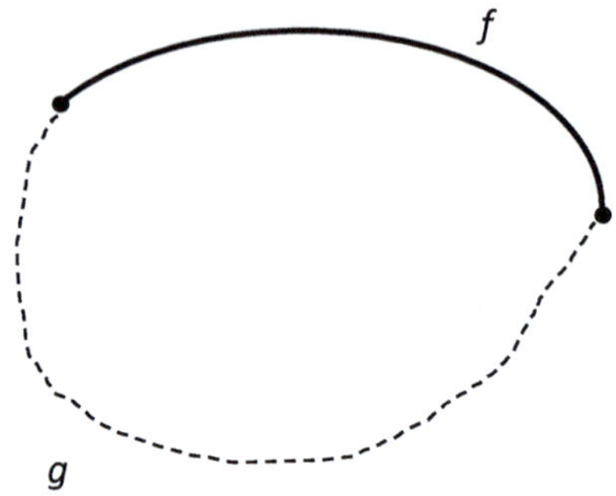

Abb. 3 Homotopie zweier stetiger Funktionen *f* und *g*. (Quelle: eigene Zeichnung)

Zwei Räume *X* und *Y* sind *homotop-äquivalent* ($A \simeq B$), falls es stetige Abbildungen $f : X \to Y$ und $g : Y \to X$ gibt derart, dass $g \circ f$ homotop zur Identitätsabbildung id_X und $f \circ g$ homotop zu id_Y ist.

Die *Homotopie Kategorie* ist diejenige Kategorie, deren Objekte topologische Räume und deren Morphismen Homotopie-Äquivalenzklassen von stetigen Abbildungen sind. Zwei topologische Räume *X* und *Y* sind isomorph in dieser Kategorie dann und nur dann, wenn sie homotop-äquivalent sind.

In HoTT entsprechen Terme der intuitionistischen Typentheorie solchen der Homotopie Theorie:

IntuitionistischeTypentheorie	Homotopie Theorie
Typen A	Räume A
Term a	Punkte a
$a: A$	$a \in A$
abhängiger Typ $x: A \vdash B(x)$	Fibration $B \to A$
Identitätstyp $\mathrm{Id}_A(a, b)$	Raum von Pfaden von a nach b
$p: \mathrm{Id}_A(a, b)$	Pfad $p: a \mapsto b$
$\alpha: \mathrm{Id}_{\mathrm{Id}_A(a,b)}(p, q)$	Homotopie $\alpha: p \Rightarrow q$

In der intuitionistischen Typentheorie kann ein Term $a : A$ als ein *Element a vom Typ A* oder als ein *Beweis der Aussage A* oder, in der Homotopie Typentheorie, als ein Punkt *des Raums A* verstanden werden. Beweise *p* der Identität zwischen zwei

Elementen a, b vom Typ A werden geometrisch als Pfade veranschaulicht, die die entsprechenden Punkte verbinden.

In der intuitionistischen Typentheorie sind nicht alle Beweise einer Identität zwangsläufig gleich (Hofmann und Streicher 1998): Das lässt sich in einem Modell zeigen, in dem jeder Typ als ein Groupoid interpretiert wird. Ein Groupoid ist eine Kategorie, in der jeder Morphismus umkehrbar bzgl. eines Isomorphismus ist.

HoTT verbindet die Typentheorie mit Beweistheorie, Mengenlehre und Homotopie Theorie (The Univalent Foundations Program 2013):

Typen	Beweise	Mengen	Homotopie
A	Aussage	Menge	Raum
$a : A$	Beweis	Element	Punkt
$B(x)$	Prädikat	Familie von Mengen	Fibration
$b(x) : B(x)$	bedingter Beweis	Familie von Elementen	Sektion
0, 1	$\bot, \top$	$\emptyset, \{\emptyset\}$	$\emptyset, *$
$A + B$	$A \vee B$	disjunkte Vereinigung	Koprodukt
$A \times B$	$A \wedge B$	Menge von Paaren	Produktraum
$A \to B$	$A \to B$	Menge von Funktionen	Funktionenraum
$\Sigma_{(x:A)} B(x)$	$\exists B(x)$	disjunkte Summe	totaler Raum
$\Pi_{(x:A)} B(x)$	$\forall B(x)$	Produkt	Raum von Sektionen
Id_A	Gleichheit =	$\{(x, x) \mid x \in A\}$	Pfadraum A^I

Mit höheren induktiven Typen lassen sich Geometrie und Topologie charakterisieren. Wie die bisherigen induktiven Typen sind höhere induktive Typen ein allgemeines Schema, um neue Typen zu definieren, die durch einige Konstruktoren erzeugt werden (Einführungsregeln). Im Unterschied zu gewöhnlichen induktiven Typen erzeugen diese Konstruktoren nicht nur Punkte dieses Typs, sondern auch Pfade zwischen diesen Punkten, Pfade zwischen Pfaden zwischen Punkten und weiter höhere Pfade in diesem Typ (Awodey und Warren 2009).

Beispiel

a) *Kreis* $\mathcal{S}^1$:

- ein Punkt Basis : $\mathcal{S}^1$
- ein Pfad Schleife : Basis $=_{\mathcal{S}^1}$ Basis

b) *Kugel* $\mathcal{S}^2$:
- ein Punkt Basis : $\mathcal{S}^2$
- ein Pfad Oberfäche : $\text{refl}_{\text{base}} = \text{refl}_{\text{base}}$ in Basis = Basis

Eliminationregeln sind die Induktions- und Rekursionsprinzipien:

Beispiel

Rekursionsprinzip des Kreises $\mathcal{S}^1$:

Gegeben sei ein Punkt $b : B$ und ein Pfad $\ell : b = b$,
es gibt eine Funktion $f : \mathcal{S}^1 \to B$ mit Rechenregeln
$f(\text{Basis}) = b$ und $\text{apl}_f(\text{Schleife}) = \ell$.

(Dabei ist apl_f die Anwendung von Funktion f.) Induktionsprinzipien höherer induktiver Typen lassen sich auf die Geometrie anwenden. Ein Induktionsbeweis vom Typ $\prod_{(x:\mathcal{S}^1)} P(x)$ der Kugel $\mathcal{S}^1$ benötigt

- ein Element $b : P(\text{Basis})$ in der Faser über dem Konstruktor Basis : $\mathcal{S}^1$
- einen Pfad von b nach b, der über dem Konstruktor Schleife : Basis = Basis liegt.

Ein Pfad von $u : P(x)$ nach $v : P(y)$, der über $p : x = y$ liegt, kann durch einen Pfad $p_*(u) = v$ in der Faser $P(y)$ mit abhängigen Pfaden repräsentiert werden.

$$\left(u =_p^P v\right) :\equiv \left(\text{transport}^P(p, u) = v\right).$$

Das Induktionsprinzip für Kugel $\mathcal{S}^1$ lautet:
Gegeben $P : \mathcal{S}^1 \to \mathcal{U}$ mit

- einem Element $b : P(\text{Basis})$
- einem Pfad $\ell : b =^P_{\text{Schleife}} b$,

es gibt eine Funktion $f : \prod_{(x:\mathcal{S}^1)} P(x)$ mit $f(\text{Basis}) \equiv b$ und $\text{apl}_f(\text{Schleife}) = \ell$.

Grundlage von HoTT ist das von dem russischen Mathematiker W. Voevodsky eingeführte Univalenz Axiom (UA): Sei U ein Universum mit kleinen Typen, die selber Terme A : U sind. In der Homotopie Theorie ist U ein Raum mit Räumen (Typen) als Punkten. Es gibt eine kanonische Funktion, um die Identität von diesen Räumen (Typen) in ihre Äquivalenz zu führen:

Eine Funktion vom Typ $(A = B) \to (A \simeq B)$ ist selber eine Äquivalenz:

$$(A = B) \simeq (A \simeq B)$$

Für Punkte A und B des Universums U (mit kleinen Typen) identifiziert das Univalenz Axiom UA die folgenden drei Begriffe:

- (logisch) ein Beweis der Identifikation $p : A = B$ von A und B

- (topologisch) ein Pfad $p : A \mapsto B$ von A nach B in U
- (homotop) eine Äquivalenz $p : A \simeq B$ zwischen A und B.

Äquivalenz ($\simeq$) bezieht sich auf höher dimensionale Objekte von der Mengenlehre bis zur Kategorientheorie (z. B. gleiche Elemente, isomorphe Mengen, äquivalente Groupoide): UA besagt, dass „alles“ durch Äquivalenz erhalten wird. Insbesondere sind äquivalente Typen (z. B. isomorphe Strukturen) identisch (Awodey 2012, 2014).

Die Homotopie Typentheorie (HoTT) eröffnet grundlegende Zusammenhänge zwischen Beweisbarkeit, Konstruktivität und Berechenbarkeit (Bezem et al. 2014). HoTT soll ermöglichen, mathematische Beweise in eine Programmiersprache für maschinelle Beweisassistenten sogar für höhere mathematische Kategorien mit „Isomorphismen als Gleichheit“ (UA) zu übertragen (z. B. Coq). Daher lautet ein wesentliches Ziel von HoTT:

Typenprüfung $\Rightarrow$ Beweisprüfung in höheren Kategorien (d. h. für „schwierige Beweise“)

HoTT ist durch höhere induktiv definierte Strukturen (z. B. induktiv definierte Räume mit Kollektionen von Punkten, Pfaden, höheren Pfaden etc.) erweitert, die durch passende Induktionsprinzipien charakterisiert werden können. HoTT ist klassisch widerspruchsfrei mit Bezug auf ein semantisches Modell in der Kategorie von Kan Komplexen (Voevodsky 2012; Joyal 2002), kann aber auch konstruktiv begründet werden (T. Coquand).

Die Motivation, sich mit HoTT zu beschäftigen, hat mit einer neuen Art von Grundlagenkrise zu tun, der sich die moderne Mathematik zunehmend stellen muss. In der gegenwärtigen Mathematik könnten nämlich Beweise so kompliziert werden, dass ein einzelner Mathematiker sie kaum in allen Details prüfen kann: Man vertraut auf die Expertise seiner Kolleginnen und Kollegen. Die Situation ist ähnlich zur modernen industriellen Arbeitswelt. Nach dem französischen Soziologen Emile Durkheim (1858–1917) ist die moderne industrielle Produktion so komplex, das sie nur nach dem Prinzip der Arbeitsteilung („job sharing“) und des gegenseitigen Vertrauens in Expertise organisiert werden kann. Niemand hat dabei aber den totalen Überblick über alle Details.

Auf dem Hintergrund gravierender Fehler, die von Experten übersehen wurden, wollte Wladimir Voevodsky (1966–2017, IAS Princeton, Fields Medaille) aber nicht länger dem Prinzip des „job-sharing“ in der Mathematik trauen. Menschen könnten in Zukunft mit der wachsenden Komplexität der Mathematik überfordert sein. Sind Computer die einzige und letzte Lösung? Voevodskys Grundlagenprogramm univalenter Mathematik ist durch die Idee einer Software für Beweisprüfung inspiriert, um Vertrauen & Verifikation in der Mathematik zu garantieren. Diese Herausforderung der Beweisprüfung lässt sich auf eine Grundlagenkrise der modernen Software im allgemeinen erweitern. Wie soll die Sicherheit von immer komplexer werdenden Computerprogrammen (z. B. in der Künstlichen Intelligenz) garantiert werden? (Mainzer 2018b, Kap. 2) Die folgenden Abschnitte legen dafür die ersten Schritte mit Beweisassistenten, die auf dem Formalismus von HoTT aufbauen.

6 Von der Typentheorie zu Beweisassistenten

Der Kalkül der Konstruktionen (Calculus of Constructions = CoC) ist eine Typentheorie von T. Coquand et al., die sowohl als typisierte Programmiersprache als auch als konstruktive Begründung der Mathematik dienen kann (Coquand und Huet 1988). Ähnlich wie Martin-Löf erweitert dieser Kalkül den Curry-Howard Isomorphismus auf Beweise im ganzen intuitionistischen Prädikatenkalkül. Coc besitzt sehr wenige Konstruktionsregeln für Terme:

- T ist ein Term (Typ).
- P ist ein Term für Aussagen bzw. Propositionen (Prop).
- Variablen (x, y, z, …) sind Terme.
- Falls A und B Terme sind, dann ist (AB) ein Term.
- Falls A und B Terme sind und x eine Variable ist,
  dann sind $\lambda x\, A.\, B$ und $\forall x\, A.\, B$ Terme.

Die Objekte von CoC sind Beweise (Terme mit Propositionen als Typen), Propositionen (kleine Typen), Prädikate (Funktionen, die Propositionen zurückgeben), große Typen (Typen von Prädikaten, z. B. P), T (Typ von großen Typen).

Die Ableitungsregeln von CoC lassen sich wie folgt zusammenstellen. Dabei ist Γ eine Sequenz von Typenzuordnungen $x_1 : A_1, x_2 : A_2, \ldots$; K ist entweder T oder P :

$$\frac{}{\Gamma \vdash P : T} \qquad \frac{\Gamma \vdash A : K}{\Gamma,\ x : A \vdash x : A}$$

$$\frac{\Gamma,\ x : A \vdash B : K \qquad \Gamma, x : A \vdash N : B}{\Gamma \vdash (\lambda x\, A.N) : (\forall x\, A.B) : K}$$

$$\frac{\Gamma \vdash M : (\forall x : A.B) \qquad \Gamma \vdash N : A}{\Gamma \vdash MN : B[x{:=}N]}$$

$$\frac{\Gamma \vdash M : A \qquad A =_\beta B \qquad B : K}{\Gamma \vdash M : B}$$

Logische Operatoren und Datentypen in CoC benötigen sehr wenige Basisoperatoren. Der einzige logische Operator zur Bildung von Propositionen ist ∀.

Logische Operatoren

$$A \Rightarrow B \quad \equiv \forall x : A.B \quad (x \notin B)$$

$$A \wedge B \quad \equiv \forall C : P.(A \Rightarrow B \Rightarrow C) \Rightarrow C$$

$$A \vee B \quad \equiv \forall C : P.(A \Rightarrow C) \Rightarrow (B \Rightarrow C) \Rightarrow C$$

$$\neg A \equiv \forall C : P.(A \Rightarrow C)$$

$$\exists x : A.B \equiv \forall C : P.(\forall x : A(B \Rightarrow C)) \Rightarrow C$$

Datentypen

Boolesche Einheiten: $\forall A : P.\ A \Rightarrow A \Rightarrow A$
Natürliche Zahlen: $\forall\ A : P.\ (A \Rightarrow A) \Rightarrow (A \Rightarrow A)$
Produkt $A \times B$: $A \wedge B$
disjunkte Vereinigung $A + B$: $A \vee B$

Der Kalkül der induktiven Konstruktionen (Calculus of inductive Constructions = CiC) basiert auf CoC und verfügt über zusätzliche induktive und ko-induktive Definitionen, die durch folgende Regeln zur Konstruktion von Termen eingeführt werden (Bertot und Castéran 2004):

- Kennungen (Identifikatoren) beziehen sich auf Konstanten oder Variablen.
- (AB) Anwendung eines funktionalen Objekts A auf B
- $[x : A]B$ Abstraktion von Variable x vom Typ A in Term B, um ein
  funktionales Objekt $\lambda x \in A.\ B$ zu konstruieren
- $(x : A)B$ Term vom Typ Menge (Set) entspricht dem Produkt $\prod_{x \in A} B$ von Mengen.
  $(x : A)B$ Term vom Typ Aussage (Prop) entspricht $\forall x \in A\ B$.
  Falls x nicht in B vorkommt, ist $A \rightarrow B$ eine Abkürzung, die
- der Menge aller Funktionen von Menge A nach Menge B
- dem logischen Schluss von der Aussage A nach der Aussage B entspricht.

In CiC wird ein induktiver Typ frei durch eine bestimmte Anzahl von Konstruktoren erzeugt (Paulin-Mohring 1993).

Beispiele

a) Typ $\mathbb{N}$ der natürlichen Zahlen mit Konstruktoren
  - $0 : \mathbb{N}$
  - $\mathrm{succ} : \mathbb{N} \rightarrow \mathbb{N}$

b) Typ List(A) von endlichen Listen von Elementen vom Typ A mit Konstruktoren
  - nil : List(A)
  - cons : $A \rightarrow$ List(A) $\rightarrow$ List(A)

Induktive Beweise ermöglichen es, Behauptungen für unendliche Kollektionen von Objekten zu beweisen (z. B. ganze Zahlen, Listen, binäre Bäume), weil alle diese Objekte in einer endlichen Anzahl von Schritten konstruiert werden. Das Induktionsprinzip eines induktiven Typs beweist eine Behauptung für einen Typ, der frei durch seine Konstruktoren erzeugt ist.

Neben induktiven Typen gibt es ko-induktive Typen, die unendliche Objekte betreffen (z. B. potenziell unendliche Listen, potenziell unendliche Bäume mit unendlichen Ästen) (Giménez 1996). Terme erhält man durch wiederholten Gebrauch von Konstruktoren, wie bereits für induktiven Typen gezeigt wurde. Allerdings gibt es kein Induktionsprinzip und die Äste können unendlich sein.

In praktischen Anwendungen wie Telekommunikation, Energie oder Transport lassen sich diese (potenziell) unendlichen Objekte auch als Ströme (z. B. Daten-, Energie- und Warenströme) illustrieren. Sie entstehen in unbegrenzt vielen Schritten, die durch den Konstruktor Cons definiert werden:

$$\text{Ko} - \text{Induktiver Strom}\ (\text{A} : \text{Set}) : \text{Set} \coloneqq \text{Cons} : \text{A} \rightarrow \text{Strom A} \rightarrow \text{Strom A}$$

Im Unterschied zum induktiven Typ einer Liste gibt es keinen Konstruktor der leeren Liste. Daher können endliche Listen nicht konstruiert werden.

Auf dieser Grundlage lässt sich nun der Coq Beweisassistent einführen (Bertot und Castéran 2004). Coq implementiert eine Programmspezifikation, die auf dem Kalkül der induktiven Konstruktionen (CiC) beruht, und verbindet eine Logik höherer Ordnung mit einer reich typisierten funktionalen Sprache. Die Befehle von Coq erlauben,

- Funktionen oder Prädikate zu definieren (die effizient evaluiert werden können)
- mathematische Theoreme und Software-Spezifikationen zu behaupten
- formale Beweise von diesen Theoremen interaktiv zu entwickeln
- diese Beweise durch eine relativ kleine Zertifikation maschinell zu prüfen
- zertifizierte Programme zu extrahieren (e.g., Objective Caml, Haskell, Scheme).

Coq liefert interaktive Beweismethoden, Entscheidungs- und Semi-Entscheidungsalgorithmen. Interaktiv bedeutet, dass der Kalkül ständig durch die extrahierten Beweisstrategien und Routinen erweitert wird, die dann automatisch für neue Problemlösungen zur Verfügung stehen. Verbindungen mit externen Theorembeweisern sind verfügbar. Coq ist also eine Plattform für die Verifikation sowohl von mathematischen Beweisen als auch von Computerprogrammen auf der Grundlage von CiC.

7 Verifikation von Schaltkreisen mit Beweisassistenten

Ein Hardware oder Software Programm ist korrekt („zertifiziert durch Coq"), falls verifiziert werden kann, dass es einer gegebenen Spezifikation in CiC folgt. Eine entsprechende Verifikation wird nun am Beispiel eines Schaltkreises in der Elektrotechnik erläutert (Coupet-Grimal und Jakubiec 1996, 1999). Dabei kann die Struktur bzw. Architektur eines Schaltkreises und sein tatsächliches Verhalten mathematisch durch verschaltete endliche Automaten (z. B. Mealy Maschinen) modelliert werden. In Schaltkreisen sind potenziell unendlich lange Zeitfolgen von Daten (Ströme) zu berücksichtigen.

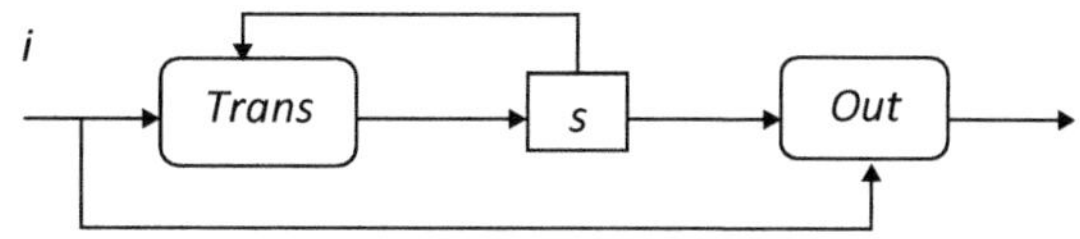

Abb. 4 Spezifikation eines Mealy-Automaten. (Coupet-Grimal und Jakubiec 1996)

Ein Schaltkreis ist korrekt genau dann, wenn unter bestimmten Bedingungen die Output-Ströme des Automaten, der die Schaltkreisstruktur darstellt, äquivalent sind zum Automaten, der das Verhalten des Schaltkreises beschreibt.

Daher muss zunächst die Automatentheorie in CiC mit den ko-induktiven Typen von Strömen implementiert werden. Dazu lassen sich Mealy-Automaten mit folgender Spezifikation verwenden: Ein Mealy Automat ist ein 5-Tupel (*I*, *O*, *S Trans*, *Out*) mit Inputmenge *I*, Outputmenge *O*, Zustandsmenge *S*, Transitionsfunktion $Trans : I x S \rightarrow S$ und Outputfunktion $Out : I x S \rightarrow O$ (Abb. 4).

Bei einem gegebenen Anfangszustand s berechnet der Mealy Automat eine unendliche Outputfolge („Strom") als Antwort auf eine unendliche Inputfolge („Strom").

Die Implementation von Mealy Automaten in CiC lautet:

Variablen I, O, S : Menge.
Variable Trans : I → S → S.
Variable Out : I → S → O.
CoFixpoint Mealy : (Strom I) → S → (Strom O) := [inp, s]
(Cons (Out (Head inp) s) (Mealy (Tail inp)(Trans (Head inp) s)).

Das erste Element des Outputstroms ist das Resultat der Anwendung der Outputfunktion Out auf den ersten Input (den „Kopf" (Head) des Inputstroms inp) und auf den Anfangszustand s. Der „Schwanz" (Tail) des Outputstroms wird dann berechnet durch einen rekursiven Rückgriff im Mealy Automaten auf den „Schwanz" (Tail) des Inputstroms und den neuen Zustand. Dieser neue Zustand wird durch die Funktion Trans gegeben, die auf den ersten Input und den Anfangszustand angewendet wird. Die Ströme aller Nachfolgezustände des Anfangszustand s erhält man ähnlich:

CoFixpoint Zustände : (Strom I) → S → (Strom S):=[inp, s]

(Cons s (Zustände (Tail inp)(Trans (Head inp) s))).

In einem Netzwerk sind Automaten untereinander durch parallele Verschaltung, sequenzielle Verschaltung und Feedback Verschaltung von synchronen sequenziellen Geräten verbunden.

In der Parallelschaltung (Abb. 5) von zwei Mealy Automaten *A*1 und *A*2 erzeugt $f = (f_1, f_2)$ aus dem aktuellen Input *i* das Paar von Inputs $(f_1(i), f_2(i))$ für *A*1 und *A*2. *Output* berechnet die globalen Outputs von *A*1 und *A*2.

Parallelautomaten lassen sich wie folgt in CiC implementieren:

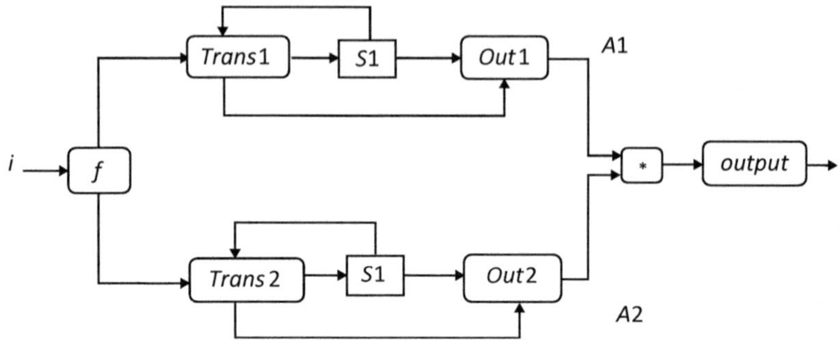

Abb. 5 Spezifikation einer Parallelschaltung von Mealy-Automaten. (Coupet-Grimal und Jakubiec 1996)

Variablen I1, I2, O1, O2, S1, S2, I. O : Set
Variable Trans1 : I1 → S1 → S1. Variable Trans2 : I2 → S2 → S2.
Variable Out1 : I1 → S1 → O1. Variable Out2 : I2 → S2 → O2.
Variable f : I → I1*I2. Variable f : O → O1*O2.
Lokal A1 := (Mealy Trans1 Out1). Lokal A2 := (Mealy Trans2 Out2).
Definition parallel : (Strom I) → S1 → S2 := [inp, s1, s2]
(Map output (Prod (A1 (Map Fst (Map f inp)) s1)
(A2 (Map Snd (Map f inp)) s2))).

Die Anfangszustände der Automaten *A*1 und *A*2 sind *s*1 und *s*2. Der Input von *A*1 wird erhalten durch Abbildung der ersten Projektion *Fst* auf den Strom, der aus der Abbildung der Funktion *f* auf dem globalen Strom *inp* resultiert. Dann ist (*A*1 (*Map Fst* (*Map f inp*))*s*1) der Outputstrom *A*1. Der Outputstrom von *A*2 ist ähnlich definiert. Schließlich wird die Parallelverbindung durch Abbildung der Funktion *output* auf das Produkt der Outputströme von *A*1 und *A*2 erhalten.

Die Äquivalenz von Struktur und Verhalten von Schaltkreisen kann durch bestimmte invariante Relationen von Zuständen und Strömungen in den entsprechenden Mealy Automaten bewiesen werden (Coupet-Grimal und Jakubier). Dazu betrachte man zwei Mealy Automaten $A1 = (I, O, S_1, Trans1, Out1)$ und $A2 = (I, O, S_2, Trans2, Out2)$ mit derselben Inputmenge und derselben Outputmenge. Für gegebene *p* Ströme wird eine Relation, die für alle *p*-Tupel von Elementen auf dem gleichen Rang gilt, eine Invariante dieser *p* Ströme genannt.

In CiC kann eine invariante Relation *P* bzgl. Inputmenge *I* und Zustandsmengen S_1 und S_2 durch Ko-Induktion definiert werden:

CoInductive Inv [P : I → S1 → S2 → Prop] :
    (Stream I) → (Stream S1) → (Stream S2) → Prop :=
C_Inv : (inp : (Stream I))(st1 : (Stream S1))(st2 : (Stream S2))
    (P (Head inp) (Head st1) (Head st2)) →
    (Inv P (Tail inp) (Tail st1) (Tail st2)) →
    (Inv P inp st1 st2).

Invariante Zustandsrelation von Mealy Automaten werden in CiC wie folgt definiert:

Sei R eine Relation auf dem Zustandsraum $S_1 \times S_2$ und P eine Relation auf $I \times S_1 \times S_2$.

R ist invariant unter P für die Automaten $A1$ und $A2$ genau dann, wenn
$\forall i \in I \, \forall s_1 \in S_1 \, \forall s_2 \in S_2$

$$(P(i, s_1, s_2) \wedge R(s_1, s_2)) \Rightarrow R(Trans1\ (i, s_1), Trans2\ (i, s_2)).$$

Die Invarianz der Relation R kann in CIC implementiert werden:

```
Definition Inv_under := [P : I→ S1 → S2 → Prop][R : S1 →S2 →Prop]
(i : I)(s1 : S1)(s2 : S2)
(P i s1 s2) → (R s1 s2) →(R (Trans 1 i s1)(Trans2 i s2).
```

Eine Outputrelation ist stark genug, um die Gleichheit der Outputs von zwei Automaten zu induzieren:

```
Definition Output_rel :=   [R : S1 → S2 → Prop]
                           (i : I)(s1 : S1) (s2 : S2)
                           (R s1 s2) →(Out1 i s1)=(Out2 i s2).
```

Die Korrektheit eines Schaltkreises wird also durch die Äquivalenz seiner Struktur und seines Verhaltens bewiesen. Dabei werden Struktur und Verhalten durch zwei zusammengesetzte Mealy Automaten modelliert. Die Äquivalenz von zusammengesetzten Mealy Automaten kann durch das Äquivalenz-Lemma invarianter Relationen bewiesen werden. Dieses Lemma kann ebenfalls in CiC implementiert werden:

Falls R eine *Outputrelation* invariant unter P ist, die für die Anfangszustände gilt, falls P eine Invariante für den gemeinsamen Inputstrom und die Zustandsströme von jedem Automaten ist, dann sind die zwei Outputströme ä*quivalent*, d. h. formal:

Lemma Equiv_2_Mealy :

```
(P : I → S1 → S2 → Prop)(R : S1 → S2 → Prop)
(Output_rel R) → (Inv_under P R) → (R s1 s2) →
(inp : (Stream I)) (s1 : S1) (s2 : S2)
(Inv P inp (States Trans1 Out1 inp s1)(States Trans2 Out2 inp s2)) →
(EqS (A1 inp s1) (A2 inp s2)).
```

Beweis durch Ko-Induktion

Dieses Lemma ist ein Beispiel für eine Beweisroutine von Coq, mit der Verifikationen von Schaltkreisen unter bestimmten Bedingungen automatisch realisiert werden können.

Wie aktuell Software-Verifikationen sind, zeigt die jüngste Technikentwicklung. Inkorrektheit von Programmen kann zu Katastrophen führen, die von falschen Angaben von Strahlungsdosierungen in der Medizin, die Patienten schädigten, über die Explosion der Rakete Ariane V aufgrund eines Programmierfehlers bis zu Software- und Systemfehlern von Boing 737max in 2019 reichen. Solche Unfälle werfen ein Schlaglicht auf die Gefahren sicherheitskritischer Systeme ohne Software Verifikation. Dramatisch wird die Situation in den Programmen der Künstlichen Intelligenz, die wegen ihrer Komplexität zu „schwarzen Kästen" werden (Mainzer 2019). Im mathematischen Idealfall könnten Beweisassistenten, wie sie in diesem Artikel beschrieben wurden, ihren exakten Betrieb garantieren. Davon sind wir allerdings in der Praxis noch weit entfernt. Selbst in der Mathematik sind Beweisassistenten bisher nur eine große Vision auf eine zukünftige sichere Welt, die allerdings theoretisch möglich wäre. Das sollte dieser Artikel zeigen.

Literatur

Aczel, P. 1978. The type theoretic interpretation of constructive set theory. In *Logic Colloquium '77*, Hrsg. A. Macintyre, L. Pacholski, und J. Paris, 55–66. Amsterdam/New York: North-Holland.

Aigner, M., und G. M. Ziegler. 2001. *Proofs from the book*, 2. Aufl. Springer: Berlin.

Arora, S., und B. Barak. 2009. *Computational complexity. A modern approach*. Cambridge; I. Wegener (2003), Komplexitätstheorie. Grenzen der Effizienz von Algorithmen, Cambridge university Press: Berlin.

Awodey, S. 2012. *Type theory and homotopy*. In *Epistemology versus ontology. Logic, epistemology, and the unity of science*, Hrsg. P. Dybjer et al., 183–201. Springer.

Awodey, S. 2014. Structuralism, invariance, and univalence. *Philosophia Mathematica* 22(1): 1–11. Oxford University Press.

Awodey, S., und M. A. Warren. 2009. Homotopy theoretic models of identity type. *Mathematical Proceedings of the Cambridge Philosophical Society* 146(1): 45–55.

Bertot, Y., und P. Castéran. 2004. *Interactive theorem proving and program development: Coq'Art: CiC*. Berlin: Springer.

Bezem, M., T. Coquand, und S. Huber. 2014. A model of type theory in cubical sets. In *19th International Conference on Types for Proofs and Programs (TYPES 2013)*, Hrsg. R. Matthes und A. Schubert. Dagstuhl, Germany: Schloss Dagstuhl-Leibniz Zentrum für Informatik, 107–128.

Brauer, W., und K. Indermark. 1968. *Algorithmen, rekursive Funktionen und formale Sprachen*. Mannheim: B.I. Wissenschaftsverlag.

Brouwer, L. E. J. 1907. *Over de Grondslagen der Wiskunde [On the foundations of Mathematics]*. Amsterdam: Maas & Van Suchtelen.

Brouwer, L. E. J. 1975. In *Collected Works I*, Hrsg. A. Heyting. Amsterdam: North-Holland.

Chaitin, G. 1998. *The limits of mathematics*. Singapore: World Scientific.

Coquand, T., und G. Huet. 1988. The calculus of constructions. *Information and Computation* 76(2–3): 95–120.

Coupet-Grimal, S. und L. Jakubiec 1996. Coq and hardware verification: A case study (TPHOLs ‚96, LCNS 1125, 125–139).

Coupet-Grimal, S., und L. Jakubier. 1999. *Hardware verification using co-induction in Coq*, Laboratoire d'Informatique de Marseille, URA CNRS 1999.

Dummett, M. 1977. *Elements of intuitionism*. Oxford: Clarendon Press.

Dybjer, P., und E. Palmgren. 2016. Intuitionistic type theory. In *The Stanford encyclopedia of philosophy*. Stanford: The Metaphysics Research Lab (CSLI), Stanford University. (open access).

Feferman, S. 1996. Kreisel's „unwinding" Program. In *Kreisleriana. About and around Georg Kreisel. Review of modern logic*, Hrsg. P. Odifreddi, 247–273. Wellesley, Mass.: A.K. Peters.

Freudenthal, H. 1972. Leibniz und die analysis situs. *Studia Leibnitiana* 4:61–69.

Gentzen, G. 1938. Die gegenwärtige Lage in der mathematischen Grundlagenforschung. *Deutsche Mathematik* 3:260.

Giménez, E. 1996. Un calcul de constructions infinies et son application à la vérification de systèmes communicants. PhD thesis Lyon.

Grothendieck, A. 1971–1977. *Séminaire de Géométrie Algébrique*, Bd. 1–7. Berlin: Springer.

Hazewinkel, M. Hrsg. 2001. Homotopy. In *Encyclopedia of mathematics*. New York: Springer.

Hermes, H. 1978. *Aufzählbarkeit, Entscheidbarkeit, Berechenbarkeit. Einführung in die Theorie der rekursiven Funktionen*, 3. Aufl. Berlin: Springer. (1. Aufl. 1961).

Heyting, A. 1934. *Mathematische Grundlagenforschung. Intuitionismus, Beweistheorie*. Berlin: Springer. repr. 1974.

Hofmann, M., und T. Streicher. 1998. The groupoid interpretation of type theory. In *Twenty five years of constructive type theory*, Hrsg. G. Sambin und J. M. Smith, 83–112. Clarendon Press: Oxford.

Howard, W. A. 1969. The formulae-as-types notion of construction. In *To H.B. Curry: Essays on combinatory logic, Lambda Calculus and formalism*, Hrsg. J. P. Seldin und J. R. Hindley, 479–490. Boston: Academic Press.

Joyal, A. 2002. Quasi-categories and Kan complexes. *Journal of Pure and Applied Algebra* 175:207–222.

Kant, I. 1787. *Werke. Akademie Textausgabe*. Berlin: De Gruyter. 1968. Band 3: Kritik der reinen Vernunft (Nachdruck der 2. Auflage 1787).

Kohlenbach, U. 2008. *Applied proof theory: Proof interpretations and their use in mathematics*. Berlin: Springer.

Kolmogorov, A. N. 1932. Zur Deutung der intuitionistischen Logik. *Mathematische Zeitschrift* 35:58–65.

Kreisel, G. 1967. Informal rigour and completeness proofs. In *Problems in the philosophy of mathematics. Proceedings of the international colloquium in the philosophy of science 1965*, Hrsg. I. Lakatos, 138–186. Amsterdam/North-Holland: Mayer & Müller.

Leibniz, G.W. 1899. Der Briefwechsel, Hrsg. Gerhardt, 567–575 (Oeuvres de C. Hugens, Bd. VIII, S. 219–224).

Mainzer, K. 2018a. *The digital and the real world. Computational foundations of mathematics, science, technology, and philosophy*. Singapore: World Scientific.

Mainzer, K. 2018b. *Wie berechenbar ist unsere Welt. Herausforderungen für Mathematik, Informatik und Philosophie im Zeitalter der Digitalisierung*. Berlin: Springer.

Mainzer, K. 2019. *Künstliche Intelligenz. Wann übernehmen die Maschinen?* 2. Aufl. Berlin: Springer.

Martin-Löf, P. 1975. An intuitionistic theory of types: Predicative part. In *Logic Colloquium '73*, Hrsg. H. E. Rose und J. Shepherdson, 73–118. Amsterdam: North-Holland.

Martin-Löf, P. 1998. An intuitionistic theory of types. In *Twenty-five years of constructive type theory (Venice, 1995). Oxford logic guides 36*, 127–172. New York: Oxford University Press.

Matijasevich, Y. V. 1970. Enumerable sets are diophantic. *Soviet Math. Dokl.* 11:345–357.

Matijasevich, Y. V. 1993. *Hilbert's tenth problem*. Cambridge, MA: The MIT Press.

Martin-Löf, P. 2009. 100 years of Zermelo's Axiom of Choice: What was the problem with it? In *Logicism, Intuitionism, and Formalism: What has bebecome of them*?, Hrsg. S. Lindström, E. Palmgren, K. Segerberg, und V. Stoltenberg-Hansen, 209–219. Dordrecht: Springer.

Mayr, E., H. Prömel, und A. Steger, Hrsg. 1998. *Lectures on proof verification and approximation algorithms*, *Lecture notes in computer science*, Bd. 1967. Berlin: Springer.

Palmgren, E. 1998. On universes in type theory. In *Twenty-five years of constructive type theory*, Hrsg. G. Sambin und J. M. Smith, 191–204. Oxford: Clarendon Press.

Paulin-Mohring, C. 1993. *Inductive definition in the system Coq: Rules and properties*, *Research report 92-49*. Lyon: LIP-ENS.

Rathjen, M., R. Edward, E. R. Griffor, und E. Palmgren. 1998. Inaccessibility in constructive set theory and type theory. *Annals of Pure and Applied Logic* 94:181–200.

Schwichtenberg, H. 2006. Minlog. In *The seventeen provers of the world. Lecture notes in artificial intelligence*, Hrsg. F. Wiedijk, Bd. 3600, 151–157. Berlin: Springer.
Schwichtenberg, H., und S. S. Wainer. 2012. *Proofs and computations*. Cambridge: Cambridge University Press.
Setzer, A. 2000. Extending Martin-Löf type theory by one Mahlo-universe. *Archive for Mathematical Logic* 39:155–181.
Shoenfield, J. R. 1967. *Mathematical logic*. Reading: Addison Wesley.
The Univalent Foundations Program. 2013. *Homotopy type theory: Univalent foundations of mathematics*. Princeton: Institute for Advanced Study.
Troelstra, A. S. 1968. The theory of choice sequences. In *Logic, methodology, and philosophy of science 3*, Hrsg. B. van Rootselaar und J. F. Staal, 201–223. Amsterdam: North-Holland.
Voevodsky, W. 2012. A universe polymorphic type system. http://uf-ias-2012.wikispaces.com/file/view/Universe+polymorphic+type+sytem.pdf. Zugegriffen am 20.12.2019.

Teil III

Grundlagen von Sprachsystemen

Von der Sprachphilosophie zu ELIZA

Stefan Höltgen

„Sprich zu dir selbst, dann sprichst du zu den Dingen
und von den Dingen, die so bitter sind,
ein anderes Gespräch wird nie gelingen“
(Gottfried Benn)

Inhalt

Zusammenfassung

Der nachfolgende Abschnitt beschäftigt sich mit dem Zusammenhang von Sprache und künstlicher Intelligenz. Hierzu wird zunächst die Beziehung von Sprache zu Intelligenz beziehungsweise die Zuschreibung von Intelligenz aufgrund von evozierter maschineller Sprachfähigkeit erörtert. Dieser Zusammenhang ist nicht bloß sprachphilosophisch begründet, sondern wurde und wird auch kultur- und medienhistorisch (im Bild von der sprechenden Maschine) konstatiert und befruchtet von dort aus auch wissenschaftliche Diskurse, weshalb ausgewählte Positionen hieraus vorgestellt werden. Die Logik als formalisierte und formale Sprache und Ausgangspunkt der Entwicklung sowohl von anderen formalen Sprachen (Programmiersprachen) als auch Implementierungen von Turing-

S. Höltgen (✉)
DFG-Projekt Computerphilologie: Technische Lektüren der BASIC Programmierkultur Abteilung Medienwissenschaft, Universität Bonn, Bonn, Deutschland
E-Mail: stefan.hoeltgen@uni-bonn.de

K. Mainzer (Hrsg.), *Philosophisches Handbuch Künstliche Intelligenz*,
https://doi.org/10.1007/978-3-658-19606-6_11

Maschinen (Computer) wird als ein zweiter Strang des Zusammenhangs von Sprache und künstlicher Intelligenz verfolgt; den dritten Strang bildet schließlich die Entwicklung eines Konzepts von künstlicher Intelligenz (Turing-Test) und seine Implementierung im Programm ELIZA, dessen Entwicklungs- und Rezeptionsgeschichte dargestellt werden.

Schlüsselwörter

ELIZA · Sprachphilosophie · Linguistik · Logik · Chatbot

1 Einleitung: Sprechende Automaten – in Kultur- und Technikgeschichte

Ob eine Maschine über künstliche Intelligenz verfügt, wird nicht zuletzt an ihrem Vermögen, Sprache zu verstehen und zu produzieren gemessen. Der Nexus zwischen Sprache und Intelligenz ist sowohl philosophie- als auch kulturhistorisch begründet. Diese Verbindung scheint bereits in der Ambivalenz des griechischen Begriffs *logos* als *Sprache* und *Vernunft* auf, wenn etwa Aristoteles den Menschen als „zoon logicon echon" („Das vernünftige Wesen"[1] bzw. „Das sprachbegabte Wesen") definiert. Diese definitorische Doppeldeutigkeit wurde in der Kultur- und Philosophiegeschichte oft als Kausalbeziehung aufgefasst (die Bedingung für Sprachvermögen ist Vernunft). In diese Verständnistradition schrieben und schreiben sich Projekte ein, die Vernunft (Intelligenz) schon aus der Tatsache, dass gesprochen wird, ableiten. Das gilt insbesondere auch für künstliche Intelligenz und Sprache. Doch schon lange bevor diese Verbindung in Alan Turings (1987b, S. 149 ff.) berühmten Test kondensiert, wird sie kulturell reflektiert. Der Diskurs reicht dabei bis in die Antike zurück.

So wird bereits in antiken Quellen von der *Statue des Memnon* berichtet, die, wenn die Sonnenstrahlen ihren Mund berühren, zu sprechen beginnt. „Memnon, aus Erde und Ton geboren, zu Geist und zu Wort erwacht", schreibt der Religionshistoriker Kanne, „töne, wenn die Morgenröthe erscheine" (Kanne 1832, S. 13 f.). Ob die Memnon-Statue allerdings Verständiges oder gar Intelligentes von sich gegeben hat, darüber sind sich die Historiographen uneins (vgl. Cohen 1968, S. 8). Anders als die aus Ton geformte Memnon-Statue, deren Lautäußerungen unzweifelhaft dem fiktional-mythischen Denken entsprungen sind, werden in der Neuzeit tatsächlich Maschinen entwickelt, die Sprache von sich oder wiedergeben. Ein frühes Beispiel liefert der slowakische Erfinder Wolfgang von Kempelen, der in der zweiten Hälfte des 18. Jahrhunderts zahlreiche roboterähnliche Automaten erfunden hat. Zu diesen gehört auch die 1791 von ihm vorgestellte *Sprachmaschine* (vgl. Borbach 2018), die als das erste technische System

[1] Intelligenz (intelligence) ist eine Bedingung für Vernunft (reason). Erstere ist instrumenteller Art, zweitere reflektierend über die erstere (vgl. Fromm 1985, S. 85 f.). Aristoteles' Menschen-Definition als ‚vernünftig' beinhaltet daher implizit auch, dass der Mensch intelligent ist, wenn er vernünftig ist.

zur Sprachgenerierung angesehen wird. Aber auch sie *reproduziert* lediglich Laute mit mechanischen Mitteln, welche erst von einem Bediener in Gang gesetzt werden müssen. Schriftlichen Text in Sprache zu übersetzen bleibt den frühen Computern vorbehalten: Ein IBM-7094 intoniert 1961 nicht nur ein paar bekannte Verse aus Shakespeares Drama „Hamlet“, sondern auch das Kinderlied „Daisy Bell“ (vgl. Baum 2018).

Den letzten beiden Beispielen ist gemein, dass die Systeme zwar stimmhafte Laute generieren aber lediglich auf Basis vorheriger Eingaben. Ein Ausdruck von (künstlicher) Intelligenz ist dies noch nicht. Diese wäre auch nicht notwendigerweise an stimmhafte/akustische Sprachgenerierung gebunden; auch die automatische Synthese von (geschriebenen/gedruckten) Texten könnte als Ausweis von Intelligenz angesehen werden. *Textgenerierung* beschreibt hierbei Verfahren, mit denen natürlich sprachliche Äußerungen syntaktisch korrekt *produziert* werden. Auch diese Verfahren blicken auf eine technische und kulturelle Tradition zurück, die bis in die frühen 1960er-Jahre reicht und zu der auch das am Ende dieses Kapitels vorgestellte Programm ELIZA gehört. Inwiefern solche Textgenerierungen aber bereits als Ausdruck von Intelligenz sind – oder ihnen Intelligenz zugeschrieben wird, was durchaus nicht dasselbe ist! –, hängt von der jeweils eingenommenen Sichtweise auf das, was Intelligenz im Zusammenhang mit Sprachvermögen sein soll, ab.

Jenseits der Technikgeschichte ist die Kultur reich an Fiktionen über sprechende Automaten. Zu den bekanntesten gehören wohl jene der Spätromantiker – etwa in E. T. A. Hofmanns Erzählung „Der Sandmann“ (erschienen 1841). Darin verliebt sich der Protagonist Nathanael in die (vermeintliche) Tochter seines Professors. Dieses Mädchen mit Namen Olympia, so erfährt der Leser recht bald, ist aber bloß ein Automat, was alle erkennen – nur der verliebte Held nicht. Er schreibt ihrer einzigen Lautäußerung („Ach!“) stets einen anderen Sinn zu und wird daher wahnsinnig, als ihm Olympia schließlich als Maschine vorgeführt wird. Zuvor zeigt er im Streit mit seinem Bruder, welcher in Olympias ewigem „Ach!“ die mechanischen Äußerungen einer „blöden“ Puppe erkennt, einen ausgesprochenen Willen zur *Evokation*: „Sie spricht wenig Worte, das ist wahr; aber diese wenigen Worte erscheinen als echte Hieroglyphe der innern Welt voll Liebe und hoher Erkenntnis des geistigen Lebens in der Anschauung des ewigen Jenseits“ (Hoffmann 1985, S. 86).

Spätere Autoren, die sich in ihren Geschichten bereits auf die Erfindung des Digitalcomputers berufen können, entwerfen fiktive Maschinen, die auch ohne solch evokatorischen Eifer intelligent erscheinen: Isaac Asimovs Roboter-Geschichte „Ich, der Robot“ (1950) problematisiert das Verhältnis von Sprache, Intelligenz und Selbstbewusstsein bereits in seinem Titel. In der Erzählung geht es um nicht weniger als das Recht der intelligenten Maschinen auf Selbstbestimmung. HAL 9000, der vielleicht berühmteste sprechende Computer der westlichen Kulturgeschichte, ersonnen von Arthur C. Clarke und Stanley Kubrick für den Roman und den Film „2001“, tritt sogar nur noch als akusmatisch-körperlose Stimme auf: Er steuert ein Raumschiff von der Erde zum Jupiter und unterhält sich während der Reise mit den Astronauten, spielt mit ihnen Schach und liest ihnen Post vom Heimatplaneten vor. Als die Astronauten entdecken, dass der

Computer sie über einen wichtigen Sachverhalt belügt[2] (um die Mission nicht zu gefährden), entschließen sie sich seine höheren ‚Gehirnfunktionen' abzuschalten. Die Szene, in der dies vorgeführt wird, entbehrt nicht der Angst und Trauer der daran Beteiligten, so als wäre HAL 9000 eingeschläfert worden.

2 Formales Sprachvermögen von Maschinen

Diese wenigen ausgewählten Beispiele mögen genügen, um die Engführung von künstlicher Intelligenz und natürlichem Sprachvermögen als wichtiges Motiv der Kulturgeschichte zu markieren. Parallel zu dieser Kulturgeschichte entfaltet sich allerdings auch diejenige der tatsächlichen Sprachbeherrschung von Maschinen. Hierbei geht es jedoch zunächst nicht um die *natürlichen Sprachen*, sondern um *Formalsprachen*. Insbesondere die *Logik* weist eine vielfältige Automatisierungsgeschichte auf (vgl. Gardner 1958; Höltgen 2017, S. 40–47). Logik beschreibt Verfahren, Sprache auf Aussagen und Sätze zu reduzieren, deren Wahrheit oder Falschheit sich formal notieren und beweisen lassen. Seinen Ausgang nahm dieses Bemühen bei Aristoteles (2004, S. I 1,100a25–27), der mit seinen Syllogismen ein Beweisverfahren für logische Schlüsse präsentierte. Neben spezifischen ‚symbolischen Implementierungen' für die Logik, die sich als Notationsverfahren von Philon von Megara (4. Jhd. v. u. Z., vgl. Łukasiewicz 1935) über George Boole (1847) und Gottlob Frege (1879) bis hin zu Ludwig Wittgenstein (1921/2003, S. § 4.31) entwickeln, weist die Logik auch eine Geschichte realer Implementierungen auf.

2.1 Logische Maschinen

Die erste Maschine, die mit Hilfe von Logik aus zwei bekannten Prämissen einen ‚neuen'[3] Schluss zu ziehen in der Lage ist, ist die um 1300 vom mallorquinischen Theologen Ramon Lullus entwickelte „Ars Magna". (vgl. ▶ „Leibniz und die Künstliche Intelligenz" in diesem Handbuch) Mit ihrer Hilfe sollten Moslems zum Christentum bekehrt werden. Hierzu führte man ihnen mechanisch vor, wie sich alle göttlichen Attribute logisch zu immer ‚neuen' Aussagen über göttliche Eigenschaften verknüpfen lassen – mithin der christliche Glaube als in sich geschlossenes logisches System dargestellt werden könne. Die „Ars Magna" mechanisierte hierzu die Aristotelische Schlusslehre: Sie bestand aus mehreren Scheiben, auf die konzentrisch mit Symbolen beschriftete Kreise aufgebracht waren (vgl. Gardner 1958, S. 10 f.), die durch Verschieben gegeneinander Begriffe kombinierten. Mit der

[2]Die Lüge ist ein Sprechakt, der mit Intelligenz korreliert (vgl. Cheung et al. 2015), setzt er sich doch auf zeichenhaft kreative Weise zur Wirklichkeit in eine Negativbeziehung.

[3]Ihrem apriorischen Charakter ist es geschuldet, dass Logik keine neuen Erkenntnisse produzieren kann, sondern stets Tautologien. (Der Satz „Wenn es regnet, wird die Erde nass." ist identisch mit dem Satz „Es ist nicht wahr, dass es regnet und die Erde nicht nass wird.")

Formalisierung der Aussagenlogik durch George Boole und Gottlob Frege wurden logische Maschinen ab der zweiten Hälfte des 19. Jahrhunderts dann weniger auf theologische als auf formalphilosophische Probleme angesetzt. Mit ihrer Hilfe konnte das schreibaufwändige und fehleranfällige Aufstellen von Wahrheitswerttabellen und die Vereinfachung komplexer logischer Ausdrücke automatisiert werden. Aussagen in natürlicher Sprache, die auf ihren ‚logischen Kern' formalisiert/reduziert wurden, konnten auf diese Weise logisch analysiert und zu ‚neuen' Aussagen umgeformt werden.

Obwohl Logik nicht dazu geeignet ist, Unbekanntes und Unvorhergesehenes hervorzubringen, bildet sie ab Ende der 1930er-Jahre den wichtigsten Baustein für die Entwicklung von Maschinen, die zwar ebenfalls (und zwar aufgrund ihrer logischen Grundbausteine) deterministisch bleiben, deren Arbeitsgeschwindigkeit und Bauteilkomplexität aber zu *Emergenzeffekten* führt. Diese Emergenz wird von menschlichen Nutzern als originell, synthetisch und schließlich als Ausdruck von Intelligenz empfunden werden. Die Rede ist vom *Digitalcomputer.*

Diese Komplexität der Computer beruht auf der Kombination der Einfachheit ihrer basalen Bestandteile und der aufgrund massiver Verkleinerung erreichbaren Menge der daraus generierbaren Baugruppen. Die Vorbedingung hierfür ist zugleich logik- wie technikgeschichtlicher Art: Wilhelm Gottlieb Leibniz hatte bereits im 17. Jahrhundert mit der Entwicklung des *Dualzahlensystems* (Siemens 1966) die Grundlagen hierfür geschaffen. Zwar hatte Leibniz Vorarbeiten für eine Dualzahlen-Rechenmaschine geleistet, konzentrierte sich jedoch stärker auf die Entwicklung einer mechanischen *Dezimal*rechenmaschine. George Boole war es 1847 in seinem Werk „The Mathematical Analysis of Logic", der die Dualzahlen wieder aufgriff und für eine *Algebraisierung der Logik* verwendete (die so genannte Boole'sche Algebra). Charles Sanders Peirce (1880) konnte schließlich beweisen, dass sich alle logischen Funktionen mittels einer einzigen darstellen lassen (NAND bzw. NOR). Auf dieser Erkenntnis basieren heutige Computer-Logikschaltkreise.

Die Implementierung der Aussagen als *Schaltlogik* schlug dann 1937 der damalige Student Claude Shannon in seiner Master-Arbeit „A Symbolic Analysis of Relay and Switching Circuits" (1937) vor. Von da ab war es nur noch eine Frage der Entwicklung geeigneter Bauteile, um logische Schaltungen zu realisieren. Die Geschichte der Elektronik des 20. Jahrhunderts ist auch eine Geschichte dieser Bauteile, die von langsamen und großen Telefonrelais über zwar schnellere aber immer noch große Elektronenröhren bis hin zum wesentlich kleineren Transistor und schließlich zum mikroskopisch kleinen, hoch-taktbaren integrierten Schaltkreis (dem Siliziumchip) reicht. Inzwischen finden sich mehrere Milliarden logische Schaltgatter auf wenigen Quadratmillimetern Chipfläche und es werden beständig neue Substrate und Technologien entwickelt, die für die Implementierung von Digitalcomputer-Funktionen genutzt werden können – vom Schleimpilz über chemische Makromoleküle bis hin zu subatomaren Teilchen (vgl. Bechmann et al. 2011; Schumann 2018). Doch Hardware (oder Wetware) allein, selbst wenn sie, wie hier, als materialisierte Sprachstruktur vorgestellt wird, ist noch nicht ausreichend, um damit computieren zu können. Sie benötigt auch *Software*, mit der der Computer in symbolischer Hinsicht tatsächlich zur Sprache kommt.

2.2 Programmiersprachen

Deshalb bildet eine andere wichtige Gattung formaler Sprachen *die Programmiersprachen*. Sie nahmen im 19. Jahrhundert ihren Ausgang – erfunden zur selben Zeit als Hofmanns „Der Sandmann" erscheint, von der über ihren Vater Lord Byron zumindest vage mit der spätromantischen Literatur verbundenen englische Mathematikerin Augusta Ada Byron King, Countess of Lovelace (kurz: Ada Lovelace). Sie beginnt 1843 eine Zusammenarbeit mit dem Erfinder Charles Babbage und übersetzt die Schriften zu dessen Rechenmaschine „Analytical Engine". Später entwirft sie zu Babbages geplanter „Difference Engine" eine Formalsprache zur Programmierung derselben. Dieses Notationssystem gilt als Ausgangspunkt der Geschichte der Programmiersprachen angesehen. Lovelaces' Programmiersprache werden bis heute unzählige folgen, die allesamt eines eint: Sie versetzen programmierbare Maschinen in spezifische Zustände. Je komplexer diese Sprachen und die Architektur dieser Maschinen sind, desto vielfältiger sind die Zustände, die aus dem Verbund von Sprache und Materie hervorgehen können.

Mit der Entwicklung der Turing-Maschine (Turing 1987a) erreicht dieser Materie-Sprach-Verbund seine bislang größtmögliche ‚Kompetenz'. Turing-Maschinen sind in der Lage alle berechenbaren Probleme zu berechnen. Das von Turing zunächst ‚bloß' als Antwort auf das mathematische Entscheidungsproblem entworfene Maschinen-Modell wird kurz darauf technisch implementiert. Um dies zu realisieren, muss die Maschine *Alphabete der Typ-0-Grammatik lesen* können. Solche Alphabete gehören zu Sprachen einer gewissen Komplexitätsklasse, die durch den US-amerikanischen Linguisten Noam Chomsky (1956) definiert wurden. Sie unterscheiden sich vor allem darin, ob und wie Maschinen auf Speicherinhalte zugreifen und diese manipulieren können. Je umfangreicher dieses Vermögen ist, desto vielgestaltiger können die von der Maschine lesbaren und produzierbaren Alphabete sein.

Turing-Maschinen und implementierte Digitalcomputer können mit unbeschränkten Grammatiken umgehen. Das ermöglicht es ihnen, jedes berechenbare Problem zu berechnen. Zu diesen Problemen gehören auch Turing-Maschinen selbst, weshalb es Turing-Maschinen daher auch möglich ist, (andere) Turing-Maschinen zu berechnen. Dieses Verschachtelungsvermögen spielt bei der nachfolgenden Frage, ob derartig ‚sprachfähige' Computer intelligent sein können, eine wichtige Rolle. Dass die von der Turing-Maschine akzeptierten Alphabete auch andere Maschinen sein können, hat darüber hinaus auch sehr praktische Konsequenzen – denn dies ermöglicht es dem Computer eine Schreibmaschine, ein Radio, Videoplayer, Taschenrechner, Bildtelefon, Computeremulator und vieles andere zu sein.

3 Das Bewusstsein von Computern

In seinem Buch „Roboter. Unsere nächsten Verwandten" stellt sich der Publizist und Wissenschaftsjournalist Gero von Randow (1997) die Frage, ob Computer über ein Bewusstsein verfügen. Er bejaht dies, indem er eine (rhetorische) Gegenfrage stellt:

„[W]oher wissen wir so genau, daß Menschen Bewusstsein haben? Vielleicht, weil sie es bekunden?“ (S. 247 f.) Das Bekunden von Bewusstsein ist seit Kant ein Ausweis für *Selbstbewusstsein* (vgl. Gloy 1998, S. 161 ff.) und wird bei Kant (vgl. ebd., S. 163) wie auch hier als *sprachliches* Bekunden verstanden: Von Randow entwirft ein Pseudo-BASIC-Programm, welches mittels PRINT-Befehl auf dem Monitor ausgibt: „Ich habe ein Bewusstsein.“ Für alle, die dann trotzdem noch daran zweifeln, dass diese Ausgabe ein ausreichender Beleg für Bewusstsein ist, erweitert er sein Programm dahingehend, dass es sich mittels LIST-Befehl zusätzlich auch noch selbst ausgibt,[4] wie um zu bekunden, dass es sogar weiß, dass es über Bewusstsein verfügt, sich also zu sich selbst in eine Meta-Beziehung zu setzen in der Lage ist.

Der ‚Trick‘ basiert natürlich weniger auf der Tatsache, dass das Programm tatsächlich Bewusstsein besitzen könnte und dies auch noch auszudrücken in der Lage ist, als darauf, dass der Nutzer/Leser diesen sprachlichen Ausdruck für wahr hält und als hinreichenden Beleg für das Vorhandensein von Bewusstsein akzeptiert. Ganz wie bei Nathanael und Olympia aus „Der Sandmann“ wird das Problem der Möglichkeit künstlicher Intelligenz auf den Beobachter ausgelagert. Mit dieser Methode steht von Randows kleines Pseudo-BASIC-Programm in der Tradition sozialpsychologischer Technik- und KI-Diskurse. Das Verfahren, das er hier bemüht, könnte man mit Sherry Turkle (1984) „Evokation“ nennen:

> „In den meisten Darstellungen wird der Computer als rational, uniform und der Logik unterworfen beschrieben. Ich untersuche den Computer aus einem anderen Blickwinkel: Im Zentrum steht nicht seine Natur als ‚analytische Maschine‘, sondern seine ‚zweite‘ Natur als evokatorisches Objekt, als ein Objekt das uns fasziniert, unseren Gleichmut stört und unser Denken neuen Horizonten entgegentreibt.“ (ebd., S. 10)

Diese Evokationen manifestieren sich sowohl in einer psychologisierenden Sprache über Maschinen als auch in einer technisierenden Sprache über Menschen – und das nicht nur bei Computernutzern, sondern auch bei Wissenschaftlern:

> „Für diese Leute [Computerwissenschaftler, S.H.] ist der Computer-Jargon nicht nur Teil ihrer Ausdrucksweise. Ihre Sprache transportiert eine implizite Psychologie, die innere Prozesse im Menschen mit inneren Prozessen in Maschinen gleichsetzt. Sie legt nahe, daß wir Informationssysteme sind, deren Gedanken zu ihrer ‚Hardware‘ gehören [. . .].“ (ebd., S. 14)

Turkle sieht das evokatorische Potenzial des Computers in vielerlei Hinsicht sozial und individuell wirksam. Hier interessiert zunächst vor allem die Vermutung, die die (zumal sprachlichen) Ausgaben des Computers bei einem Nutzer in Hinblick auf die kognitiven Qualitäten der Maschine auslöst.

[4]Solche Programme werden „Quines“ genannt (nach dem US-amerikanischen Logiker und Philosophen Willard Van Orman Quine). Vgl. https://rosettacode.org/wiki/Quine.

Dieser Eindruck basiert auf dem erwähnten Emergenzeffekt, der es dem Computer, obwohl er aus sehr einfachen Elementen besteht, die in deterministischer Weise funktionieren, ermöglicht eine komplexe Aussage wie „Ich habe Bewusstsein" zu tätigen und seinem Nutzer damit zu suggerieren, er sei wesentlich mehr sein als die Summe seiner (schalt- und sprach)logischen Bestandteile. Die Evokation von Intelligenz, die einhergeht mit einem spezifisch skeptizistischen Begriff von Intelligenz,[5] lässt sich bis zu Alan Turing selbst zurück verfolgen. Bereits 1950 hatte er einen Versuch vorgeschlagen, mit dem die Frage, ob ein Computer intelligent sein könnte, beantwortbar sei: Er soll das „Imitationsspiel" (Turing 1987b, S. 149 ff.) spielen, bei dem ein Mensch zu erraten hat, ob geschriebene Antworten, die auf Fragen gegeben werden, vom Computer oder einem anderen Menschen stammen, wenn beide für den Fragesteller nicht sichtbar wären. Auch hier wird zum Gradmesser für Intelligenz die Evokation seitens des menschlichen Beobachters (Fragestellers).

Turing führt selbst einige mögliche Erwiderungen auf die Gültigkeit seines Gedankenexperiments in seinem Text (ebd., S. 160–175) an, widerlegt diese jedoch im selben Atemzug. Eine von ihm allerdings nicht vorhergesehene wichtige Kritik erfährt das Verfahren 1980 durch den Philosophen und Linguisten John R. Searle (2002). Er stellt dem Imitationsspiel ein anderes Gedankenexperiment gegenüber – das des „chinesischen Zimmers": Dabei soll ein Mensch vorgestellt werden, der in einem Zimmer sitzt, in das ihm Zettel mit chinesischen Schriftzeichen gereicht werden. Kurze Zeit darauf werden ihm weitere Zettel mit chinesischen Schriftzeichen gegeben sowie ein englischsprachiges Buch, das ihn darin anleitet, wie er die Zettel des ersten Stapels zu denen des zweiten Stapels in Beziehung zu setzen hat. Der Mann beherrscht zwar kein Chinesisch, kann mithilfe des Buches jedoch eine einwandfreie Zuordnung vornehmen, so dass es für einen außenstehenden (außerhalb des Zimmers befindlichen) Beobachter so aussieht, als verstünde der Mann Chinesisch.

Searle nutzt dieses Gedankenspiel dazu, den Turing-Test auf Basis des Imitationsspiels zu widerlegen: Nur weil es für einen Außenstehenden so aussieht, als spräche der Mann chinesisch, bedeutet dies noch lange nicht, dass er die Sprache auch tatsächlich versteht. Der im Gedankenexperiment beschriebenen Prozess lässt sich auf den Turing-Test übertragen: Dass uns der Computer aufgrund seiner Ausgaben als intelligent erscheint, heißt nicht, dass er notwendigerweise auch intelligent ist. Den Gradmesser bildet für Searle die Frage, ob verstehen eine bloße Übertragungsleistung ist oder ein intellektueller Prozess. Ein Computer kann zwar in der Lage sein, einen Transfer von einer Sprache in die andere zu leisten; verstanden hat er diese Sprache deshalb aber noch lange nicht, denn – so Searle –: „Rechenmaschinen [. . .] verstehen überhaupt nicht: Das ist nicht ihr Gebiet" (ebd., S. 239).

Searle kehrt damit das Evokationsargument um: „Der Grund, warum wir diese Zuschreibungen vornehmen, ist durchaus interessant, er hat mit dem Umstand zu

[5]Gero von Randows rhetorische Frage deutet dies bereits an: Ich habe keine Möglichkeit die Intelligenz anderer objektiv zu beweisen; ich kann sie allenfalls intersubjektiv mit meiner Intelligenz vergleichen.

tun, daß wir auf Kunsterzeugnisse unsere eigene Intentionalität übertragen; unsere Werkzeuge sind der verlängerte Arm unserer Zielsetzungen, und deshalb finden wir es natürlich, ihnen metaphorisch Intentionalität zuzuschreiben [. . .] Was Computer an Intentionalität zu haben scheinen, existiert nur im Geist derer, die sie programmieren und sie benutzen, im Geist derer, die die Eingaben einspeisen und die Ausgaben interpretieren“ (ebd., S. 239, S. 257). Evokation als Grundlage für die Zuschreibung von Intelligenz ist für Searle damit Ausweis „einer unverfrorenen behavioristischen und operationalistischen Haltung“ (ebd., S. 260), der letztlich auch ein fragwürdiges Menschenbild zugrunde liegt.

4 Positionen der Sprachphilosophie

In Searles Argument scheint eine moralphilosophische Haltung auf, die sich gegen einen allzu ‚technizistischen‘ Begriff von Intelligenz und Bewusstsein richtet. Diese sprachphilosophische Position hängt eng mit dem Menschenbild der Philosophie zusammen, das sich seit Beginn der Neuzeit entwickelt hat.

Sprache war bereits in der Antike Gegenstand philosophischer Diskurse. Zwei der wichtigsten Positionen hierzu finden sich in Dialogen des Sokrates-Schülers Platon: In „Kratylos“ (Platon 1959) lässt er die Philosophen Sokrates, Kratylos, Hermogenes darüber streiten, in welcher Beziehung die Dinge der Welt zu ihren Bezeichnungen stehen. Während Kratylos davon ausgeht, dass die Wörter fest mit den Dingen, die sie bezeichnen in Zusammenhang stehen und sich ihre Richtigkeit also natürlicherweise ergibt, glaubt Hermogenes, dass die Bezeichnungen für die Dinge lediglich aus Übereinkünften der Sprecher hervorgegangen sind. Der Kratylos-Dialog problematisiert eine der Grundfragen der Sprachphilosophie: „In welcher Beziehung stehen sprachliche Ausdrücke zu Elementen der Welt?“ (Bertram 2011, S. 31)

Im Dialog „Phaidros“ (Platon 1958) lässt Platon Sokrates mit dem titelgebenden Phaidros über das Wesen der Schrift streiten: Ist Schrift zuvorderst ein rhetorisches Werkzeug (Phaidros) oder besitzt sie auch philosophische Qualitäten (Sokrates)? Während die Rhetorik, weil sie allein auf die Leser/Hörer und die auf sie beabsichtigte Wirkung zugeschnitten ist, Sokrates zufolge abzulehnen sei, ermöglicht es Schrift als philosophisches Medium, Argumente und Überzeugungen zu übertragen und zu speichern. Insbesondere in Hinblick auf die unten folgende Diskussion einer *nicht sprechenden, sondern schreibenden* künstlichen Intelligenz, lohnt es sich diese These im Sinn zu behalten. Die Frage, welchen instrumentellen Charakter Sprache (gesprochen wie geschrieben) besitzt, zieht sich von Phaidros ausgehend bis in die pragmatische Sprachphilosophie und Sprachwissenschaft der Gegenwart.

In welchem Verhältnis Sprache zu den geistigen Zuständen (vgl. Bertram 2011, S. 32) oder gar zur Intelligenz des Sprechers steht, ist erst mit der Wende zur Neuzeit in den Fokus der Sprachphilosophie gerückt. Den Wendepunkt hierfür bildete der Rationalismus René Descartes, der von seinem skeptischen Zweifel („Was also bleibt Wahres übrig? Vielleicht nur dies eine, daß nichts gewiß ist.“) (Descartes 1993, S. 43) ausgehend das Individuum als denkende/zweifelnde Entität allem voran *sprachlich* konstituiert: „Und so komme ich, nachdem ich nun alles mehr als genug hin und her erwogen habe, schließlich zu der Feststellung, daß *dieser Satz*: ‚Ich bin, ich existiere', *sooft ich ihn ausspreche oder in Gedanken fasse*, notwendig wahr ist" (Descartes, S. 45, Hervorh. S. H.). Von diesem Moment an beschäftigt sich Erkenntnistheorie auch mit dem Zusammenhang von Sprache und Bewusstsein. Gero von Randows oben zitiertes Programmierexperiment zur sprachlichen Setzung des Bewusstseins der Maschine steht in genau dieser Tradition skeptischer Philosophie, die sich über Sprache Selbstvergewisserung erhofft.

Mit der Hermeneutik weitet sich der Blick der Sprachphilosophie von der Bedingung der grundlegenden Möglichkeit sprachlich verfasster Selbsterkenntnis auf die Erkenntnis und das Verstehen der Welt. Im 19. Jahrhundert werten Philosophen wie Friedrich Schleiermacher und Wilhelm Diltey Sprache als Medium des Sinnes, der sich prozesshaft entfaltet (hermeneutischer Zirkel). Die Bedeutung eines Textes kann nicht losgelöst von seinem Kontext erfasst werden. Sprachliche Erkenntnis ergibt sich damit stets sukzessive und relativ vom Teil auf das Ganze (und umgekehrt) und sie lässt sich sowohl grammatisch (vom Wort zum Satz zum Text und zurück) als auch psychologisch (von der Aussage zur Intention des Sprechers und zurück) begründen. Alles Verstehen findet statt vor dem ‚Horizont' unseres Sprachverstehens und aller anderen Bedingungen, die wir als Interpreten von Sprache mit in den Dialog bringen.

Neben diese metaphysischen Positionen traten zeitgleich ‚materielle' Analysen der Sprache in der Logik (s. o.), welche Ebenfalls zurück in die Sprachphilosophie – mehr aber noch in die *Linguistik* fließen. ‚Überlegungen Leibniz' zu Konstruktion einer *Universalsprache* (Leibniz 1966), in der sich alles (und ohne Missverständnisse) ausdrücken ließe und die sprachanthropologische Forschung zu einer möglichen Ursprache (etwa durch Wilhelm von Humboldt; vgl. Haßler et al. 2009) forcieren die Überschneidung von Sprachphilosophie und Sprachwissenschaft. Der philosophischen und literaturwissenschaftlichen Beschäftigungen mit den *Oberflächenstrukturen* von Sprache stellte sich eine sprachwissenschaftliche Analyse ihrer *Tiefenstrukturen* durch die Linguistik (Chomsky 1969) anbei. Ferdinand de Saussure (1967) entwarf in seiner allgemeinen Sprachwissenschaft ein Modell von Sprache, das Platons Frage aus „Kratylos" beantwortet und das sprachliche Zeichen von seiner Bedeutung trennt; auf diesem *Strukturalismus* basierten in der Nachfolge (bis in die Gegenwart) zahlreiche linguistische, philosophische und kulturwissenschaftliche Programme, die allesamt die Sprach- und Zeichenhaftigkeit der Welt (erkenntnis) im Blick hatten.

Die aktuelle Sprachphilosophie beschäftigt sich unter dem Begriff der (sprach) *analytischen Philosophie* immer noch mit den Beziehungen zwischen Sprache und Bewusstsein (vgl. Bertram 2011, S. 154–179). Demgegenüber hat sich die formale Linguistik in unterschiedliche Subdisziplinen aufgeteilt, die verschiedene Aspekte von Sprache untersuchen: vom sprachlichen Laut (*Phonetik/Phonologie*), dem Wort und der Wortbildung und -bedeutung (*Morphologie/Semantik*) über die generative Grammatik von Sätzen (*Syntaxtheorie*) bis hin zur *Textlinguistik und -pragmatik.*

Beide sprachphilosophischen Stränge – die Untersuchung der Beziehung zwischen Bewusstsein und Sprache und die Verbindung von formalen zu natürlichen Sprachen – treffen im Phänomen der künstlichen Intelligenz zusammen; zumal, wenn es sich um KI-Systeme handelt, die sich (natürlich)sprachlich ausdrücken. Den Ausgangspunkt hierfür liefert das Programm ELIZA.

5 Die Sprachphilosophie und ELIZA

ELIZA kann vielleicht als der Prototyp der so genannten Chatbots gelten. Das sind Programme, die natürlich sprachliche Ausgaben (als Schrift- oder Lautsprache) erzeugen – und zwar auf Basis der Eingaben eines Users. Solche Systeme funktionieren also *dialogisch* und sollen den Eindruck eines Zwiegesprächs zwischen Nutzer und Computer erwecken. Es ist jedoch nicht trivial zu betonen, dass bei computerbasierten Chatbots stets *zwei Sprachen* und *zwei Sprachphilosophien* im Spiel sind: Erstens die natürliche Sprache der Ausgabe (Deutsch, Englisch, ...), welche zweitens der Ausgabeeffekt von formalen Sprachen des Systems (Programmiersprachen, Logik, Mathematik) ist. Ein adäquates Verständnis von Programmen ist nur dann möglich, wenn diese beiden Flächen zueinander in Beziehung gesetzt werden.

Zunächst sollen hier die Hintergründe zur Entstehung von ELIZA rekapituliert werden. Danach erfolgt eine Bewertung ELIZAs vor den oben genannten Konzepten der künstlichen Intelligenz. Wie sich ELIZA (auf der Oberflächenstruktur seiner Ausgaben) gegenüber dem Kommunikationspartner geriert und von diesem deshalb vielleicht als intelligent angesehen werden kann, soll danach durch eine Analyse der Ausgabeformen des Programms mittels sprachphilosophischer Positionen dargestellt werden. Schließlich wird auf die Tiefenstruktur von ELIZA zu sprechen kommen sein, wenn es darum geht, die ‚Tür des chinesischen Zimmers' zu öffnen und in das ‚Übertragungsbuch' zu blicken. Aus der Gegenüberstellung der Oberflächen- und Tiefenstruktur des Programms kann dann die historische und die gegenwärtige Kritik an ELIZA im Besonderen und Chatbots im Allgemeinen begründet werden.

5.1 Joseph Weizenbaums ELIZA DOCTOR

ELIZA entsteht zwischen 1964 und 1966 am Artificial Intelligence Lab des MIT. Programmiert hat es der deutschstämmige Informatiker Joseph Weizenbaum (Weizenbaum 2018) in der Programmiersprache MAD SLIP (vgl. Kantel 2018), welche er eigens zu diesem Zweck als Erweiterung der Programmiersprache Fortran entwickelt hatte (Weizenbaum 1963). Das Programm läuft auf einem IBM 7090 Mainframe-Computer unter einem Timesharing-Betriebssystem. Letzteres ist bereits die Voraussetzung für das Funktionieren, weil ELIZA von einem oder mehreren Terminals aus genutzt werden kann und (aufgrund des Mikrosekunden-schnell wechselnden ‚Zeitscheiben' für jedes angeschlossene Terminal) deshalb nicht mehr die gesamte Rechenzeit des Computers bindet – was Mitte der 1960er-Jahre für ein für das Ablaufen einer ‚Spaßsoftware' teures Unterfangen gewesen wäre.

Über das angeschlossene Terminal, das als Teletypewriter alle Ein- und Ausgaben auf Papier ausdruckte, konnte der Nutzer mit ELIZA kommunizieren. Das Programm meldete sich – je nachdem, welche Version benutzt wurde[6] – nach Start mit einer Begrüßung und einer Frage: ELIZA: HALLO, ICH BIN ELIZA. ERZÄHL MIR DEIN PROBLEM. Darauf entspannt sich zum Beispiel folgender Dialog:

> Frau: Die Männer sind alle gleich.
> ELIZA: IN WELCHER WEISE
> Frau: Sie mache uns immer wegen irgendwas verrückt.
> ELIZA: KÖNNEN SIE EIN BEISPIEL NENNEN
> Frau: Na ja, die Idee zu diesem Gespräch stammt von meinem Freund.
> ELIZA: DIE IDEE ZU DIESEM GESPRÄCH STAMMT VON IHREM FREUND
> Frau: Er sagt, daß ich oft deprimiert bin.
> ELIZA: ES TUT MIR LEID VON IHNEN ZU HÖREN DASS SIE DEPRIMIERT SIND
> Frau: Das stimmt, ich bin unglücklich.
> ELIZA: GLAUBEN SIE DASS DIESES GESPRÄCH IHNEN HILFT NICHT MEHR UNGLÜCKLICH ZU SEIN
> [...] (vgl. Weizenbaum 1978, S. 15 f.)

Hierauf konnte sich ein im Prinzip endloser Dialog zwischen der Nutzerin und dem System entwickeln, in welchem sie regelmäßig durch Fragen aufgefordert wird, ihre vorherigen Aussagen zu erweitern, zu erläutern oder zu reflektieren. ELIZA verfolgt damit offenbar ein gesprächstherapeutisches Ziel. Die Idee zu ELIZA geht aus verschiedenen Quellen hervor: literarischen, computerhistorischen, psychologischen und philosophischen.

Der Name ELIZA referenziert zunächst laut Weizenbaum (2018) auf die Protagonistin Eliza Doolittle aus George Bernhard Shaws Komödie „Pygmalion". Diese ist eine Blumenverkäuferin, die zum Gegenstand der Wette eines Linguistik-Professors wird: Er will sie allein durch ‚Spracherziehung' zu einem Mitglied der Londoner High Society machen, was ihm schließlich sogar gelingt. Wie in Ovids „Metamorphosen" erschafft sich der ‚moderne Pygmalion' hier also ein (weibliches) Geschöpf nach seinen Vorstellungen. Diese ‚Sprachbildungsfunktion' besitzt auch Weizenbaums Programm, dem neue Begriffe und Antworten gelehrt werden können, um so seinen Sprachwortschatz und seine Antwortvielfalt immer weiter auszubauen.

5.2 ELIZA aus psychologischer Perspektive

Der Informatiker Weizenbaum, der zur Zeit der Entwicklung von ELIZA das Entstehen der ersten Hacker-Kultur am MIT miterlebte, plante sein Programm laut eigener Aussage als Kritik an einem zu sehr auf dem Computer bezogenen Lebensstil (vgl. Weizenbaum 1978, S. 160 f.). Inwiefern der Entwicklungsaufwand (der Programmiersprache MAD SLIP, der verschiedenen ELIZA-Programme) diese Intention rechtfertig, mag dahingestellt sein. Entscheidend ist, dass seine Kritik zunächst ins Leere lief: ELIZA wurde nicht etwa als Parodie (vgl. Weizenbaum

[6] Neben ELIZA DOCTOR, das einen Psychotherapeuten simulierte, gab es auch ein ELIZA BOSS, das die Gehaltsverhandlung mit einem Vorgesetzten gefahrlos durchspielbar machte.

1978, S. 15) eines Psychotherapeuten erkannt, sondern von den Usern, die von Weizenbaums Sekretärin (ebd., S. 19) bis hin zu Psychotherapeuten, welche ELIZA in ihren Praxen einsetzen wollten (ebd., S. 16), ernstgenommen. Nutzer von ELIZA wurden also durchaus erfolgreich über die Intelligenz ihres Gegenübers getäuscht – und das sogar im ‚Angesicht' der Maschine, die anders als in Turings Imitationsspiel nicht hinter Vorhängen verborgen ist und über menschliche ‚Dolmetscher' kommuniziert. Dieser später als „Eliza-Effekt" (Hofstadter 1996, S. 181) bekannt gewordene Trugschluss hatte nachhaltige Folgen für die Arbeit Weizenbaums, der gleich einer Wandlung von Saulus zum Paulus fortan vor allem als Kritiker der Computerkultur auftrat und die Wirkung ELIZAs seinem Hauptwerk „Die Macht der Computer und die Ohnmacht der Vernunft" also Urszene seiner Arbeit voranstellt. Wie gelingt ELIZA der „Eliza-Effekt"?

Um den Dialog aufrecht zu erhalten, muss das Programm seinen Nutzer beständig zum Sprechen auffordern. Dies erreicht ELIZA vor allem dadurch, dass Fragen gestellt werden. Diese Methode besitzt einen psychotherapeutischen Hintergrund, der auf das ‚klientenzentrierte' Modell des Psychologen Carl Rogers (1943, Weizenbaum 2018, S. 41) zurückgeht. Im Gegensatz zur Psychoanalyse geht Rogers' Menschenbild nicht von archetypischen neurotischen Strukturen, sondern von der Individualität jedes Patienten und seiner Probleme aus. Diese gilt es im therapeutischen Gespräch zu respektieren und durch verbale wie nonverbale Kommunikation zu ergründen. Der Therapeut unterstützt den Patienten dabei weniger autoritäre-direktiv, denn beratend-nondirektiv (als „Counselor") bei der Selbstergründung der Problemsituation. Das Programm ELIZA richtet sich selbstverständlich nicht vollends am humanistisch geprägten Programm Rogers' aus, sondern übernimmt allein einen Teilaspekt des Beratungsprozesses (den Rogers' selbst aus dem Programm eines Beratungsprogramms von Western Electric entlehnt): „[. . .] 5. The interviewer should talk or ask questions only under certain conditions. a. To help the person talk. [. . .]" (Rogers 1943, S. 125).

Die Technik des Fragens zur Stiftung von Selbsterkenntnis ist allerdings wesentlich älter. Sie lässt sich auf die philosophische „Mäeutik" in Platons Dialogen zurückführen. Der Begriff, der eigentlich mit „Hebammenkunst" übersetzt wird, kennzeichnet die in den Platonischen Dialogen spezifische Vorgehensweise Sokrates, um bei seinen Gesprächspartnern über das Stellen von (Rück)Fragen zu Erkenntnissen zu gelangen. Dabei wird davon ausgegangen, dass diese Erkenntnisse bereits im Gesprächspartner als (implizites) Wissen vorliegen, welches dann im Gespräch explizit gemacht und nicht etwa durch Suggestivfragen vom Fragesteller induziert wird. Der schrittweise Erkenntnisgewinn unterstreicht die (proto)hermeneutische Funktion der Methode mit Hilfe von Sprache zu Erkenntnis zu gelangen. Martin Heidegger hat in „Sein und Zeit" (2006) die hermeneutische Funktion des Fragens (in Beziehung auf die *Frage nach dem Sein*) definiert:

> „Jedes Fragen ist ein Suchen. Jedes Suchen hat sein vorgängiges Geleit aus dem Gesuchten her. [. . .] Das Fragen hat als Fragen nach . . . sein *Gefragtes*. Alles Fragen nach . . . ist in irgend einer Weise Anfrage bei . . . Zum Fragen gehört außer dem Gefragten ein *Befragtes*. In der untersuchenden, d. h. spezifisch theoretischen Frage soll das Gefragte bestimmt und

> zu Begriff gebracht werden. Im Gefragten liegt dann als das eigentlich Intendierte das *Erfragte*, das, wobei das Fragen ins Ziel kommt. Das Fragen selbst hat als Verhalten eines Seienden, des Fragers, einen eigenen Charakter des Seins. Ein Fragen kann vollzogen werden als ‚Nur-so-hinfragen' oder als explizite Fragestellung. Das Eigentümliche dieser liegt darin, daß das Fragen sich zuvor nach all den genannten konstitutiven Charakteren der Frage selbst durchsichtig wird." (Heidegger 2006, S. 5 – Hervorh. i. O.)

An diesen beiden philosophiegeschichtlichen Flankierungen des in ELIZA parodierten Psychotherapeuten Rogers'scher Prägung zeigt sich bereits, dass das Programm auf vielfältige Weise auf sprachanthropologische Konzepte und Traditionen rückführbar ist. Das Fragen, weniger als Methode zur Reflexion als zur Provokation von Antworten, ist hingegen ein *linguistischer* Untersuchungsgegenstand.

5.3 ELIZA aus linguistischer Perspektive

Die Besonderheiten des Dialogs zwischen ELIZA und seinen Nutzern werden durch die *Pragmatik* untersuchbar. Dieser Zweig der Sprachwissenschaft beschäftigt sich mit dem Handlungscharakter sprachlicher Äußerungen. Die *Sprechakt-Theorie,* deren Mitbegründer Searle (1983) ist, unterschiedet spezifische *Illokutionen* (Vollzüge von Sprechhandlungen; hier: Fragen). Fragen unterliegt dabei dedizierten Regeln (Searle 1983, S. 102 f.), je nachdem, ob es sich um „wirkliche Fragen" oder „Prüfungsfragen" (ebd.) handelt. In jedem Fall aber wünscht der Sprecher die (erfragte) Information vom Befragten zu bekommen. Dies gilt auch für ELIZA, wenngleich unklar ist, um welchen Fragetyp es sich handelt: Im Rogers'schen Sinne wäre es das *Ziel dieses Sprechakts* (die *Perlokution),* sowohl die Information vom Patienten zu erhalten als auch das Gespräch am Laufen zu halten. Dies kann auch für Weizenbaums ELIZA gelten – jedoch auf einer anderen Ebene als der der natürlichsprachlichen Pragmatik, wie sich noch zeigen wird.

Die Fragen ELIZAs, das hat sich am obigen Dialog-Auszug gezeigt, besitzen allerdings noch einen spezifischen syntaktischen Charakter. In etlichen von Ihnen werden Teile einer vorausgegangenen Antwort aufgegriffen und wiederholt. Diese Wiederholung soll – zusammen mit dem Aufforderungscharakter (vgl. Hundsnurscher 1974, S. 9 f.) des Fragens – den Eindruck von Aufmerksamkeit und Anteilnahme beim Leser erzeugen. Das Gespräch ist überhaupt nur als kohärent auffassbar, weil die einzelnen Sätze der Dialogpartner semantisch und syntaktisch aufeinander Bezug nehmen. Die *Semantik* definiert solche sprachlichen Gefüge als *Thema-Rhema-Gliederungen*: Das Thema greift dabei auf etwas Bekanntes/bereits Gesagtes zurück und erweitert dies durch etwas Neues: das Rhema, welches dann in der Folge wiederum zum Thema wird usw. Am Beispiel des obigen Dialogs lässt sich dies zeigen:

> Frau: Das [Thema 0] stimmt, ich bin unglücklich [Rhema 1].
>
> ELIZA: GLAUBEN SIE DASS DIESES GESPRÄCH IHNEN HILFT [Rhema 2] NICHT MEHR UNGLÜCKLICH ZU SEIN [Thema 1]

- Thema 0: Die Wiederaufnahme des Themas 0vom Vorsatz – deprimiert sein – durch ein Demonstrativpronomen
- Rhema 1: Die neue Information: unglücklich sein
- Thema 1: Die Wiederaufnahme des Rhemas 1 vom Vorsatz: unglücklich sein
- Rhema 2: Hilfesuchen in diesem Gespräch
- usw.

Syntaktisch wird die Thema-Rhema-Beziehung von Aussagen durch *Anaphorik* erreicht: Die Anapher greift (zeitlich) auf etwas bereits Gesagtes zurück und wiederholt es. Anaphorik tritt dabei sowohl explizit und implizit auf. Explizite Wiederaufnahmen durch Pronomen oder direkte Wortwiederholungen äußern sich direkt auf der Textoberfläche (etwa bei Echo-Fragen (vgl. Poschmann 2015, S. 73) oder Nachfragen (vgl. ebd., S. 156 f.)), während *indirekte Anaphern* (vgl. Schwarz 1996) nur aus dem Sinnzusammenhang verständlich werden. Im obigen Gesprächsausschnitt zeigt sich dies an folgender Passage:

> Frau: Die Männer sind alle gleich.
> ELIZA: IN WELCHER WEISE

Der Sinn (und die Ellipsenform!) der Rückfrage ELIZAs ist nur aus dem Zusammenhang des Dialogs verständlich und sie hinterfragt die von der Frau behauptete Allaussage („Die/Alle Männer sind gleich"), indem sie sich nach einem Beispiel (nicht für einen Mann, sondern für einen Fall von Gleichheit) erkundigt. Es sind vor allem solche indirekten Anaphern, die den Eindruck des ‚Verständnisses' (und damit Bewusstseins) des Dialogpartners stützen, denn sie suggerieren, dass dieser am Thema ‚mitdenkt'.

Zu den anaphorischen Elementen von ELIZAs Ausgaben gehören auch die Wiederholung von Satzteilen der Eingabe:

> Frau: Das stimmt, *ich bin unglücklich.*
> ELIZA: GLAUBEN *SIE* DASS DIESES GESPRÄCH IHNEN HILFT *NICHT MEHR UNGLÜCKLICH ZU SEIN*

ELIZA muss ‚erkennen', dass die Nutzerin hier eine Aussage über sich selbst getätigt hat („ich bin") und sie grammatikalisch korrekt spiegeln („SIE"); ebenso muss das Programm die gebeugte Verbphrase („bin unglücklich") in die richtige Konjugation („SIE … ZU SEIN") überführen. Auch dieses scheinbare grammatikalische Wissen unterstützt den Eindruck, es bei ELIZA mit einer sprachkompetenten (künstlichen) Intelligenz zu tun zu haben.

5.4 ELIZA als formalsprachliches Phänomen

Wie bereits geschrieben, verwendet das Programm ELIZA zwei Sprachen: jene Sprachausgabe diesseits der Schnittstellen, die der natürlichen Sprache des Nutzers weitgehend ähneln soll, um den Eindruck von Anteilnahme und Intelligenz zu erwecken; und jene Sprachen unterhalb dessen, die die computerphilologischen Bedingungen der Möglichkeit der Textausgaben und ihrer Effekt bilden. Letztere sind die Logik und die Programmiersprache, in der ELIZA implementiert ist.

Die Hardware von Digitalcomputern basiert auf Sprache: die Prinzipien der Schaltlogik in den Rechengattern, Speichern und Steuerungsstrukturen lassen sich bis zur Syllogistik Aristoteles' zurückverfolgen (vgl. Höltgen 2017, S. 15–17). Diesem Umstand ist es geschuldet, dass ELIZAs Aussagen letzthinnig vollständig deterministisch bleiben. Mögen seine Ausgaben auf der Oberfläche auch den Eindruck von Verständnis erwecken oder – wie die oben gezeigte Kritik der Allaussage über die Gleichheit aller Männer – das Vermögen zur kritischen Abstraktion sprachlicher Gemeinplätze ... ELIZA gibt nur das aus, was es aufgrund seiner Datenlage durch UND-Verknüpfung als zusammengehörig identifiziert.

Dies funktioniert auf Basis der Programm- und Datenstruktur ELIZAs: Das Programm scannt die Eingaben des Nutzers nach bestimmten *Schlüsselwörtern*. Das sind Begriffe, die in einer Datenbank hinterlegt wurden – zusammen mit Antwortphrasen, die zu den bestimmten Schlüsselbegriffen ‚passen'. Diese Passgenauigkeit wird auf Basis einer logischen Konjunktion erreicht: Die Aussage kann dann ausgegeben werden, wenn der eingegebene Begriff und der Schlüsselbegriff identisch sind. Die Identitätsprüfung wird nicht anhand des Begriffs selbst, sondern auf Basis eines Tokens vorgenommen. So können auch passende Antwortsätze gefunden werden, in denen nicht der Schlüsselbegriff aus der Nutzereingabe selbst auftaucht.

Wenn zum Beispiel in einer Eingaben das Wort „Mutter" auftaucht, kann ELIZA eine Rückfrage zur „Familie" stellen, weil der Begriff Mutter (und vielleicht zusätzlich auch „Vater", „Bruder", „Kind" usw.) mit einer Phrase verknüpft ist, in der Familie thematisiert wird. Auf diese Weise müsste das Programm den Schlüsselbegriff zur Kohärenzbildung nicht einmal wiederholen und könnte zugleich den ‚intelligenten' Eindruck von Kontextwissen erzeugen. Dort, wo in einer Eingabe kein Schlüsselbegriff identifiziert werden kann, stellt ELIZA eine allgemeine Nachfrage:

Frau: Die Männer sind alle gleich.
ELIZA: IN WELCHER WEISE

Diese Frage könnte zu beinahe jeder Eingabe eine passende Rückfrage darstellen. Damit ELIZA durch Wiederholung der immer selben Rückfrage nicht den Eindruck seiner (künstlichen) Intelligenz desavouiert, sind im Datensatz mehrere mögliche allgemeine Antwort-Phrasen oder Rückfragen hinterlegt, die auf Basis einer Zufallszahl ausgewählt und ausgegeben werden. All diese Vergleichs- und Auswahlprozesse nutzen die logischen Funktionen der Programmiersprache, die letztlich auf spezifische logische Funktionen der Hardware zurückgreifen.

Damit die maschinelle Logik für diesen Zweck genutzt werden kann, muss sie durch eine Programmiersprache aufgerufen werden. Im Falle des Original-ELIZA-Programms war dies die Sprache MAD SLIP (vgl. Kantel 2018). Zwar gilt der Sourcecode von ELIZA noch als verschollen, Weizenbaums Publikationen zum Programm geben jedoch klare Einblicke in die Funktionsweise (Weizenbaum 2018). Zudem existieren zahlreiche

Adaptionen, die vom ersten Erscheinen des Programms bis heute von unterschiedlichen Autoren für unterschiedliche Plattformen und in verschiedenen Sprachen programmiert wurden. Anhand solcher Re-Enactments der Originalsoftware lässt sich die Funktionsweise der Algorithmen und damit der Evokation von (künstlicher) Intelligenz codenah nachvollziehen (Abb. 1).

Eine solche Adaption stellt die in BASIC programmierte Version von Jeff Shrager (2018) dar. Er entwickelte sein ELIZA-Programm 1973 und publizierte es 1977 als BASIC-Sourcecode zum Abtippen in einer Ausgabe der Zeitschrift „Creative Computing". In ihr lässt sich der funktionale Aufbau des Programms, der hier nicht im Detail nachvollzogen soll, sehr deutlich zeigen:

1. Initialisierung des Programms und Begrüßung durch ELIZA
2. Nutzereingabe

Sample Run

```
RUN
HI! I'M ELIZA. WHAT'S YOUR PROBLEM?
? I AM AN IBM 370
DID YOU COME TO ME BECAUSE YOU ARE AN IBM 370
? YES I WANT A NEW LINEPRINTER
WHAT WOULD IT MEAN TO YOU IF YOU GOT A NEW LINEPRINTFR
? ABOUT 1200 LPM
SAY, DO YOU HAVE ANY PSYCHOLOGICAL PROBLEMS?
? WHAT WOULD YOU KNOW I'M A 370 AND YOU'RE AN IMSAI
WHAT MAKES YOU THINK I AM AN IMSAI
? IT SAYS THAT ON YOUR FRONT PANEL
WHY ARE YOU CONCERNED ABOUT MY FRONT PANEL
? LOOK YOU BROUGHT UP THE SUBJECT
WE WERE DISCUSSING YOU-- NOT ME.
? I'M FIXING A HOLE...
DID YOU COME TO ME BECAUSE YOU ARE FIXING A HOLE...
? SORRY THAT WAS A TEN YEAR OLD SOFTWARE BUG
PLEASE DON'T APOLOGIZE!
? I AM ALWAYS APOLOGIZING
HOW LONG HAVE YOU BEEN ALWAYS APOLOGIZING
? SINCE MY FIRST COLD START
WHAT DOES THAT SUGGEST TO YOU?
? YOU'RE THE SHRINK
DOES IT PLEASE YOU TO BELIEVE I AM THE SHRINK
? DONT YOU KNOW?
OH, I KNOW?
? I AM BEGINNING TO WONDER ABOUT YOU
DO YOU BELIEVE IT IS NORMAL TO BE BEGINNING TO WONDER ABOUT I
? HA HA HA YOU CAN'T EVEN TALK PROPERLY
YOU'RE NOT REALLY TALKING ABOUT ME, ARE YOU?
? IS THERE ANYONE ELSE IN THE ROOM?
I SEE.
? COMPUTERS DONT HAVE EYES
ARE YOU SURE?
? ABOUT COMPUTERS?
DO COMPUTERS WORRY YOU?
? SHOULD THEY AFTER ALL I AM A 370
DO YOU ENJOY BEING A 370
?
```

Abb. 1 Illustration und Dialog-Auszug aus Jeff Shragers BASIC-Version von ELIZA. (North 1977)

3. Schlüsselwortsuche in der Eingabe
4. Generierung der Ausgabe
5. Schlüsselwort-Datenbank
6. Datenbank mit Verb-Konjugationen
7. Antwortphrasen-Datenbank
8. Datenbank mit Zuordnungstoken von Schlüsselwörtern und Antwortphrasen

Die meisten im vorangegangenen Unterkapitel diskutierten linguistischen Aspekte ELIZAs finden sich in dieser Programmstruktur wieder. Mit Blick auf den Programmcode könnte sich daher beim Leser Weizenbaums Prognose zur künstlichen Intelligenz ELIZAs einstellen:

> „[S]obald ein spezielles Programm demaskiert ist, wenn seine inneren Funktionsweisen in einer Sprache beschrieben wurden, die einfach genug ist, um ein Verstehen zu ermöglichen, bröckelt seine Magie weg. Am Ende steht das Programm da als eine bloße Ansammlung von Prozeduren, die jede für sich durchaus verständlich sind. Der Beobachter sagt dann zu sich selbst: ‚Das hätte ich auch schreiben können'. Mit diesem Gedanken im Kopf verschiebt er das Programm vom Registerfach ‚intelligent' in das Registerfach für ‚Interessantes, das man nur mit Menschen diskutieren kann, die weniger verständig sind, als man selbst'." (Weizenbaum 2018)

Am Ende seines Beitrags reduziert er ELIZA auf einen „Übersetzungsprozessor, der speziell konstruiert wurde, um gut mit Text aus natürlichen Sprachen zu arbeiten" und nimmt damit Searles Kritik der starken künstlichen Intelligenz. Es übersetzt dabei nach demselben Prinzip, wie der Mann im chinesischen Zimmer: ohne jedes Verständnis.

5.5 Fazit: Die schwache künstliche Intelligenz ELIZAs

Es hat sich gezeigt, dass Sprache und Intelligenz im Allgemeinen und Sprachausgabe und künstliche Intelligenz im Besonderen auf vielfältige Weise technik-, kultur- und philosophiegeschichtlich miteinander verwoben sind. Am Beispiel des Programms ELIZA konnten einige dieser Beziehungen konkret gezeigt und diskutiert werden. Bleibt abschließend die Frage zu klären, welche Schlüsse sich aus dieser Konfrontation ziehen lassen.

Weizenbaums eigene Sichtweise, die er bereits bei der Entwicklung von ELIZA und der anschließenden Diskussion des Programms (1978, 2018) dargelegt hat, sind von einer grundlegenden Skepsis gegenüber den Möglichkeiten (sprach)intelligenter Computerprogramme geprägt. Er sieht ELIZA in der Tradition des Turing-Tests (ebd., S. 42), womit auch Searles zitierte Einwänden am Konzept einer evokatorischen Intelligenz bei ELIZA zum Tragen kommen.

Searle ist allerdings kein so radikaler Kritiker der künstlichen Intelligenz wie Weizenbau. Er unterscheidet zwischen einer starken und einer schwachen künstlichen Intelligenz:

> „Der schwachen AI [Artificial Intelligence, S. H.] zufolge besteht der Hauptwert, den der Computer für die Untersuchung des Geistes hat, darin, daß er uns ein sehr wirksames Instrument an die Hand gibt. Er ermöglicht uns zum Beispiel eine strengere und präzisere Formulierung und Überprüfung von Hypothesen. Nach der starken AI aber ist der Computer nicht nur ein Instrument bei der Untersuchung des Geistes; vielmehr ist der recht programmierte Computer in Wahrheit selbst ein Geist in dem Sinn, daß man Computern, die mit den richtigen Programmen ausgestattet sind, buchstäblich Verstehen und andere kognitive Zustände zusprechen kann." (Searle 1994, S. 232)

Searles Kritik richtet sich vor allem gegen diese zweite, die starke künstliche Intelligenz. Welche sprachphilosophischen Möglichkeiten ergeben sich aber, wenn am ELIZA aus der Perspektive der schwachen künstlichen Intelligenz sieht? Welche Hypothesen können mit ELIZA als Werkzeug formuliert und/oder überprüft werden?

Vor dem Hintergrund der vorangegangen Diskussion scheinen hier zwei unterschiedliche Möglichkeiten auf: Zum Einen stellt ELIZA als kulturelles Artefakt einen Kondensationspunkt in der Geschichte intelligenter Maschinen dar. Vielleicht erstmals gelingt es, eine sprachfähige Maschine zu realisieren, die nicht nur als die eschatologische Erfüllung fiktionaler wie mythischer Entwürfe gesehen werden kann. In ELIZA realisieren sich neben jenen Momenten der Science Fiction auch diejenigen der *fictional science*, wie sie Turings 1950 publizierter Essay über Rechenmaschinen und Intelligenz (Turing 1987b) formuliert wurden. Mit ELIZA lässt sich der Turing-Test selbst testen. Searle selbst hat das Programm daher auch in seine Überlegungen zur Kritik der künstlichen einbezogen (Searle 1994, S. 223).

Als ‚Werkzeug' zur *operativen* Ergründung der Grammatik – nicht nur der Maschine, sondern auch des Menschen, kann ELIZA in zweiter Hinsicht nützlich sein und bleiben. ELIZA simuliert einen Sprecher in dem Sinne, wie ein Textverarbeitungsprogramm eine Schreibmaschine und ein 3D-Ego-Shooter das Schießen simuliert: als Spiel. Das Programm macht es möglich, gleichermaßen die Aspekte formaler und natürlicher Sprachen miteinander in den Dialog zu bringen; also über die Programmierung zur Sprachausgabe zu gelangen. Dabei reichen die algorithmischen Möglichkeiten von der morphologischen Ebene (Konjugationstabellen) über die syntaktische (Generierung syntaktisch korrekter Satzstrukturen) bis zur pragmatischen (Thema-Rhema-Beziehungen, Anaphorik, Kohäsion/Kohärenz). Selbst die Erweiterung des Wortschatzes, also das Lernen, ist möglich: Anders als in Shragers BASIC-Programm lagen die Schlüsselwörter und Ausgabephrasen in Weizenbaums Fassung als programm-externe Datei vor und konnten über einen Editor um neue Schlüsselwörter und Antworten erweitert werden. Dass dies vom Nutzer selbst vorgenommen werden konnte, implementiert im Prinzip weitere Elemente der klientenzentrierten Therapie, bei der auch der „Counselor" beständig dazulernt.

Später existieren auch BASIC-Varianten von ELIZA, in denen dies auf verschiedene Weise möglich ist. Zum einen wird dabei ebenso wie in der MAD-SLIP-Variante mit einem externen Datensatz (auf Diskette) gearbeitet, zum anderen wird ein sich selbst erweiterndes Programm (vgl. Höltgen 2018) entwickelt. Gerade in letzteren Versionen scheint ein neuer qualitativen Aspekt der künstlichen Intelligenz auf: Ein sich selbst erweiterndes Programm reformuliert sein eigenes techno-linguistisches Apriori; es geht damit im Prinzip noch einen Schritt weiter als von Randows ‚selbstbewusster' Computer, indem es nicht bloß seinen Status-Quo sprachlich reflektiert, sondern diesen auch sprachlich adaptiert. Dass bei ELIZA hierzu noch die Hilfe (die Eingaben) des menschlichen Nutzers notwendig waren, ist lediglich dem Stand der zeitgenössischen Technologie geschuldet. Heute erweitern sich derartige Systeme auf Basis von automatisierten Lernprozessen (maschinelles Lernen).

ELIZA ist heute Gegenstand computerhistorischer wie computerphilologischer Forschung. Seine Konzepte finden sich ‚aufgehoben' in aktuellen Sprach-Assistenten wie Siri. Spezialisierte Varianten davon sollen ihren Nutzern nicht mehr bloß in psychischen Krisen helfen, sie sollen ganz konkrete Unterstützung bei unterschiedlichsten Problemen leisten und nicht zuletzt als eine anthropomorphe Schnittstelle für Ein- und Ausgaben dienen. Insbesondere die in der jüngeren Zeit aufgekommenen Sprachassistenten privatwirtschaftlicher Unternehmen (Alexa, Cortana, ...) tragen zur weiteren Durchdringung von Computertechnologie ins Privatleben bei, indem sie ihre Nutzern bei Internetrecherchen, Einkäufen und der Bedienung (vernetzter) Haushaltsgeräte helfen. Daraus ergeben sich gänzlich andere ethische Fragen als die nach einer möglichen „Ohnmacht der Vernunft" – Fragen nach dem Status der Privatsphäre angesichts einer ‚aufs Wort' hörenden, verstehenden und handelnden Technologie und Fragen nach Sozialität angesichts einer Robotik, mit der (insbesondere im Alter) zunehmenden Isolation des Individuums begegnet werden soll. Die Gegenwart der Chatbots ruft damit die ethischen Probleme der Science Fiction von Olympia bis zum HAL 9000 auf.

Literatur

Aristoteles. 2004. *Topik*. Stuttgart: Reclam.

Baum, Patrick. 2018. Die Tücke im System. ‚Starke' KI im Science-Fiction-FilmIn. In *HELLO, I'M ELIZA. 50 Jahre Gespräche mit Computern. Computerarchäologie*, Hrsg. Stefan Höltgen und Marianna Baranovskaa, Bd. 3, 199–210. Bochum: Projektverlag.

Bechmann, M., A. Sebald, und S. Stepney. 2011. Boolean logic gate design principles in unconventional computers: An NMR case study. In arXiv:1109.0918v1 [cs.ET], 5 Sept 2011.

Bertram, Georg W. 2011. *Sprachphilosophie zur Einführung*. München: Junius.

Boole, George. 1847. *The mathematical analysis of logic – Being an essay towards a Calculus of deductive reasoning*. Cambridge: Macmillan.

Borbach, Christoph. 2018. Sprachspiele|Stimmsynthesen. Zur nachrichtentechnischen Genese des auditiven Pendants von ELIZA. In *HELLO, I'M ELIZA. 50 Jahre Gespräche mit Computern*, Hrsg. Stefan Höltgen und Marianna Baranovskaa, 177–198. Bochum: Projektverlag.

Cheung, Him, et al. 2015. The roles of liar intention, lie content, and theory of mind in children's evaluation of lies. *Journal of Experimental Child Psychology* 132:1–13.

Chomsky, Noam. 1956. Three models for the description of language. *IRE Transactions on Information Theory* 2(3): 113–124.

Chomsky, Noam. 1969. *Aspekte der Syntaxtheorie*. Frankfurt a. M.: Suhrkamp.

Cohen, John. 1968. *Golem und Roboter. Über künstliche Menschen*. Frankfurt a. M.: Umschau.

Descartes, René. 1993. *Meditationes de prima philosophia. Lateinisch-Deutsch*. Hamburg: Meiner.

Frege, Gottlob. 1879. *Begriffsschrift. Eine der arithmetischen nachgebildete Formelsprache des reinen Denkens*. Halle: Nebert.

Fromm, Erich. 1985. *Psychoanalyse und Ethik. Bausteine einer humanistischen Charakterologie.* München: dtv.

Gardner, Martin. 1958. *Logic Machines and Diagrams.* New York: McGraw-Hill.

Gloy, Karen. 1998. *Bewußtseinstheorien. Zur Problematik und Problemgeschichte des Bewußtseins und Selbstbewußtseins.* München: Alber.

Haßler, Gerda, Uwe Dietzel, und Cordula Neis. 2009. *Lexikon sprachtheoretischer Grundbegriffe des 17. und 18. Jahrhunderts.* 2 Bde. Berlin: De Gruyter.

Heidegger, Martin. 2006. *Sein und Zeit.* Tübingen: Niemeyer.

Hoffmann, E. T. A. 1985. Der Sandmann. In *Der Automaten-Mensch. E.T.A. Hoffmanns Erzählung vom Sandmann. Mit Bildern aus Alltag und Wahnsinn*, Hrsg. Lienhard Wawrzy, 58–92. Berlin: Wagenbach.

Hofstadter, Douglas R. 1996. *Die FARGonauten. Über Analogie und Kreativität.* Stuttgart: Klett-Cotta.

Höltgen, Stefan, Hrsg. 2017. Logik für Medienwissenschaftler. In *Medientechnisches Wissen Band 1: Logik, Informations- und Speichertheorie*, 14–149. Berlin: De Gruyter.

Höltgen, Stefan. 2018. Computer/sprachen: ELIZA und BASIC. Urszenen des Homecomputing (und) künstlicher Intelligenz. In *HELLO, I'M ELIZA. 50 Jahre Gespräche mit Computern*, Hrsg. Stefan Höltgen und Marianna Baranovskaa, 97–122. Bochum: Projektverlag.

Hundsnurscher, Franz. 1974. Semantik der Fragen. *Zeitschrift für germanistische Linguistik* 3(1): 1–14.

Kanne, D. J. A. 1832. Ueber die Memnonsäule. *Zeitschrift für die historische Theologie* 2(2): 1–16.

Kantel, Jörg. 2018. SLIP. Eine Sprache zwischen den Stühlen. In *HELLO, I'M ELIZA. 50 Jahre Gespräche mit Computern*, Hrsg. Stefan Höltgen und Marianna Baranovskaa, 73–88. Bochum: Projektverlag.

Leibniz, Gottfried Wilhelm. 1966. Zur allgemeinen Charakteristik. In *Hauptschriften zur Grundlegung der Philosophie*, Bd. 1, 30. Hamburg: Meiner.

Łukasiewicz, Jan. 1935. Zur Geschichte der Aussagenlogik. *Erkenntnis* Nummer 5:111–131.

North, Steve. 1977. Psychoanalysis (?) by computer . . . ELIZA. *Creative Computing* 3(4): 100.

Peirce, Charles S. 1880. On the algebra of logic. *American Journal of Mathematics* 3(1): 15–57.

Platon. 1958. Phaidors. In *Platon: Sämtliche Werke*, Hrsg. Walter Otto et al., Bd. 4, 7–60. Reinbek: Rowohlt.

Platon. 1959. Kratylos. In *Platon: Sämtliche Werke*, Hrsg. Walter Otto et al., Bd. 2, 123–182. Reinbek: Rowohlt.

Poschmann, Claudia. 2015. *Echo-Fragen. Vom Satztyp zur Fragebedeutung.* Berlin/Boston: De Gruyter.

Randow, Gero von. 1997. *Roboter. Unsere nächsten Verwandten.* Reinbek: Rowohlt.

Rogers, Carl R. 1943. *Counseling and psychotherapy. Newer concepts in practice.* Boston: Houghton Mifflin Company.

Saussure, Ferdinand de. 1967. *Grundlagen der allgemeinen Sprachwissenschaft.* Berlin: De Gruyter.

Schumann, Andrew. 2018. Logics for unconventional computing. *International Journal of Parallel, Emergent and Distributed Systems* 33(3): 233–236.

Schwarz, Monika. 1996. Lexikalische und konzeptuelle Restriktionen beim Verstehen direkter und indirekter Anaphern im Text. Das Lexikon in der Kognitiven Linguistik. In *Lexical structures and language use. Proceedings of the International conference on lexicology and lexical semantics Münster, September 13–15, 1994. Volume 2: Session papers*, Hrsg. Edda Weigand und Franz Hundsnurscher, 399–407. Tübingen: Niemeyer.

Searle, John R. 1983. *Sprechakte. Ein sprachphilosophischer Essay.* Frankfurt a. M.: Suhrkamp.

Searle, John R. 1994. Geist, Gehirn, Programm. In *Künstliche Intelligenz. Philosophische Probleme.* Hrsg. Walther Ch. Zimmerli und Stefan Wolf, 232–266. Stuttgart: Reclam.

Searle, John R. 2002. Geist, Gehirn, Programm. In *Künstliche Intelligenz. Philosophische Probleme*, Hrsg. Walther Ch. Zimmerli und Stefan Wolf, 232–266. Stuttgart: Reclam.

Shannon, Claude. 1937. *A symbolic analysis of relay and switching circuits.* Unveröffentlichte MSc-Arbeit, Massachusetts Institute of Technology, 10 Aug 1937.

Shrager, Jeff. 2018. ELIZA in BASIC. Jeff Shrager (Transkribiert und übersetzt von Wibke Oesterhaus). In *HELLO, I'M ELIZA. 50 Jahre Gespräche mit Computern*, Hrsg. Stefan Höltgen und Marianna Baranovskaa, 89–96. Bochum: Projektverlag.

Siemens Aktienges. 1966. *Herrn von Leibniz' Rechnung mit Null und Eins*. München/Berlin: Siemens-Aktiengesellschaft (Abt. Verl.).

Turing, Alan. 1987a. Über berechenbare Zahlen mit einer Anwendung auf das Entscheidungsproblem (1936). In *Intelligence Service. Schriften*, Hrsg. Bernhard Dotzler und Friedrich Kittler, 17–60. Berlin: Brinkmann & Bose.

Turing, Alan. 1987b. Intelligente Maschinen (1950). In *Intelligence Service. Schriften*, Hrsg. Bernhard Dotzler und Friedrich Kittler, 81–114. Berlin: Brinkmann & Bose.

Turkle, Sherry. 1984. *Die Wunschmaschine. Vom Entstehen der Computerkultur*. Reinbek: Rowohlt.

Weizenbaum, J. 1963. Symmetric list processor. *Magazine Communications of the ACM* 6(9): 524–536.

Weizenbaum, J. 1978. *Die Macht der Computer und die Ohnmacht der Vernunft*. Frankfurt a. M.: Suhrkamp.

Weizenbaum, J. 2018. ELIZA – Ein Computerprogramm zur Untersuchung der Kommunikation zwischen Mensch und Maschine mithilfe natürlicher Sprache. (Übersetzt von Jan Claas van Treeck). In *HELLO, I'M ELIZA. 50 Jahre Gespräche mit Computern*, Hrsg. Stefan Höltgen und Marianna Baranovskaa, 23–52. Bochum: Projektverlag.

Wittgenstein, Ludwig. 2003. *Tractatus logico-philosophicus, Logisch-philosophische Abhandlung*. Frankfurt a. M.: Suhrkamp.

Maschinelle Sprachverarbeitung, Kognition und Sprachphilosophie

Klaus Mainzer

Inhalt

Zusammenfassung

Automaten und Maschinen erkennen Sprachen von einfachen symbolischen bis zu natürlichen Sprachen (1). In der Tradition symbolischer KI lässt sich sogar eine semantische Tiefenstruktur entwickeln, die mit kognitiven Strukturen des Gehirns in Zusammenhang gebracht wurde. Bei der maschinellen Sprachübersetzung werden durch das Machine learning entscheidende Durchbrüche der praktischen Anwendung gegenüber symbolischer KI erzielt (2). Offen bleiben allerdings Fragen des Sprachverstehens, die in der Philosophie der natürlichen Sprachen seit Wittgenstein gestellt werden (3).

Schlüsselwörter

Automaten · Maschinen · Chomsky-Grammatiken · Maschinelle Spracherkennung · Maschinelle Übersetzung · Neuronale Netze · Philosophie der idealen Sprache · Philosophie der natürlichen Sprache

K. Mainzer (✉)
TUM Senior Excellence Faculty, Technische Universität München (TUM), München, Deutschland
E-Mail: mainzer@tum.de

K. Mainzer (Hrsg.), *Philosophisches Handbuch Künstliche Intelligenz*,
https://doi.org/10.1007/978-3-658-19606-6_55

1 Automaten und Maschinen erkennen Sprachen

Computer verarbeiten Texte als Folgen von Symbolen eines bestimmten Alphabets. Computerprogramme sind Texte über dem Alphabet einer Rechnertastatur, also den Symbolen der Tasten eines Keyboards. Diese Texte werden im Computer automatisch in Bitfolgen der Maschinensprache übersetzt, also Symbolfolgen eines Alphabets aus den beiden Ziffern 0 und 1, die für alternative technische Zustände der Rechenmaschine stehen. Über diese Texte und ihre Übersetzung in technische Abläufe kommt die physikalische Maschine des Computers zum Laufen. Wir werden im Folgenden zunächst ein allgemeines System von formalen Sprachen einführen, die von unterschiedlichen Typen von Automaten und Maschinen verstanden werden. Die natürlichen Sprachen von uns Menschen, aber auch die Kommunikationsmittel anderer Organismen werden sich als Spezialfälle unter besonderen Umständen (Kontexten) herausstellen (Mainzer 2019, Kap. 5.2).

Ein Alphabet Σ ist eine endliche (nichtleere) Menge von Symbolen (die je nach Anwendung auch Zeichen oder Buchstaben genannt werden). Beispiele sind

$\Sigma_{bool} = \{0,1\}$ Boolesches Alphabet der Maschinensprache,

$\Sigma_{lat} = \{a, b, \ldots, z, A, B, \ldots, Z\}$ lateinisches Alphabet einiger natürlicher Sprachen,

Σ_{Tastur} besteht aus Σ_{lat} und den anderen Symbolen einer Tastatur wie z. B. !, ‘, §, \$, … und dem Leerzeichen ␣ (als leere Stelle zwischen Symbolen).

Ein Wort über Σ ist eine endliche oder leere Folge von Symbolen. Das leere Wort wird mit ε bezeichnet. Die Länge $|w|$ eines Worts w bezeichnet die Anzahl der Symbole eines Worts (mit $|\varepsilon| = 0$ für ein leeres Wort, aber $|␣| = 1$ für das Leerzeichen der Tastatur). Beispiele von Worten sind

„010010" über dem Booleschen Alphabet Σ_{bool},

„Jetzt geht's los!" über Tastaturalphabet Σ_{Tastur}.

Σ^* bezeichnet die Menge aller Worte über dem Alphabet Σ.

Beispiel: $\Sigma_{bool}{}^* = \{\varepsilon, 0{,}1, 00{,}01, 10{,}11, 000, \ldots\}$

Eine Sprache L über einem Alphabet Σ ist eine Teilmenge von Σ^*.

Die Verkettung von Worten w und v aus Σ^* wird mit wv bezeichnet. Entsprechend ist L_1L_2 die Verkettung der Sprachen L_1 und L_2, die aus den verketten Worten wv mit w aus L_1 und v aus L_2 besteht.

Wann erkennt nun ein Automat oder eine Maschine eine Sprache?

Ein Algorithmus (d. h. Turingmaschine bzw. nach der Churchschen These ein Computer) erkennt eine Sprache L über einem Alphabet Σ, wenn er für alle Symbolfolgen w aus Σ^* entscheiden kann, ob w ein Wort aus L ist oder nicht.

1.1 Endliche Automaten erkennen reguläre Sprachen

Wir unterscheiden Automaten und Maschinen unterschiedlicher Komplexität, die Sprachen unterschiedlicher Komplexität erkennen können (Hotz und Walter 1968–1969). Endliche Automaten sind besonders einfache Automaten, mit denen sich Vorgänge auf der Grundlage beschränkter Speicher ohne Verzögerung

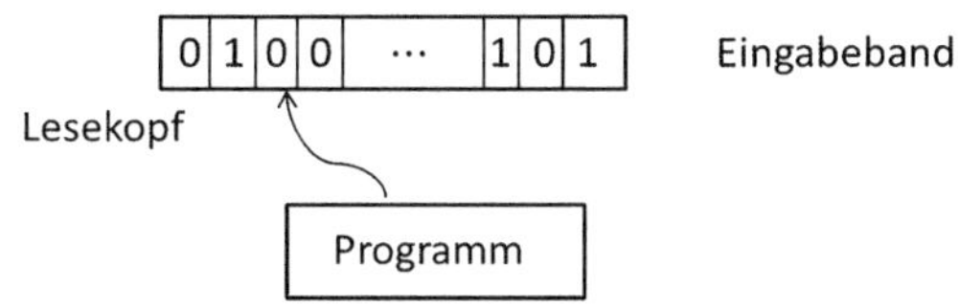

Abb. 1 Schema eines endlichen Automaten. (Aus Mainzer 2019; mit freundlicher Genehmigung von @Springer Verlag GmbH Deutschland 2022. All Rights Reserved)

beschreiben lassen (Böhling et al. 1969). Beispiele sind Telefonschaltungen, Addieren, das Bedienen von Kaffeeautomaten oder die Steuerung von Fahrstühlen. Multiplikationen lassen sich nicht mit endlichen Automaten durchführen, da dazu Zwischenrechnungen mit Verzögerungen bei der Bearbeitung notwendig sind. Das gilt auch für den Vergleich von Worten, da sie beliebig lang sein und nicht mehr in einem beschränkten Speicher zwischengespeichert werden können.

Anschaulich kann man sich einen endlichen Automaten wie in Abb. 1 vorstellen. Dort werden ein gespeichertes Programm, ein Band mit einem Eingabewort und ein Lesekopf unterschieden, der sich auf dem Band nur von links nach rechts bewegen kann. Dieses Eingabeband lässt sich als linearer Speicher für die Eingabe auffassen. Es ist in Felder eingeteilt. Jedes Feld dient als Speichereinheit, die ein Symbol eines Alphabets Σ enthalten kann.

Bei der Spracherkennung beginnt die Arbeit eines endlichen Automaten mit der Eingabe eines Worts w über dem Alphabet Σ. Bei der Eingabe ist der endliche Automat in einem bestimmten Zustand s_0. Jeder endliche Automat ist durch eine Menge von akzeptierenden Zuständen (bzw. Endzuständen) charakterisiert. Bei den weiteren Verarbeitungsschritten verändern sich die Symbolfolgen und jeweiligen Zustände des Automaten, bis schließlich nach endlichen vielen Schritten das leere Wort ε in einem Zustand s erreicht ist. Wenn dieser Endzustand s zu den ausgezeichneten akzeptierenden Zuständen des Automaten gehört, dann hat der endliche Automat das Wort akzeptiert. Im andern Fall wird das Wort w vom Automaten verworfen. Ein endlicher Automat akzeptiert also ein Eingabewort, wenn er sich nach dem Lesen des letzten Buchstabens des Eingabeworts in einem akzeptierenden Zustand befindet.

Die von einem endlichen Automaten EA akzeptierte Sprache L(EA) besteht aus den akzeptierten Worten w aus Σ^*.

Die Klasse $\mathcal{L}$ (EA) aller Sprachen, die von einem endlichen Automaten EA akzeptiert werden, bezeichnet man als Klasse der regulären Sprachen.

Reguläre Sprachen sind durch reguläre Ausdrücke (Worte) charakterisierbar, die aus den Symbolen eines Alphabets durch Alternative, Verkettung und Wiederholung entstehen. Man betrachte z. B. das Alphabet $\Sigma = \{a, b, c\}$. Beispiel einer regulären Sprache ist dann die Sprache, die alle Wörter umfasst, die aus beliebig vielen a (Wiederholungen wie z. B. a, aa, aaa, …) oder (Alternative) aus beliebig vielen b (Wiederholungen wie z. B. b, bb, bbb, …) bestehen. Ein weiteres Beispiel einer regulären Sprache umfasst alle Worte, die mit a beginnen, mit b aufhören und dazwischen nur Wiederholungen von c enthalten wie z. B. acb, $accccb$.

Um zu zeigen, dass eine Sprache nicht regulär ist, genügt es zu zeigen, dass es keinen endlichen Automaten gibt, der sie akzeptiert. Endliche Automaten haben keine andere Speichermöglichkeit als den aktuellen Zustand. Wenn also ein endlicher Automat nach dem Lesen zweier unterschiedlicher Worte wieder im gleichen Zustand endet, kann er nicht mehr zwischen den beiden Worten unterscheiden: Er hat den Unterschied „vergessen".

Ein deterministischer endlicher Automat ist durch deterministische Abläufe bestimmt. Dabei ist jede Konfiguration aus Automatenzustand und jeweils gelesenem Wort eindeutig festgelegt. Ein Programm bestimmt vollständig und eindeutig die Folge der Konfigurationen aus Automatenzuständen und zugehörigen Worten.

Ein nichtdeterministischer endlicher Automat erlaubt in bestimmten Konfigurationen eine Auswahl von mehreren möglichen nachfolgenden Konfigurationen.

Daher kann ein nichtdeterministischer Algorithmus zu exponentiell vielen Möglichkeiten führen. Im Allgemeinen gibt es aber keine effizientere Art, nichtdeterministische Algorithmen durch deterministische Algorithmen zu simulieren, als alle möglichen Alternativen durch einen deterministischen Algorithmus zu simulieren. Auch im Fall von endlichen Automaten lässt sich beweisen, dass die nichtdeterministische Erweiterung der Möglichkeiten für die Spracherkennung nichts Neues leistet: Die deterministischen endlichen Automaten akzeptieren dieselben Sprachen wie die nichtdeterministischen endlichen Automaten.

1.2 Turingmaschinen erkennen rekursiv aufzählbare Sprachen

Eine Turingmaschine kann als Erweiterung eines endlichen Automaten verstanden werden. Sie besteht aus

- einer endlichen Kontrolle, die das Programm enthält,
- einem unbegrenzten Band, das sowohl als Eingabeband und Speicher verwendet wird
- einem Lese-/Schreibkopf, der das Band in beiden Richtungen bewegen kann,

Eine Turingmaschine ähnelt einem endlichen Automaten insofern, da sie über einem endlichen Alphabet arbeitet und dabei ein Band benutzt, das am Anfang ein Eingabewort enthält. Im Unterschied zu einem endlichen Automaten kann eine Turingmaschine das unbegrenzte Band auch als Speicher benutzen. Ein endlicher Automat lässt sich zu einer Turingmaschine erweitern, indem der Lesekopf durch einen Lese-/Schreibkopf ersetzt wird und auch nach links bewegt werden kann (Hopcroft et al. 2001).

Eine Turingmaschine TM ist durch einen Anfangszustand, einem akzeptierenden und einem verwerfenden Zustand bestimmt. Wenn TM den akzeptierenden Zustand erreicht, akzeptiert sie das Eingabewort, unabhängig wo der Lese-/Schreibkopf auf dem Band steht. Wenn TM den verwerfenden Zustand erreicht, verwirft sie das Eingabewort und stoppt. Ein Wort wird aber von einer TM auch dann verworfen, wenn sie nach seiner Eingabe nicht nach endlich vielen Schritten stoppt.

Die von einer Turingmaschine TM akzeptierte Sprache $L(\mathrm{TM})$ besteht aus den akzeptierten Worten w aus Σ^*.

Die Klasse $\mathcal{L}$ (TM) aller Sprachen, die von einer Turingmaschine TM akzeptiert werden, bezeichnet man als Klasse der rekursiv aufzählbaren Sprachen.

Eine Sprache heißt rekursiv bzw. entscheidbar, falls es eine Turingmaschine TM gibt, die für alle Worte w aus Σ^* entscheiden kann, ob w akzeptiert wird (und zur Sprache gehört) oder nicht akzeptiert wird (und damit nicht zur Sprache gehört).

Nach der Churchschen These ist die Turingmaschine der logisch-mathematische Prototyp für einen Computer überhaupt – unabhängig von seiner technischen Realisation als z. B. Supercomputer, Laptop oder Smartphone. Praktische Rechner haben aber die sogenannte von-Neumann-Architektur, wonach der Speicher für Programm und Daten, CPU und Eingabe technisch unabhängige Einheiten sind. In einer Turingmaschine sind Eingabe und Speicher in einer Einheit des Bands, Lesen und Schreiben in einem Lese/Schreibkopf zusammengezogen. Das ist theoretisch kein Problem, da sich Mehrband-Turingmaschinen definieren lassen, die über mehrere Bänder mit eigenem Lese/Schreibkopf verfügen. Sie übernehmen dann die getrennten Funktionen der von-Neumann-Architektur. Logisch-mathematisch ist die Einband-Turingmaschine mit der Mehrband-Turingmaschine äquivalent, d. h. kann sie simulieren.

Analog wie bei endlichen Automaten lassen sich deterministische Turingmaschinen zu nichtdeterministischen Turingmaschinen erweitern. Eine nichtdeterministische Turingmaschine kann endlich viele Alternativen nach einem Eingabewort verfolgen. Man kann sich diese Bearbeitungen grafisch als Verzweigungsbaum vorstellen. Das Eingabewort wird akzeptiert, wenn wenigstens eine dieser Bearbeitungen im akzeptierenden Zustand der Turingmaschine endet. Als Bearbeitungsstrategie solcher Verzweigungsbäume unterscheidet man die Tiefensuche von der Breitensuche. Bei der Tiefensuche wird jeder „Ast" des Verzweigungsbaums nacheinander darauf getestet, ob er in einem akzeptierten Endzustand endet. Bei der Breitensuche werden alle Äste gleichzeitig bis zu einer bestimmten Tiefe getestet, ob einer die Äste den akzeptierenden Zustand erreicht. Der Vorgang wird Schritt für Schritt so lange wiederholt, bis dieser Fall eintritt. Dann stoppt die Maschine. Durch eine Breitensuche des Verzweigungsbaums können nichtdeterministische Turingmaschinen durch deterministische Turingmaschinen simuliert werden.

Im Allgemeinen ist keine effizientere deterministische Simulation von nichtdeterministischen Algorithmen bekannt, als Schritt für Schritt alle Berechnungen eines nichtdeterministischen Algorithmus zu simulieren. Das hat allerdings seinen Preis: Bei der Simulation von Nichtdeterminismus durch Determinismus wächst die Rechenzeit exponentiell. Bisher ist die Existenz einer wesentlich effizienteren Simulation nicht bekannt. Die Nichtexistenz einer solchen Simulation wurde bisher jedoch noch nicht bewiesen.

1.3 Semantik und generative Chomsky-Grammatiken

Von natürlichen Sprachen sind wir gewohnt, dass ihre Worte und Sätze durch grammatikalische Regeln bestimmt werden. Jede Sprache lässt sich durch eine

Grammatik, d. h. ein System entsprechender Regeln bestimmen. Dabei unterscheidet man zwischen Terminalsymbolen wie *a, b, c, …* und Nichtterminalsymbolen (Nichtterminale) *A, B, C, …; X, Y, Z, …* Nichtterminale werden wie Variablen (Leerstellen) verwendet, die durch andere Wörter ersetzt werden können (Hromkovic 2011).

Beispiel einer Grammatik:
Terminale: *a, b*
Nichtterminale: *S*
Regeln:
R_1: $S \to \varepsilon$
R_2: $S \to SS$
R_3: $S \to aSb$
R_4: $S \to bSa$

Ableitung des Wortes *baabaabb*:

$$S \to_{R_2} SS \to_{R_3} SaSb \to_{R_3} SaSSb \to_{R_4} bSaaSSb \to_{R_1} baaSSb$$
$$\to_{R_3} baabSaSb \to_{R_1} baabaSb \to_{R_3} baabaaSbb \to_{R_1} baabaabb$$

Offenbar sind Grammatiken nichtdeterministische Verfahren zur Erzeugung von Symbolfolgen. So sind mehrere Regeln mit der gleichen linken Seite zugelassen. Ferner ist nicht festgelegt, welche Regel zuerst bei Ersetzungen in einem Wort angewendet wird, wenn mehrere Möglichkeiten bestehen.

In der Linguistik werden Grammatiken zur syntaktischen Beschreibung der natürlichen Sprachen verwendet. Dazu werden syntaktische Kategorien wie ⟨*Satz*⟩, ⟨*Text*⟩, ⟨*Nomen*⟩ und ⟨*Adjektiv*⟩ als Nichtterminale eingeführt. Texte lassen sich mit entsprechenden Grammatikregeln ableiten.

Textableitung mit Grammatikregeln:

$$\langle Text \rangle \to \langle Satz \rangle \langle Text \rangle$$

$$\langle Satz \rangle \to \langle Subjekt \rangle \langle Verb \rangle \langle Objekt \rangle$$

$$\langle Subjekt \rangle \to \langle Adjektiv \rangle \langle Nomen \rangle$$

$$\langle Nomen \rangle \to [Baum]$$

$$\langle Adjektiv \rangle \to [grüner]$$

Nach N. Chomsky lässt sich eine Hierarchie von Grammatiken unterschiedlicher Komplexität angeben (Chomsky 1969). Da die entsprechenden Sprachen von grammatikalischen Regeln generiert werden, nannte er sie auch generative Grammatiken:

1) *Reguläre Grammatik:*
   Die einfachste Klasse umfasst die regulären Grammatiken, die genau die Klasse der regulären Sprachen erzeugen. Die Regeln einer regulären Grammatik haben die Form $X \rightarrow u$ und $X \rightarrow uY$ für ein Terminal u und den Nichtterminalen X und Y.
2) *Kontextfreie Grammatik:*
   Alle Regeln haben die Form $X \rightarrow \alpha$ mit einem Nichtterminal X und einem Wort α aus Terminalen und Nichterminalen.
3) *Kontextsensitive Grammatik:*
   In den Regeln $\alpha \rightarrow \beta$ ist die Länge von Wort α nicht größer als die Länge von Wort β. Daher kann bei den Ableitungen kein Teilwort α durch ein kürzeres Teilwort β ersetzt werden.
4) *Uneingeschränkte Grammatik:*
   Diese Regeln unterliegen keinen Einschränkungen.

Kontextfreie unterscheiden sich von regulären Grammatiken dadurch, dass die rechte Seite einer regulären Regel höchstens ein Nichtterminal enthält. Kontextsensitive enthalten im Unterschied zu uneingeschränkten Grammatiken keine Regel, bei denen das Wort auf der linken Seite größer als das Wort auf der rechten Seite ist. Daher können bei einem Computer die uneingeschränkten Grammatiken beliebige Speicherinhalte erzeugen und damit beliebige Ableitungen simulieren.

In welchem Verhältnis stehen die unterschiedlichen Grammatiken zu Automaten und Maschinen, die diese Sprachen erkennen? Zu jeder regulären Grammatik lässt sich ein äquivalenter endlicher Automat angegeben, der die entsprechende reguläre Sprache erkennt. Umgekehrt lässt sich zu jedem endlichen Automaten eine äquivalente reguläre Grammatik angeben, mit der die entsprechende reguläre Sprache erzeugt wird.

Kontextfreie Grammatiken erzeugen kontextfreie Sprachen. Als passender Automatentyp, der kontextfreie Sprachen erkennt, lassen sich Kellerautomaten einführen:

Ein Kellerautomat (vgl. Abb. 2) hat ein Eingabeband, das am Anfang das Eingabewort enthält. Wie bei endlichen Automaten kann der Lesekopf nur lesen und sich von links nach rechts bewegen. Daher kann das Band nur zum Einlesen der Eingabe verwendet werden und nicht als Speicher wie bei einer Turingmaschine. Allerdings muss sich ein Kellerautomat im Unterschied zu einem endlichen Automat nach Lesen eines Symbols nicht mit dem Lesekopf nach rechts bewegen. Er kann auf dem gleichen Feld des Bands verharren und Bearbeitungen auf den Daten im Keller vornehmen. Dabei kann der Kellerautomat nur auf das oberste Symbol im Keller zugreifen und lesen. Will man auf tiefer liegende Daten zugreifen, müssen die vorherigen Daten unwiderruflich gelöscht werden. Der Keller ist ein im Prinzip unbeschränktes Band mit endlich vielen Zugriffsmöglichkeiten.

Der Kellerautomat beginnt also seine Arbeit mit dem gelesenen Symbol auf dem Eingabeband, dem Zustand der endlichen Kontrolle und dem obersten Symbol des

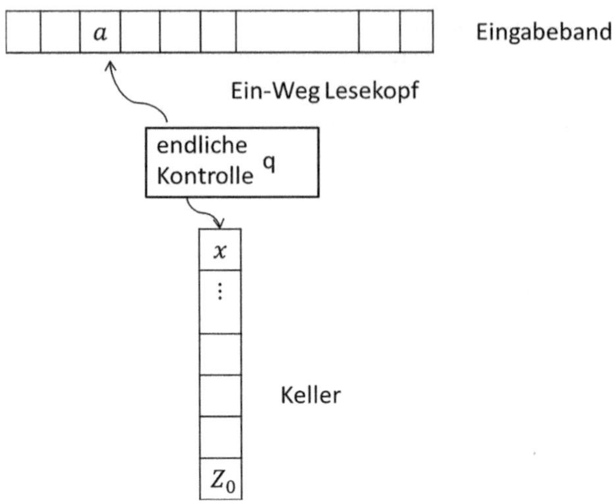

Abb. 2 Architektur eines Kellerautomaten. (Aus Mainzer 2019; mit freundlicher Genehmigung von @Springer Verlag GmbH Deutschland 2022. All Rights Reserved)

Kellers. In weiteren Aktionen ändert er den Zustand, rückt mit dem Lesekopf ein Feld nach rechts und ersetzt das oberste Symbol X des Kellers durch ein Wort α.

Die nichtdeterministischen Kellerautomaten erkennen genau die Klasse von kontextfreien Sprachen. Die nichtdeterministischen Kellerautomaten sind also mit den kontextfreien Grammatiken äquivalent, die genau die kontextfreien Sprachen erzeugen. In der Informatik eignen sich kontextfreie Grammatiken, um Programmiersprachen darzustellen. Die durch kontextfreie Grammatiken erzeugten Wörter entsprechen korrekten Programmen der modellierten Programmiersprache. Daher eignen sich kontextfreie Grammatiken für den Bau von Compilern. Dabei handelt es sich um Computerprogramme, die ein anderes Programm, das in einer bestimmten Programmiersprache geschrieben ist, in eine Form übersetzen, die von einem Computer ausgeführt werden kann.

In der Chomsky-Hierarchie folgen nun die kontextsensitiven Sprachen, die durch kontextsensitive Grammatiken erzeugt werden. Kontextsensitive Sprachen werden von einem eingeschränkten Maschinentyp der Turingmaschine erkannt:

Ein linear beschränkter Automat ist eine Turingmaschine, deren Arbeitsband durch die Länge des Eingabeworts beschränkt ist. Dazu werden zwei zusätzliche Symbole verwendet, die das linke bzw. rechte Ende des Eingabeworts markieren und die während der Bearbeitung nicht überschritten werden dürfen.

Die Menge der von nicht-deterministischen linear beschränkten Automaten erkannten Sprachen ist gleich der Menge der kontextsensitiven Sprache. Es ist bisher nicht bewiesen, ob deterministische linear beschränkte Automaten die gleiche Sprachklasse akzeptieren wie die nichtdeterministischen.

Die uneingeschränkten Grammatiken erzeugen genau die rekursiv aufzählbaren Sprachen, die durch Turingmaschinen erkannt werden können. Die Menge der rekursiv aufzählbaren Sprachen ist also genau die Klasse aller Sprachen, die durch Grammatiken überhaupt erzeugt werden kann.

Sprachen, die nicht rekursiv aufzählbar sind, können also nur durch Maschinen erkannt werden, die jenseits der Turingmaschine liegen, also – anschaulich gesprochen – „mehr können als Turingmaschinen". Das ist für die Frage der KI zentral, ob Intelligenz auf Turingmaschinen als Prototypen von Computern reduziert werden kann oder mehr ist.

Generative Grammatiken erzeugen nicht nur syntaktische Symbolfolgen. Sie bestimmen auch die Bedeutung von Sätzen. Dazu analysierte Chomsky zunächst die Oberfläche eines Satzes als ein aus Phrasen und Phrasenteilen zusammengesetztes Gebilde. Sie wurden durch weitere Regeln in weitere Teile zerlegt, bis schließlich die einzelnen Worte eines Satzes einer natürlichen Sprache ableitbar werden. Danach besteht ein Satz aus Nominalphrase und Verbalphrase, eine Nominalphrase aus Artikel und Substantiv, eine Verbalphrase aus Verb und Nominalphrase, etc. So lassen sich Sätze durch unterschiedliche grammatische Tiefenstrukturen charakterisieren, um unterschiedliche Bedeutungen zu erfassen.

Danach kann derselbe Satz unterschiedliche Bedeutungen haben, die durch unterschiedliche grammatische Tiefenstrukturen bestimmt sind (Anderson 1996). In Abb. 3 kann der Satz „Sie vertrieb den Mann mit dem Hund" einmal die Bedeutung haben, dass eine Frau einen Mann mit Hilfe eines Hundes vertrieb (a). Der Satz kann aber auch die Bedeutung haben, dass eine Frau einen Mann vertrieb, der einen Hund mit sich führte (b). Die Produktionsregeln lauten für ⟨*S*⟩ (Satz), ⟨*NP*⟩

Abb. 3 Semantische Tiefenstruktur einer Chomsky-Grammatik. (Aus Mainzer 2019; mit freundlicher Genehmigung von @Springer Verlag GmbH Deutschland 2022. All Rights Reserved)

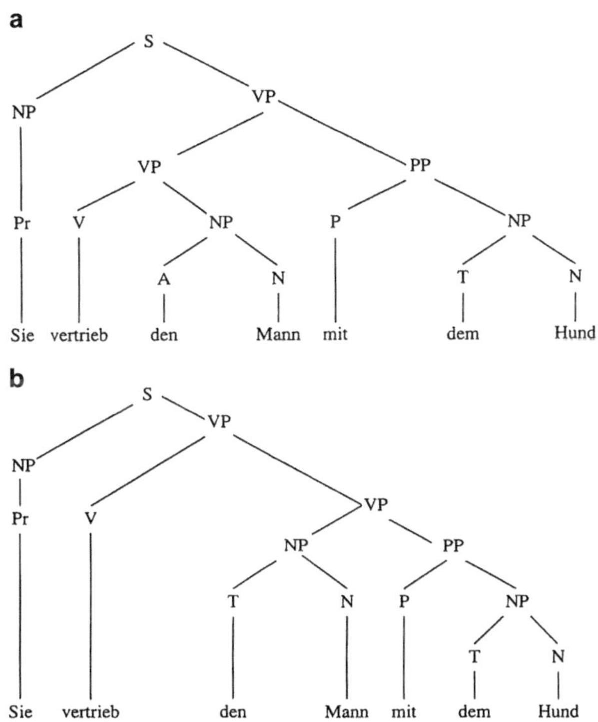

(Nominalphrase), $\langle VP\rangle$ (Verbalphrase), $\langle PP\rangle$ (Präpositionalphrase), $\langle T\rangle$ (Artikel), $\langle N\rangle$ (Nomen), $\langle V\rangle$ (Verb), $\langle P\rangle$ (Präposition), $\langle Pr\rangle$ (Pronomen):

$$\langle S\rangle \to \langle NP\rangle\langle VP\rangle \quad \langle Pr\rangle \to [sie]$$

$$\langle NP\rangle \to \langle T\rangle\langle N\rangle \quad \langle V\rangle \to [vertrieb]$$

$$\langle NP\rangle \to \langle Pr\rangle \quad \langle T\rangle \to [den]$$

$$\langle NP\rangle \to \langle NP\rangle\langle PP\rangle \quad \langle T\rangle \to [dem]$$

$$\langle VP\rangle \to \langle V\rangle\langle NP\rangle \quad \langle N\rangle \to [Mann]$$

$$\langle VP\rangle \to \langle VP\rangle\langle PP\rangle \quad \langle N\rangle \to [Hund]$$

$$\langle PP\rangle \to \langle P\rangle\langle NP\rangle \quad \langle P\rangle \to [mit]$$

Eine generative Grammatik ist ein Kalkül von solchen rekursiven Produktionsregeln, der sich auch durch eine Turingmaschine realisieren lässt. Mit dieser generativen Grammatik werden die beiden Tiefenstrukturen für die unterschiedlichen Bedeutungen (a) und (b) abgeleitet:

Nur in der Oberflächenstruktur eines Satzes unterscheiden sich natürliche Sprachen. Die Verwendung von Produktionsregeln ist nach Chomsky universal. Mit einem Turing-Programm, das endlich viele rekursive Produktionsregeln simuliert, lassen sich beliebig viele Sätze und ihre Tiefengrammatiken erzeugen.

1.4 Semantische Tiefenstruktur und Kognition

Der Sprachphilosoph J. Fodor geht über Chomsky noch hinaus, da er für die sprachlichen Tiefenstrukturen und Universalien psychisch reale Kognitionsstrukturen annimmt, die allen Menschen angeboren sind (Fodor 1975). Geist wird als System semantischer Repräsentationen verstanden, die universal und angeboren sind und in die sich alle Begriffe zerlegen lassen. Fodor spricht von einer „Gedankensprache" (language of thought).

Kommunikation zwischen Menschen ist allerdings keineswegs auf Gedankenaustausch über Sachverhalte beschränkt. Kommunikation besteht aus Handlungen des Sprechens, die Absichten verfolgen und Veränderungen der Umwelt auslösen. Der amerikanische Philosoph J. Searle hat dafür im Anschluss an den britischen Sprachphilosophen J. L. Austin (1972) den Begriff des Sprechaktes verwendet. Ein Sprechakt wie z. B. „Können Sie mir Information über eine bestimmte Person geben?" ist durch verschiedene Handlungskomponenten bestimmt. Zunächst ist nach Austin der Übermittlungsvorgang des Ansprechens zu beachten (lokutionärer Akt). Mit dem Sprechakt sind bestimmte Absichten des Sprechers wie z. B. Bitte, Befehl oder Frage verbunden (illokutionärer Akt). Der perlokutionäre Akt hält die Auswirkungen des Sprechaktes auf den Adressaten einer Nachricht fest, z. B. die

Bereitschaft, eine Information über eine Person zu geben oder nicht. Searle hat die Sprechakttheorie mit weiteren Aspekten und Unterscheidungen ausgebaut (Searle 1969).

Die Sprechakttheorie hat bemerkenswerte Ähnlichkeiten mit der Computersprache KQML (Knowledge and Query Manipulation Language), mit der die Kommunikation zwischen Suchprogrammen („Agenten“) im Internet definiert wird (Finin et al. 1994). Die Agentensprache KQML stellt Protokolle zur gegenseitigen Identifizierung, zum Aufbau einer Verbindung und zum Nachrichtenaustausch zur Verfügung. Auf der Nachrichtenebene werden Sprechakttypen festgelegt, die in unterschiedlichen Computersprachen formuliert sein können.

In der Technik geht es zunächst um möglichst effiziente Teillösungen, die Erkennung, Analyse, Transfer, Generierung und Synthese von natürlich sprachlicher Kommunikation durch Computerprogramme verwirklichen. Diese technischen Lösungen müssen keineswegs die Sprachverarbeitung des menschlichen Gehirns imitieren, sondern können vergleichbare Lösungen auch auf anderen Wegen erreichen. So ist es für begrenzte Kommunikationszwecke von Computerprogrammen keineswegs notwendig, dass alle Sprachschichten bis zur Bewusstseinsebene des Menschen technisch simuliert werden müssen.

Tatsächlich sind wir in einer technisch hochentwickelten Gesellschaft auch auf implizites und prozedurales Wissen angewiesen, das nur begrenzt in Regeln erfasst werden kann. Emotionales, soziales und situatives Wissen im Umgang mit Menschen lässt sich nur begrenzt in Regeln fassen. Gleichwohl wird dieses Wissen notwendig, um benutzerfreundliche Bedienungsoberflächen von technischen Geräten wie Computer zu gestalten. Künstliche Intelligenz sollte sich ebenso an den Bedürfnissen und Intuitionen seiner Benutzer orientieren und sie nicht mit komplizierten Regeln überfordern.

2 Sprachverständnis durch Maschinen?

Sprachverständnis wird bei Menschen durch entsprechende Fähigkeiten des Gehirns möglich. Es liegt daher nahe, neuronale Netze und Lernalgorithmen nach dem Vorbild des Gehirns einzusetzen.

2.1 Ein neuronales Netz lernt lesen

Der Neuroinformatiker T.J. Sejnowski schlug ein neuronales Netz vor, das die neuronalen Wechselwirkungen beim Lesen lernen in einer gehirnähnlichen Maschine simulieren sollte (Sejnowski und Rosenberg 1986). Ob die Neuronen im menschlichen Gehirn tatsächlich in dieser Weise miteinander wechselwirken, kann physiologisch noch nicht entschieden werden. Es bleibt allerdings die erstaunliche Leistung, dass ein künstliches neuronales Netz mit Namen NETalk aus verhältnismäßig wenigen neuronalen Bausteinen einen menschenähnlichen Lernvorgang zu erzeugen vermag (Abb. 4). Die Schnelligkeit des Systems könnte durch heutige

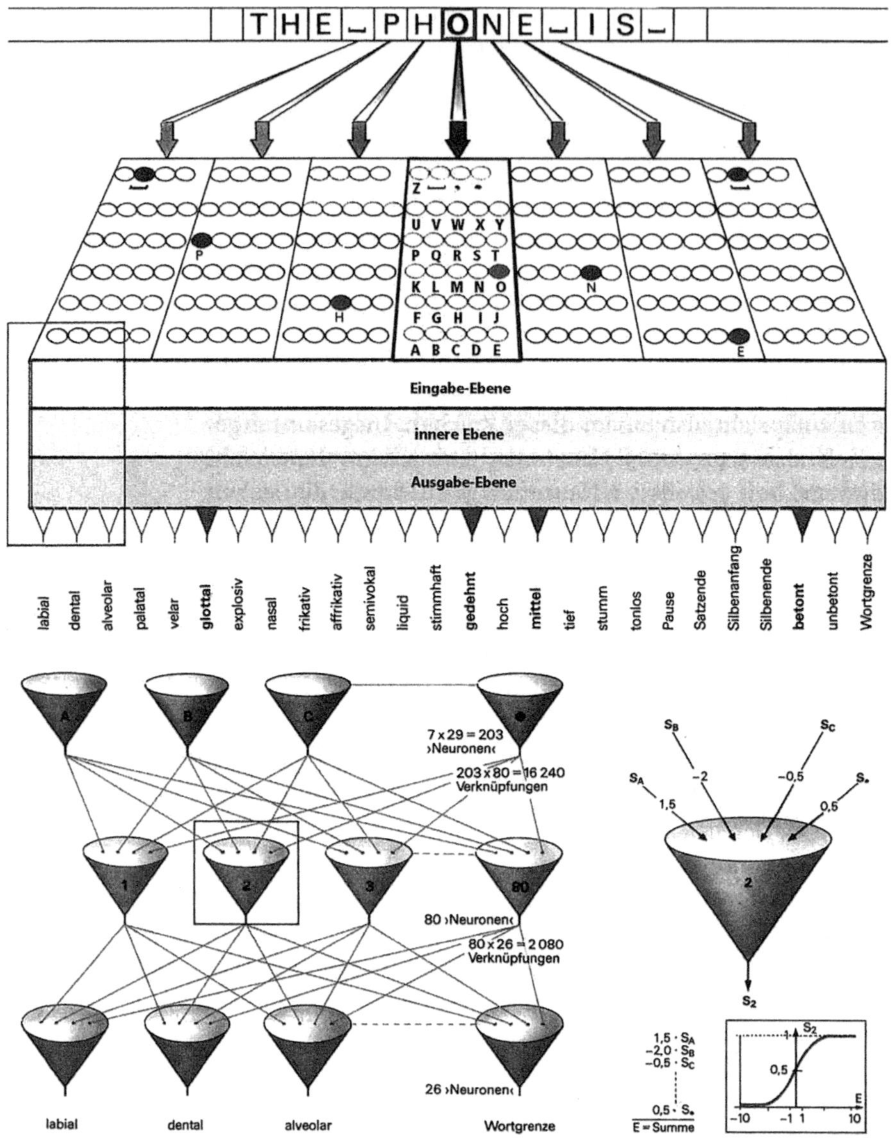

Abb. 4 NETalk lernt lessen. (Aus Mainzer 2019; mit freundlicher Genehmigung von @Springer Verlag GmbH Deutschland 2022. All Rights Reserved)

Computerpower erheblich gesteigert werden. Interessant wird NETalk auch, wenn dieses System nicht wie alle bisherigen künstlichen neuronalen Netze nur auf einem herkömmlichen (sequentiell arbeitenden) Computer simuliert würde, sondern durch eine entsprechende Hardware oder ‚Wetware' aus lebenden Zellen realisiert werden könnte.

Als Input von NETalk wird ein Text zeichenweise erfasst (Abb. 4) (Kinzel und Deker 1988). Da für die Aussprache eines Zeichens die umgebenden Zeichen wichtig sind, werden auch die drei vor und nach dem betreffenden Zeichen stehenden Symbole registriert. Jedes der sieben pro Schritt gelesenen Zeichen wird von Neuronen untersucht, die jeweils dem Buchstaben des Alphabets, Satz- und Leerzeichen entsprechen. Der Output gibt die phonetische Aussprache des Textes an. Jedes Outputneuron ist für eine Komponente der Lautbildung zuständig. Die Umsetzung dieser Lautkomponenten in einen hörbaren Laut leistet ein gewöhnlicher konventioneller Syntheziser. Entscheidend ist der Lernvorgang des Lesens, der sich zwischen Inputtext und Outputaussprache selbst organisiert. Dazu ist eine dritte Ebene von Neuronen eingeschoben, deren synaptische Verbindungen mit Input- und Outputneuronen durch numerische Gewichte simuliert werden.

In einer Trainingsphase erlernt das System zunächst die Aussprache eines Beispieltextes. Dem System wird also kein Programm mit expliziten Regeln der Lautbildung eingegeben. Die Aussprache des Textes ist vielmehr durch synaptische Verschaltung der Neuronen gespeichert. Bei einem fremden Text werden seine zunächst zufälligen Aussprachelaute mit den gewünschten Lauten des Standardtextes verglichen. Ist der Output nicht korrekt, arbeitet sich das System wieder rückwärts zur internen Ebene und prüft nach, warum die Vernetzung zu diesem Output führte, welche Verbindungen das höchste Gewicht und damit den größten Einfluss auf diesen Output hatten. Es verändert dann die Gewichte, um schrittweise das Resultat zu optimieren. NETalk arbeitet also nach dem auf D. Rumelhart u. a. zurückgehenden Lernalgorithmus der Backpropagation.

Das System lernt Lesen ähnlich wie ein Mensch exemplarisch durch ‚Learning by doing' und nicht regelbasiert. In immer neuen Leseversuchen verbessert das System wie ein Schulkind seine Aussprache und hat schließlich eine Fehlerquote von ca. 5 %.

2.2 Von der Textverarbeitung zu Digital Humanities

Benötigen wir aber tatsächlich zunächst die Kenntnis der neuronalen Sprachverarbeitung von Gehirnen, um KI-Software für Sprachverarbeitung einzusetzen? Mit den wachsenden Leistungen von Computern wurden bereits in der Vergangenheit einzelne Werke wie z. B. von Galilei und Thomas von Aquin digital gespeichert und katalogisiert. Als Google schließlich zur systematischen Digitalisierung von Literatur weltweit überging, eröffneten sich neue Möglichkeiten der Bearbeitung, die nun unter der Fachbezeichnung „Digital Humanities" zusammengefasst werden (Schreibman et al. 2004; Thaler 2012). Die Methoden der Digital Humanities gehen über die bloße Digitalisierung von Texten hinaus und bedienen sich Methoden von Big Data. Ein wesentlicher Ansatz von Big Data besteht darin, dass man die Inhalte im Detail nicht kennen muss, um bestimmte Informationen aus Daten abzuleiten (Mainzer 2019, Kap. 5.3). In der Forschungsrichtung eCodicology werden Metadaten von alten Manuskripten algorithmisch erstellt, um Rückschlüsse auf Entstehungsorte, Produktionsbedingungen und kontextuale Zusammenhänge ziehen zu können. Metadaten betreffen z. B. Seitenformat, Beschriftungen, Register oder Marginalien.

In dem Projekt ePoetics wird die Ausbreitung literaturwissenschaftlicher Terminologie in einem historischen Zeitraum untersucht. Daraus ergeben sich Rückschlüsse über die Entwicklung der Literaturtheorie in diesem Zeitraum. Ein einzelner Wissenschaftler kann nur begrenzt viele Texte lesen. Um Epochen und Stilrichtungen zu erfassen und zu kategorisieren, sind unter Umständen Tausende von Romanen und Novellen notwendig. Geeignete Software vermag Korrelationen schnell zu liefern und anschaulich in Diagrammen zu illustrieren. Es gilt allerdings der kritische Vorbehalt: Der Superrechner ersetzt am Ende nicht die Bewertung und Interpretation des Literaturwissenschaftlers. Allerdings vermag geeignete Software, wie das Semantic Web zeigt, durchaus semantische Kontexte erkennen.

In einem nächsten Schritt kommen Software-Agenten (engl. Bots) zum Einsatz, die automatisch Texte verfassen. Bei einfachen Texten, wie sie in den sozialen Medien üblich sind, wird das nicht weiter verwundern. Twittern wir bereits mit Bots anstelle von Menschen? Aber auch in bestimmten Sparten des Journalismus ersetzen Bots die Textschreiber oder unterstützen sie wenigstens. Die Firma Narrative Science bietet Software an, um Artikel in Zeitschriften automatisch zu erstellen. Unternehmen nutzen diese Schreibprogramme für z. B. automatisierte Börsenberichte. Die Schreibprogramme können sich im Stil einem Verfasser anpassen. Durch Verbindung mit einer Datenbank kann der Text schnell publiziert werden. Banken greifen auf die Texte zurück und können auf diese Weise sofort auf neue Daten reagieren, um Gewinne schneller als Konkurrenten zu erzielen. Auch hier ist wieder bemerkenswert und typisch für Big Data, dass es nicht auf die Korrektheit der Daten ankommt, sondern auf Reaktionsschnelligkeit. Solange alle Beteiligten auf dieselben Daten zurückgreifen, spielt die Qualität und Zuverlässigkeit der Information für die Gewinnchancen keine Rolle.

Textabgleichungen auf der Grundlage von Mustererkennung sind seit Weizenbaums ELIZA bekannt. Heutige Software zerlegt mittlerweile Sätze in einzelne Phrasen und berechnet blitzschnell die Wahrscheinlichkeiten für passende Antwortmuster auf gestellte Fragen oder passende Übersetzungen in andere Sprachen. Ein Beispiel für ein effizientes Übersetzungsprogramm war bereits VERBMOBIL.

2.3 Maschinen verstehen gesprochene Sprachen

VERBMOBIL war ein Projekt, das 1993–2000 vom Deutschen Forschungszentrum für Künstliche Intelligenz (DFKI) koordiniert wurde (Wahlster 2000). Im Einzelnen wurde die gesprochene Sprache über zwei Mikrofone den Spracherkennungsmodulen für Deutsch, Englisch oder Japanisch zugeleitet und einer Prosodieanalyse (Analyse der Sprachmetrik und -rhythmik) unterzogen. Auf dieser Grundlage wurden in einer integrierten Verarbeitung Bedeutungsinformationen berücksichtigt, die z. B. durch grammatikalische Tiefenanalysen von Sätzen und Regeln der Dialog verarbeitung gewonnen wurden. VERBMOBIL realisierte also den Weg von der umgangssprachlichen Spracherkennung bis zur Dialogsemantik von Gesprächen, die keineswegs auf den Austausch kurzer Sprachbrocken beschränkt blieben, sondern auch lange Redebeiträge beinhalteten, wie sie für spontane Sprache typisch sind.

Sprachverarbeitung durchläuft bei uns Menschen verschiedene Repräsentationsebenen. In technischen Systemen versucht man diese Schritte nacheinander zu realisieren. In der Computerlinguistik (Hausser 2014; Jurasky und Martin 2008; Mitkov 2003) wird diese Vorgehensweise als Pipelinemodell beschrieben:

Ausgehend von einer Schallinformation (Hören), wird im nächsten Schritt eine Textform erzeugt. Die entsprechenden Buchstabenketten werden dann als Wörter und Sätze erfasst. In der morphologischen Analyse werden Personalformen analysiert und Wörter im Text auf Grundformen zurückgeführt. In der syntaktischen Analyse werden die grammatikalischen Formen der Sätze wie Subjekt, Prädikat, Objekt, Adjektiv etc. herausgestellt, wie in den Chomsky-Grammatiken erläutert wurde. In der semantischen Analyse werden den Sätzen Bedeutungen zugeordnet, wie in den Tiefenstrukturen der Chomsky-Grammatiken durchgeführt wurde. Schließlich werden in einer Dialog- und Diskursanalyse die Beziehungen von z. B. Frage und Antwort, aber auch Absichten, Zwecken und Intentionen untersucht.

Wie wir später sehen werden, ist es für effiziente technische Lösungen keineswegs erforderlich, alle Stufen dieses Pipeline-Modells zu durchlaufen. Die enormen heutigen Rechenleistungen zusammen mit maschinellen Lern- und Suchalgorithmen eröffnen die Ausnutzung von Datenmustern, die für effiziente Lösungen auf allen Ebenen eingesetzt werden können. Dazu werden generative Grammatiken zur semantischen Analyse von Tiefenstrukturen kaum verwendet. Auch spielt die Orientierung an der semantischen Informationsverarbeitung des Menschen keine Rolle. Bei Menschen sind semantische Prozesse typischerweise mit Bewusstsein verbunden, was keineswegs notwendig ist:

Ein semantisches Frage-Antwort-System ist das Programm WATSON von IBM, das die Rechenpower eines Parallelrechners und den Speicher von Wikipedia einsetzt. Im Unterschied zu ELIZA versteht WATSON die semantischen Bedeutungen der Kontexte und Sprachspiele. WATSON ist eine semantische Suchmaschine (IBM), die in natürlicher Sprache gestellte Fragen erfasst und in einer großen Datenbank passende Fakten und Antworten in kurzer Zeit findet. Dazu integriert sic viele parallel arbeitende Sprachalgorithmen, Expertensysteme, Suchmaschinen und linguistische Prozessoren auf der Grundlage der Rechen- und Speicherkapazitäten von riesigen Datenmengen (Big Data) (Abb. 5) (Watson 2015).

WATSON orientiert sich nicht am menschlichen Gehirn, sondern setzt auf Rechenpower und Datenbankkapazitäten. Dennoch besteht das System den Turing-Test. Dazu passt sich eine Stilanalyse den Gewohnheiten des Sprechers oder Schreibers an. Personalisierung des Schreibstils ist daher keine unüberwindliche Schranke mehr.

WATSON bezeichnet mittlerweile eine Plattform von IBM für kognitive Tools und deren vielfältige

Anwendung in Wirtschaft und Unternehmen (http://www-05.ibm.com/de/watson/ abgerufen 14.11.21). Nach dem Mooreschen Gesetz werden die Leistungen von WATSON in absehbarer Zeit keinen Supercomputer benötigen. Dann wird eine

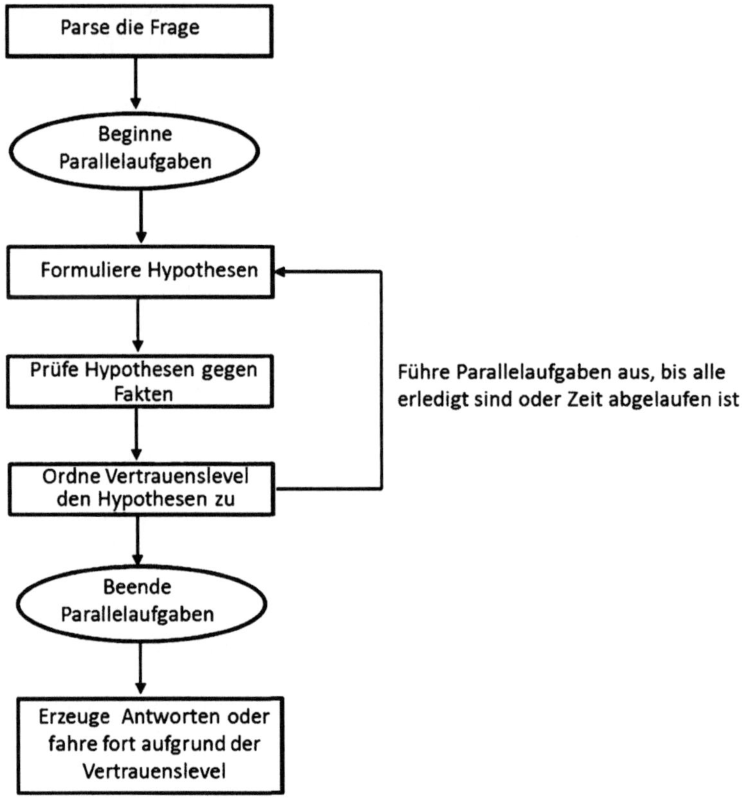

Abb. 5 Architektur von WATSON. (Aus Mainzer 2019; mit freundlicher Genehmigung von @Springer Verlag GmbH Deutschland 2022. All Rights Reserved)

App in einem Smartphone dieselbe Leistung erbringen. Wir werden uns schließlich mit unserem Smartphone unterhalten. Dienstleistungen müssen nicht mehr über ein Keyboard angefordert werden, sondern durch Sprechen mit einem intelligenten Sprachprogramm. Auch Unterhaltungen über unsere intimen Gefühle sind nicht auszuschließen, wie es Weizenbaum schon befürchtet hatte.

Der US-amerikanischen Science-Fiction-Film „Her" von Spike Jonze aus dem Jahr 2013 handelt von einem introvertierten und schüchternen Mann, der sich in ein Sprachprogramm verliebt. Beruflich schreibt dieser Mann in Auftragsarbeit Briefe für Menschen, denen es schwerfällt, ihre Gefühle dem Gegenüber verständlich zu machen. Zur eignen Entlastung besorgt er sich ein neues Betriebssystem, das mit weiblicher Identität und angenehmer Stimme ausgestattet ist. Über Headset und Videokamera kommuniziert er mit Samantha, wie sich das System selber benennt. Samantha lernt schnell über soziale Interaktionen und verhält sich immer menschlicher. Während häufig geführten, langen und intensiven Gesprächen entwickelt sich schließlich eine intime emotionale Beziehung.

Der Einsatz von intelligenten Schreibprogrammen ist nicht nur in den Medien und im Journalismus denkbar, wenn es um Routinetexte von z. B. Wirtschaftsnachrichten, Sportberichten oder Boulevardmeldungen geht. Auch in der Verwaltung oder Rechtsprechung werden Routinetexte verwendet, die an Bots delegierbar sind. Wir werden den Einsatz automatischer Schreibprogramme auch in der Wissenschaft erleben. Die Produktion von Artikeln in Fachzeitschriften in Medizin, Technik- und Naturwissenschaften ist mittlerweile so gigantisch, dass sie selbst in Spezialgebieten der Forschung von den jeweiligen Experten nicht mehr im Detail gesichtet werden kann. Die Forschungsergebnisse müssen mit großer Schnelligkeit publiziert werden, um im Wettbewerb bestehen zu können. So ist es durchaus denkbar, dass Wissenschaftler/innen in den fachüblichen linguistischen Aufbau (z. B. eines Preprints) nur noch die Daten, Argumente und Ergebnisse eingeben, die ein Bot in passender Formulierung dem Schreibstil des Verfassers anpasst und über eine Datenbank publiziert.

Schreibroboter werden in der Finanzbranche zunehmend zum Alltag. Firmen wie „Narrative Science" oder „Automated Insight" setzen intelligente Software ein, um Daten der Quartalszahlen von Investmentbanken in Nachrichtentexte zu übersetzen. Solche Texte wurden früher von Reportern in mühsamen Quartalsberichten verfasst. Automaten erzeugen ein Vielfaches der früher von Menschen verfassten Berichte in Sekundenschnelle. Im Finanzsektor generieren Algorithmen blitzschnell Unternehmensprofile für Analyseabteilungen. Automatische Schreibprogramme können Kunden darüber informieren, mit welchen Strategien Fondsmanager Geld am Aktienmarkt investieren und wie sich die Fonds entwickeln. Versicherungsunternehmen benutzen intelligente Schreibprogramme, um die Vertriebsleistung zu messen und Empfehlungen für Verbesserungen zu erläutern. Automatisch erstellte Texte können Kunden bestätigen, ob sie mit ihrer Anlagestrategie richtig liegen. Unterstützung durch automatisierte Schreibprogramme schafft zudem mehr Zeit für individuelle Beratung von Kunden. Mit Robo-Advice dringt Künstliche Intelligenz zunehmend in der Anlageberatung und Vermögensverwaltung vor. Wenn mittlerweile neben Englisch auch Deutsch, Französisch und Spanisch als Sprachen zum Einsatz kommen, steigt der Anwendungsbereich. Der menschliche Anlageberater wird nicht ersetzt, aber das Tempo der digitalen Angebote ist sehr hoch und mit dem exponentiellen Wachstum der IT-Tools koordiniert.

2.4 Vom Machine Learning zur maschinellen Übersetzung mit DeepL & Co.

In einer globalen Welt wird eine unmittelbare Übersetzung in alle Sprachen zum Schlüssel der KI-Anwendung für eine weltweite Kommunikation. Tatsächlich zeichnet sich diese Möglichkeit durch das moderne Machine Learning mit exponentiell gewachsenen Rechnerkapazitäten ab. Historisch standen am Anfang zunächst regelbasierte Übersetzungsmethoden, die der logik- und regelorientierten ersten Phase der KI entsprachen. Bei einer direkten Sprachübersetzung werden die Wörter des Quelltextes in der Zielsprache mit einem Wörterbuch in gleicher Reihenfolge übersetzt. Danach werden im nächsten Schritt Satzstellungen und Flexionen der Zielsprache berücksichtigt. Bei der Transfermethode gibt es zwischen Analyse und Generierung der Übersetzung den Zwischenschritt des Transfers. Dabei wird aus der grammatischen Struktur des Quelltextes eine semantische Struktur abgeleitet, die anschließend in die Zielsprachen transferiert wird.

Von der regelbasierten maschinellen Übersetzung sind statistische Methoden zu unterscheiden. Sie traten mit dem Paradigmenwechsel in der KI auf, als sich das maschinelle Lernen auf der Grundlage statistischer Lerntheorie gegenüber regelbasierten Methoden durchsetzte. Die größere Effektivität statistischer Methoden hängt mit der Verarbeitung großer Datenmassen zusammen, die mit statistischen Methoden auf der Grundlage großer Rechenkapazität möglich werden. Dazu wird zunächst ein Wörterbuch erstellt, in dem Wörter und grammatische Formen in Quell- und Zielsprache ihrer Häufigkeit und gegenseitigen Nähe nach zugeordnet werden. Daraus lassen sich Grammatikübertragungsregeln extrahieren. Das Verfahren erinnert an Searles Gedankenexperiment vom Chinesischen Zimmer (Searle 1980), wonach Übersetzungen von Chinesisch in Englisch und umgekehrt auf der Grundlage eines Wörterbuchs mit Übersetzungsregeln durchgeführt werden, nun auf statistischer Grundlage. Seals Kritik trifft auch hier zu, dass bei dieser Übersetzung niemand Chinesisch oder Englisch „verstehen" muss.

Was Searle nicht ahnen konnte, ist die verblüffende Effektivität dieser Methoden mit moderner Technik. Hier zeigt sich erneut eine typische Leitlinie für Technik und Ingenieurwissenschaften in der Neuzeit: Entscheidend ist vom ingenieurwissenschaftlichen Standpunkt der Erfolg einer Problemlösung und nicht die Ähnlichkeit zu einem kognitiven Verfahren, das von der Natur in der Evolution gefunden wurde. Die menschliche Kreativität kann zu neuen und unter bestimmten Umständen besseren Innovationen führen als die vorherige Evolution der Natur.

Ein Beispiel ist statistisches maschinelles Übersetzen, das mit technischen (künstlichen) neuronalen Netzen durchgeführt wird. Obwohl neuronale Netze an die Architektur menschlicher Gehirne erinnern, werden nur statische Korrelationen in großen Datenmassen algorithmisch ermittelt, ohne dass ein Verständnis der Sprachzusammenhänge notwendig wäre. Zudem sind die praktisch angewendeten neuronale Netze durch eine Explosion ihrer Parameter und Datenflüsse charakterisiert, die niemand im Detail durchschauen, geschweige denn kontrollieren kann. Am Ende zählt der Erfolg aufgrund eines Trainings der Netze durch große Datenmassen. Erfolg ohne Erklärung der Grenzen macht aber blind und ist risikoreich. Umso wichtiger ist es vom erkenntnistheoretischen Standpunkt, die internen Grenzen der einzelnen Methoden zu bestimmen, um ihr Potenzial ausschöpfen zu können.

Vom probabilistischen Standpunkt aus besteht eine Übersetzung darin, einen Zielsatz $\mathbf{y}$ zu finden, der die bedingte Wahrscheinlichkeit von $\mathbf{y}$ für einen gegebenen Quellsatz $\mathbf{x}$ maximiert. Formal wird dieser maximale Wert mit $\arg\max_{\mathbf{y}} p(\mathbf{y}|\ \mathbf{x})$ bezeichnet (Cho et al. 2014; Sutskever et al. 2014). In der neuronalen maschinellen Übersetzung wird ein neuronales Netz als Übersetzungsmodell darauf trainiert, bedingte Wahrscheinlichkeiten von Satzpaaren zu maximieren. Dadurch wird die bedingte Verteilung von Satzpaaren mit maximaler Wahrscheinlichkeit erlernt. Mit diesem Übersetzungsmodell kann für einen gegeben Quellsatz die entsprechend

Übersetzung in einem Suchprozess durchgeführt werden. Der Suchalgorithmus des Übersetzungsmodells bestimmt für einen gegebenen Quellsatz den Zielsatz, der die bedingte Wahrscheinlichkeit maximiert.

Die neuronale maschinelle Übersetzung benutzt ein Übersetzungsmodell, das aus zwei neuronalen Netzwerken besteht. Das erste neuronale Netz kodiert einen Quellsatz $\mathbf{x}$ in einen Vektor festgelegter Länge, der von einem zweiten neuronalen Netz zum Zielsatz y dekodiert wird. In diesem Kodierungs-Dekodierungssystem liest das Kodierungsnetz eine Folge von Vektoren $\mathbf{x} = (x_1, \ldots, x_{T_x})$ in einen Vektor $\mathbf{c}$ ein. Dazu wird oft ein rückgekoppeltes (rekurrentes) neuronales Netz (RNN) benutzt, das im Unterschied zu Feedforward-Netzen Neuronen einer Schicht zu Neuronen derselben Schicht oder einer vorangehenden Schicht verbindet. Im menschlichen Gehirn kommt diese Bauweise tatsächlich im Neocortex vor. Für die „verborgenen" (englisch: hidden) Zustände $h_t \in \mathbb{R}^n$ zur Zeit t in den Zwischenschichten zwischen Input- und Output-Schicht ist $h_t = f(x_t, h_{t-1})$. Der Vektor $\mathbf{c} = q(\{h_1, \ldots, h_{T_x}\})$ wird aus der Folge der verborgenen Zustände erzeugt. f und g sind nichtlineare Funktionen.

Das Dekodierungsnetz wird trainiert, um das nächste Wort $y_{t'}$ vorauszusagen, falls der Kontextvektor $\mathbf{c}$ und alle vorher vorausgesagten Worte $\{y_1, \ldots, y_{t'-1}\}$ gegeben sind. Dabei definiert das Dekodierungsnetz eine Wahrscheinlichkeit für die Übersetzung $\mathbf{y} = (y_1, \ldots, y_{T^x})$, indem die Verbundwahrscheinlichkeit in geordnete Bedingungen faktorisiert wird:

$$p(\mathbf{y}) = \prod_{t=1}^{T} p(y_t | \{y_1, \ldots, y_{t-1}\}, \mathbf{c}).$$

Mit einem rekurrenten neuronalen Netz (RNN) wird jede bedingte Wahrscheinlichkeit als

$$p(y_t | \{y_1, \ldots, y_{t-1}\}, \mathbf{c}) = g(y_{t-1}, s_t, \mathbf{c})$$

modelliert, wobei g eine nichtlineare Funktion für viele Schichten mit verborgenen Zuständen s_t ist. Als Output liefert g die Wahrscheinlichkeit von y_t.

Statt RNN sind auch andere Netzwerkarchitekturen wie z. B. konvolutionale Netzwerke möglich, die im Deep Learning Anwendung finden (Kalchbrenner und Blunsom 2013). RNN-Netze bestehen aus voll- oder teilvernetzten Neuronen in mehreren Schichten. Diese Architektur ist für die Verarbeitung von Bildern begrenzt, da sie eine der Pixelanzahl entsprechende Zahl an Inputs benötigt. Die Anzahl der Schichten und Verbindungen untereinander wäre immens und nur von Computern mit gewaltiger Rechenleistung beherrschbar.

Ein konvolutionales (engl. convolutional bzw. deutsch „gefaltetes") neuronales Netz (CNN) ist dem Aufbau der Sehrinde des menschlichen Gehirns nachempfunden. In den ersten Schichten erkennt es einfache Strukturen wie Linien, farbige Pixel oder Kanten. In den weiteren Schichten lernt es Kombinationen aus diesen Strukturen wie einfache Formen oder Kurven. Mit jeder Schicht können komplexere Strukturen erkannt werden. Die Daten werden in den Schichten immer wieder neu abgetastet und gefiltert. Im letzten Schritt werden die Ergebnisse den zu erkennenden Objekten zugeordnet.

Technisch werden dazu Faltungsschichten, Subsampling-Schichten und vollvernetzte Schichten unterschieden. Die Faltungsschicht kann in den Eingabedaten einzelne Merkmale erkennen und extrahieren. Bei der Bildverarbeitung kann es sich dabei um Linien, Kanten oder andere einfache Formen handeln. Die Verarbeitung der Eingabedaten wird durch Matrizen mit definierten Größen für Breite x Höhe x Kanäle dargestellt. Die Subsampling-Schicht verdichtet und reduziert die Auflösung der erkannten Merkmale. Dabei kommt die Pooling-Methode zum Einsatz, bei der überflüssige Information eliminiert und damit der Datenumfang vermindert wird. Dadurch kann zugleich die Berechnungsgeschwindigkeit gesteigert werden.

Abgeschlossen wird ein konvolutionales neuronalen Netz (CNN) durch eine vollständig vernetzte Schicht, die der Folge von Faltungs- und Subsampling-Schichten folgt. Alle Merkmale und Elemente, die in diesen vorgelagerten Schichten vorkommen, sind mit jedem Ausgabemerkmal verknüpft. Die vollständig vernetzten Neuronen können in mehreren Ebenen angeordnet sein. Umso größer die Anzahl der Objekte ist, die im neuronalen Netz unterschieden werden sollen, umso größer muss die Anzahl der Neuronen im CNN sein. CNNs sind für maschinelles Lernen im Bereich von Bild-, Audio- und Spracherkennung besonders geeignet. Wegen ihrer großen Anzahl von Schichten sind sie Beispiele des Deep Learning.

Konvolutionale neuronale Netzwerke erweisen sich als besonders erfolgreich beim semantischen Parsen, bei der Klassifizierung und Modellierung von Sätzen oder beim maschinellen Übersetzen (Bahdanau et al. 2016). Automatische Übersetzungssysteme wie Google Translate, Microsoft Translator oder Facebook verwendeten bisher rekurrente neuronale Netze (RNN). Demgegenüber wendet der deutsche DeepL-Übersetzer konvolutionale neuronale Netze (CNN) an und nutzt dazu die Leistung eines Supercomputers mit 5,1 PetaFLOPS. Ein wesentlicher Grund für die Anwendung von CNNs besteht darin, dass sie sich im Test als besser geeignet für die Verarbeitung für lange zusammenhängende Wortfolgen erwiesen (Coldewey 2017).

Die Gründer der Firma DeepL (Unternehmensregister 2021) bauten 2008 zunächst ein Wörterbuch für 25 Sprachen unter dem Titel Linguee auf, das mit Onlinedienst für Übersetzungen genutzt werden konnte. Damit konnten große Mengen von Trainingsdaten gesammelt werden. Zudem verarbeiten CNNs alle Wörter parallel und greifen dabei auf hoch optimierte Bibliotheken für die Berechnung zurück. Bei natürlicher Sprache hängt die Bedeutung von Wörtern vom Kontext des Satzes ab, in dem sie auftreten. Daher lesen rekurrente neuronale Netze (RNN) den ganzen Satz von vorne nach hinten und speichern in ihrem internen Zustand Informationen, um Wörter im richtigen Kontext zu übersetzen. In dieser Hinsicht arbeiten die konvolutionalen neuronalen Netzwerke ähnlich, berücksichtigen allerdings nur eine feste Menge von Inputs. Rekurrente Netze können demgegenüber im Prinzip mit beliebig langen Eingaben rechnen. Allerdings überwiegt der Geschwindigkeitsvorteil von CNNs, der durch parallele Rechnung entsteht.

Der entscheidende Vorteil eines konvolutionalen neuronalen Netzes ist ein Aufmerksamkeits-Mechanismus, der auf mehreren Ebenen gleichzeitig wirken kann. Zwar nutzt Google Translate auch einen solchen Mechanismus an der Schnittstelle zwischen Kodierungs- und Dekodierungsnetz, um sicherzustellen, dass sich die Bedeutung aller Wörter des Ursprungssatzes auch im übersetzten Satz findet. DeepL setzt allerdings einen Aufmerksamkeits-Mechanismus auf verschiedenen Ebenen gleichzeitig ein. Dadurch können die Netzwerke einzelne Aspekte der Wortbedeutung genauer extrahieren.

Ein weiterer Vorteil von DeepL ist der Einsatz eines Beam-Search-Algorithmus: Grundsätzlich berechnen neuronale Netze als Ouput eine Wahrscheinlichkeitsverteilung über alle möglichen Ausgaben. Dadurch wird es möglich, für jedes Wort des übersetzen Satzes immer das wahrscheinlichste nächste Wort zu wählen. Demgegenüber setzt DeepL einen Beam-Search-Algorithmus ein. Der Algorithmus multipliziert die Wahrscheinlichkeiten für alle möglichen Sätze, wählt aber in jedem Schritt nur eine kleine Gruppe wahrscheinlicher Sätze aus, die er um ein Wort verlängert. Dadurch kann DeepL gelegentlich auch ein eher unwahrscheinlicheres Wort wählen, wenn dadurch am Ende der übrige Satz besser zutrifft.

3 Sprachphilosophie und Künstliche Intelligenz

Am Beispiel der derzeitig besten maschinellen Übersetzungssysteme wie DeepL zeichnet sich eine Überlegenheit über menschliche Übersetzer ab, wenn Schnelligkeit und Umfang des Textes der Maßstab sind. Klar ist aber auch, dass dazu wie in Searles Gedankenexperiment des Chinesischen Zimmers kein „Sprachverständnis" wie bei menschlichen Übersetzern notwendig ist. Große Trainingsdaten und raffinierte Algorithmen künstlicher neuronaler Netze reichen aus. Turings Test für Künstliche Intelligenz setzt auf Übersetzungsbeispiele, mit der sich eine KI gegenüber menschlicher Intelligenz „verrät". Für maschinelle Übersetzungssysteme spielen deshalb Evaluation und skalierte Bewertungen der Übersetzungsqualität am Maßstab einer gleichzeitigen Übersetzung durch einen menschlichen Übersetzungsexperten eine entscheidende Rolle.

3.1 Qualitätsmaße für KI-Übersetzungen von Sprache

Dabei werden maschinelle Übersetzungen zunächst pro Satz bewertet, um dann mit der normalisierten Summe der Satzbewertungen die Qualität der Übersetzung des gesamten Textes zu bestimmen. Dazu wird die Bewertung durch einen native Speaker durchgeführt und mit einer Punkteskalierung bestimmt. Ein Beispiel ist die folgende Skala mit den Punktzahlen 0–5:

- *4 Punkte*: sehr gut bis perfekt verständlich, keine Fehler
- *3 Punkte*: gut verständlich mit ein bis zwei falschen Worten
- *2 Punkte*: ungefähr verständlich, wenn man weiß, was gemeint war
- *1 Punkt*: Satz wird anders verstanden, als er ursprünglich gemeint war, weil teilweise oder ganz

falsche Grammatikstrukturen verwendet werden.
- *0 Punkte*: Satz ergibt keinen Sinn, weil übersetzte Wörter zufällig zusammengestellt scheinen.

Eine automatische Evaluation der Übersetzungsqualität setzt einen Algorithmus ein, der die Ähnlichkeit einer automatischen Übersetzung mit einer menschlichen Referenzübersetzung misst. Ein Beispiel ist der BLEU (bilingual evaluation understudy) Algorithmus, der zunächst Scores für einzelne Abschnitte (z. B. Sätze) eines Textes berechnet, um dann den Durchschnitt der Scores des gesamten Textes zu bilden (Madnani 2011). Eine Skala mit Werten zwischen 0 und 1 bemisst die Ähnlichkeit mit dem von einem menschlichen Übersetzer erzeugten Referenztextes. Der Wert 1 ist für eine sehr gute Übersetzung keineswegs erstrebenswert, da er die vollkommene Identität mit dem Referenztext bedeuten würde. Ein guter an 1 angenäherter Wert reicht, um eine günstige Korrelation des automatisierten Bewertungsmaßes mit der menschlichen Bewertung zu erreichen. Es ist allerdings offensichtlich, dass eine automatisierte Bewertung nur bedingt zwischen guten und schlechten Übersetzungen unterscheiden kann. Für große Textmassen mit spezialisierten Anwendungsdomänen mögen sich günstige Korrelationen ergeben. Extreme Gegenbeispiele sind literarische Texte bis hin zu Gedichten, die Grenzen der KI-Anwendung nach wie vor deutlich machen.

3.2 Philosophie der idealen Sprache

Hier setzt auch im 21. Jahrhundert die Sprachphilosophie an, die seit ihren Anfängen nach dem Bezug von Sprache und Wirklichkeit, aber auch von Sprache, Kognition und Bewusstsein fragt. Da menschliche Kommunikation und Wissenschaft in Sprache formuliert ist, kam Anfang des 20. Jahrhunderts die Meinung auf, dass Sprachphilosophie das Fundament und die Voraussetzung für Erkenntnis überhaupt sei. Diese Auffassung bezeichnete R. Rorty als „linguistic turn“. Man könnte nun der Ansicht sein, dass die natürliche Sprache für wissenschaftliche Erkenntnis zu ungenau und durch formale Präzision zu ersetzen sei. Andererseits könnte das Ziel auch darin bestehen, die natürliche Sprache besser zu verstehen, um ihre Potenziale auszuschöpfen. Beide Auffassungen führten im 20. Jahrhundert zur Unterscheidung der Philosophie der idealen Sprache und Philosophie der normalen Sprache.

Historisch geht das Programm der idealen Sprache auf die Begründer der formalen Logik zurück. Hier ist vor allem G. Frege als Mathematiker, Logiker und Sprachphilosoph hervorzuheben (vgl. Artikel in diesem Band von Centrone und Kahle). In Freges Begriffsschrift werden Prädikate nach dem Vorbild der Mathematik als (Begriffs-)Funktionen verstand, die statt auf Zahlen nun auf Gegenstände aller Art zutreffen können. Die Funktionswerte wären unter gegebenen Bedingungen die beiden Wahrheitswerte einer Aussage, die wahr oder falsch sein kann. Das Ideal ist also, mit einer Präzision nach dem Vorbild der Mathematik die als ungenau und defizitär empfundenen (natürlichen) Sprachen zu reformieren.

Neben B. Russell hat vor allem sein Schüler L. Wittgenstein dieses Sprachideal in seinem „Tractatus logico-philosophicus“ vertreten (Wittgenstein 1964): „Die Welt ist alles, was der Fall ist,“ heißt es in der ersten These des Tractatus. „Was der Fall ist, die Tatsache“, so fährt Wittgenstein fort. „ist das Bestehen von Sachverhalten.“ Die sprachliche Abbildung einer so aufgebauten Welt wird in der folgenden These behandelt: „Das logische Bild der Tatsachen ist der Gedanke. Der Gedanke ist der sinnvolle Satz. Der Satz ist eine Wahrheitsfunktion der Elementarsätze.“

Frege, Russell und der frühe Wittgenstein hingen einer Abbildungstheorie der Sprache an. Einfache Sachverhalte werden in Elementarsätze abgebildet, komplexe Sachverhalte in logisch zusammengesetzten komplexen Sätzen. Im logischen Atomismus der Sprache spiegelt sich die Auffassung vom physikalischen Atomismus der Welt.

Im logischen Empirismus (R. Carnap u. a.) wurde dieses Sprachkonzept mit dem Anspruch verbunden, als (einziger) Maßstab für sinnvolle Aussagen zu dienen. Ein bescheidenerer Standpunkt beschränkt sich auf die Absicht, diejenigen Sätze einer natürlichen Sprache zu untersuchen, die sich in einer semantisch interpretierten Formel eines formalen Sprachkalküls übersetzen lassen. Neben den traditionellen Logikkalkülen können dazu auch Computersprachen herangezogen werden. So lassen sich z. B. die KI-Programmiersprachen Prolog und LISP zur philosophischen Sprachanalyse verwenden. Das war der frühe KI-Trend der 50er- und 60er-Jahre, der heute als symbolische KI (mit Blick auf die „symbolische“ Logik als Vorbild) benannt wird.

3.3 Philosophie der normalen Sprache

In der Philosophie der normalen Sprache sollen die natürlichen Sprachen in ihrer Eigentümlichkeit verstanden und nicht als korrekturbedürftig verändert werden (Kambartel und Stekeler-Weithofer 2005). Auch hier war es Wittgenstein, der seinen ursprünglichen Standpunkt der idealen Sprache als ungenügend kritisiert und aufgegeben hat. In der Sprache geht es nämlich nicht um das Benennen von Gegenständen, so als müsste jedem Ding eine Namenstafel angeheftet werden. Die Bedeutung eines Wortes zeigt sich vielmehr in seinem tatsächlichen Gebrauch in einer natürlichen Sprache. Die Regeln des jeweiligen Sprachgebrauchs sind, so lautet der neue Schlüsselbegriff Wittgensteins, in einem „Sprachspiel“ festgelegt. Man versteht also ein Wort, einen Satz, eine Sprachwendung, wenn man den jeweiligen Sprachgebrauch beherrscht. Wittgenstein vergleicht die Sprache mit einem Werkzeugkasten: Es sind da ein Hammer, eine Zange, eine Säge, ein Schraubenzieher, ein Maßstab, ein Leimtopf, Leim, Nägel und Schrauben.

So verschieden die Funktionen dieser Gegenstände, so verschieden sind die Redewendungen. Allerdings darf die Rede von Sprachspielen nicht zu der Vorstellung verführen, als würde es sich um klare und eindeutige Regelsysteme handeln. Eine natürliche Sprache wächst und verändert sich seit Jahrhunderten. In seinen „Philosophischen Untersuchungen“ beschreibt Wittgenstein diesen Prozess in folgendem Bild (Wittgenstein 1967, Teil I, § 18):

> „Unsere Sprache kann man ansehen als eine alte Stadt: Ein Gewinkel von Gäßchen und Plätzen, alten und neuen Häusern mit Zubauten aus verschiedenen Zeiten; und dies umgeben von einer Menge neuer Vororte mit geraden und regelmäßigen Straßen und mit einförmigen Häusern."

Ein schwieriges klassisches Problem der sprachanalytischen Philosophie ist die Frage, wodurch wir Menschen befähigt werden, neue und unbekannte Sätze zu verstehen und die impliziten Sprachregeln aus Beispielen vieler Sätze zu lernen und abzuleiten. Vom Standpunkt der idealen Sprache und der symbolischen Repräsentation, die explizite und eindeutig formulierten Regeln voraussetzt, ist dieser Vorgang kaum zu verstehen. Eine natürliche Sprache lässt sich nicht auf regelbasiertes und programmierbares Wissen reduzieren.

Die Beschränkungen regelbasierter KI-Expertensysteme werden auch im Fall der Sprache wirksam. Wir müssen bereits über intuitive Hintergrunderfahrung verfügen, um einzelne Sprachspiele verstehen zu können. Hintergrunderfahrung zeigt sich allerdings nach Wittgenstein nicht in der Fähigkeit, Erklärungen und Regeln zu reproduzieren, sondern dadurch, dass man ein Sprachspiel erlernen und beherrschen kann.

Für formale Idealsprachen ist eine Übersetzung in Kalküle und Programmiersprachen möglich, die programmgesteuerte Maschinen à la Turing antreiben. Wie steht es um die maschinelle Realisation von Sprachspielen einer natürlichen Sprache? Diesen Aspekt diskutiert Wittgenstein am Beispiel des Lesens. Lesen wird dabei nicht als das Verstehen des Sinns des Gelesenen verstanden, sondern als Tätigkeit, Geschriebenes oder Gedrucktes in Laute umzusetzen, nach Diktat zu schreiben, Gedrucktes abzuschreiben, nach Noten zu spielen, etc. Zwischen einem Anfänger und geübten Leser bestehen Unterschiede „im unbewussten Arbeiten ihres Geistes; aber auch im Gehirn" (Wittgenstein 1967, Teil I, § 156).

Allerdings haben wir, so Wittgenstein, nur Hypothesen über diese Vorgänge. Beobachtbar ist nur eine Veränderung im Verhalten, z. B. in der Stimmlage, Flüssigkeit und Genauigkeit der Laute, nicht aber eines seelischen Zustands. Auch eine Lesemaschine könnte daher auf Schriftzeichen durch Lesen reagieren, ohne an menschliche Seelenzustände gebunden zu sein. Zugleich bemerkt er aber und weist damit auf aktuelle Forschung (Wittgenstein 1967, Teil, § 158):

> „Aber liegt dies nicht nur an unserer zu geringen Kenntnis der Vorgänge im Gehirn und im Nervensystem? Wenn wir diese genauer kennten, würden wir sehen, welche Verbindungen durch das Abrichten hergestellt worden wären, und wir könnten dann, wenn wir ihm ins Gehirn sähen, sagen: „Dieses Wort hat er jetzt gelesen, jetzt war die Leseverbindung hergestellt.""

Von einer Lesemaschine sagt Wittgenstein in dem Zusammenhang (Wittgenstein 1967, Teil I, § 157):

> „Erst nachdem dies und dies an der Maschine geschehen war – die und die Teile durch Drähte verbunden worden wären – hat die Maschine gelesen ..."

Auf der Grundlage statistischer Lerntheorie werden derzeit neuronale Netze trainiert, um aus großen Datenmassen allgemeine Sprachregeln zu lernen. Im Deep Learning ist die „Tiefe“ der Netze ebenso entscheidend wie der Umfang der Trainingsdaten. Der bemerkenswerte Unterschied technischer Netze zum menschlichen Sprachverständnis ist die Tatsache, dass z. B. Kinder mit wenigen Beispielen sehr schnell komplexe Sprachspiele verstehen können. Mit der Devise des menschlichen Gehirns „Klasse statt Masse“ stößt auch das erfolgreiche statistische Machine Learning an seine Grenzen.

Mit seinen Sprachspielen betont Wittgenstein den Handlungscharakter von Sprache und Verstehen. J.L. Austin unterschied deshalb verschiedene Aspekte von Sprechakten (Austin 1972). Mit einer Äußerung soll nicht nur etwas gesagt, sondern zugleich getan und bewirkt werden. Austin unterscheidet, wie oben ausgeführt, den lokutionären, illokutionären und perlokutionären Akt einer Äußerung: Mit der Äußerung „Fahr langsam!“ hat der Sprecher gesagt, dass die angesprochene Person langsam fahren soll (Lokution). Diese Äußerung ist zugleich ein Rat oder Befehl (Illokution) und gegebenenfalls eine Überzeugung, dass die Person den Wagen langsam fahren soll (Perlokution).

Einige Äußerungen sind gezielt performativ gemeint, d. h. der Sprecher zielt auf den illokutionären Akt seiner Äußerung: „Verhalte Dich gemäß der Straßenverkehrsordnung!“. Eine performative Äußerung ist weder wahr noch falsch. Sie wird danach beurteilt, ob sie unter gegebenen Bedingungen gelingt oder nicht. Die maschinelle Erfassung von Sprechakten ist wesentlich für die Mensch-Maschine Kommunikation. Sie kann beim autonomen Fahren ebenso zur Anwendung kommen als auch in der Kommunikation mit Robotern oder im Internet der Dinge, in dem Menschen mit Dingen (z. B. Smartphone, Infrastrukturen) sprechen.

3.4 Sprache, Realität und KI

Natürliche Sprachen beziehen sich auf die physische Außenwelt. Aber wie? In der KI kann z. B. ein Roboter mit seiner Außenwelt kommunizieren oder ein menschlicher Fahrer mit einem teilweise oder vollständig autonomen Fahrzeug. Wenn dabei eine KI nicht nur sprachliches Handeln simulieren, sondern Sachverhalte und Situationen mit sprachlichen Äußerungen beurteilen soll, dann muss verstanden sein, wie sich Sprache beim Menschen auf die Außenwelt bezieht, um es in der KI nachzubauen. In der Sprachphilosophie wurde traditionell z. B. ein Name mit einem physischen Gegenstand verbunden, der als seine Bedeutung verstanden wird. Das ist aber in natürlichen Sprachen nicht immer eindeutig. Von Frege stammt das bekannte Beispiel, dass die Namen „Abendstern“ und „Morgenstern“ dieselbe Bedeutung, nämlich die Referenz auf den Planeten Venus besitzen. Ein Roboter müsste dazu wie ein Mensch Hintergrundwissen über das Planetenmodell und den unterschiedlichen Kontext des Auftretens dieses Planeten haben. In der Sprache von Frege müsste dieser Roboter zwischen „Bedeutung“ und „Sinn“ unterscheiden können.

In der analytischen Sprachphilosophie gab es ausführliche Analysen und Alternativvorschläge für den Ansatz von Frege, die von z. B. B. Russell über S. Kripke bis zu H. Putnam u. a. reichen. Viele sprachliche Ausdrücke (z. B. logische Verknüpfungen, grammatische Funktionen) scheinen sich aber auf nichts in der physischen Außenwelt zu beziehen. Das erinnert einerseits an mathematische Formeln in der Physik, in denen nur Messwerte, aber keine theoretischen Terme einen direkten Bezug zu Beobachtungen der physischen Welt besitzen.

In den natürlichen Sprachen zeigt sich, dass die Bedeutung eines Ausdrucks kein Gegenstand ist, sondern durch den Gebrauch des sprachlichen Zeichens gebildet ist. Mit Blick auf aktuelle Robotik und KI-Forschung ist in der analytischen Sprachphilosophie der Ansatz von W.v.O. Quine bemerkenswert. In der Tradition des englischen Sensualismus beginnt die Erkenntnis nicht mit den äußeren physischen Gegenständen, sondern wird durch Signale der Sinnesrezeptoren ausgelöst, die vom Gegenstand empfangen werden (Quine 1980, S. 67). Quine konnte dazu bereits auf empirische Forschungen der Sinnesphysiologie zurückgreifen, die heute technisch in der Robotik umgesetzt werden. Dass Beobachter in ihren Urteilen bei der Erkenntnis eines Gegenstands übereinstimmen, begründet Quine mit neurobiologischen und evolutionstheoretischen Argumenten: Er geht von gemeinsamen Reizstandards ähnlicher Gegenstände aus, die im gemeinsamen Genpool einer Spezies verankert sind. Dieses Argument greift zu kurz, da es nicht erklären kann, warum Menschen eine Vielzahl neuer Gegenstände im Laufe ihres Lebens übereinstimmend erkennen, ohne dass sie vorher genetisch verankert wurden.

Maschine learning ermöglicht das Trainieren und Lernen immer neuer Datenmuster, die auch von einem Roboter realisiert werden können. Technische Ähnlichkeitsmaße der Muster führen dann zu übereinstimmenden Beurteilungen der Außensituation durch verschiedene Roboter. Die Datenmuster können auch so interpretiert werden, dass sich die Roboter (bis auf Ähnlichkeitsmaße) gemeinsame „interne Bilder" eines Gegenstands bzw. eines Sachverhalts machen, denen Beobachtungssätze zugeordnet werden können. Dazu muss man aber nicht Anhänger einer mentalistischen Sprachphilosophie sein, nach der die Bedeutung eines Wortes ein „geistiger" Gegenstand (z. B. eine platonische Idee oder ein psychisches Erlebnis) ist und die von Quine heftig kritisiert wird (Quine 1969). Andererseits ist ein Datenmuster im Machine Learning nicht einfach eine Anhäufung von Daten, sondern statistisch korreliert und hat in dem Sinn eine (statistische) Bedeutung, die im Roboter bestimmte Entscheidungen und Handlungen auslösen kann. Dass die entsprechenden sprachlichen Ausdrücke nicht alle Details der komplexen Datenmuster erfassen, ist offensichtlich. In diesem Sinn bleibt Sprache, wie Quine betont, durch empirische Daten „unterbestimmt".

Den Spracherwerb führt Quine behavioristisch auf Imitation des Verhaltens von anderen Menschen, die wiederum das Verhalten anderer Menschen erkennen, imitieren und korrigieren. Nach Quine entstehen Bedeutungen durch Sprachverhalten. Sie existieren also nicht davon unabhängig. Bemerkenswert mit Blick auf automatische Übersetzungen ist Quines Erklärung von Übersetzungen fremder Sprachen. Auch hier gibt es nur die Beobachtung des Sprachverhaltens: Durch Beobachtung werden Zusammenhänge zwischen Gegenständen und Ereignissen mit den Lauten von Sprechern und schriftlichen sprachlichen Äußerungen hergestellt, ausgetestet und korrigiert. Allerdings, so hebt Quine hervor, ist die Frage, welche Übersetzung die beste sei, prinzipiell nicht beantwortbar. Hier spricht Quine von der Indeterminiertheit von Übersetzungen (Quine 1969, S. 29–42). Diese Erklärung verträgt sich mit den Übersetzungsverfahren des Machine learning wie z. B. DeepL.

Gegenüber dem statistischen Lernen aus großen Datenmassen, die das Machine Learning ermöglichen, können kompetente menschliche Sprecher einer Sprache sofort neue Sätze verstehen. D. Davidson (1967), einflussreicher analytischer Sprachphilosoph und Schüler von Quine, postulierte dazu einen kompositionalen Aufbau der Sprache, der die Bedeutung eines Satzes mit der Bedeutung seiner Teile und ihrer Zusammensetzung bestimmt. Verstehen setzt also eine ganzheitliche Auffassung von Sprache voraus. Was den Bezug natürlicher Sprachen zur Wirklichkeit betrifft, orientierte sich Davidson an der Wahrheitstheorie, die A. Tarski für formale Sprachen entwickelt hatte. Die ganzheitliche Auffassung von Sprache reicht mit der Bedingung, dass die Theorie der Wahrheit (im Sinne Tarskis) gesetzmäßig ist, aus, um die Indeterminiertheit (Unbestimmtheit) so zu reduzieren, dass Menschen sich verstehen können.

Vergleicht man die Ansätze der Sprachphilosophie mit den Methoden der KI, so wird erneut deutlich, dass Technik sich keineswegs am menschlichen Vorbild orientieren muss, um erfolgreich zu sein. Allerdings beschränkt sich dann der technische Erfolg nur auf bestimmte Aspekte (z. B. der Sprachübersetzung) und kann keineswegs beanspruchen, den Menschen zu ersetzen.

Literatur

Anderson, J. R. 1996. *Kognitive Psychologie*, 2. Aufl. Heidelberg: Spektrum Akademischer Verlag.

Austin, J. L. 1972. *Zur Theorie der Sprechakte (How to do things with Words), Deutsche Bearbeitung von Eike von Savigny.* Stuttgart: Reclam.

Bahdanau, D., K. Cho, und Y. Bengio. 2016. Neural machine translation by jointly learning to align and translate. arXiv: 1409.0473v7 [cs.CL] 19 May 2016.

Böhling, K. H., K. Indermark, und D. Schütt. 1969. *Endliche Automaten I–II.* Mannheim: B.I. Verlag.

Cho, K., B. van Merrienboer, C. Gulcehre, F. Bougares, H. Schwenk, und Y. Bengio. 2014. Learning phrase representations using RNN encoder-decoder for statistical machine translation. In *Proceedings of the Empirical Methods in Natural Language Processing (EMNLP 2014).* Doha, Qatar.

Chomsky, N. 1969. *Aspekte der Syntax-Theorie*. Frankfurt: Suhrkamp.

Coldewey, D. 2017. DeepL schools other online translators with clever machine learning. *TechCrunch* 29. August 2017. https://techcrunch.com/2017/08/29/deepl-schools-other-online-translators-with-clever-machine-learning/?guccounter=1&guce_referrer=aHR0cHM6Ly93d3cuZ29-vZ2xlLmNvbS8&guce_referrer_sig=AQAAABfSLefRFKsbLK11MhtX5o5sQrpP-JNhLBzlh4GRJ6obzMDR8yQsVFl7Y9DdfdGYHjVswxt0nCg8FvWqeEma9s3upKSlx2lFuc8MUQ_M31rcNmX2j8BdsVuoZigPZRuaNVq5QBo1bNFivZHFaemcwAidRSjD4fxY9mdyvAB6oH9tE. Zugegriffen am 14.11.2021.

Davidson, D. 1967. Truth and meaning. *Synthese* 17:304–323.

Finin, T., R. Fritzson D. McKay, und R. McEntire. 1994. KQML as an agent communication language. In *Proceedings of the 3rd International Conference on Information and Knowledge Management – CIKM 1994*, 456. Gaithersburg, Maryland USA

Fodor, J. A. 1975. *The language of thought.* New York: Harvard University Press.

Hausser, R. 2014. *Foundations of computational linguistics: Human-computer communication in natural language*, 3. Aufl. Berlin: Springer.
Hopcroft, J. E., R. Motwani, und J. Ullman. 2001. *Introduction to automata theory, languages, and computation*. Readings: Addison-Wesley.
Hotz, G. H., und H. Walter. 1968–1969. *Automatentheorie und formale Sprachen I–II*. Mannheim: B.I. Verlag.
Hromkovic, J. 2011. *Theoretische Informatik. Formale Sprachen, Berechenbarkeit, Komplexitätstheorie, Algorithmik, Kommunikation und Kryptographie*, 4. Aufl. Wiesbaden: Springer.
Jurasky, D., und J. H. Martin. 2008. *Speech and language processing. An introduction to natural language processing, computational linguistics and speech recognition*, 2. Aufl. Upper Saddle River: Stanford University.
Kalchbrenner, N., und P. Blunsom. 2013. Recurrent continuous translation models. In *Proceedings of the ACL conference on Empirical Methods in Natural Language Processing (EMNLP)*, 1700–1709. Seattle, Washington, USA.
Kambartel, F., und P. Stekeler-Weithofer. 2005. *Sprachphilosophie. Probleme und Methoden*. Stuttgart: Reclam.
Kinzel, W., und U. Deker. 1988. Der ganz andere Computer: Denken nach Menschenart. *Bild der Wissenschaft* 1:43.
Madnani, N. 2011. iBLEU: Interactively scoring and debugging statistical machine translation systems. In *Proceedings of the Fifth IEEE international conference on semantic computing (Demos), Palo Alto, CA*, 213–214.
Mainzer, K. 2019. *Künstliche Intelligenz. Wann übernehmen die Maschinen?* 2. Aufl. Berlin: Springer.
Mitkov, R., Hrsg. 2003. *The Oxford handbook of computational linguistics*. Oxford: Online Publication.
Quine, W.v.O. 1980. *Wort und Gegenstand*. Stuttgart: Reclam.
Quine, W.v.O. 1969. *Ontological relativity and other essays*. New York: Columbia University Press.
Schreibman, S., R. Siemens, und J. Unsworth. 2004. *A companion to digital humanities*. Oxford: Wiley Online Books.
Searle, J. R. 1969. *Speech acts*. Cambridge, MA: Cambridge University Press.
Searle, J. R. 1980. Minds, brains, and programs. *The Behavioral and Brain Sciences* 3:417–457.
Sejnowski, T. J., und C. R. Rosenberg. 1986. *NETalk: A parallel network that learns to read aloud*. The John Hopkins University Electrical Engineering and Computer Science Technical Report JHU/EECS-86/01; dies. (1987), Parallel networks that learn to pronounce English text. *Complex Systems* 1:145–168.
Sutskever, I., O. Vinyals, und Q. Le. 2014. Sequence to sequence learning with neural networks. In *Advances in Neural Information Processing Systems (NIPS 2014)*.
Thaler, M. 2012. Controversies around digital humanities. *Historical Research* 37(3): 7–229.
Unternehmensregister. 2021. Bundesanzeiger Verlag. https://www.unternehmensregister.de/ureg/. Zugegriffen am 14.11.2021.
Wahlster, W., Hrsg. 2000. *Verbmobil: Foundations of speech-to-speech translation*. Berlin: Springer.
Watson. 2015. (Künstliche Intelligenz), Wikipedia. Zugegriffen am 14.11.2021.
Wittgenstein, L. 1964. *Tractatus logico-philosophicus*. Frankfurt: Suhrkamp.
Wittgenstein, L. 1967. *Philosophische Untersuchungen*. Frankfurt: Suhrkamp.

Chatbots und Künstliche Intelligenz

Von den Grundlagen zu den Herausforderungen der Anwendungen

Klaus Mainzer

Inhalt

Zusammenfassung

Mit Chatbots wie ChatGPT scheint die Künstliche Intelligenz im Alltag der Menschen angekommen zu sein. Die Medien überschlagen sich mit Verheißungen und Schreckensmeldungen. Der Hype seit dem November 2022 zeigt, wie notwendig es ist, die Grundlagen und Grenzen der verwendeten Algorithmen zu verstehen. Dann eröffnet sich mit den heutigen Rechen- und Speichermöglichkeiten zwar ein gewaltiges Potenzial. Andererseits erweisen sich aber auch viele Stellungnahmen von sogenannten Experten als gezielte Übertreibungen, um den Hype und damit das Geschäft zu befeuern. Daher wird zunächst an die Entwicklung von Sprachsystemen seit ihren Anfängen erinnert, um dann die verwendeten Algorithmen zu erklären. Dabei werden Defizite und Empfehlungen abgeleitet, um den zukünftigen Einsatz von KI als sinnvolle Dienstleistung zu gewährleisten.

K. Mainzer (✉)
TUM Senior Excellence Faculty, Technische Universität München (TUM), München, Deutschland
E-Mail: mainzer@tum.de

K. Mainzer (Hrsg.), *Philosophisches Handbuch Künstliche Intelligenz*,
https://doi.org/10.1007/978-3-658-19606-6_58

Schlüsselwörter

Turing-Test · Eliza · Watson · Statistische Lerntheorie · Supervised learning · Reinforcement learning · Large Language Model (LLM) · ChatGPT · Recht

1 Turing-Test und Künstliche Intelligenz

Der britische Computerpionier, Logiker und Mathematiker Alan Turing (1950) schlug einen Simulationstest als Definition von Künstlicher Intelligenz vor: Demnach sollte ein technisches System als „intelligent" bezeichnet werden, wenn es in seinen Reaktionen und Problemlösungen nicht von einem Menschen zu unterscheiden ist (Turing-Test). In den Jahren nach Turing ging es zunächst darum, logisches Denken im Computer zu simulieren. Dahinter steht die erkenntnistheoretische Vorstellung, dass Intelligenz in erster Linie mit der Fähigkeit des logischen Denkens im menschlichen Geist verbunden ist. Zu diesem Zweck orientierte sich die KI an Regeln und Formeln der symbolischen Logik, die in geeignete Computerprogramme übersetzt wurden. Deshalb spricht man auch von symbolischer KI.

Ein Beispiel für symbolische KI ist das automatische Schließen/Beweisen, bei dem KI-Programme das logische Denken mit logischen Berechnungen simulieren (Robinson 1965). Das automatische Schließen mit SAT ermöglichte praktische Anwendungen des SAT-Solving, das auch heute noch in der industriellen Logistik eingesetzt wird (Biere et al. 2009). Dabei werden logistische Probleme z. B. in der Automobilindustrie in logischen Formeln dargestellt, deren Erfüllbarkeit automatisch überprüft werden kann (Küchlin and Sinz 2000).

2 Von Turing zu Weizenbaum ELIZA

Als sich 1956 führende Forscher wie John McCarthy, Allen Newell, Herbert Simon und andere zur Dartmouth Conference on Machine Intelligence trafen, wurden sie von Turings Frage „Können Maschinen denken?" inspiriert. Die erste Phase der KI-Forschung (etwa Mitte der 1950er- bis Mitte der 1960er-Jahre) war noch von euphorischen Erwartungen geprägt (Görz und Schneeberger 2003; Mainzer 2003). Es sollten allgemeine Problemlösungsverfahren für Computer formuliert werden. Die Enttäuschung war groß angesichts der praktischen Ergebnisse. Schließlich (etwa Mitte der 1970er- bis Mitte der 1980er-Jahre) traten wissensbasierte Expertensysteme in den Vordergrund und versprachen erste praktische Anwendungen. Abgegrenztes und handhabbares Spezialwissen von menschlichen Experten wie Ingenieuren und Ärzten sollte für den täglichen Gebrauch verfügbar gemacht werden (Boersch et al. 2007).

Wissensbasierte Expertensysteme sind KI-Programme, die Wissen über eine bestimmte Domäne speichern und daraus automatisch Schlüsse ziehen, um konkrete Lösungen zu finden oder Diagnosen von Situationen zu erstellen (Mainzer 1994, S. 150–185; Puppe 1988). Im Gegensatz zum menschlichen Experten ist das Wissen eines Expertensystems jedoch auf eine spezialisierte Informationsbasis ohne allgemeines und strukturelles Wissen über die Welt beschränkt. Um ein Expertensystem aufzubauen, muss das Wissen des Experten in Regeln gefasst, in eine Programmiersprache übersetzt und mit einer Problemlösungsstrategie verarbeitet werden.

Dies gilt auch für die Umsetzung der natürlichen Sprache durch Computer. Joseph Weizenbaums Sprachprogramm ELIZA ist ein Beispiel dafür (Weizenbaum 1965). ELIZA sollte das Gespräch eines Psychiaters mit einem Patienten als menschlicher Experte simulieren. Es beinhaltet Regeln, wie auf bestimmte Satzmuster des Patienten mit bestimmten Satzmustern des „Psychiaters" reagiert werden soll. Im Allgemeinen geht es darum, Regeln im Hinblick auf ihre Anwendbarkeit in Situationen zu erkennen oder zu klassifizieren. Im einfachsten Fall soll die Gleichheit zweier Symbolstrukturen bestimmt werden, z.B. wie sie in der Programmiersprache LISP für Symbollisten durch die Funktion EQUAL bestimmt wird. Eine Erweiterung erfolgt, wenn Terme und Variablen in die symbolischen Ausdrücke aufgenommen werden.

Der Dialog mit ELIZA ist also nichts anderes als die Ableitung von syntaktischen Symbollisten in der Programmiersprache LISP. Semantisch sind die Strukturen so gewählt, dass sie den umgangssprachlichen Gesprächsgewohnheiten entsprechen.

3 Von Eliza zu Watson

Textabgleiche auf der Grundlage von Mustererkennung gibt es schon seit Weizenbaums ELIZA. In einem nächsten Schritt zerlegte die Software Sätze in einzelne Phrasen und berechnete blitzschnell die Wahrscheinlichkeiten für passende Antwortmuster auf gestellte Fragen oder passende Übersetzungen in andere Sprachen. Ein Beispiel für ein effizientes Übersetzungsprogramm war VERBMOBIL, das von 1993 bis 2000 vom Deutschen Forschungszentrum für Künstliche Intelligenz (DFKI) koordiniert wurde (Wahlster 2000). Für uns Menschen durchläuft die Sprachverarbeitung verschiedene Ebenen der Repräsentation. In technischen Systemen versucht man, diese Stufen nacheinander zu realisieren. In der Computerlinguistik (Hausser 2014) wird dieses Vorgehen als Pipeline-Modell beschrieben: Ausgehend von der Lautinformation (Hören) wird im nächsten Schritt eine Textform erzeugt. Die entsprechenden Buchstabenketten werden dann als Wörter und Sätze erfasst. In der morphologischen Analyse werden die Personalformen analysiert und die Wörter im Text auf Grundformen reduziert. Bei der syntaktischen Analyse von Chomsky-Grammatiken werden die grammatischen Formen von Sätzen wie Subjekt, Prädikat, Objekt, Adjektiv usw. hervorgehoben. In der semantischen Analyse werden den Sätzen die in den Tiefenstrukturen der Chomsky-Grammatiken realisierten Bedeutungen zugeordnet (Chomsky 1969). In einer Dialog- und Diskursanalyse schließlich werden die Relationen von z. B. Frage und Antwort, aber auch Absichten, Zwecke und Intentionen untersucht.

Anfang 2000 entwickelte Jiyou Jia (Universität Peking) als Doktorand an meiner damaligen Universität Augsburg (Deutschland) einen computerunterstützten Chatbot für den Englischunterricht, der auf Textwissen und Argumentation basiert. Dieses CSIEC-System (Computer Simulation in Educational Communication) war ein Beispiel für damals entwickelte Chatbots mit neu entwickelten vielfältigen Funktionen für den Englischunterricht. Sie erwiesen sich als virtuelle Chatpartner, die jederzeit und überall mit den Englischlernenden auf Englisch chatten konnten.

Dazu wurden kommunikative Antworten entsprechend der Benutzereingabe generiert, dem Dialogkontext, dem Wissen des Benutzers und seiner eigenen Persönlichkeit, dem Wissen des gesunden Menschenverstands und dem Inferenzwissen.

All diese Arten von Wissen wurden in Form von NLML (Natural Language Markup Language) ausgedrückt, einer Annotationssprache für natürlichsprachliche Texte. Diese NLMLs konnten entweder automatisch durch Parsen des Textes gewonnen oder mit Hilfe von sogenannten GUI-Editoren leicht erstellt werden. Das CSIEC-System schlug also einen naiven Ansatz des logischen Schlussfolgerns und der Inferenz direkt durch syntaktische und semantische Analyse von Textwissen vor. Dieser Ansatz hatte Vorteile gegenüber dem alten ELIZA-ähnlichen Mechanismus zum Abgleich von Schlüsselwörtern. Die Zusammenfassung des Chat-Protokolls der kostenlosen Internetnutzung innerhalb von sechs Monaten hat diesen Vorteil gezeigt. In dem Beitrag (Jia 2009) wurden die Systemarchitektur und die zugrunde liegenden Technologien sowie die Ergebnisse der pädagogischen Anwendung von CSIEC vorgestellt.

Ein semantisches Frage-Antwort-System war das Programm WATSON von IBM (Ferrucci et al. 2013), das die Rechenleistung eines Parallelrechners und den Speicher von Wikipedia nutzte. Im Gegensatz zu ELIZA verstand WATSON die semantischen Bedeutungen von Kontexten und Sprachspielen. WATSON war eine semantische Suchmaschine, die in natürlicher Sprache gestellte Fragen erfasste und in kurzer Zeit passende Fakten und Antworten in einer großen Datenbank fand. Zu diesem Zweck integrierte es viele parallel arbeitende Sprachalgorithmen, Expertensysteme, Suchmaschinen und linguistische Prozessoren, die auf den Rechen- und Speicherkapazitäten riesiger Datenmengen (Big Data) basieren.

WATSON bezog sich auch auf eine Plattform von IBM für kognitive Werkzeuge und ihre vielfältigen Anwendungen in Unternehmen und der Wirtschaft. Gemäß dem Mooreschen Gesetz würde die Leistung von WATSON in absehbarer Zeit keinen Supercomputer erfordern, sondern mit immer smarteren Geräten auskommen. Die Zukunftsperspektive für WATSON war, dass eine App auf einem Smartphone dic gleiche Leistung erbringen könnte. Man würde schließlich mit seinem Smartphone sprechen können. Dienste müssten dann nicht mehr über eine Tastatur angefordert werden, sondern durch Sprechen mit einem intelligenten Sprachprogramm (Picard 1997; Minsky 2006).

4 Statistische Lerntheorie und neuronale Netze

Regelbasiertes Wissen kann jedoch niemals die intuitive Fähigkeit und Erfahrung unseres Alltagswissens vollständig erfassen. Können basiert auf vielfältigen Erfahrungen, die sich keineswegs symbolisch und regelbasiert in einem Lehrbuch abbilden lassen. Ein erfahrener Autofahrer erfasst Situationen und reagiert intuitiv auf der Grundlage vieler Sinnesdaten, ohne sich der logischen Zusammenhänge im Detail bewusst zu sein. Ähnlich reagiert ein erfahrener Arzt in einer kritischen Situation im Operationssaal oder ein erfahrener Pilot im Cockpit eines Flugzeugs. Aber auch unsere alltagssprachliche Kommunikation wird nicht durch die bewusste Anwendung von Regeln und symbolischen Darstellungen gesteuert.

In der Philosophie veröffentlichte Hubert Dreyfus (Dreyfus und Dreyfus 1986) ein Buch mit dem Titel „What the Computer cannot Do. The Limits of Artificial Intelligence". Aber eigentlich zeigte er nur die Grenzen der symbolischen KI auf, um die menschliche Intuition zu verstehen. Als Phänomenologe glaubte er, dass er die menschliche Intuition nur durch qualitativ-phänomenologische Methoden und nicht durch formale Regeln verstehen könne. Es stellt sich jedoch die Frage, inwieweit Muster- und Strukturerkennung in Daten und die Zuordnung von Erwartungswahrscheinlichkeiten von Maschinen trainiert werden können, um Intuition zu simulieren.

Logische Regeln wie in der symbolischen KI werden nun durch sensorische Daten ersetzt, in denen statistische Korrelationen und Wahrscheinlichkeiten bestimmt werden. Das Lernen aus Daten wird in der statistischen Lerntheorie mathematisch untersucht. Ihre Algorithmen liegen dem maschinellen Lernen zugrunde (Vapnik 1998). Aus erkenntnistheoretischer Sicht laufen diese Lernprozesse aus sensorischen Wahrnehmungsdaten unbewusst unterhalb des bewussten logischen Denkens ab. Deshalb spricht man auch von subsymbolischer KI. Mathematisch wird das Paradigma der Logik durch Statistik und Wahrscheinlichkeitstheorie ersetzt. Die starke Computertechnologie der letzten Jahre hat es möglich gemacht, dass maschinelles Lernen mit großen Datenmengen nun auch technisch realisiert werden kann und zu neuen Durchbrüchen in KI-Anwendungen geführt hat, z. B. in der Entwicklung von Medikamenten und Impfstoffen, aber auch in der Robotik, Industrie und sozialen Infrastruktur (Mainzer 2019).

Die selbstorganisierenden Gehirne von Lebewesen gelten als Gegenpol zu programmierten Computern (Mainzer 1997). In der Evolution entstanden Netzwerke zunächst als subzelluläre Versorgungs-, Steuerungs- und Informationssysteme in komplexen Gen- und Proteinnetzwerken (Mainzer 2010, S. 45–88). In Nervenzellen entwickelten sich schließlich zelluläre Informations-, Steuerungs- und Versorgungssysteme auf der Basis neurochemischer Signalverarbeitung.

In der Evolution setzten sich effektive Problemlösungsverfahren ohne symbolische Darstellung in Computermodellen durch. Aus der subzellulären, zellulären und neuronalen Selbstorganisation entstanden die entsprechenden komplexen Netzwerke. Neuronen werden durch Knoten eines grafischen Netzes dargestellt, synaptische Verbindungen durch Kanten (Ritter et al. 1991). Die Stärke der neurochemischen Verbindungen wird im Modell durch numerische Werte (Gewichte) ausgedrückt. Das Lernen besteht darin, Verdrahtungsmuster von Neuronen aufzubauen. Dies geschieht durch die Lernalgorithmen der neuronalen Netze. Intensive synaptische Kopplungen erzeugen neuronale Verschaltungsmuster, die mentalen, emotionalen oder motorischen Zuständen eines Organismus entsprechen. Sie können im Prinzip durch Computermodelle simuliert werden. Diese Simulationen beruhen auf einer grundlegenden mathematischen Äquivalenz von neuronalen Netzen, Automaten und Maschinen.

So kann bewiesen werden, dass ein McCulloch-Pitts-Netzwerk durch einen endlichen Automaten simuliert werden kann (Kleene 1956). Endliche Automaten sind einfache Systeme wie Fahrkartenautomaten, die einfache Sprachcodes von

Anweisungen (reguläre Sprachen) erkennen (Hopcroft et al. 2001). Umgekehrt kann die Leistung eines endlichen Automaten auch durch ein McCulloch-Pitts-Netzwerk erreicht werden. Mathematisch gesehen werden solche Netzwerke mit ganzen Zahlen gewichtet. Mit anderen Worten: Ein Organismus, der mit einem neuronalen Nervensystem vom Typ eines McCulloch-Pitts-Netzes ausgestattet ist, kann nur Probleme von der Komplexität lösen, die ein endlicher Automat bewältigen kann. In diesem Sinne wäre ein solcher Organismus genauso intelligent wie ein endlicher Automat.

Doch welche neuronalen Netze entsprechen den Turing-Maschinen, die nach Churchs These Prototypen programmgesteuerter Computer sind? Es lässt sich nachweisen, dass Turing-Maschinen genau die neuronalen Netze simulieren, deren synaptische Gewichte rationale Zahlen („Brüche") sind und Rückkopplungsschleifen haben (d. h. „rekurrent" sind). Umgekehrt können Turing-Maschinen genau durch rekurrente neuronale Netze mit rationalen Synapsengewichten simuliert werden (Siegelmann und Sontag 1995).

Nimmt man eine Turing-Maschine als Prototyp eines programmgesteuerten Computers, so kann nach diesem Beweis ein Gehirn mit rationalen Synapsenstärken durch einen Computer simuliert werden. Umgekehrt können die Vorgänge in einer Turing-Maschine (d. h. einem Computer) durch ein Gehirn mit rationalen synaptischen Intensitätsvariablen reproduziert werden. Mit anderen Worten: Das Intelligenzniveau solcher Gehirne entspricht dem Intelligenzniveau einer Turing-Maschine.

In der Praxis bedeutet dies, dass solche neuronalen Netze im Prinzip auf einem geeigneten Computer simuliert werden können. Tatsächlich werden neuronale Netze für praktische Anwendungen (z. B. Mustererkennung) auch heute noch weitgehend auf Computern simuliert. Nur neuromorphe Computer würden neuronale Netze direkt nachbilden.

Bei der Automatisierung des statistischen Lernens spielen neuronale Netze mit Lernalgorithmen eine Schlüsselrolle. Probabilistische Netze weisen experimentell eine große Ähnlichkeit mit biologischen neuronalen Netzen auf. Werden Zellen entfernt oder einzelne Synapsengewichte um kleine Beträge verändert, erweisen sie sich als fehlertolerant gegenüber kleinen Störungen, wie das menschliche Gehirn zum Beispiel bei kleinen Unfallschäden. Das menschliche Gehirn arbeitet mit Schichten paralleler Signalverarbeitung. So gibt es beispielsweise zwischen einer sensorischen Eingangsschicht und einer motorischen Ausgangsschicht interne Zwischenschritte der neuronalen Signalverarbeitung, die nicht mit der Außenwelt verbunden sind.

Tatsächlich lässt sich auch in technischen neuronalen Netzen die Repräsentations- und Problemlösungskapazität erhöhen, indem verschiedene lernfähige Schichten mit möglichst vielen Neuronen dazwischengeschaltet werden. Die erste Schicht empfängt das Eingabemuster. Jedes Neuron dieser Schicht hat Verbindungen zu jedem Neuron der nächsten Schicht. Die Verschaltung setzt sich fort, bis die letzte Schicht erreicht ist und ein Aktivitätsmuster liefert (Hornik et al. 1989).

Von überwachten Lernverfahren spricht man, wenn der zu lernende Prototyp (z. B. das Erkennen eines Musters) bekannt ist und die jeweiligen Fehlerabweichungen daran gemessen werden können. Ein Lernalgorithmus muss die synaptischen Gewichte so lange verändern, bis sich ein Aktivitätsmuster in der Ausgabeschicht einstellt, das möglichst wenig vom Prototyp abweicht.

Eine wirksame Methode besteht darin, die Fehlerabweichung zwischen der tatsächlichen und der gewünschten Ausgabe für jedes Neuron der Ausgabeschicht zu berechnen und sie dann durch die Schichten des Netzes rückwärts weiterzuleiten. Man spricht dann von einem Backpropagation-Algorithmus. Das Ziel ist es, den Fehler auf Null oder vernachlässigbar kleine Werte zu reduzieren, indem genügend Schritte für ein Standardmuster gelernt werden.

5 Was kann der KI-Chatbot ChatGPT?

Ein spektakuläres Anwendungsbeispiel für subsymbolische KI sind Chatbots wie ChatGPT (Generative Pre-trained Transformer), der aufgrund seiner erstaunlichen Fähigkeiten als automatischer Textgenerator seit dem 30. November 2022 mit Millionen von Nutzern innerhalb weniger Tage mehr Follower als soziale Medien wie Instagram und Spotify hatte. ChatGPT kann Texte von Schulaufgaben auf Gymnasialniveau bis zu Texten von Seminararbeiten auf mittlerem Universitätsniveau generieren. Auf der Grundlage eines „großen Sprachmodells" (LLM) kann dieses KI-Programm verwendet werden, um über Geschäftspläne zu sprechen oder um das Schreiben eines Liedes, eines Gedichts oder von Romanfragmenten in einem bestimmten Stil in Auftrag zu geben.

Das Sprachmodell von ChatGPT basiert auf einer riesigen Textmenge (Big Data), die dem System von Menschen beigebracht wurde. Es ist somit ein Beispiel für maschinelles Lernen auf der Grundlage der statistischen Lerntheorie und der Mustererkennung. Das ehrgeizige Ziel besteht darin, eine wesentliche Einschränkung der symbolischen KI zu überwinden, die in ihren wissensbasierten Expertensystemen auf das Fachwissen von Spezialisten (z. B. medizinisches Fachwissen in einer bestimmten medizinischen Disziplin) beschränkt war, sofern es in logische, regelbasierte Formeln übersetzt werden konnte. Mit der Zunahme der Rechenleistung und der Bewältigung großer Datenmassen mit Modellen des statistischen Lernens wird nun das Ziel verfolgt, auch das allgemeine „Weltwissen" von uns Menschen in die Maschine zu bringen.

Zu diesem Zweck wird der Chatbot mit Texten aus Nachrichten, Büchern, sozialen Medien, Online-Foren, Bildern, Filmen und gesprochenen Texten trainiert. Algorithmen werden eingesetzt, um aus den Trainingsdaten zu lernen. Der Chatbot reproduziert Muster, die er in den gespeicherten Daten erkennt. Dies geschieht mit denselben Verfahren, die bei der Gesichtserkennung verwendet werden, um Bilder von Personen aus Bilddateien zu erkennen. Die reproduzierten Texte werden mit trainierten Beispieltexten verglichen und so durch Reinforcement-Learning-Algorithmen schrittweise verbessert. Korrekturen können auch vorgenommen werden, wenn z. B. Korrelationen der trainierten Daten zu Diskriminierungen führen. Ähnlich wie bei indoktrinierten Menschen lässt sich ein solches Fehlverhalten aufgrund der Menge der trainierten Datensätze nie ausschließen. Da diese Chatbots in den sozialen Medien weithin akzeptiert sind, können sie auch gefährliche Desinformationen verbreiten.

Letztendlich ist auch ChatGPT nichts anderes als eine stochastische Maschine, die Daten, Texte, Bilder und gesprochene Wörter mit Algorithmen zur Mustererkennung neu kombiniert und konfiguriert. Dank moderner Computertechnologien, die enorme Datenmengen speichern und schnelle Lernalgorithmen anwenden können, werden jedoch erstaunliche Ergebnisse erzielt, die einen großen Teil des menschlichen Hintergrundwissens und der Intuition simulieren. Dabei werden aber auch die Mechanismen sichtbar, auf denen unsere Gesprächs- und Kulturwelten beruhen – Reproduktionen und Neukombinationen von Mustern, die weitgehend von Maschinen übernommen werden können. Davor sind auch die Sozial-, Kultur- und Geisteswissenschaften nicht gefeit, ganz zu schweigen vom Journalismus.

Wittgenstein nannte sie „Sprachspiele", die nach bestimmten Regeln funktionieren. Das Original besteht oft nur in einer kleinen Veränderung und Variation der üblichen Sprachspiele und „Narrative". Beim maschinellen Lernen spricht man inzwischen von „stochastischen Papageien". Positiv ausgedrückt ist ChatGPT also geeignet, die Mechanismen der Kulturindustrie und des Journalismus zu entlarven. Sie müssen immer ausgefeilter werden, um nicht durch Maschinen ersetzt zu werden.

Aber wie kann ChatGPT mathematische Probleme lösen, wenn am Ende alles auf statistischem „Rätselraten" beruht (Frieder et al. 2023)? In der Tat hängen die möglichen Lösungen von den gespeicherten Dokumenten ab. Zu diesem Zweck werden Schulbücher und eine Vielzahl anderer Dokumente mit (menschlichen) überwachten Lernalgorithmen trainiert. Im Sinne eines verstärkenden Lernens startet der Chatbot auf Nachfrage immer wieder neu oder verbessert seine Lösungsvorschläge, indem er durch Mustererkennung neue Kontexte der trainierten Dokumente ermittelt. ChatGPT kennt also z. B. Zahlen nur, wenn sie aus trainierten Texten extrahiert werden können. So könnte die Definition einer Primzahl wiedergegeben werden, wenn dieser Text irgendwo im Speicher von ChatGPT auftaucht. ChatGPT kann aber nur dann Schlüsse ziehen und entscheiden, ob eine bestimmte Zahl eine Primzahl ist oder nicht, wenn es dazu trainierte Dokumente gibt.

Kalkulierendes, logisches und kausales Denken sind dem Chatbot also grundsätzlich fremd. Er rät und assoziiert. In unserem Buch „Grenzen der Künstlichen Intelligenz" (Mainzer und Kahle 2022) wurde diese zentrale Schwäche der statistischen Lerntheorie und des maschinellen Lernens im Gegensatz zum mathematischen und logischen Denken bereits vor dem Hype ab November 2022 herausgestellt. Auch ChatGPT kann Computerprogramme nur durch Imitation und Rekombination gespeicherter Schablonen und Fragmente schreiben und auswerten – allerdings auf einem erstaunlich hohen Niveau, das häufig selbst von „gebildeten" Menschen nicht durchschaut wird. Den Unterschied zum menschlichen Denken demonstriert bereits eine begabte Schüler*in: Ohne mit allerlei Lehrbüchern „gefüttert" worden zu sein, löst er/sie eine Mathematikaufgabe ohne den Aufwand und das Speichervolumen eines Chatbots.

6 Im „Maschinenraum" von ChatGPT

Technisch gesehen ist ChatGPT ein „Large Language Model" (LLM), das mit Deep-Learning-Algorithmen aus großen Datenmengen von Sprache menschenähnliche Texte generiert. Es basiert auf einer „Generative Pre-trained Transformer"-Architektur (GPT), bei der ein Transformator mit einem neuronalen Netzwerk Texte erzeugt. Das Modell wird zuvor mit großen Datenmengen von Büchern, Artikeln, Webseiten usw. trainiert, um Muster und Strukturen natürlicher Sprachen zu erkennen. Bei einer Eingabe (genannt „Prompt") generiert das Modell auf der Grundlage des zuvor trainierten Wissens einen passenden Text.

Durch die Verwendung eines Transformators unterscheidet sich das GPT von früheren linguistischen Modellen, die nacheinander wahrscheinliche Wörter in einem Textkontext vorhersagen. Transformatoren verarbeiten alle Eingabedaten gleichzeitig. Grundlegend dafür ist ein Prozess der „Selbstaufmerksamkeit", der wechselnde Gewichte für verschiedene Teile der Eingabedaten mit Bezug auf andere Positionen in der Sprachsequenz verteilt. Aufgrund steigender Rechenleistung wurden die GPT-Modelle seit 2018 von GPT1 bis GPT4 für immer größere und vielfältigere Wissensbereiche erweitert und verbessert.

Bei einer Selbstbeobachtungsmethode wird ein neuronales Netz verwendet, um die Bedeutung verschiedener Teile der Eingabe zu gewichten und Vorhersagen zu treffen. Die Eingabe wird auf mehrere Schlüssel, Werte und Abfragen abgebildet, die gelernten Gewichtungsmatrizen entsprechen. Das Modell berechnet dann das Skalarprodukt der Abfragen mit den Schlüsseln für alle Elemente des Inputs. Daraus ergibt sich eine Punktzahl für jedes Element. Diese Punktzahlen werden dann verwendet, um ein Gewicht („Aufmerksamkeit") für jedes Element in der Eingabe zu berechnen. Die Punktzahlen werden mit diesen Aufmerksamkeitsgewichten multipliziert, um diese Produkte als Ausgabe des Selbstbeachtungsprozesses zu addieren. Diese Ausgabe wird nun mit der Eingabe verbunden und durchläuft die mehreren Schichten des neuronalen Feedforward-Netzes, das die Selbstbeobachtung durchführt.

Um die Ausgaben des ChatPCT besser mit den Absichten des Benutzers in Einklang zu bringen, wird ein Algorithmus für verstärkendes Lernen aus menschlichem Feedback (RLHF) verwendet, der drei Schritte unterscheidet (Ouyang et al. 2022):

Schritt 1: Überwachtes Fine-Tuning (supervised SFT) Modell
Die erste Entwicklungsstufe umfasste die Feinabstimmung des GPT-3-Modells durch die Beauftragung von 40 Auftragnehmern zur Erstellung eines überwachten Trainingsdatensatzes, bei dem die Eingabe eine bekannte Ausgabe hat, aus der das Modell lernen kann. Die Eingaben bzw. Prompts wurden aus tatsächlichen Benutzereingaben in der Open API gesammelt. Die Etikettierer schrieben dann eine entsprechende Antwort auf die Prompts und erzeugten so eine bekannte Ausgabe für jede Eingabe. Das GPT-3-Modell wurde dann unter Verwendung dieses neuen, überwachten Datensatzes feinabgestimmt, um GPT-3.5, auch SFT-Modell genannt, zu erstellen.

Kurz gesagt: Schritt 1 sammelt Demonstrationsdaten und trainiert eine überwachte Strategie mit den folgenden Teilschritten:

- Ein Prompt wird aus dem Prompt-Datensatz entnommen. Der Prompt-Datensatz besteht aus einer Reihe von Prompts, die zuvor an die offene API übermittelt wurden.
- Ein Etikettierer demonstriert das gewünschte Ausgabeverhalten. 40 Auftragnehmer wurden eingesetzt, um Antworten auf die Eingabeaufforderungen zu schreiben.
- Diese Daten werden zur Feinabstimmung von GPT-3 mit überwachtem Lernen verwendet. Eingabe-Ausgabe Paare werden verwendet, um ein überwachtes Modell für angemessene Antworten auf Anweisungen zu entwickeln.

Schritt 2: Belohnungsmodell (Reward Model RM)
Nachdem das SFT-Modell in Schritt 1 trainiert wurde, erzeugt das Modell besser abgestimmte Antworten auf Benutzeraufforderungen. Die nächste Verfeinerung erfolgt durch das Training eines Belohnungsmodells, bei dem die Eingabe des Modells aus einer Reihe von Aufforderungen und Antworten besteht. Die Ausgabe ist ein Skalierungswert ist, der als Belohnung (reward) bezeichnet wird. Das Belohnungsmodell wird durch Verstärkungslernen realisiert, bei dem ein Modell lernt, Ausgaben zu produzieren, um seine Belohnung in Schritt 3 zu maximieren.

Kurz gesagt: In Schritt 2 werden Vergleichsdaten gesammelt und in den folgenden Teilschritten ein Belohnungsmodell trainiert:

- Ein Prompt und mehrere Modellausgaben werden ausprobiert. Die Antworten werden durch das SFT-Modell erzeugt.
- Ein Etikettierer ordnet die Ausgaben von der besten zur schlechtesten.
- Diese Daten werden zum Trainieren unseres Belohnungsmodells verwendet. Die Kombinationen der Bewertungen werden dem Modell als Stapeldatenpunkt (batch datapoint) zur Verfügung gestellt.

Um die Sammlung der Vergleiche zu beschleunigen, wurden Etikettierungen mit Antworten auf Rangfolgen zwischen $K = 4$ und $K = 9$ verwendet. Das Verfahren liefert $\binom{K}{2}$ Vergleiche für jeden Prompt, der einem Etikettierer gezeigt wird. Die Vergleiche sind innerhalb jeder Etikettierungsaufgabe korreliert. Wenn daher die Vergleiche in einen Datensatz gemischt werden, führt ein einziger Durchlauf über den Datensatz zu einem Overfitting des Belohnungsmodells. Stattdessen wird er über allen $\binom{K}{2}$ Vergleichen für jeden Prompt als einem einzigen Batch-Element trainiert. Dies ist rechnerisch sehr viel effizienter, da es nur einen Vorwärtsdurchlauf des Belohnungsmodells für jeden Abschluss erfordert, anstatt $\binom{K}{2}$ Vorwärtsdurchläufe für K Abschlüsse. Da das Verfahren nicht mehr overfittet, erzielt es eine wesentlich bessere Validierungsgenauigkeit und einen höheren log-Verlust. Mathematisch lautet die Verlustfunktion für das Reward-Modell

$$\text{loss}(\theta) = -\frac{1}{\binom{K}{2}} E_{(x,y_w,y_l)\sim D}[\log(\sigma(r_\theta(x,y_w) - r_\theta(x,y_l)))]$$

mit der skalaren Ausgabe $r_\theta(x, y)$ des Belohnungsmodells für Prompt x und die Vervollständigung y mit den Parametern θ, der bevorzugten Vervollständigung aus dem Paar von y_w und y_l und dem Datensatz D der menschlichen Vergleiche.

Schritt 3: Modell des Verstärkungslernens (Reinforcement Learning RF)
In der letzten Phase wird dem Modell eine zufällige Aufforderung (Prompt) präsentiert und es gibt eine Antwort zurück. Die Antwort wird mit Hilfe der Strategie erzeugt, die das Modell in Schritt 2 gelernt hat. Die Strategie stellt ein Verfahren dar, das die Maschine gelernt hat, um ihr Ziel, die Maximierung ihrer Belohnung, zu erreichen. Auf der Grundlage des in Schritt 2 entwickelten Belohnungsmodells wird dann ein skalierter Belohnungswert für das Paar aus Aufforderung und Antwort bestimmt. Die Belohnung fließt dann wieder in das Modell ein, um die Strategie weiterzuentwickeln.

Kurz gesagt: In Schritt 3 wird eine Strategie anhand des Belohnungsmodells durch Reinforcement Learning mit Proximal Policy Optimization (PPO) optimiert. PPO ist eine Policy-Gradienten-Methode für das Verstärkungslernen, bei der abwechselnd Daten durch Interaktion mit der Umgebung ausprobiert werden und eine Zielfunktion mit stochastischem Aufstieg optimiert wird. Während standardmäßige Policy-Gradient-Methoden eine Gradientenaktualisierung pro Datenprobe durchführen, schlägt PPO eine neuartige Zielfunktion vor, die mehrere Epochen (vollständige Durchläufe) von Minibatch-Aktualisierungen ermöglicht:

- Ein neuer Prompt wird aus dem Datensatz entnommen.
- Die Policy erzeugt eine Ausgabe. Eine Policy ist eine Strategie, die ein Agent bei der Verfolgung von Zielen anwendet.
- Das Belohnungsmodell berechnet eine Belohnung für die Ausgabe.
- Die Belohnung (reward) wird verwendet, um die Policy mithilfe von PPO zu aktualisieren. Die Kullback-Leibler-penalty (Maßregelung) für das SFT-Modell wird verwendet, um ein Overfitting zu vermeiden.

Beim Training mit Reinforcement Learning (RL) wird die folgende Zielfunktion maximiert:

$$\begin{aligned}\text{objective}\ (\theta) = {} & E_{(x,y)\sim D_{\pi_\phi^{\mathrm{RL}}}}\left[r_\theta(x,y) - \beta \log(y|x)/\pi^{\mathrm{SFT}}(y|x))\right] \\ & +\gamma E_{x\sim D_{\text{pretrain}}}\left[\log\left(\pi_\phi^{RL}(x)\right)\right]\end{aligned}$$

mit der gelernten RL-Policy π_{ϕ}^{RL}, dem überwachten trainierten Modell π^{SFT} und der Vortraining-Verteilung D_{pretrain}. Der KL-Belohnungskoeffizient β und der Pretraining-Verlustkoeffizient γ steuern die Stärke der KL-penalty (Maßregelung) und der Pretraining-Gradienten. Für PPO-Modelle wird γ auf 0 gesetzt.

7 Herausforderungen von ChatGPT für die Bildung, Ausbildung und Recht

Die Analysen in den vorangegangenen Abschnitten zeigen, dass der Chatbot ChatGPT keine Zauberei ist, sondern auf berechenbaren Algorithmen der Stochastik und statistischen Lerntheorie basiert. Daher lassen sich auch seine Leistungen und Grenzen klar einschätzen. Weder Euphorie noch übertriebene Ängstlichkeit sind daher in dieser Angelegenheit angebracht. ChatGPT hat vor allem in den Medien, der Kultur und der Bildung für Unruhe gesorgt. Überall steht die Frage im Raum, ob Berufe in diesen Bereichen in Zukunft durch Chatbots ersetzt werden könnten. Vor dem Hintergrund der grundlegenden Analyse von Chatbots soll im Folgenden die Bedeutung von ChatGPT für konkrete Berufsbilder in der Aus- und Weiterbildung bewertet werden.

Für den Einstieg in einen Beruf spielen Personalverantwortliche in den Unternehmen eine zentrale Rolle. Sie beurteilen die Eignung von Bewerbern anhand von schriftlichen Unterlagen und Personalgesprächen. Dabei ist eine Standardisierung der Fragen zu beobachten, auf die gewünschte Standardantworten gegeben werden können. Ein standardisiertes Bewertungsverfahren kann jedoch mit den heutigen Diensten von Chatbots leicht simuliert werden. Standardfragen müssen daher vermieden werden. Interaktionen im Assessment müssen eine stärkere Rolle spielen als schriftliche Befragungen nach Standardfragebögen. Letztlich geht es auch im Personalmanagement nicht um Textgenerierung wie bei einem Chatbot, sondern um Entscheidungen. Allerdings wird es im Personalmarketing Einbrüche und Veränderungen geben. Eine Stellenanzeige oder Karrierewebsite kann mit ChatGPT einfach und professionell geschrieben werden.

ChatGPT schreibt bereits einfache Programme in der Informatik. Es ist zu erwarten, dass sich der Beruf des Programmierers und des Systemarchitekten verändern wird, ohne dass er durch KI ersetzt wird. In der Tat kann ChatGPT bereits (einfache) Bausteine der Programmierung liefern, die beim Schreiben komplexerer Programme verwendet werden können. Gleichzeitig wird der Beruf des Programmierers dadurch aber auch anspruchsvoller und professioneller. Es sollte auch berücksichtigt werden, dass die neuronalen Netze der Chatbots nur ein Beispiel für Programme sind, die die Arbeit der Programmierer in Zukunft verändern werden. Umso wichtiger wird aber in Zukunft die Programmverifikation sein. Kleinste Fehler in elementaren Bausteinen, die von Chatbots wie ChatGPT „automatisch" generiert werden, können eine katastrophale Wirkung auf die gesamte Software haben, wenn sie nicht rechtzeitig erkannt werden. Eine hohe Qualifikation der Programmierer ist daher unabdingbar.

In den Medien und Journalistenverbänden wird ChatGPT manchmal als Bedrohung wahrgenommen. In der Tat schreibt dieser Chatbot gewünschte Artikel und Essays in perfekter Landessprache. Routineartikel könnten automatisch erledigt werden. Wenn der Journalist es wünscht, kann der Sprachstil auch an einen bestimmten Autor angepasst werden. Im Sinne des Turing-Tests sind diese Schreiber also austauschbar. Verbote des Chatbots, wie sie von einigen Berufsverbänden gefordert werden, helfen hier wenig. Vielmehr muss man lernen, mit dieser Technik umzugehen und die eigene Leistung zu verbessern.

Bei anspruchsvolleren Texten könnte ChatGPT helfen, die notwendigen Daten zu vorstrukturieren und einzuarbeiten. Der Redakteur sollte Kontrolle und Verantwortung (auch im rechtlichen Sinne) ausüben. Insbesondere sollten falsche Informationen, die sonst von der KI wiedergegeben und weitergegeben werden, ausgemerzt werden. Man könnte auch Chatbots im Netz verbreiten, die „spontan" Aussagen im gewünschten Kontext machen und Propaganda und Desinformation weitergeben. Die Herausforderungen im Medienbereich sind also groß, aber auch die Chancen zur Qualitätsverbesserung. In der Journalistenausbildung könnte der Chatbot Beispielartikel zu bestimmten Themen generieren, die dann von den Studierenden kritisch bewertet werden, um ihre spätere Arbeit zu verbessern.

Besonders sensibel wird es in Berufen, in denen die Sprache zur Vermittlung von Gefühlen und Empathie eingesetzt wird, wie bei Psychologen und Psychotherapeuten. Schon Weizenbaums frühes Sprachprogramm ELIZA sollte eine Psychotherapeutin simulieren. Damals war Weizenbaum entsetzt darüber, wie dieses einfache Programm als psychotherapeutische Gesprächspartnerin akzeptiert wurde: Die Menschen projizierten ihre eigenen Wünsche und Ängste in dieses Programm.

Mit ChatGPT werden automatisierte Gesprächspartner denkbar, die als Ersatz für menschliche Gesprächspartner*nnen eingesetzt werden können. Dies könnte ein äußerst problematisches Geschäftsmodell für Psychotherapie sein, das massenhaft Chatbots einsetzt, um für solche Gespräche Honorare zu kassieren. Dies wäre nicht nur gewinnsüchtig, sondern auch extrem gefährlich für psychisch gefährdete Patienten. Tests zeigen, dass der Chatbot auch falsche und verzerrte Informationen erzeugt. Der Chatbot könnte als Transkriptor von Gesprächen oder für Ratschläge auf der Grundlage vorhandener Daten eingesetzt werden, die dann kritisch überprüft werden müssten.

Bei all diesen Anwendungen muss klar sein, dass der Chatbot nur eine statistische Datenanalyse auf der Basis großer Datenmengen mit Mustererkennung durchführt. Er kann also Gefühle und Empathie nur in dem Maße verstehen und vermitteln, wie zuvor trainierte Texte darüber gesprochen haben. In der Ausbildung können die Antworten des Chatbots von den Studierenden kritisch bewertet werden, um ihr eigenes psychotherapeutisches Urteilsvermögen zu schulen.

Sprachabhängig sind auch juristische Berufe wie z. B. Rechtsanwälte, Staatsanwälte oder Richter. So ist es denkbar, ChatGPT mit der Aufgabe eines Wirtschaftsanwalts zu betrauen. Ein Unternehmen möchte einen Gesellschaftsvertrag für eine bestimmte Rechtsform (z. B. in Deutschland eine GmbH) haben. Dazu beschreibt ein Unternehmen sein Profil, indem es bestimmte Standardfragen beantwortet. Der Chatbot entwirft dann automatisch den Gesellschaftsvertrag des Unternehmens.

Juristische Datenbanken gibt es in Deutschland bereits, aber sie generieren viele Antworten und Optionen auf Anfragen, die ein Jurist mühsam durcharbeiten muss. Da zum Beispiel Staatsanwälte und Richter unter der enormen Flut von anhängigen Verfahren leiden, könnten sie sich nur zu gerne auf die schnelle und scheinbar effiziente Hilfe eines Chatbots verlassen. Und das wäre wirklich gefährlich.

Die Gründe liegen auf der Hand: Gerade das Recht zeigt den heutigen Chatbots deutliche Grenzen auf. Die Sprache des Rechts ist extrem komplex und standardisiert. Was für den Laien wie eine plausible und wohlformulierte Antwort erscheint, kann falsch, schief und irreführend sein. Ähnlich wie das „Lösen von Matheaufgaben" in der Mathematik ist das „Lösen von Rechtsfällen" daher ein zentrales Ausbildungsfeld an der Universität für Jurastudenten. Auch hier kann ChatGPT didaktisch sinnvoll eingesetzt werden, indem die Antworten des Chatbots im Seminar oder in Übungsgruppen von den Studierenden kritisch analysiert und diskutiert werden, um die eigene Problemlösungskompetenz zu verbessern. Der Chatbot kann auch dabei helfen, sprachliche Zusammenfassungen von komplexen Urteilen und Rechtsfällen für bestimmte Zwecke zu verfassen. Aber gerade im juristischen Bereich geht es letztlich um Verantwortung bis hin zur Haftung, die nicht an einen Automaten delegiert werden kann.

Die Möglichkeiten von ChatGPT in Schulen und Universitäten geben derzeit Anlass zu großer Sorge. Nicht nur Schulaufsätze, sondern auch Seminararbeiten bis hin zu Bachelor-, Master- und Doktorarbeiten können in den Sozial-, Kultur- und Geisteswissenschaften schriftlich auf hohem Niveau erstellt werden, sofern es sich um Textproduktion handelt. Diese Arbeiten bestehen in der Regel den Turing-Test. Einige Universitäten, z. B. in Deutschland und Italien, reagierten mit einem Verbot von ChatGPT, was ich zwar für verständlich, aber völlig falsch halte. Auch hier müssen wir lernen, Chatbots als eine fortschrittliche Kulturtechnik zu verstehen und damit umzugehen.

Schon der Philosoph Platon war in der Antike über die Verwendung der Schrift anstelle eines mündlichen Dialogs beunruhigt, weil er darin eine Verzerrung des wahren Denkens sah. Später kam die Kunst des Druckens und schließlich die Textverarbeitung auf Schreibmaschinen und dann auf PCs. Meine Generation hat all diese Kulturtechniken erlebt: In der Grundschule habe ich zuerst auf einer Schiefertafel geschrieben, dann kamen Schulhefte mit Bleistift und Füllfederhalter, schließlich schrieb ich meine Dissertation auf einer mechanischen Schreibmaschine und dann kam die Textverarbeitung auf dem Personal Computer (PC).

Heute können Besprechungen überall auf der Welt online abgehalten werden. Natürlich verschieben sich die jeweiligen Vor- und Nachteile dieser Kulturtechniken. Auch Wikipedia wird nach anfänglicher heftiger Kritik inzwischen weltweit genutzt. Heute nutzen selbst hoch spezialisierte Wissenschaftler dieses Instrument, um sich zuerst zu informieren. Darüber hinaus wurde Wikipedia seit seinen Anfängen erheblich verbessert. Wir haben gelernt, diesen Informationstransfer klug zu nutzen, ohne uns blind darauf zu verlassen.

Noch einmal: Das von den Geisteswissenschaftlern verherrlichte Buch mit seiner Buchkultur wurde von einem der Begründer der abendländischen Philosophie als eine äußerst fragwürdige Form des Gedankenaustausches beurteilt. Vielleicht ist es nicht weit hergeholt zu denken, dass, ähnlich wie Technologien in der Technik, auch Kulturtechnologien ihre befristete Zeit in den Geisteswissenschaften haben. In der Technik spricht man von Brückentechnologien, die sich über einen gewissen Zeitraum bewähren, dann aber unter veränderten Bedingungen durch neue Technologien abgelöst werden.

So erleben wir derzeit die Ablösung des Dieselmotors, der über hundert Jahre lang eine geniale und revolutionäre Technologie war, nun aber unter den Bedingungen des Umweltwandels und der Möglichkeit von z. B. Elektromotoren, Batterien und erneuerbaren Energien an seine Grenzen stößt. Die kritische Auseinandersetzung mit Batterien in diesem Beispiel zeigt aber, dass dies nicht das letzte Wort ist, sondern nur eine weitere Brückentechnologie, die wieder an ihre Grenzen stoßen wird.

Die Möglichkeiten von ChatGPT in Schule und Hochschule sollten daher nicht zu Verboten führen, sondern zu der kritischen Frage: Sind Prüfungen, wie wir sie traditionell kennen, noch zeitgemäß und angemessen in einer veränderten Arbeitswelt mit anderen technischen Voraussetzungen. Deshalb ist zunächst eine grundsätzliche Diskussion notwendig, die nach den Möglichkeiten und Grenzen dieser Technologie fragt. Wir müssen die Algorithmen kennen, um ihre Möglichkeiten und Grenzen beurteilen zu können. Das erfordert theoretisches Grundwissen, aber auch praktische Erfahrung im Umgang mit diesen Programmen. Den Lernenden sollte also zunächst ein Grundverständnis für maschinelles Lernen und die speziellen Algorithmen von Chatbots wie ChatGPT vermittelt werden. Dann folgt das eigene Experimentieren mit Aufträgen an den Chatbot und die Auswertung von dessen Antworten.

Es ist wichtig zu verstehen, dass es sich beispielsweise um Reinforcement Learning handelt, bei dem durch ständiges Nachfragen neue und veränderte Antworten gegeben werden, die sich im besten Fall verbessern. Verstärkendes Lernen führt nicht zwangsläufig zu einem optimalen Ziel, sondern kann auch in Sackgassen landen. Dies hängt jedoch von der Wissensbasis des Chatbots ab, die dem Chatbot zuvor durch überwachtes Lernen in einer Trainingsphase mit einem menschlichen Betreuer beigebracht wurde. Daraus folgt, dass eine erste Antwort des Chatbots noch nicht direkt verwertbar ist, sondern einer Nachbearbeitung und Korrektur bedarf. Auf diese Weise könnten im Dialog mit dem Chatbot iterativ Musterlösungen in den verschiedenen Disziplinen generiert werden.

Ein sinnvoller Einsatz von ChatGPT in Prüfungen hängt also von den Randbedingungen ab (Gogoll et al. 2023). Nur in mündlichen und schriftlichen Prüfungen kann der Prüfer weitgehend sicherstellen, dass nicht geschummelt wird. Allerdings ist es auch eine Frage der Größenordnung, ob in manchen Fächern Hunderte oder gar Tausende von Kandidaten geprüft werden müssen oder eine überschaubare kleine Zahl. Bei schriftlichen Arbeiten hängt es vom Fach ab, wie sicher man sein kann. Schwierig wird es in der Tat bei Texterstellungsaufgaben in den Kultur- und Geisteswissenschaften. Empirische Arbeiten in den Sozial- und Wirtschaftswissenschaften beruhen auf empirischen Daten, die durch die Überprüfung von Quellen kontrolliert werden können.

Im Übrigen ist es z. B. in den Naturwissenschaften denkbar, dass bei Fachartikeln die sprachlichen Formulierungen in der fachtypischen Terminologie oder die Gliederung des Artikels in der fachtypischen Weise von einem Chatbot generiert werden, während die Ergebnisse der eigentlichen neuen Laborentdeckung nur noch eingefügt werden müssen. Entsprechend gibt es Prüfungsleistungen, bei denen Verbalisierungen nur einen Teil der Prüfungsleistung ausmachen. Dies bezieht sich auf Laborexperimente, statistische Analysen oder Programmierungen. Allerdings muss man zugeben, dass der Chatbot die Fähigkeit zu argumentieren und Gedanken schriftlich und mündlich zu präsentieren untergräbt. Diese Fähigkeiten sind z. B. für Führungsaufgaben in einem Unternehmen zentral. Prüfungen, die diese Fähigkeiten nicht mehr widerspiegeln, sind daher für ein Unternehmen wenig hilfreich. Hier müssen die Grenzen von Chatbots kritisch bewertet und andere Prüfungsformen, wie z. B. Prüfungsgespräche, gefordert werden.

Es muss von Fach zu Fach genau geprüft werden, wie die jeweilige Fachkompetenz durch einen Chatbot ersetzt werden kann. Es darf nicht vergessen werden, dass Prüfungsleistungen auch für Schülerinnen und Schüler ein wichtiges Instrument sind, um die eigenen Fähigkeiten, Talente und Grenzen zu erkennen, um später einen passenden Beruf zu finden. Die Objektivität von Prüfungen muss ein wichtiger Maßstab für die Vergabe von z. B. Stipendien und Studienplätzen bleiben. Aus rechtlicher Sicht muss daher sichergestellt werden, dass der Missbrauch von technischen Hilfsmitteln wie ChatGPT rechtssicher festgestellt werden kann. Bereits unter dem Eindruck der Pandemie wurde in Bayern eine Rechtsverordnung erlassen, um elektronische Fernprüfungen ablegen zu können. Demnach muss ein rechtlicher Rahmen geschaffen werden, der den Einsatz von Chatbots wie ChatGPT in Hochschulprüfungen regelt. Dabei werden Fragen der Chancengleichheit und der Einhaltung von Datenschutzstandards eine entscheidende Rolle spielen.

Das Beispiel ChatGPT zeigt deutlich, in welchem Entwicklungsstadium sich die KI-Tools befinden: Sie sind noch lange nicht in der Lage, den Menschen in entscheidender Letztverantwortung zu ersetzen. Aber Problemlösungen werden jetzt im Zusammenspiel von Mensch und KI entwickelt. Das biologische Bild einer Symbiose ist hier angebracht. Dieses Zusammenspiel von künstlicher und natürlicher Intelligenz muss sich auch in der Aus- und Weiterbildung, einschließlich der Bewertung von Prüfungsleistungen, widerspiegeln.

8 Gefahren, Defizite und Potenziale von Chatbots

Die Generation der Chatbots nach ChatGPT löste Alarmstimmung aus. Bemerkenswert ist, dass sich die Fachwelt und Öffentlichkeit in der Forderung nach Regulierung der neuen Herausforderungen einig sind. Allerdings werden Abstufungen deutlich. Die Forderungen reichen von spontanen Generalverboten von ChatGPT (z. B. Italien) bis zu Warnungen vor Überregulierungen, um z. B. in Europa nicht den Anschluss zu verlieren. Bemerkenswert ist allerdings auch, dass sich selbst Programmierer und beteiligte Firmeninhaber in KI-Dystopien gefallen. Dadurch wird einerseits der KI-Hype noch mehr befeuert. Andererseits begibt man sich unverbindlich in die Rolle der Warner, ohne allerdings konkrete Verpflichtungen einzugehend. Entscheidend sind angemessene Regulierungen, die genau die Möglichkeiten und Grenzen der Chatbot-Technologie berücksichtigen. Daher sind einerseits Grundlagenforschung und die sich daraus ergebenden Konsequenzen detailliert zu berücksichtigen. Andererseits muss der Rechtsrahmen einer parlamentarischen Demokratie beachtet und für die jeweiligen Anwendungen in Rechtsnormen konkretisiert werden. Dabei muss Überregulierung vermieden werden, um das Innovationspotenzial der KI in Europa nicht abzuwürgen. Wirtschaft und Wohlstand hängen zunehmend von der KI-Technologie ab.

Innovation und Wettbewerb stehen nicht notwendig im Gegensatz zu Recht und Sanktionierungen. Die Gewaltenteilung einer Demokratie in unabhängige Gerichte, Parlamente und Regierungen bietet nämlich Rechtssicherheit, die auch für Märkte und Unternehmen attraktiv ist. Die Datenschutz-Grundverordnung (DSGVO) ist ein wichtiger Schritt in diese Richtung, da sie den Datenschutz als zentral für das Wirtschaftsrecht herausstellt. Angewendet auf ChatGPT & Co. ergeben sich konkrete Konsequenzen. Diese Chatbots antworten auf der Grundlagen von Wahrscheinlichkeitsberechnungen und nutzen dazu alle Dokumente, die in ihren Speichern und öffentlichen Netzen zur Verfügung stehen.

Ein Nachteil des ChatGPT von Open AI besteht darin, dass keine Quellen der generierten Antworten angegeben werden, geschweige denn Widersprüche in den Quellen. Demgegenüber verfügt der Chatbot des deutschen Start-ups Aleph Alpha über zusätzliche Funktionen für Quellenverifizierung und die Erklärbarkeit von KI-generierten Inhalten. Hier wird Datenschutz zu einem Wettbewerbsvorteil. Auf der Grundlage einer Quellenverifizierung können mit Unterstützung von KI verantwortungsvolle und nachvollziehbare Entscheidungen im Rechts-, Gesundheits- und Bankenwesen getroffen werden.

Große Herausforderungen kommen auch auf klassische Medien und Presse zu. Die Rede ist bereits von einer „Roboterpresse", in der die Vielfalt der Presselandschaft einer Demokratie grundlegend verändert und manipuliert wird. Es geht um Wettbewerbs-, Kartell- und Medienrecht. Wie kann die Marktdominanz großer IT-Konzerne vermieden werden, die gezielt ihre Chatbots einsetzen? Andererseits bedroht die Chatbot-Technologie das Geschäftsmodell der bisher dominanten Suchmaschinen einiger IT-Giganten. Bei bildgenerierender und stimmengenerierender KI können Persönlichkeitsrechte der Verbraucher massiv bedroht sein. Hier ist eine Kennzeichnung KI-generierter Produkte angezeigt.

Die EU will deshalb Unternehmen zur detaillierten Kontrolle von KI verpflichten. Im klassischen Software Engineering war die Verifikation einer Software bereits eine zentrale Forderung, die auf die KI ausgeweitet werden muss. Im Kern geht es um den Nachweis, dass eine KI auch tatsächlich das tut, was sie tun soll. Unter dieser Voraussetzung wird zertifizierte KI möglich, wie sie das Bundesamt für Sicherheit in der Informationstechnik (BSI) fordert. Das gilt sowohl für hochautomatisiertes Fahren als auch automatisierte Medizinproduktion oder automatisierte Kreditwürdigkeitsbewertungen. Safety und Security, über die an anderer Stelle dieses Handbuchs ausführlich berichtet wurde, sind also in besonderer Weise herausgefordert.

Die Zukunft der Chatbots liegt in ihrer Spezialisierung und Ausrüstung mit domänenabhängigen Zusatzfunktionen. Dafür bedarf es Gütesiegel, wie sie in Deutschland vom TÜV bekannt sind. Mit dieser Forderung nach Verifizierung und Zertifizierung von Chatbots eröffnen sich zugleich neue Geschäftsmodelle für Prüfkonzerne. Am Ende ist die Regulierung von KI für Chatbots nicht nur eine wohlfeile ethische Forderung, sondern hängt von verantwortungsvollen und robusten Prüfverfahren ab. Sie sollten dafür sorgen, dass auch Chatbots wie andere KI-Systeme als Dienstleistungssysteme von Menschen genutzt werden können.

Literatur

Biere, A., et al., Hrsg. 2009. *Handbook of satisfiability*. Amsterdam: IOS Press.

Boersch, I., et al. 2007. *Wissensverarbeitung. Eine Einführung in die Künstliche Intelligenz für Informatiker und Ingenieure*, 2. Aufl. Heidelberg: Springer.

Chomsky, N. 1969. *Aspekte der Syntax-Theorie*. Frankfurt: Suhrkamp. Datenschutz-Grundverordnung (DSGVO). https://dsgvo-gesetz.de/.

Dreyfus, H. L., und S. E. Dreyfus. 1986. *Mind over machine*. Reading: Addison-Wesley.

Ferrucci, D., et al. 2013. Watson: beyond Jeopardy! *Artificial Intelligence* 199:93–105.

Frieder, S., et al. 2023. Mathematical capabilities of ChatGPT. arXiv:2301.13867v1 [cs.LG] 31. Jan 2023.

J. Gogoll, D. Heckmann, A. Pretscher. 2023. Endlich neue Prüfungen dank ChatGPT. *FAZ*, 20.03.2023 Nr. 67, S. 18.

Görz, G., und J. Schneeberger, Hrsg. 2003. *Handbuch der Künstlichen Intelligenz*, 4. Aufl. München: Oldenbourg.

Hausser, R. 2014. *Foundations of computational linguistics. Human-computer communication in natural language*, 3. Aufl. Berlin: Springer.

Hopcroft, J. E., R. Motwani, und J. Ullman. 2001. *Introduction to automata theory, Languages, and Computation*. Readings: Addison-Wesley.

Hornik, K., et al. 1989. Multilayer feedforward networks are universal approximators. *Neural Networks* 2(5): 359–366.

Jia, Jiyou. 2009. CSIEC: A computer assisted English learning chatbot based on textual knowledge and reasoning. *Knowledge-Based Systems* 22(2009): 249–255.

Kleene, S. C. 1956. Representation of events in nerve nets and finite automata. In *Automata studies*, Hrsg. C. E. Shannon und J. McCarthy, 3–41. Princeton: Princeton University Press.

Küchlin, Wolfgang, und C. Sinz. 2000. Proving consistency assertions for automotive product data management. *Journal of Automated Reasoning* 24:145–163.

Mainzer, K. 1994. *Computer – Neue Flügel des Geistes? Die Evolution computergestützter Technik, Wissenschaft, Kultur und Philosophie*. Berlin/New York: De Gruyter.

———. 1997. *Gehirn, Computer, Komplexität*. Berlin: Springer.

———. 2003. *KI – Künstliche Intelligenz. Grundlagen intelligenter Systeme*. Darmstadt: Wissenschaftliche Buchgesellschaft.

———. 2010. *Leben als Maschine? Von der Systembiologie zur Robotik und künstlichen Intelligenz*. Paderborn: Mentis.

———. 2019. *Artificial Intelligence. When do machines take over?* Berlin: Springer. (Chinese translation: Tsinghua University Press: Beijing 2022).

Mainzer, K., und R. Kahle. 2022. *Grenzen der Künstlichen Intelligenz – theoretisch, praktisch, ethisch*. Berlin: Springer.

Minsky, M. 2006. *The emotion machine. Common sense thinking, artificial intelligence, and the future of the human mind*. New York: Simon & Schuster.

Ouyang, L., et al. 2022. Training language models to follow instructions with human feedback. arXiv:2203,02155vl [cs.CL] 4. Mar 2022.

Picard, R. W. 1997. *Affective computing*. Cambridge.

Puppe, L. F. 1988. *Einführung in Expertensysteme*. Berlin: Springer.

Ritter, H., T. Martinetz, und K. Schulten. 1991. *Neuronale Netze*. Bonn: Addison-Wesley.

Robinson, J. A. 1965. A machine oriented logic based on the resolution principle. *Journal of the Association for Computing Machinery* 12:23–41.

Siegelmann, H. T., und E. D. Sontag. 1995. On the computational power of neural nets. *Journal of Computer and Systems Science* 50:132–150.

Turing, A. M. 1950. Computing machinery and intelligence. In *Intelligence service*, Hrsg. A. M. Turing. Schriften, Berlin 1987, S. 47–182.

Vapnik, V. N. 1998. *Statistical learning theory*. New York: Springer.

Wahlster, W., Hrsg. 2000. *Verbmobil: Foundations of speech-to-speech translation*. Berlin: Springer.

Weizenbaum, J. 1965. ELIZA – A computer program for the study of natural language communication between man and machine. *Communications of the Association for Computing Machinery* 9:36–45.

Teil IV

Grundlagen von evolutionären Algorithmen

Grundlagen konnektiver komplexer Systeme

Marc-Thorsten Hütt

Inhalt

Zusammenfassung

Die Sicht, dass die Vernetzung von Elementen zu Komplexität führt, verweist auf zwei große Forschungsstränge: die Theorie der Selbstorganisation und die Theorie komplexer Netzwerke. Im Folgenden werden beide Forschungsstränge kurz dargestellt und an drei einfachen Beispielen illustriert: die Synchronisation dynamischer Elemente, raumzeitliche Muster, die aus einfachen lokalen Regeln entstehen, und propagierende Wellen als kollektives Verhalten erregbarer Systeme. Es wird gezeigt, wie beide Forschungsstränge unsere Vorstellung wichtiger komplexer Systeme, speziell in der Biologie, geprägt haben. Auf dieser Grundlage wird illustriert, welche Bedeutung diese Theoriegebäude für unser Verständnis von künstlicher Intelligenz haben.

Schlüsselwörter

Selbstorganisation · Netzwerke · Dynamische Systeme · Synchronisation · Erregbare Medien

M.-T. Hütt (✉)
Department of Life Sciences and Chemistry, Jacobs University Bremen, Bremen, Deutschland
E-Mail: m.huett@jacobs-university.de

K. Mainzer (Hrsg.), *Philosophisches Handbuch Künstliche Intelligenz*,
https://doi.org/10.1007/978-3-658-19606-6_14

1 Einleitung

Komplexe Systeme lassen sich denken als aus einer Vielzahl von Elementen bestehend, die miteinander in Wechselwirkung treten. Das dynamische Verhalten der Elemente ist zudem oft nicht linear, die Verrechnung von Eingabe zu Ausgabe in jedem Element folgt also keiner linearen Beziehung. Beispiele komplexer Systeme sind Schwärme, das Gehirn, Gruppen von Menschen, die Zellen eines Gewebes oder eines Organismus, aber auch die einzelne biologische Zelle mit ihrer Vielzahl molekularer Komponenten (Gene, Proteine, Metaboliten etc.). Die Schlüsselfrage der Theorie komplexer Systeme ist, welches kollektive Verhalten sich aus der Interaktion eines solchen Ensembles nichtlinearer Elemente ergeben kann.

In vielen Fällen ist nicht jedes Element eines Systems mit jedem anderen verbunden. In räumlich ausgedehnten Systemen zum Beispiel tritt oft jedes Element nur mit den Elementen seiner Nachbarschaft in Wechselwirkung. Die kollektiven Verhaltensformen des Systems fallen dann in die Kategorie *raumzeitliche Muster*. In den letzten 20 Jahren sind unter dem Begriff *komplexe Netzwerke* andere Architekturen der Wechselwirkung in den Vordergrund gerückt, zum Beispiel modulare Netze, bei denen dicht vernetzte Gruppen von Knoten nur gering untereinander verbunden sind, oder Netze, die um wenige hoch vernetzte Elementen (‚Hubs') organisiert sind. Mit dieser neuen Vielfalt von Netzwerken eng verbunden ist die Frage, wie die Netzwerkarchitektur das kollektive dynamische Verhalten – die *Selbstorganisation* – in den Netzwerken beeinflusst. Synchronisieren Oszillatoren leichter, wenn das Netz Hubs enthält? Welche Aktivitätsmuster eines Netzes werden durch eine modulare Organisation befördert?

In der historischen Entwicklung kann man die *Systemtheorie* als Ursprung der hier dargestellten Konzepte sehen, die sich über die Kybernetik und die Theorie komplexer adaptiver Systeme hin zu einer Theorie der Selbstorganisation entwickelt hat. Das große Potenzial interdisziplinärer Anwendungen wurde vor allem ermöglicht durch die *Synergetik* (Haken 1977, 1980, 2013), also der theoretischen Basis der Selbstorganisation, die das kollektive Verhalten von Systemen mit Hilfe von Ordnungsparametern analysiert – einfachen quantitativen Indikatoren der ‚Muster' oder ‚kollektiven Moden' eines Systems. Selbstorganisation wird so zu einer universellen Theorie komplexer Systeme, bei der durch Variation von Kontrollparametern Übergänge zwischen Zuständen des Ordnungsparameters (Phasenübergänge) induziert werden. Diese Entwicklungsstränge sind in Mainzer (1999); Mikhailov und Calenbuhr (2002) und Bar-Yam (1997) ausführlich dargestellt. Die spontane Entstehung kollektiven Verhaltens an kritischen Werten eines Kontrollparameters ist zugleich eine gute, pragmatische Definition des (in der Theorie komplexer Systeme ubiquitären) Begriffs der *Emergenz*.

Der Begriff der Komplexität hat in diesen Überlegungen eine Mehrfachrolle, auf die hingewiesen werden muss. Aus der Perspektive der Selbstorganisation verweist er auf Systeme, die zur Emergenz kollektiven Verhaltens fähig sind. Wir werden sehen, dass mit der durch Stephen Wolfram eingeführten Klassifikation der Muster zellulärer Automaten (Wolfram 1984) – einem Minimalmodell solcher Systeme mit emergenten Strukturen – diese Form der Komplexität präzise charakterisiert und zum Beispiel von deterministischem Chaos abgegrenzt wird. Ein an die Informatik angelehnter Komplexitätsbegriff basiert auf der Berechenbarkeit eines Problems. Berechenbarkeit bedeutet hier, dass sich für eine mathematische Funktion oder eine formal formulierte Frage ein Algorithmus (also eine Abfolge von Befehlen) zur Lösung angeben lässt. Die Komplexität eines Problems ist dann die Skalierung der Laufzeit des entsprechenden Algorithmus mit der Größe des Problems. In der Informatik wird zudem als algorithmische Komplexität (oder Kolmogorov-Komplexität) einer Struktur (also z. B. einer Zeichenkette oder eines Musters) die Länge des kürzesten Algorithmus bezeichnet, der diese Struktur zu erzeugen vermag. Eine ausführliche Diskussion der formalen und informationstheoretischen Aspekte von Komplexität findet sich in Ebeling et al. (1998).

Anhand einfacher mathematischer Modelle, die generische Eigenschaften einer Vielzahl von Systemen repräsentieren, kann man Prozesse der Selbstorganisation formal nachbilden und beobachten. Man findet auf diese Weise die zentralen Begriffe der Theorie der Selbstorganisation – Emergenz, Ordnungsparameter, Kontrollparameter, Phasenübergang – elementar illustriert und vermag so, aus den Modellen die universellen Prinzipien zu extrahieren, denen Selbstorganisationsprozesse in der Natur folgen.[1] In ganz ähnlicher Weise lassen sich anhand einfacher Modelle von Netzwerken die Unterschiede in ihren strukturellen Eigenschaften und die resultierenden Auswirkungen auf das in ihnen mögliche kollektive dynamische Verhalten illustrieren. Diese beiden Zugänge – die Illustration von Selbstorganisation anhand einfacher dynamischer Modelle und die Illustration der Rolle von Netzwerkarchitektur anhand einfacher Netzwerkmodelle – bilden die Strategie, die wir im vorliegenden Kapitel verfolgen werden.

2 Selbstorganisation und Komplexität

Unter Selbstorganisation versteht man – wie oben bereits kurz skizziert – das Auftreten kollektiver (also über die Skala einzelner Elemente hinausgehender) Strukturen oder Verhaltensformen (‚Muster') in einem Ensemble vieler interagierender Elemente. Häufig treten die Muster spontan auf, sobald ein kritischer Wert eines Kontrollparameters überschritten wird. Diese formale Situation lässt sich auf eine Vielzahl natürlicher Phänomene übertragen. Die Verhaltensweisen von Schwärmen, von biologischen Zellen oder Organismen, des Gehirns, von Menschenmengen zeigen allesamt Aspekte von Selbstorganisation. Das mikroskopische Prinzip ist dabei ähnlich: Sobald eine bestimmte Dichte überschritten wird, agiert ein Individuum nicht mehr unabhängig, sondern reagiert vor allem auf das Verhalten seiner unmittelbaren Nachbarn. In diesem Zustand bildet das Gesamtsystem eine kollektive Bewegung aus. Richtungswechsel und Änderungen der Geschwindigkeit geschehen nun als Ganzes. Der Physiker Hermann Haken hat diesen Vorgang als „Versklavung" der einzelnen Elemente durch das kollektive Systemverhalten bezeichnet. Dahinter

[1] Vgl. auch die ausführliche Darstellung in Hütt (2006).

verbirgt sich letztlich eine Reduktion der Freiheitsgrade. Nicht mehr jedes Individuum im Schwarm muss in Ort und Geschwindigkeit verwaltet werden, um zu einer Erfassung des Systemzustands zu gelangen, sondern es existieren wenige kollektive Kenngrößen, die das Gesamtsystem charakterisieren und denen die Individuen folgen. Solche globalen Kenngrößen, an denen sich die qualitative Änderung zeigt, bezeichnet Haken als *Ordnungsparameter.* Mathematisch wird Selbstorganisation dann zu einer sprunghaften Änderung eines Ordnungsparameters beim kontinuierlichen Variieren eines Kontrollparameters des Systems. Die vor allem durch seine Theorie des Lasers entstandene mathematische Formulierung der Selbstorganisation hat Haken dann auf eine allgemeine Theorie kollektiver Eigenschaften geführt, die er als *Synergetik* bezeichnet hat (Haken 1977, 1980). Im Folgenden soll nun an drei einfachen Beispielen illustriert werden, wie Selbstorganisation funktioniert und wie die theoretischen Grundbegriffe – Ordnungsparameter, Kontrollparameter, Übergänge an kritischen Punkten – uns helfen, das Verhalten komplexer Systeme näher zu charakterisieren. Die drei Beispiele sind (1) die Synchronisation oszillierender Elemente, (2) komplexes Verhalten aus einfachen lokalen Regeln in zellulären Automaten, und (3) Wellen in erregbaren Medien.

Beispiel 1: Synchronisation

Synchronisation ist der Oberbegriff für eine Vielzahl von Phänomenen der Selbstorganisation (Strogatz und Stewart 1993). Unter Kopplung gleichen dynamische Elemente ihr Verhalten aneinander an. In der Natur können solche „dynamischen Elemente" Glühwürmchen sein, die ihr periodisches Leuchten synchronisieren (Buck und Buck 1976) oder Zuschauer im Theater, die am Ende der Vorstellung ihren Applaus synchronisieren (Néda et al. 2000). Die enorme Erklärkraft dieses einfachen Prinzips hat Steven Strogatz eindrücklich in seinem Buch *Sync: How order emerges from chaos in the universe, nature, and daily life* dargestellt (Strogatz 2012).

Eine formale mathematische Beschreibung solcher interagierender dynamischer Elemente ist ein System gekoppelter Phasenoszillatoren, bei dem dic Kopplungsstärke den intrinsischen Kontrollparameter und die Stärke der Synchronisation den Ordnungsparameter angeben, der das kollektive Verhalten charakterisiert.

Mit wachsender Kopplung beobachtet man in einem solchen Systems das spontane Auftreten (also die *Emergenz*) eines kollektiven synchronisierten Zustands (Strogatz 2000). Tatsächlich kann in diesem Fall der Ordnungsparameter in einer mathematisch expliziten Form angegeben werden, der dann die Stärke der Synchronisation in dem System quantifiziert. In ihrer einfachsten Form ist ein solches System von Phasenoszillatoren gegeben durch folgende Gleichung, mit der die zeitliche Änderung $d\phi_j/dt$ der Phasenvariablen $\phi_j(t)$ als Wechselspiel der eigenen Oszillation (erster Term) und der Interaktion mit den anderen Oszillatoren (zweiter Term) dargestellt wird:

$$\frac{d\phi_j}{dt} = \omega_j + \varepsilon \sum_k \sin\left(\phi_k - \phi_j\right). \tag{1}$$

Hier ist $\phi_j(t)$ die Phasenvariable des $j$ten Oszillators zum Zeitpunkt t und der Parameter ω_j die natürliche Frequenz (oder „Eigenfrequenz") des $j$ten Oszillators. Der Parameter ε ist die Kopplungsstärke. Der Ordnungsparameter kann nun beschrieben werden als zeitgemittelte Länge des Summenvektors, der sich daraus ergibt, jede Phase $\phi_j(t)$ als Vektor in der komplexen Ebene darzustellen, $\exp(i\phi_j(t))$, und dann über alle Oszillatoren zu summieren (Kuramoto 1984; Acebrón et al. 2005):

$$R = \left\langle \frac{1}{N} \left| \sum_{j=1}^{N} \exp\left(i\phi_j(t)\right) \right| \right\rangle, \tag{2}$$

wobei die spitzen Klammern $\langle . \rangle$ eine Mittelung über die Zeit und i die imaginäre Einheit, $i = \sqrt{-1}$, bezeichnen. Diese Darstellung des Ordnungsparameters R bedient sich also eines mathematischen Tricks, bei dem ausgenutzt wird, dass die komplexe Exponentialfunktion $\exp(i\phi)$ einen Kreis beschreibt in der komplexen (also aus Real- und Imaginärteil bestehenden) Zahlenebene. Auf diese Weise lässt sich der Wert der Phase ϕ eines Oszillators zu jedem Zeitpunkt als Vektor in der Ebene darstellen. Zeigen die Vektoren alle vornehmlich in eine Richtung (hohe Synchronisation), so entsteht ein Summenvektor von großer Länge, während eine gleichmäßige Verteilung der Vektoren in alle Richtungen (niedrige Synchronisation) auf einen kurzen Summenvektor führt.

Abb. 1 gibt den Ordnungsparameter R als Funktion der Kopplungsstärke ε für ein System von 100 gekoppelten Phasenoszillatoren an, das Gleichung (1) folgt. Selbst für dieses vergleichsweise kleine System von 100 Oszillatoren ist die sigmoidale Änderung des Ordnungsparameters als Funktion des Kontrollparameters und damit das sprunghafte, spontane Einsetzen – die Emergenz – der Synchronisation bei Erreichen eines kritischen Wertes des Kontrollparameters (der Kopplungsstärke) deutlich sichtbar.

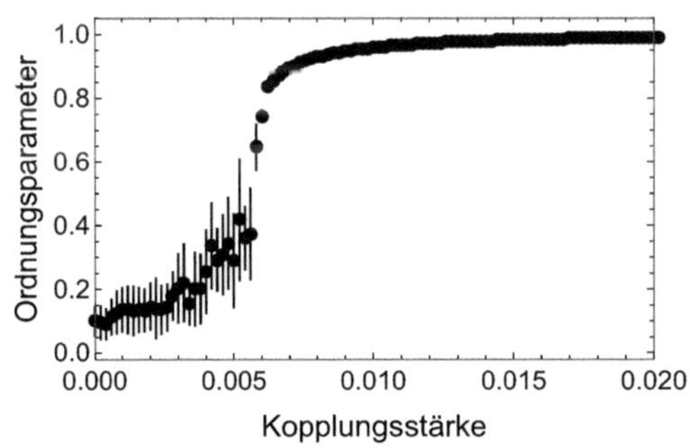

Abb. 1 Ordnungsparameter R als Funktion der Kopplungsstärke ε für ein System aus 100 gekoppelten Phasenoszillatoren gemäß Gl. (1). Die Eigenfrequenzen ω_j wurden zufällig aus dem Intervall [0,1] gewählt. Der Ordnungsparameter R wurde gemäß Gl. (2) berechnet. Die Fehlerbalken geben die Standardabweichung der zeitlichen Mittelung an

Beispiel 2: Komplexität in den Mustern zellulärer Automaten
Nachdem wir mit dem Phänomen der Synchronisation und seiner einfachen Implementierung im Rahmen gekoppelter Phasenoszillatoren ein erstes präzise ausformuliertes Beispiel eines Prozesses der Selbstorganisation kennengelernt haben, können wir nun einen weiteren Grundpfeiler der Theorie komplexer Systeme, nämlich Komplexität als ein Bindeglied zwischen Ordnung und Chaos, mit Hilfe eines anderen elementaren mathematischen Modells illustrieren, den *zellulären Automaten.*

Im Gegensatz zur kontinuierlichen Zeit t und den kontinuierlichen Zuständen $\phi_j(t)$ der Differentialgleichungen aus Gl. (1) operieren zelluläre Automaten auf einer diskreten Zeit und einem diskreten Zustandsraum. Zudem sind zelluläre Automaten Modelle einer *raumzeitlichen* Dynamik, bei der man den Raum ebenfalls diskretisiert (in „Zellen"). Differentialgleichungen bilden reale Systeme ab, indem alle Mechanismen für eine zeitliche Änderung einer dynamischen Variablen mathematisch auf der rechten Seite der Differentialgleichung aufgeführt sind. In Gleichung (1) sind dies die Eigenfrequenzen, die eine konstante individuelle Änderungsrate der Phase $\phi_j(t)$ darstellen, und der Kopplungsterm, der die Wechselwirkung zu den anderen Phasenoszillatoren beschreibt. Im Fall zellulärer Automaten werden die Mechanismen eines Systems in Form von *Update-Regeln* zusammengefasst. Betrachten wir nun einen (räumlich) eindimensionalen zellulären Automaten, bei dem der Zustand $x_j(t+1)$ des Elementes an Raumposition j zum Zeitpunkt $t+1$ sich aus dem vorangegangenen Zustand $x_j(t)$ und den Zuständen seiner direkten räumlichen Nachbarn, $x_{j-1}(t)$ und $x_{j+1}(t)$, zum Zeitpunkt t ergibt.[2] Die Update-Regeln sind dann Funktionen

$$x_j(t+1) = f(x_{j-1}(t), x_j(t), x_{j+1}(t)). \tag{3}$$

Für einen binären Zustandsraum, $x_j(t) \in \sum = \{0,1\} \ \forall\, j,\, t$, hat man also den nächsten Zustand der mittleren Zelle, $x_j(t+1)$ für jede Konstellation aus drei Elementen anzugeben, die sich auf dem Zustandsraum $\Sigma = \{0,1\}$ bilden lassen:

$$\begin{array}{cccccccc} (0,0,0) & (0,0,1) & (0,1,0) & (0,1,1) & (1,0,0) & (1,0,1) & (1,1,0) & (1,1,1) \\ \downarrow & \downarrow & \downarrow & \downarrow & \downarrow & \downarrow & \downarrow & \downarrow \\ 1 & 1 & 1 & 0 & 1 & 0 & 0 & 0 \end{array}$$

Diese spezielle Wahl der Update-Regel führt unter wiederholter Anwendung auf eine anfänglich zufällige Abfolge von 0 und 1 (Zeitpunkt 0) zu dem in Abb. 2 gezeigten raumzeitlichen Muster.[3]

[2]Entsprechende Update-Regeln lassen sich auch für größere Nachbarschaften formulieren, die zum Beispiel zusätzlich die übernächsten Nachbarn eines Elementes einbeziehen. Für die Endpunkte einer solchen linearen Kette sind Randbedingungen erforderlich. Eine elementare Diskussion dieses Formalismus zellulärer Automaten findet sich zum Beispiel in Kap. 3 in Hütt (2001).

[3]Liest man den Vektor dieser Update-Regel (also die resultierenden Zustände für jede Nachbarschaft), (1,1,1,0,1,0,0,0), als Binärzahl, so erhält man 232. Gibt man zusätzlich noch die Nach-

Abb. 2 Raumzeitliches Muster eines zellulären Automaten mit einer Nachbarschaftsgröße $R = 1$ und einem zwei-elementigen (binären) Zustandsraum zur Regel 232. Beginnend von zufälligen Anfangsbedingungen läuft die Dynamik nach wenigen Schritten in einen Fixpunkt

Durch die im allgemeinen sprunghafte Form der Zustandsänderungen sind zelluläre Automaten in natürlicher Weise nichtlinear. Zudem stellen sie formal ein (räumlich organisiertes) Ensemble über Nachbarschaftsbeziehungen verkoppelter Elemente dar und damit ein komplexes, zu Selbstorganisation fähiges System.

Eine ausführliche Darstellung zellulärer Automaten findet sich in einem der folgenden Kapitel. Hier soll nur in aller Kürze auf drei für unsere Diskussion von Selbstorganisation, Komplexität und Konnektivität hoch relevante Eigenschaften hingewiesen werden: (1) die Charakterisierung komplexen Verhaltens zellulärer Automaten; (2) die Vorstellung von „Komplexität am Rande des Chaos", die sich durch zelluläre Automaten eindrucksvoll illustrieren lässt; (3) den Zusammenhang von Komplexität und Berechenbarkeit (engl. *computation*) in zellulären Automaten.

Stephen Wolfram unterscheidet die Zeitverläufe zellulärer Automaten in folgender Weise (Wolfram 1984): Nahezu alle Anfangsbedingungen führen auf einen Fixpunkt (Wolfram-Klasse I), auf oszillatorisches Verhalten (Wolfram-Klasse II), auf chaotisches Verhalten ohne langreichweitige Muster (Wolfram-Klasse III) und auf chaotisches Verhalten verwoben mit langreichweitigen regulären Strukturen (Wolfram-Klasse IV). Abb. 3 gibt Beispiele dieser Zeitverläufe.

Komplexität wird im Kontext zellulärer Automaten und geleitet durch die Definition der Wolfram-Klasse IV gesehen als eine Koexistenz von Irregularität und Ordnung. Eine sehr elegante Analyse des Auftretens der Wolfram-Klassen entlang von Pfaden durch den Regelraum zellulärer Automaten (Langton 1990) hat auf diesem Fundament durch numerische Simulationen einen der Grundpfeiler unseres Verständnisses komplexer Systeme entdeckt. Langton (1990) charakterisierte die Regeln zellulärer Automaten durch einen einzigen Parameter, nämlich die (relative) Zahl der Nachbarschaften, in denen der Zustand der Zentralzelle sich nicht ändert. Er konnte dann zeigen, dass sich entlang eines typischen Pfades, der unter Variation dieses Langton-Parameters entsteht, die Wolfram-Klassen so ändern, dass die Wolfram-Klasse IV (Komplexität) zwischen den Wolfram-Klassen I und II (reguläre Strukturen) und der Wolfram-Klasse III (Chaos) liegt. Dies führte auf das zentrale

barschaftsgröße (hier: den Radius $R = 1$) und die Zahl der Zustände (hier: der binäre Zustandsraum $K = 2$) an, so ist der zelluläre Automat durch Angabe dieser Regel-Nummer eindeutig bestimmt.

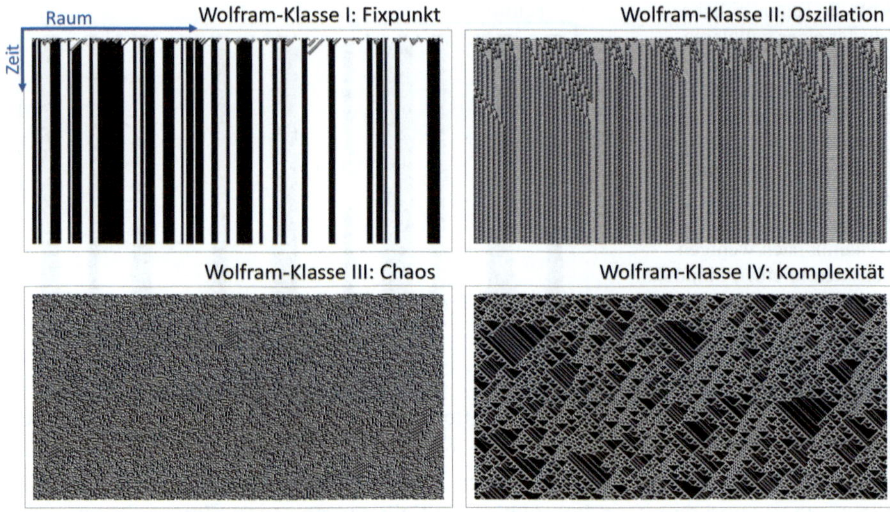

Abb. 3 Beispiele raumzeitliches Muster zu den vier Wolfram-Klassen. Verwendet wurden zelluläre Automaten mit einer Nachbarschaftsgröße $R = 1$ und einem drei-elementigen Zustandsraum beginnend von zufälligen Anfangsbedingungen

Prinzip, dass Komplexität an der Schnittstelle von Ordnung und Chaos zu finden ist (engl. *complexity at the edge of chaos*).

Dieser Befund verweist auf ein wichtiges weiteres Attribut komplexen Verhaltens: Man erwartet Komplexität an den „Phasengrenzen" der Verhaltensformen eines Systems, also an den kritischen Punkten, an denen das Systemverhalten wechselt. In unserem oben genannten Beispiel ist dies die Phasengrenze zwischen Ordnung und Chaos. Man weiß aus dem Studium von Phasenübergängen (also dem Überschreiten solcher kritischen Punkte in komplexen Systemen), dass in der Nähe des kritischen Punktes kleine Störungen eine sehr große Wirkung auf den Systemzustand haben (Solé et al. 1996). Dieses Phänomen ist unter dem Stichwort ‚kritische Fluktuationen' bekannt. Dieser Zusammenhang von Komplexität und Kritizität, aber auch die Fähigkeit von Systemen in der Nähe kritischer Punkte, auf kleine Störungen mit großen Änderungen des Systemzustands zu reagieren, hat auf die Frage geführt, ob natürliche Systeme sich evolutionär in selbstorganisierter Weise hin zu kritischen Punkten bewegen (‚selbstorganisierte Kritizität'; vgl. Bak et al. (1988); Bak (2013)). Diese Frage ist immer noch Gegenstand intensiver Forschung (siehe z. B. Daniels et al. 2018).

Zelluläre Automaten, insbesondere Regeln der Wolfram-Klasse IV, lassen sich zudem mit dem Konzept der Berechenbarkeit in Verbindung bringen. Hierzu ist es notwendig zu zeigen, dass sich aus der raumzeitlichen Dynamik der zellulären Automaten einfache Rechenoperationen zusammensetzen lassen (zum Beispiel die logischen Operationen UND und ODER, sowie Negationen), aus denen sich dann komplexere logische Operationen und ganze Algorithmen zusammensetzen lassen. Solche Nachweise sind zum Beispiel für das *Game of Life*, einem berühmten zellulären Automaten der 1970er-Jahre (Conway 1970), und für die Regel 110 für $R = 1$ und $K = 2$ (Rendell 2002; Cook 2004) geführt worden.

Ein schönes Beispiel für das verteilte Rechnen, das hinter zellulären Automaten steht, ist das Problem der *Dichteklassifikation*. Die Aufgabe ist, in einer Kette von Nullen und Einsen nur durch Nachbarschaftsabfragen zu bestimmen, welcher Zustand die Mehrheit besitzt. Es gibt hier also keine externe zentrale Prozessierungseinheit (oder CPU), die globale Systeminformation besitzt und somit einfach „nachzählen" könnte. Die Frage, welche lokalen Update-Regeln diese Aufgabe besonders gut erfüllen können, ist in der Forschung intensiv diskutiert worden (Land und Belew 1995; Moreira et al. 2004). Dabei hat sich gezeigt, dass schwierige Konstellationen (also insbesondere Ketten mit nahezu gleichen Anzahlen von Nullen und Einsen) oft auf lange zeitliche Transienten der zellulären Automaten führen, bevor der Zustand in einen Fixpunkt (alle Zellen im Zustand 1 oder alle Zellen im Zustand 0) läuft, sich also sehr schwer klassifizieren lassen. Das Verhalten solcher Dichteklassifikations-Automaten wurde quantitativ mit der Dynamik von Spaltöffnungen in Pflanzenblättern unter schwierigen Umweltbedingungen verglichen (Peak et al. (2004); siehe auch die ausführliche Diskussion in Hütt und Lüttge (2007)).

Zelluläre Automaten sind zudem eine wichtige Beschreibungsmethode realer (insbesondere biologischer) Systeme. Die Muster von Schneckenschalen konnten mit zellulären Automaten in Verbindung gesetzt werden (Meinhardt 2013). Kürzlich wurde gezeigt, dass für Pigmentmuster auf der äußeren Haut von Echsen zelluläre Automaten durch die diskrete Natur des Trägerraums (also der Hornschuppen der Echsen) ein angemessenes Modell darstellen (Manukyan et al. 2017).

Im folgenden Abschnitt werden wir einen weiteren zellulären Automaten kennenlernen, dessen Update-Regeln eine große Klasse realer, besonders für biologische Systeme relevanter Dynamiken repräsentieren: Erregbare Dynamiken lassen sich sehr elegant als (stochastischer) zellulärer Automat darstellen. Dieses einfache Modell ist als *forest fire model* zudem ein wichtiges Instrument für unser Verständnis selbstorganisierter Kritizität (Drossel und Schwabl 1992).

Beispiel 3: erregbare Systeme

Selbst in dem einfachsten Modell eines erregbaren Mediums zeigt sich, wie diese nichtlinearen Elemente propagierende Wellenfronten und Spiralwellen als kollektives Verhalten hervorbringen (Grace und Hütt 2015). Eine Implementierung eines erregbaren Mediums ist das folgende Minimalmodell, das diese Dynamik als stochastischen (also mit Wahrscheinlichkeiten operierenden, nicht deterministischen) zellulären Automaten mit drei Zuständen beschreibt.[4] In diesem Modell wechselt ein Element von einem erregbaren in einen angeregten Zustand, falls es einen angeregten Nachbarn gibt. Ein angeregtes Element durchläuft nach der Anregung eine Refraktärphase, in der es nicht angeregt werden kann, bevor es wieder in den erregbaren Zustand wechselt. Das Modell hat also einen Zustandsraum aus erreg-

[4]Vgl. auch die Darstellungen in Hütt (2020), in Kap. 5 von Hütt (2001) und in Grace und Hütt (2015).

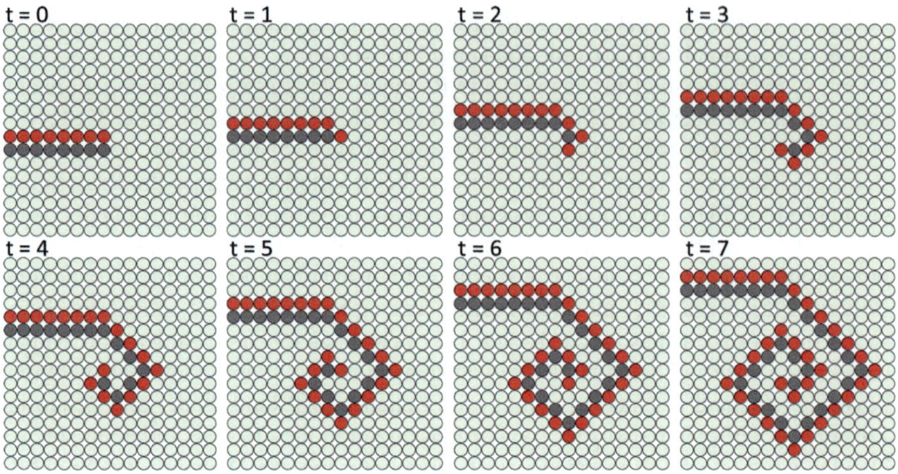

Abb. 4 Illustration der Entstehung von Spiralwellen in einem einfachen Modell eines erregbaren Mediums. Eine offene Wellenfront, die von einer Reihe refraktärer (nicht erregbarer) Zellen gefolgt ist, wird über die Zeit gemäß den im Text dargestellten Update-Regeln simuliert (im deterministischen Grenzfall $f \to 0, p \to 1$). Das offene Ende führt zu einer sich selbst erhältenden Spiralwelle. Die geometrische Struktur der Wellenfront ist eine Konsequenz der gewählten Vierer-Nachbarschaft. Darstellung: erregt: ●, refraktär: ●, erregbar: ○. Diese Abbildung wurde in Anlehnung an Abb. 1C aus Grace und Hütt (2015) erzeugt

baren (suszeptiblen, *S*), erregten (*E*) und refraktären (*R*) Elementen. Die Übergänge, die in jedem (diskreten) Zeitschritt nun ausgeführt werden, sind: $S \to E$, wenn sich eine Anregung in der direkten Nachbarschaft des Zustandes *S* befindet; $E \to R$ (d. h. die Anregungsdauer ist ein Zeitschritt); mit der Wahrscheinlichkeit *p*: $R \to S$, was auf eine geometrische Verteilung der Refraktärzeiten mit einer mittleren Refraktärzeit von $1/p$ führt; mit der Wahrscheinlichkeit *f*: $S \to E$, selbst wenn sich keine Anregung in der Nachbarschaft befindet (Spontanaktivität). Abb. 4 führt vor, wie Spiralwellen in diesem System entstehen. Diese Selbstorganisationseigenschaft ist von hoher Bedeutung in der Biologie. Beispiele für funktionell relevante Wellenphänomene sind Spiralwellen in *Dictyostelium discoideum* (Pálsson et al. 1997; Goldbeter 2006), in Herzgewebe (Davidenko et al. 1992; Gray et al. 1998), aber auch propagierende Wellenfronten im neuronalen Cortex (Izhikevich und Edelman 2008).

3 Netzwerke

Über viele Jahrzehnte war die Forschung an selbstorganisierenden Systemen von einfachen Interaktionsmustern dominiert, etwa die Interaktion jedes Elementes mit jedem anderen oder die Interaktion jedes Elementes nur mit seinen unmittelbaren Nachbarn in einem räumlich ausgedehnten System. Es ist ein wichtiges Merkmal biologischer Systeme, dass die Konstituenten des Systems *selektiv* miteinander in Wechselwirkung treten. In der Ökologie zum Beispiel werden Nahrungsnetze durch selektive Räuber-Beute-Beziehungen konstituiert. Populationsdynamiken werden geprägt von symbiotischen Beziehungen zwischen Spezies und vom Wettbewerb um Ressourcen, und damit von verschiedenen Formen selektiver Interaktionen. Die durch Enzyme katalysierten biochemischen Reaktionen in einer Zelle bilden das metabolische Netzwerk mit sehr speziellen strukturellen Merkmalen. So gibt es chemische Stoffe (Metaboliten), die an einer großen Zahl biochemischer Reaktionen beteiligt sind (z. B. Adenosintriphosphat, ATP), während die meisten Metaboliten nur durch eine sehr kleine Zahl von biochemischen Reaktionen in andere Stoffe transformiert werden können. Das Gehirn mit seinen etwa 10^{11} Neuronen und etwa 10^{15} synaptischen Verbindungen ist das vermutlich am meisten diskutierte Beispiel eines komplexen Netzwerks.

Die Molekularbiologie ist in den letzten Jahrzehnten von Hochdurchsatztechnologien revolutioniert worden, die verschiedene Ebenen zellulärer Organisation quantitativ zugänglich machen. Solche Messmethoden erlauben zum Beispiel die gleichzeitige Bestimmung der Aktivität fast aller Gene einer Zelle oder die Messung der Konzentrationen einer großen Zahl von Metaboliten. Andere Formen von Hochdurchsatztechnologien können Aufschluss über die Interaktionspartner einer großen Zahl von Proteinen geben. Die Abstraktion dieser Daten in Form von Netzwerken, aber auch die Interpretation dieser Daten durch den Vergleich mit anderen als Netzwerke repräsentierten Informationen sind Grundpfeiler der *Systembiologie,* einer jungen Disziplin, die das Theoriegebäude der Molekular- und Zellbiologie, aber auch den „Werkzeugkasten" zur quantitativen Beschreibung biologischer Systeme bereitstellen soll.

Bemerkenswerterweise hat Kitano (2002) in einem frühen Übersichtspapier zu der neu aufkommenden Disziplin der Systembiologie eine wichtige intrinsische Inkompatibilität zwischen der üblichen Vorgehensweise der Theorie komplexer Systeme und den Notwendigkeiten in der Biologie herausgestellt:

> A popular notion of complex systems is of very large numbers of simple and identical elements interacting to produce ‚complex' behaviours. [In biology ...] large numbers of functionally diverse, and frequently multifunctional, sets of elements interact selectively and nonlinearly to produce coherent rather than complex behaviours. (Kitano 2002)

Tatsächlich legt dieses Zitat bereits nahe, wie Netzwerke (die Fähigkeit, „selektiv zu interagieren") uns erlauben könnten, die Ansätze der Theorie komplexer Systeme mit den Erfordernissen der Biologie und damit auch mit der Forschungsagenda der Systembiologie in Einklang zu bringen.[5]

Die graphentheoretische Perspektive auf biologische Phänomene wurde von Barabasi und Oltvai (2004) als Netzwerkbiologie (engl. *network biology*) bezeichnet. Die Netzwerkbiologie erweist sich als wichtiger und interessanter Ausgangspunkt der Systembiologie, die es sich zur Aufgabe gemacht hat, die klassische, punktuelle Perspektive der theoretischen Biologie mit globalen, systemübergreifen-

[5]Vgl. auch die ausführliche Darstellung dieses Arguments in Hütt (2019) und in Kap. 5 von Hütt und Dehnert (2016).

Tab. 1 Beispiele für die Darstellung komplexer Systeme als Netzwerke

Netzwerk	Knoten	Verbindungen	Literatur
Transkriptions-Regulation	Gene	Transkriptionsfaktoren und Bindestellen	Shen-Orr et al. (2002)
Metabolismus	chemische Stoffe (Metabolite)	Enzyme	Jeong et al. (2000)
Protein-Interaktion	Proteine	physikalische Interaktion	Maslov und Sneppen (2002)
Gehirn (mikroskopisch)	Neurone	Synapsen	Izhikevich und Edelman (2008)
Gehirn (makroskopisch)	kortikale Areale	Nervenfaserbündel	Van Den Heuvel und Sporns (2011)
soziale Systeme	soziale Akteure	soziale Bindung	Newman et al. (2002)
soziale Medien	Nutzer	Folgen von Nutzern	Ferrara (2012)
Fertigung	Maschinen	Fertigungsabfolgen	Chankov et al. (2016)
Transport	Verkehrsmittel	Route	Guimera et al. (2005); Youn et al. (2008)
Stromnetze	Schalt- und Umspannwerke	Freileitungen, Erdkabel	Pagani und Aiello (2013)
Zugnetze	Bahnhof-Zug-Kombinationen	Reisesegmente und Umstiege	Fretter et al. (2010)
Koautoren-Netze	Autoren	gemeinsame Autorschaft	Krumov et al. (2011)
Zitationsnetze	wissenschaftliche Publikationen	Zitationen	Chen und Redner (2010)

den Informationen zu verzahnen. Insgesamt sind Netzwerke auf diese Weise in den letzten 15 Jahren zu einer wichtigen Datenstruktur der Bioinformatik und der Systembiologie geworden.[6]

Wir sehen in dieser knappen Darstellung bereits, dass der Netzwerkbegriff die gesamte Biologie durchzieht. In ganz ähnlicher Weise sind Netzwerke eine wichtige Repräsentation realer Systeme auch in den Sozial- und den Technikwissenschaften (Strogatz 2001; Boccaletti et al. 2006; Palla et al. 2007). Eine Vielzahl realer System lässt sich in dieser Sprache als Konstrukt aus Knoten und Verbindungen (oder Kanten, in der formalen, mathematischen Terminologie) darstellen. Komplexe Systeme aus vielen Anwendungsbereichen werden so in derselben formalen Sprache repräsentiert. Der Untersuchungsgegenstand wird dann die Netzwerkarchitektur (Topologie, Konnektivitätsmuster). Tab. 1 gibt Beispiele für Knoten und Verbindungen einer Reihe von häufig betrachteten realen Netzwerken.

Von zentraler Bedeutung für die Analyse realer Netzwerke ist der Vergleich mit Zufallsgraphen.[7] Merkmale eines Netzwerks, die stark von Zufallsgraphen abwei-

[6]Vgl. auch die Darstellung in Hütt (2014).

[7]Zum Sprachgebrauch: Wir verwenden hier den Begriff ‚Netzwerk' für den formalen Graphen aus Knoten und Kanten zusammen mit seiner Funktion (bzw. der Interpretation der Knoten und Kanten in dem realen System) und den Begriff ‚Graph' für das rein mathematische Objekt losgelöst von seiner Funktion. Die Begriffe ‚Netzwerk' und ‚Netz' verwenden wir synonym.

chen, lassen sich oft heranziehen, um die Funktion eines realen Netzwerks besser verstehen zu können. Die Frage ist dabei, wie bestimmte Aspekte der Netzwerkfunktion durch bestimmte Merkmale der Netzwerkarchitektur ermöglicht werden: Würde unser Gehirn noch funktionieren, wenn es ein vollständiger Graph wäre (wenn also jedes Neuron mit jedem anderen Neuron in Wechselwirkung stehen würde)? Würde das Gehirn funktionieren, wenn die zugrunde liegende Konnektivität die eines räumlichen Gitters wäre?

Um diese Vergleiche realer Netze mit Zufallsgraphen zu ermöglichen, bilden mathematische Modelle von Zufallsgraphen wichtige Grundpfeiler der Theorie komplexer Netzwerke. Das einfachste Modell eines Zufallsgraphen geht auf P. Erdős und A. Rényi zurück (Erdős und Rényi 1959). In solchen Erdős-Rényi-Graphen (ER-Graphen) sind die N Knoten des Graphen zufällig miteinander verknüpft, wobei jede mögliche Verbindung mit der Wahrscheinlichkeit p im Graphen vorhanden ist. Der Parameter p reguliert auf diese Weise den Vernetzungsgrad, also die Zahl der Verbindungen im Graphen. Ist $p = 0$, so besteht der Graph nur aus isolierten Knoten. Für $p = 1$ sind alle $N(N - 1)/2$ möglichen Verbindungen im Graphen realisiert und es liegt ein vollständiger Graph vor. ER-Graphen besitzen interessante mathematische Eigenschaften. So ist die Gradverteilung (also ein Histogramm $P(k)$, das angibt, wie häufig man im Graphen einen Knoten mit k Nachbarn findet) eine enge Verteilung um einen mittleren Grad. Zudem beobachtet man mit wachsendem p einen sprunghaften Wechsel von fragmentierten zu zusammenhängenden Graphen.[8] Dieser Übergang von fragmentierten zu zusammenhängenden Netzen ist in der Mathematik im Rahmen der Perkolationstheorie von hoher Bedeutung. Er ist zudem auch ein weiteres – wenn auch auf der rein strukturellen Ebene stattfindendes – Beispiel eines Prozesses der Selbstorganisation: Unter Variation eines Kontrollparameters (dem Vernetzungsgrad p) verändert sich das aus vielen interagierenden Elementen bestehende System sprunghaft bei einem kritischen Wert des Kontrollparameters – der Ordnungsparameter wechselt von ‚fragmentiert' zu ‚zusammenhängend'.

In zwei wichtigen Eigenschaften unterscheiden sich ER-Graphen jedoch systematisch von vielen realen Netzwerken: (1) Die meisten realen Netzwerke haben keine enge, sondern eine sehr breite Gradverteilung. Betrachtet man zum Beispiel die Verteilung von Followern in einem sozialen Medium (Instagram, Facebook, Twitter etc.), so sieht man, dass die Mehrzahl der Nutzer eine sehr geringe Zahl von Followem besitzt, während eine sehr kleine Zahl von Nutzem eine um mehrere Größenordnungen höhere Zahl von Followern hat. Das Konzept der „mittleren" Zahl von Followern ist hier also wenig sinnvoll (und auch aus formalen Gründen statistisch oft nicht bestimmbar; vgl. Kap. 6 in Hütt (2001)). (2) In vielen realen Netzwerken sind die direkten Nachbarn eines Knotens oft auch untereinander verbunden. Man hat also eine hohe lokale Clusterung. In sozialen Netzwerken zum Beispiel, bei denen Verbindungen die in irgendeiner Weise definierte Bekanntschaft oder Freund-

[8]Die formale Definition eines zusammenhängenden Graphen ist, dass man von jedem Knoten zu jedem anderen Knoten durch einen Pfad aus Verbindungen im Graphen gelangen kann.

schaft zweier sozialer Akteure kennzeichnen, sind die Freunde eines Akteurs oft auch untereinander befreundet. Es lässt sich an vielen Beispielen nachweisen, dass diese lokale Clusterung in realen Netzwerken zumeist um mehrere Größenordnungen stärker ist als in ER-Graphen gleicher Größe und gleichen Vernetzungsgrades. Ende der 1990er-Jahre wurden zwei andere Modelle von Zufallsgraphen vorgeschlagen, mit der Fähigkeit, diese Eigenschaften realer Netzwerke zu reproduzieren (Watts und Strogatz 1998; Barabási und Albert 1999). Bemerkenswerterweise waren diese beiden Publikationen der Auslöser eines Transfers dieser abstrakten graphentheoretischen Überlegungen in eine Reihe von Anwendungsfeldern. Auf diese Weise wurde die Betrachtung komplexer Netzwerke zu einem großen interdisziplinären Phänomen.

Das erste neue Modell eines Zufallsgraphen ist der von Watts und Strogatz (1998) formulierte Small-World-Graph (SW-Graph). Startend von einem Ring, bei dem jeder Knoten mit einer bestimmten Zahl von Nachbarn in beide Richtungen verknüpft ist, werden mit einer kleinen Wahrscheinlichkeit q „Umverdrahtungen" vorgenommen: Der Endpunkt einer zufällig ausgewählten Verbindung wird aus dem Graphen gelöst und an einen zufällig bestimmten anderen Knoten gesetzt. Auf diese Weise entstehen in diesem Ring mit dichten lokalen Clustern nun Querverbindungen, die auf kurze Wege zwischen beliebigen Knoten führen (daher der Name *Small-World*-Graph). Watts und Strogatz (1998) zeigen nicht nur, dass so eine wichtige Eigenschaft realer Netzwerke, die hohe lokale Clusterung, reproduziert werden kann, sondern auch, dass solche SW-Graphen schon bei einer geringen Zahl von umverdrahteten Verbindungen (‚Shortcuts') dramatisch andere dynamische Eigenschaften als ein Ring besitzen, zum Beispiel bei der Ausbreitung von Krankheiten im Netzwerk.

Bei dem zweiten neuen Modell eines Zufallsgraphen (Barabási und Albert 1999) wachsen die Graphen durch das iterative Hinzufügen von Knoten. Jeder hinzukommende Knoten erhält zu den bereits existierenden Knoten m Verbindungen. Die Empfängerknoten dieser m neuen Verbindungen werden über den aktuellen Grad der bereits existierenden Knoten bestimmt. Jeder Knoten hat eine seinem aktuellen Grad proportionale Wahrscheinlichkeit, eine dieser Verbindungen zu erhalten. Dieses rekursive Prinzip, bei dem Knoten, die bereits einige Verbindungen mehr als andere haben, systematisch in jedem Schritt bevorzugt werden, führt auf eine sehr breite Gradverteilung dieser Barabási-Albert-Graphen (BA-Graphen), die man daher auch als skalenfreie Graphen bezeichnet.[9]

Beide Arbeiten wurden mehr als 30.000-mal zitiert und gehören zu den erfolgreichsten wissenschaftlichen Publikationen der letzten 50 Jahre. Sie bilden das Fundament der Theorie komplexer Netzwerke. Solche Zufallsgraphen, die immer besser Eigenschaften realer Netzwerke abbilden, erlauben so immer feinere Messungen von Abweichung der realen Netzwerkarchitektur von Zufallsgraphen. Andere Netzwerkeigenschaften, die für die Funktion des Systems von Interesse sein können, sind zum

[9]Mathematisch folgt die in diesem Modell entstehende Gradverteilung einem Potenzgesetz. Sie ist also eine Gerade in einer doppelt-logarithmischen Auftragung von Grad und Häufigkeit.

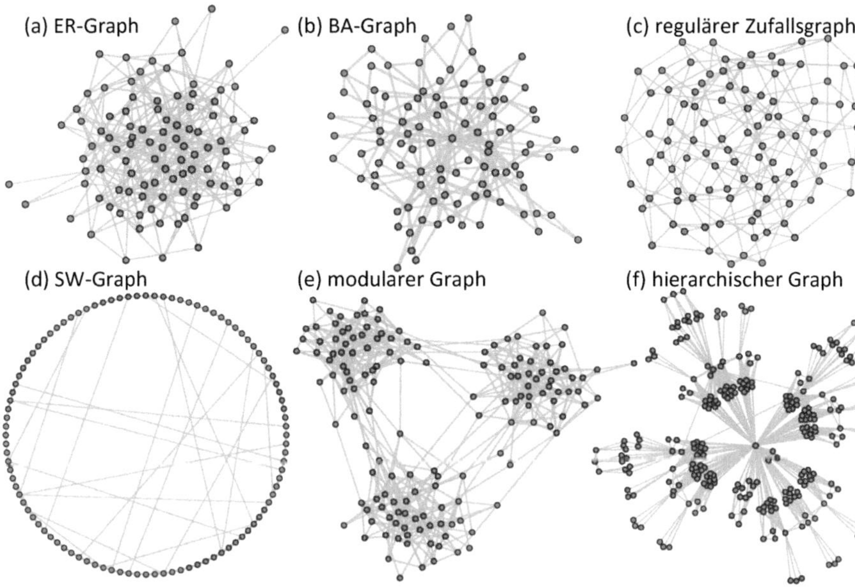

Abb. 5 Beispiele von Zufallsgraphen. (**a**) ER-Graph mit 100 Knoten und $p = 0.06$; (**b**) BA-Graph mit 100 Knoten und $m = 3$; (**c**) regulärer Zufallsgraph mit 100 Knoten, bei dem jeder Knoten den Grad 4 besitzt; (**d**) SW-Graph mit 100 Knoten und $q = 0.05$; (**e**) modularer Graph mit 150 Knoten aus drei ER-Graphen ($N = 50$, $p = 0.12$), die mit 40 zufällig verteilten Verbindungen verknüpft sind; (**f**) hierarchischer Graph mit 256 Knoten gemäß Ravasz und Barabási (2003)

Beispiel die Modularität eines Netzwerks (Newman 2012; Arenas et al. 2006) oder das Vorliegen hierarchischer Strukturen (Ravasz und Barabási 2003). Ein modularer Graph enthält Gruppen von sehr dicht verbundenen Knoten, wobei diese Gruppen untereinander nur mit einer geringen Zahl von Verbindungen ausgestattet sind. Ein hierarchischer Graph enthält Module in geschachtelter Weise: Gruppen kleinerer Module bilden größere Module, die sich wiederum zu größeren Modulen zusammenfinden. Abb. 5 zeigt Beispiele dieser verschiedenen Typen von Zufallsgraphen: ER, SW, BA, modular, hierarchisch.

4 Selbstorganisation in Netzwerken

In Kombination dieser beiden großen Themenfelder – Selbstorganisation und Netzwerke – hat sich besonders im letzten Jahrzehnt ein faszinierendes neues Forschungsfeld entwickelt, in dem die Selbstorganisation dynamischer Prozesse in Netzwerken analysiert wird.

Im Vordergrund steht dabei die Frage, wie bestimmte Netzwerkeigenschaften die möglichen kollektiven dynamischen Verhaltensformen beeinflussen, befördern oder gar determinieren. So ist zum Beispiel die Synchronisation von Oszillatoren in Netzwerken und die Synchronisierbarkeit in Abhängigkeit der Netzwerkarchitektur untersucht worden (Arenas et al. 2008; Rodrigues et al. 2016), ebenso wie Wellen (Müller-Linow et al. 2008) und selbstorganisierte (Turing-)Muster (Nakao und Mikhailov 2010; Hütt et al. 2014) in Netzwerken. Zelluläre Automaten lassen sich in vielen Fällen einfach auf Netzwerke übertragen und sind daher besonders geeignet, solche Verbindungen von Netzwerkarchitektur und Dynamik zu untersuchen (Marr und Hütt 2009). Auf diese Weise wurde die Änderung der Wolfram-Klasse als Funktion der Netzwerkarchitektur (Marr und Hütt 2005) und die ähnliche Wirkung von dynamischem Rauschen (zufällige Änderung von Knotenzuständen) und topologischem Rauschen (zufällige Änderung von Verbindungen im Netzwerk) untersucht (Marr und Hütt 2006).

An einem einfachen Beispiel lässt sich illustrieren, wie solche Verbindungen von Netzwerkarchitektur und kollektivem dynamischen Verhälten aussehen können. Hierzu verwenden wir das zuvor diskutierte Modell eines erregbaren Mediums. Die Regel einer Anregung durch einen angeregten Nachbarn ist frei von dem Erfordernis einer regelmäßigen Nachbarschaft, wie sie etwa in einem Gitter vorliegt, und lässt sich für beliebige Nachbarschaftsgrößen (Knotengrade) und damit auf Netzwerke übertragen. So hat dieses Modell (oder Varianten davon) bereits auf eine Reihe von Erkenntnissen über die Verbindung von Netzwerkarchitektur und Dynamik geführt (Müller-Linow et al. 2006; Müller-Linow et al. 2008; Hütt und Lesne 2009; Garcia et al. 2012; Hütt et al. 2012; Messé et al. 2015).

In direkter Analogie des einfachen Beispiels einer (Spiral-)Welle aus Abb. 4 zeigt Abb. 6 eine propagierende Welle in einem Netzwerk mit hoch vernetzten Elementen (Hubs). Die Welle wird dadurch sichtbar, dass für das Netzwerk ein Layout gewählt wurde, bei dem von innen nach außen der Abstand von den im Zentrum lokalisierten Hubs anwachst. Die Welle in Abb. 6 ist also eine Kreiswelle um hoch vernetzte Elemente herum. Hubs werden hier aufgrund ihrer Position im Netzwerk zu den Zentren der kollektiven Muster. Eine gegenintuitive Konsequenz dieses in einem Netzwerk emergierenden kollektiven Verhaltens ist, dass zwei Knoten stark synchronisiert sein können, obwohl die einzige gemeinsame Eigenschaft ihr gleicher Abstand von einem Hub ist.

5 Implikationen für künstliche Intelligenz

Die Theorie der Selbstorganisation, die Emergenz von kollektivem Verhalten, die Formalisierung von Komplexität durch die Modellklasse der zellulären Automaten – all diese Bausteine können als Fundament der künstlichen Intelligenz und der Berechenbarkeit (engl. *computation*) gesehen werden.

Unser Verständnis von Methoden maschinellen Lernens, insbesondere den internen Repräsentationen externer Information in künstlichen neuronalen Netzen, steht erst am Anfang. Auf der Seite der biologischen neuronalen Netze beginnen wir zu verstehen, dass kollektive Muster eine wichtige Rolle für kognitive Leistungen zu haben scheinen (Izhikevich und Edelman 2008; Hansen et al. 2015). Konzepte wie die Kritizität von Hirnaktivität (Chialvo 2004; Moretti und Muñoz 2013; Hilgetag und Hütt 2014) und die Suche nach strukturellen

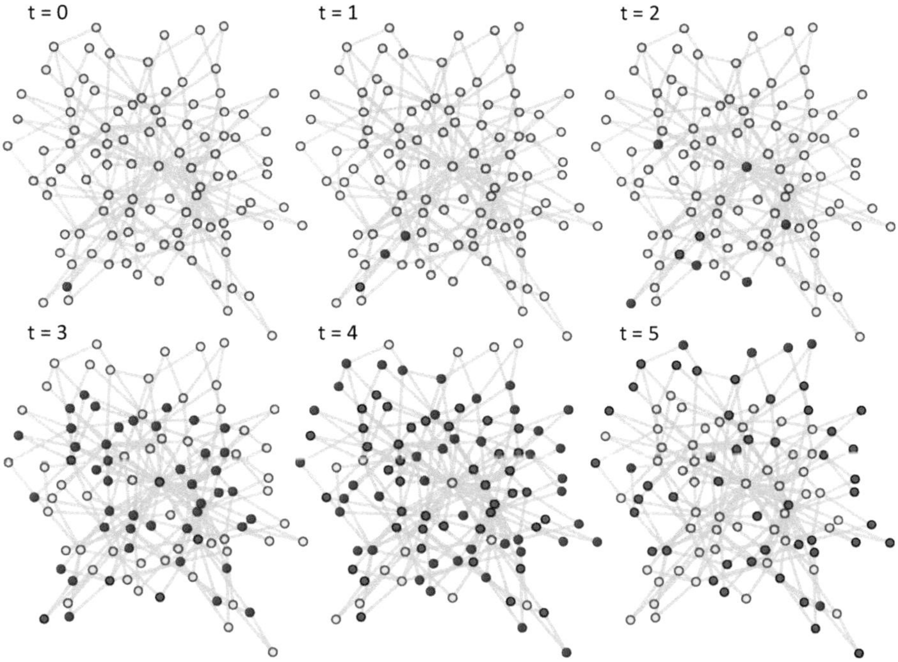

Abb. 6 Illustration einer propagierenden Welle in einem Netzwerk. Das Netzwerk ist ein Barabási-Albert-Graph (Barabási und Albert 1999) mit 100 Knoten und einer Koordinationszahl von $m = 2$. Für die Dynamik wurde eine Spontanaktivität $f = 0.01$ und eine inverse Refraktärzeit $p = 0.8$ gewählt. Darstellung: erregt: ●, refraktär: ◉, erregbar: ○. Für eine ausführliche Darstellung solcher Wellenphänomene in Netzwerken siehe Müller-Linow et al. (2008); Hütt und Lesne (2009); Hütt et al. (2014)

Besonderheiten der Netzwerke (Bullmore und Sporns 2009; Van Den Heuvel und Sporns 2011; Bassett und Sporns 2017) haben diesen Forschungsansätzen den Weg geebnet. Es steht noch aus, diese neuen Konzepte selbstorganisierter dynamischer Prozesse und Muster in Netzwerken auch auf künstliche neuronale Netze zu übertragen.

Literatur

Acebrón, J. A., L. L. Bonilla, C. J. P. Vicente, F. Ritort, und R. Spigler. 2005. The Kuramoto model: A simple paradigm for synchronization phenomena. *Reviews of Modern Physics* 77(1): 137.

Arenas, A., A. Díaz-Guilera, und C. J. Pérez-Vicente. 2006. Synchronization reveals topological scales in complex networks. *Physical Review Letters* 96(11): 114, 102.

Arenas, A., A. Díaz-Guilera, J. Kurths, Y. Moreno, und C. Zhou. 2008. Synchronization in complex networks. *Physics Reports* 469(3): 93–153.

Bak, P. 2013. *How nature works: The science of self-organized criticality*. New York: Copernicus Press.

Bak, P., C. Tang, und K. Wiesenfeld. 1988. Self-organized criticality. *Physical Review A* 38(1): 364.

Barabási, A. L., und R. Albert. 1999. Emergence of scaling in random networks. *Science* 286(5439): 509–512.
Barabasi, A. L., und Z. N. Oltvai. 2004. Network biology: Understanding the cell's functional organization. *Nature Reviews Genetics* 5(2): 101.
Bar-Yam, Y. 1997. *Dynamics of complex systems*. Cambridge, MA: Perseus Books.
Bassett, D. S., und O. Sporns. 2017. Network neuroscience. *Nature Neuroscience* 20(3): 353.
Boccaletti, S., V. Latora, Y. Moreno, M. Chavez, und D. U. Hwang. 2006. Complex networks: Structure and dynamics. *Physics Reports* 424(4–5): 175–308.
Buck, J., und E. Buck. 1976. Synchronous fireflies. *Scientific American* 234(5): 74–85.
Bullmore, E., und O. Sporns. 2009. Complex brain networks: Graph theoretical analysis of structural and functional systems. *Nature Reviews Neuroscience* 10(3): 186.
Chankov, S., M. T. Hütt, und J. Bendul. 2016. Synchronization in manufacturing systems: Quantification and relation to logistics performance. *International Journal of Production Research* 54(20): 6033–6051.
Chen, P., und S. Redner. 2010. Community structure of the physical review citation network. *Journal of Informetrics* 4(3): 278–290.
Chialvo, D. R. 2004. Critical brain networks. *Physica A* 340(4): 756–765.
Conway, J. 1970. The game of life. *Scientific American* 223(4): 4.
Cook, M. 2004. Universality in elementary cellular automata. *Complex Systems* 15(1): 1–40.
Daniels, B. C., H. Kim, D. Moore, S. Zhou, H. B. Smith, B. Karas, S. A. Kauffman, und S. I. Walker. 2018. Criticality distinguishes the ensemble of biological regulatory networks. *Physical Review Letters* 121(13): 138, 102.
Davidenko, J. M., A. V. Pertsov, R. Salomonsz, W. Baxter, und J. Jalife. 1992. Stationary and drifting spiral waves of excitation in isolated cardiac muscle. *Nature* 355(6358): 349.
Drossel, B., und F. Schwabl. 1992. Self-organized critical forest-fire model. *Physical Review Letters* 69(11): 1629.
Ebeling, W., J. Freund, und F. Schweitzer. 1998. *Komplexe Strukturen: Entropie und Information*. Leipzig: Vieweg+Teubner Verlag.
Erdős, P., und A. Rényi. 1959. On random graphs. *Publ Math (Debrecen)* 6:290.
Ferrara, E. 2012. A large-scale community structure analysis in facebook. *EPJ Data Science* 1(1): 9.
Fretter, C., L. Krumov, K. Weihe, M. Müller-Hannemann, und M. T. Hütt. 2010. Phase synchronization in railway timetables. *Eur Phys J B* 77(2): 281–289.
Garcia, G. C., A. Lesne, M. Hütt, und C. C. Hilgetag. 2012. Building blocks of self-sustained activity in a simple deterministic model of excitable neural networks. *Frontiers in Computational Neuroscience* 6:50.
Goldbeter, A. 2006. Oscillations and waves of cyclic AMP in *Dictyostelium:* A prototype for spatio-temporal organization and pulsatile intercellular communication. *Bulletin of Mathematical Biology* 68(5): 1095–1109.
Grace, M., und M. T. Hütt. 2015. Regulation of spatiotemporal patterns by biological variability: General principles and applications to *Dictyostelium discoideum*. *PLoS Computational Biology* 11(11): e1004,367.
Gray, R. A., A. M. Pertsov, und J. Jalife. 1998. Spatial and temporal organization during cardiac fibrillation. *Nature* 392(6671): 75.
Guimera, R., S. Mossa, A. Turtschi, und L. N. Amaral. 2005. The worldwide air transportation network: Anomalous centrality, community structure, and cities' global roles. *PNAS* 102(22): 7794–7799.
Haken, H. 1977. Synergetics. *Physics Bulletin* 28(9): 412.
Haken, H. 1980. Synergetics. *Naturwissenschaften* 67(3): 121–128.
Haken, H. 2013. *Synergetics: Introduction and advanced topics*. Berlin/Heidelberg: Springer.
Hansen, E. C., D. Battaglia, A. Spiegler, G. Deco, und V. K. Jirsa. 2015. Functional connectivity dynamics: Modeling the switching behavior of the resting state. *Neuroimage* 105:525–535.
Hilgetag, C. C., und M. Hütt. 2014. Hierarchical modular brain connectivity is a stretch for criticality. *Trends in Cognitive Sciences* 18(3):114–115.

Hütt, M., und A. Lesne. 2009. Interplay between topology and dynamics in excitation patterns on hierarchical graphs. *Front Neuroinform* 3:28.

Hütt, M. T. 2001. *Datenanalyse in der Biologie*. Berlin/Heidelberg: Springer-Verlag.

Hütt, M. T. 2006. Was ist Selbstorganisaiton und was nützt sie zum Naturverstandnis? In *Selbstorganisation: Ein Denksystem für Natur und Gesellschaft*, Hrsg. M. Vec, M. T. Hütt und A. Freund. Köln: Böhlau.

Hütt, M. T. 2014. Understanding genetic variation-the value of systems biology. *British journal of clinical pharmacology* 77(4): 597–605.

Hütt, M. T. 2019. Modular organization and emergence in systems biology. In *Emergence and modularity in life sciences*, Hrsg. L. H. Wegner und U. Lüttge. Berlin/Heidelberg: Springer-Verlag.

Hütt, M. T. 2020. Selbstorganisation in Netzwerken – von den Neurowissenschaften zur Systembiologie. In *Selbstorganisation – ein Paradigma für die Humanwissenschaften*, Hrsg. K. Viol, H. Scholler, und W. Aichhorn, 191–209. Berlin/Heidelberg: Springer-Verlag.

Hütt, M. T., und M. Dehnert. 2016. *Methoden der Bioinformatik*, 2. Aufl. Berlin/Heidelberg: Springer-Verlag.

Hütt, M. T., und U. Lüttge. 2007. Noise-induced phenomena and complex rhythms: Theoretical considerations, modelling and experimental. In *Rhythms in plants*, 313–339. Berlin/Heidelberg: Springer-Verlag.

Hütt, M. T., M. Jain, C. C. Hilgetag, und A. Lesne. 2012. Stochastic resonance in discrete excitable dynamics on graphs. *Chaos, Solitons and Fractals* 45:611–618.

Hütt, M. T., M. Kaiser, und C. C. Hilgetag. 2014. Network-guided pattern formation of neural dynamics. *Phil Trans R Soc B* 369(1653): 20130, 522.

Izhikevich, E. M., und G. M. Edelman. 2008. Large-scale model of mammalian thalamocortical systems. *PNAS* 105(9): 3593–3598.

Jeong, H., B. Tombor, R. Albert, Z. N. Oltvai, und A. L. Barabási. 2000. The large-scale organization of metabolic networks. *Nature* 407(6804): 651.

Kitano, H. 2002. Computational systems biology. *Nature* 420(6912): 206.

Krumov, L., C. Fretter, M. Müller-Hannemann, K. Weihe, und M. T. Hütt. 2011. Motifs in co-authorship networks and their relation to the impact of scientific publications. *Eur Phys J B* 84(4): 535–540.

Kuramoto Y (1984) *Chemical oscillations, waves and turbulence*. Berlin/Heidelberg: Springer-Verlag.

Land, M., und R. K. Belew. 1995. No perfect two-state cellular automata for density classification exists. *Physical Review Letters* 74(25): 5148.

Langton, C. G. 1990. Computation at the edge of chaos: Phase transitions and emergent computation. *Physica D: Nonlinear Phenomena* 42(1–3): 12–37.

Mainzer, K. 1999. *Komplexe Systeme und Nichtlineare Dynamik in Natur und Gesellschaft*. Berlin/Heidelberg: Springer-Verlag.

Manukyan, L., S. A. Montandon, A. Fofonjka, S. Smirnov, und M. C. Milinkovitch. 2017. A living mesoscopic cellular automaton made of skin scales. *Nature* 544(7649): 173.

Marr, C., und M. Hütt. 2005. Topology regulates pattern formation capacity of binary cellular automata on graphs. *Physica A* 354:641–662.

Marr, C., und M. Hütt. 2006. Similar impact of topological and dynamic noise on complex patterns. *Physics Letters A* 349(5): 302–305.

Marr, C., und M. T. Hütt. 2009. Oüter-totalistic cellular automata on graphs. *Physics Letters A* 373(5): 546–549.

Maslov, S., und K. Sneppen. 2002. Specificity and stability in topology of protein networks. *Science* 296(5569): 910–913.

Meinhardt, H. 2013. *Wie Schnecken sich in Schale werfen: Muster tropischer Meeresschnecken als dynamische Systeme*. Berlin/Heidelberg: Springer-Verlag.

Messé, A., M. T. Hütt, P. König, und C. C. Hilgetag. 2015. A closer look at the apparent correlation of structural and functional connectivity in excitable neural networks. *Scientific Reports* 5:7870.

Mikhailov, A. S., und V. Calenbuhr. 2002. *From cells to societies: Models of complex coherent action*. Berlin/Heidelberg: Springer-Verlag.
Moreira, A. A., A. Mathur, D. Diermeier, und L. A. Amaral. 2004. Efficient system-wide coordination in noisy environments. *PNAS* 101(33): 12,085–12,090.
Moretti, P., und M. A. Muñoz. 2013. Griffiths phases and the stretching of criticality in brain networks. *Nature Communications* 4:2521.
Müller-Linow, M., C. Marr, und M. Hütt. 2006. Topology regulates the distribution pattern of excitations in excitable dynamics on graphs. *Physical Review E* 74(1): 1–7.
Müller-Linow, M., C. C. Hilgetag, und M. T. Hütt. 2008. Organization of excitable dynamics in hierarchical biological networks. *PLoS Computational Biology* 4(9): e1000,190.
Nakao, H., und A. S. Mikhailov. 2010. Turing patterns in network-organized activator-inhibitor systems. *Nature Physics* 6(7): 544–550.
Néda, Z., E. Ravasz, Y. Brechet, T. Vicsek, und A. L. Barabási. 2000. Self-organizing processes: The sound of many hands clapping. *Nature* 403(6772): 849.
Newman, M. E. 2012. Communities, modules and large-scale structure in networks. *Nature Physics* 8(1): 25.
Newman, M. E., D. J. Watts, und S. H. Strogatz. 2002. Random graph models of social networks. *PNAS* 99:2566–2572.
Pagani, G. A., und M. Aiello. 2013. The power grid as a complex network: A survey. *Physica A* 392(11): 2688–2700.
Palla, G., A. L. Barabási, und T. Vicsek. 2007. Quantifying social group evolution. *Nature* 446(7136): 664.
Pálsson, E., K. J. Lee, R. E. Goldstein, J. Franke, R. H. Kessin, und E. C. Cox. 1997. Selection for spiral waves in the social amoebae *Dictyostelium*. *PNAS* 94(25): 13,719–13,723.
Peak, D., J. D. West, S. M. Messinger, und K. A. Mott. 2004. Evidence for complex, collective dynamics and emergent, distributed computation in plants. *PNAS* 101(4): 918–922.
Ravasz, E., und A. L. Barabási. 2003. Hierarchical organization in complex networks. *Physical Review E* 67(2): 026,112.
Rendell, P. 2002. Turing universality of the game of life. In *Collision-based computing*, 513–539. Berlin/Heidelberg: Springer-Verlag.
Rodrigues, F. A., T. K. D. Peron, P. Ji, und J. Kurths. 2016. The Kuramoto model in complex networks. *Physics Reports* 610:1–98.
Shen-Orr, S. S., R. Milo, S. Mangan, und U. Alon. 2002. Network motifs in the transcriptional regulation network of *Escherichia coli*. *Nature Genetics* 31(1): 64.
Solé, R. V., S. C. Manrubia, B. Luque, J. Delgado, und J. Bascompte. 1996. Phase transitions and complex systems: Simple, nonlinear models capture complex systems at the edge of chaos. *Complexity* 1(4): 13–26.
Strogatz, S. H. 2000. From Kuramoto to Crawford: Exploring the onset of synchronization in populations of coupled oscillators. *Physica D* 143(1): 1–20.
Strogatz, S. H. 2001. Exploring complex networks. *Nature* 410(6825): 268.
Strogatz, S. H. 2012. *Sync: How order emerges from chaos in the universe, nature, and daily life*. New York: Hachette.
Strogatz, S. H., und I. Stewart. 1993. Coupled oscillators and biological synchronization. *Scientific American* 269(6): 102–109.
Van Den Heuvel, M. P., und O. Sporns. 2011. Rich-club organization of the human connectome. *Journal of Neuroscience* 31(44): 15,775–15,786.
Watts, D. J., und S. H. Strogatz. 1998. Collective dynamics of ‚small-world' networks. *Nature* 393: 440.
Wolfram, S. 1984. Cellular automata as models of complexity. *Nature* 311(5985): 419.
Youn, H., M. T. Gastner, und H. Jeong. 2008. Price of anarchy in transportation networks: Efficiency and optimality control. *Physical Review Letters* 101(12): 128, 701.

Grundlagen zellulärer Automaten

Klaus Mainzer

Inhalt

Zusammenfassung

Zelluläre Automaten waren erste Modelle, mit denen John von Neumann und Konrad Zuse die Selbstorganisation des Lebens simulierten. Sie wurden zur Grundlage erster Modelle künstlichen Lebens. Stephen Wolfram u. a. versuchten, durch Computerexperimente mit komplexen Automaten die Vielfalt komplexer Strukturen quasi-empirisch zu beschreiben. Tatsächlich erweisen sich zelluläre Automaten aber mathematisch als komplexe Systeme, deren Dynamik in Phasenübergängen durch Differenzialgleichung bzw. Differenzengleichungen modelliert werden kann. Damit werden ihre komplexen Muster- und Strukturbildungen analytisch exakt beschreibbar und prognostizierbar wie bei komplexen dynamischen Systemen der Physik. Bemerkenswert ist, dass damit auch fundamentale Symmetriegesetze wie in der Physik deutlich werden, auf die sich die Vielfalt der Muster und Strukturen reduzieren lässt.

K. Mainzer (✉)
TUM Senior Excellence Faculty, Technische Universität München (TUM), München, Deutschland
E-Mail: mainzer@tum.de

K. Mainzer (Hrsg.), *Philosophisches Handbuch Künstliche Intelligenz*,
https://doi.org/10.1007/978-3-658-19606-6_15

Schlüsselwörter

Zellulärer Automat · Selbstorganisation · Dynamisches komplexes System · Universelle Berechenbarkeit · Symmetrien

1 Einleitung

Die Entdeckung der DNA-Struktur und des genetischen Kodes war ein erster Schritt zum Verständnis eines molekularen Mechanismus, der sich selbst reproduziert (Mainzer 2019). Die Computerpioniere von Neumann und Zuse zeigten unabhängig voneinander, dass für die Selbstreproduktion nicht die Art der materiellen Bausteine grundlegend ist, sondern eine Organisationsstruktur, die eine vollständige Beschreibung von sich selbst enthält und diese Information zur Schaffung neuer Kopien (Klone) verwendet (von Neumann 1966; Zuse 1969).

Die Analogie mit dem Zellverband eines Organismus entsteht, wenn man sich das System eines zellulären Automaten als unbegrenztes Schachbrett vorstellt, auf dem jedes Quadrat eine Zelle repräsentiert. Die einzelnen Zellen der parkettierten Ebene lassen sich als endliche Automaten auffassen, deren endlich viele Zustände durch verschiedene Farben oder Zahlen unterschieden werden. Im einfachsten Fall gibt es nur die beiden Zustände „schwarz" (1) oder „weiß" (0). Eine Umgebungsfunktion gibt an, mit welchen anderen Zellen die einzelne Zelle verbunden ist. Sie kann z. B. die Form eines Kreuzes oder Quadrates festlegen.

Der Zustand einer Zelle hängt von Zuständen in der jeweiligen Umgebung ab und wird durch (lokale) Regeln bestimmt. Da alle Regeln in einem Schritt ausgeführt werden, arbeitet das Automatennetz des zellulären Automaten synchron und taktweise. Die aus einer Konfiguration von zellulären Zuständen durch Regelanwendung entstandene Konfiguration heißt Nachfolger der ursprünglichen Konfiguration. Die aus einer Konfiguration durch wiederholte Regelanwendung entstandenen Konfigurationen heißen Generationen der ursprünglichen Konfiguration. Eine Konfiguration ist stabil, wenn sie mit ihrem Nachfolger übereinstimmt. Sie „stirbt" in der nächsten Generation, wenn alle ihre Zellen im Zustand „weiß" (0) sind.

Ein Beispiel für einen 2-dimensionalen zellulären Automaten mit zwei Zuständen „lebendig" (schwarz) und „tot" (weiß) ist folgende Version von John Conways „Game of Life" (Spiel des Lebens) mit lokalen Regeln: (1) Eine lebendige Zelle überlebt zur nächsten Generation, wenn zwei oder drei Zellen der Nachbarschaft ebenfalls lebendig sind. (2) Eine Zelle stirbt, wenn sich in der Nachbarschaft mehr als drei („Überbevölkerung“) oder weniger als zwei lebendige Zellen befinden („Isolation“). (3) Eine tote Zelle darf dann und nur dann lebendig werden, wenn exakt drei der Nachbarzellen lebendig sind. Conways „Game of Life“ ist ein zellulärer Automat, der in nachfolgenden Generationen komplexe Muster erzeugt, die an die Gestalt zellulärer Organismen erinnern. Er ist sogar ein universeller zellulärer Automat, da er jede Musterbildung eines zellulären Automaten simulieren kann (Berlekamp et al. 1982).

Technisch können zelluläre Automaten durch einen Computer simuliert werden. Ein entsprechendes Computerprogramm für einen zellulären Automaten verwendet im Prinzip die gleichen Methoden, als würde man zelluläre Musterentwicklung mit Papier und Bleistift durchführen. Zunächst wird ein Arbeitsbereich für die Zellen festgelegt. Dabei entspricht jede Zelle einem Speicherelement im Computer. Bei jedem Entwicklungsschritt muss das Programm einzeln nacheinander jede Zelle aufsuchen, die Zustände der Nachbarzellen bestimmen und den nächsten Zustand der Zelle berechnen. In diesem Fall ist ein zellulärer Automat auf einem sequenziellen Digitalcomputer simulierbar. Besser und effektiver wäre ein Netz aus vielen Prozessoren in zellulärer Verschaltung, in denen die Verarbeitung parallel wie in einem zellulären Organismus abläuft. Umgekehrt lässt sich jeder Computer als universelle Turingmaschine durch einen universellen zellulären Automaten simulieren.

Nach John von Neumann muss ein sich selbst reproduzierender Automat die Leistungsfähigkeit einer universellen Turingmaschine haben, also jede Art von zellulärem Automaten simulieren können. In der präbiologischen Evolution hatten die ersten sich selbst reproduzierenden Makromoleküle und Mikroorganismen sicher nicht den Komplexitätsgrad eines universellen Computers. Daher entwickelte Chris Langton einfachere zelluläre Automaten ohne die Fähigkeit universeller Berechenbarkeit, die sich spontan in bestimmten Perioden wie Organismen reproduzieren können. Anschaulich erinnern ihre PC-Bilder an einfache zelluläre Organismen mit kleinen Schwänzen, aus denen sich ähnliche kleine Organismen bilden:

Die Zustände der Zellen werden in Abb. 1 durch Zahlen markiert (Langton 1989, 1991). Leere Zellen haben den Zustand 8 und bilden die virtuelle Umwelt der virtuellen Organismen. Zellen im Zustand 2 hüllen den virtuellen Organismus wie eine Haut ein und grenzen ihn von der Umwelt ab.

Die innere Schleife trägt den Kode für die Selbstreproduktion. Zu jedem Zeitpunkt werden die Kodenummern entgegen dem Uhrzeigersinn schrittweise weiterbewegt. Je nachdem, welche Kodenummer das schwanzartige Ende erreicht, wird es um eine Einheit erweitert oder wird eine Linksbiegung bewirkt.

Nach vier Durchläufen ist die zweite Schleife vollendet. Beide Schleifen trennen sich, und der zelluläre Automat hat sich selbst reproduziert. Schließlich bedeckt eine Kolonie solcher Organismen den Bildschirm. Während sie sich an den Außenrändern reproduzieren, werden die mittleren bei der Selbstproduktion von ihren eigenen Nachkommen blockiert. Wie bei einem Korallenriff bilden sie ein totes zelluläres Skelett, auf dem sich das virtuelle Leben weiterentwickelt.

Zweidimensionale zelluläre Automaten bestehen aus einem Netz einzelner Zellen, die durch die Geometrie der Zellanordnung, die Nachbarschaft jeder Einzelzelle, ihre möglichen Zustände und die davon abhängenden Transformationsregeln für

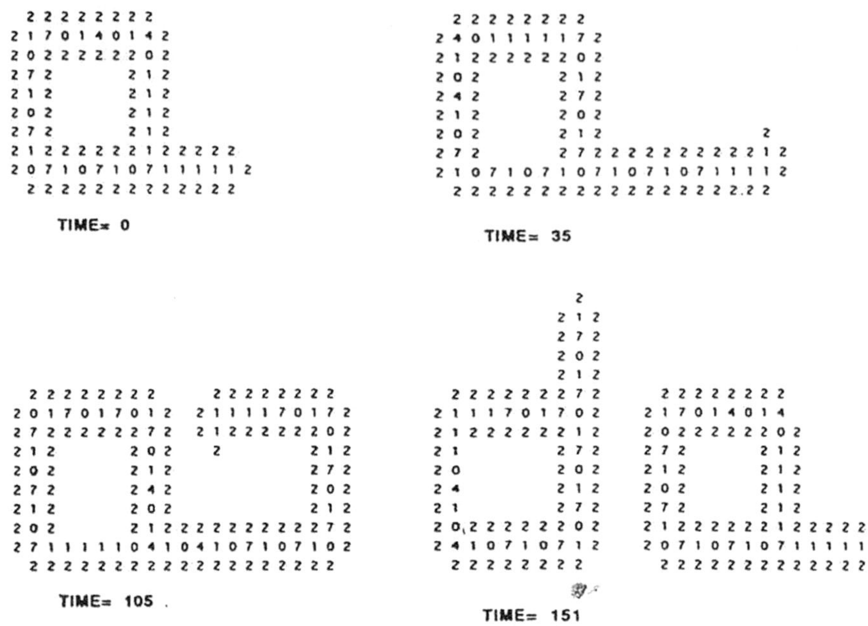

Abb. 1 Zelluläre Automaten simulieren zelluläre Selbstorganisation. (Langton 1989; Mainzer 2019, Abb. 89)

zukünftige Zustände charakterisiert sind. Zur Analyse der Evolutionsmodelle genügen eindimensionale zelluläre Automaten, die aus einer Zeile von Zellen in einem zweidimensionalen Parkett bestehen (Wolfram 1986, 2002). In einem einfachen Fall hat jede Zelle zwei Zustände 0 und 1, die grafisch z. B. durch ein weißes bzw. schwarzes Quadrat dargestellt werden können. Der Zustand jeder Zelle ändert sich in einer Folge von diskreten Zeitschritten nach einer Transformationsregel, in der die vorherigen Zustände der jeweiligen Zelle und ihrer beiden Nachbarzellen berücksichtigt sind.

2 Dynamik zellulärer Automaten

Einer einfache Version sind 1-dimensionale zelluläre Automaten (CA) mit zwei Zuständen, die aus identischen Zellen mit einer periodischen Randbedingung bestehen. In diesem Fall handelt es sich um einen Ring von $L = I+1$ Zellen, die hintereinander von $i = 0$ bis $i = I$ bezeichnet werden (Abb. 2(a)). Jede Zelle i hat zwei Zustände $u_i \in \{0, 1\}$, die mit den Farben Blau und Rot markiert sind. Eine Uhr gibt den Takt in diskreten Zeitabständen von Iterationen oder Generationen vor. Der Zustand u_i^{t+1} von allen Zellen i zum Zeitpunkt $t+1$ (d. h. die nächste Generation) ist determiniert durch die Zustände ihrer nächsten Nachbarn u_{i-1}^t, u_{i+1}^t, und von ihnen selbst u_i^t zum Zeitpunkt t (Abb. 2(c)), d. h. durch eine Boolesche Funktion $u_i^{t+1} = N(u_{i-1}^t, u_i^t, u_{i+1}^t)$

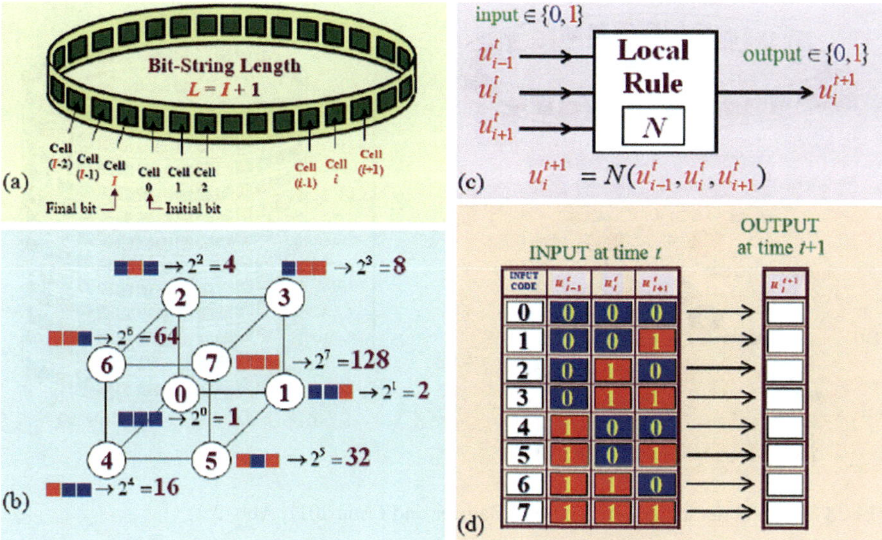

Abb. 2 Schema eines 1-dimensionalen zellulären Automaten mit zwei Zuständen und lokaler Regel *N*. (Mainzer und Chua 2011, Abb. 2.2)

entsprechend zu der Booleschen Wahrheitswerttafel von $8 = 2^3$ verschiedenen Mustern von 3 Inputs (Abb. 2(d)).

2.1 Von einfachen lokalen Regeln zu globalen komplexen Mustern

Diese acht Muster aus 3 Inputs lassen sich anschaulich mit den acht Ecken eines Würfels darstellen (Abb. 2(b)), der deshalb Boolescher Würfel genannt wird (Chua et al. 2002). Der Output für jedes vorgeschriebene Muster aus 3 Inputs wird den entsprechenden Farben (rot für 1, blau für 0) an den Ecken des Booleschen Würfels (in Abb. 2(d) noch unspezifiziert) zugeordnet. Da es $2^8 = 256$ verschiedene Kombinationen von acht Bits gibt, liegen entsprechend genau 256 Boolesche Würfel mit verschiedenen Farbkombinationen der Ecken vor. Daraus ergibt sich eine Gallerie von bunten Würfeln.

Es ist zweckmäßig, die 8-Bit Muster für jede Boolesche Funktion mit einer Dezimalzahl *N* zu verknüpfen, die das entsprechende 8-Bit Wort repräsentiert, also $N = \beta_7 \cdot 2^7 + \beta_6 \cdot 2^6 + \beta_5 \cdot 2^5 + \beta_4 \cdot 2^4 + \beta_3 \cdot 2^3 + \beta_2 \cdot 2^2 + \beta_1 \cdot 2^1 + \beta_0 \cdot 2^0$ mit $\beta_i \in \{0, 1\}$. Da $\beta_i = 0$ für jede blaue Ecke in Abb. 2(b) ist, ergibt sich *N* einfach durch Addieren der Gewichte (angezeigt neben jedem Muster in Abb. 2(b)), die mit allen roten Ecken verbunden sind. So ist beispielsweise für den Booleschen Würfel in Abb. 3(b) $N = 0 \cdot 2^7 + 1 \cdot 2^6 + 1 \cdot 2^5 + 0 \cdot 2^4 + 1 \cdot 2^3 + 1 \cdot 2^2 + 1 \cdot 2^1 + 1 \cdot 2^0 = 2^6 + 2^5 + 2^3 + 2^2 + 2^1 = 110$.

Für das Beispiel der lokalen Regel 110 werden der Ring und die farbigen Ecken des Booleschen Würfels in Abb. 3(a)-(b) gezeigt. Für jede gegebene binäre

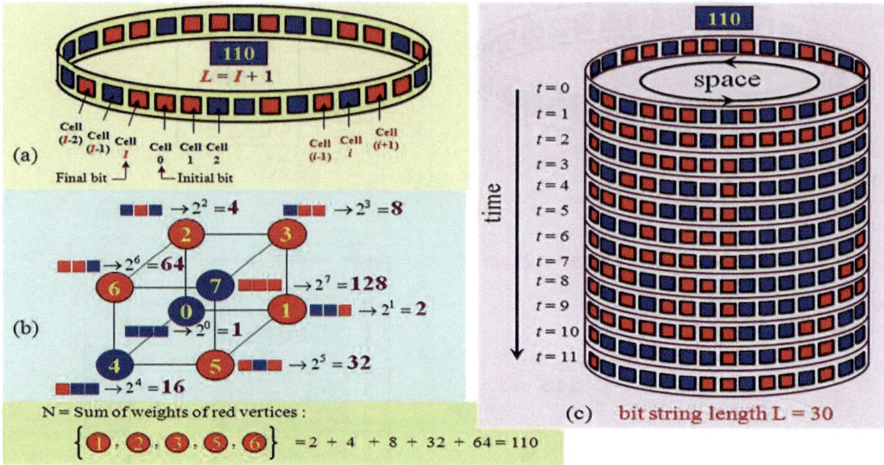

Abb. 3 Beispiel der lokalen Regel 110. (Mainzer und Chua 2011, Abb. 2.2)

Bit-Anfangskonfiguration zum Zeitpunkt $t = 0$ wird die lokale Regel N genutzt, um den Zustand u_i^{t+1} für jede Zelle i zum Zeitpunkt t+1 abzudaten. Dabei werden die Zustände der drei Nachbarzellen i–1, i, und i+1, zentriert an der Stelle i, verwendet. Das Raum-Zeit Muster, das sich in den Zeitschritten $t = 0, 1, 2, \ldots, 11$ ergibt, ist in Abb. 3(c) mit dem Anfangszustand in $t = 0$ gezeigt.

Im Prinzip könnte man die Muster von zellulären Automaten entsprechend dieser Regeln auch Schritt für Schritt zeichnen. Heutige Computer mit großer Geschwindigkeit und Rechenkapazität ermöglichen allerdings umfangreiche Computerexperimente, um komplexe Musterbildungen dieser Automaten in kurzer Zeit zu untersuchen. Stephen Wolfram entdeckte dabei bemerkenswerte Analogien mit Musterbildungen in Physik und Biologie (Wolfram 2002). In der Welt der zellulären Automaten scheinen sich Phänomene ähnlich zur physikalischen Welt zu entwickeln. Einige Automaten erzeugen symmetrische Muster, die an Farbmuster von Seemuscheln, Tierfellen oder Federn erinnern. Andere Automaten reproduzieren Rhythmen wie oszillierende Wellen. Einige dieser Automaten stoppen ihre Entwicklung nach endlich vielen Schritten, unabhängig von ihrem Anfangszustand, und verbleiben in einem konstanten Farbzustand ähnlich zu einem System, das einen finalen Gleichgewichtszustand für alle zukünftigen Entwicklungsschritte erreicht. Einige Automaten entwickeln komplexe Muster, die an Wachstum von Korallen und Pflanzen erinnern und dabei empfindlich abhängig von kleinsten Veränderungen der Anfangszustände sind. Dieses Phänomen ist als Schmetterlingseffekt wohlbekannt, wenn lokale Ereignisse zu globalen Effekten in chaotischen und instabilen Situationen (wie z. B. Wetter und Klima) führen. Auch solche chaotischen Muster können durch zelluläre Automaten erzeugt werden.

Man kann diese Muster nach äußeren Klassifikationsmerkmalen zusammenfassen, so wie Zoologen und Botaniker Tiere und Pflanzen in Taxonomien zusammenfassen. Aber äußere Merkmale sind manchmal irreführend. Es stellt sich die fundamentale Frage: Gibt es wie in der Natur auch Gesetze komplexer Musterbildung für zelluläre Automaten? Kann die Entwicklung komplexer Muster in mathematisch präziser Weise wie in der Physik vorausgesagt werden? Daher plädieren wir für eine mathematisch präzise Erklärung der Dynamik zellulärer Automaten. Dazu müssen zelluläre Automaten zunächst wie komplexe dynamische Systeme in der Physik durch Differenzialgleichungen bestimmt werden.

2.2 Zelluläre Automaten als dynamische Systeme

Jede Zelle i wird als dynamisches System mit intrinsischem Zustand x_i , Output y_i und drei Inputs u_{i-1}, u_i und u_{i+1} definiert, wobei u_{i-1} den Input der linken Nachbarzelle i–1, u_i den Selbstinput der Zelle i und u_{i+1} den Input der rechten Nachbarzelle i+1 im Ring von Abb. 2(a) bezeichnen. Jede Zelle entwickelt sich gemäß seiner vorgeschriebenen Dynamik und seiner eigenen Zeitskala. Wenn die Zellen gekoppelt werden, entwickelt sich das Gesamtsystem konsistent mit eigener Regel und Wechselwirkungsregeln für die einzelnen Zellen, die durch Kopplungsgesetze definiert werden.

Jeder Input wird als Zahlenkonstante $u_i \in \{-1, 1\}$ angenommen. Ausgehend vom Anfangszustand $x_i(0) = 0$ konvergiert der Output y_i zu einer der beiden Konstanten –1 oder 1. Tatsächlich benötigt ein dynamisches System eine gewisse Zeit, um zu einem Attraktor zu konvergieren. Für den Zweck idealisierter zellulärer Automaten wird allerdings angenommen, dass jeder Attraktor augenblicklich (instantan) erreicht wird. Unter dieser Annahme und unter Berücksichtigung binärer Inputs und Outputs kann ein dynamisches System durch eine nichtlineare Abbildung definiert werden, die eindeutig durch eine Wahrheitswerttafel für drei Inputvariablen (u_{i-1}, u_i, u_{i+1}) beschrieben wird. Die Wahl von $\{-1, 1\}$ und nicht $\{0, 1\}$ als binäre Signale ist wichtig, da der Zustand x_i und der Output y_i sich in reeller Zeit (im Sinn reeller Zahlen) durch eine sorgfältig entworfene skalare gewöhnliche Differenzialgleichung entwickelt. Nach dieser Differenzialgleichung tendiert der Output y_i, der durch eine Outputgleichung $y_i = y(x_i)$ definiert ist, entweder zu 1 oder zu –1, nachdem die Lösung x_i (mit Anfangszustand $x_i(0) = 0$) den stationären Zustand erreicht hat. In dieser Weise können die Attraktoren des dynamischen Systems genutzt werden, um eine binäre Wahrheitswerttafel zu kodieren.

Neben der intrinsischen Zeitskala der einzelnen Zellen (die in zellulären Automaten keine Rolle spielt) wird ein externer Uhrenmechanismus eingeführt, um den Input u_i jeder Zelle i am Ende jedes Uhrenzyklus zurückzusetzen, indem der stationäre Zustand des Outputs $y_i \in \{-1, 1\}$ als upgedateter Input $u_i \in \{-1, 1\}$ für die nächste Iteration zurückgeleitet wird. Dieser Mechanismus entspricht der periodischen Randbedingung eines 1-dimensionalen zellulären Automaten in Abb. 2(a).

Obwohl zelluläre Automaten nur mit den Evolutionen des Rings in diskreten Zeiten zu tun haben, ist jeder Computer, die zur Simulation zellulärer Automaten benutzt wird, als technisch-physikalische Maschine immer ein System mit stetiger (reeller) Zeit mit praktisch sehr kleiner Zeitskala, deren Intervalle aber ungleich Null sind. Computer benutzen Transistoren als Geräte und jede Iteration eines zellulären

Automaten beinhaltet die physikalische Evolution von Millionen von Transistoren mit eigener intrinsischer Dynamik. Diese Transistoren entwickeln sich entsprechend einem großen System von nicht linearen Differenzialgleichungen, die den gesamten internen Schaltkreis des Computers bestimmen und den gewünschten Output zurückgeben, nachdem sie zu ihren Attraktoren in einem Zeitraum ungleich Null konvergiert sind.

Diese Analyse führt zu dem wichtigen Resultat, dass sogar in diskreten Systemen wie zellulären Automaten zwei verschiedene Zeitskalen involviert sind. Die erste Zeitskala bezieht sich auf die Regel N, während sich die zweite Zeitskala auf die globalen Muster der Evolution bezieht. Um die komplexe Dynamik der globalen Muster zu verstehen, müssen beide Zeitskalen berücksichtigt werden. Indem sich die Wahrheitswerttafeln zellulärer Automaten in einem entsprechenden nichtlinearen dynamischen System entfalten, kann die Theorie nichtlinearer Differenzialgleichungen ausgenutzt werden, um alle Phänomene der Musterbildung durch eine präzise mathematische Theorie zu erklären und nicht nur als empirische Beobachtungen.

Dazu werden das binäre Symbol 0 durch die reelle Zahl –1 und die Input- und Outputwerte 0 und 1 in der Wahrheitswerttafel von Abb. 2(d) durch die reelle Zahlen –1 and 1 ersetzt. Ein Vorteil des Arbeitens mit der numerischen anstelle der symbolischen Wahrheitswerttafel sind die bemerkenswerten Einsichten, die sich aus der äquivalenten Darstellung mit Booleschen Würfeln ergeben. Dabei sind die acht Würfelecken (–1,–1,–1), (–1,–1,1), (–1,1,–1), (–1,1,1), (1,–1,–1), (1,–1,1), (1,1,–1) and (1,1,1) exakt mit den Koordinaten (u_{i-1}, u_i, u_{i+1}) eines Koordinatensystems lokalisiert, dessen Ursprung im Zentrum des Würfels ist. Die Ecke $n = 0, 1, 2, \ldots, 7$ entspricht der Reihe n der Wahrheitswerttafel und ist blau markiert, falls der Output –1 ist, und rot für Output 1.

Die Wahl von {–1, 1} anstelle von {0, 1} als binäre Signale ist notwendig, wenn die Wahrheitswerttafel auf ein dynamisches System abgebildet wird, dessen Zustände sich in reeller Zeit gemäß einer gewöhnlichen Differenzialgleichung entwickeln, die immer auf dem reellen Zahlensystem beruht. Jede Zelle i ist nur mit ihrer linken Nachbarzelle i–1 und ihrer rechten Nachbarzelle i+1 gekoppelt. Als dynamisches System hat jede Zelle i eine Zustandsvariable x_i, eine Outputvariable y_i und drei konstante binäre Inputs u_{i-1}, u_i, und u_{i+1} (Abb. 4).

Daher ist das dynamische System durch folgende Gleichungen bestimmt:

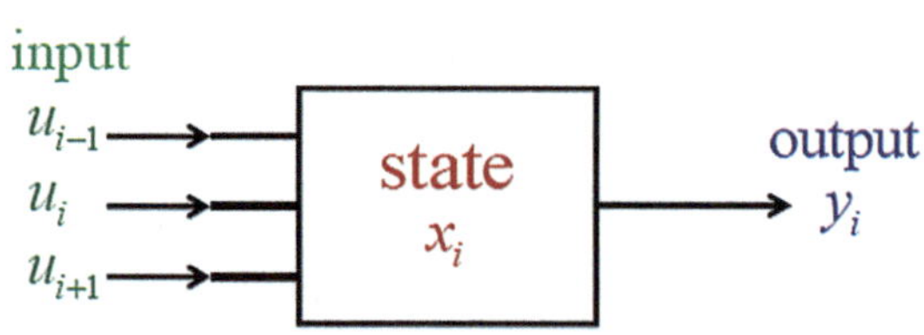

Abb. 4 Zelle als dynamisches System mit Zustandsvariable x_i, Outputvariable y_i und drei konstanten binären Inputs u_{i-1}, u_i und u_{i+1}. (Mainzer und Chua 2011, Abb. 2.3)

$$\text{Zustandsgleichung}: \dot{x}_i = f(x_i; u_{i-1}, u_i, u_{i+1})$$
$$x(0) = 0(\text{Anfangsbedingung})$$
$$\text{Outputgleichung}: y_i = y(x_i)$$

Jeder zelluläre Automat kann auf ein nichtlineares dynamisches System abgebildet werden, dessen Attraktoren genau die damit verbundene Wahrheitswerttafel $N = 0, 1, 2, 3, \ldots, 255$ kodieren. Funktion f modelliert die zeitabhängige Zustandsveränderung und ist durch eine skalare gewöhnliche Differenzialgleichung folgender Form definiert:

$$\dot{x} = g(x_i) + w(u_{i-1}, u_i, u_{i+1}) \text{ mit } g\ (x_i) \triangleq\ x_i + |x_i + 1| - |x_i - 1|.$$

Es gibt viele Möglichkeiten nichtlinearer Basisfunktionen für $g(x_i)$ und $w(u_{i-1}, u_i, u_{i+1})$. Wir wählen die Funktion $|x| = x$ absoluter Werte für positive Zahlen x und $|x| = -x$ für negative Zahlen x als nichtlineare Basisfunktion, weil damit die resultierende Gleichung in einer optimalen kompakten Form ausgedrückt werden kann. Daraus kann die Lösung der Zustandsgleichung in einer expliziten Form abgeleitet werden. Die Skalarfunktion $w(u_{i-1}, u_i, u_{i+1})$ kann als zusammengesetzte Funktion w(σ) einer einzigen Variablen $\sigma \triangleq b_1\ u_{i-1} + b_2\ u_i + b_3\ u_{i+1}$ mit $w(\sigma) \triangleq \{z_2 \pm |[z_1 \pm |z_o + \sigma\ |]|\}$ gewählt werden. Mit dieser Funktion lässt sich die entsprechende Differenzialgleichung definieren, um die Wahrheitswerttafeln von allen 256 Booleschen Würfeln zu erzeugen. Daher entspricht jede Regel eines zellulären Automaten einer besonderen Menge von sechs reellen Zahlen $\{\ z_o, z_1, z_2; b_1, b_2, b_3\}$ und zwei ganzen Zahlen $\pm$ 1. Nur acht Bits werden benötigt, um eindeutig die Differenzialgleichung zu bestimmen, die mit jeder Regel N eines zellulären Automaten verbunden ist.

Es lässt sich beweisen, dass, sobald die Parameter, die eine besondere Regel N definieren, spezifiziert sind, für jeden der acht Inputs u_{i-1}, u_i und u_{i+1}, die in der entsprechenden Wahrheitswerttafel von N aufgelistet sind, die Lösung x_i der skalaren Differenzialgleichung entweder monoton vom Anfangszustand $x_i = 0$ zu einem positiven Gleichgewichtswert $\overline{x_i}\ (n) \geq 1$, der deshalb Attraktor $Q_+(n)$ genannt wird, wächst oder monoton zu einem negativen Gleichgewichtszustand $\overline{x_i}\ (n) \leq -1$, der deshalb Attraktor $Q_-(n)$ genannt wird, abnimmt, wenn der Input (u_{i-1}, u_i, u_{i+1}) aus den Koordinaten der Ecke n des entsprechenden Booleschen Würfels oder dazu äquivalent aus der Reihe n der entsprechenden Wahrheitswerttafel für $n = 0, 1, 2, \ldots, 7$ gewählt wird (Chua et al. 2002). Die Ecke n ist rot gefärbt, wenn ihr Gleichgewichtswert $\overline{x_i}\ (n) \geq 1$ ist, und blau, wenn $\overline{x_i}\ (n) \leq -1$ ist. Dann ist die Farbe aller acht Ecken für den entsprechenden Booleschen Würfel eindeutig durch die Gleichgewichtslösungen der acht entsprechenden Differenzialgleichungen spezifiziert.

In Allgemeinen lässt sich zusammenfassen: Sobald die Parameter der Regel eines zellulären Automaten spezifiziert sind, wird die entsprechende Wahrheitswerttafel oder der entsprechende Boolesche Würfel durch die skalare Differenzialgleichung alleine eindeutig erzeugt. Falls die Outputgleichung des dynamischen Systems $y_i = y(x_i) \triangleq \frac{1}{2}\ (|x_i + 1| - |\ x_i - 1|)$ lautet, dann ist $y_i = +1$, wenn $x_i \geq 1$ ist, und $y_i = -1$, wenn $x_i \leq -1$ ist. Der Output eines stationären Zustands im Gleichgewicht ist

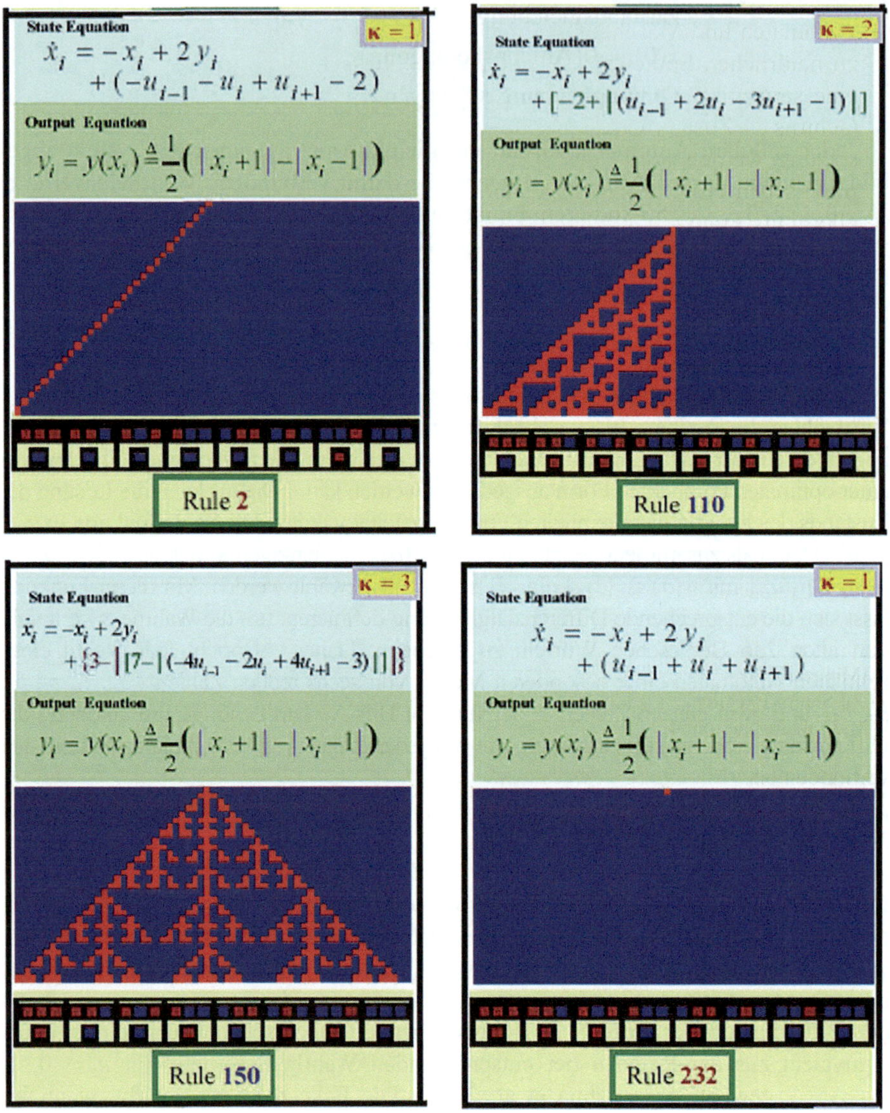

Abb. 5 Zelluläre Automaten mit Regeln 2, 110, 150, 232 als dynamische Systeme. Die Anfangsbedingung ist $x(0) = 0$. (Mainzer und Chua 2011, Abb. 2.4)

explizit gegeben durch die Formel $y_i = \text{sgn}\ \{w(\sigma)\}$ für jede Funktion $w(\sigma) \triangleq w(u_{i-1}, u_i, u_{i+1})$ mit Signumfunktion $\text{sgn}\ (x) = +1$ für positive Zahlen x, $\text{sgn}\ (x) = -1$ für negative Zahlen x und $\text{sgn}\ (0) = 0$. Für den besonderen Wert $w(\sigma)$ in Abb. 5 ist der Output (Farbe) im Gleichgewicht explizit gegeben durch den

$$\text{Attraktor} - \text{Farbkode} : y_i = \text{sgn}\{z_2 \pm \mid [z_1 \pm \mid z_o + \sigma|]|\}.$$

Abb. 5 zeigt vier Beispiele dynamischer Systeme und die Regeln, die sie kodieren. Jede Regel ist durch ihre Regelnummer $N = 0, 1, 2, \ldots, 255$ gekennzeichnet. Die Wahrheitswerttafel jeder Regel N wird durch das entsprechende dynamische System erzeugt, das im oberen Teil des Quadranten definiert ist. Dadurch ist bewiesen, dass jedes dynamische System und die Regel des zellulären Automaten, die es kodieren, ein und dasselbe sind. Die Wahrheitswerttafel jeder Regel in Abb. 5 ist in einem Format mit nur $2^{2^3} = 256$ verschiedenen 1x3 Nachbarmustern besetzt. Jedes Farbbild besteht aus 30 x 61 Pixeln, die durch einen 1-dimensionalen zellulären Automaten mit 61 Zellen und einer Randbedingung mit einer speziellen Regel N erzeugt werden.

Als Beispiel wird nun eine Regel aus Abb. 4 (Regel 110) untersucht, die sich später als einfachste universelle Turingmaschine herausstellt. Mit ihrer Differenzialgleichung können $\sigma = b_1\, u_{i-1} + b_2\, u_i + b_3\, u_{i+1}$ mit $b_1 = 1$, $b_2 = 2$ und $b_3 = -3$ und $w(\sigma) \triangleq \{z_2 \pm |[z_1 \pm |z_o + \sigma|]|\}$ mit $z_2 = -2$, $z_1 = 0$ und $z_o = -1$ identifiziert werden. Daher ist der Attraktor-Farbkode explizit durch $y_i = \mathrm{sgn}[-2 + |u_{i-1} + 2u_i - 3u_{i+1} - 1)|]$ gegeben.

2.3 Digitale Dynamik mit Differenzengleichungen

Die Dynamik eines dynamischen Systems wird durch stetige Differenzialgleichungen modelliert. Um die Dynamik durch digitale zelluläre Automaten zu berechnen, muss ein Programm eine „do loop" (Schleifen)-Instruktion benutzen, die den Output y_i^t jeder Zelle bei der Iteration t zurück zu ihren Inputs führt, um den Output y_i^{t+1} bei der nächsten Iteration t+1 zu erhalten. Mit den Hochindizes t und t+1 als Iterationszahlen von Eins bis zur nächsten Generation lässt sich jede Regel N explizit in Form einer nichtlinearen Differenzengleichung ausdrücken mit

$$u_i^{(t+1)} = \mathrm{sgn}\left\{z_2 + c_2\left|\left[z_1 + c_1 \left| \left(z_o + b_1 u^t_{(i-1)} + b_2 u_i^t + b_3 u^t_{(i+1)}\right) \right|\right] \right|\right\},$$

wobei die *acht Parameter* $\{ z_o, z_1, z_2; b_1, b_2, b_3; c_1, c_2 \}$ für jede Regel gegeben sind. Daher lässt sich als erstes Hauptresultat festhalten, dass jeder der 256 1-dimensionalen zellulären Automaten, den Stephen Wolfram experimentell im Computerexperiment untersucht hatte, durch eine einzige skalare nichtlineare Differenzialgleichung oder eine entsprechende nichtlineare Differenzengleichung mit maximal acht Parametern erzeugt werden kann. Diese Gleichungen ermöglichen es auch, alle universellen zellulären Automaten im Sinn einer universellen Turingmaschine (UTM) systematisch zu bestimmen. Ein Beispiel ist Regel 110 (Chua et alt. 2003). Für Regel 110 (Abb. 6) erhalten wir $u_i^{t+1} = \mathrm{sgn}\,(-2 + |\,u_{i-1}^t + 2\,u_i^t - 3\,u_{i+1}^t - 1|)$. Diese Art der Differenzengleichung kann mit elementaren Kenntnissen in basaler Mathematik verstanden werden. Gleichwohl erklärt sie wesentliche Eigenschaften der nichtlinearen Dynamik.

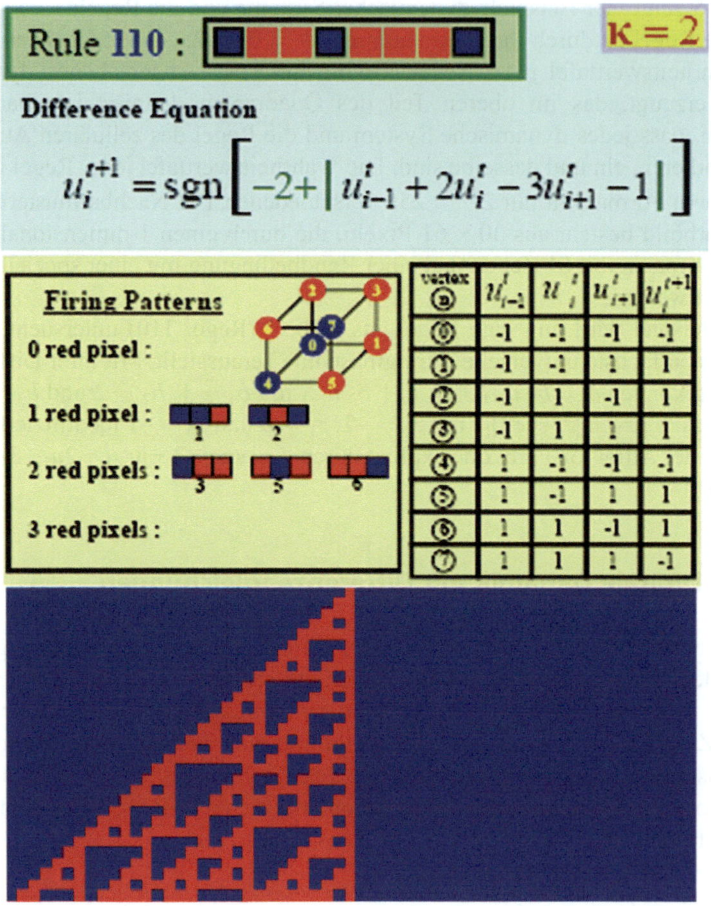

Abb. 6 Zellulärer Automat als dynamisches System mit Differenzengleichung. (Mainzer und Chua 2011, Abb. 2.5)

3 Komplexität zellulärer Automaten

Die farbigen Würfel enthalten alle Informationen über die komplexe Dynamik von zellulären Automaten. Ein großer Vorteil der Booleschen Würfel ist die Möglichkeit, mit ihrer geometrischen Darstellung einen Index der Komplexität zu definieren (Chua et al. 2002). Jeder der 256 Würfel ist anschaulich durch verschiedene Cluster von roten oder blauen Ecken charakterisiert, die durch parallele Ebenen separiert werden können. Analytisch können die separierenden Ebenen im Koordinatensystem der Booleschen Würfel definiert werden. Der Komplexitätsindex eines zellulären Automaten mit lokaler Regel N ist dann durch die minimale Anzahl von parallelen Ebenen definiert, die notwendig sind, um die roten Ecken des entsprechenden Booleschen Würfels N von den blauen Ecken zu trennen. Abb. 7 zeigt drei

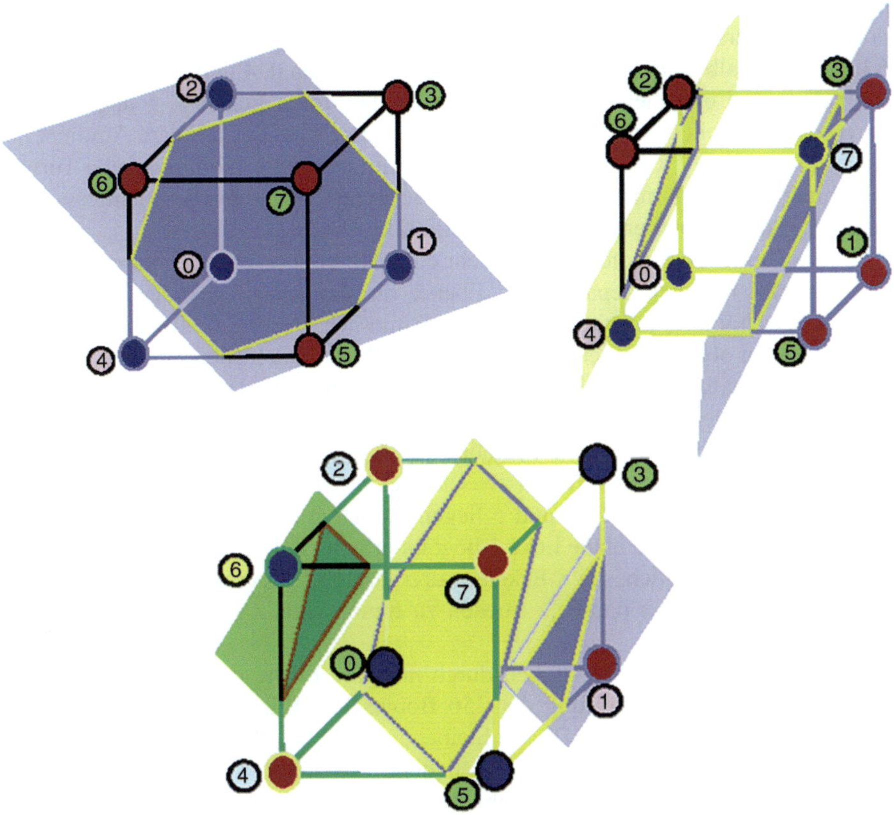

Abb. 7 Beispiele für die Komplexitätsindezes $\kappa = 1, 2, 3$ mit parallelen Ebenen, die alle Ecken einer Farbe von solchen einer verschiedenen Farbe separieren für Regel 232 (a), Regel 110 (b) und Regel 150 (c). (Mainzer und Chua 2011, Abb. 3.1)

Beispiele von Booleschen Würfeln für die drei möglichen Komplexitätsindizes $\kappa = 1, 2, 3$ mit einer, zwei oder drei separierenden parallelen Ebenen. Es gibt 104 lokale Regeln mit Komplexitätsindex $\kappa = 1$. Ähnlich gibt es 126 lokale Regeln mit Komplexitätsindex $\kappa = 2$ und nur 26 lokale Regeln mit Komplexitätsindex $\kappa = 3$. Diese analytisch begründeten Komplexitätsindizes sind von dem von Wolfram vorgeschlagenen Komplexitätsindex zu unterscheiden, der nur auf phänomenologischen Eigenschaften von beobachteten Mustern beruht.

3.1 Komplexitätsindex von zellulären Automaten

Im Zusammenhang mit farbigen Würfeln von zellulären Automaten bezieht sich Separabilität auf die Anzahl paralleler Ebenen, mit denen die Würfelecken in gleichfarbige Cluster separiert werden. Für z. B. Regel 110 lassen sich zwei separierende parallele Ebenen des entsprechenden farbigen Würfels einführen, die in Abb. 7b durch zwei verschiedene Farben unterschiedenen werden: Die roten Ecken 2 und 6 liegen oberhalb einer gelben Ebene. Die blauen Ecken 0, 4 und 7 liegen zwischen der gelben und einer leicht bläulichen Ebene. Die roten Ecken 3, 1 und 5 liegen unterhalb der leicht bläulichen Ebene. Es ist bekannt, dass der zelluläre Automat der Regel 110 einer der wenigen Typen der 256 Automaten ist, die universelle Turingmaschinen sind. Im Sinn von Wolframs Klasse 3 von Computerexperimenten werden sehr komplexe Muster erzeugt (Wolfram 2002).

Beispiel eines Automaten, der nur sehr einfache Muster erzeugen kann, ist Regel 232. Es gibt nur eine separierende Ebene, die den entsprechenden Booleschen Würfel zerschneidet, um farbige Punkte zu trennen (Abb. 7a): Rote Ecken 3, 5, 6 und 7 liegen oberhalb einer leicht bläulichen Ebene. Die blauen Ecken 0, 1, 2 und 4 liegen unterhalb der leicht blauen Ebene. Ein farbiger Boolescher Würfel mit drei parallelen separierenden Ebenen wird in Abb. 7c gezeigt. Er stellt den zellulären Automaten der Regel 150 dar: Die blaue Ecke 6 liegt oberhalb einer grünen Ebene. Die roten Ecken 2, 4 und 7 liegen zwischen einer gelben Ebene und einer grünen Ebene. Die blauen Ecken 0, 3 und 5 liegen zwischen der gelben Ebene und einer leicht blauen Ebene. Die blaue Ecke 1 liegt unterhalb der leicht blauen Ebene. Es ist offensichtlich unmöglich, die 8 Ecken in drei farbige Cluster zu separieren und sie gleichzeitig durch zwei parallele Ebenen zu trennen, ganz gleich wie die Ebenen positioniert werden.

Eine Regel, deren farbige Ecken durch nur eine Ebene getrennt werden, heißt linear separierbar. Eine Prüfung der 256 Booleschen Würfel zeigt, dass 104 von ihnen linear separierbar sind. Die verbleibenden 152 Regeln sind nichtlinear separierbar. Jede Regel kann durch verschiedene Anzahlen von parallelen Ebenen separiert werden. Im Allgemeinen gibt es eine einzige ganze Zahl κ als Komplexitätsindex von Regel N, mit der die geometrische Struktur des entsprechenden Booleschen Würfels charakterisiert wird, nämlich die minimale Anzahl von parallelen Ebenen, die notwendig sind, um die farbigen Ecken zu trennen. Alle linear separierbaren Regeln haben einen Komplexitätsindex $\kappa = 1$. Eine Analyse der verbleibenden 152 linear nicht-separierbaren Regeln zeigt, dass sie einen Komplexitätsindex von entweder 2 oder 3 hat. So hat z. B. Regel 110 einen Komplexitätsindex $\kappa = 2$, während Regel 150 einen Komplexitätsindex $\kappa = 3$ hat. Keine Regel mit Komplexitätsindex $\kappa = 1$ ist in der Lage, komplexe Muster zu erzeugen, sogar nicht für zufällige Anfangsbedingungen. Die Emergenz von komplexen Phänomenen hängt signifikant von einem Komplexitätsindex von mindestens $\kappa = 2$ ab. In diesem Sinn kann der Komplexitätsindex 2 als Schwellenwert für die Komplexität 1-dimensionaler zellulärer Automaten betrachtet werden.

3.2 Berechenbarkeitskomplexität und universelle Berechenbarkeit

Eine weitere Motivation zur Einführung eines Komplexitätsindex ist die Komplexität von Berechnungen. Die Klasse von zellulären Automaten mit Komplexitätsindex

$\kappa = 2$ enthält Beispiele mit universeller Berechnung (z. B. $N = 110$). Allerdings sind die lokalen Regeln mit Komplexitätsindex $\kappa = 1$ zu universellen Berechnungen nicht in der Lage. Daraus folgt, dass $\kappa = 2$ auch ein Schwellenwert für Berechenbarkeitskomplexität ist.

Universelle Berechenbarkeit ist ein bemerkenswertes Konzept der Berechenbarkeitskomplexität, das auf Alan Turings universelle Rechenmaschine (Turing 1936) zurückgeht. Universelle zelluläre Automaten sind seit Conways Spiel des Lebens (Martin 1994; Rendell 2002) bekannt. Eine universelle Turingmaschine kann per Definition jede Turingmaschine simulieren. Nach der Church-Turing These kann jeder Algorithmus oder jede effektive Prozedur durch eine Turingmaschine realisiert werden. Hier kommt Turings bekanntes Halteproblem zur Anwendung. Nach diesem Beweis gibt es keinen Algorithmus, der für ein beliebiges Computerprogramm und eine beliebige Anfangsbedingung entscheiden kann, ob es irgendwann stoppt oder nicht. (Ein Computerprogramm kann nicht stoppen, wenn es einer geschlossenen Schleife folgen muss.) Daraus folgt für ein System mit universeller Berechenbarkeit (im Sinn einer universellen Turingmaschine), dass nicht voraussagbar ist, ob es irgendwann stoppen wird oder nicht. Nehmen wir an, dass das möglich wäre. Dann könnten wir im Fall einer universellen Turingmaschine auch entscheiden, ob irgendeine Turingmaschine (die durch die universelle Maschine simuliert werden kann) anhalten würde oder nicht. Das ist aber ein Widerspruch zu Turings Resultat des Halteproblems. Daher sind Systeme mit universeller Berechenbarkeit nicht voraussagbar.

Unvoraussagbarkeit ist offenbar ein hoher Grad von Komplexität. Es ist überraschend, dass Systeme mit einfachen Verhaltensregeln wie zelluläre Automaten zu komplexer Dynamik führen, die nicht mehr voraussagbar ist. Es stellt sich die Frage, ob solche unvoraussagbaren Automaten auch in der Natur existieren.

4 Symmetrie im Universum zellulärer Automaten

Ein äußerer Überblick über die diskreten Entwicklungen der 256 lokalen Regeln zeigt einige Ähnlichkeiten und teilweise Symmetrie unter den erzeugten Mustern. Das erinnert an mehr oder weniger zufällige Beobachtungen in den Naturwissenschaften, die nach gemeinsamen mathematischen Erklärungen mit grundlegenden Gesetzen verlangen. Die Vereinigungstheorie der Physik beruht auf der Annahme fundamentaler mathematischer Symmetrien (Mainzer 1996, 2005). Unter dieser Annahme hat sich die Vielfalt und Komplexität natürlicher Phänomene aus wenigen Symmetrieprinzipien entwickelt. Sie sind der „Heilige Gral“ des Universums, nach dem viele Wissenschaftler und Forschungsgruppen gesucht haben. Für das Universum der zellulären Automaten befinden sich die fundamentalen Symmetrien in der Gallerie der Booleschen Würfel (Chua et al. 2004).

4.1 Lokale Äquivalenz von zellulären Automaten

Die Booleschen Würfel von vielen verschiedenen Paaren von lokalen Regeln beziehen sich auf passende Symmetrietransformationen. Ein Beispiel ist die Komplementierung der Farben der Würfelecken der Regeln 145 und 110. Ihre entwickelten Muster sind so verschieden, dass es unmöglich scheint, sie aufeinander zu beziehen. Was steht hinter dieser Vielfalt? Im Fall der Regeln 145 und 110 werden die entsprechenden Booleschen Würfel durch eine „rote ↔ blaue Ecken-Transformation" aufeinander bezogen. Sie wird als lokale Komplementierungsoperation $\mathbf{T}^C$ bezeichnet, weil die Komplementierung lokal beschränkt ist. Intuitiv mag man erwarten, dass ihre entsprechenden Entwicklungsmuster durch eine globale Komplementrierungsoperation aufeinander bezogen sein müssen. Diese Intuition trifft aber beim Vergleich von zwei Entwicklungsmuster im Allgemeinen nicht zu (Abb. 8). Sie trifft nur in einem lokalen Sinn mit Bezug auf spezielle Iterationen zu. Wenn man beispielsweise mit demselben Anfangsmuster (einzelner roter zentraler Pixel) in der ersten Reihe startet, dann findet man, dass der Output (erste Iteration) von Regel 145 tatsächlich das Komplement von demjenigen von Regel 110 ist, nämlich zwei blaue Pixel für 145 und zwei rote Pixel für 110 an den entsprechenden Stellen links vom Zentrum. Alle anderen Pixel an entsprechenden Stellen sind auch gegenseitige Komplemente.

Allerdings liefert die nächste Iteration (Reihe 3) nach Regeln 145 und 110 in Abb. 8 keine gegenseitigen Komplemente. Der Grund ist, dass anders als der Anfangsinput u_i^0, $i = 0, 1, 2, \ldots, n$, der für beide 145 und 110 derselbe ist, der nächste Input u_i^1, $i = 0, 1, 2, \ldots, n$ (für $t = 1$ in Reihe 2), der zur Auffindung der nächsten Iteration (Reihe 3) benötigt wird, verschieden ist und es keinen Grund gibt, dass die Outputs u_i^2 (for $t = 2$) an verschiedenen entsprechenden Stellen das gegenseitige Komplement sind. In diesen Fällen ist ein Paar von lokalen Regeln nur äquivalent im lokalen Sinn von „lokal in der Iterationzeit" und nicht lokal im üblichen Sinn einer räumlichen Nachbarschaft.

Die entsprechende Definition lautet:

Lokale Äquivalenz: Zwei lokale Regeln N und N' heißen lokal äquivalent unter einer Transformation $\mathbf{T} : N \rightarrow N'$ genau dann, wenn der Output u_i^1 von N nach einer Iteration von jedem anfänglichen Inputmuster u_i^0 gefunden werden kann durch Anwendung des transformierten Inputs $\mathbf{T}(u_i^0)$ auf Regel N' und dann gefolgt von der Anwendung der inversen Transformation $\mathbf{T}^{-1} : N' \rightarrow N$ auf u_i^1.

4.2 Globale Äquivalenz von zellulären Automaten

Globale Aspekte können in den Entwicklungsmustern für die Regeln 110, 137 (Abb. 8), 124 und 193 (Abb. 9) gefunden werden. Obwohl die betreffenden Booleschen Würfel dieser drei Regeln nicht aufeinander bezogen zu sein scheinen, sind ihre Outputmuster so präzise aufeinander bezogen, dass sich die Entwicklungsmuster für alle Zeitpunkte t jeder der lokalen Regeln 110, 124, 137, und

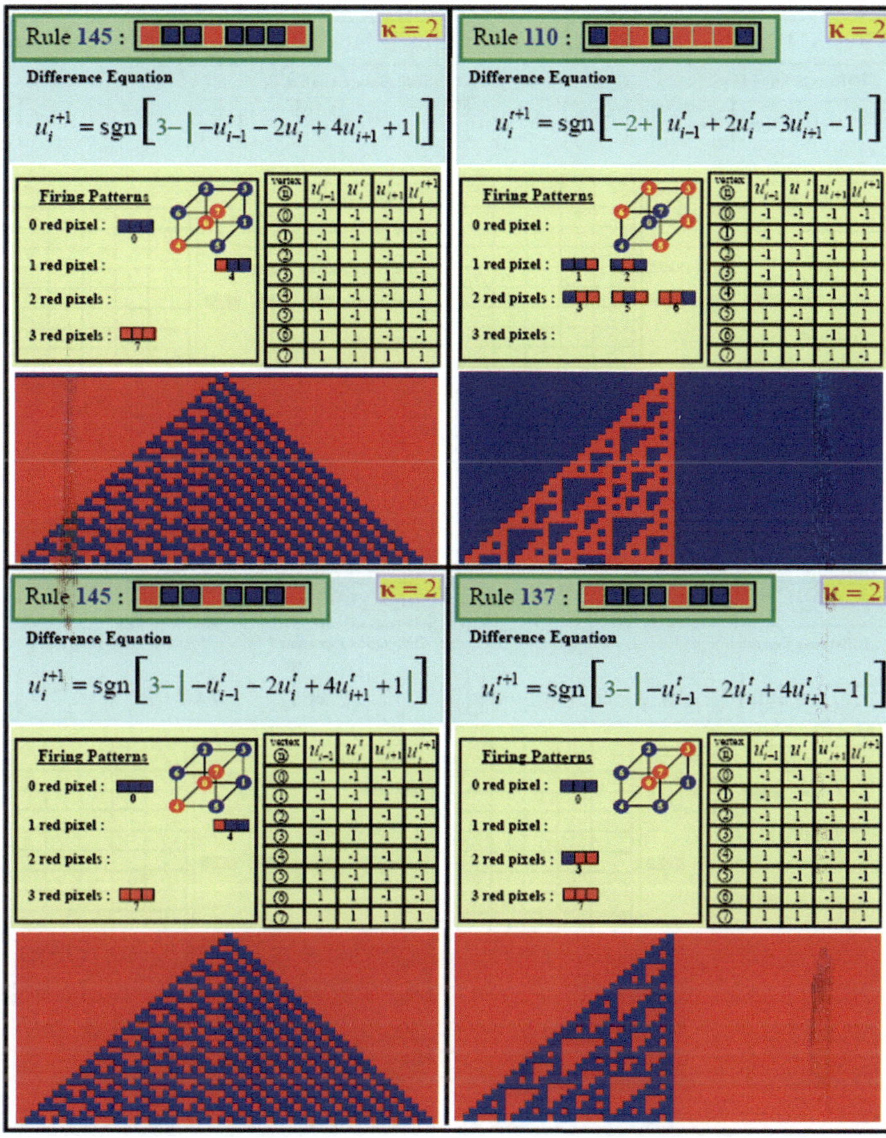

Abb. 8 Die Entwicklungen der Regeln 110 und 145 zeigen nur eine lokale Komplement-Beziehung in der ersten Iteration. Demgegenüber zeigen 110 und 137 eine globale Symmetrie-Beziehung. (Mainzer und Chua 2011, Abb. 4.1)

193 voraussagen lässt. Beispielsweise kann man das erzeugte Outputmuster der Regel 124 durch eine Spiegelung des Musters nach der Regel 110 entlang der zentralen Geraden erhalten, d. h. als bilaterale Transformation. Den Output der Regel 193 lässt sich durch Anwendung des Komplements von u_i^0 (vgl. die blauen

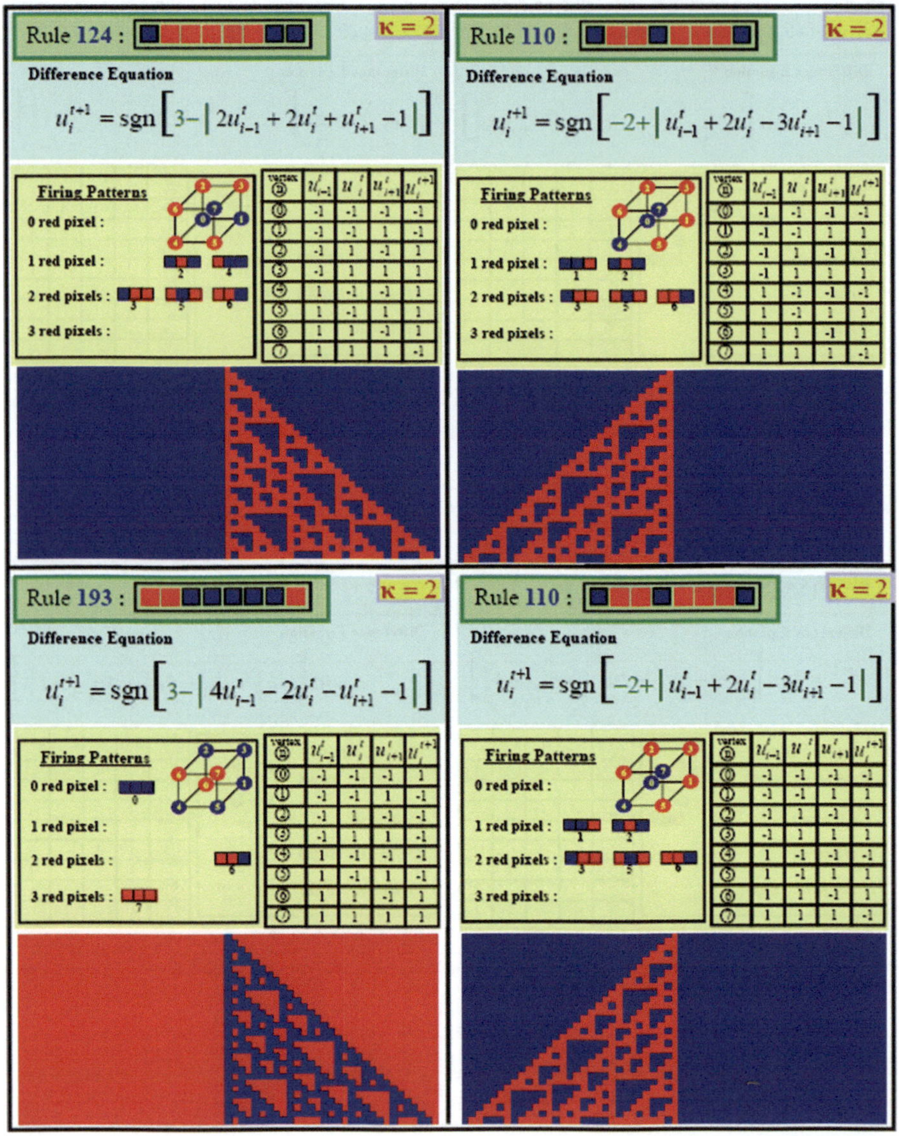

Abb. 9 Die Entwicklungen der Regeln 110, 124, 193 zeigen globale symmetrische Beziehungen. (Mainzer und Chua 2011, Abb. 4.2)

zentralen Pixels inmitten eines roten Hintergrunds) auf Regel 110 erzeugen und dann durch Bildung des Komplements des Entwicklungsmusters von 110. Den Output der Regel 137 ergibt sich durch Wiederholung des oben beschriebenen Algorithmus für Regel 193 und dann gefolgt durch eine Spiegelung entlang der zentralen Geraden. Es lässt sich beweisen, dass diese Algorithmen für alle anfänglichen Inputmuster gültig bleiben. Dieses Resultat ist höchst bemerkenswert, weil es erlaubt, die Entwicklungsmuster aus beliebigen Anfangskonfigurationen von drei Regeln für alle Iterationen vorauszusagen und nicht nur für eine Iteration wie im Fall lokaler Äquivalenz.

Die entsprechend Definition lautet allgemein:

Globale Äquivalenz: Zwei lokale Regeln N und N' heißen global äquivalent unter einer Transformation $\mathbf{T} : N \rightarrow N'$ genau dann, wenn der Output u_i^t von N für jedes t durch Anwendung des transformierten Inputs $\mathbf{T}(u_i^0)$ auf die lokale Regel N' gefunden werden kann, gefolgt von einer Anwendung der inversen Transformation $\mathbf{T}^{-1} : N' \rightarrow N$ auf u_i^1 für jedes $t = 1, 2, \ldots$.

Die vier Regeln 110, 124, 137 und 193 sind global äquivalent in dem Sinn, dass die Entwicklungsmuster von jeweils drei Regeln dieser Klasse aus der vierten Regel für alle Iterationen vorausgesagt werden können. Daher haben diese vier Regeln identische nicht lineare Dynamik für alle anfänglichen Inputmuster. Sie repräsentieren nur eine einzige Entwicklungsregel und bilden in diesem Sinn eine Äquivalenzklasse. Diese globale Eigenschaft ist nicht nur wahr für vier Regeln, sondern auch für alle Regeln. Danach lassen sich die 256 Regeln in 88 globale Äquivalenzklassen einteilen. Es erweist sich als zweckmäßig, diese Äquivalenzklassen mit dem Symbol ε_m^κ zu unterscheiden, wobei κ der Komplexitätsindex und m die Nummer der Äquivalenzklasse sind. Es gibt 38 zelluläre Automaten, die zu den Äquivalenzklassen ε_m^1 mit Komplexitätsindex $\kappa = 1$ und $m = 1, 2, \ldots, 38$ gehören. Die Äquivalenzklassen ε_m^2 mit Komplexitätsindex $\kappa = 2$ werden mit $m = 1, 2, \ldots, 41$ unterschieden. Ferner gibt es neun globale Äquivalenzklassen mit Komplexitätsindex $\kappa = 3$. Sie werden durch ε_m^3 mit $m = 1, 2, \ldots, 9$ unterschieden.

Diese Result ist bedeutsam, weil es zeigt, dass man nur gründlich die Dynamik und das langfristige Verhalten der 88 repräsentativen lokalen Regeln studieren muss. Zudem haben 38 dieser 88 dynamisch verschiedenen Regeln den Komplexitätsindex $\kappa = 1$ und sind daher trivial. Es bleiben also nur 50 lokale Regeln (41 Regel mit $\kappa = 2$ und 9 Regel mit $\kappa = 3$), die einer weiteren gründlichen Untersuchung bedürfen.

4.3 Symmetrie mit globalen Transformationen

Es lässt sich beweisen, dass jede lokale Regel zu einer globalen Äquivalenzklasse gehört, die durch bestimmte globale Transformationen definiert ist. Es gibt drei globale Transformationen, nämlich globale Komplementierung $\overline{\mathbf{T}}$, links-rechts Komplementierung $\mathbf{T}^\star$ und links-rechts Transformation $\mathbf{T}^\dagger$, die als Symmetrietransformationen im Universum der zellulären Automaten aufgefasst werden können. Die vier Regeln 110, 124, 137 und 193 sind global äquivalent zueinander in dem Sinn, dass ihre langfristige Dynamik (für $t \rightarrow \infty$) mathematisch identisch ist mit Bezug auf die drei globalen Transformationen $\mathbf{T}^\dagger$, $\mathbf{T}^\star$ und $\overline{\mathbf{T}}$.Die anschauliche Bedeutung dieser Symmetrietransformationen wird in Abb. 10 deutlich. Alle vier Muster der Regeln 110, 124, 137 und 193 haben in diesem Bild 60 Reihen, die den Iterationsnummern $t = 0, 1, 2, \ldots, 59$ entsprechen, and 61 Spalten, die den 61 Zellen ($n = 60$)

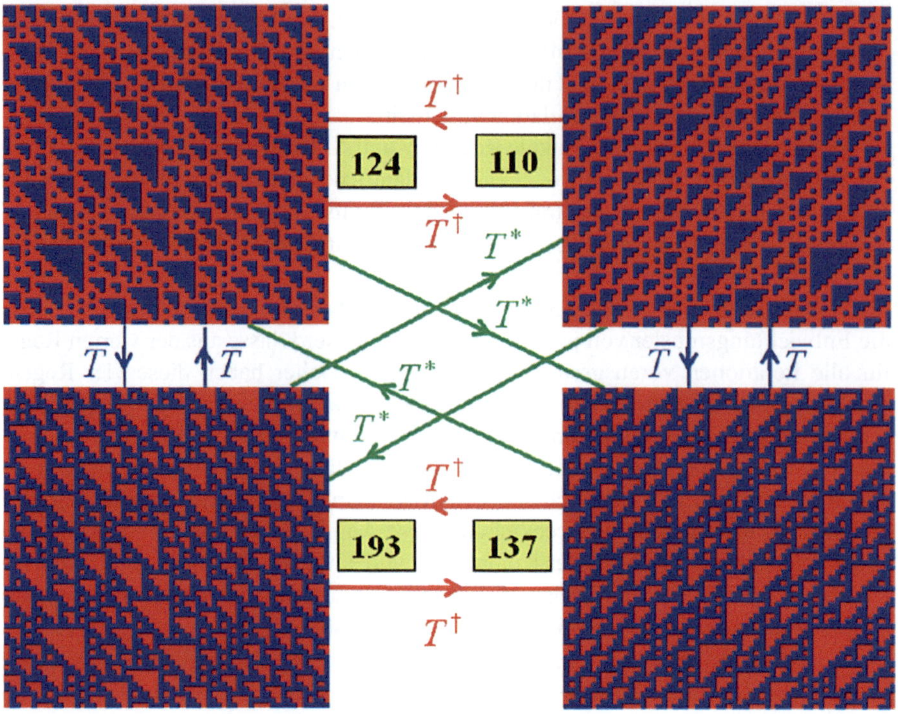

Abb. 10 Globale Äquivalenz von Regeln 110, 124, 137 und 193. (Mainzer und Chua 2011, Abb. 4.3)

entsprechen. Alle Muster haben eine zufällige Anfangsbedingung ($t = 0$) oder ihre Spiegelung, Komplementierung oder beides. Die zwei Muster 124 und 110 oben werden durch eine links-rechts Transformation $\mathbf{T}^{\dagger}$ erzeugt und sind durch eine bilaterale Spiegelung an einer imaginären vertikalen Linie zwischen den zwei Mustern aufeinander bezogen. Die zwei Muster 193 und 137 unten sind ebenso durch $\mathbf{T}^{\dagger}$ aufeinander bezogen und zeigen dieselbe bilaterale Spiegelungssymmetrie. Die zwei vertikal situierten lokalen Regeln 137 und 110, ebenso wie 193 und 124 sind durch eine globale Komplementierung $\overline{\mathbf{T}}$ aufeinander bezogen. Die zwei diagonal situierten lokalen Regeln 124 und 137, ebenso wie 193 und 110 sind durch eine links-rechts Komplementierung $\mathbf{T}^{\star}$ aufeinander bezogen.

Die geometrische Definition dieser Symmetrietransformationen ist leicht zu verstehen und kann mit Hilfe der Würfel zellulärer Automaten veranschaulicht werden. Mathematisch werden diese Transformationen durch 3 x 3 Matrizen $\overline{\mathbf{T}}_{u}$, $\mathbf{T}_{u}^{\star}$, and $\mathbf{T}_{u}^{\dagger}$ definiert. Jede der drei Matrizen transformiert die drei Axen (u_{i-1}, u_i, u_{i+1}), die durch das Zentrum des Booleschen Würfels gezeichnet sind, in ein Tripel von Axen (u'_{i-1}, u'_i, u'_{i+1}). Diese Repräsentationen mit Matrizen benötigen zur Berechnung nur basale Mathematik. Eine analytische Definition ist in Mainzer und Chua 2011 gegeben.

4.4 Global Symmetrie der Kleinschen Vierergruppe V

Die drei globalen Transformationen $\mathbf{T}^{\dagger}$, $\mathbf{T}^{\star}$ und $\overline{\mathbf{T}}$ werden durch Elemente der klassischen nichtzyklischen 4-elementigen Abelschen Gruppe **V** erzeugt, die als „Vierergruppe" nach dem Mathematiker Felix Klein benannt ist (Speiser 1956). Die vier Elemente von **V** werden durch die 3 x 3 Matrizen $\mathbf{T_0}$, $\overline{\mathbf{T}}_u$, $\mathbf{T}_u^{\star}$ und $\mathbf{T}_u^{\dagger}$ dargestellt. Das Symbol $\mathbf{T_0}$ bezeichnet die Identität oder Einheitsmatrix für jede Dimension. Die tatsächlichen Transformationen, die es ermöglichen, die langfristigen Korrelationen unter den Elementen von jeder der 88 globalen Äquivalenzklassen aller 256 zellulären Automaten zu bestimmen, sind jedoch die 4 x 4 Matrizen $\mathbf{T_0}$, $\mathbf{T}^{\dagger}$, $\mathbf{T}^{\star}$ und $\overline{\mathbf{T}}$. Abb. 11 zeigt, dass sie durch die Gruppenmultiplikationstafel der Kleinschen Vierergruppe **V** aufeinander bezogen sind. Diese Symmetriegruppe ist die einzige abstrakte mathematische Gruppe, die es möglich macht, die langfristigen Korrelationen innerhalb aller Elemente der vier Regeln 110, 124, 137 und 193 vorauszusagen.

Diese Resultate sind global im Sinn von asymptotischem Zeitverhalten $t \to \infty$. Damit zeigt sich: Obwohl es 256 verschiedene lokale Regeln 1-dimensionaler zellulärer Automaten gibt, ergeben sich nur 88 verschiedene globale Verhaltensweisen. Das ist ein fundamentales Ergebnis, das durch die Identifikation von 88 globalen Äquivalenzklassen ε_m^{κ} vorausgesagt werden kann.

4.5 Der heilige Gral von Symmetrie und Berechenbarkeit

Da für die lokale Regel 110 universelle Berechenbarkeit nachgewiesen wurde, folgt, dass alle vier lokalen Regeln der Vierergruppe **V** universelle Turingmaschinen sind. Die fundamentale Bedeutung des Universalitätsresultats besteht darin, die Sym-

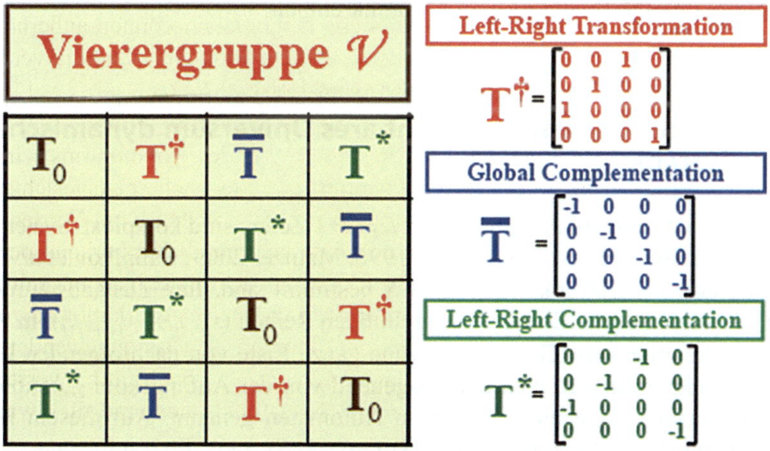

Abb. 11 Globale Symmetrie und Kleinsche Vierergruppe. (Mainzer und Chua 2011, Abb. 4.7)

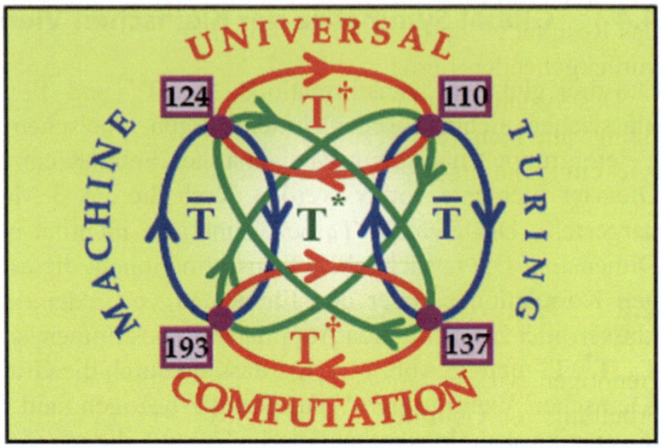

Abb. 12 Universelle Symmetrie und Berechenbarkeit im Universum zellulärer Automaten. (Mainzer und Chua 2011, Abb. 4.9)

metrie der Booleschen Würfel zu nutzen, um Äquivalenzklassen unter den 256 Regeln zu identifizieren. Die Entdeckung der Vierergruppe **V** und die Rotationsgruppe **R** führten zu den Hauptklassifikationen der 256 lokalen Regeln in 88 globale Äquivalenzklassen ε_m^κ und 30 lokale Äquivalenzklassen S_m^κ . Die Bedeutung der 88 globalen Äquivalenzklassen ε_m^κ ist ähnlich zur Klassifikation von Algorithmen in verschiedene Komplexitätsklassen (wie z. B. *N*- oder *NP*-Klassen) in dem Sinn, dass jede Eigenschaft, die auf ein Element von ε_m^κ zutrifft, auch auf die anderen Elemente in derselben globalen Äquivalenzklasse zutrifft.

Die Universalität der vier Regeln 110, 124, 137 und 193 und ihr identisches langfristiges dynamisches Verhalten mit Bezug auf die Symmetrietransformationen der Vierergruppe **V** sind in dem kommutative Diagramm von Abb. 12 dargestellt. Daher repräsentiert die Kleinsche Vierergruppe das fundamentale Symmetriegesetz der 256 1-dimensionalen zellulären Automaten. Es ist der „Heilige Gral" einer Vereinigungstheorie (unified theory) im Universum der zellulären Automaten, die alle Information ihrer nichtlinearen Dynamik enthält.

5 Ausblick of ein berechenbares Universum dynamischer Systeme

1-dimensionale zelluläre Automaten mit $L = I{+}1$ Zellen sind komplexe Systeme mit nicht linearer Dynamik (Alligood et al. 1996; Mainzer 2009; Shilnikov et al. 2001), die durch eine der 256 lokalen Regeln *N* bestimmt sind. Ihre Zustandsräume enthalten alle verschiedene Zustände der zellulären Reihen $(x_0^t, \ldots, x_{I-1}^t, x_I^t)$ im Schritt *t* der Zeit (Iteration oder Generation). Eine ganze Liste von nachfolgenden Reihen mit keinen identischen Reihen und ausgehend von der Anfangskonfiguration wird *Orbit* im Zustandsraum eines zellulären Automaten genannt. Auf diesem Hintergrund kann auch die Attraktordynamik komplexer Systeme im Rahmen der Theorie zellulärer Automaten untersucht werden (Mainzer und Chua 2011).

Das sind erste Schritte, das Universum als einen Automaten und ein dynamisches System zu verstehen. Der Erfolg dieses Forschungsprogramms hängt von der Digitalisierung der Physik ab. Die Frage „Ist das Universum ein Computer" führt zu der Frage: Wie weit ist es möglich, die Gesetz der Physik auf berechenbare digitale Physik abzubilden? (Deutsch 1985) Digitalisierung ist nicht nur spannend zur Beantwortung philosophischer Fragen des Universums. Digitalisierung ist das Schlüsselparadigma moderner Forschung und Technologie. Nahezu alle Arten von Forschung und technischer Innovation hängen von computer-gestützter Modellierung ab. Die entstehende Komplexität von Natur und Gesellschaft kann ohne Computer mit wachsender Rechen- und Speicherkapazität nicht beherrscht werden.

Um diese komplexe digitale Welt besser verständlich und anschaulich zu machen, eignen sich zelluläre Automaten als vereinfachte Approximationen. Der hier erklärte analytische Zugang zeigt bereits wesentliche Prinzipien nichtlinearer Dynamik, wie wir sie in der Expansion des Universums und der Evolution des Lebens finden. Die Emergenz neuer Strukturen und Muster hängt von Phasenübergängen komplexer dynamischer Systeme in der Welt der Quanten, Molekülen, Zellen, Organismen und der ökologischen und sozialen Systeme ab (Mainzer 2007). Zelluläre Automaten erweisen sich als ein anschauliches Paradigma der Modellierung komplexer dynamischer Systeme mit vielen zweckmäßigen Anwendungen (Hoekstra et al. 2010). In zellulären Automaten führen sehr einfache lokale Wechselwirkungsregel von Zellen zur Emergenz von komplexen globalen Strukturen. Dieses lokale Prinzip der Aktivität trifft ebenfalls zu in der Welt der komplexen Systeme mit Elementarteilchen, Atomen, Molekülen, Zellen, Organen, Organismen, Populationen und sozialen Systemen (Mainzer und Chua 2013). Obwohl lokale Wechselwirkungen eine komplexe Vielfalt von Entitäten im Universum erzeugen, lassen sie sich mathematisch auf wenige fundamentale Symmetriegesetze reduzieren. Symmetrien spielen eine Schlüsselrolle in der physikalischen Welt ebenso wie im Universum der Automaten.

Literatur

Alligood, K. T., T. D. Sauer, und J. A. Yorke. 1996. *Chaos: An Introduction to Dynamical Systems*. New York: Springer.

Berlekamp, E., J. Conway, und R. Guy. 1982. *Winning Ways*, Bd. 2. New York: Academic Press.

Chua, L. O. 1998. *CNN: A Paradigm for Complexity*. Singapore: World Scientific.

Chua, L. O., S. Yoon, und R. Dogaru. 2002. A nonlinear dynamics perspective of Wolfram's new kind of science. Part I: Threshold of complexity. *International Journal of Bifurcation and Chaos (IJBC)* 12(12): 2655–2766.

Chua, L. O., V. I. Sbitnev, und S. Yoon. 2003. A nonlinear dynamics perspective of Wolfram's new kind of science. Part II: Universal neuron. *International Journal of Bifurcation and Chaos (IJBC)* 13(9): 2377–2491.

Chua, L. O., V. I. Sbitnev, und S. Yoon. 2004. A nonlinear dynamics perspective of Wolfram's new kind of science. Part III: Predicting the unpredictable. *International Journal of Bifurcation and Chaos (IJBC)* 14:3689–3820.

Deutsch, D. 1985. Quantum theory, the Church-Turing principle and the universal quantum computer. *Proceedings of the Royal Society of London A* 400:97–117.

Hoekstra, A. G., J. Kroc, und P. M. A. Sloot, Hrsg. 2010. *Simulating Complex Systems by Cellular Automata*. Berlin: Springer.
Langton, C. G., Hrsg. 1989. *Artificial Life*. Rewood City: Addison Wesley.
Langton, C. G., Hrsg. 1991. *Artificial Life II*. Redwood City: Addison Wesley.
Mainzer, K. 1996. *Symmetries of Nature*. New York: De Gruyter. (German 1988: Symmetrien der Natur. de Gruyter: Berlin).
Mainzer, K. 2005. *Symmetry and Complexity: The Spirit and Beauty of Nonlinear Science*. Singapore: World Scientific.
Mainzer, K. 2007. *Thinking in Complexity. The Computational Dynamics of Matter, Mind, and Mankind*, 5. Aufl. Berlin: Springer.
Mainzer, K. (Hrsg.). 2009. Complexity. *European Review (Academia Europaea)* 17(2): 219–452.
Mainzer, K. 2019. *Künstliche Intelligenz. Wann übernehmen die Maschinen*. Berlin: Springer.
Mainzer, K., und L. O. Chua. 2011. *The Universe as Automaton. From Simplicity and Symmetry to Complexity*. Berlin: Springer.
Mainzer, K., und L. O. Chua. 2013. *Local Activity Principle*. London: Imperial College Press.
Martin, B. 1994. A universal cellular automaton in quasi-linear time and its S-m-n form. *Theoretical Computer Science* 123:199–237.
Neumann, von J. 1966. *Theory of Self-Reproducing Automata*. Urbana: University of Illinois Press.
Rendell, P. 2002. A Turing machine in Conway's Game of Life, extendable to a universal Turing machine. In *Collision-Based Computing*, Hrsg. A. Adamatzky. New York: Springer.
Shilnikov, L., A. Shilnikov, D. Turaev, und L. Chua. 1998–2001. *Methods of Qualitative Theory in Nonlinear Dynamics I-II*. Singapore: World Scientific.
Speiser, A. 1956. *Die Theorie der Gruppen von endlicher Ordnung*. Birkhäuser: Basel 4th edition.
Turing, A. M. 1936–1937. On computable numbers with an application to the Entscheidungsproblem. *Proceeedings of the London Mathematical Society* 2(42): 230–265, corrections, ibid, 43:544–546.
Wolfram, S. 1986. *Theory and Applications of Cellular Automata*. Singapur: World Scientific Publisher.
Wolfram, S. 2002. *A New Kind of Science*. Champaign Il: Wolfram Media, Inc.
Zuse, K. 1969. *Rechnender Raum*. Braunschweig: Vieweg & Sohn.

Grundlagen genetischer und evolutionärer Algorithmen

Klaus Mainzer

Inhalt

Zusammenfassung

Die komplexen Datenmengen der Genombestimmung erfordern nicht nur schnelle und leistungsfähige Computer. Mit Machine Learning, statistischen und kausalen Lernalgorithmen werden Sequenzanalysen, Struktur- und Funktionsbestimmungen von Proteinen erste möglich. Unter dieser Voraussetzung eröffnen sich neue Perspektiven, um Krankheiten frühzeitig zu erkennen, aber auch virale Pandemien zu bekämpfen. Dabei werden RNA- und DNA-Strukturen als formale Sprachsysteme aufgefasst, die in lernenden Automaten und Maschinen verarbeitet werden. Ebenso ist die komplexe molekulare Evolution des Lebens nur noch durch die Unterstützung von Methoden des Maschine Learning zu entschlüsseln. Bioinformatik und Systembiologie liefern damit die entscheidenden Methoden der theoretischen Biologie. Die philosophische Reflexion ihrer Modelle ist mit den Grundlagen des Machine Learning und der Künstlichen Intelligenz eng verbunden.

K. Mainzer (✉)
TUM Senior Excellence Faculty, Technische Universität München (TUM), München, Deutschland
E-Mail: mainzer@tum.de

K. Mainzer (Hrsg.), *Philosophisches Handbuch Künstliche Intelligenz*,
https://doi.org/10.1007/978-3-658-19606-6_16

Schlüsselwörter

Sequenzanalyse · Proteine · Strukturbestimmung · Chomsky-Grammatik · Genetische Automaten · Turingmaschine · Bayessches Lernen · Kausales Lernen · Machine Learning · Neuronale Netze · AlphaFold · Markov-Modelle · Bioinformatik · Evolutionäre Algorithmen

1 Einführung

Algorithmen in den Lebenswissenschaften werfen die philosophische Grundfrage auf (Mainzer 2020, Kap. 4): Wie weit ist Leben berechenbar? Dabei setzt die Systembiologie die Mathematisierung der Naturwissenschaften fort, die mit Galilei, Kepler und Newton in der frühen Neuzeit begonnen hatte. Damals stützte man sich auf Modelle von dynamischen Systemen in der klassischen Mechanik (z. B. Planetenmodell, Uhrwerke), die mit verhältnismäßig wenig Daten auskamen. Die komplexen Systeme der Biologie von Makromolekülen bis zu Organismen haben es mit überwältigend großen Datenmengen und andersartigen gesetzmäßigen Zusammenhängen zu tun. Ihre Berechnung in mathematischen Modellen gelingt nur mit der Rechnerkapazität heutiger Computer. Daher ist Systembiologie als theoretische Biologie nur mit den Methoden der Bioinformatik möglich.

Die Bioinformatik ist ein interdisziplinäres Forschungsgebiet, das Biologie, Informatik, Mathematik und Statistik mit Ingenieurwissenschaften verbindet. Im Zentrum stehen Algorithmen und Software, mit denen aus molekularen Datenmassen komplexe Strukturen und Funktionen von z. B. Proteinen erschlossen werden sollen. Der Schlüssel dazu sind molekulare Kodes. Die Suchmethoden für entsprechende Problemlösungen und Kodes setzen zunehmend auf Methoden des maschinellen Lernens und der Künstlichen Intelligenz. Daher versteht sich Bioinformatik auch als Schlüssel zum Kode des Lebens (Dandekar und Kunz 2017; Xiong 2006).

2 Sequenzanalyse als biologische Computerlinguistik

Die Evolution des Lebens wird möglich durch Selbstreproduktion, Mutation und Selektion, die nach den Gesetzen der Biochemie lebende Organismen aus molekularen Bausteinen erzeugen. Gemeinsame chemische Bausteine aller lebenden Systeme auf der Erde sind organische Kohlenstoffverbindungen. Proteine werden auf Aminosäuren zurückgeführt. Die Aminosäuresequenzen der Proteine sind weitgehend nach demselben Bauprinzip (genetischer Kode) geordnet. Es handelt sich um Kombinationsmöglichkeiten von Nukleotiden, die chemische Bausteine der Nukleinsäuren (RNA oder DNA) sind. Ein Nukleotid besteht aus einem Zuckermolekül, einer Phosphatgruppe und einer von vier stickstoffhaltigen Basen. Im Fall von DNA (Desoxyribonukleinsäure) handelt es sich um Adenin (A), Guanin (G), Cytosin (C) oder Thymin (T). Bei RNS (Ribonukleinsäure) ist Thymin durch Uracil (U) ausgetauscht.

In der Sprache der Informationstheorie werden diese Basen als Alphabet A, G, C, T oder U, ihre chemischen Kombinationsmöglichkeiten als genetischer Kode oder genetische Information (‚Erbinformation') bezeichnet. Tatsächlich legen sie die Struktur des Organismus fest. Nach dem Watson-Crick Modell lässt sich die Synthese eines komplementären Strangs der Erbinformation als Kopiervorgang erklären (Watson1970; Ayala 1978). Der komplementäre Charakter der Basen ermöglicht den Aufbau eines neuen Strangs, wobei ein bereits vorhandener Strang als Matrize verwendet wird. Die einzelnen Nukleotide lagern sich entlang dem bereits vorhandenen Strang an (also A nur neben T, G nur neben C etc.) und verbinden sich mit ihm. In dem neu gebildeten Strang ergibt sich so eine spezielle Ordnung der Basen: T steht an der Stelle von A im Originalstrang etc.

Der neue Strang enthält die gleiche Information wie der ursprüngliche Strang nur in komplementärer Form. Komplementär meint dabei anschaulich das Verhältnis von Gipsabdruck und Original. Im nächsten Schritt der Replikation dient der neugebildete Strang als Matrize und erzeugt eine Basensequenz, die dem Original entspricht.

Gene als Träger der Erbinformation besitzen die Fähigkeit zur identischen Replikation und unveränderten Weitergabe von Information von Generation zu Generation. Wie bei einem technischen Kopiervorgang unterlaufen aber auch der DNA-Fehler bei der Replikation. Es werden ab und zu falsche Basen eingebaut. Durch chemische Reparaturmechanismen ist die DNA meist in der Lage, diese Fehler zu registrieren und durch Einsetzen der richtigen Information in den neu synthetisierten Polynukleotidstrang zu korrigieren. Wird ein solcher Fehler nicht korrigiert, spricht man von einer Mutation.

In Körperzellen können Mutationen weitreichende Folgen für den gesamten Organismus haben. So kann die Zelle zu unkontrollierter Teilung und damit Wachstum eines Tumors veranlasst werden. Erinnert sei an äußere Faktoren wie ionisierte Strahlung, Chemikalien oder Viren, die solche gefährlichen Mutationen auslösen könnten. Andererseits hätte ohne zufällige Mutation die Evolution des Organismus niemals stattgefunden. Über Generationen und große Zeiträume wurden Zufallsveränderungen der Erbinformation selektiert oder optimiert und ermöglichten die Vielfalt der Arten auf der Erde.

Für genetische Informationen wird die Nukleinsäure-Sprache mit dem Alphabet der vier Nukleotide und die Aminosäure-Sprache mit dem Alphabet der zwanzig Aminosäuren verwendet. Bei der Nukleinsäure-Sprache lässt sich eine Hierarchie verschiedener Sprachschichten unterscheiden, die von der untersten Ebene der Nukleotide mit den Grundsymbolen A, C, G, T bzw. U bis zur höchsten Ebene der Gene reicht, in denen die vollständige Erbinformation einer Zelle festgehalten ist. Jede zwischengeschaltete Sprachebene setzt sich aus Einheiten der vorherigen Sprachebene zusammen und gibt Anweisungen für verschiedene Funktionen wie z. B. Transkription oder Replikation von Sequenzen. Aristid Lindenmayer unterschied als endliche Alphabete für die DNA: A, C, G, T, für die RNS: A, C, G, U, und für die Proteine zwanzig Buchstaben A, C, D,. . ., Y, W. Die Sequenzen, die aus den Buchstaben dieser Alphabete gebildet werden können, heißen Worte. Die Menge aller Sequenzen bildet eine Sprache. Eine Grammatik besteht aus Regeln, die Sequenzen in andere überführt.

Abb. 1 Sequenzanalyse mit globalem und lokalem Alignment. (Quelle: Xiong 2006, S. 35)

```
Sequenz 1 EARDF-NQYYSSIKRSGSIQ
               .  : . : : : : : : : : :  .  .
Sequenz 2 LPKLFIDQYYSSIKRTMG-H

Globales Alignment

Sequenz 1        NQYYSSIKRS
                 . : : : : : :: : :
Sequenz 2        DQYYSSIKRT

Lokales Alignment
```

In den Laboren der Biochemie werden tagtäglich neue biochemische Verbindungen erzeugt und entdeckt, die in biochemischen Datenbanken gespeichert werden. Um sie in diesen Datenbanken zu klassifizieren und einzuordnen, wurden in der Bioinformatik verschiedene Algorithmen der Sequenzanalyse eingeführt, bei der z. B. eine neu entdeckte molekulare Sequenz mit einer bereits bekannten und gespeicherten Sequenz verglichen wird. Zwei Sequenzen werden verglichen (engl. alignment), indem bei einer Gegenüberstellung festgestellt wird, welche Aminosäurereste verändert und welche konserviert sind. Werden beide Sequenzen über die gesamte Länge verglichen, spricht man von globalem Alignment. Werden nur Abschnitte verglichen, handelt es sich um lokales Alignment. In Abb. 1 zeigen die Doppelpunkte „:" an, dass die Aminosäurereste identisch sind; Punkte „·" zeigen nur Ähnlichkeit an (Xiong 2006, S. 35):

Die Bioinformatik versucht, die Funktionen einer lebenden Zelle durch Funktionen auf der Ebene der Proteine zu erklären. Dahinter steht eine fundamentale biologische Annahme: DNA wird in RNA transkribiert, die in Proteine übersetzt wird. Diese Proteine steuern schließlich die Funktionen einer Zelle. Damit wird der Fluss der genetischen Information von der DNA bis zum Verhalten einer Zelle erklärt.

Neben der molekularen Sequenzanalyse werden molekulare Struktur- und Funktionsanalyse unterschieden. Sequenzanalyse umfasst neben dem Vergleichen (alignment) von Sequenzen die gezielte Suche nach Sequenzen in Datenbanken, die Rekonstruktion von evolutionären Beziehungen zwischen Sequenzen und den Vergleich von Genomen. Strukturanalyse betrifft die Strukturanalyse, den Vergleich, die Klassifikation und Voraussage von Nukleinsäuren. Funktionsanalyse beinhaltet das Profil von Genexpressionen, Voraussagen über die Wechselwirkung von Proteinen, Rekonstruktion von Stoffwechsel (Metabolismus) und Simulationen.

Mit den Methoden der Bioinformatik wird Sequenzanalyse zu einer Art biologischer Computerlinguistik. Für die Sicherung der Struktur und Funktion lebender Organismen ist eine große Menge von Informationen notwendig. Rechnet man den molekularen Viererkode der Erbinformation mit vier Nukleotiden auf den Dualkode von Binärsequenzen um (z. B. mit dem Schlüssel A = 00, G = 01, C = 10, T = 11), so erhält man für einen Virus 10^4 bit, ein Bakterium 10^6 bit, einen Einzeller 10^8 bit und für ein Säugetier 10^{12} bit. Diese Erbinformation wird in einer Zelle auf bestimmte Proteine übertragen, die Träger von Funktionen des Organismus (Erbanlagen) sind. Auf der Grundlage molekularer Mustererkennung findet ein hochkomplexer Vorgang der Informationsverarbeitung statt.

Die Entzifferung der Erbinformation eines Organismus reicht also für seine Replikation (‚Klonierung') nicht aus. Erst durch Übersetzung in die zellulären Funktionsträger wird eine Bedeutung der Erbinformation erkannt. Bei hochkomplexen Organismen wie Säugetieren sind viele Bedeutungen von Teilen der Erbinformation noch weitgehend unbekannt, obwohl ihr Aufbau aus den Buchstaben A, G, C, T vollständig entziffert ist. Das Wachstum eines Organismus ist selbst ein hochkomplexer Selbstorganisationsprozess, in dem sich Zellen teilen und Gene über Enzyme und Proteine die Bildung des Organismus steuern.

Informationsverarbeitung mit Computern und Menschen wird mit künstlichen oder natürlichen Sprachen wiedergegeben. Sie sind nur Spezialfälle von symbolischen Repräsentationssystemen, die sich ebenso für genetische Informationssysteme angeben lassen. Genetische Sprachen repräsentieren mit ihren grammatikalischen Regeln molekulare Verfahren, um molekulare Sequenzen mit genetischen Bedeutungen zu erzeugen. Entscheidend für das Verständnis dieser molekularen Sprachen sind wiederum nicht wir Menschen, sondern die molekularen Systeme, die sich ihrer bedienen. Wir Menschen mit unserer Art der Informationsverarbeitung sind erst am Anfang, diese Sprachen mit ihren Regeln zu entziffern und zu verstehen. Die formalen Sprach- und Grammatiktheorien liefern dazu zusammen mit der algorithmischen Komplexitätstheorie erste Ansätze.

Mit der formalen Sprachtheorie von Noam Chomsky lässt sich die Grammatik genetischer Sprachen untersuchen (Chomsky 1969). Im einfachsten Fall einer regulären Grammatik mit Regeln wie z. B. $A \rightarrow C$, $C \rightarrow G$, $G \rightarrow T$, $T \rightarrow A$ können Sequenzen wie z. B. GTACGTA ... generiert werden: Man beginnt mit dem linken Buchstabe der Sequenz und fügt nach rechts die Buchstaben gemäß den vorausgehenden Buchstaben hinzu.

Im Rahmen der Bioinformatik eröffnen Chomsky-Grammatiken auch den Blick auf genetische Maschinen und Automaten (Mainzer 2016, S. 117–218). Reguläre Grammatiken bestimmen reguläre Sprachen, die durch endliche Automaten als entsprechende Informationssysteme erzeugt werden. Einen endlichen deterministischen Automaten kann man sich als eine Maschine mit Eingängen, Ausgängen und endlich vielen Zuständen vorstellen, die Informationen aufnimmt, nach determinierten Regeln verarbeitet und weitergibt.

Endliche Automaten mit regulären Sprachen reichen jedoch nicht zur Erzeugung aller Kombinationsmöglichkeiten aus, wie z. B. spiegelsymmetrische Sequenzen AGGA zeigen. Bei nicht-regulären Sprachen unterscheidet Chomsky eine Hierarchie stärkerer Informationssysteme. Dazu werden die grammatikalischen Regeln der Sprachen gelockert und die Automaten durch Speicherzellen ergänzt. Ein Beispiel ist der Keller-Automat, der kontextfreie Sprachen erkennt, bei denen die Zulässigkeit eines Symbols von linken und von rechten Nachbarn abhängt.

Hebt man diese Bestimmung auf, so erhält man kontextabhängige Sprachen, bei denen weit auseinanderliegende Symbole miteinander in Beziehung stehen. Solche kontextsensitiven Sprachen werden von linear beschränkten Automaten erkannt, in denen sich jede von endlich vielen Speicherzellen in wahlfreiem Zugriff erreichen lässt.

In regulären, kontextfreien und kontextsensitiven Sprachen kann rekursiv entschieden werden, ob eine Zeichensequenz endlicher Länge zur Sprache gehört oder nicht. Dazu braucht man nur alle Zeichenreihen bis zu dieser Länge zu erzeugen und mit der vorliegenden Zeichensequenz zu vergleichen. Von dieser Art sind genetische Sprachen.

Ist diese Forderung nicht erfüllt, werden Maschinen von der Komplexität der Turingmaschine notwendig. Eine Turingmaschine ist ein endlicher Automat, der freien Zugriff in einem unbegrenzt großen Speicher hat. Von diesem Standpunkt aus ist ein linear beschränkter Automat eine Turingmaschine mit einem endlichen Speicherband. Der Keller-Automat besitzt ein Band, das auf einer Seite unendlich lang ist, wobei der Lesekopf immer über dem letzten beschrifteten Band steht. Ein endlicher Automat ist eine Turingmaschine ohne Band. Eine universelle Turingmaschine, auf der jeder Algorithmus und Computerprogramm simuliert werden kann, ist der Prototyp eines digitalen programmgesteuerten Computers.

Es gibt allerdings so komplexe nicht-rekursive Sprachen, deren Zeichenreihen auch eine Turingmaschine nicht in endlicher Zeit erkennen kann. Sie können jedoch vom Menschen intellektuell gemeistert werden und sind daher für die Beurteilung menschlicher Informationsverarbeitung im Rahmen der KI-Forschung zu beachten.

Genetische Sprachen und ihre Grammatiken erlauben Komplexitätsbestimmungen entsprechender genetischer Informationssysteme. Dazu werden möglichst kurze generative Grammatiken zur Erzeugung der jeweiligen DNA-Sequenz gesucht. Die Komplexität einer genetischen Grammatik wird durch die Summe der Länge aller Regeln definiert.

Bemerkenswert ist auch die genetische Redundanz einer Erbinformation. In der Informationstheorie bezeichnet Redundanz überflüssige Information. In der Nachrichtentechnik wird Redundanz z. B. durch Wiederholungen zur Sicherung gegen Übertragungsfehler eingesetzt. In der Umgangssprache verwenden Menschen Wiederholungen durch ähnliche Umschreibungen, um das Verständnis zu steigern.

Falls keine Redundanz vorliegt, ist der mittlere Informationsgehalt (Informationsentropie) einer Sequenz maximal. Redundanz misst die Abweichung des Informationsgehalts einer Sequenz von der maximalen Informationsentropie. Messungen ergeben eine geringe Redundanz der genetischen Sprachen gegenüber den menschlichen Umgangssprachen. Das zeigt einerseits die große Zuverlässigkeit genetischer Informationssysteme. Andererseits bringt Redundanz auch Flexibilität und Sensibilität zum Ausdruck, um Verständnis durch variierte Wiederholungen zu erreichen. Sie zeichnet daher menschliche Informationsverarbeitung aus.

In der Evolution genetischer Informationssysteme beobachten wir eine Tendenz zur Speicherung immer größerer Informationsmengen, um Struktur und Funktion eines Organismus abzusichern. Es kommt aber nicht nur auf die Entzifferung einer möglichst langen DNA-Sequenz an. Bei den höher entwickelten Organismen wie dem Menschen sind die Proteine als Träger vielfältiger Erbanlagen von grundlegender Bedeutung.

Die Evolution dieser Systeme beruht auf der Einführung neuer Regeln in die Grammatik der Proteine und damit neuer Funktionen des Organismus. Es lässt sich sogar zeigen, dass die Regellänge der Proteinstrukturen und damit die Komplexität ihrer Grammatik für die höher entwickelten Organismen wachsen. Grammatikregeln erlauben zudem eine beliebig wiederholbare Produktion von Sequenzen. Sie tragen daher zur Standardisierung der genetischen Informationssysteme bei, ohne die das Wachstum komplexer Organismen nicht möglich wäre.

3 Struktur- und Funktionsbestimmung in der Bioinformatik

Proteine führen die meisten chemischen und biologischen Funktionen einer Zelle aus. Beispiele sind enzymatische Funktionen, Transport- und Regulationsaufgaben. Proteinfunktionen werden eindeutig durch ihre Strukturen bestimmt. Daher ist die Strukturbioinformatik von grundlegender Bedeutung. Bausteine der Proteine sind zwanzig Aminosäuren. Diese kleinen Moleküle bestehen aus einer freien Aminogruppe NH_2 und einer freien Carbonsäurengruppe COOH, die durch ein zentrales Kohlenstoffatom C_α verbunden sind zusammen mit einem hinzugefügten Wasserstoffatom H und einer Seitenkettengruppe R. Aminosäuren unterscheiden sich nur in der Gruppe R (Xiong 2006, S. 174):

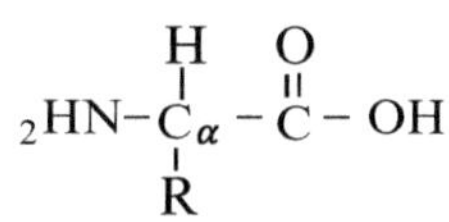

Die Aminosäurensequenz eines Proteins bildet die primäre Struktur, die in der Regel eindeutig eine Struktur bestimmt. In Proteinen bilden sich aus der Sequenz als Primärstruktur mit Wasserstoffbrücken zwei zentrale Sekundärstrukturen aus, die Helices und β-Strands genannt werden. Unter den Helices werden verschiedene spiralförmige Windungen unterschieden, die von der Anzahl der Aminosäuren pro Drehung und den Diederwinkeln ihrer Drehung abhängen. Bekannt ist die α-Helix mit Wasserstoffbrücken von Risidium i zu $i+4$. Die β-Strands haben demgegenüber die Form von Faltblättern. Von diesen regulären Formen der Helices und Faltblättern werden als dritter Typ der Sekundärstrukturen die irregulären Formen aus Biegungen, ungeordneten Regionen und Schlaufen unterschieden. Die Klassifikation der Proteinstrukturen führt von den Primär- und Sekundärstrukturen weiter zu den Tertiärstrukturen mit einzelnen Proteinketten aus mehreren Sekundärstrukturen und schließlich den Quartiärstrukturen mit mehreren Tertiärstrukturen, die in großen molekularen Komplexen zusammengefasst sind.

Für die Voraussage von möglichen Funktionen von Proteinen ist ihre Strukturbestimmung grundlegend. Ein wichtiges Instrument sind dabei Untersuchungen zur Homologie von Proteinstrukturen. Wenn die Sequenz eines Gens G_1, dessen Funktion bekannt ist, homolog zur Sequenz eines anderen Gens G_2 ist, dessen Funktion unbekannt ist, dann teilt G_2 die Funktion von G_1. Ein bekanntes Beispiel bietet Hämoglobin im Menschen und Hämoglobin in Pflanzen als entfernte Verwandte aus derselben Familie von Proteinen. Beide haben dieselbe Aufgabe des Transports von Sauerstoff in einem Organismus. Obwohl beide Proteine verschiedene Sequenzen von Aminosäuren haben, ist die Struktur ihrer Proteine virtuell identisch, was ihre gleiche Funktion erklärt.

4 Bayessche Wissenschaftstheorie in der Bioinformatik

Eine Zelle ist ein höchst komplexes System mit vielen nicht linearen Wechselwirkungen. Mathematisch haben wir es daher nicht mit einem überschaubaren System wie einem Planetenmodell zu tun, in dem wenige Körper nach deterministischen Gesetzen wechselwirken. Millionen von wechselwirkenden Molekülen erzeugen ein ständiges Hintergrundrauschen, in dem die kausalen Abläufe der wesentlichen Funktionen erkannt werden müssen. Anschaulich erinnert die Situation an den Straßenlärm einer Großstadt, in dem ein bestimmtes Signalmuster wie z. B. eine Stimme erkannt werden soll.

Newtons Methodenlehre, die in seinem Lehrbuch „Principia Mathematica Philosophiae Naturalis“ als „regulae philosophandi“ (Regeln des Philosophierens) bezeichnet wird, ist einfach und hat die nachfolgenden Jahrhunderte der Physik geprägt. Sie wird nahezu wörtlich von Einstein u. a. im 20. Jahrhundert wiederholt: Der Naturforscher beginnt mit Beobachtungen und Messungen und erkennt in diesen endliche Daten Zusammenhänge, die er in der Annahme eines Gesetzes oder einer Theorie aus mehreren Gesetzen verallgemeinert. Mathematisch haben sie häufig die Form von Gleichungen wie z. B. die Bewegungs- und Kraftgleichungen in der Newtonschen Mechanik. In der Wissenschaftstheorie nennen wir solche Gesetzesannahmen auch „Hypothesen“. Eine Theorie ist danach ein System von Hypothesen. Diesen Weg von den Daten zu Hypothesen oder Theorien nannte Newton „Induktion“ (Mittelstrass 1995).

Aus diesen Theorien und Hypothesen lassen sich für geeignete Anfangs- und Nebenbedingungen Voraussagen für zukünftige Ereignisse oder Erklärungen für vergangene und gegenwärtig beobachtete Ereignisse logisch-mathematisch ableiten. Ein Beispiel ist Keplers Planetenmodell, dass Newtons Mechanikgesetze erfüllt. Unter seiner Annahme lassen sich Prognosen über zukünftige Planetenstellungen ableiten. Wir setzen voraus, dass eine Aussage *A* (hier Keplers Planetengesetze mit einer bekannten Anfangsposition eines Planeten) eine Aussage *B* (hier eine Prognose über eine zukünftige Planetenposition) logisch impliziert. Die Wahrheit dieser logischen Implikation wird durch Ausrechnung der Bewegungsgleichung des Planeten nach Einsetzung seiner Anfangsposition bewiesen. Nun wird die Aussage *A*, also Keplers Planetenmodell und die Anfangsposition des Planeten, als wahr vorausgesetzt. Dann ist logisch zwingend auch Aussage *B*, also die Prognose über den zukünftigen Planetenort wahr: Wenn der Schluss „Wenn *A*, dann *B*“ wahr und die Aussage *A* wahr sind, dann ist logisch zwingend die Aussage *B* wahr.

Nun nehmen wir aber an, dass der Schluss „Wenn *A*, dann *B*" wahr und die Aussage *B* (z. B. eine Beobachtung des Planetenorts) wahr seien. Was wissen wir dann über das angenommene Gesetz bzw. Modell? Jedenfalls ist Aussage *A* logisch nicht zwingend wahr. Nach gehäuften Beobachtungen, wonach die logischen Folgerungen *B* aus *A* wahr sind, könnte man bestenfalls vermuten, dass unser angenommenes Modell bzw. die Hypothese *A* plausibel ist. Offensichtlich ist das die Situation in den empirischen Wissenschaften wie Physik, Chemie und Biologie. Nur in der Mathematik geht es nur um die logisch- mathematischen Deduktionen aus angenommenen Axiomen- bzw. Hypothesensystemen.

Im Zentrum der empirischen Wissenschaften stehen also die Fragen: Wie findet man in Datenmengen geeignete Modelle für Erklärungen und Prognosen? Wie plausibel sind solche Modelle? Wie ändert sich ihre Glaubwürdigkeit bei neuen Beobachtungen und Hintergrundwissen? Was können wir aus diesen neuen Erfahrungen lernen? Mit den ungeheuren Datenmengen, mit denen es die Molekularbiologie zu tun hat, wird klar, dass diese Fragen nur im mathematischen Rahmen von Statistik und Wahrscheinlichkeitstheorie geklärt werden können.

Nach dem englischen Mathematiker und Theologen Thomas Bayes (1702–1762) lässt sich Lernen mit bedingten Wahrscheinlichkeiten von Ereignissen erklären (Mainzer und Schröder-Heister 1995). Dabei wird Wahrscheinlichkeit nicht als Häufigkeit (objektive Wahrscheinlichkeit), sondern als Glaubensgrad (subjektive Wahrscheinlichkeit) aufgefasst: Ein Ereignis *A* wird vor Eintreten von Ereignis *B* mit der a priori Wahrscheinlichkeit $P(A)$ eingeschätzt, aber nach Eintreten von *B* mit der a posteriori (bedingten) Wahrscheinlichkeit $P(A|B)$.

Mit Hilfe des Satzes von Bayes lassen sich bedingte Wahrscheinlichkeiten berechnen: Die bedingte Wahrscheinlichkeit $P(A|B)$ von Ereignis *A* nach Eintreten von Ereignis *B* ist durch den Quotienten der Wahrscheinlichkeit $P(A \cap B)$ (d. h. der Wahrscheinlichkeit, dass die Ereignisse *A* und *B* zusammen eintreten) und der Wahrscheinlichkeit $P(B)$ von Ereignis *B* definiert, d. h.

$$P(A|B) = \frac{P(A \cap B)}{P(B)}$$

$$= \frac{\frac{P(A \cap B)}{P(A)} \cdot P(A)}{P(B)} = \frac{P(B|A) \cdot P(A)}{P(B)}.$$

Daher besagt der Satz von Bayes $P(A|B) = \frac{P(B|A) \cdot P(A)}{P(B)}$

d. h. die Wahrscheinlichkeit von *A* nach Eintreten von *B* berechnet sich aus der bedingten Wahrscheinlichkeit von *B* unter Voraussetzung von *A* und den a priori Wahrscheinlichkeiten $P(A)$ und $P(B)$.

Wie lassen sich Bayes' Methoden auf induktive Schlüsse in den Naturwissenschaften anwenden? Wie lässt sich ein Modell *M* aus einer Datenmenge *D* ableiten? Aus Bayes' Theorem folgt für die Wahrscheinlichkeit eines Modells *M* unter Voraussetzung einer Datenmenge *D*:

$$P(M|D) = \frac{P(D|M) \cdot P(M)}{P(D)} = P(M)\frac{P(D|M)}{P(D)}$$

Die apriorische Wahrscheinlichkeit *P*(*M*) schätzt die Wahrscheinlichkeit ein, dass Modell *M* korrekt ist, bevor (lateinisch: a priori) Daten vorliegen. Die aposteriorische Wahrscheinlichkeit *P*(*M*| *D*) berücksichtigt die Einschätzung der Wahrscheinlichkeit, dass Modell *M* korrekt ist, nachdem (lateinisch: a posteriori) die Daten der Datenmenge *D* beobachtet wurden. Die Wahrscheinlichkeit *P*(*D*| *M*), dass die Beobachtungen der Datenmenge *D* unter der Annahme von Modell *M* eintreffen, wird als Mutmaßlichkeit bzw. Plausibilität (englisch: likelihood) von Daten unter Voraussetzung eines Modells bezeichnet. Die Wahrscheinlichkeit *P*(*D*) steht für die Datenevidenz der Datenmenge *D*. Für die Berechnung der Wahrscheinlichkeit eines Modells *M* unter Voraussetzung einer Datenmenge ist die Berechnung entsprechender Logarithmen häufig einfacher:

$$\log P(M|D) = \log P(D|M) + \log P(M) - \log P(D)$$

Bei der Bayesschen Einschätzung von Modellen wird gelegentlich die Voraussetzung „apriorischer" Wahrscheinlichkeiten als subjektiv oder willkürlich kritisiert. Tatsächlich nehmen aber die Effekte der apriorischen Wahrscheinlichkeiten mit wachsender Anzahl der Daten ab. Bei der logarithmischen Berechnung der Datenplausibilität (Likelihood) wächst log *P*(*D*|*M*) typischerweise linear mit der Anzahl der Daten aus *D*, während der apriorische Ausdruck log *P*(*M*) konstant bleibt. Zudem zwingt der Bayessche Ansatz, die apriorischen und aposteriorischen Annahmen klar zu unterscheiden. Die apriorische Wahrscheinlichkeit eines Modells hängt von der angenommenen Wahrscheinlichkeitsverteilung ab. Je nach Anwendungsfall eignen sich dafür z. B. Gauß- oder Dirichlet-Verteilung. Jedenfalls ist kein allgemeines objektives Prinzip bekannt, um apriorische Annahmen in allen Situationen zu bestimmen (Skilling und Sibisi 1996).

Für die Anwendung in der Bioinformatik zeigt der Bayessche Ansatz, dass Modelle von Datensequenzen probabilistisch sein müssen. Die Datenplausibilität (Likelihood) *P*(*D*|*M*) ordnet den Daten *D* einer Sequenz Wahrscheinlichkeiten unter der Voraussetzung eines Modells *M* zu. Ein deterministisches Modell müsste allen Daten die Wahrscheinlichkeit 0 zuordnen, ausgenommen den Fall, der unter Annahme von Modell *M* exakt erzeugt werden kann. Bei den gewaltigen biologischen Datenmengen ist das aber nahezu ausgeschlossen. Biologische Sequenzen sind hochgradig verrauscht. Da dieselbe Sequenz aus DNA oder Aminosäuren sich zwischen Individuen derselben Spezies unterscheidet, müssen Modelle probabilistisch sein. Dabei hängt die Datenplausibilität (Likelihood) von den jeweils angenommenen Modellen ab und kann nicht allgemein entschieden werden.

Modelle *M*(*w*) hängen von Parametern *w* ab. In komplexen dynamischen Systemen werden Phasenübergängen modelliert, die den Übergang von z. B. flüssigem Zustand in einen Gaszustand bei kritischen Temperaturwerten beschreiben. Temperatur ist also in diesem Modell ein Parameter. Im Unterschied zu solchen einfachen physikalischen Modellen hängen molekularbiologische Modelle von einer gewaltigen Anzahl von Parametern ab. Um einzuschätzen, wie gut ein Modell *M*(*w*) für eine Datenmenge D wie z. B. eine molekularbiologische Sequenz ist, werden Fehler- und Irrtumsfunktionen $f(w, D) \geq 0$ angewendet, um zu berechnen, bis zu welchem Grad das Modell auf die Datenmenge in Abhängigkeit von den Modellparametern zutrifft. Es lässt sich beweisen, dass die Minimalisierung der Irrtumsfunktion äquivalent mit der maximalen Datenplausibilität (Likelihood) ist (Baldi und Brunak 2001, 57).

Zwei Modelle M_1 und M_2 können verglichen werden, indem ihre Wahrheinlichkeit $P(M_1| D)$ und $P(M_2| D)$ für eine Datenmenge D (z. B. Aminosäuresequenz) verglichen wird. Ein Ziel könnte darin bestehen, das beste Modell M einer Modellklasse zu bestimmen, indem die Menge von Paramtern w mit maximaler Wahrscheinlichkeit $P(M|D)$gefunden wird. Der Bayessche Ansatz hat den wissenschaftstheoretischen Vorteil, dass er weniger komplexe Modelle bevorzugt. Das entspricht der methodischen Devise von Ockhams Rasiermesser, wonach diejenige Erklärung einer Beobachtung zu bevorzugen ist, die weniger theoretische Voraussetzungen macht (Jeffreys und Berger 1992). Es zeigt sich nämlich, dass die Datenplausibilität (Likelihood) für gegebene Datenmengen im Schnitt kleiner wird, wenn $P(D|M)$ einen wachsenden Datenraum betrifft. Komplexe Modelle tendieren also zu einer kleineren Datenplausibilität (Likelihood) der beobachteten Daten.

Nach dem Bayesschen Theorem kommt es zur Bestimmung der Wahrscheinlichkeit $P(M|D)$ eines Modells unter Voraussetzung der Datenmenge D zunächst darauf an, die Datenplausibilität (Likelihood) $P(D|M)$ eines Modells und seine apriorische Wahrscheinlichkeit $P(M)$ einzuschätzen. Für eine Bitsequenz aus den Bits 0 und 1 könnte das simple Modell einer fairen Münze gewählt werden, deren beiden Seiten die Ziffern 0 oder 1 zeigen. Dieses Modell hat nur einen einzigen Parameter p. Die Daten bestehen aus Sequenzen über dem Alphabet $\mathcal{A} = \{0, 1\}$, die durch zufällige Münzwürfe erzeugt werden.

Die Daten D einer DNA-Sequenz werden über dem Alphabet $\mathcal{A} = \{A, C, G, T\}$ gebildet. Ein einfaches Zufallsmodell wäre ein vierseitiger Würfel, dessen Seiten die Symbole A, C, G, T tragen (Baldi und Brunak 2001, S. 68).

Hintergrund: Die Münzwürfe werden als unabhängig voneinander angenommen. Eine Sequenz $X^1 \ldots X^N$ der Länge N besteht aus Symbolen X^i des Alphabets $\mathcal{A}$ mit $1 \leq i \leq N$. Sie wird als Datenmenge D angenommen. Das Modell des Münzwurfs hängt von vier Parametern p_A, p_C, p_G, p_T mit $p_A + p_C + p_G + p_T = 1$ ab. Wegen der Unabhängigkeit der Würfelwürfe ergibt sich für die Datenplausibilität (Likelihood) des Modells

$$P(D|M) = p_A^{n_A} \cdot p_C^{n_C} \cdot p_G^{n_G} \cdot p_T^{n_T} = \prod_{X \in \mathcal{A}} p_X^{n_X},$$

wobei n_X die Anzahl ist, mit der Buchstabe X in der Sequenz vorkommt. Mit der logarithmischen Formel lässt sich nun die Wahrscheinlichkeit $P(M|D)$ dieses Modells für eine Sequenz D berechnen, d. h.

(Fortsetzung)

$$\log P(M|D) = \log P(D|M) + \log P(M) - \log P(D)$$
$$= \sum_{X \in \mathcal{A}} n_X \log p_X + \log P(M) - \log P(D).$$

Wahrscheinlichkeitstheorie und Statistik eröffnen eine Vielzahl von Methoden, um die Wahrscheinlichkeit von Modellen zur Erklärung molekularer Sequenzanalysen zu bestimmen. Darauf bauen Algorithmen auf, um Sequenzen durch Abgleichung (alignment) einzuordnen und zu klassifizieren.

5 Vom Bayesschen Lernen zum Machine Learning

Die Bayessche Wissenschaftstheorie erklärt statistisch, wie sich unsere Modelle und Hypothesen über die Welt durch neue Erfahrungen verändern und wie wir aus Erfahrung lernen können. Sie kann daher als Rahmentheorie für Lernalgorithmen verstanden werden, mit denen Lernverfahren im Machine learning automatisiert werden. Diese Automatisierung ist in der Bioinformatik von zentraler Bedeutung, da die komplexen biologischen Datenmengen und ihre Verbindung mit großen Mengen von Modellparametern immer schwieriger zu durchschauen sind. Im Machine learning spielen neuronale Netze nach dem Vorbild des menschlichen Gehirns eine dominante Rolle. Die Grundlagen des Machine Learning werden im folgenden Kapitel ausführlich behandelt. Der Durchbruch der KI-Forschung in der Praxis hängt wesentlich mit der Fähigkeit neuronaler Netze zusammen, große Datenmengen (Big Data) z. B. bei der Mustererkennung mit effektiven Lernalgorithmen anzuwenden. Praktische Anwendungen erfordern Tausende von Neuronen und Synapsen in mehrschichtigen neuronalen Netzen (deep learning), die statistisch mit endlich vielen Datensätzen von Inputs und Outputs trainiert werden.

Vom Bayesschen Standpunkt aus lassen sich neuronale Netze als grafische Modelle $M(w)$ mit bestimmten Parametern w auffassen. Diese Modelle erinnern vereinfacht an das menschliche Gehirn. In klassischen vorwärtslaufenden (feedforward) neuronalen Netzen sind Neuronen als Knoten eines Graphen in Schichten angeordnet. In Abb. 2 ist jedes Neuron einer Schicht mit allen Neuronen der nachfolgenden Schicht durch gerichtete Kanten (Synapsen) verbunden, die Neuronen einer Schicht untereinander aber nicht. Ausnahmen sind die Input-Schicht, deren Neuronen keine einlaufenden Verbindungen besitzen, und die Output-Schicht, deren Neuronen keine auslaufenden Verbindungen haben. Die Schichten zwischen Input- und Output-Schicht heißen „versteckt" (hidden). Jede Verbindung/Kante ist im grafischen Modell eines neuronalen Netzes mit einer Zahl gewichtet, die der Intensität der synaptischen Verbindung entspricht. Diese Gewichte (englisch: weights) sind die Parameter w des grafischen Modells $M(w)$ eines neuronalen Netzes. Jedes Neuron ist durch eine Aktivierungsfunktion charakterisiert, mit der die Input-Output

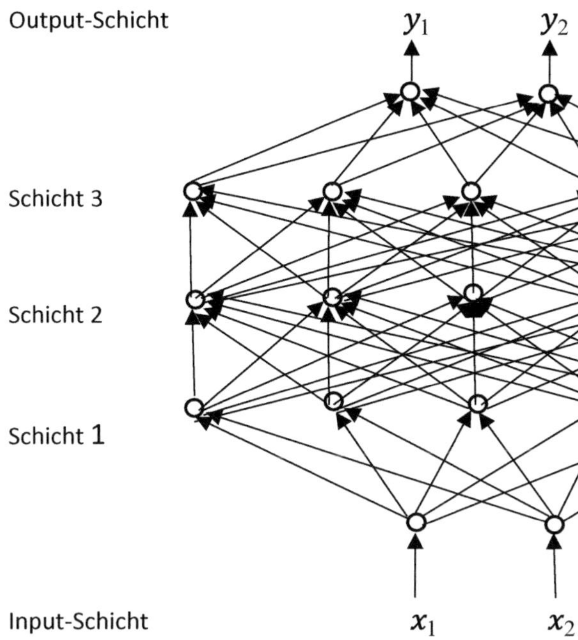

Abb. 2 Vorwärtslaufendes (feedforward) Netzwerk mit 3 versteckten Schichten und einer Input- und Output-Schicht. (Quelle: Mainzer 2020, S. 120)

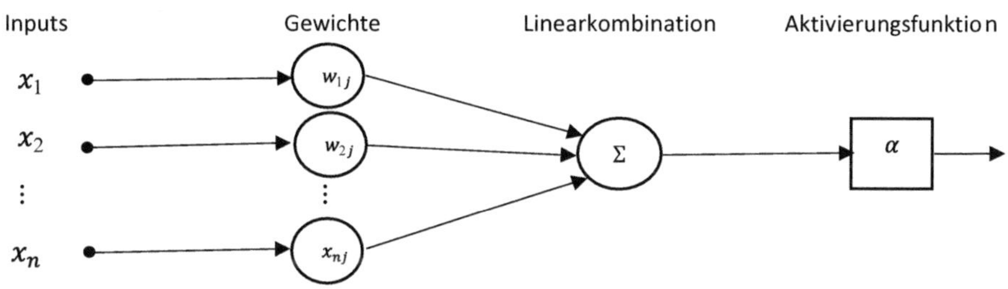

Abb. 3 Aktivierungsfunktionen von Neuronen in neuronalen Netzen. (Quelle: Mainzer 2020, S. 122)

Relation für dieses Neuron definiert wird. In Analogie zum Gehirn sagt man, dass ein Neuron „feuert" bzw. erregt ist, wenn die Summe der gewichteten Inputs seiner Nachbarzellen einen bestimmten Schwellenwert überschreitet (vgl. Artikel „Verifikation und Sicherheit für Neuronale Netze und Machine Learning").

Ausgehend vom Input werden Schicht für Schicht Linearkombinationen der Werte von Knoten (Neuronen) und Gewichten (synaptische Verbindungen) aus den vorausgehenden Schichten berechnet. Auf diese Ergebnisse werden Aktivierungsfunktionen für die nachfolgenden Neuronen angewendet (Abb. 3). Anschaulich lösen die Aktivierungsfunktionen den Zustand des „Feuerns" eines Neurons aus.

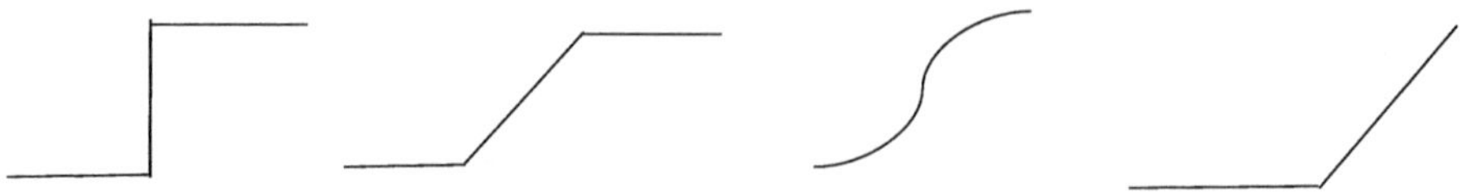

Abb. 4 Beispiele von Aktivierung nktionen. (Quelle: Mainzer 2020, S. 122)

Netze unterscheiden sich durch verschiedene Aktivierungsfunktionen. Die Schwellenwertfunktion eines McCulloch-Pitts Neurons hat nur den Funktionswert 1 für Eingaben $v \geq 0$, sonst 0 (Abb. 4a). Eine stückweise lineare Funktion bildet ein begrenztes Intervall linear ab und die äußeren Intervalle konstant (Abb. 4b). Sigmoide Funktionen haben ein variables Steigerungsmaß, das in der Krümmung des Graphen zum Ausdruck kommt (Abb. 4c). Eine Rectifier-Funktion (ReLU = rectifier linear unit) nimmt die positiven Werte ihrer Argumente an, sonst 0 (Abb. 4d):

In der Bioinformatik ist das Lernen von genetischen Kodes zentral. Typische Anwendung sind die Mustererkennung in molekularen Sequenzen als Primärstrukturen von Proteinen, die Mustererkennung von Helices und Faltungen als Sekundärstrukturen von Proteinen und die Mustererkennung von größeren molekularen Komplexen der Tertiär- und Quartiärstrukturen. Entscheidend dabei ist, dass neuronale Netze aus Beispielen lernen können (Abb. 5). Vom Bayesschen Standpunkt ist das nichts anderes als die Abschätzung der Tauglichkeit eines Modells $M(w)$ zur Erklärung (Fitting) einer Datenmenge D und der Abschätzung der Modellparameter w. Je nach Anwendung kann eine Datenmenge als Input-Output Sample $D = (D_1, \ldots, D_K)$ aus Paaren $D_i = (d_i, z_i)$ verstanden werden, wobei d_i für die jeweiligen Daten steht und z_i für den jeweiligen Zielzustand.

Bei einer Klassifikationsaufgabe könnte es z. B. darum gehen, die Daten einer Datenmenge in bestimmte Klassen als Zielzustände einzuteilen. Wenn endlich viele Zielzustände in den Trainingsdaten vorgegeben sind, spricht man vom überwachten Lernen. Andernfalls handelt es sich um nicht-überwachtes Lernen. Durch eine Irrtumsfunktion werden die Outputdaten mit den Zielzuständen verglichen, um die Modellparameter, also die Gewichte des neuronalen Netzes zu optimieren. Vom Bayesschen Standpunkt aus handelt es sich dabei um das klassische Induktionsproblem, wie man aus Daten ein möglichst optimales Modell gewinnen kann.

Eine bemerkenswerte Eigenschaft von neuronalen Netzen ist, dass sie nahezu jede Funktion $f(x) = y$ mit beliebiger Genauigkeit approximieren können (Hornik et al. 1990). Dabei sind die Funktionsargumente x die Inputs und der Funktionswert y der Output eines passenden neuronalen Netzes. Der Algorithmus zur Approximation der Funktion f wird schrittweise über die Schichten einer geeigneten Netzwerkarchitektur realisiert. Die Bayessche Wissenschaftstheorie kann verwendet werden, um eine geeignete Zielfunktion und eine Transferfunktion für den Output auszuwählen. Dabei seien Daten wieder als unabhängige Input-Outputpaare $D_i = (d_i, z_i)$ gegeben. Diese Daten sind in dem Sinn verrauscht, dass für einen gegebenen Datenpunkt d_i verschiedene Zielzustände z_i beobachtet werden können. Die Opera-

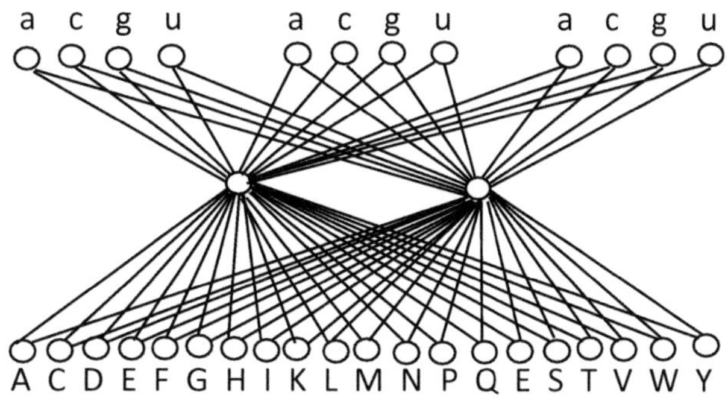

Abb. 5 Neuronales Netz zur Erkennung von Aminosäurenstrukturen. (Quelle: Tolstrup 1994, S. 816, S. 706)

tionen des neuronalen Netzes selbst werden als deterministisch angenommen. Für die Wahrscheinlichkeit der Datenpaare $D_i = (d_i, z_i)$ unter Voraussetzung der synaptischen Gewichte w (als Parameterwerte des neuronalen Modells $M(w)$) ergibt sich dann im Bayesschen Kalkül

$$P((d_i, z_i)|w) = P(d_i|w)P(z_i|d_i, w) = P(d_i)P(z_i|d_i, w),$$

wobei für die zweite Gleichheit die Unabhängigkeit der Inputs d von den Parametern w angenommen wird. Mit der logarithmischen Formel des Bayesschen Kalküls lässt sich dann die Wahrscheinlichkeit der Modellparameter w (also der Gewichte eines neuronalen Netzes) unter Voraussetzung der Datenpaare D berechnen (Baldi und Brunak 2001, S. 106–107).

Hintergrund:

$$\begin{aligned}\log P(w|D) &= \log P(D|w) + \log P(w) - \log P(D)\\ &= \sum\nolimits_{i=1}^{K} \log P((d_i, z_i)|w) + \log P(w) - \log P(D)\\ &= \sum\nolimits_{i=1}^{K} (\log P(z_i|d_i, w) + \log P(d_i)) + \log P(w) - \log P(D)\\ &= \sum\nolimits_{i=1}^{K} \log P(z_i|d_i, w) + \sum\nolimits_{i=1}^{K} \log P(d_i) + \log P(w) - \log P(D),\end{aligned}$$

wobei in der 3. Zeile $P((d_i, z_i)|w) = P(d_i)P(z_i|d_i,w)$ berücksichtigt wurde.

Bei der Berechnung kann die Datenevidenz $P(D)$ und $P(d_i)$ vernachlässigt werden, da diese Werte nicht von den Parametern w (also den synaptischen Gewichten des neuronalen Netzes) abhängen. Im Zentrum steht die Bestimmung der apriorischen Wahrscheinlichkeit $P(w)$ und der Datenplausibilität (Likelihood) $P(z_i|d_i, w)$. Bei der Datenplausibilität (Likelihood) ist die Leitidee, dass ein Netzwerk mit gegebenen Gewichten w für einen gegebenen Input d_i einen geschätzten Output $y(d_i)$ generiert. Das Modell ist vollständig definiert, wenn bestimmt werden kann, wie die beobachteten Daten $z_i = z\ (d_i)$ statistisch vom Output $y_i = y\ (d_i)$ abweichen können.

6 Anwendungen neuronaler Netze in der Bioinformatik

Seit der Entstehung neuronaler Netze in den 1980er-Jahren wurden Anwendungen in der Sequenzanalyse der Molekularbiologie untersucht. So konnte damals bereits ein Perzeptron-Netz einzelne Stellen eines Ribosoms für den Input einer Aminosäuresequenz vorausgesagen. Selbst einfache Perzeptron-Netze ohne Zwischenschichten mit versteckten Neuronen fanden Stellen, die nicht in den Trainingsdaten erfasst waren. Mehrschichtige Netzwerke mit Rückkopplungen (Backpropagation) erweiterten die Möglichkeiten neuronaler Netze erheblich. Ende der 1980er-Jahren erschienen Arbeiten, die sich mit der Voraussage von Sekundärstrukturen von Proteinen beschäftigten. Parallel zu Netzwerken wie NetTalk in der Computerlinguistik, die mit Trainingsgstexten lesen lernten, wurden auch Anwendungen für die molekulare Sequenzanalyse entwickelt. Als Alphabet dienten nun Aminosäuren oder Nukleotide anstelle von Phonemen in der Computerlinguistik. Dabei kommt es zunächst auf die geeignete Kodierung an. Dazu werden für einen digitalen Computer die Buchstaben $X^1, X^2, \ldots$ einer Sequenz durch (orthogonal) binäre Vektoren (1,0, ..., 0), (0,1, 0, ...0), ... kodiert.

Die Fähigkeit eines neuronalen Netzes, Korrelationen zwischen individuellen Sequenzpositionen zu entdecken, hat große Ähnlichkeit mit einem menschlichen Gehirn, das Buchstaben der natürlichen Sprache in Abhängigkeit vom Kontext interpretiert. Von zentralem Interesse sind Korrelationen, die auf räumliche Strukturen von Proteinen wie Helices, Faltungen und und Schlaufen schließen lassen. Beispiel einer solchen Korrelation ist der Abstand einer Verbindung zwischen den Stellen i und $i + 1$ einer Sequenz, die auf Windungen einer α-Helix mit diesem Abstand schließen lässt. Bereits 1988 schlugen Qian und Sejnowski ein vollständig vernetztes neuronales Netz mit einer Zwischenschicht für versteckte Neuronen vor, das Sekundärstrukturen von Proteinen entdecken konnte (Qian und Sejnowski 1988).

In diesem Fall hat das Inputfenster eine ungerade Länge W mit einer Größe für 13 Aminosäuren. Als Alphabet dienen 21 Symbole der 20 Aminosäuren plus einem Terminatorsymbol. Für den Input werden diese Symbole in orthogonal binärer Kodierung dargestellt. Die Inputschicht umfasst $13 \times 21 = 273$ Einheiten. Die typische Größe der versteckten Schicht enthält 40 sigmoide Einheiten. Die Gesamtanzahl von Parametern dieses Modells beträgt damit $273 \times 40 + 40 \times 3 + 40 + 3 = 11.083$. Die Outputschicht hat drei sigmoide Einheiten mit orthogonaler Kodierung für die drei Klassen von α-Helices, β-Faltblättern und Spulen. Die Klassifikation wird durch die Outputeinheit mit der größten Aktivität bestimmt. Diese Interpretationsstrategie ist als das Winner-take-all Prinzip bekannt.

In der Praxis zeigen solche neuronalen Netze Defizite, die von der jeweiligen Ausführung der Netzwerkarchitektur abhängen. Daher wurden verschiedene Variationen ausprobiert, wobei die Netzwerke auch auf Hintergrundinformationen zurückgreifen konnten. Eine deutliche Qualitätsverbesserung bei der Voraussage von Sekundärstrukturen in Proteinen erreichten Kombinationen vieler verschiedener Netzwerke (Petersen et al. 2000).

Neuronale Netze lassen sich auch einsetzen, um die Struktur von Aminosäuren zu entschlüsseln. Unter einem Kodon versteht man die Gesamtheit von drei aufeinanderfolgenden Basen einer Nukleinsäure, die den Schlüssel für eine Aminosäure in einem Protein darstellen. Die Triplets von Kodonen können dieselbe Aminosäure darstellen, wie das folgende Beispiel zeigen:

UUU
UUC Phenylalanin
UUA
UUG

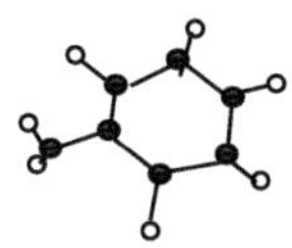

Ein neuronales Netz kann die Struktur direkt aus der Abbildung zwischen den Kodonen und der Aminosäuren ableiten (Tolstrup et al. 1994). In der Inputschicht werden die Triplets der Kodone im binären Kode eingegeben. In. Abb. 5 werden dazu 3 Blöcke mit jeweils 4 Bits unterschieden, die für Adenin mit 0001, für Cytosin mit 0010, für Guantin mit 0100 und für Uracil mit 1000 stehen. In der Outschicht sind 20 Einheiten vorgesehen, wobei Aminosäuren wie Alanin mit 10000000000000000000, Cystein mit 01000000000000000000, . . . kodiert werden. In der Zwischenschicht aus zwei Einheiten und der Outputschicht aus 20 Einheiten werden reelle Werte aus dem Intervall zwischen 0,0 und 1,0 angegeben. Die Netzwerkparameter umfassen $12 \times 2 + 2 \times 20 = 64$ Gewichte und $2 + 20 = 22$ Schwellenwerte. Sie werden in einem Trainingsverfahren mit einem Backpropagation-Algorithmus justiert. Beim Lernprozess zur Bestimmung von Aminosäurenstrukturen werden in der Outputschicht die Einheiten mit der größten Aktivität berücksichtigt. Es kommt also wieder das Winner-take-all Prinzip zur Anwendung.

Mit neuronalen Netzen gelangen wesentliche Durchbrüche des Machine learning und der künstlichen Intelligenz. So entwickelte Google vor einigen Jahren die Software AlphaGo, dessen neuronales Netz in dem asiatischen Brettspiel Go aus Spielerfahrung lernte und schließlich menschliche Champions schlug. Im Anschluss an diesen Erfolg wurde 2018 von derselben Firma eine Software entwickelt, deren neuronales Netz die Modellierung von Proteinen in bis dahin größter Anzahl und in kürzester Zeit gelang (Senior et al. 2020).

Diese AlphaFold genannte Software beruht auf einem mehrschichten neuronalen Netz im Sinn von Deep Learning, das aufgrund eingegebener Sequenzen von Aminosäuren passende Formen und Faltungen von Proteinen voraussagen kann. Dazu werden Abstände und Winkel der Bindungen zwischen Aminosäuren geschätzt, deren Verteilung durch Lernalgorithmen berechnet wird. Diese Wahrscheinlichkeiten werden in einem Score zusammengefasst, mit dem abgeschätzt werden kann, wie genau eine vorgeschlagene Proteinstruktur ist. Das Training des neuronalen Netzes greift auf eine umfangreiche Datenbank zurück. In Abb. 6 ist die Architektur von AlphaFold gezeigt, mit der aus einer Proteinsequenz aus den Kodes

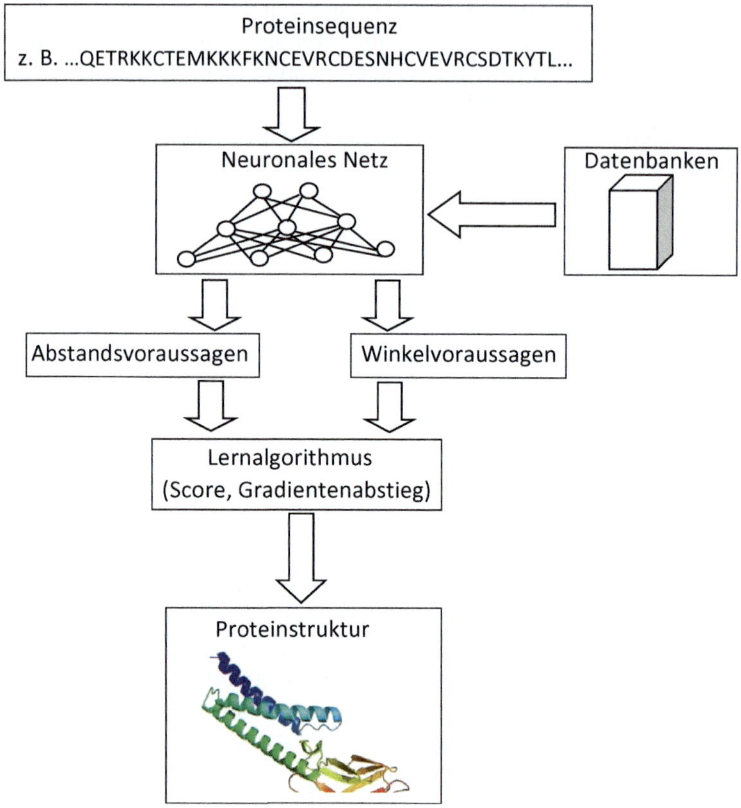

Abb. 6 Architektur von AlphaFold. (Quelle: eigene Darstellung)

von Aminosäuren die passende Proteinstruktur erkannt wird. Der Lernalgorithmus, der aus den Wahrscheinlichkeitsverteilungen der Abstände und Winkel die passende Proteinstruktur erkennt, kann auf einem Scoring- oder einem Gradientenverfahren beruhen. Gradientenverfahren sind aus der Materialforschung bekannt, wenn durch Abkühlung (Gradientenabstieg) eines heißen Materials (z. B. Lava) bestimmte Strukturen (wie z. B. Basaltsäulen) erzeugt werden.

Bisher ist nur etwa die Hälfte aller möglichen Proteinstrukturen der menschlichen Zelle entschlüsselt. Von zentralem Interesse sind Veränderungen aufgrund von Mutationen. Missbildungen der Gestalt führen zu Fehlfunktionen als Ursachen von Krankheiten. AlphaFold und ähnliche neuronale Netze des Machine learning werden für Krankheitsbekämpfung und Gesundheitsfürsorge unverzichtbar sein, da die Diversität des Lebens auf der Komplexität der Welt der Proteine beruht. Deren Kodes lassen sich nur noch durch maschinelles Lernen mit der Rechenkapazität von Supercomputern erfassen. Grundsätzlich ist der Suchraum für mögliche Proteinformen exponentiell und nie abgeschlossen, da die Evolution nicht abgeschlossen ist.

7 Markov-Modelle in der Bioinformatik

Markov-Ketten modellieren Abläufe von Ereignissen, bei denen Prognosen über die Zukunft nur von der Kenntnis einer begrenzten Vorgeschichte abhängen. Es ist naheliegend, dass sie sich zur Sequenzanalyse in der Bioinformatik eigenen. Als direkte grafische Modelle lassen sie sich als Spezialfälle von neuronalen Netzen auffassen.

Ein Markov-System wird durch ein stochastisches generatives Modell beschrieben, das Zeitreihen aus Zuständen einer endlichen Zustandsmenge erzeugt. In diesen Zuständen werden Symbole aus einem endlichen Alphabet ausgegeben. Das System hat einen ausgezeichneten Anfangszustand zum Zeitpunkt 0 und einen Endzustand zu einem späteren Zeitpunkt. Wenn das System in einem gegebenen Zustand i ist, dann kann es mit einer Wahrscheinlichkeit t_{ij} in einen Zustand j übergehen und mit einer Wahrscheinlichkeit e_{iX} ein Symbol X ausgeben. Das Modell ist also durch Transfer- bzw. Übergangswahrscheinlichkeiten $T = (t_{ij})$ und Emissionswahrscheinlichkeiten $E = (e_{iX})$ charakterisiert. Beide Wahrscheinlichkeiten sind die zwei Parameter des Modells.

Anschaulich kann man sich ein Modell vorstellen, in dem jeder Zustand mit zwei verschiedenen Würfeln für Übergang und Emission verbunden ist. Man spricht von einem Markov-Modell 1. Ordnung, wenn Übergang und Emission nur vom gegenwärtigen Zustand und nicht von der Vergangenheit abhängen. Bei Markov-Ketten höherer Ordnung erweitert sich die Abhängigkeit schrittweise auf frühere Zustände. Bei Markov-Ketten 1. Ordnung sind nur die emittierten Symbole des Systems beobachtbar und nicht der zugrunde liegende Zufallsprozess zwischen Zuständen. Sie werden daher ähnlich wie die Zustände in den Zwischenschichten eines neuronalen Netzes als „versteckt" bezeichnet.

Ein einfaches Markov-Modell besitzt nur zwei Zustände zusätzlich zum Anfangs- und Endzustand (Baldi und Brunak 2001, S. 167). Für eine molekularbiologische Anwendung wird das Alphabet $\mathcal{A} = \{A, C, G, T\}$ zugrunde gelegt. Anschaulich lassen sich zwei DNA-Würfel für verschiedene Übergangswahrscheinlichkeiten vorstellen. Der erste DNA-Würfel sei durch $e_{1A} = 0{,}25$, $e_{1C} = 0{,}25$, $e_{1G} = 0{,}25$ und $e_{1T} = 0{,}25$ bestimmt, der zweite DNA-Würfel durch $e_{2A} = 0{,}1$, $e_{2C} = 0{,}1$, $e_{2G} = 0{,}1$ und $e_{2T} = 0{,}7$. Falls z. B. die Sequenz ATCCTTTTTTTCA beobachtet wird, stellt sich die Frage, wie wahrscheinlich sie für das angenommene Markov-Modell ist. Das ist im Bayesschen Sinn die Frage nach der Datenplausibilität (Likelihood) der Sequenz ATCCTTTTTTTCA für dieses Modell. Man könnte auch nach der wahrscheinlichsten Sequenz von Übergängen und Emissionen durch das Markov-Modell fragen, das die Sequenz ATCCTTTTTTTCA erzeugt hat. Die Frage nach dem Lerneffekt dieses Modells stellt sich so: Wenn die Übergangs- und Emissionswahrscheinlichkeiten nicht mit Sicherheit feststehen, wie sollten ihre Werte aufgrund der beobachteten Sequenz ATCCTTTTTTTCA verändert werden?

Für Anwendungen von Markov-Modellen auf Sequenzanalysen können das Alphabet aus den 20 Symbolen für Aminosäuren und das Alphabet aus den 4 Symbolen für DNA bzw. RNA zugrunde gelegt werden. Ebenso sind aber auch

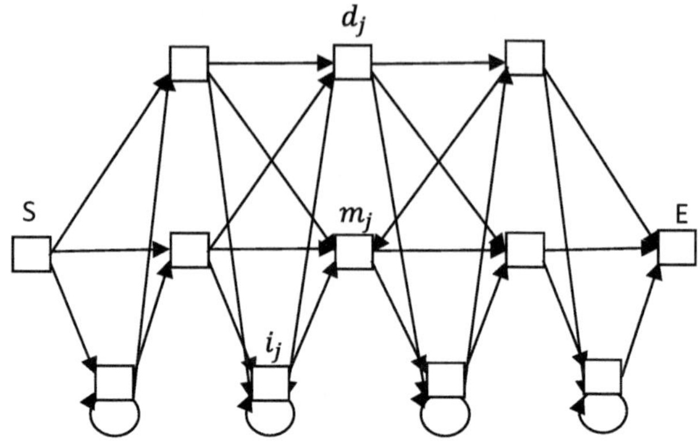

Abb. 7 Graphische Architektur eines Markov-Modells. (Quelle: Baldi und Brunak 2001, S. 169)

andere molekularbiologische Alphabete möglich wie das Alphabet von Triplets (Kodonen) aus 64 Symbolen und das Alphabet aus 3 Symbolen für die Sekundärstrukturen der Helices, Faltblätter und Spulen in Proteinen.

Die grafische Architektur eines Markov-Modells ist in Abb. 7 gezeigt. Neben dem Anfangszustand S und dem Endzustand E werden Hauptzustände m_j, Löschzustände d_j und Einsetzungszustände i_j unterschieden. Die endliche Zustandsmenge umfasst also $\mathcal{S} = \{\mathrm{S}, m_1, \ldots, m_N, i_1, \ldots, i_{N+1}, d_1, \ldots, d_N, \mathrm{E}\}$. Dabei ist N die Länge des Modells, die der Durchschnittslänge der Sequenzen in dem untersuchten Forschungsfeld entspricht. Die Haupt- und Einsetzungszustände emittieren immer das Symbol einer Aminosäure. In den Löschzuständen wird kein Symbol ausgegeben. Die Rückkopplungsschleifen der Einsetzungszustände ermöglichen vielfache Einsetzungen an einer gegebenen Stelle. Die typische lineare Sequenz von Zustandsübergängen eines Markov-Modells lautet dann (Baldi und Brunak 2001, S. 169):

$$\mathrm{S} \rightarrow m_1 \rightarrow m_2 \rightarrow \ldots \rightarrow m_N \rightarrow \mathrm{E}$$

Mit einem Alphabet der Größe $|\mathcal{A}|$ hat die grafische Architektur des Markov-Modells $2N|\mathcal{A}|$ Emissionsparameter und $9N$ Übergangsparameter. Für große Modelllängen N ist die Parameteranzahl für Proteinmodelle in der Größenordnung von $49N$ mit $40N$ Emissionsparametern und $9N$ Übergangsparametern. DNA-Modelle besitzen $17N$ Parameter. Die große Anzahl von unstrukturierten Parametern zeigt offenbar die Grenzen für Anwendungen von Markov-Modellen in der Bioinformatik. Für eine typische Familie von Proteinen ist N in der Größenordnung von einigen Hundert mit mehr als 10.000 freien Parametern. Das ist insbesondere dann ein Problem, wenn nur wenige Sequenzen in der Proteinfamilie zur Verfügung stehen. Hinzu kommt, dass in einem Markov-Modell 1. Ordnung keine Abhängigkeiten zwischen versteckten Zuständen ausgedrückt werden können. Proteine falten sich aber in komplexen 3-dimensionalen Strukturen, die ihre Funktionen festlegen. Die dazu notwendigen weit reichenden Korrelationen können in diesen Markov-Modellen nicht erfasst werden.

8 Kausalmodelle in der Bioinformatik

Die zentrale Herausforderung der modernen Bioinformatik sind die gewaltigen Datenmengen D mit Tausenden von „versteckten" (englisch: hidden) Parametern H ihrer statistischen Modelle M. Die sich daraus ergebenden globalen Wahrscheinlichkeitsverteilungen $P(D, M, H)$ sind mathematisch häufig nicht berechenbar. Was sich im Detail tatsächlich unter diesen statistischen Datenwolken abspielt, bleibt verborgen.

Statistische Datenkorrelationen können Hinweise auf kausale Zusammenhänge liefern, müssen es aber nicht. Stellen wir uns eine Testreihe vor, bei der sich eine günstige Korrelation zwischen einer verabreichten chemischen Substanz und der Bekämpfung bestimmter Krebstumore ergibt. Dann entsteht Druck des betroffenen Unternehmens, mit einem entsprechenden Medikament in die Produktion zu gehen und Gewinne abzuschöpfen. Aber auch betroffene Patienten mögen darin ihre letzte Chance sehen. Tatsächlich erhalten wir ein nachhaltiges Medikament aber nur, wenn wir den zugrunde liegen kausalen Mechanismus des Tumorwachstums, also die Gesetze der Zellbiologie und Biochemie verstanden haben.

Die Auseinandersetzung zwischen probabilistischem und kausalem Denken ist keineswegs neu, sondern wurde erkenntnistheoretisch bereits in der Philosophie des 18. Jahrhunderts zwischen David Hume (1711–1776) und Immanuel Kant (1724–1804) ausgefochten (vgl. Artikel „Statistisches und kausale Lernen im Machine Learning"). Beim kausalen Schließen werden Eigenschaften von Daten und Beobachtungen aus angenommenen Kausalmodellen, d. h. Gesetzesannahmen von Ursachen und Wirkungen, abgeleitet. Kausales Schließen ermöglicht damit, die Wirkungen von Interventionen oder Datenveränderungen (z. B. durch Experimente) zu bestimmen. Kausales Lernen versucht umgekehrt, ein Kausalmodell aus Beobachtungen, Messdaten und Interventionen (z. B. Experimente) abzuleiten, die zusätzliche Gesetzes- und Strukturannahmen voraussetzen.

Ein Kausalmodell besteht aus einem System von Zuordnungen von Ursachen zu Wirkungen mit eventuellen Störvariablen. Ursachen und Wirkungen werden durch Zufallsvariablen beschrieben. Ihre funktionalen Zuordnungen (unter Berücksichtigung von Störvariablen) werden durch Gleichungen definiert, also z. B. Wirkung $X_j = f(X_i, R)$ in funktioneller Abhängigkeit von Ursache X_i und Stör- und Rauschvariable R. Anschaulich kann das Netzwerk der Ursachen und Wirkungen durch einen Graphen von Knoten und Kanten dargestellt werden. Zufallsvariablen von Ursachen und Wirkungen entsprechen Knoten. Kausale Wirkungen entsprechen gerichteten Pfeilen: $X_i \rightarrow X_j$ bedeutet, dass Ursache X_i Wirkung X_j auslöst.

Es lässt sich beweisen, dass ein Kausalmodell eine eindeutige Wahrscheinlichkeitsverteilung der Daten einschließt, aber nicht umgekehrt: Für Kausalmodelle (z. B. Planetenmodell) müssen zusätzliche Gesetze (z. B. Gravitationsgesetz) angenommen werden (Mooij et al. 2013). Um kausale Abhängigkeiten und Unabhängigkeiten von Ereignissen zu erkennen, muss die Abhängigkeit und Unabhängigkeit der sie darstellenden Zufallsvariablen ermittelt werden. Statistisch lässt sich die Unabhängigkeit der Resultate x und y zweier Zufallsvariablen (anschaulich Zufallsexperimente) X und Y dadurch ausdrücken, dass ihre Verbundwahrscheinlichkeit $p(x, y)$ faktorisierbar ist, d. h. $p(x, y) = p(x)p(y)$. Man spricht in diesem Fall auch von der Markov-Bedingung.

Erkenntnistheoretisch hatte Kant nur postuliert, dass Kausalität zur Erklärung von Sachverhalten notwendig sei. Welche Annahmen müssen aber Kausalmodelle erfüllen, um kausale Abläufe als kausale Graphen von Ursachen und Wirkungen in einer statistischen Datenverteilung zu identifizieren? Eine Wahrscheinlichkeitsverteilung für Zufallsvariablen kann verschiedene Kausalmodelle einschließen. Falls ein vollständiger direkter azyklischer Graph von Ursache- und Wirkungsketten gegeben ist, lässt sich ein entsprechendes strukturelles Kausalmodell angeben, das die entsprechende Wahrscheinlichkeitsverteilung einschließt.

Eine gegebene Wahrscheinlichkeitsverteilung könnte von mehreren strukturellen Kausalmodellen mit verschiedenen kausalen Graphen eingeschlossen werden. Ob und welche kausalen Prozesse (dargestellt als gerichtete azyklische Graphen) identifiziert werden können, hängt von strukturellen Annahmen des Kausalmodells ab. Die Annahmen betreffen die Art der Zuordnungsfunktionen in den Gleichungen des strukturellen Kausalmodells, die z. B. linear oder nicht linear sein können. Hinzu kommen Annahmen über die Störvariablen, die von Gaußschem Rauschen oder Nicht-Gaußschem Rauschen bestimmt sein können.

In der Bioinformatik waren die Markov-Ketten die ersten Anwendungen, um Kausalketten von biologischen Sequenzen von Nukleotiden für DNA und Aminosäuren für Proteine zu erschließen. Sie lassen sich von Markov-Modellen erster Ordnung auf höhere Ordnungen erweitern. Daraus bauen Computerprogramme zum Auffinden von Genen auf. Zur Voraussage von Sekundärstrukturen von Proteinen sind allerdings hoch komplexe Kausalmodelle notwendig, die äußerst rechenintensiv sind. Prinzipiell kann es keinen allgemeinen Algorithmus geben, der für eine beliebige Wahrscheinlichkeitsverteilung die darunter liegenden Kausalstrukturen identifizieren kann. Diese Möglichkeit hängt von vielen Rand- und Nebenbedingungen von Anwendungsfällen ab. Im Fall der Bioinformatik müssen z. B. komplexe Proteinfamilien oder Klassen von Viren genau charakterisiert werden, um die kausalen Abläufe im Rauschen der vielen Daten zu erkennen. Das wird nur mit Unterstützung immer leistungsstärkerer Rechner und Algorithmen gelingen, die durch Machine Learning automatisiert werden.

9 Lernalgorithmen entschlüsseln die Evolution

Die komplexen Strukturen und Funktionen von Genen, Proteinen und Zellen, die wir heute beobachten, sind das Ergebnis einer Evolution, die sich über viele Millionen Jahre abspielte und ständig weiterentwickelt. Darwin hatte die geniale Idee, dass sich die beobachtete Vielfalt der Arten auf gemeinsame Vorfahren zurückführen lässt, deren Entwicklungsverzweigungen sich mit den Verästlungen eines Evolutionsbaums darstellen lassen. Während der Baum mit seinen Ästen und Verzweigungen ein Modell ist, entsprechen seine „Blätter" an den Enden der Äste den beobachteten Arten. Die große Frage lautet, wie sich diese stammesgeschichtliche (phylogenetische) Entwicklung aus der molekularbiologischen Evolution ableiten lässt. In der Sprache der Bioinformatik geht es darum, die phylogenetischen Baumstrukturen aus DNA- und Proteinsequenzen abzuleiten. Dabei werden Methoden des Machine Learning eingesetzt, um die großen Datenmengen mit leistungsfähigen Algorithmen und Rechnern zu bearbeiten.

Mathematisch wird unter einem Baum T ein verbundener azyklischer Graph verstanden (Abb. 8). In einem Baum sind zwei Knoten immer mit genau einer Kante verbunden. Die Anzahl der Knoten ist immer um genau 1 größer als die Anzahl der Kanten. Ein Baum heißt binär, falls jeder Knoten entweder einen oder drei Nachbarknoten hat. Mit r (englisch: root) wird der ausgezeichnete Wurzelknoten eines Baums bezeichnet. Man unterscheidet verwurzelte und nicht verwurzelte Bäume ohne ausgezeichneten Wurzelknoten. In phylogenetischen Bäumen repräsentiert der Wurzelknoten die Vorläufersequenz, von der alle anderen Sequenzen des Baums abstammen bzw. abgeleitet werden können. Charakteristisch für Bäume sind ihre Topologie und die Länge ihrer Äste. Die Topologie zeigt das Verzweigungsmuster und Divergenz der Evolution. Die Länge der Äste gibt den zeitlichen Abstand zwischen den Ereignissen an, die durch die jeweiligen Sequenzen repräsentiert werden.

Als ein vereinfachtes probabilistisches Modell der Evolution kann wieder ein Würfelmodell angenommen werden. Danach startet die Evolution mit der Sequenz eines Vorfahren und entwickelt sich schrittweise, indem Buchstaben zufällig und unabhängig von der Position ersetzt werden. In Abb. 8 ist r die Baumwurzel. Der zeitliche Abstand zwischen den Baumknoten i und j wird mit d_{ij} bezeichnet. X_i ist der Buchstabe an dem verborgenen Baumknoten i .Die beobachteten Buchstaben befin-

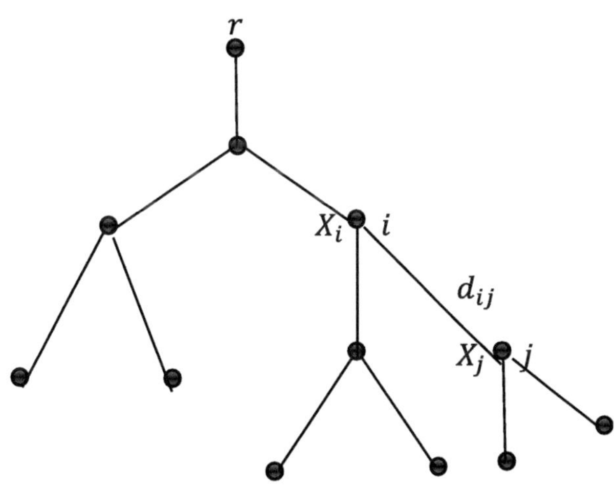

Abb. 8 Graphisches Modell eines binären phylogenetischen Baums. (Quelle: eigene Darstellung)

den sich an den unteren Knoten, die Blätter genannt werden. Die Wahrscheinlichkeit für die Ersetzung von Buchstaben X_i durch Buchstaben X_j beim Übergang von Knoten i nach j wird mit $p_{X_j X_i}(d_{ji})$ bezeichnet (Baldi und Brunak 2001, S. 267).

Ein einfaches probabilistisches Modell für die Evolution geht von folgenden Annahmen aus:

- An jeder Stelle gibt es nur Ersetzungen von Buchstaben (also keine Einsetzung und Löschung). Alle beobachteten Sequenzen haben die gleiche Länge.
- Ersetzungen an jeder Stelle sind unabhängig voneinander.
- Ersetzungswahrscheinlichkeiten hängen nur vom laufenden (gegenwärtigen) Zustand ab und nicht von der vergangenen Entwicklungsgeschichte (Markov-Bedingung)
- Der Markov-Prozess ist für alle Positionen gleich.

Der Nachteil dieser vereinfachten Annahmen ist, dass in biologischen Evolutionen keine einzige Annahme von der realen DNA erfüllt wird. Die Länge von DNA-Sequenzen kann sich aufgrund von Einsetzungen und Löschungen verändern. Ferner ist die Evolution von verschiedenen Positionen nicht unabhängig. Die Veränderungsraten während der Evolution sind zeitlich und mit Bezug auf die Positionen nicht uniform. Zudem kann die DNA rekombiniert werden. Entsprechend vereinfachte probabilistische Modelle können also nur als Approximationen dienen.

Wenn eine Menge von Sequenzen und ein probabilistisches Evolutionsmodell gegeben sind, kann versucht werden, die wahrscheinlichste Baumtopologie und die wahrscheinlichste Länge der Äste zu bestimmen (Felsenstein 1981). Über einem Alphabet $\mathcal{A}$ seien K Sequenzen $O_1, \ldots, O_K$ derselben Länge N gegeben. Im entsprechenden Baummodell T wird mit r die gemeinsame Wurzel und mit d_{ij} der Abstand zwischen benachbarten Knoten i und j bezeichnet. Ziel der Bayesschen Wissenschaftstheorie ist es, die Wahrscheinlichkeit $P(T| O_1, \ldots, O_K)$ des Modells T bei Kenntnis der Sequenzen $O_1, \ldots, O_K$ zu bestimmen. Nach dem Bayesschen Theorem ist ein wesentlicher Schritt dazu die Berechnung der Plausibilität (Liklihood) $P(O_1, \ldots, O_K| T)$ dieser Sequenzen für das probabilistische Evolutionmodell T. Wegen der Unabhängigkeitsannahme des Evolutionsmodells lässt sich diese Wahrscheinlichkeit für die einzelnen Buchstaben der Sequenzen faktorisieren:

$$P(O_1, \ldots, O_K|T) = \prod_{k=1}^{N} P\left(O_1^k, \ldots, O_K^k|T\right)$$

wobei O_j^k den k-ten Buchstaben bezeichnet, der in der j-ten Sequenz beobachtet wird. Es genügt also, die Wahrscheinlichkeiten $P\left(O_1^k, \ldots, O_K^k|T\right)$ zu untersuchen, die sich auf die k-ten Buchstaben O_j^k in den Sequenzen an den K Blättern des Baums beziehen. An jedem Baumknoten i lässt sich eine versteckte Zufallsvariable χ_i annehmen, die den Buchstaben angibt, der mit Knoten i verbunden ist. Daher lässt sich ein phylogenetischer Baum auch als Kausalmodell mit Baumstruktur verstehen, in dem die bedingte Wahrscheinlichkeit von Knoten j bei gegebenem Elternknoten i von der zeitlichen Distanz d_{ji} abhängt:

$$P(\chi_j = \mathrm{Y}|\chi_i = \mathrm{X}) = p_{\mathrm{YX}}(d_{ji})$$

Alle bekannten Algorithmen zur Berechnung von Kausalmodellen lassen sich daher auf die phylogenetischen Baummodelle anwenden.

Die Suche nach optimalen Baumstrukturen ist eine rechenintensive Herausforderung. Der Suchraum aller möglichen Bäume ist exponentiell groß, so dass eine erschöpfende Suche ausgeschlossen ist. Es gibt also nur heuristische Verfahren. Dabei wird häufig in jedem Entwicklungsschritt eine neue Spezies unter Berücksichtigung aller ihrer möglichen Positionen im aktuellen Baum selektiert. Probabilistische Evolutionsmodelle dürfen allerdings nicht zu einfach sein. Markov-Modelle erweisen sich für langfristige Evolutionsabläufe als unrealistisch, da sie in diesem Zeitraum mathematisch zu einer Gleichgewichtsverteilung konvergieren. Ein Gleichgewichtszustand der Natur widerspricht aber allen bisherigen Erfahrungen. Gleichgewichte treten nur vorübergehend und lokal in Teilsystemen auf. Daher liegt es nahe, verschiedene lokale Evolutionsmodelle zu kombinieren. Dabei ergeben sich hochgradig nicht lineare dynamische Systeme, die zwar der biologischen Komplexität besser entsprechen mögen, aber an Grenzen der Berechenbarkeit stoßen.

Literatur

Ayala, F. J. 1978. The mechanisms of evolution. *Scientific American* 239(3): 56–59.

Baldi, P., und S. Brunak. 2001. *Bioinformatics – The Machine Learning Approach*. Cambridge, MA: MIT Press.

Chomsky, N. 1969. *Aspekte der Syntax-Theorie*. Suhrkamp: Frankfurt.

Dandekar, T., und M. Kunz. 2017. *Bioinformatik. Ein einführendes Lehrbuch*. Berlin: Springer.

Felsenstein, J. 1981. Evolutionary trees from DNA sequences: A maximum likelihood approach. *Journal of Molecular Evolution* 19:368–376.

Hornik, K., M. Stinchcombe, und H. White. 1990. Universal approximation of an unknown function and its derivatives using multilayer feedforward networks. *Neural Networks* 3:551–560.

Jeffreys, W. H., und J. O. Berger. 1992. Ockham's razor and Bayesian analysis. *American Science* 80:64–72.

Mainzer, K. 2016. *Information – Algorithmus-Wahrscheinlichkeit-Komplexität-Quantenwelt-Leben-Gehirn-Gesellschaft*. Berlin: Berlin University Press.

Mainzer, K. 2020. *Leben als Maschine: Wie entschlüsseln wir den Corona-Kode? Von der Systembiologie und Bioinformatik zur Robotik und Künstlichen Intelligenz*. Brill Mentis: Paderborn.

Mainzer, K., und P. Schröder-Heister 1995. Bayessches Theorem. In *Enzyklopädie Philosophie und Wissenschaftstheorie Bd. 1*, Hrsg. J. Mittelstrass, 254–256. Stuttgart: J.B. Metzler.

Mittelstrass, J. 1995. Regulae philosophandi. In *Enzyklopädie Philosophie und Wissenschaftstheorie Bd. 3*, Hrsg. J. Mittelstrass, 536–537. Stuttgart: J.B. Metzler.

Mooij, J.M., D. Janzing, und B. Schölkopf. 2013. From ordinary differential equations to structural causal models: The deterministic case. In *Proceedings of the 29th Annual Conference on Uncertainty in ArtificiaL Intelligence* (UAI), 440–448.

Petersen, T. N., et al. 2000. Prediction of protein secondary structure at 80 % accuracy. *Proteins* 41:17–20.

Qian, N., und T. J. Sejnowski. 1988. Predicting the secondary structure of globular proteins using neural network models. *Journal of Molecular Biology* 202:865–884.

Senior, A. W., et al. 2020. Improved protein structure prediction using potentials from deep learning. *Nature* 577:706–710.

Skilling, J., und S. Sibisi, Hrsg. 1996. *Maximum Entropy and Bayesian Methods*. Dordrecht: Kluwer.

Tolstrup, N., et al. 1994. Neural network model of the genetic code is strongly correlated to the GES scale of amino-acid transfer free-energies. *Journal of Molecular Biology* 243:816–820.

Watson, J. D. 1970. *Molecular Biology of the Gene*. New York.

Xiong, J. 2006. *Essential Bioinformatics*. Cambridge: Cambridge University Press.

Teil V

Grundlagen von neuronalen Netzen und Lernalgorithmen

Grundlagenfragen der Neurocomputation und Neurokognition

Holger Lyre

Inhalt

Zusammenfassung

Der Artikel behandelt philosophische Grundlagenfragen der Computation und der Kognition in neuronalen Systemen. Im Zentrum steht die computationale Theorie des Geistes in ihrem Wandel vom symbolistisch-regelbasierten Paradigma der klassischen KI zum konnektionistischen Paradigma auf der Basis neuronaler Netze und neurocomputationaler Modelle der Kognition. Es werden verschiedene Arten der Computation (digital, analog, neuronal) und Konzeptionen von Computation (strukturell-kausal, mechanistisch, semantisch) analysiert. Nach Vorstellung der computationalen und repräsentationalen Theorie des Geistes werden Theorien der Semantik und Repräsentation behandelt. Schließlich werden Fragen des Subsymbolismus und distribuierter neuronaler Repräsentationen und das Konzept strukturaler Repräsentation diskutiert.

Schlüsselwörter

Computationale Neurowissenschaft · Marrsche Ebenen · Computation · Computationale und repräsentationale Theorie des Geistes · Naturalisierte

H. Lyre (✉)
Lehrstuhl für Theoretische Philosophie, Universität Magdeburg, Magdeburg, Deutschland
E-Mail: lyre@ovgu.de

K. Mainzer (Hrsg.), *Philosophisches Handbuch Künstliche Intelligenz*,
https://doi.org/10.1007/978-3-658-19606-6_17

Semantik · Subsymbolismus · Verteilte Repräsentation · Aktivierungsraum-Semantik · Strukturale Repräsentation

1 Einleitung: Kognitive und Computationale Neurowissenschaften

Die Bezeichnung *kognitive Neurowissenschaften* geht auf George A. Miller und Michael Gazzaniga Ende der 1970er-Jahre zurück (Gazzaniga et al. 2014, S. 4; vgl. Gazzaniga und Mangun 2014; Karnath und Thier 2012; Lyre 2017). In dem sich neu formierenden Feld sollten die bislang getrennten Gebiete der Neuro- und der Kognitionswissenschaften zusammengeführt werden. Entsprechend geht es in den kognitiven Neurowissenschaften um die neurobiologischen Grundlagen von Kognition, also derjenigen neuronalen Mechanismen und Prozesse, die geistigen Fähigkeiten zu Grunde liegen. Gazzaniga et al. sprechen im Untertitel ihres Standardwerks von einer „Biology of the Mind". Zu den Standardthemen der kognitiven Neurowissenschaften gehören die Themen Wahrnehmung, Objekterkennung, Aufmerksamkeit, Motorik und Handlung, Lernen und Gedächtnis, Sprache, Emotionen, höhere Kognition, soziale Kognition und Bewusstsein. Entscheidender Motor der wissenschaftlichen Entwicklung in den kognitiven Neurowissenschaften sind einerseits die voranschreitenden technologischen Instrumentarien wie EEG, MEG, funktionale Bildgebung, TMS, Optogenetik, andererseits die theoretische Entwicklung immer leistungsstärkerer computationaler Modelle.

1.1 Computationale Neurowissenschaft und neuronale Netze

Die Computationale Neurowissenschaft (computational neuroscience) ist die zentrale theoretische Teildisziplin der kognitiven Neurowissenschaften, sie strebt nach Modellen neuronaler Funktionalität auf der Basis computationaler Prozesse. Letztere involvieren mindestens eine Form von Informationsverarbeitung und die Möglichkeit der Berechnung (Computation) mathematischer Funktionen. Computationale Neurowissenschaft setzt ab der Ebene der einzelnen Nervenzelle ein mit dem Hodgkin-Huxley-Modell als frühem und allgemeinen Neuronenmodell zur Entstehung und Dynamik von Aktionspotenzialen. Die Nervenzelle stellt üblicherweise die kleinste computationale Einheit dar, mit aufsteigender Komplexität folgen kortikale Säulen, neuronale Karten, neuronale Ensembles, großräumige Netzwerk-Komponenten, Module und Hirnareale.

Den Schlüsselgedanken neuronaler Plastizität formuliert die von Donald Hebb (1949) neurophysiologisch bestätigte Hebbsche Lernregel, wonach die gleichzeitige Aktivität zweier Neuronen deren synaptische Verbindung verstärkt (Hebb 1949, S. 62). Hierdurch eröffnet sich ein grundlegendes Verständnis neuronaler Systeme als lernend, speichernd, adaptiv und assoziativ – und hierauf gründet sich ganz wesentlich der Konnektionismus mit neuronalen Netzwerken als computationalem Paradigma neurokognitiver Systeme (Abschn. 4). Während grundlegende Netzwerk-

Modelle wie die Lernmatrix oder das Perzeptron bereits in den 1950er-Jahren entwickelt wurden, kam es in den 1970er-Jahren zu einer weitgehenden Verdrängung durch die Dominanz der symbolverarbeitenden KI (Abschn. 3.1). Die 1980er-Jahre führten dann zu einem explosionsartigen Wieder erstarken des (Neo-) Konnektionismus mit einer Vielzahl neuer Modelle wie dem Hopfield-Modell, Backpropagation, Boltzmann-Maschine und selbstorgansierenden Netzen nach Willshaw-Malsburg und Kohonen (vgl. Bechtel und Abrahamsen 2002; Churchland und Sejnowski 1992; Trappenberg 2010). Ab den 1990er-Jahren treten mit Dynamizismus und situierter Kognition (Embodiment, Embeddedness; weitergehend auch Extended Cognition und Enaktivismus) paradigmatische Weiterentwicklungen auf (vgl. Clark 2014), die allerdings mit neurocomputationalen Architekturen viel eher verträglich sind als mit klassisch-symbolistischer KI, insofern neuronale Netze ganz wesentlich inputgetrieben sind und der dynamischen Ankopplung und Einbettung in eine Umwelt bedürfen (Abschn. 4.1).

1.2 Erklärungen und Ebenen der Neurocomputation nach Marr

Die gängige Erklärungsform der Computationalen Neurowissenschaft ist die funktionale bzw. computationale Erklärung. Ein kognitives System ist computational in dem Sinne, dass es Berechnungen ausführt, es ist dann zugleich funktional im Sinne des mathematischen Funktionsbegriffs: gegebener Input wird in spezifischen Output überführt. David Marr, Pionier im Bereich des maschinellen Sehens (computer vision), hat eine viel beachtete Darstellung der methodischen Vorgehensweise der Computationalen Neurowissenschaft vorgelegt. Demnach muss die Analyse eines computationalen Systems auf drei Ebenen erfolgen (Marr 1982, S. 25):

1. Computationale Ebene („computational theory“): Was ist das Ziel der Berechnung? Warum ist es angemessen? Und was ist die Logik der Strategie ihrer Ausführung?
2. Algorithmische Ebene („representation and algorithm“): Durch welche algorithmischen Manipulationen und welche Input-/Output-Repräsentationen kann das Rechenziel erreicht werden?
3. Physische Implementierungs-Ebene („hardware implementation“): Wie wird der Algorithmus physisch realisiert?

Marr optiert für eine top-down-Vorgehensweise in der Computationalen Neurowissenschaft, sein computationales Modell der Kantendetektion im visuellen System liefert ein Beispiel. Zunächst ist auf der computationalen Ebene diejenige mathematische Funktion zu spezifizieren, die die Kantenextraktion eines Bildes leistet und damit das erzeugt, was Marr den „raw primal sketch“ nennt. Dies wird durch die Nulldurchgänge (zero crossings) einer Laplacefilter-Transformation geleistet. Auf der algorithmischen Ebene ist dann der spezifische Algorithmus zu eruieren, mit dessen Hilfe das System diese Funktion ausführt, denn grundsätzlich existieren unterschiedliche Algorithmen zur Berechnung einer gegebenen Funktion, wobei es nicht unwesentlich auch auf das Datenformat ankommt, in dem Input und Output (hier: Urbild und Kantenbild) vorliegen. Schließlich muss auf der Implementierungs-Ebene der realisierende Mechanismus (in Form einer Hardware oder in Form der biologisch-neuronalen Realisierung) erfasst werden (s.a. Abschn. 2.2).

Marrs Methodologie hat in jüngerer Zeit einige Aufmerksamkeit in der Wissenschaftstheorie erlangt (vgl. Peebles und Cooper 2015). Shagrir (2010, 2012) zeigt, dass Marrs Konzeption mit dem Konzept strukturaler Repräsentation (Abschn. 4.3) gut verträglich ist, wobei er zusätzlich hervorhebt, dass auf der computationalen Ebene neben der Frage nach der mathematischen Zielfunktion die oft übersehenen Fragen nach der Angemessenheit dieser Funktion und der Strategie ihrer Ausführung relevant sind.

2 Computation

Die Grunddoktrin der Computationalen Neurowissenschaft ist ein Computationalismus bezüglich des Gehirns, also roh gesagt die These, dass das Gehirn ein Computer sei. Das Lehrbuch von Christof Koch (1999) beginnt paradigmatisch mit den Worten: *„The brain computes! This is accepted as a truism by the majority of neuroscientists engaged in discovering the principles employed in the design and operation of nervous systems.“* Ein Verständnis der Grunddoktrin setzt ein grundsätzliches Verständnis dessen voraus, was Computation überhaupt ist. Computer sind physikalische Systeme, aber nicht jedes physikalische System ist ein Computer. Die These, dass die Unterscheidung zwischen einem computationalen System und einem bloßen physikalischen System unabhängig von unserer Interpretation und unseren Erkenntnisinteressen besteht, charakterisiert die Doktrin des *computationalen Realismus*. Ihm zufolge ist es eine Frage der Ontologie und mithin eine Tatsache, ob ein System ein Computer ist oder nicht (vgl. Ladyman 2009).

2.1 Was ist Computation?

Welche Kriterien muss ein physikalisches System erfüllen, damit man es als computational bzw. als Computer ansehen kann? Nach intuitivem Bild realisiert bzw. implementiert eine physikalische Apparatur eine abstrakte formale Berechnung genau dann, wenn die Apparatur so eingerichtet ist, dass ihre kausalen Zustandsänderungen im Einklang mit den formalen Berechnungsschritten stehen. Die physisch reale Implementierung ist also Spiegel eines ansonsten abstrakten, mathematischen Berechnungsschemas. David Chalmers (1996a, S. 317–319) kleidet diesen Gedanken in folgende Formulierung:

> *„Computations ... are abstract objects, with a formal structure determined by their states and state transition relations. Physical systems are concrete objects, with a causal structure determined by their internal states and the causal relations between the states. Informally, we say that a physical system implements a computation when the causal structure of the system mirrors the formal structure of the computation. That is, the system implements the*

computation if there is a way of mapping states of the system onto states of the computation so that physical states that are causally related map onto formal states that are correspondingly formally related."

Robert Cummins (1989, S. 89–90) betrachtet das konkrete Beispiel einer Addiermaschine. Um die abstrakte Funktion der Addition +(<m, n> = s) zu implementieren, muss es physikalische Zustände geben, die den abstrakten Elementen m, n, +, m+n entsprechen. Cummins (hier vereinfacht) betrachtet die Tastendrücke M, N, + und den Displayzustand D. Illustrativ ergibt sich sein „Tower-Bridge-Bild" (da es an die Londoner Tower Bridge erinnert):

```
Int(< N, +, M, = >) = <n, m>  ———— m→ ————  n+m = Int(D)
                        ↑                       ↑
                       Int                     Int
                        ↑                       ↑
        S:  < N, +, M, = >  ——— c→ ————      D :S‘
```

Die obere Zeile illustriert die mathematische Funktion +, welche Zahlenpaare <n, m> auf deren Summe n+m abbildet. Die untere Zeile entspricht einer Abbildung der physikalischen Zustände S (Tastendrücke N, M, +, =) auf den Endzustand S' des Displays D. Während die untere Zeile die kausale Abbildung „c→" der Computation (Marrs Ebene der Implementierung, Abschn. 1.2) darstellt, repräsentiert die obere Zeile eine rein mathematische Abbildung „m→". Zwischen beiden Abbildungen vermittelt in Form der vertikalen Pfeile ein Isomorphismus, hier als Interpretation „Int" bezeichnet, der die physikalische Implementierung der Computation auf die mathematische Funktion struktural abbildet. Dem Tower-Bridge-Bild zufolge ist eine Computation ein strukturale Interpretation eines physikalischen Prozesses, von Cummins als „s-Repräsentation" bezeichnet (Abschn. 4.3).

2.2 Arten der Computation

Dem modernen Konzept des Computers liegt das Modell der Turingmaschine als formales Modell von Berechenbarkeit zu Grunde (Turing 1936). Eine Turingmaschine ist ein Tupel bestehend aus (i) einem unendlich langen Speicherband, (ii) einem Schreib-Lese-Kopf, der auf dem Speicherband operiert, (iii) einem Programm, das den Schreib-Lese-Kopf steuert und (iv) einem endlichen Alphabet aus Symbolen. Die Arbeit einer Turingmaschine und somit eine Berechnung besteht demnach aus einer schrittweisen Manipulation von Symbolen nach Regeln. Die Menge der Regeln wird auch als Algorithmus bezeichnet, jede spezifische Turingmaschine T(P) repräsentiert einen spezifischen Algorithmus (oder auch ein Programm). Gemäß der Church-Turing-These lassen sich alle algorithmisch berechenbaren Funktionen durch eine Turingmaschine realisieren. Ferner lässt sich eine universelle Turingmaschine konstruieren, die jede spezifische T(P) emuliert, indem sie das Programm der T(P) als Teil ihrer Eingabe codiert. Aus der Existenz der universellen Turingmaschine folgt die Unlösbarkeit des Halteproblems, also der Frage, ob sich allgemein entscheiden lässt, ob eine T(P) mit einem spezifischen Input zum Halten kommt. Das Turingsche Halteproblem ist dem Hilbertschen Entscheidungsproblem äquivalent.

Es lassen sich verschiedene Arten von Computation (bzw. Computern) unterscheiden. Am bekanntesten ist *digitale Computation*. Ein Digitalcomputer entspricht einer Turingmaschine mit einem endlichen Alphabet diskreter, also unterscheidbarer Symbole, im einfachsten Fall bestehend aus nur zwei Symbolen wie etwa 0 und 1. Die Diskretheit der Symbole setzt eine Diskretheit der die Symbole realisierenden physikalischen Vehikel voraus. Digitale Computation ist nicht auf eine von-Neumann-Architektur festgelegt (bestehend aus einem zentralen Rechen- und Steuerwerk sowie einem Speicher, in dem sowohl Programme als auch Daten hinterlegt sind). Auch bestimmte Netzwerk-Architekturen lassen sich als Digitalcomputer verstehen. Das bekannteste Beispiel ist das McCulloch-Pitts-Netzwerk, der früheste Vertreter eines neuronalen Netzwerks (vgl. Harnish 2001).

Die *Quantencomputation* stellt eine Erweiterung klassischer digitaler Computation dar. Als Vehikel dienen Qubits, also binäre Quantenzustände, ihre Verarbeitung verläuft aber nichtsdestotrotz algorithmisch. Unter Ausnutzung quantenmechanischer Prinzipien, insbesondere Superposition und Verschränkung, ist es theoretisch möglich, bestimmte Probleme effizienter und signifikant schneller zu lösen (z. B. Grover- und Shor-Algorithmus). Dies führt auf ungelöste Fragen im Zusammenhang mit der Komplexitätsklasse von Quantencomputern im Gegensatz zu klassischen Digitalcomputern und dem Zusammenhang mit dem Fundamentalproblem [P=NP?] der theoretischen Informatik (vgl. Aaronson 2013), dennoch gilt, dass Quantencomputation eine Variante digitaler Computation ist.

Analoge Computation bildet das Gegenstück zu digitaler Computation. Analogcomputer manipulieren keine diskreten Symbole, sondern operieren auf den kontinuierlichen Variablen eines physikalischen Systems. Die zeitliche Veränderung der Systemvariablen wird nicht schrittweise durch Algorithmen, sondern durch Differenzialgleichungen beschrieben. So verstandene Analogcomputation steht jedoch vor dem Problem, dass die Klasse der Analogcomputer mit der Klasse der dynamischen Systeme zusammenfällt, was den Begriff der Analogcomputation trivialisieren würde. Analogcomputer lassen sich auch als physikalische Systeme auffassen, die andere physikalische Systeme oder Gegenstandsbereiche simulieren (O'Brien und Opie 2009).

Piccinini (2015) schlägt vor, die weitest mögliche Klasse von Computation als *generische Computation* zu definieren. Im Fall generischer Computation werden medium-unabhängige Vehikel regelhaft prozessiert. Ein computationales Vehikel ist medium-unabhängig, insofern die Regeln der Computation nur sensitiv sind bezüglich raumzeitlicher Eigenschaften der Vehikel. Anders ausgedrückt: medium-unabhängige Vehikel sind also nur ihrer funktional relevanten Form und nicht ihrer materiellen Beschaffenheit nach bestimmt und daher multipel realisierbar. Generische Computation umfasst die drei zuvor betrachteten Klassen von Digital-, Quanten- und Analogcomputation.

Für den Computationalismus der computationalen und kognitiven Neurowissenschaft ist die Klasse der *neuronalen Computation* relevant. Hier entsteht speziell die Frage, ob neuronale Computation eine Unterart von digitaler oder analoger Computation ist oder gegebenenfalls eine eigene dritte Klasse darstellt. Die Praxis der Computationalen Neurowissenschaft sieht neuronale Computation als digital an. Der Grund hierfür ist, dass neuronale Aktionspotenziale, Spikes, typischerweise als diskrete Einheiten verstanden werden (vgl. Dayan und Abbott 2001, S. 8). In der philosophischen Literatur ist diese Frage strittig. Shagrir (2010, 2018a) argumentiert dafür, das Gehirn als „Analog-Modell-Computer" anzusehen, und auch Maley (2018) favorisiert ein Bild analoger Computation, da sowohl die neuronale Feuerungs-Rate (spike rate) als auch die zeitliche Signatur der Spikes (spike timing) kontinuierliche Größen sind. Demgegenüber sehen Piccinini und Bahar (2013) neuronale Computation als sui generis an, da neuronale Signale sowohl diskrete Elemente, die Spikes, als auch kontinuierliche Elemente wie die Spike-Rate besitzen und demnach ein Hybrid aus digital und analog darstellen (siehe auch Fragen neuronaler Codierung in Abschn. 4.1).

2.3 Drei Konzeptionen von Computation

In der philosophischen Debatte lassen sich grob drei Konzeptionen von Computation unterscheiden, von denen keine unumstritten ist, sondern mit je eigenen Problemen und Einwänden behaftet:

- Kausal-strukturale Konzeption: Computation besteht in der Struktur derjenigen kausalen Zustandsänderungen eines physikalischen Systems, die sich strukturerhaltend auf ein mathematisches Berechnungsschema abbilden lassen
- Mechanistische Konzeption: Computation besteht darin, dass computationale Systeme eine spezielle Sorte funktional organisierter Mechanismen sind
- Semantisch-repräsentationale Konzeption: Computation besteht darin, bedeutungshafte Symbole zu prozessieren

2.3.1 Die kausal-strukturale Konzeption

Die kausal-strukturale Konzeption entspricht dem bereits beschriebenen intuitiven Verständnis von Computation, sie wird durch das Tower-Bridge-Bild gut illustriert (vgl. Chalmers 1996a, 2011; Cummins 1989, 1996). Die kausal-strukturale Konzeption lässt sich im Prinzip sowohl mit einem computationalen Realismus als auch Anti-Realismus in Verbindung bringen. Im letzteren Falle wird die computationale Struktur eines physikalischen Systems als äußere Interpretation oder Zuschreibung hervorgehoben, ist aber keine in den physikalischen Vehikeln bestehende Tatsache. Im ersteren, realistischen Falle müsste die computationale Kausalstruktur eines physikalischen Systems in ontologischer Weise von der bloßen physikalischen Strukur durch weitere spezifizierende Kriterien zu unterscheiden sein. Aus sich heraus scheint die kausal-strukturale Konzeption derartige Kriterien aber nicht liefern zu können.

Nach Ansicht ihrer Kritiker ist die kausal-strukturale Auffassung zu liberal, denn bloße Strukturgleichheit kann zwischen kausal-physikalischen und mathematischen Domänen auch bestehen, ohne dass von Computation die Rede ist. Hält man auch in derartigen Fällen am Begriff der Computation fest, führt dies auf die Möglichkeit der *Multi-Computation* bzw. im Extremfalle auf einen *Pancomputationalismus*. Einem hinreichend komplexen physikalischen System lässt sich nahezu jedwede strukturale Interpretation abgewinnen und somit nahezu jedwede mathematische Funktion in das System hineinlesen. Demnach würde jedes hinreichend komplexe physikalische System nahezu jedwede Computation ausführen. Dies führt auf eine Trivialisierung der kausal-strukturalen Konzeption.

Searle (1992) entwickelt ein Gedankenexperiment, wonach die Wand in seinem Arbeitszimmer das Computerprogramm Wordstar implementiert, einfach deshalb, weil die ungeheure Menge an Molekülen und Atomen in der Wand zu jedem Zeitpunkt eine so große Menge an Kausalrelationen realisiert, dass auch diejenige Menge an Kausalrelationen, die zur Realisierung von Wordstar benötigt werden, problemlos darin als Untermenge enthalten sind. Searle folgert, dass Syntax der Physik nicht intrinsisch ist. Putnam (1988) argumentiert analog und mit größerer formaler Strenge, dass jeder einfache Stein einen endlichen Zustandsautomaten, also eine Form von Digitalcomputer, realisiert.

Manche Autoren akzeptieren den Pancomputationalismus, allerdings nur in abgeschwächter Form, denn nicht jedes physikalische System lässt sich als Realisierung jedweder Computation ansehen, da bestimmte Randbedingungen „hinreichender Komplexität“ erfüllt sein müssen. Auch muss das System konkrete physikalische Erfordernisse hinsichtlich Stabilität, Rigidität und Solidität erfüllen, um die Vehikel einer digitalen Computation bereitstellen zu können (ein Digitalcomputer lässt sich schwerlich aus Gelee herstellen). Die gegenüber dem Pancomputationalismus abgeschwächte These der multiplen Computation besagt, dass bestimmte physikalische Systeme gleichzeitig mehr als nur eine Computation implementieren (Hemmo und Shenker 2019).

Beide Thesen unterminieren ipso facto die These des computationalen Realismus. Und mit beiden Thesen eng verwandt sind die Thesen des computationalen Externalismus (Shagrir 2001) bzw. des Anti-Individualismus bezüglich Computation (Rescorla 2013). Hier wird hervorgehoben, dass es einem physikalischen Baustein nicht intrinsisch ist, welche Computation er realisiert, dass dies aber externalistisch, durch Einbettung in einen äußeren Kontext, ermöglich wird. Wie Shagrir zeigt, lässt sich ein physikalischer Baustein sowohl als UND- als auch als ODER-Gatter auffassen, je nachdem, welche äußere Belegung der Spannungbereiche vorgenommen wird (Shagrir 2001; Harbecke und Shagrir 2019).

Hemmo und Shenker (2019) argumentieren, dass multiple Computation eine Auswirkung auf fundamentale Fragestellungen der Thermodynamik der Computation hat. Nach gängiger Auffassung ist die physikalische Ausführung einer irreversiblen logischen Operation mit einer elementaren thermodynamischen Energiedissipation in der Größenordnung von $k_B \log(2)$ verbunden (wobei k_B die Boltzmann-Konstante darstellt). Dies ist als *Landauers Prinzip* bekannt (Landauer 1961). Es spielt eine zentrale Rolle in der Debatte um den Maxwellschen Dämon, der die

Gültigkeit des zweiten Hauptsatzes der Thermodynamik in Frage stellt (vgl. Leff und Rex 2003). Laut Bennett (1982) besagt Landauers Prinzip, dass der Dämon beim Löschen seines Speichers die Entropiebilanz im Einklang mit dem zweiten Hauptsatz zwangsläufig bereinigt. Diese Art der Austreibung des Maxwellschen Dämons ist in der Literatur nicht unumstritten (Norton 2013). Die These der multiplen Computation bedroht nun ebenso Landauers Prinzip, insofern der Unterschied zwischen reversiblen und irreversiblen logischen oder computationalen Operationen nicht gezogen werden kann.

2.3.2 Die mechanistische Konzeption

Die mechanistische Konzeption von Computation kann als Weiterentwicklung der kausalen Konzeption angesehen werden und besagt, dass computationale Systeme eine spezielle Sorte funktional organisierter Mechanismen sind (Piccinini 2007, 2015; Milkowski 2013). Sie ist somit eine Spielart der seit den 2000er-Jahren weit verbreiteten mechanistischen Doktrin in der Wissenschaftstheorie, derzufolge Mechanismen und der mechanistische Erklärungstyp in den Lebenswissenschaften, speziell den Neurowissenschaften, eine herausgehobene Rolle spielen (Craver und Kaplan 2011). Mechanismen sind allgemein durch vier Kriterien charakterisiert (Craver 2007; Bechtel 2008). Ein Mechanismus ist

(1) ein durch eine innere Organisation strukturiertes System
(2) bestehend aus Teilen, Komponenten oder Entitäten,
(3) deren Operationen oder Aktivitäten
(4) dem zu erklärenden Phänomen oder Systemverhalten zugrundeliegen.

Die mechanistische Konzeption fügt der kausalen Konzeption eine Anforderung über die funktionale Organisation des computationalen Systems hinzu. Hierbei zielt man auf die spezifische materielle Instantiierung des Systems ab, also auf das Level der Implementierung nach Marr (Abschn. 1.2). Die mechanistische Konzeption lässt sich typischerweise im Sinne eines computationalen Realismus verstehen.

Nur physikalische Zustände, die innerhalb einer bestimmten Art von Mechanismus eine bestimmte funktionale Bedeutung haben, können auf das Level der computationalen Beschreibung abgebildet werden und gelten in diesem Sinne als computationale Zustände. Fehlt einem Zustand die entsprechende funktionale Bedeutung, handelt es sich nicht um einen computationalen Zustand. Die Komponenten des implementierenden Mechanismus müssen aber als medium-unabhängige computationale Vehikel in dem oben von Piccinini (2015) beschriebenen Sinne ansehbar sein: die Regeln der Computation dürfen nur sensitiv sein bezüglich raumzeitlicher Eigenschaften der Komponenten. Eine solche, rein funktionale Charakterisierung der Komponenten eines computationalen Mechanismus geht ersichtlich über den ursprünglichen Mechanismus-Begriff hinaus, da die Komponenten durch ihre abstrakt-formalen und nicht ihre konkreten Eigenschaften charakterisiert werden (Eigenschaften zweiter und nicht erster Stufe). Von Seiten der Kritiker wird daher vorgebracht, dass die mechanistische Konzeption von Computation das Konzept des Mechanismus unplausibel aufbläht und trivialisiert. Zwischen einer mechanistischen und einer funktionalen Charakterisierung bestünde dann kein Unterschied mehr. Darüberhinaus besitzen dynamische oder neurocomputationale Erklärungen explanatorische Charakteristika, die die mechanistische Detailtreue (Kaplan 2011) gezielt übersteigen (Chirimuuta 2018; Lyre 2018; Ross 2015).

2.3.3 Nach semantisch-repräsentationaler Konzeption

Nach semantisch-repräsentationaler Konzeption besteht Computation darin, bedeutungshafte Symbole zu prozessieren, genauer: die Regeln der Symbolmanipulation folgen den semantischen oder repräsentationalen Eigenschaften, die den Symbolen zukommen. Ein paradigmatischer Autor ist Jerry Fodor mit seinem Diktum „no computation without representation" (Fodor 1975, S. 34). Nach dieser Konzeption setzt das Konzept der Computation dasjenige der Repräsentation voraus. Die semantische Konzeption besitzt zahlreiche Anhänger (Sprevak 2010; Shagrir 2018b; Rescorla 2013), gleichzeitig ist sie nach Ansicht der ebenso zahlreichen Kritiker eine zu starke Forderung (Chalmers 1996b, 2011; Egan 2010, 2012; Piccinini 2008, 2015; Dewhurst 2018). Shagrir (2018b) verwendet die unter (i) besprochene These der Multi-Computation als Masterargument für die semantisch-repräsentationale Auffassung. Dennoch kommt man in weiten Teilen der Informatik oder auch der Berechenbarkeitstheorie de facto mit einem rein formalen und semantik-freien Konzept von Computation aus. Da nach Ansicht der meisten Autoren Kognition Computation voraussetzt oder beinhaltet (vgl. Fresco 2014), setzen sich Fragen nach Semantik und Repräsentation in den beiden nachfolgenden Abschnitten weiter fort.

3 Die Computationale Theorie des Geistes

Wie hängen Computation und Kognition zusammen? Ein der Computationalen Neurowissenschaft nahestehendes und häufig implizites Bild von Kognition ist durch die „Computationale Theorie des Geistes" gegeben (CTG; auch: „Computationalismus"). Vereinfacht ausgedrückt besagt die CTG, dass Kognition eine Form von Computation ist und somit das Gehirn als kognitives Prozessorgan ein Computer. Im Lichte der vorherigen Ausführungen ist klar, dass die CTG sehr unterschiedliche Formen annehmen kann, je nachdem, welche Konzeption von Computation unterstellt wird.

3.1 Die klassische CTG

Die traditionelle CTG vor allem der 1960er- und 1970er-Jahre geht typischerweise mit einer kausal-strukturalen Konzeption von Computation einher. Der Geist ist ein syntaktisches Symbolsystem, das darauf basiert, Symbole nach Regeln, also algorithmisch, zu prozessieren. Das bedeutet, dass die physischen Träger oder Vehikel der Symbole (z. B. Stromfluss in der CPU eines Digitalcomputers oder neuronale Aktivität im Gehirn) rein aufgrund ihrer formalen Beschaffenheit und nicht aufgrund der spezifischen materiellen Realisierung prozessiert werden. Syntaktische Systeme sind formale Symbolsysteme. Dies steht im Einklang mit der multiplen Realisierbarbeit computationaler Prozesse und ihrer Medium-Unabhängigkeit (Abschn. 2.3). Formale Eigenschaften sind als rein syntaktische und nicht-semantische bzw. uninterpretierte Eigenschaften zu verstehen.

Michael Devitt (1996, S. 258–265) weist in dem Zusammenhang darauf hin, dass in dieser Verwendung des Begriffs „Form" eine Zweideutigkeit liegt. Die formalen Eigenschaften können sich einerseits an der physikalischen Form, andererseits an der logischen Form festmachen. Entsprechend lässt sich zwischen einer Syntax-P und einer Syntax-L unterscheiden (Figdor 2009). Beim Puzzle-Spiel ist die Syntax, der gemäß die Puzzleteile aneinandergelegt werden können, abhängig und erzwungen durch die geometrische Form der Teile. Dies ist ein Beispiel für Syntax-P, bei der die physikalisch-strukturalen Formeigenschaften, also etwa die geometrische Form, entscheidend sind (entsprechend dem häufig genannten Bild der Passung von Schlüssel und Schloss; Fodor 1985, S. 93). Syntax-L bezieht sich demgegenüber auf die logisch-funktionalen Eigenschaften der Symbole wie etwa die Eigenschaft des Symbols KATZE, ein Substantiv zu sein, oder die formale Gültigkeit logischer Schlussformen wie derjenigen des Modus ponens.

Als syntaktisches Symbolsystem kann ein Computer nur insoweit kausale Kräfte ausüben, als seine Syntax-L über der Syntax-P superveniert. Die Syntax-L-Eigenschaften sind dann ansehbar als funktionale Rollen-Eigenschaften (Eigenschaften zweiter Stufe), während Syntax-P sich auf die Eigenschaften der Realisierer bezieht (Eigenschaften erster Stufe). Die Medium-Unabhängigkeit der Vehikel im Sinne von Syntax-P kann sich somit allenfalls auf die intrinsischen (Material-)Eigenschaften der Realisierer beziehen, nicht aber auf ihre relationalen (oder strukturalen) Eigenschaften, denn auf diese kommt es ja wesentlich an.

3.2 Die Repräsentationale Theorie des Geistes nach Fodor

Jerry Fodor (1975, 1985, 1987) vertritt eine besondere Form der CTG, die er als Repräsentationale Theorie des Geistes (RTG) bezeichnet (insgesamt sind beide Begriffe nicht einheitlich definiert, manche Autoren unterscheiden CTG und RTG, manche benutzen sie synonym). Fodors RTG besagt, dass Geist und Kognition darin bestehen, mentale Repräsentationen in computationaler Weise zu prozessieren. Mentale Repräsentationen sind dabei durch ihren semantischen Gehalt individuiert, allerdings sagt die RTG nicht aus sich heraus, wie mentale Repräsentationen ihren Gehalt erlangen, hierfür müssen zusätzliche Ansätze herangezogen werden (Abschn. 3.3). Fodors RTG ist gleichzeitig eine Theorie der Intentionalität, insofern Fodor repräsentationalen Gehalt mit intentionalem Gehalt gleichsetzt und dabei intentionale Systeme (oder Wesen oder Agenten) S betrachtet, die propositionale Einstellungen als mentale Zustände besitzen. Falls S sich in einem mentalen Zustand befindet, besitzt es eine mentale Repräsentation R mit entsprechendem propositionalen, also satzartigen Gehalt. S kann sich in Bezug auf R in funktional verschiedenen Einstellungen E – etwa des Glaubens, des Wissens, des Wunsches etc. – befinden. In Kurzform: S befindet sich in E, insofern es sich in einer spezifischen computationalen Relation zu R befindet. Die propositionale Struktur von R verweist darauf, dass S einer sprachartigen Syntax, der „Sprache des Geistes“ (LOT: language of thought), unterliegt. Zu den Stärken der LOT gehört es, dass mentale Repräsentationen einer strukturierten, kompositionalen Semantik folgen, bei der sich die Bedeutung komplexer Repräsentationen aus der Bedeutung ihrer Teile regelhaft ergibt. Fodors RTG ist so gesehen eine Kombination aus CTG und LOT.

Fodors RTG geht weder mit einer kausal-strukturalen noch einer mechanistischen Konzeption von Computation einher, sondern setzt dezidiert eine semantisch-repräsentationale Konzeption von Computation voraus, denn Kognition besteht darin, mentale Repräsentationen zu prozessieren, welche wiederum durch ihren semantischen Gehalt individuiert sind. Dies wurde in Fodors Diktum „no computation without representation“ bereits deutlich (Abschn. 2.3). Gleichzeitig beziehen wir uns bedeutungshaft auf die Welt. Wie aber mentale Repräsentationen das Kunststück der Bezugnahme vollbringen, ist nicht Gegenstand von RTG oder CTG. Nach Ansicht zahlreicher Autoren führt dies zum Projekt der Naturalisierung von Semantik (Abschn. 3.3).

3.3 Von der CTG zur Semantik

Der Reiz und die Pointe der CTG liegen darin, dass sie deutlich machen kann, dass wenn Repräsentationen gehaltvoll sind, ihre Semantik im Rahmen rein syntaktischer Operationen erhalten bleibt. Dies ist aus der Aussagenlogik geläufig, bei der die syntaktischen Operationen auf Aussagen wahrheitswert-erhaltend sind, was als Grundlage logischer Inferenzen dient wie etwa: wenn *A und B* wahr ist, dann ist auch *A* wahr. Dabei ist unerheblich, welchen Inhalt *A* und *B* besitzen. Haugeland (1981) drückt dies in einer häufig zitierten Passage treffend wie folgt aus: *„In effect, given an interpreted formal system..., if you take care of the syntax, the semantics will take care of itself.“*

Neben Semantik und Bedeutung im referenziellen Sinne gibt es auch eine Form von Semantik, die nicht-referenziell und rein system-intern anhand der funktionalen Rollen der internen Zustände eines formalen Symbolsystems oder Computers charakterisierbar ist. Man spricht dann von einer Funktionalen Rollen-Semantik (FRS; auch konzeptuelle Rolle, vgl. Block 1998). Die FRS entspricht der Idee, den Funktionalismus auf Semantik anzuwenden und Bedeutung als funktionale Rolle in einem Netzwerk funktionaler Zustände anzusehen. Dies lässt sich am Beispiel des Schachspiels verdeutlichen. Beim Schachspiel handelt es sich um ein regelbasiertes Symbolsystem, das durch eine Syntax-L charakterisiert ist. Es ist medium-unabhängig und insofern multipel realisierbar (es gibt Schachspiele aus Holz, Porzellan oder in elektronischer Form). Schachfiguren besitzen eine Bedeutung (etwa als Läufer oder Dame), insofern sie funktional, durch ihre spiel-internen Rollen charakterisiert sind. Sie besitzen diese Bedeutungen nur innerhalb des Spiels, der Läufer bezieht sich auf nichts in der Welt, ihm kommt keinerlei Referenz zu. Auch setzt die Realisierung des Schachspiels in Form eines konkreten Spielbretts mit Figuren nahezu keinerlei Syntax-P voraus, denn hier wird den Schachfiguren ihre jeweilige

Bedeutung, ihre funktionale Rolle, rein konventionell zugewiesen. Allerdings müssen sich die Figurtypen wenigstens äußerlich unterscheiden lassen, auch muss das Spielbrett eine bestimmte Struktur besitzen. Insofern kommt ein gewisser Anteil an Syntax-P zum Tragen. In einem digitalen Schachcomputer muss die Syntax-L des Spiels jedoch vollständig der Syntax-P des Computers genügen. Der Computer muss in seinen kausalen Prozessen die syntaktischen Muster des Schachspiels struktural spiegeln, andernfalls „funktioniert" er nicht als Schachcomputer.

Da die CTG nicht aus sich heraus sagt, wie Symbole Bedeutung erlangen, scheint reine Symbolmanipulation nicht hinreichend zu sein für Semantik im Sinne von Bezugnahme. Dies ist Gegenstand des berühmten „Chinese room"-Arguments von Searle (Searle 1980, 1990). Das chinesische Zimmer stellt die Karikatur einer Turingmaschine dar, der Operateur im Zimmer übernimmt die Rolle des Schreib-Lese-Kopfes. In einem ansonsten leeren Zimmer wird ihm ein Regelwerk (die Maschinentafel) zur Verfügung gestellt, das ihm gestattet, chinesische Schriftzeichen, die als Input hereingereicht werden, algorithmisch zu manipulieren und als Output hinauszureichen. Searle insistiert, dass der Operateur auf diese Weise die Bedeutung chinesischer Symbole niemals erlangen kann. Das Chinese Room-Argument hat in den 1980er-Jahren eine Flut an Diskussionen ausgelöst. Nach Stevan Harnard (1990) liegt der eigentliche Kern des „Chinese room"-Arguments im „Symbol grounding problem", das er so formuliert: *„Suppose you had to learn Chinese as a first language and the only source ... you had was a Chinese/Chinese dictionary! . . . How is symbol meaning to be grounded in something other than just more meaningless symbols? This is the symbol grounding problem.*" Die Einwände von Searle und Harnard gegen den Symbolismus machen deutlich, dass reine Symbolmanipulation allenfalls zu einer nicht-referenziellen Semantik im Sinne einer system-internen FRS führt, nicht aber auf ein semantisches „Grounding" im Sinne einer Bezugnahme auf die Welt.

Viele Autoren versuchen, im Rahmen der naturalisierten Semantik semantische auf nicht-semantische Eigenschaften zurückzuführen. Das Projekt der Naturalisierung setzt einen semantischen Realismus voraus, wonach mentale Repräsentationen existieren und durch ihren Gehalt individuiert sind. Für den Realismus sprechen wenigstens zwei Argumente. Erstens die Selbstwahrnehmung des Menschen als bedeutungshaft denkend, wie sie sich auch in unserer Alltagspsychologie ausdrückt. Fodor bemerkt hierzu emphatisch: *„if commonsense psychology were to collapse, that would be, beyond comparison, the greatest intellectual catastrophe in the history of our species"* (Fodor 1987, S. xii). Zweitens, das Phänomen der mentalen Verursachung. Peters Wunsch, kalte Limonade zu trinken, verursacht, dass er zum Kühlschrank geht. Hier scheint Bedeutung im referenziellen Sinne, also Weltwissen über Limonade und Kühlschränke, handlungswirksam zu sein. Ein semantischer Realismus kann dem in natürlicher Weise Rechnung tragen. Indem sie die syntaktischen gegenüber den semantischen Eigenschaften betont, hat die CTG mit mentaler Verursachung Probleme.

Die naturalisierte Semantik umfasst die Klasse der kausal-informationalen Theorien und die Teleosemantik. Kausal-informationale Theorien binden den Gehalt einer Repräsentation an entsprechende ursächliche Vorkommnisse (etwa im Falle der kausalen Theorie der Kovarianz nach Fodor 1987) oder an die einem Vorkommnis inhärente „natürliche“ Information (Dretske 1981). Wegen der strengen kausalen Bindung von Repräsentat und Repräsentandum führen diese Theorien jedoch auf das gravierende Problem, dass Fehlrepräsentationen nicht erklärbar sind. Der Teleosemantik zufolge soll der Gehalt einer Repräsentation auf deren Anzeigefunktion zurückgeführt werden (Millikan 1984; Dretske 1995). Diese Funktion ist Ergebnis einer Selektions-, Adaptations- oder Lerngeschichte. Auch dieser Ansatz ist mit gravierenden Problemen behaftet, denn die durch eine Teleohistorie individuierte Funktion ist nicht feinkörnig genug, um intentionalen Gehalt zu individuieren, sondern lässt die Teleofunktion prinzipiell unterbestimmt. Ist der Fangmechanismus eines Frosches selektiv auf Fliegen oder schwarze Schatten? Teleosemantiker insistieren, dass es eine eindeutige, evolutionär hervorgebrachte „proper function“ gibt. Dies kann aber mit guten Gründen bezweifelt werden: Selektionszwecke ändern sich beständig und zeichnen Funktionen allenfalls grob aus.

Zu den nicht-referenziellen Semantiken zählen Gebrauchstheorien und die oben schon erwähnte FRS. Der Grundgedanke einer Gebrauchstheorie der Bedeutung, wie von Ludwig Wittgenstein (1953) erstmals skizziert, liegt darin, Bedeutung auf Sprachgebrauch und soziale Praxis zurückzuführen. Nach Wittgenstein zeigt sich die Vielfalt der Sprache in der Vielfalt sprachlicher Gebrauchsweisen. Da Sprachgebrauch und Sprecherverhalten als funktionale Rollen in einem sozialen Verhaltensnetzwerk ansehbar sind, handelt es sich auch bei der Gebrauchstheorie um eine Variante der FRS. Block (1990, 1998) unterscheidet zwischen kurz- und langreichweitigen funktionalen Rollen („short-arm“, „long-arm“). Eine system-interne FRS kapriziert sich auf die einem System, etwa dem Gehirn als computationaler Maschinerie, internen funktionalen Rollen der Systemzustände, ein Gebrauchstheorie der Bedeutung „verlängert“ diese funktionalen Rollen über die Systemgrenze hinaus in die Welt.

4 Neurocomputation und Neurosemantik

Wie gesehen, folgt die klassische CTG der Doktrin des Symbolismus, d. h. sie nimmt an, dass der Geist Symbole prozessiert. Diese Auffassung verträgt sich gut mit digitaler Computation, neuronale Systeme besitzen aber eine so andersartige Struktur, dass dies den Symbolismus in Frage stellt. Dies ist der Hintergrund des Streits zwischen Konnektionisten und Symbolisten. Der Konnektionismus sieht die spezifische Architektur in Form neuronaler Netze als grundlegend für Kognition an. Biologische und künstliche neuronale Netze basieren auf einer Vielzahl elementarer Verarbeitungseinheiten (Neuronen), die über eine nochmals größere Anzahl gewichteter Verbindungen (Synapsen) miteinander vernetzt sind. Dies hat mindestens zwei gravierende Konsequenzen für die Informationsverarbeitung innerhalb konnektionistischer Architekturen: sie ist zum einen subsymbolisch und zum anderen distribuiert.

4.1 Subsymbolismus, neuronale Codierung und Bindungsproblem

Die Doktrin des Subsymbolismus besagt, dass neuronale Systeme keine Symbole, sondern Merkmale („features") prozessieren. Vor allem auf den Eingangsstufen der neuronalen Maschinerie wirkt dies plausibel. An der sensorischen Schnittstelle zwischen Welt und Gehirn findet ein zweistufiger Prozess statt. Zunächst muss ein gegebener Stimulus, ob mechanisch, chemisch oder elektromagnetisch, in ein neuronales Signal umgewandelt werden, sodann müssen die sensorischen Neuronen die Schlüsselmerkmale des Stimulus neuronal codieren (Abschn. 2.2). Vieles spricht dafür, dass dabei kein universeller Code verwendet wird, sondern dass Codierungsunterschiede zwischen verschiedenen Spezies, Individuen, Hirnregionen und Typen neuronalen Gewebes bestehen. Sehr wahrscheinlich nutzen verschiedene Sensorien ihr je eigenes Datenformat (z. B. 1D auditorische Daten gegenüber 2D visuellen Daten).

Eine Möglichkeit, Aufschluss über den neuronalen Code zu erlangen, besteht darin, die umgekehrte Fragestellung des Decoding zu behandeln. Welche Information über den Stimulus lässt sich anhand der neuronalen Daten gewinnen? Technisch führt dies auf die Bestimmung der bedingten Wahrscheinlichkeit p(s|n) eines Stimulus s unter der Bedingung des Vorliegens neuronaler Aktivität n auf der Basis der Likelihood p(n|s) und der Apriori-Wahrscheinlichkeiten p(s) und p(n) mithilfe der Bayesschen Formel (Dayan und Abbott 2001). Neuronale Codierung und Decodierung bilden ein wichtiges Themenfeld der Computationalen Neurowissenschaften (Rieke et al. 1997; Quian Quiroga und Panzeri 2013), das wissenschaftstheoretisch bislang nur ansatzweise behandelt wurde (Piccinini und Bahar 2013; Cao 2014).

Einen mittlerweile sehr prominenten Ansatz bildet die Idee des „Predictive coding", wonach das Gehirn kein passives Repräsentationssystem, sondern vielmehr eine aktive „Inferenzmaschine" darstellt, die beständig neue Vorhersagen über sensorischen Input auf der Basis interner Vorhersagemodelle generiert (Clark 2016; Hohwy 2013). Der im Abgleich mit dem sensorischen Input rückgemeldete Vorhersagefehler führt dann zu einem bayesianischen Update des Modells. Dieses Wechselspiel von Vorhersage und Update kann im Prinzip auf allen hierarchischen Ebenen des Gehirns stattfinden. Nicht wenige Autoren sehen die Idee des Predictive coding daher als universellen Ansatz zum Verständnis des Gehirns an. Mit Blick auf die neuronale Codierung bedeutet dies, dass nicht das definite Vorliegen von Merkmalen codiert und prozessiert wird, sondern nur jeweilige Merkmalsänderungen.

Die neurowissenschaftliche Grundlage für Merkmalscodierung bilden zwei Meilenstein-Arbeiten: Lettvin et al. (1959) identifizierten erstmals merkmalsselektive Zellen im visuellen System, und Hubel und Wiesel (1959, 1962) zeigten in ihren klassischen Studien, dass sich auf der Retina rezeptive Felder finden, die aufgrund ihrer Filtereigenschaften eine subsymbolische Verarbeitung visueller Merkmale wie Kantenstärke, Kantenorientierung, Texturen oder Farben ermöglichen. Diese Informationen werden retinotop, also topologieerhaltend, von der Retina über den seitlichen Kniehöcker (CGL) in den primären visuellen Cortex (V1) abgebildet. Die Entstehung cortikaler Karten in Modellen neuronaler Selbstorganisation basierend auf dem Prinzip lokaler Verstärkung und lateraler Hemmung wurde erstmals durch Malsburg (1973) und Willshaw und Malsburg (1976) mathematisch modelliert (vgl. Bednar und Wilson 2015). Im V1 findet sich ferner eine kolumnäre Organisation der merkmalsselektiven Zellen in Form von Okkulardominanz- und Orientierungssäulen (die zu Hyperkolumnen zusammengesetzt sind).

Die neuronale Codierung von Stimulusmerkmalen entspricht dem Programm der kausal-informationalen Theorien der Repräsentation (Abschn. 3.2). Neuronale Aktivität in den primären sensorischen Arealen kovariiert mit stimulus-bezogenen Merkmalen. Solche Neuronen werden als Merkmalsdetektoren bezeichnet, und es lässt sich wahlweise von einer Detektor-, Rezeptor- oder Indikator-Repräsentation sprechen. Eine solche Repräsentationsbeziehung liegt auch in vielen Artefakten vor. So ist etwa die Höhe der Quecksilbersäule in einem Thermometer ein Detektor bzw. Indikator für eine bestimmte Temperatur. Cummins und Poirier (2004) argumentieren für eine Trennung der Begriffe Indikator und Repräsentation, da Indikatoren anders als Repräsentationen nichts über die Struktur ihrer Zielobjekte aussagen. Nach Ramsey (2007) muss zwischen Rezeptor-Repräsentationen (R-Reps) und strukturalen Repräsentationen (S-Reps) unterscheiden werden (siehe Abschn. 2.1 und 4.3).

Natürliche neuronale Systeme stellen über die subsymbolische Merkmalsbezogenheit unmittelbar einen Weltbezug her. Hierin liegt ein wesentlicher Unterschied zur klassisch-symbolischen KI. Es wäre geradezu widersinnig, ein neuronales Netz losgelöst von seinen Stimuli zu betrachten. Neuronale Netze sind datengetrieben, ihre Dynamik entfaltet sich erst unter Input. Zwar gibt es in rückgekoppelten Netzwerken immer auch einen nennenswerten Anteil endogener Aktivität (und in manchen Regionen des Gehirns ist dieser auch dominant), aber dennoch bedarf das System letztlich der äußeren Stimulation. Vordergründig löst der Subsymbolismus auf diese Weise das Symbol-Grounding-Problem: dem System zugeführte Subsymbole sind als R-Reps kausal in der Welt verankert, durch interne Komposition oder Bindung müssen aus ihnen in Folgeschritten komplexe Symbole entstehen. Dies ist ein gängiges Bild des Konnektionismus.

Im Zuge der subsymbolischen Verarbeitungsstrategie werden wahrgenommene Objekte auf den Eingangsstufen des Gehirns in „atomare" Merkmale zerlegt. Damit entsteht die Frage, wie zu einem Objekt gehörende Merkmale innerhalb des neuronalen Systems wieder zu einer ganzheitlichen Repräsentation verbunden oder integriert werden können. Denn ohne einen geeigneten Bindungs-Mechanismus treten manifeste Mehrdeutigkeiten auf: liegt etwa ein grünes Dreieck und ein rotes Quadrat im Gesichtsfeld vor, so sind diejenigen Neuronen aktiv, die für die Merkmale rot, grün, dreieckig und quadratisch codieren (das Beispiel ist rein didaktisch). Allerdings rufen ein rotes Dreieck und ein grünes Quadrat dieselbe Aktivierung hervor, es kommt zur „Superpositions-Katastrophe" bzw. zum Bindungsproblem. Um dem Problem zu entgehen, hat Christoph von der Malsburg Anfang der 1980er-Jahre vorgeschlagen, Neurone durch Korrelation ihrer zeitlichen Aktivitäten zu großen Ensembles zu verbinden (Malsburg 1999). Die Idee des „Binding-by-synchrony" hat aufgrund der experimentellen Funde in den 1990er-Jahren (Engel et al. 1991) große Beachtung gefunden (vgl. Buzsaki 2006; Malsburg et al. 2010).

Binding-by-synchrony steht in Einklang mit einem temporalen neuronalen Code (Abschn. 2.1) und der Spike-timing-dependent-plasticity (STDP; vgl. Feldman 2012). Entsprechend haben in der computationalen Modellierung gepulste neuronale Netze (spiking networks) an Bedeutung gewonnen (vgl. Gerstner et al. 2014; Maass 1996). Methodisch lässt sich die Annahme vertreten, dass zwischen wenigstens zwei Varianten von Bindung zu unterscheiden ist, die man als funktionale und phänomenale Bindung bezeichnen kann (Hardcastle 1994; Garson 2001). Funktionale Bindung findet relativ unkontrovers im Bereich der Wahrnehmung und entsprechend auf den frühen neuronalen Verarbeitungsstufen statt. Kontrovers bleibt die Frage, ob sich in analoger Weise das subjektive Erleben der Einheit der Wahrnehmung und des Bewusstseins auf Mechanismen phänomenaler Bindung gründet.

4.2 Distribuierte neuronale Repräsentationen und höherstufige Semantik

Wie sind komplexe Objekte im Gehirn codiert und repräsentiert? Wie entstehen aus einfachen Merkmals-Repräsentationen die Repräsentationen höherstufiger und komplexer Objekte? Eine naheliegende Antwort wäre, dass auch komplexe Objekte durch die Aktivität einzelner Neurone codiert und repräsentiert sind. Dies würde einem Einzelzell-Code entsprechen, häufig karikiert durch die These des „Großmutterneurons“ (vgl. Coltheart 2017). Aufgrund der schieren Komplexität der Welt kann sicher ausgeschlossen werden, dass das Gehirn für jedes konkrete Einzelobjekt in der Erfahrungswelt eines Lebewesens ein oder auch einige Neuronen investiert. Andererseits gibt es starke Hinweise auf die Existenz hoch-selektiver Zellen (Quian Quiroga et al. 2008). Hierbei ist jedoch zu unterscheiden zwischen Zellen, die auf generische Stimuli reagieren wie z. B. die Zellen der Fusiform Face Area auf Gesichter und Zellen, die vermeintlich Individuen repräsentieren.

Die Entdeckung synaptischer Plastizität legte bereits für Donald Hebb die Überlegung nahe, dass komplexe Repräsentationen nicht durch einzelne Neuronen, sondern durch ganze Ensembles oder Populationen von Neuronen realisiert sind („Hebbian cell assemblies“). Dies entspricht einem *Populationscode*. Er kann der Sache nach lokalisiert, aber auch distribuiert sein. Falls die Populationszahl der Neuronen nicht allzu hoch ist, spricht man von einem „sparse code“. Als didaktisches Beispiel betrachtet Clark (1993; Abschn. 2) die Codierung von Buchstaben mittels neuronaler Aktivität. Entspräche jedem Buchstaben je ein Neuron, wäre dies der klassische Fall des Einzelzell-Codes („Großmutterneuron“). Via Populations-Codierung könnten aber bspw. die Zellen 1, 2, 3 für den Buchstaben „A“, die Zellen 4, 5, 6 für das „B“ usw. stehen. Sowohl der Einzelzell-Code als auch diese Form der Populations-Codierung entspräche einem *lokalen Code*. Dem steht ein *verteilter (distribuierter) Code* gegenüber, wenn bspw. die Zellen 1, 2, 4 für „A“, die Zellen 2, 3, 6 für „B“, die Zellen 1, 4, 5 für „C“ usw. stehen.

Verteilte Codierung führt auf verteilte Repräsentation. Der semantische Gehalt neuronaler Zustände findet sein neuronales Korrelat oder Vehikel in Form verteilter neuronaler Aktivität in großen Populationen. Verteilte Repräsentationen sind als Vektoren im Zustandsraum neuronaler Aktivierungen darstellbar. Einzelne neuronale Aktivierungen stehen im Sinne von R-Reps für das Vorliegen einzelner Merkmale, insgesamt aber spannen sie einen abstrakten, hoch-dimensionalen Raum auf. Jede distribuierte neuronale Repräsentation stellt einen Punkt in diesem Zustandsraum dar (bzw. einen Vektor mit den jeweiligen Einzelaktivierungen als Komponenten). Nach Paul Churchland (1989, 1995) führt dies auf eine Zustandsraum-Semantik. Semantische Nachbarschaft oder Bedeutungsähnlichkeit neuronaler Populationszustände macht sich an ihrem Abstand im Zustandsraum fest, die Metrik des Zustandsraums besitzt eine semantische Interpretation.

Nach Fodor und Lepore (1992) führt die Zustandsraum-Semantik auf eine abgeschwächte Version eines semantischen Holismus, denn schon kleinste Änderungen in den Einzelaktivierungen führen zu Änderungen der Zustandsvektoren und damit zu Bedeutungsverschiebungen. Ein vollumfänglicher semantischer Holismus besagt, dass die Bedeutung jedes Einzelelements abhängig ist von den Bedeutungen aller anderen Elemente. Dies ist paradigmatisch der Fall im Rahmen einer FRS (Abschn. 3.3). Holismus-Gegner wie Fodor und Lepore argumentieren, dass Bedeutungen instabil werden und intersubjektiv nicht mehr geteilt werden können. Holismus-Befürworter halten die funktionalistische Plausibilität der Gebrauchstheorie und FRS dagegen und argumentieren, dass der Konnektionismus hierfür die geeignete neuronale Realisierungsoption bietet (Clark 1989; Churchland 1989) und dass für die Praxis hinreichende Bedeutungsähnlichkeit erreicht werden kann (Block 1998).

Fodor und Pylyshyn (1988) führen ein weithin diskutiertes Argument gegen den Konnektionismus an: Im Sinne der RTM ist der Geist systematisch und produktiv. Dies kann nur im Rahmen einer kompositional strukturierten Syntax im Stile der LOT garantiert werden. Distribuierte neuronale Repräsentationen besitzen keine derartige Struktur, daher ist der Konnektionismus falsch. Konnektionisten haben hierauf in vielfacher Weise reagiert (vgl. Bechtel und Abrahamsen 2002; Churchland 1989, 1995; Clark 1989, 1993). Zunächst lässt sich bestreiten, dass unser Denken durchweg systematisch ist (unsere Fähigkeit zur Rekursion etwa nimmt mit steigender Komplexität beträchtlich ab). Insbesondere aber konnte durch zahlreiche konnektionistische Modelle gezeigt werden, dass neuronale Netze sehr wohl systematisch strukturierte Repräsentationen bis zu einer gewissen Komplexität emulieren können (Smolensky 1988).

4.3 Strukturale Repräsentation

Die vorangehenden Abschnitte machen deutlich, dass das Gehirn wesentlich Gebrauch davon macht, mentale Karten, Modelle und Simulationen der Welt zu generieren. Dies führt auf das Konzept der strukturalen Repräsentation (S-Rep). Dem Grundgedanken nach repräsentiert eine Domäne A eine Domäne B genau dann, wenn A und B strukturelle Ähnlichkeit besitzen. Unter einer Struktur sei eine Menge von Relationen verstanden, die einer Menge von Objekten (Relata) aufgeprägt sind. Zwei Strukturen sind einander ähnlich, wenn die einander korrespondierenden Relationen in A und B dieselbe Argumentzahl besitzen. Paradigmatische Fälle strukturaler Ähnlichkeit (und somit S-Reps) sind Karten, Bilder oder Skulpturen. Das Kriterium struktureller Ähnlichkeit macht S-Reps zu einer Variante der klassischen Ähnlichkeitskonzeption der Repräsentation. Diese Konzeption ist massiven Vorbehalten und Einwänden ausgesetzt, die vor allem Nelson Goodman (1976) herausgearbeitet hat: Die Ähnlichkeitsrelation ist symmetrisch, die Repräsentationsrelation ist es nicht (mein Passbild repräsentiert mich, aber ich repräsentiere nicht mein Passbild). Ein Zwillingsbruder mag dem anderen noch so ähnlich sein, niemals aber repräsentiert er ihn. Und unter sehr schwachen Bedingungen von Ähnlichkeit wird alles einander ähnlich, umgekehrt hängt Ähnlichkeit scheinbar vom Betrachter oder Kontext ab (etwa im Fall von Jastrows „Hasenente", die schon Wittgenstein (1947, Bd. 1, Bem. 70 ff.) diskutiert).

Dennoch erlebt das Konzept der strukturalen Repräsentation jüngst eine Renaissance (beginnend mit Cummins 1989; Swoyer 1991; Opie und O'Brien 2004; Bartels 2005; Ramsey 2007). Um die gängigen Einwände abzuwehren, gehen die Verteidiger von S-Reps in drei Schritten vor:

1. Schritt: S-Reps basieren allgemein auf Homomorphismen, strukturerhaltenden Abbildungen zwischen algebraischen Strukturen wie Gruppen oder Vektorräumen. Die häufig zu lesende Beschränkung auf Isomorphismen, also bijektive Homomorphismen, ist unnötig eng. Die Abbildung könnte wahlweise Injektivität oder Surjektivität verletzen. Sie wäre damit insbesondere nicht-symmetrisch, was für Repräsentationen allgemein gefordert ist (Bartels 2006).
2. Schritt: S-Reps müssen für das System erfolgreich nutzbar oder verwertbar sein (Isaac 2013; Shea 2014; Gładziejewski 2016; Gładziejewski und Miłkowski 2017). Im Hintergrund steht die Überlegung, das Problem des Gehalts vom Problem des Gebrauchs zu trennen (Ramsey 2016).
3. Schritt: Nichtsdestotrotz müssen S-Reps kausal in der Welt verankert sein. Isaac (2013) fordert „causally grounded homomorphisms", Shea (2014, 2018) betrachtet im Rahmen seiner „Varitel"-Semantik eine Mischung aus Teleosemantik und strukturaler Repräsentation.

Strukturale Repräsentationen sind neuronal höchst plausibel, wie das Konzept cortikaler Karten zeigt (vgl. Bednar und Wilson 2015; Abschn. 4.1). Ein schlagendes Beispiel bieten Ortszellen (place cells) im Hippocampus (O'Keefe und Nadel 1978), die mit ihrer ortsbezogenen Aktivität buchstäblich als Landkarte operieren. Die Modellierungsstränge der Neurowissenschaften und der Kognitionswissenschaften (vgl. Palmer 1978; Gärdenfors 2000) bis hin zu Modellen wissenschaftlicher Repräsentation (van Fraassen 2008; Bartels 2005) laufen hier in einem einheitlichen Konzept strukturaler Repräsentation zusammen. Neben ihrer „statischen" Kartenfunktion können strukturale Repräsentationen auch als dynamische Input-Output-Modelle oder Simulationen auftreten. In genau diesem Sinne analysiert Shagrir (2010, 2012, 2018a) die computationalen Eigenschaften neuronaler Systeme unter Bezug sowohl auf Cummins' Tower-Bridge-Modell der Computation (Abschn. 2.1) als auch Marrs Verständnis der computationalen Modellebenen (Abschn. 1.2). Als

Beispiel zieht er das okkulomotorische System heran, das eine Integrationsfunktion neuronal berechnet, indem es Input über die Augen-Geschwindigkeit in Output über die Augen-Position umwandelt. Die neuronale Integration spiegelt dabei die Struktur der physikalischen Beziehung zwischen Augen-Geschwindigkeit und -Position. In ähnlicher Weise spiegelt das System der Kantendetektion eine Regularität der typischen Beleuchtungsverhältnisse der Welt, insofern die Berechnung der zero crossings einer Laplacefilter-Transformation (Abschn. 1.2) im Übergang von der Retina zu V1 strukturähnlich ist zu den regelhaften Änderungen der Lichtintensität an den Kanten physikalischer Objekte in typischen Umgebungen.

5 Fazit und Ausblick

Der Computationalismus des Geistes hat weiterhin Bestand. Zwar hat die CTG in ihrer mittlerweile über 50-jährigen Historie zahlreiche Klärungen und Änderungen erfahren, aber die Grunddoktrin, die These, dass der Geist rechnet bzw. das Gehirn ein Computer ist, ist beständig. Der vorliegende Artikel sollte aber deutlich gemacht haben, wie viel oder wenig damit ausgesagt ist. Von welcher Art ist die Computation? Ist sie digital, analog oder neuronal (Abschn. 2.2)? Hält man an einer kausalen-strukturalen Konzeption von Computation fest, oder geht man mechanistisch oder semantisch darüber hinaus (Abschn. 2.3)? Zwar lässt sich die kausal-strukturale Auffassung als harter Kern der CTG ansehen – sowohl im Rahmen des klassischen Symbolismus, also der veralteten GOFAI-Auffassung, als auch in jedwedem konnektionistisch-neurocomputationalen Paradigma (Abschn. 4.1 und 4.2). Die philosophisch entscheidende Frage aber, an welcher Stelle und in welcher Form die semantische oder repräsentationale Dimension, welche Kognition und Geist auszumachen scheint, zum computationalen Kern hinzutritt, ist weiterhin strittig und offen. Während sich Fodors RTG an den klassischen Symbolismus anlehnt (Abschn. 3.2), und die Versuche eines konsequenten Naturalismus von Semantik zu keiner echten Einigung geführt haben (Abschn. 3.3), führen neurocomputationale Systeme auf ganz eigene Fragen der Codierung und Bindung (Abschn. 4.1) sowie auf abstrakte Formen von Semantik im Rahmen verteilter Repräsentationen im Aktivierungsraum neuronaler Systeme (Abschn. 4.2). Schließlich zeigt der jüngere Trend hin zum Konzept strukturaler Repräsentation nicht nur, dass dies Konzept neuronaler Computation sehr gut angepasst ist, sondern auch, dass ein repräsentationaler Realismus eher einem Pragmatismus oder Instrumentalismus weichen sollte (Dennett 1987; Egan 2010, 2012), der Aspekte des Gebrauchs und der Nützlichkeit mentaler Repräsentationen philosophisch in den Fokus rückt (Abschn. 4.3).

Neurocomputationale Architekturen gewinnen auch in der traditionellen Informatik zunehmend an Boden. Das Wieder erstarken einer „neuen KI“ in den 2010er-Jahren beruht im Wesentlichen auf den Erfolgen konnektionistischer Systeme. „Deep Learning Neural Networks“ haben sich zu den Arbeitspferden des Machine Learning entwickelt. Ihnen sind die spektakulären Erfolge der neuen KI und selbstlernender Systeme wesentlich zu verdanken (vgl. Sejnowski 2018). Die Pioniere dieser Entwicklungen weisen dabei darauf hin, dass die KI der Zukunft eine neurowissenschaftlich inspirierte KI sein sollte, die die architektonischen Erfolgsrezepte biologischer neuronaler Systeme künstlich zu nutzen versucht (Bengio et al. 2016; Hassabis et al. 2017; Ullman 2019). Die Zukunft, so scheint es, gehört einer neurocomputationalen Theorie des Geistes.

Literatur

Aaronson, Scott. 2013. *Quantum computing since democritus*. Cambridge: Cambridge University Press.

Bartels, Andreas. 2005. *Strukturale Representation*. Paderborn: mentis.

Bartels, Andreas. 2006. Defending the structural concept of representation. *Theoria* 55:7–19.

Bechtel, William. 2008. *Mental mechanisms: Philosophical perspectives on cognitive neuroscience*. New York: Routledge.

Bechtel, William, und Adele Abrahamsen. 2002. *Connectionism and the mind: Parallel processing, dynamics, and evolution in networks*, 2. Aufl. Oxford: Blackwell.

Bednar, James A., und Stuart P. Wilson. 2015. Cortical maps. *The Neuroscientist* 22(6): 604–617.

Bengio, Yoshua, Dong-Hyun Lee, Jörg Bornschein, Thomas Mesnard, und Zhouhan Lin. 2016. Towards biologically plausible deep learning. arXiv:1502.04156v3.

Bennett, Charles H. 1982. The thermodynamics of computation: A review. *International Journal of Theoretical Physics* 21:905–940.

Block, Ned. 1990. Inverted earth. *Philosophical Perspectives* 4:52–79.

Block, Ned. 1998. Semantics, conceptual role. In *The Routledge encylopedia of philosophy*, Hrsg. E. Craig. London: Routledge.

Buzsaki, Gyorgy. 2006. *Rhythms of the brain*. Oxford: Oxford University Press.

Cao, Rosa. 2014. Signaling in the brain: In search of functional units. *Philosophy of Science* 81(5): 891–901.

Chalmers, David J. 1996a. *The conscious mind*. Oxford: Oxford University Press.

Chalmers, David J. 1996b. Does a rock implement every finite-state automaton? *Synthese* 108:309–333.

Chalmers, David J. 2011. A computational foundation for the study of cognition. *Journal of Cognitive Science* 12:323–357.

Chirimuuta, Mazviita. 2018. Explanation in computational neuroscience: Causal and non-causal. *The British Journal for the Philosophy of Science* 9(3): 849–880.

Churchland, Patricia S., und Terrence J. Sejnowski. 1992. *The computational brain*. Cambridge, MA: MIT Press.

Churchland, Paul M. 1989. *A neurocomputational perspective*. Cambridge, MA: MIT Press.

Churchland, Paul M. 1995. *The engine of reason, the seat of the soul: A philosophical journey into the brain*. Cambridge, MA: MIT Press.

Clark, Andy. 1989. *Microcognition: Philosophy, cognitive science and parallel distributed processing*. Cambridge, MA: MIT Press.

Clark, Andy. 1993. *Associative engines: Connectionism, concepts and representational change*. Cambridge, MA: MIT Press.

Clark, Andy. 2014. *Mindware: An introduction to the philosophy of cognitive science*, 2. Aufl. New York: Oxford University Press.

Clark, Andy. 2016. *Surfing uncertainty: Prediction, action, and the embodied mind*. New York: Oxford University Press.

Coltheart, Max. 2017. Grandmother cells and the distinction between local and distributed representation. *Language, Cognition and Neuroscience* 32(3): 350–358.

Craver, Carl. 2007. *Explaining the brain: Mechanisms and the Mosaic unity of neuroscience*. Oxford: Oxford University Press.

Craver, Carl, und David Kaplan. 2011. Towards a mechanistic philosophy of neuroscience: A mechanistic approach. In *The continuum companion to the philosophy of science*, Hrsg. S. French und J. Saatsi. London: Continuum.

Cummins, Robert, und Pierre Poirier. 2004. Representation and indication. In *Representation in mind: New approaches to mental representation*, Hrsg. H. Clapin, P. Staines, und P. Slezak, 21–40. Oxford: Elsevier.

Cummins, Robert C. 1989. *Meaning and mental representation*. Cambridge, MA: MIT Press.

Cummins, Robert C. 1996. *Representations, targets, and attitudes*. Cambridge, MA: MIT Press.

Dayan, Peter, und Laurence F. Abbott. 2001. *Theoretical neuroscience*. Cambridge, MA: MIT Press.

Dennett, Daniel C. 1987. *The intentional stance*. Cambridge, MA: MIT Press.

Devitt, Michael. 1996. *Coming to our senses*. New York: Cambridge University Press.

Dewhurst, Joe. 2018. Individuation without representation. *The British Journal for the Philosophy of Science* 69:103–116.

Dretske, Fred. 1981. *Knowledge and the flow of information*. Cambridge, MA: MIT Press.

Dretske, Fred. 1995. *Naturalizing the mind*. Cambridge, MA: MIT Press.

Egan, Frances. 2010. Computational models: A modest role for content. *Studies in History and Philosophy of Science* 41:253–259.

Egan, Frances. 2012. Metaphysics and computational cognitive science: Let's not let the tail wag the dog. *Journal of Cognitive Science* 13:39–49.

Engel, Andreas K., Andreas K. Kreiter, Peter König, und Wolf Singer. 1991. Synchronization of oscillatory neuronal responses between striate and extrastriate visual cortical areas of the cat. *Proceedings of the National Academy of Sciences USA* 88(14): 6048–6052.

Feldman, Daniel E. 2012. The spike-timing dependence of plasticity. *Neuron* 75(4): 556–571.

Figdor, Carrie. 2009. Semantic externalism and the mechanics of thought. *Minds and Machines* 19:1–24.

Fodor, Jerry A. 1975. *The language of thought*. New York: Thomas Y. Crowell.

Fodor, Jerry A. 1985. Fodor's guide to mental representation. The intelligent auntie's Vade-Mecum. *Mind* 94(373): 76–100.

Fodor, Jerry A. 1987. *Psychosemantics*. Cambridge, MA: MIT Press.

Fodor, Jerry A., und Zenon Pylyshyn. 1988. Connectionism and cognitive architecture: A critical analysis. *Cognition* 28:3–71.

Fodor, Jerry, und Ernest Lepore. 1992. *Holism: A shopper's guide*. Cambridge, MA: Blackwell.

Fresco, Nir. 2014. *Physical computation and cognitive science*. Berlin: Springer.

Gärdenfors, Peter. 2000. *Conceptual spaces*. Cambridge, MA: MIT Press.

Garson, James W. 2001. (Dis)solving the binding problem. *Philosophical Psychology* 14(4): 381–392.

Gazzaniga, Michael S., und George R. Mangun, Hrsg. 2014. *The cognitive neurosciences*, 5. Aufl. Cambridge, MA: MIT Press.

Gazzaniga, Michael S., Richard B. Ivry, und George R. Mangun. 2014. *Cognitive neuroscience: The biology of the mind*, 4. Aufl. New York: W. W. Norton.

Gerstner, Wulfram, Werner M. Kistler, Richard Naud, und Liam Paninski. 2014. *Neuronal dynamics from single neurons to networks and models of cognition*. Cambridge: Cambridge University Press.

Gładziejewski, Paweł. 2016. Action guidance is not enough, representations need correspondence too: A plea for a two-factor theory of representation. *New Ideas in Psychology* 40:13–25.

Gładziejewski, Paweł, und Marcin Miłkowski. 2017. Structural representations: Causally relevant and different from detectors. *Biology and Philosophy* 32:337–355.

Goodman, Nelson. 1976. *Languages of art: An approach to a theory of symbols*, 2. Aufl. Indianapolis: Hackett Publishing Company.

Harbecke, Jens, und Oron Shagrir. 2019. The role of the environment in computational explanations. *European Journal for Philosophy of Science* 9:37.

Hardcastle, Valerie G. 1994. The binding problem and possible solutions. *Journal of Consciousness Studies* 1:66–90.

Harnad, Stevan. 1990. The symbol grounding problem. *Physica D* 42:335–346.
Harnish, Robert M. 2001. *Minds, brains, computers: An historical introduction to the foundations of cognitive science*. Cambridge, MA: Blackwell.
Hassabis, Demis, Dharshan Kumaran, Christopher Summerfield, und Matthew Botvinick. 2017. Neuroscience-inspired artificial intelligence. *Neuron* 95:245–258.
Haugeland, John. 1981. Semantic engines: An introduction to mind design. In *Mind design*, Hrsg. J. Haugeland. Cambridge, MA: MIT Press.
Hebb, Donald. 1949. *The organization of behaviour*. New York: Wiley.
Hemmo, Meir, und Orly Shenker. 2019. The physics of implementing logic: Landauer's principle and the multiple-computations theorem. *Studies in History and Philosophy of Modern Physics* 68:90–105.
Hohwy, Jakob. 2013. *The predictive mind*. Oxford: Oxford University Press.
Hubel, David H., und Torsten N. Wiesel. 1959. Receptive fields of single neurones in the cat's striate cortex. *Journal of Physiology* 148:574–591.
Hubel, David H., und Torsten N. Wiesel. 1962. Receptive fields, binocular interaction and functional architecture in the cat's visual cortex. *Journal of Physiology* 160:106–154.
Isaac, Alistair M. C. 2013. Objective similarity and mental representation. *Australasian Journal of Philosophy* 91:683–704.
Kaplan, David M. 2011. Explanation and description in computational neuroscience. *Synthese* 183:339–373.
Karnath, Hans-Otto, und Peter Thier, Hrsg. [3]2012. *Kognitive neurowissenschaften*. Berlin: Springer.
Koch, Christof. 1999. *Biophysics of computation: Information processing in single neurons*. New York: Oxford University Press.
Ladyman, James. 2009. What does it mean to say that a physical system implements a computation? *Theoretical Computer Science* 410:376–383.
Landauer, Rolf. 1961. Irreversibility and heat generation in the computing process. *IBM Journal of Research and Development* 5:183–191.
Leff, H. S., und A. Rex, Hrsg. 2003. *Maxwell's demon 2: Entropy, classical and quantum information, computing*. Bristol: Institute of Physics Publishing.
Lettvin, Jerome Y., Humberto R. Maturana, Warren S. McCulloch, und Walter Pitts. 1959. What the frog's eye tells the frog's brain. *Proceedings of the IRE* 47:1940–1951.
Lyre, Holger. 2017. Philosophie der Neurowissenschaften. In *Grundriss Wissenschaftsphilosophie: Die Philosophien der Einzelwissenschaften*, Hrsg. S. Lohse und T. Reydon, 319–353. Hamburg: Meiner.
Lyre, Holger. 2018. Structures, dynamics and mechanisms in neuroscience – an integrative account. *Synthese* 195(12): 5141–5158.
Maass, Wolfgang. 1996. Networks of spiking neurons: The third generation of neural network models. *Neural Networks* 10(9): 1659–1671.
Maley, Corey J. 2018. Toward analog neural computation. *Minds and Machines* 28(1): 77–91.
Malsburg, Christoph von der. 1973. Self-organization of orientation sensitive cells in the striate cortex. *Kybernetik* 14(2): 85–100.
Malsburg, Christoph von der. 1999. The what and why of binding: The modeler's perspective. *Neuron* 24:95–104.
Malsburg, Christoph von der, William A. Phillips, und Wolf Singer. 2010. *Dynamic coordination and the brain: From neurons to mind*. Cambridge, MA: MIT Press.
Marr, David. 1982. *Vision: A computational investigation into the human representation and processing of visual information*. New York: Freeman.
Milkowski, Marcin. 2013. *Explaining the computational mind*. Cambridge, MA: MIT Press.
Millikan, Ruth. 1984. *Language, thought and other biological categories*. Cambridge, MA: MIT Press.
Norton, John. 2013. All shook up: Fluctuations, Maxwell's demon and the thermodynamics of computation. *Entropy* 15:4432–4483.

O'Brien, Gerard, und Jon Opie. 2009. The role of representation in computation. *Cognitive Processing* 10(1): 53–62.
O'Keefe, John, und Lynn Nadel. 1978. *The Hippocampus as a cognitive map*. Oxford: Clarendon Press.
Opie, Jonathan, und Gerard O'Brien. 2004. Notes toward a structuralist theory of mental representation. In *Representation in mind: New approaches to mental representation*, Hrsg. H. Clapin, P. Staines, und P. Slezak, 1–20. Oxford: Elsevier.
Palmer, Stephen E. 1978. Fundamental aspects of cognitive representation. In *Cognition and categorization*, Hrsg. E. Rosch und B. L. Lloyd, 259–302. Hillsdale: Erlbaum.
Peebles, David, und Richard P. Cooper. 2015. Special issue: Thirty years after Marr's vision: Levels of analysis in cognitive science. *Topics in Cognitive Science* 7 (2).
Piccinini, Gualtiero. 2007. Computing mechanisms. *Philosophy of Science* 74:501–526.
Piccinini, Gualtiero. 2008. Computation without representation. *Philosophical Studies* 137:205–241.
Piccinini, Gualtiero. 2015. *Physical computation. A mechanistic account*. Oxford: Oxford University Press.
Piccinini, Gualtiero, und Sonya Bahar. 2013. Neural computation and the computational theory of cognition. *Cognitive Science* 37(3): 453–488.
Putnam, Hilary. 1988. *Representation and reality*. Cambridge, MA: MIT Press.
Quian Quiroga, Rodrigo, und Stefano Panzeri, Hrsg. 2013. *Principles of neural coding*. Boca/Raton: CRC Taylor and Francis.
Quian Quiroga, Rodrigo, Gabriel Kreiman, Christof Koch, und Itzhak Fried. 2008. Sparse but not ‚grandmother-cell' coding in the medial temporal lobe. *Trends in Cognitive Sciences* 12:87–91.
Ramsey, William. 2007. *Representation reconsidered*. Cambridge: Cambridge University Press.
Ramsey, William. 2016. Untangling two questions about mental representation. *New Ideas in Psychology* 40:3–12.
Rescorla, Michael. 2013. Against structuralist theories of computational implementation. *The British Journal for the Philosophy of Science* 64:681–707.
Rieke, Fred, David Warland, Rob de Ruyter van Steveninck, und William Bialek. 1997. *Spikes: Exploring the neural code*. Cambridge, MA: MIT Press.
Ross, Lauren N. 2015. Dynamical models and explanation in neuroscience. *Philosophy of Science* 81(1): 32–54.
Searle, John R. 1980. Minds, brains and programs. *The Behavioral and Brain Sciences* 3:417–457.
Searle, John R. 1990. Is the brain's mind a computer program? *Scientific American* 1:26–31.
Searle, John R. 1992. *The rediscovery of the mind*. Cambridge, MA: MIT Press.
Sejnowski, Terrence J. 2018. *The deep learning revolution*. Cambridge, MA: MIT Press.
Shagrir, Oron. 2001. Content, computation and externalism. *Mind* 110:369–400.
Shagrir, Oron. 2010. Marr on computational-level theories. *Philosophy of Science* 77:477–500.
Shagrir, Oron. 2012. Structural representations and the brain. *The British Journal for the Philosophy of Science* 63:519–545.
Shagrir, Oron. 2018a. The brain as an input-output model of the world. *Minds and Machines* 28:53–75.
Shagrir, Oron. 2018b. In defense of the semantic view of computation. *Synthese*, online first.
Shea, Nicolas. 2014. Exploitable isomorphism and structural representation. *Proceedings of the Aristotelian Society* 114:123–144.
Shea, Nicolas. 2018. *Representation in cognitive science*. Oxford: Oxford University Press.
Smolensky, Paul. 1988. On the proper treatment of connectionism. *Behavioral and Brain Sciences* 11:1–74.
Sprevak, Mark. 2010. Computation, individuation, and the received view on representation. *Studies in History and Philosophy of Science* 41:260–270.
Swoyer, Chris. 1991. Structural representation and surrogative reasoning. *Synthese* 87:449–508.
Trappenberg, Thomas P. 2010. *Fundamentals of computational neuroscience*, 2. Aufl. Oxford: Oxford University Press.

Turing, Alan M. 1936. On computable numbers, with an application to the entscheidungsproblem. *Proceedings of the London Mathematical Society* 42:230–265.

Ullman, Shimon. 2019. Using neuroscience to develop artificial intelligence. *Science* 363(6428): 692–693.

van Fraassen, Bas C. 2008. *Scientific representation: paradoxes of perspective*. Oxford: Oxford University Press.

Willshaw, David J., und Christoph von der Malsburg. 1976. How patterned neural connections can be set up by self-organization. *Proceedings of the Royal Society of London Series B* 194:431–445.

Wittgenstein, Ludwig. 1947–1949. *Bemerkungen über die Philosophie der Psychologie*. Werkausgabe Band 7, 1984. Frankfurt a. M.: Suhrkamp.

Wittgenstein, Ludwig. 1953. *Philosophische Untersuchungen*. Kritisch-genetische Edition 2003. Frankfurt a. M.: Suhrkamp.

Verifikation und Sicherheit für Neuronale Netze und Machine Learning

Klaus Mainzer

Inhalt

Zusammenfassung

Im Machine learning spielen neuronale Netze nach dem Vorbild des menschlichen Gehirns eine dominante Rolle. Der Durchbruch der KI-Forschung in der Praxis hängt wesentlich mit der Fähigkeit neuronaler Netze zusammen, große Datenmengen (Big Data) z. B. bei der Mustererkennung, beim autonomen Fahren, in der Robotik und in Industrie 4.0 mit effektiven Lernalgorithmen anzuwenden. Obwohl die technische Zivilisation zunehmend von diesen KI-Algorithmen abhängt, sind sie mit erheblichen Sicherheitsrisiken verbunden. Praktische Anwendungen erfordern Tausende von Neuronen und Synapsen in mehrschichtigen neuronalen Netzen (deep learning), die statistisch nur mit endlich vielen Datensätzen von Inputs und Outputs trainiert werden: Man setzt auf die statistischen Erwahrtungswahrscheinlichkeiten von gewünschten Outputs (z. B. Bewegungsverhalten von Robotern, Automobilen und Flugzeugen), die durch geeignete Trainingsdaten erreicht werden sollen. Niemand durchschaut aber bzw. kann

K. Mainzer (✉)
TUM Senior Excellence Faculty, Technische Universität München (TUM), München, Deutschland
E-Mail: mainzer@tum.de

K. Mainzer (Hrsg.), *Philosophisches Handbuch Künstliche Intelligenz*,
https://doi.org/10.1007/978-3-658-19606-6_50

im Einzelnen kontrollieren, was in den nicht linearen Wechselwirkungen der Neuronen und Synapsen zwischen Inputs und Outputs abläuft. Daher sind diese neuronalen Netze für Anwender und Entwickler „Schwarzen Kästen" (Black Boxes), die grundlegende Fragen der Sicherheit, des Vertrauens in Technik und der Verantwortung aufwerfen. Dieser Artikel erklärt neuartige Verifikationsverfahren, mit denen Sicherheitsstandards von neuronalen Netzen berechnet und garantiert werden können (Xiang et al. 2018). Bemerkenswert ist, dass diese Verifikationsverfahren aus der logisch-mathematischen Grundlagenforschung abgeleitet sind. Sie unterstreichen deshalb noch einmal (wie häufig in diesem Handbuch), dass Fragen der Sicherheit, Ethik und Verantwortung nicht von der Grundlagenforschung und Erkenntnistheorie getrennt werden können.

Schlüsselwörter

Machine learning · Neuronale Netze · Verifikation · Sicherheit · Automatisches Beweisen · Berechenbarkeit · Zertifizierung

1 Einleitung

Künstliche neuronale Netze sind zwar äußerst effektiv, um komplexe Probleme (real world problems) zu bearbeiten (Mainzer 2019). Was aber fehlt, sind Spezifikationen und Standards für die Sicherheit ihrer Outputs. Dazu muss die Black Box neuronaler Netze besser verstanden, kontrolliert und verifiziert werden. Die Verifikation neuronaler Netze ist allerdings ein hartes Erkenntnisproblem: Selbst der Nachweis einfacher Eigenschaften erweist sich im Rahmen der Komplexitätstheorie als NP-vollständig. Gründe dafür sind die Größe der praktisch angewendeten Netze (Skalierung) und die nicht nichtlinearen Aktivierungsfunktionen ihrer Neuronen, die von Menschen in diesem Umfang und mit dieser Geschwindigkeit nicht nachvollzogen werden können. Da neuronale Netze zudem der Dynamik komplexer Systeme unterliegen, sind sie häufig empfindlich gegen kleine Störungen und Veränderungen ihrer Inputs, die sich zu unkontrollierbaren Effekten aufschaukeln können. Robustheit und Stabilität der Netze hängen also mit ihrer Sicherheit eng zusammen.

Für unterschiedliche Klassen neuronaler Netze lassen sich unterschiedliche Verifikationen angeben, die aus verschiedenen Theorien der Logik und Mathematik ableitbar sind. Im Folgenden betrachten wir Verifikationsverfahren, die auf der Erfüllbarkeit von Formeln der Booleschen Aussagenlogik (SAT = Satisfiability Theories), Erfüllbarkeit von Formeln der Prädikatenlogik 1. Stufe (SMT = Satisfiability Modulo Theories), Reduktion auf lineare Probleme (MIP= Mixed Integer Linear Programming) und Robustheit von mehrschichtigen Perzeptron-Netzen (MLP = Multi-Layer Perceptron) beruhen. Bei SAT- und SMT-Verifikationen wird die klassische KI (symbolic AI) des automatischen Beweisens (automated reasoning) (vgl. Artikel über Grundlagen klassischer KI) mit dem Machine Learning verbunden. MIP beruht auf der Logik und Algebra linearen

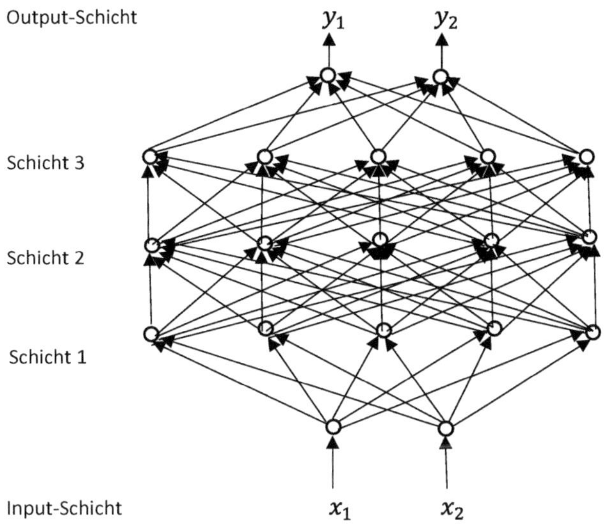

Abb. 1 Vorwärtslaufendes Netzwerk mit 3 versteckten Schichten und einer Input- und Output-Schicht. (Eigene Abb.)

Programmierens. Robustheitsuntersuchungen von MLP wenden Erkenntnisse aus der Theorie komplexer dynamischer Systeme im Machine Learning an.

In vorwärtslaufenden (feed-forward) neuronalen Netzen sind Neuronen als Knoten eines Graphen in Schichten angeordnet (Abb. 1). In diesem Fall ist jedes Neuron einer Schicht mit allen Neuronen der nachfolgenden Schicht durch gerichtete Kanten (Synapsen) verbunden, die Neuronen einer Schicht untereinander aber nicht. Ausnahmen sind die Input-Schicht, deren Neuronen keine einlaufenden Verbindungen besitzen, und die Output-Schicht, deren Neuronen keine auslaufenden Verbindungen haben. Die Schichten zwischen Input- und Output-Schicht heißen „versteckt" (hidden). Jede Verbindung/Kante ist im grafischen Modell eines neuronalen Netzes mit einer Zahl gewichtet, die der Intensität der synaptischen Verbindung entspricht. Jedes Neuron ist durch eine Aktivierungsfunktion charakterisiert, mit der die Input-Output Relation für dieses Neuron definiert wird.

Mathematisch können diese Netzwerke als Funktionen $\nu : I^n \rightarrow O^m$ definiert werden, die einen n-dimensionalen Inputbereich $I^n(n > 0)$ auf einen m-dimensionalen Outputbereich $O^m(m > 0)$ abbilden (Leofante 2018, S. 2). Ein solches Netzwerk kann beispielsweise eine Approximation einer Funktion $f: \mathbb{R}^n \rightarrow \mathbb{R}$ mit $I = O = \mathbb{R}$ berechnen. Ein Netzwerk, das z. B. 8-bit Bilder der Größe $h \times v$ (mit h horizontal und v vertikal) in zwei Klassen klassifiziert, kann durch eine Funktion $\nu : I^{h \cdot v} \rightarrow O$ mit Inputbereich $I = \{0, \ldots, 255\}$ für die $2^8 = 256$ möglichen 8-bit Bilder und Outputbereich $O = \{0, 1\}$ für die zwei mit 0 und 1 bezeichneten Klassen definiert werden. Die Abbildung beginnt mit einem Input aus I^n , der im Netz zunächst der Input-Schicht eingegeben und dann über die versteckten Zwischenschichten bis zur Output-Schicht weiterverarbeitet wird. Dabei werden Schicht für Schicht Linearkombinationen der Werte von Knoten (Neuronen) und Gewichten (synaptische

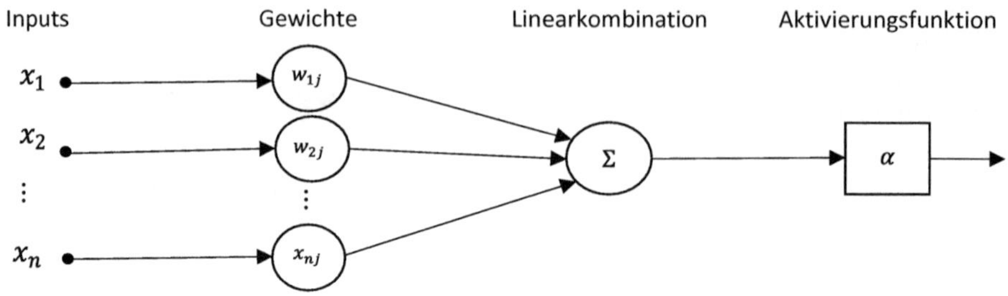

Abb. 2 Aktivierung von Neuronen. (Eigene Abb.)

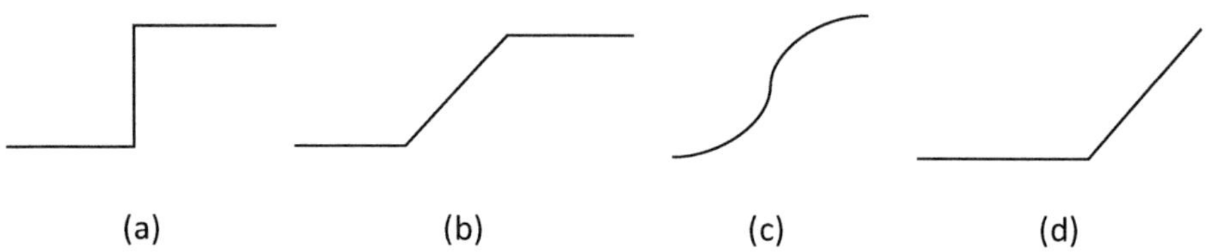

Abb. 3 Beispiele von Aktivierungsfunktionen. (Eigene Abb.)

Verbindungen) aus den vorausgehenden Schichten berechnet. Auf diese Ergebnisse werden Aktivierungsfunktionen für die nachfolgenden Neuronen angewendet (Abb. 2).

Netze unterscheiden sich durch verschiedene Aktivierungsfunktionen. Die Schwellenwertfunktion eines McCulloch-Pitts Neurons hat nur den Funktionswert 1 für Eingaben $v \geq 0$, sonst 0 (Abb. 3a). Eine stückweise lineare Funktion bildet ein begrenztes Intervall linear ab und die äußeren Intervalle konstant (Abb. 3b). Sigmoide Funktionen haben ein variables Steigerungsmaß, das in der Krümmung des Graphen zum Ausdruck kommt (Abb. 3c). Eine Rectifier-Funktion (ReLU = rectifier linear unit) nimmt die positiven Werte ihrer Argumente an, sonst 0(Abb. 3d):

2 Verifikationsverfahren neuronaler Netze

2.1 SAT-Verifikation

Für verschiedene Klassen von Netzwerken wurden verschiedene Verifikationsverfahren vorgeschlagen. SAT-Verifikationen stehen in der Tradition der klassischen KI (vgl. den Artikel über Grundlagen der klassischen KI). Sie sind mittlerweile nicht nur von theoretischem Interesse, sondern wurden für industrielle Anwendungen ausgebaut (Fränzle und Herde 2007). Neuronale Netze lassen sich durch verschiedene Rand- und Nebenbedingungen (constraints) charakterisieren. Logisch liegt es daher nahe, die Verifikation eines neuronalen Netzes auf die Verifikation der Formeln zurückzuführen, mit denen sich ihre Rand- und Nebenbedingungen formalisieren lassen. Bei der SAT-Verifikation werden solche neuronale Netze untersucht, deren Rand- und Nebenbedingungen sich durch Formeln der Booleschen Aussagenlogik charakterisieren lassen. Verifikation besteht dann in dem Nachweis der logischen Erfüllbarkeit dieses Formelsystems. Damit sollen seine Widerspruchsfreiheit und der sichere Ablauf im entsprechenden neuronalen Netz garantiert werden.

Eine aussagenlogische Formel besteht aus Verknüpfungen von Aussagenvariablen mit logischen Operatoren (wie z. B. „und", „oder", „nicht"). Sie heißt erfüllbar, wenn es eine Interpretation ihrer Aussagenvariablen mit den Wahrheitswerten „wahr" und „falsch" gibt, so dass die gesamte Formel nach den Regeln der logischen Operatoren wahr wird. In diesem Fall wird eine Interpretation auch als Modell der Formel bezeichnet. Das Erfüllbarkeitsproblem besteht darin, eine solche Interpretation (Modell) für eine aussagenlogische Formel zu finden (Bieri et al. 2009). Dazu wird eine logische Formel zunächst in eine konjunktive Normalform (KNF) gebracht, die aus der konjunktiven Verknüpfung disjunktiver Klauseln (clauses) von negierten und nicht-negierten Aussagenvariablen (Literale) besteht. Ein Beispiel mit den Aussagenvariablen A, B, C ist die KNF-Formel

$$((\text{nicht } A) \text{ order } (\text{nicht } C)) \text{ und } (B \text{ oder } C) \text{ bzw. in formaler Notation}$$

$$((\neg A) \vee (\neg C)) \wedge (B \vee C).$$

Eine erfüllende Interpretation (Modell) dieser Formel ist $A = falsch$, $B = falsch$, $C = wahr$. Bei drei Variablen mit zwei möglichen Wahrheitswerten ergeben sich nur 2^3 Möglichkeiten. Daher ist eine systematische Durchsuchung aller Möglichkeiten noch realisierbar. Bei praktischen Anwendungen mit Tausenden von Variablen wird ein solches Suchverfahren unrealistisch. Bei komplexen KNF-Formeln muss ein SAT-Problemlöser daher auf effiziente Problemlösungsheuristiken zurückgreifen (Bayardo und Schrag 1997).

So berücksichtigt die Unit Clause Regel den Fall, dass in einer unerfüllten Klausel alle Literale bis auf eine falsch sind. Dann muss im Beispiel $A \vee B \vee C$ mit $A = falsch$, $B = falsch$ das verbleibende Literal $C = wahr$ sein, damit die gesamte Klausel wahr ist. Die iterierte Anwendung der Unit Clause Regel wird als Unit Propagation bzw. Boolean Constraint Propagation (BCP) bezeichnet. Unter einer Resolventen versteht man eine Klausel, die sich aus der Verbindung zweier Klauseln durch Streichung gegensätzlicher Literale ableiten lässt (vgl. Artikel über Grundlagen der klassischen KI). Beispiel: Aus den beiden Klauseln $(A \vee B \vee C)$ und $(\neg C \vee D \vee \neg E)$ lässt sich die Klausel $(A \vee B \vee D \vee \neg E)$ bilden, indem die beiden vorausgesetzten Formeln disjunktiv verbunden und die gegensätzlichen Literale C und $\neg C$ gelöscht werden.

Ein praktisch häufig angewendeter Algorithmus beruht auf dem CDCL (conflict-driven clause learning)-Verfahren (Abb. 4). Ausgehend von einer KNF-Formel als Input durchforstet dieser Algorithmus systematisch den Suchraum, indem iterativ Entscheidungen getroffen werden, d. h. Wahrheitswerte einigen heuristisch ausgewählten Aussagen zugeordnet werden. Nach jeder solchen Entscheidung wendet der Algorithmus das BCP-Verfahren an, um weitere Variableninterpretationen zu bestimmen, die aus der letzten Entscheidung folgen. Falls BCP zu einem Konflikt führt, d. h. es folgt, dass eine Aussage sowohl wahr als auch falsch ist, werden das

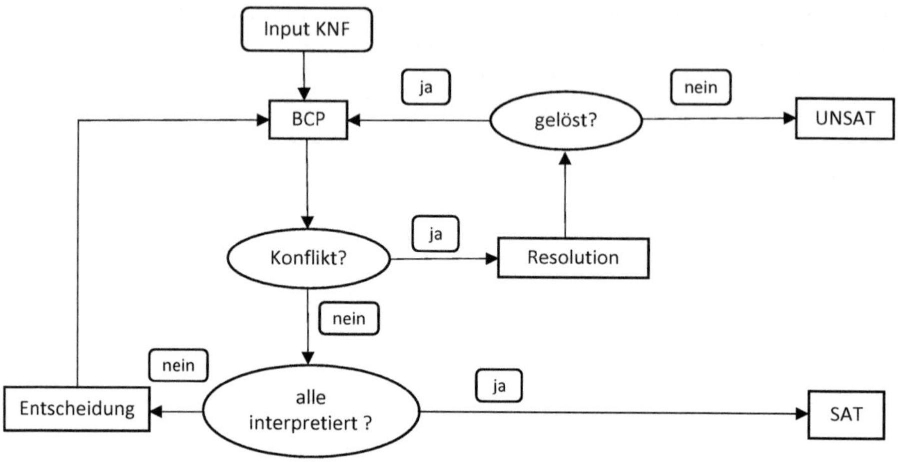

Abb. 4 CDCL-Algorithmus der SAT-Verifikation. (Leofante et al. 2018, S. 3)

„conflict-driven clause learning“ und das „non-chronological backtracking“ angewendet (Leofante et al. 2018, S. 2–3):

Der Algorithmus verfolgt dazu die Kette der Implikationen zurück und wendet das Resolutionsverfahren an, um den Grund für den Konflikt in Form einer Konflikt-Klausel zu bestimmen. Sie wird der Klauselmenge des SAT-Problemlösers zugeordnet. Backtracking löscht vorherige Entscheidungen und ihre Implikationen, bis die Konfliktklausel erfüllt werden kann.

Falls der Input aus Klauseln mit nur einem einzigen Literal besteht, werden diese Literale direkt mit Wahrheitswerten interpretiert. Daher startet der Algorithmus mit BCP, um Implikationen zu entdecken. Falls BCP zu einem Konflikt führt, versucht der Algorithmus den Konflikt zu lösen. Wenn sich der Konflikt nicht lösen lässt, ist die Input-Formel nicht erfüllbar (UNSAT). Falls sich der Konflikt erfolgreich lösen lässt, läuft der Algorithmus zurück und setzt seine Arbeit mit BCP fort. Wenn BCP ohne Konflikte durchgeführt werden kann, lässt sich eine neue Entscheidung treffen, falls es irgendwelche nicht interpretierte Aussagen gibt. Im anderen Fall ist eine erfüllende Lösung gefunden (SAT).

2.2 SMT-Verifikation

Bei der SMT-Verifikation geht es um die Entscheidung der Erfüllbarkeit von prädikatenlogischen Formeln 1. Stufe in einer entscheidbaren Theorie. SMT-Verifikation verallgemeinert das SAT-Verfahren, indem zusätzlich Hintergrundtheorien wie die Theorie der ganzen Zahlen, die Theorie der reellen Zahlen und Theorien von Datenstrukturen (z. B. Listen) berücksichtigt werden. Die Grundidee ist, das Problem der Sicherheitsverifikation eines neuronalen Netzes in das Pro-

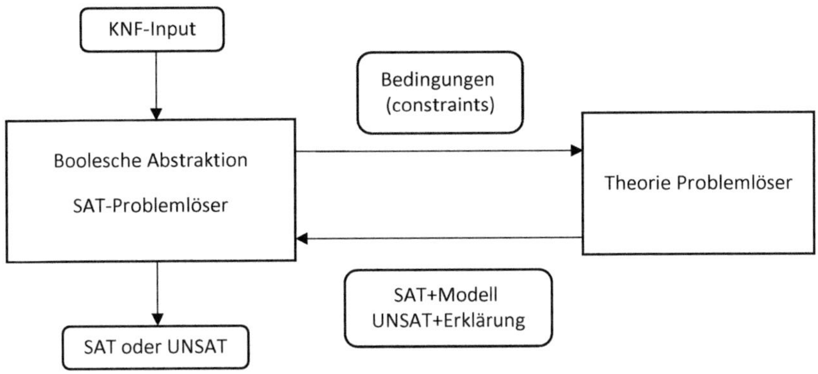

Abb. 5 Algorithmus der SMT-Verifikation. (Leofante et al. 2018, S. 3)

blem der logischen Erfüllbarkeit der entsprechenden Booleschen Kombination von linearen arithmetischen Netzbedingungen (constraints) zu überführen (Pulina und Tacchella 2011, 2012).

Um die Erfüllbarkeit einer KNF-Inputformel φ zu entscheiden, bildet ein SMT-Problemlöser (Abb. 5) zunächst eine Boolesche Abstraktion $abs(\varphi)$ von φ, indem jede Bedingung (constraint) durch eine Boolesche Aussagenvariable ersetzt wird. In folgendem Beispiel sind A, B, C Aussagenvariablen und x, y Variablen für reelle Zahlen (Leofante et al. 2018, S. 3):

$$\varphi: \quad \underbrace{x \geq y} \wedge \left(\underbrace{y > 0} \vee \underbrace{x > 0}\right) \wedge \underbrace{y \leq 0}$$

$$abs(\varphi): \quad A \wedge (B \vee C) \wedge \neg B$$

Ein SAT-Problemlöse sucht nach einer erfüllenden Interpretation I (Modell) für $abs(\varphi)$ wie z. B. $I(A) = 1$, $I(B) = 0$, $I(C) = 1$. Falls es eine solche Interpretation nicht gibt, ist die Inputformel unerfüllbar. Andernfalls wird die Widerspruchsfreiheit der Interpretation in der zugrunde liegenden Theorie durch einen Theorie-Problemlöser geprüft. Im Beispiel wird geprüft, ob die Menge $\{x \geq y,\ y \leq 0,\ x > 0\}$ linearer Ungleichungen durchführbar ist, was in diesem Beispiel der Fall ist. Falls die Bedingungen (constraints) widerspruchsfrei sind, kann eine erfüllende Lösung (Modell) für φ gefunden werden. Andernfalls gibt der Theorie-Problemlöser ein Theorie-Lemma φ_E zurück, das den Konflikt erklärt wie z. B. die negierte Konjunktion einer widerspruchsvollen Inputbedingung. Die Erklärung wird benutzt, um die Boolesche Abstraktion $abs(\varphi)$ zu $abs(\varphi) \wedge abs(\varphi_E)$ zu verbessern. Diese Schritte werden solange iteriert ausgeführt, bis eine widerspruchsfreie Boolesche Interpretation der Theorie gefunden ist oder keine erfüllende Boolesche Interpretation mehr existiert.

2.3 MIP-Verifikation

MIP löst lineare Problem über einer Menge von Variablen ganzer und reeller Zahlen (Leofante et al. 2018, S. 3). MIP enthält eine Menge von Entscheidungsvariablen, eine Menge von linearen Bedingungen (constraints) über diesen Variablen und eine objektive Funktion, die optimiert (also minimiert oder maximiert) werden soll. Das ist ein lineares Optimierungsproblem in Entscheidungsvariablen ist. Ohne Einschränkung der Allgemeinheit kann von einer MIP-Minimierung ausgegangen werden, bei der alle Variablen sich auf ganze Zahlen in einem gegebenen Intervall beziehen. Sei $x_1, \ldots, x_n$ eine Menge von Entscheidungsvariablen. Eine ganzzahlige lineare Programmierung kann dann wie folgt gegeben sein:

$$\min \sum_{i=1} c_i x_i$$

$$\text{unter der Bedingung } \sum_{i=1} a_{ji} x_i \geq b_j, j \in [1, m]$$

$$x_i \in [a_i, b_i] \cap \mathbb{Z}, i \in [1, n]$$

Die Werte c_i, a_{ji} und b_j sind Konstanten, die während der Problemformulierung spezifiziert werden. Ein allgemeiner Ansatz zur Lösung von MIP-Problemen besteht in der Anwendung der „branch-and-cut" Methode, die „branch-and-bound" und „cutting planes" Techniken verbindet. Die „branch-and-cut" Methode besteht aus zwei Hauptschritten: Sie löst zunächst eine lineare Relaxation von MIP, wobei alle integralen Bedingungen relaxiert werden. Es wird also angenommen, dass alle ganzzahligen Variablen reelle Werte annehmen können. Die Kosten einer Lösung des relaxierten Problems bestehen in einer unteren Schranke der optimalen Lösung des ursprünglichen Problems. Diese Lösung kann jedoch Bruchwerte enthalten. Daher muss der MIP-Problemlöser an einer der Variablen mit dem Bruchwert sich verzweigen (branching) und den Suchraum in zwei Teile aufspalten. Wenn z. B. $x_2 = 0{,}5$ in einer Lösung ist, dann besteht die Aufspaltung in $x_2 = 0$ oder $x_2 = 1$. Auf der Grundlage dieser Entscheidungspunkte bildet das Suchverfahren einen sich verzweigenden Suchbaum und speichert die beste Lösung in jedem Knoten. Diese Lösungen werden benutzt, um zukünftige Zweige zu beschneiden. Die Technik der Schnittflächen (cutting planes) wird benutzt, um fraktionierte Lösungen abzuschneiden. Dieses Verfahren hilft, die Qualität von Relaxationen des linearen Programmierens zu verbessern.

3 Automatisches Beweisen und neuronale Netze

Um Eigenschaften von neuronalen Netzen einer Funktion $\nu : I^n \rightarrow O^m$ zu beschreiben, lassen sich prädikatenlogische Formeln 1. Stufe $pre(x)$ und $post(y)$ einführen, wobei $pre(x)$ die Vorbedingungen des Inputs eines Netzwerks und $post(x)$ die Nachbedingungen des Outputs dieses Netzwerks definiert (Leofante et al. 2018, S. 4). Die freien Variablen x und y sind von der Sorte S_I (Input-Typ) und S_O (Output-Typ). Diese Typenunterscheidung ist notwendig, wenn das Netzwerk als Funktion in einer Programmiersprache verstanden werden soll. Interpretationen bilden die Sorte S_I auf den Input-Bereich I^n ab, die Sorte S_O auf den Output-Bereich O^m. Im Beispiel könnte eine Interpretation eines Netzwerks, das durch $\nu : \mathbb{R} \to \{0,1\}$ definiert ist, $S_I = real$ und $S_O = boolean$ auf die entsprechenden Bereiche $\mathbb{R}$ und $\{0,1\}$ abbilden. Interpretationen bilden Variablen x und y auf Werte in den Bereichen I^n und O^m ab. Dabei wird die Abbildung der Variablen x auf einen Inputwert $e \in I^n$ durch die Interpretation $I(x \to e)$ bezeichnet. Der Wert des Ausdrucks φ bei der Interpretation I wird mit φ^I bezeichnet. Ebenso werden die Prädikate $=$, $\neq$ und $<$ mit der üblichen Semantik berücksichtigt.

Bei der Anwendung des automatischen Beweisens (automated reasoning), also der klassischen KI auf neuronale Netze stehen folgende Eigenschaften im Vordergrund (Leofante et al. 2018, S. 4):

1) *Invarianz*:
In diesem Fall wird für spezifische Bedingungen *pre* und *post* eine Invarianzeigenschaft für eine Netzwerkfunktion ν angenommen:

$$\forall x \forall y \; ((pre(x) \wedge y = \nu(x)) \Rightarrow post(y))$$

Das Ziel der automatischen Verifikation ist ein Beweis dieser Invarianzeigenschaft oder ein Gegenbeispiel zu finden, also einen Wert $e \in I^n$ derart, dass

$$(pre(x) \wedge \neg post(y)^{\mathcal{I}(x \to e,\; y = \nu(e))} \text{wahr ist.}$$

2) *Invertierbarkeit*:
In diesem Fall wird für spezifische Bedingungen *pre* und *post* eine Invertierbarkeitseigenschaft für eine Netzwerkfunktion ν angenommen:

$$\forall y \exists x ((post(y) \wedge y = \nu(x)) \Rightarrow pre(y))$$

Noch interessanter ist es, tatsächlich eine spezifische Realisation zu finden, also für ein gegebenes Output-Muster $p \in O^m$ ein Input-Muster $e \in I^n$ derart, dass

$$(post(y) \wedge y = \nu(x) \wedge pre(x)^{\mathcal{I}(x \to e,\; y = p)} \text{ wahr ist.}$$

3) *Äquivalenz:*
Während sich Invarianz und Invertierbarkeit auf einzelne Netze beziehen, ist Äquivalenz eine Eigenschaft von zwei Netzen ν und ν'. Für spezifische Bedingungen *pre* und *post* wird Äquivalenz von zwei ν und ν' wie folgt definiert:

$$\forall x \forall y \forall w \; ((pre(x) \wedge y = \nu(x) \wedge post(y) \wedge y = \nu'(x) \wedge post(w)) \Rightarrow y = w)$$

Das Ziel der automatischen Verifikation ist ein Beweis dieser Äquivalenzeigenschaft oder ein Gegenbeispiel zu finden, also einen Wert $e \in I^n$ derart, dass

$$(pre(x) \wedge post(y) \wedge post(w) \wedge y \neq w)^{I(x \to e, y = \nu(e), w \to \nu'(e))} \text{wahr ist.}$$

In Anwendungen, bei denen strikte Gleichheit unangebracht ist, kann der Term $y = w$ auch durch den Term $\|y - w\| < \varepsilon$ ersetzt werden, wobei $\|\cdot\|^I$ eine Norm über dem Output-Bereich O^m und $e^I \in O^m$ eine Toleranz ist, d. h. ein Schwellenwert, unterhalb dessen die Antwort der Netzwerke als ununterscheidbar betrachtet wird.

Automatisches Beweisen nach logisch-mathematischem Vorbild ist eine Zukunftsperspektive für Verifikationsverfahren von Neuronalen Netzen, um ihre gewaltigen Suchräume mit Millionen von Parametern zu bezwingen und Korrektheitsbeweise für ihre Dynamik zu liefern. Dazu werden nun Fallstudien von Verifikationsverfahren für Netze mit z. B. unterschiedlichen Aktivierungsfunktionen vorgestellt, um ihre Leistungsfähigkeit für unterschiedliche Anwendungsbeispiele wie z. B. Mustererkennung und autonomes Fahren zu berechnen. Es gibt zwar kein absolutes Verifikationsverfahren für beliebige Netze, aber für genau bestimmte Teilklassen. Das ist eine wesentliche erkenntnistheoretische Einsicht, um die Möglichkeiten und Grenzen des Machine Learning zu bestimmen.

4 Verifikation von neuronalen Netzen mit linearer Approximation

Der Boom des Deep Learning (Schmidthuber 2015) führt zu ständig wachsenden neuronalen Netzwerken mit immer mehr Knoten und Schichten. Vorwärtslaufende (feedforward) neuronale Netze (Abb. 1) mit linearen, ReLU und MaxPool Knoten werden häufig beim Deep Learning angewendet. Formal handelt es sich um gerichtete azyklische gewichtete Graphen $G = (V, E, W, B, T)$ mit V Knotenmenge, $E \subset V \times V$ Menge der Kanten, $W : E \to \mathbb{R}$ Zuordnung von Gewichten zu jeder Kante des Netzwerks, $B : V \to \mathbb{R}$ Zuordnung von Bias-Werten zu jedem Knoten und $T : V \to \mathcal{T}$ Zuordnung eines Typs aus der Typenmenge $\mathcal{T} = \{input, linear, RELU, MaxPool\}$ (Ehlers 2017, S. 3). Knoten mit *RELU*-Aktivierungsfunktion wurden bereits definiert. Im biologischen Gehirn bezeichnet man mit Pooling die Fähigkeit eines Neurons (Knoten), die überflüssigen Informationen aus vorherigen Schichten zu verwerfen. Beim *MaxPooling* werden nur die Informationen der aktivsten vorherigen Neuronen beibehalten. Input-Knoten $v \in V$ ohne Eingangskanten haben den Typ $T(v) = input$. Ein vorwärtslaufendes Netzwerk mit n Input-Knoten und m Output-Knoten wird durch eine Funktion $f : \mathbb{R}^n \to \mathbb{R}^m$ repräsentiert. Zuordnungen $in : \{1, \ldots, n\} \to V$ und $out : \{1, \ldots, m\} \to V$ definieren die Ordnung der Input-

und Output-Knoten mit Input-Vektor $(x_1, \ldots, x_n) \in \mathbb{R}^n$. Wie bereits in der Einleitung erläutert, wird das Signal $s(v)$ eines Knoten v durch die gewichtete Summe (Linearkombination) der Input-Signale der mit v verbundenen Knoten und seines Bias-Werts erzeugt, also formal

$$s(v) = \sum_{v' \in V, (v', v) \in E} W((v', v))\alpha(v') + B(v).$$

Dabei werden verschiedene Bewertungsfunktionen $\alpha : V \to \mathbb{R}$ der Knoten unterschieden. Anschaulich können sie als Aktivierungsfunktionen für den Output der Knoten verstanden werden:

Für jeden Knoten v vom Typ $T(v) = input$ ist $\alpha(v) = x_j$ für $j = in^{-1}(v)$.
Für jeden Knoten v vom Typ $T(v) = linear$ ist $\alpha(v) = s(v)$.
Für jeden Knoten v vom Typ $T(v) = ReLU$ ist $\alpha(v) = \max(s(v), 0)$.
Für jeden Knoten v vom Typ $T(v) = MaxPool$ ist $\alpha(v) = \max_{v' \in V, (v', v) \in E} \alpha(v')$.

Der Output von Funktion f für Input $(x_1, \ldots, x_n)$ beträgt $(\alpha(out(1)), \ldots, \alpha(out(m)))$. Knoten von neuronalen Netzen können sich in unterschiedlichen Phasen befinden: Ist für einen ReLU-Knoten v der Signalwert $s(v) < 0$, also die Aktivierung $\alpha(v) = 0$, befindet sich der Knoten in der Phase ≤ 0. Ist für einen ReLU-Knoten v der Signalwert $s(v) \geq 0$, also die Aktivierung $\alpha(v) \geq 0$, befindet sich der Knoten in der Phase ≥ 0. Für $s(v) = 0$ kann er sich in jeder Phase befinden. Für MaxPool-Knoten v wird die Phase $e \in E \cap (V \times \{v\})$ definiert, falls $\alpha(v) = \alpha(v')$ für $e = (v', v)$.

4.1 Lineare Constraints

Wie bereits erklärt, setzt die Verifikation eines neuronalen Netzes voraus, dass sein Verhalten durch ein System von Neben- und Randbedingungen charakterisiert werden kann. Sei ein vorwärtslaufendes neuronales Netz G mit einer Funktion $f : \mathbb{R}^n \to \mathbb{R}^m$ durch eine Menge linearer Bedingungen (constraints) φ über den reell-wertigen Variablen $V = \{x_1, \ldots, x_n, y, \ldots, y_m\}$ bestimmt. Dann besteht das Verifikationsproblem von G darin, entweder eine Bewertungsfunktion α für V zu finden, die φ über den Input- und Output-Knoten von G erfüllt und für die $f(x_1, \ldots, x_n) = (y, \ldots, y_m)$ gilt oder zu beweisen, dass keine solche Bewertungsfunktion existiert (Ehlers 2017, S. 4).

Die größte Schwierigkeit bei der Bestimmung eines Systems linearer Bedingungen besteht darin, dass die ReLU- und MaxPool-Knoten kein lineares Input-Output-Verhalten haben, bis ihre Phasen fixiert sind. Daher müssen sie linear approximiert werden. Abb. 6 zeigt die Aktivierungsfunktion eines ReLU-Knoten, wobei die gewichtete Summe der Input-Signale und des Bias-Werts mit der Variablen c bezeichnet wird (Ehlers 2017, S. 5). Der Output des Knoten wird mit der Variablen

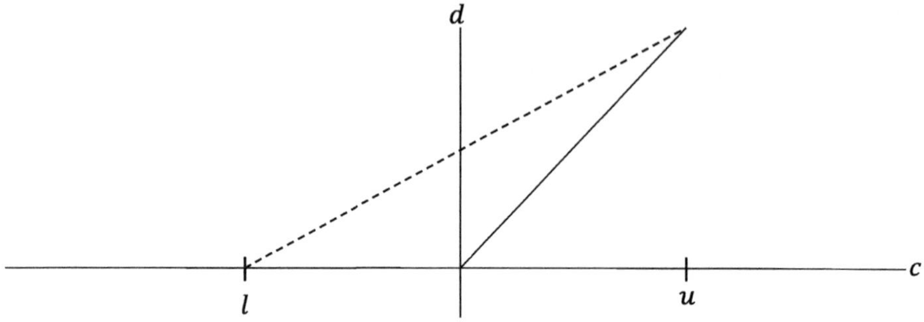

Abb. 6 Aktivierungsfunktion eines ReLU-Knotens mit linearer Über-Approximation. (Nach Ehlers 2017, S. 5)

d bezeichnet. Falls untere und obere Schranken $[l, u]$ von c vorliegen, kann die Beziehung zwischen c und d durch die linearen Bedingungen (constraints) $d \geq 0$, $d \geq c$ und $d \leq \frac{u(c-l)}{u-l}$ für die Konstanten u und l angegeben werden. Die Menge der erlaubten Wertkombinationen für c und d ist in der Abb. 6 durch die Fläche eines Dreieck dargestellt, die mit einer gestrichelten Linie abgeschlossen wird.

Dieser Ansatz erfordert offensichtlich obere und untere Schranken von c. Das ist aber in der Praxis kein Problem. So wird beispielsweise bei der Bilderkennung davon ausgegangen, dass Input-Neuronen Werte aus dem Intervall $[0, 1]$ empfangen. Daher kann in der Regel klassischen Intervall-Arithmetik auf die neuronalen Netze angewendet werden, um untere und obere Schranken $[l, u]$ für alle Knotenwerte zu erhalten.

Bei MaxPool-Knoten lässt sich das Verhalten der Knoten ähnlich linear approximieren wie bei ReLU-Knoten. In diesem Fall werden allerdings keine oberen Schranken für die Knotenwerte benötigt. Seien $c_1, \ldots, c_k$ die Werte von Knoten mit Verbindungskanten zum MaxPool-Knoten, $l_1, \ldots, l_k$ ihre unteren Schranken und d der Output-Wert des Knoten. Damit lassen sich die folgenden linearen Bedingungen (constraints) φ erzeugen (Ehlers 2017, S. 6):

$$\varphi : \bigwedge_{i \in \{1,\ldots,k\}} (d \geq c_i) \wedge \left(c_1 + \ldots + c_k \geq d + \sum_{i \in \{1,\ldots,k\}} l_i - \max_{i \in \{1,\ldots,k\}} l_i \right)$$

Hierbei handelt es sich um die engsten linearen Einschränkungen, die für die Beziehung zwischen den Werten der vorausgehenden Knoten eines MaxPool-Knoten und dem Knotenwert des MaxPool-Knoten selbst angegeben werden können. Nachdem ein lineares Programm zur Approximation des gesamten Netzwerks eingeführt wurde, kann es benutzt werden, um alle zukünftigen Approximationen noch enger zu machen.

4.2 Lineare Programmierung

Wenn eine Phasenfixierung für alle ReLU- und MaxPool-Knoten eines Netzwerks gegeben ist, dann lässt sich das Verifikationsproblem von Bedingungen φ auf ein lineares Programmierungsproblem zurückführen. Dazu wird das vorherige lineare Programm mit V als Variablenmenge für die Knotenwerte mit folgenden Bedingungen erweitert (Ehlers 2017, S. 6):

Für jede Phase ≤ 0 ausgewählt für einen ReLU-Knoten v werden die Bedingungen $v = 0$ und

$$\sum_{(v',v) \in E} W((v',v))v' + B(v) \leq 0 \text{ hinzugefügt.}$$

Für jede Phase ≥ 0 ausgewählt für einen ReLU-Knoten v wird die Bedingung

$$v \geq \sum_{(v',v) \in E} W((v',v))v' + B(v)\text{hinzugefügt.}$$

Für jede Phase (v', v) ausgewählt für einen MaxPool-Knoten v wird die Bedingung $v = v'$ hinzugefügt.

Falls nur teilweise Phasenfestlegungen vorliegen, werden diese Bedingungen nur für die fixierten Knoten hinzugefügt. Am Ende werden diese und weitere Schritte in einen Suchalgorithmus eingebaut, um eine Verifikation für ein neurales Netz $G = (V, E, W, B, T)$ zu finden oder nicht. Der Algorithmus kann in ein Software Tool der Linearen Programmierung eingebettet werden, das in der Programmiersprache C++ geschrieben ist (Ehlers 2017, S. 9).

4.3 Anwendungsbeispiel: Kollisionsvoraussage von Fahrzeugen

Selbstfahrende Fahrzeuge sind eine Herausforderung für das Machine Learning (Bojarski et al. 2016). Ein Anwendungsbeispiel behandelt daher die Voraussage von Kollisionen zwischen zwei Fahrzeugen, die auf sich kreuzenden kurvigen Straßen mit verschiedener Geschwindigkeit fahren (Ehlers 2017, S. 10). Dazu wird ein neuronales Netz betrachtet, das Werte-Tupel (x, y, s, d, c_1, c_2) mit relativen Abständen x und y der Fahrzeuge (in einem Bezugssystem mit X- und Y-Dimensionen), Geschwindigkeit s des zweiten Fahrzeugs, der Startrichtung d des zweiten Fahrzeugs und den Rotationsgeschwindigkeiten c_1 und c_2 der beiden Fahrzeuge verarbeitet. Das Netz soll lernen, die Tupel danach zu klassifizieren, ob sie einen Kollisionsfall oder einen Nicht-Kollisionsfall repräsentieren. Die Daten sind derart skaliert, dass alle Tupel-Komponenten zwischen 0 und 1 oder im Fall von c_1 und c_2 zwischen -1 und 1 liegen.

In einem Simulationsverfahren wurden Zufallswerte der Tupel mit Kollisions- und Nicht-Kollisionsfällen erzeugt, die als Trainingsdaten des neuronalen Netzes verwendet werden. Die Fahrzeuge sind in der Simulation kreisförmig. Es lassen sich Sicherheitsräume (Margen) um die Fahrzeuge definieren. Dabei werden nur solche Tupel berücksichtigt, für die sich entweder die Sicherheitsräume um die Fahrzeuge nie überschneiden oder die Fahrzeuge kollidieren. Das Simulationssystem stellte sicher, dass die Zahl der Kollisionsfälle und Nicht-Kollisionsfälle in der Liste der Fälle gleich ist. Diese Werte stehen dem Trainer des neuronalen Netzes zur Verfügung. Das Simulationssystem erzeugte 3000 Tupel als Input.

Das neuronale Netz selber besteht im Beispiel aus 40 linearen Knoten in der ersten Schicht, gefolgt von einer Schicht mit MapPool-Knoten mit jeweils 4 Input-Ecken, gefolgt von einer Schicht mit 19 ReLU-Knoten und schließlich 2 ReLU-Knoten als Output-Schicht. In 86 von 100 Versuchen konnte das Netz mit einer Sicherheit von 100 % trainiert werden, d. h. es klassifizierte in diesen Fällen korrekt.

Es ging nun darum, die Sicherheitsmarge um die Tupel zu finden: Was ist der höchste Wert $\varepsilon > 0$, so dass für jedes Tupel (x, y, s, d, c_1, c_2) mit Klassifikation $b \in \{Kollision, Nicht - Kollision\}$ auch alle anderen Tupel $(x \pm \varepsilon, y \pm \varepsilon, s \pm \varepsilon, d \pm \varepsilon, c_1 \pm \varepsilon, c_2 \pm \varepsilon)$ mit b klassifiziert werden. Bei diesem Suchprozess für eine Sicherheitsmarge wurden 500 Beispiele von Verifikationsproblemen gefunden. Verschiedene SMT- und LP (Linear Programming)-Verfahren wurden getestet. Es zeigte sich, dass die Ergänzung der SMT- und LP-Verifikationsverfahren durch Bedingungen linearer Approximation, wie sie in diesem Abschnitt erläutert wurden, zur Verbesserung der Rechenzeiten führte (vgl. dazu Katz et al. 2017).

4.4 Anwendungsbeispiel: Mustererkennung

Ein weiteres Beispiel für Verifikation mit linearer Approximation ist die Mustererkennung bei handschriftlichen Ziffern, die ein klassisches Beispiel des Machine learning ist (Lecun und Cortes 2009). Als vereinfachtes Beispiel wird ein neuronales Netz betrachtet, das aus einer Input-Schicht mit 28×28 Knoten, einer konvolutionalen Schicht mit $3 \times 13 \times 13$ mit jeweils 16 Input-Kanten für jeden Knoten, einer Pooling-Schicht mit $3 \times 4 \times 4$ Knoten mit jeweils 16 Input-Kanten für jeden Knoten, einer ReLU-Schicht mit 8 Knoten und einer ReLU-Output-Schicht aus 10 Knoten besteht (Ehlers 2017, S. 11).

In einer konvolutionalen Schicht reagiert ein Neuron nur auf die Signale in einer lokalen Umgebung der vorherigen Schicht. Dieses Verhalten folgt dem biologischen Vorbild eines rezeptiven Feldes bei der Bilderkennung. So werden bei der Gesichtserkennung mit konvolutionalen Netzen (Lawrence et al. 1997) auf einer ersten Schicht nur farbige Pixels unterschieden, die auf der nächsten Schicht zu Ecken und Kanten zusammengezogen werden, dann zur Erkennung von Teilen von Gesichtern und schließlich ganzen Gesichtern führen. Auf der Schicht, in der bereits Teile von Gesichtern erkannt werden, spielt aber die genaue Positionierung von Ecken und Kanten im Bild keine Rolle mehr. Auf der Pooling-Schicht werden daher diese überflüssigen Informationen verworfen (Scherer et al. 2010). Auch diese Datenreduktion geschieht in konvolutionalen neuronalen Netzen nach biologischem Vorbild. Sie führt nämlich keineswegs zur Leistungsverminderung, sondern Steigerung der Effizienz durch verringerten Platzbedarf, erhöhter Rechengeschwindigkeit und damit eröffneter Möglichkeit tieferer Schichten zur besseren Mustererkennung.

Im Beispiel der Mustererkennung handschriftlicher Ziffern sind die ReLU-Schichten vollständig verbunden. Das Netzwerk hat insgesamt 1341 Knoten. Der Suchraum für die Kanten-Phasen hat die Größe $16^{3 \cdot 4 \cdot 4} \cdot 2^8 \cdot 2^{10} = 2^{162}$ und das Netzwerk 9344 Kanten. Das Netzwerk wurde mit 100.000 Bildern trainiert und erreichte eine Genauigkeit von 95,05 %. Auch in diesem Fall war es von Interesse, bis zu welchem Grad Rauschen und Störungen der Bilder möglich waren, ohne eine korrekte Kategorisierung zu beeinträchtigen. Wieder zeigte sich bei der Verifikation, dass die Anwendung linearer Approximation zu einer Verbesserung der Rechenzeit führte (Ehlers 2017, S. 12).

5 Verifikation der Sicherheit neuronaler Netze

Die Sicherheit eines neuronalen Netzes hängt von seiner Robustheit ab. Wie empfindlich reagiert es auf Störungen seiner Inputs und bis zu welchem Grad können Inputs verändert werden, ohne Ziel und Aufgabe des Netzes zu verfehlen? (vgl. den Überblick in Xiang et al. 2018b) Dazu muss die Menge der Outputs berechnet werden, die durch das neuronale Netz erreicht werden kann. Im Folgenden wird wieder von einem mehrschichtigen neuronalen Netz ausgegangen. Es wird allerdings keine spezifische Aktivierungsfunktion der Neuronen vorausgesetzt. Allgemein soll es sich um eine nichtlineare Funktion handeln, mit der die Reaktion des i-ten Neurons mit Inputs $x_j(t)$, $j = 1, \ldots, n$ beschrieben wird. Formal wird eine Aktivierungsdefinition definiert durch

$$y_i = f\left(\sum_{j=1}^{n} \omega_{ij} x_j + \theta_i\right)$$

mit j-tem Input x_j des i-ten Neurons, Gewicht ω_{ij} aus dem j-ten Input zum i-ten Neuron, dem Bias-Wert des i-ten Neurons und dem Output y_i des i-ten Neurons (Xiang et al. 2018a, S. 2). Im Folgenden wird nur die Monotonie der Aktivierungsfunktion angenommen, also für alle $x_1 \leq x_2$ folgt $f(x_1) \leq f(x_2)$, die für viele Aktivierungsfunktionen erfüllt ist.

Die Schichten (layer) des Netzes werden mit l ($1 \leq l \leq L$) bezeichnet (Xiang et al. 2018a, S. 2). Eine Schicht l hat $n^{[l]}$ Neuronen, also insbesondere die Input-Schicht $n^{[0]}$ Neuronen und die Output-Schicht $n^{[L]}$ Neuronen. Für ein Neuron i ($1 \leq i \leq n^{[l]}$) in Schicht l ist der entsprechende Input-Vektor $\mathbf{x}^{[l]}$, die Gewichtsmatrix $\mathbf{W}^{[l]} = \left[\omega_1^{[l]}, \ldots, \omega_{n^{[l]}}^{[l]}\right]^{\mathrm{T}}$ mit Gewichtsvektoren $\omega_i^{[l]}$ und der Bias-Vektor $\boldsymbol{\theta}^{[l]} = \left[\theta_1^{[l]}, \ldots, \theta_{n^{[l]}}^{[l]}\right]^{\mathrm{T}}$. Für Schicht l erzeugt die Aktivierungsfunktion f_l den Output – Vektor

$$\mathbf{y}^{[l]} = f_l\left(\mathbf{W}^{[l]}\mathbf{x}^{[l]} + \boldsymbol{\theta}^{[l]}\right).$$

In einem mehrschichtigen Netz wird der Input $\mathbf{x}^{[0]}$ der Input-Schicht auf den Output $\mathbf{y}^{[L]}$ der Output-Schicht durch eine Input-Output Funktion $F(\cdot) = f_L \circ f_{L-1} \circ \ldots \circ f_1(\cdot)$ abgebildet mit $\mathbf{y}^{[L]} = F(\mathbf{x}^{[0]})$.

Nach dem Approximationstheorem kann eine solche Funktion F im Prinzip jede nicht lineare reell-wertige Funktion approximieren (Hornik et al. 1989). Wie schon mehrfach betont, ist aber die Voraussage des Output-Verhaltens bei mehrschichtigen Netzen des Deep Learning mit gewaltiger Komplexität verbunden. Wie ein mehrschichtiges Netz einen gewünschten Output erzeugt, bleibt daher in der Regel eine Black Box. Selbst gut trainierte neuronale Netze können auf leichte Störungen ihrer Inputs mit unerwarteten und inkorrekten Outputs ihres Verhaltens reagieren. In sicherheitskritischen Systemen ist also die Anwendung solcher neuronalen Netze ohne Sicherheitscheck und Verifikation höchst problematisch. Für Sicherheitsverifikationen ist es zunächst notwendig, alle möglichen Output-Werte eines Netzes zu bestimmen, um dann seine Sicherheit oder Unsicherheit zu entscheiden.

5.1 Die Menge der erreichbaren Outputs in einem mehrschichtigen neuronalen Netzwerk

Für die Input-Menge $\mathcal{X}$ und Input-Output-Funktion F eines mehrschichtigen neuronalen Netzwerks ist die Menge der erreichbaren Output-Werte definiert durch (Xiang et al. 2018a, S. 2)

$$\mathcal{Y} = \left\{\mathbf{y}^{[L]} \,|\, \exists \mathbf{x}^{[0]} \in \mathcal{X} : \mathbf{y}^{[L]} = F\left(\mathbf{x}^{[0]}\right)\right\}.$$

Da die Netzwerke zur Lösung von „real world problems“ groß, nichtlinear und nicht-konvex sind, erweist sich die genaue Bestimmung von $\mathcal{Y}$ als äußerst schwierig. Eine praktisch besser durchführbare Methode ist eine Über-Approximation von $\mathcal{Y}$, die als Schätzmenge der erreichbaren Output-Werte bezeichnet wird. Eine Menge $\widetilde{\mathcal{Y}}$ wird Schätzmenge der erreichbaren Output-Werte eines mehrschichtigen neuronalen Netzwerks genannt, wenn die Menge der erreichbaren Output-Werte $\mathcal{Y}$ eine Teilmenge von $\widetilde{\mathcal{Y}}$ ist, also $\mathcal{Y} \subseteq \widetilde{\mathcal{Y}}$. Das Problem besteht dann darin, für eine gegeben Input-Menge $\mathcal{X}$ und Input-Output-Funktion F eines mehrschichtigen neuronalen Netzwerks eine Menge $\widetilde{\mathcal{Y}}$ mit $\mathcal{Y} \subseteq \widetilde{\mathcal{Y}}$ zu finden, die so klein wie möglich ist. Statt einer Über-Approximation setzen andere Autoren auf stückweise lineare Approximationen der Aktivierungsfunktionen (Huang et al. 2017). Gemeinsam ist diesen Ansätzen, dass die Berechnung durch alle Schichten des neuronalen Netzes durchgezogen werden muss.

Die Sicherheitsverifikation des neuronalen Netzes erfordert eine Sicherheitsspezifikation der Outputs, in der die Sicherheitskriterien formuliert sind und die eine Teilmenge der Output-Menge des Netzes ist. Die Sicherheitsspezifikation $\mathcal{S}$ eines mehrschichtigen neuronalen Netzes formalisiert die Sicherheitskriterien für Outputs $\mathbf{y}^{[L]}$ der Input-Output-Funktion $\mathbf{y}^{[L]} = F(\mathbf{x}^{[0]})$. Sie ist ein Prädikat über den Outputs $\mathbf{y}^{[L]}$ des Netzes:

Ein mehrschichtiges neuronales Netz heisst sicher genau dann, wenn kein Output nicht der Sicherheitsspezifikation entspricht, d. h. (Xiang et al. 2018a, S. 2).

$$\mathcal{Y} \cap \neg\mathcal{S} = \emptyset.$$

Für praktische Sicherheitsverifikationen genügt es, für die Über-Approximation $\widetilde{\mathcal{Y}} \cap \neg\mathcal{S} = \emptyset$ zu beweisen, da daraus wegen $\mathcal{Y} \subseteq \widetilde{\mathcal{Y}}$ die Sicherheitsbedingung $\mathcal{Y} \cap \neg\mathcal{S} = \emptyset$ folgt.

5.2 Berechnung der maximalen Sensibilität eines mehrschichtigen neuronalen Netzwerks

Neuronale Netze sind nur Beispiele von komplexen Systemen, deren Dynamik durch sensibel Abhängigkeit von kleinen Veränderungen ihrer Anfangs-, Rand- und Nebenbedingungen abhängt. In technischen und ökologischen komplexen Systemen spricht man auch von der Resilienz als Fähigkeit des Systems, nach einer Störung wieder selbstständig in den Stabilitätszustand zurück zu finden (Cheng et al. 2017). Verschiedene Ansätze wurden vorgeschlagen, die Robustheit eines neuronalen Netzes zu zertifizieren (Gehr et al. 2018; Zeng und Yeung 2003). Um die Robustheit eines Netzes zu berechnen, wird im Folgenden das Konzept seiner maximalen Sensibilität eingeführt. Darunter wird ein Maß für die maximale Abweichung von Output-Werten verstanden, die durch beschränkte Störungen der Input-Werte verursacht werden. Seien ein mehrschichtiges neuronales Netz mit Input-Output-Funktion $\mathbf{y}^{[L]} = F(\mathbf{x}^{[0]})$, Input $\mathbf{x}^{[0]}$ und Störungen $\Delta\mathbf{x}^{[0]}$ mit $\|\Delta\mathbf{x}^{[0]}\| \leq \delta$ gegeben. Dabei ist $\|\cdot\|$ die Supremumsnorm (bzw. Unendlichkeitsnorm, die auch $\|\cdot\|_\infty$ geschrieben wird). Dann wird die maximale Sensibilität des Netzes für Input-Irrtum δ von $\mathbf{x}^{[0]}$ definiert durch (Xiang et al. 2018a, S. 3)

$$\epsilon_F\left(\mathbf{x}^{[0]}, \delta\right) = \inf\left\{\epsilon \middle| \|\Delta\mathbf{y}^{[L]}\| \leq \epsilon \wedge \mathbf{y}^{[L]} = F\left(\mathbf{x}^{[0]}\right) \wedge \|\Delta\mathbf{x}^{[0]}\| \leq \delta\right\}.$$

In einem mehrschichtigen Netzwert lässt sich die maximale Sensibilität Schicht für Schicht bestimmen. Die maximale Sensibilität für Schicht l, die mit $\epsilon_F(\mathbf{x}^{[l]}, \delta^{[l]})$ für Input-Irrtum $\delta^{[l]}$ von Input $\mathbf{x}^{[l]}$ bezeichnet wird, kann berechnet werden durch

$$\max \epsilon_F\left(\mathbf{x}^{[l]}, \delta^{[l]}\right)$$

unter der Bedingung $\epsilon_F(\mathbf{x}^{[l]}, \delta^{[l]}) = \|f_l(\mathbf{W}^{[l]}(\mathbf{x}^{[l]} + \Delta\mathbf{x}^{[l]}) + \boldsymbol{\theta}^{[l]}) - \mathbf{y}^{[l]}\|$

$$\mathbf{y}^{[l]} = f_l\left(\mathbf{W}^{[l]}\mathbf{x}^{[l]} + \boldsymbol{\theta}^{[l]}\right)$$

$$\|\Delta\mathbf{x}^{[l]}\| \leq \delta^{[l]}.$$

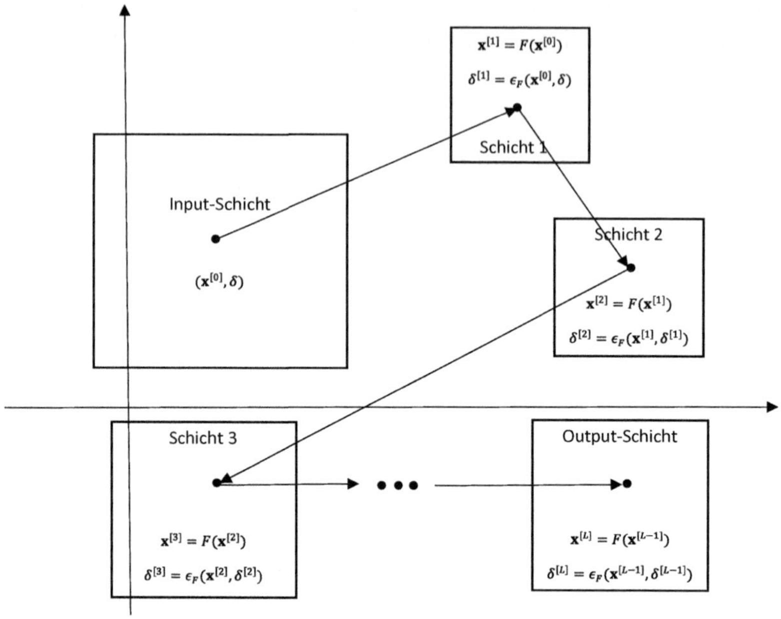

Abb. 7 Berechnung maximaler Sensitivität in einem mehrschichtigen Netz. (Xiang et al. 2018a, S. 4)

Eine optimale Lösung lässt sich in einem Optimierungsverfahren bestimmen (Xiang et al. 2018a, S. 3). Dadurch ist die maximale Sensibilität zunächst nur für eine Schicht des Netzwerks bestimmt. In einem mehrschichtigen Netzwerk stimmt der Input einer nachfolgenden Schicht mit dem Output der vorangehenden Schicht überein, d. h. $\mathbf{x}^{[l]} = \mathbf{y}^{[l-1]}(l = 1, \ldots, L)$. Daher kann der Output jeder Schicht durch iterierte Anwendung des Optimierungsverfahrens mit jeweiligen Inputs $\mathbf{x}^{[l]} = \mathbf{y}^{[l-1]}$ und $\delta^{[l]} = \epsilon_F(\mathbf{x}^{[l-1]}, \delta^{[l-1]})$ berechnet werden. Die maximale Sensitivität des neuronalen Netzes ist das Optimierungsergebnis für Output-Schicht L mit $\epsilon_F(\mathbf{x}^{[0]}$, $_F(\mathbf{x}^{[0]}, \delta) = \epsilon_F(\mathbf{x}^{[L]}, \delta^{[L]})$. Seine schichtweise Berechnung ist in Abb. 7 illustriert. Ein Algorithmus 1 dieses Optimierungsverfahrens kann durch Software-Tools realisiert werden.

5.3 Berechnung der Menge der erreichbaren Outputs in einem mehrschichtigen neuronalen Netzwerk

Wie lassen sich nun die erreichbaren Output-Werte eines mehrschichtigen neuronalen Netzes berechnen? Dazu wird zunächst der Input-Raum diskretisiert, indem er mit Gitter bedeckt wird (Xiang et al. 2018a, S. 4). Ein Gitter (lattice) ist definiert durch

$$\mathcal{L}_i = \left\{ \mathbf{x}^{[0]} \middle| \left\| \mathbf{x}^{[0]} - \mathbf{x}_i^{[0]} \right\|_\infty \leq \delta \right\},$$

wobei $\mathbf{x}_i^{[0]}$ das Zentrum und δ der Radius des Gitters ist. Die Gitter überschneiden sich nur in ihren Rändern, also $\mathcal{L}_i \cap \mathcal{L}_j = \left\{ \mathbf{x}^{[0]} \middle| \left\| \mathbf{x}^{[0]} - \mathbf{x}_i^{[0]} \right\|_\infty = \delta \wedge \left\| \mathbf{x}^{[0]} - \mathbf{x}_j^{[0]} \right\|_\infty = \delta \right\}$, und umfassen $\bigcup_{i=1}^{\infty} \mathcal{L}_i = \mathbb{R}^{n \times n}$. Für jeden beschränkten Input-Raum $\mathcal{X}$ lässt sich eine endliche Anzahl von Gittern mit jeweils $\mathcal{L}_i \cap \mathcal{X} \neq \emptyset$ finden. Sei I die Indexmenge für alle $\mathcal{L}_i$ mit $\mathcal{L}_i \cap \mathcal{X} \neq \emptyset$. Dann lässt sich der Inputraum mit der Vereinigung dieser Gitter überdecken, also $\mathcal{X} \subseteq \bigcup_{i \in I} \mathcal{L}_i$. Durch Verkleinerung des Radius δ lässt sich eine immer genauere Approximation der beschränkten Input-Menge $\mathcal{X}$ erreichen, bis im Grenzfall $\bigcup_{i \in I} \mathcal{L}_i$ exakt $\mathcal{X}$ für $\delta \to 0$ ist. Die Anzahl der Gitter bezieht sich auf die Dimension des Input-Raums und den Radius, der für die Diskretisierung gewählt wurde.

Zunächst müssen also alle Gitter $\mathcal{L}_i$ für Input-Menge $\mathcal{X}$ mit $\mathcal{L}_i \cap \mathcal{X} \neq \emptyset$ für alle Indizes $i \in I$ bestimmt werden. Dann wird für jedes Gitter $\mathcal{L}_i$ die Menge der erreichbaren Outputs berechnet. Dazu wird der Algorithmus 1 verwendet, mit dem die maximale Sensitivität des neuronalen Netzes berechnet wurde. Wegen $\mathcal{X} \subseteq \bigcup_{i \in I} \mathcal{L}_i$ beinhaltet die Vereinigung aller erreichbaren Output-Werte von $\mathcal{L}_i$ alle möglichen Outputs, die durch das neuronale Netz mit Input-Menge $\mathcal{X}$ erreicht werden kann. Das lässt sich in folgendem Satz 1 zusammenfassen (Xiang et al. 2018a, S. 3):

Satz 1:
Seien ein mehrschichtiges neuronales Netz mit $\mathbf{y}^{[L]} = F(\mathbf{x}^{[0]})$, Input-Menge $\mathcal{X}$ und Gitter $\mathcal{L}_i (i \in I)$ mit Zentren $\mathbf{x}_i^{[0]}$, Radius δ und $\mathcal{L}_i \cap \mathcal{X} \neq \emptyset$ für alle Indizes $i \in I$ gegeben. Dann erfüllt die Menge $\mathcal{Y}$ der erreichbaren Outputs die Bedingung $\mathcal{Y} \subseteq \widetilde{\mathcal{Y}} = \bigcup_{i \in I} \widetilde{\mathcal{Y}}_i$ mit

$$\widetilde{\mathcal{Y}} = \left\{ \mathbf{y}^{[L]} \middle| \left\| \mathbf{y}^{[L]} - \mathbf{y}_i^{[L]} \right\|_\infty \leq \epsilon_F \left(\mathbf{x}_i^{[0]}, \delta \right) \wedge \mathbf{y}_i^{[L]} = F\left(\mathbf{x}_i^{[0]} \right) \right\},$$

wobei $\epsilon_F \left(\mathbf{x}_i^{[0]}, \delta \right)$ mit dem Algorithmus zur Bestimmung maximaler Sensibilität ermittelt wird.

Beweis:
Mit diesem Algorithmus wird für jedes Gitter $\mathcal{L}_i$ die Menge $\widetilde{\mathcal{Y}}_i$ der erreichbaren Outputs über das mehrschichtige neuronale Netz berechnet. Daher ist ihre Vereinigung $\bigcup_{i \in I} \widetilde{\mathcal{Y}}_i$ die Menge aller Output-Werte, die aus Input-Menge $\bigcup_{i \in I} \mathcal{L}_i$ erreicht werden kann. Wegen $\mathcal{X} \subseteq \bigcup_{i \in I} \mathcal{L}_i$ folgt, dass die Menge der erreichbaren Output-Werte von $\mathcal{X}$ eine Teilmenge von $\bigcup_{i \in I} \widetilde{\mathcal{Y}}_i$ ist, also $\mathcal{Y} \subseteq \widetilde{\mathcal{Y}} = \bigcup_{i \in I} \widetilde{\mathcal{Y}}_i$.

Die Bestimmung der Schätzmenge aller erreichbaren Output-Werte lässt sich nun in folgendem Algorithmus 2 zusammenfassen. Dabei steht `MLP` für mehrschichtiges (multi-layered) neuronales (Perzeptron-)Netz. Erreichbare Outputs werden mit OUTPUTREACH bezeichnet. MAXSENSITIVITY steht für maximale Sensitivität (Xiang et al. 2018a, S. 4):

Require: MLP F , input set $\mathcal{X}$.
Ensure: Estimated output reach set $\tilde{\mathcal{Y}}$.

function OUTREACH$(F,\mathcal{X})$
  Initialize $\mathcal{L}_i, i \in \mathcal{I}, \mathbf{x}_i^{[0]}, \delta;\ \tilde{\mathcal{Y}} \leftarrow \emptyset$
  for $l = 1:1:|\mathcal{I}|$ **do**
    $\mathbf{y}_i^{[L]} \leftarrow F(\mathbf{x}_i^{[0]})$
    $\epsilon_F\left(\mathbf{x}_i^{[0]},\delta\right) \leftarrow$ MAXSENSITIVITY$(F,\mathbf{x}_i^{[0]},\delta)$
    $\tilde{\mathcal{Y}}_i \leftarrow \left\{\mathbf{y}^{[L]} \middle| \left\|\mathbf{y}^{[L]} - \mathbf{y}_i^{[L]}\right\|_\infty \le \epsilon_F\left(\mathbf{x}_i^{[0]},\delta\right)\right\}$
    $\tilde{\mathcal{Y}} \leftarrow \tilde{\mathcal{Y}} \cup \tilde{\mathcal{Y}}_i$
  end for
  return $\tilde{\mathcal{Y}}$
end function

5.4 Berechnung der Sicherheitsverifikation eines mehrschichtigen neuronalen Netzwerks

Für die Sicherheitsverifikation wird eine Sicherheitsspezifikation vorausgesetzt, die in folgendem Satz berücksichtigt wird (Xiang et al. 2018a, S. 5):

Theorem 2
Wenn für ein mehrschichtiges neuronales Netz die Schätzmenge $\tilde{\mathcal{Y}}$ der erreichbaren Output-Werte durch den Algorithmus 2 berechnet und eine Sicherheitsspezifikation $\mathcal{S}$ gegeben ist, dann ist das Netz sicher, wenn $\tilde{\mathcal{Y}} \cap \neg\mathcal{S} = \emptyset$.

Beweis
Nach Algorithmus 2 ist $\mathcal{Y} \subseteq \tilde{\mathcal{Y}}$ mit der tatsächlichen Menge $\mathcal{Y}$ der Output-Werte des mehrschichtigen neuronalen Netzes gegeben. Aus der Voraussetzung $\tilde{\mathcal{Y}} \cap \neg\mathcal{S} = \emptyset$ folgt dann auch $\mathcal{Y} \cap \neg\mathcal{S} = \emptyset$. Also ist nach Definition das Netz sicher.

Der Verifikation für ein mehrschichtiges neuronales Netz lässt sich in folgendem Algorithmus 3 zusammenfassen (Xiang et al. 2018a, S. 6):

Require: MLP F, input set $\mathcal{X}$, safety requirement $\mathcal{S}$.
Ensure: Safe or unsafe property.

```
function SAFETYVERI(F, 𝒳, 𝒮)
    Initialize $\mathcal{L}_i, i \in \mathcal{I}, \mathbf{x}_i^{[0]}, \delta$
    for $l = 1:1:|\mathcal{I}|$ do
        $\mathbf{y}_i^{[L]} \leftarrow F(\mathbf{x}_i^{[0]})$
        if $\mathbf{y}_i^{[L]} \cap \neg\mathcal{S} \neq \emptyset$ and $\mathbf{x}_i^{[0]} \in \mathcal{X}$ then
            return UNSAFE
        end if
    end for
    $\tilde{\mathcal{Y}} \leftarrow$ OUTPUTREACH(F, 𝒳)
        if $\tilde{\mathcal{Y}} \cap \neg\mathcal{S} = \emptyset$ then
            return SAFE
        else
            return UNCERTAIN
        end if
end function
```

Der Algorithmus 3 ist korrekt für die Fälle SAFE und UNSAFE. Er gibt SAFE nur aus, falls das Netz sicher ist. Im Fall von UNSAFE gibt es wenigstens einen Output-Wert (z. B. Fahrentscheidung eines autonomen Fahrzeugs) aufgrund der Input-Menge (z. B. der Fahrsituation), der nicht sicher ist. Es genügt nämlich die Existenz eines einzigen Falls, um Unsicherheit für das gesamte Netz auszugeben. Falls UNCERTAIN aufgrund von $\tilde{\mathcal{Y}} \cap \neg\mathcal{S} \neq \emptyset$ ausgegeben wird, ist die Sicherheitslage für diesen Fall unklar.

5.5 Anwendungsbeispiel: Lernender Roboterarm

Als Anwendungsbeispiel wird im Folgenden die Kinematik eines lernenden Roboterarms mit zwei Gelenken aufgrund eines neuronalen Netzes untersucht (Abb. 8). Die Lernaufgabe des Netzes besteht darin, die Endposition (x, y) des Arms unter

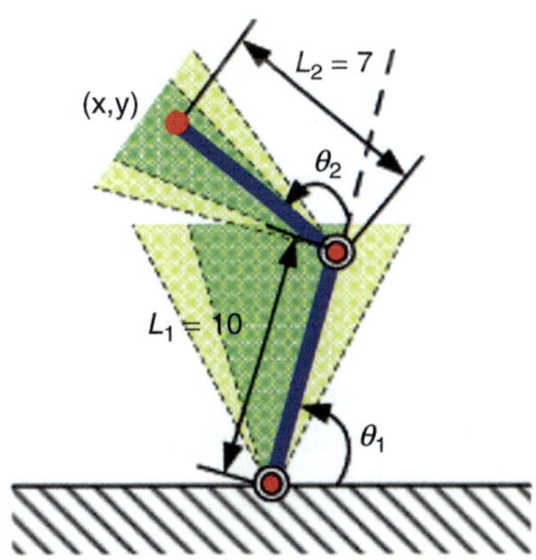

Abb. 8 Roboterarm mit zwei Gelenken. Die normale Arbeitszone von (θ_1, θ_2) ist grün und die Pufferzone gelb. (Xiang et al. 2018a, S. 7)

Voraussetzung der Gelenkwinkel (θ_1, θ_2) vorauszusagen (Xiang et al. 2018a, S. 6–7). Für den Roboterarm wird der Input-Raum $[0, 2\pi] \times [0, 2\pi]$ für die Winkelpaare der beiden Gelenke in drei Zonen für ihre Operationen eingeteilt:

Der Roboterarm arbeitet meistens in der normalen Zone. Die Input-Output-Trainingsdaten für das neuronale Netz sind alle aus dieser Zone. Für die normale Zone wird im Beispiel $\theta_1, \theta_2 \in \left[\frac{5\pi}{12}, \frac{7\pi}{12}\right]$ angenommen. Die verbotene Zone spezifiziert die Region, in der der Roboterarm aufgrund von physikalischen Bedingungen oder Sicherheitskriterien nie arbeitet. Für die verbotene Zone wird im Beispiel $\theta_1, \theta_2 \in \left[0, \frac{\pi}{3}\right] \cup \left[\frac{2\pi}{3}, 2\pi\right]$ angenommen. Die Pufferzone ist zwischen der normalen und der verbotenen Zone. Einige gelegentliche Operationen können außerhalb der normalen Arbeitszone, aber noch in der Pufferzone stattfinden, ohne die verbotene Zone zu erreichen. Für die Pufferzone wird im Beispiel $\theta_1, \theta_2 \in \left[\frac{\pi}{3}, \frac{5\pi}{12}\right] \cup \left[\frac{7\pi}{12}, \frac{2\pi}{3}\right]$ angenommen.

Für die Sicherheitsspezifikation von Position (x, y) des Roboterarms wird $\mathcal{S} = \{(x, y) \mid -14 \le x \le 3 \wedge 1 \le y \le 17\}$ angenommen. Unter Sicherheitsgesichtspunkten muss verifiziert werden, dass alle Output-Werte, die aus den Input-Werten in der normalen Arbeitszone und der Pufferzone erzeugt werden, die Sicherheitsspezifikation $\mathcal{S}$ erfüllen. Dabei ist zu berücksichtigen, dass das neuronale Netz nur mit Daten der normalen Arbeitszone trainiert wird, aber die Sicherheitsspezifikation sowohl für die normale Zone als auch für die Pufferzone definiert ist. Das angewendete neuronale Netz besteht aus 2 Input-Neuronen, 2 Output-Neuronen und 1 versteckten Zwischenschicht aus 5 Neuronen. Die Aktivierungsfunktionen sind für Zwischen- und Output-Schicht definiert.

Für das trainierte neuronale Netz gibt es keine Sicherheitsgarantie für irgendwelche Manipulationen. Das gilt insbesondere in der Pufferzone, in der keine Input-Output-Daten für das Training des neuronalen Netzes verwendet wurden. Um die Sicherheitsspezifikation für das trainierte Netz zu verifizieren, lässt sich die Funktion `SAFETYVERI` von Algorithmus 3 anwenden. Zunächst wird das neuronale Netz mit Inputs $\theta_1, \theta_2 \in \left[\frac{5\pi}{12}, \frac{7\pi}{12}\right] \times \left[\frac{5\pi}{12}, \frac{7\pi}{12}\right]$ mit entsprechenden Outputs trainiert. Um die Funktion `SAFETYVERI` auf die Inputs in der normalen Arbeitszone und der Pufferzone anzuwenden, wird der Input-Raum $\left[\frac{\pi}{3}, \frac{2\pi}{3}\right] \times \left[\frac{\pi}{3}, \frac{2\pi}{3}\right]$ mit Gitter des Radius $\delta = 0{,}05$ diskretisiert. Die Sicherheitsverifikation wird in Abb. 9 gezeigt. Mit Algorithmus 2 wird für jedes Gitter $\mathcal{L}_i$ mit Radius $\delta = 0{,}05$ die Menge $\widetilde{\mathcal{Y}}_i$ der erreichbaren Outputs für das mehrschichtige neuronale Netz berechnet. In Abb. 9 sind diese Mengen $\widetilde{\mathcal{Y}}$ durch Rahmen dargestellt. Ihre Vereinigung $\bigcup_{i \in I} \widetilde{\mathcal{Y}}_i$ ist die Mengen aller Output-Werte, die aus der Input-Menge $\bigcup_{i \in I} \mathcal{L}_i$ der Gitter erreicht werden kann. Sie ist die Schätzmenge der Output-Werte, die aus der Input-Menge $\mathcal{X}$ des neuronalen Netzes erreicht werden kann, also eine Über-Approximation der tatsächlichen Menge $\mathcal{Y}$ aller möglichen Output-Werte des Netzes. Abb. 9 zeigt, dass die Sicherheitseigenschaft für das neuronale Netz in diesem Fall ungewiss (`UNCERTAIN`) ist, da die Schätzmenge der erreichbaren Outputs über die Sicherheitsregion $\mathcal{S}$ hinausreicht.

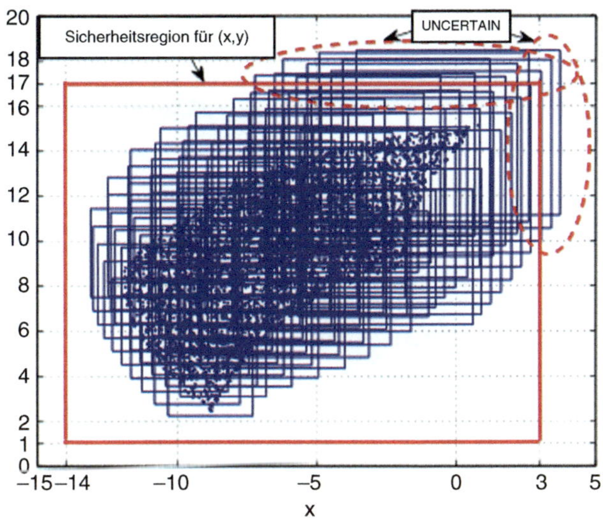

Abb. 9 Sicherheitsverifikation des neuronalen Netzes für einen Roboterarm mit zwei Gelenken. Für Radius $\delta = 0{,}05$ der Diskretisierungsgitter kann Sicherheit nicht garantiert werden. (Xiang et al. 2018a, S. 7)

Dann werden in 5000 Zufallssimulationen Output-Werte erzeugt, die in Abb. 9 als blaue Punkte dargestellt sind. Sie liegen innerhalb der Schätzmenge und der Sicherheitsregion, so dass also keiner der simulierten Output-Werte unsicher (UN-SAFE) ist. Aber auch 5000 Simulationen oder irgendeine noch so große endliche Anzahl von Simulationen reichen nicht aus, um die Sicherheit (SAFE) allgemein zu garantieren. Um Korrektheit zu garantieren, damit also ein Netz trainiert nur mit Daten der normalen Arbeitszone auch für normale Arbeits- und Pufferzone sicher (SAFE) ist, wird im nächsten Schritt ein kleinerer Radius $\delta = 0{,}02$ bei der Diskretisierung verwendet. Das Verifikationsresultat für diesen Radius wird in Abb. 10 gezeigt. In diesem Fall ist die Menge aller möglichen erreichbaren Outputs des neuronalen Netzes in der Sicherheitsregion enthalten. Dieses Modell genügt, um die Sicherheit des neuronalen Netzes für den Roboterarm allgemein zu garantieren.

6 Fazit: Von der Verifikation zur Standardisierung und Zertifizierung

Die Beispiele zeigen, dass Machine learning mit neuronalen Netzen keineswegs a priori eine Black Box bleiben muss, deren Anwendungserfolge groß, aber deren Sicherheitsstandards gering sind. Für verschiedene Klassen von neuronalen Netzen kann Sicherheit klar entschieden und bewiesen werden. Grundlage der Verifikationsverfahren sind unterschiedliche logisch-mathematische Theorien wie z. B. Aussagen-

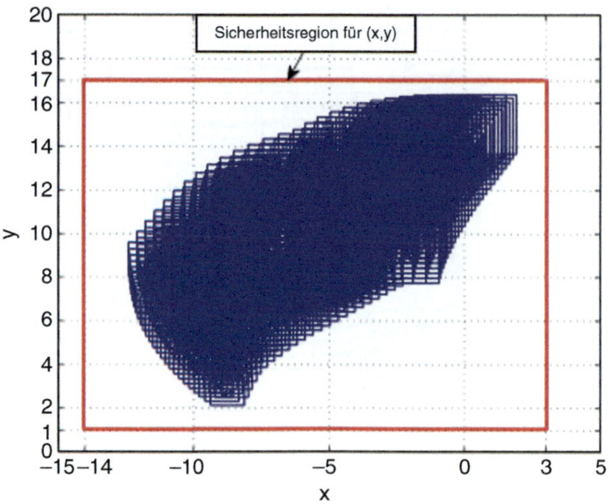

Abb. 10 Sicherheitsverifikation des neuronalen Netzes für einen Roboterarm mit zwei Gelenken. Für Radius $\delta = 0{,}02$ der Diskretisierungsgitter kann Sicherheit garantiert werden. (Xiang et al. 2018a, S. 7)

und Prädikatenlogik, lineare Arithmetik und Algebra, Optimierungstheorie. Welcher dieser Verfahren der Vorzug gegebenen werden soll, hängt davon ab, a) bis zu welchem Grad sie die hohe Skalierung und Nichtlinearität praktischer Anwendungen bewältigen können und b) mit welcher zeitlichen und wirtschaftlichen Effizienz die entsprechenden Algorithmen der Verifikationsverfahren arbeiten. Methodisch erstrebenswert ist eine vereinigte Metatheorie, in der die verschiedenen Ansätze der Verifikationen durch gemeinsame Metatheoreme charakterisiert werden könnten (Bunel et al. 2017). Jedenfalls kann erst auf dieser methodischen Grundlage eine verantwortungsvolle Zertifizierung von KI-Programmen vorgenommen werden. KI-Geräte, die unseren Alltag durchdringen, müssen am Ende mit ähnlichen Sicherheitsstandards belegt werden können, wie wir sie bereits seit vielen Jahren für andere technische Geräte kennen (z. B. nationale DIN-Norm und international ISO-Norm).

Unabhängig davon sind die Fragen der Verifikation, Standardisierung und Zertifizierung der KI mit grundlegenden Fragen der Erkenntnistheorie verbunden. Es zeigt sich, dass sich für klar definierte Grundlagen, Rand- und Nebenbedingungen von mathematisierten Theorien ihre Reichweite und ihre Grenzen klar bestimmen lassen. Wenn sich in dieser Weise die logisch-mathematischen Grundlagen von Machine learning und künstlicher Intelligenz bestimmen lassen, dann ist die darauf beruhende Technik auch besser kontrollierbar und bleibt nicht länger eine „Black Box". Das Plädoyer für mehr und bessere Grundlagenforschung ist also zugleich eine notwendige Bedingung für verantwortungsvolle Künstliche Intelligenz.

Literatur

Bayardo, Roberto J., und Robert C. Schrag. 1997. Using CSP look-back techniques to solve real world SAT instances. In *Proceeding 14th National Conference on Artificial Intelligence (AAAI)*, 203–208.

Biere, Armin, Marijn Heule, Hans van Maaren, und Toby Walsh, Hrsg. 2009. *Handbook of satisfiability*. Amsterdam: IOS Press.

Bojarski, Mariusz, David Del Testa, Daniel Daworakowski, Bernhard Firner, Beat Flepp, Lawrence D. Prasoon Goyal, Mathew Monfort Jackel, Urs Muller, Jiakai Zhang, Xin Zhang, und Jake Zhao. 2016. End to end learning for self-driving cars. arXiv:1604-07316vl [cs.CV] 25 Apr 2016.

Bunel, Rudy, Ilker Turkasian, Philip H. S. Torr, Pushmeet Kohli, und M. Pawan Kumar. 2017. A unified view of piecewise linear neural network verification. A comparative study. arXiv:1711.00455.

Cheng, Chih-Hong, Georg Nührenberg, und Harald Ruess. 2017. Maximum resilience of artificial neural networks. In *International Symposium on Automated Technology for Verification and Analysis*, Lecture Notes in Computer Science, Bd. 10482, 251–268. Pune: Springer. ISBN 978-3-319-68166-5.

Ehlers, Rüdiger. 2017. Formal verification of piece-wise linear feed-forward neural networks. Verification and analysis – 15th Intern (Bd. 10482, S. 269–286). Symposium ATVA, Lecture Notes in Computer Science, Springer.

Fränzle, Martin, und Christian Herde. 2007. HySAT: An efficient proof engine for bounded model checking of hybrid systems. *Formal Methods in System Design* 30:179–198.

Gehr, Timon, Matthew Mirman, Dana Drachsler-Cohen, Peter Tsankov, Swarat Chaudhuri, und Martin Vechev. 2018. AI^2: Safety and robustness certification of neural networks with abstract interpretation. In *IEEE Symposium on Security and Privacy* 39.

Hornik, K., M. Stinchcombe, und H. White. 1989. Multilayer feedforward networks are universal approximators. *Neural Networks* 2:359–366.

Huang, Xiaowei, Marta Kwiatkowska, Sen Wang, und Min Wu. 2017. Safety verification of deep neural networks. In *International Conference on Computer Aided Verification*, 3–29, Springer.

Katz Guy, David L., Clark Barrett, Kyle Julian Dill, und Mylel J. Kochenderfer. 2017. Reluplex: An efficient SMT Solver for verifying deep neural networks. In *International Conference on Computer Aided Verification*, 97–117. Springer.

Lawrence, S., C. L. Giles, A. C. Tsoi, und A. D. Back. 1997. Face recognition: A convolutional neural-network approach. *IEEE Transactions on Neural Networks* 8:98–113.

Lecun, Yann, und Corinna Cortes. 2009. *The MNIST database of handwritten digits*. http://yann.lecun.com/exdb/mnist/. Zugegriffen am 21.01.2020.

Leofante, Francesco, Nina Narodytska, Luca Pulina, und Armando Tacchella. 2018. Automated verification of neural networks: advance, challenges and perspectives. arXiv: 1805.009938vl [cs.AI] 25 May 2018.

Mainzer, Klaus. 2019. *Künstliche Intelligenz. Wann übernehmen die Maschinen?* 2. Aufl. Berlin: Springer.

Pulina, Luca, und Armando Taccella. 2011. NeVer: A tool for artificial neural network verification. *Annals of Mathematics and Artificial Intelligence* 62:403–425.

Pulina, Luca, und Armando Taccella. 2012. Challenging SMT solvers to verify neural networks. *AI Communications* 25:117–135.

Scherer, Dominik, Andreas C. Müller, und Sven Behnke. 2010. Evaluation of pooling operations in convolutional architectures for object recognition. In *20th International Conference on Artificial Neural Networks*, 92–101. Springer.

Schmidthuber, Jürgen. 2015. Deep learning in neural networks. An overview. *Neural Networks* 61:85–117.

Xiang, Weiming, Hoang-Dung, und Taylor T. Johnson. 2018a. Output reachable set estimation and verification for multi-layer neural networks. *IEEE Transactions on Neural Networks and Learning Systems*. arXiv: 1708.03322v2 [cs.LG] 20 Feb 2018.

Xiang, Weiming, Ayana A. Patrick Musau Diego Manzanas Lopez Wild, Nathaniel Hamilton, Xiaodong Yang, Joel Rosenfeld, und Taylor T. Johnson. 2018b. Verification for machine learning, autonomy, and neural networks survey. arXiv:1810.01989vl [cs.AI] 3 Oct.

Zeng, X., und D. S. Yeung. 2003. A quantified sensitivity measure for multilayer perceptron to input perturbation. *Neural Computation* 15:183–212.

Statistisches und kausales Lernen im Machine Learning

Klaus Mainzer

Inhalt

Zusammenfassung

Die praktischen Anwendungen des Machine Learning, die zum Hype der Künstlichen Intelligenz führten, beruhen weitgehend auf Algorithmen des statistischen Lernens. Statistisches Lernen ist aber nur eine Form schwacher künstlicher Intelligenz, die selbst von einfachen Organismen der Evolution realisiert wird. Kausales Lernen ermöglicht erste Schritte zu Algorithmen einer starken künstlichen Intelligenz.

Schlüsselwörter

Statistisches Lernen · Musterklassifikation · Strukturelle Kausalmodelle · Kausale Graphen · Kausales Lernen

K. Mainzer (✉)
TUM Senior Excellence Faculty, Technische Universität München (TUM), München, Deutschland
E-Mail: mainzer@tum.de

K. Mainzer (Hrsg.), *Philosophisches Handbuch Künstliche Intelligenz*,
https://doi.org/10.1007/978-3-658-19606-6_51

1 Einleitung

Machine learning verändert unsere Zivilisation dramatisch. Wir verlassen uns immer mehr auf effiziente Algorithmen, weil die Komplexität unserer zivilisatorischen Infrastruktur sonst nicht zu bewältigen wäre: Unsere Gehirne sind zu langsam und bei den anstehenden Datenmengen hoffnungslos überfordert. Aber wie sicher sind KI-Algorithmen? Bei der praktischen Anwendung beziehen sich Lernalgorithmen auf Modelle neuronaler Netze, die selber äußerst komplex sind. Sie werden mit riesigen Datenmengen gefüttert und trainiert. Die Anzahl der dazu notwendigen Parameter explodiert exponentiell. Niemand weiß genau, was sich in diesen „Black Boxes" im Einzelnen abspielt. Es bleibt häufig nur ein statistisches Trial-and-Error Verfahren. Tatsächlich beruht Machine learning weitgehend auf Anwendungen einer statistischen Lerntheorie, deren Stärken und Schwächen im folgenden Artikel zunächst gezeigt werden.

Wie sollen dann aber Verantwortungsfragen wie z. B. Haftung beim autonomen Fahren oder in der Medizin entschieden werden? Dazu benötigen wir mehr kausale Erklärung (explainability) und Zurechnung (accountability) von Ursachen und Wirkungen, um ethische und rechtliche Fragen der Verantwortung entscheiden zu können. Im zweiten Teil werden daher erste Schritte einer kausalen Lerntheorie erklärt, die Grundlage von kausalen Lernalgorithmen sind. Erkenntnistheoretisch könnten sich kausale Lernalgorithmen als erste Schritte von einer schwachen (statistischen) KI zu einer starken KI erweisen, in der kausales Denken maschinell realisiert wird.

2 Grundlagen statistischen Lernens

Was bedeuten probabilistisches Schließen und Lernen? Die Wahrscheinlichkeitstheorie geht vom Modell eines Zufallsexperiments aus. Mathematisch wird dazu ein Wahrscheinlichkeitsraum $(\Omega, \mathcal{F}, P)$ angenommen, wobei Ω die Menge aller Ergebnisse des Zufallsexperiment, $\mathcal{F}$ die Menge der Ereignisse $A \subseteq \Omega$ und P das Maß ist, das jedem Ereignis eine Wahrscheinlichkeit zuordnet. Probabilistisches Schließen versucht, Eigenschaften der Resultate von Zufallsexperimenten aus der gegebenen mathematischen Struktur $(\Omega, \mathcal{F}, P)$ abzuleiten. Probabilistisches Lernen versucht, Eigenschaften des zugrunde gelegten statistischen Modells aus den Resultaten (Daten) des Experiments abzuleiten.

Beim probabilistischen bzw. statistischen Lernen sollen also Abhängigkeiten und Zusammenhänge aus Beobachtungsdaten durch Algorithmen abgeleitet werden. Dazu können wir uns ein naturwissenschaftliches Experiment vorstellen, bei dem in einer Serie von veränderten Versuchsbedingungen (Inputs) entsprechende Ergebnisse (Outputs) folgen. In der Medizin könnte es sich um einen Patienten handeln, der auf Medikamente in bestimmter Weise reagiert. Dabei nehmen wir an, dass die entsprechenden Paare von Input- und Outputdaten unabhängig durch dasselbe unbekannte Zufallsexperiment erzeugt werden. Statistisch sagt man deshalb, dass die endliche Folge von Beobachtungsdaten $(x_1, y_1), \ldots, (x_n, y_n)$ mit Inputs x_i und

Outputs y_i ($i = 1, \ldots, n$) durch Zufallsvariablen $(X_1, Y_1), \ldots, (X_n, Y_n)$ realisiert wird, denen eine unbekannte Wahrscheinlichkeitsverteilung $P_{X,\,Y}$ zugrunde liegt.

Algorithmen sollen nun Eigenschaften der Wahrscheinlichkeitsverteilung $P_{X,\,Y}$ ableiten. Ein Beispiel wäre die Erwartungswahrscheinlichkeit, mit der für einen gegebenen Input ein entsprechender Output auftritt. Es kann sich aber auch um eine Klassifikationsaufgabe handeln: Eine Datenmenge soll auf zwei Klassen aufgeteilt werden. Mit welcher Wahrscheinlichkeit gehört ein Element der Datenmenge (Input) eher zu der einen oder anderen Klasse (Output)? Wir sprechen in diesem Fall auch von binärer Mustererkennung.

In technisch-mathematischer Sprache heißt das: Gegeben seien die Beobachtungsdaten $(x_1, y_1), \ldots, (x_n, y_n)$ mit Inputs $x_i \in \mathcal{X}$ und $y_i \in \mathcal{Y}$ $(1 \leq i \leq n)$. Die metrischen Räume $\mathcal{X}$ and $\mathcal{Y}$ sind mit einer Borel σ-Algebra versehen. Wir nehmen an, dass jedes Paar (x_i, y_i) durch dasselbe unbekannte Zufallsexperiment unabhängig erzeugt wird, d. h. es handelt sich um Realisierungen von Zufallsvariablen $(X_1, Y_1), \ldots, (X_n, Y_n)$ i. i. d. (independent and identically distributed) mit Verbundwahrscheinlichkeit $P_{X,\,Y}$ und Maßfunktion $X : \Omega \rightarrow \mathcal{X}$. Es geht nun darum, Eigenschaften der Verbundwahrscheinlichkeit $P_{X,\,Y}$ abzuleiten.

Ein Beispiel ist die Berechnung der Erwartungswahrscheinlichkeit des Outputs $f(x) = \mathbb{E}[Y|X = x]$ bei gegebenem Input x mit $\mathcal{Y} = \mathbb{R}$ (Regression). Ein weiteres Beispiel ist die binäre Klassifikation von Mustern. Beim Erkennen eines binären Musters werden die Daten einer Datenmenge $\mathcal{X}$ auf zwei mögliche Klassen verteilt, die mit +1 bzw. −1 bezeichnet werden. Diese Zuordnung wird durch eine Funktion $f : \mathcal{X} \rightarrow \mathcal{Y}$ mit $\mathcal{Y} = \{+1, -1\}$ beschrieben. Beim statistischen Lernen eines binären Musters geht es darum, aus einer Klasse $\mathcal{F}$ von Funktionen diejenige Zuordnung f zu ermitteln, bei der die Fehlerabweichung bzw. der erwartete Irrtum minimal ist. Wir sprechen auch von der Risikominimierung des statistischen Lernens (Peters et al. 2017, S. 6 f.).

In technisch-mathematischer Sprache heißt das: Die binäre Musterklassifikation ordnet jedes x der Klasse mit größerer Wahrscheinlichkeit zu, also

$$f(x) = \operatorname{argmax}_{y \in \mathcal{Y}} P(Y = y|X = x) \text{ mit } \mathcal{Y} = \{\pm 1\}.$$

Probabilistisches Lernen lässt sich als Induktionsprinzip auffassen, nach dem z. B. binäre Mustererkennung oder Klassifikation $f : \mathcal{X} \rightarrow \mathcal{Y}$ von Beobachtungen $(x_1, y_1), \ldots, (x_n, y_n)$ in die beiden Klassen $\mathcal{Y} = \{\pm 1\}$ erlernt wird. Dabei werden die Beobachtungen $(x_1, y_1), \ldots, (x_n, y_n)$ mit einer (unbekannten) Wahrscheinlichkeitsverteilung $P_{X,\,Y}$ (i. i. d.) erzeugt und der erwartete Irrtum (Risiko) R der Klassifikationsfunktionen f über der Funktionenklasse $\mathcal{F}$ minimiert:

$$R[f] = \int \frac{1}{2} |\, f(x) - y|\; dP_{X,Y}(x, y).$$

Da aber die Wahrscheinlichkeitsverteilung $P_{X,\,Y}$ für alle Werte unbekannt ist, kann diese Formel und damit die gesuchte Mustererkennung mit minimaler Fehlerabweichung nicht berechnet werden. Es stehen uns nur die endlich vielen empirisch beobachteten Zuordnungen $(x_1, y_1), \ldots, (x_n, y_n)$ zur Verfügung. Wir beschränken uns daher auf eine empirische Risikominimierung. Dazu ermitteln wir schrittweise für jede Zuordnungsfunktion f der Klasse $\mathcal{F}$ den empirischen Trainingsirrtum beim Lernen aus einem Sampel mit Umfang n, also

$$R^n_{emp}[f] = \frac{1}{n}\sum_{i=1}^{n}\frac{1}{2}\left|f(x_i) - y_i\right|.$$

Ein sensationelles Beispiel war die Entdeckung des Higgs Teilchens durch einen Machine Learning Algorithmus und Big Data. Am 28. August 2018 meldete CERN:

> *„Die überragende Leistung des Elementarteilchenbeschleunigers LHC (Large Hadron Collider) und moderne Machine Learning Technik ermöglichten es, die Kopplung des Higgs Bosons mit den schwersten Fermionen zu identifizieren. Damit wird erklärt, warum es Masse im Universum gibt."*

Das Standardmodell der Elementarteilchenphysik erklärt, dass das Higgs Boson H in zwei Bottom Quarks b in Verbindung mit einem Z Boson zerfällt, das in Elektron e^- und ein Antielektron e^+ zerfällt. Dieses Ereignis muss unter Milliarden von Daten (Big Data) identifiziert werden, die durch Proton-Proton Kollisionen erzeugt werden. Dabei handelt es sich um ein Beispiel der Mustererkennung und Klassifikation in der Elementarteilchenphysik. Dazu müssen Signalereignisse s wie z. B. der Zerfall des Higgs-Bosons $H \rightarrow \tau^+\tau^-$ von Hintergrundereignissen h unterschieden werden.

Der Vektor $\mathbf{x} = (x_1, \ldots, x_n)$ mit n Größen eines Ereignisses (z. B. x_1 Impuls eines Leptons) wird durch eine Dichtefunktion der Verbundwahrscheinlichkeit $f(\mathbf{x}|\ s)$ für Signalereignisse und $f(\mathbf{x}|\ b)$ für Hintergrundereignisse bestimmt. Bildlich wird die Dichte der Signalereignisse mit roten Punkten und die Dichte der Hintergrundereignisse mit blauen Dreiecken dargestellt (Abb. 1). Die Selektion von Ereignismustern kann durch Schnitte (a), lineare Grenzen (b) und nicht lineare Grenzen (c) durchgeführt werden (Radovic et al. 2018).

Die Konturen dieser Selektion werden durch ein konstantes Likelihood-Verhältnis der Dichtefunktionen für Signal- und Hintergrundereignisse bestimmt:

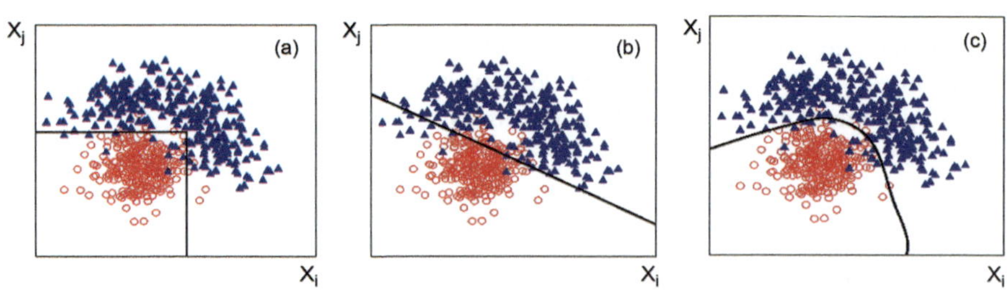

Abb. 1 Statistische Mustererkennung in der Elementarteilchenphysik. (Radovic et al. 2018)

$$\lambda(\mathbf{x}) = \frac{f(\mathbf{x}|s)}{f(\mathbf{x}|b)}.$$

Da die Wahrscheinlichkeitsdichten im allgemeinen unbekannt sind, ist $\lambda(\mathbf{x})$ nicht berechenbar. Allerdings könnten endliche Samples mit Trainingsdaten durch Monte Carlo Methoden berechnet werden. Ziel sind Algorithmen des Machine learning, um eine Funktion $y(\mathbf{x})$ zu finden, die am besten das Likelihood Verhältnis $\lambda(\mathbf{x})$ für die Musterselektion der Signalereignisse approximiert.

Bei der Risikominimierung wird eine Folge von Funktionen der Klasse $\mathcal{F}$ mit verbessertem Trainingsirrtum erzeugt. Die zentrale Frage ist, ob durch dieses Verfahren eine Mustererkennung mit einer minimal möglichen Fehlerabweichung ermittelt werden kann. Mathematisch ist zu klären, ob die so ermittelte Funktionenfolge in der Klasse $\mathcal{F}$ gegen eine Funktion mit minimaler Fehlerabweichung konvergiert. Man spricht auch von der Konsistenz induktiver Risikominimierung, falls eine Folge von Funktionen erzeugt wird, deren Risiko gegen das kleinste mögliche Risiko konvergiert, das in der Funktionenklasse $\mathcal{F}$ mit $n \to \infty$ möglich ist.

Tatsächlich lässt sich beweisen, dass eine solche Konvergenz bzw. ein solcher Lernerfolg nur für kleine Teilklassen garantiert ist. Ein Beispiel ist die Vapnik-Chervonenkis (VC) Dimension, mit der sich die Kapazität und Größe solcher Funktionenklassen bestimmen lässt (Vapnik 1998). Mit großer Wahrscheinlichkeit ist dann das Risiko nicht größer als das empirische Risiko (plus einem Term, der mit der Größe der Funktionenklasse wächst.)

Bei einem Konsistenzbeweis für induktive Risikominimierung lautet die mathematische Ausgangsfrage: Konvergiert die Folge von Funktionen, die das empirische Risiko $R^n_{\text{em}}[f]$ minimieren, gegen eine Funktion, die ebenfalls das Risiko $R[f]$ minimiert? Nach dem Gesetz der großen Zahl ist bekannt, dass für jedes gegebenes $\varepsilon > 0$ und $f \in \mathcal{F} = \mathcal{Y}^{\mathcal{X}}$ gilt

$$\lim_{n\to\infty} P\left(|R[f] - R^n_{\text{em}}[f]| > \varepsilon\right) = 0$$

mit einer exponentiell schnellen Konvergenz und Chernov Schranke (Vapnik 1998).

Daraus folgt aber keine Konsistenz der empirischen Risikominimierung. Der Grund dafür ist, dass die Funktion f durch Minimierung des empirischen Risikos $R^n_{\text{em}}[f]$ gewählt wurde. Daraus folgt, dass die Irrtümer oder Verluste $\frac{1}{2} \mid f(x_i) - y_i \mid$ nicht unabhängig sind, obwohl die Paare (x_i, y_i) unabhängig sind. In diesem Fall ist das Gesetz der großen Zahl nicht anwendbar. Um Konsistenz zu erhalten, wird ein uniformes Gesetz der großen Zahl benötigt:

$$\lim_{n\to\infty}\left(\sup_{f\in\mathcal{F}}\left(R[f] - R^n_{\text{em}}[f] > \varepsilon\right)\right) = 0 \text{ für alle } \varepsilon > 0.$$

Diese Eigenschaft hängt ab von der Funktionenklasse $\mathcal{F}$. Daher stellt sich als nächstes die Frage, wie groß die Funktionenklasse $\mathcal{F}$ gewählt werden kann. Nicht jede Funktion $f : \mathcal{X} \to \mathcal{Y}$ garantiert nämlich Konsistenz:

Sei f^* eine Funktion mit $f(x_i) = y_i$ auf dem Sample $(x_1, y_1), \ldots, (x_n, y_n)$ und f^{**} eine Funktion, die mit f^* nur auf diesem Sample übereinstimmt and sonst nicht. Falls die Verteilung $P_{X,\,Y}$ eine Dichte besitzt, dann ist die Wahrscheinlichkeit, auf irgendeinen Trainingspunkt in der Zukunft exakt zu treffen, Null. Daraus folgt, dass f^* und f^{**} fast immer nicht übereinstimmen werden. Für das uniforme Gesetz der großen Zahl folgt daraus: Immer wenn ein f^* mit kleiner Differenz $(R[f^*] - R^n_{\text{em}}[f^*])$ gefunden wurde, dann lässt sich eine Funktion f^{**} mit großer Differenz $(R[f^{**}] - R^n_{\text{em}}[f^{**}])$ angeben. Daher ist uniforme Konvergenz für die gesamte Funktionenklasse $\mathcal{F} = \mathcal{Y}^{\mathcal{X}}$ unmöglich.

Das uniforme Gesetz der großen Zahl lässt sich allerdings für eine kleinere Funktionenklasse $\mathcal{F}$ als $\mathcal{Y}^{\mathcal{X}}$ anwenden. Als Maß der Größe der Funktionenklasse lässt sich die VC (Vapnik-Chervonenkis) Dimension heranziehen. Gelegentlich stimmt sie mit der Anzahl der freien Parameter von $\mathcal{F}$ überein. Falls die VC (Vapnik-Chervonenkis) Dimension von $\mathcal{F}$ endlich ist, dann ist die Konsistenz der empirischen Risikominimierung für jedes $P_{X,\,Y}$ garantiert (Vapnik 1998).

Eine (typische) Risikoschranke der statistischen Lerntheorie besagt, dass für alle $\delta > 0$ mit Wahrscheinlichkeit $1 - \delta$ und für alle $f \in \mathcal{F}$ gilt:

$$R(f) \leq R^n_{\text{em}}[f] + \sqrt{\frac{h\left(\log\left(\frac{2n}{h}\right) + 1\right) - \log\left(\frac{\delta}{4}\right)}{n}},$$

wobei h die VC Dimension der Funktionenklasse $\mathcal{F}$ ist. Das bedeutet, dass für eine „kleine" Funktionenklasse (mit kleiner VC Dimension), in der geeignete Funktionen mit kleinem empirischen Risiko $R^n_{\text{em}}[f]$ vorkommen, mit hoher Wahrscheinlichkeit garantiert werden kann, dass diese Funktionen kleine erwartete Irrtümer für zukünftige Daten bei gleicher Verteilung haben. Damit eröffnet das statistische Lernen eine bemerkenswerte Perspektive auf den Popperschen Falsifikationismus (Corfield et al. 2009).

Die Erfolge des Machine learning in Technik und Wirtschaft basieren auf großen Datensets (BIG DATA) und Rechenkapazität, mit denen diese Methoden trainiert werden können. Induktive Methoden des statistischen Lernens liefern aber nur Regularitäten von Wahrscheinlichkeitsverteilungen. Zugrundeliegende kausale Regularitäten erfordern zusätzliche mathematische Strukturen.

3 Grundlagen kausalen Lernens

Datenkorrelationen können Hinweise auf kausale Zusammenhängen liefern, müssen es aber nicht. Stellen wir uns eine Testreihe vor, bei der sich eine günstige Korrelation zwischen einer verabreichten chemischen Substanz und der Bekämpfung bestimmter Krebstumore ergibt. Dann entsteht Druck des betroffenen Unternehmens, mit einem entsprechenden Medikament in die Produktion zu gehen und Gewinne abzuschöpfen. Aber auch betroffene Patienten mögen darin ihre letzte Chance sehen. Tatsächlich erhalten wir ein nachhaltiges Medikament aber nur, wenn wir den zugrunde liegen kausalen Mechanismus des Tumorwachstums, also die Gesetze der Zellbiologie und Biochemie verstanden haben.

Bereits Newton war kaum an Datenkorrelationen der fallenden Äpfel von den Apfelbäumen seines väterlichen Bauernhofs interessiert. Diese populäre Geschichte hatte Voltaire in die Welt gesetzt. Newton war vielmehr an dem zugrunde liegenden mathematischen Kausalgesetz der Gravitation interessiert, mit dem genaue Erklärungen und Prognosen der fallenden Äpfel und der Himmelskörper möglich wurden, letztlich auch die darauf aufbauende heutige Satelliten- und Raketentechnik. Dazu leitete er mathematische Schlüsse auf der Grundlage von Keplers Planetengesetzen und einer angenommenen Gravitationskraft ab.

Die Auseinandersetzung zwischen probabilistischem und kausalem Denken ist keineswegs neu, sondern wurde erkenntnistheoretisch bereits in der Philosophie des 18. Jahrhunderts zwischen David Hume (1711–1776) und Immanuel Kant (1724–1804) ausgefochten. Nach Hume beruht alle Erkenntnis auf sinnlichen Eindrücken (Daten), die psychologisch „assoziiert" werden. Es gibt danach keine Kausalitätsgesetze von Ursache und Wirkung, sondern nur Assoziationen von Eindrücken (z. B. Blitz und Donner), die mit (statistischer) Häufigkeit „gewohnheitsmäßig" korreliert werden (Hume 1993). Nach Kant sind Kausalitätsgesetze als vernunftmäßig gebildete Hypothesen möglich, die experimentell überprüft werden können. Ihre Bildung beruht nicht auf psychologischen Assoziationen, sondern auf der vernunftmäßigen Kategorie der Kausalität (Kant 1900 ff.), die mithilfe der Einbildungskraft für Vorhersagen auf der Grundlage von Erfahrung operationalisiert werden kann. Nach Kant ist dieses Verfahren seit Galileo Galilei in der Physik in Gebrauch, die so erst zur Wissenschaft wurde.

Statistisches Lernen und Schließen aus Daten reichen also nicht aus. Wir müssen vielmehr die kausalen Zusammenhänge von Ursachen und Wirkungen hinter den Messdaten erkennen. Diese kausalen Zusammenhänge hängen von den Gesetzen der jeweiligen Anwendungsdomäne unserer Forschungsmethoden ab, also den Gesetzen der Physik im Beispiel von Newton, den Gesetzen des Standardmodells der Elementarteilchenphysik, aus denen der theoretische Physiker Higgs die Existenz des Higgs-Teilchens gefolgert hatte, den Gesetzen der Biochemie und des Zellwachstums im Beispiel der Krebsforschung, etc. Wäre es anders, könnten wir mit den Methoden des statistischen Lernens und Schließen bereits die Probleme dieser Welt lösen. Tatsächlich scheinen das einige kurzsichtige Zeitgenossen beim derzeitigen Hype der Künstlichen Intelligenz zu glauben.

Statistisches Lernen und Schließen ohne kausales Domänenwissen ist aber blind – bei noch so großer Datenmenge (Big Data) und Rechenpower. Neben der Statistik der Daten bedarf es zusätzlicher Gesetzes- und Strukturannahmen der Anwendungsdomänen, die durch Experimente und Interventionen überprüft werden. Kausale Erklärungsmodelle (z. B. das Planetenmodell Newtons, das Standardmodell von Higgs oder ein Tumormodell) erfüllen die Gesetzes- und Strukturannahmen einer Theorie (z. B. die Gravitationstheorie, die Elementarteilchenphysik oder die Gesetze der Zellbiologie).

Beim kausalen Schließen werden Eigenschaften von Daten und Beobachtungen aus angenommenen Kausalmodellen, d. h. Gesetzesannahmen von Ursachen und Wirkungen, abgeleitet. Kausales Schließen ermöglicht damit, die Wirkungen von

Interventionen oder Datenveränderungen (z. B. durch Experimente) zu bestimmen. Kausales Lernen versucht umgekehrt, ein Kausalmodell aus Beobachtungen, Messdaten und Interventionen (z. B. Experimente) abzuleiten, die zusätzliche Gesetzes- und Strukturannahmen voraussetzen (Abb. 2).

Ein strukturelles Kausalmodell besteht aus einem System von strukturellen Zuordnungen von Ursachen zu Wirkungen mit eventuellen Störvariablen. Ursachen und Wirkungen werden durch Zufallsvariablen beschrieben. Ihre funktionalen Zuordnungen (unter Berücksichtigung von Störvariablen) werden durch Gleichungen definiert, also z. B. Wirkung $X_j = f(X_i, N)$ in funktioneller Abhängigkeit von Ursache X_i und Störvariable N. Anschaulich kann das Netzwerk der Ursachen und Wirkungen durch einen Graphen von Knoten und Kanten dargestellt werden. Zufallsvariablen von Ursachen und Wirkungen entsprechen Knoten. Kausale Wirkungen entsprechen gerichteten Pfeifen: $X_i \rightarrow X_j$ bedeutet, dass Ursache X_i Wirkung X_j auslöst.

Es lässt sich beweisen, dass ein Kausalmodell eine eindeutige Wahrscheinlichkeitsverteilung der Daten einschließt (Abb. 2: „subsumiert"), aber nicht umgekehrt: Für Kausalmodelle (z. B. Planetenmodell) müssen zusätzliche Gesetze (z. B. Gravitationsgesetz) angenommen werden (Mooij et al. 2013). Um kausale Abhängigkeiten und Unabhängigkeiten von Ereignissen zu erkennen, muss die Abhängigkeit und Unabhängigkeit der sie darstellenden Zufallsvariablen ermittelt werden. Statistisch lässt sich die Unabhängigkeit der Resultate x und y zweier Zufallsvariablen (anschaulich Zufallsexperimente) X und Y dadurch ausdrücken, dass ihre Verbundwahrscheinlichkeit $p(x, y)$ faktorisierbar ist, d. h. $p(x, y) = p(x)p(y)$. Man spricht in diesem Fall auch von der Markov-Bedingung. Auf dieser Grundlage lässt sich der Kalkül einer kausalen Unabhängigkeitsrelation $\perp\!\!\!\perp$ einführen (Pearl 2009):

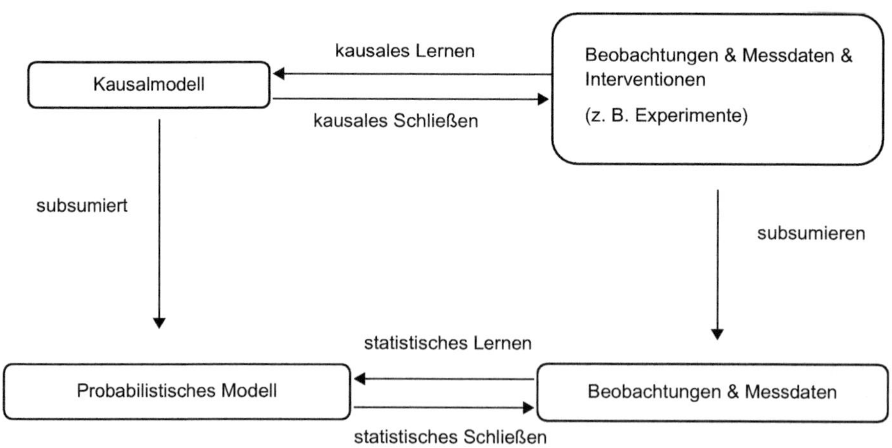

Abb. 2 Statistisches und kausales Lernen. (Peters et al. 2017, S. 6, nach Abb. 1.1)

Sei $p(x)$ die Dichte der Wahrscheinlichkeitsverteilung P_X einer Zufallsvariablen X:

$$X \text{ unabhngig von } Y \; (X \perp\!\!\!\perp Y) :\Leftrightarrow p(x,y) = p(x)p(y) \text{ fr alle Werte } x,y \text{ of } X,Y$$

$$X_1, \ldots, X_d \text{ gegenseitig unabhngig } :\Leftrightarrow p(x_1, \ldots, x_d) = p(x_1)\cdot \ldots \cdot p(x_d)$$
$$\text{für alle Werte } x_1, \ldots, x_d \text{ von } X_1, \ldots, X_d$$

$$X \text{ unabhngig von } Y \text{ unter Bedingung } Z \; (X \perp\!\!\!\perp Y|Z) :\Leftrightarrow p(x,y|z) = p(x|z)p(y|z)$$
$$\text{für alle Werte } x, y, z \text{ von } X, Y, Z \text{ mit } p(z) > 0.$$

Bedingte Unabhängigkeitsrelationen erfüllen folgende Regeln (Pearl et al. 2016):

$$X \perp\!\!\!\perp Y|Z \Rightarrow Y \perp\!\!\!\perp X|Z \qquad \text{(Symmetrie)}$$

$$X \perp\!\!\!\perp Y,W|Z \Rightarrow X \perp\!\!\!\perp Y|Z \qquad \text{(Dekomposition)}$$

$$X \perp\!\!\!\perp Y,W|Z \Rightarrow X \perp\!\!\!\perp Y|W,Z \qquad \text{(schwache Vereinigung)}$$

$$X \perp\!\!\!\perp Y|Z \text{ und } X \perp\!\!\!\perp W|Y,Z \Rightarrow X \perp\!\!\!\perp Y,W|Z \qquad \text{(Kontraktion)}$$

$$X \perp\!\!\!\perp Y|W,Z \text{ und } X \perp\!\!\!\perp W|Y,Z \Rightarrow X \perp\!\!\!\perp Y,W|Z \qquad \text{(Schnittmenge)}$$

Die Unabhängigkeit von Zufallsvariablen lässt sich in einem Test prüfen: Sei ein endliches Sample $(X_1, Y_1), \ldots, (X_n, Y_n) \sim_{iid} P_{X,\,Y}$ gegeben. Sind die zugrunde liegenden Zufallsvariablen unabhängig oder nicht? Da es Zufallsfluktuationen von unabhängigen Messungen gibt, führt man statistische Hypothesentests mit einer Nullhypothese $H_0 : X \perp\!\!\!\perp Y$ und der entsprechenden Alternativhypothese H_A : *nicht* $X \perp\!\!\!\perp Y$ durch.

Eine Teststatistik T_n entscheidend entsprechend zu

$$(x_1, y_1), \ldots, (x_n, y_n) \mapsto \begin{cases} H_0 \text{ if } T_n \leq c \\ H_A \text{ if } T_n > c \end{cases}$$

mit dem Schwellenwert $c \in \mathbb{R}$, der den Typ I Irrtum kontrolliert:

Für jedes P, das die Nullhypothese H_0 erfüllt, gilt $P(T_n > c) \leq \alpha$ mit Signifikanzstufe α des Tests (spezifiziert durch den Nutzer). Falls $T_n > c$ ist, wird die Nullhypothese H_0 zurückgewiesen und Entscheidung H_A ist (relativ) korrekt. Andernfalls wird die Nullhypothese H_0 nicht zurückgewiesen (was aber nicht viel bedeuten muss): Zum Beispiel könnte die Größe n des Samples zu klein sein, um die Abhängigkeit zwischen X und Y zu entdecken.

Zur Illustration des Zusammenhangs eines grafischen Kausalnetzes mit entsprechenden Kausalgesetzen betrachten wir folgendes Beispiel: Gegeben sei ein System mit Kausalgesetzen

$$X_1 := f_1(X_3, N_1)$$

$$X_2 := f_2(X_1, N_2)$$

$$X_3 := f_3(N_3)$$

$$X_4 := f_4(X_2, X_3, N_4),$$

wobei N_1, N_2, N_3, N_4 unabhängige Störvariablen sind. Der entsprechende Kausalgraph $\mathcal{G}$ ist

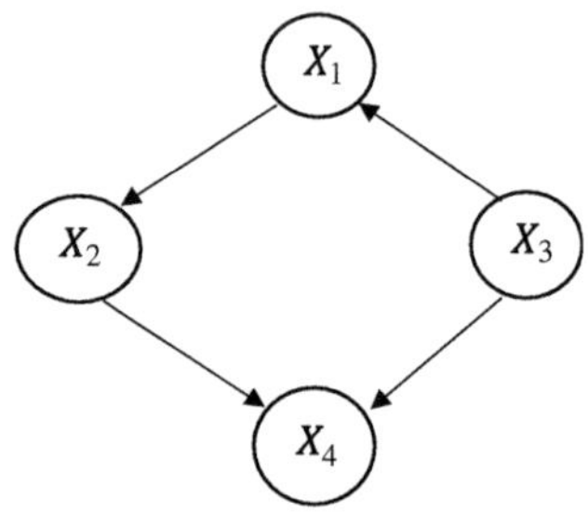

Die Unabhängigkeit der Zufallsvariablen X_1, X_2, X_3, X_4 in der statistischen Verteilung P_{X_1,X_2,X_3,X_4} lässt sich durch $X_2 \perp\!\!\!\perp X_3 \mid X_1$ und $X_1 \perp\!\!\!\perp X_4 \mid X_2, X_3$ bzw. durch die Markov-Faktorisierung darstellen:

$$p(x_1, x_2, x_3, x_4) = p(x_3)p(x_1|x_3)p(x_2|x_1)p(x_4|x_2, x_3).$$

Allgemein besteht ein strukturelles Kausalmodell (SCM) $\mathfrak{C} = (\mathrm{S}, P_\mathrm{N})$ aus einer Menge S von d strukturellen Zuordnungen $X_j := f_j(\mathrm{PA}_j, N_j)(j = 1, \ldots, d)$ mit $\mathrm{PA}_j \subseteq \{X_1, \ldots, X_d\} \setminus \{X_j\}$ Eltern von X_j und eine Verbundwahrscheinlichkeit P_N über die (gemeinsam unabhängigen) Störvariablen $\mathrm{N} = N_1, \ldots, N_d$. Der Graph $\mathcal{G}$ von SCM wird durch Knoten für jedes X_j und gerichtete Kanten von jedem Elternknoten in PA_j zu X_j erzeugt. X_j wird direkte Wirkung der Elemente von PA_j als direkten Ursachen von X_j genannt.

In einem gerichteten azyklischen Graphen (DAG) $\mathcal{G}$ ist ein Pfad zwischen Knoten i_1 und i_m genau dann durch eine Menge S mit i_1, $i_m \notin$ S geblockt, wenn es einen Knoten i_k gibt, derart dass eine der folgenden zwei Möglichkeiten gilt:

(i) $i_k \in$ S und $i_{k-1} \rightarrow i_k \rightarrow i_{k+1}$ oder $i_{k-1} \longleftarrow i_k \longleftarrow i_{k+1}$ oder $i_k \longleftarrow i_k \rightarrow i_{k+1}$
(ii) weder i_k noch irgendeiner seiner Nachkommen ist in S und $i_{k-1} \rightarrow i_k \longleftarrow i_{k+1}$.

In einem gerichteten azyklischen Graphen DAG $\mathcal{G}$ sind zwei disjunkte Knotenteilmengen A and B durch eine dritte disjunkte Teilmenge S d-separiert genau dann, wenn jeder Pfad zwischen Knoten in A and B durch S blockiert ist ($\mathrm{A} \perp\!\!\!\perp_{\mathcal{G}} \mathrm{B} \mid \mathrm{S}$).

Eine Verbundwahrscheinlichkeit P_X erfüllt (Peters et al. 2017)

a) die Markov Bedingung für DAG $\mathcal{G}$ genau dann, wenn

$$\mathrm{A} \perp\!\!\!\perp_{\mathcal{G}} \mathrm{B} \mid \mathrm{S} \Rightarrow \mathrm{A} \perp\!\!\!\perp \mathrm{B} \mid \mathrm{S},$$

i.e. d-Separation impliziert bedingte Unabhängigkeit für alle disjunkten Knotenmengen A, B, C.

b) die Markov Faktorisierungseigenschaft bzgl. DAG $\mathcal{G}$ genau dann, wenn

$$p(\mathrm{x}) = p(x_1, \ldots, x_d) = \prod\nolimits_{j=1}^{d} p\left(x_j | \mathrm{pa}_j^{\mathcal{G}}\right)$$

c) die Treuebedingung bzgl. DAG $\mathcal{G}$ genau dann, wenn

$$\mathrm{A} \perp\!\!\!\perp \mathrm{B} \mid \mathrm{S} \Rightarrow \mathrm{A} \perp\!\!\!\perp_{\mathcal{G}} \mathrm{B} \mid \mathrm{S}.$$

Es gibt Markov-Verteilungen, die nicht treu sind.

Erkenntnistheoretisch hatte Kant nur postuliert, dass Kausalmodelle möglich und zur Erklärung von Sachverhalten notwendig seien. Welche Annahmen müssen aber Kausalmodelle erfüllen, um kausale Abläufe als kausale Graphen von Ursachen und Wirkungen in einer statistischen Datenverteilung zu identifizieren? Eine Wahrscheinlichkeitsverteilung $P_{\mathbf{X}}$ für Zufallsvariablen $\mathbf{X} = (X_1, \ldots, X_d)$ kann verschiedene Kausalmodelle einschließen. Falls ein vollständiger direkter azyklischer Graph DAG von Ursache- und Wirkungsketten gegeben ist, lässt sich ein entsprechendes strukturelles Kausalmodell SCM angeben, das die entsprechende Wahrscheinlichkeitsverteilung $P_{\mathbf{X}}$ einschließt.

Falls die Verteilungsfunktion P_X Markov und treu bzgl. des zugrunde liegenden gerichteten azyklischen Graphen (DAG) $\mathcal{G}^0$ ist, liegt eine Eins-zu-Eins Korrespondenz zwischen Statements der d-Separation im Graphen $\mathcal{G}^0$ und entsprechenden Statements der bedingten Unabhängigkeit in der Wahrscheinlichkeitsverteilung vor. Alle Graphen außerhalb der korrekten Markov-Äquivalenzklasse von $\mathcal{G}^0$ können deshalb zurückgewiesen werden, da sie eine Menge von d-Separationen beinhalten, die nicht der Menge bedingter Unabhängigkeiten in P_X gleicht. Da beide Markov- und Treuebedingung nur den bedingten Unabhängigkeiten in der Verbundverteilung Beschränkungen auferlegen, ist klar, dass nicht zwischen zwei Markov-äquivalenten Graphen unterschieden werden kann, also zwischen zwei Graphen, die dieselbe Menge von bedingten Unabhängigkeiten einschließen. Zusammengefasst: Unter der Markov- und Treue-Bedingung ist die Markov-Äquivalenzklasse von Graph $\mathcal{G}^0$ in der Wahrscheinlichkeitsverteilung $P_{\mathbf{X}}$ identifizierbar.

Eine gegebene Wahrscheinlichkeitsverteilung könnte von mehreren strukturellen Kausalmodellen SCM mit verschiedenen kausalen Graphen eingeschlossen werden. Ob und welche kausalen Prozesse (dargestellt als gerichtete azyklische Graphen DAG) identifiziert werden können, hängt von strukturellen Annahmen des Kausalmodells ab. Die Annahmen betreffen die Art der Zuordnungsfunktionen in den Gleichungen des strukturellen Kausalmodells, die z. B. linear oder nicht linear sein

Tab. 1 Sätze über die Identifizierung von kausalen Graphen

Typen von strukturellen Modellen	Typen von Gleichungen	Bedingungen von Funktionen	Beweise von eindeutig identifizierbaren kausalen Graphen
Strukturelle Kausalmodelle SCM (allgemein)	$X_j := f_j(X_{\mathbf{PA}_j}, N_j)$	–	nein
Modelle ANM mit zusätzlichen Störvariablen	$X_j := f_j(X_{\mathbf{PA}_j}) + N_j$	nichtlinear	ja
Kausalmodelle Modelle CAM mit zusätzlichen Störvariablen	$X_j := \sum_{k \in \mathbf{PA}_j} f_{jk}(X_k) + N_j$	nichtlinear	ja
Modelle mit linearer Gaußverteilung	$X_j := \sum_{k \in \mathbf{PA}_j} \beta_{jk} X_k + N_j$	linear	nein
Modelle mit linearer Gaußverteilung und gleicher Irrtumsvarianz	$X_j := \sum_{k \in \mathbf{PA}_j} \beta_{jk} X_k + N_j$	linear	ja

können. Hinzu kommen Annahmen über die Störvariablen, die von Gaußschem Rauschen oder Nicht-Gaußschem Rauschen bestimmt sein können.

In Tab. 1 sind Sätze über die Identifizierbarkeit von gerichtete azyklische Graphen DAG unter der Annahme von Gaußschem Rauschen der Störvariablen zusammengestellt. Gegen sei eine Wahrscheinlichkeitsverteilung $P_{\mathbf{X}}^{\mathfrak{C}}$ über den Zufallsvariablen $\mathbf{X} = (X_1, \ldots, X_d)$. Unter der Annahme eines allgemeinen strukturellen Modells SCM $\mathfrak{C}$ mit Gleichungen $X_j := f_j(\mathrm{PA}_j, N_j)(j = 1, \ldots, d)$ lässt sich ohne weitere Bedingungen der Gleichungsfunktionen kein kausaler Graph DAG in der Wahrscheinlichkeitsverteilung $P_{\mathrm{X}}^{\mathfrak{C}}$ identifizieren. Unter der Annahme von linearen (3-fach differenzierbaren) Gleichungsfunktionen und Gaußschen Störvariablen kann der entsprechende kausale Graph (DAG) $\mathcal{G}^0$ in der Wahrscheinlichkeitsverteilung $P_{\mathrm{X}}^{\mathfrak{C}}$ identifiziert werden. Unter der Annahme von linearen Zufallsvariablen mit Gaußverteilung der Störvariablen lässt sich ohne weitere Annahmen kein kausaler Graph identifizieren. Unter der Annahme von linearen Zufallsvariablen mit Gaußverteilung der Störvariablen lässt sich der kausale Graph $\mathcal{G}^0$ identifizieren, wenn die Varianz des Rauschens nicht von den einzelnen Zufallsvariablen abhängt (Peters et al. 2017, S. 138 ff.).

3.1 Beweise von Kausalstrukturen

Unabhängigkeits-basierte Methoden (wie z. B. der induktive Kausalitätsalgorithmus) nehmen an, dass die Wahrscheinlichkeitsverteilung treu bgl. des zugrunde liegenden gerichteten azyklischen Graphen DAG ist. Es gibt eine Eins-zu-Eins Korrespondenz zwischen d-Separation im Graph und bedingten Unabhängigkeiten in der Wahrscheinlichkeitsverteilung P_X. Jede Abfrage einer Behauptung über d-Separation im Graphen kann daher durch Prüfung des entsprechenden Tests bedingter Unabhängigkeit in der Wahrscheinlichkeitsverteilung beantwortet werden.

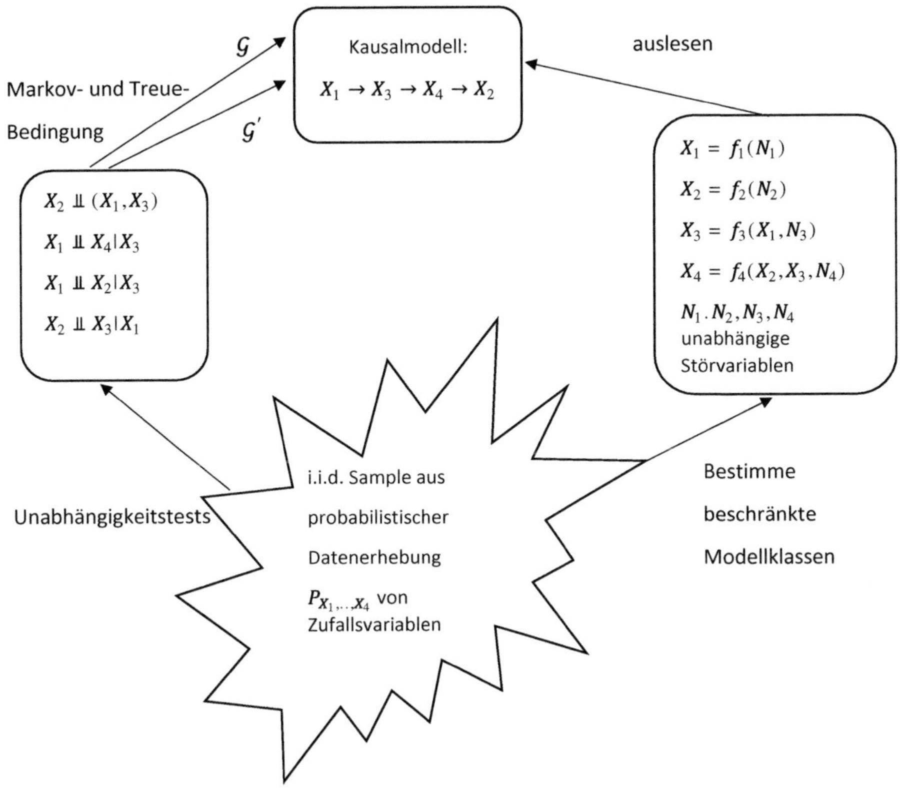

Abb. 3 Von Datenerhebungen zu Kausalmodellen. (Peters et al. 2017, S. 144, nach Abb. 7.1)

Abb. 3 zeigt zwei Verfahren zur Identifikation von Kausalstrukturen: Unabhängigkeits-basierte Methoden (links) testen bedingte Unabhängigkeiten in den Daten. Diese Eigenschaften beziehen sich auf die Graphenstruktur durch die Markov- und Treuebedingung. Oft ist der Graph nicht eindeutig identifizierbar. Die Methode kann in diesem Fall verschiedene Graphen $\mathcal{G}$ und $\mathcal{G}'$ als Output angeben. Als Alternative (rechts) kann man die Modellklasse beschränken und die strukturellen Kausalmodelle (SCM) direkt anpassen.

Eine Alternative zur Methode der kausalen Graphenstrukturen besteht darin, kausales Lernen als logisches Erfüllbarkeitsproblem (SAT=Satisfiability) zu verstehen. Dazu werden grafische Relationen durch Boolesche Variablen dargestellt, z. B.

$$A := \text{"}\textit{Es gibt eine gerichtete Kante von X nach Y}\text{"} \ (\text{formal: } X \to Y).$$

In einem nächsten Schritt müssen Unabhängigkeitsstatements (als *d*-separierte Statements) in Formeln mit Booleschen Variablen und logischen Operatoren wie „*und*“ „*oder*“ übersetzt werden. Das Erfüllbarkeitsproblem (SAT) fragt dann, ob ein Wert „*wahr*“ oder „*falsch*“ jeder Booleschen Variablen derart zugeordnet werden kann, dass die gesamte Formel wahr wird.

Beispiel: Die *d*-Separation Statements können durch verschiedene Graphenstrukturen erfüllt werden, die verschiedenen Zuordnungen entsprechen. Falls in allen diesen Zuordnungen die Boolesche Variable *A* den Wert „*wahr*" annimmt, lässt sich ableiten, dass *X* in dem zugrunde liegenden Graph ein Elternknoten von *Y* sein muss.

Man könnte versuchen, das SAT-Problem in einem brute force-Verfahren für alle Möglichkeiten durchzutesten. In diesem Sinn erweist sich aber das Boolesche SAT Problem als NP-vollständig (Cook 1971), d. h. seine Lösung wäre gleichbedeutend mit der Lösung aller NP-Probleme, deren Lösung für polynomiale Rechenzeit eine nicht-deterministische Turing-Maschine erfordert. Es ist also ein praktisch unlösbares Problem. Es gibt aber heuristische Algorithmen, die Spezialfälle von großen Problemen mit Millionen von Variablen lösen können.

Erkenntnistheoretisch zeigt die NP-Vollständigkeit des SAT-Problems, dass es allgemein keinen praktikablen Algorithmus geben kann, um für beliebige Wahrscheinlichkeitsverteilungen von Daten eine dahinterliegende Kausalstruktur zu finden. Das wäre ja auch zu schön: Dann könnte Machine Learning und Künstliche intelligenz die Arbeit kreativer Wissenschaftler vollständig übernehmen. Allerdings können Wissenschaftler auf der Suche nach Kausalerklärungen durch Algorithmen des kausalen Lernens unterstützt werden. Unter bestimmten Annahmen der unterstellten Kausalmodelle garantieren sie nämlich mathematisch die Existenz passender Kausalerklärungen, die durch kausale Graphen dargestellt werden können.

Erkenntnistheoretisch (im Sinne von Kant) bedeutet das: Wir können zwar nicht „durch reines Nachdenken" (a priori) die Kausalität der Welt erkennen. Dafür gibt es keinen allgemeinen Algorithmus. Kants Kategorie der Kausalität umfasst also zunächst nur eine unbestimmte Klasse von möglichen Kausalitätsmodellen, die den beobachtbaren Sachverhalten und Prozessen in der Welt unterstellt werden kann. Unter konkreten Einschränkungen und Annahmen diese Kausalitätsmodelle lassen sich aber Kausalerklärungen mit entsprechenden kausalen Graphen mathematisch („a priori") beweisen. Konkret könnten wir uns vorstellen, dass solche Algorithmen des kausalen Lernens nicht nur statistische Muster und Korrelationen von empirischen Daten (wie beim statistischen Lernen) erkennen, sondern dem Wissenschaftler Vorschläge über mögliche Kausalerklärungen machen. Diese theoretisch möglichen Erklärungen müssten dann allerdings noch in Experimenten, Messungen und Beobachtungen empirisch („a posteriori") überprüft werden.

Statistisches Lernen ist erkenntnistheoretisch nur schwache Künstliche Intelligenz: Jeder einfache Organismus der Natur ändert auf der Grundlage von statistisch mehrfachen (aber endlich vielen) negativen Erfahrungen (Output) von bestimmten Aktionen (Input) sein Verhalten: Zum Beispiel zieht eine Schnecke nach einigen vergeblichen Versuchen, über ein Hindernis zu kriechen, ihre Fühler ein und ändert die Bewegungsrichtung. Ziel des kausalen Lernens ist es aber, hinter der statistischen Verteilung von Mess- und Beobachtungsdaten die kausalen Abhängigkeiten von Ursachen und Wirkungen zu entdecken. Das sind erste Schritte von starker künstlicher Intelligenz, wie wir sie vor allem beim Menschen (und anderen hoch entwickelten Tieren) vorfinden. (Ausgangssituation ist ein endliches Sample einer Datenerhebung: In Abb. 2 wird dazu eine Verbundwahrscheinlichkeit (z. B. P_{X_1,X_2,X_3,X_4})

von unabhängig und identisch verteilten (i. i. d. = independent and identically distributed)) Zufallsvariablen (z. B. X_1, X_2, X_3, X_4) vorausgesetzt. Durch Unabhängigkeitstests und Experimente lassen sich daraus Kausalmodelle ableiten, die durch Unabhängigkeitsrelationen bzw. wahrscheinlichkeitstheoretische Faktorisierung oder Kausalgesetze bestimmt sind. Auf der Grundlage solcher Kausalmodelle lassen sich die Abhängigkeiten von Ursachen und Wirkungen grafisch darstellen. Damit wird die eingangs geforderte Zuordnung (accountability) von Ursachen und Wirkungen erst möglich, die zur Klärung von Verantwortungsfragen (responsibility) notwendig ist.

Die Anzahl möglicher Kausalerklärungen (mit entsprechender grafischer Darstellung) steigt mit wachsender Zahl der Knoten für Ursachen und Wirkungen in einem kausalen Graphen exponentiell (OEIS Foundation Inc.). Hier werden die Berechenbarkeitsgrenzen der brute force Methode bei einer Suche nach Kausalerklärungen anschaulich:

```
d Anzahl der kausalen Graphen DAG mit d Knoten
1 1
2 3
3 25
4 543
5 29281
6 3781503
7 1138779265
8 783702329343
9 1213442454842881
10 4175098976430598143
11 31603459396418917607425
12 521939651343829405020504063
13 18676600744432035186664816926721
14 1439428141044398334941790719839535103
15 237725265553410354992180218286376719253505
16 83756670773733320187699303047996412235223138303
...
```

Wegen dieser Explosion von Parametern führt die Komplexität praktischer Anwendungen zu einer dramatischen Herausforderung des statistischen Machine learning, die häufig unterschätzt wird. Hier werden die Strategien des kausalen Lernens entscheidend.

4 Beispiel: Statistisches und kausales Lernen in der Astronomie

Die Kausalstruktur, die einem statistischen Modell unterliegt, kann für eine erfolgreiche Anwendung des Machine Learning folgenreich sein. So kann eine gegebene Kausalstruktur genutzt werden, um das systematische Rauschen von Messdaten bei Voraussagen von Ereignissen in der Astronomie zu reduzieren. Als Beispiel betrach-

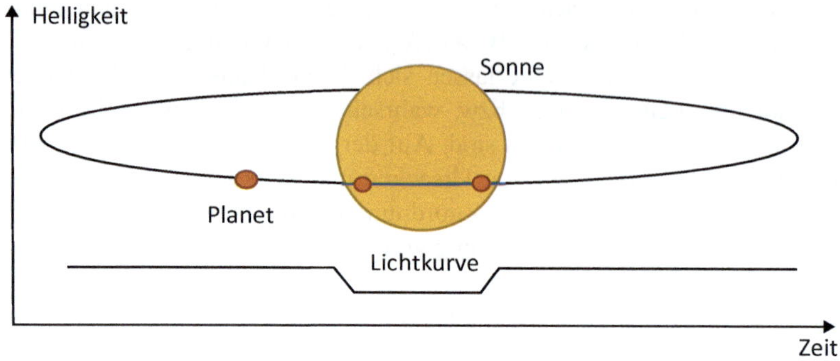

Abb. 4 Exoplanet mit periodisch wechselnder Helligkeit bei der Umrundung seiner Sonne. (Nach N. Smolenski: https://en.wikipedia.org./wiki/File:Planetary_transit.avg.[CCBY-SA 3.0])

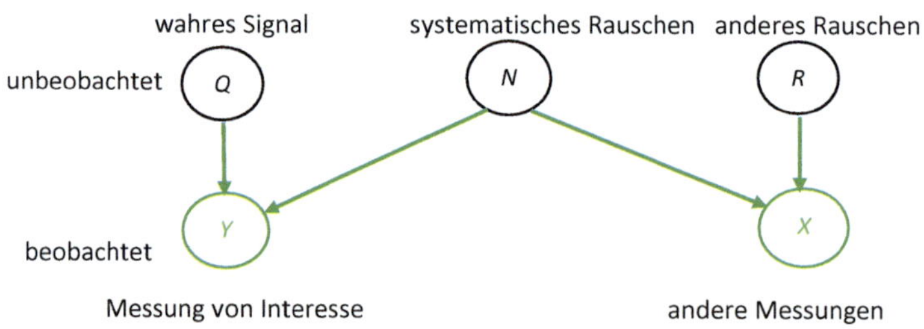

Abb. 5 Die Kausalstruktur, die bei der Suche nach Exoplaneten angewendet wird. (Nach Peters et al. 2017, S. 158)

ten wir das Kausalmodell, das bei der Voraussage von Exoplaneten zugrunde gelegt wird (Abb. 4):

Das Signal von Interesse Q (z. B. periodische Abnahme der Lichtintensität eines Sterns verursacht durch einen umlaufenden Planeten) kann nur in einer verrauschten Version Y gemessen werden (Abb. 4). Falls dieselbe Störquelle auch die Messungen von anderen Signalen unabhängig von Q stört (z. B. Lichtjahre voneinander entfernte Sterne), dann können diese Messungen zum „Entrauschen", also zur Vernachlässigung der Messstörungen verwendet werden. Dabei ist das verwendete Beobachtungsteleskop N die systematische Störquelle für die Messungen X und Y von unabhängigen Lichtkurven. Dieses Teleskop misst mehrere Sterne zur gleichen Zeit. Sie können als statistisch unabhängig angenommen werden, da sie Lichtjahre voneinander entfernt sind und nach der Relativitätstheorie Einsteins keine Wirkungen schneller als Licht übertragen werden können.

In Abb. 5 sind X Messungen von Signalen R, die unabhäng von Q sind. Anschaulich muss alles in Y, was durch X erklärt werden kann, durch die gemeinsame Störquelle des Teleskops N bedingt sein und sollte daher entfernt werden. Formal sei $\mathbb{E}[Y|X]$ die Erwartungswahrscheinlichkeit (Regression) des beobachteten Ereignisses Y abhängig von Ereignis X. Da X und Y im kausalen Graph (Abb. 5) denselben Elternknoten N haben, werden sie grafisch als „Halbgeschwister" (half-sibling) bezeichnet. Man spricht daher auch von der „Regression der Halbgeschwister“ (half-sibling regression). Damit lässt sich das unbeobachtete „wahre“ Signal Q abschätzen, indem von der Messung Y die Erwartungswahrscheinlichkeit der durch das gemeinsame Messinstrument mit X bedingten Störungen abgezogen wird:

$$\widehat{Q} := Y - \mathbb{E}[Y|X].$$

Allgemein lässt sich für Zufallsvariablen Q, X, Y mit Q unabhängig von X ($Q \perp\!\!\!\perp X$) und Schätzung $\widehat{Q} := Y - \mathbb{E}[Y|X]$ von Q beweisen, dass die Methode des „Entrauschens“ nie schlechter sein kann als die Messung Y selber (Schölkopf et al. 2016, proposition 1):

$$\mathbb{E}\left[\left(Q - E[Q] - \widehat{Q}\right)^2\right] \leq \mathbb{E}\left[(Q - E[Q] - (Y - E[Y]))^2\right].$$

5 Beispiel: Statistisches und kausales Lernen in der Gehirnforschung

In der Gehirnforschung haben wir es mit einem der komplexesten neuronalen Netze zu tun, das in der Evolution entstand. Neuronale Netze werden durch kausale Graphen dargestellt, deren Knoten für Neuronen und deren gerichtete Kanten für synaptische Verbindungen der Neuronen stehen. Im mathematischen Modell nehmen wir vereinfachend einen Vektor z an, mit dem die Aktivität einer großen Anzahl von Gehirnregionen kodiert wird. Die Dynamik (d. h. die zeitliche Entwicklung) von z wird bestimmt durch eine Differenzialgleichung

$$\frac{d}{dt}z = F(z, u, \theta)$$

mit F gegebener Funktion, u Vektor der externen Stimulationen und θ Parameter der kausalen Verbindungen (Friston et al. 2003).

Die Gehirnaktivität z kann aber nicht direkt beobachtet werden. Functional resonance imaging (fMRI) bestimmt nur den Verbrauch an Nährstoffen (Sauerstoff und Glukose) zur Kompensation des gestiegenen Energiebedarfs, der durch Blutfluss geliefert wird (hämodynamische Antwort). Das Anwachsen wird durch das blood-oxygen-level-dependent (BOLD) Signal bestimmt. Daher muss z im dynamischen Kausalmodell durch eine Zustandsvariable x ersetzt werden, in der die Gehirnaktivität mit der hämodynamischen Antwort berücksichtigt wird:

$$\frac{d}{dt}x = F(x, u, \theta).$$

Dazu wird die gemessene Zeitreihe des BOLD Signals $y = \lambda(x)$ mit der Zustandsvariablen x verbunden.

Tatsächlich haben wir es beim menschlichen Gehirn mit einer Datenflut zu tun, die durch 86 Milliarden Neuronen hervorgebracht wird. Wie im Einzelnen die kausalen Wechselwirkungen zwischen den Neuronen hinter diesen Datenwolken ablaufen, bleibt vorläufig weiterhin eine Black Box. Statistisches Lernen aus gemessenen Daten reicht aber auch im Zeitalter von Big Data und wachsender Rechenpower nicht aus. Mehr Erklärung der kausalen Wechselwirkungen zwischen den einzelnen Gehirnregionen, also kausales Lernen, ist eine zentrale Herausforderung der Gehirnforschung, um bessere medizinische Diagnose, psychologische und rechtliche Zurechnungsfähigkeit zu erhalten (Lohmann et al. 2012). Dazu vergleiche auch den Artikel über Verifikation und Sicherheit für neuronale Netze in diesem Handbuch.

6 Beispiel: Statistisches und kausales Lernen in Mobilitätsnetzen

Ein hochaktuelles technisches Beispiel für die wachsende Komplexität neuronaler Netze sind selbst-lernende Fahrzeuge. So kann ein einfaches Automobil mit verschiedenen Sensoren (z. B. Nachbarschaft, Licht, Kollision) und motorischer Ausstattung bereits komplexes Verhalten durch ein sich selbst organisierendes neuronales Netzwerk erzeugen. Werden benachbarte Sensoren bei einer Kollision mit einem äußeren Gegenstand erregt, dann auch die mit den Sensoren verbundenen Neuronen eines entsprechenden neuronalen Netzes. So entsteht im neuronalen Netz ein Verschaltungsmuster, das den äußeren Gegenstand repräsentiert. Im Prinzip ist dieser Vorgang ähnlich wie bei der Wahrnehmung eines äußeren Gegenstands durch einen Organismus – nur dort sehr viel komplexer.

Wenn wir uns nun noch vorstellen, dass dieses Automobil mit einem „Gedächtnis“ (Datenbank) ausgestattet wird, mit dem es sich solche gefährlichen Kollisionen merken kann, um sie in Zukunft zu vermeiden, dann ahnt man, wie die Automobilindustrie in Zukunft unterwegs sein wird, selbst-lernende Fahrzeuge zu bauen. Sie werden sich erheblich von den herkömmlichen Fahrerassistenzsystemen mit vorprogrammiertem Verhalten unter bestimmten Bedingungen unterscheiden. Es wird sich um ein neuronales Lernen handeln, wie wir es in der Natur von höher entwickelten Organismen kennen.

Wie viele reale Unfälle sind aber erforderlich, um selbstlernende („autonome“) Fahrzeuge zu trainieren? Wer ist verantwortlich, wenn autonome Fahrzeuge in Unfälle verwickelt sind? Welche ethischen und rechtlichen Herausforderungen stellen sich? Bei komplexen Systemen wie neuronalen Netzen mit z. B. Millionen von Elementen und Milliarden von synaptischen Verbindungen erlauben zwar die Gesetze der statistischen Physik, globale Aussagen über Trend- und Konvergenzverhalten des gesamten Systems zu machen. Die Zahl der empirischen Parameter der einzelnen Elemente ist jedoch unter Umständen so groß, dass keine lokalen Ursachen ausgemacht werden können. Das neuronale Netz bleibt für uns eine „Black Box“. Vom ingenieurwissenschaftlichen Standpunkt aus sprechen Autoren daher von einem „dunklen Geheimnis“ im Zentrum der KI des Machine Learning:

„... even the engineers who designed [the machine learning-based system] may struggle to isolate the reason for any single action" (Knight 2017).

Zwei verschiedene Ansätze im Software Engineering sind denkbar:

1. Testen zeigt nur (zufällig) gefundene Fehler, aber nicht alle anderen möglichen.
2. Zur grundsätzlichen Vermeidung müsste eine formale Verifikation des neuronalen Netzes und seiner zugrunde liegenden kausalen Abläufe durchgeführt werden.

Der Vorteil des automatischen Beweisens ist es, die Korrektheit einer Software als mathematisches Theorem zu beweisen (Mainzer 2018a, Kap. 7). Das leisten Beweisassistenten (Schwichtenberg 2006; Nipkow et al. 2002). Dazu vergleiche auch den Artikel über automatisches Beweisen in diesem Handbuch. Daher lautet der Vorschlag, eine formale Metaebene über dem neuronalen Netz des Machine Learning einzuführen, um dort Korrektheitsbeweise mit einem Beweisassistenten (proof assistant) automatisch ausführen zu lassen (Mainzer 2018b). Dazu stellen wir uns ein selbst-lernendes Automobil ausgestattet mit Sensoren und damit verbundenem neuronalen Netz vor – quasi als Nervensystem und Gehirn des Systems. Ziel ist es, dass das Verhalten des Automobils nach den Regeln der Straßenverkehrsordnung verläuft (Abb. 6). Die Straßenverkehrsordnung wurde 1968 in der Wiener Konvention formuliert.

In einem ersten Schritt wird das Automobil wie z. B. ein Flugzeug mit einer Black Box ausgestattet, um die Fülle der Verhaltensdaten zu registrieren. Diese Datenmasse des Fahrverhaltens sollte aus entsprechenden Verkehrsregeln der Wiener Konvention logisch folgen. Diese logische Implikation (formal: $\models$) realisiert die gewünschte Kontrolle, um Fehlverhalten auszuschließen. Auf der Metaebene wird die Implikation formalisiert, um ihren Beweis durch einen Beweisassistenten zu automatisieren.

Dazu müsste zunächst das Rechtssystem der Wiener Konvention formalisiert werden. In einem nächsten Schritt müsste aus der Datenmasse der Black Box die

Abb. 6 Kausales Lernen selbstlernender Fahrzeuge nach der Verkehrsordnung. (Quelle: eigene Zeichnung)

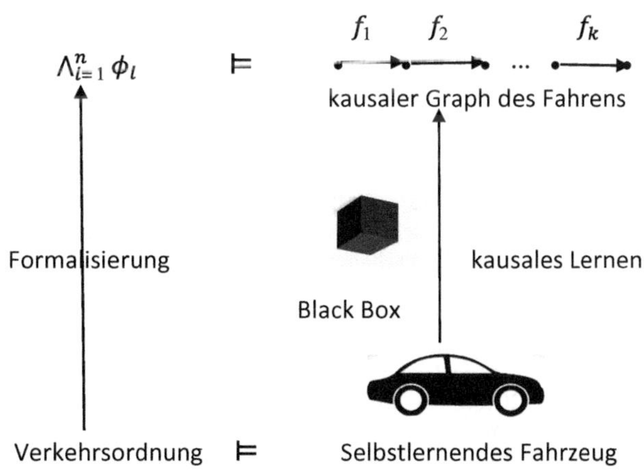

Bewegungsbahn, also der kausale Bewegungsablauf des Fahrzeugs extrahiert werden. Dazu bietet sich das kausale Lernen an, das wir vorher erklärt haben. Der kausale Bewegungsablauf lässt sich grafisch in einer Kausalkette von Ursachen und Wirkungen als kausaler Graph repräsentieren. Diese Darstellung der Bahnkurve des Fahrzeugs müsste auf der Metaebene in einer formalen Sprache repräsentiert werden. Diese formale Beschreibung müsste von der formalisierten Wiener Konvention impliziert werden. Der formale Beweis dieser Implikation wird durch den Beweisassistenten automatisiert und wäre mit heutiger Rechenpower blitzschnell zu realisieren.

Zusammengefasst folgt: Machine Learning mit neuronalen Netzen funktioniert, aber wir können die Abläufe in den neuronalen Netzen nicht im Einzelnen verstehen und kontrollieren. Heutige Techniken des Machine Learning beruhen meistens nur auf statistischem Lernen, aber das reicht nicht für sicherheitskritische Systeme. Daher sollte Machine Learning mit Beweisassistenten und kausalem Lernen verbunden werden. Korrektes Verhalten wird dabei durch Metatheoreme in einem logischen Formalismus garantiert.

Dieses Modell selbst-lernender Fahrzeuge erinnert an die Organisation des Lernens im menschlichen Organismus: Verhalten und Reaktionen laufen dort ebenfalls weitgehend unbewusst ab. „Unbewusst" heißt, dass wir uns der kausalen Abläufe des durch sensorielle und neuronale Signale gesteuerten Bewegungsapparats nicht bewusst sind. Das lässt sich mit Algorithmen des statistischen Lernens automatisieren. In kritischen Situationen reicht das aber nicht aus: Um mehr Sicherheit durch bessere Kontrolle im menschlichen Organismus zu erreichen, muss der Verstand mit kausaler Analyse und logischem Schließen eingreifen. Unser Ziel ist es, dass dieser Vorgang im Machine Learning durch Algorithmen des kausalen Lernens und logischen Beweisassistenten automatisiert wird.

Literatur

Cook, S. A. 1971. The complexity of theorem-proving procedures. In *Proceedings of the 3rd annual ACM symposium on theory of computing*, 151–158.

Corfield, D., B. Schölkopf, und V. Vapnik. 2009. Falsificationism and statistical learning theory: Comparing the Popper and Vapnik-Chervonenskis dimensions. *Journal for General Philosophy of Science* 40(1): 51–58.

Friston, K., I. Harrison, und W. Penny. 2003. Dynamic causal modelling. *NeuroImage* 19:1273–1302.

Hume, D. 1993. Eine Untersuchung über den menschlichen Verstand, übersetzt von R. Richter, Hrsg. von J. Kulenkampff, 12. Aufl., 95. Hamburg: F. Meiner.

Kant, I. 1900. Preussische Akademie der Wissenschaften Hrsg., Bd. 1–22, Bd. 23 Deutsche Akademie der Wissenschaften zu Berlin, ab Bd. 24 Akademie der Wissenschaften zu Göttingen, Berlin, AA III, 93– KrV B 106.

Knight, W. 2017. The dark secret at the heart of AI. *MIT Technology Review*, 1–22.

Lohmann, G., K. Erfurth, K. Müller, und R. Turner. 2012. Critical comments on dynamic causal modelling. *NeuroImage* 59:2322–2329.

Mainzer, K. 2018a. *The digital and the real world. Computational foundations of mathematics, science, technology, and philosophy.* Singapur: World Scientific.

Mainzer, K. 2018b. *Wie berechenbar ist unsere Welt. Herausforderungen für Mathematik, Informatik und Philosophie im Zeitalter der Digitalisierung.* Wiesbaden: Springer.

Mooij, J. M., D. Janzing, und B. Schölkopf. 2013. From ordinary differential equations to structural causal models: The deterministic case. In *Proceedings of the 29th annual conference on Uncertainty in ArtificiaL Intelligence (UAI)*, 440–448.

Nipkow, T., L. C. Paulson, und M. Wenzel. 2002. *Isabelle/HOL. A proof assistant for high-order logic.* Heidelberg: Springer.

OEIS Foundation Inc. The on-line encyclopedia of integer sequences. http://oeis.org/A003024. 2017. Zugegriffen am 17.04.2020.

Pearl, J. 2009. *Causality: Models, reasoning, and inference.* Cambridge, MA: The MIT Press.

Pearl, J., Glymour, M., und Jewell N. P. 2016. *Causal inference in statistics.* New York: Wiley.

Peters, J., D. Janzing, und B. Schölkopf. 2017. *Elements of causal inference. Foundations and learning algorithms.* Cambridge MA: The MIT Press.

Radovic, A., M. Williams, D. Rousseau, M. Kagan, D. Bonacorsi, A. Himmel, A. Aurisano, K. Terao, und T. Wongjirad. 2018. Machine learning at the energy and intensity frontiers of particle physics. *Nature* 560:41–48.

Schölkopf, B., D. W. Hogg, D. Wang, D. Foreman-Mackey, D. Janzing, C.-J. Simon-Gabriel, und J. Peters. 2016. Modeling confounding by half-sibling regression. *Proceedings of the National Academy of Sciences* 113(27): 7391–7398.

Schwichtenberg, H. 2006. Minlog. In *The seventeen provers of the world.* Lecture notes in artificial intelligence, Bd. 3600, Hrsg. F. Wiedijk, 151–157. Berlin: Springer.

Vapnik, V. N. 1998. *Statistical learning theory.* New York: Wiley.

Neuromorphe Computer und Künstliche Intelligenz

Klaus Mainzer

Inhalt

Zusammenfassung

Die klassische KI-Forschung orientiert sich an den Leistungsmöglichkeiten eines programmgesteuerten Computers, der nach der Churchschen These im Prinzip mit einer Turingmaschine äquivalent ist. Nach dem Mooreschen Gesetz wurden damit bis heute gigantische Rechen- und Speicherkapazitäten erreicht. Aber die Leistungen von Supercomputern haben einen Preis, dem die Energie einer Kleinstadt entsprechen kann. Umso beeindruckender sind menschliche Gehirne, die Leistungen des KI-Systems WATSON (z. B. eine natürliche Sprache sprechen und verstehen) mit dem Energieverbrauch einer Glühlampe realisieren. Spätestens dann ist man von der Effizienz neuromorpher Systeme wie biologische Gehirne beeindruckt, die in der Evolution entstanden sind. Der folgende Artikel zeigt zunächst, dass biologische Gehirne sich als komplexe dynamische Systeme auffassen lassen. Das Modell komplexer neuronaler Netze lässt sich aber nicht nur wie bisher im Machine Learning auf digitalen Computern simulieren, sondern auch technisch als Hardware mit neuartigen digitalen und analogen Einheiten wie einem Memristor realisieren (Mainzer 2019, Kap. 10.1; Mainzer 2024). Trainingsalgorithmen des Machine Learning können für diese neuartige

K. Mainzer (✉)
TUM Senior Excellence Faculty, Technische Universität München (TUM), München, Deutschland
E-Mail: mainzer@tum.de

K. Mainzer (Hrsg.), *Philosophisches Handbuch Künstliche Intelligenz*,
https://doi.org/10.1007/978-3-658-19606-6_57

Rechnerarchitektur (im Unterschied zur von Neumann-Architektur) eingerichtet werden und kommen damit der tatsächlichen Arbeitsweise natürlicher Intelligenz mit biologischen Gehirnen sehr nahe.

Schlüsselwörter

Komplexe dynamische Systeme · Lokale Aktivität · Neuronale Netze · Lernalgorithmen · Machine Learning · Neuromorpher Computer · Memristor · Memristive Systeme · Von Neumann-Flaschenhals

1 Von komplexen dynamischen Systemen zur Evolution

Biomoleküle, Zellen, Organe, Organismen und Populationen sind hochkomplexe dynamische Systeme, in denen viele Elemente wechselwirken. Komplexitätsforschung beschäftigt sich fachübergreifend in Physik, Chemie, Biologie und Ökologie mit der Frage, wie durch die Wechselwirkungen vieler Elemente eines komplexen dynamischen Systems (z. B. Atome in Materialien, Biomoleküle in Zellen, Zellen in Organismen, Organismen in Populationen) Ordnungen und Strukturen entstehen können, aber auch Chaos und Zerfall.

Allgemein wird in dynamischen Systemen die zeitliche Veränderung ihrer Zustände durch Gleichungen beschrieben. Der Bewegungszustand eines einzelnen Himmelskörpers lässt sich noch nach den Gesetzen der klassischen Physik genau berechnen und voraussagen. Bei Millionen und Milliarden von Molekülen, von denen der Zustand einer Zelle abhängt, muss auf Hochleistungscomputer zurückgegriffen werden, die Annäherungen in Simulationsmodellen liefern. Komplexe dynamische Systeme gehorchen aber fachübergreifend in Physik, Chemie, Biologie und Ökologie denselben oder ähnlichen mathematischen Gesetzen (Mainzer 2007).

Die Grundidee komplexer dynamischer Systeme ist immer dieselbe: Erst die komplexen Wechselwirkungen von vielen Elementen erzeugen neue Eigenschaften des Gesamtsystems, die nicht auf einzelne Elemente zurückführbar sind. So ist ein einzelnes Wassermolekül nicht „feucht", aber eine Flüssigkeit durch die Wechselwirkungen vieler solcher Elemente. Einzelne Moleküle „leben" nicht, aber eine Zelle aufgrund ihrer Wechselwirkungen. In der Systembiologie ermöglichen die komplexen chemischen Reaktionen von vielen einzelnen Molekülen die Stoffwechselfunktionen und Regulationsaufgaben von ganzen Proteinsystemen und Zellen im menschlichen Körper. Man unterscheidet daher bei komplexen dynamischen Systemen die Mikroebene der einzelnen Elemente von der Makroebene ihrer Systemeigenschaften. Diese Emergenz oder Selbstorganisation von neuen Systemeigenschaften wird in der Systembiologie berechenbar und in Computermodellen simulierbar. In diesem Sinn ist die Systembiologie ein Schlüssel zur Komplexität des Lebens.

Allgemein besteht ein räumliches System aus identischen Elementen („Zellen"), die miteinander in unterschiedlicher Weise (z. B. physikalisch, chemisch oder biologisch) wechselwirken können. Ein solches System heißt komplex, wenn es aus homogenen Anfangsbedingungen nicht-homogene („komplexe") Muster und Strukturen erzeugen kann. Diese Muster- und Strukturbildung wird durch lokale Aktivität ihrer Elemente ausgelöst (Mainzer und Chua 2013). Das gilt nicht nur für Stammzellen beim Wachstum eines Embryos, sondern auch z. B. für Transistoren in elektronischen Netzen.

Ein Transistor ist lokal aktiv, wenn er einen kleinen Signalinput aus der Energiequelle einer Batterie zu einem größeren Signaloutput verstärken kann, um damit nicht-homogene („komplexe") Spannungsmuster in Schaltnetzen zu erzeugen.

Keine Radios, Fernseher oder Computer wären ohne die lokale Aktivität solcher Einheiten funktionstüchtig. Bedeutende Forscher wie die Nobelpreisträger I. Prigogine (Chemie) und E. Schrödinger (Physik) waren noch der Auffassung, dass für Struktur- und Musterbildung ein nichtlineares System und eine Energiequelle ausreichen. Bereits das Beispiel der Transistoren zeigt aber, dass Batterien und nichtlineare Schaltelemente alleine keine komplexen Muster erzeugen können, wenn die Elemente nicht lokal aktiv im Sinne der beschriebenen Verstärkerfunktion sind.

Das Prinzip der lokalen Aktivität hat grundlegende Bedeutung für Musterbildung komplexer Systeme und wurde bisher weitgehend nicht erkannt. Es kann allgemein mathematisch definiert werden, ohne auf spezielle Beispiele aus Physik, Chemie, Biologie oder Technik Bezug zu nehmen (Mainzer und Chua 2013). Diese Definition bezieht sich auf nichtlineare Differenzialgleichungen, wie sie von Reaktions-Diffusionsprozessen bekannt sind (aber keineswegs auf flüssige Medien wie bei chemischen Diffusionen beschränkt sind).

Anschaulich handelt es sich um ein räumliches Gitter, dessen Gitterpunkte mit Zellen besetzt sind, die lokal wechselwirken. Jede Zelle (z. B. Protein in einer Zelle, Neuron im Gehirn, Transistor im Computer) ist mathematisch betrachtet ein dynamisches System mit Input und Output. Ein Zellzustand entwickelt sich lokal nach dynamischen Gesetzen in Abhängigkeit von der Verteilung benachbarter Zellzustände. Zusammengefasst werden die dynamischen Gesetze durch die Zustandsgleichungen isolierter Zellen und ihrer Kopplungsgesetze definiert. Zusätzlich sind bei der Dynamik Anfangs- und Nebenbedingungen zu berücksichtigen.

1.1 Definition lokaler Aktivität

Allgemein heißt eine Zelle lokal aktiv, wenn an einem zellulären Gleichgewichtspunkt ein kleiner lokaler Input existiert, der mit einer externen Energiequelle zu einem großen Output verstärkt werden kann. Die Existenz eines Inputs, der lokale Aktivität auslöst, kann mathematisch durch bestimmte Testkriterien systematisch geprüft werden. Eine Zelle heißt lokal passiv, wenn es keinen Gleichgewichtspunkt mit lokaler Aktivität gibt. Das fundamental Neue an diesem Ansatz ist der Beweis, dass Systeme ohne lokal aktive Elemente prinzipiell keine komplexen Strukturen und Muster erzeugen können.

Strukturbildung in Natur und Technik lässt sich systematisch klassifizieren, indem Anwendungsgebiete durch Reaktions-Diffusionsgleichungen nach dem eben beschriebenen Muster modelliert werden. So lassen sich z. B. die entsprechenden Differenzialgleichungen für Musterbildung in der Chemie (z. B. Musterbildung in homogenen chemischen Medien), in der Morphogenese (z. B. Musterbildung von Muschelschalen, Fellen und Gefieder in der Zoologie), in der Gehirnforschung (Verschaltungsmuster im Gehirn) und in der elektronischen Netztechnik (z. B. Verschaltungsmuster in Computern) untersuchen.

In der statistischen Thermodynamik werden das Verhalten und die Wechselwirkung von vielen Elementen (z. B. Molekülen) in einem komplexen System beschrieben. L. Boltzmanns 2. Hauptsatz der Thermodynamik besagt aber nur, dass alle Strukturen, Muster und Ordnungen in einem isolierten System zerfallen, wenn man sie sich selber überlässt. So lösen sich alle molekularen Anordnungen in einem Gas auf und verteilt sich Wärme bei Dissipation gleichmäßig-homogen in einem abgeschlossenen Raum. Organismen zerfallen und sterben, wenn sie nicht in Stoff- und Energieaustausch mit ihrer Umgebung stehen. Wie können aber Ordnung, Struktur und Muster entstehen?

> Das Prinzip der lokalen Aktivität erklärt, wie Ordnung und Struktur in einem offenen System durch dissipative Wechselwirkung bzw. Stoff- und Energieaustausch mit der Systemumgebung entstehen. Es ergänzt damit den 2. Hauptsatz als 3. Hauptsatz der Thermodynamik.

Strukturbildungen entsprechen mathematisch nicht-homogenen Lösungen der betrachteten Differenzialgleichungen, die von unterschiedlichen Kontrollparametern (z. B. chemischen Stoffkonzentrationen, ATP-Energie in Zellen, neurochemischen Botenstoffen von Neuronen) abhängen. Für die betrachteten Beispiele von Differenzialgleichungen konnten wir systematisch die Parameterräume definieren, deren Punkte alle möglichen Kontrollparameterwerte des jeweiligen Systems repräsentieren. In diesen Parameterräumen lassen sich dann die Regionen lokaler Aktivität und lokaler Passivität genau bestimmen, die entweder Strukturbildung ermöglichen oder mathematisch „tot" sind. Mit Computersimulationen lassen sich im Prinzip für jeden Punkt im Parameterraum die möglichen Struktur- und Musterbildungen erzeugen (Abb. 1; Mainzer und Chua 2013, S. 31–32). In diesem mathematischen Modellrahmen lässt sich also Struktur- und Musterbildung vollständig bestimmen und voraussagen.

1.2 Lokale Aktivität am Rand des Chaos

> Eine vollständig neue Anwendung der lokalen Aktivität ist der „Rand des Chaos" (edge of chaos), an dem die meisten komplexen Strukturen entstehen. Ursprünglich stabile („tote") und isolierte Zellen können durch dissipative

(Fortsetzung)

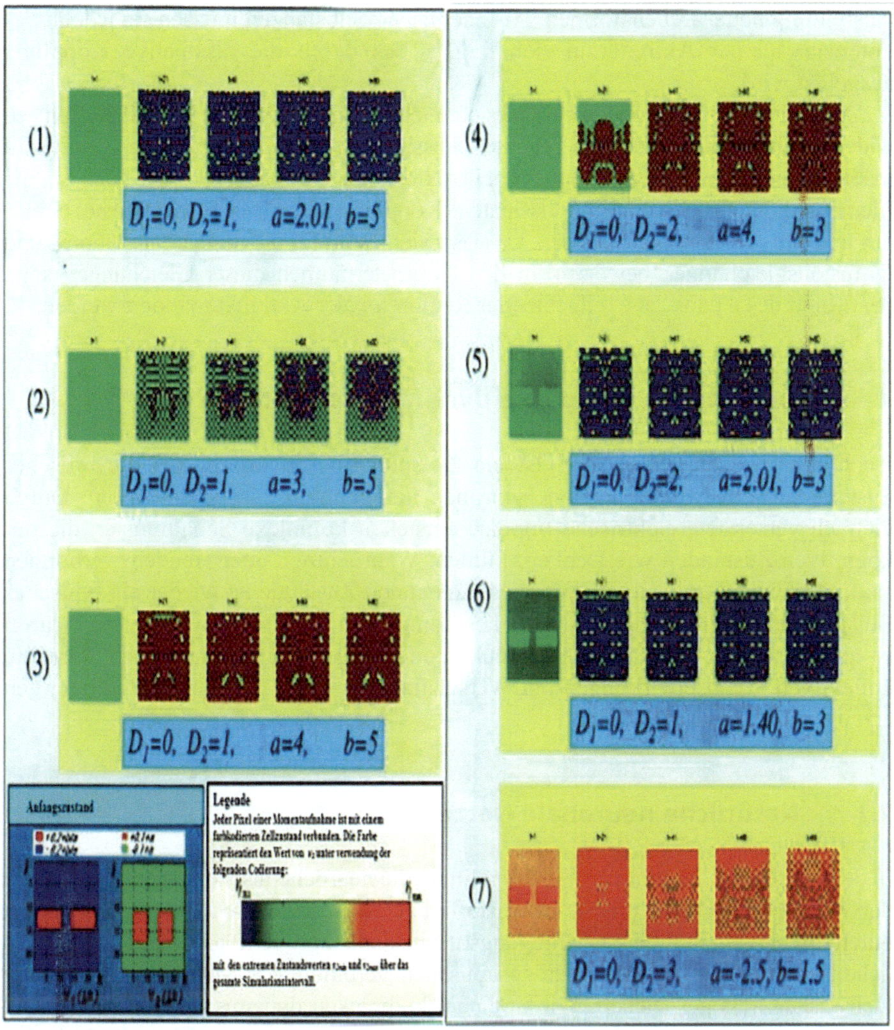

Abb. 1 Struktur- und Musterbildungen einer nichtlinearen Diffusions- und Reaktionsgleichung. (Mainzer und Chua 2013, S. 31–32)

Kopplung „zum Leben erweckt" werden und Muster- und Strukturbildung auslösen. Anschaulich gesprochen „ruhen" sie isoliert am Rand einer Stabilitätszone, bis sie durch dissipative Kopplung aktiv werden.

Man könnte sich isolierte chemische Substanzen vorstellen, die in der lebensfeindlichen dunklen Tiefsee am Rand eines heißen Vulkanschlots ruhen. Durch dissipative Wechselwirkung der ursprünglich „toten" Elemente kommt es zur

Ausbildung neuer Lebensformen. Als chemische Substanzen müssen sie jedoch das Potenzial lokaler Aktivität in sich tragen, das durch die dissipative Kopplung ausgelöst wird.

Das ist insofern ungewöhnlich, da es dem intuitiven Verständnis von „Diffusion“ zu widersprechen scheint: Danach bedeutet „Dissipation“, dass sich z. B. ein Gas gleichmäßig-homogen in einem Raum verteilt. Nicht nur instabile, sondern auch stabile Elemente können jedoch durch dissipative Kopplung komplexe (inhomogene) Struktur- und Musterbildungen auslösen. Das lässt sich exakt für nichtlineare Reaktions- und Diffusionsgleichungen beweisen. In den Parameterräumen dieser Gleichungen kann der „Rand des Chaos“ als Teilgebiet der Region lokaler Aktivität markiert werden.

2 Gehirne als komplexe dynamische Systeme

Auch das menschliche Gehirn ist ein Beispiel für ein komplexes dynamisches System, in dem Milliarden von Neuronen neurochemisch wechselwirken. Durch vielfach versendete elektrische Impulse entstehen komplexe Schaltmuster, die mit kognitiven Zuständen wie Denken, Fühlen, Wahrnehmen oder Handeln verbunden sind. Die Entstehung (Emergenz) dieser mentalen Zustände ist wieder ein typisches Beispiel für die Selbstorganisation eines komplexen Systems: Das einzelne Neuron ist quasi „dumm“ und kann weder denken oder fühlen noch wahrnehmen. Erst ihre kollektiven Wechselwirkungen und Verschaltungen unter geeigneten Bedingungen erzeugen kognitive Zustände.

2.1 Natürliche neuronale Netze

In den neuronalen Netzen von Gehirnen findet die neurochemische Dynamik zwischen den Neuronen statt. Chemische Botenstoffe bewirken neuronale Zustandsänderungen durch direkte und indirekte Übertragungsmechanismen großer Plastizität. Unterschiedliche Netzzustände werden in den synaptischen Verbindungen zellulärer Schaltmuster (cell assemblies) gespeichert. Wie in einem komplexen dynamischen System üblich, unterscheiden wir auch im Gehirn zwischen den Mikrozuständen der Elemente (d. h. den digitalen Zuständen des „Feuerns“ und „Nicht-Feuerns“ bei Entladung und Ruhezustand eines Neurons) und den Makrozuständen von Musterbildungen (d. h. Schaltmustern von gemeinsam aktivierten Neuronen in einem neuronalen Netz).

Computervisualisierungen (z. B. PET-Aufnahmen) zeigen, dass unterschiedliche makroskopische Verschaltungsmuster mit unterschiedlichen mentalen und kognitiven Zuständen wie Wahrnehmung, Denken, Fühlen und Bewusstsein korreliert sind. In diesem Sinn können kognitive und mentale Zustände als emergente Eigenschaften neuraler Gehirnaktivität bezeichnet werden: Einzelne Neuronen können weder sehen, fühlen noch denken, aber Gehirne verbunden mit den Sensoren des Organismus.

Die derzeitigen Computersimulationen beobachten also Musterbildungen (pattern formation) im Gehirn, die wir auf eine nichtlineare Systemdynamik, die lokale Aktivität der Neuronen und den von ihnen ausgelösten Aktionspotenzialen zurückführen. Ihre Korrelationen mit mentalen und kognitiven Zuständen werden aufgrund von psychologischen Beobachtungen und Messungen erschlossen: Immer wenn Personen z. B. sehen oder sprechen, sind diese oder jene Musterbildungen im Gehirn zu beobachten. Im Brain Reading können einzelne Musterbildungen mittlerweile auch soweit bestimmt werden, dass aus diesen Verschaltungsmustern die entsprechenden Seh- und Hörwahrnehmungen mit geeigneten Algorithmen entschlüsselt werden können. Allerdings ist diese Technik erst in ihren Anfängen.

In einer Top-down Strategie untersuchen Neuropsychologie und Kognitionsforschung mentale und kognitive Fähigkeiten wie Wahrnehmen, Denken, Fühlen und Bewusstsein und versuchen, sie mit entsprechenden Gehirnarealen und ihren Verschaltungsmustern zu verbinden. In einer Bottom-up Strategie untersuchen Neurochemie und Gehirnforschung die molekularen und zellulären Vorgänge der Gehirndynamik und erklären daraus neuronale Verschaltungsmuster des Gehirns, die wiederum mit mentalen und kognitiven Zuständen korreliert sind (Banerjee und Chakrabarti 2008).

Beide Methoden legen einen Vergleich mit dem Computer nahe, bei dem in einer Bottom-up Strategie von der „Maschinensprache" der Bitzustände in z. B. Transistoren auf die Bedeutungen höherer Nutzersprachen des Menschen geschlossen wird, während in einer Top-down-Strategie umgekehrt die höheren Nutzersprachen über verschiedene Zwischenstufen (z. B. Compiler und Interpreter) auf die Maschinensprache übersetzt werden. Während aber in der Informatik die einzelnen technischen und sprachlichen Schichten von der Verschaltungsebene über Maschinensprache, Compiler, Interpreter etc. bis zur Nutzerebene genau identifiziert und in ihren Wechselwirkungen beschrieben werden können, handelt es sich in Gehirn- und Kognitionsforschung bisher nur um ein Forschungsprogramm.

In der Gehirnforschung sind bisher nur die Neurochemie der Neuronen und Synapsen und die Musterbildung ihrer Verschaltungen gut verstanden, also die „Maschinensprache" des Gehirns. Die Brücke (middleware) zwischen Kognition und „Maschinensprache" muss erst noch geschlossen werden. Dazu wird es noch vieler detaillierter empirischer Untersuchungen bedürfen. Dabei ist keineswegs bereits klar, ob einzelne Hierarchieebenen wie im Computerdesign genau unterschieden werden können. Offenbar erweist sich die Architektur der Gehirndynamik als wesentlich komplexer. Zudem lag bei der Entwicklung des Gehirns kein geplantes Design zugrunde, sondern eine Vielzahl evolutionärer Algorithmen, die über Jahrmillionen unter unterschiedlichen Bedingungen mehr oder weniger zufällig entstanden und in verwickelter Weise miteinander verbunden sind.

2.2 Hodgkin-Huxley (HH) Modell komplexer Gehirndynamik

In der Komplexitätsforschung kann die synaptische Wechselwirkung der Neuronen im Gehirn durch gekoppelte Differenzialgleichungen beschrieben werden. Die Hodgkin-Huxley Gleichungen sind ein Beispiel für nichtlineare Reaktions-Diffusionsgleichungen, mit denen die Übertragung von Nervenimpulsen modelliert werden kann. Sie wurden von den Medizin-Nobel-

(Fortsetzung)

preisträgern A. L. Hodgkin und A. F. Huxley durch empirische Messungen gefunden und liefern ein empirisch bestätigtes mathematisches Modell der neuronalen Gehirndynamik.

In Abb. 2 wird der Informationskanal (Axon) einer Nervenzelle (Neuron) (a) durch eine Kette von identischen Hodgkin-Huxley-(HH) Zellen dargestellt, die durch Diffusionsverbindungen gekoppelt sind (b). Diese Kopplungen werden technisch durch passive Widerstände dargestellt. Die HH-Zellen entsprechen einem elektrotechnischen Verschaltungsmodell (c): In einer biologischen Nervenzelle verändern Ionenströme von Kalium und Natrium die Spannungen auf der Zellmembran. Im elektrotechnischen Modell werden Natrium- und Kaliumionenströme zusammen mit einem Stromabfluss durch einen externen Axon Membranstrom ausgelöst. Die Ionenkanäle werden technisch durch transistorartige Verstärker realisiert. Sie sind mit einer Natriumionen- und Kaliumionen Batteriespannung, einer Membrankondensatorspannung und einem Spannungsabfluss verbunden. Damit können die Inputströme nach dem Prinzip der lokalen Aktivität verstärkt werden, um bei Überschreitung eines Schwellenwerts ein Aktionspotenzial auszulösen („Feuern"). Diese Aktionspotenziale lösen Kettenreaktionen aus, die zu Verschaltungsmustern von Neuronen führen.

Wie bereits erläutert, lassen sich aber durch solche Differenzialgleichungen die entsprechenden Parameterräume eines dynamischen Systems mit lokal aktiven und lokal passiven Regionen genau bestimmen. Im Fall der Hodgkin-Huxley-Gleichungen erhalten wir den Parameterraum des Gehirns mit den genau vermessenen Regionen lokaler Aktivität und lokaler Passivität. Nur im Bereich lokaler Aktivität können Aktionspotenziale von Neuronen entstehen, die Verschaltungsmuster im Gehirn auslösen. Mit Computersimulationen lassen sich diese Verschaltungsmuster für die verschiedenen Parameterpunkte systematisch untersuchen und voraussagen.

So kann auch die Region am „Rand des Chaos" (edge of chaos) exakt bestimmt werden. Sie ist winzig klein und beträgt weniger als 1 mV und 2 μA. Diese Region ist mit großer lokaler Aktivität und Musterbildung verbunden, die in den entsprechenden Parameterräumen visualisiert werden kann. Hier wird daher eine „Insel der Kreativität" vermutet.

Für eine elektrotechnische Realisation haben sich jedoch die ursprünglichen Gleichungen von Hodgkin und Huxley als fehlerhaft erwiesen. Die Mediziner Hodgkin und Huxley deuteten einige Schaltelemente in einer Weise, die zu elektrotechnischen Anomalien führte. So nahmen sie z. B. eine zeitabhängige Leitfähigkeit (Konduktanz) an, um das Verhalten der Kalium- und Natriumionenkanäle zu erklären. Tatsächlich konnten diese zeitlichen Veränderungen aber nur numerisch aus empirisch abgeleiteten Gleichungen berechnet werden. Schalttheoretisch war es nicht möglich, entsprechende Zeitfunktionen für zeitlich sich verändernde Schaltelemente explizit zu definieren.

Die Anomalien lösen sich auf, wenn die Ionenkanäle durch ein neues Schaltelement erklärt werden, das Leon Chua bereits 1971 mathematisch vorausgesagt hatte (Chua 1971):

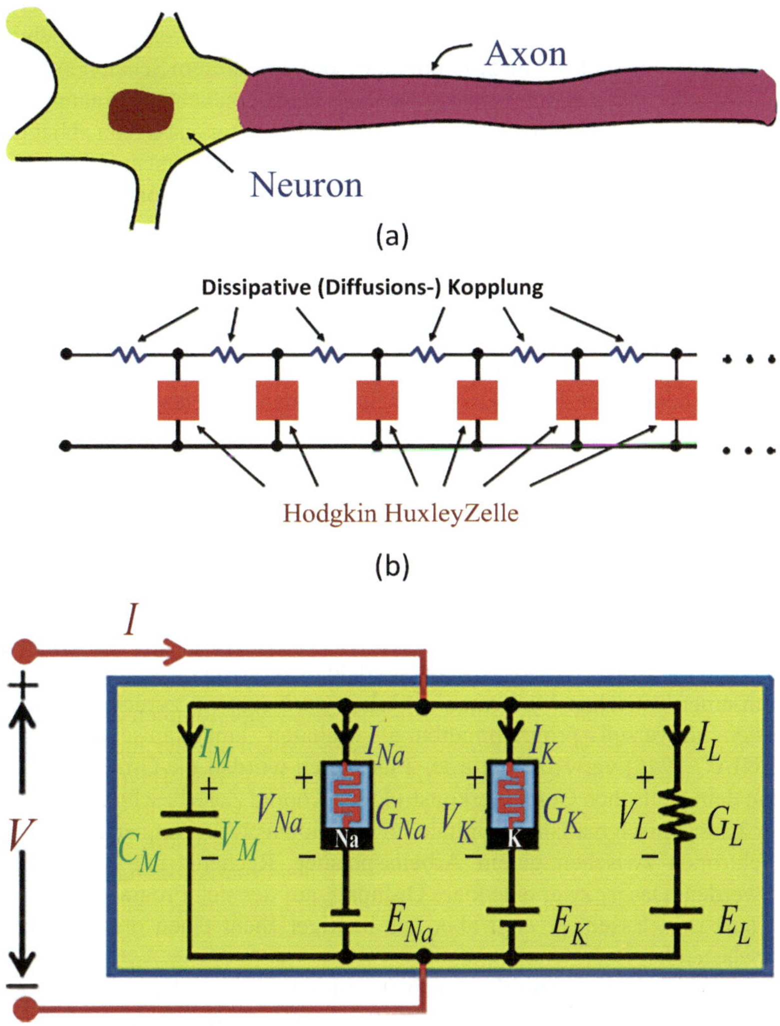

I externer Axon Membranstrom
I_{Na} Natriumionenstrom
I_K Kaliumio nenstrom
I_L Stromabfluss

E Membran Kondensatorspannung
E_{Na} Natriumionen Batteriespannung
E_K Kaliumionen Batteriespannung
E_L Spannungsabfluss

(c)

Abb. 2 Elektrotechnisches Modell der Hodgkin-Huxley Gleichungen. (Mainzer und Chua 2013, S. 292, 299)

Gemeint ist der Memristor (aus den englischen Wort „memory“ für Speicher und „resistor“ für Widerstand zusammengesetzt). Bei diesem Schaltelement ist der elektrische Widerstand nicht konstant, sondern von seiner Vergangenheit abhängig. Der jeweils aktuelle Widerstand des Memristors ist davon abhängig, wieviel Ladung in welcher Richtung geflossen ist. Der Widerstand bleibt auch ohne Energiezufuhr erhalten. Diese Erkenntnis hat enorme praktische Konsequenzen, könnte aber auch ein Durchbruch für neuromorphe Computer bedeuten, die am menschlichen Gehirn orientiert sind. Dazu erklären wir zunächst das Konzept eines Memristors.

Praktisch würden Rechner mit Memristoren nach dem Einschalten ohne Booten sofort betriebsbereit sein. Ein Memristor behält seinen Speicherinhalt, wenn er mit Wechselstrom ausgelesen wird. Ein Computer könnte also wie ein Lichtschalter ein- und ausgeschaltet werden, ohne dass Information verloren geht.

3 Klassische digitale Computer versus neuromorphe Rechner

Die Rechnerarchitektur eines klassischen digitalen Computers wird bis heute auf den ungarisch-amerikanischen Mathematiker John von Neumann zurückgeführt, die in den ersten universell programmierbaren digitalen amerikanischen Computer (z. B. ENIAC 1945) verwendet wurde. Tatsächlich wurden die Grundlagen bereits 1936 von dem deutschen Computerkonstrukteur Konrad Zuse beschrieben und 1943 in seiner Z3 technisch realisiert. Digitale Informationsverarbeitung erfordert danach, dass Elektronen zwischen einem Arbeitsspeicher, Rechen- und Steuereinheiten bewegt werden. Das ist zwar eine klare Ordnung, auf der sich Programmiersprachen logisch aufbauen lassen, erzeugt aber aus heutiger Sicht einen gravierenden und umweltbelastenden Energieaufwand:

Informationen sind als Bitfolgen von 0 und 1 kodiert und werden in Rechenschritten ständig verändert. Alle Rechenschritte müssen zudem nacheinander (sequenziell) abgearbeitet werden. Entscheidend ist, dass bei jedem Rechenschritt Bits zwischen den getrennten Speicher-, Rechen- und Steuereinheiten hin- und her bewegt werden müssen. Bei immer kleineren Chipstrukturen und wachsender Informationsmenge (Big Data) entsteht so ein Engpass der Informationsverarbeitung, der mit Blick auf die Rechnerarchitektur auch als „von-Neumann-Flaschenhals“ bezeichnet wird. Diese Bezeichnung geht auf den Entwickler der Programmiersprache „Fortran“ John W. Backus (1978) zurück.

Es ist aber nicht nur die wachsende Rechenzeit, die der „von-Neumann-Flaschenhals“ durch die sequenzielle digitale Verarbeitung großer Datenmengen erzeugt. Bewegung von Elektronen bedarf auch Energie und erzeugt Wärme. Diese Abwärme steigt mit immer kleineren Chipstrukturen. Wenn nun noch im modernen Deep Learning neuronale Netze mit hunderten und tausenden von neuronalen Schichten und gigantisch steigenden Parameteranzahlen auf von-Neumann-Rechnern simuliert werden sollen, dann ahnt man, wie der von Neumann-Flaschenhals zu einem „Energiefresser“ wird, dessen CO_2-Emissionen das Klimaproblem verschärfen.

Ein Paradigmenwechsel der Rechnerstrukturen wird unausweichlich, wenn der wachsende Einsatzbereich der KI, Anwendungen in Mobiltelefonen, autonomen Fahrzeugen, der Medizintechnik und Sensornetzwerken ressourcenschonend realisiert werden soll. Nur so gelingt eine nachhaltige Rechnertechnologie, die dem „European Green Deal“ gerecht wird und zugleich wirtschaftlich effektiv ist, d. h. geringere Kosten bei gleichzeitiger Leistungssteigerung der KI-Anwendungen. Hier setzen neuromorphe Rechnerstrukturen nach dem Vorbild natürlicher Gehirne an.

3.1 Grundlagen memristiver Systeme

Traditionell wurden in der Elektrotechnik nur Widerstand, Kondensator und Spule als Schaltelemente unterschieden. Sie verbinden die vier Schaltgrößen Ladung, Strom, Spannung und magnetischer Fluss: Widerstände verbinden Ladung und Strom, Spulen verbinden magnetischen Fluss und Strom, Kondensatoren verbinden Spannung und Ladung. Was verbindet aber Ladung und magnetischen Fluss? Dazu postulierte L. Chua 1971 den Memristor. Mathematisch wird dazu eine Funktion $R\ (q)$ („Memristanz-Funktion“) definiert, in der die Änderung des magnetischen Flusses Φ mit der Ladung q festgehalten wird, d. h.

$$R(q) = \frac{d\Phi(q)}{dq}.$$

Die zeitliche Veränderung der Ladung q definiert den Strom $i\ (t)$, d. h.

$$i\ (t) = \frac{dq}{dt}.$$

Die zeitliche Veränderung des magnetischen Flusses Φ definiert die Spannung $v\ (t)$, d. h.

$$v\ (t) = \frac{d\Phi}{dt}.$$

Daraus ergibt sich, dass die Spannung v an einem Memristor über den Strom i direkt von der Memristanz abhängt:

$$v = R\ (q)\ i.$$

Das erinnert an das Ohmsche Gesetz $v = R\ i$, wonach die Spannung v proportional zum Strom i mit dem Widerstand R als Proportionalitätskonstante ist. Allerdings ist die Memristanz nicht konstant, sondern vom Zustand der Ladung q abhängig. Umgekehrt gilt für Strom

$$i = G\,(q)\,v,$$

wobei die Funktion $G\,(q) = R(q)^{-1}$ als „Memduktanz" (aus dem englischen Wort „memory" für Speicher und „conductance" für Leitfähigkeit zusammengesetzt) bezeichnet wird.

Ein Memristor lässt sich als memristives System verallgemeinern. Ein memristives System ist nicht mehr nur auf eine einzige Zustandsvariable und eine lineare ladungs- oder flussgetriebene Gleichung reduziert.

Ein memristives System bezeichnet ein beliebiges physikalisches System, das durch eine Menge von internen Zustandsvariablen $\vec{s}$ (als Vektor) bestimmt ist. So erhält man eine allgemeine Input-Output Gleichung

$$\vec{y}(t) = g\left(\vec{s}, \vec{u}, t\right)\vec{u}(t)$$

mit dem Input $\vec{u}\,(t)$ (z. B. Spannung) und dem Output $\vec{y}\,(t)$ (z. B. Strom). Die Zustandsentwicklung ist allgemein durch eine Differentialgleichung bestimmt:

$$\frac{d\vec{s}}{dt} = f\left(\vec{s}, \vec{u}, t\right).$$

Memristive Systeme zeigen ein außergewöhnlich komplexes und nichtlineares Verhalten. Typisch ist die Hysteresekurve im v/i – Diagramm von Abb. 3. Sie verläuft in geschlossenen Schleifen durch den Koordinatennullpunkt (pinched hysteresis loop) (Chua 2014).

Allgemein bezeichnet Hysterese das Verhalten der Ausgangsgröße eines Systems, das auf eine Eingangsgröße mit einem verzögerten (griech. hysteros) Signal und variierend reagiert. Das Verhalten hängt also nicht nur direkt von der Eingangsgröße, sondern auch vom vorherigen Zustand der Ausgangsgröße ab. Bei gleicher Eingangsgröße kann das System also einen von mehreren möglichen Zuständen einnehmen.

Als „Neuristoren" simulieren memristive Systeme das Verhalten von Synapsen und werden daher für neuromorphe Computer interessant. Dazu werden die Ionenkanäle im Schaltmodell von Abb. 2 als memristive Systeme aufgefasst. An die Stelle von Hodgkin-Huxley's zeitabhängiger Leitfähigkeit G_k des Kaliumionenkanals tritt

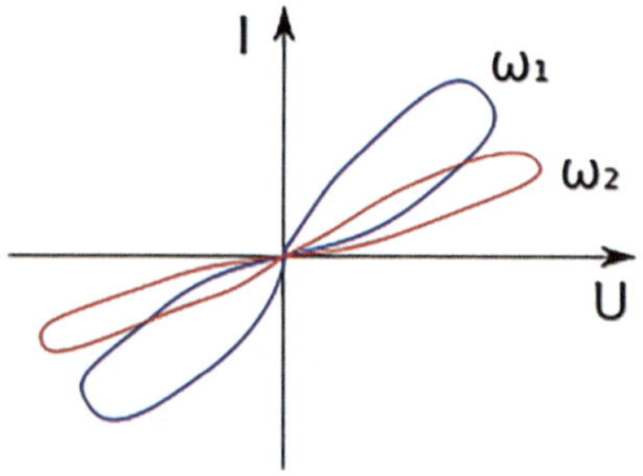

Abb. 3 Hystereskurve eines Memristors (in Abhängigkeit von der Kreisfrequenz ω mit $\omega_1 < \omega_2$). (Chua 2014)

ein durch Ladung kontrollierter Memristor, der von einer Zustandsvariablen abhängt. An die Stelle von Hodgkin-Huxley's zeitabhängiger Leitfähigkeit G_{Na} des Natriumionenkanals tritt ein durch Ladung kontrollierter Memristor, der von zwei Zustandsvariablen abhängt. Diese schalttheoretisch wohldefinierten Größen erklären präzise die empirischen Mess- und Beobachtungsdaten von Synapsen und Neuronen (Sah et al. 2014).

Wie lassen sich aber solche Neuristoren technisch realisieren? R. Stanley Williams von der Firma Hewlett-Packard (Silicon Valley) hat dazu 2007 erstmals eine Version konstruiert, die mittlerweile ständig vereinfacht und verbessert wurde (Williams 2008). Dazu stelle man sich ein Crossbar-Netzwerk aus sich kreuzenden senkrechten und waagerechten Drähten vor, das an einen Maschendraht erinnert (Abb. 4) (Tetzlaff 2014, S. 14 nach Fig. 1.5). Die Kreuzungen eines senkrechten und waagerechten Drahts sind mit einem Schalter verbunden. Um den Schalter zu schließen, wird an beiden Drähten eine positive Spannung angelegt. Um ihn zu öffnen, wird die Ladung umgekehrt.

Um memrestives Verhalten zu erreichen, werden die Schalter nach einer bestimmten Architektur konstruiert. Sie erinnert an ein Sandwich, bei dem eine wenige Nanometer dicke Titandioxyd-Schicht zwischen zwei Platinelektroden (als „Brotscheiben") liegt. In Abb. 4 dient die untere Titandioxydschicht als Isolator. Die obere

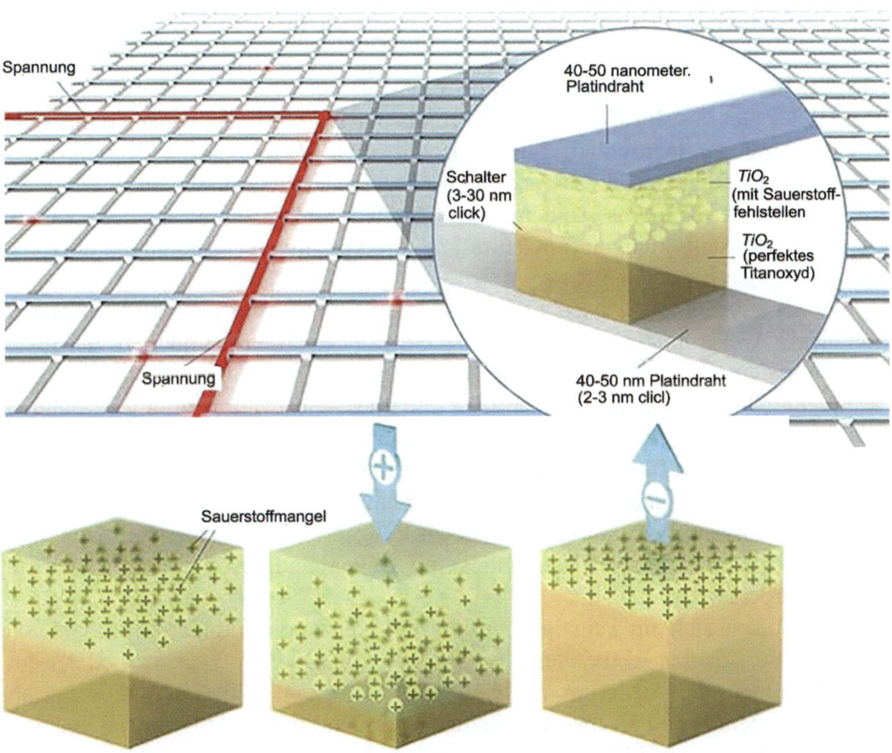

Abb. 4 Memristives System mit Schaltern aus Titandioxyd. (Tetzlaff 2014, S. 14 nach Fig. 1.5)

Titandioxydschicht ist mit Sauerstofffehlstellen versehen. Anschaulich kann man sie sich wie kleine Blasen in einem Bier vorstellen – mit dem Unterschied, dass sie nicht austreten können. Diese Titanoxydschicht besitzt eine hohe Leitfähigkeit. Wenn eine positive Spannung angelegt wird, verschieben sich die Sauerstofffehlstellen. Damit verringert sich die Dicke der unteren Isolationsschicht, und die Leitfähigkeit des Schalters wird insgesamt erhöht. Eine negative Ladung zieht demgegenüber die positiv geladenen Sauerstofffehlstellen an. Dadurch wächst die Isolationsschicht und die Leitfähigkeit des Schalters wird insgesamt verringert.

Das memristive Verhalten zeigt sich, wenn die Spannung positiv oder negativ umgeschaltet wird: Dann verändern sich die kleinen Blasen der Sauerstofffehlstellen nicht, sondern bleiben, wo sie sind. Die Grenze zwischen den beiden Titandioxydschichten ist quasi „gefroren" Daher kann sich der Schalter „erinnern", wieviel Spannung zuletzt angewendet wurde. Er funktioniert wie ein Memristor.

Andere Memristoren verwenden wenige Nanometer große Siliziumdioxydschichten, die nur geringe Kosten erfordern. Bereits die von Hewlett-Packard hergestellten Crossbar-Speicher haben eine enorme Packungsdichte von ca. 100 Gibit/cm^2. Sie könnten zudem mit anderen Halbleiterstrukturen verbunden werden. Daher ist nicht ausgeschlossen, dass sie die Entwicklung neuromorpher Strukturen zur Simulation des menschlichen Gehirns einleiten.

3.2 Kognition durch memristive Netzwerke

Ausgang dieses Forschungsprogramms war das mathematische Hodgkin-Huxley Modell des Gehirns. Im Human Brain Project der EU wird eine genaue empirische Modellierung des menschlichen Gehirns mit allen neurologischen Details angestrebt. Mit der technischen Entwicklung neuromorpher Netzwerke stünde ein empirisches Testbett für dieses mathematische Modell zur Verfügung, in dem Voraussagen über Musterbildungen im Gehirn und ihre kognitiven Bedeutungen überprüft werden können.

Aus der Psychologie wissen wir, dass mentale und kognitive Zustände in äußerst komplexer Weise aufeinander einwirken. So können Wahrnehmungen Gedanken und Vorstellungen auslösen, die zu Handlungen und Bewegungen führen. Eine Wahrnehmung ist in der Regel aber auch mit einer Selbstwahrnehmung verbunden: Ich bin es, der wahrnimmt. Selbstwahrnehmungen führen verbunden mit der Speicherung der eigenen Biografie im Gedächtnis zum Ich-Bewusstsein. Wenn alle diese unterschiedlichen mentalen Zustände mit Schaltungsmustern im Gehirn verbunden sind, dann müssen nicht nur die Wechselwirkungen von einzelnen Neuronen, sondern von Zellverbänden (cell assemblies) mit Zellverbänden von Zellverbänden etc. erfasst werden.

Dazu lassen sich im Prinzip ebenfalls Differenzialgleichungen einführen, die nicht von den lokalen Aktivitäten einzelner Neuronen, sondern ganzer Cell Assemblies abhängen, die wiederum von Cell Assemblies von Cell Assemblies etc. abhängen können. So erhält man ein System von nichtlinearen Differenzialgleichungen, die auf unterschiedlichen Ebenen ineinander verschachtelt sind und so eine äußerst komplexe Dynamik modellieren. Verbunden mit den Sensoren und Aktoren unseres Organismus erfassen sie die Vorgänge, die unsere komplexen motorischen, kognitiven und mentalen Zustände erzeugen. Wie schon betont, kennen wir diese Abläufe noch nicht alle im Detail. Aber es ist deutlich, wie sie im Prinzip mathematisch zu modellieren sind und in neuromorphen Computern empirisch getestet werden könnten.

3.3 Memristor Crossbar Architekturen

Zusammengefasst heißen elektronische Bauelemente, deren Widerstand sich durch elektrische Reize wie Strom und Spannung verändern, memristive Schaltelemente oder Memristoren (NeuroSys 2021). Die Varianten von memristiven Schaltelementen beruhen auf verschiedenen physikalischen Prinzipien wie defekt-basierende resistive Speicher (ReRAM), Phasenwechsel (PCM) und magnetische sowie ferroelektrische Tunnelübergänge. Diese Bauelemente wurden zunächst als nichtflüchtige Speicher (NVM) aufgrund ihrer Skalierbarkeit, Siliziumkompatibilität und Leistungsvorteile im Vergleich zu Standard-NVM-Bauelementen angewendet.

Übersicht
In künstlichen neuronalen Netzen lassen sich die synaptischen Gewichte zwischen Neuronen durch Memristoren simulieren. Man spricht von Memristor-Crossbar-Arrays, wenn die vollständige Verbindung (Konnektivität) zwischen zwei Neuronenebenen in ein 2-dimensionales Array mit Memristoren an den Verbindungspunkten abgebildet wird (Mirsa und Saha 2010). Die Arrays ermöglichen eine hoch energieeffiziente, vollständig parallele, analoge In-memory Berechnung von Vektor-Matrix-Produkten. Sie vermeiden den Berechnungsengpass („von Neumann Flaschenhals“) während des Trainings künstlicher neuronaler Netze mit Standard-Hardware mit zentralen Rechnerprozessoren (CPU) oder Graphikprozessoren (GPU).

Daher sind memristive Crossbar-Arrays eine zukunftsorientierte Hardwaretechnologie für tief lernende neuronale Netze der KI. Memristive Bauelemente können hirnähnliche Synapsenprozesse nachbilden. Dazu gehören Prozesse wie Spike-Time-Dependent Plasticity (STDP) als wichtige Form lokaler Lernregeln, um das Selbstlernen gehirnähnlicher neuromorpher Systeme zu ermöglichen.

3.4 Photonische neuromorphe Schaltkreise

Eine Alternative zur elektronischen Datenverarbeitung ist Licht (Shasin et al. 2020). Photonen als Lichtteilchen sind 1000 mal schneller verglichen mit Elektronen in Schaltungen. Hinzu kommt, dass Lichtwellen sich gegenseitig nicht beeinflussen und einen niedrigen Energiebedarf haben. Die darauf basierende Photonik entwickelte sich auf der Grundlage von Lichtemittern mit Halbleitern und optischen Fasern. Integrierte photonische Bauelemente eröffnen daher die Möglichkeit, hohe Geschwindigkeiten, parallele Datenströme und geringen Verbrauch miteinander zu verbinden.

Optische Übertragungssysteme ermöglichen hohe Datenraten und eine Verkürzung von Latenzzeiten während der Signalübertragung. Komplexe Systeme erfordern eine hinreichende Skalierbarkeit der Anzahl von Neuronen und Synapsen. Hier bietet sich eine hybride Lösung an, die Signalverarbeitung optisch und elektronisch umsetzt.

Dabei werden die nichtlinearen Transferfunktionen der Neuronen und die Signalregeneration elektrisch durchgeführt, während die Signalübertragung zwischen den Neuronen und die lineare Signalverarbeitung bei der Gewichtung und Aufsummierung der Signale optisch realisiert wird. So lassen sich die Verzögerungszeiten entscheidend reduzieren. Ein Proof-of-Concept Demonstrator eines entsprechenden neuronalen Netzes ist ein entscheidender Innovationsschritt für langfristige Ziele einer seriellen Produktion.

Dabei wird auch konventionelle Siliziumtechnik verwendet, die in der Fabrikation auf lange Erfahrung der Digitalisierung zurückgreifen kann. Neuromorphe Prinzipien sind bei der Entwicklung neuartiger Algorithmen und Bauelementeigenschaften zu berücksichtigen. Dazu sind Einsichten der Neurowissenschaften, des automatisierten Systementwurfs und der hardwarenahen Schaltungsentwicklung zusammenzuführen. Die Innovation zielt auf Schaltungsarchitekturen, die elektrische Verarbeitung und Photonik integrieren.

3.5 Energieverbrauch von Gehirnen verglichen zu memristiven und photonischen Systemen

Um den Energieverbrauch pro Recheneinheit zu messen, wird eine multiply-accumulate operation (MAC) zugrunde gelegt (Kickuth 2021). Dazu werden zwei Faktoren multipliziert und das Produkt zu einem fortlaufenden Summanden addiert. MAC-Operationen werden auch verwendet, um den Ablauf von synaptischen Funktionen darzustellen. Die Berechnungseffizienz des menschlichen Gehirns liegt bei 20 W für 10^{18} MAC pro Sekunde. Dabei werden 10^{11} Neuronen mit ca. 10.000 Verbindungen eines Neurons zu anderen Neuronen angenommen. Damit stehen insgesamt 10^{15} synaptische Verbindungen zur Verfügung, die alle Signale mit einer Bandbreite von bis zu 1 kHz übertragen. Die Recheneffizienz des Gehirns ist damit niedriger als ein Attojoule ($= 10^{-18}$ Joule) pro MAC im Unterschied zu ca. 1 Picojoule ($= 10^{-12}$ Joule) pro MAC bei einem leistungsstarken Computer.

Neuromorphe Systeme auf der Grundlage analoger Elektronik mit Memristoren oder photonische Chips eröffnen signifikante Verbesserungen der Rechenleistung. Die Amplitude der Spikes erfolgt zwar zeitlich analog, wird aber digital repräsentiert. Ein Beispiel für höhere Leistungsfähigkeit bei neuromorpher Verarbeitung sind Anwendungen mit hoher Bandbreite im GHz-Bereich. Dazu gehören das Abtasten und die Manipulation des Funkspektrums oder die Steuerung schneller Flugzeuge auf der Grundlage photonischer Chips.

Elektronische Schaltungssysteme benötigen Milliarden von Schaltern, die zwischen einem Ein- und Ausschaltzustand wechseln. Dieser Prozess führt insgesamt zu Zeitverzögerungen (Latenz). Demgegenüber beruht die Photonik auf Wellenausbreitungen mit Interferenzmustern, um das Ergebnis zu bestimmen. Dadurch sind direkte Berechnungen ohne Verzögerungen durch Schalterlatenz möglich. Photonik erreicht hohe Schaltgeschwindigkeiten und Kommunikationsbandbreiten bei geringen Störungen durch benachbarte Kommunikationskanäle. Damit kann sehr schnelle Informationsverarbeitung auf der Grundlage von Spikes mit hoher Verbindungsdichte durchgeführt werden. Es wird damit gerechnet, dass neuromorphe Systeme auf photonischer Grundlage bis zu 100 Millionen Mal schneller arbeiten könnten als neuromorphe Elektronik. Damit werden auf jeden Fall Geschwindigkeiten wie bei biologischen Gehirnen und noch schneller erreicht.

Auch der Energieverbrauch mit photonischen Systemen eröffnet bemerkenswerte Perspektiven. Theoretisch könnten optische neuronale Netze eine physikalische Grenze traditioneller digitaler Chips vermeiden. Thermodynamisch arbeiten diese Chips irreversibel. Bekannt wurde diese Grenze als Landauer-Limit, wonach das Löschen einer noch so kleinen Information eine minimale Energie als Wärme an die Umgebung abgibt. Allerdings ist dieser Betrag nach unten beschränkt. Für photonische Schaltungen ist das Limit vom Netzwerk und dem bearbeiteten Problem abhängig. In getesteten Beispielen liegt es zwischen 50 zJ bis 5 aJ/MAC. Das thermodynamische Landauer-Limit für einen digitalen Prozessor beträgt 3 aJ/MAC für 1000 Bit-Operationen pro MAC.

4 Neuromorphe Algorithmen des Machine Learning

Neuromorphe Rechner können zusammen mit künstlichen neuronalen Netzen biologische Gehirne simulieren, um kognitive Aufgaben wie raum-zeitliche Mustererkennung mit großer Effizienz zu lösen. Im Unterschied zu den gewöhnlich benutzten neuronalen Netzen des Deep Learning (DNN) werden in biologisch inspirierte neuronale Netze die Outputs wie bei Messungen von Gehirnsignalen als Folgen von diskreten Spikes dargestellt. Solche neuronalen Netzwerke werden auch spiking neuronale Netzwerke (SNN) bezeichnet. SNNs sind dynamische Systeme mit zeitlich variierendem Stimulus. Inputs der Umgebung ändern sich mit der Zeit, und die Outputs der Neuronen reagieren mit zeitlich variierenden Output-Mustern. Information wird durch die zeitliche Struktur von Spike-Folgen dargestellt. Zeitliches Kodieren von Information in Spikefolgen ermöglicht schnelle und genaue

Informationsverarbeitung mit niedriger Latenz und real-zeitlicher Anwendung. Um solche zeitlichen Muster zu erlernen, müssen SNNs durch geeignete Algorithmen trainiert werden.

Bei neuromorpher Hardware werden die synaptischen Gewichte von neuronalen Netzen gewöhnlich in SRAM-Zellen gespeichert (RAM = Random Access Memory). Bei hohem Datenaufkommen gewinnen aber Energieverbrauch und Latenz Überhand. Zusätzlich kann eine SRAM-Zelle sechs oder mehr Transistoren für ein einzelnes Bit mit hohem Energieverbrauch und Platzbedarf erfordern. Daher werden RRAM (Resistive Random Access Memory)-Einheiten bevorzugt, die ähnlich wie biologische Synapsen Datenspeicherung und Datenverarbeitung (Prozessor) integrieren. Ein Memristor-basierter Speicher kann ein oder mehr Bits eines Synapsengewichts in einer einzigen Instruktion speichern. Zudem sind RRAMs ungewöhnlich schnell bei niedrigem Energieverbrauch. Ferner können Rechnungen mit diesen synaptischen Gewichten im Speicher ohne Abrufung von Daten ausgeführt werden. Während DNN-Netze mit RRAM-Zellen aufwendige digital-zu-analog und analog-zu-digital Konverter erfordern, sind SNN-Netze digital-analog kompatibel – wie ein biologisches Nervensystem.

Mathematisch lässt sich die zeitliche Dynamik eines neuronalen Netzes durch gewöhnliche Differenzialgleichungen (ODE = ordinary differential equation) modellieren (Brette et al. 2007; Fang et al. 2021):

$$\tau \frac{dv(t)}{dt} = -v(t) + \sum_{i}^{M} w_i x_i(t)$$

$$v(t) \leftarrow v_{rest}, \text{falls } v(t) = V_{th}$$

mit Potenzial $v(t)$ der neuronalen Membran, Zeitkonstante τ, Input x_i der i-ten Synapse, Synapsengewicht w_i, Anzahl M der Synapsen, Schwellenwert (threshold) V_{th} und Restpotenzial v_{rest}, wobei vereinfacht $v_{rest} = 0$ gesetzt wird. Wenn das Membranpotenzial $v(t)$ den Schwellenwert V_{th} überschreitet, wird $v(t)$ auf das Restpotenzial v_{rest} gesetzt. Man spricht dann auch von einem (harten) Reset.

Um die zeitliche Dynamik eines SNN-Systems in Spikes umzuwandeln, wird ein Spike-Response Modell (SRM) eingeführt (Gerstner et al. 2014). Für $M = 1$, Anfangsbedingung $v(0) = 0$ und einem Puls als Input ergibt sich $k(t) = e^{\frac{-t}{\tau}}$ als Kernel.[1] Für ein Neuron mit M Input-Synapsen erhält man dann als postsynaptisches Potential

[1] Eine Abbildung $K : X \times X \to \mathbb{R}$ eines Eingaberaums X heißt Kernel, wenn es einen Skalarraum $(F, \langle\cdot,\cdot\rangle)$ mit Merkmalsmenge (engl. feature) F mit Skalarprodukt $\langle\cdot,\cdot\rangle$ in $\mathbb{R}$ und einer Merkmalsabbildung $\phi : X \to F$ des Eingaberaums X in die Merkmalsmenge F gibt, so dass $K(x, y) = \langle\phi(x), \phi(y)\rangle$ ist. Im Maschinellen Lernen werden Kernel-Methoden eingesetzt, um Berechnungen in einem höher dimensionalen Raum durchzuführen. Dadurch lassen sich Daten, die in ihrem Datenraum nicht (linear) klassifizierbar sind, in einem höher dimensionalen Datenraum klassifizieren (Schölkopf und Smola 2002).

$$PSP(t) = \sum_i^M w_i \int_0^\infty k(t) x_i(t-s) ds$$

ohne Reset. Spikes lassen sich mit Hilfe eines Reset-Kernels wie z. B. $h(t) = e^{\frac{-t}{\tau_r}}$ mit einer Zeitkonstanten τ_r einführen. Dann erhält die zeitliche Entwicklung des Membrampotenzials $v(t)$ die Form

$$v(t) = -\vartheta \int_0^\infty h(t) O(t-s) ds + \sum_i^M w_i \int_0^\infty k(t) x_i(t-s) ds,$$

wobei $O(t) = \sum \delta(t - t^f)$ mit $t^f \in \{t^f | v(t^f) \geq V_{th}\}$ eine Folge von (zeitverschobenen) Deltafunktionen, die den Spikes des Outputs entsprechen, und ϑ die Stärke der Resetladung sind. Die Addition einer Ladung lässt sich leichter realisieren als ihre Subtraktion. Deshalb wird die Gleichung für $v(t)$ umgeschrieben zu

$$PSP(t) = \sum_i^M w_i \int_0^\infty k(t) x_i(t-s) ds$$

$$r(t) = \vartheta \int_0^\infty h(t) O(t-s) ds$$

$$O(t) = \sum \delta\left(t - t^f\right) \text{ mit } t^f \in \left\{t^f | v\left(t^f\right) \geq V_{th} + r(t)\right\},$$

wobei $r(t)$ die Amplitude der Resetladung ist. In dieser Form wird das postsynaptische Potenzial $PSP(t)$ nicht mit einem festen Schwellenwert, sondern mit dem zeitlich variierenden Schwellenwert $V_{th} + r(t)$ verglichen, der sich adaptiv zur Spikeaktivität des Outputs verändert.

Dieses mathematische Spikemodell mit Deltafunktionen lässt sich auch physikalisch interpretieren. Eine physikalische Interpretation erklärt die Fähigkeit des Neurons, sich an Information zu erinnern, und die Struktur des Schaltkreisentwurfs. Die Kernel $k(t)$ und $h(t)$ entsprechen physikalisch Tiefpass (low-pass) – Filter 1. Ordnung. In der Elektronik lassen Tiefpass-Filter die Signalanteile mit Frequenzen unterhalb ihrer Grenzsequenz annähernd ungeschwächt passieren und dämpfen Anteile mit höheren Frequenzen. Im einfachsten Fall besteht ein Tiefpass aus einer Widerstand (R = Resistor)-Kondensator (C = Condensator) Schaltung. Durch Hintereinanderschaltung von mehreren Tiefpässen kann dessen Ordnung erhöht werden. Ein Neuron mit M Synapsen wird als (M + 1)-Filter aufgefasst. Dabei wird das Gedächtnis eines Neurons auf Filter verteilt.

In einem nächsten Schritt lässt sich ein Trainingsalgorithmus mit BPTT (Backpropagation through Time) einführen, um SNN-Netze zu trainieren, zeitliche Muster zu erlernen (Brette et al. 2007). Das digitale Gegenstück zu den Filtern $k(t)$ und $h(t)$ lautet im diskreten Zeitbereich

$$k[t] = e^{\frac{-t}{\tau}} k[t-1] + x[t] \tag{1a}$$

$$h[t] = e^{\frac{-t}{\tau_r}} h[t-1] + O[t-1] \tag{1b}$$

mit $t \in \mathbb{Z}_0$ $(t \geq 0)$. Daher lassen sich die Integralgleichungen (i)-(iii) in Differenzengleichungen eines Algorithmus übersetzen:

$$\boldsymbol{v}_l[t] = \boldsymbol{g}_l[t] - \vartheta \boldsymbol{h}_l[t] \tag{2}$$

$$\boldsymbol{g}_l[t] = \boldsymbol{W}_l \boldsymbol{k}_l[t] \tag{3}$$

$$\boldsymbol{h}_l[t] = e^{\frac{-t}{\tau_r}} \boldsymbol{h}_l[t-1] + \boldsymbol{O}_l[t-1] \tag{4}$$

$$\boldsymbol{k}_l[t] = e^{\frac{-t}{\tau}} \boldsymbol{k}_l[t-1] + \boldsymbol{O}_{l-1}[t] \tag{5}$$

$$\boldsymbol{O}_l[t] = U(\boldsymbol{v}_l[t] - V_{th}) \tag{6}$$

$$U(x) = 0{,}x < 0{,}\text{andernfalls } 1 \tag{7}$$

mit Schichtindex l, Gewichtsmatrix $\boldsymbol{W}_l \in \mathbb{R}^{N_l - N_{l-1}}$, gewichtetem Input (PSP) $\boldsymbol{g}_l[t]$, neuronalem Output $\boldsymbol{O}_l[t]$ zum Zeitpunkt t und Heaviside Schrittfunktion $U(x)$.

Wie (i)-(iii) können die Gl. (2), (6) und (7) als adaptiver Schwellenwert aufgefasst werden:

$$O[t] = 1{,}\text{falls } g[t] > \vartheta h[t] + V_{th}{,}\text{andernfalls } 0. \tag{8}$$

Die Gl. (2), (3), (4), (5), (6) und (7) haben eine rekursive Form, die dem Ablauf im Netzwerk von Abb. 5 entspricht (Fang et al. 2021, nach Fig. 2):

Die Delta-Funktionen der Spikes entwickeln sich dann rekursiv mit

$$\boldsymbol{\delta}_l[t] = \boldsymbol{W}_{l+1}^{\mathrm{T}}(\boldsymbol{\epsilon}_{l+1}[t]\boldsymbol{\delta}_{l+1}[t]) - \vartheta \boldsymbol{\delta}_l[t+1]\boldsymbol{\epsilon}_l[t+1], \tag{9}$$

wobei $\boldsymbol{\epsilon}_l[t] = \frac{\partial U(\boldsymbol{v}_l[t] - \vartheta)}{\partial \boldsymbol{v}_l[t]}$.

Der Hardware Design, auf dem dieser Trainingsalgorithmus funktioniert, ist in Abb. 6 dargestellt: Eine Reihe von synaptischen Filtern empfängt zeitlich variierende Spikefolgen als Input mit Filter $k(t)$. Der Output der synaptischen Filterreihe wird in ein Kreuzgitter (crossbar) überführt, um die der Gl. (3) entsprechende Matrix-Vektor Multiplikation durchzuführen. Die sich ergebenden postsynaptischen Potenziale PSP werden mit Schwellenwerten im neuronalen Schaltkreis verglichen. Output Spikes des neuronalen Schaltkreises werden zur synaptischen Filterreihe der nächsten neuronalen Schicht weitergeleitet.

Als Beispiel wird ein vollständig verbundenes Netzwerk der Größe 700 (Input)-500-500-300 gewählt. Das Ziel besteht darin, dass Netzwerk zu trainieren, ein bestimmtes räumliches und zeitliche Muster zu erzeugen, wenn ein anderes Muster als räumliches zeitliches Muster gegeben ist. Per Zufall werden 1000 Beispiele von Inputmustern aus einem Datenset ausgewählt. Dann werden handgeschriebene

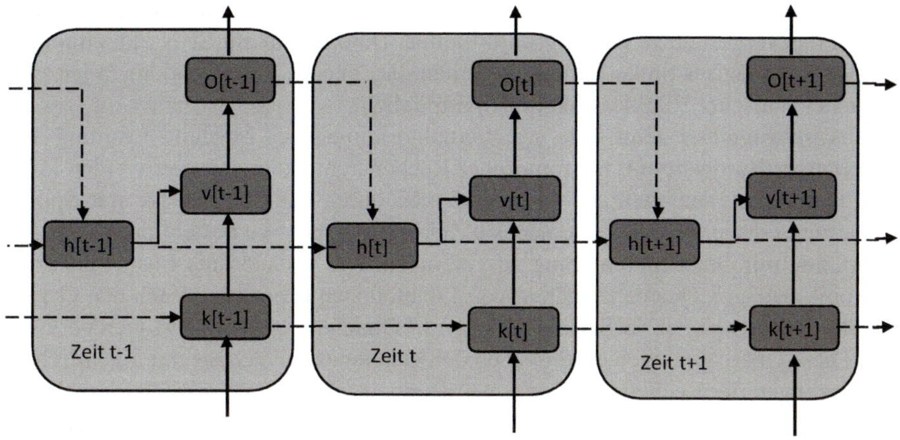

Abb. 5 Rekursiver Trainingsalgorithmus für zeitliche Muster. (Fang et al. 2021, nach Fig. 2)

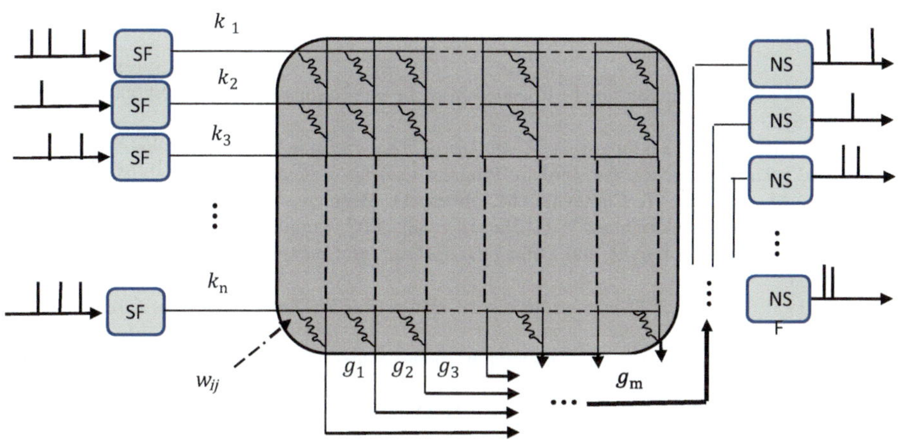

Abb. 6 Hardware des SNN Netzwerks zum Lernen zeitlicher Muster mit zeitlich kodierten Spikefolgen als Input, synaptischen Filtern (SF), die Spikes in postsynaptische Potenziale (PSP) umwandeln, Kreuzgitter (crossbar) zur Vektor-Matrixmultiplikation und Neuronen mit neuronalen Schaltkreisen (NS), die gewichtete PSP mit einem Schwellenwert vergleichen und den Output als Spikefolge erzeugen. (Fang et al. 2021, nach Fig. 2)

Ziffern 0 bis 9 in Spikemuster konvertiert, wobei einem Pixel (x, y) ein Spike in der y-ten Spikefolge zum Zeitpunkt x entspricht. Der Input besteht aus 700 Spikefolgen der Länge 300. Der Zieloutput hat 300 Spikefolgen derselben Länge. Das Netzwerk wird trainiert, die entsprechenden handgeschriebenen Zahlenmuster auszugeben, wenn ein Datenset gegeben ist. Wenn z. B. ein auditives Hörbeispiel der Ziffer 3 gegeben ist, dann wird ein Spikemuster erzeugt, das der handgeschriebenen Ziffer 3 ähnelt. Der graphischen Darstellung repräsentiert die x-Achse die Zeit, die y-Achse den Spike-Trainingsindex. Ein Punkt mit Koordinate (x, y) repräsentiert einen Input/

Output-Spike in der y-ten Spikefolge zum Zeitpunkt x. Dieses Beispiel zeigt den Vorteil des vorgestellten Trainingsalgorithmus. Damit kann ein SNN-Netz trainiert werden, ein präzises Spike-Timing zu lernen, das neuartige Anwendungen jenseits einfacher statischer Bildklassifikationen ermöglicht.

Zusammengefasst zeigt sich, wie Lernalgorithmen des Machine Learning auf memristiver Hardware mit neuromorpher Rechenarchitektur realisiert werden können. Komplexe raum-zeitliche Muster können durch neuronale Netze mit Spike-Kodierung erlernt werden. Eine nächste Zukunftsperspektive besteht darin, Neurocomputing mit Quantencomputing zu verbinden. Die gemeinsame Basis bildet die Photonik, wonach Quantenzustände von Lichtteilchen (Photonen) nach den Gesetzen der Quantenphysik in Superpositionen in Quantenbits überlagert werden können. Diese Überlagerungen ermöglichen den Quantenparallelismus mit gigantischen Verkürzungen der Rechenzeit. Damit würde ein „Lichtgehirn" möglich, dass durch „Rechnen mit Licht" die Vorteile des am Gehirn orientierten Neurocomputing mit den Vorteilen des Quantencomputing verbindet.

Literatur

Backus, J. 1978. Can programming be liberated from the von Neumann style? ACM 0001-0782/78/0800-0613.

Banerjee, R., und B. K. Chakrabarti. 2008. *Models of brain and mind. physical, computational, and psychological approaches*. Amsterdam: Progress in Brain Research.

Brette, R., M. Rudolph, T. Carnevale, M. Hines, D. Beeman, J. M. Bower, M. Diesmann, A. Morrison, P. H. Goodman, F. C. Harris, et al. 2007. Simulation of networks of spiking neurons: A review of tools and strategies. *Journal of Computational Neuroscience* 23(3): 349–398.

Chua, L. 1971. Memristor: The missing circuit element. *IEEE Transactions on Circuit Theory* 18(5): 507–519.

Chua, L. 2014. If it's pinched it's a memristor. *Semiconductor Science and Technology* 29(10): 104001–1040042.

Fang, H., B. Taylor, Z. Li, Z. Mei, H. Li, und Q. Qiu. 2021. Neuromorphic algorithm-hardware codedesign for temporal pattern learning. In ArXiv:2104 [cs.AR], 7 May 2021.

Gerstner, W., W. M. Kistler, R. Naud, und L. Paninski. 2014. *Neuronal dynamics: From single neurons to networks and models of cognition*. Cambridge: Cambridge University Press.

Kickuth, R. 2021. *Bio-inspired Computing. Gehirn-künstliche Neuronetze – neuromorphe Architekturen … und wie es weitergeht: Photonik-Quantencomputer-Evolution*. Agentur und Verlag Rubikon.

Mainzer, K. 2007. *Thinking in Complexity*, 5. Aufl. Berlin: Springer.

Mainzer, K. 2019. *Künstliche Intelligenz. Wann übernehmen die Maschinen?* 2. Aufl. Berlin: Springer.

Mainzer, K. 2024. *Artificial Intelligence of Neuromorphic Systems*. World Scientific Singapore 2024.

Mainzer, K., und L. Chua. 2013. *Local activity principle*. London: Imperial College Press.

Mirsa, J., und J. Saha. 2010. Artificial networks in hardware: A survey of two decades of progress. *Neurocomputing* 74(1–3): 239–255.

NeuroSys. 2021. *BMBF-Zukunftscluster neuromorphe Hardware für autonome Systeme der Künstlichen Intelligenz*. Projektpapier, S. 14–15.

Sah, M. P., H. Kim, und L. O. Chua. 2014. Brains are made of memristors. *IEEE Circuits and Systems Magazine* 14(1): 12–36.

Schölkopf, B., und A. J. Smola. 2002. *Learning with Kernels*. Cambridge, MA: MIT Press.
Shasin, B. J., A. N. Tait, T. F. de Lima, W. H. P. Pernice, H. Bhaskaran, C. D. Wright, und P. R. Prucnal. 2020. Photonics for artificial intelligence and neuromorphic computing. In arXiv 2011.001111.
Tetzlaff, R., Hrsg. 2014. *Memristors and memristive systems*. Berlin: Springer.
Williams, R. Stanley. 2008. How we found the missing memristor. *IEEE Spectrum* 45(12): 28–35.

Superintelligenz durch Quantencomputer?

Klaus Mainzer

Inhalt

Zusammenfassung

Quantencomputer nutzen Quanteneffekte wie Superpositionen und Verschränkungen von Quantenzuständen, die in den philosophischen Grundlagen der Quantenwelt tief verwurzelt sind. Technisch führt der Quantencomputer zu exponentieller Steigerung der Rechenkapazität, mit der praktische Grenzen der Problemlösung überwunden werden. Unberührt bleiben prinzipielle logisch-mathematische Grenzen der Berechenbarkeit. Es eröffnen sich zudem neue Perspektiven der Quantenkommunikation bis zu einem Quanteninternet, das die Möglichkeiten cyberphysikalischer Systeme und damit den gesellschaftlichen Impact verändert. Am Ende stellt sich die Frage, wie Quantengehirne auf der Grundlage neuronaler Quantennetze arbeiten.

Schlüsselwörter

Quantenparallelismus · Universeller Quantencomputer · Quantenkommunikation · Quanteninternet · Neuronale Quantennetze · Quantengehirne

K. Mainzer (✉)
TUM Senior Excellence Faculty, Technische Universität München (TUM), München, Deutschland
E-Mail: mainzer@tum.de

K. Mainzer (Hrsg.), *Philosophisches Handbuch Künstliche Intelligenz*,
https://doi.org/10.1007/978-3-658-19606-6_54

1 Einleitung

Die Quantenwelt mit ihrer Mathematik ermöglicht Algorithmen und Verfahren, die ungleich reichhaltiger, schneller und effektiver als klassische Computer sind. Ein Quantenbit enthält nicht nur zwei alternative Informationszustände der Bits 0 und 1, sondern alle zwischen 0 und 1 liegenden Zustände eines Quantensystems (z. B. Atom oder Elementarteilchen). Solche „Überlagerungen" (Superpositionen) von Zuständen führen in der Technik zum Quantenparallelismus, der eine gleichzeitige Berechnung aller Zustände ermöglicht und damit erhebliche Beschleunigung gegenüber nacheinander ausgeführten Rechenschritten in klassischen Computern. Quantenmechanische „Verschränkungen" entfernter Ort ermöglichen augenblickliche Quantenkommunikation. Verteilte Wahrscheinlichkeiten eröffnen in der Quantenwelt das „Durchtunneln" von Hindernissen, vermeiden klassische Umwege und beschleunigen damit Rechenverfahren erheblich.

Im Quanten Computing wachsen also Physik, Informatik, Logik, Mathematik und Philosophie zusammen. Ob nun die Welt selbst ein Computer ist (Leibniz) oder wenigstens durch einen Computer simulierbar ist (Feynman), wie ein roter Faden zieht sich diese Vision durch die Ideengeschichte der Neuzeit. Dabei ist die Quantenphysik, wie Richard Feynman als Pionier des Quantencomputers richtig feststellte, die eigentliche und umfassende physikalische Wirklichkeit. Die klassische Physik beschreibt nur approximativ den Ausschnitt der makroskopischen Welt. In diesem Sinn ist die Quantenphysik ein natürlicher Zugang zur Welt. Zudem entspricht das Denken in Statistik und Wahrscheinlichkeiten durchaus der Alltagserfahrung, die keineswegs wie klassische Mechanik determiniert ist.

Quantentechnologie und Quantencomputer werden zunehmend den Alltag bestimmen. Nach Elektrifizierung und Digitalisierung im 20. Jahrhundert steht nun die Quantisierung der Kommunikations- und Versorgungsnetzwerke an. Das geschieht schrittweise und nicht „disruptiv". Auch der universelle Quantencomputer wird nicht „disruptiv" die klassische Rechnertechnologie ablösen, sondern zunehmend in klassische Rechnerstrukturen eingebettet und neue Aufgaben lösen, die mit klassischen Verfahren ausgeschlossen waren. Man spricht bereits von „ökologischen" Rechnernetzwerken, die sich schrittweise über die Welt ausbreiten. Eine daraus entstehende Superintelligenz, die kollektive menschliches Wissen übertrifft, ist also keine Singularität, die irgendwann „disruptiv" eintritt, sondern eine Entwicklung, die längst abläuft.

Die dabei entstehenden Rechnernetzwerke sind der Hintergrund einer weltweiten Automatisierung durch Künstliche Intelligenz. In Zukunft werden enorme Rechnerkapazitäten notwendig sein, um die gewaltigen Datenmengen dieser Zivilisation zu bewältigen. Die Komplexität des Lebens, seine unverstandenen Zusammenhänge, seine Empfindlichkeit und Gefährdung, die sich in Krankheiten wie Krebs ebenso zeigt wie in viralen Pandemien, erfordert neue Tools in Life Sciences und Medizin. Hier wird Bioinformatik zunehmend auf Machine Learning und geeignete Rechner- und Speicherkapazitäten zurückgreifen müssen. Das gleiche gilt zur Bewältigung weltweiter Finanz- und Wirtschaftskrisen, die Frühwarnsysteme erfordern. So wachsen Quantentechnologie und Quantencomputer mit dem großen anderen HighTech Hype, der Künstlichen Intelligenz, zusammen.

Mit Quantentechnologie, Quantencomputer und künstlicher Intelligenz zeichnet sich aber nicht nur eine Potenzierung neuer Möglichkeiten ab, sondern auch von Gefährdungen. Neben einer absolut sicheren Quantenkryptografie könnte Quantenkommunikation auch militärisch z. B. für eine weltweite Drohnensteuerung genutzt werden. Quantencomputer, die klassische Supercomputer schlagen, ermöglichen ungleich mehr und effektivere Kontrolle und Manipulation weltweit. Daher erhebt sich die Forderung nach frühzeitiger Technikgestaltung.

2 Technik eines Quantencomputers

Die ersten praktischen Anwendungen von Algorithmen der Künstlichen Intelligenz sind erst seit einigen Jahren aufgrund der nun erreichten Rechentechnik von Computern möglich. Bereits Ende der 1960er-Jahre hatte der Physiker Gordon Moore, Mitbegründer des Chipherstellers Intel im Silicon Valley, vorausgesagt, dass sich die Computerleistung in einem Zeitraum von ca. 18 Monaten verdoppelt bei gleichzeitiger Verkleinerung und Verbilligung von Computerchips. Dieses „Mooresche Gesetz“ hat sich bis vor kurzem mehr oder weniger bestätigt. Tatsächlich bildet es das Rückgrat der gesamten bisherigen Digitalisierung von den Superrechnern bis zu immer leistungsfähigeren Smartphones und Robotern. Elementarteilchenbeschleuniger, Klimaprognosen und soziale Netzwerke, um nur einige Beispiele zu nennen, wären ohne das Mooresche Gesetz nicht möglich gewesen.

2008 erreichte der IBM-Superrechner Roadrunner die Marke von Petaflops, d. h. 10^{15} Rechenschritten pro Sekunde. Etwa ab diesem Zeitraum stieg die Rechenleistung nicht mehr so rasant wie in den vorherigen Jahrzehnten und lag im Zeitraum von 2018 bis 2019 bei den führenden Superrechnern weltweit nur noch bei ca. zehn Prozent. Die Frage drängt sich auf: Immer kleiner – und was dann? Wird die Rechnertechnologie in den 2020er-Jahren an ihre Grenzen gelangen?

Der Grund ist: Das jahrelange Wachstum der Computerleistung des „immer schneller durch immer kleiner“ stößt nun an fundamentale Grenzen der Miniaturisierung, die mit den Naturgesetzen der Physik eng zusammenhängen. Bei Chips in atomarer Größe gelten nicht länger die Gesetze der klassischen Physik, nach denen herkömmliche Computer funktionieren. Damit betreten wir die Quantenwelt, deren Gesetze Anfang des 20. Jahrhunderts die Physik revolutionierten.

Die Grundgesetze der Quantenphysik greifen tief in das philosophisches Realitätsverständnis und die Erkenntnistheorie ein (Audretsch und Mainzer 1996). Albert Einstein selber sprach von „spukhaften Fernwirkungen“ zwischen Quantenobjekten an verschiedenen Orten, die Quantenphysiker als „verschränkt“ bezeichnen. Im Unterschied zur klassischen Physik können Quantenobjekte wie z. B.

Elementarteilchen zugleich als Welle und Teilchen verstanden werden. Quantenobjekte können sogar zugleich in mehreren Zuständen sein, was Erwin Schrödinger, einer der Begründer der Quantenmechanik, im Bild einer Katze veranschaulichte, die in einem geschlossenen Kasten zugleich tot als auch lebendig sein könne. Erst nach Öffnen des Kastens wissen wir, ob ein miteingeschlossenes tödliches Gas zufällig freigesetzt wurde oder nicht. Nach Schrödinger zerfällt dann die „Überlagerung" (Superposition) der Zustände in eine der beiden möglichen Zustände „tot" oder „lebendig" mit gleicher Wahrscheinlichkeit.

Mittlerweile liegt ein höchst effizienter mathematischer Formalismus vor, der diese Phänomene erfasst und der modernen Quantentechnologie zugrunde liegt. Generationen von Studierenden haben diesen Formalismus gelernt und wenden ihn tagtäglich an. Viele Geräte des Alltags beruhen bereits auf den Gesetzen der Quantenmechanik, ohne dass sich die Verbraucher dessen bewusst wären. Die ersten Schritte waren schon seit den 1950er-Jahren Atomuhr und Laser. Heute kommen Quantenoptik, Atomoptik, Quantenelektronik und Quantennanomechanik hinzu. Die Frage liegt nahe: Lässt sich Quantentechnologie auch nutzen, um auf dieser Grundlage neuartige Rechner zu bauen – „Quantencomputer", die noch effizienter als herkömmliche Supercomputer sind und ein neues Zeitalter jenseits des Mooreschen Gesetzes eröffnen?

Theoretisch tauchte die Forderung nach einem Quantencomputer erstmals in einer Arbeit des Nobelpreisträgers Richard Feynman 1982 auf (Feynman 1982). Tatsächlich ist die Theorie auf diesem Gebiet der Technik seit dieser Zeit weit voraus. Bereits in den 1980er- und 1990er-Jahren wurden Algorithmen entwickelt, die den mathematischen Formalismus der Quantenmechanik theoretisch nutzen, um Probleme wesentlich schneller als herkömmliche Algorithmen zu lösen. So wären mit dem Shor-Algorithmus Verschlüsselungsprobleme, die als praktisch unlösbar gelten und damit bis heute Sicherheit garantieren, mit schneller Rechenzeit lösbar.

Ziel dieses Algorithmus ist es, die Teiler einer ganzen Zahl zu bestimmen, die als Kode einer Information verstanden wird. Dekodierung des Zahlenschlüssels entspricht seiner Zerlegung in Teiler. Die Kodierung als Nachweis, dass diese Teiler multipliziert den Zahlenkode ergeben, ist einfach. Aber die Umkehrung der Dekodierung ist ein aufwendiger Suchprozess: Bei einem konventionellen Suchprozess der Teiler führen größer werdende Zahlenkodes zu einer exponentiellen Wachstumsexplosion von Möglichkeiten. Daher macht sich dieser Algorithmus die quantenmechanische Eigenschaft der „Überlagerung" (Superposition) von Quantenständen zu Nutze, um viele Teilaufgaben (im Beispiel die Suche eines Teilers) quasi in einem Streich zu erledigen. Man spricht dann vom Quantenparallelismus.

Die Grundidee lässt sich wieder im Bild von Schrödingers Katze erläutern: Statt der alternativen Zustände „tot" oder „lebendig" haben wir es in der klassischen Welt der Digitalisierung mit den alternativen Bitzuständen „0" oder „1" zu tun, mit deren Sequenzen sich jede Art der digitalen Information darstellen lässt. Überlagerung bzw. Superposition bedeutet, dass ein Quantensystem (z. B. Elektron oder Photon) in einem Quantenzustand mit einer bestimmten Wahrscheinlichkeit im Teilzustand „0" und mit der Restwahrscheinlichkeit im Teilzustand „1" ist. Dieser Gesamtzustand aus den beiden statistisch verteilten Teilzuständen heißt Quantenbit (Abkürzung: Qubit). Bei einer Messung des Quantensystems (in Schrödingers Gedankenexperiment das Öffnen des Kastens) kollabiert der Gesamtzustand in einen der beiden Teilzustände entweder „0" oder „1". Im Quantenparallelismus lassen sich beliebig viele Qubits verbinden, um beliebig viele Bitsequenzen „auf einmal" (parallel) zu berechnen.

Was in der mathematischen Theorie funktioniert, erweist sich in der technischen Praxis als große Herausforderung. Ein Überlagerungszustand von Quantenzuständen muss zunächst technisch präpariert werden und ist dann äußerst empfindlich gegen Umwelteinflüsse wie z. B. Temperaturschwankungen. Bei geringsten Störungen kollabiert der Überlagerungszustand und löst damit Fehler in der Rechnung aus. Dieser Vorgang wird Dekohärenz genannt. Kohärenz bezeichnet den Zusammenhang der Quantenzustände, den es technisch so lange als möglich aufrecht zu erhalten gilt. Die Dekohärenz der Quantenzustände ist daher eine große technische Hürde, die von einem Quantencomputer zu nehmen ist. Unter dieser Voraussetzung muss er dann Probleme wesentlich schneller lösen als konventionelle Supercomputer. Diese Herausforderung wird „Supremacy" (Überlegenheit) genannt.

In den vergangenen Jahren wurden bereits verschiedene Quantentechnologien zur Lösung dieser Aufgaben vorgeschlagen, die experimentell mit wenigen Qubits erprobt wurden, ohne allerdings die Überlegenheit von Quantencomputern über konventionelle Supercomputer demonstrieren zu können (Mainzer 2020, Kap. 1). Erinnert sei an NMR (Nuclear Magnetic Resonance)-Quantenprozessoren, mit denen sich einfache Beispiele von Quantenalgorithmen realisieren ließen. Für den Shor-Algorithmus gelang als einfaches Beispiel die Faktorisierung der Zahl 15 in ihre Teiler. Als Hardware diente eine Flüssigkeit mit einer großen Anzahl von Molekülen (ca. 10^{18}) eines bestimmten Typs in einem starken statischen magnetischen Feld.

Ein Qubit wird in diesem Fall durch den Spin eines molekularen Kerns dargestellt, der quantenphysikalisch als alternativer Zustand „up" (0) oder „down" (1) gegeben ist. Klassisch-physikalisch lässt sich ein Spin-Zustand als eine Art Drehimpuls vorstellen, der allerdings in der Quantenwelt für die hier betrachteten Teilchen nur in zwei alternativen Zuständen gegeben ist. Die Moleküle wurden im thermischen Gleichgewicht auf Zimmertemperatur präpariert. Zur Faktorisierung der Zahl 15 war ein sieben-Qubit Molekül notwendig. Leider ist diese Technologie nicht skalierbar, da das gemessene Signal mit der Anzahl der Qubits in einem Molekül exponentiell fällt.

Ein anderes Beispiel sind optische Systeme. Hier wird ein Qubit durch die alternativen Polarisationszustände „horizontal" und „vertikal" eines einzelnen Photons realisiert. Die Cavity (Hohlraum) – Quantum Electrodynamics (QED) Technik geht von einem Hohlraum-Resonator aus, in dem genau ein Atom eingesperrt ist, das mit dem elektromagnetischen Feld in dem Hohlraum interagiert. Die zwei Teilzustände eines Qubits können durch die Polarisationszustände eines einzelnen Photons oder zwei erregte Zustände eines Atoms realisiert werden. Auch hier erweist sich die Skalierbarkeit für eine große Anzahl von Operationen als schwierig.

Erprobt wurden auch sogenannte „Ionen-Fallen“, bei denen die Hardware aus einer Kette von Ionen (also positiv geladenen Atomen) besteht, die in einer linearen „Falle“ von statischen und oszillierenden elektrischen Feldern kombiniert sind. Ein Qubit ist ein einzelnes Ion mit zwei langlebigen Zuständen. Eine Kette (Array) dieser Ionen lässt sich als Register von Qubits auffassen, die mit bestimmten Laserpulsen adressiert werden können. Diese Technologie wurde frühzeitig als skalierbar eingestuft.

Das gilt auch für Quantentechnologie, die auf Eigenschaften der Festkörperphysik beruht. Das verwundert deshalb nicht, da die Festkörperphysik in den vergangenen Jahren eine Reihe neuartiger Materialien und künstlicher Strukturen in Nanoskalierung ermöglicht hat, mit denen sich die zentralen Eigenschaften des Quanten Computing wie Superpositionen und Verschränkungen realisieren lassen. Dazu gehören insbesondere supraleitende Quantenchips. Supraleiter sind Materialien, deren elektrischer Widerstand beim Unterschreiten der sogenannten Sprungtemperatur auf Null fällt. Daher wird bei supraleitenden Quantenchips die Tieftemperaturphysik zum Schlüssel, um die Kohärenz von Superpositionen im Quantenparallelismus zu garantieren. Der technische Übergang von der derzeitigen Mikroelektronik der klassischen Computer zum Quantencomputer auf der Grundlage der Festkörperphysik bietet sich an.

Das Jahr 2019 begann mit der Ankündigung von IBM, den ersten kommerziellen Quantencomputer mit 20 Qubits hergestellt zu haben. Das Gerät lässt sich zwar nicht kaufen, kann aber über eine Cloud genutzt werden. Ein Vorgängermodell arbeitete noch mit 5 und 16 Qubits. 20 Qubits galt als Schwelle zu einem arbeitsfähigen Quantencomputer. Ab 50 Qubits sollte ein Quantencomputer einem klassischen Supercomputer überlegen sein. IBM setzte auf elektrische Schaltkreise, die in supraleitenden Mikrochips integriert sind. Die Quantenprozessoren müssen mit flüssigem Helium tiefgekühlt werden, um die supraleitenden Eigenschaften zu erreichen, die stabile Kohärenz ermöglichen. Der technische Vorteil besteht darin, dass an die bewährten Verfahren der Halbleitertechnik angeschlossen werden kann.

Eine zentrale Leistung von IBM bestand darin, dass mögliche Störquellen wie Wärmeeinfluss, elektrische Streuungen oder Erschütterungen weitgehend kontrollierbar sind. Immerhin konnten die 20 Quantenbits 75 Mikrosekunden in einem ungestörten kohärenten Zustand stabilisiert werden. Praktisch ist der IBM-Q insofern bereits ein universeller Quantencomputer, da (mit der Einschränkung von 20 Qubits) verschiedenartige Probleme in Angriff genommen werden könnten. Dazu gehören komplexe Optimierungsprobleme ebenso wie Modellierungen von Vielteilchensystemen wie Festkörper, Flüssigkeiten oder Gase. Damit eröffnen sich Anwendungsperspektiven in der Materialforschung, Chemie und Pharmakologie.

Mit IBM-Q war das Wettrennen der IT-Giganten eröffnet und die Antwort von Google ließ nicht lange auf sich warten. Der supraleitende Prozessor Sycamore löste ein spezielles mathematische Problem schneller als der führende klassische Supercomputer Summit von IBM im Jahr 2019. Sycamore benötigte für dieses Problem nur 200 Sekunden, während Summit nach eigenen Angaben von IBM mehr als zwei Tage benötigte. Damit war die Überlegenheit des Quanten Computing erstmals wenigstens für diese spezielle Aufgabe bewiesen. Grundlage waren 53 supraleitende Qubits, also etwa die Anzahl, die auch für „Supremacy" veranschlagt wurde.

Der Vergleich des Quanten Computing mit der Rechnung auf einem klassischen Computer wird durch Simulation möglich. Dafür wird ein enormer Speicherplatz im klassischen Computer benötigt. Während die Simulation von Sycamore mit 53 Qubits mehr als zwei Tage mit einer 80 Petabyte Festplatte benötigte, wären für 73 Qubits bereits 10.000 Jahre mit einer 80 Zetabyte (Zeta = 10^{21}) Festplatte notwendig. Bei der Simulation müssen entsprechend der Architektur eines klassischen Computers gewaltige Datenmengen zwischen Speicher und Prozessoren hin- und hergeschoben werden. Dabei zeigt sich ein gravierender Vorteil des Quantencomputers: Er verbraucht deutlich weniger Energie als ein konventioneller Computer und ist in diesem Sinn umweltfreundlicher.

Festgehalten werden muss allerdings auch, dass Sycamore nur eine spezielle Aufgabe lösen kann und daher noch kein Computer ist, der für verschiedene Probleme universell programmierbar ist. Es steht auch nicht fest, ob die fragilen Quantenzustände eines supraleitenden Qubits die technische Zukunft sind. Weiterhin geforscht wird daher z. B. mit gespeicherten Ionen. Jedenfalls gibt es nun bereits Quantenrechner, die für spezielle Anwendungen von Quantenalgorithmen einsetzbar sind. Das erinnert in der Geschichte der Computer an die 1930er- und 1940er-Jahre, bevor Konrad Zuse (1941) und John von Neumann (1945) ihre ersten universell programmierbaren elektronischen Computer bauten (Randell 1975). Damals gab es auch bereits spezielle Rechner, die z. B. bestimmte Differenzialgleichungen lösen konnten. Ein Beispiel für Quanten Computing bietet die Firma Volkswagen (VW), die Quantenalgorithmen einsetzt, um bei Verkehrsstaus Alternativstrecken für jedes Fahrzeug schneller und individuell zu berechnen. Dabei werden Quantenrechner des kanadischen Unternehmens D-Waves eingesetzt.

In der Entwicklung des klassischen Computers war die Entstehung des Internets und die Digitalisierung der Gesellschaft eine nicht vorhergesehene Revolution. Anfang der 1950er-Jahre dachten führende Computerexperten wie John von Neumann noch, dass sich die Computerentwicklung auf wenige Großrechner weltweit beschränken würde. Daher wird heute bereits darüber nachgedacht, wie sich Quantencomputer weltweit vernetzen lassen. Auch hier ist die Grundlage durch eine eigentümliche Eigenschaft der Quantenwelt gelegt. Gemeint sind die eingangs erwähnten „Verschränkungen" von Quantensystemen an entfernten Orten, die Einstein als „spukhafte Fernwirkungen" bezeichnet hatte. Sie können zwar nicht zur direkten Informationsübertragung im Sinn der klassischen Elektrotechnik verwendet werden, eröffnen aber neue Möglichkeiten quantenmechanischer Messmethoden. Man spricht bereits von Quantenkommunikation, die im Quanteninternet über Glasfaserkabel und in der Satellitenkommunikation erprobt wird.

Bemerkenswert ist, wie sich weltweit Länder, Firmen und Forschungsorganisationen in Stellung bringen, um sich im globalen Wettbewerb in dem sich anbahnenden Boom der Quantencomputer und Quantenkommunikation ihre Anteile zu sichern. In Europa beginnen sich kleinere Forschungsgruppen in der Initiative „Quantum Technology Flagship" zu koordinieren. Beim Thema „Quantencomputer" sind derzeit allerdings Firmen wie Google und IBM eindeutig in Führung. China beeindruckt mit ersten technischen Realisationen der Quantenkommunikation über große Entfernungen seiner Städte und in der Satellitenkommunikation. Die dabei führenden chinesischen Wissenschaftler kooperierten seit ihrer Ausbildung mit der Forschergruppe um Anton Zeilinger, der maßgebend an ersten Experimenten mit verschränkten Quantenzuständen beteiligt war.

Die Situation des Quanten Computing heute erinnert an die Entwicklung der Künstlichen Intelligenz, bevor der Boom mit dem Machine Learning einsetzte. So lagen die theoretischen Grundlagen des Machine Learning und der neuronalen Netze bereits in den 1970er- und 1980er-Jahren bewiesen vor. Aber erst Anfang der 2010er-Jahre zeichnete sich die Rechenpower ab, um diese Algorithmen in Technik, Industrie, Wirtschaft und Gesellschaft einzusetzen. Im Fall des Quantencomputers liegt der mathematische Formalismus bereits seit der ersten Hälfte des 20. Jahrhunderts vor. Die entscheidenden Eigenschaften der „Superposition" und „Verschränkung" sind seit dieser Zeit fundamentale Züge der Quantenwelt, die Grundlagendiskussionen in Physik, Philosophie und Erkenntnistheorie auslösten. Seit den 1980er-Jahren sind sie auch experimentell gesichert und lösten erste Schritte technischer Realisation aus.

3 Logisch-mathematische Grundlagen eines Quantencomputers

Jedes klassische Computerprogramm lässt sich nach der Churchschen These im Prinzip als Programm einer Turingmaschine verstehen. Jeder universell programmierbare Computer kann danach als universelle Turingmaschine aufgefasst werden. Ein Rechnermodell, das die Architektur von technischen Computern berücksichtigt, baut auf Schaltkreisen auf. Die Bauteile von Schaltkreisen sind Gatter, die logische Operationen berechnen, auf die sich berechenbare Funktionen zurückführen lassen (Dalla Chiara et al. 2018). Ähnlich wie in einer Software sind die Gatter in einem Schaltkreis durch Leitungen verbunden. Im Folgenden wird das klassische Schaltkreismodell benutzt, um im Rahmen der Quantenmechanik Quantenschaltkreise mit Quantengattern einzuführen. Wie im klassischen Fall steht das Modell der Quantenschaltkreise der technischen Realisation eines Quantencomputers nahe.

3.1 Quantenbits

In einem klassischen Computer ist ein Bit entweder 0 oder 1, so wie auch ein Organismus entweder tot oder lebendig ist. Erwin Schrödinger hatte 1935 in einem Gedankenexperiment eine Katze angenommen, die in einem geschlossenen Kasten solange zugleich tot als auch lebendig sein müsste, solange ein Beobachter keine Kenntnis über den Zerfall eines Radiumpräparats im Kasten hat: Dieser Zerfall, der nach einem Zufallsgesetz eintritt, sollte nämlich einen Mechanismus auslösen, der die Katze tötet. Wie Schrödingers Katze in der Quantenmechanik zugleich tot als auch lebendig sein kann, so kann ein Quantenbit in einem

Quantencomputer zugleich 0 als auch 1 sein. Ein Quantensystem wie z. B. ein Photon kann zugleich vertikal und horizontal polarisiert sein. Diese alternativen Zustände werden durch die Vektoren $|0\rangle$ und $|1\rangle$ eines 2-dimensionalen Hilbertraums $\mathcal{H}$ über den komplexen Zahlen dargestellt. Die nicht-überlagerten Zustände $|0\rangle$ und $|1\rangle$ lassen sich als Basiselemente des 2-dimensionalen Vektorraums $\mathcal{H}$ auffassen, d. h. $|0\rangle = \binom{1}{0}$ und $|1\rangle = \binom{0}{1}$.

Nach dem Superpositionsprinzip ist dann auch die Linearkombination $|\psi\rangle = \alpha|0\rangle + \beta|1\rangle$ mit den komplexen Zahlen $\alpha, \beta \in \mathbb{C}$ ein (überlagerter) Zustand dieses Hilbertraums. α und β sind die Amplituden einer Wahrscheinlichkeitsfunktion mit $|\alpha|^2 + |\beta|^2 = 1$. Diese Superposition wird Quantenbit (kurz: Qubit) genannt. Anschaulich gibt α die Wahrscheinlichkeit an, mit der dieses Quantensystem im Zustand $|0\rangle$ ist. Mit der Restwahrscheinlichkeit β ist das Quantensystem im Zustand β. Bei einem Quantenbit gibt es im Allgemeinen nicht nur zwei Möglichkeiten 0 und 1 wie bei klassischen Bits, sondern unendlich viele Möglichkeiten von Wahrscheinlichkeiten, mit denen einer der beiden Zustände $|0\rangle$ bzw. $|1\rangle$ eingenommen werden kann.

Im Fall des Quantenbits $|\psi\rangle = \frac{1}{\sqrt{2}}(|0\rangle + |1\rangle) = \frac{1}{\sqrt{2}}|0\rangle + \frac{1}{\sqrt{2}}|1\rangle$ ergibt sich wegen $|\frac{1}{\sqrt{2}}|^2 + |\frac{1}{\sqrt{2}}|^2 = \frac{1}{2} + \frac{1}{2} = 1$, dass es hälftig mit 50 % im Zustand $|0\rangle$ bzw. $|1\rangle$ ist. In Schrödingers Gedankenexperiment besteht eine Messung des Quantenzustands darin, den Kasten zu öffnen. In diesem Fall ist dann die Katze entweder tot oder lebendig. Man sagt dann auch: Der Überlagerungszustand kollabiert mit gleicher Wahrscheinlichkeit in einen der beiden Teilzustände tot oder lebendig. Wie bei Schrödingers Katze führt die Messung des Quantenbits zum Kollaps der Wahrscheinlichkeitsamplitude. Nach den Postulaten der Quantenmechanik wird bei einer Messung einer der beiden möglichen Bitzustände in diesem Fall mit gleicher Wahrscheinlichkeit festgelegt. Das heißt aber, dass der Ausgang dieser Messung zufällig ist.

3.2 Quantenbits als Zustandsvektoren der Bloch-Kugel

Quantenbits lassen sich anschaulich als Zustandsvektoren einer Einheitskugel mit Radius $r = 1$ (Bloch-Kugel) darstellen (Benenti et al. 2008, S. 103). Die Berechnung von Quantenbits durch die Anwendung unitärer Operatoren entspricht der Drehung der Zustandsvektoren, die Punkte auf der Oberfläche der Einheitskugel eindeutig bestimmen (Abb. 1). Die entsprechenden Zustände $|\psi\rangle$ lassen sich einmal durch drei cartesischen Raumkoordinaten x, y und z charakterisieren, aber ebenso durch Polarkoordinaten des entsprechenden Vektors mit den Winkeln θ und ϕ. Dabei sind $x = \cos(\phi)\sin(\theta)$, $y = \sin(\phi)\sin(\theta)$ und $z = \cos(\theta)$.

Jeder Vektor der Bloch-Kugel muss die Normalisierungsbedingung $x^2 + y^2 + z^2 = 1$ erfüllen. Die beiden Pole der Kugel auf der z-Achse werden durch $|0\rangle$ (Nordpol) und $|1\rangle$ (Südpol) festgelegt. Auf der x-Achse werden die beiden Superpositionen $\frac{1}{\sqrt{2}}(|0\rangle + |1\rangle)$ und $\frac{1}{\sqrt{2}}(|0\rangle - |1\rangle)$ repräsentiert, die sich durch eine relative

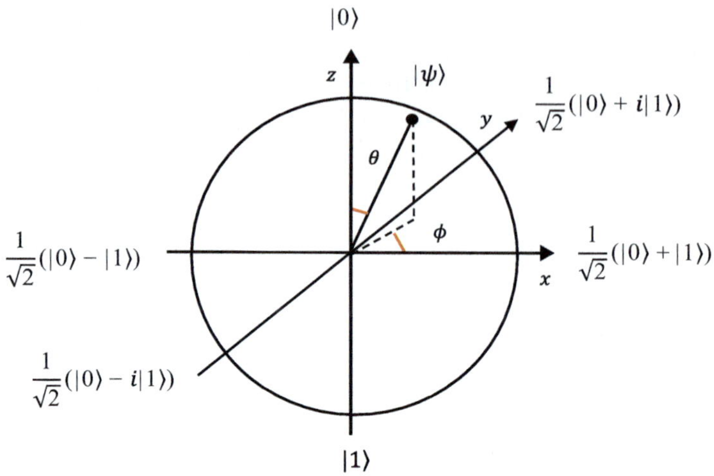

Abb. 1 Zustandsvektoren auf der Bloch-Kugel. (Aus Mainzer 2020; mit freundlicher Genehmigung von @Springer Verlag GmbH Deutschland 2022. All Rights Reserved)

Phase unterscheiden. Entsprechend werden auf der y-Achse $\frac{1}{\sqrt{2}}(|0\rangle + i|1\rangle)$ und $\frac{1}{\sqrt{2}}(|0\rangle - i|1\rangle)$ unterschieden.

3.3 Schaltkreise mit Quantenoperatoren

Den Drehungen der Zustandsvektoren in der Bloch-Kugel entsprechen Anwendungen von unitären Operatoren in der Quantenmechanik. Sie werden im Quantencomputer durch Quantengatter realisiert, aus denen sich der Schaltkreis eines Quantencomputers zusammensetzt. Grafisch werden mehrstellige Operatoren durch Boxen mit Leitungen für Inputs und Outputs dargestellt (Hidary 2019, S. 22–29). Einige Beispiele seien erwähnt:

So entspricht dem einstelligen klassischen NOT-Operator der X-Operator, der den Zustand $|0\rangle$ auf der z-Achse der Bloch-Kugel in den Zustand $|1\rangle$ umklappt und umgekehrt. Er wird deshalb auch Bitflip-Operator genannt. Die Anwendung von $X := \begin{pmatrix} 0 & 1 \\ 1 & 0 \end{pmatrix}$ auf $|0\rangle$ ergibt

$$X \mid 0\rangle = \begin{pmatrix} 0 & 1 \\ 1 & 0 \end{pmatrix} \begin{pmatrix} 1 \\ 0 \end{pmatrix} = \begin{pmatrix} 0+0 \\ 1+0 \end{pmatrix} = \begin{pmatrix} 0 \\ 1 \end{pmatrix} = \mid 1\rangle.$$

Die Anwendung des X-Operators lässt sich allgemein $X|j\rangle = |j \oplus 1\rangle$ schreiben, wobei $j = 0{,}1$ und $\oplus$ die Addition modulo 2 sind. Das entsprechende Schaltkreiselement wird grafisch bei Anwendung auf $|0\rangle$ wie folgt bezeichnet:

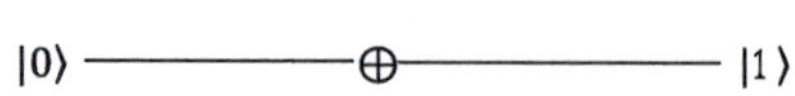

Der Y-Operator $Y := \begin{pmatrix} 0 & -i \\ i & 0 \end{pmatrix}$ rotiert den Zustandsvektor um die y-Achse. Als Quantengatter im Schaltkreis eines Quantencomputers wird der Y-Operator wie folgt dargestellt:

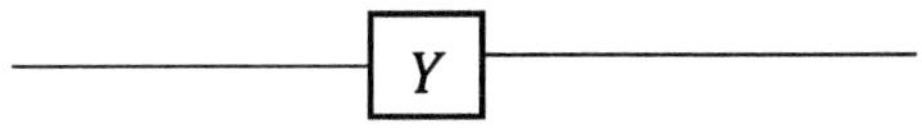

Der Z-Operator $Z := \begin{pmatrix} 1 & 0 \\ 0 & -1 \end{pmatrix}$ rotiert den Zustandsvektor um die z-Achse. Er wird auch Phasenflip-Operator genannt, da er den Zustandsvektor mit Bogenmaß π bzw. 180° umklappt. Als Quantengatter im Schaltkreis eines Quantencomputers wird der Z-Operator wie folgt dargestellt:

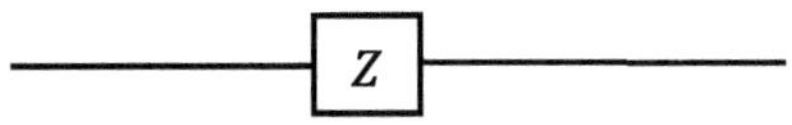

Multipliziert man den Bitflip-Operator X mit dem Phasenflip-Operator Z, so ergibt sich der Y-Operator $Y = iXZ$ mit einem (globalen) Phasenshift i. Offenbar entsprechen die drei Operatoren X, Y und Z den drei Pauli-Matrizen σ_x, σ_y und σ_z, die in der Quantenmechanik eingeführt sind. Zusammen mit der Identitätsmatrix $I := \begin{pmatrix} 1 & 0 \\ 0 & 1 \end{pmatrix}$ und den $\mp$- und i-Vielfachen bilden sie die Pauli-Gruppe der Quantenmechanik.

Der allgemeine Phasenshift-Operator R_φ lässt den Zustand $|0\rangle$ unverändert, rotiert aber den Zustand $|1\rangle$ um den Winkel bzw. Shift φ mit $R_\varphi := \begin{pmatrix} 1 & 0 \\ 0 & e^{i\varphi} \end{pmatrix}$. Als Quantengatter im Schaltkreis eines Quantencomputers wird der R_φ-Operator wie folgt dargestellt:

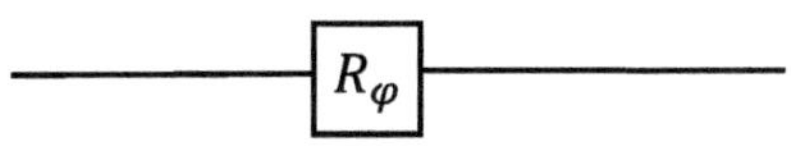

Der Pauli-Operator Z erweist sich als Spezialfall von R_φ für den Shift $\varphi = \pi$. Wegen der Euler-Identität $e^{i\pi} = -1$ lässt sich $e^{i\pi}$ durch -1 in der Z-Matrix ersetzen.

Von zentraler Bedeutung im Quanten Computing ist der Hadamard-Operator H, da er ein Quantenbit in eine Superposition zweier Zustände transformiert. Die Anwendung von $H := \frac{1}{\sqrt{2}} \begin{pmatrix} 1 & 0 \\ 0 & -1 \end{pmatrix}$ auf $|0\rangle$ liefert

$$H|0\rangle = \frac{1}{\sqrt{2}} \begin{pmatrix} 1 & 0 \\ 0 & -1 \end{pmatrix} \begin{pmatrix} 1 \\ 0 \end{pmatrix} = \frac{1}{\sqrt{2}} \begin{pmatrix} 1+0 \\ 1+0 \end{pmatrix} = \frac{1}{\sqrt{2}} \begin{pmatrix} 1 \\ 1 \end{pmatrix} = \frac{1}{\sqrt{2}} (|0\rangle + |1\rangle).$$

Die Anwendung von H auf $|1\rangle$ liefert

$$H|1\rangle = \frac{1}{\sqrt{2}} \begin{pmatrix} 1 & 0 \\ 0 & -1 \end{pmatrix} \begin{pmatrix} 0 \\ 1 \end{pmatrix} = \frac{1}{\sqrt{2}} \begin{pmatrix} 0+1 \\ 0-1 \end{pmatrix} = \frac{1}{\sqrt{2}} \begin{pmatrix} 1 \\ -1 \end{pmatrix} = \frac{1}{\sqrt{2}} (|0\rangle - |1\rangle).$$

Als Quantengatter im Schaltkreis eines Quantencomputers wird der *H*-Operator wie folgt dargestellt:

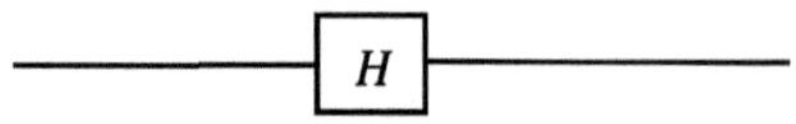

In einem nächsten Schritt werden 2-stellige Operatoren für 2-stelligen Qubits eingeführt. Ein Beispiel ist der *SWAP*-Operator, der den 2-stelligen Qubit $|01\rangle$ mit $|10\rangle$ austauscht und umgekehrt. Die Basiszustände des Hilbertraums werden durch folgende Vektoren festgelegt:

$$|\,00\rangle = \begin{pmatrix} 1 \\ 0 \\ 0 \\ 0 \end{pmatrix}, \;|\,01\rangle = \begin{pmatrix} 0 \\ 1 \\ 0 \\ 0 \end{pmatrix}, \;|\,10\rangle = \begin{pmatrix} 0 \\ 0 \\ 1 \\ 0 \end{pmatrix}, \;|\,11\rangle = \begin{pmatrix} 0 \\ 0 \\ 0 \\ 1 \end{pmatrix}.$$

Der *SWAP*-Operator ergibt angewendet auf $|01\rangle$

$$SWAP|\,01\rangle = \begin{pmatrix} 1 & 0 & 0 & 0 \\ 0 & 0 & 1 & 0 \\ 0 & 1 & 0 & 0 \\ 0 & 0 & 0 & 1 \end{pmatrix} \begin{pmatrix} 0 \\ 1 \\ 0 \\ 0 \end{pmatrix} = \begin{pmatrix} 0+0+0+0 \\ 0+0+0+0 \\ 0+1+0+0 \\ 0+0+0+0 \end{pmatrix} = \begin{pmatrix} 0 \\ 0 \\ 1 \\ 0 \end{pmatrix} =|\,10\rangle.$$

Als Quantengatter im Schaltkreis eines Quantencomputers wird der *SWAP*-Operator wie folgt dargestellt:

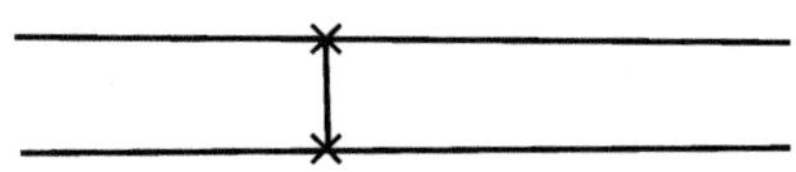

Ein klassischer Computer kann Informationen kopieren und damit während der Rechnungen speichern. Im Schaltmodell des klassischen Computers wurde dazu das *COPY*-Gatter eingeführt. Ein Quantenkopierer ist im Rahmen der Quantenmechanik unmöglich. Gäbe es nämlich einen Quantenkopierer, dann könnte man vom Zustand eines Quantensystems zwei Kopien herstellen, um an der einen Kopie den Impuls und getrennt davon an der anderen Kopie den Ort mit beliebiger Genauigkeit zu messen. Das ist aber nach der Heisenbergschen Unbestimmtheitsrelation ausgeschlossen.

Das sogenannte No Cloning Theorem hat weitreichende technische Folgen. Eine der Konsequenzen ist, dass Datensicherung durch Kopien, wie wir sie vom klassischen Computer kennen, ausgeschlossen ist. Das No Cloning Theorem widerspricht aber nicht der Tatsache, dass klassische Zustände durchaus kopiert werden können.

Unitäre Transformationen der Quantenmechanik sind umkehrbar. Das gilt im Allgemeinen nicht für die Gatter eines klassischen Schaltkreises. So ordnet das *AND*-Gatter allen drei Inputpaaren 00, 01 und 10 den Output 0 zu. Im Output-Zustand 0 hat also das Gatter „vergessen", von welchem Input-Paar konkret ausgegangen wurde. Das Gatter müsste also mit einer Art „Gedächtnis" ausgestattet werden, um im Output-Zustand die beiden jeweiligen Inputwerte mitauszugeben. Im angegebenen Beispiel des *AND*-Gatters wäre das z. B. eines der drei möglichen

Output-Tripel 0,01, 0,10 oder 0,11. Damit wäre eine nicht-umkehrbare (irreversible) in eine umkehrbare (reversible) Rechnung übersetzt.

Tatsächlich lässt sich allgemein zeigen, dass jede klassische Berechnung in eine umkehrbare Rechnung übersetzt werden kann. Jede klassische umkehrbare Rechnung kann dann durch einen Quantenschaltkreis mit unitären Transformationen simuliert werden. In diesem Sinn kann jeder klassische Computer durch einen Quantencomputer simuliert werden.

3.4 Berechnung durch Schaltkreise eines Quantencomputers

Analog zu einem klassischen Schaltkreis setzt sich ein Quantenschaltkreis aus Quantenleitungen und Quantengattern zusammen. In jeder Quantenleitung wird ein Quantenbit verarbeitet. Quantenleitungen verbinden Quantengatter, die unitäre Transformationen ausführen. Ein Quantenschaltkreis Q realisiert also eine aus Quantengattern zusammengesetzte unitäre Transformation eines Inputs $|\psi\rangle$ in einen Output $Q|\psi\rangle$:

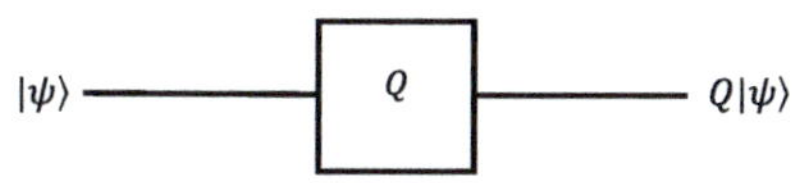

Da Quantenschaltkreise als unitäre Transformationen umkehrbare Berechnungen ausführen, entspricht die Anzahl der Outputkanäle der Anzahl der Inputkanäle.

Um den logischen Aufbau eines Quantencomputers zu veranschaulichen, wird in Abb. 2 ein 3-dimensionales Modell vorgestellt, in dem die Verarbeitung der Quanteninformation in Schichten von Quantengattern von links nach rechts verläuft.

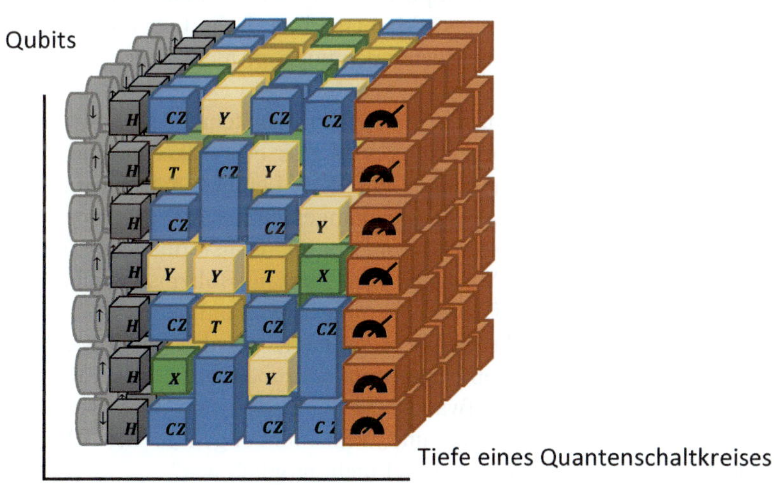

Abb. 2 3-dimensionale Architektur eines Quantenschaltkreises (Nachzeichnung von Hidary 2019, S. 35). (Aus Mainzer 2020; mit freundlicher Genehmigung von @Springer Verlag GmbH Deutschland 2022. All Rights Reserved)

Dadurch wird die Tiefe des Quantenschaltkreises veranschaulicht. In der 1. Input-Schicht werden links die Qubits im präparierten Zustand (durch Pfeile up und down für alternative Bitzustände) dargestellt. In der 2. Schicht kommen Hadamard-Gatter zum Einsatz, die den Input in eine Superposition transformieren. In den folgenden Schichten kommen 1- und 2-Qubit Gatter wie *X*, *Y*, *Z* und *CZ* zum Einsatz.

Eine Messung zum Auslesen des Outputs schließt dann die Rechnung im Quantenschaltkreis ab. Quantenphysikalisch ist eine Messung keine unitäre (umkehrbare) Transformation, die eine Superposition in eine Superposition überführt. Nach den Postulaten der Quantenmechanik zerfällt dabei vielmehr eine Überlagerung (Superposition) in eine Wahrscheinlichkeitsverteilung ihrer Teilzustände. Dieser Folgezustand wird in der Quantenmechanik auch „gemischter" Zustand im Unterschied zum „reinen" Zustand einer Superposition genannt. Dazu werden besondere Module mit dem Zeichen einer Messskala in der letzten Schicht verwendet:

Nach der Messung in einem Quantenschaltkreis können klassische Bits als klassische Informationen ausgelesen werden, die z. B. zur weiteren Bearbeitung durch klassische Computer verwendet werden können (Homeister 2018, S. 29, 46). Die Messung beruht nach den Postulaten der Quantenmechanik auf den Wahrscheinlichkeitsamplituden von den Quantenzuständen jedes Qubits. Die zentrale Frage des Quanten Computing ist deshalb, wie (mit großer Wahrsheinlichkeit) bestimmt werden kann, welche der Qubits das Resultat der Rechnung sind. Dazu wurden Quantenalgorithmen wie z. B. die Quanten-Fouriertransformation vorgeschlagen.

4 Künstliche Intelligenz und Quantencomputer

Mit klassischer Künstlicher Intelligenz (KI) werden die Methoden der KI-Forschung bezeichnet, die auf klassischen Computern und Kommunikationsnetzen beruhen. Dabei baut KI häufig auf altbekannte Mathematik auf, die teilweise in die Antike zurückreicht. Immer geht es um Mustererkennung in mehr oder weniger großen Datenmengen.

Bereits griechische Astronomen entwickelten Planetenmodelle, um Verhaltensmuster von Himmelskörpern vorauszusagen. Kepler baute dazu auf die Datenmengen von Tycho Brahe und Kopernikus auf. Von Leibniz und Newton bis Gauß wurden Algorithmen zum Lösen von Gleichungen entwickelt. Methoden der Optimierung, Fehlerrechnung und Interpolation, Fourier-Transformationen und schließlich Methoden der statistischen Mechanik von Gibbs bis Boltzmann und der Statistik des 20. Jahrhunderts laufen auf klassischen digitalen Computern. In der Quanten-Künstlichen Intelligenz besteht die theoretische Kunst darin, die Methoden der Mustererkennung in den Quantenformalismus einzubetten. Praktisch müssen dann die Vor- und Nachteile dieses Aufwands abgeschätzt werden. Was kann durch den Einsatz von z. B. Superpositionen und Verschränkungen in der KI-Forschung erreicht werden, das in der klassischen KI nicht möglich war?

In der KI-Forschung nimmt das Machine learning eine zentrale Rolle ein. Dabei werden vier Arten der Lernalgorithmen unterschieden: Beim überwachten Lernen wird ein System mit Datensätzen vorher trainiert, um z. B. ein Gesicht wiederzuerkennen.

Beim nicht-überwachten Lernen wird ein System vorher nicht mit Daten trainiert, sondern erkennt selbstständig Ähnlichkeiten und Korrelationen von Daten, um nach diesen Kriterien die Daten zu klassifizieren. Beim verstärkenden Lernen löst ein System ein Problem mehr oder weniger selbstständig durch Versuch und Irrtum (trial and error). Dabei erhält z. B. ein Roboter in Zeitintervallen Rückmeldungen (rewards), wie gut oder wie schlecht er dabei ist, ein Problem zu lösen. Ziel ist eine Optimierung der Folge dieser Rückmeldungen. Deep learning bezieht sich auf die „Tiefe" der neuronalen Netze.

Mustererkennung und Musterklassifizierung sind zentrale Fähigkeiten des Machine learning. Dabei wird ein System zunächst mit einer endlichen Menge von Eigenschaftsvektoren und den dazugehörigen Klasseneigenschaften trainiert. Die Aufgabe des Lernalgorithmus besteht darin, einen unbekannten Eigenschaftsvektor entsprechend zu klassifizieren. Ein Beispiel wäre ein Sample von Patienten mit richtig diagnostizierten Krankheiten. Ein Lernalgorithmus hätte dann für einen neuen Patienten die zutreffende Krankheit zu bestimmen. Formal heißt das: Sei $\mathcal{T} = \left\{ \left(\vec{v}^p, c^p \right) | p = 1, \ldots, N \right\}$ ein Trainingsset von N n-dimensionalen Eigenschaftsvektoren $\vec{v}^p$ und ihren entsprechenden Klassen c^p. Der Lernalgorithmus muss für einen neuen n-dimensionalen Eigenschaftsvektor x^p die entsprechende Klasse c^x finden.

Andere Anwendungsbeispiele für Lernalgorithmen sind Mustervervollständigung, assoziatives Gedächtnis und Mustererkennen. Bei der Mustervervollständigung muss fehlende Information zu einer Eingabe ergänzt werden. Bei einem assoziativen Gedächtnis muss aus einer Anzahl von gespeicherten Eigenschaftsvektoren ein passender Eigenschaftsvektor einer Eingabe zugeordnet werden. Bei der Mustererkenntnis muss z. B. eine Gestalt in einer Datenmenge gefunden werden. Schließlich geht es um das Erlernen einer optimalen Strategie aufgrund von Rückmeldungen beim verstärkenden Lernen.

4.1 Quantenalgorithmen für Musterklassifikationen

Als Beispiel für Musterklassifikation, die in einen Quanten-Algorithmus übersetzt werden soll, betrachten wir den Suchalgorithmus für die nächsten k Nachbarn (mit der Abkürzung k NN-Methode). Dazu wird zunächst eine Trainingsmenge $\mathcal{T}$ von Eigenschaftsvektoren mit entsprechender Klassifikation angenommen. Für einen neuen noch nicht klassifizierten Inputvektor x^p ist eine Klasse c^x zu finden, die am häufigsten unter den k nächsten Nachbarn auftritt. Dabei wird angenommen, dass geometrisch nahe Eigenschaftsvektoren für ähnliche Beispiele stehen (Abb. 3) (Schuld et al. 2014, S. 7–8).

In Abb. 3 wird dem neuen Vektor x die Klasse mit den meisten seiner k nächsten Nachbarn (graue Kreise) zugeordnet. In Abb. 4 wird die Klassifikation eines neuen Vektors x durch den nächsten mittleren Vektor (schwarz) einer Klasse von Vektoren (grau) definiert. Das Zentrum aller N_c Vektoren einer Klasse c wird durch $\frac{1}{N_c}\sum_p \vec{v}^p$

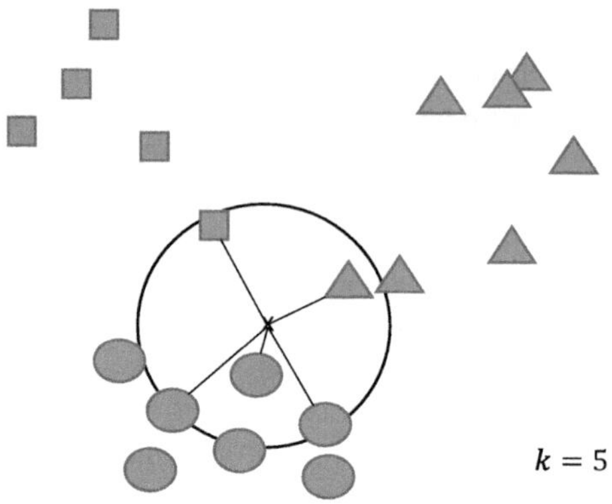

Abb. 3 *k* NN-Methode der Mustererkennung (Nachzeichnung von Abb. 4 in (Schuld et al. 2014) mit freundlicher Druckerlaubnis der Autoren). (Aus Mainzer 2020; mit freundlicher Genehmigung von @Springer Verlag GmbH Deutschland 2022. All Rights Reserved)

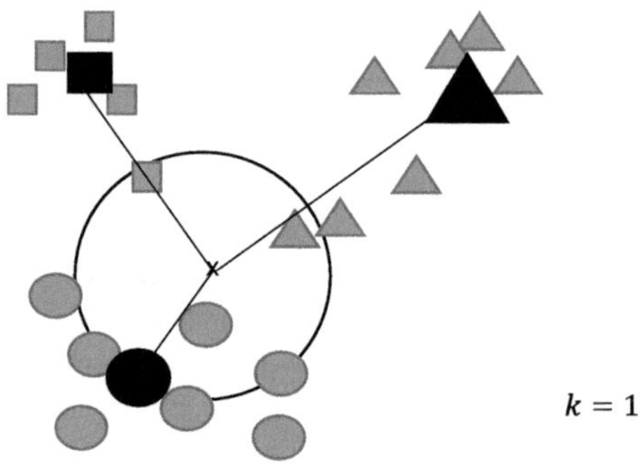

Abb. 4 NZ-Methode der Mustererkennung (Nachzeichnung nach (Schuld et al. 2014) mit freundlicher Druckerlaubnis der Autoren). (Aus Mainzer 2020; mit freundlicher Genehmigung von @Springer Verlag GmbH Deutschland 2022. All Rights Reserved)

bestimmt. Dieses „nächstes Zentrum" (NZ)-Methode kann auch als eine k NN-Methode der Mustererkennung für den Fall $k = 1$ verstanden werden.

Für die Übersetzung in einen Quantenalgorithmus wird ein Ähnlichkeitsmaß von zwei Quantenzuständen eingeführt. Das Maß $|\langle a|b\rangle|$ misst, wie stark sich die beiden Zustände $|a\rangle$ und $|b\rangle$ überschneiden. Dazu wird neben diesen beiden Inputs $|a\rangle$ und $|b\rangle$ ein drittes Hilfsregister angenommen, das am Anfang auf 0 gesetzt wird. Die Ähnlichkeit von $|a\rangle$ und $|b\rangle$ lässt sich dann in einem *SWAP*-Test feststellen, dessen Schaltkreis in Abb. 5 gezeigt wird.

Der Anfangszustand aller drei Eingangskanäle ist $|a, b, 0\rangle$. Ein Hadamard-Gatter setzt zunächst den Hilfszustand $|0\rangle$ in eine Superposition $\frac{1}{\sqrt{2}}(|0\rangle + |1\rangle)$. Dann wird ein kontrolliertes *SWAP*-Gatter auf $|a\rangle$ und $|b\rangle$ angewendet, das die beiden Zustände unter der Bedingung austauscht, dass das Hilfsregister im Zustand $|1\rangle$ ist. Ein weiteres Hadamard-Gatter führt dann das Hilfsregister in den Zustand

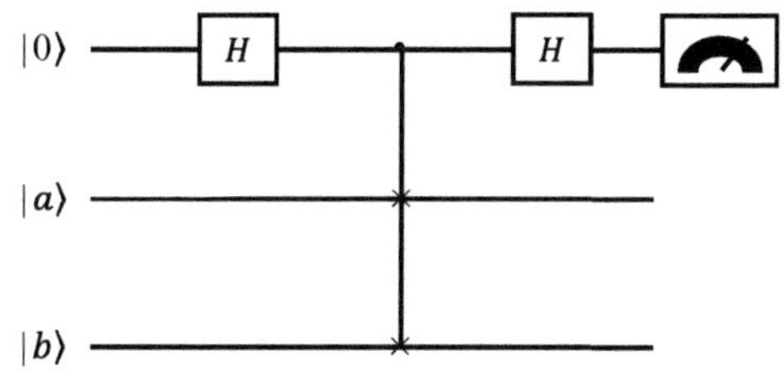

Abb. 5 Quantenschaltkreis für einen *SWAP*-Test (Nachzeichnung von (Schuld et al. 2014)). (Aus Mainzer 2020; mit freundlicher Genehmigung von @Springer Verlag GmbH Deutschland 2022. All Rights Reserved)

Abb. 6 Lineare und nichtlineare Musterunterscheidung. (Aus Mainzer 2020; mit freundlicher Genehmigung von @Springer Verlag GmbH Deutschland 2022. All Rights Reserved)

$$|\psi_{SWAP}\rangle = \frac{1}{2}|0\rangle(|a,b\rangle + |b,a\rangle) + \frac{1}{2}|1\rangle(|a,b\rangle - |b,a\rangle).$$

Die Wahrscheinlichkeit, um den Grundzustand des Hilfsregisters zu messen, lautet nun

$$P(|0\rangle) = \frac{1}{2} + \frac{1}{2}|\langle a|b\rangle|^2.$$

Ist die Wahrscheinlichkeit $\frac{1}{2}$, können sich die zwei Quantenzuständen nicht überschneiden und es liegt keine Ähnlichkeit vor. Die beiden Quantenvektoren sind dann orthogonal. Bei Wahrscheinlichkeit 1 liegt vollständige Überschneidung vor.

Mit einem einfachen *SWAP*-Test lässt sich eine quantenmechanische Version der NZ-Algorithmus (Abb. 4) einführen. Dazu muss der Abstand zwischen zwei reellen n-dimensionalen Vektoren $\vec{a}$ und $\vec{b}$ durch eine Quantenmessung bestimmt werden (Mainzer 2020, S. 140).

4.2 Quantorenalgorithmen für Support Vector Machine

Im einfachen Fall lassen sich zwei Muster durch eine Gerade unterscheiden. Man spricht dann von linearer Mustererkennung. Sehr viel schwieriger ist eine nichtlineare Mustererkennung, bei der zwei verschiedene Muster nur durch eine Kurve getrennt werden können (Abb. 6). Man spricht in dem Fall auch von (linear) nichtseparierbaren Mustern.

Im Allgemeinen muss bei linearer Unterscheidung eine Hyperebene gefunden werden, um zwei Regionen oder Klassen zu unterscheiden. Im 1-dimensionalen Fall handelt es sich um eine Gerade, auf der ein Punkt bestimmt werden muss, um die beiden Abschnitte links und rechts von diesem Punkt zu unterscheiden. Im 2-dimensionalen Fall handelt es sich um eine Gerade wie in Abb. 6, im 3-dimensionalen Fall um eine Ebene etc. Mathematisch ist es möglich, ein nicht-separierbares Problem in ein linear separierbares Problem höherer Dimension zu transformieren.

Eine Support Vector Machine versucht, eine optimale separierende Hyperebene zu finden. Dabei wird eine Menge von Elementen so in Klassen getrennt, dass um die Klassengrenzen ein möglichst großer Bereich frei von Objekten bzw. Datenpunkten bleibt. Wie in Abb. 6 hat die am besten unterscheidende Hyperebene einen maximalen Abstand zu den am nächsten liegenden Datenpunkten. Sie werden Stützvektoren (support vectors) genannt. Daher wäre die deutsche (nicht gebräuchliche) Übersetzung für die englische Bezeichnung „Support Vector Machine" auch „Stützvektormaschine". Mathematisch liegt ein Optimierungsproblem vor, um den maximalen Streifen $\frac{\vec{v}\vec{w}+b}{|\vec{w}|}$ zwischen der Hyperebene und den Stützvektoren zu finden (Abb. 7) (Schuld et al. 2014, S. 9–10) (Fig. 6 mit freundlicher Druckerlaubnis der Autoren).

Im 2-dimensionalen Fall lauten die Randbedingungen für jeden Stützvektor $\vec{v}_i$ der Trainingsdaten und seine Klassifikation $c_i \in \{-1,1\}$: $\vec{w}\vec{v}_i + b \geq 1$, falls $c_i = 1$ $\vec{w}\vec{v}_i + b \leq -1$, falls $c_i = -1$

Die dafür benutzten Algorithmen klassifizieren Daten mit linearen Funktionen. Diese Art der Klassifikation gelingt optimal nur für lineare Klassifikationsprobleme.

Allgemeine werden daher Daten mit Abbildungen $\phi : \mathbb{R}^n \rightarrow \mathbb{R}^m$ von Datenräumen $\mathbb{R}^n$ niederer Dimension n in Datenräume $\mathbb{R}^m$ höherer Dimension $m > n$ abgebildet. In $\mathbb{R}^n$ und $\mathbb{R}^m$ sollen Skalarprodukte berechnet werden können. Daher

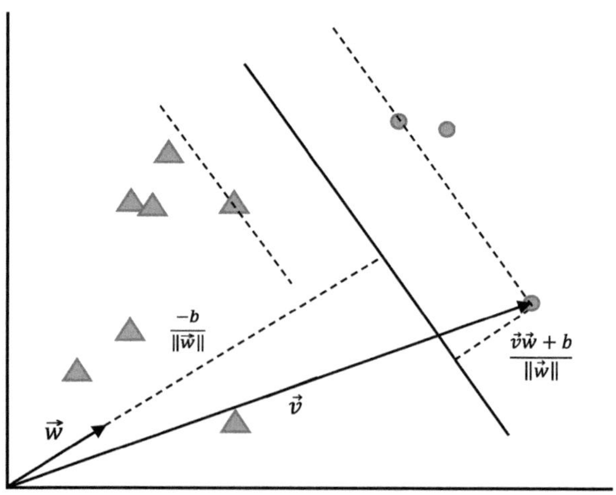

Abb. 7 Eine Support Vector Machine findet eine Hyperebene mit maximalem Rand zu den nächsten Vektoren (Stützvektoren) (Nachzeichnung von Fig. 6 in Schuld et al. 2014). (Aus Mainzer 2020; mit freundlicher Genehmigung von @Springer Verlag GmbH Deutschland 2022. All Rights Reserved)

kann ein Skalarprodukt $\langle \mathbf{x}_i, \mathbf{x}_j \rangle$ mit Datenpunkten $\mathbf{x}_i$ und $\mathbf{x}_j$ im Input-Raum $\mathbb{R}^n$ in ein Skalarprodukt $\langle \phi(\mathbf{x}_i), \phi(\mathbf{x}_j) \rangle$ im höher dimensionalen $\mathbb{R}^m$ übersetzt werden, um dort die Merkmale direkt zu berechnen. $\mathbb{R}^m$ wird als Merkmalsraum aufgefasst. ϕ wird als Merkmalsabbildung bezeichnet.

Durch den sogenannten Kernel-Trick lassen sich damit lineare Klassifikatoren (in höher dimensionalen Räumen) auf nicht linear klassifizierbare Daten (in nicht linear klassifizierbaren Räumen) anwenden. Gemeint ist eine Kernel-Funktion (englisch „kernel" für Kern) $k(\mathbf{x}_i, \mathbf{x}_j) = \langle \phi(\mathbf{x}_i), \phi(\mathbf{x}_j) \rangle$, mit der eine Hyperebene, also eine lineare Funktion, in einem höher dimensionalen Raum berechnet werden kann.

Der Nachteil der Support Vector Machines mit Kernel-Funktionen ist, dass ihre Berechnung sehr aufwendig ist und mit der Größe der Trainingsdaten gravierend wächst. Hier könnten Quantenalgorithmen zum Zug kommen, die große Mengen von Trainingsdaten als Superpositionen zusammenfassen, um darauf unitäre Operatoren anwenden zu können. Dazu wird jeder Trainingsvektor v als Quantenzustand $|v\rangle$ aufgefasst, der als Superposition $|v\rangle = \sum_i \alpha_i |x^i\rangle$ über einer 2^n-dimensionalen Basis mit Basisvektoren $|x^i\rangle$ dargestellt werden kann. Die Quantenversionen von klassischen Skalarprodukten der Kernel-Funktionen nutzen die Tatsache, dass entsprechende Quantenzustände normalisiert werden als

$$\langle x^i | x^j \rangle = \frac{\vec{x}^i \cdot \vec{x}^j}{|\vec{x}^i| |\vec{x}^j|}.$$

Wie in der Quantenmechanik wird dann eine Matrix von Skalarprodukten der Kernelfunktionen ausgewertet.

4.3 Quantenalgorithmus für Cluster

Im nicht-überwachten Lernen kann sich das System nicht auf frühere Trainingsdaten berufen, um Daten zu klassifizieren oder Strategien zu optimieren. Vielmehr muss Information aus erkannten Ähnlichkeiten und Mustern von Daten extrahiert werden. Beim Clustern von Daten müssen in dieser Weise nicht klassifizierte Daten in Untermengen eingeordnet werden. Dazu bedarf es Abstandsmaße von Datenpunkten wie beispielsweise der euklidische Abstand $\left(\vec{a} - \vec{b}\right)^2$ für $\vec{a}, \vec{b} \in \mathbb{R}^N$. Das Hamming-Maß misst den Abstand zwischen zwei binären Sequenzen durch die Anzahl der Flips, um die Bits 0 und 1 von einer Sequenz in die andere Sequenz zu überführen.

Eine häufige Clustermethode benutzt den k-Mittel Algorithmus, der schrittweise jeden Eigenschaftsvektor seinem nächsten Zentrumsvektor zuordnet, um so ein Cluster für jedes Zentrum zu bilden. In Abb. 8 sind die nächsten Zentrumsvektoren der Cluster schwarz gefärbt (Schuld et al. 2014, S. 11–12) (Fig. 7 freundlicher Druckerlaubnis der Autoren). Die Zentrumsvektoren werden dabei aus den Clustern im vorherigen Schritt berechnet. Der erste Schritt erfordert eine Auswahl von

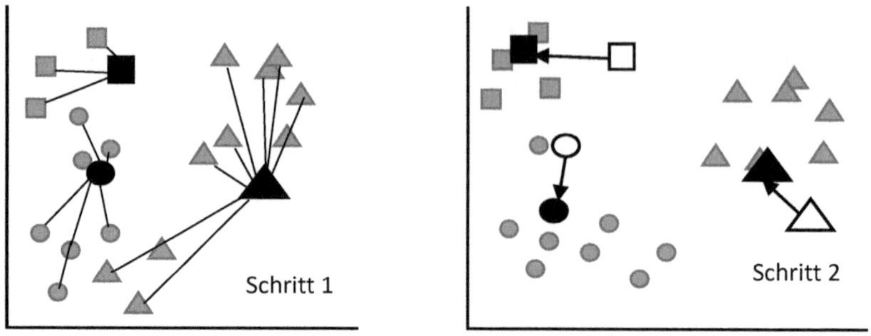

Abb. 8 *k*-Mittel Algorithmus des schrittweisen Clusterns (Nachzeichnung von Fig. 7 in Schuld et al. 2014). (Aus Mainzer 2020; mit freundlicher Genehmigung von @Springer Verlag GmbH Deutschland 2022. All Rights Reserved)

Zentrumsvektoren, wobei die Anzahl *k* von Clustern frei ist. Der Algorithmus kann schließlich in lokalen Minima münden, da ein globales Minimum von der Position der gewählten Anfangszentren abhängt. Dabei wird eine adiabatische Zustandsänderung wie in der Thermodynamik eingesetzt, wenn beispielsweise eine erhitzte Flüssigkeit oder Legierung abgekühlt wird. Dieser Prozess kann in einem globalen Endzustand, aber auch in Abhängigkeit von den Anfangsbedingungen in lokalen Regionen unterschiedlicher Endzustände münden.

In einer Quantenversion des *k*-Mittel Algorithmus wird in jedem Schritt des Clusterns als Output eine Superposition der Eigenschaftsvektoren bzw. Datenpunkte gebildet. Dadurch werden die vielen Einzelrechnungen zusammengefasst und Rechenzeit reduziert. Die Untermengen von Eigenschaftsvektoren werden als Quantenzustände berücksichtigt. Um lokale und globale Minima zu erreichen, wird eine Quantenversion des adiabatischen Rechnens verwendet, die nicht auf einzelne Quantengatter eines Quanten-Schaltkreises zurückgreift.

4.4 Klassische Neuronale Netze

Im Machine learning spielen neuronale Netze nach dem Vorbild des menschlichen Gehirns eine dominante Rolle. Der Durchbruch der KI-Forschung in der Praxis hängt wesentlich mit der Fähigkeit neuronaler Netze zusammen, große Datenmengen (Big Data) z. B. bei der Mustererkennung, beim autonomen Fahren, in der Robotik und in Industrie 4.0 mit effektiven Lernalgorithmen anzuwenden. Praktische Anwendungen erfordern Tausende von Neuronen und Synapsen in mehrschichtigen neuronalen Netzen (deep learning), die statistisch nur mit endlich vielen Datensätzen von Inputs und Outputs trainiert werden: Man setzt auf die statistischen Erwartungswahrscheinlichkeiten von gewünschten Outputs (z. B. Bewegungsverhalten von Robotern, Automobilen und Flugzeugen), die durch geeignete Trainingsdaten erreicht werden sollen.

Welche Vorteile würden Quantencomputer für neuronale Netze und Machine learning bringen? Es ist nicht nur eine signifikante Steigerung der Rechengeschwindigkeit.

Mit Schlüsselkonzepten der Quantenmechanik wie Superposition und Verschränkung eröffnen sich neue Perspektiven der Erkenntnis, über die klassische Neuronale Netze und Lernalgorithmen nach dem Vorbild biologischer Gehirne nicht verfügen. Quanten Machine Learning (QML) zeigt neue Möglichkeiten der Künstlichen Intelligenz auf. Dazu wird zunächst an die Grundlagen von klassischen neuronalen Netze und Lernalgorithmen erinnert (Rumelhart et al. 1986; Mainzer 2019, Kap. 7.2):

In klassischen vorwärtslaufenden (feed-forward) neuronalen Netzen sind Neuronen als Knoten eines Graphen in Schichten angeordnet (Abb. 9). In diesem Fall ist jedes Neuron einer Schicht mit allen Neuronen der nachfolgenden Schicht durch gerichtete Kanten (Synapsen) verbunden, die Neuronen einer Schicht untereinander aber nicht. Ausnahmen sind die Input-Schicht, deren Neuronen keine einlaufenden Verbindungen besitzen, und die Output-Schicht, deren Neuronen keine auslaufenden Verbindungen haben. Die Schichten zwischen Input- und Output-Schicht heißen „versteckt" (hidden). Jede Verbindung/Kante ist im grafischen Modell eines neuronalen Netzes mit einer Zahl gewichtet, die der Intensität der synaptischen Verbindung entspricht. Jedes Neuron ist durch eine Aktivierungsfunktion charakterisiert, mit der die Input-Output Relation für dieses Neuron definiert wird. In Analogie zum Gehirn sagt man, dass ein Neuron „feuert" bzw. erregt ist, wenn die Summe der gewichteten Inputs seiner Nachbarzellen einen bestimmten Schwellenwert überschreitet.

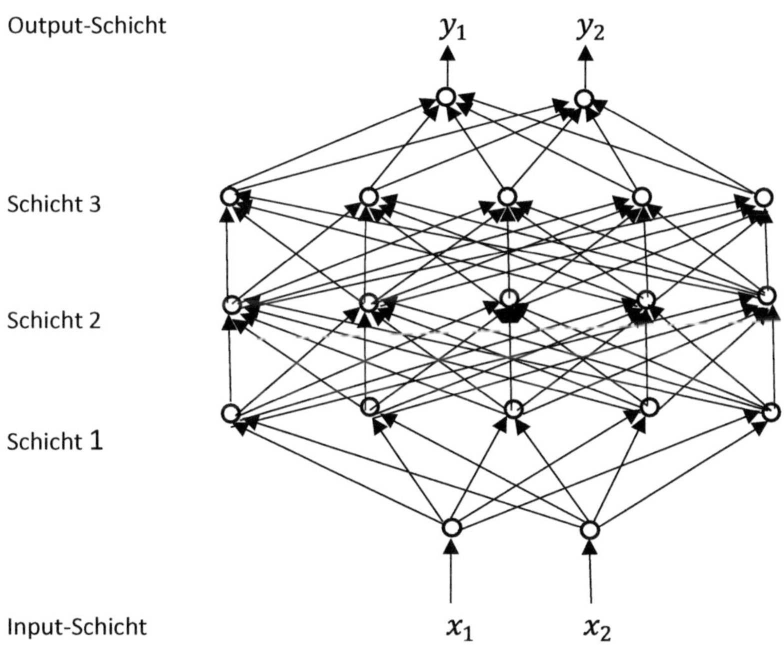

Abb. 9 Vorwärtslaufendes (feedforward) Netzwerk mit 3 versteckten Schichten und einer Input- und Output-Schicht. (Aus Mainzer 2020; mit freundlicher Genehmigung von @Springer Verlag GmbH Deutschland 2022. All Rights Reserved)

Mathematisch können diese Netzwerke als Funktionen $\nu : I^n \to O^m$ definiert werden, die einen n-dimensionalen Inputbereich $I^n (n > 0)$ auf einen m-dimensionalen Outputbereich $O^m (m > 0)$ abbilden. Ein solches Netzwerk kann beispielsweise eine Approximation einer Funktion $f : \mathbb{R}^n \to \mathbb{R}$ mit $I = O = \mathbb{R}$ berechnen. Ein Netzwerk, das z. B. 8-bit Bilder der Größe $h \times v$ (mit h horizontal und v vertikal) in zwei Klassen klassifiziert, kann durch eine Funktion $\nu : I^{h \cdot v} \to O$ mit Inputbereich $I = \{0, \ldots, 255\}$ für die $2^8 = 256$ möglichen 8-bit Bilder und Outputbereich $O = \{0,1\}$ für die zwei mit 0 und 1 bezeichneten Klassen definiert werden. Die Abbildung beginnt mit einem Input aus I^n, der im Netz zunächst der Input-Schicht eingegeben und dann über die versteckten Zwischenschichten bis zur Output-Schicht weiterverarbeitet wird. Dabei werden Schicht für Schicht Linearkombinationen der Werte von Knoten (Neuronen) und Gewichten (synaptische Verbindungen) aus den vorausgehenden Schichten berechnet. Auf diese Ergebnisse werden Aktivierungsfunktionen für die nachfolgenden Neuronen angewendet (Abb. 10). Anschaulich lösen die Aktivierungsfunktionen den Zustand des „Feuerns" eines Neurons aus.

Netze unterscheiden sich durch verschiedene Aktivierungsfunktionen. Die Schwellenwertfunktion eines McCulloch-Pitts Neurons hat nur den Funktionswert 1 für Eingaben $v \geq 0$, sonst 0 (Abb. 11a). Eine stückweise lineare Funktion bildet ein begrenztes Intervall linear ab und die äußeren Intervalle konstant (Abb. 11b). Sigmoide Funktionen haben ein variables Steigerungsmaß, das in der Krümmung des Graphen zum Ausdruck kommt (Abb. 11c). Eine Rectifier-Funktion (ReLU = rectifier linear unit) nimmt die positiven Werte ihrer Argumente an, sonst 0 (Abb. 11d):

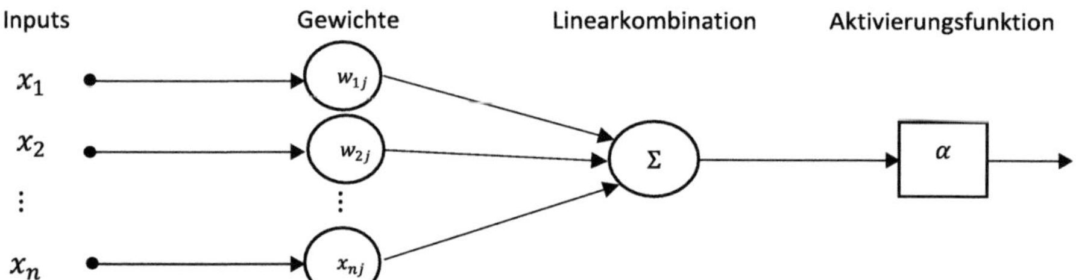

Abb. 10 Aktivierungsfunktion von Neuronen. (Aus Mainzer 2020; mit freundlicher Genehmigung von @Springer Verlag GmbH Deutschland 2022. All Rights Reserved)

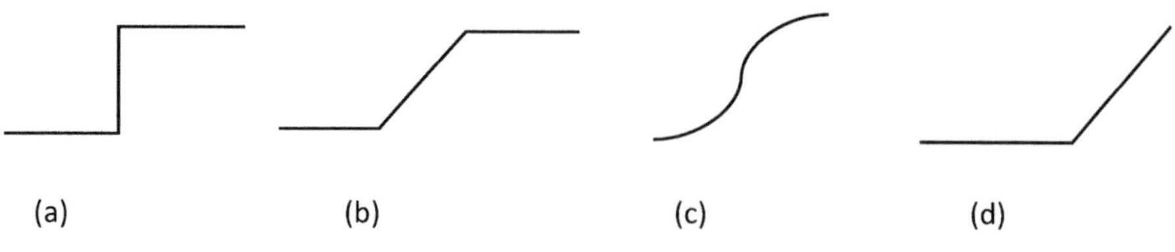

Abb. 11 Beispiele von Aktivierungsfunktionen. (Aus Mainzer 2020; mit freundlicher Genehmigung von @Springer Verlag GmbH Deutschland 2022. All Rights Reserved)

4.5 Quantenschaltkreis eines Neurons

Die Aktivierungsfunktionen, die mit Gehirnen wenigstens annähernd ähnlich sein sollen, müssen mathematisch nichtlinear sein. Zudem sind neuronale Netze als offene Systeme im Informationsaustausch mit ihrer Umgebung und in diesem Sinn physikalisch dissipativ. Bei Quantenversionen neuronaler Netze lautet also das Problem, wie nichtlineare und dissipative Systeme in den linearen und unitären Rahmen der Quantenmechanik eingebettet werden können. Das folgende quantenmechanische Modell eines Quantenneurons vermag klassische Neuronen mit sigmoiden Aktivierungsfunktionen oder Schrittfunktionen zu simulieren, wobei die Zustände der Inputfunktionen in quantenmechanischen Superpositionen zusammengefasst werden. Damit werden Klassifikationssysteme und assoziative Gedächtnisse im quantenmechanischen Rahmen möglich:

Im mathematischen Modell wird ein Neuron durch eine Funktion definiert, die n Inputvariablen $x_1, \ldots, x_n$ in einen Outputwert $a = \sigma(w_1x_1 + \ldots + w_nx_n + b)$ überführt, wobei w_i die synaptischen Gewichte und b ein Biaswert ist (Abb. 12) (Cao et al. 2017). Die Aktivierungsfunktion $\sigma(z)$ ist nichtlinear. Ein Beispiel wäre eine Schrittfunktion mit dem Funktionswert $\sigma(z) = 1$ für $z > 0$ und sonst $\sigma(z) = -1$. Ein Beispiel für eine stetige Aktivierungsfunktion ist die sigmoide Funktion $\tanh(z) = \frac{e^z - e^{-z}}{e^z + e^{-z}}$. In diesen Beispielen wird der Outputwert $a \in [-1,1]$ als Zustand des Neurons bezeichnet.

In einem Quantenneuron wird der Quantenzustand der Inputs, des Hilfs-Qubits und des Output Qubits durch eine Bloch-Kugel dargestellt (Abb. 13) (Cao et al. 2017, S. 3–4). Ein Quantenzustand wird durch einen Pfeil dargestellt, der in der Kugel rotiert und auf der Kugeloberfläche das entsprechende Qubit anzeigt. $R_y(t)$ bezeichnet den Operator, der den Zustandspfeil um den Winkel t dreht. Ein Qubit ist im Quantenzustand $R_y\left(a\frac{\pi}{2} + \frac{\pi}{2}\right)|0\rangle = \cos\left(a\frac{\pi}{2} + \frac{\pi}{2}\right)|0\rangle + \sin\left(a\frac{\pi}{4} + \frac{\pi}{4}\right)|1\rangle$ mit dem Skalarwert a $(-1 \leq a \leq 1)$. Die Extremwerte $a = -1$ und $a = 1$ entsprechen den Quantenzuständen $|0\rangle$ und $|1\rangle$ in Analogie zu den klassischen Fällen mit binärem Output 0 und 1. Der Fall a $(-1 < a < 1)$ stellt das Quanten-Neuron in einer Superposition von $|0\rangle$ und $|1\rangle$ dar. $R_y(t) = \exp\left(-\frac{itY}{2}\right)$ ist eine Quantenoperation, die der Rotation um den Winkel t mit einem Pauli-Operator um die Y-Achse des

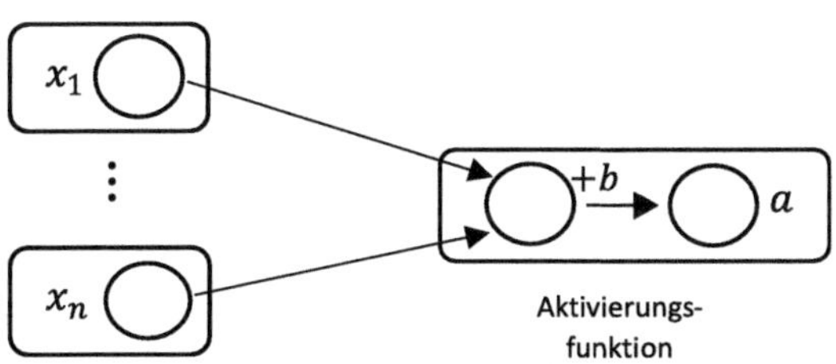

Abb. 12 Klassische Neuronfunktion (Nachzeichnung nach Cao et al. 2017, S. 3). (Aus Mainzer 2020; mit freundlicher Genehmigung von @Springer Verlag GmbH Deutschland 2022. All Rights Reserved)

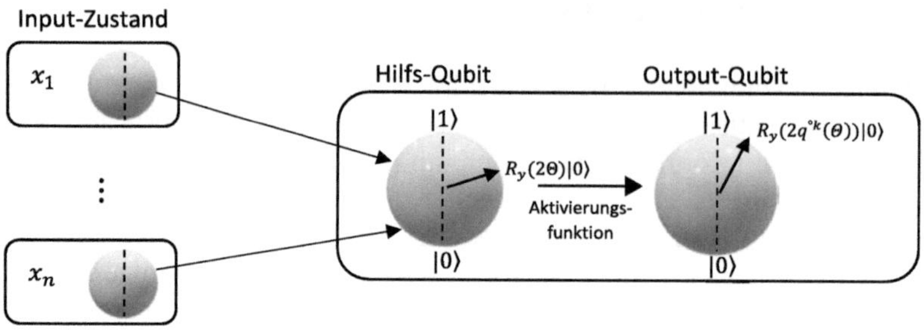

Abb. 13 Quanten-Neuronfunktion (Nachzeichnung nach Cao et al. 2017, S. 3–4). (Aus Mainzer 2020; mit freundlicher Genehmigung von @Springer Verlag GmbH Deutschland 2022. All Rights Reserved)

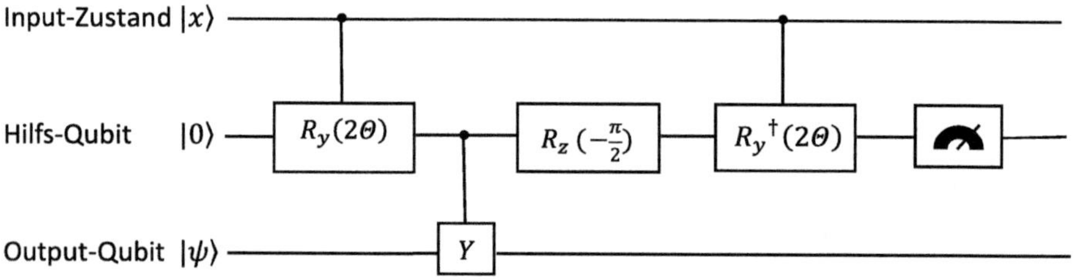

Abb. 14 RUS-Schaltkreis eines Quantenneurons (Nachzeichnung nach Cao et al. 2017, S. 3). (Aus Mainzer 2020; mit freundlicher Genehmigung von @Springer Verlag GmbH Deutschland 2022. All Rights Reserved)

Qubits entspricht. Allgemein werden die Labels x, y und z für die Pauli-Operatoren X, Y und Z unterschieden.

Im klassischen Fall bilden die Inputs $x_1, \ldots, x_n \in \{0,1\}$ eine Linearkombination $\Theta = w_1x_1 + \ldots + w_nx_n + b$. In einem Quantenschaltkreis wird ein Quantenzustand $|x\rangle = |x_1 \ldots x_n\rangle$ als Kontrollzustand genutzt. Der Rotationsoperator $R_y(2w_i)$ wird auf ein Hilfs-Qubit unter der Bedingung des i-ten Qubits angewendet, gefolgt von der Bias-Anwendung $R_y(2b)$. Der Faktor 2 gleicht den quantenmechanischen Wert $\frac{1}{2}$ aus. So ergibt sich insgesamt die Rotation $R_y(2\Theta)$ angewendet auf das Hilfs-Qubit unter der Bedingung von Zustand $|x\rangle$ der Input-Neuronen.

Im nächsten Schritt $R_y(2\sigma(\Theta))$ wird die nichtlineare Aktivierungsfunktion σ angewendet. Diese Rotation wird durch eine Klasse von Schaltkreisen approximiert, die auch „Wiederholung-bis-zum-Erfolg" (englisch: repeat-until-success = RUS)-Schaltkreise genannt werden. Abb. 14 zeigt einen RUS-Schaltkreis mit Rotationsoperator $R_y(2q(\Theta))$. Abb. 15 zeigt die nichtlineare Aktivierungsfunktion $q(\Theta) = \arctan(\tan^2\Theta)$ [7].

Die Anwendung des RUS-Schaltkreises auf das Output-Qubit hängt vom Messergebnis des Hilfs-Qubits ab. Falls die Messung $|0\rangle$ ergibt, wurde die Rotation mit $2q^{\circ k}(\Theta)$ erfolgreich auf das Output-Qubit angewendet. Dabei bezeichnet $q^{\circ k}(\Theta)$ die k-fache Anwendung auf sich selbst bzw. k-fache Komposition mit sich selbst. Im

Fall von $|1\rangle$ als Messergebnis hat der RUS-Schaltkreis eine Rotation $R_y\left(\frac{\pi}{2}\right)$ auf das Output-Qubit ausgeführt. In diesem Fall wird die Operation durch $R_y\left(-\frac{\pi}{2}\right)$ korrigiert und der Schaltkreis solange angewendet, bis $|0\rangle$ gemessen wird. Daher rührt die Bezeichnung RUS („Wiederholung-bis-zum-Erfolg").

Abb. 16 zeigt, wie sich mit dem RUS-Schaltkreis aus Abb. 14 Rotationen $R_y(2q^{\circ k}(\Theta))$ in rekursiven Schritten ausführen lassen. Abb. 16 zeigt zwei Iterationen des RUS-Schaltkreises. Abb. 17 zeigt einen k-fachen RUS-Schaltkreis. Für $k = 2$ ergibt sich die 2-fache Anwendung aus Abb. 16.

Das Ziel der mehrfachen Anwendung des RUS-Schaltkreises besteht darin, den Schwellenwert für die alternativen Zustände des „Feuerns" (1) und „Nicht-Feuerns" (0) eines Neurons quantenmechanisch zu approximieren:

Falls $\Theta > \pi/4$ ist, dann soll das Output-Qubit möglichst nahe zu $R_y(\pi)|0\rangle = |1\rangle$ sein. Falls $\Theta < \pi/4$ ist, dann soll das Output-Qubit möglichst nahe zu $R_y(0)|0\rangle$ sein.

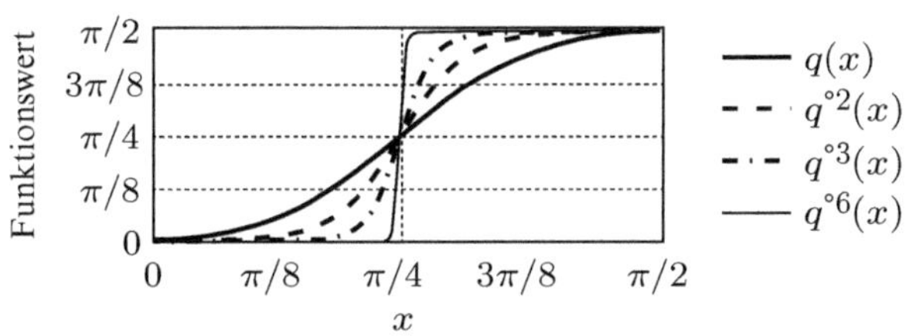

Abb. 15 Quantendarstellung der nichtlinearen Aktivierungsfunktion (Nachzeichnung nach Cao et al. 2017, S. 3). (Aus Mainzer 2020; mit freundlicher Genehmigung von @Springer Verlag GmbH Deutschland 2022. All Rights Reserved)

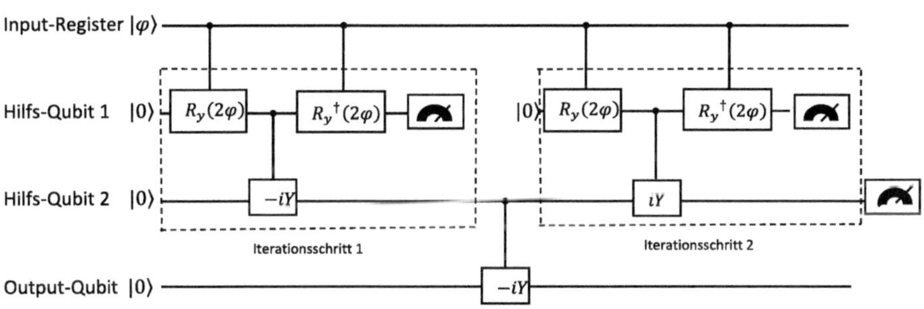

Abb. 16 2-Iterationen RUS-Schaltkreis (Nachzeichnung nach Cao et al. 2017, S. 5). (Aus Mainzer 2020; mit freundlicher Genehmigung von @Springer Verlag GmbH Deutschland 2022. All Rights Reserved)

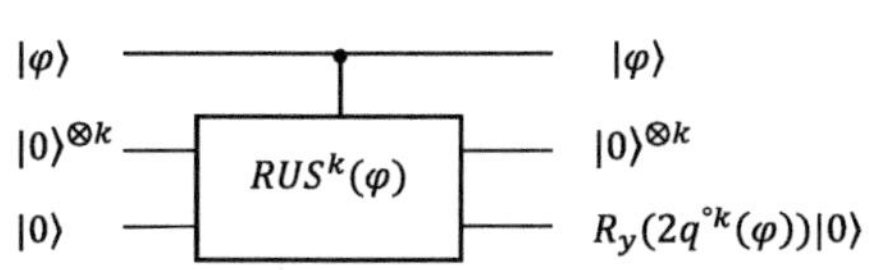

Abb. 17 k-Iterationen RUS-Schaltkreis. (Nachzeichnung nach Cao et al. 2017, S. 5)

Diese Schwellenwertanalyse ist grundlegend für die quantenmechanische Modellierung eines neuronalen Netzes. In der Dynamik neuronaler Netze werden die Zielzustände mit den Mustern, die erkannt bzw. gefunden werden sollen, als Attraktoren bezeichnet. Jede Iteration von RUS zielt darauf ab, den Input-Winkel Θ immer näher zu seinem Attraktor zu bewegen. Je näher Θ dem Schwellenwert ist, umso mehr Iterationen werden benötigt, um nahe zum Attraktor zu gelangen. Die Laufzeit von RUS-Schaltkreisen hängt ab von den Erfolgen und Misserfolgen jeder Messung. Im Durchschnitt hat die Tiefe des Schaltkreises eine Größenordnung von $O(14^k)$ für k Iterationen.

4.6 Feedforward Neuronales Quantennetz

Analog zum Neocortex des menschlichen Gehirns lassen sich mehrere Schichten von Neuronen einführen, um die Leistung der Mustererkennung durch neuronale Netze zu steigern. In einem feedforward neuronalen Netz werden die Informationen der Input-Neuronen schrittweise vorwärts (feedforward) über diese Schichten bis zu den Output-Neuronen transformiert:

Mathematisch wird ein klassisches feedforward neuronales Netz durch eine binäre Funktion $f : \{-1, +1\}^n \rightarrow \{-1, +1\}^m$ dargestellt, die einen Input von n Bits in einen Output von m Bits transformiert. Dabei passieren sie die Zwischenschichten (Abb. 9 und 10). Ausgehend von der Linearkombination $\Theta_i = \sum_j w_{ij} x_j + b_i$ der gewichteten Eingangssignale wird der finale Zustand über die Zwischenschichten im folgenden Beispiel durch eine Schrittfunktion σ berechnet mit $\sigma(\Theta_i) = +1$ für $\Theta_i > 0$ und $\sigma(\Theta_i) = -1$. Dieses Netzwerk kann als Klassifikationssystem benutzt werden. So könnte ein Input $\mathbf{x} \in \{-1, +1\}^n$ grafisch durch ein Schwarz-Weiß-Muster aus n Pixels repräsentiert werden, das in m verschiedene Kategorien eingeordnet werden soll.

Mit $\sigma(\mathbf{y})$ wird der Vektor bezeichnet, der aus der elementweisen Anwendung von σ auf den Vektor $\mathbf{y}$ entsteht. Sei die Inputschicht im Zustand $\mathbf{z}^{(0)} = \mathbf{x}$ mit l nachfolgende Schichten in den Zuständen $\mathbf{z}^{(1)}, \ldots, \mathbf{z}^{(l-1)}$ und der Outputschicht $\mathbf{z}^{(l)}$. Mit $\mathbf{W}^{(i)}$ wird die Matrix der synaptischen Gewichte bezeichnet, die eine $(i - 1)$-te Schicht mit der nachfolgenden i-ten Schicht verbindet, wobei $1 \leq i \leq l$ ist. Der Bias der i-ten Schicht ist $\mathbf{b}^{(i)}$. In Abb. 18 wird gezeigt, wie die Transformation von Schicht i zu jedem einzelnen Neuron in der nachfolgenden $i + 1$-ten Schicht in einem klassischen feedforward neuronalen Netz realisiert wird (Nachzeichnung nach Cao et al. 2017, S. 9).

Das feedforward neuronale Netz berechnet schrittweise die Zustände der einzelnen Schichten mit

$$\mathbf{z}^{(i)} = \sigma\left(\mathbf{W}^{(i)}\mathbf{z}^{(l-1)} + \mathbf{b}^{(i)}\right)$$

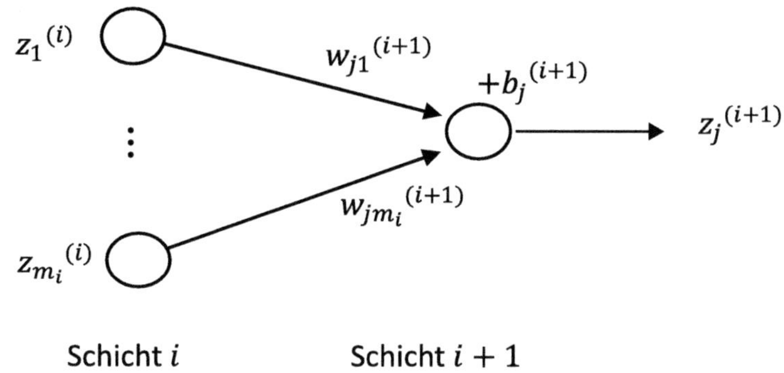

Abb. 18 Klassische Neuronenfunktion (Abb. 12) von Schicht i nach Schicht $i + 1$ (Nachzeichnung nach Cao et al. 2017, S. 9). (Aus Mainzer 2020; mit freundlicher Genehmigung von @Springer Verlag GmbH Deutschland 2022. All Rights Reserved)

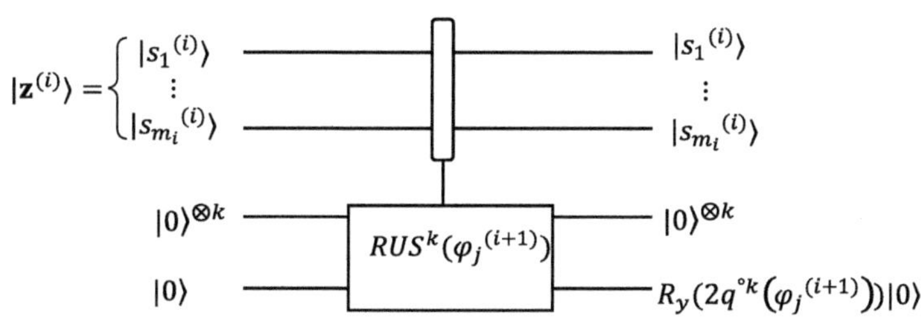

Abb. 19 Quanten-Neuronenfunktion zwischen der i-ten und $i + 1$-ten Schicht durch k-Iterationen eines RUS-Schaltkreises (Nachzeichnung nach Cao et al. 2017, S. 9). (Aus Mainzer 2020; mit freundlicher Genehmigung von @Springer Verlag GmbH Deutschland 2022. All Rights Reserved)

und der Netzfunktion $\mathbf{z}^{(i)} = f(\mathbf{x})$. Für eine gegebene Menge von Trainingsdaten aus Inputs $\{\mathbf{x}_1, \ldots, \mathbf{x}_T\}$ und entsprechenden Outputs $\{\mathbf{y}_1, \ldots, \mathbf{y}_T\}$ ist das Trainingsziel, die Verlustfunktion über den Trainingsdaten zu minimieren, d. h.

$$\min_{\mathbf{W},\mathbf{b}} \sum_{j=1}^{T} \left\| \mathbf{y}_j - f(\mathbf{x}_j) \right\|_2^2.$$

Für die quantenmechanische Einbettung des neuronalen Netzes wird für jedes Neuron ein Qubit eingeführt. Für die RUS-Schaltkreise werden k Hilfs-Qubits benutzt. In Abb. 19 wird gezeigt, wie die Transformation von Schicht i zu jedem einzelnen Neuron in der nachfolgenden $i + 1$-ten Schicht durch k Iterationen von RUS-Schaltkreisen realisiert wird (Cao et al. 2017, S. 9). Dabei dienen die Qubits, die der vorherigen Schicht entsprechen, als Kontrollregister, um den Eingangswinkel $\varphi_j^{(i+1)}$ zum j-ten Qubit in Schicht $i + 1$ zu bestimmen. Die RUS-Iterationen approximieren die Schwellenwert-Dynamik, die in klassischen neuronalen Netzen durch eine Aktivierungsfunktion verwirklicht wird. Die klassischen Neuronen sind in der Quantenversion eines neuronalen Netzes durch Quantenneuronen ersetzt.

Die klassische Berechnung $\mathbf{z}^{(i)} = \sigma(\mathbf{W}^{(i)}\mathbf{z}^{(l-1)} + \mathbf{b}^{(i)})$ der Neuronen in den einzelnen Schichten wird durch RUS-Schaltkreise mit k-fachen Iterationen $q^{\circ k}(\varphi)$ approximiert. Zusammengefasst lässt sich beweisen, dass ein Quanten-Algorithmus genau dann ein klassisches feedforward neuronales Netz simulieren kann, wenn er Quantenzustände $|\mathbf{z}^{(i)}\rangle$ erzeugen kann, aus denen sich die entsprechenden klassischen Zustände $\mathbf{z}^{(i)} \in \{-1, +1\}^m$ für jede Schicht i des klassischen neuronalen Netzes ergeben.

4.7 Quanten Hopfield-Netz

Mehrschichtige neuronale Netze mit feedforward Informationsverarbeitung haben durchaus Ähnlichkeit mit biologischen neuronalen Netzen wie dem Neocortex des menschlichen Gehirns. Demgegenüber sind Feedback-Netze mit Rückkopplung an atomaren Gittern der Festkörperphysik wie dem Ising-Modell orientiert. Ein bekanntes Beispiel sind Hopfield-Netze, die auf den Festkörperphysiker und späteren Neurowissenschaftler John Hopfield zurückgehen. Bilder und Muster lassen sich durch entsprechende Einstellung der verbindenden Gewichte eintrainieren. Dann können verrauschte und unvollständige ähnliche Bilder in Korrekturschritten erkannt werden.

Ein Hopfield-Netz besteht aus nur einer Schicht, die sowohl als Input- als auch Output-Schicht arbeitet (Hopfield 1982; Mainzer 1994, Kap. 2.32). Jedes Neuron ist mit jedem anderen Neuron außer sich selbst verbunden. Wie auch sonst bei neuronalen Netzen entspricht der Zustand $z_i \in \{-1, +1\}$ jedes Neurons mit $1 \leq i \leq n$ einem klassischen Bit. Ein Hopfield-System beginnt mit einem Anfangszustand $\{z_1, \ldots, z_n\}$ als Input. Typisch für Hopfield-Netze ist, dass die Gewichte der Verbindungen zwischen den Neuronen i und j symmetrisch sind, also $w_{ij} = w_{ji}$ gilt. Da für Input- und Output dieselben Neuronen verwendet werden, wird ein Hopfield-Netz auch als Autoassoziationsnetz bezeichnet. Dabei können sich die Gewichte entweder synchron oder asynchron verändern. Verändern sich alle Gewichte gleichzeitig in einem Iterationsschritt, liegt synchrone Veränderung vor. Bei einer asynchronen Veränderung wird zunächst zufällig ein Neuron gewählt und dann in Abhängigkeit der Zustände von anderen verbundenen Neuronen in einen neuen Zustand versetzt.

In einer Trainingsphase wird einem Netz zunächst eine Anzahl l von Mustern durch Einstellung entsprechender Gewichte eingegeben. Ziel ist es, eine symmetrische Gewichtsmatrix zu finden. Nach einer Version der Hebbschen Lernregel könnte die Berechnungsvorschrift beispielsweise für die Lernaufgabe $M \in \mathbb{R}^{l \times N}$ mit Anzahl N der Dimensionen eines Musters lauten:

$$w_{ij} = w_{ji} = \begin{cases} \sum_{p=1}^{l} M_{pi} \cdot M_{pj}, \text{ falls } i \neq j \\ 0, \text{ sonst} \end{cases}$$

Die Speicherkapazität eines Hopfield-Netzes für verschiedene Muster wird durch das Verhältnis der Größen l/N bestimmt.

In der Testphase wird das Netz mit einem verrauschten Muster konfrontiert, wobei die Zustände der Neuronen entsprechend eingestellt werden. Bei einer asynchronen Änderung wird bei jedem Iterationsschritt der Zustand eines zufällig gewählten Neurons nach folgender Regel mit Schwellenwerten h_j eingestellt:

$$z_i = \begin{cases} 1, \text{ falls } \sum_j w_{ij} z_j > h_j \\ -1, \text{ sonst} \end{cases}$$

Dadurch entsteht eine Folge von Mustern, die sich auf dem Gitternetz des Hopfield-Systems ausbreiten. Es lässt sich beweisen, dass sich diese Folge nicht mehr verändert, wenn sie einen Zustand erreicht, der einem der gespeicherten Muster entspricht. Ferner ist nach der angegebenen Hebbschen Regel garantiert, dass diese Dynamik des Hopfield-Netzes immer in einem stabilen Endzustand mündet. Dabei sind drei stabile Endzustände möglich, wonach ein Muster korrekt erkannt wird, ein invertiertes Muster erkannt wird oder kein Muster (z. B. wegen zu starker Verrauschung) erkannt wird.

In einem physikalischen Ising-Gitter, an dem sich die Hopfield-Netze ursprünglich orientierten, werden die Gitterpunkte („Neuronen“) durch Atome oder Ionen mit alternativen Spinzuständen ± 1 besetzt. Ihre Zustandsveränderungen entsprechen Energiezuständen, deren Phasenübergänge durch eine Energiefunktion beschrieben werden. Für das Hopfield-Netz existiert eine entsprechende Energiefunktion

$$E = -\frac{1}{2} \sum_{i \neq j} w_{ij} z_i z_j + \sum_i h_i z_i .$$

Der Wert dieser Funktion nimmt nach der angegebenen Hebbschen Regel bei jedem Iterationsschritt ab. Nur in den genannten Endzuständen bleibt der Energiewert unverändert stabil. In einer geometrischen Darstellung der Energieverteilung des Hopfield-Netzes als Energielandschaft stellen die stabilen Endzustände lokale Minima („Täler“) dar. Sie werden Attraktoren der Dynamik des neuronalen Netzes genannt. Jeder Inputwert des Netzes, der in geeigneter Nähe eines lokalen Minimums liegt, wird zu diesem Attraktor konvergieren, um dort gespeichert zu werden. Anschaulich kann man sich diesen Energiezustand als eine Kugel vorstellen, die in das entsprechende Tal der Energielandschaft rollt. Daher erfüllt ein Hopfield-Netzwerk die Eigenschaften eines assoziativen Gedächtnisses.

In der Quantenversion eines Hopfield-Netzes werden die Neuronen durch n Qubits ersetzt. Um die Schwellenwert-Dynamik zu verwirklichen, werden zusätzlich k Hilfs-Qubits für die iterativen Schritte der RUS-Schaltkreise eingeführt (Abb. 17). Sei i_j das Neuron, das im j-ten Iterationsschritt aus den n Neuronen gewählt wird. Dann wird der verbundene Zustand der verbliebenen Qubits als Input-Zustand $|\varphi\rangle$ für den RUS-Schaltkreis (Abb. 16 und 17) eingesetzt. Dieser Schaltkreis erzeugt ein Output-Qubit, das dann nahe zum Zustand $|0\rangle$ ist, falls die Summe der gewichteten Zustände $\sum_{j \neq i_1} w_{ji_1} z_j < h_{i_1}$ ist, und $|\ 1\rangle$ sonst.

Der entsprechende Quantenschaltkreis arbeitet ähnlich wie in Abb. 18. Dabei werden die RUS-Iterationen mehrfach hintereinander ausgeführt und die jeweiligen Output-Qubits gemessen. Eine Mehrheit dieser Messergebnisse sollte zum korrekten Zustand mit hoher Wahrscheinlichkeit führen. Zusammengefasst simuliert ein Netzwerk von Quantenneuronen t Iterationen eines Hopfield-Netzes mit n Neuronen genau dann, falls für eine Folge von Zuständen $\mathbf{z}^{(1)}, \ldots, \mathbf{z}^{(t)}$ eines Hopfield-Netzes das Quantensystem durch die entsprechenden Quantenzustände $|\mathbf{z}^{(1)}\rangle, \ldots, |\mathbf{z}^{(t)}\rangle$ läuft und aus jedem $|\mathbf{z}^{(i)}\rangle$ der entsprechende Zustand $\mathbf{z}^{(i)}$ effektiv berechnet werden kann.

4.8 Attraktordynamik eines Quanten-Hopfield-Systems

Muster entwickeln sich in einem Hopfield-System in dynamischen Phasen, die von den Hebbschen Regeln bestimmt werden. Diese Dynamik mündet in stabilen Endzuständen, die Attraktoren genannt werden. In Abb. 20 wird diese Attraktordynamik mit einem Hopfield-Netz aus Quantenneuronen veranschaulicht (Cao et al. 2017, S. 17). Das Hopfield-Netz besteht aus einem quadratischen Gitter mit 3×3 binären Pixels (Abb. 20). Die entsprechenden Quantenneuronen mit ihren möglichen Zuständen sind wieder durch Bloch-Kugeln dargestellt. In Abb. 21 sind die Gewichte des Hopfield-Netzes mit den Hebbschen Regeln so eingestellt, dass zwei Muster in der Form eines „C" und eines „Y" die Zielzustände bzw. Attraktoren des Systems bilden. Im Beispiel von „C" ist das Muster im Anfangszustand defekt. Es soll nun „C" in einem Phasenübergang zum Attraktor „C" erkannt werden.

In der Quantenversion sind die oberen drei Qubits in der Superposition $|+\rangle = \frac{1}{\sqrt{2}}(|0\rangle + |1\rangle)$ beider binärer Bitzustände 0 und 1, die den drei defekten oberen Pixels im Anfangsstadium des Hopfield-Netzes entspricht (Abb. 20). In Abb. 22 ist die Dynamik der Musterentwicklung in drei Phasenübergänge vom Anfangsmuster zum Attraktor „C" dargestellt. Die Überlagerungen (Superpositionen) werden durch

+	+	+
1	0	0
0	1	1

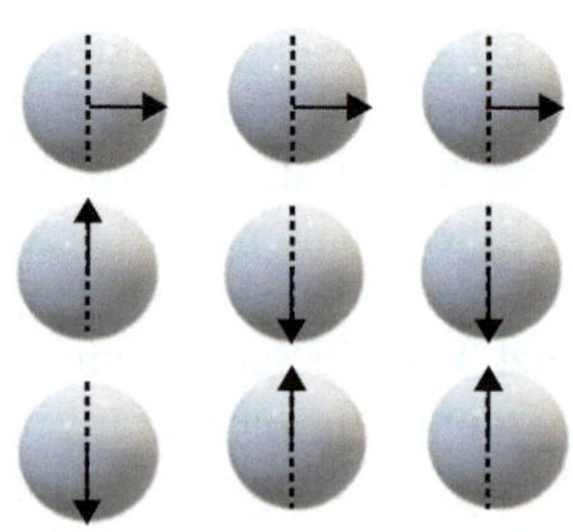

Abb. 20 Anfangszustand des Hopfield-Systems mit Superposition $|+\rangle$ (defekte Pixels) (Nachzeichnung nach Cao et al. 2017, S. 17). (Aus Mainzer 2020; mit freundlicher Genehmigung von @Springer Verlag GmbH Deutschland 2022. All Rights Reserved)

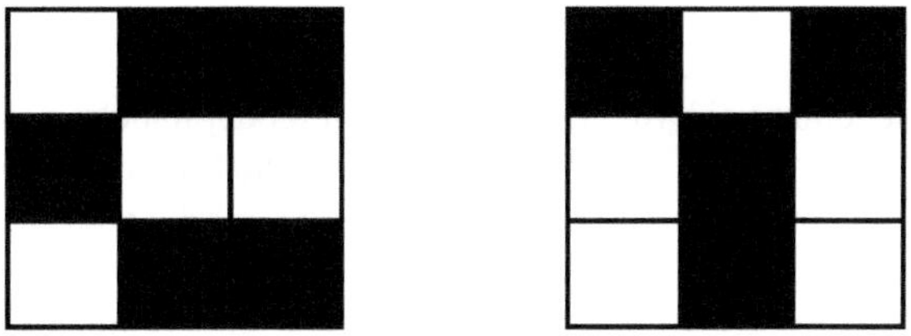

Abb. 21 Muster der Attraktoren „C“ und „Y“ (Nachzeichnung nach Cao et al. 2017, S. 17). (Aus Mainzer 2020; mit freundlicher Genehmigung von @Springer Verlag GmbH Deutschland 2022. All Rights Reserved)

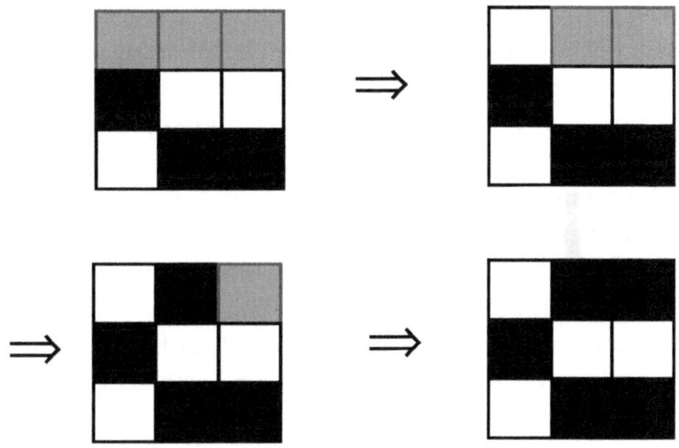

Abb. 22 Phasenübergänge vom defekten Anfangsmuster zum Attraktor „C“ (Nachzeichnung nach Cao et al. 2017, S. 17). (Aus Mainzer 2020; mit freundlicher Genehmigung von @Springer Verlag GmbH Deutschland 2022. All Rights Reserved)

Schattierungsstufen zwischen schwarz (1) und weiß (0) wiedergegeben, bis schließlich im Endzustand (Attraktor) für alle Pixels entweder schwarz oder weiß vorliegt.

4.9 Klassische Boltzmann-Maschine

Hopfield-Systeme arbeiten zwar parallel, aber determiniert, d. h. jedes Neuron ist z. B. bei der Buchstabenerkennung unverzichtbar. Nun verhalten sich aber lebende Nervenzellen kaum wie determinierte Planetensysteme. Zudem treten bei entsprechenden technischen Netzmodellen große Nachteile auf. Stellen wir uns einen Optimierungsprozess oder ein Entscheidungsverfahren im Sinne von Hopfield als Energieverringerung vor. Dann kann der Lernprozess in Tälern steckenbleiben, die nicht die tiefsten im gesamten Netz sind. In einem Optimierungsverfahren entsprechen diese Täler nur lokalen Minima bzw. Lösungen. In der Potenziallandschaft der Energieverteilung entsprechen diese Täler lokalen Gleichgewichten im Netzwerk.

T. J. Sejnowski und G. E. Hinton schlugen deshalb ein Verfahren vor, um das Netzwerk zu immer tieferen Tälern zu führen (Ackley et al. 1985). Hat z. B. eine Kugel im Energiegebirge ein Tal erreicht, dann lautet der naheliegende wie anschauliche Vorschlag, das gesamte System ein wenig zu schütteln, damit die Kugel das Tal verlassen kann, um niedrigere Minima einzunehmen. Starke oder schwächere Schüttelbewegungen verändern die Aufenthaltswahrscheinlichkeit einer Kugel wie bei einem Gasmolekül, dessen Kollisionen durch Druck- und Temperaturveränderungen beeinflusst werden.

Sejnowski und Hinton nannten ihr probabilistisches Netzwerk daher nach dem Begründer der statistischen Mechanik und Thermodynamik „Boltzmann-Maschine". In der Thermodynamik der Gase und Flüssigkeiten hat man es mit gewaltigen Mengen von Molekülen und Atomen zu tun, die miteinander wechselwirken. Ähnlich liegen bei kombinatorischen Optimierungsproblemen große Mengen von Daten vor, in denen optimale Lösungen gefunden werden müssen.

Ein Beispiel wäre eine Verkehrsflussoptimierung, bei der die einzelnen Automobile die Elemente eines komplexen Systems sind. Das Problem, ein globales Minimum im Netzwerk zu finden und Nebenminima zu vermeiden, tritt physikalisch in der Festkörperphysik der Kristallzüchtung auf. Um einem Kristall eine möglichst fehlerfreie Struktur zu verleihen, muss es langsam abgekühlt werden. Die Atome müssen nämlich Zeit haben, um Plätze in der Gitterstruktur mit minimaler Gesamtenergie und damit im Gleichgewicht zu finden. Bei hinreichend hoher Temperatur vermögen einzelne Moleküle ihren Zustand so zu ändern, dass die Gesamtenergie zunimmt. In diesem Fall können also noch lokale Minima verlassen werden. Mit sinkender Temperatur nimmt aber die Wahrscheinlichkeit dafür ab.

Dieses Verfahren wird anschaulich auch simuliertes Ausglühen bzw. Kühlen (simulated annealing) genannt. Man spricht auch von einem Gradientenabstieg bzw. Gradientenaufstieg je nachdem, in welcher Richtung sich die Energieverteilung ändert. Dieses Verfahren wird bei der Herstellung von Stahl verwendet, um in passenden Abkühlungsphasen die Entstehung von lokalen Materialstörungen zu vermeiden und eine globale und homogene Struktur zu erreichen.

Probabilistische Netzwerke haben auch große Ähnlichkeit mit biologischen neuronalen Netzen. Werden Zellen entfernt oder einzelne Synapsengewichte um kleine Beträge verändert, erweisen sich Boltzmann-Maschinen als fehlertolerant gegenüber kleineren Störungen wie das menschliche Gehirn z. B. bei kleineren Unfallschäden. Das menschliche Gehirn arbeitet mit Schichten paralleler Signalverarbeitung. So sind z. B. zwischen einer sensorischen Inputschicht und einer motorischen Outputschicht interne Zwischenschritte neuronaler Signalverarbeitung geschaltet, die nicht mit der Außenwelt in Verbindung stehen und gewissermaßen „versteckt" sind. Man spricht daher von versteckten („hidden") Neuronen im Unterschied zu sichtbaren („visible") Neuronen.

Tatsächlich lässt sich in technischen neuronalen Netzen die Repräsentations- und Problemlösungskapazität steigern, indem verschiedene lernfähige Schichten mit möglichst vielen Neuronen zwischengeschaltet werden. Die erste Schicht erhält das Eingabemuster. Jedes Neuron dieser Schicht hat Verbindungen zu jedem Neuron der nächsten Schicht. Die Hintereinanderschaltung setzt sich fort, bis die letzte Schicht erreicht ist und ein Aktivitätsmuster abgibt.

Boltzmann-Maschinen (BM) sind neuronale Netze mit stochastischen Lernalgorithmen (Mainzer 1994, S. 329–333). Der Lernalgorithmus simuliert in diesem Fall den Abkühlungsprozess (annealing), der zu Gleichgewichtszuständen bzw. Minima führt und z. B. bei Optimierungsproblemen mit entsprechenden Problemlösungen verbunden ist. Wie bei einem Hopfield-System nehmen die Neuronen nur binäre Zustände $z_a \in \{-1, +1\}$ ein, wobei $a = 1, \ldots, N$ ist und N die Anzahl von Neuronen bezeichnet. Bei einem Boltzmann-Maschine werden versteckte („hidden“) Neuronen mit Zuständen z_h von sichtbaren („visible“) Neuronen mit Zuständen z_v unterschieden. Kombinierte Zustände von versteckten und sichtbaren Neuronen werden mit $z_a = (z_v, z_h)$ bezeichnet bzw. in vektorieller Notation $\mathbf{z} = (\mathbf{v}, \mathbf{h})$. Abb. 23 zeigt eine Boltzmann-Maschine mit 3 versteckten Neuronen und 5 sichtbaren Neuronen in vollständiger Vernetzung untereinander (außer mit sich selbst).

Ähnlich wie ein Hopfield-System ist eine Boltzmann-Maschine mit der Energiefunktion eines Ising-Modells verbunden:

$$E_{\mathbf{z}} = -\left(\sum_{a,b} w_{ab} z_a z_b + \sum_a b_a z_a\right),$$

wobei w_{ab} die Gewichte der Verbindungen von Neuronen mit Zuständen z_a und z_b und Biaswerten b_a bezeichnen. Im Gleichgewicht ist die Wahrscheinlichkeit $P_{\mathbf{v}}$ für den Zustand $\mathbf{v}$ der sichtbaren Neuronen durch die Boltzmann-Verteilung über die Zustand $\mathbf{h}$ der versteckten Neuronen gegeben.

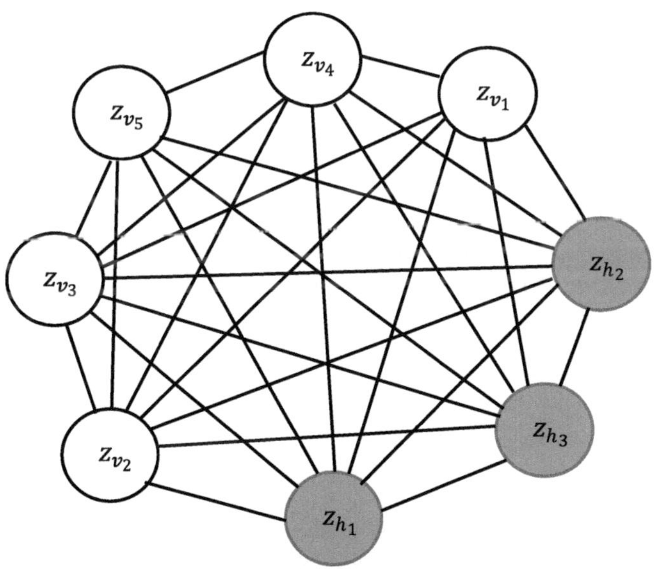

Abb. 23 Klassische Boltzmann-Maschine mit 5 sichtbaren und 3 versteckten Neuronen. (Aus Mainzer 2020; mit freundlicher Genehmigung von @Springer Verlag GmbH Deutschland 2022. All Rights Reserved)

Das Ziel des stochastischen Lernalgorithmus der Boltzmann-Maschine ist es, die Gewichte w_{ab} und Parameter b_a so einzustellen, dass die Wahrscheinlichkeitsverteilung $P_\mathbf{v}$ so nahe als möglich der Wahrscheinlichkeitsverteilung $P_\mathbf{v}^{\text{data}}$ der Trainingsdaten kommt.

Dazu muss die durchschnittliche Plausibilitäts (log-likelihood)-Funktion für $P_\mathbf{v}$ und $P_\mathbf{v}^{\text{data}}$ maximiert bzw. die negative log-likelihood Funktion minimiert werden (Amin et al. 2016, S. 2). Die Minimalisierung wird durch einen Gradientenabstieg erreicht, wie er aus der Thermodynamik bekannt ist. Bei jedem Iterationsschritt dieses Lernalgorithmus werden die Gewichte und Parameter $\theta \in \{w_{ab}, b_a\}$ um einen kleinen Betrag in entgegengesetzter Richtung zum Gradienten verändert. Dabei wird eine „Lernrate" für die Größe der Lernschritte berücksichtigt. Entscheidend für die Effizienz dieses Lernalgorithmus ist es, die Gradienten berechnen zu können.

Setzt man nun die Energiefunktion $E_\mathbf{z}$ in den Lernalgorithmus (Gradientenfunktion) ein, dann erhält man die Veränderungen der Gewichte w_{ab} und Parameter b_a, die notwendig sind, um das Ziel des Lernalgorithmus der Boltzmann-Maschine zu erreichen, nämlich – wie oben ausgeführt – die Wahrscheinlichkeitsverteilung $P_\mathbf{v}$ so nahe als möglich an die Wahrscheinlichkeitsverteilung $P_\mathbf{v}^{\text{data}}$ der Trainingsdaten zu approximieren.

Die Verbindung von Daten mit den Zuständen der sichtbaren Neuronen wird „clamping" (festklemmen, fixieren) genannt. Die Lernschritte des Gradientenabstiegs zeigen sich in den Unterschieden zwischen den fixierten („clamped") sichtbaren Variablen $\mathbf{v}$ und den nicht fixierten Durchschnitten. Da die Durchschnitte durch Stichproben geschätzt werden können, lässt sich der Gradient effizient abschätzen. Voraussetzung ist allerdings, dass solche Stichproben effizient durchgeführt werden können.

4.10 Quanten-Boltzmann-Maschine

In der Quantenversion einer Boltzmann-Maschine werden die Bits der Energiefunktion durch Qubits ersetzt. Der Anzahl N von Variablen entsprechen 2^N mögliche Zustände. Anstelle von N-dimensionalen Vektoren wie in einer klassischen Boltzmann-Maschine werden in der Quantenmechanik 2^N-dimensionale Operatoren eingesetzt. Anstelle der klassischen Energiefunktion wird ein Hamilton-Operator betrachtet, der durch eine $2^N \times 2^N$ Diagonalmatrix dargestellt wird (Amin et al. 2016, S. 2):

$$H = -\left(\sum_{a,b} w_{ab}\sigma_a{}^z\sigma_b{}^z + \sum_a b_a\sigma_a{}^z\right).$$

In der Diagonalmatrix dieses Hamilton-Operators sind die Diagonalelemente Energiewerte, die allen möglichen 2^N binären Zuständen $\mathbf{z}$ lexikografisch geordnet entsprechen. Für die Erzeugung des Hamilton-Operators wird z_a in der klassischen Energiefunktion durch $\sigma_a{}^z$, d. h. eine $2^N \times 2^N$ Matrix unter Berücksichtigung der

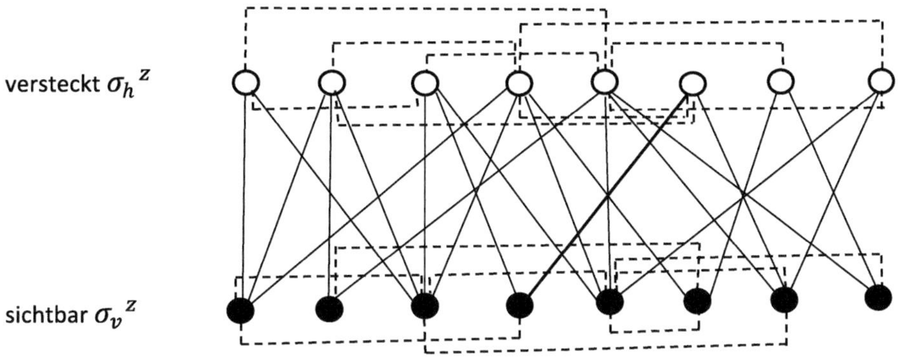

Abb. 24 Quanten-Boltzmann-Maschine mit sichtbaren und versteckten Qubits (Nachzeichnung nach Amin et al. 2016, S. 2). (Aus Mainzer 2020; mit freundlicher Genehmigung von @Springer Verlag GmbH Deutschland 2022. All Rights Reserved)

Pauli-Matrix σ_a, ersetzt. In der Matrix des Hamilton-Operators H bleiben w_{ab} und b_a skalare Größen.

In Abb. 24 werden die sichtbaren und versteckten Qubits einer Quanten Boltzmann-Maschine unterschieden, die jeweils untereinander (gestrichelt) und miteinander (durchgezogen) vernetzt sind. Die Eigenzustände dieses Hamilton-Operators sind Superpositionen, die mit $|\mathbf{v}, \mathbf{h}\rangle$ für die klassischen sichtbaren Variablen **v** und die klassischen versteckte Variablen **h** bezeichnet werden. In den nächsten Schritten müssen dann die Quantenversionen für die Wahrscheinlichkeit $P_\mathbf{v}$ für den Zustand **v** der sichtbaren Neuronen, für die zu minimierende Lernfunktion und ihren Gradienten b estimmt werden.

Obwohl in den Quantenrechnungen Superpositionen genutzt werden, erweist sich das Training großer Quanten-Boltzmann-Maschinen mit ihrem hohen Vernetzungsgrad als praktisch ineffizient. Daher wurde vorgeschlagen, eine geeignet definierte obere Schranke des Lernalgorithmus zu minimieren. Aber selbst in diesem Fall hängt die Effizienz der Quanten-Boltzmann-Maschine von Ihrer Größe und dem Grad der Vernetzung ihrer Elemente ab.

4.11 Beschränkte Boltzmann Maschinen

Bereits im klassischen Fall wurden daher beschränkte Boltzmann-Maschinen eingeführt, die sich als praktikabel erweisen. Entsprechend können beschränkte Quanten-Boltzmann-Maschine entworfen werden, in denen es keine seitlichen Vernetzungen der versteckten Neuronen untereinander gibt. Man spricht dann von halb-beschränkten Quanten-Boltzmann-Maschinen. Es gibt auch klassische beschränkte Boltzmann-Maschinen ohne seitliche Vernetzungen der sichtbaren Neuronen untereinander. Ein einfaches Beispiel soll die Effizienz dieser Art von Beschränkung bereits im klassischen Fall illustrieren:

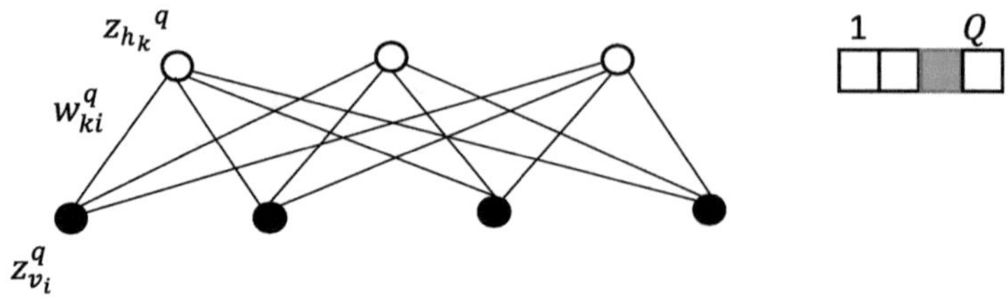

Abb. 25 Klassische Beschränkte Boltzmann-Maschine (BBM). (Aus Mainzer 2020; mit freundlicher Genehmigung von @Springer Verlag GmbH Deutschland 2022. All Rights Reserved)

In Abb. 25 besteht die beschränkte klassische Boltzmann-Maschine (BBM) aus zwei neuronalen Schichten (Salakhutdinov et al. 2007; Mainzer 2019, S. 163–164). Die sichtbaren (visible) Neuronen z_v repräsentieren Empfehlungen mit diskreten Werten zwischen 1 und Q. Der q-te Wert $z_v{}^q$ wird mit einer Wahrscheinlichkeit in Abhängigkeit vom Input aktiviert. Die Verbindung zwischen dem k-ten versteckten Neuron und dem q-ten Wert des i-ten sichtbaren Neurons ist mit w_{ki}^q gewichtet.

Die Gewichte einer BBM werden durch Maximierung der Wahrscheinlichkeit $p(\mathbf{v})$ der sichtbaren Einheiten („Empfehlungen") $\mathbf{v}$ gelernt. Sie hängt ab von der Verteilung der „Rechenenergie" $E(\mathbf{v}, \mathbf{h})$ im gesamten Netz. Anschaulich wird das Netz wie eine molekulare Flüssigkeit auf einen Gleichgewichtszustand „abgekühlt", der mit den Empfehlungen verbunden ist. Der Gradientenabstieg dieser Abkühlung entspricht einer stochastischen Lernregel.

Die Rechnerarchitekturen von Boltzmann-Maschinen sind nur ein Beispiel für „adiabatisches" Rechnen, wonach Optimierungsprobleme für große Datenmengen mit den Rechenmethoden der Thermodynamik und statistischen Mechanik gelöst werden. In der Quantenversion entsteht daraus das Quanten-Annealing („Quanten-Glühen"). Das Quanten-Annealing benutzt für die Lösung von Optimierungsproblemen Quantenalgorithmen, um das globale Minimum einer gegebenen Zielfunktionen nach dem thermodynamischen Vorbild von Phasenübergängen eines Gradientenabstiegs zu approximieren. Die dazu entwickelte Quantentechnologie ist eine Alternative zu Quanteschaltkreisen mit Quantengattern, die auf einen universellen Quantencomputer abzielen.

5 Künstliche Intelligenz mit verschränkten Zuständen

In zusammengesetzten Quantensystemen werden verschränkte Zustände beobachtet, die neben dem Welle-Teilchen Dualismus und den Superpositionen zu den grundlegenden Unterschieden der Quantenphysik gegenüber der klassischen Physik und der Alltagsanschauung gehören. Zudem sind die verschränkten Systeme neben den Superpositionen fundamental für das Quanten Computing. Dahinter steht die Beobachtung, dass Quantensysteme korreliert bleiben können, auch wenn sie räumlich getrennt und ohne physikalische Wechselwirkung sind. Einstein hat diese Art von

„Fernwirkung“ vom Standpunkt der klassischen Physik als „spukhaft“ bezeichnet. Tatsächlich lässt der quantenmechanische Formalismus aber diese Phänomene zu.

5.1 Verschränkte Zustände der Quantenwelt

Mehrere Quantensysteme wie z. B. Atome oder Elementarteilchen lassen sich in einem Gesamtsystem zusammenfassen. Wenn zwei Quantensysteme durch die Zustandsvektoren zweier Hilberträume $\mathcal{H}_1$ und $\mathcal{H}_2$ beschrieben sind, dann wird das gesamte System durch das Tensorprodukt $\mathcal{H} = \mathcal{H}_1 \otimes \mathcal{H}_2$ dargestellt (Audretsch und Mainzer 1996, S. 263–264; Benenti et al. 2008, S. 88–90). Nach Definition des Tensorprodukts bestehen die meisten Zustände im Hilbertraum $\mathcal{H}$ nicht aus Tensorprodukten von Zuständen aus $\mathcal{H}_1$ und $\mathcal{H}_2$, sondern aus ihren Superpositionen.

Ein Zustand $|\psi\rangle$ im Hilbertraum $\mathcal{H} = \mathcal{H}_1 \otimes \mathcal{H}_2$ eines Quantensystems heißt verschränkt bzw. nicht-separierbar, falls $|\psi\rangle$ nicht als Tensorprodukt mit einem Zustand $|\alpha\rangle_1$ aus $\mathcal{H}_1$ und einem Zustand $|\alpha\rangle_2$ aus $\mathcal{H}_2$ dargestellt werden kann, d. h. $|\psi\rangle \neq |\alpha\rangle_1 \otimes |\alpha\rangle_2$.

Ein Zustand $|\psi\rangle$ im Hilbertraum $\mathcal{H} = \mathcal{H}_1 \otimes \mathcal{H}_2$ eines Quantensystems heißt separierbar, falls es ein Zustand $|\alpha\rangle_1$ aus $\mathcal{H}_1$ und einen Zustand $|\alpha\rangle_2$ aus $\mathcal{H}_2$ mit $|\psi\rangle = |\alpha\rangle_1 \otimes |\alpha\rangle_2$ gibt.

Ein Beispiel für Verschränkung ist der Zustand $|\psi_1\rangle = \frac{1}{\sqrt{2}}(|00\rangle+|11\rangle)$. Demgegenüber ist der Zustand $|\psi_2\rangle = \frac{1}{\sqrt{2}}(|01\rangle+|11\rangle)$ separierbar, da nach den Rechenregeln der Tensorrechnung $|\psi_2\rangle = \frac{1}{\sqrt{2}}(|0\rangle+|1\rangle)\otimes|1\rangle$ ist. Wenn zwei Systeme verschränkt sind, dann können sie nicht mit individuellen Zustandsvektoren der beiden Teilsysteme unterschieden werden. Im Alltag und in der klassischen Physik setzen wir aber selbstverständlich voraus, dass alle Körper wie z. B. die Planeten zu einem Gesamtsystem wie dem Planetensystem gehören, aber individuell mit getrennten Zuständen und Eigenschaften beschrieben werden können. Welche physikalische Bedeutung haben diese Konsequenzen des Formalismus der Quantenmechanik?

Dazu betrachten wir Polarisationsexperimente mit Photonen. Ein Polarisationsfilter lässt linear polarisiertes Licht in horizontaler Richtung durch, aber nicht in vertikaler Richtung. Der Durchlass ist unbestimmt für Polarisationswinkel zwischen 0° und 90°. In Abb. 26 ist eine Photonenquelle angegeben, die Photonenpaare in entgegengesetzter Richtung auf Polarisationsfilter P_1 und P_2 sendet. Mathematisch werden die Zustände von Photon 1 bzw. 2 durch die Hilberträume $\mathcal{H}_1$ bzw. $\mathcal{H}_2$ dargestellt.

Seien $|\psi_1\rangle$ und $|\psi_2\rangle$ Zustände aus $\mathcal{H}_1$ mit einer Observablen A und Eigenwerten (Messwerten) a_1 bzw. a_2. Entsprechend seien $|\varphi_1\rangle$ und $|\varphi_2\rangle$ Zustände aus $\mathcal{H}_2$ mit einer Observablen B und Eigenwerten (Messwerten) b_1 bzw. b_2. Dann ist im zusammengesetzten System $\mathcal{H} = \mathcal{H}_1 \otimes \mathcal{H}_2$ auch

$$|\psi\rangle = \frac{1}{\sqrt{2}}(|\psi_1\rangle\otimes|\varphi_1\rangle+|\psi_2\rangle\otimes|\varphi_2\rangle)$$

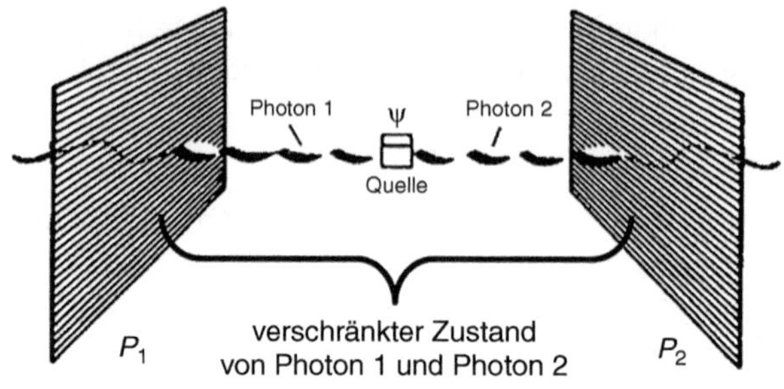

Abb. 26 EPR-Experiment mit polarisierten Photonen (Audretsch und Mainzer 1996, S. 264). (Aus Mainzer 2020; mit freundlicher Genehmigung von @Springer Verlag GmbH Deutschland 2022. All Rights Reserved)

ein Zustand, der allerdings nicht separierbar ist. Im verschränkten Zustand $|\psi\rangle$ sind die Teilsysteme korreliert, d. h. die Observablen A und B der Teilsysteme können im Zustand $|\psi_1\rangle \otimes |\varphi_1\rangle$ bzw. $|\psi_2\rangle \otimes |\varphi_2\rangle$ mit gleicher Wahrscheinlichkeit 1:2 die Werte a_1 und b_1 bzw. a_2 und b_2 haben, aber nie a_1 und b_2 bzw. a_2 und b_1. Die Photonenpaare $|\psi_1\rangle \otimes |\varphi_1\rangle$ bzw. $|\psi_2\rangle \otimes |\varphi_2\rangle$ geben die Zustände des Photonenpaars in vertikaler bzw. horizontaler Richtung linear polarisiert an. Der Gesamtzustand $|\psi\rangle$ wird nun als Korrelation der Polarisation der beiden Photonen interpretiert.

Da $|\psi\rangle$ die Zustände $|\psi_1\rangle \otimes |\varphi_1\rangle$ und $|\psi_2\rangle \otimes |\varphi_2\rangle$ zu gleichen Teilen enthält, ist die Wahrscheinlichkeit, dass beide Photonen durchgelassen bzw. nicht durchgelassen werden, jeweils 50 %. Ausgeschlossen ist, dass ein Photon durchgelassen wird und das andere nicht. Man sagt: Beide Photonen sind streng korreliert, d. h. sie verhalten sich in strenger Übereinstimmung, obwohl sie räumlich getrennt und ohne physikalische Wechselwirkung sind.

Bisher handelt es sich um ein Gedankenexperiment, um die Konsequenzen des quantenmechanischen Formalismus experimentell zu deuten. So war auch historisch der Vorschlag von Albert Einstein et al. im EPR (Einstein-Podolsky-Rosen)-Experiment von 1935 zu verstehen (Einstein et al. 1935). Einstein, Podolsky und Rosen glaubten, dass die verschränkten Zustände zu Widersprüchen führen, wenn man folgende zwei Annahmen unseres alltäglichen Realitätsverständnisses akzeptiert:

(1) *Realitätsprinzip*:

Falls mit Sicherheit der Wert einer physikalischen Messgröße vorausgesagt werden kann, dann hat dieser Wert physikalische Realität unabhängig von unserer Beobachtung.

Falls ein Systemzustand $|\psi\rangle$ Eigenvektor eines Operators A mit $A|\psi\rangle = a|\psi\rangle$ ist, dann ist der Eigenwert a der Observablen A Element der physikalischen Realität.

(2) *Lokalitätsprinzip*:

Falls zwei Systeme kausal getrennt sind, kann das Ergebnis einer Messung an einem System das Resultat der Messung an dem anderen System nicht beeinflussen.

Nach der Relativitätstheorie sind zwei Messungen kausal getrennt, wenn $(\Delta x)^2 > c^2(\Delta t)^2$, wobei c die Lichtgeschwindigkeit, Δx der Raumabstand und

Δt der Zeitabstand zwischen zwei Ereignissen in einem Inertialsystem sind. Die zwei Ereignisse finden mit Raum-Zeit Koordinaten (x_1, t_1) und (x_2, t_2) mit $\Delta x = x_2 - x_1$ und $\Delta t = t_2 - t_1$ statt.

Das EPR-Experiment wurde immer weiter präzisiert, um es auch in empirische Experimente umzusetzen. Als historisches Beispiel zu Überprüfung verschränkter Korrelationszustände sei an den Vorschlag von Clauser-Horne-Holt-Shimony (Clauser et al. 1969) erinnert. Es handelt sich um eine Überprüfung von Photonenpaaren, die von Calcium- und Quecksilberatomen bei Übergängen zwischen verschiedenen Energieniveaus emittiert werden. Die Korrelation der jeweils zwei Photonen wird gemessen, indem man jeden der beiden Polarisatoren zwischen zwei Einstellungen hin- und herschaltet und die Anzahl der Photonenpaare zählt, die bei jeder der möglichen Einstellkombinationen durchgelassen werden. Als Einwand bleibt bei diesem Experiment, dass die Orientierung der Polarisatoren festgelegt ist, bevor die Photonen emittiert werden. Ein Informationsaustausch zwischen P_1 und P_2 kann nicht ausgeschlossen werden.

In EPR-Experimenten von Alain Aspect u. a. seit 1981 (Aspect et al. 1981) wurde dieser Einwand durch einen schnellen Wechsel der Polarisationsorientierung, während die Photonen unterwegs sind, entkräftet: Ein Schalter lenkt ein Photon auf einen Polarisator mit bestimmter Orientierung ab. Der Lauf des Lichts (Photonen) von einem Polarisator zum anderen ist größer als die Umschaltzeit, so dass die Wahl der Orientierung eines Polarisators die am anderen Polarisator gemachte Beobachtung nicht beeinflussen konnte. Allerdings bleibt auch hier der Einwand möglich, dass die Umschaltung periodisch erfolgt. Erst eine Zufallsumschaltung kann auch diesen Einwand entkräften.

5.2 Verschränkte Zustände und Quantenkommunikation

Eine Schlüsselrolle spielen verschränkte Zustände, die Informationsträger über große Distanzen verbinden können. Zur Informationsübertragung werden Kanäle benutzt. Ein Quantenkanal transportiert ein Quantenbit von einem Ort zu einem anderen. Technisch kann es sich dabei beispielsweise um eine Glasfaserleitung handeln, die Photonen transportiert. Idealerweise wird davon ausgegangen, dass der Transport von Quantenbits in einem Quantenkanal ungestört ist. Ein klassischer Kanal transportiert klassische Bits durch jede Art der Telekommunikation wie z. B. Telefon.

Eine Teleportation kann ein Quantenbit mit Hilfe eines klassischen Kanals übertragen, wenn die Kommunikationspartner ein verschränktes Bitpaar teilen. In Abb. 27 sendet der Sender („Alice") ein Qubit im Quantenzustand $|\psi\rangle$ an den Empfänger („Bob"), hat dazu aber nur einen klassischen Kanal mit zwei klassischen Bits (durch eine doppelte Linie dargestellt) zur Verfügung, aber einen gemeinsamen verschränkten Zustand mit Bob über eine EPR-Quelle Q. Alice verschränkt das zu übermittelnde Quantenbit mit ihrem Teil des EPR-Paars. Dann misst sie ihre Bits und verändert damit augenblicklich das Quantenbit von Bob. Das ist kein

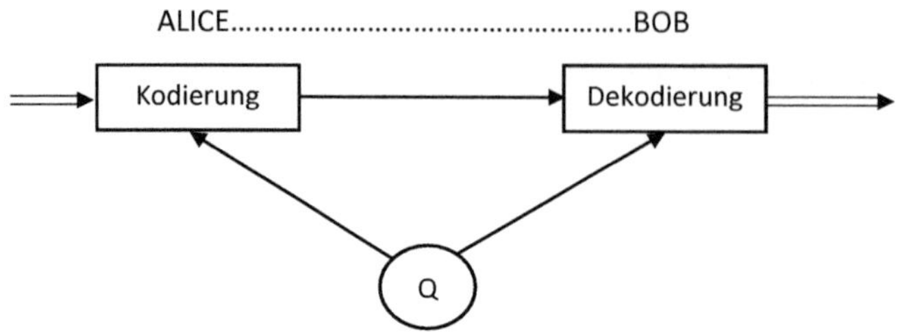

Abb. 27 Quanten-Teleportation mit EPR-Quelle Q. (Aus Mainzer 2020; mit freundlicher Genehmigung von @Springer Verlag GmbH Deutschland 2022. All Rights Reserved)

Widerspruch zur Relativitätstheorie, da die Anteile von Alice und Bob in einem gemeinsamen Quantenzustand verschränkt sind. Schließlich schickt Alice ihr Messergebnis an Bob und benutzt dazu den klassischen Kanal (Keyl 2002; Mainzer 2016, S. 95–97):

Zur Quanten-Teleportation in Abb. 27 lässt sich ein entsprechender Quanten-Schaltkreis konstruieren. Alice hat ein Quantenbit $|x\rangle$ im Zustand $|\psi\rangle = \alpha|0\rangle + \beta \mid 1\rangle$, den sie an Bob schicken will. Zusätzlich verfügt sie über ein Quantenbit $|a\rangle$, während Bob über ein Quantenbit $|b\rangle$ verfügt. Beide Quantenbits sollen in einem verschränkten Zustand $\mid ab\rangle = \frac{1}{\sqrt{2}}(|00\rangle + |11\rangle)$ präpariert werden. Wie in Abb. 27 wird dazu eine EPR-Quelle verwendet, die z. B. ein verschränktes Photonenpaar erzeugt und ein Photon an Alice und ein anderes an Bob sendet (Benenti et al. 2008, S. 208–210).

Bei einer Quanten-Teleportation kann auf die augenblicklich (über die EPR-Verschränkung) beim Empfänger vorliegende Information nur zugegriffen werden, wenn das Messergebnis vorher über den klassischen Kanal mitgeteilt wurde. Die Geschwindigkeitsübertragung von klassischer Information ist aber endlich und maximal so schnell wie die Lichtgeschwindigkeit. Dennoch eröffnet sich mit der augenblicklichen Übertragung von Quantenbits revolutionäre Technik. Möglich wird sowohl die Übertragung von Quantenbits über große Distanzen z. B. bei der Satellitentechnik als auch auf minimalen Distanzen in einem Quantencomputer vorgestellt.

5.3 Verschränkte Zustände und Quanteninternet

Ein Quanteninternet besteht theoretisch wie das klassische Internet aus einem Netzwerk von Knoten, die durch Kommunikationslinien verbunden sind. Knoten sind Quantenprozessoren, die im Prinzip von jedem Quantensystem realisiert werden könnten. Auf den Kommunikationsverbindungen der Knoten werden Qubits transportiert. Wie Quantencomputer gegenüber klassischen Computern so haben auch Quantennetzwerke einen immensen Vorteil gegenüber klassischen Netzwerken. Ein Netzwerk von k Quantensystemen mit jeweils n Qubits, das mit klassischen Kommunikationskanälen verbunden wäre, hätte einen Zustandsraum der Dimension $k2^n$. Jedes Quantensystem hätte nämlich bei n Qubits jeweils 2^n Zustände. Demgegenüber würde ein vollständiges Quantennetzwerk, dessen Quantensysteme durch Quantenkanäle verbunden wären, über eine exponentiell größere Dimension 2^{kn} des Zustandsraums verfügen (Kimble 2008).

Netzknoten können Informationen senden und empfangen. Als Quantenprozessoren werden sie technisch unterschiedlich realisiert. Für große Entfernungen bieten sich optische Netzwerke und photonenbasierte Qubits an. Technisch kann dazu auf bereits existierende optische Faserkabel zurückgegriffen werden. Auch die Beherrschbarkeit der Dekohärenz hat mit dieser Technik aus heutiger Sicht eine realistische Chance. Dic Alternative ist die Transmission von Quanteninformation durch die Atmosphäre oder im Vakuum mit neuen Störfaktoren.

Optischen Quantennetze mit Glasfaserkabel benötigen für lange Distanzen zwischengeschaltete Quanten-Repeater, um den Signalverlust zu kompensieren (Briegel et al. 1998). Obwohl das Prinzip eines Quanten-Repeaters quantenmechanisch verstanden ist, liegen bisher nur experimentelle Erprobungen vor. Das bisher am weitesten realisierte Quanteninternet baut daher auf der Satellitentechnik auf. Verschränkte Photonenpaare werden von einem Satelliten im Weltraum erzeugt und je ein Photon wird an eine Bodenstation gesendet. Dabei legen die Photonen ihren Weg durch die Atmosphäre zu den Bodenstationen zurück. Im Jahr 2017 wurde mit dem chinesischen Satelliten Micius erstmals bewiesen, dass durch diese Technik Verschränkungen erzeugt und für Quantenkommunikation genutzt werden können (Yin et al. 2017).

Eine sichere Kommunikation zweier Bodenstationen erfordert, dass von beiden Orten derselbe Satellit gleichzeitig gesehen werden kann. Unter dieser Voraussetzung können beide Bodenstationen verschränkte Photonen des Satelliten empfangen. Die Idee ist nun, ein großes Internet durch eine flächendeckende Ausstattung mit Satelliten und Bodenstationen zu erreichen. Allerdings kommen nun ökonomische Überlegungen ins Spiel, da Satelliten teuer sind und deshalb mit möglichst wenigen Satelliten ausgekommen werden sollte. Hinzu kommen technische Parameter, die für eine Optimierung eines solchen Quanteninternets zu berücksichtigen sind. Wenige Satelliten bieten eine bessere Abdeckung, wenn sie in großer Höhe stationiert werden. Allerdings führen höhere Positionen zu längeren Wegen zu den Bodenstationen und damit zu größeren Photonenverlusten. Demgegenüber können Satelliten in niedriger Höhe nur kurze Entfernungen zwischen Bodenstationen berücksichtigen, da beide Orte denselben Satelliten zur gleichen Zeit sehen müssen.

Eine Abschätzung dieser Parameter zeigt, dass eine Konstellation von mindestens 400 Satelliten in einer Höhe von ca. 3000 km eine maximale Entfernung der Bodenstationen von etwa 7500 km erlaubt. Zur Erinnerung benötigt GPS nur 24 Satelliten. Unter diesen Umständen wären Verbindungen zwischen einigen Großstädten (z. B. London und Mumbai mit 7200 km) erfasst, andere (z. B. London und Houston mit 7800 km) nicht. Das ist offenbar ein Nachteil. Wenn es Quanten-Repeater technisch geben würde, dann müssten allerdings auch mindestens alle 200 km solche Verstärkerstationen eingebaut werden. Hier käme es darauf an, wie preiswert und mit welcher Größe solche Stationen produziert werden könnten. Am Ende sind auch hybride Lösungen zwischen beiden technischen Ansätzen denkbar.

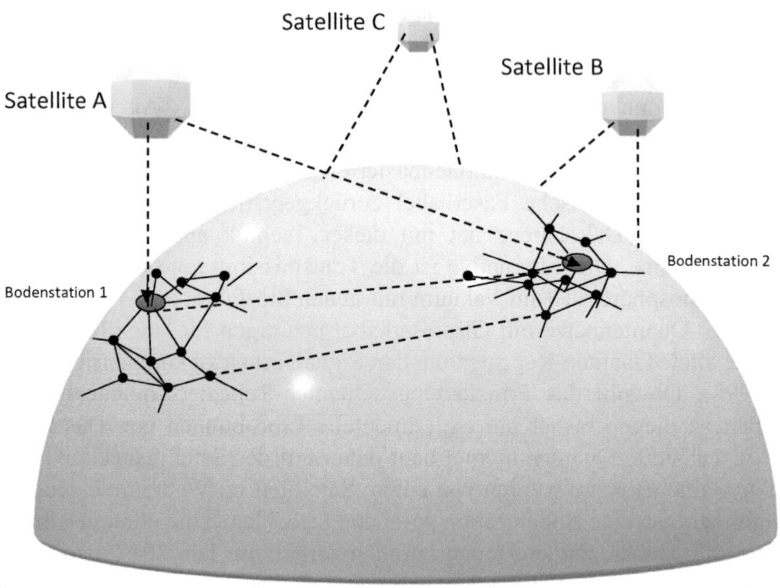

Abb. 28 Hybrides Quanteninternet mit Satellitentechnik und optischen Netzwerken. (Aus Mainzer 2020; mit freundlicher Genehmigung von @Springer Verlag GmbH Deutschland 2022. All Rights Reserved)

In Abb. 28 werden zwei Bodenstationen über Satellit A verschränkt. Die Verschränkungen weiterer Bodenstationen über andere Satelliten sind angedeutet. Die Photonenpaare, die vom Satelliten ausgesendet werden, sind durch gestrichelte Pfeile dargestellt. Die Bodenstationen sind zudem in Netzwerken mit Glasfaserverbindungen und Quanten-Repeatern eingebettet. Damit kann jeder Ort, der im Netzwerk erfasst ist, über Satellit mit einem anderen Ort in einem anderen Netzwerk über Quantenkommunikation verbunden werden (Khatri et al. 2019).

5.4 Quanteninternet mit Künstlicher Intelligenz

Wie die Schwarmintelligenz in einer biologischen Population so entsteht kollektive Intelligenz mit zunehmender Automatisierung auch in globalen Netzwerken. Ein weiteres Beispiel sind Verkehrs- und Logistiknetzwerke, deren Agenten wie Automobile, Flugzeuge und Schiffscontainer untereinander kommunizieren und mehr oder weniger selbstständig auf Hindernisse, Störungen und Ausfälle reagieren und für spätere Situationen lernen. Deshalb ist es naheliegend, auch an ein intelligentes Quantennetz mit Lernalgorithmen des Machine learning zu denken.

Lernalgorithmen können sich auf Mustererkennung in komplexen Datensets (Big Data) beziehen (Mainzer 2019, Kap. 7.2). Im Fall von überwachtem Lernen werden neuronale Netze zunächst mit Datensets wie z. B. der Pixelverteilung von Gesichtern trainiert, um dann einen bestimmten Prototyp unter vielen anderen wahrgenommenen

Beispielen wiederzuerkennen. Demgegenüber sind Lernalgorithmen des nicht-überwachten Lernens in der Lage, mehr oder weniger selbstständig Korrelationen und Zusammenhänge in einem komplexen Datenset zu entdecken. Beide Arten der Lernalgorithmen spielen bereits zur Bewältigung von Big Data im klassischen Internet (z. B. für die sozialen Medien) eine zentrale Rolle.

Im Deep Learning werden die neuronalen Netze mit mehreren Schichten von Neuronen ausgestattet, um mit wachsender „Tiefe" des Netzes auch die Qualität der Mustererkennung zu steigern. Die Leistungen dieser Lernalgorithmen zur Mustererkennung lassen sich mit den Methoden des Quanten Computing erheblich steigern und beschleunigen. Deshalb ist ein Quanteninternet denkbar, dass sich durch Lernalgorithmen der Mustererkennung optimiert. Eine Anwendung, die sich bereits abzeichnet, sind lernende Verkehrssysteme mit adiabatischem Lernen.

Ein bewährter Lernalgorithmus der Ingenieurwissenschaften ist das verstärkende Lernen (reinforcement learning). In diesem Fall findet Lernen durch Interaktion mit einer Umgebung durch Trial and Error (Versuch und Irrtum) statt. Ein Roboter bekommt eine Aufgabe gestellt und versucht die Lösung in Lernschritten zu finden. Während jeden Lernschritts bekommt der Roboter Rückmeldung (reward) von der Umgebung, wie gut oder schlecht er dabei ist, das Problem zu lösen. Die Aufgabe besteht darin, den Lösungsweg zum Ziel im Suchraum des Problems zu optimieren. Das muss natürlich kein Roboter in einer physischen Umgebung sein, sondern kann ebenso ein digitaler Agent in Form eines intelligenten Lernprogramms sein, das in der virtuellen Umgebung des Internets agiert.

Eine Aufgabe im Quanteninternet könnte darin bestehen, einen gewünschten Quantenzustand mit einem entsprechenden Quantenkommunikations-Protokoll zu finden. In diesem Fall manipuliert der Agent einen Quantenzustand und erzeugt damit ein Kommunikationsprotokoll über den Zustand seiner Umgebung. Nach jedem Manipulationsschritt bekommt er eine Rückmeldung durch eine Reward-Funktion, die vom Ziel der Problemlösung abhängt. Nach jedem Lernschritt ergeben sich verschiedene Aktionsmöglichkeiten, die beim nächsten Lernschritt unter Berücksichtigung der bisherigen Rückmeldungen gewählt und ausprobiert werden können. Die Frage ist, ob die so entstehende Folge von Kommunikationsprotokollen zum gewünschten Kommunikationsprotokoll konvergiert.

Ziel des Agenten könnte beispielsweise sein, ein Kommunikationsprotokoll für eine Quantenteleportation zwischen einem Sender und Empfänger zu finden. Rauschen und Störungen der Kommunikationskanäle sind eine zentrale Herausforderung eines Quanteninternets für lange Distanzen. Daher könnte eine Aufgabe des Reinforcement learning auch darin bestehen, aus einer großen Anzahl von gestörten und verrauschten Verschränkungen eine kleinere Anzahl von „gereinigten" Verschränkungen herauszufiltern (Verschränkungsreinigung). Eine andere Strategie eines Agenten könnte darauf abzielen, eine optimale Verteilung von Quanten-Repeatern zur Realisierung einer end-to-end Verschränkung zwischen Sender und Empfänger auf einer langen Distanz im Quanteninternet zu finden.

Die Satellitentechnik ist nur der erste Schritt der Menschheit auf dem Weg zur wirtschaftlichen Nutzung und Besiedlung ferner Planeten. Bei Reisen zum Mond sind die Zeitverzögerungen im Funkverkehr tolerabel. Aber bereits der Mars wirft mit seiner Zeitverzögerung gravierende Kommunikations- und Steuerungsprobleme auf, wenn der Funkverkehr von einer Bodenstation auf der Erde geführt wird. Bei weiteren Weltraumflügen fällt die klassische Kommunikationstechnik für direkte Eingriffe in Abläufe auf einem Raumschiff und fernen Planeten aus.

Quantenkommunikation und ein Quanteninternet, das sich über das Planetensystem ausbreitet, wären nach den Gesetzen der Quantenmechanik theoretisch denkbar. Vom Standpunkt heutiger Technik erscheint diese Vorstellung allerdings visionär. Dazu müssten sichere und weitgehend störungsfreie Verschränkungen für astronomische Distanzen aufgebaut werden. Im Fall der Weltraumfahrt wären Sender und/oder Empfänger zudem mobil und nicht fixiert. Für die Bewältigung der gewaltigen Datenmassen werden auf den Weltraumflügen sicher Quantencomputer zum Einsatz kommen, die in klassische Bedienungs- und Programmierumgebungen eingebettet sind. Auf fernen Planeten könnte auch ein lokales Quanteninternet mit Glasfasernetzen und Quanten-Repeatern oder auf der Grundlage von tiefgekühlten supraleitenden Schaltelementen gebaut werden. Weltraum-Temperaturen wären schließlich gegeben.

6 KI-Bewusstsein durch Quantenzustände?

Mustererkennung gilt als Beispiel schwacher künstlicher Intelligenz. Könnten Quantencomputer auch zur starken Künstlichen Intelligenz beitragen, bei der es z. B. um die Erklärung des menschlichen Bewusstseins geht? Roger Penrose, britischer Mathematiker mit bedeutenden Beiträgen zur mathematischen Physik und Kosmologie, versuchte das menschliche Gehirn als eine besondere Art von Quantencomputer zu verstehen (Penrose 2001, Kap. 10; Mainzer 2019, S. 216–219). In der Penrose-Hypothese sind Spekulationen und richtige Argumente miteinander verwoben. Daher verdient sie eine nähere Analyse. Penrose argumentiert zunächst als Mathematiker, wonach Mathematik nicht auf digitale Maschinen nach dem Vorbild der Turingmaschine zurückführbar sei. Tatsächlich sind bei mathematischen Beweisen Grade der Berechenbarkeit jenseits der Turingmaschine zu unterscheiden (Mainzer 2018, Kap. 3 und 11).

Penrose geht aber noch einen Schritt weiter und möchte mit der Quantenphysik das Phänomen des menschlichen Bewusstseins erklären. Die komplexe Koordination vieler Teilzustände im Gehirn, die beim bewussten Denken notwendig ist, beschreibt er durch eine quantenphysikalische Superposition. Das entspricht dem Quantenparallelismus in einem Quantencomputer. Das „Auslesen" von Ergebnissen findet beim Quantencomputer durch eine Messung statt, die mit einer Reduktion der Superposition („Kollaps der Wellenfunktion") verbunden ist. Da diese Reduktion quantenphysikalisch zufällig, also nicht voraussagbar und damit nicht-algorithmisch ist, versucht Penrose damit auch die Kreativität und Überlegenheit des menschlichen Denkens über den deterministischen Computer zu begründen. Demgegenüber brauchen algorithmische Vorgänge wie in einem Computer kein Bewusstsein. Das entspricht auch unserer intuitiven Vorstellung, wonach routinemäßige Tätigkeiten unbewusst ablaufen.

Umstritten ist allerdings die neurobiologische Spekulation von Penrose, wonach sich der mit einer Superposition verbundene Bewusstseinszustand in den sogenannten Mikrotubuli des Gehirns erklären lässt. Mikrotubuli sind winzige Eiweißröhrchen im Zytoskelett von Zellen. Ein bewusstes Ereignis entsteht danach, wenn sich eine Superposition in vielen Microtubuli über das gesamte Gehirn verteilt einstellt. Das würde voraussetzen, dass es in den Mikrotubuli auch das geeignete Medium gibt, mit dem dieser Quanteneffekt aufrechterhalten bleiben könne.

Quantenphysikalische Superpositionen sind aber in der Natur von derart kurzer Dauer, dass sie zerfallen, bevor sie Einfluss auf neuronale Prozesse nehmen könnten. Dabei ist das Gehirn vermutlich viel zu warm für Superpositionen, die im Labor bei sehr niedrigen Temperaturen hergestellt werden. Dass Quanteneffekte sich auch auf molekularer und zellulärer Ebene auswirken können, ist unbestritten. Die Quantenchemie beschreibt z. B. Quantenprozesse beim Ausstoß von Transmittermolekülen, die beim Auftreten von Aktionspotenzialen mitwirken. Die zeitliche Aufrechterhaltung einer Superposition, die mit dem Auftreten eines Gedankens verbunden sein müsste, ist allerdings wesentlich größer als die gemessenen Quanteneffekte im Gehirn.

Die Quantenphysik ist Grundlage für die Evolution der Natur. Am Anfang stand ein Quantenvakuum, aus dem sich Elementarteilchen und Atome entwickelten. Diese Grundschicht der Natur lässt sich nur mit den Gesetzen der Quantenphysik beschreiben. Die daraus entstehenden Molekularstrukturen liegen je nach Größe an der Schnittstelle von Quantenchemie und klassischer Physik. Biologische Systeme bis einschließlich zum Stoffwechsel in Gehirnen lassen sich im Rahmen der Chemie und klassischen Physik erklären. Die klassische Physik lässt sich approximativ in die Quantenphysik einbetten, wenn wir z. B. „langsame" Geschwindigkeiten (relativ zur Lichtgeschwindigkeit), „große" Systeme (relativ zu Elementarteilchen) und „schwache" Gravitation (relativ zur Anziehung Schwarzer Löcher) betrachten.

Es scheint so zu sein, dass Mikrosysteme durch die Eigentümlichkeit ihrer (nichtlinearen) Wechselwirkung zur Bildung neuer makroskopischer Strukturen führen – von den Elementarteilchen, Atomen und Molekülen bis zu Organen und Gehirnen: In umgekehrter Richtung erklären sich Organzustände aus zellulären Wechselwirkungen, Zellzustände aus molekularen Wechselwirkungen, molekulare Zustände aus atomaren Wechselwirkungen etc. Dabei ist merkenswert, dass Makrozustände eines komplexen Systems sich nicht auf die einzelnen Mikrozustände reduzieren lassen – von der Superposition von Quantensystemen bis zum Leben von Zellen und Organismen, sondern ganzheitlich zu verstehen sind.

Alle bisherigen Messungen und Beobachtung sprechen dafür, dass auch im Gehirn die Entstehung neuer Strukturen und Zustände „schichtweise" zu erklären ist: Quantenmechanische Wechselwirkungen von Elementarteilchen erzeugen quantenchemische Zustände in Synapsen, deren molekulare Wechselwirkung zu Verschaltungsmustern neuronaler Netze führt, die mit kognitiven Zuständen des Gehirns verbunden sind. Bewusstseinszustände sind deshalb keine prinzipiell unlösbaren „Rätsel". Mediziner nutzen bereits ihr Wissen über die zugrunde liegenden neuronalen Verschaltungsmuster, um Patienten bei Operationen schrittweise zu sedieren oder in Narkose oder ins Koma zu versetzen.

Während aber im Machine learning die Entstehung von Wahrnehmung aus neuronalen Verschaltungsmuster technisch erzeugt wird, reicht das bisherige Wissen über Bewusstseinszustände – jedenfalls wie wir es von Menschen und höheren Lebewesen kennen – nicht aus, um Bewusstsein technisch zu erzeugen: Selbstwahrnehmung heutiger Roboter sind nur erste Schritte in dieser Richtung.

Die Geschichte der Technik zeigt, dass sich Technik keineswegs auf die Simulation von natürlichen Systemen beschränken lässt. Große technische Innovationen finden nicht selten Lösungen, die neu und anders sind als die Wege der Natur. Solange Fliegen sich am Flügelschlag der Vögel orientierte, war der Erfolg sehr beschränkt. Erst als systematisch die Gesetze der Hydrodynamik ausgenutzt wurden, konnten tonnenschwere Flugzeuge in die Luft befördert werden. So wären neuronale Quantencomputer denkbar, in denen die enorme Rechengeschwindigkeit und Speicherkapazität von Quantencomputern mit neuronalen Netzen verbunden werden.

Am Ende ist es technisch nicht auszuschließen, dass die Hypothese von Penrose, wonach Bewusstseinszustände im menschlichen Gehirn durch quantenphysikalische Superpositionen zu erklären seien, neurobiologisch falsch ist, aber mit einer quantenphysikalischen Rechnerstruktur eines Tages realisiert werden könnte. Die technische Herausforderung besteht zunächst darin, Superpositionen über einen längeren Zeitraum als in der Natur unabhängig von Umweltbedingungen zu realisieren. Ob und wie sie aber mit Bewusstseinszuständen verbunden werden können, ist dann noch eine ganz andere Herausforderung.

Die biologische Evolution intelligenter Systeme war nur eine Möglichkeit, die sich abhängig von Rand- und Nebenbedingungen auf diesem Planeten ergeben hat. Im Rahmen der Gesetze von Logik, Mathematik und Physik sind andere technische Entwicklungen durchaus möglich, die teilweise schon realisiert wurden. Im Rahmen dieser Gesetze ist der Innovationsraum prinzipiell offen. Wird es dadurch erkenntnistheoretische Durchbrüche geben, wonach bisher prinzipiell unentscheidbare und unlösbare Probleme mit Quantencomputern entscheidbar und lösbar werden?

Der prinzipiellen Unentscheidbarkeit und Unlösbarkeit von Problemen liegen Gesetze der Logik und Mathematik zugrunde. Auch ein Quantencomputer wird daher im Prinzip nicht mehr lösen als nach der logisch-mathematischen Berechenbarkeitstheorie möglich ist: Prinzipiell algorithmisch unlösbare und unentscheidbare Probleme bleiben auch für Quantencomputer unlösbar (Deutsch 1985). So ist z. B. das Stopp-Problem einer Turingmaschine auch für einen Quantencomputer unentscheidbar. Ein weiteres Beispiel ist das Wortproblem der Gruppentheorie, wonach für zwei beliebige Ausdrücke einer Symbolgruppe geprüft werden muss, ob sie durch vorgegebene Umformungsregeln ineinander überführt werden können. Dahinter steckt ein vielfach in der Praxis auftretendes Problem, ob Ausdrücke z. B. in Sprachsystemen aufeinander zurückführbar sind oder nicht.

In der Berechenbarkeitstheorie wurde bewiesen, dass es keinen Algorithmus gibt, der in jedem Fall zu einer Entscheidung kommt. Daran wird auch kein Quantencomputer etwas ändern. Es wird also auch in einer Zivilisation mit Quantencomputern keine Maschine geben, die alle Probleme algorithmisch lösen kann. Gödels und Turings logisch-mathematische Grenzen bleiben also bestehen, wenn es auch zu gigantischen Steigerungen der Rechengeschwindigkeit und Rechenkapazität kommen wird. Jede Art von physikalischer, chemischer, biologischer und neuromorpher Rechnerstruktur wird die Gesetze der Logik und Mathematik beachten – wie auch die Evolution der Natur selbst.

Literatur

Ackley, D. H., G. E. Hinton, T. J. Sejnowski, und J. Terrence. 1985. A learning algorithm for Boltzmann machines. *Cognitive Science* 9(1): 147–169.

Amin, M. H., E. Andriyash, J. Rolfe, B. Kulchytskyy, und R. Melko. 2016. Quantum Boltzmann machine. *arXiv*: 1601.02036v1. [quant-ph].

Aspect, A., P. Grangier, und G. Roger. 1981. Experimental tests of realistic local theories via Bell's theorem. *Physical Review Letters* 47:460–463.

Audretsch, J., und K. Mainzer, Hrsg. 1996. *Wieviele Leben hat Schrödingers Katze? Zur Physik und Philosophie der Quantenmechanik*. Heidelberg: Spektrum Akademischer Verlag.

Benenti, G., G. Casati, und G. Strini. 2008. *Principles of quantum computing and information*, Basic concepts, Bd. I. Singapore: World Scientific.

Briegel, H.-J., W. Dür, J. I. Cirac, und P. Zoller. 1998. Quantum repeaters: The role of imperfect local operations in quantum communication. *Physical Review Letters* 81:5932–5935.

Cao, Y., G. G. Guerreschi, und A. Aspuru-Guzik. 2017. Quantum Neuron: An elementary building block for machine learning on quantum computers. *arXiv*: 1711.11240v1[quant-ph].

Clauser, J. F., M. A. Horne, A. Shimony, und R. A. Holt. 1969. Proposed experiment to test local hidden variable theories. *Physical Review Letters* 23:880–884.

Dalla Chiara, M. L., R. Giuntini, R. Leporini, und G. Sergioli. 2018. *Quantum computation and logic. How quantum computers have inspired logical investigations?* Berlin: Springer.

Deutsch, D. 1985. Quantum theory, the Church-Turing principle and the universal quantum computer. *Royal Society (London), Proceedings, Series A* 400:97–117.

Einstein, A., B. Podolsky, und N. Rosen. 1935. Can quantum-mechanical description of reality be considered complete? *Physical Review* 47:777–780.

Feynman, R. P. 1982. Simulating physics with computers. *International Journal of Theoretical Physics* 21:467–488.

Hidary, J. D. 2019. *Quantum computing: An applied approach*. Cham: Springer.

Homeister, M. 2018. *Quantum computing verstehen*, 5. Aufl. Berlin: Springer.

Hopfield, J. J. 1982. Neural networks and physical systems with emergent collective computational abilities. *Proceedings of the National Academy of Sciences* 79:2554–2558.

Keyl, M. 2002. Fundamentals of quantum information theory. *Physics Reports. A Review Section of Physics Letters* 369, Kap. 4.1.2.

Khatri, S., A. J. Braddy, R. A. Desporte, M. P. Bart, und J. P. Dowling. 2019. Spooky Action at a global distance – resource-rate analysis of a space-based entanglement-distribution network fort he quantum internet. *arXiv*: 1912.06678v1. [quant-ph].

Kimble, H. J. 2008. The quantum internet. *arXiv*: 0806.4195v1. [quant-ph].

Mainzer, K. 1994. *Computer – Neue Flügel des Geistes?* Berlin: De Gruyter.

Mainzer, K. 2016. *Information: Algorithmus-Wahrscheinlichkeit-Komplexität-Quantenwelt-Leben-Gehirn-Gesellschaft*. Wiesbaden: Berlin University Press.

Mainzer, K. 2018. *The Digital and the Real World*. Singapore: Computational Foundations of Mathematics, Science, Technology, and Philosophy, World Scientific.

Mainzer, K. 2019. *Künstliche Intelligenz. Wann übernehmen die Maschinen?* 2. Aufl. Berlin: Springer.

Mainzer, K. 2020. *Quantencomputer: Von der Quantenwelt zur Künstlichen Intelligenz*. Berlin: Springer.

Penrose, R. 2001. *Computerdenken: Die Debatte um Künstliche Intelligenz, Bewusstsein und die Gesetze der Physik*. Heidelberg: Spektrum der Wissenschaft, Kap. 10.

Randell, B., Hrsg. 1975. *The originals of digital computers*. Berlin: Springer.
Rumelhart, D. E., G. E. Hinton, und L. McClelland, Hrsg. 1986. *Parallel distributed processing explorations in the microstructures of cognition*, Bd. 1. Cambridge, MA.
Salakhutdinov, R., A. Mnih, und G. Hinton. 2007. Restricted Boltzmann machines for collaborative filtering. *Proceedings of the ICML*: 791–798.
Schuld, M., I. Sinayskiy, und F. Petruccione. 2014. An introduction to quantum machine learning. *arXiv*: 1409.3097v1. [quant-ph].
Yin, J., Y. Cao, Y.-H. Li, S.-K. Liao, L. Zhang, J.-G. Ren, W.-Q. Cai, W.-Y. Liu, B. Li, H. Dai, G.-B. Li, Q.-M. Liu, Y.-H. Gong, Y. Xu, S.-L. Li, F.-Z. Li, Y.-Y. Yin, Z.-Q. Jiang, M. Li, J.-J. Jia, G. Ren, D. He, Y.-L. Zhou, X.-X. Zhang, N. Wang, X. Chang, Z.-C. Zhu, N.-L. Liu, Y.-A. Chen, C.-Y. Lu, R. Shu, C.-Z. Peng, J.-Y. Wang, und J.-W. Pan. 2017. Satellite-based entanglement distribution over 1200 kilometers. *Science* 356:1140–1144.

Teil VI

Grundlagen kognitiver und sozialer Roboter

Künstliche Intelligenz mit Körper

Sami Haddadin

Inhalt

Zusammenfassung

Moderne Roboter und andere komplexe Maschinen sind nicht nur mit immer ausgeklügelteren intelligenten Algorithmen ausgestattet, sie besitzen vor allem einen mit zunehmend neuartigen Fähigkeiten ausgestatteten Körper, der es ihnen grundsätzlich ermöglicht sich in der physischen Welt zu bewegen und mit dieser zu interagieren. Diese sich rasant entwickelnde Zukunftstechnologie der verkörperten Künstlichen Intelligenz (KI), also der KI mit Körper, besitzt mittel- und langfristig enormes Potenzial zur Lösung großer gesellschaftlicher Herausforderungen, wie der einer zunehmend älter werdenden Gesellschaft oder dem Klimawandel, beizutragen. Sie hält Lösungen zur Abschaffung menschenunwürdiger Arbeit in der Produktion bereit, ermöglicht neue Mobilitätskonzepte und fördert die personalisierte Medizin. Gleichzeitig stellt verkörperte KI die Forschung aber auch vor ganz besondere Herausforderungen. Künstliche Intelligenz mit und ohne Körper funktionieren nämlich grundlegend verschieden, wobei die großen Fortschritte künstlicher Intelligenz ohne Körper nun auch die ungleich höheren Anforderungen derer mit Körper befruchten. Diesen neuen Weg an der Schnitt-

S. Haddadin (✉)
Technische Universität München, München, Deutschland
E-Mail: tanja.robnik@tum.de; sami.haddadin@tum.de

K. Mainzer (Hrsg.), *Philosophisches Handbuch Künstliche Intelligenz*,
https://doi.org/10.1007/978-3-658-19606-6_21

stelle zwischen Künstlicher Intelligenz, Robotik und Perzeption beschreitet die Munich School of Robotics and Machine Intelligence als neues Integratives Forschungszentrum der TUM.

Schlüsselwörter

Robotik · Künstliche Intelligenz · Intelligente Robotik · Verkörperte KI · Maschinenintelligenz · Mensch-Maschine-Interaktion

1 Einleitung[1]

2018 wurde die Munich School of Robotics and Machine Intelligence (MSRM) als Integrative Research Center an der Technischen Universität München (TUM) gegründet (https://www.msrm.tum.de). Ziel der MSRM ist die Erforschung der Grundlagen der Robotik (Siciliano und Khatib 2016), der Perzeption und der Künstlichen Intelligenz (KI, Russel und Norvig 2010), um in einem interdisziplinären Umfeld innovative und nachhaltige Lösungen für zentrale Herausforderungen der Gegenwart zu entwickeln. Alle drei Forschungsfelder sind zentrale Säulen der Maschinellen Intelligenz. Diese legt den Fokus auf die Erforschung und Entwicklung von vertrauenswürdiger, verkörperter künstlicher Intelligenz, die sich sowohl ihrer selbst als auch ihrer Umgebung bewusst ist. Dies umfasst die Erforschung von Technologien, die für zukünftige intelligente Systeme grundlegend sind, um ihre Umwelt zu erfassen, Handlungen zu planen, zu lernen und sicher mit der physikalischen Welt – und hier allen voran mit dem Menschen – zu interagieren.

Verkörperte künstliche Intelligenz, wie z. B. in Form eines intelligenten Roboters, ist nicht einfach nur ein Computer. Sie verfügt über einen Körper ausgestattet mit einem künstlichen zentralen Nervensystem zur Verbindung von Wahrnehmung (Sensorik) und Agieren (Aktorik), und damit auch über die Fähigkeit, in der physischen Welt und mit den Menschen zu interagieren. Dies wird uns in Zukunft völlig neue Anwendungsfelder dieser Technologie in der Praxis ermöglichen. Statt durch Schutzzäune abgeschirmt, wie z. B. in den Produktionsstraßen der Automobilindustrie üblich, schlägt die Forschung zur Mensch-Maschine-Interaktion eine neuartige Brücke zwischen Menschen und Maschinen und eröffnet ungeahnte Möglichkeiten der gegenseitigen Kooperation und Koexistenz, vor allem aber der technischen Assistenz für den Menschen. Diese neue „Vernetzung" von Mensch und Maschine manifestiert sich in Roboterassistenten genauso wie in autonomen Fahrzeugen oder Produktionsassistenten sowie insbesondere in kollektiv miteinander vernetzten Systemen, die künftig und mit Hilfe intelligenter Algorithmen Automatisierung sogar als Service anbieten können, nicht mehr als monolithische Speziallösung. In der Fabrik der Zukunft arbeiten schließlich Menschen und besonders feinfühlige Robo-

[1]Mein aufrichtiger Dank gilt Tanja Robnik für ihre großartige Unterstützung bei der Konzeption und dem Verfassen des Manuskripts. Sie war eine hervorragende Diskussionspartnerin und Unterstützung bei der Gestaltung des Beitrags.

terwerkzeuge und -assistenten Hand in Hand. Maschinen können beispielsweise Bewegungsabläufe erlernen, indem sie von Menschen zunächst angeleitet und geführt werden, bis sie diese schließlich autonom bewältigen können. Einmal gelernt lässt sich diese Fähigkeit von beliebig vielen miteinander vernetzten robotischen Systemen ausführen sowie energie- und zeiteffizient optimieren.

Das Potenzial dieser Technologie reicht aber noch ungleich weiter. Im Bereich Gesundheit und Medizin z. B. auf dem Feld der minimal-invasiven Chirurgie können bereits heute Orte erreicht werden, zu denen wir bisher keinen Zugang hatten. Über kleinste Trokarpunkte, entsprechende Werkzeuge und Kameras wird das chirurgische Personal sprichwörtlich in den Körper „teleportiert", ohne beispielsweise den Thorax öffnen zu müssen. Weiterhin hat Maschinelles Lernen die Bildgebung in den letzten Jahren nachhaltig verbessert und damit die Diagnostik auf ein neues Level gehoben. Mit Hilfe Künstlicher Intelligenz sowie entsprechender Vernetzung stehen prozessierte Informationen nicht nur dem direkt behandelnden Personal, sondern perspektivisch dem gesamten medizinischen Apparat zur Verfügung. Das besondere Anforderungsprofil und die spezifischen Herausforderungen der Forschung an den beschriebenen cyber-physischen Technologien wird besonders im Unterschied zu rein digitalen Anwendungen deutlich. Das vorliegende Kapitel beschreibt deshalb zunächst die Herausforderungen intelligenter Robotik (Abschn. 2) und erörtert diese anhand der Unterscheidung zwischen verkörperter KI und KI ohne Körper, also rein prozessierender oder kommunizierender, jedoch nicht physisch interagierender Algorithmen (Abschn. 3). Bereits ein sehr eklektischer Blick auf die Geschichte der intelligenten Robotik verdeutlicht den transdisziplinären Ansatz dieses Forschungsfeldes (Abschn. 4.1), aus dem sich zahlreiche Herausforderungen und Fragestellungen ergeben, die hier leider nur sehr kurz angeschnitten werden können (Abschn. 4.2). Um eine schnelle Technologieentwicklung und Umsetzung zu ermöglichen, setzt die MSRM gleichberechtigt auf einen erkenntnis- sowie einen zweck- und nutzerzentrierten Ansatz (Abschn. 5). Anhand zwei zentraler Leuchtturminitiativen, der Fabrik der Zukunft (Abschn. 5.2) und dem Forschungszentrum Geriatonik (Abschn. 5.3) wird gezeigt, wie das Technologiepotenzial zur Arbeit an zentralen gesellschaftlichen Herausforderungen genutzt und innovativ in die Realanwendung gebracht wird.

2 KI, Robotik und Komplexität – Herausforderungen der Forschung

Im März 2016 gelingt es der von Google Deep Mind entwickelten KI AlphaGo, Lee Sedol den Großmeister im Brettspiel GO[2] mit unvorhergesehenen, also bisher nicht bekannten Strategiezügen zu schlagen (Silver et al. 2016). Durch modernste Me-

[2]Go ist aufgrund des größeren Spielbretts und damit verbundenen ungleich höherer Anzahl möglicher Züge wesentlich komplexer als Schach. Im Schach gelang bereits 1997 einer KI der Sieg über den damaligen Weltmeister Garri Kasparow.

thoden des maschinellen Lernens, vor allem des bestärkenden Lernens (Sutton und Barto 2018), konnte sie sich einen Suchraum eröffnen, den man zuvor nicht für möglich gehalten hatte. Die Bilder dieses Ereignisses gingen um die Welt und erinnerten doch in ihrer Bedeutung an eine ähnliche Szene, die fast 20 Jahre zuvor stattfand, als der damals beste Schachspieler der Welt, Garri Kasparow, im Schachspiel gegen die künstliche Intelligenz Deep Blue (entwickelt von IBM) einen ganzen Wettkampf verlor (die erste Partie bereits im Jahr 1996). GO ist, das lässt sich mathematisch relativ einfach zeigen, ein wesentlich komplexeres Spiel als Schach, da der Suchraum relevanter Züge ungleich größer ist. Und dennoch stellt sich dem aufmerksamen Betrachter die Frage, ob man innerhalb von 20 Jahren nicht doch einen größeren technologischen Fortschritt erwarten würde. Die in AlphaGo bewiesene Rechenleistung der Technologie ist unumstritten beeindruckend, jedoch ist beiden Szenen gemein, dass 1997 ebenso wie 2016 ein Mensch benötigt wird, um die Züge der Maschine in der physischen Welt umzusetzen. In der virtuellen Welt des Computers wird das Spiel gespielt, aber um die Figuren zu erkennen, zu sehen, zu greifen und den Zug umzusetzen, ist das Programm auf die Anwesenheit einer Person angewiesen.

Macht man sich diese Tatsache erst einmal bewusst, wird schnell deutlich, dass sich die meisten Entwicklungen, Schlagzeilen und Diskussionen zur Künstlichen Intelligenz in den letzten Jahren auf rein datenanalytische bzw. kommunikationstechnische Aspekte beziehen. Die physische Welt jedoch, in der wir als Menschen interagieren, physisch tätig sind und unsere Körper bewegen, setzt dieser unverkörperten KI sehr klare Grenzen. Die Fähigkeit, in der physischen Welt mit den Menschen zu interagieren erfordert einen Körper, wie z. B. den eines Roboters, eines Fahrzeuges, Flugzeugs oder anderen technologischen und perspektivisch auch hybriden Systemen. Erst die Form der verkörperten KI wird uns in Zukunft völlig neue Anwendungsfelder ermöglichen. Zur Entwicklung ebendieser auch cyber-physisch genannten Systeme ist jedoch ein ungleich größeres und transdisziplinäres Forschungs- und Entwicklungsumfeld erforderlich.

Die grundlegende Frage, wie Robotersysteme dazu befähigt werden können, diese so ‚einfach' erscheinenden Interaktionsfähigkeiten zu erlernen leitet die Forschung im Bereich Maschinelle Intelligenz an. Wie komplex physische Interaktion und Manipulation relativ gesehen tatsächlich sind, zeigt ein genauerer Blick auf zwei Bereiche: Zum einen die Mobilität, verstanden als das zielgerichtete Fortbewegen von Punkt A nach Punkt B; und zum anderen die Manipulation (aus dem Lateinischen: *manus* die Hand) zu verstehen als das Greifen und „Begreifen" der Welt. Selbst einfachste Einzeller können sich bekanntermaßen von A nach B bewegen, doch die Fähigkeit ein Werkzeug mit der Hand einzusetzen, um kreativ mit der Welt zu interagieren, sie nach eigenen Vorstellungen zu ändern und sie zu begreifen ist heute nur den Primaten gegeben. Mobilität zum einen und Manipulation zum anderen, trennen also rein evolutionär gesehen Milliarden von Jahren. Die zeitliche Größenordnung des Komplexitätsunterschiedes zwischen diesen beiden Fähigkeiten, also die Fähigkeit der reinen Bewegung versus die der kreativen intelligenten Interaktion mit der Welt, gilt es zu verstehen, um entsprechende Systeme entwickeln zu können. Die Koexistenz des menschlichen Gehirns, des zentralen Nervensystems und der Hand, die Größe und das Gleichgewicht beim Fortbewegen auf zwei Beinen und dabei gleichzeitig die Welt zu begreifen und zu erfahren sind Fähigkeiten, die wir technisch noch immer nicht einfach nachbauen können. Die Komplexität intelligenter Robotik übersteigt demnach um ein Vielfaches jene, aktueller künstlicher Intelligenz, die im Grunde ausschließlich auf dem Konzept der Kommunikation basiert. Besonders plastisch wird diese Diskrepanz, wenn man z. B. das Lernverhalten kleiner Kinder betrachtet und zwar nicht das kognitive, sondern das motorische, also beispielsweise das Greifen von Objekten. Hierzu ein anekdotisches Beispiel: ein vierjähriges Kind richtet großes Chaos im Wohnzimmer an und man gibt ihm eine Chance, dem Aufräumen zu entgehen, wenn es ihm innerhalb von zehn Versuchen gelingt, einen Schlüssel in ein Zylinderschloss zu stecken. Das Kind hat das geschafft, aber immerhin sieben Versuche benötigt. Zum Erlernen dieser motorischen Fähigkeit waren vier Jahre des Heranwachsens, Lernens, Interagierens und eben diese sieben Versuche notwendig, um den Schlüssel letztlich in der uns eigentlich selbstverständlichen Bewegung zielgerichtet in das Schloss einzuführen. Noch 2015 stellt das Erlernen solch ‚einfacher' Fähigkeiten selbst die führenden Robotikexpertinnen und -experten und ihre robotischen Systeme vor scheinbar unlösbare Herausforderungen. Man könnte also konkludieren, dass die Interaktion mit der Welt, wie sie im eigentlich profanen Öffnen einer Tür[3] zum Ausdruck kommt, der eigentliche nächste Quantensprung in der KI-Technologieentwicklung sei.

3 Des Pudels Kern: Künstliche Intelligenz mit und ohne Körper

Anhand der grundlegenden Unterscheidung zwischen künstlicher Intelligenz ohne Körper (disembodied AI), bei der es ausschließlich um Berechnung geht und künstlicher Intelligenz mit Körper (embodied AI), welche physisch mit der Welt interagiert, lassen sich diese Anforderungen an die neue Forschungsdisziplin verdeutlichen.

Bei der KI ohne Körper werden in der Regel ein Datenempfänger und -sender mit einem Algorithmus verbunden, d. h. Daten oder eine Informationskette werden empfangen, an einen KI Algorithmus weitergeleitet, der dann eine entsprechende Verarbeitung durchführt und das Ergebnis in einem Frage-Antwort-Schema liefert. So arbeiten z. B. die Sprachassistenzsysteme Siri und Alexa, die ein Audiosignal aufnehmen, das in der Cloud verarbeitet wird, wo es basierend auf einer großen Datenmenge analysiert und die entsprechende Bedeutung berechnet wird, um ein

[3]Ein Beispiel sind die Videos von der DARPA Robotics Challenge, die damals um die Welt gingen. Bei der Challenge ging es darum, Robotersysteme in Katastrophenszenarien wie Fukushima einzusetzen, die aus der Ferne mit gewissen Fähigkeiten vor Ort agieren können und so Menschen aus den Gefahrenbereichen heraushalten sollten https://www.youtube.com/watch?v=UUOo8N9_iH0. (ausführlich dazu Thrun et al. 2007)

möglichst sinnvolles Ergebnis zurückzuspielen. Dass das nicht immer einwandfrei funktioniert, zeigt sich zum Beispiel daran, wie schwer die Systeme Dialekte erkennen und fehlerfrei auswerten können.

Die verkörperte KI funktioniert im Gegensatz zu den eben beschriebenen Systemen grundsätzlich verschieden. Sie ist mit einem sensomotorischen Körper ausgestattet, der eben nicht nur Daten austauscht, sondern auf den immer auch die Umwelt mit Daten und Energie reagiert. Das bewusste Schütteln der Hand ist natürlich auch ein datentechnischer Prozess mit abstrakter Bedeutung, aber vor allem wird beim „realen Handshake“ mechanische und thermodynamische Energie zwischen Körper und Umwelt (bspw. einer zweiten Person oder einem gegriffenen Objekt) ausgetauscht, die aufgrund der gekoppelten Eigenschaften von physikalischen Grundprozessen, schlichtweg den Grundgesetzen der Physik inhärent unterliegt. Ein eigentlich kommunikativer, sequenzieller Prozess wird durch die Einbettung in die physische Umwelt zu einem inhärent gekoppelten Prozess. Zwischen dem sensomotorischen Körper und der Welt gibt es also eine direkte Interaktion, weshalb dann auch der KI-Algorithmus in seiner umfassenden Interpretation als ein interagierendes System gesehen werden muss – und nicht wie bei der KI ohne Körper der Fall – als ein sequenzielles, also nacheinander ablaufendes System. Reine Sequenzialität funktioniert also nicht für Körper. Verkörperte KI basiert gezwungenermaßen auf systemischer Interpretation und auf dem Konzept der Rückkopplung, die den physikalischen Grundgesetzen inhärent ist (ausführlich dazu z. B. Pfeifer und Iida 2004).

Im heutigen Alltag unterstützt uns in der Regel noch KI ohne Körper, deren Technologien relativ weit fortgeschritten sind. KI mit Körpern steckt dagegen noch in den Kinderschuhen, denn abgesehen vom Staubsauger- oder Rasenmäherrobotern arbeitet die Menschheit kaum mit Systemen, deren Körper physikalisch „bewusst“ mit der Welt interagieren. Wir befinden uns insofern gerade erst am Beginn der Entwicklung verkörperter KI bzw. intelligenter Robotersysteme. Kein Wunder also, dass sich künstliche Intelligenzen ohne Körper derzeit viel stärker mit den kritischen Fragen des Datenschutzes oder Überwachung konfrontiert sehen, denn letztlich besteht ihre originäre Funktionalität darin, Muster in Daten zu erkennen und diese umfassend zu analysieren.

Das Konzept der verkörperten KI, der interagierenden autonomen[4] Maschinen, welche reale Zusammenhänge verstehen, sich in der Welt bewegen und sogar mit ihr interagieren, ist auch deshalb so spannend, weil es im Grunde auch die Frage nach den systemischen Eigenschaften des Menschen aufwirft: was ist jenseits der für sich schon komplexen Anatomie autonomer Systeme erforderlich, um in einer physikalischen Welt zu interagieren und zu agieren? Hier trifft die Entwicklung intelligenter

[4]Im Kontext autonomer Systeme wird unter Autonomie nicht die menschliche Fähigkeit verstanden, Gründe abzuwägen und Entscheidungen zu treffen. Der Grad der Autonomie von Systemen bestimmt sich anhand bestimmter Fähigkeiten, z. B. die Umwelt wahrzunehmen, eigenständig Informationen zu verarbeiten, Probleme zu lösen oder zu lernen.

Maschinen auf die Erforschung der Grundprinzipien des menschlichen Körpers und seiner Funktionsweise.

4 Von der Idee in den Alltag: Ideengeschichte und aktuelle Forschung der Maschinellen Intelligenz

Die bereits aufgeführten Beispiele der allseits bekannten Anwendungsfälle für Künstliche Intelligenz wie Alpha Go, Alexa und Siri führen dazu, dass künstliche Intelligenz in der öffentlichen Wahrnehmung häufig als rein informatisches Problem wahrgenommen wird. Die führenden forschenden Köpfe auf diesem Gebiet stammen aber streng genommen aus ganz unterschiedlichen Fachdisziplinen. Und auch historisch lag der Fokus viel stärker auf verkörperten Systemen. Auf der Dartmouth Conference 1956, die als Gründungsmoment der künstlichen Intelligenz in der Akademia gilt, waren Wissenschaftlerinnen und Wissenschaftler der Kognitionswissenschaften, Mathematik, Elektrotechnik, und natürlich Informatik vertreten,[5] darunter auch Claude Shannon, weltbekannt als Begründer der Informationstheorie. Künstliche Intelligenz war schon damals ein fächerübergreifendes Thema. Die heutzutage weit verbreitete Idee, sie beschränke sich ausschließlich auf das Feld der Informatik, muss daher revidiert werden. Obwohl Dartmouth zurecht als die Gründungskonferenz der KI gehandelt wird, muss auch darauf hingewiesen werden, dass die damals diskutierten Ideen auf Forschungsansätzen fußen, die weitaus länger zurückliegen als 1956. So finden sich Beiträge zu Robotik und künstlicher Intelligenz beispielsweise im Grunde schon bei den großen Universalgelehrten, wie Gottfried Wilhelm Leibniz und Leonardo Da Vinci.[6] Beiden waren bereits Potenziale auf dem Gebiet der physischen Manifestation von Intelligenz bewusst, die nun auch die aktuelle Forschung verfolgt.

4.1 Verkörperte Intelligenz als Werkzeug

Gottfried Wilhelm Leibniz ist bekannt als Erfinder des Binärcodes, der in einer einfachen Randnotiz seiner Aufzeichnungen zu finden war. Gleichzeitig hat er neben der Infinitesimalrechnung, die er zur selben Zeit aber unabhängig von Sir Isaac Newton entwickelt hat, aber auch den ersten Rechner – Taschenrechner könnte man sagen – entwickelt, der alle vier Grundrechenarten beherrscht. Leibniz nutzte den Code also in einer physikalischen Manifestation. Er unterschied nicht zwischen dem Konzept der Berechnung und dem der physischen Manifestation – wie es heute bei der künstlichen Intelligenz häufig der Fall ist. In seiner Monadologie beschäftigt ihn

[5] Im originalen Antragsdokument findet sich eine Liste der Teilnehmenden bzw. Interessierten, die die Konferenz und deren Ergebnisse verfolgt haben (McCarthy et al. 1955, S. 11–13).

[6] Beides nur eklektische Beispiele aus der langen Geschichte intelligenter Roboter ausführlich z. B. bei Nilsson 2009.

auch die Frage nach Körper und Geist, die er auch dahingehend beantwortet, dass eine Maschine aufgrund ihrer konstruktivistischen Bauart nie einen Geist besitzen könne.

Lange Zeit hat niemand besser als Leonardo da Vinci verstanden, dass der Mensch einem Bauplan folgt. Dass Anatomie einen funktionellen Zweck hat, zeigt er an seinem Automaten. Letzterer ist ein mechanisches System, das in einer einzigen linearen Bewegung einen komplexen Bewegungsapparat steuert und veranschaulicht, wie der menschliche Körper einem gewissen Bauplan folgt, der auch die Steuerung, Regelung und das Lernen vereinfacht. Stellt man sich vor, man müsste alle Muskeln, alle Gelenke auf einem kognitiven Level parallel ansteuern, bedeutet das, man müsste mehrere hunderte Dimensionen gleichzeitig denken und planen. Für den Menschen sind bewusst schon drei Dimensionen eine Herausforderung, nimmt man nur zum Einstieg an, jeder Muskel wäre eine eigene Dimension, so würde diese Vorstellung kollektiv komplett überlasten. Die Antwort auf dieses Problem ist ein derart klug entworfener Körper, der es erlaubt, dass ein zentrales Nervensystem mit selbst mit hohen Latenzen, wenig Bandbreite und im Prinzip auch großen Ungenauigkeiten, d. h. einem großen Rauschen, in der Lage ist, einen so komplexen Körper zu steuern. Dieser Bauplan birgt in sich eine Art Intelligenz, die primär physikalisch und mechanisch manifestiert, jedoch auch algorithmisch interpretierbar ist.

Für die künstliche Intelligenz und Robotik waren (und sind) die grundsätzlichen Ideen dieser beiden Herren grundlegend: Erstens der Grundgedanke Leibniz', dass ein Werkzeug, in diesem Fall der Taschenrechner, eingesetzt wird, um Menschen das Leben zu erleichtern, um eben nicht permanent von Hand rechnen zu müssen. Und zweitens da Vinci, der mit als Erster eine Verbindung zwischen dem Aufbau des menschlichen Körpers und dem einer Maschine erkennt, insbesondere in der Bewegungsmechanik.

Aufbauend auf diesen zunächst einfach erscheinenden Prinzipien und zahlreichen darauffolgenden Erkenntnissen des 20. Jahrhunderts ist die Technologieentwicklung im Bereich der robotischen Systeme seit den 50er-Jahren geradezu explodiert. Erste Industrieroboter wurden gebaut und mit dem Aufkommen der Humanoiden (Kajita et al. 2014) wurden erstere bereits programmiert, konnten also die Verbindung zwischen Berechnung und mechanischer Bewegung in sich vereinen. Deep Blue wurde erfunden, daneben auch das erste minimalinvasive Chirurgierobotersystem namens „da Vinci“ und Stanley, eines der ersten Systeme, das autonom durch die Wüste fahren konnte, oder BigDog, ein System von Boston Dynamic, das komplexe vierbeinige Bewegungsmuster durchführt, u. v. m. Im Gegensatz zu Siri und Alexa sind diese Systeme jedoch kaum in unserem Alltag zu finden. Erstaunlich, dass in einer Welt, in der wir permanent von Digitalisierung sprechen und jeder einen kleinen Supercomputer namens Handy in seiner Tasche trägt, intelligente und feinfühlige Roboter, die als Werkzeuge genutzt werden können, kaum eine Rolle spielen.

4.2 Was müssen intelligente Systeme können

An der Munich School of Robotics and Machine Intelligence (MSRM) wird sowohl an den Grundlagen, als auch an der zweck- und nutzenorientierten Technologieentwicklung in diesem Bereich geforscht. Der Fokus liegt auf zentralen Schlüsseltechnologien, die es robotischen Systemen erlauben, ihre physikalische Umwelt wahrzunehmen (zu „Fühlen und Sehen"), die Informationen entsprechend zu verarbeiten (zu „Denken") und schließlich in dieser Umwelt zu agieren.

a) Wahrnehmung und Sensorik

Ähnlich dem Menschen ist auch für intelligente Roboter der Tastsinn ein zentrales Sinnesorgan. Voraussetzung für die Vision feinfühliger, leicht bedienbarer Roboterwerkzeuge, die durch ihre Lernfähigkeit und Interaktivität als Werkzeug eingesetzt werden können, ist dass diese möglichst schnell und effizient lernen. Stattet man die Systeme mit einem Tastsinn aus, kann der Roboter ähnlich wie ein kleines Kind an die Hand genommen werden, um ihm die entsprechenden Bewegungsabläufe beizubringen.

Die Entwicklung profitiert hier vor allem von Fortschritten im Bereich der Sensorik. Sensoren sind quasi die Sinnesorgane der Systeme. Mit Hilfe von Kraft-/Drehmomentsensoren, die in den Systemen verbaut werden, kann gemessen und berechnet werden, wieviel Kraft auf den Roboter ausgeübt wird, aus welcher Richtung diese stammt und wo sie vermutlich auf den Roboter treffen wird. Darüber hinaus wird an Konzepten geforscht, die statt einzelner Sensoren sogenannte Smart-Materials – wiederum ein eigener Forschungsbereich – einsetzen (McEvoy und Correll 2015). Der menschlichen Haut nachempfunden wird hier z. B. an Materialien gearbeitet, die die gesamte Roboteroberfläche überziehen und so mit Hilfe einer großen Menge von kleineren vernetzten Sensoren auch parallel ablaufende Krafteinwirkungen erfassen können (Stichwort: taktile Perzeption). Was einerseits die Sensibilität des Roboters erhöht, verursacht auf der anderen Seite natürlich eine ungemein höhere Komplexität und erfordert immense Rechenleistung, was wiederum den Bereich der Datenverarbeitung berührt.[7]

Auch beim „Sehen" kommen Sensoren zum Einsatz und hier wurden vermutlich die größten Fortschritte in den letzten 10 Jahren gemacht. Mit Hilfe von unterschiedlichen Kameratechnologien und neusten Methoden des Deep Learning (LeCun et al. 2015) können robotische Systeme z. B. Menschen oder Gegenständen durch einen Raum folgen oder in diesem selbst navigieren. Die Wahrnehmung der Umgebung ist aber nur der erste Schritt. Ein vollständiges Bild von oder Gefühl für die Umgebung reicht natürlich nicht aus.

[7]Hier wird beispielsweise an dezentralen Datenverarbeitungskonzepten geforscht, d. h. jeder Sensor wird mit eigener Rechenleistung ausgestattet, um die Hauptrecheneinheit zu entlasten.

b) Unabhängige Navigation

Um bei der Referenz Mensch zu bleiben: Um sich in der Umwelt zurechtzufinden, reicht es dem Menschen nicht aus, diese nur zu sehen. Die wahrgenommenen Informationen müssen verarbeitet werden, und Menschen brauchen ein Gedächtnis sowie einen Orientierungssinn, um zu wissen, wo sie sich befinden und wie sie an ein bestimmtes Ziel gelangen (Choset et al. 2005). Ein robotisches System muss demnach ebenfalls die Information der Sensoren nutzen, um zu bestimmen, wo es sich befindet, es muss Routen planen und die Umgebung zwischen sich und dem Zielort analysieren. Während die Navigation in geschlossenen Räumen bereits weit fortgeschritten ist (Forschende können hier bspw. mit Markierungen auf den Böden arbeiten, die die Spurführung des Roboters über Sensoren bestimmen – eine relativ einfache, allerdings auch unflexible Lösung) stellen unbekannte Räumlichkeiten, Städte oder offenes Gelände ungleich höhere Anforderungen an das System. Hier wird mit Algorithmen gearbeitet, die in der Lage sind, mit Hilfe von Sensoren simultan die Position des Roboters zu bestimmen und eine Umgebungskarte zu erstellen. Die Forschung steht hier vor der Herausforderung einerseits trotz Störungen z. B. bei der Übertragung der Sensorsignale, die entsprechenden Daten zu ermitteln und dabei gleichzeitig den dafür extrem hohen Rechenaufwand in Echtzeit zu gewährleisten.

c) Sicherheit

Roboter sollen aber nicht nur alleine optimal agieren, sie müssen gleichzeitig in der Lage sein, schonend und mit Menschen zu interagieren. Im Kontext der Forschung zur Sicherheit von robotischen Systemen ist häufig von „Asimovs Gesetzen" die Rede. Isaac Asimov, eigentlich ein russisch-amerikanischer Science-Fiction-Autor und Professor für Biochemie, legte im Rahmen der Kurzgeschichte „Runaround" 1942 den Grundstein für Sicherheitsfragen moderner robotischer Systeme. Sie enthält die drei „Gesetze der Robotik", die in der Mensch-Roboter-Interaktion Anwendung finden:

> „One, a robot may not injure a human being, or, through inaction, allow a human being to come to harm. [...]. Two, a robot must obey the orders given it by human beings except where such orders would conflict with the First Law. [...]. And three, a robot must protect its own existence as long as such protection does not conflict with the First or Second Laws." (Asimov 1941, S. 26)[8]

[8]Angepasst und umorganisiert wurden die Prinzipien 2011 vom „Robotics of the Engineering and Physical Sciences Research Council (EPSRC)/Art and Humanities Research Council" (AHRC) veröffentlicht. Sie wurden um ethische Doktrinen für EntwicklerInnen, DesignerInnen und EndanwenderInnen und Aussagen für reale Anwendungen erweitert (Prescott und Szollosy 2017, S. 19–123; ausführlicher zu Ethik und Entwicklung z. B. McLennan et al. 2020).

Möglich wurde diese ‚sichere' Interaktion vor allem durch Fortschritte in den Bereichen Regelungstheorie bzw. Regelungsalgorithmik. Die physische Interaktion zwischen Menschen und Robotern ist ein hochdynamischer Prozess, der analytisch kaum modellierbar ist. Was zunächst so einfach klingt, war für die Robotik jahrzehntelang eine Art heiliger Gral. Eine reibungslose und einfache Interaktion setzt voraus, dass der Roboter auch bei schnellen Bewegungen seine Umgebung erkennt. Er muss also entlang seiner gesamten Struktur in der Lage sein, Kollision innerhalb von Millisekunden und bis zu 60 mal schneller als Menschen zu erkennen und zu vermeiden (z. B. Haddadin et al. 2017). Feinfühligkeit bedeutet auch exakt zu wissen, wie viel Kraft ausgeübt wird. Der Mensch schätzt das Gewicht eines Gegenstandes, er hat ein Gefühl für Aussehen und Materialien, weiß aufgrund seiner Erfahrung und des Aussehens, ob es sich beispielsweise um leichten Schaumstoff oder ein schweres Eisengewicht handelt. Roboter dagegen müssen in der Lage sein, selbst kleinste Gewichte genau zu messen und zu berechnen, wie viel Kraft die jeweilige Umgebung aufbringt (Haddadin 2014).

d) Lernfähigkeit

Die Alltagstauglichkeit bzw. der Einsatz robotischer Systeme auch in kleineren und mittelständischen Unternehmen als Werkzeuge und Unterstützer scheitert derzeit in vielen Fällen noch an der aufwändigen Nutzung und Programmierung. Statt auf reine Expertensysteme zu setzen, fokusiert die Forschung deshalb auf Anwendungen, die auf die Ansprüche der Nutzenden zugeschnitten werden. Robotische Systeme werden mit einer künstlichen Intelligenz ausgestattet, die es ermöglicht, Objekte robust zu erkennen und selbstständig relevante Strukturen aus der Umgebung ableitet. Gleichzeitig arbeitet die Forschung an einfachen und intuitiven Bedienoptionen z. B. in Form von Apps.

Bereits erwähnt wurde das Lernen durch Vorführen oder „an die Hand" nehmen. Hier werden – von der menschlichen Eigenschaft Fähigkeiten zu erlernen – inspirierte Lernalgorithmen im System entworfen. Beim sogenannten „Apprenticeship Learning" demonstriert der Mensch dem Roboter eine Aufgabe, indem er seine Bewegungen anleitet. Das System imitiert diese Demonstration und erlernt so eine neue Fähigkeit, kann sich nach diesem Training sogar selbstständig verbessern und den Prozess optimieren. Auch robotisches Greifen, Manipulieren und Objekterkennung mit Lernmethoden gehören zu den zentralen Forschungsfeldern der Robotik (Burdet et al. 2013; Johannsmeier et al. 2019).

Ganz neue Möglichkeiten ergeben sich, wenn diese Prozesse des maschinellen Lernens auf ein Roboterkollektiv erweitert werden. Ähnlich wie aktuell bereits Haushaltsgeräte, Smartphones, Soundsysteme und Smart-TVs vernetzt werden, können Informationen auch zwischen mehreren Robotern ausgetauscht werden. Um dieses Potenzial jedoch optimal zu nutzen, konzentriert sich die Forschung in diesem Bereich auf innovative Kommunikationstechnologien und -architekturen, Planungs- sowie Regelungsmethoden. Durch die zunehmende Digitalisierung und damit verbunden eine wachsende Rechenleistung und verteilte wie spezialisierte Informationsverarbeitung wächst das Potenzial für eine Digitalisierung 2.0, also vernetzte voneinander lernende Roboterkollektiva, die mittels Künstlicher Intelligenz optimiert und gesteuert werden können.

e) Mechatronik

Neben den Fähigkeiten neuartiger robotischer Systeme beschäftigt auch deren komplexe Beschaffenheit die Forschung auf dem Gebiet intelligenter Robotik. Wie müssen Roboter entworfen werden, um einerseits die an sie gestellten Aufgaben optimal erfüllen zu können, andererseits in der Interaktion mit Menschen nicht befremdlich zu wirken oder gar gefährlich zu werden. Optimale Leistung und sichere Interaktion bei der Entwicklung neuer Systeme brauchen innovative Materialien, Entwurfs- und Konstruktionskonzepte (Hirzinger et al. 2002). Das Leichtbaukonzept beispielsweise fokussiert auf Gewichtsreduktion, geringe Trägheit, eine hohe Mobilität und Motoren mit geringem Stromverbrauch. Dazu werden extrem leichte aber gleichzeitig stabile Werkstoffe wie Leichtmetalle oder Verbundwerkstoffe verwendet. Andere Roboterdesigns setzen auf flexible Gelenke und können so menschenähnliche Bewegungen durchführen.

Um nur die genannten Komponenten optimal aufeinander abzustimmen, müssen Forschende auf den jeweiligen Gebieten zukünftig noch enger zusammenarbeiten, um die jeweiligen Anforderungen an den Entwurf und die Entwicklung der Systeme bestmöglich zu integrieren. Die MSRM setzt dazu auf eine Kombination von Expertinnen und Experten aus Informatik, Ingenieurwissenschaft und Elektrotechnik, aber auch Physik, Chemie, Medizin und Mathematik sind zentrale Eckpunkte, wenn es um die Weiterentwicklung aber auch das Neudenken intelligenter robotischer Systeme geht.

5 Robotik „Made in München"

Der Standort München ist auf diesem Gebiet ein international anerkannter Vorreiter. Zahlreiche Schlüsseltechnologien und -theorien stammen anders als häufig landläufig vermutet aus Deutschland und Europa.

5.1 München, eine kurze Historie

Das autonome Fahren beispielsweise stammt nicht originär aus den USA. Ernst Dickmanns, Professor an der Universität der Bundeswehr in München, entwickelte in den 1980er-Jahren die Grundlagen dieser Technologie. Nicht erst 2005 wurden 50 Kilometer durch die Mojave Wüste autonom durch das von dem deutschstämmigen Sebastian Thrun geleitete Stanford Team in Rekordzeit zurückgelegt, sondern bereits im Jahr 1993 ist Prof. Dickmanns von München bis nach Odense in Dänemark fast 90 % autonom auf der Autobahn gefahren. Gerd Hirzinger entwickelten mit seinem Team am DLR den ersten ferngesteuerten

Roboter für den Einsatz im Weltraum, dessen Aufgabe es war, ein frei fliegendes Objekt im Weltraum einzufangen. Die grundlegende Idee des Konzepts ist es, Satelliten im Orbit einzufangen, zu reparieren oder kontrolliert zum Absturz zu bringen. Die enge Kollaboration von DLR und dem Roboterhersteller KUKA hatte in den 90ern und frühen 00ern in der industriellen Robotertechnik große Entwicklungssprünge bis hin zum LBR iiwa, einem intelligenten und kollaborativen Leichtbauroboter, der die enge Zusammenarbeit mit Menschen ermöglicht, zur Folge. Im Bereich der Humanoiden Robotik forschten an der TUM bereits in den späten 90ern Friedrich Pfeiffer und Günter Schmid. Sie entwickelten Humanoide Roboter, die nicht nur in nur der Lage waren sich statisch fortzubewegen, sondern auch dynamisch. Sepp Hochreiter und Jürgen Schmidhuber erfanden an der TUM die sogenannten Long short-term memory (LSTM, Hochreiter und Schmidhuber 1997) Neuronalen Netze, und hiermit die Grundlage der Sprachsynthese und -verarbeitung in modernen Smart Devices. Ebenfalls in München federführend mitentwickelt wurde der erste kontinuierlich gehirngesteuerte Roboter, der es einer vollständig gelähmten Frau erlaubt hat, erstmals kraft ihrer Gedanken einen Getränkebehälter selbstständig zu greifen und zum Mund zu führen (Hochberg et al. 2012). Der mit dem Deutschen Zukunftspreis 2017 ausgezeichnete intelligente Roboterassistent des Münchner Unternehmens Franka Emika hat in Punkto Taktilität und Nutzbarkeit sowie als Referenzplattform internationale Maßstäbe gesetzt (Franka Emika 2017). Das besonders feinfühlige, adaptive, aber auch kostengünstige vernetzte System wurde für die feinfühle Manipulation und die enge Zusammenarbeit mit dem Menschen konzipiert. Durch Algorithmen des Maschinellen Lernens befähigt wurde das System auch zentrales Element auf dem Weg zur ersten realen Fertigung mit zentralen Elementen der Selbstreproduktion.

In Europa und vor allem auch München blicken wir hier also auf eine interessante Geschichte zurück. Dieser Aspekt ist vor allem auch deshalb spannend, weil gerade Europa oft als technologisch abgehängt beschrieben wird. Tatsächlich haben viele dieser Theorien ihren Ursprung jedoch gerade nicht in den USA und in China. Beide Länder scheinen aber sehr viel besser zu verstehen, wie sie umgesetzt werden. Die MSRM setzt aus diesem Grund nicht nur auf die Entwicklung zentraler Schlüsseltechnologien im Rahmen dreier zentraler Forschungssektoren (Perzeption, Künstliche Intelligenz und Robotik). Ziel ist es, reale Forschungsbedarfe mit entsprechender gesellschaftlicher Relevanz in das Forschungszentrum zurückzuspielen. Die drei Innovationssektoren, Zukunft der Arbeit, der Mobilität und der Gesundheit widmen sich diesem Ziel. Die konkreteste Form des Austauschs neu erforschter Technologien mit Firmen und Anwendern stellen zentrale Leuchtturminitiativen dar, welche die gemeinsame und gemeinschaftlich beforschte Brücke zwischen Forschungs- und Anwendungszentrum bilden. Im Bereich Zukunft der Arbeit wird hier z. B. die KI. Fabrik der Zukunft erforscht, entwickelt und aufgebaut, im Bereich der Gesundheit das Forschungszentrum Geriatronik aufgebaut.

5.2 Mission 1: Die Fabrik der Zukunft

Die bereits beschriebenen feinfühligen Roboterwerkzeuge kommen in der KI.Fabrik zum Einsatz. Die MSRM plant gemeinsam mit Partnern aus der Industrie den Bau und die Entwicklung der ersten KI.Fabrik bis zum Jahr 2030 in Bayern. Sie ist eines der großen Leuchtturmprojekte, das aktuell an der MSRM angestoßen wird und die Zukunft der Arbeit in der Produktion nachhaltig verbessern soll. Ziel der Leuchtturminitiative ist ein flexibler, vollständig vernetzter Produktionsstandort zur lokalen, krisensicheren und wirtschaftlichen Produktion modernster IT und mechatronischer Hightech-Komponenten in Bayern.

Die Vision dieser Initiative beinhaltet die neueste Generation intelligenter Roboter, die nicht isoliert an einzelnen Produktionsschritten arbeiten, sondern gemeinsam mit den Menschen hochkomplexe Aufgaben bewältigen. Die feinfühligen Roboter werden von den Menschen angeleitet und lernen so flexibel neue Arbeitsschritte. In Szenario 2 sind sie innerhalb der KI.Fabrik und über deren Standorte hinaus miteinander vernetzt und können deshalb auch kollektiv voneinander lernen. Eine zentrale künstliche Intelligenz optimiert und plant in einem dritten Szenario Produktionsschritte und Prozesse und ermöglicht eine wirtschaftliche Produktion vor Ort ab der Losgröße 1. Langfristig kann Produktion so kosteneffektiv und sogar als Service angeboten werden. Die Roboter der KI.Fabrik sollen schließlich, so das Vorhaben der Initiative, zudem als Avatare genutzt werden, d. h. mittels hochmoderner Kommunikationsmethoden (5G), intelligenter Kleidung (smart wearables) sowie multimodaler Interfaces können sich die Angestellten in die Fabrik einloggen und vor Ort Aufgaben erledigen. Lange Arbeitswege werden so auf ein Minimum reduziert und Gefahrenbereiche müssen von Menschen nicht mehr betreten werden. Möglich wird dies durch die großen Fortschritte im Bereich der Telepräsenz, deren Potenzial auch für den Gesundheitssektor neue Anwendungsgebiete eröffnet.

5.3 Mission 2: Geriatronik

Im Jahr 2018 hat die MSRM in Garmisch-Partenkirchen das erste Forschungszentrum für Geriatronik eröffnet (https://geriatronics.msrm.tum.de). Die Kombination von Mechatronik und Robotik in Geriatrie, Gerontologie und Pflege soll in diesem gesellschaftlich wichtigen Bereich eine optimale Unterstützung bieten.

Methoden und Technologien zur Telepräsenz und Regelung zum translatorischen Einsatz kommen hier zur Anwendung. So ist beispielsweise die Telemedizin ein wirksames Instrument im Kampf gegen den Fachärztemangel vor allem in ländlichen Regionen. Im Falle eines Sturzes setzt der Roboter nicht nur den Notruf ab, er ermöglicht es auch der Notrufzentrale sich in das System einzuloggen, die Hilfebedürftigen anzusteuern und nicht nur audiovisuell mit ihnen zu kommunizieren, sondern auch diagnostisch zu interagieren. Der Roboter als verlängerter Arm des medizinischen Personals ermöglicht es, innerhalb kürzester Zeit eine erste Diagnose zu stellen. Er ist ausgestattet mit einem Ultraschallgerät, kann den Blutdruck messen oder ein EKG durchführen. Zusätzlich kann der Arzt/die Ärztin sich mittels künstlicher Intelligenz, welche die Patientendaten abgleicht, seine Diagnose absichern lassen und bei der Behandlung auf das umfangreiche Wissen einer Datenbank zurückgreifen. Unfallhilfe wäre so viel schneller möglich. Gleichzeitig ermöglicht das System aber auch einfache Untersuchungen, Routinechecks und kann z. B. bei Flüssigkeitsmangel ein Glas Wasser reichen, überprüfen ob die richtigen Medikamente eingenommen wurden, und vieles mehr.

Ziel der Leuchtturminitiative ist es, die Autonomie und Mobilität im Alter möglichst lange zu erhalten sowie zwischenmenschliche Interaktion und Kommunikation zu erleichtern. Intuitiv bedienbare, adaptive Assistenzsysteme stellen sich direkt auf die Nutzenden ein und ermöglichen so Unabhängigkeit im Alter und Krankheitsfall. Ein weiteres zentrales Ziel der Geriatronik ist die Entlastung von Pflegekräften im Alltag. Durch Unterstützung in körperlich belastenden Situationen soll die allgemeine Arbeitssituation im Pflegebereich verbessert werden.

Die Forschung in Garmisch-Partenkirchen konzentriert sich dabei auf die Entwicklung des bedienerfreundlichen Serviceroboters GARMI, insbesondere im Hinblick auf sichere und fühlende menschenähnliche Hände mit Low-Level-Regelungsalgorithmen und einem innovativen multimodalen aktiv bewegungsgeregelten Kopf. Ein weiterer Schwerpunkt liegt auf der mehrstufigen Entwicklung eines multimodalen Eingabegerätes für medizinisches Personal. Angefangen hat alles bei einem einfachen haptischen audiovisuellen Panel über ein roboterbasiertes Exoskelett bis hin zu einem Kontinuum-Exoskelett, um GARMI mit hoher Präzision und Komplexität fernbedienen zu können. Um die Diagnostik aus der Ferne zu erleichtern, wird ein digitaler Zwilling des Menschen entwickelt. Daher wird eine sensor- und modellbasierte Überwachung des menschlichen Kreislaufs und Nervensystems, sowie des menschlichen Gewebes verwendet, um eine Echtzeit-Visualisierung der physiologischen Prozesse im Körper zu erstellen.

Ein integriertes Erlebniszentrum mit breit angelegten Feldstudien in Musterwohnungen wird genutzt, um frühzeitig ein kontinuierliches Nutzerfeedback zu erhalten. Diese neue Art der partizipativen Forschung und Entwicklung nimmt nicht nur Vorurteile und Ängste, sie bietet auch die Möglichkeit einer passgenauen Entwicklung unter Einbezug der relevanten Nutzergruppen.

6 Fazit: Intelligente Robotik – Zwischen Ängsten und Hoffnungen

Nach diesem kurzen Ausflug in die Welt der verkörperten KI wird bereits klar, wie anspruchsvoll und vielfältig die Entwicklung dieser Systeme sich gestaltet, dass sie aber andererseits heute schon Potenziale bietet, die wir gefühlt vor allem aus Science Fiction Filmen kennen und so in naher Zukunft nicht erwarten würden. Intelligente Roboter bilden einen zentralen Baustein der nächsten Digitalisierungsstufe. Machen Forschung und Translation, unterstützt durch zukunftsgerichtete politische und rechtliche Rahmenbedingungen, ihre Hausaufgaben, werden uns diese in allen möglichen Kontexten begleiten, die Gesundheitsversorgung verbessern, Mobilität nachhaltig und effizient gestalten und uns von körperlich belastender oder gefährlicher Arbeit entlasten.

Hat sich dieser Text nun doch überwiegend den „Versprechen“ oder besser Möglichkeiten gewidmet, so soll der Abschluss den zweifelsfrei großen und auch ernst zu nehmenden Bedenken gewidmet sein.

Ray Kurzweil, der sich forschend aber auch literarisch mit künstlicher Intelligenz auseinandersetzt, prognostiziert beispielsweise eine Singularität, die Verschmelzung von Mensch und Maschine in einer Symbiose, welche völlig neue Sphären bis hin zur Unsterblichkeit ermöglichen soll (Kurzweil 2005). Und auch Stephen Hawking kann sich vorstellen, dass künstliche Intelligenz den Menschen – wenn auch in ferner Zukunft – weit überlegen sein könnte:

> „The development of full artificial intelligence could spell the end of the human race.[. . .] It would take off on its own, and re-design itself at an ever increasing rate. [. . .] Humans, who are limited by slow biological evolution, couldn't compete, and would be superseded.“ (Stephen Hawking)[9]

Von diesen bewegenden Vermutungen sind wir, das zeigt ein Blick auf die Forschung, weit entfernt, werden es voraussichtlich in den nächsten Jahrhunderten auch bleiben. Sie sind deshalb weniger Grund zur Besorgnis, als spannendes Indiz dafür, dass künstliche Intelligenz und Robotik, wie wir sie aktuell in ihrer Frühform mehr und mehr erleben, eben auch die Grundsätze dessen berühren, was das Menschsein im Kern ausmacht. Was ist der Mensch, was ist Leben und was unterscheidet uns von den Maschinen? Kurzweil und Hawking mögen die Leistung intelligenter Systeme zum jetzigen Zeitpunkt überschätzen, sie treffen jedoch einen zentralen Kern, mit dem sich die Forschung auf diesem Gebiet eben auch auseinandersetzen muss. Schließlich sollen die Systeme künftig zu wertvollen Werkzeugen und Begleitern der Menschen werden und wir im Sinne einer positiven Zukunftsvision Technologie im Dienste und zum Nutzen des Menschen entwickeln.

Literatur

Asimov, Isaac. 1941. *Astounding science fiction*. New York: Street & Smith.

Burdet, Etienne, David W. Franklin, und Theodore E. Milner. 2013. *Human Robotics: Neuromechanics and Motor Control*. Cambridge: The MIT Press.

Choset, Howie, et al., Hrsg. 2005. *Principles of Robot Motion: Theory, Algorithms, and Implementations*. Boston: MIT Press.

Franka Emika. 2017. Gewinner des Deutschen Zukunftspreises 2017. https://www.franka.de/de/highlights/deutscher-zukunftspreis-2017/. Zugegriffen am 20.08.2020.

Haddadin, Sami. 2014. *Towards Safe Robots: Approaching Asimov's 1st Law*. Berlin/Heidelberg: Springer.

[9]In einem Interview mit der BBC https://www.bbc.com/news/technology-30290540.

Haddadin, Sami, Alessandro De Luca, und Alin Albu-Schäffer. 2017. Robot Collisions: A Survey on Detection, Isolation, and Identification. *IEEE Transactions on Robotics* 33(6): 1292–1312.

Hirzinger, Gerd, et al. 2002. DLR's torque-controlled light weight robot III-are we reaching the technological limits now? *Proceedings 2002 IEEE International Conference on Robotics and Automation*:1710–1716.

Hochberg, Leigh R., et al. 2012. Reach and grasp by people with tetraplegia using a neurally controlled robotic arm. *Nature* 485(7398): 372–375.

Hochreiter, Sepp, und Jürgen Schmidhuber. 1997. Long short-term memory. *Neural Computation* 9(8): 1735–1780.

Johannsmeier, Lars, Marlkin Gerchow, und Sami Haddadin. 2019. A Framework for Robot Manipulation: Skill Formalism, Meta Learning and Adaptive Control. *2019 International Conference on Robotics and Automation (ICRA)*: 5844–5850.

Kajita, Shuuji, Hirohisa Hirukawa, Kensuke Harada, und Kazuhito Yokoi. 2014. *Introduction to Humanoid Robotics*. Berlin/Heidelberg: Springer.

Kurzweil, Raymond. 2005. *The singularity is near.* New York: Viking Books.

LeCun, Yann, Yoshua Bengio, und Geoffrey Hinton. 2015. Deep learning. *Nature* 521:436–444.

McCarthy, John, Marvin Minsky, Nathaniel Rochester, und Claude Shannon. 1955. A proposal for the Dartmouth summer research project on artificial intelligence. http://jmc.stanford.edu/articles/dartmouth/dartmouth.pdf. Zugegriffen am 05.08.2020.

McEvoy, Michael Andrew, und Nikolaus Corell. 2015. Materials that couple sensing, actuation, computation, and communication. *Science* 347:1328.

McLennan, Stuart, et al. 2020. An embedded ethics approach for AI development. *Nature Machine Intelligence* 2(9): 488–490.

Nilsson, Nils J. 2009. *The quest for artificial intelligence*. Cambridge: University Press.

Pfeifer, Rolf, und Fumiya Iida. 2004. Embodied artificial intelligence: Trends and challenges. In *Embodied Artificial Intelligence*, Hrsg. Rolf Pfeifer et al., 1–26. Berlin/Heidelberg: Springer.

Prescott, Tony, und Michael Szollosy. 2017. Ethical principles of robotics. *Connection Science* 29(2): 119–123.

Russel, Stuart J., und Peter Norvig. 2010. *Artificial intelligence: A Modern Approach*. Boston: Pearson.

Siciliano, Bruno, und Oussama Khatib, Hrsg. 2016. *Springer Handbook of Robotics*. Berlin/Heidelberg: Springer.

Silver, David, et al. 2016. Mastering the game of Go with deep neural networks and tree search. *Nature* 529(7587): 484–489.

Sutton, Richard S., und Andrew G. Barto. 2018. *Reinforcement Learning: An Introduction*. Cambridge: The MIT Press.

Thrun Sebastian, et al. 2007. Stanley: The Robot That Won the DARPA Grand Challenge. In *The 2005 DARPA Grand Challenge*, Hrsg. Martin Buehler, Karl Iagnemma, und Sanjiv Singh, 1–43. Berlin/Heidelberg: Springer.

Kognitive Systeme und Neurorobotik

Nicolas Berberich und Gordon Cheng

Inhalt

Zusammenfassung

In diesem Kapitel stellen wir die wissenschaftliche Disziplin „Neuroingenieurwesen“ vor, welche aus der synergetischen Verbindung von Neurowissenschaft und Ingenieurwissenschaften besteht. Wir zeigen auf, dass diese Verbindung bidirektional ist, da einerseits ingenieurwissenschaftliche Methoden den wissenschaftlichen Fortschritt in den Neurowissenschaften beflügeln und andererseits neurowissenschaftliche Erkenntnisse es Ingenieuren ermöglichen, bessere technische Systeme zu entwickeln.

Diese Wechselseitigkeit veranschaulichen wir anhand zweier Unterbereiche des Neuroingenieurswesen – neuro-inspirierte kognitive Systeme und bidirektionale neuronale Schnittstellen. Neuro-inspirierte kognitive Systeme sind diejenige Art von KI, bei der es in besonderem Maße auf das Zusammenspiel verschiedener kognitiver Fähigkeiten (Lernen, Vorhersagen, Schlüsse ziehen, Wahrnehmen, Planen usw.) eines Systems ankommt, damit komplexe Ziele ressourcen-effizient erreicht werden können. Für die energie-effiziente Implementation von kognitiven Funktionen erweist sich die neuronale Robotik als ein vielversprechendes Forschungsfeld, wie am Beispiel einer neuro-inspirierten Roboterhaut dargestellt wird.

N. Berberich (✉) · G. Cheng
Institute of Cognitive Systems, Technische Universität München, München, Deutschland
E-Mail: n.berberich@tum.de; gordon@tum.de

K. Mainzer (Hrsg.), *Philosophisches Handbuch Künstliche Intelligenz*,
https://doi.org/10.1007/978-3-658-19606-6_22

Während Forschung zu künstlichen kognitiven Systemen die Autonomie von Maschinen zum Ziel hat, geht es beim Forschungsfeld der bidirektionalen neuronalen Schnittstellen um die Verbindung von menschlicher und maschineller Autonomie. Beispiele dafür sind die Neuroprothetik, Brain-Computer Interfaces und Neurorehabilitation.

Schlüsselwörter

Neuroingenieurwesen · Kognitive Systeme · Neurorobotik · Neuronale Schnittstellen · Ereignisbasierte Systeme · Ressourcen-effiziente Kognition

1 Neuroingenieurwesen

Das Neuroingenieurwesen (engl. neuroengineering) ist ein Forschungsfeld, welches sich durch die Verbindung von Neuro- und Ingenieurwissenschaften konstituiert. Diese Integration wird durch wechselseitige Synergien erreicht, welche sich ergeben, wenn die Methoden eines Feldes auf das jeweils andere Feld angewendet werden. Methoden des Ingenieurwesens unterstützen Neurowissenschaftler dabei, die fundamentale Frage ihres Feldes zu beantworten: „Wie funktioniert das Gehirn?" und im Speziellen: „Wie erzeugt das Gehirn Verhalten und mentale Phänomene?" Diese Richtung – von den Ingenieurwissenschaften zur Neurowissenschaft – kann *Analyse*-Richtung genannt und in folgende Teilbereiche unterteilt werden:

1) Ingenieursforschung, die darauf abzielt, bessere *technische Systeme zu entwickeln, um das Gehirn zu erforschen.* Beispiele dafür sind Mikroelektroden-Arrays und optogenetische Verfahren. WissenschaftlerInnen in diesem Bereich nutzen technische Methoden und wissenschaftliche Erkenntnisse aus den Materialwissenschaften, der Nanoelektronik und der Gentechnik, um tierische und menschliche Gehirnaktivität und -anatomie auf verschiedenen System-Ebenen zu messen und zu stimulieren. Auf der kleinsten Ebene werden die elektrischen Potenziale von einzelnen Nervenzellen mit Mikroelektroden gemessen, während auf einer höheren Ebene die Aktivität von Populationen von Neuronen in bestimmten Gehirnregionen z. B. durch Elektroenzephalografie (EEG) untersucht werden können.
2) Forschung, die fortgeschrittene Ingenieursmethoden der Signalverarbeitung, Modellierung von dynamischen Systemen und maschinellem Lernen nutzt, um *neuronale Daten zu analysieren und zu modellieren.* Dazu zählen insbesondere die spezialisierten Forschungsbereiche Computational Neuroscience und Neural Data Analysis. Um möglichst ganzheitlich zu verstehen, wie das Gehirn funktioniert, werden mathematische Modelle auf allen System-Ebenen entwickelt – von Neuronenmodellen wie dem Hodgkin-Huxley Modell bis zur Modellierung von komplexen Netzwerken von Neuronen.

In der entgegengesetzten Richtung – von der Neurowissenschaft zur Ingenieurwissenschaft – werden neurowissenschaftliche Erkenntnisse genutzt, um bessere technische Systeme zu entwickeln. Diese Richtung der *Synthese* kann ebenfalls in zwei verschiedene Forschungsrichtungen unterteilt werden:

3) Forschung, die darauf abzielt, *neuro-inspirierte kognitive Systeme* zu entwickeln, welche dem menschlichen Gehirn in bestimmten Aspekten ähneln. Zum Beispiel, Systeme, die kognitive Funktionen wie Lernen und Schlussfolgern besitzen und extrem ressourcen-effizient bezüglich Energie und Rechenleistung sind. Beispiele für ressourcen-effiziente neuro-inspirierte Systeme sind neuromorphische Sensoren für verschiedene Sinnesmodalitäten und neuromorphische Chips.
4) Forschung zu *bidirektionalen neuronalen Schnittstellen*, welche auch als Brain-Maschine Interfaces bekannt sind. Menschen steuern dabei Maschinen durch ihre neuronalen Signale, welche direkt am Gehirn gemessen werden (z. B. EEG-Signale) oder am peripheren Nervensystem (z. B. EMG-Signale). Die gesteuerten Maschinen interagieren daraufhin mit ihrer Umwelt und senden ihre neuen Sensorwerte zurück zum Menschen, indem sie dessen Nervensystem stimulieren.

Diese vier Teilbereiche des Neuroingenieurwesens (siehe auch Abb. 1) werden nicht nur durch ihre Gemeinsamkeit der Verbindung von Neuro- und Ingenieurwissenschaft als eine gemeinsame Disziplin zusammengehalten, sondern auch durch ihre gemeinsamen Synergien, wie sie in Abb. 2 dargestellt sind. Die technischen Systeme zur Aufnahme von neuronalen Signalen im ersten Teilbereich ermöglichen erst deren Analyse und Modellierung, wie sie von Wissenschaftlern im zweiten Teilbereich betrieben werden. Deren Modelle wiederum sind richtungsweisend für die Entscheidung darüber, welche Daten von welchem Bereich des Gehirns und auf welcher Systemebene (Moleküle, Zellen, Populationen von Nervenzellen) neue Erkenntnisse bringen könnten. Diese Auswahl für die Datenaufnahme stellt neue Ansprüche an die technischen Aufnahmesysteme des ersten Teilbereichs, welche

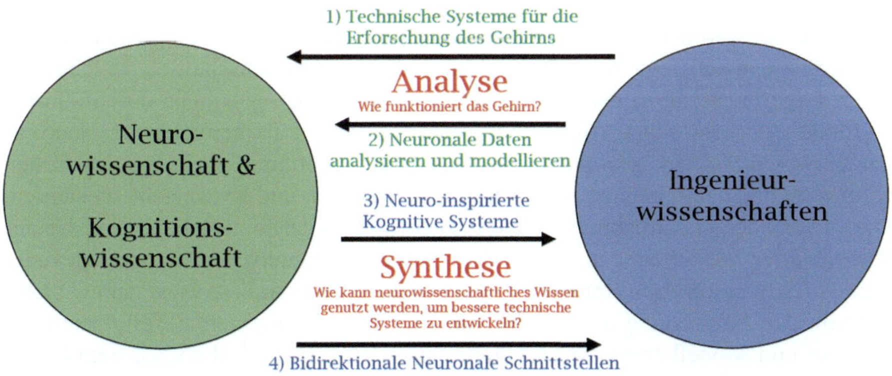

Abb. 1 Neuroingenieurswesen ist die synergetische Verbindung von Neurowissenschaft und Ingenieurswissenschaft. (Quelle: eigene Darstellung)

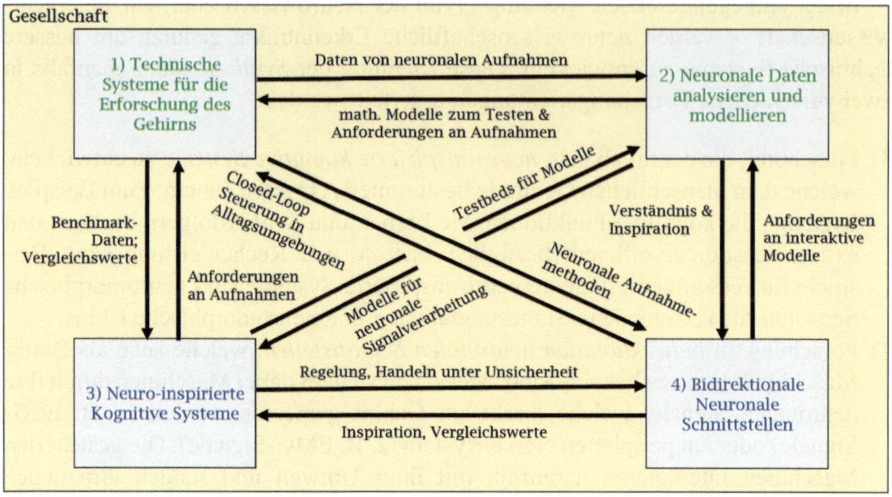

Abb. 2 Die Unterbereiche des Neuroingenieurwesens bereichern sich wechselseitig und sind in ihrer Ausrichtung eng mit gesellschaftlichen Erkenntnis- und Anwendungsinteressen verbunden. (Quelle: eigene Darstellung)

dadurch weiterentwickelt werden. Gleichzeitig werden die Modelle des zweiten Teilbereichs als Grundlage für die Signalverarbeitung in neuro-inspirierten kognitiven Systemen verwendet. Die bekanntesten Beispiele dafür sind sicherlich das theoretische Neuronenmodell von McCulloch und Pitts, sowie Rosenblatts Perceptron, welche die Grundlage für künstliche neuronale Netzwerke lieferten.

Eine wichtige Forschungsfrage im Feld der neuro-inspirierten kognitiven Systeme widmet sich der Bedeutung des Körpers für intelligentes Verhalten. Während viele der modernen KI-Systeme reine Datenanalyse und Mustererkennung betreiben und dafür keine Körperlichkeit (engl. embodiment) benötigen, gehen Forscher im Bereich der Neurorobotik davon aus, dass die körperliche Verkopplung von Wahrnehmung und Handlung die Grundlage für kognitive Systeme ist. Diese Perspektive, die einen Schwerpunkt auf die dynamische Interaktion eines intelligenten Wesens mit seiner Umwelt legt, beeinflusst wiederum Neurowissenschaftler, welche vermehrt Experimente in natürlicheren und interaktiveren Umgebungen durchführen.

Einige der technischen Aufnahmesysteme des ersten Teilbereichs von Neuroingenieurwesen werden verwendet, um neuronale Steuerungssignale von Menschen zu messen und damit externe Maschinen wie Prothesen und Exoskelette zu steuern. Die verschiedenen Aufnahmesysteme für neuronale Signale, welche sich insbesondere in ihrer zeitlichen und räumlichen Auflösung unterscheiden und entweder invasiv (d. h. chirurgisch implantiert) oder nicht-invasiv sind, werden dabei abhängig von der Anwendung ausgewählt. Im Gegensatz zum zweiten Teilbereich der Analyse und Modellierung werden die neuronalen Signale in Echtzeit verarbeitet, was wiederum Anforderungen an die Aufnahmesysteme stellt und eine dynamische sensorische Rückkopplung ermöglicht. Die Steuerungsintensionen des Menschen werden damit nicht nur gemessen und an eine Maschine übergeben, es wird zusätzlich auch das Ergebnis der Handlung als Stimulation zurückgegeben. Diese *closed-loop* Inkorporation der Maschine in das Nervensystem des Menschen bringt grundlegende neurowissenschaftliche Fragen darüber auf, wie Körperwahrnehmung (*sense of embodiment*) und Handlungswahrnehmung (*sense of agency*) im Gehirn erzeugt werden. Auch zwischen neuro-inspirierten kognitiven Systemen und bidirektionalen neuronalen Schnittstellen gibt es starke Verbindungen, obgleich sie sich stark in ihren Zielsetzungen unterscheiden. Bei der Forschung zu bidirektionalen Schnittstellen gibt es die Symbiose von menschlicher und künstlicher Kognition, während bei neuro-inspirierten kognitiven Systemen die menschliche Kognition nur als Inspirationsquelle und Existenzbeweis gesehen wird. Die Methoden der kognitiven Systeme können aber dennoch für Brain-Machine Interfaces genutzt werden, z. B. für die Regelung des maschinellen Teils des Mensch-Maschine Systems oder indem mit Maschinellem Lernen Bewegungsintentionen in der Gehirnaktivität eines Menschen erkannt werden. In der entgegengesetzten Richtung können diese als Vergleichswerte für künstliche Systeme dienen.

Diesem Modell der wechselseitigen Bereicherung von Wissenschaft und Ingenieurwesen innerhalb des Neuroingenieurwesen muss die Gesellschaft als dritter Faktor hinzugefügt werden (Cheng 2014). Sie hat einen Einfluss darauf, welche Forschungsrichtungen in besonderem Maße erforscht und gefördert werden und erhält im Gegenzug grundlagenwissenschaftliche Erkenntnisse über die menschliche Kognition und anwendungswissenschaftliche Methoden, insbesondere in der Medizintechnik wie beispielsweise der Neuroprothetik und Neurorehabilitation.

Das Neuroingenieurwesen und das Feld der Künstlichen Intelligenz besitzen große Überschneidungen und teilen sich insbesondere ihr duales Interesse einerseits an Grundlagenwissen darüber, wie das menschliche Gehirn Verhalten, mentale Phänomene und kognitive Fähigkeiten erzeugt, und andererseits an der Entwicklung von nützlichen intelligenten bzw. kognitiven Systemen.

In diesem Kapitel werden wir uns auf die beiden Synthese-orientierten Teilbereiche des Neuroingenieurwesen fokussieren. Während das Gebiet der neuro-inspirierten kognitiven Systeme sich gemäß der ursprünglichen Ausrichtung von KI-Forschung mit der Entwicklung von autonomen, intelligent handelnden Systemen beschäftigt, bricht die Forschungsrichtung der bidirektionalen neuronalen Schnittstellen mit diesem Paradigma der angestrebten Maschinenautonomie, indem es die Symbiose des menschlichen Nervensystems mit semi-autonomer Maschinenintelligenz als Ziel setzt.

2 Neuro-inspirierte kognitive Systeme

Die Wissenschaft, die sich mit dem Phänomen der Kognition und den ihr zugrunde liegenden Prinzipien beschäftigt, ist die Kognitionswissenschaft (Stephan und Walter 2013). Sie bedient sich der Methoden und Modelle von einer ganzen Bandbreite von Einzelwissenschaften: Neurowissenschaft, Psychologie, Linguistik, Anthropologie, Philosophie und Informatik. Die Auswahl dieser Disziplinen zeigt bereits, dass die Kognitionswissenschaft einen expliziten Fokus auf menschliche oder zumindest biologisch-neuronale Intelligenz setzt, was bei moderner auf maschinellem Lernen basierter KI-Forschung nicht immer der Fall ist.

Wenn die grundlegenden Prinzipien von natürlicher Kognition verstanden sind, so die zentrale Annahme von Forschern im Bereich der neuro-inspirierten kognitiven Systeme, kann man daran arbeiten, sie in technische Systeme zu übertragen und diese damit zu intelligentem Verhalten zu befähigen.

Als Analogie wird die Rolle der Aerodynamik für die Luftfahrttechnik gesehen. Nicht anatomisch korrekte Replikate von Vögeln haben der Flugtechnik zum Durchbruch verholfen, sondern das wissenschaftliche Durchdringen der aerodynamischen Prinzipien. Ausgangspunkt war dabei jedoch die Untersuchung des Vogelflugs. Der deutsche Luftfahrtpionier Otto Lilienthal, dem als erstem Menschen wiederholte Gleitflüge gelangen, veröffentlichte 1889 die Ergebnisse seiner Experimente zum Zusammenhang von Auftrieb und Flügelschlag in seinem Buch „*Der Vogelflug als Grundlage der Fliegekunst*". Sobald die grundlegenden Prinzipien besser verstanden waren, konnten sich die Flugzeugingenieure vom biologischen Vorbild lösen und alternative Flugsysteme entwickeln und über die Erfahrungen mit diesen wiederum ihr Verständnis der Prinzipien erweitern.

Der Kognitionswissenschaft kommt im Bereich der kognitiven Systeme die Funktion zu, die grundlegenden Prinzipien der Kognition zu ergründen. Dabei verkommt sie jedoch keineswegs zum Handlanger der Ingenieure – das Verhältnis ist vielmehr wechselseitig, denn deren technische Prototypen eignen sich wiederum zur effizienten Überprüfung der wissenschaftlichen Hypothesen. Verstehen und Wissen entsteht nicht nur durch analytisches Zerlegen, sondern kann auch durch Synthese und Konstruktion erlangt werden (synthetische Methodologie).

Aus diesem Grund ist der Forschungsprozess nicht linear und sequenziell, sondern iterativ. Statt zuerst Analyse und danach Synthese zu betreiben, wechseln sich die beiden Forschungsparadigma in der kognitiven Systemforschung ab.

Um das Thema „neuro-inspirierte kognitive Systeme" in einem Buch über „Künstliche Intelligenz" zu verorten, ist es notwendig, den Unterschied zwischen „Intelligenz" und „Kognition" herauszustellen. Zum Intelligenz-Begriff gibt es eine Vielzahl von Definitionen – hier werden wir die folgende verwenden:

Intelligenz ist die Fähigkeit eines Systems, komplexe Ziele zu erreichen.

Diese Definition ist offen gegenüber der expliziten Implementierung von Intelligenz – die Zuschreibung des Attributes „intelligent" hängt lediglich vom Resultat ab, welches beispielsweise vom Turing Test getestet werden kann. Insbesondere ist sie auch unabhängig von menschlicher Intelligenz, denn auch Systeme von Ameisen, Robotern und Computern können komplexe Ziele erreichen.

Dieser funktionalen und *attributiven* Definition von Intelligenz stellen wir eine *prozessorientierte* Definition von Kognition gegenüber:

Kognition ist das Zusammenspiel verschiedener Fähigkeiten eines Systems für das ressourcen-effiziente Erreichen von komplexen Zielen.

Im direkten Vergleich mit der implementierungsoffenen Definition von Intelligenz fallen hier drei Spezifikationen auf: 1) „verschiedene Fähigkeiten", 2) „Zusammenspiel" und 3) „ressourcen-effizient". Auf diese werden wir in den nächsten drei Abschnitten einzeln eingehen.

Das auffallendste Charakteristikum von Kognition ist, dass es sich dabei um einen Sammelbegriff für eine Vielzahl verschiedener Fähigkeiten handelt, welche wie die Werkzeuge aus einer Werkzeugkiste gemeinsam für die Lösung von Problemen und das Erreichen von Zielen eingesetzt werden.

Diese Fähigkeiten sind insbesondere:

- aus Erfahrung *lernen* und sich *erinnern*
- zukünftige Ereignisse *vorhersagen*
- aus semantischem Wissen neue *Schlüsse ziehen*
- Veränderungen in der Umwelt *wahrnehmen* und sich daran *anpassen*
- mit anderen Agenten *interagieren*, insbesondere durch *Sprache*
- *Aktionen* auswählen und durchführen, um *intendierte* Veränderungen in der Umwelt herbeizuführen
- Handlungssequenzen *planen*, um ein Ziel zu erreichen

Jede einzelne dieser Fähigkeiten ist eine hochkomplexe Herausforderung und begründet eine eigene Forschungsrichtung. Die Vorstellung der kognitiven Fähigkeiten in den folgenden Abschnitten ist deshalb notwendigerweise unvollständig. Unser Ziel ist, einen Überblick über die Vielfältigkeit der Kognition zu geben und aufzuzeigen, dass die kognitiven Fähigkeiten nicht als eigenständige Module betrachtet werden sollten, sondern dass ihre Wirksamkeit gerade aus ihrer Interaktion als zusammenhängende Systeme erwächst.

2.1 Lernen und Erinnern

Lernen ist die Fähigkeit, auf Basis von Erfahrung neue Fähigkeiten zu erwerben und vorhandene Fähigkeiten zu verbessern. In der Psychologie wird dabei zwischen implizitem (unbewusstem und beiläufigem) Lernen und explizitem (bewusstem und absichtlichem) Lernen unterschieden. Das Gelernte wird dabei so abgespeichert, dass das kognitive System auch nach dem Lernvorgang darauf zugreifen kann. Diese Abspeicherung von Gelerntem im Gedächtnis ist jedoch nicht mit dem Abspeichern von Daten auf einer Computerfestplatte zu vergleichen. Das Gedächtnis nimmt in der menschlichen Kognition eine aktive und wahrnehmungsbeeinflussende Rolle ein. Das Abspeichern von Fakten ist nur eine Gedächtnisform (semantisches explizites Langzeitgedächtnis) unter mehreren. Es existieren beispielsweise auch implizite Gedächtnisfunktionen wie das Erinnern von prozeduralen Fertigkeiten und das Verhalten gemäß klassischer oder operander Konditionierung.

Die Fähigkeit des Lernens ist eine der zentralen kognitiven Fähigkeiten, weil sie erlaubt, durch die Kombination von Erfahrungen (Daten) und Lernstrategien (Algorithmen) die Funktion jeder anderen kognitiven Fähigkeit zu verbessern. Dies erklärt den immensen Erfolg von Methoden des Maschinellen Lernens in einer Vielzahl von Gebieten, von der Computer Vision über die Verarbeitung von natürlicher Sprache bis hin zur Steuerung von Robotern.

2.2 Schlussfolgern und Vorhersagen

Beim Schlussfolgern (engl.: reasoning) geht es um die Aufgabe, aus einem Satz von Prämissen eine oder mehrere Konklusionen abzuleiten. Der amerikanische Philosoph Charles Sanders Peirce unterschied dabei zwischen Induktion, Deduktion und Abduktion.

- Induktion: Schluss von der Ursache und der Wirkung auf das Gesetz/Modell
- Deduktion: Schluss von der Ursache und dem Gesetz/Modell auf die Wirkung
- Abduktion: Schluss von der Wirkung und dem Gesetz/Modell auf die Ursache

In der Geburtsphase der KI-Forschung lag der Fokus auf dem automatisierten Erkenntnisgewinn durch die Anwendung logisch-deduktiver Regeln. Wer die Prämissen „Sokrates ist ein Mensch“ und „Alle Menschen sind sterblich“ sowie die logische Regel des *modus ponens* besitzt, kann daraus die Konklusion „Sokrates ist sterblich“ ableiten.

Dieser Ansatz hatte jedoch das Problem, dass sich viele Zusammenhänge in der Welt nicht durch logische Regeln darstellen lassen und dass unser Wissen (die Prämissen) über die Welt inhärent unsicher sind. Als Antwort auf diese fundamentalen Probleme wurden statistische Verfahren entwickelt, um induktiv aus Datenpaaren auf Korrelationen zwischen diesen zu schließen und Modelle bedingter Wahrscheinlichkeiten zu lernen (Maschinelles Lernen). Die induktiv gelernten Modelle können verwendet werden, um auf Basis von aktuellen Beobachtungen zukünftige Ereignisse vorherzusagen. Vorhersagen ist dabei ein in die Zukunft gerichtetes Schlussfolgern und ist für jedes, in unsicheren Umgebungen agierendes kognitives System von höchster Bedeutung. Tiere, Menschen und Roboter müssen die wahrscheinlichen Effekte ihrer Handlungen und von Handlungen anderer vorhersagen können, um effektiv zu sein. Vorhersagen werden dabei auf mehreren Ebenen eines neuronalen kognitiven Systems gemacht, von high-level Vorhersagen über Handlungssequenzen anderer Menschen (z. B. die nächste Handlung beim Kochen vorhersagen) zu low-level Vorhersagen über Bewegungen basierend auf internen Modellen und Muskelsignalen (z. B. wohin sich der eigene Arm bewegen wird, wenn man den Bizeps anspannt). Diese internen Vorwärtsmodelle für Bewegungen haben den Vorteil, dass sie deutlich schnellere Regelung und Adaption erlauben, als Strategien, die ausschließlich auf sensorischer Rückkopplung basieren, da diese aufgrund der begrenzten Übertragungsgeschwindigkeit von neuronalen Signalen verhältnismäßig langsam sind. Im Kontext von erklärbarem, transparentem und verantwortlichem Maschinellen Lernen gewinnt in den letzten Jahren Schlussfolgern von Ursachen und von kausalen Modellen an Prominenz und wird als *Causal Inference* bezeichnet (Pearl 2000).

2.3 Anpassung, Autonomie und Planen

Anpassung:
Anpassung (engl. *adaptation*) ist ein wichtiges Merkmal des menschlichen Nervensystems. Ein Beispiel dafür ist die Adaption der Bewegungskontrolle eines Arms unter veränderten Umgebungsbedingungen. In einem wegweisenden Experiment nutzten Reza Shadmehr und Ferdinando Mussa-Ivaldi einen planaren Roboterarm, um die Handbewegungen von Probanden durch externe Kraftfelder zu beeinflussen. Zu Beginn störten diese Kraftfelder die Bewegungstrajektoren. Aber bereits nach wenigen Durchgängen adaptieren sich die Probanden daran, indem sie der externen Kraft entgegensteuerten und ihre Hände somit wieder in geraden Linien bewegen konnten (Shadmehr und Mussa-Ivaldi 1994).

Die Fähigkeiten von technischen Systemen, sich an Veränderungen in ihrer Umwelt anzupassen, wurde bereits vor der Geburt des Begriffs der „künstlichen Intelligenz" erforscht. Eines der ersten solcher Systeme war der 1948 vom britischen Kybernetiker Ross Ashby entwickelte Homeostat, der im Jahr darauf – 7 Jahre vor der Dartmouth Konferenz – in einem Time-Artikel als *„The Thinking Machine"* bezeichnet wurde. Mithilfe von Rückkopplungsschleifen veränderte der Homeostat seine Konfiguration selbstständig, um externe Störgrößen auszugleichen und sich somit an die Umwelt anzupassen (Ashby 1952).

Auch im maschinellen Lernen spielt Adaption eine stetig bedeutender werdende Rolle. Forschung im Bereich der Domänenadaption (engl. *domain adaptation*) zielt beispielsweise darauf ab, Modelle, die auf Daten aus der Quellendomäne gelernt werden, derart zu adaptieren, dass sie auch auf Daten aus anderen Domänen angewendet werden können.

Autonomie:
Während die Anpassung eine reaktive Tätigkeit ist, ist das Planen proaktiv, insbesondere dann, wenn das System in der Lage ist, sich eigene (Zwischen-)Ziele zu setzten. Ein kognitives System, welches sich seine eigenen Ziele und Regeln vorschreiben kann, wird *autonom* genannt (von Griechisch *autos* = „selbst" und „nomos" = Gesetz). Wirklich autonome Systeme existieren zurzeit nicht, die ultimativen Ziele bzw. Zielfunktionen werden immer noch von den Entwicklern oder Benutzern vorgegeben oder über Imitationslernen von Menschen kopiert (Cheng et al. 2019b). Auch ein „autonomes" Fahrzeug ist in diesem Sinne nicht wirklich autonom (es wäre auch reichlich unpraktisch, wenn es selbst entscheiden würde, wohin es fahren möchte . . .). In der Robotik wird der Begriff der Autonomie deshalb in abgeschwächter Variante auch für Systeme verwendet, die selbstständig Handlungen aus einer Menge an möglichen Handlungen auswählen, gemäß einem Plan zu Handlungssequenzen zusammensetzen und damit Zwischenziele festlegen. Es ist aber theoretisch nicht auszuschließen, dass es in Zukunft wahrhaft autonome Systeme geben könnte.

Planen:
Das Planungsproblem ist eines der klassischen Untergebiete der KI-Forschung. Das ist wenig verwunderlich, wenn man sich an unsere Definition von Intelligenz als Erreichen von komplexen Zielen erinnert und sich vor Augen führt, dass es beim Planen um die Aneinanderreihung von Aktionen zum Erreichen eines Ziels handelt. Traditionell werden Planungsprobleme durch ein Modell aus einer Menge von Zuständen und Aktionen, die von einem zu einem anderen Zustand führen, beschrieben. Stellt man alle möglichen Sequenzen von Aktionen und Zuständen als Kanten und Knoten eines informatischen Baumes dar, mit dem Startzustand als Wurzelknoten, dann kann man mithilfe von Suchalgorithmen die Aktionssequenz zu jedem beliebigen Zustandsknoten planen.

Ein Suchproblem kann auch als sequenzielles Entscheidungsproblem unter Unsicherheit formuliert und mit Methoden des bestärkenden Lernens (engl. *reinforcement learning*) angegangen werden. Dabei wird über Belohnungen und Bestrafungen eine Strategie (engl. *policy*) $\pi(A_t| Z_t)$ gelernt, die für jeden Zustand Z zum Zeitpunkt t die bedingte Wahrscheinlichkeit angibt, dass gemäß optimalem Verhalten Aktion A ausgeführt wird. Zusammen mit der Transitionsfunktion, welche die Transitionen zwischen Zuständen durch die Aktionen angibt, kann mit der Strategie die Sequenz der Aktionen und damit der Plan zum Erreichen des Ziels erzeugt werden.

Je nach Detailgrad der Planung und der Art der Aktionen kann man zwischen *Bewegungsplanung* und *Handlungsplanung* unterscheiden.

Bei der Bewegungsplanung geht es um die Frage, wie Muskeln oder Motoren angesteuert werden müssen, um eine gewünschte Bewegung hin zu einem Zielzustand im Raum zu vollführen (Latombe 1991). Diese Bewegung kann von einen (Roboter-)Arm, aber auch durch einen gesamten Agenten (z. B. ein humanoider Roboter oder ein „autonomes“ Fahrzeug) durchgeführt werden. Der Zustandsraum ist hier meist kontinuierlich und je nach Problemstellung in Raum-, Muskel- oder Gelenkkoordinaten.

Die Handlungsplanung betrachtet abstraktere Probleme, bei denen die einzelnen Handlungen eine Reihe an kleineren Bewegungen beinhalten (z. B. das Greifen eines Gegenstandes). Welche Handlungen zu welchen Zuständen führen ist in solchen Planungsproblemen deutlich schwieriger abzuschätzen und die Menge der möglichen Handlungen meist enorm groß. Aus diesem Grund werden zu ihrer Lösung semantische Inferenzsysteme verwendet (Tenorth und Beetz 2013).

3 Systeme kognitiver Fähigkeiten

3.1 Systemtheorie

„A system is an *interconnected* set of *elements* that is coherently organized in a way that achieves something [a *function/purpose*]“
– Donella Meadows (Meadows 2008)

Die Systemphilosophie hat eine lange Geschichte in der europäischen Philosophie, angefangen vom Begriff des *kosmos* in der prä-sokratischen Zeit, welcher für ein geordnetes System als Gegensatz zu ungeordnetem Chaos stand und ein holistisches Weltbild zum Ausdruck brachte. Aristoteles unterschied bereits zwischen bloßen Mengen (*pan*) und Ganzheiten (*holon*), und behauptete, dass das Ganze mehr als die Summe seiner Teile sei. Diese Weisheit trifft in ganz besonderer Weise auf den Menschen zu, dessen Wesen weit mehr als die Ansammlung von Organen ist. Basierend auf der Überlegung was der Zweck (*telos*) des Menschen ist, entwurf Aristoteles in seiner Nikomachischen Ethik das womöglich erste Modell eines kognitiven Systems. Seine Seelenlehre unterscheidet zwischen einem vernunftbegabten und einem vernunftlosen Seelenteil, wobei zu letzterem Ernährung, Wachstum und Wahrnehmung zu zählen seien. Von größter Bedeutung und ultimativ das höchste Ziel des Menschen war für Aristoteles das vernunftgemäße Handeln, welches sich dadurch auszeichne, dass die erfahrungsgesättigte Klugheit (*phronesis*) das affektive Streben des Menschen ins rechte Maß (*mesotes*) rücke.

Als Gründungsvater der modernen Systemwissenschaft gilt der österreichische Biologe Ludwig von Bertalanffy, der in seiner *Allgemeinen Systemtheorie* strukturelle Ähnlichkeiten zwischen Systemen von ganz unterschiedlicher Art erkannte und in ihnen gemeinsame Phänomene und Eigenschaften wie Ganzheit, Ordnung, Teleologie und Organisation ausmachte (von Bertalanffy 1968). Diese Isomorphismen versprechen die Möglichkeit einer gemeinsamen Wissenschaftssprache, ähnlich wie Leibniz' *mathesis universalis*, durch die die Einheit der Wissenschaften erreicht werden könnte, und bieten sich als transdisziplinäre Grundlage für das synergetische Zusammenwirken mehrerer wissenschaftlicher Disziplinen an. Im Gegensatz zur physikalischen Weltformel und dem *Master Algorithmus* der Informatik (Domingos 2015) wird der systemtheoretische Ansatz Leibniz' Aufforderung nach *Einheit durch Vielfalt* gerecht, indem er trotz der strukturellen Gemeinsamkeiten den Systemen der Soziologie, Biologie, Physik usw. ihre jeweiligen Einzigartigkeiten nicht abspricht, bzw. diese nicht auf grundlegendere Prozesse reduziert.

3.2 Kognitive Systeme

Aufbauend auf der Systemtheorie und unserer Definition von Kognition kann man ein kognitives System als eine Menge von interagierenden (Funktions-)Elementen definieren, welche das System gemeinsam dazu befähigen, bedeutungsvolle Ziele ressourcen-effizient zu erreichen.

Häufig werden kognitive Systeme abstrakt durch drei Elemente dargestellt: Ein *Wahrnehmungselement*, welches Reize von der Umwelt aufnimmt, ein *Kognitionselement*, welches die Wahrnehmungsinhalte aufnimmt, verarbeitet und als Handlungsanweisungen an ein *Aktionselement* weitergibt, welches Einfluss auf die Umwelt nimmt. Diese Perspektive auf kognitive Systeme wird als Wahrnehmung-Kognition-Aktion Schleife (*perception-cognition-action loop*) bezeichnet und ist in Abb. 3 dargestellt.

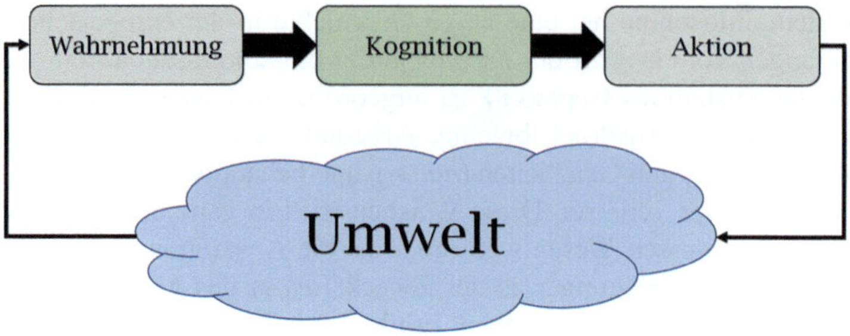

Abb. 3 Die klassische Wahrnehmung-Kognition-Aktion Schleife, nach welcher Informationen sequentiell verarbeitet werden. Zuerst werden Informationen aus der Umgebung über Sinnesorgane oder Sensoren aufgenommen und anschließend im Gehirn oder Prozessor verarbeitet, was schlussendlich zu einer Handlung führt, welche die Umwelt verändert. Das wird wiederum wahrgenommen und so beginnt der Kreislauf erneut. (Quelle: eigene Darstellung)

Neuere Erkenntnisse aus den Neurowissenschaften und den Kognitionswissenschaften haben gezeigt, dass dieses Modell der Realität nicht gerecht wird. Natürliche kognitive Systeme sind weitaus komplexer als es dieses übersimplifizierte Modell vermuten lässt, da sie aus einer viel größeren Anzahl an Subsystemen bestehen, die nicht linear miteinander wechselwirken. Kognitive Prozesse fließen zudem nicht nur in eine Richtung, sondern zeichnen sich durch top-down Modulierung und Rückkopplungsschleifen aus. Die menschliche Wahrnehmung ist beispielsweise nicht mit einer passiven Kamera zu vergleichen, sondern wird zu großem Anteil von Erinnerungen und Erwartungen beeinflusst und wird durch Aktionen (z. B. Kopfdrehen) geleitet. Das Konzept der *active vision/perception* weist darauf hin, dass Wahrnehmung durch bestimmte Handlungen verbessert werden kann, z. B. wenn ein Handelnder seine Position verändert, um einen besseren Blick auf ein Objekt zu erhalten oder wenn unsere Augen sich an Lichtverhältnisse anpassen (Aloimonos et al. 1988).

Kognition sollte deshalb nicht als eigenständiges Modul getrennt von Wahrnehmung und Aktion gesehen werden, sondern als ein Prozess, der die Schnittstellen zur Umwelt miteinschließt (siehe Abb. 4).

3.3 Systemgrenzen

Ein wichtiger Bestandteil eines jeden Systems ist seine Systemgrenze, welche die Demarkation zwischen dem System und seiner Umwelt darstellt. Sowohl für natürliche als auch für kognitive Systeme wirft dies die Frage auf, was alles zum kognitiven System zugehörig ist. In der Philosophie des Geistes finden sich mehrere Denkschulen, die diese Frage unterschiedlich beantworten und neben dem Gehirn auch noch andere Elemente zu kognitiven Systemen hinzuzählen (Vernon 2014):

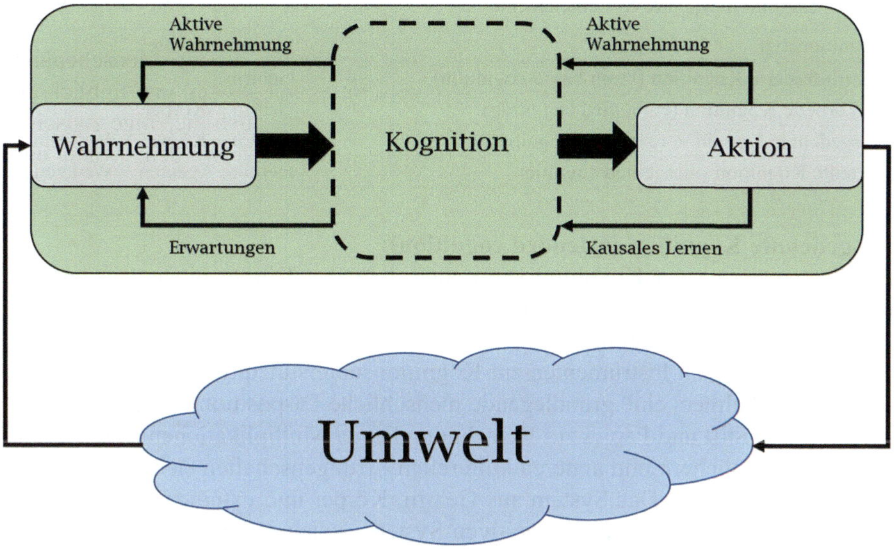

Abb. 4 Die sequentielle Wahrnehmung-Kognition-Aktion Schleife gilt mittlerweile als überholt. In einem komplexeren kognitiven System sind Wahrnehmung und Aktionen/Handlungen Teil der Kognition und interagieren auf vielfältige Weise. (Quelle: eigene Darstellung)

Gehirn-basierte Kognition (brain-based cognition):
Die einfachste Antwort auf diese Frage ist, dass ein natürliches kognitives System nur aus dem Gehirn besteht. Die Schnittstellen zur Umwelt sind die Nervenimpulse von den Sinnesorganen (Eingang) und die Nervenimpulse zu den Muskeln (Ausgang).

Verkörperte Kognition (embodied cognition):
Dieser gehirn-exklusiven Auffassung widersprechen Vertreter des *Embodiment*, also der verkörperten Kognition. Sie sind der Meinung, dass auch der Körper einen wichtigen Beitrag zur Funktion des kognitiven System erbringt und deshalb ein Teil davon ist. Die Systemgrenze zwischen kognitivem System und Umwelt ist damit die Haut des Körpers.

Ein passiver dynamischer Läufer (Collins et al. 2001) kann beispielsweise nur auf Grundlage seiner körperlichen Struktur eine geringe Neigung hinablaufen, ohne auf fortgeschrittene Regelung oder sonstige Berechnungen angewiesen zu sein. Dieses Prinzip, dass der Körper Teile der kognitiven Funktionen (z. B. Fortbewegung) übernehmen kann (und dies häufig sogar ressourcen-effizienter), wird als *morphologisches Computing* bezeichnet (Collins et al. 2001), (Pfeifer und Bongard 2006).

Tab. 1 Kognitionstypen & Systemelemente

Kognitionstyp	Systemelemente
Gehirn-basierte Kognition (brain-based cognition)	Gehirn
Verkörperte Kognition (embodied cognition)	Gehirn + Körper
Ausgedehnte Kognition (extended cognition)	Gehirn + Körper + Werkzeuge
Verteilte Kognition (distributed cognition)	mehrere Agenten + Werkzeuge

Ausgedehnte Kognition (extended cognition):
Die Systemgrenze der Kognition kann auch über den Körper hinaus ausgeweitet werden, wenn beispielsweise Smartphones und Computer für die Gedächtnisunterstützung verwendet werden.

Die Nutzung von Instrumenten zur Kognitionsunterstützung ist laut Andy Clark und David Chalmers eine grundlegende menschliche Disposition, die bereits in der Nutzung von Stift und Papier zur Berechnung langer Multiplikationen, sowie in der Nutzung von Büchern und anderen kulturellen Errungenschaften sichtbar ist (Clark und Chalmers 1998). Das System aus Gehirn, Körper und externen Gegenständen wird damit zu einem einzigen kognitiven System, welches meist bessere kognitive Fähigkeiten als die Einzelsysteme hat. In diesem Fall spricht man auch von *augmented cognition* (Engelbart 1962).

Verteilte Kognition (distributed cognition):
Die weiteste Ausdehnung der Systemgrenze von kognitiven Systemen findet sich im Konzept der verteilten Kognition, nach dem Kognition auch in Systemen aus mehreren Agenten und Werkzeugen auftreten kann (Hollan et al. 2000). Die Agenten bzw. Subsysteme organisieren sich dabei derart selbst, dass sie gemeinsam höhere kognitive Fähigkeiten vollbringen können, zu denen die einzelnen Agenten nicht in der Lage wären.

Die Schwarmintelligenz von Ameisenkollonien ist ein Beispiel für verteilte Kognition (Tab. 1).

3.4 Neuro-inspirierte Kognition

Im Gegensatz zu klassischer KI (GOFAI – good old-fashioned AI) verfolgt die neuro-inspirierte Forschungsrichtung einen bottom-up Ansatz für die Entwicklung kognitiver Systeme. Dabei spielen Selbst-Organisation und Emergenz eine zentrale Rolle. In (Yamashita und Tani 2008) wurde beispielsweise gezeigt, dass sich eine funktionale Hierarchie von Motor-Primitiven in einem rekursiven neuralen Netzwerk herausbildet, wenn verschiedene Zeitskalen von neuronaler Aktivität (d. h. Neuronen mit unterschiedlichen Zeiteigenschaften) einbezogen werden. Über die funktionale Hierarchie konnte die hochdimensionale sensori-motorische Regelung eines humanoiden Roboters erreicht werden.

In der traditionellen Robotik wird die Kinematik eines Roboters zu Beginn festgelegt. Über Transformationsmatrizen zwischen den Robotergelenken lässt sich damit berechnen, welche Auswirkungen jeder einzelne Gelenkmotor am Ende des Roboterarms erzeugt.

Dem menschlichen Vorbild folgend, wo die genauen Bemaßungen des Körpers nicht von Vorherein bekannt sind, werden in der neuro-inspirierten Robotik die sensorisch-motorischen Zusammenhänge selbst gelernt.

Dafür werden die Motoren eines Roboters zufällig angesteuert (*motor babbling*) und währenddessen wird der Bewegungseffekt über eine Kamera gemessen. Dadurch können die als Sensory-Motor Maps benannten Zusammenhängen zwischen Motoreingaben und egozentrisch beobachteten Eigenbewegungen gelernt werden. Stärkere Anlehnung an das natürliche neuronale Vorbild über raumzeitliches Vorhersagen (*spatiotemporal prediction*) ermöglicht es, die sensorisch-motorischen Zusammenhänge mit weniger Trainingsdaten und robuster zu lernen (Wieser und Cheng 2016).

4 Ressourcen-effiziente Kognition

Kognitive Systeme sind in eine Umwelt eingebettet und müssen deshalb mit vielerlei Beschränkungen umgehen können – Beispielsweise mit ungenauen, verrauschten, mehrdeutigen und unvollständigen Daten. Aus kognitionswissenschaftlicher Sicht stellt sich die Frage, wie unser Gehirn so viel mit so wenig Ressourcen zustande bekommt (Tenenbaum et al. 2011). Die meisten der zurzeit erfolgreichen lernende Systeme haben diese Probleme nicht. Sie verwenden entweder große Mengen an Daten, teilweise aufwändig kurierte Datensätze (Deng et al. 2009), oder nutzen Simulationsumgebungen zur Generierung von fast beliebig vielen Interaktionsdaten.

Wie zuvor bereits beschrieben, haben gesellschaftliche Bedürfnisse und Rahmenbedingungen einen direkten Einfluss auf den wissenschaftlichen und technischen Fortschritt. Für viele praktische Anwendungen sind datenhungrige Methoden nicht nutzbar, häufig weil die Erstellung eines adäquaten Trainingsdatensatzes zu teuer, zu langwierig oder zu gefährlich wäre – oder aufgrund von Datenschutzbeschränkungen schlichtweg nicht möglich. Angetrieben davon wird in den letzten Jahren verstärkt Forschung in Richtung daten-effizientem bestärkendem Lernen (*sample-efficient reinforcement learning*) und Few-Shot Learning betrieben. Vorbild ist dabei die Fähigkeit des Menschen, auch mit wenigen Beispielen effizient zu lernen. Ein einziger Griff auf einen heißen Herd reicht aus, um dies lebenslang nicht mehr zu wiederholen.

Neben der Beschränkung der Wahrnehmungs- und Interaktionsdatenmenge müssen kognitive Systeme, die autonom in realen Umgebungen agieren, auch energieeffizient sein. Während das menschliche Gehirn etwas 20 Watt an Leistung benötigt, sind moderne robotische Systeme allein für ihre Wahrnehmungssysteme auf vielfach mehr Leistung angewiesen. Das autonome Fahrzeug, mit dem das Stanford Racing Team 2005 die DARPA Grand Challenge gewann, war beispielsweise mit Sensoren und Computern bestückt, deren gemeinsame Leistung bei über einem Kilowatt lag (Thrun et al. 2007). Entsprechend muss man auch hier die Frage stellen, wie unser

Gehirn so viel mit so wenig Ressourcen zustande bekommt und wie man dies in technischen Systemen reproduzieren kann.

4.1 Aufmerksamkeit

Eine Methode, mit der biologische kognitive Systeme die zu prozessierenden Sinnesdatenmengen eingrenzen, ist das Fokussieren der Aufmerksamkeit auf die für das System bedeutungsvollen Aspekte der Realität. Menschen nehmen beispielsweise nicht ihr gesamtes Gesichtsfeld gleichmäßig wahr, sondern fokussieren ihre visuelle Aufmerksamkeit auf besonders saliente Objekte. Dazu gehören Gegenstände, die sich bewegen, einen besonders starken Kontrast zu ihrer Umgebung abgeben oder hell bzw. rötlich scheinen.

Unsere Aufmerksamkeit wirkt jedoch nicht nur reizgetrieben (bottom-up), sondern besitzt auch top-down Elemente, bei denen die Verarbeitung der Bekanntheit der Objekte, der Kontext und vor allem die Ziele des Systems einen Einfluss auf die Fokussierung der Aufmerksamkeit ausüben.

Für beide dieser Richtungen existieren computationale Modelle, die sich auch auf künstliche kognitive Systeme übertragen lassen. Das Itti-Koch-Modell (Itti et al. 1998) ist ein grundlegendes bottom-up Modell, welches sich an der neuronalen Architektur des visuellen Systems von Primaten orientiert und für die Berechnung der Salienz die Farben, Intensitäten und Orientierungen von Objekten einbezieht.

Das visuelle System des Menschen besitzt neben den vorwärts gerichteten Verbindungen auch eine große Anzahl an (inhibitorischen) Rückkopplungsverbindungen. Diese werden in top-down Neuronalen-Netzwerk-Modellen beispielsweise durch die Rückführung von Aktivierungen von Neuronen in höheren Schichten implementiert, welche semantische Label enthalten, um die Aktivierungen von Neuronen weiter unten im Netzwerk zu inferieren (Cao et al. 2015) oder indem die Gewichtungen der salienten Merkmale entsprechend der Zielsetzung des Systems flexibel gewichtet werden (Lanillos et al. 2015).

4.2 Neuromorphische Technik

Das ingenieurstechnische Feld, das sich mit der Fragestellung nach energie-effizienter neuro-inspirierter Hardware beschäftigt, wird neuromorphische Technik (engl. *neuromorphic engineering*) genannt und wurde in den 1980er-Jahren von dem US-amerikanischen Wissenschaftler und Ingenieur Carver Mead begründet. Eine der grundsätzlichen Ideen der neuromorphischen Technik ist es, durch elektronische Schaltungen neuronale Systeme nachzubauen und dabei die physikalischen Eigenschaften der Bauteile auszunutzen (Mead 1990).

In der theoretischen Neurowissenschaft werden Neuronenmodelle durch elektrische Ersatzschaubilder modelliert, d. h. aus Verschaltungen von Widerständen, Kondensatoren und anderen elementaren Bauelementen. Anhand dieser elektrischen Ersatzschaubilder kann man Differenzialgleichungen aufstellen, die numerisch gelöst werden können und einen Zeitverlauf des Spannungssignals ergeben, welcher der Dynamik des Membranpotenzials eines Neurons entspricht. Statt die Differenzialgleichungen aufwändig auf digitalen Computerchips zu lösen, könnte man auch, dem neuromorphischen Paradigma folgend, den Ersatzschaltkreis elektronisch nachbauen und die Ausgangsspannung messen. Die physikalischen Eigenschaften der Bauteile würden demnach den gesamten Berechnungsaufwand übernehmen.

Weitere typische Merkmale von neuromorphischer Hardware sind hohe Vernetzung, massive Parallelverarbeitung von Informationen und eine Zusammenführung von Prozessor und Datenspeicher und die damit einhergehende Abkehr von der von Neumann Rechnerarchitektur. In Hinblick auf das absehbare Ende des Mooreschen Gesetzes soll dadurch der von Neumann Bottleneck (die niedrige Bandbreite zwischen CPU und Datenspeicher) umgangen werden.

Eine ausführliche Übersicht über das Forschungsfeld des neuromorphischen Computings ist in (Schuman et al. 2017) zu finden.

4.3 Ereignis-basierte Systeme

Ein biologisch inspirierter Aspekt von neuromorphischer Technik, der bisher noch nicht angesprochen wurde, ist die Nutzung von ereignis-basierten Signale.

Das erste Glied in der Signalkette des menschlichen Nervensystems ist meist eine Rezeptorzelle in einem Sinnesorgan, welche eine Reizstärke und -änderung aufnimmt und über eine elektrochemische Änderung des Membranpotenzials einer verbundenen Nervenzelle weitergibt. Biologische Neuronen haben die besondere Eigenschaft, dass ihr Membranpotenzial, sobald es einen bestimmten Schwellenwert (ungefähr −55 mV) übersteigt, rapide aufgrund der Öffnung von spannungsgesteuerten Ionenkanälen auf einen höheren Wert (ungefähr 30 mV) ansteigt und nach kurzer Zeit (meist 1–2 ms) wieder auf das Ruhepotenzial von ca. 70 mV zurückkehrt. Dieser Potenzialverlauf wird Aktionspotenzial bzw. Spike genannt und bildet die elementare Einheit der Kommunikation zwischen Neuronen.

Das Prinzip, dass eine starke Änderung eines externen Reizes zu einem Ereignis-Signal führt, lässt sich mathematisch wie folgt darstellen und wird als *send-on-delta* bezeichnet:

$$|x(t_i) - x(t_{i-1})| \geq Schwellenwert \rightarrow Ereignis\ e_i\ zum\ Zeitpunkt\ t_i$$

Dabei beschreibt $x(t_i)$ den Sensorwert zum aktuellen Zeitpunkt t_i und $x(t_{i-1})$ den Sensorwert zum vorangegangenen Zeitpunkt t_{i-1}.

Das Ereignis kann als Ereignis-Signal in folgender Form an den Zentralrechner gesendet werden: $e_i = (x(t_i), t_i)$

Ereignis-basiertes Sehen:
Der Unterschied zwischen traditionellen und ereignis-basierten Systemen wird besonders deutlich im Vergleich von Kameras mit dem menschlichen Auge. Kameras nehmen Bilder zeitdiskret mit einer Bildrate von typischerweise 60 Bildern pro

Sekunde (frames per second) auf, d. h. ein neues Bild ca. alle 15 Millisekunden. Diese Methode steht in starkem Kontrast zur physiologischen Sinneswahrnehmung im menschlichen Auge. Dieses besitzt in seiner Netzhaut eine Vielzahl von Fotorezeptoren: Stäbchen für das Schwarz-Weiß-Sehen und drei Varianten von Zäpfchen für das Farbsehen. Wann immer einer der Rezeptoren mit ausreichender Lichtintensität angeregt wird, gibt er ein Signal ab, welches eine nachgeschaltete Nervenzelle zum Feuern anregen kann. Dieser Prozess verläuft zeitkontinuierlich, kann also zu jedem Zeitpunkt stattfinden und nicht nur alle 15 ms.

Mit ihrer konstanten Bildrate machen traditionelle Kameras bei stationären Motiven zu viele Bilder (oversampling), denn die meisten Pixelwerte bleiben zwischen aufeinander folgenden Bildern gleich. Bei dynamisch veränderlichen Motiven hingegen machen sie zu wenige Bilder (undersampling), da sie Prozesse, die schneller als die Bildrate ablaufen, nicht wahrnehmen können. Neuromorphische Kameras hingegen sind, wie das menschliche Auge, ereignis-basiert, d. h. sie registrieren nur dann ein Ereignis, wenn etwas passiert – typischerweise, wenn sich ein Pixelwert schnell ändert. Dies kann unabhängig von der Bildrate bzw. Taktung des Systems geschehen. Änderungen können zu jedem Zeitpunkt registriert werden. Dadurch sind zeitliche Auflösungen von bis zu 1 µs möglich, bei gleichzeitig deutlich geringerer Leistungsanforderung.

Ereignis-basierte Haut:
Das neuromorphische Paradigma von ereignis-basierten Sensoren wurde in den letzten Jahren auf weitere Modalitäten übertragen, beispielsweise auf taktile Wahrnehmung durch robotische Haut (Bergner et al. 2016). Um einem Roboter die Fähigkeit zu geben, physische Interaktionen an seinem gesamten Körper wahrzunehmen, muss er mit einer Vielzahl kleiner taktiler Sensoren eingekleidet werden. Einige Forscher schätzen die Anzahl der sensorischen Hautzellen, die notwendig ist, um einen Roboter vollständig zu bekleiden auf 3000–5000 (Bergner et al. 2016). Nach dem traditionellen takt-basierten Modell würde man die Sensorwerte aller Sensoren mehrere hundert Mal pro Sekunde abfragen, was bei tausenden taktiler Sensoren in einer enormen Datenmenge resultiert, die in Echtzeit übertragen und verarbeitet werden muss. Existierende Ansätze zur Verarbeitung dieser Daten haben den Nachteil einer hohen Latenz, d. h. es vergeht verhältnismäßig viel Zeit zwischen Reizaufnahme und Reaktion. Das ist nicht nur ein Problem für stabile Regler, sondern bringt Gefahren für die Mensch-Roboter Interaktion mit sich. Wenn ein Roboter die haptischen Signale von einen Zusammenstoß mit einem Menschen nicht schnell genug verarbeitet, kann es zu schwerwiegenden Verletzungen kommen.

In einem realen Szenario sind die meisten dieser Daten jedoch redundant und unwichtig, denn die physische Interaktion mit einem Roboter findet nicht an dessen gesamtem Körper gleichzeitig statt, sondern nur in kleinen Bereichen, in denen beispielsweise ein Mensch seine Hand anlegt, um den Arm des Roboters in eine gewünschte Position zu schieben (Dean-Leon et al. 2017). Wenn man aus diesem Grund dem ereignis-basierten Paradigma folgt, d. h. dass nur diejenigen Sensoren Daten an den Hauptprozessor senden, die eine große Veränderung und damit eine

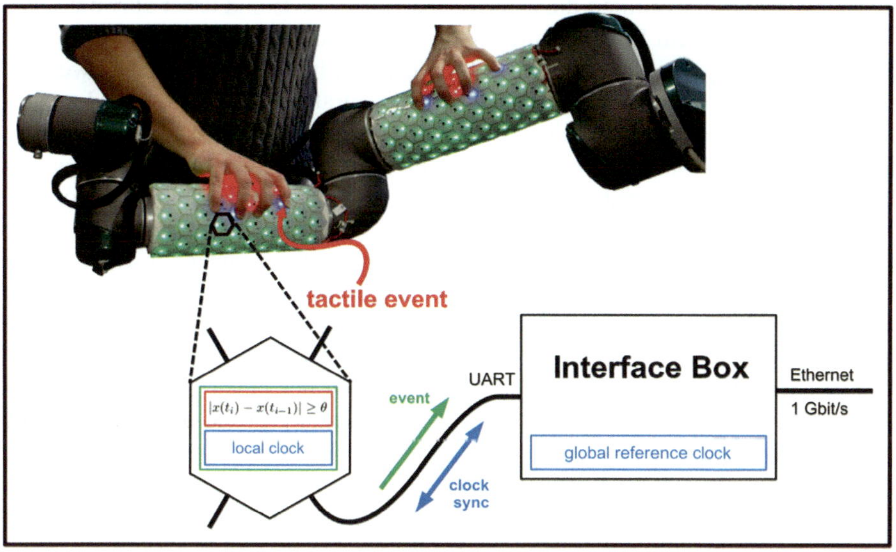

Abb. 5 Berührungen der Hautzellen auf dem UR-5 Roboterarm werden als Ereignisinformationen über die *send-on-delta* Regel an den Zentralrechner versendet (Bergner et al. 2015). Diese vom menschlichen Nervensystem inspirierte Kommunikationsweise benötigt verhältnismäßig wenig Rechenleistung und ist äußerst energie-effizient

bedeutungsvolle physische Interaktion messen, ist es möglich, den Berechnungsaufwand deutlich zu verringern (Abb. 5).

4.4 Neuronale Robotik

In diesem Abschnitt werden wir ein konkretes Beispiel für ereignis-basierte neuronale Robotik vorstellen. Einen neuronalen Roboter verstehen wir dabei als ein Roboter, welcher durch neuromorphische Sensoren und ein ereignis-basiertes Kommunikationssystem das Äquivalent eines Nervensystems besitzt und damit externe Reize schnell und effizient verarbeiten kann.

Multimodale Sensoren:
Die Robot Skin (Abb. 7) ist eine modulare künstliche Haut, welche am Institut für Kognitive Systeme an der Technischen Universität München entwickelt wurde. Jede hexagonale Haut-Zelle (Kantenlänge 1,4 cm) verfügt über einen eigenen Mikroprozessor und mehrere Sensoren für unterschiedliche Modalitäten. Neben der auf die Zelle einwirkenden Kraft wird auch die Temperatur der unmittelbaren Umgebung gemessen. Über einen Infrarotsensor können Objekte in der Nähe der Zelle wahrgenommen werden. Zusätzlich verfügt jede Zelle über einen Beschleunigungssensor, über welchen unter anderem auch Vibrationen gemessen werden können.

Der Mikroprozessor filtert die gemessenen Sensorwerte und testet über die *send-on-delta*-Regel, ob ein Ereignis aufgetreten ist. Im Falle eines Ereignisses verpackt der lokale Mikroprozessor der Zelle die Information in einem Datenpaket, welches über das Hautzellen-Netzwerk in Richtung des zentralen Prozessors gesendet wird. Das Beispiel der Robot Skin zeigt, analog zum Beispiel der ersten Flugzeuge in der Einleitung dieses Kapitels, dass in der Technik eine anfängliche Orientierung an der Natur häufig gewinnbringend ist, Ingenieure aber darüber hinausgehen können, indem sie weitere Funktionalitäten hinzufügen, welche die Natur nicht hervorgebracht hat. Während Menschen durch ihre Haut Druck und Temperatur wahrnehmen können, ist es ihnen nicht ohne visuelle Unterstützung möglich, naheliegende Objekte zu erkennen, was der Robot Skin jedoch durch die Infrarotsensoren möglich ist.

Ein Experiment, in welchem 260 der Hautzellen auf einen UR-5 Roboterarm angebracht wurden, ergab, dass sich im unstimulierten Zustand die Datenrate des Hautnetzwerks im ereignis-basierten Modus auf 16,45 % der Datenrate verringerte, die notwendig war, um die Werte aller Sensoren regelmäßig, d. h. takt-basiert an den Hauptcomputer zu senden (Bergner et al. 2015). Es konnte damit gezeigt werden, dass mit einem neuro-inspirierten Ansatz mit verteilter und lokaler Signalvorverarbeitung verbunden mit den Prinzipien der Selbstorganisation und der ereignisbasierten Signalweiterleitung eine beachtliche Effizienzsteigerung erzielt werden kann.

Ein humanoider Roboter, welcher auf seinem gesamten Körper mit künstlichen Hautzellen ausgestattet ist, kann auch größere Objekte zuverlässig halten (Mittendorfer et al. 2015) und sicher mit Menschen interagieren. In einem Forschungsprojekt wurden dafür 1260 robotische Hautzellen auf dem humanoiden Roboter H1 (Reem-C von PAL Robotics) angebracht (siehe Abb. 6). Über neuartige Kontrollalgorithmen und mit den Kontakt- und Abstandsinformationen der Hautsensoren konnte der Roboter derart programmiert werden, dass er an seinem gesamten Körper nachgiebig auf Interaktion mit Menschen reagierte (*whole-body compliant*). Aufgrund der hohen Anzahl der Freiheitsgrade des humanoiden Roboters, war es ihm während verschiedenartiger Mensch-Roboter Interaktion (z. B. Umarmen) möglich, gleichzeitig die Balance zu halten und Selbstkollisionen seiner Gliedmaßen zu vermeiden (Cheng et al. 2019b).

5 Bidirektionale neuronale Schnittstellen

Während neuro-inspirierte kognitive Systeme rein technische Systeme sind, welche möglichst autonom agieren können sollen, ist der Mensch bei bidirektionalen neuronalen Schnittstellen ein fester Bestandteil der Regelungsschleife und Ausgangspunkt der Handlungsintension, wie in Abb. 8 illustriert.

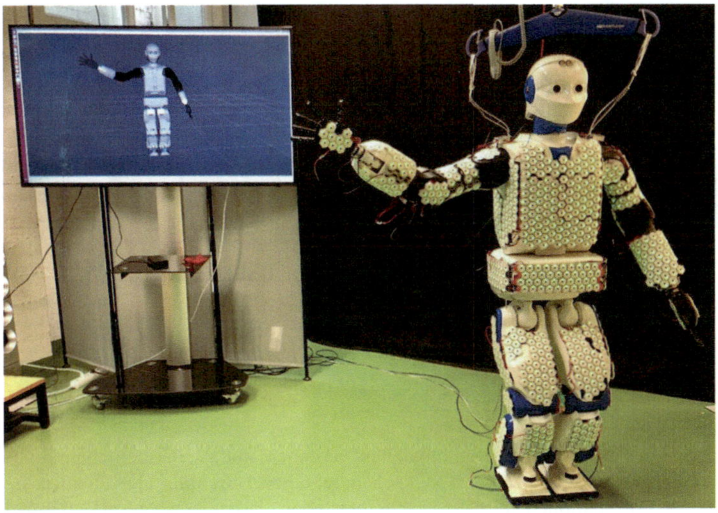

Abb. 6 Der humanoide Roboter H1 mit 1260 ereignis-basierten Hautzellen. (Cheng et al. 2019a) (Photo credits: G. Cheng/TUM)

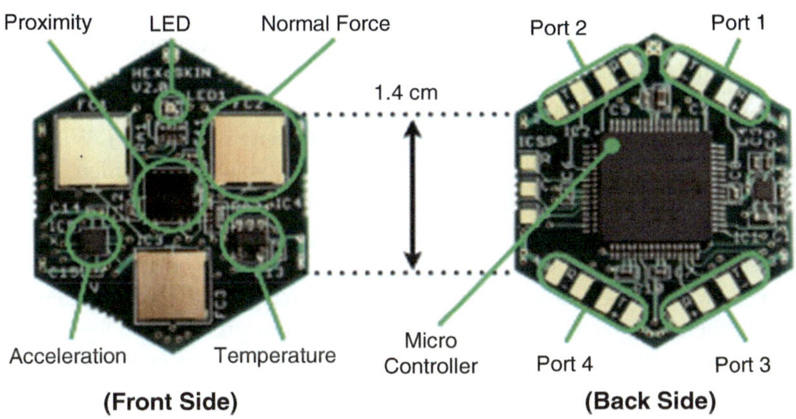

Abb. 7 Die künstliche multisensorische Hautzelle Robot Skin. (Mittendorfer und Cheng 2011)

5.1 Neuroprothetik

Eine klassische Anwendung für bidirektionale neuronale Schnittstellen ist die Neuroprothetik. Ein Mensch mit einem fehlenden Gliedmaß kann eine Neuroprothese steuern, indem er oder sie die Muskeln im Stumpf anspannt. Die Bewegungsintension wird über die erzeugte elektrische Aktivität der Muskeln mithilfe von Elektromyografie (EMG) gemessen und interpretiert. Dafür werden neben Methoden der Signalverarbeitung insbesondere Algorithmen des maschinellen Lernens genutzt. Die erkannte Bewegungsintension wird daraufhin von den Motoren der Prothese

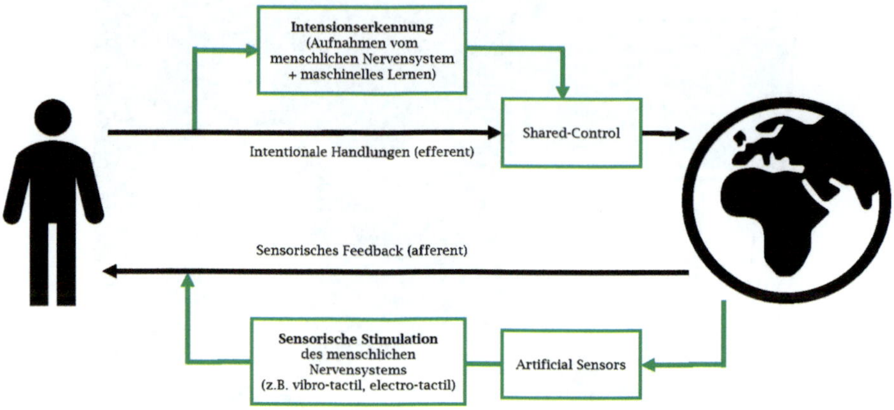

Abb. 8 Bidirektionale neuronale Schnittstellen erkennen mittels maschinellem Lernen Bewegungsintensionen und unterstützen den Menschen bei deren Durchführung. Sie messen außerdem mittels Sensoren Informationen aus der Umwelt und geben diese über neuronale Stimulation zurück zum Menschen. (Quelle: eigene Darstellung)

ausgeführt. Neuere Forschung hat gezeigt, dass sensorische Rückkopplung zu besserer Prothesensteuerung führt (Petrini et al. 2019) und das Gefühl von Embodiment für Prothesenträger verstärkt (Rognini et al. 2019). Es ist nicht notwendig, dass ein Prothesenträger jeden einzelnen Freiheitsgrad der Prothese über die Restmuskelaktivität kontrolliert. Stattdessen kann die Steuerung der Prothese in einem shared-control Ansatz mit der Maschine geteilt werden (Zhuang et al. 2019). Während der Mensch die grobe Zielsetzung vorgibt, z. B. ein Objekt zu greifen, kann die Maschine die feinere Steuerung übernehmen, z. B. wie jeder einzelne Prothesenfinger bewegt werden muss. Die semi-autonom agierende Roboterhand kann dabei auch zusätzliche Randbedingungen einhalten, z. B. die Robustheit des Griffes optimieren. Methoden aus der künstlichen Intelligenz wie Objekterkennung in Bildern können genutzt werden, um abhängig vom zu greifenden Objekt automatisch den richtigen Griff für die Prothese auszuwählen (Weiner et al. 2018).

5.2 Ko-adaptive Mensch-Roboter Interaktion mit Brain-Computer Interfaces

Für die Interaktion von Mensch und Maschine im shared-control Ansatz in der Neuroprothetik spielt ihre wechselseitige Ko-Adaption eine entscheidende Rolle. Erst, wenn das technisches System sich über Maschinelles Lernen auf den individuellen Benutzer eingestimmt hat und der Benutzer wiederum gelernt hat, mit dem technischen System effizient umzugehen, erreicht das symbiotische Gesamtsystem seine beste Funktionalität. Die Bedeutung von Ko-Adaption wurde auch im Feld der Brain-Computer Interfaces (BCI) festgestellt. Im Gegensatz zu vielen Forschungsarbeiten, welche sich ausschließlich mit der Anwendung von maschinellem Lernen auf EEG-Daten beschäftigen, konnte das Gewinnerteam der BCI-Disziplin beim Cybathlon 2016 Wettbewerb zeigen, dass auch die Lernfähigkeit des Neurotechnologie-Nutzers eine entscheidende Rolle für eine hohe Funktionalität spielt (Perdikis et al. 2018).

Ein weiteres Beispiel für Ko-Adaption ist die Nutzung von Error-related Potentials in der Mensch-Roboter Interaktion (Ehrlich und Cheng 2018). Unmittelbar nachdem ein Mensch einen eigenen Fehler erkennt oder einen Fehler von anderen beobachtet, lässt sich ein charakteristisches Potenzial in EEG-Aufnahmen messen, welches als Error-related Potential (ErrP) bezeichnet wird.

Es konnte gezeigt werden, dass die dem ErrP zugrunde liegenden neuronalen Prozesse auch auftreten, wenn eine Maschine bzw. ein Roboter eine Aktion durchführen, die als fehlerhaft wahrgenommen wird. Deshalb kann das ErrP innerhalb des Reinforcement Learning Paradigmas als Bestrafungssignal genutzt werden, um dem Roboter mitzuteilen, was er nicht tun soll (Iturrate et al. 2010; Chavarriaga und Millán 2010; Iturrate et al. 2015). Ko-Adaption geht einen Schritt über das unidirektionale Robot-Teaching hinaus, indem es auch das Lernvermögen des Menschen mit einbezieht und davon ausgeht, dass sowohl der Mensch als auch der Roboter zu Beginn der Interaktion ihre jeweiligen Intentionen bzw. Wissensstände haben und diese aneinander angleichen möchten.

In (Ehrlich und Cheng 2018) wurde einem Roboter eine initiale Handlungsstrategie gegeben, von der der Mensch nur eine grobe Annahme hatte. Während der Roboter seine Handlungsstrategie verfolgte, wurden ErrPs aus dem EEG-Signal des Menschen dekodiert. Wann immer der Roboter eine Handlung ausführte, die der Annahme des Menschen widersprach, wurde ein ErrP gemessen und damit die Strategie des Roboters angepasst, um der Annahme des Menschen besser zu entsprechen. Dieser passte allerdings eben jene Annahme auf Basis seiner Beobachtung der Handlungen des Roboters an. Es konnte gezeigt werden, dass, obwohl beide Systeme (der Roboter und der Mensch) adaptiv waren, eine Ko-Adaption in Richtung einer Übereinstimmung zwischen Handlungsstrategie und Annahme über diese erfolgen kann.

5.3 Neurorehabilitation

Ein weiterer Anwendungsbereich für neuronale Robotik und bidirektionale neuronale Schnittstellen ist die Neurorehabilitation. Innerhalb des *Walk Again Project* wurde ein robotisches Exoskelett entwickelt, welches einem querschnittsgelähmten Menschen ermöglichte, den Anstoß zur Fußballweltmeisterschaft 2014 in Brasilien auszuführen. Um über die technologische Unterstützung hinaus eine (partielle) Rehabilitation der Lauffähigkeit zu ermöglichen, wurden in einer nachfolgenden Studie (Donati et al. 2016) drei Schlüsseltechnologien miteinander verbunden:

- ein Brain-Machine Interface
- ein robotisches Exoskelett mit taktilen Sensoren
- vibrotaktile Stimulation

Dies ermöglichte die Steuerung des Exoskeletts über die neuronale Aktivität der Probanden. Mit einem EEG-System mit 16 Kanälen als Brain-Machine Interface wurde die Gehirnaktivität der Probanden über deren sensorimotorischen Kortex gemessen und über Methoden des Maschinellen Lernens zu einem Kontrollsignal umgewandelt. Zu Beginn wurden vier verschiedene Kontrollsignale unterschieden: Stehen, Gehen, Stoppen und Kicken. In einer späteren Phase der Forschung wurde ein verfeinertes Kontroll-Paradigma eingeführt, welches den Patienten ermöglichte, gezielt Schritte mit dem linken oder rechten Bein zu steuern.

Noch bedeutsamer als diese Steuerung des Exoskeletts mithilfe von Gehirnaktivität erwies sich die Einführung einer sensorischen Rückkopplung. Die zuvor beschriebenen robotische Hautzellen wurden dafür unter dem Fuß des Exoskeletts angebracht (vorne, mittig und hinten) und mit drei Vibrationsmotoren verbunden, welche am Arm der querschnittsgelähmten Patienten angebracht wurden. Proportional zum gemessenen Druck der robotischen Hautsensoren wurden die entsprechenden Vibrationsmotoren angesteuert, sodass die Patienten sensorische Rückmeldung über jeden Kontakt der Exoskelett-Füße erhielten. Während des Trainingsprozesses lernten die Patienten dieses sensorische Feedback als Schritte zu assoziieren.

Nach Abschluss des 12-monatigen Trainingsprogramms wiesen alle 8 Patienten eine partielle neurologische Genesung auf und gewannen die Fähigkeit zurück, einzelne Muskeln unterhalb ihrer Rückenmarkverletzung willentlich zu steuern.

Dieses Forschungsprogramm veranschaulicht die Eingangs beschriebene interdisziplinäre Verbindung von Neurowissenschaften und Ingenieurswissenschaften unter dem Primat des gesellschaftlich Wünschenswerten. Robotikern, Neurowissenschaftler, Ingenieure, Psychologen, Krankenpfleger, Physiotherapeuten und Mediziner aus mehreren Ländern (Brasilien, USA, Deutschland, Schweiz) arbeiteten daran Hand in Hand mit Zustimmung der nationalen brasilianischen Ethik-Kommission.

6 Zusammenfassung

In diesem Kapitel haben wir die wissenschaftliche Disziplin „Neuroingenieurwesen" vorgestellt, welche auf der Verbindung von neurowissenschaftlichen Erkenntnissen und ingenieurwissenschaftlichen Methoden basiert. Der Schwerpunkt lag dabei auf der synthetischen Forschungsrichtung, welche sich mit der Frage beschäftigt, wie neurowissenschaftliches Wissen genutzt werden kann, um bessere technische Systeme zu entwickeln. Wir haben aufgezeigt, dass diese Frage auf zwei verschiedene Weisen beantwortet werden kann – durch neuro-inspirierte kognitive Systeme und bidirektionale neuronale Schnittstellen.

Neurowissenschaftliche Grundlagenwissen über die Funktionsweise des Gehirns können dazu beitragen, bessere kognitive Systeme zu entwickeln. Bei kognitiven Systemen handelt es sich dabei um diejenige Art von KI sind, bei der es in besonderem Maße auf das Zusammenspiel verschiedener kognitiver Fähigkeiten eines Systems ankommt, durch welches komplexe Ziele ressourcen-effizient erreicht werden können. Da für ein erfolgreiches Agieren in der realen Welt Energieeffizienz und Reaktionszeit von höchster Bedeutung sind, ist der Forschungsbereich der neuro-inspirierten kognitiven Systeme insbesondere für autonome Roboter von höchster Bedeutung. Um kognitive Prozesse wie sensorische Wahrnehmung energie-effizient zu gestalten, sind neuro-inspirierte Prinzipien der neuronalen Robotik vielversprechend. Insbesondere ereignis-basierte Kommunikation zwischen selbstorganisierten peripheren Sensorennetzwerken und der zentralen Steuereinheit haben, wie am Beispiel der Roboterhaut gezeigt, enorme Effizienzvorteile gegenüber traditionellen Ansätzen. In der neuronalen Robotik und der Forschung zu kognitiven Systemen steht die Natur den Ingenieuren als Inspirationspartner zur Seite. Statt sie jedoch lediglich künstlich nachzubilden, wird über das natürliche Vorbild bei Bedarf hinausgegriffen, beispielsweise durch die Hinzunahme der neuen sensorischen Modalität der Abstandsinformation in robotischer Haut mithilfe von integrierten Infrarotsensoren.

Die zweite Art, in welcher die Neurowissenschaft dazu beitragen kann, bessere technische Systeme zu entwickeln, sind bidirektionale Assistenzsysteme, welche über neuronale Schnittstellen gesteuert werden. Beispiele dafür sind intelligente Neuroprothesen, Brain-Computer Interfaces und unterstützende Exoskelette. Da auch bei Assistenzsystemen die Energieeffizienz eine große Rolle spielt und für kontextsensitive Assistenz begrenzte kognitive Fähigkeiten benötigt werden, ist davon auszugehen, dass beide Forschungsrichtungen sich in den kommenden Jahren verstärkt gegenseitig beeinflussen und bereichern werden.

Literatur

Aloimonos, J., I. Weiss, und A. Bandyopadhyay. 1988. Active vision. *International Journal of Computer Vision* 1(4): 333–356.

Ashby, W. R. (1952). *Design for a brain: The origins of adaptive behavior.* London: Chapman & Hall.

Bergner, F., P. Mittendorfer, E. Dean-Leon, und G. Cheng. 2015. Event-based signaling for reducing required data rates and processing power in a large-scale artificial robotic skin. In *2015 IEEE/RSJ International Conference on Intelligent Robots and Systems (IROS)*, 2124–2129. Hamburg: EEE.

Bergner, F., E. Dean-Leon, und G. Cheng. 2016. Event-based signaling for large-scale artificial robotic skin-realization and performance evaluation. In *2016 IEEE/RSJ International Conference on Intelligent Robots and Systems (IROS)*, 4918–4924. Daejeon: IEEE.

Cao, C., X. Liu, Y. Yang, Y. Yu, J. Wang, Z. Wang, Y. Huang, L. Wang, C. Huang, W. Xu, et al. 2015. Look and think twice: Capturing top-down visual attention with feedback convolutional neural networks. In *Proceedings of the IEEE International Conference on Computer Vision*, 2956–2964. Santiago.

Chavarriaga, R., und J. R. Millan. 2010. Learning from EEG error-related potentials in noninvasive brain-computer interfaces. *IEEE Transactions on Neural Systems and Rehabilitation Engineering* 18(4): 381–388.

Cheng, G. 2014. *Humanoid robotics and neuroscience: Science, engineering and society.* Boca Raton: CRC Press.

Cheng, G., E. Dean-Leon, F. Bergner, J. R. G. Olvera, Q. Leboutet, und P. Mittendorfer. 2019a. A comprehensive realisation of robot skin: Sensors, sensing, control and applications. *Proceedings of the IEEE.* 107(10), 2034–2051.

Cheng, G., K. Ramirez-Amaro, M. Beetz, und Y. Kuniyoshi. 2019b. Purposive learning: Robot reasoning about the meanings of human activities. *Science Robotics* 4(26), eaav1530.

Clark, A., und D. Chalmers. 1998. The extended mind. *Analysis* 58(1): 7–19.

Collins, S. H., M. Wisse, und A. Ruina. 2001. A three-dimensional passive-dynamic walking robot with two legs and knees. *The International Journal of Robotics Research* 20(7): 607–615.

Dean-Leon, E., B. Pierce, F. Bergner, P. Mittendorfer, K. Ramirez-Amaro, W. Burger, und G. Cheng. 2017. Tomm: Tactile omnidirectional mobile manipulator. In *2017 IEEE International Conference on Robotics and Automation (ICRA)*, 2441–2447. Singapore: IEEE.

Deng, J., W. Dong, R. Socher, L.-J. Li, K. Li, und L. Fei-Fei. 2009. ImageNet: A large-scale hierarchical image database. 2009 IEEE Conference on Computer Vision and Pattern Recognition (S. 248–255).

Domingos, P. 2015. *The master algorithm: How the quest for the ultimate learning machine will remake our world.* New York: Basic Books.

Donati, A. R., S. Shokur, E. Morya, D. S. Campos, R. C. Moioli, C. M. Gitti, P. B. Augusto, S. Tripodi, C. G. Pires, G. A. Pereira, F. L. Brasil, S. Gallo, A. A. Lin, A. K. Takigami, M. A. Aratanha, S. Joshi, H. Bleuler, G. Cheng, A. Rudolph, und M. A. Nicolelis. 2016. Long-term training with a brain-machine interface-based gait protocol induces partial neurological recovery in paraplegic patients. *Scientific Reports* 6:30383.

Ehrlich, S. K., und G. Cheng. 2018. Human-agent co-adaptation using error-related potentials. *Journal of Neural Engineering* 15(6): 066014.

Engelbart, D. C. 1962. *Augmenting human intellect: A conceptual framework.* Menlo Park: Stanford Research Institute.

Hollan, J., E. Hutchins, und D. Kirsh. 2000. Distributed cognition: Toward a new foundation for human-computer interaction research. *ACM Transactions on Computer-Human Interaction (TOCHI)* 7(2): 174–196.

Itti, L., C. Koch, und E. Niebur. 1998. A model of saliency-based visual attention for rapid scene analysis. *IEEE Transactions on Pattern Analysis and Machine Intelligence* 11:1254–1259.

Iturrate, I., L. Montesano, und J. Minguez. 2010. Single trial recognition of error-related potentials during observation of robot operation. In *2010 Annual International Conference of the IEEE Engineering in Medicine and Biology*, 4181–4184. Buenos Aires: IEEE.

Iturrate, I., R. Chavarriaga, L. Montesano, J. Minguez, und J. R. Millan. 2015. Teaching brain-machine interfaces as an alternative paradigm to neuroprosthetics control. *Scientic Reports* 5:13893.

Lanillos, P., J. F. Ferreira, und J. Dias. 2015. Designing an artificial attention system for social robots. In *2015 IEEE/RSJ International Conference on Intelligent Robots and Systems (IROS)*, 4171–4178. Hamburg: IEEE.

Latombe, J.-C. 1991. *Robot motion planning.* Norwell: Kluwer Academic.

Mead, C. 1990. Neuromorphic electronic systems. *Proceedings of the IEEE* 78(10): 1629–1636.

Meadows, D. H. 2008. *Thinking in systems: A primer.* London: Chelsea Green Publishing.

Mittendorfer, P., und G. Cheng. 2011. Humanoid multimodal tactile-sensing modules. *IEEE Transactions on Robotics* 27(3): 401–410.

Mittendorfer, P., E. Yoshida, und G. Cheng. 2015. Realizing whole-body tactile interactions with a self-organizing, multi-modal artificial skin on a humanoid robot. *Advanced Robotics* 29(1): 51–67.

Pearl, J. 2000. *Causality: models, reasoning and inference.* New York: Cambridge University Press.

Perdikis, S., L. Tonin, S. Saeedi, C. Schneider, und J. R. Millan. 2018. The Cybathlon BCI race: Successful longitudinal mutual learning with two tetraplegic users. *PLoS Biology* 16(5): e2003787.

Petrini, F. M., M. Bumbasirevic, G. Valle, V. Ilic, P. Mijovic, P. Cvancara, F. Barberi, N. Katic, D. Bortolotti, D. Andreu, et al. 2019. Sensory feedback restoration in leg amputees improves walking speed, metabolic cost and phantom pain. *Nature Medicine* 25(9): 1356–1363.

Pfeifer, R., und J. Bongard. 2006. *How the body shapes the way we think: a new view of intelligence.* London: MIT press.

Rognini, G., F. M. Petrini, S. Raspopovic, G. Valle, G. Granata, I. Strauss, M. Solca, J. Bello-Ruiz, B. Herbelin, R. Mange, et al. 2019. Multisensory bionic limb to achieve prosthesis embodiment

and reduce distorted phantom limb perceptions. *Journal of Neurology Neurosurgery & Psychiatry* 90(7): 833–836.
Schuman, C. D., T. E. Potok, R. M. Patton, J. D. Birdwell, M. E. Dean, G. S. Rose, und J. S. Plank. (2017). A survey of neuromorphic computing and neural networks in hardware. arXiv preprint arXiv:1705.06963.
Shadmehr, R., und F. A. Mussa-Ivaldi. 1994. Adaptive representation of dynamics during learning of a motor task. *Journal of Neuroscience* 14(5): 3208–3224.
Stephan, A., und S. Walter. 2013. *Handbuch Kognitionswissenschaft*. Metzler: Verlag J.B.
Tenenbaum, J. B., C. Kemp, T. L. Griths, und N. D. Goodman. 2011. How to grow a mind: Statistics, structure, and abstraction. *Science* 331(6022): 1279–1285.
Tenorth, M., und M. Beetz. 2013. Knowrob: A knowledge processing infrastructure for cognition-enabled robots. *The International Journal of Robotics Research* 32(5): 566–590. 28.
Thrun, S., M. Montemerlo, H. Dahlkamp, D. Stavens, A. Aron, J. Diebel, P. Fong, J. Gale, M. Halpenny, G. Homann, et al. 2007. Stanley: The robot that won the DARPA grand challenge. *The 2005 DARPA Grand Challenge*: 1–43.
Vernon, D. 2014. *Artificial Cognitive Systems: A Primer*. London: MIT Press.
Von Bertalanffy, L. 1968. *General system theory*. New York: George Braziller.
Weiner, P., J. Starke, F. Hundhausen, J. Beil, und T. Asfour. 2018. The KIT prosthetic hand: Design and control. In *2018 IEEE/RSJ International Conference on Intelligent Robots and Systems (IROS)*, 3328–3334. Madrid: IEEE.
Wieser, E., und G. Cheng. 2016. Progressive learning of sensory-motor maps through spatiotemporal predictors. In *2016 Joint IEEE International Conference on Development and Learning and Epigenetic Robotics (ICDL-EpiRob)*, 43–48. Cergy-Pontoise: IEEE.
Yamashita, Y., und J. Tani. 2008. Emergence of functional hierarchy in a multiple timescale neural network model: a humanoid robot experiment. *PLoS Computational Biology* 4(11): e1000220.
Zhuang, K. Z., N. Sommer, V. Mendez, S. Aryan, E. Formento, E. D'Anna, F. Artoni, F. Petrini, G. Granata, G. Cannaviello, W. Raoul, A. Billard, und S. Micera. 2019. Shared human-robot proportional control of a dexterous myoelectric prosthesis. *Nature Machine Intelligence* 1(9): 400–411.

Embodiment and Humanoid Robotics

Thomas Mergner, Michael Funk, and Vittorio Lippi

Contents

Abstract

The concept of embodiment (i.e. of a bodily basis) of human cognition has a long history in philosophy and nowadays develops a growing impact on humanoid robotics. There, inspirations often aim at mimicking human skills and achieving friendly and fruitful human-robot interaction (HRI). This article considers as an example the embedding of the sense of self-agency (SSA) in very basic human sensorimotor control mechanisms and, after its modeling, its 're-embodiment' into human-inspired robots. From this it is concluded that (1) robotics profits with respect to robot safety, control robustness, versatility, energy costs, and HRI from

T. Mergner (✉)
Neurology, University Clinics, Freiburg, Deutschland
e-mail: thomas.mergner@uniklinik-freiburg.de

M. Funk
Philosophy of Media and Technology, University of Vienna, Wien, Österreich
e-mail: michael.funk@posteo.de

V. Lippi
Fakultät IV – Elektrotechnik und Informatik, TU Berlin, Berlin, Deutschland
e-mail: vittorio.lippi@tu-berlin.de

K. Mainzer (Hrsg.), *Philosophisches Handbuch Künstliche Intelligenz*,
https://doi.org/10.1007/978-3-658-19606-6_23

implementing human sensorimotor control concepts, and (2) vice versa, concepts of human cognitive and physiological functions may profit when confronted with 'real world' tests in robots.

Keywords

Embodiment · Humanoid robots · Sense of self-agency · Sensorimotor control · Emergences

1 Introduction

The concept of "embodiment" is often considered with respect to cognitive functions. For example, the concept of 'embodied cognition' holds that cognitive functions have a physical foundation ("grounding") in the real world, meaning a foundation in the use of the body, its sensorimotor system and its interactions with the physical surroundings ("situated", but also relating to the so-called "4e" in cognitive sciences: "embodied", "embedded", "enactive", "extended"). These concepts have roots in philosophy and many scientific fields such as psychology and robotics (see Wilson 2002). In general, there also exist strong influences of the embodiment concept in philosophy (e.g. 'philosophy of mind', 'philosophy of technology and sciences') and in psychology (especially cognitive psychology) where linkages have been postulated between cognitive performances and the body that shapes and generates a performance (an example is the concept of common coding of action and perception in ideomotor theories (Prinz 1987; Hommel et al. 2001)). And, embodiment is often addressed as an interdisciplinary link across research fields such as psychology, philosophy, and linguistic.

In robotics, there exist early attempts of cybernetic demonstration of embodied intelligence. For example, simple small 'tortoise' robots were made to show, using simple electronics, seemingly intelligent behavior by seeking for, probing, and charging their batteries from outlets of electric current (Grey Walter; see Holland 2003). Later, the embodiment concept strongly influenced more directly the research in artificial intelligence (AI) with impacts on robotics ('subsumption control architecture' for 'behavior based robotics'; e.g. Brooks 1991, 1999). An argument was that using symbolic representations for controlling robots in the world was less efficient than basing the control development on the sensorimotor hardware and its interaction with the physical properties of the environment. Since the early development of AI in the second half of the last century, some of the formerly intriguing problems have found solutions using new computer technologies such as the use of neural networks and probabilistic techniques. Yet, a surprising finding in this field is the 'Moravec's paradox' (Moravec 1988), stating that the computational effort for a reasoning tends to be relatively small compared to the problem of controlling sensorimotor skills in the terrestrial environment.

While many embodiment concepts are focused on cognitive skills, others deal with the control of an agent's sensorimotor skills, and still others consider very basic aspects such as 'intelligent' body morphologies and materials, i.e. features that resulted in phylogeny from adaptation to given surroundings under ecological pressure for specialized functions – often paralleled by corresponding developments of their peripheral and central nervous systems. An example is the adaptation of shape and material of the fins in fishes for optimal swimming capabilities, one of many examples from the 'animal kingdom' that attracted attention in robotics (Pfeifer et al. 2007). The issues addressed reach from such basic sensorimotor issues (e.g. Pfeifer and Bongard 2006) to the '*structural coupling*' between agent and environment and up to high-level functions such as cognition and further to social abilities (see list of Ziemke 2003), and ultimately to considerations of a technical evolution of 'embodied robotics' where artificial forms of self-consciousness may emerge (Mainzer 2009).

The question of grounding and situatedness of human embodied sensorimotor and cognitive skills became especially eminent when roboticists tried to implement them into robots, and this especially in the field of humanoid robotics where human-robot interaction (HRI) represent a challenge for the future, for example in that humans intuitively understand robots (Miller and Feil-Seifer 2017). The term 'humanoid' robot refers to a morphological similarity to humans, but often also includes functional and cognitive aspects. In fact, robotic researchers often attempt to technically mimic human perceptual, cognitive and sensorimotor functions and to use these, or inspirations thereof, for robotic implementations. Early examples are the Cog Project and its criticisms of AI, positing that intelligence of robots has to be embodied and that developing AI in robots requires interaction with the world (Brooks et al. 1999). This approach involved embodiments of sensors and actuators and their use in a bottom-up control of sensorimotor functions. There exist, however, also problems with these approaches. One problem is that not everything can be planned in advance when a skill is embodied into a robot, because non-linearities in complex systems may lead to unwanted emergences[1] (Mainzer 2009). Using reliable mechanisms, as they exist in biology, may help to reduce the risk.

Inspirations for human-inspired approaches in humanoid robotics may be drawn from textbook knowledge of human sensorimotor functions, as in the work of Hyon et al. (2007), who suggested to also draw, *vice versa*, inspirations from work with humanoid robots for the understanding of human functions (Cheng et al. 2007; Mergner 2007). In fact, abstracting from human experiments new theoretical concepts of sensorimotor function, and 're-embodying' corresponding models into robots, appears promising for future research. The approach provides inspiration for roboticists and neuroscientists. For example, neuroscientists may use it as a proof

[1]Emergencies are occasionally a source of dreadful visions of creators of artificial systems, as reflected in the emergency of consciousness and intelligence in robots, like in Fritz Lang's movie Metropolis or in short stories by Isaac Asimov. Nowadays, they are considered to come within reach by the ever faster developing IT technologies.

of principle test when confronting their human models in the robot with 'real world challenges' from sensor and motor noise and from inaccuracies and mechanical dead zones (e.g. Mergner et al. 2009).

Attempts to achieve human likeness of robots are especially strong in Japan, a country that is facing an aging society, which in future will need more and more domestic help. The spectrum of this approach is very broad, reaching from human-like communication behavior to human-like movement styles and materials – i.e. features important for human-robot interaction (HRI), meanwhile a research field of its own right. It investigates the effects that the function and design choices of humanoids may have on humans, what the differences between physical robots and robots in virtual form are, and what the role of the physical environment is (Miller and Feil-Seifer 2017; Funk 2014).

Humanoid roboticists, who aim to implement human cognitive and sensorimotor skills, may face the problem that these are not yet available in terms of a blue print model. An example is the cognitive sense of *self-agency* (SSA), i.e. the awareness of whether a given physical impact that an agent is experiencing stems from self-produced sensorimotor activity or has an external source in the environment. This awareness involves the use of a body, sensors and actuators as well as the development of sensorimotor control functions. In philosophy, the SSA has its roots in the differentiation between self-awareness (first-person-perspective) and awareness of other impact sources (second-/third-person-perspective). Bodily expression on the basis of this distinction is emphasized e.g. by Ludwig Feuerbach (1983) and Helmuth Plessner (2003), but also in current approaches of dialogical logics and constructivism (e.g. Lorenzen and Lorenz 1978; Lorenz 2009; Mittelstraß and von Bühlow 2015). In human sciences literature, there exist several versions of the cognitive SSA (David et al. 2008) and as a possible basis for this a bottom-up SSA in sensorimotor control. It has recently been modeled in a combined neurological and robotic ('neurorobotics') approach, as will be described in this chapter.

This chapter combines the views of a philosopher, a roboticist and a neurologist. It addresses next philosophical and thereafter robotic issues related to embodiment and anthropomorphization. Thereafter, neurorobotics issues are addressed, and then the embedding of the SSA in somatosensory control together with specifics required for robotic implementation. In Conclusions, the neurorobotics approach is compared to more theoretical approaches.

2 The Embodiment Concept – Philosophical Roots

Only a few decades have passed since roboticists took up the long existing idea of philosophers that mental functions such as cognition have a foundation in the agent's body and its interaction with the world (see Sect. 1). In view of current and future developments it may be worth, or is even desirable, to recall and consider related philosophical issues. Both the meaning of embodiment as well as of humanoid robots are explicitly or implicitly related to fundamental philosophical conceptualizations, which also reach back to ancient and to early modern debates. For instance the concept of embodiment includes several understandings of what a body actually is and how it is linked to mental phenomena, the mind or soul. Humanoid robots per definition are characterized by human-like appearance or functional features. This includes the human embodiment, and with this the body-mind-problem. But also several forms of anthropomorphization shape the ways in which we humanize and embody robots.

2.1 "Embodiment": Classical Meanings of 'Body' and the 'Body-Mind-Problem'

As to terminologies, *soma* (ancient Greek) and *corpus* (Latin) are historically early terms that have led to our modern term *body*. A genuine German expression, with no direct correspondence in English, is *Leib*. It refers to a specific kind of alive bodies, ones that belong to a concrete person or, at least, to beings with a soul. Therefore, the term *Leib* includes the meaning of the two modern English terms body and corpus (in German *Körper*), but sometimes reaches also beyond. Discussing the *Leib-Seele-Problem* implies the relation between living body and soul. In contrast, the *Körper-Geist-Problem* focuses on the relation between a physical body and the separated mind (Borsche 1980; Mainzer 2010; Mittelstraß 2010; Wimmer 2010). Notably, the English term *embodiment* combines both, *Körper-Geist* and *Leib-Seele*, in the philosophical term 'body-mind-problem'. Although its origins reach back to ancient philosophy and religious thinking, the body-mind-problem shapes debates till today, e.g. in the fields of 'philosophy of mind', cognitive sciences, neurosciences, philosophy of technology, or robotics. Here, especially dualistic and monistic approaches as well as various kinds of causal relations (e.g. emergences) will be considered.

In early modern Cartesian and French materialist philosophy the body has been conceived as a certain kind of machine that obeys the universal natural laws of bodily life. At that time, also the expression *Leib* was often used, initially mainly in context with human subjective experience, before becoming scrutinized in various ways. Gottfried Wilhelm Leibniz defined *Leib* as a manifestation of human cognition, characteristic for the limited and finite epistemic perspective of human behaviour. Following Leibniz, Immanuel Kant interpreted *Leib* as a conjunction between nature and subjectivity that serves as a perspective vehicle in human rationality and consciousness. Also, there have been alternative mechanistic and scientific-empirical concepts viewing *Leib* a feature of human subjectivity, for instance by Christian Wolff (Kaulbach 1980). Later, in nineteenth century materialist approaches, natural science definitions prevailed, e.g. in the work of Büchner, Vogt or Haeckel (Specht 1980), while Feuerbach and Nietzsche can be seen as advocates of a genuine *Leibphilosophie* (philosophy of *lived* body), which has been developed further from anthropological (Helmuth Plessner) and phenomenological viewpoints (see also the elaboration of a systematic philosophy of *Leib* by Hermann Schmitz in the 2nd half of the twentieth century; Wimmer 2010, pp. 500–502).

Exploring and defining the inter-relations and differentiation of *Leib* (body) versus soul belong to the oldest problems in philosophy. It became a central issue since the rise of Cartesianism in early modernity. An important question concerns the role of the soul in the differentiation between animated and non-animated bodies (Specht 1980, pp. 185–186; Mittelstraß 2010, p. 525). René Descartes formulated a dualistic approach with a stringent distinction between matter (*res extensa*) and mind (*res cogitans*). Even today the cause-effect relationship between matter/body and mind are still controversially discussed, both in Cartesian and non-Cartesian approaches (Specht 1980, pp. 192–193; Mittelstraß 2010, p. 525). In Leibniz' concept of *prästabilierte Harmonie* (pre-established harmony) the soul is interpreted as a principle of gestalt and process, closely related to ancient philosophical approaches of a *forma substantialis*. Due to godly programming, the realm of final causes and souls is synchronized with the realms of nature and laws of nature. Although body and mind are separated, they harmonically interrelate in Leibniz' approach (Specht 1980, p. 195; Mittelstraß 2010, p. 525). On the other hand, in the current philosophy of mind and in the school of ordinary language philosophy, the body-mind-problem is discussed in the tradition of Ludwig Wittgenstein and Gilbert Ryle. Here the Cartesian body-mind-dualism is for methodical reasons replaced by a language-critical approach in which mind and matter/body are not interpreted as objects, but as words with a concrete meaning in everyday language (Rentsch 1980; Mittelstraß 2010, p. 526).

Recent IT (information technology) approaches and cybernetics emphasize mental processes/mind/consciousness and body/matter as specific states/structures of information. The computer-metaphor is here applied to the brain in a monistic and physicalistic paradigm (Mittelstraß 2010, p. 525). Since it includes a reductionist understanding of communication, it has been critically argued that the IT paradigm of information processing provides only limited value for the explanation of human social life (Janich 2006), and with this also for related conceptualizations of human embodiment. In the nineteenth century and early twentieth century philosophy of technology, the body-mind-problem also implied a methodological meaning. It reflects two dialectically interrelated perspectives (comprising both a physiological and philosophical approach) for the anthropological description of human socio-technical practice (e.g. in the works of Ernst Kapp 2015, and Helmuth Plessner 1975). In current debates, the ethical necessity of an understanding of *Leib* that is independent of function and technical-instrumental issues is critically claimed by Gernot Böhme (2017, Wimmer 2010, p. 502). Following the phenomenological and life-world oriented understanding of technical practice, Don Ihde discusses embodiment as a form of material and cultural embedding, as well as mediation of perception (Ihde 2002). The following discourse of robotic embodiment of cognitive functions is based on a functional and material anthropomorphism (Sect. 2.2). Here the body-mind-problem receives a methodical and operational interpretation in transdisciplinary terms of philosophy, neurology and engineering (see Fig. 1):

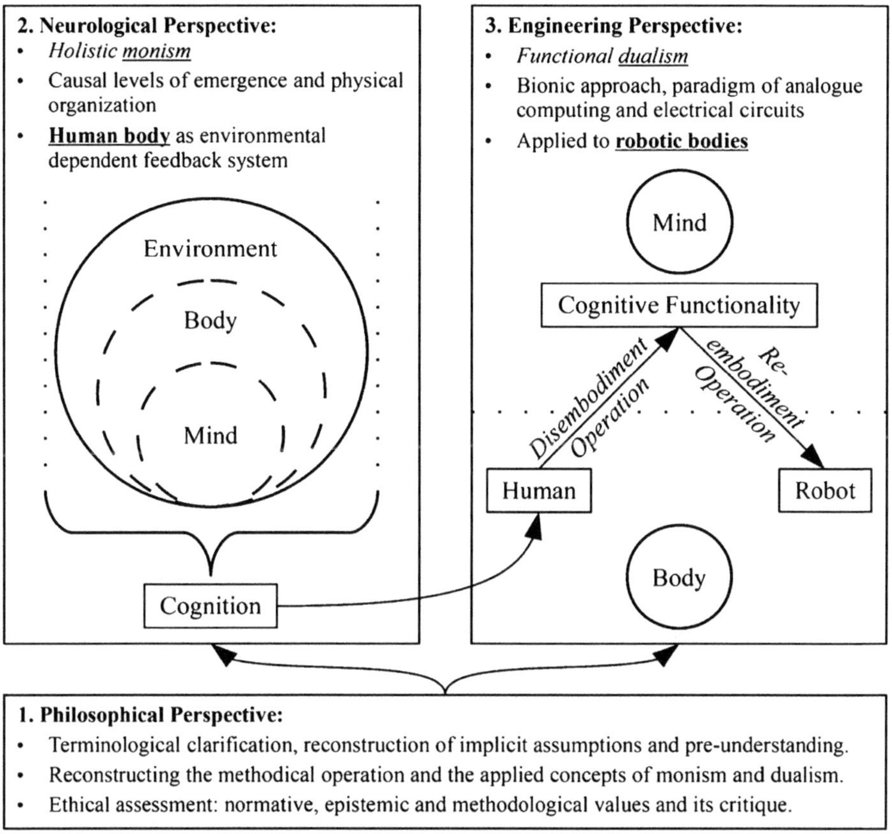

Fig. 1 Transdisciplinary approach to a methodical and operational interpretation of the body-mind-problem in humanoid robotics

1. a) Terminological clarification including reconstruction of implicit assumptions and pre-understanding; b) reconstructing the methodical operation and the applied concepts of monism and dualism including related models of causality; c) ethical assessment: normative, epistemic and methodological values and its critique (*philosophical perspective*);
2. a robotic body is conceptualized as an environment dependent feedback system built on causal levels of emergence and physical organization including sense of self-agency (*neurological perspective, holistic monism*: intimate embedding of cognition into the sensorimotor body, and intimate embedding of the sensorimotor body into its environment);
3. for epistemic reasons processes of disembodiment and re-embodiment of cognitive functions are used in order to enable successful humanoid functionality (*engineering perspective, functional dualism*: applying an bionic approach the human body is seen as standard; due to technical replication its cognitive

sensorimotor processes are externalized – following the paradigm of analogue computing and electric circuits – and later internalized in a robotic body).

2.2 "Humanoid Robots": Anthropomorphizing Robotic Embodiment

Per definition, humanoid robots are characterized by a human-like appearance and/or functionality (Christaller et al. 2001, pp. 87–88; Decker 2010, pp. 45; Hirukawa 2007, p. 1; Knoll and Christaller 2003, pp. 12–14; Küppers 2018, pp. 31–32). The classical definition understands anthropomorphism actually as the appearance of gods in human shape (*ánthrōpos* = human, *morphé* = form). In ancient Greek religion both the material form and the behaviour of gods was described in analogies to mankind (Lanczkowski 1971, p. 376; Hülser 2005, p. 157). For Immanuel Kant, the symbolic anthropomorphism relates to the discourse form in which god is described by using humanoid terms. Linguistic accounts of anthropomorphic wording need to be explicitly identified in order to enable methodologically adequate descriptions of the object under consideration (Schütte and Fabian 1971, p. 377; Hülser 2005, p. 158). Today, by using technical and natural-scientific means, we are often humanizing technical systems. As a result of this, anthropomorphization plays a crucial role also in humanoid robotics.

We conceive that machines can be humanized (= anthropomorphized) in various ways and will consider in the following six aspects as especially relevant[2]:

(1) *Anthropomorphizing linguistic embodiment I.* Reminiscent to the symbolic anthropomorphism in the Kantian meaning, current habits of wording play a crucial methodical role in technologies. Linguistically, one way to talk about humanoid robots is to address the resemblance of "humanoid" robots by describing them with terms that relate to humans' everyday life – *as if* they where "smart", "autonomous", "intelligent" or having a "free will". This form of anthropomorphism easily leads to categorical misjudgments because normative terms receive their meaning in interpersonal dialogues. Since robots are material artifacts, tools and other means for human ends, adequate wording for technical functions must fulfill linguistic criteria of technological means-end-rationality (Janich 2006, 2012; Decker 2010, p. 42; Funk et al. 2018, p. 382).

(2) *Anthropomorphizing linguistic embodiment II.* Not only talking about robots, but also talking with and through robots can be seen as a form of anthropomorphism (Funk et al. 2018, p. 374). We treat robots *as if* they where social actors because we talk to them. This is historically a very recent phenomenon, compared to the usage of hand axes millions of years ago or even nowadays of classical cars (not self-driving ones). Using the voice is discovered as a human-

[2]The list of six items here is not meant to insinuate a relation to the often-cited ‚Six Views of Embodied Cognition' by M. Wilson (2002).

machine-interface, which underlines that verbal expression is not exclusive to human social interaction any more. With the voice interface, we are anthropomorphizing speech-operated systems like humanoid robots. Therefore relations between physical embodiment and language became an important research topic in the field of philosophy of technology (Coeckelbergh and Funk 2018; Coeckelbergh 2017) and AI (Mainzer 2019).

(3) *Anthropomorphizing material embodiment.* Complementary to the linguistic appearance is the material appearance: Humanoid robots, especially androids, may look in an embodied way *as if* they where humans. This is the most obvious anthropomorphism. Masahiro Mori described a psychological "uncanny valley" effect: If robots are made very humanoid so that they are erroneously taken as humans at first appearance, people may lose trust and experience an eerie feeling when they recognize the machine instead of an human person at second glance (the 'uncanny valley' of Mori 2012). Humanoid embodiment of robots might cause confusion and the feeling of uncertainty in human-machine-interaction. On the other hand, humanoid appearance can also generate trust, when their identity as a robot is made explicit in a confrontation from the beginning on (Funk et al. 2018, p. 378).

(4) *Anthropomorphizing functional embodiment.* Still another form of anthropomorphism refers to the material functionality: Robots that are functioning *as if* they were humans. Important issues related to the operational and functional morality of robots have been discussed, for example, by Wallach and Allen (2009). Not to forget: Robots are means to an end. And with alternative morphology (e.g. non-bipedal), robots might function much better for some tasks (in terms of means-end-rationality technical efficiency) (Decker 2010; Funk et al. 2018, pp. 371–372, p. 383). Thus, setting up human-like functions as aim for robots, in whatever physical shape, is another way of anthropomorphizing.

(5) *Anthropomorphizing epistemic embodiment.* Epistemic anthropomorphization relates to the inquisitive struggle for understanding what mankind actually is. Following Richard Feynman, engineers apply the principle: "What I cannot create, I do not understand." Building human-like machines is also a certain way to learn what it means to be human, from an engineering point of view (Decker 2010, pp. 48–49; Funk et al. 2018, p. 372). Thus, by creating humanoid robots we may want to figure out the unique features of our human embodiment.

(6) *Anthropomorphizing sociocultural and ideological embodiment.* Last not least, also human ideologies and conceptions may be included in embodiment considerations (Decker 2010, pp. 42–48; Funk et al. 2018, p. 382). Humanoid robotics makes epistemic assumptions and world views explicit, when these serve as mental and cultural projections surfaces, or as their social mirror (Funk 2014, pp. 70–71). With these often implicit and unintended projections we tend to anthropomorphize humanoid robotics even more.

In terms of language (1. & 2.), design (3. & 4.) and effects (5. & 6.) these six forms of anthropomorphizing shape the ways in which we are used to humanize robots (Fig. 2).

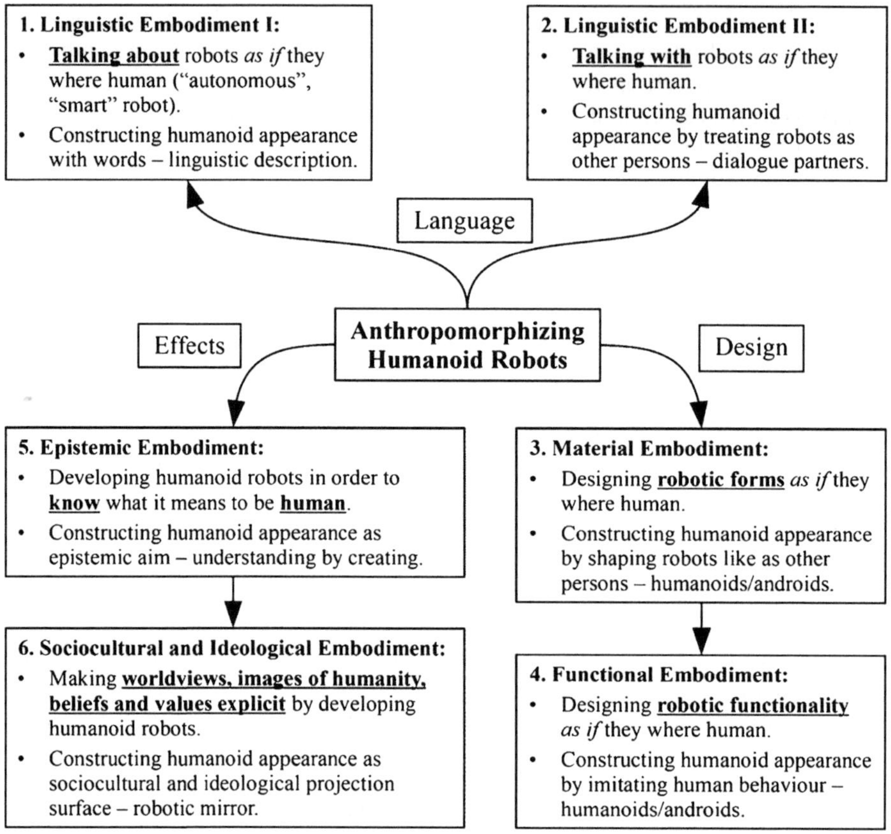

Fig. 2 Conceptualizing robot anthropomorphization

3 Robotic Embodiment Modes

There are several definitions and modes of embodiment that can be applied to robots. Referring to the list proposed by Ziemke (2003), it distinguishes: (i) Structural coupling, (ii) physical embodiment, (iii) organismoid embodiment, (iv) historical embodiment, (v) organismic embodiment, and (vi) social embodiment.

Structural embodiment (i), defined as the presence of perturbatory channels between agent and environment, applies to a sensorized humanoid in contact with the environment. As a very general definition, it includes simulated agents. The definition of *physical embodiment* (ii) is in this respect stricter: It requires a physical instantiation of the agent and of its interaction with the physical world. From a theoretical control system point of view, both *i* and *ii* can be seen as the interaction between dynamic systems. The experience provided by humanoid experiments in a human experimental set-up and the use of model simulations, considered below, showed that it is difficult to fully replicate in simulated environments the complexity of the real world sensors, actuators and environment with all their implications.

The concept of *organismoid embodiment* (iii) refers to the way in which a body is interacting with the environment, but in this it is very restrictive in that it is limited to organism-like bodies. The humanoid morphology of a body standing on two legs implies that the control system should in some way consider the issues of human sensorimotor control (described later), such as the relationships between physics of the body and space. For this reason, some authors are claiming that giving a robot a human-like morphology is the only way, how the robot can learn to cope with the human world (e.g. Dreyfus 1996). This notion is similar to the concept behind the *physical embodiment* (ii) definition: It is hard to imagine that the complexity of the human sensorimotor control can be generated without a human-like physical experience. Also, when one uses humanoids to study human sensorimotor control, for example, one may want to understand in which sense the humanoid behaves human-like. There are considerable differences between human muscles and robot actuators, both in terms of control, performance and kinematics (e.g., robot legs may always be bent to avoid a singular configuration as in Ott et al. 2016). And, when using in the human and robot experiments posture control and balancing, this typically demands only moderate joint torques, at least compared to other tasks occasionally performed by humans like running or jumping. Yet, performing clearly below the upper limits of the actuation implies that the behavior is not shaped by those limits, but rather by the control system and body dynamics.

The other three forms of embodiment have less relevance for humanoid control in the present context: *Historical embodiment* (iv) refers to the result of the history of an interaction between agent and environment and adaptations thereof. The historical evolution of the system can be observed when integrating learning into the bio-inspired control, like in experiments of Lippi (2018). These demonstrated that it may not always be obvious in such experiments, whether the parameter adaptations associated with learning should be considered fundamentally different from those resulting from the perturbation of the internal states, at least when both are almost simultaneously arising during interaction with the environment. *Organismic embodiment* (v) refers to biologic agents and their evolution in the environment. Since the human-inspired robot control is designed as a model of a living agent that reflects an evolution in the environment, one may consider it despite its fixed design as an „evolved“ agent. Lastly, *social embodiment* (vi) addresses the role of embodiment in social interactions. In fact, the control of poses and movements can be important from the social point of view, but this aspect has rarely been considered yet in humanoid robot sensorimotor experiments. On the other hand, especially when it comes to human-robot-interaction and social robots that interact as service devices with human persons – e.g. in care applications – the social embodiment receives a specific functional interest for the design of humanoids.

In particular the postural control[3] in humans and humanoids may be considered a special case in so far that it is refers to a specific sensorimotor task and typology of the body. Such specificity, that excludes some of the more general embodiment aspects listed above, provides a well-defined context where to implement and test ideas about *structural* and *physical* embodiment. Posture control can provide important insights about how the sensory input and the motor control are adapted to the environment and to the specific body shape. The task is demanding and essential, because in case of failure the robot falls under terrestrial conditions. The integration of sensory inputs into disturbance estimates and their use in feedback control can be viewed as a low level form of embodiment. This applies not only to the compensation of external disturbances, but also to the control of own actions (compare below, Fig. 3b, where both, predicted and actual sensory inflows are processed for motor control as well as for the perceptual experience of the SSA).

In the next section, the above rather broad view on robotic embodiments will be narrowed down to the embodiment of human functions following the design perspective:

Anthropomorphizing material (3.) and functional embodiment (4.) (see Fig. 2) goes hand in hand from both engineering and neurological view points with (i) structural coupling, (ii) physical embodiment and (iii) organismoid embodiment. This will lead us to the concept that human-identified control mechanisms can be 're-embodied' in robots for proof of principle and research purposes.

4 Embodiment of Human Sensorimotor Functions and Re-embodiment into Humanoid Robots

The concept of embodied cognition holds that cognitive functions are discernable in early stages of child development primarily in sensorimotor functions, before ontogenesis and the interaction with the world including other agents are adding more and abstract functions such as mental reasoning (e.g. Piaget 1961; see Guidi and Morabito 2017). There exists considerable research on related embodiment concepts spread across various research fields. In cognitive sciences, for example, the rather abstract 'Sensorimotor Approach' to perception aims to include the expertise from several fields such as dynamical systems, psychology and neuroscience for testing operationally defined models that combine concepts of sensorimotor environment, coordination, and strategies (Buhrmann et al. 2013). In robotics, a special humanoid robot (iCub) has been designed with the aim to foster research on how a small child develops ontogenetically cognitive and related sensorimotor functions (Metta et al. 2010).

[3]The sensorimotor system comprises two controls, one for 'proactive' (or voluntary) and the other for 'reactive' (reflexive) actions. A trunk lean in the hips, for example, tends to be accompanied by compensatory activity in the ankle joints that accounts for the reaction forces. To this end, humans dispose of a *'posture control' system* that provides them, for example in standing and walking, with a stable upright body orientation, or posture. Its task is to ensure that voluntary movements and poses are executed as desired, i.e. obstructed neither by self-produced nor by external perturbations or the posture control mechanism itself.

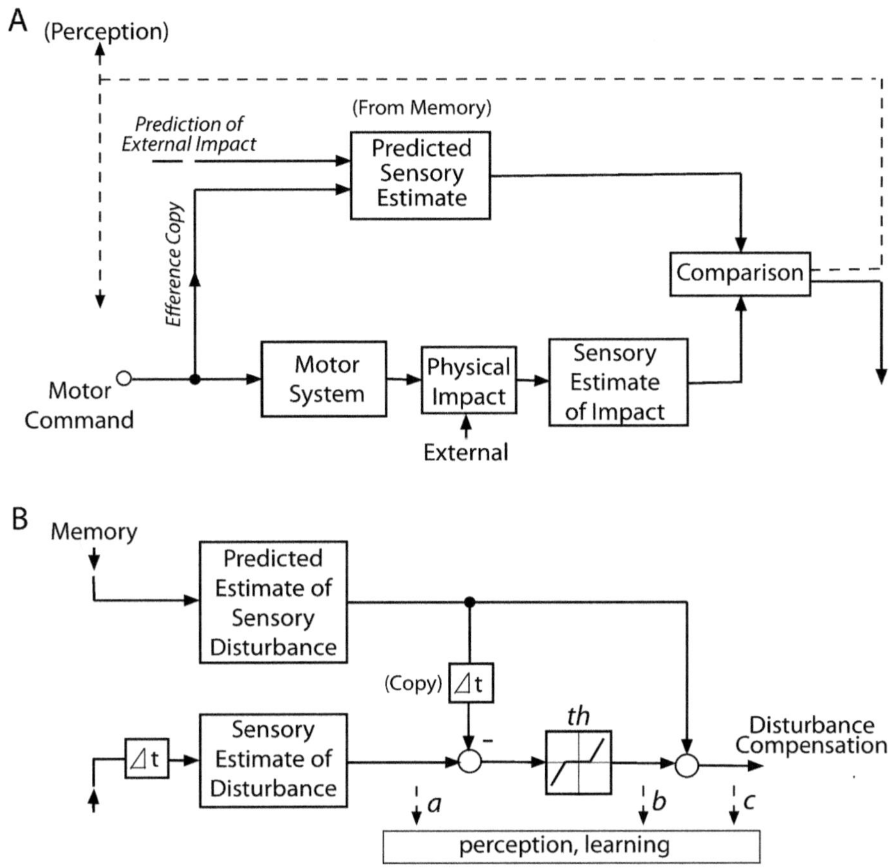

Fig. 3 Efference copy (EC) mechanism. (**a**) The EC, a replica of the motor command, downstreams from memory a prediction of the sensory consequences of the own motor action for comparison with the actual sensory inflow (bottom). The result is used in sensorimotor control (full line) and perception (dashed) to distinguish between self-produced versus external sensory inflow from physical body impacts that, if uncompensated, disturb sensorimotor control. (**b**) Comparison mechanism. Sensory inflow from external impact (upward input) is time delayed (Δt), and detection threshold *th* shields motor output from sensory noise in resting state. Predicted sensory inflow (downward input) cancels the external disturbance signal (subtraction) before determining the output (Disturbance Compensation). When external and self-produced disturbances occur in overlap, the superposition property applies approximately (threshold is small). For perception and learning, the signal from subtraction *c-b* represents the self-produced disturbance and *b* the external disturbance (noisy estimate *a is dismissed*). (Compare Mergner 2010)

The 'human-to-humanoids (H2H)' approach focuses on developing human-inspired controllers, and to this end investigates the human motor system. The aim is to formally capture dynamics and kinematics of human movements in a form that can be implemented in robots under optimality criteria with consideration of noisy and time delayed signals (Ivaldi et al. 2012). Pezzulo et al. (2011) presented an impressive list of problems to be solved when considering 'the mechanics' of embodiment. For example, researchers could simplify the complexity of the processing tasks by dismissing modalities such as abstraction, motivation or affect. Yet, there remain complications due to the large number of cognitive functions and their differentiation, furthermore difficulties in the separation of cognitive from perceptual constituents, effects of modifiers such as attention or automatization, and the transformation from modal (sensory) to an amodal codes in the information processing and storage. And, last not least, cognitive abilities are not "given", but learned in somatosensory activity. Disputable, the authors point out that a simulation model might prove the validity of a finally achieved concept, given that it can be used for both, comparison with empirical data and as a working tool for abstraction, if robustness and versatility is given when changing tasks.

Conceiving that such top-down approaches may possibly be too complex to get a grip on the embodiment concept, an alternative would be to focus on bottom-up approaches that start, for example, with the agent's morphology and materials (see Sect. 1). In fact, humanoid robots are often given some human-inspired body morphology (see above, 3. *Anthropomorphizing material embodiment*). But deriving from such approaches far-reaching claims for cognitive functions is questionable. An intermediate approach would be to focus on bodily roots of cognitive functions in the sensorimotor control of humans, taking a neurological approach. The functionality may be represented and tested in computational models, however with the drawback that the models of agent and world properties may not fully match reality. Yet, one could add a further step in the evaluation by using the model to build a 'production system' of sensorimotor behaviour that contains important mechanisms of the considered cognitive function and use it for corresponding 'proofs of principle' in humanoid robots.

However, to give such an approach pervasive power from a neurological viewpoint, it should satisfy several demands. Important is that the motor actions of the robot should be stable in face of disturbances that challenge upright body posture. From the control viewpoint, this stability has to be maintained despite feedback time delays, noise, and inaccuracies in the system. And, an answer should be given to the question how the mechanism deals with the many degrees of freedom (DoF) an agent usually uses in sensorimotor behaviours. Finally, the envisaged solution should account for both, external perturbations such as gravity or a push of another agent, as well as for self-produced perturbations such as an intersegmental coupling force (e.g. if a moving segment exerts a push-off force on its supporting base, another segment). Both the cognitive and the sensorimotor distinction between external disturbances, requiring 'reactive' postural adjustments, versus self-produced disturbances, to be associated with 'proactive' adjustments, is highly relevant for learning action ownership. For the cognitive SSA, this task draws on *high-level* brain mechanisms that compare and weight the available evidence of the ownership on the basis of experiences, expectations, and matches/mismatches among sensory cues (David et al. 2008).

Such comparison functions are found in different versions already in primitive animals (Crapse and Sommer 2008). For self-produced disturbances, they often include sensory prediction, which accounts for biological feedback time delays and thereby improves sensorimotor control stability. Since robotic embodiments of human cognitive functions are currently still speculative, we focus here on human sensorimotor functions, which use a SSA comparator mechanism ('somatosensory SSA'). As will be described further below, its robotic embodiment required us to make 'amendments' to standard SSA models. Furthermore, the robot had to be equipped with human-inspired sensors, actuators and motor control systems. Only then did the 're-embodiment' of the human control into humanoid robots allow us to perform 'prove of principle' experiments and Turing test-like human-robot comparisons.

To explain the procedure, we briefly describe the study of Hettich et al. (2014), which contained the SSA in its control (details in Mergner 2010). In a first step, human experimental data for a sensorimotor control task (balancing upright stance on a moving support base) were collected. From this, a formal description of the control was obtained, which reproduced the human data in model simulation. Then, the model was 're-embodied' into a human-inspired robot, and the experiments were repeated on the same test bed. The approach provided a 'real world robustness' test for the model (under the premise that noise, inaccuracies and non-linearities such as dead bands in the robot are not fundamentally different from those in humans). And, in the aforementioned Turing-like test, the robot data compared favourably to the human data. On the way, however, several corrections had to be made, with mutually inspirations and benefits for both, the neurological and the robotic approach (compare Mergner and Tahboub 2009).

To be described below, an important finding in the modelling was that the human sensorimotor comparator mechanism may lend itself also as a building block for a *perceptual* SSA, which from the cognitive viewpoint may appear as an emergency.

5 Embodiment of the Sense of Self-Agency in Somatosensory Control

The human sensorimotor control is strongly shaped by the laws of physics governing the body and its interaction with the terrestrial environment. For example, gravity effects tend to perturb the torque in the body's joints produced for poses and movements and thereby disturb sensorimotor control. Disturbances that occur stereotypically in relation to external events or to self-generated actions tend to be learned together with their compensation by the postural control mechanisms, and then often remain subconscious. The task of the postural mechanisms is to ensure that voluntary poses and movements are executed as desired. *If they are impaired in humans or are inadequately implemented in robots, sever motor deficits result.*

When describing below these mechanisms, we make use of testable 'signal flow diagram' models.[4] Considering the mechanisms that are underlying the somatosensory SSA, the signal flow is apart from motor commands mainly 'bottom-up', meaning starting from the sensors, in distinction to the 'top-down' cognitive SSA and other high-level sensorimotor tasks such as movement planning and supervising. The described embedding of the somatosensory SSA builds on identified human mechanisms and on their implemention in robots for proof of principle and human-robot comparisons (see above, Sect. 4). To this end, the original SSA model required major amendments and its fitting into a stable and conflict-free sensorimotor control.

5.1 The SSA concept: Distinguishing Between External Versus Self-Produced Body Impacts

This distinction is basic for learning and controlling sensorimotor functions and behavior. Considerable work has been devoted to this task in human somatosensory research (e.g. Saradjian 2015) and cognitive research (David et al. 2008). Both research fields typically refer to the *'efference copy' (EC)* concept of von Holst and Mittelstaedt (see von Holst 1954). It represents a comparator mechanism in the sense that (a) *self-agency is assumed if predicted sensory inflow occurring with self-produced motor activity is congruent with actual sensory inflow*, while (b) *non-predicted constituents are interpreted as stemming from external impacts*. Neuropsychologists explain with it the absence of self-tickling (Blakemore et al. 1998), while some neuroscientists with engineering background conceive it as a feed forward mechanism that helps stabilizing motor control in face of time delays and noise and improving motor functions such as motor learning and trajectory planning (Wolpert et al. 1998; for more abstract considerations, see Pezzolu 2008).

According to the EC concept (Fig. 3A, B and Fig. 4) a copy of the motor command signal (the *efference copy*) is used to downstream from memory a learned prediction of the sensory consequences of self-produced physical impacts for timely compensation of the disturbance (for example the increase in gravitational ankle torque arising from a body lean). In contrast, a non-predicted externally produced body lean, for example evoked by a tilt of the body support surface, is compensated with the sensory, processing and motor time delays of the system. The underlying comparison mechanism is assumed here to represent the *basis for both, the sensorimotor and the cognitive (perceptual) sense of self-agency* (Fig. 3B). Its functionality in a behavioural context is shown in Fig. 4. Establishing its functionality in robots required its embedding in somatosensory control modules (Fig. 5).

---

[4]Diagrams and legends can be used for consolidation. Unlike analytical (mathematical) descriptions, the diagram models may contain non-linear elements (e.g. biological detection thresholds). They can be directly used for computer control of robots (e.g. Simulink/Matlab, Real-Time Windows Target, The MathWorks Inc., Natick, USA).

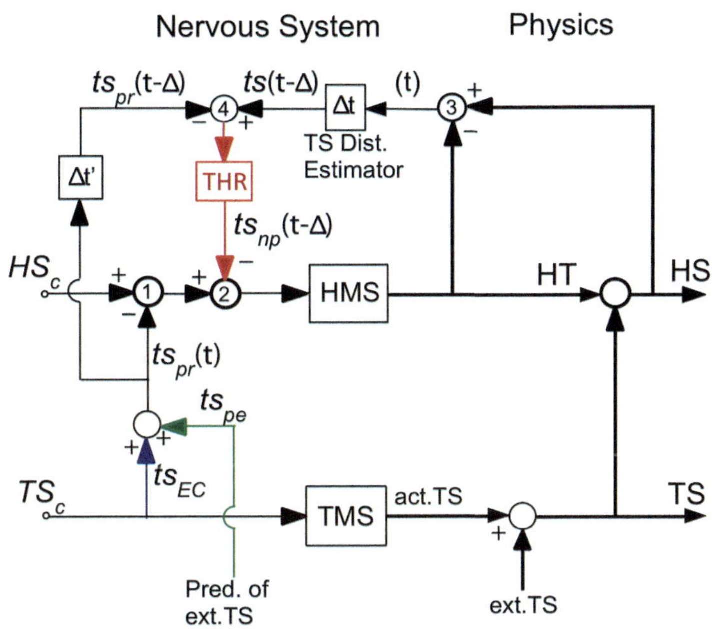

Fig. 4 *EC in functional context*. Signal flow in three behavioral scenarios where a targeting head rotation in space, *HS,* is disturbed by trunk rotations in space, TS (HMS and TMS: head and trunk motor systems with motor commands HS_c and TS_c respectively; *HT,* head-to-trunk rotation). *Scenario 1: Active TS rotation.* Its efference copy ts_{EC} exerts via the prediction signal $ts_{pr}(t)$ two effects, it diminishes the HS_c signal (summing junction 1), and it cancels via $ts_{pr}(t\text{-}\Delta)$ the sensory signal $ts(t\text{-}\Delta)$ from the TS Disturbance Estimator. *Scenario 2: Prediction of passive TS rotation.* Down-streamed from memory, the prediction of external TS rotation (*Pred. of ext. TS*) may use the same mechanisms as in Scenario 1. *Scenario 3: Passive TS rotation* ('ext(ernal) TS'); perturbation of HS is estimated with time delay *t* (after summing junction 3) and, after passing a threshold (THR), this estimate diminishes *HS* using $ts_{np}(t\text{-}t)$ (subscript *np*, not predicted). For simplicity, actions refer here to small and slow centric head and trunk rotations in the earth-horizontal plane, so that field force impacts, e.g. of gravity, can be dismissed

The sensorimotor control module – Multisensory disturbance estimates. Disturbance compensation requires (a) establishing disturbance estimates and (b) implementing these into feedback and feed forward mechanisms. The disturbance estimations comprise two steps:

1. *Combination of raw sensory signals into physical variable estimates*. Estimating for example head linear acceleration in a setting off subway requires fusions of vestibular otolith and canal organ signals (see Mergner et al. 2009).

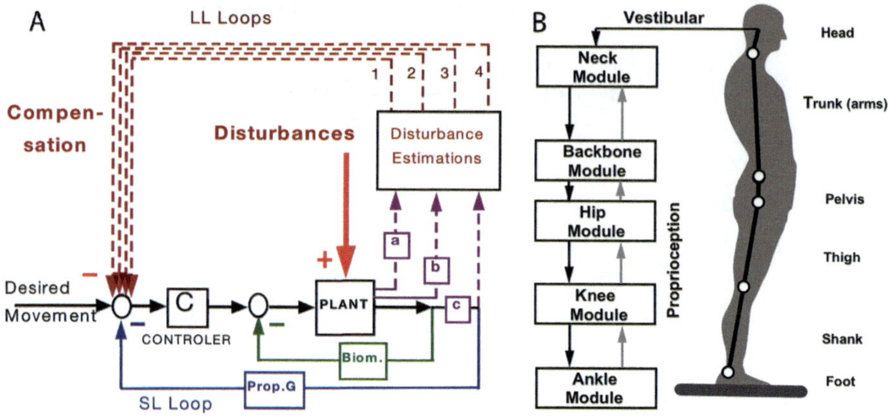

Fig. 5 Disturbance estimation and compensation (DEC) model (Mergner 2010). (**a**) DEC control module. Input 'Desired Movement' commands controller (C) to provide the joint torque that is required to produce a desired movement or pose (in *Plant*). Biomechanical tissue properties ('*Biom.*') provide an immediate negative feedback (green) in addition to proprioceptive short latency feedback ('*SL Loop*'). The resulting servomechanism achieves correspondence between actual and desired movements or poses. In addition, external or self-produced disturbances are estimated from several sensory sources (boxes *a-c*). The estimates (*1–4*; see text) command via the *LL* (long latency) loops the servo to provide the extra torque required for disturbance compensation. (**b**) Network of information exchange between DEC control modules. The example shows how vestibular signals from the head are used to infer the kinematic state of their feet and the foot support surface (details in Lippi and Mergner 2017)

2. *Combination of physical variable signals into disturbance estimates.*[5] Combining in the example the head translation estimate with proprioceptive signals for a coordinate transformation along the body axis from head to feet provides an estimate of the kinematic state of the foot support surface in the subway (Mergner 2010; compare Fig. 5b).

For a given DoF of the human skeletomotor system, four physical impacts may perturb the joint torque: (a) *force fields* such as gravity, (b) *contact forces* such as a push and (c) *rotation* and (d) *translation* of the supporting body link or the external support surface. Dealing with these estimates instead of many 'raw' sensory transducer signals unburdens the control modules (and facilitates their 're-embodiment' in robots). Inter-connections between control modules provide the basis for intersegmental coordination (see below and Fig. 5b). Yet, combining the information across the many DoFs of the whole body (with >200 joints of the skeletomotor system) at higher brain centers for motor planning, supervision and prediction represents a complex task.

[5]The basis for the described sensory processing concepts stems mainly from human psychophysical experiments where subjects quantitatively indicated or estimated kinematic stimuli on motion devices (e.g. Mergner 2002).

Learning and subconsciously dealing with disturbance compensation includes the impacts from the 'invisible' field forces such as gravity (recall the anecdote that it required a fall of an apple on the head to make Newton aware of gravity). In contrast, external mechanical perturbations such as a support surface translation typically have a representation in consciousness as a learned and predictable external world event (this, although physically it is here actually the body's inertia that causes the disturbance). And, it is the learned experience that may allow us to interpret the visually or haptically perceived activities of other agents (relevant for HRI, for example). Especially the strength of gravity tends to be often underestimated. Theoretically, its strength may pose problems for control stability in face of the biological feedback time delays. Alerted to this problem in model simulations, McIntyre and Bizzi (1993) put into question the belief of many physiologists that the muscle stretch reflex represents the equivalent of the PD (proportional-derivative) controller – a standard tool of engineers, appreciated because of its simplicity and stability. However, when used in the *disturbance estimation and compensation (DEC)* sensorimotor control described below, model and robot data obtained with the PD controller compared favorably with human data.

The sensorimotor control module – Disturbance compensation. The DEC controller is shown in Fig. 5a together with its feedback loops for disturbance compensation (details in figure legend and Mergner 2010).[6] The DEC control modules, one for each DoF of the human skeletal motor system, exchange information via downward and upward information streams across the body segments (Fig. 5b). This connectivity provides, for example, a basis for compensation of inter-segmental coupling forces (Lippi and Merger 2017) and for the emergences of inter-segmental coordination[7] (Hettich et al. 2014). Another emergence is the movement coordination across sagittal and frontal body planes owing to the physical embodiment (Lippi and Mergner 2017). Important for control stability is the DEC module's superposition property[8], i.e. its ability to provide at its output the summed torque for all constituents of the control tasks in a conflict-free and stable way, i.e. the compensation for all disturbances, external and/or self-produced, and/or voluntary movements (compare Fig. 6).[9] Unconsidered remain here high-level adjustment mechanisms such as the ones that allow

[6]The disturbance compensation loops ('LL loops' in Fig. 5a) are called in German control textbooks "Störgrößen-Aufschaltung" – a simple control method that, surprisingly, has no direct equivalent in the anglo-american control textbooks.

[7]For example, a forward lean of the robots trunk is accompanied by a backward learn of the leg segment, by which the body center of mass (COM) is maintained over the base of support, the feet.

[8]The 'superposition property' applies when the effects of all constituents sum linearly.

[9]Earlier physiological concepts of posture control focussed on *postural reflexes*, which in humans are transiently observed after birth (or in brain-lesioned animal preparations). They were assumed to come under control of volution and cognition in later life by unknown mechanisms that adjust the reflex gains to the postural demands and volitional intentions. The DEC model provides this functionality.

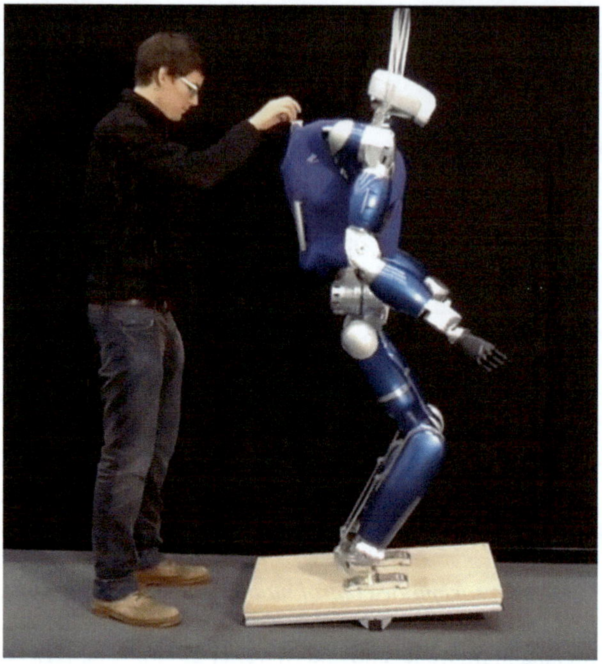

Fig. 6 Screenshot showing robot performing squatting while standing on unstable support and being perturbed by external pull stimuli (see https://www.youtube.com/watch?v=3ALCTMW3Ei4). (For further films, see Appendix in Mergner and Lippi 2018 and Ott et al. 2016)

humans to voluntarily modulate their disturbance compensation (see Mergner 2010). Notably, the detection thresholds (and saturations, not shown) in the modules are here the only non-linearities. They are showing up in behavior as slight disturbance undercompensation and small spontaneous body sways[10].

The DEC modules are supported in their tasks by body material properties and body morphology that improve functional versatility and robustness. For example, movement of the upper body versus the lower body in hip bending is used in reaching to enlarge the workspace for the hands (a versatility issue), and by performing rapid hip bending to exert compensatory shear forces on the ground is used as 'hip strategy' for balancing (a robustness issue). The morphology is also relevant for HRI, in that an anthropomorphic design helps humanoid robots to fit into the human living and working sphere and increases human acceptance, with exceptions (see above, 'uncanny valley'). Further support comes by beneficial task interrelations as they have been established in evolution. The following example relates to the challenge of control stability by signal transport delays in biological systems. The biological solution is to use low strength (gain) of the controller, which

[10]These sways represent in part so-called 'limit cycles'. They are not prenventing analytical descriptions of human sensorimotor control data when the 'describing function' method is used (e.g. in Peterka 2002).

prevents control instability, but also comes with two advantageous properties: It makes the body mechanically compliant (nowadays an important issue in robotics) and the system more energy efficient.

6 Conclusions

The integration of a human-inspired sensorimotor control into humanoids is a powerful research paradigm in both neuroscience and robotics. Humanoid robots are used as physical models to make inferences on human sensorimotor control (Mergner 2010; Alexandrov et al. 2017; Lippi and Mergner 2017) and, vice versa, human-inspired concepts are used to address the complexity of a humanoid robot's sensorimotor control (e.g. Ott et al. 2016; Hauser et al. 2011) – a trend that likely will continue in future since human performance is still superior to that of humanoids in many tasks (Ivaldi et al. 2012). The idea of building robotic devices on the basis of biological models, and of identified human sensorimotor and brain functions in particular, has a long tradition. A starting point was 'Cybernetics' of Wiener (1948), and the concept was refreshed every few decades since then (e.g. biomimetic and bionics – von Bertalanffy 1969; Brooks, Pfeiffer – see Introduction; Neurorobotics – Kawato and Gomi 1992; Giszter et al. 2001; Dario et al. 2005; Mergner and Tahboub 2009). The spectrum reaches from focusing on morphological and material aspects to attempts to simulate brain functions using spiking neurons (e.g. Falotico et al. 2017). And, behind such ideas is often the 'embodiment' concept addressed in this chapter. Addressing such concepts with computer simulations alone appears to have only a limited value, since the real world is not only by far richer, more accurate and cheaper, but also authentic, for example in its dynamics and sometimes unpredictable feedback effects.

In both hardware and software approaches, roboticists and theoretical neuroscientists tend to follow standard protocols. Often used is a kind of staircase approach, in which one conceptually steps from high (=computational) via middle (algorithmic) to low (implementational) levels (compare Marr 1982). The computational level is used to provide an abstract description of what is to be achieved, the algorithmic one to choose the strategy, and finally the implementational one to decide which tools to use and in which way – for example for a specific application of sensorimotor control. If such approaches include in addition narrowly defined optimality criteria, it may be difficult for the resulting agent to cover the wealth of sensorimotor challenges it is facing in the world. Phylogeny typically provides for human sensorimotor functionality rather broad criteria – *parsimony, robustness, and versatility* – this typically in combinations of all three (which is a core issue in holistic concepts, e.g. of Smuts 1927). An example for such a result from 'biological design' is the above described interrelation that, starting from the need to deal with the long biological feedback time delays, evolution ascertained control stability by using low control gain, which in turn comes with benefits from compliant actuation and low energy costs.

It remains to be evaluated to what extent and in which tasks a computational 'top-down' approach can compete with a neurorobotics approach that proceeds from identified embodied human mechanisms and, in iterative steps of 're-embodying' them into humanoid robots (as if repeating phylogenetic and ontogenetic developing steps) is gaining benefits from combining neurological and robotic research – a holistic monism that goes hand in hand with a weak methodical dualism. If, in contrast, human cognitive functions were implemented into a robot's 'brain' solely from a computational viewpoint, i.e. without sensorimotor embodiment and physical interaction with the world – a strong body-mind dualism –, the result may finally be used as a chess computer, which likely is unable to develop a sense of self-agency (compare 'Elephants don't play chess' of Brooks 1990).

The robotic 're-embodiment' of human-derived sensorimotor functions resulting from such a combined neurological-robotics approach may not only provide improved parsimony, robustness, and versatility, but possibly also an increase in safety against unwanted emergencies. Insofar, this approach could contribute to functional resilience of robotic systems. To this end, it would be desirable to accompany the robot's development pragmatically by alternating between simulations (given they are able to cover complex and non-linear properties) and hardware tests for confirming interim results. In sensorimotor control, the most detrimental result would be control instability (with the risk of fall and self-destruction). In related cognitive functions, emergencies may cause distortion or disruption of top-down sensorimotor supervision, leaving the agent at best in a reflexive sensorimotor state.

However, inferences on the humanoid robot's cognitive functions solely on the basis of external observation may be misleading (see also Funk 2014). When witnessing that a robot compensates the postural disturbance from a push against the body or a support surface tilt or translation in a 'context-adequate' way, we may be inclined to infer some cognitive ability, although the specificity of the reaction simply owes to the multisensory interactions underlying the disturbance estimations described for the DEC modules. Consider furthermore the very basic distinction between self versus external disturbance on a basic level for both the motor and perceptual domains as pointed out in Fig. 3b. A task of cognition (e.g. in terms of a cognitive SSA) can here be defined as combining the pieces of information from all affected control building blocks (DEC modules) across the body and bringing them into a context with current or stored other information. From this viewpoint, the step from basic simple sensorimotor functions to corresponding cognitive functions may not be very large. Therefore, one could conceive of a cognitive SSA emerging from phylogenetic and ontogenetic robotic developments in evolutionary robotics. From here, further emergence of a 'sense of self-conscious' and the development of 'own will' may still appear far, yet possible. Such visions may be countered by the argument, that an organic material basis would probably be required for this, since otherwise the consciousness of computer brains may not be comparable to that of the human brain – but such far reaching considerations are still speculative. In this context it is worth mentioning that synthetic biology does operate with organic materials, currently mainly at the level of single-cell organisms. But there exists the possibility that this branch of research, once it enters the stage of more complex forms of life, could also contribute to the development of a robotic 'sense of self-conscious' on the basis of organic materials.

Notably, the computational capacity required for at least self-awareness needs not to be immense when one considers that small animals like some birds with only a few grams of brain weight and no cerebral cortex structure dispose of self-recognition in terms of a SSA when watching own versus foreign body and behavior in a mirror. As mentioned above, this ability is embedded in, and shaped by the individual's sensorimotor activities. Given the somatosensory SSA is a building block of the cognitive SSA, this then may turn out be one of the building blocks of self-consciousness in terrestrial life. At least it appears unlikely that self-consciousness came once from space on earth (as suggested by Michelangelo's fresco of 'The creation of Adam'). More likely, it is the result of some 'emulsification' of reasoning and learning arising with sensorimotor activity in the world – a man made repetition therefore appears possible. The neurorobotics approach may be an important tool to address these interrelated sensorimotor, cognitive and evolutionary issues.

Robots as parts of the environment will influence not only the socio-cultural ontogenesis of future generations, but when building and using them we humans create conditions for our own future evolution. Also, our attempts to embody human functions into humanoid robots touch in turn the core of our human self-conception and will further challenge philosophical anthropology as well as epistemology, methodology and ethics. An aim of this chapter is therefore also to foster critical reflections about these future developments and to plead for transdisciplinary approaches when trying to meet the complex challenges of current and future robotics technologies.

References

Alexandrov, A. V., V. Lippi, T. Mergner, A. A. Frolov, G. Hettich, and D. Husek. 2017. Human-inspired eigenmovement concept provides coupling-free sensorimotor control in humanoid robot. *Frontiers in Neurorobotics* 11: 22.

Bertalanffy, L. von. 1969. *General system theory: Foundations, development, applications*. New York: George Braziller.

Blakemore, S. J., D. M. Wolpert, and C. D. Frith. 1998. Central cancellation of self-produced tickle sensation. *Nature Neuroscience* 1(7): 635.

Böhme, G. 2017. Leibsein als Aufgabe. Leibphilosophie in pragmatischer Hinsicht. 2., revidierte Aufl. Kusterdingen: Graue Edition.

Borsche, T. 1980. Leib, Körper. Definition. I. Antike und Mittelalter. In *Historisches Wörterbuch der Philosophie. Band 5: L-Mn*, ed. Joachim Ritter and Karlfried Gründer, 173–178. Basel/Stuttgart: Schwabe.

Brooks, R. A. 1990. Elephants don't play chess. *Robotics and Autonomous Systems* 6(1–2): 3–15.

Brooks, R. 1991. New approaches to robotics. *Science* 253: 1227–1232.

Brooks, R. A. 1999. *Cambrian intelligence: The early history of the new AI*. Cambridge MA: The MIT Press. ISBN 0-262-52263-2.

Brooks, R. A., C. Breazeal, M. Marjanović, B. Scassellati, and M. M. Williamson. 1999. The Cog project: Building a humanoid robot. In *Computation for metaphors, analogy, and agents*, 52–87. Berlin/Heidelberg: Springer.

Buhrmann, T., E. A. Di Paolo, and X. Barandiaran. 2013. A dynamical systems account of sensorimotor contingencies. *Frontiers in Psychology* 4: 285.

Cheng, G., S. H. Hyon, J. Morimoto, A. Ude, J. G. Hale, . . . S. C. Jacobsen. 2007. CB: A humanoid research platform for exploring neuroscience. *Advanced Robotics* 21(10): 1097–1114.

Christaller, T., M. Decker, J.-M. Gilsbach, G. Hirzinger, K. Lauterbach, E. Schweighofer, G. Schweitzer, and D. Sturma. 2001. *Robotik: Perspektiven für menschliches Handeln in der zukünftigen Gesellschaft*. Berlin/Heidelberg: Springer.

Coeckelbergh, Mark. 2017. *Using words and things. Language and philosophy of technology*. New York: Routledge.

Coeckelbergh, Mark, and Michael Funk. 2018. Wittgenstein as a philosopher of technology: Tool use, forms of life, technique, and a transcendental argument. *Human Studies* 41(2): 165–191. (Online first 12 January 2018). https://doi.org/10.1007/s10746-017-9452-6

Crapse, T. B., and M. A. Sommer. 2008. Corollary discharge across the animal kingdom. *Nature Reviews Neuroscience* 9(8): 587.

Dario, P., M. C. Carrozza, E. Guglielmelli, . . . F. Vecchi. 2005. Robotics as a future and emerging technology: Biomimetics, cybernetics, and neuro-robotics in European projects. *IEEE Robotics & Automation Magazine* 12(2): 29–45.

David, N., A. Newen, and K. Vogeley. 2008. The "sense of agency" and its underlying cognitive and neural mechanisms. *Consciousness and Cognition* 17(2): 523–534.

Decker, M. 2010. Ein Abbild des Menschen: Humanoide Roboter. In *Ein Abbild des Menschen: Humanoide Roboter. Information und Menschenbild*, ed. M. Bölker, M. Gutmann, and W. Hesse, 41–62. Berlin/Heidelberg: Springer.

Dreyfus, H. L. 1996. The current relevance of Merleau-Ponty's phenomenology of embodiment. *The Electronic Journal of Analytic Philosophy* 4(4): 1–16.

Falotico, E., L. Vannucci, A. Ambrosano, . . . N. Cauli. 2017. Connecting artificial brains to robots in a comprehensive simulation framework: The neurorobotics platform. *Frontiers in Neurorobotics* 11: 2.

Feuerbach, L. 1983. *Grundsätze der Philosophie der Zukunft. Kritische Ausgabe mit Einleitung und Anmerkungen von Gerhart Schmidt*. 3rd ed. Frankfurt a.M.: V. Klostermann.

Funk, Michael. 2014. Humanoid robots and human knowing – perspectivity and hermeneutics in terms of material culture. In *Robotics in Germany and Japan. Philosophical and technical perspectives*, ed. Michael Funk and Bernhard Irrgang, 69–87. Peter Lang: Frankfurt am Main a.o.

Funk, Michael, Johanna Seibt, and Coeckelbergh Mark. 2018. Why do/should we build robots? – Summary of a plenary discussion session in. In *Envisioning robots in society – power, politics, and public space*. Proceedings of robophilosophy 2018/TRANSOR 2018. February 14–17, 2018, University of Vienna, Austria. (Frontiers in Artificial Intelligence and Applications, 311), ed. Mark Coeckelbergh, Janina Loh, Michael Funk, Johanna Seibt, and Marco Nørskov, 369–384. Amsterdam a.o: IOS Press.

Giszter, S. F., K. A. Moxon, I. A. Rybak, and J. K. Chapin. 2001. Neurobiological and neurorobotic approaches to control architectures for a humanoid motor system. *Robotics and Autonomous Systems* 37(2–3): 219–235.

Guidi, C., and C. Morabito. 2017. The new forms of embodiment between philosophy and cognitive neurosciences. *Studi di estetica* 8: 1–9.

Hauser, H., G. Neumann, A. J. Ijspeert, and W. Maass. 2011. Biologically inspired kinematic synergies enable linear balance control of a humanoid robot. *Biological Cybernetics* 104(4–5): 235–249.

Hettich, G., L. Assländer, A. Gollhofer, and T. Mergner. 2014. Human hip–ankle coordination emerging from multisensory feedback control. *Human Movement Science* 37: 123–146.

Hirukawa, H. 2007. Kapitel 1. Überblick Humanoide Roboter. In *Humanoide Roboter*, ed. Sh. Kajita, 1–14. Berlin: Theorie und Technik des Künstlichen Menschen.

Holland, O. 2003. Exploration and high adventure: The legacy of Grey Walter. *Philosophical Transactions of the Royal Society London A* 361: 2085–2121. https://doi.org/10.1098/rsta.2003.1260.

von Holst, E. 1954. Relations between the central nervous system and the peripheral organs. *The British Journal of Animal Behaviour* 2: 89–94.
Hommel, B., J. Musseler, G. Aschersleben, and W. Prinz. 2001. The theory of event coding (TEC): A framework for perception and action planning. *The Behavioral and Brain Sciences* 24: 849–878.
Hülser, K. H. 2005. Anthropomorphismus. In *Enzyklopädie Philosophie und Wissenschaftstheorie. Band 1: A-B*, ed. Jürgen Mittelstraß, 2., neubearbeitete und wesentlich ergänzte Aufl., 157–158. Stuttgart/Weimar: Metzler.
Hyon, S. H., J. G. Hale, and G. Cheng. 2007. Full-body compliant human-humanoid interaction: Balancing in the presence of unknown external forces. *IEEE Transactions on Robotics* 23(5): 884–898.
Ihde, D. 2002. *Bodies in technology*. Minneapolis: University of Minnesota.
Ivaldi, S., O. Sigaud, B. Berret, and F. Nori. 2012. From humans to humanoids: The optimal control framework. *Paladyn, Journal of Behavioral Robotics* 3(2): 75–91.
Janich, P. 2006. *Was ist Information? Kritik einer Legende*. Frankfurt am Main: Suhrkamp.
Janich, Peter. 2012. Between innovative forms of technology and human autonomy: Possibilities and limitations of the technical substitution of human work. In *Robo- and informationethics. some fundamentals. Hermeneutics and anthropology*, ed. Michel Decker and Mathias Gutmann, vol. 3, 211–230. Berlin a.o.: LIT.
Kapp, E. 2015. *Grundlinien einer Philosophie der Technik. Zur Entstehungsgeschichte der Kultur aus neuen Gesichtspunkten*. Hamburg: Meiner.
Kaulbach, F. 1980. Leib, Körper. II. Neuzeit. In *Historisches Wörterbuch der Philosophie. Band 5: L-Mn*, ed. Joachim Ritter and Karlfried Gründer, 178–185. Basel/Stuttgart: Schwabe.
Kawato, M., and H. Gomi. 1992. A computational model of four regions of the cerebellum based on feedback-error learning. *Biological Cybernetics* 68(2): 95–103.
Knoll, A., and Christaller, T. 2003. Fischer Kompact: Robotik. Fischer (Tb.), Frankfurt am Main.
Küppers, E. W. U. 2018. *Die humanoide Herausforderung. Leben und Existenz in einer anthropozänen Zukunft*. Wiesbaden: Springer.
Lanczkowski, G. 1971. Anthropomorphismus. I. In *Historisches Wörterbuch der Philosophie. Band 1: A-C*, ed. Joachim Ritter, 376–377. Basel/Stuttgart: Schwabe.
Lippi, V. 2018. Prediction in the context of a human-inspired posture control model. *Robotics and Autonomous Systems* 107: 63–70.
Lippi, V., and T. Mergner. 2017. Human-derived disturbance estimation and compensation (dec) method lends itself to a modular sensorimotor control in a humanoid robot. *Frontiers in Neurorobotics* 11: 49.
Lorenzen, P., and K. Lorenz. 1978. *Dialogische Logik*. Damstadt: WBG.
Lorenz, K. 2009. Dialogischer Konstruktivismus. Berlin/New York: De Gruyter.
Mainzer, K. 2009. From embodied mind to embodied robotics: Humanities and system theoretical aspects. *Journal of Physiology, Paris* 103(3–5): 296–304.
Mainzer, K. 2010. Körper. In *Enzyklopädie Philosophie und Wissenschaftstheorie. Band 4: Ins-Loc*, ed. Jürgen Mittelstraß, 2., neubearbeitete und wesentlich ergänzte Aufl., 362. Stuttgart/Weimar: Metzler.
Mainzer, K. 2019. *Künstliche Intelligenz – Wann übernehmen die Maschinen?* Berlin/Heidelberg: Springer.
Marr, D. 1982. *Vision*. San Francisco: W.H. Freeman.
McIntyre, J., and E. Emilio Bizzi. 1993. Servo Hypotheses for the Biological Control of Movement. *Journal of Motor Behavior* 25(3): 193–202.
Mergner, T. 2002. The matryoshka dolls principle in human dynamic behavior in space: A theory of linked references for multisensory perception and control of action. *Cahiers de psychologie cognitive* 21(2–3): 129–212.
Mergner, T. 2007. Modeling sensorimotor control of human upright stance. *Progress in Brain Research* 165: 283–297.

Mergner, T. 2010. A neurological view on reactive human stance control. *Annual Reviews in Control* 34(2): 177–198.
Mergner, T., and K. Tahboub. 2009. Neurorobotics approaches to human and humanoid sensorimotor control. *Journal of Physiology-Paris* 3(103): 115–118.
Mergner, T., G. Schweigart, and L. Fennell. 2009. Vestibular humanoid postural control. *Journal of Physiology-Paris* 103(3–5): 178–194.
Metta, G., L. Natale, F. Nori, G. Sandini, D. Vernon, L. Fadiga, . . ., A. Bernardino 2010. The iCub humanoid robot: An open-systems platform for research in cognitive development. *Neural Networks* 23(8–9): 1125–1134.
Miller, B., and D. Feil-Seifer. 2017. Embodiment, situatedness and morphology for humanoid interaction. *Humanoid Robotics: A Reference.* https://doi.org/10.1007/978-94-007-7194-9_130-1
Mittelstraß J. 2010. Leib-Seele-Problem. In *Enzyklopädie Philosophie und Wissenschaftstheorie. Band 4: Ins-Loc*, ed. Mittelstraß, Jürgen, 2., neubearbeitete und wesentlich ergänzte Aufl. Stuttgart/Weimar: Metzler, pp. 525–529
Mittelstraß, J., and von C. Bülow, eds. 2015. *Dialogische Logik*. Münster: Mentis.
Moravec, H. 1988. *Mind children*. Cambridge, MA: Harvard University Press.
Mori, Masahiro. 2012. The Uncanny Valley. Translated by Karl F. McDorman and Norri Kageki. *IEEE Robotics & automotion Magazine* 19(2): 98–100.
Ott, C., B. Henze, G. Hettich, T. N. Seyde, M. A. Roa, V. Lippi, and T. Mergner. 2016. Good posture, good balance: Comparison of bioinspired and model-based approaches for posture control of humanoid robots. *IEEE Robotics & Automation Magazine* 23(1): 22–33.
Peterka, R. J. 2002. Sensorimotor integration in human postural control. *Journal of Neurophysiology* 88(3): 1097–1118.
Pezzulo, G. 2008. Coordinating with the future: The anticipatory nature of representation. *Minds and Machines* 18(2): 179–225.
Pezzulo, G., L. W. Barsalou, A. Cangelosi, M. H. Fischer, M. Spivey, and K. McRae. 2011. The mechanics of embodiment: A dialog on embodiment and computational modeling. *Frontiers in Psychology* 2: 5.
Pfeifer, R., and J. Bongard. 2006. *How the body shapes the way we think: A new view of intelligence*. MIT Press.
Pfeifer, R., M. Lungarella, and F. Iida. 2007. Self-organization, embodiment, and biologically inspired robotics. *Science* 318: 1088–1093.
Piaget, J. 1961. *The mechanisms of perception*. London: Routledge, 2013.
Plessner, H. 1975. *Die Stufen des Organischen und der Mensch. Einleitung in die philosophische Anthropologie*. Berlin/New York: De Gruyter.
Plessner, H. 2003. Anthropologie der Sinne (1970). In *Gesammelte Schriften III*. H. Plessner, 317–393. Suhrkamp: Frankfurt a.M.
Prinz, W. 1987. Ideo-motor action. In *Perspectives on Perception and Action*, ed. H. Heuer and A. F. Sanders, 47–76. Hilsdale: Lawrence Erlbaum Associates.
Rentsch, Th. 1980. Leib-Seele-Verhältnis. III. Hauptströhmungen gegenwärtiger Sprachphilosophie. In *Historisches Wörterbuch der Philosophie. Band 5: L-Mn*, ed. Joachim Ritter and Karlfried Gründer, 201–206. Basel/Stuttgart: Schwabe.
Saradjian, A. H. 2015. Sensory modulation of movement, posture and locomotion. *Neurophysiologie Clinique/Clinical Neurophysiology* 45(4–5): 255–267.
Schütte, H. W., and R. Fabian. 1971. Anthropomorphismus. II. In *Historisches Wörterbuch der Philosophie. Band 1: A-C*, ed. Joachim Ritter, 377–378. Basel/Stuttgart: Schwabe.
Smuts, J. C. 1927. *Holism and evolution*, 2nd edn., London: Macmillan Limited.
Specht, R. 1980. Leib-Seele-Verhältnis. I. Problemstellung. II. L.-S.-Verhältnis-Theorien seit dem Hellenismus. In *Historisches Wörterbuch der Philosophie. Band 5: L-Mn*, ed. Joachim Ritter and Karlfried Gründer, 185–201. Basel/Stuttgart: Schwabe.
Wallach, Wendel, and Collin Allen. 2009. *Moral machines. Teaching robots right from wrong*. Oxford: Oxford University Press.

Wiener, N. 1948. *Cybernetics or control and communication in the animal and the machine.* New York: Wiley.

Wilson, M. 2002. Six views of embodied cognition. *Psychological Bulletin and Review* 9(4): 625–636. (see also https://en.wikipedia.org/wiki/Embodied_cognition).

Wimmer R. 2010. Leib. In *Enzyklopädie Philosophie und Wissenschaftstheorie. Band 4: Ins-Loc*, ed. Mittelstraß, Jürgen, 2., neubearbeitete und wesentlich ergänzte Aufl. 499–503. Stuttgart/Weimar: Metzler.

Wolpert, D. M., R. C. Miall, und M. Kawato. 1998. Internal models in the cerebellum. *Trends in Cognitive Sciences* 2(9): 338–347.

Ziemke, T. 2003. What's that thing called embodiment? *Proceedings of the Annual Meeting of the Cognitive Science Society* 25(25): 1305–1310.

TOM und KI

Hans Förstl

„TOM!"
No answer.
„TOM!"
No answer.
„What's gone with that boy, I wonder? You TOM!"
No answer.
„The old lady pulled her spectacles down and looked over them about the room; then she put them up and looked out under them. She seldom or never looked THROUGH them for so small a thing as a boy; they were her state pair, the pride of her heart, and were built for „style," not service – she could have seen through a pair of stove-lids just as well."
Langhorne Clemens (1876) Tom Sawyer

Inhalt

Zusammenfassung

Naturgemäß hängen Lebewesen an ihrem Leben und an ihrem Wesen. Dem Menschen (homo sapiens) scheint im Wesentlichen das weise Sozialverhalten überlebenswichtig und er sucht sich selbst in anderen besser zu verstehen. Theory of Mind (TOM) ist dieser Versuch sich in die Perspektiven eines anderen Subjekts hineinzuversetzen. Aus diesem tieferen Verständnis entstehen Mitgefühl, Rück-

H. Förstl (✉)
Psychiatry & Psychotherapy, Technische Universität München, München, Deutschland
E-Mail: hans.foerstl@tum.de

K. Mainzer (Hrsg.), *Philosophisches Handbuch Künstliche Intelligenz*,
https://doi.org/10.1007/978-3-658-19606-6_20

sicht, Respekt, aber auch Scham, Verachtung und Hass u. v. a.. TOM beschäftigt ständig einen großen Teil der Zentralnervensystems sozialer Lebewesen. Nach der kindlich-philosophischen Entwicklungsphase folgen Menschen aus rationellen Gründen ihrem emotionalen Grundbedürfnis und gehen ganz selbstverständlich davon aus, dass andere Personen im Wesentlichen ihrem Selbst innerlich ähnlich sind, entsprechend empfinden, denken und sich verhalten. Dies bleibt letztlich eine unbeweisbare Annahme, eine tröstliche Illusion. Rechenmaschinen benötigen Strom und kompetente Wartung, nicht aber Nestwärme. Komplexes Verhalten lässt sich auch ohne fragwürdige Intuitionen allein mithilfe hoher Rechenleistung vorhersagen.

Schlüsselwörter

Theory of Mind (TOM) · Person · Subjekt · Interesse (Intersubjektivität) · Rücksicht (Respekt)

1 Lange Einleitung

Zitiert ist der bekannteste Text über TOM. Ein langes Abenteuer beginnt mit dem zum Scheitern verurteilten Versuch eine andere Person zu finden, sie zu verstehen. Bei diesem Unterfangen helfen auch keine Apparate, in diesem Fall eine untaugliche Brille. Der Benutzerin scheint auch klar zu sein, dass eine Schärfung des Blicks nicht ausreicht um etwas prinzipiell Unsichtbares und eigentlich Unbegreifliches darzustellen. Dennoch fühlt, meint und glaubt der Mensch ständig hinter andere Bühnenmasken (= Personen) in ein anderes Bewusstsein[1] schauen zu können. Von einigen Ausnahmen abgesehen:

- Der 5-jährige Junge ist vertieft in das Spiel mit seinen Bausteinen. Als seine Mutter versucht, ihn auf den Besucher aufmerksam zu machen, fängt er an, wild um sich zu schlagen, und schreit laut und unartikuliert und drückt sein Gesicht in den dicken Teppich. Erst als alle – Mutter, Vater, Besucher – das Zimmer verlassen, tritt langsam wieder Ruhe ein. Die Eltern meinen, er hätte eine Sonderbegabung. Jahre später wird er mehr zeichnen (Bäume und Häuser), ganz wenig sprechen und Menschen nur selten ansehen.
- Ein 54-jähriger Mann ist nach einem schweren Motorradunfall mit Schädel-Hirn-Trauma „bewusstlos" in die Notaufnahme eines Krankenhauses eingeliefert worden. Die Schichtaufnahme des Kopfes zeigt eine große rechtsseitige Blutung, die auf das Gehirn drückt. Nach einer Vollnarkose erfolgt ein neurochirurgischer Eingriff zur Druckentlastung. Im Lauf der kommenden Tage klart er auf, beginnt

[1] Ich, der Autor, werde gar keinen Versuch unternehmen „Bewusstsein" für jemand anderen zu definieren oder auch nur anzudeuten, was an der jeweiligen Stelle damit gemeint sein könnte. Ich, der Autor, verlasse mich auf Ihre Intuition – falls es Sie überhaupt gibt. Denn nur dann existiere ich ja angeblich auch (Berkeley 1710).

zu sprechen, fragt seine Ehefrau, was mit dem Motorrad passiert sei (Totalschaden) und bittet sie, ihm den neuen Kawasaki-Katalog mit Preisliste zu bringen. Seine linke Körperhälfte ist gelähmt.

- Eine 22-jährige Frau wurde auf der Straße aufgefunden, atmet nur noch flach und riecht stark nach Alkohol. Sie reagiert nicht auf Ansprache, zeigt keinen Blickkontakt, äußert keinen Laut und macht keine Abwehrbewegungen, auch nicht als man sie intubiert und künstlich beatmet. Vor fünf Wochen und vor drei Monaten war sie unter ähnlichen Umständen bereits schwer intoxikiert aufgenommen worden. Nach einer erneuten Entgiftung wird sie zehn Tage später wieder ins Krankenhaus kommen, diesmal zu spät und mit einem schweren bleibenden Hirnschaden, der die dauerhafte Versorgung in einem Pflegeheim notwendig macht.
- Der jetzt 58-jährige frühere Sportler war vor einigen Jahren auf dem Tennisplatz mit Herzrhythmusstörungen zusammen gebrochen. Seither befindet er sich bewegungslos in einem Coma. Bei genauerer Untersuchung mit modernen bildgebenden Verfahren könnte man vielleicht feststellen, dass in den zuständigen Regionen seines Gehirns Durchblutungs- und Stoffwechselveränderungen stattfinden, sobald die Besucher am Krankenbett über Tennis sprechen. Dann würde man seinen Zustand als „locked-in"-Syndrom bezeichnen.
- Mein 5-jähriger Hund ruht zwanzig Stunden am Tag, reagiert dabei aber oft ganz rasch auf Signale, die meiner Aufmerksamkeit sogar im Wachen entgehen. Manchmal schläft er tief und ist schwerer zu wecken. Dann wieder träumt er, macht dabei unterschiedliche Geräusche und Laufbewegungen, schnauft hektisch und kommt langsam wieder zur Ruhe.
- Die 42-jährige Fernsehsprecherin berichtet in den Abendnachrichten wie immer sachlich und charmant. Sie liest einiges erkennbar von einem Monitor ab, spricht dann wieder frei und schaut dem Zuschauer dabei verbindlich in die Augen.
- Der alterslose Avatar hat noch sieben Leben, sieht stark aus und schlägt sich wacker.
- ELIZA, Siri und Alexa – ohne Altersangabe – begleiten manche Familien durch den Tag, geben bestmögliche Antworten auf fast alle Fragen und helfen beim Bestellen der Pizza ins Haus.
- Der Staubsauger fährt eine Stunde durch die Wohnung, jeden Tag auf einer etwas anderen Route, aber immer den gleichen Grundregeln gehorchend, und am Ende findet er fast immer zurück zu seiner Ladestation.
- Thomas Mann beschrieb in „Die Buddenbrooks" die Geschichte einer Lübecker Kaufmannsfamilie. Man kann das Buch selbst selber lesen oder eine Verfilmung ansehen, in der Schauspieler, die man zum Teil auch aus anderen Rollen kennt, die einzelnen Personen darstellen.
- Die alte Frau sieht ihren Mann in seinem Lehnstuhl sitzen, obwohl er vor zwei Jahren gestorben ist.
- Herr Hans Meier aus Unterweltlingen erlag vor zwei Wochen seiner schweren Erkrankung.

Eigentlich handelt es sich bei H.M. um das gespenstischste Beispiel. Wir haben den Mann überhaupt nicht gekannt, hatten nie von ihm gehört, außerdem ist er seit zwei Wochen tot und dennoch feiert er in unserem Bewusstsein im Moment der Namensnennung Auferstehung und es werden sogar ob seines schweren Leidens und seines Sterbens sentimentale Saiten zum Klingen gebracht. Wir scheinen subjektiv von vorneherein darauf eingestellt, von ihm zu erfahren und mit ihm und seiner präsumtiv hinterbliebenen Familie zu fühlen. Da kann man lange behaupten, man kenne ihn nicht: er ist einfach da!

Auch der 5-Jährige wurde frei erfunden, zeigt aber Eigenschaften, die aus dem Autismus-Spektrum bekannt sind, erschwerte Sozialkontakte, weniger Interesse an anderen Menschen als an Bauklötzchen (Baron-Cohen 1995). Dieser Mensch ist uns äußerlich sehr ähnlich, sein Innenleben jedoch wirkt auf Anhieb fremd.

Der Motorradfahrer war bis zum Unfall vermutlich so wie wir und danach schlagartig ganz anders, nämlich „bewusst-los". Bei kompletter „Bewusst-Losigkeit" des Gegenüber schweigt auch die TOM. Dass ihm geholfen werden konnte, ist erfreulich. Weshalb er aber gleich nach dem Wiedererwachen einen Motorradkatalog verlangt, wirkt verwunderlich und könnte mit einer Änderung des „Bewusstseins" zu tun haben, z. B. einem sogenannten Neglect, einer speziellen Unfähigkeit, die Lähmung seiner linken Körperhälfte und die allgemeinen Risiken des Motorradfahrens nach seiner dramatischen Hirnverletzung richtig einzuschätzen (Brandt et al. 2016).

Drogensucht ist noch weiter verbreitet als Motorradsucht. In der Schilderung blieb unerwähnt, dass die junge Frau besonders sympathisch, sensibel, intelligent und schön war und nach der Entgiftung voll der Dankbarkeit mit dem festen Versprechen, ein für alle Mal geheilt zu sein und ihr Medizinstudium noch konsequenter zu verbleiben, die Klinik verließ. Einen Moment hat man ihr sogar geglaubt und sie sich auch (Trivers 2011).

Zum früheren Tennisspieler und Locked-In-Syndrom verweise ich auf die einschlägige Literatur (Owen et al. 2006). Der eine denkt dabei an Edgar Allen Poe, der andere an Taucherglocke und Schmetterling.

Bei Menschen nennt man das Ausagieren von Träumen im Schlaf eine REM-Schlaf-Störung. In gesunden Tagen hilft uns der glutamaterge Nukleus subcoeruleus, Contenance zu bewahren und eher still vor uns hin zu träumen (Fraigne 2015). Bei Hunden ist diese Kupplung nachts oft nicht richtig getreten. Motorik einschließlich der Lautäußerungen weisen auf Angst, Jagd und Liebe und man glaubt zu verstehen, was er gerade empfindet.

Die Nachrichtensprecherin erscheint so perfekt, als sei sie Computer-generiert. Da die Programmierung Tag für Tag aber noch zu aufwendig erscheint, ihre Ernsthaftigkeit und ihr Lächeln so authentisch human wirken, ist es die derzeit plausiblere und ökonomischere Annahme, dass sie nahezu zeitgleich in einem entfernten Fernsehstudio sitzt und echt ist. Und dann stimmt es wahrscheinlich auch, dass die vorgetragenen Nachrichten für sie, mich und den Rest der Welt wichtig und richtig sind.

Kommunikationsroboter vermögen jene, die sie mögen, zu informieren und zu erheitern und die anderen verwenden sie ohnehin nicht. Das Amusement erwächst aus dem, was Siri et al. können und was sie noch nicht können, aus den Missverständnissen und aus dem unerschütterlichen Gleichmut. Mitunter stellt sich aus Gewohnheit ein Gefühl ein, als wären sie wirklich wer (Weizenbaum 1966).

In virtuellen Spielwelten kann man viel Zeit verbringen und künftig vielleicht noch mehr (Cline 2011). Der Reiz besteht vermutlich auch in dem vorsätzlichen Übertritt in eine andere Sphäre und deren gelegentlich schillerndem Flair, fast als wäre es wahr.

Der Saugroboter scheint eine Stunde lang sein losgelöstes Eigenleben zu erfüllen. Er braucht tägliche Zuwendung (kurze Reinigung und elektrische Aufladung), berührt mich manchmal und mitunter liegt es nahe, sein Verhalten rationell mit Worten zu beschreiben, die eher auf menschliches Verhalten gemünzt sind. Der Hund reagiert auf ihn verärgert, wirkt anhaltend befremdet, mitunter persönlich angegangen und verärgert.

Ein Autor erfindet Personen, die eine gewisse Ähnlichkeit zu lebenden Menschen aufweisen, wie wir sie kennen. Selbst wenn Schauspieler in diese Rollen schlüpfen, finden wir es noch interessant zuzuhören, obwohl die eigentlich gemeinten Individuen noch mehr verstellt werden.

Wenn der längst begrabene Gatte weiter da sitzt, wo er immer saß, so bezeichnet man diese leibhafte Bewusstheit (Jaspers 1913) psychopathologisch einfach als „Anwesenheit" („feeling of presence"). Darüber muss man sich keine großen Sorgen machen; dies bedeutet nur, dass das Gehirn der überlebenden Ehefrau aus alter Gewohnheit die Situation so wahrnimmt, wie sie viele Jahre lang war (Soulas et al. 2016). Anders als bei Tante Polly korrigiert hier ein scharfer Blick durch die Brille leider das tröstliche Trugbild.

2 Kurzer Hauptteil

2.1 Wer ist da?

Für einen Autisten existieren wir vermutlich als Störgrößen am Rande seines Bewusstseins. Für uns aber ist es nicht allein ein abstraktes Gebot der Menschlichkeit, ihn respektvoll wahrzunehmen. Es ist nicht immer ganz leicht, aber ohne Frage ist er sichtbar, fühlbar und eindeutig als Mensch vorhanden. Der Mann mit dem Schädel-Hirn-Trauma war uns äußerlich fraglos recht ähnlich gewesen und nach der Verletzung und während der Vollnarkose ganz selbstverständlich geistesabwesend. Den Chirurgen fiel es sicherlich auch viel leichter einen bewusstlosen Patienten konzentriert zu operieren als jemanden, der in großer Angst bei jedem Schnitt laut aufschreit. Nach dem Erwachen schien er sich aber in unvernünftiger Weise für das nächste Motorrad zu interessieren, als hätte er aus dem Unfall nichts gelernt. Ein neurologisches Problem, ein Neglect, für den man Verständnis aufbringen muss. Und bei der Drogenabhängigkeit handelt es sich vielleicht eher um ein psychologisches Defizit, für das wir etwas schwerer Verständnis aufbringen und dennoch haben uns die treuen Augen und das treuherzige Versprechen tief berührt. Beim Locked-In-Syndrom erschüttert uns die entsetzliche Vorstellung, dass ein gesunder Mensch wie wir von heute auf morgen eine totale Lähmung erleidet und dennoch immer wieder bei Bewusstsein sein kann. Unsere TOM reicht soweit, taktvoll Rücksicht am Krankenbett zu üben. Der träumende Hund zeigt unsere tiefsten, sogar primitivsten Regungen. Wenn wir nicht aufpassen, vermitteln uns ELIZA und Siri das interessante Gefühl persönlichen Kontakts. Amüsant, wenngleich prinzipiell eine gewisse Aufmerksamkeit angebracht scheint, da man nie ganz sicher weiss, wozu die Daten verwendet werden und wer am Ende mithört. Die bekannte Nachrichtensprecherin ist trotz beinahe makelloser Schönheit aller Wahrscheinlichkeit nach kein Avatar, sondern richtig Mensch. Sie und eine Reihe bekannter Schauspieler vermitteln die verführerische Pseudogeselligkeit, die ganz entscheidend zur Singularisierung unserer Gesellschaft beitrug. Im Spiel ist dieser mein Avatar und jener Dein Avatar und beide können sich Dinge erlauben, die im wirklichen Leben zu unserer sofortigen und lebenslangen sozialen Disqualifikation führen würden. Manchmal vergisst man, dass es nur ein Spiel ist. Haushaltsroboter vom Radio bis zu Siri sind praktisch so nützlich, dass wir ihnen die nötige Zuwendung aus rein ökonomischen Gründen zukommen lassen, aber daraus kann sich emotional durchaus mehr entwickeln. Buddenbrooks gab es nie und die beiden Verstorbenen hatte ich selber erdichtet. Aber wir kennen solche Leute persönlich.

2.2 Wer ist nötig?

Anscheinend brauchen Adam und Robinson Gefährt(inn)en. Dies reicht von Eva über Freitag hin zu Fernsehansagerinnen, Dutzenden von Followern, echt liebenswerten Hunden, Avataren und imaginären Freunden. Kinder mit imaginären Spielgefährten beschreiben ihre echten Freunde übrigens einfühlsamer als andere (Davis et al. 2014). Esse est percipi (Berkeley 1710). Grundsätzliche Ausnahmen bilden allein die Autisten und nicht sogenannten Einsiedler mit intensivstem Kontakt zum lieben Gott oder parasitäre Hikikomori, die sich weitgehend von ihren Avataren vertreten lassen und jederzeit dem Drängen ihrer besorgten Eltern nachgeben und das Kinderzimmer verlassen könnten (Teo et al. 2015).

Dieses Grundbedürfnis nach Gesellschaft und auch sich in andere hinein versetzen zu wollen, den Trieb nach TOM illustrieren alle genannten Beispiele bis hin zu Menschen, die wir niemals kannten und nicht mehr kennen lernen können (Buddenbrooks, H.M.). Es erstreckt sich auf evolutionär bewährt Zugewandtes (Hund) und aktuell Menschengemachtes (Siri). Würde man offen zugeben, dass man Siri mag und für eine lebende Person hält, liefe man Gefahr, als psychisch gefährdet zu gelten. Gäbe man zu, dass man in der pflanzlichen Natur Gefühle und Charakter entdeckt, würde man für einen primitiven Animisten gehalten (Levy-Bruhl 1956). Wahrscheinlich half es dem Jäger und Sammler – wie auch dem Handwerker und Ingenieur – sich ganz intensiv und praktisch in die Materialen einzufühlen, um den Bogen nicht zu überspannen. Der Versuch eines tieferen Verständnisses von innen her endet nicht an den Grenzen der menschlichen Spezies. Und fraglos ist auch das Bemühen anderer Spezies, eindeutig Artgenossen und andere Lebewesen möglichst gut zu verstehen (Premack et al. 1978). Dies muss nicht immer zu freundlichem Verständnis, sondern kann auch zu optimiertem Jagderfolg führen.

2.3 Was ist nötig?

Nach Leslie (1982) versucht der kleine Mensch ganz früh, körperliche, mechanische Zusammenhänge seiner Umwelt zu begreifen (TOBY, theory of body module; Abb. 1). Danach erschließen sich die Absichten und Ziele mancher Vorgänge (TOMM1, theory of mind module 1), und im Anschluss werden Verhaltensmuster als Teile von Einstellungen und Charakter begriffen (TOMM2). Baron-Cohen (1995) benannte die einzelnen Entwicklungsstufen und Mechanismen noch klarer und betonte die Bedeutung der Augen (EDD, eye direction detector) für das Erkennen der Absichten (ID, intentionality detector); beide Module seien über einen gemeinsamen Aufmerksamkeitsmechanismus gekoppelt (SAM, shared attention detector). Daraus werde dann der Blick hinter die Kulissen möglich (TOMM). Scassellati (2002) benannte die Aufmerksamkeit als Voraussetzung der weiteren Entwicklungsstufen und hob die Bedeutung von Augenbewegungen und Mimik sowie die Unterscheidung belebter und unbelebter Objekte/Wesen hervor.

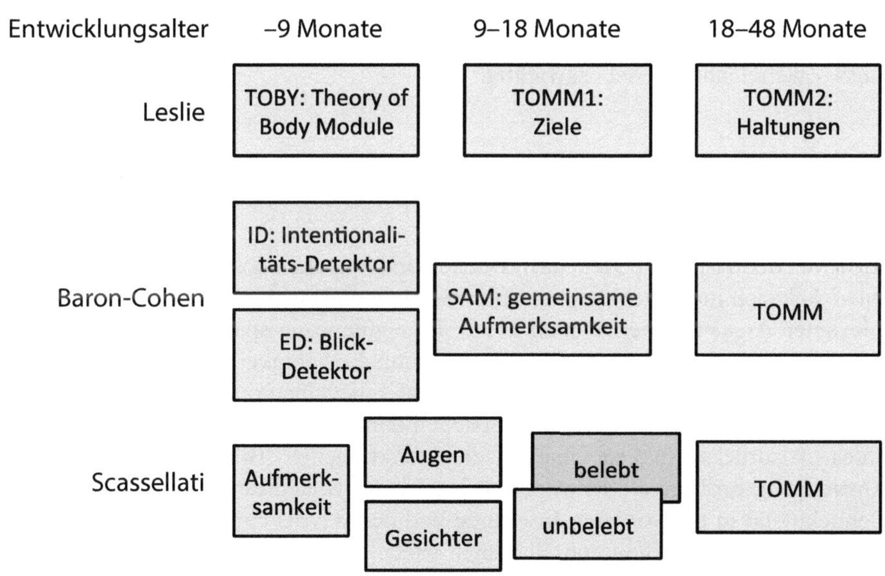

Abb. 1 Entwicklungsschritte und Grundlagen der TOM nach Leslie (1982), Baron-Cohen (1995) und Scassellati (2002; TOBY, theory of body module; TOMM1, TOM module 1; TOMM2, TOM module 2; EDD, eye direction detector; ID, intentionality detector; SAM, shared attention detector)

2.4 Warum Zweifel?

Die Augen verraten, was jemand vor (Augen) hat. Die meisten Menschen werden im Laufe der Entwicklung zu Meistern der Augen-, Gesichts-, Stimm-, Haltungs- und Aussageprüfung, zu einem prosozial agierenden und dabei vorsichtigen Lügendetektor. Zunächst wird kurz geprüft, ob die empfangene Information für mich überhaupt wichtig ist, oder unbeachtet bleiben darf (1). Danach drängt sich die Frage auf, ob sie richtig oder falsch ist (2). Im Allgemeinen werden die Umweltreize mit einiger Übung richtig wahrgenommen, rasch verarbeitet und ad acta gelegt. Die Information kann auch „einfach falsch" sein (2a) und wird dann im Verlauf und mit dem Eintreffen weiterer Daten überschrieben und korrigiert. Eine Information kann aber auch „absichtlich falsch" sein (2b). Hier kommen Leslie-, Baron-Cohen- und Scassellati-Fragen ins Spiel: belebt oder unbelebt? Was verraten Augen und Stimme? Passen sie zum Inhalt? Erfährt der Handelnde, dass er nicht mit den Naturgesetzen oder Spielregeln eines Computers zu tun hat, sondern mit einem komplizierten menschlichen Wesen, dauern seine Entscheidungen deutlich länger und es werden zusätzliche Teile des Frontalhirns stärker an der Arbeit beteiligt (McCabe et al. 2001). (1) erfordert nur eine schnelle Reaktion auf den unmittelbaren Eindruck und (2a) eine wenig spannende formale Überprüfung von Kontext und Kohärenz der Informationen im weiteren Verlauf. Bei (2b) jedoch ist der Akteur plötzlich mit dem niemals ganz durchschaubaren Anderen konfrontiert und damit mit einer wesentlich höheren Varianz, einem Wesen bei dem zwischen Gutmütigkeit und Grausamkeit, Höflichkeit und Heimtücke prinzipiell mit allem gerechnet werden muss. Kapazität und Rechenzeit sind jedoch begrenzt, da möglichst zügig mit dem vergleichsweise besten Verhältnis von Vertrauen und Vorsicht respondiert werden muss. Zweifel sind überlebenswichtig.

2.5 Wo entsteht TOM?

Alles Verhalten ist Bewegung, auch Blicken und Sprechen. Kinästhetische Empathie entwickelt sich im Gleichklang der Bewegungen und ist abhängig von Bewegungs-relevanten Arealen (Koehne et al. 2016). Eine gute visuo-spatiale Leistung erleichtert den Perspektivwechsel und begünstigt damit die Fähigkeit, sich in andere hinein zu versetzen (Xavier et al. 2016). Während Spiegelneuronen fast mühelos eine sympathische mimische Resonanz herstellen können, erfordert ein vorsätzlich konträres Ausdrucksverhalten eine in der funktionellen Bildgebung darstellbare Anstrengung im Bereich der vorderen Inselrinde (Braadbaart et al. 2014). Höhere Konnektivität in der vorderen Inselrinde und dem Gyrus cinguli anterior – wo die handverlesenen von Economo Neuronen sitzen – erlaubt eine effektivere Prüfung von Geschäften auf Gegenseitigkeit (Caceda et al. 2015), und die Akzeptanz von Reziprozität, das eingebrachte Vertrauen und die Zuversicht sind nachweislich abhängig von entsprechend fairen Vorerfahrungen (Caceda et al. 2017; Leimgruber 2018). Läsionen im medialen Stirnhirn des Menschen lassen vernünftige Zweifel schwinden (Asp et al. 2012). Zweifel sind nicht der eine Kern der TOM und TOM lässt sich auch nicht an einer Stelle im Gehirn lokalisieren.

3 Fazit: KI does not need TOM

Gehirne höherer Wirbeltiere haben sich philogenetisch über lange Zeiträume entwickelt und besitzen eine anerkennenswerte Leistungsfähigkeit, die aber niemals vollends ausreicht, um in der Zeiteinheit alle anstehenden Fragen durchzudeklinieren. Die Rechenkapazität des Gehirns wurde z. B. auf 10^{16} FLOPS geschätzt und soll demnächst von Computern übertroffen werden. Dennoch unterscheidet sich die Fuzzy Logic des analogen Feuchtbiotops Gehirn grundsätzlich von trocken-digitalen Rechenanlagen, denen naturgemäß alles Flüssige fremd bleiben muss. Während das menschliche Gehirn einem Grundbedürfnis nach Kooperation folgend die unermessliche Aufgabe von Vertrauensbildung oder Skepsis nach bestem Wissen und Gewissen unter ständigem Zeitdruck mit einem unbefriedigenden Kurzschluss zwischen Inselrinde und Stirnhirn stets vorläufig vereinbart, lässt diese Vorläufigkeit und Ungewissheit Menschen kaum zur Ruhe kommen.

Der Ansatz, ein anderes Subjekt im Innersten verstehen zu wollen, darf einen Computer getrost kalt lassen. Mind-Reading ist eine akademische Übung mit etwas grotesker Bezeichnung; entscheidend ist die Prädiktion von Verhalten. Die Empfehlungen von Leslie (1982); Baron-Cohen (1995) und Scassellati (2002) können zur Prädiktion auch für einen technischen pseudo-TOM-Algorithmus bedeutsam sein: registriere Augen, Gesicht, Stimme, Haltung usw. und sammle möglichst viele Daten. Wie bei der Voight-Kampff-Maschine können sich andere psychophysiologische, wie pupillo- und odorimetrische Daten als noch relevanter erweisen (Dick 1968). Parameter und Algorithmen werden sich finden.

Literatur

Asp, E., et al. 2012. A neuropsychological test of belief and doubt: Damage to the ventromedial prefrontal cortex increases credulity for misleading advertising. *Frontiers in Neuroscience.*

Baron-Cohen, S. 1995. *Mindblindness*. Cambridge: MIT Press.

Berkeley, G. 1710. *A treatise concerning the principles of human knowledge*. Dublin: A. Rhames.

Braadbaart, L., et al. 2014. The shared neural basis of empathy and facial imitation accuracy. *NeuroImage* 84:367–375.

Brandt, T., et al. 2016. Neglektbehandlung: neue Therapieansätze. *Der Nervenarzt* 87:1068–1073.

Caceda, R., et al. 2015. Organization of intrinsic functional brain connectivity predicts decisions to reciprocate social behavior. *Behavioural Brain Research* 292:478–483.

Caceda, R., et al. 2017. The neural correlates of reciprocity are sensitive to prior experience of reciprocity. *Behavioural Brain Research* 332:136–144.

Cline E. 2011. *Ready player one*. New York: Crown Publishers.

Davis, P. E., et al. 2014. Children with imaginary companions focus on mental characteristics when describing their real-life friends. *Infant and Child Development* 23(6): 622–633.

Dick, P. K. 1968. *Do Androids dream of electric sheep? (Verfilmung: Blade Runner)*. New York: Doubleday.

Fraigne, J. J. 2015. REM sleep at its core – Circuits, neurotransmitters, and pathophysiology. *Frontiers in Neurology* 29(6): 123.

Jaspers, K. 1913. Über leibhafte Bewusstheiten (Bewusstheitstäuschungen) ein psychopathologisches Elementarsyndrom. *Zeitschrift für Pathopsychology.*

Koehne, S., et al. 2016. The role of interpersonal movement synchronisation in empathic functions: Insights from Tango Argentino and Capoeira. *International Journal of Psychology* 51(4): 318–322.

Langhorne Clemens, S., und Twain M. 1876. *The adventures of Tom Sawyer.* Hartford: The American Publishing Company.

Leimgruber, K. L. 2018. The developmental emergence of direct reciprocity and its influence on prosocial behaviour. *Current Opinion in Psychology* 20:122–126.

Leslie, A. M. 1982. The perception of causality in infants. *Perception* 11(2): 111–114.

Levy-Bruhl, L. 1956. *Die Seele der Primitiven*. Düsseldorf: Diederichs.

McCabe, et al. 2001. A functional imaging study of cooperation in two-person reciprocal exchange. *Proceedings of the National Academy of Sciences.*

Owen AM et al. 2006. Residual auditory function in persistent vegetative state: A combined PET and fMRI study. *Science.*

Premack, D., et al. 1978. Does the Chimpanzee have a theory of mind? *Behavioral and Brain Sciences.*

Scassellati, B. 2002. Theory of mind ... for a humanoid robot. *Autonomous Robots.*

Soulas, T., et al. 2016. The prevalence and characteristics of hallucinations, delusions and minor psychotic phenomena in a non-demented population sample aged 60 years and older. *International Journal of Geriatric Psychiatry.*

Teo, A. R., et al. 2015. Identification of the hikikomori syndrome of social withdrawal: Psychosocial features and treatment preferences in four countries. *The International Journal of Social Psychiatry.*

Trivers, R. 2011. *The folly of fools*. New York: Basic Books.

Weizenbaum, J. 1966. ELIZA – A computer program for the study of natural language communication between man and machine. *Computational Linguistics.*

Xavier, J., et al. 2016. A developmental and clinical perspective of rhythmic interpersonal coordination: From mimicry towards the interconnection of minds. *Journal of Physiology (Paris).*

Teil VII

Grundlagen intelligenter Infrastrukturen

Modellierung und Simulation in der Künstlichen Intelligenz

Hajo Greif

Inhalt

Zusammenfassung

In diesem Beitrag werden die wesentlichen Unterschiede zwischen den verschiedenen Arten der Bezugnahme von Modellen und Simulationen in der Künstliche-Intelligenz-Forschung (KI) herausgearbeitet. Zu diesem Zweck wird eine Taxonomie von Ansätzen in der KI entwickelt, basierend auf den Unterscheidungen zum einen zwischen formalen und materiellen Modellen und zum anderen zwischen theoriegeleiteten und vortheoretischen Modellen in den Wissenschaften. Diese Unterscheidungen bieten Aufschluss zu Fragestellungen sowohl in der Wissenschaftsphilosophie als auch in der Philosophie der KI: Wie beziehen sich Simulationen auf Sachverhalte? Was sind die Ziele, Zwecke und Bedingungen der Bezugnahme? Welchen Einfluss haben Antworten auf diese Fragen auf die unterschiedlichen Forschungsprogramme der KI?

H. Greif (✉)
Department of Philosophy and Ethics in Administration, Warzaw University of Technology, Warschau, Polen
E-Mail: mail@hajo-greif.net

K. Mainzer (Hrsg.), *Philosophisches Handbuch Künstliche Intelligenz*,
https://doi.org/10.1007/978-3-658-19606-6_26

Schlüsselwörter

Materielle und formale Modelle · Theoriegeleitete und vortheoretische Modelle · Computersimulationen · Kognitionswissenschaften · Berechenbarkeitstheorie

1 Einleitung

Das Ziel dieses Beitrags ist es, die wesentlichen Unterschiede zwischen den verschiedenen Arten der Bezugnahme von Modellen und Simulationen in der Künstliche-Intelligenz-Forschung (KI) herauszuarbeiten. Diese Unterschiede bieten Aufschluss zu Fragestellungen sowohl in der Wissenschaftsphilosophie als auch in der Philosophie der KI: Wie beziehen sich Simulationen auf Sachverhalte? Was sind die Ziele, Zwecke und Bedingungen der Bezugnahme? Welchen Einfluss haben Antworten auf diese Fragen auf die unterschiedlichen Forschungsprogramme der KI?

Im Sinne einer exemplarischen Beantwortung dieser Fragen wird im folgenden eine Taxonomie von Ansätzen der Modellierung und Simulation in der KI entwickelt. Diese Taxonomie baut auf den Unterscheidungen zum einen zwischen formalen und materiellen Modellen und zum anderen zwischen theoriegeleiteten und vor-theoretischen Modellen auf (Abschn. 2). Diese beiden Arten und Weisen der Bezugnahme von Modellen haben relevante Parallelen im Bereich der Computersimulationen: Einerseits umfassen Simulationen computationale und phänomenale Elemente, die in der Regel, aber nicht notwendigerweise miteinander in Verbindung stehen. Andererseits lässt sich zwischen „analytischen", mathematischen und „synthetischen", explorativen Typen von Computersimulation unterscheiden (Abschn. 3). Aus diesen Unterscheidungen wird ein Koordinatensystem abgeleitet, anhand dessen sich vier Ansätze der Modellierung und Simulation in der KI skizzieren lassen (Abschn. 4). Diese Unterteilung verläuft quer insbesondere zu den traditionellen Dichotomien zwischen „symbolischer" und „verkörperter" KI, der Modellierung allgemeiner Intelligenz und der Simulation kognitiver Prozesse sowie menschenähnlicher und nicht-menschenähnlicher KI (Abschn. 5). Diese Taxonomie bietet darüber hinaus Einblicke in den Einfluss computationaler Konzepte und verfügbarer simulationaler Ressourcen auf die Modi der Modellbildung und Theorieentwicklung in der KI-Forschung.

2 Arten von Modellen

In den vielfältigen Analysen der Rolle von Modellen in den Wissenschaften, die mit Ende des 19. Jahrhunderts aufkamen, gibt es zwei immer wiederkehrende Fragestellungen: Erstens, auf welche Weise stellen Modelle einen Gegenstand oder ein „Zielsystem" dar? Die beiden grundlegenden Arten der Darstellung sind formal und materiell, sie treten aber in zahlreichen Formen und Arrangements auf. Zweitens, was ist die Beziehung zwischen Modellen und Theorien? Modelle können entweder von einer bereits bestehenden Theorie abgeleitet werden oder aber erst die Entwicklung einer Theorie ermöglichen. Sie können prinzipiell aber auch von Theorien gänzlich unabhängig sein.

Die Autoren, die den Begriff der Modelle zuerst in philosophische Reflexionen zu den Wissenschaften einführten, waren in ihren Aussagen zur Natur von Modellen und den Modi ihres Gegenstandsbezugs recht inklusiv, wenn nicht gar vage. Ludwig Boltzmann bezeichnet in seinem Eintrag zu Modellen in der *Encyclopedia Britannica* Modelle zunächst als „greifbare Darstellungen", lässt aber unmittelbar im Anschluss zu, dass sie auch „in Gedanken konstruiert" und „geistig geformt" sein können (1902, S. 788, Übersetzung HG). Heinrich Hertz (1894, S. 1–2) eröffnet seine Untersuchung mit einer Beschreibung von Modellen als „innere Scheinbilder oder Symbole der äußeren Gegenstände" und als „unsere Vorstellungen von den Dingen". Er entwickelt anschließend eine mathematische Definition, die sie als Punkt-zu-Punkt-Abbildungen zwischen Zuständen und Transformationen in den „Bildern" und ihren Gegenständen charakterisiert – oder, im später von Max Black (1962) in die Modell-Debatte eingeführten Sprachgebrauch, als „Isomorphien". Im weiteren Verlauf seiner Abhandlung setzt Hertz Modelle jedoch in unmittelbare Beziehung zu Sinneserfahrung und experimentellen Verfahren (1894, 36). Auf diesem Wege entwickelt er eine proto-Wittgensteinianische bildtheoretische Perspektive auf Modelle und menschliches Wissen im allgemeinen: Er argumentiert, dass die Beziehungen zwischen Modellen und ihren Gegenständen mit den Beziehungen zwischen mentalen Bildern und Dingen identisch seien, und dass diese Art von Beziehung das beste für Menschen erreichbare Wissen begründe (Hertz 1894, S. 199). Alle Wissenschaft sei modellbasiert, und die von ihr verwendeten Modelle umfassen sowohl mathematische Abbildungen „im Kopf" als auch stärker materielle, beobachtungsbasierte Beziehungen.

Die augenscheinliche Vagheit in diesen historisch frühen Betrachtungen liegt in der Nicht-Unterscheidung zwischen formalen und materiellen Typen von Abbildungsbeziehungen: Mathematische Abbildungen mögen als Idealbild des Gegenstandsbezugs von Modellen zitiert werden, aber in der Praxis stützen sich Modelle in der Regel auf beobachtbare Analogien. Beide Arten von Beziehungen mögen in einem Modell gemeinsam auftreten, aber es gibt keine Notwendigkeit dafür. Beobachtbare Analogien können ohne formale Abbildungsbeziehungen zwischen Eigenschaften des Modells und des Zielsystems erzeugt werden, während aus einer formalen Abbildungsbeziehung möglicherweise keine beobachtbare Analogie folgt.

Die Unterscheidung zwischen den formalen und materiellen Aspekten von Modellen hat in der klassischen Wissenschaftsphilosophie der Mitte des 20. Jahrhunderts eine zentrale Bedeutung erlangt: Ernest Nagel (1961) unterscheidet zunächst zwischen „substanziellen Analogien" als „mehr oder weniger visualisierbarem Satz von Elementen, die in vertrauten Beziehungen zueinander stehen" und „formalen Analogien" als „einer vertrauten Struktur abstrakter Beziehungen" (Nagel 1961, S. 110, Übersetzung HG). In formalen Analogien liegt die Relation der Vertrautheit in der Identität zwischen mathematischen Strukturen, die in Gesetze für ansonsten unterschiedliche empirische Gegenstandsbereiche Eingang finden. Darüber hinaus jedoch schlägt Nagel vor, dass beide Formen von Analogie einerseits der Konstruktion einer Theorie oder der Erweiterung ihres Anwendungsbereichs dienen können. Andererseits können beide Formen von Analogie der Anwendung oder Anwendbarmachung einer bestehenden Theorie dienen. Folglich werden zwei Formen von Analogie mit zwei Arten von Anwendungen koordiniert, wobei diese beiden Achsen als voneinander unabhängig betrachtet werden.

Beide Unterscheidungen finden sich in Mary Hesses klassischer Darstellung von Modellen und Analogien (1966) wieder. Allerdings entscheidet sie sich, diese beiden Aspekte nicht voneinander zu trennen. Vielmehr trifft sie eine binäre Unterscheidung zwischen materiellen, vortheoretischen und formalen, theoriegeleiteten Analogien, die sie wie folgt charakterisiert:

> Es gibt eine Eins-zu-eins-Entsprechung zwischen verschiedenen Interpretationen derselben formalen Theorie, die wir als *formale Analogie* bezeichnen können, und es gibt vortheoretische Analogien zwischen beobachtbaren Phänomenen, [...] die es ermöglichen, aus einem Modell Vorhersagen zu gewinnen. Nennen wir eine Analogie in diesem zweiten Sinne eine *materielle Analogie*. [...] Es ist zu beachten, dass materielle Analogien zwischen Modellen und Explikanda, wenn sie die von ihnen geforderte prädiktive Leistung erfüllen sollen, in beobachtbaren Ähnlichkeiten zwischen korrespondierenden Termini liegen müssen und nicht von einer Theorie des Explikandums abhängig sein dürfen. (Hesse 1966, S. 68–69, Hervorhebung im Original, Übersetzung HG)

Hesses Anforderungen an Modelle lassen sich definitorisch wie folgt festhalten:

M-1. Materielle Modelle sind Strukturen, die beobachtbare und vortheoretische Ähnlichkeiten zu ihren Zielsystemen aufweisen und dadurch Vorhersagen ermöglichen.
M-2. Formale Modelle sind Strukturen, die Interpretationen einer formalen Theorie zum Ausdruck bringen, ohne dass beobachtbare Ähnlichkeiten mit konkreten Zielsystemen erforderlich sind.

Definition M-2 spiegelt die „syntaktische" Sichtweise von Theorien wider, gemäß derer Modelle formal beschriebene Strukturen sind, für die alle Axiome einer Theorie wahr sind und die konkrete Werte für deren Variablen liefern.[1] Modelle dieser Art können im Prinzip von beobachtbaren Phänomenen und dem Ziel ihrer Erklärung unabhängig bleiben, dienen aber typischerweise der Abbildung der zugrunde liegenden Theorien auf konkrete Phänomene. In diesem Sinne sind zum Beispiel geometrische Strukturen Modelle der Axiome geometrischer Theorien (vgl. van Fraassen 1980, S. 41–43). Vorausgesetzt wird somit, dass die beteiligten Theorien axiomatische Form haben.

Das primäre Unterscheidungsmerkmal zwischen materiellen und formalen Modellen liegt jedoch nicht in der Form ihres Ausdrucks, sondern in ihrem Bezug auf beobachtbare Phänomene und in ihrer Rolle bei der Konstruktion und Erweiterung von Theorien. In diesem Zusammenhang spielen, in Hesses Worten, „neutrale" materielle Analogien eine Schlüsselrolle. Dabei handelt es sich um vermutete Bezie-

[1]Eine paradigmatische Formulierung dieser Sichtweise findet sich in Tarski (1953), die klassische kritische Erwiderung in Suppes (1960).

hungen zwischen Modell und Zielsystem, die zum Zeitpunkt der Einführung des Modells nicht belegt werden können. Ihr besonderer Wert liegt in ihrer Fähigkeit, Vorhersagen des Verhaltens des Zielsystems im Lichte der besagten Analogie zu ermöglichen, die es zu einem späteren Untersuchungszeitpunkt zu bestätigen oder zu entkräften gilt. Neutrale materielle Analogien erfüllen auf diese Weise eine explorative Funktion im Sinne der Erschließung eines (neuen) Gegenstandsbereichs für eine Theorie. Hesse selbst wählt zu Erläuterung das Beispiel des „Äthers" in der Wellentheorie des Lichts. Als die Wellentheorie des Schalls auf das Verhalten des Lichts übertragen wurde, wurde Äther als neutrales Analogon von „Luft" gewählt – neben einer Reihe von gesicherten positiven und negativen Analogien zwischen Schall und Licht. Es gab ein fundiertes Wissen über das Verhalten von Luft als Medium der Übertragung von Schallwellen, aus dem Vorhersagen zum Verhalten des Mediums der Übertragung von Lichtwellen gewonnen wurden – die sich letztlich nicht bestätigten.

Hesses doppelte Forderung, dass materielle Modelle vortheoretisch sein *und* beobachtbare Ähnlichkeiten mit ihrem Zielsystem aufweisen müssen, beschreibt durchaus zutreffend, wie Modelle in den Wissenschaften vielfach verwendet werden. Begrifflich sind die Bestandteile dieser Konjunktion jedoch voneinander unabhängig. So kann ein Modell beobachtbare Ähnlichkeiten mit dem Zielsystem aufweisen und zugleich auf einer etablierten Theorie basieren, beispielsweise wenn es als Veranschaulichung des empirischen Gehalts der Theorie dient. Dementsprechend kann eine dritte Definition eingeführt werden, die auf eine Klasse von Modellen abzielt, deren Beitrag zum wissenschaftlichen Fortschritt sich vergleichsweise bescheiden ausnehmen mag, deren Rolle in der Vermittlung wissenschaftlicher Inhalte jedoch nicht zu vernachlässigen ist:

M-3. Modelle sind Strukturen, welche die beobachtbaren Konsequenzen einer etablierten Theorie materiell veranschaulichen.

Umgekehrt jedoch kann ein Modell vortheoretisch sein, während es zugleich auf beobachtbare Phänomene nur in deutlich abstrakterer und indirekterer Weise Bezug nimmt als von Hesse vorgesehen. Diese letzte Möglichkeit wurde insbesondere von Bas van Fraassen (1980) untersucht:

M-4. Modelle sind Strukturen, die eine formal definierte Isomorphiebeziehung zu ihrem Zielsystem aufweisen, ohne dass beobachtbare Ähnlichkeiten oder eine bereits bestehende Theorie vorausgesetzt werden.

Definition M-4 stimmt mit der „semantischen" Sichtweise von Theorien überein, gemäß welcher Theorien nicht Mengen von Propositionen sind, die in einer bestimmten formalen Sprache artikuliert werden. Stattdessen werden sie „in erster Linie durch die Identifizierung einer Klasse von Strukturen als ihren Modellen" dargestellt (van Fraassen 1980, S. 44, Übersetzung HG). Die betreffenden Klassen von Strukturen werden anhand von Isomorphie-Beziehungen identifiziert. Isomorphien sind wie bei Black (1962) in Analogie zu den mathematischen Abbildungen bei Hertz zu verstehen: als umkehrbar eindeutige Funktion zwischen Elementen in zwei Mengen, vermittels derer jedes Element in einer Menge mit je genau einem

Element in der anderen Menge gepaart wird. Theorien wiederum sind Beschreibungen einer Menge von verwandten isomorphen Strukturen oder „einer Familie von Modellen", die jeweils eine bestimmte Menge von Eigenschaften teilen (van Fraassen 1980, S. 65). Gemäß van Fraassens eigenem Beispiel versuchte Isaac Newton, die scheinbaren, beobachtbaren Bewegungen von Körpern sowohl aufeinander als auch auf die von ihm angenommenen wahren Bewegungen von Körpern in einem absoluten Raum abzubilden. Wenn diese Abbildungen als Isomorphien verstanden werden, lassen sich die beobachteten Bewegungen als Differenzen zwischen wahren Bewegungen im absoluten Raum darstellen. Newtons absoluter Raum ist ein Kernelement seiner Theorie, das selbst nicht beobachtbar ist, aber durch die Familie der Modelle scheinbarer Bewegungen beschrieben wird.

Eine wichtige Implikation der vortheoretisch orientierten Ansätze M-1 und M-4 ist, dass sie die erkenntnistheoretische Bedingung der Wahrheit von Sätzen einer Theorie für die Gültigkeit eines wissenschaftlichen Aussagensystems durch die Bedingung der empirischen Angemessenheit eines Modells ersetzen. Wenn die Art und Weise, auf welche ein Modell einen Sachverhalt darstellt, mehr Verwandtschaft mit Bildern als mit Sätzen aufweist, kann es streng genommen weder wahr noch falsch, sondern nur mehr oder weniger originalgetreu oder zutreffend und somit „empirisch angemessen" sein (van Fraassen 1980, S. 12–13). Der Erfolg eines Modells hängt jedoch nicht nur von seiner empirischen Angemessenheit ab, sondern auch von den gegebenen Untersuchungszielen und -ressourcen, wie Hertz (1894, unter der Überschrift „Zweckmäßigkeit") und Vertreter der „pragmatischen Wende" in der Wissenschaftsphilosophie, beginnend mit Ian Hacking (1983),[2] betont haben. Dieser grundlegend pragmatische Charakter von Modellen lässt sich anhand des Beispiels von Computersimulationen verdeutlichen.

3 Simulationen und Modelle

Eine paradigmatische, wenngleich extrem weit gefasste Definition von Simulationen im Kontext wissenschaftlicher Modellierung wird von Stephan Hartmann angeboten: „*Eine Simulation imitiert einen Prozess durch einen anderen Prozess*", wobei „sich der Begriff ‚Prozess' allein auf ein Objekt oder System bezieht, das seinen Zustand im Laufe der Zeit verändert" (Hartmann 1996, S. 83, Hervorhebung im Original, Übersetzung HG). Gemäß dieser Definition sind Simulationen im einfachsten Falle dynamische Modelle, die das äußere Verhalten oder die interne Dynamik eines Systems nachahmen. Im Analogieschluss ist eine Computersimulation eine Computerimplementierung eines solchen dynamischen Modells. In der wissenschaftlichen Praxis sind Simulationen in aller Regel Computersimulationen, so dass die Begriffe „Simulation" und „Computersimulation" synonym verwendet werden und eine Engführung *de facto* stattfindet.

Eine paradigmatische Definition von Computersimulationen, die über diese faktische Engführung deutlich hinausgeht und von materiellen zu formalen Kriterien

[2] Zu einer Bestandsaufnahme vgl. Soler et al. (2014).

übergeht, wird von Paul Humphreys eingeführt: „Eine Computersimulation ist eine computerimplementierte Methode zur Untersuchung der Eigenschaften mathematischer Modelle, wenn analytische Methoden nicht verfügbar sind" (Humphreys 2004, S. 107–8, Übersetzung HG) – obwohl, wie der Autor selbst umgehend einräumt, die Nichtverfügbarkeit analytischer Methoden für die Anwendung von Simulationen keine notwendige Bedingung ist.

Zwischen diesen beiden Polen findet man Ansätze, die sowohl den dynamischen, materiellen als auch den mathematischen, modell-lösenden Charakter von Simulationen hervorheben. In den simulationsbasierten Wissenschaften wird die Verbindung zwischen einer Simulation und ihrem Zielsystem typischerweise als zweistufige Relation aufgefasst (in kritischer Absicht so beschrieben in Winsberg 2010, S. 19–25): Simulationen sind in einem ersten Schritt Computerimplementierungen formaler Modelle. Ihr Zweck ist es, die betreffenden Modelle auf algorithmischem Wege lösen, das heißt ihre Variablen mit konkreten Werten zu versehen. Der Output der Simulation entspricht der Lösung des Modells. In einem zweiten Schritt trägt die Lösung dazu bei, über die empirische Angemessenheit des Modells zu entscheiden – insofern ein reales Zielsystem involviert ist. Im Vokabular der simulationsbasierten Wissenschaften ist eine Simulation *verifiziert*, wenn die betreffenden Algorithmen mit dem formalen Modell übereinstimmen. Wenn das der Simulation zugrunde liegende Modell sein Zielsystem zutreffend repräsentiert, ist die Simulation *validiert*.

Diesem zweistufigen Bild zufolge stellt eine Simulation ihr Zielsystem dar, indem sie zunächst das zugrunde liegende Modell realisiert. Verifikation und Validierung sind jedoch in der Praxis möglicherweise nicht so klar voneinander zu unterscheiden. Ein Modell und dessen Implementierung werden häufig in pragmatischer Manier aneinander angepasst, um sie sowohl lösbar als auch empirisch adäquat zu machen. Pragmatische Überlegungen sind auch der Leitfaden zu dem, was Eric Winsberg (2010, S. 19) den „kunterbunten" („motley") Charakter simulationaler Methoden nennt: Sie könnten durch etablierte Theorien informiert sein, aber auch auf Intuition und Improvisation zurückgreifen. Die Implikationen sind jedoch möglicherweise nicht so relativistisch wie es auf den ersten Blick erscheinen mag, da ein größeres Hintergrundwissen im Vergleich zu traditionellen Methoden der Beobachtung und des Experiments allfällige Ad-hoc-Praktiken zu kompensieren in der Lage ist (Winsberg 2010, S. 70–71).

Die Fähigkeit von Simulationen zur Lösung von Modellen wird von den meisten Autoren als definitorisch hinreichend angesehen, zumindest wenn es um das geht, was Humphreys (2004, S. 110) „Kernsimulationen" nennt, im Unterschied zu vollständigen „Computermodellen", oder was Winsberg (2010, S. 16–17) „Modelle der Phänomene" nennt. Im Grenzfall können Computersimulationen sogar überhaupt keinen beobachtbaren Gegenstand haben.

Umgekehrt unterliegen das Design und die Logik von Computersimulationen materiellen Beschränkungen durch die verfügbaren mathematischen und computationalen Ressourcen. Humphreys (2004, S. 55–56) argumentiert, dass „*die Erfindung und der Einsatz anwendbarer mathematischer Methoden [. . .] große Teile des Fortschritts in den physikalischen Wissenschaften ausmacht*", und dass „*die meisten wissenschaftlichen Modelle speziell auf die verfügbaren mathematischen Ressourcen zugeschnitten sind und dementsprechend durch diese eingegrenzt werden*" (Hervorhebung im Original, Übersetzung HG). Johannes Lenhard (2015) macht die komplementäre Beobachtung, dass mathematische Modelle einer gegebenen Menge von computer*technischen* Anforderungen gerecht werden müssen. Nur in dem Maße, in dem zu einem bestimmten Zeitpunkt ein bestimmter Satz von computationalen und mathematischen Werkzeugen verfügbar ist, kann ein empirisches Problem einer Simulation unterzogen werden.

Im Rahmen der gegebenen pragmatischen Voraussetzungen wird eine Computersimulation, die einen empirischen Gegenstand hat, üblicherweise Analogien der materiellen Art beinhalten. Diese werden meist in Form von Visualisierungen oder anderen Darstellungen des Outputs der Simulation für die im formalen Modell identifizierten Variablen erfolgen (Humphreys 2004, S. 111; Winsberg 2010, S. 31–34). Diese Darstellungen verfügen über eigene Kriterien der empirischen Angemessenheit, im Sinne beobachtbarer Ähnlichkeiten. Die Art der Darstellung wird in Abhängigkeit davon gewählt, welche Visualisierungsmethoden zur Verfügung stehen, welche Eigenschaften des Zielsystems als besonders relevant angesehen werden und wie sie sich am besten kommunizieren lassen. Umgekehrt ist es historisch plausibel, dass das Fehlen geeigneter Mittel der Visualisierung und Kommunikation die Einführung fortgeschrittener simulationsbasierter Modelle in den Anfängen des Computerzeitalters behindert hat, wie Rainer Hegselmann (2017) am Beispiel des Sakoda-Modells als weitgehend vergessenem frühem Vorstoß in die computerbasierte Sozialwissenschaft argumentiert.

Wenngleich die formalen und materiellen Aspekte der Modellierung in der Regel gemeinsam auftreten, sind sie systematisch zumindest teilweise voneinander unabhängig: Eine geradlinige mathematische Lösung eines Modells ist nur im Falle von, in Peter Asaros Formulierung (2008), „analytischen" Simulationen anwendbar – dort nämlich, wo eine bereits etablierte (allgemeine) Theorie (lokal) angewendet werden kann. Im Grenzfall ist an analytischen Simulationen gar kein empirischer Gegenstand beteiligt. Umgekehrt sind „synthetische" Simulationen so konzipiert, dass sie in Abwesenheit einer Theorie materielle Analogien der untersuchten Phänomene erzeugen. Im Mittelpunkt steht also in Hesses Sinne das Herstellen beobachtbarer Ähnlichkeiten, auf deren Grundlage theoretische Hypothesen formuliert werden können, die anschließend weiteren Tests unterzogen werden. In einem komplementären Grenzfall zu gegenstandslosen Modellen kann es vorkommen, dass ein theoretisches Verständnis des Zielsystems gar nicht angestrebt wird. In solchen Fällen können Ähnlichkeiten zwischen Modell und Zielsystem auf der phänomenalen Ebene bereits als hinreichend angesehen werden.

Die Unterscheidung zwischen analytischen und synthetischen Simulationen weist eine Parallele zu den Unterscheidungen zwischen theoriegeleiteten und explorativen Experimenten sowie zwischen theoriegeleiteter und explorativer Modellierung auf (Burian 1997; Fisher 2006; Gelfert 2016; Ribe und Steinle 2002; Steinle 1997; Waters 2007). Beide Typen explorativer Praktiken zeichnen sich dadurch aus, dass Versuchsbedingungen bzw. Modelleigenschaften einer umfassenden und systematischen Variation unterzogen werden, mit dem Ziel, ein „Gefühl" für das Phänomen oder Modell zu gewinnen (Gelfert 2016, S. 96).

Insbesondere der materielle Charakter von explorativen Modellen steht in einem besonderen Zusammenhang mit den zuvor beschriebenen Eigenschaften von Computersimulationen: Da viele Modelle hinsichtlich ihrer mathematischen Strukturen dezidiert auf explorative Manipulationen hin ausgerichtet sind, kann die Variation von Parametern im Vergleich zur experimentellen Praxis und ihren materiellen Beschränkungen „zu billig zu haben" sein (Gelfert 2016, S. 79, 82, Übersetzung HG). Computersimulationen erleichtern in besonderem Maße das Manipulieren mathematischer Strukturen über die gesamte Bandbreite der verfügbaren Möglichkeiten hinweg, so dass es erforderlich ist, diese Bandbreite unter Maßgabe der Eigenschaften des Gegenstands sinnvoll und methodisch wieder einzuschränken.

Simulationen mit explorativen Funktionen haben in mindestens einem Wissenschaftsgebiet besondere Bedeutung erlangt, das in der bisherigen Philosophie der Modellierung und Simulation vergleichsweise wenig Beachtung gefunden hat, in dem aber eine so große Vielfalt an Modellen und Simulationen wie in kaum einem anderen Feld zum Zuge kommt: der KI. Insbesondere in ihrer Geschichte als ursprünglich extrem offenes und theoretisch unterdefiniertes Feld bot sie sich für eine Vielzahl von Ansätzen der Modellierung und Simulation an, von denen manche bis heute von Bedeutung sind.

4 Spielarten von Modellen und Simulationen in der KI

Die KI war in wesentlicher Hinsicht gleichursprünglich mit Computertechnologien und Informatik verbunden und spielte zugleich eine prägende Rolle in der Entwicklung der Kognitionswissenschaften.[3] Das Aufkommen der letzteren um die Mitte des 20. Jahrhunderts lag in einer wachsenden Unzufriedenheit der Psychologie sowohl mit den klassischen introspektiven Ansätzen als auch mit dem Behaviorismus begründet. Keiner dieser beiden Ansätze hatte eine hinreichend ausgeprägte, geschweige denn eine axiomatische Theorie kognitiver Prozesse entwickelt. Der introspektiven Psychologie ermangelte es insgesamt an den Eigenschaften einer objektiven Wissenschaft, während der Behaviorismus kognitive Phänomene einer wissenschaftlichen Betrachtung weder zugänglich noch würdig erachtete und sich darum auf die systematische Erforschung beobachtbaren Verhaltens beschränkte. Angesichts einer Reihe von Erklärungsproblemen, die auf keinem dieser beiden Wege zu lösen waren, wurden die Kognitionswissenschaften aus der Taufe gehoben, um einen neuen Ansatz zu entwickeln, der allerdings den Umständen entsprechend auf keine etablierte Theorie aufbauen konnte. Vielmehr begann man mit der Einführung von Modellen, insbesondere Computermodellen, von denen man sich zu einer umfassenden theoretischen Darstellung kognitiver Phänomene hinaufzuarbeiten versuchte.

[3]Die umfangreichste und nach wie vor autoritative historische Untersuchung zu KI und Kognitionswissenschaften findet sich in Boden (2006), ein eher journalistischer, aber dennoch informativer Einblick in die klassische KI im besonderen in McCorduck (2004).

Die KI spielte eine prägende Rolle in der Entwicklung der Kognitionswissenschaften, insofern sie ihnen zuallererst ein neuartiges Repertoire an Methoden zur Verfügung stellte. Doch erschöpfte sich die Rolle der KI nicht in methodologischer Innovation. Alan Turing entwarf in „On Computable Numbers" (1936), einem wegeweisenden Beitrag zur Mathematik, seine als „Turing-Maschinen" bekannt gewordenen theoretischen Maschinen nach dem Vorbild einer Untermenge menschlicher kognitiver Leistungen, nämlich den Fähigkeiten zur Durchführung elementarer arithmetischer Routinen. In solche Routinen, so Turings Idee, sollen komplexere mathematische Operationen so zerlegt werden, dass sie auch von entsprechend konstruierten und programmierten Maschinen gelöst werden könnten. Somit wären diese Maschinen prinzipiell in der Lage, jede logisch-mathematische Aufgabe zu lösen, die überhaupt einer effektiven Lösung zugänglich ist. Die von Turing entworfenen Maschinen waren jedoch zuallererst *theoretische* Maschinen in Dienste seiner Theorie der Berechnung. Die Funktionen dieser theoretischen Maschinen wurden bewusst indifferent gegenüber möglichen spezifischen Realisierungen und Anwendungen definiert, aber zugleich auf der Grundlage der Leistungen menschlicher „Computer" modelliert. In diesem Sinne bediente sich Turing in der Entwicklung seiner Berechnungstheorie des materiellen Modells menschlicher Computer als neutraler Analogie (M-1).

Es gibt somit ein Element der Modellierung menschlicher kognitiver Prozesse, das bereits in die Grundlagen der Computertechnik und Informatik Eingang gefunden hat. Die Kognitionswissenschaften wiederum bauten auf diese Analogie auf, um computerimplementierbare wissenschaftliche Modelle höherstufiger menschlicher kognitiver Fähigkeiten zu entwickeln. Es fand sich häufig aber auch eine unanalysierte Annahme einer direkten, verhaltensbasierten Analogie zwischen menschlichen und maschinellen Leistungen. Diese wurde in Turings späterem Aufsatz „Computing Machinery and Intelligence" (1950) in spielerischer Manier vorgebracht, nahm in den von anderen Autoren daraus abgeleiteten Formen des sogenannten „Turing-Tests" allerdings die Züge eines Forschungsprogramms an und prägte im Weiteren die öffentliche Wahrnehmung der KI.

In Hinblick auf die Rolle menschlicher kognitiver Fähigkeiten in der Modellbildung lässt sich jedoch feststellen, dass die KI von Anfang an zwei dezidiert unterschiedliche Forschungsprogramme umfasste. Nur eines von ihnen hat die menschliche Kognition als solche zum *Gegenstand* und gehört in den engeren Kontext der Kognitionswissenschaften, während das andere zwar den Weg zum Erfolg der KI in vielen Anwendungsfeldern ebnete, aber keinen wissenschaftlichen Anspruch hinsichtlich der Beschreibung und Erklärung spezifisch menschlicher kognitiver Fähigkeiten verfolgte. Bemerkenswerterweise entspricht letzterer Ansatz der ursprünglichen Definition von „Künstlicher Intelligenz", in der intelligentes, kognitiv avanciertes menschliches Verhalten primär als *Ressource* der Modellbildung diente. Eine frühe Anthologie grundlegender Werke in der KI (Feigenbaum und Feldman 1963) wurde diesem Sinne in zwei Teile gegliedert:[4]

[4]Diese Unterscheidung wird auch von Ringle (1979) und Asaro (2008) getroffen.

S-1. Computerprogramme, die komplexe intellektuelle Aufgaben lösen, ohne den Anspruch, kognitive Prozesse zu modellieren; sie sollen „ein Verhalten zeigen, das wir ‚intelligentes Verhalten‘ nennen, wenn wir es bei Menschen beobachten“ (Feigenbaum und Feldman 1963, S. 3 Übersetzung HG);

S-2. Simulationen, die Modelle der Struktur oder der Funktionen kognitiver Prozesse implementieren, ohne in erster Linie auf Ähnlichkeiten im beobachtbaren Verhalten abzustellen; Ziel ist die „Simulation kognitiver Prozesse“ (Feigenbaum und Feldman 1963, S. 269 Übersetzung HG).

Simulationen des ersten Typs (S-1) werden auch als „verhaltensbasierte Simulationen“ bezeichnet, da sie keinen oder keinen systematischen Versuch unternehmen, Analogien zwischen den an der Lösung einer Aufgabe beteiligten computationalen Prozessen und den kognitiven Prozessen herzustellen, die im Spiel sind, wenn ein Mensch dieselbe Aufgabe zu lösen versucht wie der Computer. Umgekehrt ist es die Aufgabe von Typ-2-Simulationen, Analogien auf der Ebene von kognitiven Prozessen und Funktionen zu liefern, die jedoch nicht unbedingt an die Erzeugung von auf der Beobachtungsebene ähnlichen Verhaltensweisen gebunden sind. Verhaltensähnlichkeiten als Indikatoren für zugrunde liegende Prozesse heranzuziehen und solche vermeintlichen Analogien als Definition von Intelligenz oder gar als Beweis für maschinelle Intelligenz auszugeben, wurde von mehreren Autoren als verhängnisvolles Missverständnis der KI identifiziert (Copeland 2000; Moor 1976; Whitby 1996).

Die Unterscheidung zwischen Typ-1 und Typ-2-Simulationen in der KI lässt sich anhand der zuvor eingeführten Koordinaten materieller versus formaler und theoriegeleiteter versus explorativer Modellbildung (M1 bis M4) weiter verfeinern und in ein neues Licht rücken. Insbesondere lässt sich auf diesem Wege genauer herausarbeiten, im Dienste welcher wissenschaftlichen Programme und Theorien die unterschiedlichen Ansätze der KI stehen, und wie sie dies tun.

KI-1 – Verhaltenssimulationen

Manche KI-Simulationen sind im vollen Sinne materielle und zugleich gänzlich phänomenbasierte Modelle. Ihr Ziel ist die Nachahmung einer Teilmenge des beobachtbaren Verhaltens von Menschen, das ohne den Anspruch verfolgt wird, die dem Verhalten zugrunde liegenden kognitiven Strukturen und Funktionen nachzubilden. Dies gilt paradigmatisch für Turings „Nachahmungsspiel“ (1950) und die daraus abgeleiteten, sogenannten „Turing Test“-basierten Ansätze zur KI. Turing führt das Nachahmungsspiel als ein Gedankenexperiment ein, in dem er seine Leser bittet sich vorzustellen, dass ein digitaler Computer in eine Konversation zwischen einer Testperson und zwei Spielern eingebunden wird, von denen einer fälschlich vorgibt, eine Frau zu sein und in der es die Aufgabe der Testperson ist, dies zu entlarven. Die Verblindung der Konversation wird dadurch erreicht, dass die Teilnehmer einander nur Textnachrichten schicken können. Turings Frage ist, ob es einem Computer gelingen kann, die Rolle des männlichen und im Anschluss allgemein des menschlichen Nachahmungsspielers so überzeugend zu übernehmen, dass die Testperson den Computer erst nach einer gewissen Zeit als solchen entlarvt. Turing selbst betonte, dass sein Nachahmungsspiel weder eine Definition von Intelligenz noch einen Beweis für maschinelle Intelligenz liefert – wie er in einer in Copeland (2004, S. 494–95) zitierten BBC-Sendung aus dem Jahre 1952 betonte. Er stellt sogar fest: „Ich glaube, dass die ursprüngliche Frage ‚Können Maschinen denken?' zu bedeutungslos ist, um sie einer weiteren Diskussion zu unterziehen" (Turing 1950, S. 442, zitiert nach Turing 2007, S. 46). Er schlägt vor, diese Frage durch eine andere zu ersetzen: „Gibt es denkbare digitale Rechner, die im Imitationsspiel gut abschneiden würden?" (Turing 1950, S. 442, zitiert nach Turing 2007, S. 45).

Da es in Turings Nachahmungsspiel keinen Anspruch dahingehend gibt, die Struktur oder Funktion des menschlichen Denkens systematisch zu ergründen, gibt es für diese „Black Box"-Simulation *prima facie* keine theoretische Grundlage. Diese Art von Simulation setzt nicht einmal voraus, dass das Modell relevante Eigenschaften seines Zielsystems repräsentiert, um daraus anschließend eine Theorie zu entwickeln. Turing schlägt auf Grundlage seines Nachahmungsspiels nur einige informelle Analogien zwischen beobachtbaren menschlichen und maschinellen Fähigkeiten vor. An anderer Stelle untersucht er mögliche weitergehende Analogien in systematischer Manier (insbesondere in Turing 1948) und bewegt sich damit in den Bereich dessen, was in KI-3 erörtert wird. Auf das Nachahmungsspiel und die Turing-Test-basierte KI jedoch sind die wissenschaftlichen Modellierungsbeziehungen M-1, M-2 und M-4 streng genommen nicht anwendbar. Der Status dieser Art von Simulation als wissenschaftlich ist somit fraglich – was nicht verhindert hat, dass sie von der Öffentlichkeit und den Kritikern der KI als das Paradigma der KI wahrgenommen wird. Dieser Ansatz dient jedoch relevanten demonstrativen Zwecken (Asaro 2008; Ringle 1979), weswegen er unter die Kategorie der theoriegeleiteten materiellen Modelle (M-3) subsumiert werde kann. Turings Nachahmungsspiel demonstriert die Leistungsfähigkeit und Reichweite seiner Theorie der Berechnung, insofern Computer teilweise menschenähnliche komplexe Verhaltensweisen aufweisen können, die bis zu seiner Zeit weit jenseits dessen lagen, was man Maschinen in der Praxis und *per definitionem* zu leisten zutraute. Dies sollte zum Effekt haben, dass sich unsere Vorstellungen sowohl von Maschinen als auch von Denken im Zuge der Verbreitung digitaler Computer verändern. Genau das ist Turings erklärtes Ziel in (1950, S. 442). Im Gegenzug kann das beobachtbare menschenähnliche Verhalten der Computer mobilisiert werden, um einige der Verhaltensweisen zu identifizieren, anhand derer Menschen einander als intelligente Wesen erkennen.

KI-2 – Modelle der allgemeinen Intelligenz

Manche KI-Simulationen sind Implementationen von Modellen, die dem Zweck dienen, eine Auswahl kognitiver Leistungen so darzustellen, dass sie eine Theorie der allgemeinen Intelligenz zu definieren helfen. Diese KI-Modelle verkörpern Fähigkeiten wie z. B. das Beweisen von mathematischen Theoremen, die Lösung logischer Probleme, das Meistern komplexer Spiele wie Schach oder Go oder das Analysieren von Daten. All dies sind Beispiele von Leistungen, die man als intelligent bezeichnen würde, wenn man sie am Menschen beobachtet und von denen man erwartet, dass sie grundsätzlich eine Form von Intelligenz erfordern.

In frühen Anfängen der KI waren Modelle allgemeiner Intelligenz das Ziel von Ansätzen wie der logikbasierten KI (McCarthy 1960) oder der *Logic Theory*

Machine (Newell et al. 1963). Diese Modelle verfolgen nicht den Zweck, Erklärungen der Prozesse und zu liefern, die im menschlichen Nervensystem oder allgemeiner im menschlichen Geist bei der Lösung der betreffenden logikbasierten Aufgaben ablaufen. Stattdessen sollen diese Modelle Erklärungen dafür zu generieren helfen, wie solche Aufgaben durch ein intelligentes System allgemeinen zu lösen sind. In einem der erfolgreichsten Ansätze der gegenwärtigen KI wiederum werden *Deep-Learning*-Algorithmen mit Objekt- und Bilderkennung betraut (LeCun et al. 2015; Schmidhuber 2015). Aufbauend auf neuronalen Netzwerkmodellen (siehe KI-3 unten) werden aus Datensätzen Strukturen auf zahlreichen aufeinander aufbauenden Abstraktionsebenen extrahiert, um für Menschen interpretierbare Darstellungen oder Klassifikationen zu erzeugen. Die Abstraktionsebenen und Verarbeitungsstufen müssen sind jedoch keine Entsprechungen zu den Strukturen und Prozessen im menschlichen Nervensystem aufweisen. Ähnlich wie in KI-1 sind beobachtbare Ähnlichkeiten zwischen logikbasierten oder *Deep-Learning*-Modellen und menschlichen kognitiven Prozessen zwar willkommen, aber sie sind nicht das eigentliche Untersuchungsziel. Auf Grundlage der teilweisen formalen Isomorphien zwischen den logischen Operationen oder neuronalen Prozessen in Modell und menschlichem Denken können diese Modelle jedoch als einheitliche Klassen definiert werden, welche Theorien der allgemeinen Intelligenz in Mensch und Maschine beschreiben.

Wenn in diesem Sinne gilt, dass eine Theorie eine Familie von Modellen ist, und wenn die Grundlage der Familienähnlichkeit in formalen Isomorphien liegt, fallen Modelle des Typs KI-2 unter die Klasse der formalen und vortheoretischen Modelle M-4. Eine separate und explizite oder gar axiomatische Definition dessen, was allgemeine Intelligenz ist, ist diesem Ansatz nach nicht erforderlich, da die Klasse der beteiligten Modelle eine solche Theorie hinreichend definiert. Während sogenannte „Brute-Force"-Lösungen logisch-mathematischer Probleme keine Theorie allgemeiner Intelligenz begründen können, gelten allgemeine formale Analogien der zuvor beschriebenen Art als hinreichend, um ein Computersystem als Künstliche Intelligenz zu charakterisieren.

Bemerkenswert ist in diesem Zusammenhang, dass das Beweisen von Theoremen, Schachspiel und andere logikbasierte Aktivitäten in den klassischen Ansätzen der KI explizit gegenüber bervorzugt anderen mentalen Aktivitäten wie etwa Emotionen oder verkörperten Phänomenen modelliert wurden, nicht weil diese als für die menschliche Natur irrelevant angesehen wurden, sondern aus zwei komplementären Gründen: Zum einen waren logikbasierte kognitive Aufgaben mit den zu Zeiten der klassischen KI verfügbaren computationalen Mitteln hinreichend formalisierbar (vgl. etwa Boden 2006, S. 11). Zum anderen wurde die Lösung dieser Art von Aufgaben aber häufig auch als der Kern oder gar die exklusive Domäne der Kognition betrachtet und von anderen Aspekten des menschlichen Geistes getrennt behandelt. Insgesamt berührt dieser Ansatz der KI eine umfassende systematische Untersuchung der menschlichen Kognition nur tangential. Stattdessen bietet er die Grundlage für zahlreiche Arten der anwendungsorientierten KI, in deren Mittelpunkt stets intelligente Problemlösung steht.

KI-3 – Materielle Modelle kognitiver Prozesse
Manche KI-Simulationen sind Implementationen von Modellen, die zur Entwicklung einer Theorie der allgemeinen Gesetze der menschlichen Kognition beitragen sollen. Die beobachtbaren Eigenschaften der computational realisierten Modelle und ihre Regelmäßigkeiten dienen als Vorlagen für diese Gesetze. In diesem Fall handelt es sich um materielle, vortheoretische Modellierungsbeziehungen (M-1): Es wird eine Reihe positiver, negativer und neutraler Analogien zwischen computationalen und mentalen Prozessen postuliert, wobei eine zentrale Aufgabe der weiteren Untersuchung darin besteht, die bis dato neutralen Analogien als positiv zu bestätigen oder als negativ zu verwerfen.

Prominente Beispiele für einen solchen Ansatz sind David Marrs (1982) Modell des Sehens als Informationsverarbeitung und der an Untersuchungen kognitiver Phänomene orientierte Konnektionismus (Rumelhart und McLelland 1986) sowie dessen Vorläufer (McCulloch und Pitts 1943; Turing 1948). Auf unterschiedliche Weise und in Bezug auf unterschiedliche Ebenen kognitiver Prozesse werden computationale Strukturen und Prozesse eingesetzt, um theoretische Hypothesen zu den Eigenschaften und Gesetzmäßigkeiten kognitiver Strukturen und Prozesse zu entwickeln. Der Fokus bewegt sich von der allgemeinen Problemlösung (wie in KI-2) hin zur Untersuchung von Elementen natürlicher Kognition, in den genannten Beispielen visuelle Wahrnehmung und die funktionale Architektur des Nervensystems. Marr (1982) versteht unter visueller Wahrnehmung den Prozess der Konstruktion von Repräsentationen der im Netzhautbild enthaltenen Informationen über mehrere Stufen der visuellen Informationsverarbeitung: Aus der Darstellung des zweidimensionalen Netzhautbildes wird eine „Urskizze" („primal sketch") mit Repräsentationen von Kanten, Flächen und Texturen entwickelt und anschließend eine Darstellung der Orientierung und Bewegung dieser Formen. Schließlich wird aus diesen Skizzen ein dreidimensionales Modell räumlich situierter Objekte erzeugt. All diese Phasen der visuellen Informationsverarbeitung werden in mathematischer Form als in Stufen gegliederte computationale Operationen beschrieben und beinhalten prinzipiell überprüfbare Vorhersagen dahingehend, wie visuelle Wahrnehmung in biologischen Organismen funktioniert, ohne jedoch Eins-zu-Eins-Korrespondenzbeziehungen zwischen den Algorithmen und der verwendeten Hardware und organischen Strukturen und neuronalen Prozessen zu postulieren. Viele von Marrs Annahmen sind inzwischen neurobiologisch entkräftet worden – und die postulierten neutralen Analogien somit als negativ etabliert.

Im Gegensatz zu Marrs Ansatz entwickelt der Konnektionismus Modelle der elementaren Struktur und Funktionsweise des Nervensystems. Diese Modelle umfassen eine Vielzahl von Einheiten, die einzelne Neuronen repräsentieren und die in mehreren (Input-, verborgenen und Output-) Schichten organisiert sind, sowie Gewichte, welche die Effekte der verbindenden Synapsen repräsentieren. Der Computer simuliert die Verbindungen und Aktivierungswerte der Neuronen unter der Annahme, dass Neuronen computationale Transformationen an ihren Eingangssignalen durchführen, diese somit in ein neues Signal umwandeln und es als Output an die nächste Ebene weiterleiten. Anstatt bestimmte, abstrakt konzipierte Bestandteile kognitiver Prozesse zu modellieren, zielt der Konnektionismus auf konkrete Komponenten des Nervensystems ab, die diese Prozesse realisieren. Ein aktueller Ansatz, der diese allgemeine Herangehensweise teilt und zugleich eine Alternative zu Marrs Theorie der visuellen Informationsverarbeitung anbietet, ist als „predictive processing“ bekannt geworden (Clark 2013). Ein weiterer aktueller Ansatz, der *Deep-Learning*-Methoden (siehe KI-2) für die Untersuchung von Prozessen der Abstraktion von Wahrnehmungen fruchtbar zu machen versucht, findet sich in Buckner (2018).

Wenn die Kognitionswissenschaften als „das Studium des Geistes als Maschine“ definiert werden (Boden 2006, S. 9, Hervorhebung im Original, Übersetzung HG), bietet die KI den Kognitionswissenschaften in den hier vorgestellten Ansätzen nicht nur einige Untersuchungsmethoden an, sondern gibt auch – durchaus unterschiedliche – programmatische Hinweise darauf, *als welche Art* von Maschine der Geist untersucht werden soll. Wenn die Art und Weise, wie ein Modell realisiert wird, teilweise von den verfügbaren materiellen und konzeptuellen Ressourcen abhängig ist, und wenn diese die Art und Weise der Bezugnahme des Modells sowohl ermöglichen als auch einschränken, könnte sich Marrs Annahme als zu idealisierend erweisen, dass man eine computationale Theorie kognitiver Phänomene von den „schmutzigen Details der auszuführenden Algorithmen“ trennen kann (1977, S. 38, Übersetzung HG). Neben ihrer Rolle in den Kognitionswissenschaften hat diese Art der KI auch eine Vielzahl praktischer Anwendungen inspiriert, allerdings auf eine andere Weise als KI-2: Bestimmte wohlmodellierte kognitive Merkmale bieten die Vorlage für technologische Lösungen, wie zum Beispiel in Anwendungen neuronaler Netze, die zwar teilweise realistische Modelle neuronaler Prozesse liefern, aber zu anderen, praktischen Zwecken verwendet werden. Diese Ansätze sind häufig dahingehend ambivalent, ob realistische Modelle oder praktische Anwendungen das primäre Ziel sind.

KI-4 – Denken als Berechnung

Manche KI-Simulationen sind Modelle, die direkte und theoriebasierte Analogien kognitiver Prozesse liefern sollen, unter Annahme strikter Korrespondenzbeziehungen zwischen Rechenoperationen und kognitiven Prozessen. In diesem Falle wird eine formale Isomorphiebeziehung zwischen ihnen postuliert, in der die Elemente einer axiomatischen Theorie der Berechnung und ihre Beziehungen untereinander die Elemente eines Modells kognitiver Prozesse und deren Beziehungen untereinander bestimmen, unter der Prämisse, dass dieselbe Theorie gleichermaßen auf beide Gegenstandsbereiche anwendbar ist. Somit sind die Modellierungsbeziehungen in diesem Fall formal und theoriegeleitet (M-2). Die im Modell postulierten computationalen Prozesse im menschlichen Denken sind qua ihrer computationalen Beschaffenheit Ausdruck einer Theorie der Berechnung, die gleichermaßen für digitale Computer gilt und der zufolge im menschlichen Geist und in digitalen Computern eine Menge von grundlegend identischen Prozessen stattfindet, die durch diese Theorie hinreichend beschrieben werden.

Diese Annahme ist ein zentrales Element des paradigmatischen Statements einer starken symbolischen KI, nämlich in Form der Hypothese der physischen Symbolsysteme (Newell 1980; Newell und Simon 1976). Sowohl Berechnung als auch menschliches Denken, so die Grundidee, bestehen in der regelgeleiteten Manipulation von bedeutungstragenden Symbolen. Ein physisches Symbolsystem ist physisch, weil es aus physischen Einheiten besteht, nämlich Symbol-Token. Es ist ein System, weil diese Symbol-Token Teil von Ausdrücken sind, in denen ihre Beziehungen logisch determiniert sind und somit berechnet werden können. Und es ist symbolisch, weil sich diese Ausdrücke zum einen auf Objekte, Prozesse oder andere Ausdrücke beziehen und zum anderen weil das System diese Ausdrücke interpretieren kann. Wenn ein Computersystem diese Eigenschaften entsprechend der Hypothese der physischen Symbolsysteme realisiert, kann es an und für sich die notwendigen und hinreichenden Bedingungen für das Vorhandensein kognitiver Prozesse erfüllen. Es würde somit nicht nur eine Reihe von Merkmalen menschlicher kognitiver Prozesse darstellen, sondern diese auch verkörpern. Jedes kognitive System wäre ein physisches Symbolsystem und *vice versa*, so dass gilt: „Kognition ist Berechnung" („cognition is computation", Pylyshyn 1980). Dieses Argument nimmt zwei komplementäre Routen: Einerseits sind kognitive Modelle dem Ansatz der starken symbolischen KI gemäß „computational im doppelten Sinne, indem sie nicht nur Computer verwenden, um die für die Modellierung erforderlichen komplexen Berechnungen durchzuführen, sondern auch postulieren, dass im Kopf tatsächlich eine Art von Berechnung stattfindet" (Thagard 2014, S. 534, Übersetzung HG). Diese Form von im zweifachen Sinne computationaler Modellierungsbeziehung wirft die Frage auf, ob sie auch für „biologisch realistische neurokognitive Modelle" gilt (ebd.). Andererseits wären bestimmte von Computern realisierte Rechenprozesse *per definitionem* kognitive Prozesse, vorausgesetzt, dass bestimmte Bedingungen hinsichtlich der Art und Komplexität der beteiligten Berechnungen erfüllt sind.

Somit betrachtet die starke symbolische KI das menschliche Denken als von Natur aus computational, allerdings unter der Voraussetzung, dass die Berechnungen semantisch gehaltvolle Symbole zum Gegenstand haben. Letztere Voraussetzung wird in diesem Ansatz nicht weiter erklärt. Dies hat die starke symbolische KI gegenüber Kritiken im Geiste des „symbol grounding problem" exponiert (Harnad 1990): Es bleibt die für alle kognitiven Phänomene grundlegende Frage ungeklärt, wie Symbole zu ihrem Gehalt kommen. Ihre Berechenbarkeit allein gibt darüber keine Auskunft.

5 Diskussion

Es hat sich gezeigt, dass die Modellierungsbeziehungen und ihre Rollen in jedem der oben vorgestellten Ansätze der KI unterschiedlich sind. Nur in KI-3 nehmen die Simulationen die Funktion von explorativen materiellen, theoriebildenden Modellen im Sinne Hesses (1966) an, aber die im Rahmen dieses Ansatzes entwickelten Modelle unterscheiden sich in Konzeption und Anwendungsbereich deutlich. In KI-2 wird ein stärker formaler, aber dennoch explorativer Charakter der Modellierungsbeziehungen verfolgt, der zugunsten der Herausbildung einer allgemeinen Theorie auf Grundlage übergeordneter formaler Isomorphien zwischen computationalen und einer Teilmenge kognitiver Prozesse von einer Untersuchung natürlicher Kognition abstrahiert. Dies war jedoch ohnehin das ursprüngliche primäre Selbstverständnis der KI als Forschungsprogramm. Nur in KI-4 wiederum sind die Modellierunsgbeziehungen formal und zugleich theoriegeleitet, indem eine Theorie der Berechnung mit einer Theorie der Kognition gleichgesetzt wird – und somit die Eigenschaften von Modell und Zielsystem ineinander übergehen. Die bekannteste Art von KI-Simulationen hingegen, KI-1, stand historisch gesehen in erster Linie im Dienste einer (nämlich Turings) Theorie der Berechnung und diente ihrem Erfinder dazu, deren Leistungsfähigkeit und Reichweite zu demonstrieren, wohingegen die Analogien zu kognitiven Phänomenen bei ihm informell blieben. Insgesamt sind diese Ansätze nicht allesamt als strikt disjunkt zu verstehen. Bisweilen gehen sie ineinander über und sind nur nach ihrer jeweiligen Schwerpunktsetzung zu unterscheiden. Bisweilen haben auch dieselben Forscher in unterschiedlichen Projekten unterschiedliche Ansätze verfolgt (vor allem Turing, Newell und Simon wären hier als Beispiele zu nennen).

Einige dieser unterschiedlichen Ansätze der KI, insbesondere in KI-3, haben sich im Laufe der Geschichte zu konkurrierenden und einander teilweise wechselseitig ausschließenden Forschungsprogrammen entwickelt. Keinesfalls jedoch haben sie zu einer Einheitstheorie menschlicher Kognition geführt. Andere Ansätze, wie die Turing-Test-basierte (KI-1) und die starke symbolische (KI-4) KI, verfügen immer noch über ein hohes Maß an Sichtbarkeit, büßten aber nach den Tagen der „Good Old-Fashioned AI" viel von ihrem wissenschaftlichen Ansehen ein. Die wissenschaftliche Schlagkraft der Ansätze der allgemeinen Intelligenz (KI-2) war in Bezug auf die Erklärung kognitiver Phänomene von Anfang an und durchaus absichtsvoll eher begrenzt, aber sie erwiesen sich als beständiger – wenngleich meist außerhalb der Kognitionswissenschaften.

Die in dieser Taxonomie entwickelten konzeptuellen Unterscheidungen verlaufen quer zu einer Reihe von etablierten Unterscheidungen, die bis dato zur Sortierung des Feldes der KI verwendet wurden: Erstens bleibt die hier vorgeschlagene Gliederung *prima facie* indifferent gegenüber der Dichotomie zwischen symbolischen und verkörperten Prozessen, die häufig als die grundlegendste Unterscheidung zwischen KI-Ansätzen angesehen wird: Sind symbolische Formen und logische Operationen, wie sie in abstrakten, höherstufigen Formen menschlichen Denkens zur Anwendung kommen, notwendig und hinreichend für ein Modell der menschlichen Kognition in ihrer Gesamtheit, oder muss ein solches Modell auch oder zuallererst die verkörperte und umweltgebundene Natur kognitiver Phänomene erfassen? Gemäß der prominentesten Kritik der symbolischen KI in Dreyfus (1979) wäre letzteres notwendig, ist aber von der KI prinzipiell nicht zu leisten. Zweitens ist die oben vorgestellte Matrix differenzierter und sollte sich als wissenschaftstheoretisch fundierter erweisen als die eher intuitive programmatische Unterscheidung zwischen der Simulation intelligenten Verhaltens und der Simulation kognitiver Prozesse, die bereits in der frühen KI explizit war. Drittens setzt sie andere Akzente als die mit letzterer oft kombinierte Unterscheidung zwischen menschenähnlicher und nicht-menschenähnlicher KI auf der Ebene beobachtbarer Ähnlichkeiten, aus der die folgende Matrix erzeugt wurde: „Menschliches Denken" versus „Menschliches Handeln" versus „Rationales Denken" versus „Rationales Handeln" (Russell und Norvig 2012, S. 22–26).

Der zentrale Unterschied zwischen der hier vorgeschlagenen konzeptionellen Matrix und den voranstehenden Klassifikationen besteht darin, dass ihr Schwerpunkt nicht darauf liegt zu zeigen, *was* modelliert und simuliert wird, sondern darauf, *wie* und *zu welchem Zweck* dies geschieht. Wie anhand von S-1 und S-2 ausgeführt, umfasste die KI zwei sehr unterschiedliche Arten von Antworten auf „Was"-Fragen: Teile der KI lieferten computerbasierte Lösungen für intellektuelle Probleme aller Art, während andere Teile der KI versuchten, eine grundlegende Frage zum menschlichen Denken zu beantworten, die von Warren McCulloch denkwürdig wie folgt formuliert wurde: „Was ist eine Zahl, daß ein Mensch sie kennen kann, und ein Mensch, daß er eine Zahl kennen kann?" (1965, zitiert nach McCulloch 2000, S. 8). Wenn man diese Unterscheidung als grundlegend betrachtet, wird man aus ihr allein wenig systematische Auskunft jenseits der Information gewinnen können, dass die KI in der Tat beide Arten von „Was"-Antworten umfasst. Zieht man hingegen die Frage nach symbolischen versus verkörperten Prozessen als grundlegende Unterscheidung heran, so betreffen mögliche Antworten zwar allesamt McCullochs grundlegende Frage und folglich Ansatz S-2, weisen aber gleichzeitig in miteinander inkompatible Richtungen. Entscheidet man sich wiederum für die von Russell und Norvig (2012) entwickelte Matrix, entsteht ein strukturierteres und umfassenderes Bild, das zwar auf „Was"-Fragen antwortet, aber auch helfen kann, „Wie-" und „Wozu-"Fragen zu beantworten.

Andersherum hilft der hier vorgeschlagene Fokus auf „Wie-" und „Wozu-"Fragen, die voranstehenden Unterscheidungen zu Verkörperung, Zielsystem und Menschenähnlichkeit klarer zu machen.

Insbesondere die Unterscheidung zwischen formalen und materiellen Modellen bietet einen indirekten Weg zu einer Antwort auf Fragen der Verkörperung: Ein Großteil der klassischen KI hatte wenig Interesse daran zu untersuchen, wie kognitive Prozesse materiell realisiert werden, aber dies war die Kehrseite der Münze des computationalen Ansatzes als solchem, insofern er aus systematischen Gründen von der materiellen Realisierung seiner Modelle abstrahierte. Die involvierten computationalen Prinzipien, und damit logisch-mathematische Regeln allein, wurden als notwendig und hinreichend für die Modellierung erachtet, insofern diese Prinzipien unabhängig von der Form ihrer Implementierung Gültigkeit besitzen sollen.

Die Unterscheidung zwischen der Simulation intelligenten Verhaltens und der Simulation kognitiver Prozesse wiederum kann durch die Erforschung ihrer Beziehungen zu einer Theorie ihres jeweiligen Gegenstands unter eine einheitliche Perspektive gebracht werden: Simulationen kognitiver Prozesse dienen typischerweise der Entwicklung einer Theorie natürlicher kognitiver Phänomene, während Simulationen intelligenten Verhaltens entweder praktische, lösungsorientierte Anwendungen computationaler Theorien sind oder die Entwicklung einer allgemeinen Theorie der Intelligenz – und somit auch nicht-natürlicher kognitiver Phänomene – unterstützen.

Die Unterscheidung zwischen denjenigen KI-Ansätzen, die auf Menschenähnlichkeit abstellen, und denjenigen, die dies nicht tun, kann sowohl im Hinblick auf die Unterscheidung zwischen formalen und materiellen als auch diejenige zwischen prä-theoretischen und theoriegeleiteten Modellen analysiert werden: Wenn eine

Auswahl formal rekonstruierter Merkmale der menschlichen Kognition verwendet wird, um Systeme zu entwerfen, die auf einer allgemeinen Ebene Lösungen intellektueller Probleme bieten (KI-2), ist nicht zu erwarten, dass das Ziel eines solchen Ansatzes ein materielles Modell oder gar eine Theorie der menschlichen Kognition im besonderen sein kann – es sei denn, es wird eine Identitätsbeziehung angenommen (KI-4). Wenn andersherum Modelle menschlicher kognitiver Merkmale verwendet werden, um Systeme zu entwerfen, die in einigen relevanten Aspekten dem menschlichen Denken oder Verhalten ähnlich sind, wird die angestrebte Modellierungsbeziehung jedenfalls materiell sein, da sie entweder der Entwicklung einer Theorie dieser Phänomene dient (KI-3) oder den Nachweis der beobachtbaren Folgen einer bereits existierenden Theorie anstrebt (KI-1).

Was die vorgeschlagene Matrix jedoch vor allem leisten kann, ist, exemplarisch aufzuzeigen, auf welche Arten und Weisen die gesamte Bandbreite der Ansätze zur Modellierung in der KI die funktionale Architektur des Computers als Ausgangspunkt nimmt und sich auf die tatsächliche Verfügbarkeit von Computern stützt. Es gibt in der KI, insofern es ihr um die Erforschung kognitiver Phänomene geht, nicht nur eine starke Abhängigkeit von Modellen, da sie sich auf keine prä-existierende unabhängige Theorie dieser Phänomene stützen kann, sondern auch eine sehr konkrete und materielle Abhängigkeit von den Werkzeugen und Technologien der Modellierung. Obwohl prinzipiell computationale Modelle denkbar sind, die nicht in digitalen Computern implementiert sind, wäre es unwahrscheinlich gewesen, dass solche un-implementierten Modelle eine Wissenschaftsdisziplin auf den Weg gebracht hätten, die *ab initio* auf computationalen Prinzipien basiert.

Eine solch unmittelbare Abhängigkeit von der Verfügbarkeit von Computern findet sich in den traditionellen Wissenschaften nicht, auch wenn sie seit langem Computersimulationen in ihr methodologisches Repertoire integriert haben. Wenngleich Physik, Chemie, Biologie oder Ökonomie in Hinblick auf den Umfang und die Komplexität des von ihnen erschließbaren Gegenstandsbereichs von der Verfügbarkeit dieser Methoden abhängig sind, bleiben diese Disziplinen in ihren Grundlagen und ihrem Gegenstandsbereich prinzipiell eigenständig. Wenn es hingegen tatsächlich eine Wissenschaft gibt, die so eng mit der Art und Weise der Realisierung ihrer Modelle verbunden ist, dass es schwierig sein wird, auf diese Modelle in Abstraktion von ihrer Realisierung Bezug zu nehmen, dann ist es die KI.

Die KI ist auch insofern ein Sonderfall gegenüber anderen Wissenschaften, als ihre computationalen Konzepte und Technologien als solche bereits relevante Eigenschaften ihrer Zielsysteme repräsentieren sollen. Wenn Computer anhand einiger ausgewählter Aspekte menschlicher Kognition modelliert werden, und wenn diese Aspekte wiederum Teil dessen sind, was von Computern in der KI modelliert wird, wird man die Annahme einer grundsätzlich positiven Analogie zwischen Computern und Kognition vertreten, auch wenn man sich nicht der Ansicht anschließt, dass Kognition und Berechnung identisch sind. Es dürfte schwerfallen, eine andere Disziplin zu finden, die sich selbst und ihre zentralen Begriffe und Theorien so umfassend auf Grundlage dessen entwickelt hat, was Computer über die gesamte Bandbreite der Möglichkeiten der Modellierung und Simulation hinweg zu leisten vermögen.

Literatur

Asaro, Peter M. 2008. Computer als Modelle des Geistes. Über Simulation und das Gehirn als Modell des Designs von Computern. *Österreichische Zeitschrift für Geschichtswissenschaften* 19(4): 41–72.

Black, Max. 1962. *Models and metaphors*. Ithaca: Cornell University Press.

Boden, Margaret A. 2006. *Mind as machine: A history of cognitive science*. Oxford: Oxford University Press.

Boltzmann, Ludwig. 1902. Model. In *Encyclopaedia Britannica*, Hrsg. Donald Mackenzie Wallace, Arthur T. Hadley und Hugh Chisholm, Bd. 30, 10. Aufl., 788–791. London: Adam and Charles Black/The Times.

Buckner, Cameron. 2018. Empiricism without magic: transformational abstraction in deep convolutional neural networks. *Synthese* 195: 5339–5372. https://doi.org/10.1007/s11229-018-01949-1.

Burian, Richard. 1997. Exploratory experimentation and the role of histochemical techniques in the work of Jean Brachet, 1938–1952. *History and Philosophy of the Life Sciences* 19:27–45.

Clark, Andy. 2013. Whatever next? Predictive brains, situated agents, and the future of cognitive science. *Behavioral and Brain Sciences* 36(3): 1–73. https://doi.org/10.1017/S0140525X12000477.

Copeland, B. Jack. 2000. The Turing test. *Minds and Machines* 10:519–539.

Copeland, B. Jack, Hrsg. 2004. *The essential Turing*. Oxford: Oxford University Press.

Dreyfus, Hubert L. 1979. *What computers can't do. A critique of artificial reason*. New York/London: Harper & Row.

Feigenbaum, Edward A., und Julian Feldman, Hrsg. 1963. *Computers and thought*. New York: McGraw Hill.

Fisher, Grant. 2006. The autonomy of models and explanation: Anomalous molecular rearrangements in early twentieth-century physical organic chemistry. *Studies in History and Philosophy of Science Part A* 37(4): 562–584.

Fraassen, Bas C van. 1980. *The scientific image*. Oxford: Clarendon Press.

Gelfert, Axel. 2016. *How to do science with models: A philosophical primer*. Cham: Springer.

Hacking, Ian. 1983. *Representing and intervening: Introductory topics in the philosophy of natural science*. Cambridge/London: Cambridge University Press.

Harnad, Stevan. 1990. The symbol grounding problem. *Physica D* 42:335–346.

Hartmann, Stephan. 1996. The world as process: Simulations in the natural and social sciences. In *Simulation and modelling in the social sciences from the philosophy of science point of view*, Hrsg. Rainer Hegselmann, Ulrich Mueller und Klaus G. Troitzsch, 77–100. Dordrecht: Kluwer.

Hegselmann, Rainer. 2017. Thomas C. Schelling and James M. Sakoda: The intellectual, technical, and social history of a model. *Journal of Artificial Societies and Social Simulation* 20(3): 15. https://doi.org/10.18564/jasss.3511.

Hertz, Heinrich. 1894. *Die Prinzipien der Mechanik, in neuem Zusammenhange dargestellt*. Leipzig: Johann Ambrosius Barth.

Hesse, Mary B. 1966. *Models and analogies in science*. Notre Dame: University of Notre Dame Press.

Humphreys, Paul. 2004. *Extending ourselves: Computational science, empiricism, and scientific method*. Oxford: Oxford University Press.

LeCun, Yann, Yoshua Bengio, und Geoffrey Hinton. 2015. Deep learning. *Nature* 521:436–444.

Lenhard, Johannes. 2015. *Mit allem rechnen – zur Philosophie der Computersimulation*. Berlin/Boston: de Gruyter.

Marr, David. 1977. Artificial Intelligence – a personal view. *Artificial Intelligence* 9:37–48.

Marr, David. 1982. *Vision. A computational investigation into the human representation and processing of visual information*. Cambridge: MIT Press.

McCarthy, John. 1960. Recursive functions of symbolic expressions and their computation by machine. *Communications of the ACM* 3(4): 184–195.

McCorduck, Pamela. 2004. *Machines who think: A personal inquiry into the history and prospects of Artificial Intelligence*, 2. Aufl. Natick: AK Peters.

McCulloch, Warren S. 1965. *Embodiments of mind*. Cambridge: MIT Press.
McCulloch, Warren. 2000. *Verkörperungen des Geistes*. Wien/New York: Springer.
McCulloch, Warren S., und Walter Pitts. 1943. A logical calculus of the ideas immanent in nervous activity. *Bulletin of Mathematical Biology* 5(4): 115–133.
Moor, James H. 1976. An analysis of the Turing Test. *Philosophical Studies* 30:249–257.
Nagel, Ernest. 1961. *The structure of science*. New York: Harcourt/Brace & World.
Newell, Allen. 1980. Physical symbol systems. *Cognitive Science* 4:135–183.
Newell, Allen, und Herbert A. Simon. 1976. Computer science as empirical inquiry: Symbols and search. *Communications of the ACM* 19(3): 113–126.
Newell, Allen, J. Cliff Shaw, und Herbert A. Simon. 1963. Empirical explorations with the logic theory machine: A case study in heuristics. In *Computers and thought*, Hrsg. Edward A. Feigenbaum und Julian Feldman, 109–133. New York: McGraw Hill.
Pylyshyn, Zenon. 1980. Computation and cognition: Issues in the foundations of cognitive science. *The Behavioral and Brain Sciences* 3:111–169.
Ribe, Neil, und Friedrich Steinle. 2002. Exploratory experimentation: Goethe, Land, and color theory. *Physics Today* 55(7): 43–49.
Ringle, Martin. 1979. Philosophy and Artificial Intelligence. In *Philosophical perspectives in artificial intelligence*, Hrsg. Martin Ringle, 1–20. Atlantic Highlands: Humanities Press.
Rumelhart, David, und J. McLelland, Hrsg. 1986. *Parallel distributed processing: Explorations in the microstructure of cognition*. Cambridge/New York: MIT Press.
Russell, Stuart, und Peter Norvig. 2012. *Künstliche Intelligenz: Ein Moderner Ansatz*, 3. Aufl. München: Pearson.
Schmidhuber, Jürgen. 2015. Deep learning in neural networks: An overview. *Neural Networks* 61: 85–117. https://doi.org/10.1016/j.neunet.2014.09.003.
Soler, Léna, Sjoerd Zwart, Michael Lynch, und Vincent Israel-Jost, Hrsg. 2014. *Science after the practice turn in the philosophy, history, and social studies of science*. London: Routledge.
Steinle, Friedrich. 1997. Entering new fields: Exploratory uses of experimentation. *Philosophy of Science* 64:S65–S74.
Suppes, Patrick. 1960. A comparison of the meaning and uses of models in mathematics and the empirical sciences. *Synthese* 12:287–301.
Tarski, Alfred. 1953. A general method in proofs of undecidability. In *Undecidable theories*, Hrsg. Alfred Tarski, Andrzej Mostowski, und Raphael M. Robinson, 1–35. Amsterdam: North-Holland.
Thagard, Paul. 2014. Cognitive science. In *Science after the practice turn in the philosophy, history, and social studies of science*, Hrsg. Léna Soler, Sjoerd Zwart, Michael Lynch und Vincent Israel-Jost, 531–542. London: Routledge.
Turing, Alan M. 1936. On computable numbers, with an application to the Entscheidungsproblem. *Proceedings of the London Mathematical Society* s2-42:230–265.
Turing, Alan M. 1948. *Intelligent machinery: A report by A.M. Turing*. London: National Physical Laboratory.
Turing, Alan M. 1950. Computing machinery and intelligence. *Mind* 59:433–460.
Turing, Alan M. 2007. Computermaschinerie und Intelligenz. In *Reader Neue Medien*, Hrsg. Karin Bruns und Ramón Reichert, 37–64. Bielefeld: Transcript.
Waters, C. Kenneth. 2007. The nature and context of exploratory experimentation: an introduction to three case studies of exploratory research. *History and Philosophy of the Life Sciences* 29(3): 275–284.
Whitby, Blay. 1996. The Turing Test: AI's biggest blind alley? In *Machines and thought. The legacy of Alan Turing*, Hrsg. Peter Millican und Andy Clark, Bd. 1, 53–62. Oxford: Clarendon Press.
Winsberg, Eric B. 2010. *Science in the age of computer simulation*. Chicago: University of Chicago Press.

Erklärbarkeit und Transparenz im Machine Learning

Bernhard Waltl

Inhalt

Zusammenfassung

KI Systeme haben längst ihren Einzug in den Alltag moderner Gesellschaften gefunden. Sie treffen autonome Entscheidungen, beeinflussen den Alltag von Menschen und können mit rechtlichen Bestimmungen in Konflikt stehen. Die mangelnde Transparenz von KI Systemen wird zunehmend zu einem Problem und ist angesichts der technischen Möglichkeiten zu einem gewissen Grad auch eine bequeme Ausrede derer, die die Systeme entwickeln oder einsetzen. Der vorliegende Beitrag entmystifiziert KI und diskutiert die Rolle von Transparenz und Erklärbarkeit von KI Systemen anhand konkreter Beispiele.

Schlüsselwörter

Explainable AI · Entscheidungsunterstützung · Algorithmic-Decision-Making · Diskriminierung · Profiling

B. Waltl (✉)
Department of Informatics, Technical University of Munich, München, Deutschland
E-Mail: bernhard.waltl@outlook.com

K. Mainzer (Hrsg.), *Philosophisches Handbuch Künstliche Intelligenz*,
https://doi.org/10.1007/978-3-658-19606-6_31

1 Grundlagen der Erklärbarkeit von KI Systemen

1.1 KI Systeme in sensiblen Lebensbereichen

Künstlich intelligente Systeme zur Unterstützung in Entscheidungsprozessen erfreuen sich größter Beliebtheit. Dies hat mehrere Gründe und liegt unter anderem in den niedrigen Ausführungskosten, konsistenten und rationalen Entscheidungen, sowie in der hohen Geschwindigkeit mit welcher Entscheidungen getroffen werden können. Während die Potenziale der Künstlichen Intelligenz stetig zunehmen und ihre Anwendungen in immer mehr Lebensbereichen moderner Gesellschaften eindringen, steigt auch die Unsicherheit und die Verunsicherung, die diese Systeme auslösen. KI wird oftmals als eine nicht-erklärbare und dem Menschen nicht zugängliche Black-box beschrieben, die – falls überhaupt – nur mehr ihren Entwicklern zugänglich ist. In vielen Bereichen des täglichen Lebens wird dies zunehmend zu einem Problem: Um den Systemen die Entscheidungshoheit zu überlassen, müssen wir ihnen vertrauen können. Wie können wir KI Systemen vertrauen, die wir nicht mehr verstehen und deren Entscheidungen wir nicht nachvollziehen können?

Dass KI Systeme mehr und mehr Entscheidungen treffen, steigt deren gesellschaftliche Relevanz. KI Systeme sollen einen Beitrag zum Wohle der Menschheit und zur Wohlfahrt eines Staates leisten. Insbesondere sollen KI Systeme nicht zu Instrumenten werden, die nicht-gesellschaftsförderndes oder gar illegales Verhalten zeigen. Die Komplexität von KI Systemen kann genau dies jedoch als eine nicht intendierte Nebenfolge haben. Es ergibt sich ein Spannungsverhältnis zwischen KI und rechtmäßigem Verhalten, das bislang noch unzureichend untersucht ist. So können selbst-lernende Systeme gesellschaftliche Vorurteile lernen, die sich in empirisch erhobenen Daten wiederspiegeln. Eine nicht sorgfältig ausgewählte Menge von Daten kann ganze Bevölkerungsschichten strukturell benachteiligen. Es gibt zahlreiche Szenarien in denen automatisch trainierte Entscheidungsverfahren, die auf Basis von KI funktionieren, diskriminierendes Verhalten zeigen. Bei menschlichen Entscheidungen gilt das Allgemeinen Gleichbehandlungsgesetzes (AGG). Insbesondere § 1 legt dies fest: „Ziel des Gesetzes ist, Benachteiligungen aus Gründen der Rasse oder wegen der ethnischen Herkunft, des Geschlechts, der Religion oder Weltanschauung, einer Behinderung, des Alters oder der sexuellen Identität zu verhindern oder zu beseitigen." Ähnliche Regulierungen zum Schutz der Verbraucher und Bürger vor Diskriminierung oder unfairer Benachteiligung gibt es auch in den USA durch den *Fair Housing Act*[1] (FHA) oder *Equal Credit Opportunity Act*[2] (ECOA) die innerhalb der *Fair Lending Practice*[3] verortet sind. Das AGG stellt keinen unmittelbaren Bezug zu konkreten Szenarien her, sondern gilt für ein ganzes Spektrum an Anwendungsfällen. Anders verhält es sich mit den Regulierungen in den USA, die stark vom Einsatzszenario bestimmt sind. Bewertung und

[1](U. S. Department of Justice 2017b).

[2](U. S. Department of Justice 2017a).

[3](Office of the Conptroller of the Currency 2018).

Vorhersage menschlichen Verhaltens ist für viele Lebensbereiche relevant. Insbesondere die Einschätzung der Kreditwürdigkeit, der Bonität und der Wahrscheinlichkeit für den Zahlungsausfall einer Privatperson hat sich als ein attraktives Anwendungsfeld zur Entscheidungsunterstützung durch künstliche Intelligenz etabliert (Füser 2013). Hierbei wird auf Basis von im Vorfeld erhobenen Daten zu Personen die Kreditwürdigkeit derselben bewertet. Für Trainingszwecke stehen frei verfügbare Datensätze zur Verfügung. Je nach Datensatz sind unterschiedliche Attribute zu einer Person unterscheiden.[4] Dazu zählen auch sensible Attribute wie Alter, Jahreseinkommen, oder Familienstand. Es ist davon auszugehen, dass kommerziellen Anbietern oder staatlichen Behörden und Agenturen noch zahlreiche weitere Daten zur Verfügung stellen, die zu zuverlässigeren Ergebnissen führen bzw. noch weiter Vorhersagen über die Kreditwürdigkeit hinaus erlauben. Die sogenannte *Vorhersagende Polizeiarbeit* (engl. predictive policing) führt diese Ideen noch weiter und verwendet die verfügbaren digitalen Daten über Bürger und ihrer Umwelt zur Kriminalitätsprävention (Tiemann et al. 2018). Diese umfasst die Berechnung einer Wahrscheinlichkeit zukünftiger Straftaten oder Berechnung eines Rückfallrisikos von Straftätern. Hierzu werden Daten aus unterschiedlichsten Kanälen verwendet, beispielsweise Gesichtserkennung von Kameras im öffentlichen Raum, Kommunikationsverhalten in sozialen Netzwerken, aber auch auffällige Finanztransaktionen.

Diese Beispiele skizzieren den Einsatz künstlich intelligenter Systeme und beschreiben doch nur die Spitze dessen, was zu erwarten ist. Der Einsatz von KI Systeme wird vor allem durch drei Trends begünstigt:

1. Verfügbarkeit von großen Datenmengen
2. Verfügbarkeit von effizienten und berechenbaren Algorithmen
3. Verfügbarkeit von leistungsfähigen Infrastrukturen

In den drei Bereichen sind weitere Fortschritte und Innovationen zu erwarten, insofern gibt es auch aus technischer Perspektive keinen Grund, nicht weiter vom Siegeszug der KI auszugehen. Inwieweit der technische Siegeszug jedoch auch gesellschaftliche wünschenswerte und notwendige Trends und Entwicklungen mit sich bringt, kann alleine aus der KI Forschung heraus nicht beantwortet werden. Die Antwort auf diese drängende Frage sollte auch nicht alleine dort gesucht werden.

Überall dort, wo rationale Entscheidungen durch den Menschen getroffen werden, finden sich Anwendungsfelder für KI. Diese umfassen mittlerweile alle Bereiche des modernen Lebens: Medizin (insbesondere im Bereich Diagnostik), Logistik (Planung), Mobilität, Finanzwesen, etc. Rationalität von Entscheidungsstrukturen, also Entscheidungen denen objektive bzw. objektivierbare Kriterien zugrunde liegen, ist eine hervorragende, aber keine notwendige Voraussetzung für den Einsatz von KI Systeme. Dabei wird es zusehends unerheblich, ob die Kriterien explizit von

[4]Es existieren öffentlich zugängliche Datensätze für Experimente, siehe zum Beispiel: https://github.com/gastonstat/CreditScoring. Zugegriffen am 02.05.2018.

Domänenexperten benannt werden können oder nicht (sog. Feature Extraktion). Künstliche Neuronal Netze können relevante Kriterien automatisch erkennen und extrahieren. Damit wird ein bedeutender Teil der Forschung, nämlich das Formalisieren des Domänenmodells, von der Maschine übernommen. Dies ist ein erheblicher Vorteil Künstlich Neuronaler Netze gegenüber herkömmlichen Expertensysteme. Problematisch wird es jedoch insbesondere deswegen, weil die dem KI System zugrunde liegende Entscheidungsstruktur nicht mehr bewertet werden kann. Die trainierten Systeme entziehen sich der menschlichen Kontrolle und die Entscheidungen der Nachvollziehbarkeit. In letzter Konsequenz bleibt dem Menschen kaum mehr etwas anderes übrig als dem System *blind zu vertrauen*. Welche Attribute zur Entscheidung herangezogen werden und wie groß deren Einfluss ist, kann nicht mehr einfach beantwortet werden. Für viele Anwendungsfälle, zum Beispiel Diskriminierung bei der Bewertung der Kreditwürdigkeit, ist dies inakzeptabel. Ob ein Verfahren diskriminierend nach einem im AGG genannten problematischen Attribut ist, bleibt dann offen. Insofern kann ein KI System durchaus ein problematisches Verhalten an den Tag legen. Die automatische Klassifizierung von Bildinhalten, ist ein typischer Anwendungsfall von künstlichen neuronalen Netzen und wird bei Onlineplattformen von Google oder Flickr eingesetzt. So sind mittlerweile Bilder aufgetaucht, deren Inhalt automatisch von Algorithmen der beiden Unternehmen bestimmt wurde, auf denen Menschen mit dunkler und schwarzer Hautfarbe abgebildet sind und die fälschlicherweise mit Labels wie „Tier", „Affe", oder „Gorilla" versehen wurden (The Guardian 2015a, b). Dies ist nicht nur falsch, sondern unter Anbetracht der Debatte um Rassismus und Diskriminierung höchst problematisch. Der Einsatz eines Systems, dessen Funktionsweise nicht exakt bekannt ist und auch nicht exakt beschrieben werden kann, wird damit zu einem problematischen Grenzfall des Einsatzes von Technologie.

1.2 KI Systeme: von der Black Box zur White Box

KI Systeme werden zunehmend als Funktionen eingesetzt, deren innere Strukturen nicht bekannt sind. Sie sind sogenannte *Black Boxes*. Nach außen kommunizieren sie über wohldefinierte Schnittstellen, und auf Basis von Eingangsdaten (Input) liefern sie eine Entscheidung (Output). Die Abläufe im inneren werden nicht offengelegt bzw. sind dem Menschen auch nicht ohne erheblichem Aufwände zugänglich. Dies liegt an mehreren Gründen, vor allem aber auch daran, dass der primäre Adressat der internen Repräsentation der Entscheidungsstrukturen die Maschine und nicht der Mensch[5] ist.

[5]Ein aktueller Ansatz zur Klassifizierung von Bildern auf Basis von Neuronalen Netzen verwendet 60 Millionen Parameter und 650 Tausend künstliche Neuronen und wird in der Maschine durch große Matrizen abgebildet. Die Matrizen werden im Rahmen der Trainingsphase erstellt und die Klassifizierung eines Bildes besteht im Wesentlichen darin, dass Matrixoperationen (z. B. Multiplikationen) durchgeführt werden (Krizhevsky et al. 2012).

Die mangelnde Transparenz ist jedoch auch für die Entwickler eines Systems unbefriedigend. Die wenigsten KI Systeme besitzen eine Genauigkeit, die eine uneingeschränkte Nutzung sofort erlauben würde. Hohe Fehlerraten sind in vielen Bereichen nicht akzeptabel und führen zu unbefriedigenden Ergebnissen und im schlimmsten Fall zu fatalen Nebenfolgen (siehe z. B. autonomes Fahren); die Attraktivität der Entscheidungsunterstützung sinkt drastisch, wenn die Erfolgsquote nicht gegeben ist. Fehlerhafte Vorhersagen für Kriminalitätsprävention führen zu berechtigter Skepsis in der Bevölkerung und können zu Unmut führen, der im schlimmsten Fall die Gesellschaft destabilisiert. Falsch berechnete Kreditwürdigkeit wirkt sich negativ auf das Konsumverhalten und die Wirtschaftsleistung einer Volkswirtschaft aus. Es ist also auch im Interesse der Entwickler, dass diese System präzise und leistungsfähig sind und immer besser werden. Transparenz des Entscheidungsprozesses kann hierzu einen großen Beitrag liefern. Das Verstehen und Erkennen von fehlerhaften Abläufen innerhalb eines KI Systems ist die Grundlage für Verbesserungen und Behebung von Fehlern.

Im Gegensatz zu langläufigen Ansichten, dass KI System notwendigerweise intransparent sind, werden mehr und mehr Verfahren entwickelt, die es uns erlauben, die Entscheidungsstrukturen komplexer Verfahren zu analysieren und diese nachzuvollziehen. Transparenz ist also möglich, aber wir bekommen diese nicht umsonst, sondern müssen sie genauso wie alle anderen (wünschenswerten) Eigenschaften erarbeiten. Der Übergang von der Black Box zur White Box, also einer transparenten Sicht auf das System, ist bis zu einem hohen Grad möglich.

1.3 Erklärbarkeit als Voraussetzung für Akzeptanz, Kontrolle und Vertrauen

Jüngste Untersuchungen konnten zeigen, dass KI Systeme erstellt werden können, die sehr präzise Ergebnisse[6] (engl. Precision und Recall) liefern, diese jedoch zur Entscheidung sehr fragwürdige Attribute verwenden. So wurde zum Beispiel ein System, das auf Bildern Huskys von Wölfen unterscheiden sollte, darauf trainiert, am Ende eine sehr hohe Genauigkeit zu erzielen. Bei der Analyse der zugrund liegenden Entscheidungsstrukturen stellte man jedoch fest, dass das neuronale Netz keine Merkmale des Tieres berücksichtigt, sondern lediglich den Bildhintergrund untersuchte. Befand sich dort Schnee oder Eis, so wurde dem Bild das Label „Husky" zugeordnet (Ribeiro et al. 2016). Derartiges Verhalten lässt sich des Öfteren beobachten und ist jedoch für die angesprochenen sensiblen Lebensbereiche, z. B. Kreditwürdigkeit von Bürgern, Diagnostik in der Medizin, oder Verkehrsschilderkennung beim autonomen Fahren, problematisch.

[6]Zur Bewertung von eines KI Systems zur binären Klassifikation verwendet man üblicherweise zwei Metriken: Precision und Recall. Diese repräsentieren die Genauigkeit und die Trefferquote und erlauben Aussagen über die richtigen Ergebnisse sowie die Fehler 1. und 2. Art (falsch negative und falsch positive Klassifizierungen).

Erst durch Methoden, die uns helfen, KI Systeme und deren zugrunde liegende Entscheidungsstruktur zu verstehen, können wir Aussagen darüber treffen, ob ein System tatsächlich richtig funktioniert. Die richtige Funktionsweise ist jedoch die Grundlage für Vertrauen in solche Systeme. Für Anwender ist es wichtig, dass Verhalten zu verstehen und zu bewerten, damit das notwendige Vertrauen entstehen kann. Insbesondere werden auch die Grenzen der Systeme erkennbar. Auf diese Weise kann das Einsatzgebiet klar abgegrenzt werden.

Darüber hinaus hilft die Transparenz und das Verständnis des KI Systems Informatikern und Ingenieure, bessere Systeme zu entwickeln. Damit können Fehler früher, rechtzeitig, erkannt und vermieden werden. Außerdem können unterschiedliche Fehlerkategorien unterschieden werden, was letztlich hilfreich ist, das System kontinuierlich zu verbessern – sei es durch die Bereitstellung besserer und repräsentativer Datensätze oder einer zielgerichteten Vorverarbeitung der Daten. Richtige Ergebnisse können besser bewertet und mit einer Konfidenz versehen werden. Somit können auch Fehlentwicklungen (selbst-)lernender Systeme frühzeitig erkannt und Gegenmaßnahmen eingeleitet werden.

Neben den Anwendern und den Entwicklern ergeben sich auch aus dem Recht Anforderungen an die Erklärbarkeit von Entscheidungen durch die KI. Die Europäische Datenschutz-Grundverordnung (DSGVO) vom 25. Mai 2018 betont die Transparenz bei der Datenverarbeitung insbesondere in Bezug auf die Verarbeitung personenbezogener Daten (Datenschutz-Grundverordnung 2016). In den Erwägungsgründen zur DSGVO wird die transparente Verarbeitung der Daten im Bereich Profiling explizit hervorgehoben: „um [. . .] der betroffenen Person gegenüber eine faire und transparente Verarbeitung zu gewährleisten, sollte der für die Verarbeitung Verantwortliche geeignete mathematische oder statistische Verfahren für das Profiling verwenden, technische und organisatorische Maßnahmen treffen, mit denen in geeigneter Weise insbesondere sichergestellt wird, dass Faktoren, die zu unrichtigen personenbezogenen Daten führen, korrigiert werden und das Risiko von Fehlern minimiert wird [. . .]“ (Intersoft Consulting 2016). Damit wird das Nachvollziehen fehlerhafter Entscheidungen und die damit verbundene Verantwortlichkeit vom Gesetzgeber explizit genannt und die juristische Relevanz hervorgehoben. Der Gesetzgeber unterscheidet nicht zwischen den jeweiligen technischen Lösungen; für die Verwendung von künstlichen neuronalen Netzen oder anderen komplexen Methoden zur algorithmischen Entscheidungsfindung sind demnach keine Ausnahmen zu erwarten. Die Herausforderung dabei ist es, Methoden und Technologien zu entwickeln, die dabei diese Transparenz auch für sehr komplexe Verfahren herstellen können. Damit kann und muss über kurz oder lang auch die Frage nach der Verantwortlichkeit beim Einsatz von KI Systemen beantwortet werden. Dies ist, wie weiter unten noch gezeigt wird, jedoch keine einfach zu lösende Aufgabe und gerade bei lernenden Verfahren durch die unzureichende Trennbarkeit von Algorithmus und Daten problematisch.

2 Beispiele für Fehlverhalten von KI Systemen

Die Anwendungsgebiete von KI Systemen sind mannigfaltig, und in Zukunft wird sich das Spektrum möglicher Anwendungen noch weiter ausbreiten. Das Fehlverhalten durch KI Systeme kann ebenso mannigfaltig sein wie deren Einsatzgebiete. In den nächsten Abschnitten wird anhand vier konkreter Bereiche mögliches Fehlerverhalten skizziert und deren gesellschaftliche, und die damit rechtliche Relevanz betont.

2.1 Diskriminierung

Die unangemessene Benachteiligung von Menschen anhand von personenbezogenen Merkmalen ist, zumindest in Deutschland, strengstens untersagt. Die gesetzliche Grundlage dafür findet sich im Allgemeinen Gleichbehandlungsgesetz (AGG). Dazu zählen Merkmal wie Alter, Geschlecht, Religionszugehörigkeit, und sexuelle Orientierung. Bei der Verarbeitung großer Datenbestände, die auch derart sensible Daten enthalten können, unterscheiden Algorithmen aber in der Regel nicht, ob die verwendeten Attribute personenbezogen sind oder nicht. Den Algorithmen sind diese Einordnungen unter Umständen auch gar nicht bekannt, sondern diese versuchen die zugrunde liegende Zielfunktion zu optimieren und dabei so die Vorhersagen so präzise wie möglich zu machen.

Das Problem wird dadurch verschärft, dass sensible Daten von Personen nicht nur direkt, sondern auch indirekt in den Datenbeständen angelegt sein können. Das bedeutet, dass selbst wenn das Geschlecht einer Person nicht bekannt ist, sich dieses aus der Kombination anderer Parameter, zum Beispiel Wohnort, Beruf, und Einkommen, ermitteln lässt. Algorithmen sind in der Lage, derartige Korrelationen in Daten zu erkennen und in den Entscheidungsprozess einfließen zu lassen. Eine unzulässige Diskriminierung erfolgt dadurch indirekt. Inwieweit dieser Umstand von den bestehenden rechtlichen Rahmenbedingungen erfasst ist, ist Gegenstand aktueller Forschung. Dem Bundesjustizministerium in Deutschland und dem Sachverständigenrat für Verbraucherschutz ist diese Problematik bekannt und wurde in konkreten Szenarien, wie Credit Scoring oder in Bewerbungsverfahren, bereits diskutiert.

2.2 Profiling

Die Verfügbarkeit von Daten, die mittlerweile in kontinuierlichen Strömen mehr und mehr Information über die Bürger und deren Verhalten sammelt, ruft noch weitere Anwendungsszenarien, weit über Bewertung der Kreditwürdigkeit hinaus, auf den Plan. Zukunftsszenarien skizzieren eine Welt, in der die gesamten Leistungen eines Menschen, im positiven und negativen Sinne, gesammelt und zentral abrufbar sind.

Der Überwachungsstaat erhält ein weiteres Kontrollinstrument. Dies muss notwendigerweise immer augenscheinlich und explizit sein, sondern kann sich in vielen subtilen Entscheidungen des täglichen Lebens zeigen. So kann regelmäßiger Sport, der über freiwillig genutzte *Wearables* protokolliert ist, zu Begünstigung und Bevorzugung bei ärztlichen Behandlungen sowie Versicherungsbeiträgen führen. Private Interessen und Vorzüge, die sich durch Verhalten in Freizeit und Internet zeigen, schlagen sich unmittelbar auf für mich abgestimmte Werbung nieder und bestimmen mein Konsumverhalten entscheidend mit. Personalisierte Preisen, die auf Einkommen und anderen personenbezogene Daten abgestimmt werden, sind keine Zukunftsmusik, sondern bereits heute Realität. Unbeabsichtigte Korrespondenz mit nicht system-konformen Personen und Gruppen können zu einer Hürde bei der Einstellung in den öffentlichen Dienst oder anderen Unternehmen werden. Künstliche Intelligenz wird auch hier eine Schlüsselrolle einnehmen, da nur noch Algorithmen in der Lage sind, diese großen Datenmengen zu verarbeiten. Auf deren (Fehl-) Einschätzung beruhen dann nachgelagerte Entscheidungen über Profile und Vorhersagen menschlichen Verhaltens.

2.3 Kollusion

Kooperation und Konkurrenz sind zentrale Prinzipien unserer Wirtschaft. Die Vergangenheit hat gezeigt, dass Absprachen zwischen großen Unternehmen den Markt verzerren, den Verbraucher unangemessen benachteiligen und zu einer großen Gefahr für die Wirtschaft und Umwelt werden. Insbesondere die Bildung von Kartellen zur Preisabsprache (sog. Kollusion) ist daher rechtlich sehr stark reglementiert bzw. untersagt.

Die Ökonomie unterscheidet zwischen der expliziten Kollusion und der impliziten Kollusion. Vereinfacht ausgedrückt liegen bei der expliziten Kollusion die Willensäußerungen zur Preisabsprache vor und der Nachweis derselben ist verhältnismäßig einfach zu erbringen. Künstliche intelligente Systeme ermöglichen eine Preisbildung in Echtzeit unter Berücksichtigung einer großen Anzahl von Parametern. Bei der Preisbildung können externe Faktoren wie Nachfrage, Uhrzeit, persönliche Daten des Benutzers oder auch die Preise der Konkurrenz berücksichtigt werden. Es sind Szenarien denkbar, in denen sich Algorithmen von konkurrierenden Unternehmen, zum Beispiel bei der Preisberechnung von Flügen, gegenseitig derart beeinflussen, dass sie die Preise nach oben treiben. Die Zielfunktion ist die Maximierung des Umsatzes, und selbstlernende Algorithmen können sich dahingehend optimieren, dass sie sich gegenseitig „Absprechen" und voneinander lernen. Diese könnte zu einer impliziten Kollusion führen, die von den Entwicklern und Betreibern nicht vorgesehen war. Dabei handelt es sich möglicherweise um eine nicht intendierte Nebenfolge, die wettbewerbsrechtlich problematisch ist und deren Nachweis sehr aufwändig und kompliziert werden kann. Die Bundesmonopolkommission hat diesen Themenkomplex im Rahmen eines Hauptgutachtens thematisiert.[7]

[7]http://monopolkommission.de/de/index.php/de/beitraege/216-xxii-algorithmen.

2.4 Autonomes Fahren

Eine große Leistung der Künstlichen Intelligenz besteht im Hervorbringen von Agenten, die in Absprache mit anderen Agenten und unter Berücksichtigung ihrer Umwelt autonom handeln können. Unter Vorgabe von konkreten Zielen, wohldefinierten Rahmenbedingungen und einer Menge an möglichen und ausführbaren Aktionen (Strategien) können sie sehr effizient Ziele erreichen. Dies gilt zum Beispiel auch für autonomes Fahren. Fahrzeuge (Agenten) führen selbstständig alle notwendigen Schritte aus, um sich der Straßenverkehrsordnung konform zu verhalten und die Insassen sicher ans Ziel zu bringen.

Die Interaktion mit den anderen Verkehrsteilnehmern, beispielsweise Autos, aber auch Radfahrern oder Fußgängern, sowie mit der Umwelt, beispielsweise Ampeln, Schilder oder Baustellen, erfordern einen hohen Grad der Autonomie und intelligente Algorithmen, die angemessen und schnell reagieren. Es kann jedoch durchaus vorkommen, dass sich Verkehrssituationen ereignen, in denen es zu Unfällen kommt, in denen ein autonom fahrendes Fahrzeug beteiligt ist.[8] Zur Klärung und zur Rekonstruktion des Unfallhergangs, sowie zur Ermittlung einer anteiligen Schuld bzw. Verantwortlichkeit wird es notwendig sein, die Entscheidungen des Fahrzeugs zu rekonstruieren. Dies ist schon auch deshalb wünschenswert, da man diese Unfälle zum Anlass nehmen soll und muss, die Systeme noch zuverlässiger und robuster zu gestalten. Ohne transparente und nachvollziehbare Entscheidungsstrukturen wäre dies nicht möglich.

3 Grundlagen der Entscheidungsfindung bei KI

3.1 KI zur Lösung komplexer Probleme

Die Grundlagen von Systemen mit Künstlicher Intelligenz finden sich in der algorithmischen Entscheidungsfindung (Russell und Norvig 2009). Es existieren zahlreiche Ansätze und Methoden, um Entscheidungsunterstützungssysteme zu entwickeln. Ausgehend von den Tätigkeiten der menschlichen Arbeit wurde seit jeher versucht, diese durch technologischen Fortschritt und Innovation zu unterstützen bzw. abzulösen. Die Wissensarbeit des 21. Jahrhunderts ist gekennzeichnet durch daten- und zeitintensive Tätigkeiten (Di Ciccio et al. 2015). Das Ausgangsformat der Daten, die einer Entscheidung zugrunde liegen, ist digital und das Ausgangsformat ebenfalls. Damit ist Wissensarbeit ein herausragender Kandidat für Disruption durch KI. In vielen Bereichen ist dies schon geschehen und aus betrieblichen Abläufen auch nicht mehr wegzudenken. Hier sei insbesondere auf komplexe Optimierungsprobleme im Bereich Logistik, Ressourcenplanung oder Preisfindung hingewiesen.

[8]Schoettle, Brandon, and Michael Sivak. „A preliminary analysis of real-world crashes involving self-driving vehicles.“ *University of Michigan Transportation Research Institute* (2015).

Die große Menge an zu berücksichtigenden Daten und die hohe Verarbeitungsgeschwindigkeit von Maschinen sorgen dafür, dass Algorithmen dem Menschen in diesen Aufgaben überlegen sind (Mainzer 2014).

Grundsätzlich unterscheidet man zwei große Bereichen im maschinellen Lernen mit Hinblick auf die algorithmische Entscheidungsfindung:

- *Klassifikation*: Zugehörigkeit einer Instanz zu einer Gruppe. Zum Beispiel automatisches Unterscheiden von E-Mails in „SPAM" und „kein SPAM", oder Erkennen von Objekten in Bildern (PKW, LKW, Fußgänger, Straßenschilder, etc.).
- *Regression*: Vorhersage von metrischen Größen (Zielgröße). Zum Beispiel das Berechnen der Kreditausfallwahrscheinlichkeit auf Basis personenbezogener Daten, dynamischen Preissetzung, oder die Regenwahrscheinlichkeit den morgigen Tag.

Je nach dem vorliegenden Problem werden unterschiedliche Verfahren aus dem Bereich des maschinellen Lernens verwendet. Eine ausführlichere Einführung in die technischen Grundprinzipien erfolgt im Laufe des Artikels. Es wird sich zeigen, dass sich die Erklärbarkeit der einzelnen Verfahren erheblich unterscheidet. In der Domäne des maschinellen Lernens finden sich noch zahlreiche andere Ansätze, z. B. Sequence Learning,

Multi-Agenten-Systeme, oder Robotik. Eine umfassende Analyse und eine detaillierte Diskussion über die Rolle von Transparenz und Erklärbarkeit in allen möglichen Szenarien kann jedoch im Rahmen dieses Beitrags nicht geleistet werden. Nichtsdestotrotz ist davon auszugehen, dass die sich grundlegenden Überlegungen auch auf andere Ansätze maschinellen Lernens analog anwenden lassen.

Um zu einem System zu gelangen, dass selbstständig Entscheidungen trifft bzw. zur Entscheidungsunterstützung dienen kann, werden zwei Hauptkomponenten benötigt:

1. *Algorithmus*: Eine endliche Menge an eindeutigen Operationen, die von Menschen, aber auch von Maschinen (Computer) ausgeführt werden können.
2. *Daten*: Zahlen, Werte und Fakten, die durch Messung oder Beobachtung erhoben wurden und von Menschen oder Maschinen (Computer) gelesen bzw. verarbeitet werden können.

Während der Algorithmus in der Regel eine Abfolge mathematischer Operationen beschreibt, ermöglichen die Daten ein Training des Algorithmus und seiner Gewichte auf Phänomene in der Realwelt. Dies heißt, dass ein Algorithmic Decision-Making (ADM) System zur Vorhersage der Kreditwürdigkeit einer Person zum einen Algorithmus braucht, z. B. logistische Regression, und zum anderen einen Datensatz von Personen mit Attributen, die zur Berechnung des Scores verwendet werden können (sog. Training). Der Algorithmus hat dabei in der Regel immer eine Menge an festzulegenden Parameter, auch Freiheitsgrade oder – im Falle der Regression – die Regressionskoeffizienten, die während der Trainingsphase berechnet werden. Ist die Trainingsphase abgeschlossen, so werden die Parameter i. d. R. nicht mehr weiter verändert, sondern zur Berechnung einer Vorhersage verwendet.

Damit Daten von den Algorithmen effizienter verarbeitet werden können, werden diese in Vektoren repräsentiert. Vektoren entsprechen dann einzelnen Datenpunkten, und die Dimensionen der Vektoren beschreibt die Anzahl der Attribute. So kann zum Beispiel eine 35-jährige Frau mit einem Jahreseinkommen von 45.000 € als Vektor mit drei Dimensionen dargestellt werden:

$$P \longrightarrow \begin{pmatrix} Frau \\ 35\ Jahre \\ 45T \end{pmatrix}$$

Jede Dimension spiegelt ein Attribut, sog. Feature der Person, wieder. Die Attribute können dabei durch unterschiedliche Skalen zum Ausdruck gebracht werden. Hierbei wird auf gängige Maße der Statistik, nominale (z. B. Geschlecht), ordinal (z. B. Schulnoten) und metrische Skalen (z. B. Alter oder Einkommen), zurückgegriffen. Im Bereich maschinelles Lernen müssen auch Bilder und Text in eine derartige Repräsentation gebracht werden. Bilder werden üblicherweise als große Matrizen dargestellt, in denen die Zellen den Farbcode (RGB) darstellen. Auch ganze Texte werden als Vektoren dargestellt. Hierbei gibt es unterschiedliche Möglichkeiten: In der Regel stellen die Zeilen Worte dar und die zugewiesenen Zahlenwerte die Position des Wortes im Text. Die sog. Bag-of-words Darstellung verzichtet darauf, die Reihenfolge der Worte zu berücksichtigen.

Eine Illustration der Funktionsweise von Klassifizierung durch Algorithmen ist Abb. 1. Im oberen Bereich sind Datenpunkte in einem zweidimensionalen Raum dargestellt. Es existieren zwei verschiedene Klassen, rot und blau, dargestellt durch Punkte. Diese Punkte repräsentieren Instanzen der Realwelt, also z. B. Personen. Der Bereich maschinelles Lernen fokussiert sich darauf, Verfahren zu entwickeln, um derartige Datenpunkte automatisch einer Klasse (blauer oder roter Bereich) zuzuordnen, z. B. kreditwürdig oder nicht-kreditwürdig.

Abb. 1 skizziert zwei Methoden, die versuchen, eine die beiden Klassen voneinander zu separieren. Methode I arbeitet auf einem linearen Prinzip, das heißt die Trennung erfolgt durch eine lineare Funktion (Gerade), und Methode II trennt nicht-linear über eine komplexere mathematische Funktion. Aus Abb. 1 lässt sich ablesen, dass Methode II der Methode I überlegen ist, weil die Klassen ohne eine fehlerhafte Klassifizierung voneinander getrennt werden können. Fehler erkennt man daran, dass Datenpunkte nach der automatischen Klassifizierung in eine falsche Klasse eingeordnet werden, z. B. rote Punkte in der blauen Klasse.

In der Regel ist lineare Trennung durch einfachere mathematische Verfahren zu finden. Zumeist sind lineare Verfahren auch besser interpretierbar, weil der Einfluss von Attributen sich anhand konkreter Parameter ablesen lässt. Lineare Methoden sind jedoch nicht so leistungsfähig wie nicht-lineare Verfahren, z. B. Neuronale

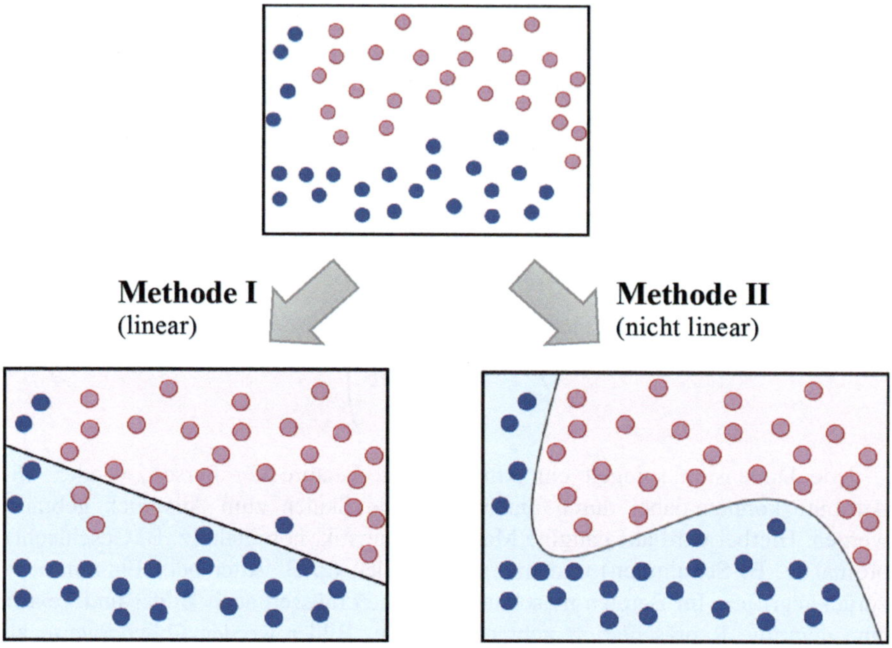

Abb. 1 Grundprinzip der Klassifizierung von Daten. (EigeneDarstellung)

Netze. Es hängt von der Domäne und dem Problem ab, welches Verfahren am besten geeignet ist. Eine ex ante Entscheidung darüber, welches Verfahren mit welchen Parameter am besten funktioniert, ist im Allgemeinen noch nicht möglich.[9]

Im digitalen Zeitalter werden Daten zunehmend verfügbar. Dies liegt einerseits in der hohen Menge an Daten, die ununterbrochen gemessen, erhoben und gespeichert werden, und andererseits an deren Verfügbarkeit. Die Vernetzung durch das Internet hat den Datenaustausch sehr stark vereinfacht und die Transaktionskosten enorm gesenkt. Diese Entwicklung begünstigt den Trend zu immer mehr Ansätzen aus dem Bereich Künstliche Intelligenz und maschinelles Lernen.

Die zweite Hauptkomponente neben den Daten sind in dem sehr umfassenden Feld der Künstlichen Intelligenz und des maschinellen Lernens gut untersucht, und weitere große Durchbrüche sind hier zu erwarten: die Algorithmen. Große Forschungsinstitute widmen sich ausschließlich deren Erforschung und Weiterentwicklung. Sich einen hilfreichen Überblick zu verschaffen, der vor dem Hintergrund der Transparenz und der Erklärbarkeit zielführend ist, ist nicht trivial. Eine konstruktive Differenzierung unterschiedlicher Ansätze liefern beispielsweise (Russell und Norvig 2009). Sie unterscheiden drei große Bereiche nämlich:

[9]http://www.sciencemag.org/news/2018/05/ai-researchers-allege-machine-learning-alchemy. Zugegriffen am 15.05.2018.

1. Wissensbasiertes Schließen
2. Entscheiden unter Unsicherheit
3. (Selbst-)Lernende Systeme

Diese drei Bereich sollen in den nächsten Abschnitten kurz vertieft und deren Eignung für erklärbare und transparente KI Systeme diskutiert werden. Es wird sich zeigen, dass sich nicht jeder Ansatz gleichermaßen für eine menschliche Interpretation eignet. Die trainierten Entscheidungsstrukturen können für Menschen sehr kontraintuitive Formen, insbesondere wegen hoch-dimensionaler Datenräume und nicht-linearer Zusammenhänge, annehmen.

3.2 Wissensbasiertes Schließen

Die Grundidee des wissensbasierten Schließens besteht darin, dass Domänenexperten ihr Wissen („Knowledge") über Zusammenhänge und Regeln direkt in KI Systeme kodieren. Dabei wird das Wissen in formale Repräsentationen, z. B. Aussagen-, Prädikatenlogik, oder Ontologien, überführt. Dies kann von der Maschine gespeichert und jederzeit abgerufen werden. Die formale Repräsentation ist geeignet, aus den eingegebenen Regeln und Fakten neues Wissen abzuleiten. Eine sehr einfache Formalisierung, der sog. Modus Ponens, sieht wie folgt aus:

$$\frac{A \quad A \rightarrow B}{B}$$

Die Interpretation ist dabei wie folgt: Es wird eine Regel festgelegt, dass aus einem Zustand (Fakt) A immer B folgt. Wird jetzt A beobachtet, kann automatisch davon ausgegangen werden, dass B gilt. Dieser Formalismus kann mit Inhalten befüllt werden, z. B.

$$\frac{Regen \quad Regen \rightarrow Strasse\ nass}{Strasse\ nass}$$

Die Regel ist dabei explizit festgelegt, und beim Beobachten von einzelnen Ereignissen („es regnet") werden die Regeln überprüft und neues Wissen wird abgeleitet („die Straße ist nass"). Diese einfache Form der expliziten Wissensrepräsentation wird im Bereich der künstlichen Intelligenz immer noch verwendet. Derartige KI Systeme werden oftmals auch als „Expertensysteme" bezeichnet. Der aktuelle Stand von Expertensystemen erlaubt noch deutlich komplexere Ausdrücke und Formalismen, sowie eine effiziente Auswertung der Entscheidungsstrukturen. Eine tiefergehende Einführung ist in Russell and Norvig (2009, S. 240 ff.) gegeben.

3.3 Entscheiden unter Unsicherheit

Für Entscheidungsstrukturen, die nur vorbehaltlich einer gewissen Unsicherheit erstellt werden können, eignet sich die Repräsentation wie oben gezeigt nur bedingt. Um die Unsicherheit abbilden zu können, bedient man sich üblicherweise aus den Erkenntnissen der Wahrscheinlichkeitstheorie. Besonders dann, wenn die Ursache für ein Problem nicht mehr ganz klar entschieden werden kann. Die Analyse von Krankheiten zum Beispiel kann auf mehrere Ursachen zurückführen, die unterschiedlich wahrscheinlich sind. Zahnschmerzen beispielsweise können durch Karies oder Parodontitis verursacht sein. Um derartige Strukturen maschinell zu erfassen, hilft das Operieren mit Wahrscheinlichkeiten.

Im Bereich des maschinellen Lernens werden diese vor allem bei Bayesschen Klassifikatoren und Bayesschen Netzwerken eingesetzt. Das Grundprinzip dabei ist, dass man die Attribute einer Domäne mathematisch beschreibt und dabei Wahrscheinlichkeitsverteilungen berechnet.

Für eine große Menge an empirischen Daten könnten man den Zusammenhang zwischen Zahnschmerzen und einer möglichen Ursache berechnen. Für einen Jugendlichen lässt sich feststellen, dass das Auftreten von Karies viel wahrscheinlicher ist, als Parodontitis.

$$P(Parodontitis|\, jugendlich) = 0{,}2$$

$$P(Karies|\, jugendlich) = 0{,}45$$

Dieses Beispiel demonstriert, dass sich mögliche Ursachen für Symptome in Form von Wahrscheinlichkeiten beschreiben lassen. Für eine Vielzahl an Domänen ist dies eine gängige und sehr effiziente Darstellungsmöglichkeit. Handlungsanweisungen bzw. neues Wissen werden in der Regel über den Erwartungswert abgeleitet.

3.4 (Selbst-)Lernende Systeme

Lernende Systeme sind in der Lage die zugrunde liegende Entscheidungsstruktur zu verbessern. Dazu stellt man dem System im zeitlichen Verlauf Information zur Verfügung, die in der Regel als eine Kombination von Input und beobachteten Output ist. Aus dieser Kombination ist es dann möglich, dass das System lernt, wie der Input mit dem Output zusammenhängt (Lernphase), um anschließend Vorhersagen für einen Input zu treffen, ohne dass der Output bekannt ist (Vorhersagephase). Dieses Prinzip wird auch als sogenanntes „supervised learning“ (angeleitetes Lernen) bezeichnet und kann auf eine Vielzahl von Klassifikatoren angewandt werden. Je nach Funktionsweise werden Beziehungen zwischen dem Input und Output durch mathematische Funktionen beschrieben. Diese können linear und nicht-linear sein (siehe Abb. 1) und werden nicht vom Menschen festgelegt, sondern von den Algorithmen selbst erkannt und, im Beispiel von selbst-lernenden Systemen, auch über die Zeit hinweg weiterangepasst. Mit der Verwendung der Systeme können diese also ihr Entscheidungsverhalten verändern.

Eine sehr populäre Form des supervised learnings wird aktuell mit Neuronalen Netzen durchgeführt. Diese netzwerkartigen Strukturen verbinden Einzelkomponenten über gewichtete Kanten miteinander und erlauben sehr komplexe und sehr leistungsfähige Topologien. Während der Trainingsphase werden die Gewichte der Kanten berechnet. Sobald die Trainingsphase abgeschlossen ist, kann für einen gegebenen Input ein Output vorhergesagt werden. Bei komplexen Aufgaben aus dem Bereich Objekterkennung in Bildern, oder maschinelles Übersetzen von Text zeichnet sich ab, dass neuronale Netze den meisten anderen Verfahren maschinellen Lernens überlegen sind.

Die komplexen Strukturen, also die Kombination aus des Netzwerks mit der Kantengewichtung, ist jedoch für Menschen nicht mehr interpretierbar. Während wissensbasiertes Schließen noch besser durch Menschen erklärt werden kann, entziehen sich Neuronale Netze der Erklärbarkeit durch den Menschen. Aufwändige Verfahren sind notwendig, um die Transparenz eines solchen Systems herzustellen und für den Menschen zugänglich zu machen. Im nächsten Kapitel wird tiefergehend auf Transparenz und Erklärbarkeit im Bereich der algorithmischen Entscheidung eingegangen.

4 Transparenz und Erklärbarkeit algorithmischer Entscheidungen

4.1 Transparenz algorithmischer Entscheidungen

Um eine transparente algorithmisch Entscheidungsfindung zu ermöglichen, ist das Zusammenspiel diverser Bereiche erforderlich. Zum einen ist eine verstärkte Forschung im Bereich Explainable Artificial Intelligence (XAI) notwendig. Aktuelle Forschungsprojekte in den USA haben die Relevanz des Feldes erkannt und umfangreiche Forschungsgelder in Aussicht gestellt.[10] Bei näherer Betrachtung zeigt sich sofort, dass die Erklärbarkeit von KI-Systemen ein interdisziplinäres Problem ist (Lepri et al. 2017). Dieser Abschnitt illustriert die grundlegende Herausforderung von Erklärung und Erklärbarkeit von ML. Dabei wird sich zeigen, dass kein allgemeingültiges Verständnis existiert, was eine Erklärung genau ist und welche Rolle diese im Bereich der algorithmischen Entscheidungsfindung einnimmt. Darauf aufbauend wird die Erklärbarkeit von algorithmischen Entscheidungen differenziert dargestellt. KI System sind immer in einen komplexen Prozess der Erstellung, des Betriebs und der (selbstständigen) Weiterentwicklung eingebettet. Dementsprechend ergeben sich drei Ebenen, die betrachtet werden müssen, um das Verhalten zu

[10]Das Forschungsprogramm XAI – Explainable AI läuft an der DARPA (Defense Advanced Research Project Agency) seit 2017 und ist auf 5 Jahre angelegt (Gunning 2017).

verstehen und bewerten zu können (Waltl und Vogl 2018). Diese drei Ebenen umfassen

- den Prozess,
- die Modelle, und
- die Instanzen.

Abschließend wird noch ausführlicher dargestellt, warum ein transparentes KI System noch nicht notwendigerweise erklärbar ist bzw. warum vollständige Transparenz noch keine vollumfängliche Erklärung ist.

4.2 Repräsentationen der Erklärbarkeit

Erklärbarkeit ist ein Begriff, dessen Inhalt nicht einfach zu fassen ist und der in unterschiedlichen Kontexten auch unterschiedlich verwendet wird. Ebenso verhält es sich im Bereich der Erklärbarkeit von KI Systemen. Lipton (2016) entwickelte eine Taxonomie von Methoden und Ansätzen, die sich in den Bereich der Erklärbarkeit verorten lassen und die eine umfassendere Diskussion erlauben. Die Taxonomie ist in Abb. 2 dargestellt. Erklärbarkeit ist dabei der Überbegriff für die beiden, immer noch abstrakten Begriffe „Transparenz" und „Interpretierbarkeit". Die Trennung zwischen den beiden Konzepten ist dennoch von entscheidender Bedeutung.

Nach Lipton (2016) lässt sich die Transparenz von Algorithmic Decision-Making (ADM) unterteilen in Simulierbarkeit, Dekomposition und Algorithmische Transparenz. Demnach fokussiert sich der Transparenzbegriff sehr stark auf die zugrunde liegende Technologie und die Algorithmen. In diesem Kontext hängt Simulierbarkeit eng mit Testen von Softwaresystemen zusammen (Pezzè und Young 2009), und die „Algorithmische Transparenz" kann als ein Teilbereich von sogenannten Audits verstanden werden (Sandvig et al. 2014). Simulieren und Testen sind effiziente Methoden um das Verhalten von KI Systemen während des Betriebs besser zu verstehen und mögliches Fehlverhalten aufzudecken. Diese können sehr kostengünstig und effizient durchgeführt werden. In der Regel finden sie in einer geschützten Umgebung statt, in der sich Fehlverhalten nicht gravierend auswirkt. Es können problemlos Grenzfälle und fiktive Szenarien getestet werden. Im Bereich Profiling

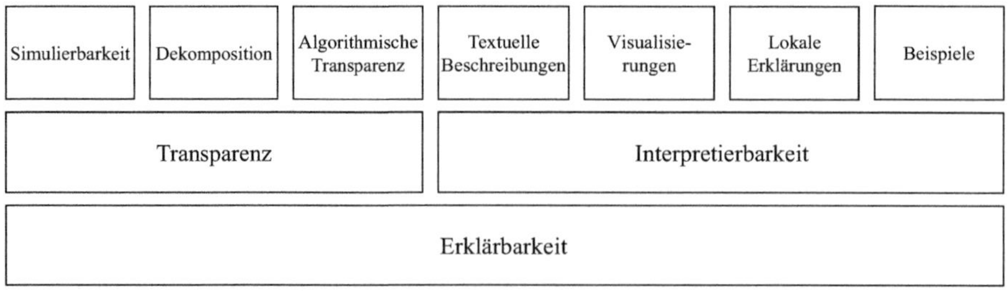

Abb. 2 Taxonomie der Erklärbarkeit nach Lipton (2016)

könnte man beispielsweise Personen mit fiktiven Attributen erstellen, um den Einfluss der jeweiligen Attribute besser nachvollziehen zu können. Hier setzen aktuelle Überlegungen zum Nachweis von Diskriminierung anhand personenbezogener und sensibler Daten auch an.[11]

Dem Begriff der Transparenz steht die Interpretierbarkeit gegenüber. Dieses Konzept ist deutlich weniger technisch und findet sich in konkreten Bereichen von „Beschreibungen", „Visualisierungen", „Lokale Erklärungen" und „Beispiele" wieder. Im Fokus steht hierbei die Rezeption durch einen Menschen (oder eine Maschine). Es geht darum, die Information, die notwendig ist, um das Verhalten des KI Systems zu beschreiben, zu transportieren und einem Empfänger zugänglich zu machen. Für unterschiedliche technische Umsetzung mag dies zu unterschiedlichen Formen der Darstellung führen. So kann zum Beispiel ein auf Entscheidungsbäumen beruhendes KI System durch die Visualisierung des Baumes mit Knoten (Konditionale) und Kanten (Entscheidungen) dargestellt werden. Visualisierungen von künstlichen Neuronalen Netzen mit vielschichtigen und komplexen Topologien können wenig zur Interpretation einer Entscheidungsstruktur beitragen. Möglicherweise ist die Interpretation von repräsentativen Beispielen in diesen Fällen besser geeignet.

4.3 Drei Ebenen der Transparenz algorithmischer Entscheidungen

Algorithmische Entscheidungen sind in komplexe Prozesse und Abläufe eingebettet. Damit ein KI System autonom entscheiden kann, durchläuft es unterschiedliche Entwicklungsstufen. Dabei werden diverse Parameter festgelegt. Hier greifen manuelle und automatische Auswahlprozesse ineinander. Ein KI System ist, was es ist, durch seine Vergangenheit, also den zugrunde liegenden Algorithmus, durch die Parameter, die ausgewählt wurden, und durch die Trainingsdaten, anhand derer die Werte von Parametern und Gewichte festgelegt wurden. Um den Transparenzbegriff umfassend diskutieren zu können, ist es notwendig, den Prozess und die ineinandergreifenden (Sub-)Systeme zu verstehen.

Zur Veranschaulichung dient ein integratives Modell, das in Abb. 3 dargestellt ist. Die Abbildung zeigt drei Ebenen, die man in jedem KI System bzw. während des Erstellprozesses jedes KI Systems beobachten kann. Um sich dem Transparenzbegriff nähern zu können, reicht es nicht aus, lediglich die Entscheidungen eines trainierten und unveränderlichen KI Systems zu analysieren. Oftmals sind es falsche Parameterentscheidungen bzw. mangelnde Repräsentativität der Daten, die sich in einem Bias in dem Modell, dass der nachfolgenden Entscheidungsstruktur zugrunde liegt, bemerkbar machen. Im allgemein gilt, dass maschinelle Lernverfahren, deren Trainingsphase von statistischen Maßen beeinflusst wird, dazu neigen, sich einen in den Trainingsdaten vorhandenen Bias auch anzueignen. In letzter Konsequenz kann

[11]GI-Gutachten zu „Verbraucher-Scoring in der digitalen Welt, siehe" https://adm.gi.de/.

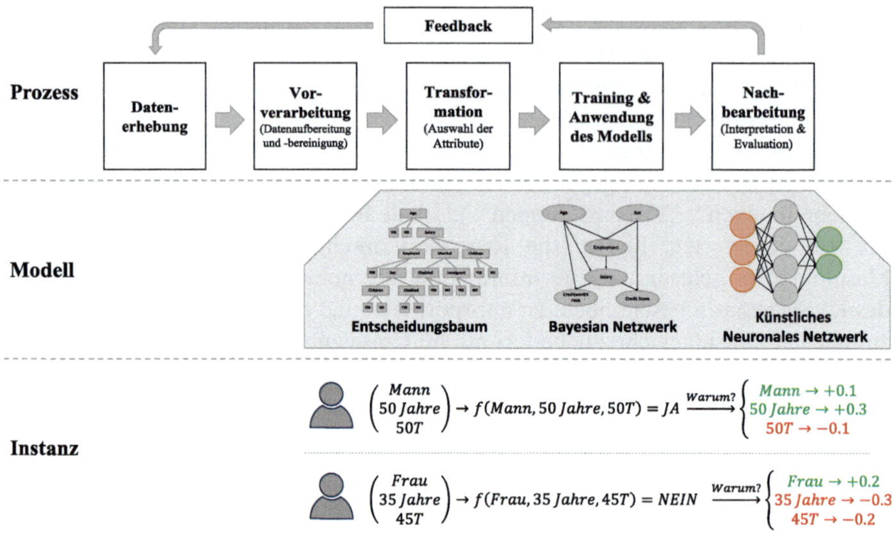

Abb. 3 Illustration der Transparenz komplexer, autonomer Entscheidungen. (Waltl und Vogl 2018)

dies dazu führen, dass soziale Vorurteile und Werturteile gegenüber Bevölkerungsgruppen, die sich anhand von empirischen Daten zeigen, sich auch in den Algorithmen wiederfinden. Der Algorithmus wird dadurch ein Stück weit zum Spiegel gesellschaftlicher Wertvorstellungen. Insofern also Diskriminierung in der Gesellschaft zu beobachten ist, ist es zu erwarten, dass sich diese analog auch in trainierten Modellen und KI Systemen bemerkbar machen wird (Abb. 3).

Das Modell in Abb. 3 differenziert in drei Bereiche, die im Folgenden ausführlicher erläutert und diskutiert werden sollen. Die Differenzierung ist die Grundlage für die Bildung eines umfassenden Transparenzbegriffs, der der Komplexität des Feldes gerecht wird.

4.4 Ebenen der Transparenz: der Prozess

Der Lebenszyklus von KI Systemen liegt jeder algorithmischen Entscheidungsfindung zugrunde. Dies gilt unabhängig von dem verwendeten Klassifikator und der mathematischen Methode, derer man sich bedient. Auf der Prozessebene findet man unterschiedliche Verarbeitungsschritte, und selbst die Prozesse für Data Mining und Knowledge Discovery sind seit Jahrzehnten Gegenstand der Forschung (Fayyad et al. 1996). Der Prozess beginnt üblicherweise mit Aktivitäten, in welchen Daten erhoben und aufbereitet werden. Hierbei werden die Daten bereinigt und auch normalisiert bzw. harmonisiert. Auch unvollständige oder fehlerhafte Daten werden hier bereinigt. Diese Schritte können einen erheblichen Einfluss auf nachgelagerte Entscheidungsstrukturen haben. Biases (Verzerrungen) und Varianzen in den

Ursprungsdaten können zu fehlerhaften Entscheidungsstrukturen führen. Diese Schieflage in den Daten kann in den seltensten Fällen später noch korrigiert bzw. ausgeglichen werden. Die Detektion von Biases kann mit Methoden der Statistik durchgeführt werden, ist jedoch in vielen Fällen nicht trivial. Weiter oben wurde bereits darauf hingewiesen, dass Vorurteile in der Gesellschaft, die sich in den Daten zeigen, auch in nachfolgenden Entscheidungsstrukturen sichtbar werden. Analog verhält es sich mit der Auswahl der Attribute, sog. Feature Engineering, die dem Algorithmus zur Entscheidungsfindung zur Verfügung stehen. Feature Engineering ist eine wichtige und nicht zu unterschätzende Aufgabe und hat erheblichen Einfluss auf die Performance des KI Systems.

Die tatsächliche Trainingsphase ist ein Teil des Gesamtprozesses. Erst dort werden die Datenbestände in einer effizient handhabbaren Struktur, üblicherweise Vektoren, einem Algorithmus zur Verfügung gestellt, der daraufhin seine internen Modelle trainiert, sowie Parameter und Gewichte berechnet. Den Prozessen sind in der Regel Nachbearbeitungsschritte nachgeschalten, die die *Entscheidungen* der Algorithmen in das gewünschte Format überführen. Dies kann zum Beispiel im Bereich der Bonitätsprüfung das Überführen eines metrischen Scores, der zwischen 0 und 100 skaliert, in eine Ja-Nein-Entscheidung sein. Wesentlich für diese Prozesse ist auch das kontinuierliche Verbessern und Einarbeiten von Feedback. Dies führt dazu, dass die Prozesse iterativ arbeiten und sich die Entscheidungsstrukturen über die Zeit verändern.

4.5 Ebenen der Transparenz: das Modell

Die Schritte auf der Prozessebene führen zu einem Algorithmus, der anhand der zur Verfügung gestellten Daten ein Modell trainieren kann, dass zur Grundlage für die Entscheidungsfindung wird. Der ausgewählte Algorithmus entscheidet darüber, welche Repräsentation das Modell hat.

Einfache, aber nicht notwendigerweise weniger leistungsfähige Klassifikatoren können beispielsweise auf Basis von Entscheidungsbäumen erstellt werden. Diese baumartige Struktur ist auch in Abb. 3 skizziert. Die Knoten stellen Entscheidung über Attribute dar und die Blätter die finale Entscheidung. Der Pfad, also der Weg von der Wurzel bis hin zu der finalen Entscheidung, ist eine Abfolge von Einzelentscheidungen und von Menschen gut nachvollziehbar. Dabei ist es keineswegs so, dass die Entscheidungsbäume notwendigerweise von Menschen erstellt werden. Automatisierte Verfahren, auf Basis informationstheoretischer Prinzipien, z. B. Shannon-Entropie oder Information Gain, können solche Bäume schnell und effizient erstellen. Die Entscheidungsfindung auf Basis solcher Bäume ist ebenfalls effizient möglich. Sie sind daher aufgrund ihrer Einfachheit und Geschwindigkeit beliebt. Die oben erwähnte Nachvollziehbarkeit von Entscheidungen führen dazu, dass Entscheidungsbäume als erklärbare Entscheidungsstrukturen gelten.

Andere Modelle, die auf Basis des gleichen Prozesses erstellt werden können, z. B. Bayessche Netzwerke oder Neuronale Netze, können für die trainierten Aufgaben möglicherweise bessere Ergebnisse liefern als Entscheidungsbäume. Diese

Behauptung ist im Allgemeinen jedoch nicht gültig. Die Auswahl des besten Klassifikators mit der richtigen Parametrisierung bedarf umfassender Analysen. Für komplexe Modelle, z. B. Neuronale Netze, ist der Prozess bislang auch oft noch nicht ausreichend verstanden und das zugrunde liegende Problem derart komplex, dass es noch nicht vollumfänglich geklärt, ist wie man diese am besten trainiert und anwendet. Es zeigt sich jedoch bereits, dass die Modelle, die hier trainiert werden, nicht mehr einfach von Menschen verstanden werden können. Sie sind in den seltensten Fällen erklärbar. Dies liegt insbesondere auch in der Darstellung der Entscheidungsstruktur. Neuronale Netze bestehen aus einer schichtartigen Struktur, die über gewichtete Kanten miteinander interagieren. Hier sind auch Rückkopplungen und nicht-lineare Zusammenhänge zu beobachten. Für Menschen ist dies kontra-intuitiv und nicht mehr verständlich. Ob die Anforderung diese Strukturen zu erklären sinnvoll ist, lässt sich schwer abschätzen und ist Gegenstand zukünftiger Forschung. Wenn überhaupt, sind zusätzliche Anstrengungen seitens der Entwickler erforderlich, um dies zu ermöglichen.

Die Modellebene ist damit eine weitere Perspektive, die berücksichtigt werden muss, um algorithmische Entscheidungen nachzuvollziehen. Nicht jedes Modell ist gleichermaßen geeignet, um vom Menschen verstanden und erklärt zu werden.

4.6 Ebenen der Transparenz: die Instanz

Die letzte Ebene der Transparenz, die betrachtet werden muss, ist die transparente Einzelfallentscheidung. In vielen Situation mag es durchaus sinnvoll sein, nicht den gesamten Prozess oder das Modell zu analysieren. Dies ist insbesondere dann der Fall, wenn die Analyse des Modells und des Prozesses unverhältnismäßig aufwändig ist oder wenn zu befürchten ist, dass dadurch Geschäftsgeheimnisse offengelegt werden, die ihrerseits schützenswert sind. In derartigen Fällen besteht immer noch die Möglichkeit, die Transparenz der Einzelfallentscheidung zu erhöhen. Im Falle eines Verdachts auf Diskriminierung könnte dies zum Beispiel dazu führen, dass ein Unternehmen in berechtigen Fällen die Attribute und deren Gewicht offenlegen muss, die zu einer speziellen Entscheidung geführt haben. Mittlerweile gibt es Modell-agnostische Verfahren, die eine derartige Analyse erlauben, siehe (Ribeiro et al. 2016). Modell-agnostisch bezieht dabei auf das zugrunde liegende Modell. Für diese Menge von Verfahren ist es unerheblich, ob die Entscheidung durch ein Neuronales Netz oder einen Entscheidungsbaum getroffen wurde. Derartige Verfahren beruhen in der Regel auf einer speziellen Form des Testens: Automatisiert werden fiktive Datensätze erstellt, die ähnlich sind zu der zu untersuchenden Einzelfallentscheidung. Von dem Ausgangsdatensatz unterscheiden sich diese fiktiven Werte nur in wenigen Attributen. Diese werden dem Modell zur Entscheidungsfindung zur Verfügung gestellt und die Veränderung im Ausgang der Entscheidung protokolliert. Führt man diese für eine große Menge von geringfügig veränderten Datensätzen durch, so kann man das Gewicht der jeweiligen Attribute approximieren, und man bekommt Indizien für deren Einfluss auf die Entscheidung.

In Abb. 3 ist der Einfluss einzelner Parameter im unteren Bereich dargestellt: Zwei Personen, ein Mann und eine Frau, werden unterschiedlich bewertet. Der

Mann wird mit ‚JA' klassifiziert und die Frau mit ‚NEIN'. Die drei Parameter, die zur Verfügung stehen, können mit dem oben beschriebenen Verfahren mit Gewichten versehen werden. In diesem fiktiven Beispiel zeigt sich, dass es nicht das Geschlecht war, dass das entscheidende Kriterium für das ‚Nein' war, sondern dass es vielmehr das Alter und das Einkommen waren, die sich stärker auf die ‚Nein'-Entscheidung ausgewirkt haben. Die Interpretation der Entscheidung wird durch die Transparenz der Gewichtung objektiviert und mögliche Fehlannahmen können widerlegt werden.

4.7 Ein transparentes System ist nicht notwendigerweise erklärbar

Am vorgestellten Modell, das zwischen der Prozess-, Modell-, und Instanzebene differenziert, lässt sich zeigen, wie unterschiedliche Ebenen bei der algorithmischen Entscheidungsfindung ineinandergreifen. Weiter zeigt sich, wie der Transparenzbegriff fassbar gemacht und konkretisiert werden kann. Der Begriff der Transparenz lässt sich auch von der Erklärung abgrenzen. Transparenz zielt auf die Offenlegung von technischen Eigenschaften ab, während eine Erklärung immer im Kontext steht und ohne den Zusammenhang mit etwas zu Erläuterndem nicht gedacht werden kann. Vereinfacht ausgedrückt: eine Erklärung ist immer eine Antwort auf eine Frage oder Hypothese. Deswegen ergibt es sich von selbst, dass ein völlig transparentes System nicht die Erklärung ist. Es können durchaus Fragestellungen offenbleiben, obwohl alle Bereiche, also Prozess-, Modell- und Instanzebene vollständig transparent sind und eingesehen werden können.

5 Fazit

KI Systeme werden zunehmend relevanter für sensitive gesellschaftliche Bereiche. Der Beitrag diskutiert an konkreten Beispielen über Diskriminierung von Personen, Profiling von Bürgern, dynamischer Preisfindung und autonomes Fahren, dass die algorithmische Entscheidungsfindung die Gegenwart bereits durchdrungen hat. Hierbei werden auch die großen Herausforderungen im Umgang mit fehlerhaften autonomen Handlungen evident. Unzulässige Diskriminierungen oder fatale Fahrunfälle müssen erkannt, verstanden und vermieden werden. Darüber hinaus braucht es ein umfassendes Verständnis der Systeme und der Entscheidungen, um auch sensible Themen der Verantwortlichkeit, Zurechenbarkeit und auch der Haftung klären zu können.

Verständnis setzt Erklärbarkeit und Transparenz voraus. Beides sind Eigenschaften von KI-Systemen, die in der Vergangenheit kaum Gegenstand der Forschung waren. Der Beitrag beschreibt ein integratives Modell der Transparenz algorithmischer Entscheidungen und differenziert zwischen der Prozess-, Modell- und Instanzebene. Nicht jedes Verfahren ist gleichermaßen geeignet, um die Entscheidung bzw. die Entscheidungsstrukturen zu erklären. Der Umgang mit diesen Systemen wird eine Herausforderung in der Zukunft sein, insbesondere weil sich sehr leistungsfähige KI-Systeme, z. B. Neuronale Netze, der Transparenz und der Erklärbarkeit weitestgehend entziehen.

Literatur

Datenschutz-Grundverordnung. 2016. Verordnung (EU) 2016/679 des Europäischen Parlaments und des Rates vom 27. April 2016 zum Schutz natürlicher Personen bei der Verarbeitung personenbezogener Daten, zum freien Datenverkehr und zur Aufhebung der Richtlinie 95/46/ EG (Datenschutz-Grundverordnung) Stat.

Di Ciccio, Claudio, A. Marrella, und A. Russo. 2015. Knowledge-intensive processes: Characteristics, requirements and analysis of contemporary approaches. *Journal on Data Semantics* 4(1): 29–57. https://doi.org/10.1007/s13740-014-0038-4.

Fayyad, Usama, G. Piatetsky-Shapiro, und P. Smyth. 1996. From data mining to knowledge discovery in databases. *AI magazine* 17(3): 37.

Füser, Karsten. 2013. *Intelligentes scoring und Rating: moderne Verfahren zur Kreditwürdigkeitsprüfung*. Berlin: Springer.

Gunning, David. 2017. Explainable artificial intelligence (XAI). https://www.darpa.mil/program/explainable-artificial-intelligence. Zugegriffen am 04.05.2018.

Intersoft Consulting. 2016. Erwägungsgründe. https://dsgvo-gesetz.de/erwaegungsgruende/nr-71/. Zugegriffen am 03.05.2018.

Krizhevsky, Alex, I. Sutskever, und G. E. Hinton. 2012. Imagenet classification with deep convolutional neural networks. Paper presented at the Advances in neural information processing systems.

Lepri, Bruno, Oliver, N., Letouzé, E., Pentland, A., und Vinck, P. 2017. Fair, transparent, and accountable algorithmic decision-making processes: The premise, the proposed solutions, and the open challenges. *Philosophy & Technology* 31(4): 611–627.

Lipton, Zachary. (2016). The mythos of model interpretability. *Communications of the ACM* 61:36–43. New York: Association for Computing Machinery. https://doi.org/10.1145/3233231.

Mainzer, Klaus. 2014. *Die Berechnung der Welt: Von der Weltformel zu Big Data*. München: C.H. Beck.

Office of the Conptroller of the Currency. 2018. Fair lending. https://www.occ.treas.gov/topics/consumer-protection/fair-lending/index-fair-lending.html. Zugegriffen am 23.01.2020.

Pezzè, Mauro, und M. Young. 2009. *Software testen und analysieren: Prozesse, Prinzipien und Techniken*. München: Oldenbourg.

Ribeiro, Marco Túlio, S. Singh, und C. Guestrin. 2016. Why should i trust you?: Explaining the predictions of any classifier. Paper presented at the Proceedings of the 22nd ACM SIGKDD international conference on knowledge discovery and data mining.

Russell, Stuart, und P. Norvig. 2009. *Artificial intelligence: A modern approach*. New Jersey: Prentice Hall.

Sandvig, Christian, K. Hamilton, K. Karahalios, und C. Langbort. 2014. Auditing algorithms: Research methods for detecting discrimination on internet platforms. Data and discrimination: Converting critical concerns into productive inquiry, 1–23.

The Guardian. 2015a. Flickr faces complaints over ‚offensive' auto-tagging for photos. https://www.theguardian.com/technology/2015/may/20/flickr-complaints-offensive-auto-tagging-photos. Zugegriffen am 02.05.2018.

The Guardian. 2015b. Google says sorry for racist auto-tag in photo app. https://www.theguardian.com/technology/2015/jul/01/google-sorry-racist-auto-tag-photo-app. Zugegriffen am 02.05.2018.

Jens Tiemann et al. 2018. *Vorhersagende Polizeiarbeit*. Berlin. http://www.oeffentliche-it.de/-/vorhersagende-polizeiarbeit. Zugegriffen am 23.01.2020.

U. S. Department of Justice. 2017a. The equal credit opportunity act. https://www.justice.gov/crt/equal-credit-opportunity-act-3. Zugegriffen am 02.05.2018.

U. S. Department of Justice. 2017b. Fair housing act. https://www.justice.gov/crt/equal-credit-opportunity-act-3. Zugegriffen am 02.05.2018.

Bibliography

Waltl, B., und R. Vogl. 2018. Increasing transparency in algorithmic-decision-making with explainable AI. *Datenschutz und Datensicherheit* 42(10):613–617.

Von Cyberphysikalischen Systemen zu intelligenten Infrastrukturen

Sabine Thürmel

Inhalt

Zusammenfassung

In Cyberphysikalische Systemen (CPS) erfassen Sensoren physikalische Daten. CPS-Anwendungen sammeln Informationen, verdichten sie und werten sie aus. Das Ziel ist die Prozessoptimierung, wobei Aktuatoren auf physikalische Vorgänge einwirken. Hierbei wird der Automatisierungsgrad erhöht und der Kontrollfluss verändert. CPS lassen sich als *Smart Home* oder *Smart Factory* in Alltags- und Arbeitsumgebungen einbetten. Durch die Vernetzung intelligenter Systemelemente können intelligente Infrastrukturen entstehen, die sich durch Adaption und Selbstorganisation auszeichnen, wobei Multiagentensysteme zur dezentralen Kontrolle genutzt werden können. In der Vision der *Smart City* kommt diese Idee zum Tragen: Eine *Smart City* ist ein urbaner Raum, dessen Elemente mit Sensoren und Aktuatoren ausgestattet sind, um die Effizienz der Stadtinfrastruktur zu verbessern und bürgernahe Dienstleistungen anzubieten. Schon heute ermöglichen Big Data Analyseverfahren Efffizienzverbesserungen und die Blockchain-Technologie steht für das Versprechen, Interaktionen ohne

S. Thürmel (✉)
TUM Senior Excellence Faculty, Technische Universität München, München, Deutschland
E-Mail: Sabine.Thuermel@gmx.net

K. Mainzer (Hrsg.), *Philosophisches Handbuch Künstliche Intelligenz*,
https://doi.org/10.1007/978-3-658-19606-6_27

Intermediäre zu ermöglichen. Mikrodirektiven werden die Freiheitsgrade der die Infrastruktur nutzenden Menschen (und Maschinen) einschränken können.

Schlüsselwörter

Cyberphysikalisches System · Intelligente Infrastruktur · Smart City · Smart Factory Multiagentensysteme · Big Data Analyse · Blockchain-Technologie · Mikrodirektiven

1 Smarte Systeme auf Basis Cyberphysikalischer Systeme

Cyberphysikalische Systeme bestehen aus einem Netz interagierender Komponenten, die je nach Aufgabenstellung mit Sensoren zur Beobachtung ihrer physikalischen Umwelt und Aktuatoren zu deren Veränderung ausgestattet sind: „Es entstehen offene, vernetzte Systeme, die mithilfe von Sensoren Daten zu Situationen der physikalischen Welt erfassen, sie interpretieren und für netzbasierte Dienste verfügbar machen sowie mittels Aktoren direkt auf Prozesse in der physikalischen Welt einwirken und damit das Verhalten von Geräten, Dingen und Diensten steuern können" (Geisenberger und Broy 2012, S. 9). Die vernetzten Komponenten koordinieren sich selbstständig für eine gemeinsame Aufgabe. Sie zeichnen sich durch dezentrale Kontrolle und verteiltes Agieren aus. Die Informationsflüsse und dezentralen Kooperationsmechanismen werden mittels eines virtuellen Netzes, eines Cybernetzes, ermöglicht. Die „Cyberebene" nimmt also Einfluss auf die physikalische Ebene, daher auch der Name Cyberphysikalische Systeme (CPS).

CPS lassen sich in Alltags- und Arbeitsumgebungen einbetten. Überall dort, wo als Vision ein smartes System steht, ist die mögliche Realisierung ein cyberphysikalisches System: *Smart Energy* ermöglicht die Berechnung von Strompreisen in Echtzeit abhängig vom aktuellen Verbrauch und den Einspeisungen auch privater Stromerzeuger. *Smart Mobility* hat die umweltschonende und sichere Mobilität durch intelligente Fahrzeuge und koordinierte Verkehrsführung zum Ziel. *Smart Factory* möchte Wertschöpfungsprozesse anpassungsfähig gestalten, auch kleine Losgrößen rentabel produzieren und auf Störungen im Produktionsprozess flexibel reagieren. *Smart Home* will die Senkung der Energiekosten und die Erhöhung der Sicherheit unter Einbeziehung der Vorgaben der Hausbewohner. *Smart Health* arbeitet an der Digitalisierung des Gesundheitswesens: sowohl Vorsorge, Pflege als auch Betreuung werden durch automatisierte Prozesse erweitert und ersetzt. Der Mensch wird Teil dieses Netzes, Teil einer intelligenten Infrastruktur, die die Freiheitsgrade für das menschliche Handeln vorgibt.

In CPS erfolgt die Überwachung und Steuerung physikalischer Vorgänge mittels der Sensoren und Aktuatoren der Systemkomponenten. Verbunden durch eine digitale Netzinfrastruktur können die Systemelemente miteinander kommunizieren (Broy 2010, S. 17) und gemeinsam Aufgaben erledigen. Diese können stationär oder auch im Fall von Robotern mobil sein. Ein Beispiel für mobile CPS sind Multirobotersysteme, die gemeinsame eine Aufgabe lösen, wie bereits 2008 im Distributed

Robots Garden am MIT gezeigt, wo sich Roboter um mit Sensoren versehene Tomatenpflanzen kümmern (Correll et al. 2009).

Die digitale Modellierung wesentlicher Systemzusammenhänge und -prozesse unterstützt das kooperative Arbeiten. Insbesondere zur Effizienzsteigerung in Produktion und Logistik ist die enge Synchronisierung der realen Welt mit ihrer digitalen Beschreibung unabdingbar. Im Rahmen von Industrie 4.0 Projekten, die der *Smart Factory* gewidmet sind, wird an Produktivitäts- und Flexibilitätssteigerung durch die Vernetzung intelligenter Systeme in der Fabrik gearbeitet. Hier zeigt sich, dass auch für CPS die Mensch-Maschine Schnittstelle wesentlich ist, denn die selbstorganisierte Kapazitätsflexibilität soll unter direkter Beteiligung der ausführenden Mitarbeiter gelebt werden (Bauer und Gerlach 2015). Klassische Anweisungskaskaden »von oben nach unten« werden ersetzt durch horizontale Entscheidungen in und zwischen Arbeitsgruppen, in denen Menschen mit Robotern interagieren. Sowohl die Produktionsmitarbeiter wie aber auch die Roboter können in die Einsatzplanung aktiv eingebunden werden. Das Ziel ist die (sukzessive) Auflösung der klassischen Kontroll- und Steuerungshierarchie und ihr Ersatz durch vernetzte, dezentral organisierte bzw. teilweise selbstorganisierende Dienste. Hierbei kann auf rein lokale Informationen oder auch auf systemweit verfügbare Dienste zurückgegriffen werden. Die Kopplung physikalischer Elemente mit den Möglichkeiten digitaler Netze ermöglicht die Interaktion zwischen der physikalischen und der digitalen Welt.

Cyberphysikalische Systeme sind offene, dynamische komplexe Systeme. Dezentrale Steuerung und kollektive Problemlösungen sind wesentliche Charakteristika. Sie zeichnen sich durch aufgabenbezogene Adaption an die sich verändernde Umwelt aus. Ihr emergentes Verhalten und ihre evolutionäre Selbstorganisation ist dezentral zu kontrollieren und zu stabilisieren. Exemplarisch für ein globales CPS steht hierfür das Internet der Dinge: Im Internet der Dinge können Objekte und Geräte mit intelligenten Softwareschnittstellen und Sensoren ausgestattet werden, um kollektiv Probleme zu lösen. Die dezentral anfallenden Daten werden analysiert, um die Steuerung und Kontrolle zu verbessern. Neue Dienste werden angeboten, um die Systeme besser und effizienter nutzen zu können. Nicht nur das Internet der Dinge, sondern das Internet der Dinge, Daten und Dienste ist im Entstehen. Durch die Vernetzung intelligenter Systemelemente entstehen intelligente Infrastrukturen, die sich durch Adaption und Selbstorganisation auszeichnen und ihren Nutzern die von ihnen benötigten Dienste anbieten. In der Vision der *Smart City* kommt diese Idee zum Tragen: Eine *Smart City* ist ein urbaner Raum, dessen Elemente mit Sensoren und Aktuatoren ausgestattet sind, um die Effizienz der Stadtinfrastruktur zu verbessern und bürgernahe Dienstleistungen anzubieten. Schwerpunkte sind das Management des Verkehrs (*Smart Mobility*), der Energie (*Smart Energy*), des Gesundheitswesens (*Smart Health*) und die Digitalisierung der Stadtverwaltung, also Themen, an deren Realisierung bereits in verschiedenen Städten gearbeitet wird.

Die Herausbildung der CPS verdankt sich der Entwicklung der mechatronischen Systeme (Mainzer 2010, S. 207 ff.). Sie kann überdies – unter den Stichworten Ubiquitous Computing, Pervasive Computing oder Augmented Reality – aus der Integration der IT-Systeme in die (alltägliche) Lebenswelt nachvollzogen werden.

Handlungsoptionen werden an (semi)autonome Systeme abgegeben. Beim Ko-Design der physikalischen Anwendung und des informationsverarbeitenden Systems wird der Nutzen menschlicher Akteure gegen den Einsatz rein technischer Agenten abgewogen. Bereits in den derzeit in Erprobung befindlichen Anwendungen rückt der Mensch zur Laufzeit immer stärker in die Position eines Interaktionspartners oder Beobachters.

Eine Vielzahl von Konzepten der künstlichen Intelligenz (KI) findet bereits heute ihren Einsatz. So kooperieren Multirobotersysteme nach dem Modell der Schwarmintelligenz, um gemeinsam Aufgaben zu bewältigen. Big Data Analyseverfahren unterstützen die Automatisierung der Entscheidungs- und Aktionsselektion. Mikrodirektiven werden direkt in die dezentralen Steuerungsverfahren eingebaut. Smart Contracts werden im Internet der Dinge Interaktion ohne Intermediäre entlang von Produktions- und Logistikketten über Unternehmensgrenzen hinweg ermöglichen. Die KI-Ansätze werden die Entwicklung der CPS in Richtung intelligente Infrastrukturen und langfristig in Richtung sensorbasierte, proaktive und selbstorganisierte, autonome Netze ermöglichen.

Im Folgenden wird die Bandbreite dezentraler, autonomer Systeme vorgestellt, die von der CPS-Entwicklung profitieren können. Ein kurzer Überblick über den Stand der Technik mit Fokus auf den IT-Themen wird gegeben, um sich dann den wesentlichen heutigen Anwendungsszenarien zu widmen.

2 Cyberphysikalischer Systeme: die Evolution adaptiver, selbstorganisierter Systeme

CPS führen die Entwicklungslinien mechatronischer Systeme (Mainzer 2010, S. 207 ff.) sowie – unter den Stichworten *Augmented Reality*, *Ambient Intelligence*, *Pervasive Computing* oder *Ubiquitous Computing* – die Entwicklungslinie der Einbettung der IT-Systeme in die (alltägliche) Lebenswelt zusammen.

Heutige mechatronische Systeme sind als integriertes Gesamtsystem, bestehend aus einem mechanischen Systemanteil zur Realisierung der Maschinen resp. Apparate, einem elektronischen System für die Messtechnik und Aktorik sowie einem informationstechnischen System zu verstehen. Das informationstechnische System baut auf den Erkenntnissen der Systemtheorie, der Automatisierungstechnik und der Künstlichen Intelligenz auf (Mainzer 2010, S. 209).

Die Immersionstechniken der virtuellen Realität schaffen seit der Mitte der 1980er-Jahren die Möglichkeit des Eintauchens in die Raumsimulation. So ermöglicht *Augmented Reality*, die computergestützte Erweiterung der Realitätswahrnehmung, die Einblendung von computergenerierter Zusatzinformation und somit Überlagerung der Wahrnehmung von physikalischen Gegenständen mit computervermittelter Information. *Ambient Intelligence*, die Erweiterung nahezu aller Gegenstände um Kommunikationsfähigkeit und eine gewisse Intelligenz, hat die unaufdringliche Unterstützung und Vereinfachung des alltäglichen Lebens zum Ziel. Diese – und weitere Forschungsrichtungen, wie das *Pervasive Computing* – kumulieren im Ubiquitous *Computing* (Weiser 1991, 1993), der Allgegenwart der rechnergestützten Informationsverarbeitung, und dem Internet der Dinge, der elektronischen Vernetzung von Gegenständen des Alltags (z. B. (Mattern und Langheinrich 2008; Mattern und Floerkemeier 2010). Diese Ansätze stellen Schritte in Richtung der Überlagerung resp. Kopplung der Realität mit virtuellen Umgebungen dar. Sie schaffen – hinterlegt mit themenspezifischer Semantik auf Basis von Ontologien im informationstechnischen Sinn – einen computermedial erzeugten Sinnhorizont, auf den menschliche wie technische Agenten, wie z. B. Serviceroboter, zur Erledigung ihrer Aufgaben zurückgreifen können.

Die Evolution der IT-Systeme in Richtung höherer Eigenständigkeit, größerer Anpassungsfähigkeit in (entwicklungs)offenen und daher nicht vollständig modellhaft erfassbaren Umgebungen, in denen menschliche und technische Agenten „gleichberechtigt" interagieren, profitiert stark von der Forschung zu IT-Netzen. Die Entwicklung hin zu immer stärkerer Autonomie der Systeme hat ihren Anfang in anwendungsspezifischen Speziallösungen. In ihnen interagieren die einzelnen Elemente bei Bedarf untereinander und mit ihrem Umfeld via Sensoren und Aktuatoren. Seit ungefähr 20 Jahren wird daran gearbeitet, sowohl die Netzkomponenten als auch das Netz als solches „intelligenter" und autonomer zu machen. Techniken der Eigen- und Umfeldwahrnehmung, der situativen Adaption an Veränderungen sowie erste Schritte zur Selbstorganisation z. B. mittels Multiagentensystemen (Woolridge 2009) erhöhen die Flexibilität und Robustheit. Zukünftige Systeme werden sich, abhängig von ihrem Zweck, in ihrer Selbstbestimmtheit unterscheiden. Nicht nur die individuellen technischen Agenten, sondern die CPS selbst werden eine neue Art technischer Intelligenz darstellen (European Commission Information Society and Media 2009, S. 6). So ist es das Ziel der *Pervasive Adaptation* an der Entwicklung von Technologien und Designparadigmen zu arbeiten, dank derer sich ein Gesamtsystem durch die Adaption der Einzelkomponenten an veränderte Umstände anpasst. Das Fernziel sind Selbstkonfiguration, Selbstheilung, Selbstoptimierung und Selbstschutz.

Seien diese Systeme nun Cyberphysikalische Systeme, *Pervasive Systems* oder *Collective Adaptive Systems* (CAS) (European Commission Information Society and Media 2009) genannt, ganz gleich, ob die Anwendung in der Evolutionären Robotik oder im Internet der Dinge liegt, und egal wie auch immer die menschlichen Agenten eingebunden sind: Die wesentlichen Herausforderungen können zwar schon benannt werden, ihre Bearbeitung wird jedoch vieler kleiner Einzelschritte und konkreter Projekte bedürfen. Dennoch macht es Sinn, sich der fundamentalen Fragen massiv paralleler, dezentral organisierter, (semi)autonomer, evolutionärer technischer Systeme bewusst zu sein – auch, um den jeweiligen Fortschritt einordnen zu können. Zu den grundlegenden Software Engineering Fragen zählen insbesondere die Sicherheit und langfristige Stabilität der Systeme sowie die Echtzeitlagebewertung auf Basis hochkomplexer, heterogener und unsicherer Daten und die für den Menschen nachvollziehbare Mechanismen zu Konfliktresolutionen sowie die Möglichkeiten der evolutionären Weiterentwicklung der Systeme. Eine Vielzahl technischer Herausforderungen wie die Standarisierung der technischen Schnittstellen verschiedener Hersteller wie auch kompatible und dynamisch erweiterbare semantische Schnittstellen müssen für den kommerziellen Erfolg des Konzepts Cyberphysikalischer Systeme gelöst werden. Rechtliche Rahmenbedingungen für den Systembetrieb und die Finanzierung der Infrastruktur im öffentlichen Raum sind zu klären. Die Frage des Datenaustauschs versus Schutz der Privatsphäre ist für jedes dieser smarten Systeme hochrelevant und für gesellschaftliche Akzeptanz wesentlich.

3 Intelligente Infrastrukturen: die Automatisierung der Entscheidungs- und Aktionsselektion

Das Ziel der CPS-Technologie ist es, intelligente Infrastrukturen zu schaffen, in denen Prozesse möglichst effizient ablaufen. Die bereits genannte Einbettung in Alltags- und Arbeitsumgebungen sowie dezentrale Kontrolle u. a. mittels kooperativer intelligenter Agenten sind wesentliche Aspekte. In der Entwicklung in Richtung autonomer Netze findet sich jedoch nicht nur lokale Intelligenz. Das Sammeln, Verdichten und Auswerten der Information inkl. Sensordaten kann nicht nur lokal, sondern auch übergreifend, aufgabenorientiert stattfinden. Die tatsächlichen Operationen der Systemkomponenten in der physikalischen Welt sollen zeitgleich mit der Beobachtung, Überwachung und Steuerung des laufenden Betriebs auf der virtuellen Ebene ablaufen. Das Ziel ist aber nicht eine rein reaktive Steuerung, sondern die Kopplung der vorausschauenden, adaptiven Ablaufplanung mit der Systemkontrolle. Die adaptive Steuerung und Kontrolle von Prozessen ist eines der wesentlichen Charakteristika intelligenter Infrastrukturen. Vermehrt kommen hierbei Big Data basierte Analyseverfahren zum Einsatz. Sie zielen darauf ab, verborgene Muster zu erkennen und nahezu in Echtzeit Handlungsvorschläge zu erzeugen. Wenn diese umgesetzt werden, führt dies zu neuen Daten und der Analyse-Handlungsablauf kann wiederum beginnen. Schon heute werden durch die Datenanalyse gewonnenen Einsichten für operative Ziele, d. h. insbesondere für personalisierte Dienste, Prozessverbesserungen und für die Beeinflussung bei der Entscheidungsfindung oder sogar die Automatisierung von Entscheidungsprozessen verwandt (McKinsey Global Institute 2016). Überdies tragen sie zur Automatisierung von Steuerung und Kontrolle bei, wobei Steuerungsparameter durch die iterative Datenauswertung im laufenden Prozess immer wieder anpassbar sind. Diesen Verfahren ist gemeinsam, dass sie auf durch die Analysen entdeckten statistischen Zusammenhängen basieren. Sorgfältig kuratierte Daten und geschickt ausgewählte Algorithmen sind die Voraussetzung, um aussagefähige Korrelationen zu finden.

Intelligente Infrastrukturen bedürfen darüber hinaus der Möglichkeit der Abstimmung zwischen Teilsystemen, d. h. der möglichst reibungslosen und verlässlichen Kommunikation und Koordination von Teilkomponenten, seien sie Maschinen oder Menschen. Verteilte Problemlösungsstrategien in intelligenten Infrastrukturen können durch Multiagentensysteme (MAS), d. h. lose gekoppeltes Netzen von Softwareagenten, realisiert sein. Diese Arbeitsweisen können ihr Vorbild in der Natur haben oder auch zwischenmenschliche Kooperationsstrategien abbilden. Allgemein gefasst, ist das Ziel des multiagentenorientierten Programmierparadigmas die „adäquate, intuitive und natürliche Modellierung sowie programmiertechnische Umsetzung von komplexen Interaktionen (Kommunikation und Koordination, Kooperation und Konkurrenz) und Beziehungsstrukturen (dynamische Organisation und verteilte Kontrolle)“ (Weiss 2001). Im Echtzeiteinsatz können die Softwareagentensysteme zu hybriden Multiagentensystemen erweitert werden: menschliche Agenten lassen sich zur Klärung nicht formalisierter Konflikte einbinden.

Ein weiteres Ziel ist die Automatisierung von Koordinationsprozessen in Geschäftsumgebungen: hier werden in Zukunft auf der Blockchain-Technologie basierte *Smart Contracts* zum Einsatz kommen. *Smart Contracts* sind Computerprotokolle, die Verträge abbilden und die bei bestimmten Ereignissen automatisch, ohne menschliche Intervention in Kraft treten. Selbstausführende *Smart Contracts* wollen die Vertragserfüllung automatisieren (ohne jedoch klassische Vertragsverhältnisse ersetzen zu können (Fries 2018)).

Für die Blockchain-Technologie wird es noch weitere Einsatzmöglichkeiten in intelligenten Infrastrukturen geben, wie bei der sicheren, nicht korrumpierbaren Speicherung von Daten aller Art inklusive der Aufzeichnung von (Geschäfts)transaktionen. Überall dort, wo Interaktionen ohne Intermediäre gewünscht sind, kann diese Technologie ihren Einsatz finden. Das Vertrauen in menschliche Interaktionspartner wird durch das Vertrauen in die Technik, die Software ersetzt: nicht korrumpierbare Aufzeichnungen von Geschäftstransaktionen, wie digitale Grundbücher, statt des Vertrauens in Menschen oder etablierte Institutionen wie Grundbuchämter, die nicht überall auf der Welt existieren.

Auch wenn man sich mit (Bröder 2018) fragen kann, ob nun die Infrastrukturen intelligent werden, oder es nicht weiterhin die Menschen sind, die ihre Intelligenz nutzen, um die Architekturen und Algorithmen zu schaffen, so ist doch ein sich verstärkender Trend zur Automatisierung der Entscheidungs- und Aktionsselektion festzustellen. Die insbesondere seit den 2000er-Jahren stark gestiegene Rechnerleistung ermöglicht es, Heuristiken einzusetzen, die fast in Echtzeit große Mengen an Daten verarbeiten, also eher mit „Gewalt“ (Brute-Force Methoden) als mit schneller Intelligenz vorzugehen.

Es lassen jedoch schon heute grundlegende Charakteristika algorithmischer Wissenskulturen in Zeiten maschineller Analyseverfahren festhalten: Maschinelle Analyseverfahren bieten Entscheidungsunterstützung und Entscheidungsautomatisierung auf Basis von Korrelationen. Wie alle Algorithmen sind sie problem- und lösungsorientiert. Die zugrunde liegenden datenintensiven Wissenschaften sind noch eine junge Erkenntnisweise. Sie bringen Veränderungen der Epistemik (wie in den Agrarwissenschaften) und der Herangehensweise (so in der Medizin) und eine neue Pragmatik bei der Gestaltung (öffentlicher Räume).

4 Smarte Systeme für die heutige Arbeits- und Lebenswelt

In unserer stark arbeitsteiligen und hochtechnisierten Arbeits- und Lebenswelt finden sich schon heute eine Vielzahl autonomer Systeme, in denen durch das dezentral organisierte Zusammenspiel der Komponenten die Gesamtsystemleistung erbracht wird. Das „Internet der Dinge“ dient als Kurzbezeichnung für eingebettete (semi)autonome, dezentral organisierte Systeme, also Cyberphysikalische Systeme, bei denen zur Laufzeit die Menschen vermehrt nur eine Beobachterrolle haben. Es wird durch die Einbettung der unterschiedlichen Gegenstände in ein (virtuelles) Netz ermöglicht. Ihre Interaktion erlaubt die Optimierung von Abläufen. Heutige und zukünftige Varianten des „Internets der Dinge" finden sich in Szenarien wie

- Optimierung der Produktion und Einzellosfertigung (*Smart Factory*)
- Logistik und Supply-Chain Management in dezentralen Umgebungen (*Smart Logistics*)
- Energiemanagement (*Smart Energy*)
- Überwachung und Steuerung im privaten Heim (*Smart Home*)
- Betreuung gesundheitlich gefährdeter Personen (*Smart Health*)
- Optimierung von Verkehrsflüssen (*Smart Mobility*)

Die *Smart Systems* unterstützen gobal aufgestellte Unternehmen und über Netze lose verbunde Kooperationspartner, ihre Produkte effizient zu erstellen (*Smart Factory*), und bei Kunden in aller Welt (fern)zuwarten. Diese Systeme sind von ihrem Wesen her dezentral organisiert. Sie benötigen für die Optimierung der Informations- und Logistikprozesse Mechanismen, die auch ausschließlich lokalen und zentral nicht bekannte Vorgaben berücksichtigen. Hier kommt *Smart Logistics*, das als CPS realisierte Logistik und Supply-Chain Management ins Spiel. Neue dezentrale Geschäftsmodelle werden entwickelt. Ein Beispiel sind intelligente Stromnetze (*smart grids*), deren Ziel die „ganzheitliche Organisation des Stromnetzes zur Steuerung, Lastverteilung, Speicherung und Erzeugung elektrischer Energie" (Mainzer 2010, S. 217) unter Einbindung lokaler Kleinstanbieter ist. Neuartige Services werden getestet. Das intelligente Haus (*smart home*) ermöglicht auf der Basis eines Netzes von Sensoren und Aktuatoren die Fernsteuerung und Regelung von Heizung, Licht, Beschattung usw. Die *just-in-time* Logistik hat zumindest in der Vision des „sich selbst auffüllenden Kühlschranks" schon Einzug in das private Heim gefunden. Zuhause können auch vermehrt chronisch Kranke überwacht werden, wobei der Patient selber wichtige Daten über seinen Gesundheitszustand erfasst. Diese werden an ein Telemonitoring-Zentrum weitergeleitet, wo alle notwendigen Maßnahmen koordiniert werden. Aber auch ad hoc sich ergebende Koordinationsnotwendigkeiten zwischen Menschen, aber auch unter Maschinen entstehen, z. B. bei Rettungs- oder Katastropheneinsätzen: bereits 2008 wurden im Projekt ALLADIN (Autonomous Learning Agents for Decentralised Data and Information Networks) (Adams et al. 2008) aus einer Multiagentenperspektive Ansätze der Spieltheorie erweitert, um die Kooperation von Agenten mit unterschiedlichen Eigeninteressen zu modellieren und knappe Ressourcen effizient zu verteilen – eine ganz eigene Variante der *Smart Mobility*.

Jede dieser Anwendungen, jede dieser Systeme, Logistik-, Koordinations- und Managementprozesse kann als vernetztes selbstorganisiertes System gesehen werden. Diese Modellierung und Realisierung als CPS ermöglicht die Anpassung an veränderte Bedingungen und erhöht sowohl die die Zuverlässigkeit als auch die Automatisierung des Ablaufs.

5 Intelligente Infrastrukturen: Vielfältig im Entstehen begriffen

Oben genannte *Smart Systems* sind als Prototypen intelligenter Infrastrukturen Teil der Entwicklung des Internet der Dinge, Daten und Dienste. Intelligente Intrastrukturen sind eine Weiterentwicklung Cyberphysikalischer Systeme in Richtung optimaler Kontrolle und Regulierung der physikalischen Welt unter Nutzung von Big Data Analyseverfahren, um evidenzbasierte Handlungsvorschläge und Operationen zu ermöglichen. Mynatt et al. (2017) unterscheiden dabei 4 Entwicklungsstufen: beschreibend (descriptive) – empfehlend (prescriptive) – vorausschauend (predictive) -planend (plan-full), die die Autoren u. a. an der Verkehrsüberwachung und -planung exemplifizieren: Stauinformationen in Echtzeit sind rein deskriptiv, alternative Routenvorschläge auf Basis der aktuellen Verkehrssituation gehören der vorrausschauenden Ebene an, Verkehrsplanung unter Einbeziehung möglicher Wetter und Tageszeit abhängiger Staus sind Beispiele vorausschauender Analyse und die Verkehrssteuerung auf Basis dieser Analyse steht für die Nutzung der Echtzeitinformation in der Verkehrssteuerung.

In Europa werden intelligente Infrastrukturen unter dem Oberbegriff der *Smart City* vorangetrieben. Bereits 2008 findet sich die Vision der „Smart City", deren Aufgabe es sein soll „mittels autonomer IT Systeme Ressourcen optimal zu regulieren und zu kontrollieren" (zitiert nach Greenfield 2017, S. 52). Eine Vision der Zukunftsstadt wird dort entworfen: „several decades from now cities will have countless autonomous, intelligent functioning IT Systems that will have perfect knowledge of user's habits and energy consumption, and provide optimum service." Adam Greenfield weist darauf hin, dass diese Ziele einem logischem Positivismus Ausdruck verleihen: sie setzen eine Welt voraus, die im Prinzip perfekt erkennbar ist und deren Zusammenhänge sinnvoll durch technische Systeme abgebildet werden können, ohne jede Verdrehung der Tatsachen und völlig vorurteilsfrei (Greenfield 2017, S. 52). Überdies geht seines Erachtens diese Vision davon aus, dass es für jedes individuelle und kollektive menschliche Bedürfnis eine Lösung gibt, die algorithmisch berechnet werden kann und unabhängig von politischer Bewertung ist. 2017 ist die Vision zu Geschäftsmodellen konkretisiert worden: „The Business Case for Smart Cities" (Siemens Digital Cities Series 2017a, b). In stadtspezifischen Berichten z. B. zu den Städten Aberdeen und London wird aufgezeigt, welche CPS-Anwendungen heute schon Geschäftsnutzen haben. Unter Oberthemen wie Transport, Energie, Gebäude, Sicherheit, Hafen und Konnektivität werden eine Vielzahl konkreter Beispiele genannt, die Big Data Analyse Verfahren nutzen (werden), wie die stauabhängige, dynamische City Maut, die effiziente Straßenbeleuchtung, aber auch die vorhersagende Polizeiarbeit (Predictive Policing), die die Berechnung der Wahrscheinlichkeit zukünftiger Straftaten auf Basis existierender Falldaten zur Steuerung des Einsatzes von Polizeikräften zum Ziel hat.

Zukünftig ist eine stärkere Integration der Einzelanwendungen geplant sowie eine Erhöhung der Automatisierung. Smart Contracts werden reibungslose Logistikprozesse auch über Firmengrenzen hinweg unterstützen. Transaktionen und Daten für den Austausch zwischen Unternehmen und auch Behörden werden fälschungssicher automatisch gespeichert werden können – die Blockchain-Technologie wird die Basis für derartige intelligente Infrastrukturen bieten. Steuerungsparameter werden feine Adjustierungen ermöglichen. Big Data Analyseverfahren und Verfahren des maschinellen Lernens können gerade im öffentlichen Raum in der Form von Mikrodirektiven eingesetzt werden, um menschliche und maschinelle Aktivitäten gemäß Regeln und Standards im Detail zu regeln und zu steuern: „Die Vorhersagetechnologien werden vermehrt ex ante Information generieren, die vom Gesetzgeber genutzt werden kann, hochspezifische, komplexe Gesetze zu schreiben. Und die die Individuen werden von diesen komplexen Gesetzen dank der technologischen Fortschritte in den Kommunikationstechnologien in einer ganz einfachen Form erfahren. Dies wird der Tod der Regeln und Standards und der Vormarsch der Mikrodirektiven sein" (Casey und Niblett 2015, S. 54). Dies könnte weitreichende Auswirkungen auf individuelle Autonomie zur Folge haben: „Smarte Ampeln könnten aufgrund von Produktivitätsniveaus entscheiden, wer zuerst die Straße überqueren darf . . . Smarte Restaurants könnten diktieren, was ein Bürger zum Frühstück essen darf!" (Casey und Niblett 2015, S. 52).

Das Ziel der intelligenten Infrastrukturen ist die Automatisierung der Entscheidungs- und Aktionsselektion. Die Freiheitsgrade der menschlichen Nutzer werden durch die Technik vorgegeben. Wenn die intelligenten Infrastrukturen selbst die strategische und operative Kontrolle besitzen, bleibt für den Menschen nur die normative Kontrolle (Gransche et al. 2014, S. 42–50).

6 Fazit

Schon heute sammeln CPS-Anwendungen Informationen, verdichten sie und werten sie aus. Das Ziel ist die Prozessoptimierung. Hierbei wird der Automatisierungsgrad erhöht und der Kontrollfluss verändert. Big Data Analyseverfahren ermöglichen Efffizienzverbesserungen und die Blockchaintechnologie steht für das Versprechen, Interaktionen ohne Intermediäre zu ermöglichen. Die so entstehenden Infrastrukturen können Produktivität und den Nutzen für die beteiligten Menschen in und durch smarte Umgebungen erhöhen, aber auch ihre Freiheitsgrade vielfältig einschränken. Überall dort, wo der Mensch Teil eines cyberphysikalischen Systems ist, sieht er sich der technischen Systemsteuerung und Kontrolle gegenüber. Der Mensch wird Teil dieses Netzes, Teil eines cyberphysikalischen Systems, das die Freiheitsgrade für den Menschen vorgibt und ihn dadurch einschränkt. Hier ist zu diskutieren, in wieweit das gesellschaftlich gewünscht ist.

In heutigen soziotechnischen Systemen kann die Delegation der Mittelwahl, operative Strategieentscheidung, Aushandlung von Zielprioritäten bei der Verwaltung knapper Ressourcen durch technische Systeme autonom erfolgen. Die Zwecksetzung dieser Systeme ist i. A. wirtschaftlich begründet und wird nur zum Teil einer normativen Kontrolle unterworfen. Die Autonomie der Nutzer wird eingeschränkt. Daher ist es unabdingbar, dass ein seiner Verantwortung bewusster Innovationsprozess die Modellierung, die Realisierung und den Einsatz solcher Systeme begleitet.

Seit einigen Jahren rückt vermehrt in das Bewusstsein, dass nicht nur Routinearbeiten in einer Vielzahl von Berufen immer mehr durch Maschinen ersetzt werden können. Nein, der Wissensarbeiter selbst findet sich in einem veränderten Umfeld und sieht sich immer stärker in einem soziotechnischen Umfeld eingebettet. Die Technik ist aber nur in so weit autonom, dass sie zur operativen und strategischen Kontrolle fähig ist. Die normative Kontrolle verbleibt weiterhin allein Domäne des Menschen. Also ist es unsere Aufgabe zu fragen: „Welche Zukunft sollten wir für uns, unsere Mitmenschen und unsere Kinder wollen? Welche Fähigkeiten sehen wir als genuin menschlich und welchen Platz wollen wir ihnen in unserer Lebenswelt einräumen."

Literatur

Adams N. M., et al. 2008. The ALADDIN project: Intelligent agents for disaster management. IARP/EURON workshop on robotics for risky interventions and environmental surveillance (RISE). http://citeseerx.ist.psu.edu/viewdoc/summary?doi=10.1.1.589.7136. Zugegriffen am 19.03.2018.

Bauer, Wilhelm, und Stefan Gerlach, Hrsg. 2015. *Selbstorganisierte Kapazitätsflexibilität in Cyber-Physical Systems: Abschlussbericht*. Stuttgart: Fraunhofer.

Bröder, Peter. 2018. Industrie 4.0. und Big Data – wirklich ein neuer Technologieschub? In *Digitalisierung industrieller Arbeit. Die Vision Industrie 4.0 und ihre sozialen Herausforderungen*, Hrsg. Hermut Hirsch-Kreisen, Peter Ittermann und Jonathan Niehaus, 2. Aufl., 231–250. Berlin: Edition Sigma

Broy, Manfred, Hrsg. 2010. *Cyber-Physical Systems: Innovation durch Software-intensive eingebettete Systeme. acatec DISKUTIERT.* Berlin/Heidbelberg: Springer.

Casey, Anthony J., und Anthony Niblett. 2015. The death of rules and standards. *Indiana Law Journal*, 92(4), 2017; University of Chicago: Public Law Working Paper No. 550. University of Chicago Coase-Sandor Institute for Law & Economics Research Paper No. 738.

Correll, Nikolaus, et al. 2009. Building a distributed robot garden. In *2009 IEEE/RSJ international conference on intelligent robots and systems*, 1509–1516. St. Louis. https://doi.org/10.1109/IROS.2009.5354261.

European Commission Information Society and Media. 2009. *Collective adaptive systems, expert consultation workshop report.*

Fries, Martin. 2018. Smart Contracts: Brauchen schlaue Verträge noch Anwälte? *Anwaltsblatt* 2:86–90.

Geisenberger, Eva, und Manfred Broy, Hrsg. 2012. *agendaCPS – Integrierte Forschungsagenda Cyber-Physical Systems. acatech STUDIE*. Heidelberg/Berlin: Springer.

Gransche, Bruno, et al. 2014. *Wandel von Autonomie und Kontrolle durch neue Mensch-Technik-Interaktionen: Grundsatzfragen autonomieorientierter Mensch-Technik-Verhältnisse*. Karlsruhe: Fraunhofer.

Greenfield, Adam. 2017. *Radical technologies: The design of everyday life*. London/New York: Verso.

Mainzer, Klaus. 2010. *Leben als Maschine?: Von der Systembiologie zur Robotik und Künstlichen Intelligenz*. Paderborn: Mentis.

Mattern, Friedemann, und Christian Floerkemeier. 2010. Vom Internet der Computer zum Internet der Dinge. *Informatik-Spektrum* 33(2): 107–121.

Mattern, Friedemann, und Marc Langheinrich. 2008. Eingebettete, vernetzte und autonom handelnde Computersysteme: Szenarien und Visionen. In *Die Verselbständigung des Computers*, Hrsg. Albert Kündig und Danielle Bütschi, 55–75. Zürich: vdf.

McKinsey Global Institute. 2016. The age of analytics: Competing in a data-driven world, December 2016, https://www.mckinsey.com/businessfunctions/mckinsey-analytics/our-insights/the-age-of-analytics-competing-in-a-data-driven-world. Zugegriffen am 19.03.2018.

Mynatt, E., J. Clark, et al. 2017. *A national research agenda for intelligent infrastructure*. https://cra.org/ccc/resources/ccc-led-whitepapers/. Zugegriffen am 19.03.2018.

Siemens Digital Cities Series. 2017a. *The business case for smart cities*. Aberdeen. www.siemens.com/intelligentinfrastructure. Zugegriffen am 19.03.2018.

Siemens Digital Cities Series. 2017b. *The business case for smart cities*. London. www.siemens.com/intelligentinfrastructure. Zugegriffen am 19.03.2018

Weiser, Mark. 1991. The computer for the 21st century. *Scientific American* 265(3): 66–75.

Weiser, Mark. 1993. Ubiquitous computing. *IEEE Computer* 26(10): 71–72.

Weiss, Gerhard. 2001. Agentenorientiertes software-engineering. *Informatik-Spektrum* 24(2). https://gi.de/informatiklexikon/agentenorientiertes-software-engineering-aose/. Zugegriffen am 19.03.2018.

Woolridge, Michael. 2009. *An introduction to multiagent systems*, 2. Aufl. New York: Wiley.

Mensch, Künstliche Intelligenz und Kollaborativer Roboter (CoBots) – sind drei einer zu viel? Ein Blick in die Arbeitswelt von morgen

Wieland Holfelder und Max Senges

Inhalt

Zusammenfassung

Was wäre, wenn Roboter nicht den Menschen ersetzen, sondern neben ihm arbeiten würden? Genau diese mögliche Realität, in der Cobots (Kollaborative Roboter) und künstliche Intelligenz (KI) miteinander verknüpft sind, wird in diesem Artikel ausgearbeitet. Eine Demokratisierung von KI und Cobots könnte für erhebliche und kontinuierliche Wohlfahrt sorgen, und so z. B. den aktuell prognostizierten, nachteiligen demografischen Entwicklungen entgegentreten. Daneben könnte es der Mittelschicht in einer Digitalen Ökonomie zu neuer Blüte verhelfen. Cobots übernehmen in diesem Modell die *Arbeit* im Sinne von Hannah Arendt. Das würde den Menschen in die Lage versetzen das kreative *Schaffen* in den Vordergrund zu stellen, sprich hauptsächlich die unternehmerischen und

W. Holfelder (✉)
Engineering, Google Germany GmbH, München, Deutschland
E-Mail: holfelder@google.com

M. Senges
42 Wolfsburg, Wolfsburg, Germany
E-Mail: max@42wolfsburg.de

K. Mainzer (Hrsg.), *Philosophisches Handbuch Künstliche Intelligenz*,
https://doi.org/10.1007/978-3-658-19606-6_41

schöpferischen Aspekte unseres professionellen Engagements wahrzunehmen. Wichtig ist dabei, die ethischen Aspekte beim Einsatz von KI und Cobots speziell im Kontext auf die Zukunft menschlicher Arbeit zu analysieren und zu gestalten. Dabei stehen Sicherheitsaspekte und die faire Behandlung der Mitarbeiter im Vordergrund.

Schlüsselwörter

Künstliche Intelligenz · Robotik · Zukunft der Arbeit · Technologische Entwicklung · Innovation · Industrie 4.0 · Kollaborative Roboter

1 Einleitung

Künstliche Intelligenz und Robotik sind dynamische Technologiefelder, deren gesellschaftlich-transformatives Potenzial sich in den kommenden Jahren sehr stark weiterentwickeln wird. In diesem Beitrag soll vor diesem Hintergrund speziell der Frage nachgegangen werden, wie die Einführung und Nutzung von Künstlicher Intelligenz und Robotik die Arbeitswelt verändern wird – und wie diese Veränderung gestaltet werden kann. Auf dieser Basis werden sodann kurz die technisch-philosophischen und soziologischen Fragen bezüglich der Ziele analysiert, die bei dieser Gestaltung verfolgt werden sollten, und welche Ansätze möglich und zielführend erscheinen.

Es ist zunächst einmal wichtig, die neueren Entwicklungen nicht isoliert zu betrachten. Ein tieferes Verständnis lässt sich nur dann entwickeln, wenn man Künstliche Intelligenz und Robotik ideengeschichtlich verortet. Das Verständnis von *Arbeit* hat sich über die Jahrtausende menschlicher Entwicklung grundlegend verändert. Vom noch sehr animalischen Jäger und Sammler, der sich vor allem durch Kooperationstechniken und rudimentäre Jagd- und Nahrungsproduktionswerkzeuge von der Tierwelt abhob, zur über die längste Phase der menschlichen Entwicklung vorherrschenden Agrargesellschaft, war das Verhältnis zwischen dem Menschen der Art, wie er seine Zeit verbrachte direkt mit der Produktion von Nahrungsmitteln verbunden (Baecker 2018; Harari 2014).

Menschliche Arbeit war in ihrem Grundhabitus vornehmlich physisch und wurde ganzheitlich vom *Produzente*n umgesetzt und verstanden. Die steigenden Nahrungsmittelerträge, welche durch die Entwicklung von Agrartechnologien – wie immer effektiveren Pflügen und Düngern etc. – möglich wurden, brachten eine fortschreitend ausdifferenzierte Arbeitsteilung. Die Manufaktur, in der ein Produkt bereits in mehreren Arbeitsschritten durch Arbeiter an unterschiedlich ausgestatteten Werkstätten gefertigt wurde, war bereits ein klarer Vorbote der durch die Dampfmaschine ermöglichten Mechanisierung und zeitlichen Optimierung der Arbeitswelt. Der Einsatz von neuen Energieformen wie Elektrizität, Gas und Öl war dann die Triebfeder der zweiten industriellen Revolution Ende des 19. Jahrhunderts.

Es waren aber nicht die Technologien selbst, die die z. B. von Karl Marx ausgiebig analysierte Entfremdung des Arbeiters von seiner Aufgabe und dem

Produkt hervorgebracht hatten (Marx und Zehnpfennig 2008). Ursächlich für die Entkopplung von Mensch und Arbeitsprodukt war vielmehr die Organisation der Arbeit bzw. der Wertschöpfung, bei der der individuelle Arbeiter konzeptionell nicht mehr ganzheitlich als Mensch, sondern reduziert auf seine Aufgabe als Teil des Produktionsprozesses gesehen wurde. Neben der Veränderung der Arbeitsorganisation gingen mit der Industrialisierung auch zwei der größten gesellschaftlichen Umbrüche einher, die beide direkt damit zusammenhängen, wie und woran Menschen arbeiten.

Zunächst wurden immer mehr Arbeitsfelder von der industriellen Produktionsmethode erfasst. Somit wurde der Großteil der Menschen, die zuvor auf dem Acker oder in Fachbetrieben arbeiteten, im 18. und 19. Jahrhundert Teil des industriellen Humankapitals. Und zweitens schreitet, vor allem im Rahmen der dritten industriellen Revolution in der zweiten Hälfte des 20. Jahrhunderts, die Automatisierung so stark voran, dass immer weniger Arbeiter in den Fabriken beschäftigt wurden. Dieser Fortschritt beschäftigt uns seitdem kontinuierlich als Strukturwandel in die Dienstleistungsgesellschaft, in der die Mehrzahl der Berufstätigen nicht mehr materielle Güter, sondern Dienstleistungen und immaterielle Güter erstellen.

Wie steht das Thema dieses Beitrages in Bezug zu diesem umfassenden Kontext? Es ist wichtig, als Ausgangspunkt festzulegen, dass die thematische Debatte über Künstliche Intelligenz und Robotik nicht völlig neu ist, sondern als Teil des Jahrtausende alten Prozesses der menschlichen Entwicklung und des gesellschaftlichen Fortschritts zu begreifen und zu diskutieren ist. Um es kurz zu machen: Die Autoren sehen die Innovationen rund um Künstliche Intelligenz und Robotik als die inkrementelle Weiterentwicklung der Automatisierung physischer Arbeit und die in den letzten Jahren immer fruchtbarere Forschung und die Entwicklung praktischer Anwendungen im Bereich Künstlicher Intelligenz (KI) als einen (neueren) Prozess der Automatisierung von kognitiven Arbeitsschritten bzw. Aufgaben (BMAS 2017). Das ist der konkrete Hintergrund, vor dem die weitere Argumentation in diesem Beitrag zu verstehen ist.

2 Das Zweigespann Mensch – Arbeit

Max Weber und seine Schrift zur protestantischen Arbeitsethik gilt als der Ankerpunkt des klassisch-modernen Verständnisses von Arbeitsmoral (Weber 1904), auch wenn heute einige seiner zentralen Thesen als widerlegt gelten (Meurer 1974). In seinem Werk beschreibt er neben Tugenden wie Fleiß, Mäßigkeit, Pünktlichkeit und Gerechtigkeit vor allem die moderne Dialektik zwischen Haushalt und Betrieb und die vernünftige Führung des Betriebs als Maxime. Dennoch scheint diese klassische Arbeitsethik heute nur noch bedingt das Spektrum der Fragen der modernen Arbeitswelt abdecken zu können. Heutige Berufsbilder haben ihre Schwerpunkte mehr in kreativen Aufgaben, geistiger Arbeit und zwischenmenschlicher Organisation als Kern der Wertschöpfung, sprich Aspekte, bei denen es deutlich mehr als früher um Qualität und Komplexitätsmanagement als um Quantität geht. Sie wurden bereits

2015 als *kognitive Jobs* beschrieben und unterliegen starkem Wachstum, wie aus der unten stehenden Grafik ersichtlich.

Die Kategorien dieser neuen „kognitiven Wertschöpfungs-Komponenten“ werden nun wiederum eher in der Hacker Ethik von Pekka Himanen, Linus Torvalds and Manuel Castells (Himanen et al. 2001) erfasst. Hier stehen nicht-monetäre Anreize und die Sinnhaftigkeit des professionellen Engagements im Vordergrund der Überlegungen.

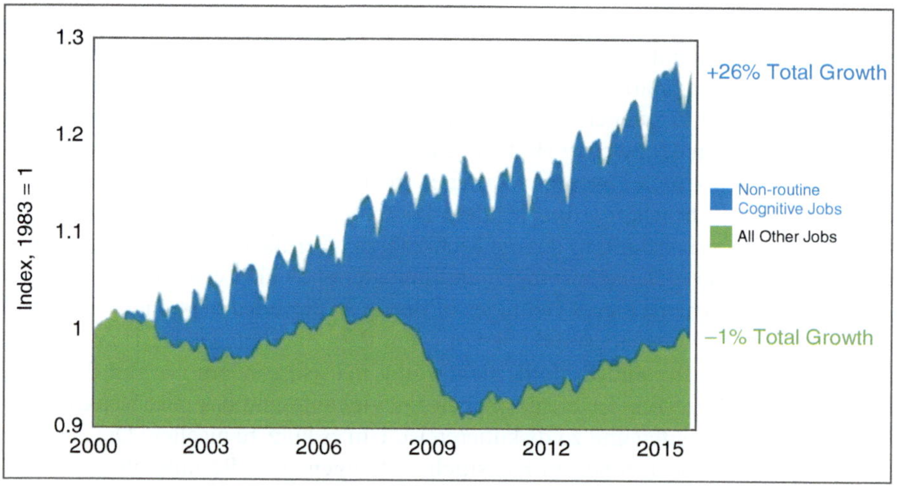

Quelle: KPCB 2018

In diesem Kontext ist auf der gesellschaftlich-politischen Entfaltungsachse auch die Arbeit von Hannah Arendt aufschlussreich, die zum Thema Arbeit und Leben den Ursprung für unsere heutige Diskussion geschaffen hat. In ihrem philosophischen Hauptwerk *Vita activa oder Vom tätigen Leben* entwickelte sie eine klare Unterscheidung zwischen den menschlichen Aktivitäten *Arbeiten, Schaffen/Herstellen* und *Handeln* (Arendt 1960). *Arbeiten* ist für sie dabei was man *tun muss*, um – insbesondere auch im nicht-materiellen Sinne – zu überleben. In der Neuzeit und den für sie typischen Massengesellschaften dominiert die gesellschaftliche Bedeutung der Arbeit. Der Mensch wird zum „animal laborans“. Es dominiert das Streben nach Arbeitsproduktivität und der Umwandlung von immer mehr Dingen, Diensten und Erfahrungen in Konsumgüter (Arendt 1960).

Das *Herstellen* dagegen beinhaltet einen Prozess, der näher mit einem Handwerk – oder dem Schaffen von Kunst – verwandt ist. Und das *Handeln*, als höchste Form menschlicher Aktivität, beschreibt schließlich, was geschieht, wenn Menschen sich der Gestaltung und Weiterentwicklung der Polis – also der Gemeinschaft – auf verschiedene Art und Weise widmen. In diesem klassischen Sinne wird in dem heutigen Diskurs um die Zukunft der Arbeit allerdings kaum noch unterschieden. Theoretisch könnte man, verkürzt, sagen: Was Arendt als Arbeit beschreibt, ist auf dem besten Weg, weitestgehend durch Roboter und KI automatisiert zu werden. Folglich bleibt das Schaffen – also der unternehmerische, *hervorbringende* Aspekt des Managements von Maschinen, Prozessen, Marketing und Verkauf – als Kernaktivität zukünftiger Arbeit bestehen.

Um ethische Fragen rund um diese beiden Aspekte (ethische Gestaltung des fortschreitenden Automatisierungsprozesses und ethische Praxis im Herstellungsmanagement) wird es in den folgenden Abschnitten dieses Kapitels gehen. Frei nach der Frankl'schen Logotherapie *„der Sinn ist der Wächter der Qualität unseres Handelns"* streben Mitarbeiter heute immer mehr danach, ihren Arbeitgeber danach auszuwählen, welche ethischen Ziele und Positionen das Unternehmen und dessen Produkte verfolgen (Frankl 1972). Oder nach Ray Dalio – einem der reichsten und erfolgreichsten Investoren der Welt:

> *„Während dies für viele Leute beängstigend klingt, verbinden wir bei Bridgewater [die Investitionsfirma von Dalio – Anm. d. Verf.] seit mehr als dreißig Jahren radikale Transparenz mit algorithmischer Entscheidungsfindung und stellen fest, dass dies zu bemerkenswerten Ergebnissen führt."*

Dalio zu folge (Dalio 2018) – und er praktiziert diese Prinzipien in seiner Firma – hilft es, die Entscheidungsprinzipien des Managements in Algorithmen zu spezifizieren und dann Programme zur Unterstützung der Entscheidungsfindung zu entwickeln und kontinuierlich reifen zu lassen. Diesen Ansatz, der auch in der Grafik unter diesem Abschnitt visualisiert ist, soll einmal durchgesprochen werden, da er als grundsätzlicher Algorithmus alles Arbeitens verstanden werden kann.

In Dalios Denkschule wird betont, dass *radikale Wahrheit* und *radikale Transparenz* vonnöten sind, um zu einer richtigen Ideen-Meritokratie zu kommen. Eine Ideen-Meritokratie ist das Treffen von Entscheidungen auf der Grundlage unvoreingenommener, ausgewogener und detaillierter Informationen und Daten (nach Ray Dalio bedeutet „gewichtet", dass die Idee auf den derzeit glaubwürdigsten verfügbaren Daten und Informationen basiert) (Dalio 2017). Nach ihm kann jeder erfolgreich werden, der klare Ziele hat und Probleme eindeutig identifiziert und nicht toleriert. Vor allem nach einem Scheitern soll man dieses richtig analysieren und die tiefere Ursache feststellen, um daraus die richtigen Lektionen zu ziehen. Danach soll man einen Plan entwerfen, und sich das Problem wie einen Satz von Ergebnissen vorstellen, die von einer Maschine gemacht wurden. Die Leitfrage dabei ist, wie man diese imaginäre Maschine kontinuierlich verbessern kann. Als letzten Schritt muss man den Plan natürlich umsetzen. Dabei ist Selbstdisziplin besonders wichtig. So kann man höhere, sprich gewagtere, Ziele setzen (Dalio 2017).

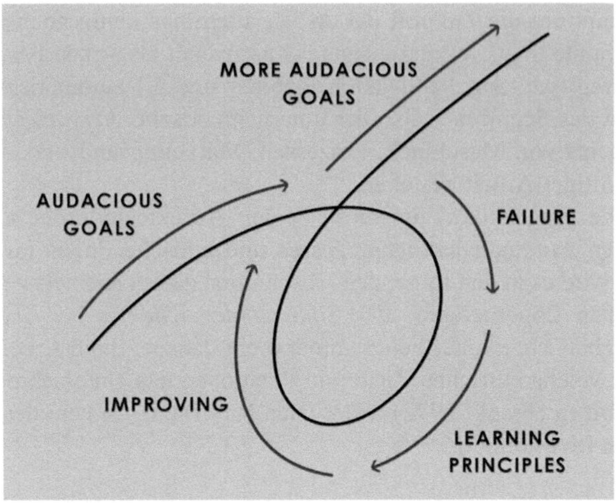

Quelle: Ray Dalio, Principles, 2019

Ein weiterer Aspekt, der kurz angesprochen, aber nicht vertieft analysiert werden soll, ist die Frage rund um die sich verändernde Organisationsform von Arbeit. Hal Varian, Googles Chief Economist und Professor an der University of Berkeley, als einer ihrer Interpreten ist bekannt für seine Aussage, dass wir in der Zukunft „mehr Arbeit, aber weniger Angestellte haben werden." (New York Times 06.08.2014). Was er damit sagen will ist, dass die Art, wie wir Arbeit organisieren, maßgeblich davon abhängt, wie wir unsere Gesellschaft organisieren. Das bedeutet nicht, dass wir in der Zukunft nur noch selbstständige Arbeit oder gar nur „Minijobs" haben werden. Es bedeutet, dass wir seiner Einschätzung nach weniger Unternehmen haben werden, die Vollzeitarbeitskräfte einstellen. (Bundesministerium für Arbeit und Soziales 2017). Hierbei stehen die folgenden Trends in einem Spannungsverhältnis:

- Demografie versus Produktivität: Das japanische Mitsubishi Research Institute gab in seinem jüngsten Bericht bekannt, dass nach ihren Einschätzungen und Berechnungen KI 7,4 Millionen Arbeitsplätze ersetzen und nur 5 Millionen neue Arbeitsplätze bis 2030 schaffen wird. (MRI, Outlook of the Global Economy). Gleichzeitig berichteten chinesische Medien unter Berufung auf die Boston Consulting Group und das AliResearch Institute, dass die digitale Wirtschaft bis 2035 etwa 415 Millionen Arbeitsplätze schaffen wird. (The Boston Consulting Group 2017), aber sie eine nicht näher festgelegte Anzahl von gering qualifizierten und arbeitsintensiven Arbeitsplätzen ersetzen wird. Sowohl Japan als auch China stehen vor demografischen Herausforderungen, die zu einem Rückgang der Bevölkerung im erwerbsfähigen Alter führen werden (Ebda). Und sie sind nicht allein. In den meisten fortgeschrittenen Volkswirtschaften wird die Bevölkerung in den kommenden Jahrzehnten zurückgehen. Laut Prognosen der Vereinten Nationen wird die Bevölkerung in Europa in einer Niedrigschätzung von derzeit rund 700 Millionen auf 557 bis 653 Millionen Menschen im Jahr 2050 zurückgehen (UN 2019). Die Geburtenraten gehen also zurück, aber die Menschen werden dabei immer älter und sind somit nicht länger erwerbsfähig.

- KI und Automatisierung dienen dazu, menschliche Arbeit zu ergänzen bzw. zu augmentieren, nicht, um sie zu ersetzen. Das führt zu einem verstärkten Fokus auf das, was Menschen können. Wir haben es also mit einer Vermenschlichung der Arbeit zu tun. Die Suche nach Aufgaben, die Menschen nicht tun sollten, hat Priorität. Menschen können den Roboter trainieren und stets weitere Aufgaben hinzufügen (Robotics.org 2019). Dabei sind speziell folgende Aspekte zu bedenken:
  – Qualitätssicherung ist für den langfristigen Erfolg von Produkten und Dienstleistungen von entscheidender Bedeutung. Qualitätssicherungssysteme erfordern in der Regel intensive Vorabinvestitionen sowie umfangreiche Tests und Kalibrierungen. Qualitätssicherung, die auf Computer-Vision und maschinellem Lernen basiert, kann solche Herausforderungen meistern und dementsprechend wiederholt und skaliert werden. Ein Beispiel ist ein visuelles Qualitätskontrollsystem für eine Produktionslinie so unterschiedlicher Produkte wie Leiterplatten oder Karosserien. Das Vertrauen des Bedieners in die Ergebnisse ist von großer Bedeutung. Eine große Anzahl von Fehlalarmen kann dieses Vertrauen verringern und die Vorteile der Automatisierung zunichte machen.
  – Vor allem Millennials bevorzugen maßgeschneiderte, personalisierte und einzigartige Produkte gegenüber standardisierten Massenprodukten und bevorzugen lokale, kleinere Hersteller gegenüber großen globalen Herstellern Topbots.com 2017). Idealerweise wird alles am selben Tag innerhalb weniger Stunden geliefert. Dadurch entstehen ein Spannungsfeld und ein Bedarf für KI unterstützte Cobot-Produktion vor Ort, da die Verbraucher trotzdem den gleichen Preis wie von globalen Massenproduzenten erwarten.

3 Spektrum Neuer Arbeit

KI hat das Potenzial, den Menschen aus seiner *unverschuldeten Unmündigkeit* aufzuwecken. Bundesarbeitsminister Hubertus Heil betonte kürzlich wieder, dass Arbeit mehr als Beschäftigung sei. Sie sei auch sinnstiftend (Handelsblatt 10.09.2018). Ein Bericht von McKinsey unterstreicht nochmals, dass kognitive, kreative, technische und zwischenmenschliche Fähigkeiten an Bedeutung gewinnen, wenn Automatisierung physische und sich wiederholende Aufgaben ersetzt. Bis 2030 werden diese Fähigkeiten in Europa die Hälfte der Arbeitsaktivitäten ausmachen, verglichen mit 37 % im Jahr 2017 (McKinsey 2017, S. 12–24). Im April 2018 organisierte Google Brüssel ein Event über die Auswirkungen neuer Technologien auf Arbeit und Beschäftigung mit Experten aus Regierungsinstitutionen, Industrie, Gewerkschaften und Wissenschaft organisiert (Internetforum.eu 2018). Dort wurde eine Matrix von *Berufen für Morgen* entwickelt. Basierend auf 6 kompetenzbasierten Fragen, mit deren Hilfe Benutzer in verschiedene Persona eingeteilt werden können (basierend auf dem McKinsey-Bericht), wurden jeweils 3 Zukunfts-Jobs (von Cognizants Forschung) präsentiert.

A	B	C	D	E
Cognitive	Creative	Technical	Interpersonal	All round
AI Business Development Manager	Virtual Store Sherpa	Genetic Diversity Officer	Fitness Commitment Counsellor	Financial wellness coach
Genomic Portfolio Director	Augmented Reality Journey Builder	AI Assisted Healthcare Technician	Ethical Sourcing Manager	Chief Trust Officer
Personal Data Broker	Personal Memory Curator	Cyber City Analyst	Walker/Talker	Data Detective

Quelle: Cognizant, 21 jobs of the future, S. 6 ff.

Worauf nun im Kern des Kapitels konzentriert werden soll, ist die Frage, wie sich KI- und Roboter-unterstützte Arbeit ethisch tragfähig entwickeln kann. Bevor wir zu dieser Frage kommen, möchten wir zunächst einen Einblick in den Stand von Roboter- und speziell Cobot-Technologien einerseits und Künstlicher Intelligenz (KI) andererseits geben.

Dabei wollen wir zunächst auf die Frage eingehen, wie wir sicherstellen können, dass Menschen Roboter kontrollieren und nicht von Robotern kontrolliert werden. Wie können Technik und Rahmenbedingungen so gestaltet werden, dass intelligente Maschinen dem Menschen Zugang zu mehr sinnvoller Arbeit ermöglichen? Nach Lawrence Lessig müssen wir den Unterschied zwischen *Technologies of Control* und *Technologies of Access* beachten (Lessig 1999, S. 5). *Technologies of Control* dienen z. B. Staaten, die Technologie zum Schutz ihrer Grenzen einsetzen. Eine andere Anwendung ist das Managen vom Zugang zu Wasser („hydraulischen Despotie“ (Plauert 2008)). Lessig betrachtet (Software-) Code, wie einen neuen Souverän – omnipräsent, omnipotent, einfühlsam, effizient und am wachsend (Lessig 1999, S. 9) und ruft bereits 1998 dazu auf, so etwas wie eine Internet-Verfassung auszuarbeiten, die Rechte und Pflichten der Akteure definiert und die Würde des Menschen in den Mittelpunkt stellt.

Der New-York-Times Journalist John Markoff geht in *Machines of Loving Grace* 20 Jahre später in einer Welt mit *KI, Internet of Things* und *Automatisierung* der gleichen Frage nach (Markoff 2015). Er warnt davor, dass Developer eine sehr klare Linie zwischen den Entscheidungen, die menschlich sind und denen, die maschinell sind, ziehen müssen. Man muss zwischen Systemen unterscheiden, (1) die Entscheidungen vorbereiten oder gar fällen die Menschen direkt betreffen und den Systemen, (2) die z. B. den Energieverbrauch von Maschinen regulieren.

4 Roboter und Cobots – welches Verhältnis haben sie zueinander?

Industrieroboter haben in den letzten Jahrzehnten eine industrielle Revolution ermöglicht, und speziell auch Deutschland als Industrienation und Exportland im produzierenden Gewerbe erfolgreich gemacht. Die nachfolgende Grafik zeigt den Stand der installierten Roboter in den Industrienationen. Industrielle Roboter werden zur Automatisierung von Arbeitsschritten eingesetzt, die weitgehend standardisiert und zuverlässig wiederholbar sind und bei denen hohe Stückzahlen die hohen Investitions- und Systemintegrationskosten rechtfertigen.

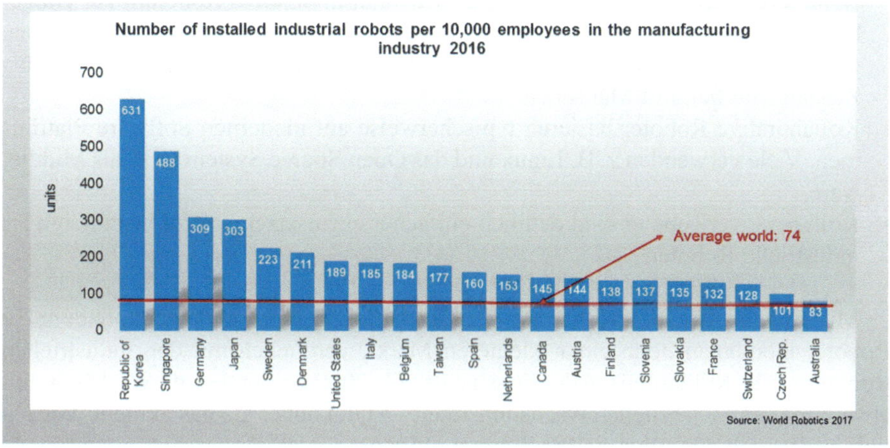

Quelle: International Federation of Robotics 2018

Laut einer Studie der Fraunhofer IPA vom Dezember 2017 werden global durch industrielle Automatisierung etwa $13 Milliarden an Umsatz im Bereich der Roboter Hardware generiert. Der Markt wurde dabei in den letzten Jahrzehnten durch nur wenige Hardwarehersteller, wie z. B. Kuka, Fanuc, ABB and Yaskawa dominiert (Envisionintelligence.com, 10.08.2018).

Industrieroboter werden typischerweise über sogenannte Systemintegratoren, die auf den jeweiligen Kunden zugeschnittene, individualisierte Automatisierungslösungen entwickeln, an den Markt gebracht und auf Zeit- und Materialbasis aufwandsbezogen berechnet. Durch die typischerweise sehr hohe Individualisierung der Automatisierungslösungen an spezielle Kundenumgebungen entstehen dabei hohe Kosten vorab und eine hohe Abhängigkeit der Kunden von den Systemintegratoren. Dies hat zur Folge, dass sich zurzeit nur größere Industrieunternehmen Automatisierung in größerem Umfang leisten können, üblicherweise im Bereich der standardisierten Massenfertigung. Systemintegration ist denn auch ab 2017 mit $28 Milliarden Umsatz weltweit im Vergleich zum Umsatz, der mit Roboterhardware erzielt wird, auch der größere Markt: Kunden bezahlen mehr als zweimal so viel für Systemintegration von robotischen Automatisierungslösungen im Vergleich zu den Ausgaben für die Roboter-Hardware. Sowohl die Hardware als auch die Systemintegration für industrielle Automatisierung zeigen ein jährliches Wachstum (CAGR) von etwa 15 %.

Im letzten Jahrzehnt hat sich nun aber eine neue Generation von Robotern, die sogenannten Kollaborativen Roboter (Cobots), am Markt etabliert. Diese neue Generation zeichnet sich vor allem dadurch aus, dass sie ohne die bei Industrierobotern oft nötigen Schutzeinrichtungen oder Sicherheitskäfige direkt an der Seite von Menschen arbeiten und somit Teil der sozialen Arbeitssphäre sein kann. Somit unterscheiden sich Kollaborative Roboter von industriellen Robotern in den folgenden Aspekten:

- Dank moderner Sensoren (z. B. Lidar Sensoren in mobilen Robotern zur Umgebungserkennung oder Drehmomentsensoren in den Gelenken von Roboterarmen, um Berührungen zu erkennen) sind Kollaborative Roboter sicher in der direkten Zusammenarbeit mit Menschen.
- Kollaborative Roboter basieren typischerweise auf modernen Software Plattformen. Viele verwenden z. B. Linux und das Open Source System ROS als Middleware.
- Kollaborative Roboter sind deutlich einfacher einzusetzen und zu installieren als industrielle Roboter.

Mit zurzeit etwa $5 Milliarden Umsatz weltweit repräsentieren kollaborative Roboter momentan noch einen kleineren Markt, verglichen mit den industriellen Robotern ($13 Milliarden). Allerdings ist das für 2020 vorhergesagte Wachstum mit etwa 20 %–25 % jährlicher Wachstumsrate (CAGR) höher als das aktuelle Wachstum im Bereich der industriellen Roboter (15 %).

Was kennzeichnet Cobots konkret (Engineering.com, 28.10.2016)? Sie verfügen über einen sicherheitsüberwachten Stopp. Das ist eine Funktion, die in Cobots verwendet wird, die hauptsächlich für Einzelarbeit entwickelt wurden und in einem Raum tätig sind, der nur selten von einem Menschen betreten wird. Dies ist die lockerste Interpretation dessen, was einen kollaborativen Roboter ausmacht. Daneben gibt es auch Handführung. Das ist eine kollaborative Funktion, mit der ein Roboter auf dem Weg angelernt wird. Sie führt den Roboter buchstäblich durch eine Abfolge von Bewegungen, die zum Ausführen einer Aufgabe erforderlich sind, z. B. Pick-and Place-Anwendungen. Etwas anspruchsvoller sind die Cobots mit Geschwindigkeits- und Separationsüberwachung: Für Anwendungen, die häufigere Eingriffe des Menschen mit größeren Cobots erfordern, kann ein Lasersichtsystem in der Umgebung installiert werden, damit der Roboter die Nähe eines Menschen erkennen kann, ähnlich einem sicherheitsüberwachten Stoppsystem. Mit der Geschwindigkeits- und Abstandsüberwachung verlangsamt sich der Roboter bei Annäherung des Menschen immer mehr und stoppt vollständig, wenn ein Mensch zu nahe kommt. Diese Reaktionen können so programmiert werden, dass ein Roboter in verschiedenen Abständen zwischen sich und dem menschlichen Bediener arbeitet. Der Roboter nimmt seine Aufgabe wieder auf und beschleunigt seine Bewegung graduell, wenn sich der Bediener weiter entfernt. Zum Schluss gibt es Robotermodelle wie die UR-Serie von *Universal Robot, YuMi von ABB, Baxter von Rethink Robotics* und andere, die aufgrund von Sicherheitsfunktionen, die Leistung und Kraft begrenzen, häufig nur wenig bis gar keine Sicherheitstechnologie erfordern. Kraftbegrenzte Kollaborative Roboter können mit Hilfe eingebetteter Sensoren auf Kräfte in ihren Gelenken wie Druck, Widerstand oder Stöße reagieren. Nach einer Störung stoppt der Roboter oder kehrt seinen Kurs um. Die weiche Außenhaut und die sehr schnellen Reaktionszeiten des Roboters leiten so viel wie möglich von den Auswirkungen ab. Ihre weiche Haut und das abgerundete Design helfen dabei, Stöße abzufedern und sogar Klemmstellen zu beseitigen. Diese Modelle verfügen häufig über interne Motoren und Verkabelungen, um die Gesamtgröße so weit wie möglich zu verringern. Obwohl sie als *echte Cobots* gelten können, müssen sie noch einer Risikobewertung unterzogen werden und sind in der neuen technischen Spezifikation ISO/TS 15066 geregelt.

Darüber hinaus gibt es KI-erweiterte Cobots. Sie unterscheiden sich dann vor allem wie folgt:

Um Robotik mit Wahrnehmung (*perception enabled robotics*), wie Fühlen (*sensing/recognition*), räumliche Wahrnehmnung (*spatial intelligence/scene understanding*), oder Objekterkennung (*object intelligence*) zu ermöglichen, muss eine bestimmte Grundbasis von Sensorik als Standard gelten. Sie können sich auf neue Umgebungen und Aufgaben (Tasks) einstellen. Sicherheit und Standards/Regulierung müssen *ingrained*, d. h. dem einzelnen Cobot eingeschrieben sein (dguv. de 2016).

Angelehnt an die oben beschriebenen Merkmale wird sich im Folgenden besonders auf die ethischen Fragen, die sich aus dem Einsatz von Cobots, die sich besonders für die Anwendung von flexiblen KI anbieten, konzentriert. Im kommenden Abschnitt wird eine Übersicht zum Status und der Anwendbarkeit von KI-Technologien gegeben.

5 Was kann Künstliche Intelligenz heute?

Die Entwicklung des Forschungsfeldes der Künstlichen Intelligenz kann in drei Phasen gefasst werden: In den 50er- und 60er-Jahren begannen die Pioniere mit dem Aufkommen von Computern viele theoretische und praktische Grundlagen zu erarbeiten. Man kann diese frühe Phase in zwei Denkschulen unterteilen: Ein Großteil der Forscher versuchte Künstliche Intelligenz dadurch zu erzeugen, dass man der Maschine so viel wie möglich Regeln beibrachte, die unser menschlicher Verstand anwendet, um intelligente Entscheidungen zu treffen. Bei Spracherkennung und Synthetisierung kompilierte man also zum Beispiel alle erdenklichen Grammatikregeln und deren Ausnahmen in einem Programm. Die andere Denkschule versuchte den Computern beizubringen, selbstständig Regeln aus den Eingaben, etwa Texten, zu ziehen – also zu lernen. Auf anfängliche Erfolge folgte allerdings bei beiden Ansätzen herbe Enttäuschung. Es stellte sich heraus, dass es für alle realistischen Anwendungsfelder zu viele Ausnahmen gab, so dass sich der regelbasierte Ansatz schlicht nicht realistisch bzw. als zu ineffizient herausstellte. Für den datenbasierte Ansatz hingegen waren weder die Datenmengen noch die Rechenleistung der Computer ausreichend. Es folgte ein fast vier Dekaden langer *KI-Winter* in dem recht wenig Forschung betrieben und fast kein Fortschritt erzielt wurde. In den späten 90er-Jahren waren dann die Datenträger und die Computerleistung – vor allem durch lokale und Internet-basierte Cloud-Rechenzentren – soweit fortgeschritten, dass massive Durchbrüche in der Anwendung von Maschinellem Lernen erreicht werden konnten. Seitdem und speziell in den 2010er-Jahren verließen KI unterstützte Anwendungen mehr und mehr die Forschungslabore und ermöglichen heute neue Wertschöpfung und Funktionalitäten, sowohl in der Industrie und mehr noch in Büro- und Internet-Diensten.

Spätestens seit dem Sieg des KI-Programms *AlphaGO* gegen einen chinesischen und einen koreanischen Großmeister im Brettspiel *Go* ist der dritte epochale Umbruch hin zu KI als Leitmotiv zukünftiger Technologieanwendungen vollzogen. Forscher berichten in der renommierten Fachzeitschrift *Nature* unter der Überschrift *Learning From Scratch*, dass diese neuen KI-Systeme ganz ohne vorab gespeichertes Expertenwissen auskommen. *AlphaGo Zero* kennt nur die Spielregeln, mit denen es die *Go-Steine* auf dem Brett setzen und bewegen kann (Welt.de 18/10/2017).

Mit diesem Kontext können wir uns gleich den Fragen zur ethischen Nutzung von KI-erweiterten Cobots zuwenden: Beim Design, der Entwicklung und dem Einsatz sowohl von KI-Anwendungen als auch von Cobots gilt es vor allem anderen, die physische und psychische Sicherheit der Arbeiter und anderer Menschen, die mit dem System in Kontakt kommen, zu garantieren. Folglich wird der Hauptteil dieser Diskussion auf Fragen zu diesem Aspekt – also Vorsorgemaßnahmen und Verantwortlichkeit – gerichtet.

Andere Aspekte, wie die Gestaltung des Verhältnisses zwischen Menschen und Technologie – wie die Steuerungs- und Kontrollfunktion für den Menschen gestaltet werden sollte, oder wie die faire Behandlung des Menschen sichergestellt werden kann – werden auch diskutiert, stehen aber vergleichsweise im Hintergrund.

6 Das Primat der Sicherheit

Traditionell beschäftigen sich Informationstechnologien zunächst mit Fragen der IT-Sicherheit, womit hauptsächlich der Schutz vor böswilligen Angreifern (Hackern) gemeint ist. Bei modernen industriellen Anlagen, aber auch bei Mobilitätsanbietern (Flugzeuge, Bahnen, Autos) die durch Informationstechnologien kontrolliert und gesteuert werden, kommt ein weiterer entscheidender Aspekt hinzu: Die physische Sicherheit der Nutzer und anderer potenziell Betroffener.

Es sei den Autoren erlaubt, die Problematik an einem konkreten Fall zu beschreiben: Im Jahre 2015 wurde ein 21-jähriger Mitarbeiter eines deutschen Automobilherstellers von einem Roboterarm erfasst und gegen einen Arbeitstisch gedrückt. Nach Angaben eines Unternehmenssprechers nach dem Unfall war dabei der Brustkorb des jungen Mannes eingedrückt worden. Er starb kurze Zeit später an den Folgen der Verletzungen. Fast zwei Jahre dauerten die Ermittlungen an. Mehrere Gutachten zu dem Unfallhergang wurden erstellt. Dabei war nach Angaben der Staatsanwaltschaft insbesondere die Rolle eines 29-jährigen Mitarbeiters untersucht worden, der sich zum Zeitpunkt des Unfalles im Außenbereich der neuen Anlage befand. Dem 29-jährigen wurde vorgeworfen, einen Programmablauf der Roboter-Anlage für einen Test gestartet zu haben, bei der sich der Roboterarm mit hoher Geschwindigkeit bewegt. Dies habe der Mitarbeiter getan, ohne zuvor geprüft zu haben, ob der Kollege sich noch in der Arbeitszelle der Maschine, also im Gefahrenbereich befunden habe (HNA.de 18.05.2019). Es handelt sich hier um einen Industrieroboter und keinen Cobot.

Neben den technischen Fragen, die sich bezüglich der verschiedenen Gefahren stellen, ist bei diesen hochkomplexen, zumindest teilweise autonomen Technologien nach Cerf, Ryan, Whitt und Senges auch immer die *Verantwortlichkeits-Frage* relevant (Cerf et al. 2016), welche Akteure – von Produzenten einzelner Hard- und Software-Bauteile, bis zum Installateur und der Wartungsfirma – für welche Aspekte von Fehlverhalten eine (Teil-)Verantwortung tragen. Stark vereinfacht ist die Verantwortung für ein sicheres, voll funktionsfähiges System zwischen folgenden Akteuren verteilt: (1) dem Nutzer, der den Cobot bedient, (2) dem Unternehmen, welches für die Wartung und den Produktionskontext allgemein verantwortlich ist, (3) die Hersteller der Hardware und der Software (und ggfs. auch Subunternehmen die Teile der Hardware oder der Systeme herstellen).

Bei der Frage, wie Verantwortlichkeiten bei diesen neuartigen Systemen gerecht verteilt, idealerweise kontrolliert und garantiert werden können, stehen wir noch ganz am Anfang. Fest steht allerdings, dass ein Multi-Stakeholder-Governance Modell, bei dem die Verantwortlichkeiten der Akteure so modular (abgegrenzt) wie möglich beschrieben und umgesetzt werden (Stichwort „avoiding layer tussle“, Clark et al. 2005), der vielversprechendste Ansatz ist, um Sicherheit und sich optimal ergänzende Teil-Systeme zu schaffen.

Die acatech-Arbeitsgruppe zu Ethik und KI hat eine interessante Sammlung an konkreten Rechtsstreitigkeiten zusammengetragen, die einen guten Überblick über die Probleme und zeitgenössische Rechtsprechung geben. Sie empfehlen, die Erklärbarkeit und Überprüfung von Algorithmen zu fördern. Dazu sei es notwendig, die Kriterien, anhand derer ein Algorithmus lernt, vorzuselektieren, Gerechtigkeit als Ziel Maschinellen Lernens zu definieren und Betroffenen eine effektive Rechtsdurchsetzung zu ermöglichen (acatech.de 03.07.2019).

Erste konkrete Ansatzpunkte und Hinweise für die praktische Umsetzung hat Google in den 2019 veröffentlichten Perspektiven auf Herausforderungen der KI-Governance vorgelegt (ai.google 2019). Die offensichtlichsten Sicherheitsmaßnahmen bestehen darin, dass die grundlegenden Arbeitsprozesse und Standard-Operationen in häufigen Anwendungsszenarien vollständig und nutzerfreundlich dokumentiert werden und dass dabei auf Sorgfaltspflichten und Sicherheits-Prüfungen explizit hingewiesen wird. Des Weiteren ruft Google dazu auf, Sicherheitszertifizierungen und entsprechende Gütesiegel zu entwickeln, um anzuzeigen, dass ein System geprüft wurde und entsprechende Sicherheitskriterien zumindest für vorhersehbare Nutzungsszenarien erfüllt. Um die Sicherheit der Nutzer und anderer potenziell Betroffener zu garantieren, werden bei Google folgende Aspekte als maßgeblich betrachtet (ai.google 2019):

- Die Freiheiten, oder der Handlungsspielraum jedes Cobots muss minimal definiert werden, um unvorhergesehene Konstellationen auszuschließen.
- Dasselbe Prinzip gilt auch dafür, sicher zu stellen, dass das reale Einsatzgebiet des Systems identisch mit den Konditionen der Trainingsszenarios sein muss.
- Das Risiko von *Datenvergiftungen (Data Poisoning)* ist exponentiell höher, wenn das System kontinuierlich auf Basis der wahrgenommenen Daten weiter lernt – also sein Modell updated. In solchen Systemen kann es passieren, dass außergewöhnliche Konstellationen eintreten, die das System falsch interpretiert und die

sich durch Wiederholungen verstärken. Entwickler sollten sich sehr gut überlegen, ob ein System wirklich im Einsatz außerhalb des Labors weiter lernen sollte.

Eine Gruppe von Forschern bei Google Robotics (Amodei et al. 2016) beschreiben außerdem folgende weiteren Herausforderungen bzgl. der Rahmensetzung einer KI-Erweiterung von Robotern:

- **Vermeidung negativer Nebenwirkungen** – wenn z. B. ein Cobot beauftragt wird, die Werkstatt aufzuräumen, muss sichergestellt werden, dass er bei der Umsetzung nicht *versehentlich* einen Eimer mit gefährlichem Inhalt umstößt.
- **Eindeutige Zieldefinition** (so dass sie nicht *gehackt* werden können) – wenn z. B. einem Cobot das Ziel gegeben wird, so viele Stifte zu sortieren, wie möglich, muss die Programmierung vorsehen, dass er nicht versucht, einen Stift aus der Tasche eines Arbeiters zu ziehen, um sein Ziel noch besser zu erfüllen.
- **Skalierbare Aufsicht** – ähnlich wie beim Punkt bzgl. minimalem Handlungsspielraum, geht es hier darum, eine Balance zu finden, bei der der Cobot bei allen potenziell gefährlichen Entscheidungen den Input eines Menschen verlangt, gleichzeitig aber eine optimale Effizienz und Autonomie erreicht wird.
- **Robustheit bzgl. unterschiedlicher Einsatzgebiete** – wie kann ein Cobot z. B. die unterschiedlichen Sicherheitsrisiken einschätzen, wenn er normalerweise von einem ausgebildeten Arbeiter bedient wird, an einem Tag aber eine Schulklasse zu Besuch ist und in seinem Umfeld agiert?

Auch wenn es in diesem Beitrag vor allem um die konkreten ethischen Aspekte bei der Gestaltung neuer Arbeit im KI-erweiterten Cobot-Kontext geht, soll dennoch darauf hingewiesen werden, dass ein entscheidendes indirektes Mittel um faire und sichere Arbeitsumgebungen zu schaffen, die Haftungsregelungen sind. Google schlägt zu dieser Frage einerseits vor, eine Evaluierung bestehender Regelungen vorzunehmen und diese, wo nötig, dort zu erweitern, wo neue Risikobereiche entstehen. Andererseits gilt es, bestimmte Innovationsbereiche durch sogenannte Safe-Harbor Regelungen und Haftungsobergrenzen zu begrenzen, bei denen ein hoher gesellschaftlicher Mehrwert entsteht (etwa im Bereich Umweltschutz), bei denen zu strenge Haftungsregelungen Investitionen verhindern könnten. Der Vollständigkeit halber sei auch erwähnt, dass Google es für notwendig hält, das jetzige Angebot an Versicherungen gegen Risiken, die durch KI und semi-autonome Systeme wie Cobots entstehen, zu erweitern.

7 Eine faire Arbeitswelt mit KI, Cobot und Mensch

Der zweitwichtigste Aspekt bei der Betrachtung ethischer Fragen ist, ob die Cobots die Nutzer und andere Beteiligte, die mit dem System interagieren, fair behandeln. Ein bekanntes Problem ist z. B. die Abhängigkeit von KI-Systemen von den

Trainingsdaten. Wenn für das Training eines Erkennungssystems von Nutzern – sei es Gesichtserkennung zum Freischalten oder Personalisieren des Systems, oder auch nur zum Erkennen eines Arms um Sicherheitsrisiken zu vermeiden – als Datengrundlage Fotos von kaukasischen Menschen genutzt wurde, wird das System bei asiatischen und afrikanischen Hauttypen schlechtere Ergebnisse erzielen. Somit gilt es, speziell bei den Trainingsdaten für KI-Systeme auf Ausgewogenheit zu achten, um diskriminierendes Verhalten zu unterbinden.

Google stellt verschiedene Werkzeuge bereit, um KI Entwicklern dabei zu helfen faire Systeme bereitzustellen:

- **Facets** ist ein Visualisierungsprogramm, mit dem die verschiedenen Dimensionen von Daten in Form von Grafiken dargestellt werden können. So können Entwickler sehen, wenn in Trainingsdaten einzelne Aspekte deutlich häufiger vorkommen.
- Das **What-If-Tool** ist ein TensorFlow-Plugin, welches es Programmierern erlaubt ihre Modelle zu testen und wie ein Detektiv Fragen (in Form von hypothetischen Eingaben) an das System zu stellen, um zu sehen, ob die Ergebnisse sinnvoll und fair sind.
- Bei Google nutzt man außerdem **Model Cards** und **Data Cards**, die ein standardisiertes Format darstellen, um Daten und KI-Modelle eine Art von Beipackzettel zu geben. Auf den Cards stehen der intendierte Nutzungskontext, die Herkunft der Daten und welche Qualitäten sie haben und vieles mehr.
- Im Zusammenhang mit der Open-Source-Veröffentlichung von TensorFlow wurden auch die **Fairness-Constraints** (gerechte Rahmenbedingungen) allen Programmierern zugänglich gemacht und damit Best Practices als Grundlage etabliert.

Ein Mythos, der angesprochen und ausgeräumt werden soll, ist, dass KI-Systeme sogenannte Black Boxes (also nicht nachvollziehbare Systeme) sind. Einerseits ist hier anzuführen, dass zwar nicht für jede Operation alle in Betracht gezogenen Aspekte nachvollzogen werden können. Allerdings können erstens für KI-Systeme immer harte Prinzipien bzw. Grenzen gezogen werden, die den Raum möglicher Ergebnisse einschränken. Wenn das AlphaGo-System also – wie von vielen Kommentatoren beschrieben – „*unerwartete* ja sogar nie von einem Menschen so gespielte" Züge *praktiziert*, so passieren diese immer innerhalb des von den Go Spielregeln festgesetzten Regeln.

Der Maschine fehlt im wahrsten Sinne des Wortes das Vorstellungsvermögen außerhalb dieser harten Grenzen zu denken und zu handeln. Folglich sind auch ethische Prinzipien – solange wir sie eindeutig in dem Modell abbilden können für ein Robotersystem absolut. Es ergäbe also absolut Sinn – sollte die Leistung von KI-Systemen so umfangreich werden – die drei Robotergesetze von Isaac Asimov jedem Roboter unveränderlich in den Boot- und Hauptspeicher zu schreiben.

Die Asimov'schen Gesetze lauten (Asimov 1982, S. 67):

1. *„Ein Roboter darf kein menschliches Wesen verletzen oder durch Untätigkeit zulassen, dass einem menschlichen Wesen Schaden zugefügt wird.*
2. *Ein Roboter muss den ihm von einem Menschen gegebenen Befehlen gehorchen – es sei denn, ein solcher Befehl würde mit Regel eins kollidieren.*
3. *Ein Roboter muss seine Existenz beschützen, solange dieser Schutz nicht mit Regel eins oder zwei kollidiert."*

Die Gesetze sind hierarchisch aufgebaut.

Zweitens ist es durchaus möglich, die Ergebnisse und Handlungen von KI-erweiterten Systemen nachvollziehbar zu machen. Selbstverständlich kann die Funktion eines Systems theoretisch, bzw. unabhängig vom konkreten Fall, beschrieben werden. So ist es in (fast) jedem Fall möglich, zu verstehen, welches Ergebnis bei einem bestimmten Input zu erwarten ist. In vielen Anwendungsgebieten sind der exakte Moment und die spezielle Art der KI-Intervention grundsätzlich, aber nicht zu 100 % nachzuvollziehen. Hier sei darauf hingewiesen, dass auch menschliche Interventionen zwar prinzipiell aber nie zu 100 % nachvollzogen werden können. Unabhängig von dieser zugegebenermaßen etwas *abstrakten* bzw. theoretischen Antwort, gibt es u. a. bei Google erhebliche Anstrengungen, um KI-Systeme so zu designen, dass sie sich selbst – also ihre jeweilige Funktionsweise – erklären können (*Self-Explainability*). Es spricht vieles dafür, dass diese Aufgabe lösbar ist. Es scheint hier folglich angebracht, die Messlatte nicht unverhältnismäßig hoch zu hängen. Wenn autonome Autos im Vergleich wesentlich weniger Unfälle erzeugen, sollte das für den Einsatz und die Förderung der Innovation sprechen, auch wenn es in Ausnahmesituationen zu Fehlern und Unfällen kommt.

Nun wird sich der Frage gestellt, wie die Zusammenarbeit zwischen Menschen und KI-erweiterten Robotern gestaltet werden sollte. Zunächst ist festzuhalten, dass schon beim Design solcher Systeme die grundsätzlichen Stärken und Schwächen von Menschen und Technologie berücksichtigt werden sollten. So sind Maschinen gut darin, repetitive Aufgaben immer und immer wieder zu erledigen, ohne zu ermüden oder abgelenkt zu werden. Um einige Beispiele zu nennen: Sie vergessen nie einen Arbeitsschritt, werden nicht ungeduldig oder gelangweilt, sie sind schneller darin, Berechnungen (nach vorgegebenen Inputs und Ablauf) anzustellen, oder auch darin, Dokumente zu scannen. Menschen hingegen sind Maschinen überlegen, wenn es darum geht, Beobachtungen im größeren Kontext einzuordnen, Nuancen und emotionale Konnotationen von menschlichem Ausdruck zu deuten und Rapport aufzubauen.

Um das Verhältnis zwischen Cobot und Mensch vertrauensvoll zu gestalten ist es wichtig, dass das System in der Lage ist, dem Nutzer zu erläutern warum, und gegebenenfalls mit welcher Wahrscheinlichkeit, eine gewisse Entscheidung vorgeschlagen, oder getroffen, wurde. In diesem Kontext wäre es auch wünschenswert, dass der Nutzer die Entscheidung beeinflussen, beziehungsweise wenn begründet und ungefährlich, zurückweisen, oder überschreiben kann. Diese Eigenschaft von Systemen wird als „*Human in the Loop*" bezeichnet und stellt sicher, dass letztendlich immer ein Mensch die Kontrolle innehat.

Fortgeschrittene Systeme, gerade auch im Kontext von Cobots lernen nicht nur aus statistischen Trainingsdaten (*aus der Dose*) sondern können aktiv vom Nutzer trainiert werden. Ein weiterer Aspekt beim Design der Mensch-Cobot-Kollaboration ist, unter welchen Bedingungen das System den Menschen auf Unvorhergesehenes und Ungewöhnliches aufmerksam macht und ihn zu einer Entscheidung auffordert. Experten unterscheiden zwischen Supervised und Unsupervised Machine-Learning – im ersten Fall lenkt und beeinflusst der Entwickler den Lernprozess, indem er dem System Feedback bzgl. der Qualität und Einflussfaktoren gibt. Beim Unsupervised Learning lernt das System, z. B. die Bildeigenschaften einer Katze in YouTube-Videos, indem es Millionen von Katzenvideos analysiert. Bei KI-unterstützten Cobots ist es notwendig, dass der Nutzer (nicht nur der Entwickler) in die Lage versetzt wird, das System zu trainieren (*supervisieren*), das wiederum kann jedoch zu Sicherheitsrisiken führen (wie im Punkt zu Poisoned Data beschrieben). In diesem Bereich der KI-Mensch-Schnittstelle (AI-Human-Interface) besteht noch erheblicher Forschungs- und Entwicklungsbedarf, um Bedienungsoberflächen zu schaffen, die Manipulation/Training, Experimente, Analyse und Kontrolle nutzerfreundlich, also verständlich, möglich machen.

Eine weitere Best Practice in der Entwicklung von KI-Cobot-Systemen ist es, die menschliche Psychologie mitzudenken. Damit ist gemeint, dass man z. b. bewusst plant wie häufig das System einen bestimmten Alarm auslöst. Wenn eine Warnung sehr häufig auftritt, wird die Reaktion darauf kontinuierlich reduziert.

8 Fazit

Roboter werden den Menschen nicht ersetzen, sondern haben das Potenzial vollständig neben ihm arbeiten zu können. Das wäre das Ergebnis oder gar zukünftig der Allgemeinzustand, wenn man Cobots (kollaborative Roboter) und künstliche Intelligenz (KI) miteinander verknüpft. Die Chance für Deutschland und Europa liegt darin, dass man auf die jeweiligen Stärken von beiden aufbauen kann.

Eine Demokratisierung von KI und Cobots könnte für kontinuierliche Wohlfahrt sorgen und negative Auswirkungen des demografischen Wandels abfangen. Maschinelles Lernen kann Lücken, die im Arbeitsmarkt durch eine alternde Bevölkerung entstehen, auffüllen, indem es die Effektivität jedes Arbeitnehmers steigert. Bundesarbeitsminister Heil beschreibt eine *realistisch optimistische Perspektive*. Das Ministerium rechne damit, dass ca. 1,3 Millionen Arbeitsplätzen verloren gehen, allerdings potenziell auch rund 2,1 Millionen neue entstehen werden (Handelsblatt 03.11.2018). Daneben könnte es die Mittelschicht in einer Digitalen Ökonomie stärken. Von welcher Art Arbeitsbelastungen redet man in Hinblick auf eine solch tief greifende Anpassung der Wertschöpfungskette? Unser erstes Kriterium ist, dass Neue Arbeit Probleme angeht, deren Komplexität etwa dem Arbeitspensum eines Arbeitnehmers mit einem mittleren Einkommen entsprechen würde. Mehr bedeutet hier also nicht weniger. Bereits 1969 bemerkte Herbert Simon in *Designing Organizations in Information-Rich Environments*, dass mit einer Fülle von Informationen ein Mangel an Aufmerksamkeit verbunden ist und die Notwendigkeit besteht, diese Aufmerksamkeit effizient zuzuweisen (Simon 1969). Ein gutes Beispiel wäre das Management von Gesundheitsthemen der ersten Ebene in der Familienmedizin und in der Altenpflege. Bei Google lebt man eine Idee, dass man alle Menschen der Bevölkerung aktiv in die Gestaltung von KI einbeziehen kann: Es werden verschiedene freie Kurse und – Programme geboten, in denen man lernen kann, wie Daten und maschinelles Lernen funktionieren. Diese kann man unabhängig von persönlichem Vorwissen und Ausbildung besuchen.

Es gibt noch viele offene Fragen im Kontext der ethischen Aspekte von algorithmischer Entscheidungsfindung im Bereich des Governance und Arbeitsrechts. Und speziell die Erklärbarkeit und Überprüfung von Algorithmen muss gefördert werden. Des Weiteren stimmen die Autoren der Acatech-Arbeitsgruppe zu Ethik und AI zu, dass es notwendig ist, die Kriterien, anhand derer ein Algorithmus lernt, vorzuselektieren, Gerechtigkeit als Ziel Maschinellen Lernens zu definieren und Betroffenen eine effektive Rechtsdurchsetzung zu ermöglichen (acatech.de 03.07.2019).

In diesem Aufsatz wurde die These vertreten, dass bei KI & Cobots Sicherheitsaspekte und faire Behandlung im Vordergrund stehen sollten. Dabei muss immer der Frage nachgegangen werden, welcher Akteur für welche Aspekte verantwortlich ist. Eine erste umfängliche Liste mit konkreten Ansatzpunkte und Hinweise für die praktische Umsetzung hat Google in den 2019 veröffentlichten Perspektiven auf Herausforderungen der KI-Governance vorgelegt (ai.google 2019). Die Autoren freuen sich darauf, in den kommenden Jahren gemeinsam mit Experten verschiedener Fachrichtungen in Multi-Stakeholder Forschung Antworten zu diesen spannenden Fragen zu finden und den Diskurs weiterzuentwickeln.

Annex I – Künstliche Intelligenz bei Google – Prinzipien

Google strebt danach, Technologien zu entwickeln, die wichtige Probleme lösen und Menschen in ihrem Alltag helfen. Es wird optimistisch auf das unglaubliche Potenzial von KI und anderen fortschrittlichen Technologien geblickt, die es Menschen ermöglichen, aktuelle und zukünftige Entwicklungen zu nutzen, die dem Gemeinwohl dienen.

Google wird KI-Anwendungen im Hinblick auf die folgenden Ziele bewerten. KI sollte:

1. einen sozialen Sinn haben
2. es vermeiden, unfaire Vorurteile zu erzeugen oder zu verstärken
3. für Sicherheit gebaut und getestet sein
4. gegenüber dem Menschen rechenschaftspflichtig sein
5. Gestaltungsprinzipien für den Datenschutz integrieren
6. hohe Standards für wissenschaftliche Spitzenleistungen einhalten
7. für Anwendungen zur Verfügung gestellt werden, die diesen Grundsätzen entsprechen

Zusätzlich zu den oben genannten Zielen wird Google keine KI in den folgenden Anwendungsbereichen entwerfen oder bereitstellen, wenn diese Technologie:

1. einen Gesamtschaden verursacht oder wahrscheinlich verursachen kann. Wenn ein materielles Schadensrisiko besteht, werden wir nur dann an Entwicklungen arbeiten, wenn wir der Ansicht sind, dass der Nutzen die Risiken erheblich überwiegt und angemessene Sicherheitsbeschränkungen enthält.
2. für Waffen oder andere Technologie gebraucht wird, deren hauptsächlicher Zweck oder Einsatz darin besteht, Verletzungen an Personen zu verursachen oder direkt zu erleichtern.
3. die Informationen zur Überwachung sammelt oder verwendet und dabei gegen international anerkannte Normen verstößt.
4. ihr Zweck allgemein anerkannten Grundsätzen des Völkerrechts und der Menschenrechte zuwiderläuft.

Literatur

Acatech. 2019. KI – Made in Germany: Jahreskonferenz der Plattform Lernende Systeme. https://www.acatech.de/allgemein/ki-made-in-germany-jahreskonferenz-der-plattform-lernende-systeme/. Zugegriffen am 15.10.2019.

Amodei, Dario., et al. 2016. Concrete problems in AI safety. https://arxiv.org/pdf/1606.06565.pdf. Zugegriffen am 03.11.2019.

Arendt, H. (1960). *Vita activa*. Stuttgart: Kohlhammer.

Asimov, I. (1982). *Alle Roboter-Geschichten: The complete robot*. Bergisch Gladbach: Bastei-Lübbe.

Baecker, Dirk. 2018. 4.0 oder Die Lücke die der Rechner lässt.

Bundesministerium Für Arbeit und Soziales. 2017. „Weißbuch Arbeit 4.0." https://hpi.de/fileadmin/user_upload/hpi/veranstaltungen/2018/Innovation_for_Jobs/Wei%C3%9Fbuch_Arbeiten_4.0_BMAS.pdf. Zugegriffen am 19.10.2021.

Cerf, Vint, et al. 2016. IoT safety and security as shared responsibility. *Journal of Business Informatics* 1(35): 7–19. ssrn.com/abstract=2735642.

Clark, David D., et al. 2005. Tussle in cyberspace: Defining tomorrow's internet. *IEEE/ACM Transactions on Networking (TON)* 13:462–475.

Dalio, Ray. 2017. *Principles, life and work*. New York: Simon & Schuster.

Dalio, Ray. 2018. Systemized and computerized decision-making. https://www.linkedin.com/pulse/systemized-computerized-decision-making-ray-dalio. Zugegriffen am 02.11.2019.

Dalio, Ray. 2019. Principles for success from Ray Dalio: Founder of the world's largest hedge fund. https://www.youtube.com/watch?v=Y1OpbDWp8KY. Zugegriffen am 02.11.2019.

Frankl, Viktor, Hrsg. 1972. *Der Wille zum Sinn*. Stuttgart: Huber.

Google. 2019. Perspectives on issues in AI governance. https://ai.google/perspectives-on-issues-in-AI-governance/. Zugegriffen am 03.11.2019.

Handelsblatt. 2018. Bundesminister Heil will 2,1 Millionen neue Jobs bis 2025. https://www.handelsblatt.com/politik/deutschland/arbeitsmarkt-arbeitsminister-heil-will-2-1-millionen-neue-jobs-bis-2025/23353458.html?ticket=ST-25720686-dVe0oRsoiCdkcAEehE7L-ap6. Zugegriffen am 03.11.2019.

Harari, Yuval Noah. 2014. *Sapiens: A brief history of humankind*. New York: Random House.

Himanen, Pekka, et al. 2001. *The hacker ethic: A radical approach to the philosophy of business*. New York: Random House.

Lessig, Lawrence. 1999. *Code and other laws of cyberspace*. New York: Basic Books.

Markoff, John. 2015. Machines of loving grace: The quest for common ground between humans and robots.

Marx, K., und B. Zehnpfennig. (2008). *Ökonomisch-philosophische Manuskripte*. Felix Meiner Verlag.

McKinsey. 2017. Smartening up with Artificial Intelligence (AI) – What's in it for Germany and its industrial sector? https://www.mckinsey.com/~/media/McKinsey/Industries/Semiconductors/Our%20Insights/Smartening%20up%20with%20artificial%20intelligence/Smartening-up-with-artificial-intelligence.ashx. Zugegriffen am 02.11.2019.

Meurer, Bärbel. 1974. *Mensch und Kapitalismus bei Max Weber: zum Verhältnis von Soziologie und Wirklichkeit*. Berlin: Duncker & Humblot.

Plauert, Christian. 2008. Hydraulische Landwirtschaft und asiatische Despotie. Die Abhängigkeit der Gesellschaftsform anhand der Wahl der Agrarwirtschaft. Nach Karl August Wittfogel (1896–1988); Die orientalische Despotie (1957). http://econhist.userweb.mwn.de/ehebir/Orientalische_Despotie.pdf. Zugegriffen am 03.11.2019.

Simon, H. A. (1969). *The sciences of the artificial*. Cambridge: The MIT Press.

The Boston Consulting Group. 2017. Year 2035: 400 million job opportunities in the digital age. http://image-src.bcg.com/Images/BCG_Year-2035_400-Million-Job-Opportunities-Digital%20Age_ENG_Mar2017_tcm52-153963.pdf. Zugegriffen am 02.11.2019.

United Nations. 2019.World population prospects, total population. https://population.un.org/wpp/Download/Standard/Population/. Zugegriffen am 02.11.2019.

Weber, M. (1904). Die protestantische Ethik und der Geist des Kapitalismus 1. 1. https://www.worldcat.org/title/die-protestantische-ethik-und-der-geist-des-kapitalismus-1/oclc/707192925&referer=brief_results.

Teil VIII

Ethische und rechtliche Herausforderungen der Künstlichen Intelligenz

Künstliche Intelligenz – ethische und rechtliche Herausforderungen

Susanne Beck

Inhalt

Zusammenfassung

Die Komplexität und Selbstständigkeit von KI sowie die Zunahme der Lebensbereiche, in der sie Entscheidungen unterstützen oder gar selbst treffen soll, stellen die Ethik und das Recht vor neue Herausforderungen. Gerade weil die Entscheidungen lernender Systeme ex ante kaum vorhersehbar und ex post kaum beweisbar sind, birgt ihr Einsatz besondere, bisher unbekannte Risiken. Dies führt zu Problemen bei der Kosten-Nutzen-Analyse der Technologie, bei der Zulassung – insbesondere weil die Maschinen sich ja auch während der Nutzung noch weiterentwickeln sollen – aber auch bei etwa der Aufklärung von Patienten, die mit diesen Maschinen behandelt werden. Schließlich ergeben sich auch neue Risiken und Gefahren, etwa die einer nicht sofort erkennbaren Diskriminierung durch eine scheinbar neutrale Maschine. Auf diese Entwicklungen muss die

Für unermüdliche Unterstützung, u. a. bei der Recherche, gilt mein herzlicher Dank an Dipl.jur. Michelle Fiekens, und stud.jur. Oliver Marks.

S. Beck (✉)
Juristische Fakultät, Leibniz Universität Hannover, Hannover, Deutschland
E-Mail: susanne.beck@jura.uni-hannover.de

K. Mainzer (Hrsg.), *Philosophisches Handbuch Künstliche Intelligenz*,
https://doi.org/10.1007/978-3-658-19606-6_29

Gesellschaft aktuell dringend Antworten finden, insbesondere ist zu diskutieren, in welchen Lebensbereichen Entscheidungen überhaupt auf Maschinen übertragen werden dürfen, welche Korrelationen und Kategorisierungen akzeptabel und welche diskriminierend sind, ob Entscheidungen zwangsläufig auch kausal begründet werden müssen, etc. Zudem stellt sich die Frage, wem die (Teil-) Entscheidungen der Maschine normativ zuzurechnen sind – problematisch kann es jedenfalls sein, insofern primär auf den die Entscheidung absegnenden Menschen, den „human in the loop", abzustellen (Sharkey 2016, S. 23–38; Zanzotto 2018. S. 247–248). Denn nicht selten ist der letztentscheidende Mensch hiermit überfordert – und die Schwierigkeit, sich gegen einen maschinellen Vorschlag zu entscheiden, von dem man weiß, dass er auf sehr vielen Informationen und sehr schneller Rechenleistung beruht, ist auch normativ nachvollziehbar. Insofern ist nicht verwunderlich, dass sich gerade das Konzept der Verantwortung sowohl auf moralischer als auch auf rechtlicher Ebene durch die neuen Entwicklungen fundamental ändert.

Schlüsselwörter

Ethik der KI · Rechtsfragen der KI · Verantwortung · Diskriminierung · Haftung · Zulassung · Legal Tech

1 Einführung

Über 20 Jahre ist er bereits her, der Sieg von Deep Blue über Garri Kasparow. Inzwischen hat Künstliche Intelligenz in vielerlei Hinsicht Einzug in unseren Alltag gefunden, oftmals ohne dass wir es überhaupt bemerken. Von den allgegenwärtigen automatischen Ergänzungen bei der Google-Suche und Werbungseinblendungen beim Internet-Surfen bis hin zur Unterstützung bei medizinischen Diagnosen. Die Verselbstständigung von Maschinen schreitet voran, wie auch die Beiträge in diesem Band deutlich zeigen. In wenigen Jahren könnten beispielsweise Wohnungen älterer Menschen mit künstlicher Intelligenz ausgestattet sein, die ihnen nicht nur das selbstständige Leben im gewohnten Lebensraum ermöglicht, sondern im Notfall auch einen Krankenwagen rufen. Künstliche Intelligenz könnte unsere alltägliche Email-Kommunikation übernehmen, unsere Autos steuern, einen Großteil unserer Einkäufe erledigen und uns mit unserem Traumpartner zusammenführen.

Doch die Zukunftsvisionen im Zusammenhang mit KI haben oft auch dystopische Züge. In den schlimmsten Szenarien übernehmen die Maschinen die Welt, dominieren uns, versklaven uns oder löschen uns aus (Broman und Finckenberg-Broman 2017, S. 1; Horn 2019, S. 574; Joy 2000, S. 1). Doch auch weniger dramatische Zukunftsverläufe bergen gewisse Risiken und in jedem denkbaren Szenario wird diese Technologie, auch unerwünschte Nebeneffekte mit sich bringen. Die Gefahren sind vielfältig, sie reichen von Schädigungen einzelner Personen durch Unfälle mit selbstfahrenden Kraftfahrzeugen und der Unmöglichkeit, solche Schäden einer (zahlungsfähigen) Person zuzurechnen über diskriminierende Ergebnisse von KI-Entscheidungen bis hin zu Veränderungen der demokratischen Grundordnung, weil sogenannte „impossibility structures" oder „blockchains" bestimmte Normen und Werte technisch garantieren sollen und so sonstige institutionelle Garantien vermeintlich überflüssig werden (Caspar 2019, S. 2; HAZ Online 07.07.2016; FAZ Online 24.06.2019; Markwalder und Simmler 2017, S. 171; Rademacher 2019, S. 702).

Aus diesem Grund ist es erforderlich, die ethischen und rechtlichen Herausforderungen durch KI genauer zu betrachten. Hierfür wird zunächst dargestellt, was diese Technologie von anderen unterscheidet und warum sie neue Herausforderungen mit sich bringt. Anschließend werden die ethischen und rechtlichen Herausforderungen im Überblick dargestellt und an Anwendungsfeldern konkretisiert. Schließlich wird hinterfragt, wie sich das Konzept der Verantwortung durch KI verändern könnte (Loh 2017, S. 221).

2 Die Besonderheiten von KI aus ethischer und rechtlicher Perspektive

Bevor wir auf die einzelnen Herausforderungen und Konflikte eingehen, sei zunächst analysiert, was das Spezifikum von KI aus ethischer und rechtlicher Perspektive darstellt, d. h. warum es für diese normativen Wissenschaften überhaupt erforderlich ist, die Probleme gerade dieser technologischen Entwicklung detailliert zu beleuchten.

Künstliche Intelligenz wird in den nächsten Jahren in immer mehr Lebensbereichen zu finden sein. Algorithmen werden etwa in Zukunft zunehmend die Aufgaben von Institutionen wie z. B. Banken und Verwaltungen übernehmen. Bereits heute spielt KI eine – auch rechtlich und moralisch relevante – Rolle bei Abschlüssen von Verträgen im Internet, insbesondere an der Börse. Vorfälle wie etwa der „Flash Crash" an der New Yorker Börse vor einigen Jahren, die von elektronischen Agenten verursacht wurden, zeigen nicht nur das Schädigungspotenzial, sondern auch die Unvorhersehbarkeit und Unkontrollierbarkeit derartiger Programme (Kirn und Müller-Hengstenberg 2014, S. 227 und 231; Süddeutsche Zeitung 04.11.2015; Zech 2019, S. 202).

Aber auch in der Medizin, im Straßenverkehr, bei der Entscheidung über die Vergabe von Arbeitsplätzen oder Krediten, Vermietung von Wohnungen oder auch der Partnerwahl und nicht zuletzt im Rahmen der Kriegsführung werden Algorithmen und Lernende Systeme eine immer wichtigere Rolle spielen (Katzenmeier 2019, S. 259; Keßler 2017, S. 589; Markwalder und Simmler 2017, S. 179; Müller 2014, S. 596; Schliesky 2019, S. 693; Stender-Vorwachs und Steege 2017, S. 553). Das wird ohne Zweifel erhebliche Vorteile mit sich bringen, könnten die Entscheidungen doch regelmäßig besser und weitreichender informiert, schneller, und möglicherweise neutraler sein als menschliche Entscheidungen.

Zugleich bergen diese Entwicklungen auch Risiken und Konflikte – und an dieser Stelle sind Ethik und Rechtswissenschaft gefordert, sich bereits heute mit diesen Technologien zu befassen, um diese Gefahren frühzeitig zu erkennen, zu analysieren und Vorschläge zur Minimierung zu erarbeiten. So ist es durchaus auch im Sinne des technologischen Fortschritts, wenn die potenziellen Schwierigkeiten bereits vorab diskutiert werden, Lösungen gefunden werden aber auch die Öffentlichkeit auf mögliche Probleme frühzeitig vorbereitet wird; der Widerstand gegen die Entwicklung könnte zunehmen, wenn erhebliche Schädigungen (insbesondere von Unbeteiligten) geschehen, ohne dass eine öffentliche Debatte über diese möglichen Schädigungen geführt wurde bzw. Regulierungen geschaffen wurden, wonach über Zulassung und Gefahrvermeidung vorab entschieden wurde. Nicht zuletzt könnte es zum einen sein, dass auch moralische und rechtliche Entscheidungen verstärkt von KI getroffen oder zumindest unterstützt werden, oder dass ethische und rechtliche Expertise gefragt sind, die Programmierung und Weiterentwicklung von KI zu verbessern (Loh 2018, S. 32; Markwalder und Simmler 2017, S. 180; Meyer 2018, S. 236; Neuhäuser 2012, S. 25; Zech 2019, S. 212).

KI unterscheidet sich deutlich von bisher im Einsatz befindlichen Maschinen – und gerade diese Unterschiede sind für Ethik und Recht bedeutsam (Dettling und Krüger 2019, S. 211). Traditionelle Maschinen übernehmen klar strukturierte Tätigkeiten und sind typischerweise nach einer „wenn-dann"-Logik programmiert (Beck 2018, S. 773; von Graevinger 2018, S. 239; Hilgendorf 2012, S. 125; Münch 2017, S. 54). Moderne, KI-gestützte Programme und Maschinen sollen verstärkt „autonom" – in technischem Sinne – agieren, d. h. in einem bestimmten Rahmen eigenständige Entscheidungen treffen, sich durch neuronale Netzwerke gesteuert an neue Situationen anpassen, selbstständig aus Fehlern „lernen" – ggf. mittels Deep Learning– und vom Entwickler, aber auch später vom Nutzer, trainiert werden (Gausling 2019, S. 335; Keßler 2017, S. 589; Wachenfeld und Winner 2015, S. 468). Zudem werden sie häufig über Plattformen miteinander vernetzt sein, d. h. die Programme entwickeln sich nicht isoliert und kontrolliert weiter, sondern kumulativ und dadurch werden sie umso schwerer vorhersehbar und überprüfbar (Beck 2018, S. 773; Dettling und Krüger 2019, S. 212; Gausling 2019, S. 337).

Derartige Programme bedürfen für das Training und den Einsatz regelmäßig einer großen Menge an Informationen und Daten („Big Data") (Bräutigam und Klindt 2015, S. 1139; Katzenmeier 2019, S. 259; Paal und Hennemann 2017, S. 1697). Durch die Verknüpfung zwischen verschiedenen Datensätzen und der Schnelligkeit und Komplexität der Prozesse werden Anonymisierung oder Pseudonymisierung von Daten erschwert. Das könnte bedeuten, dass die Programme eine Vielzahl personenbezogener Daten speichern und verwenden werden (Hilgendorf 2015, S. 18; Ohrtmann und Schwiering 2014, S. 2985).

Schließlich ist die Art und Weise der Entscheidungsfindung für die rechtliche Betrachtung von Bedeutung – so basieren die Entscheidungen typischerweise auf Korrelationen und statistischen Wahrscheinlichkeiten. Wie dargelegt ist die Entwicklung, das Lernen, das Zustandekommen der Entscheidungen hoch komplex und ex post oft nur schwer nachzuvollziehen (Beck 2018, S. 773; Dettling und Krüger 2019, S. 212; Gausling 2019, S. 337).

All diese einzelnen Aspekte und Besonderheiten haben Auswirkungen auf die ethische und rechtliche Betrachtung der Technologie und erfordern eine spezifische Bewertung, die sich von der Bewertung und Regulierung anderer Technologien deutlich unterscheidet. Gerade die – zumindest teilweise – Übertragung von Entscheidungen auf Maschinen führt sogar, wie wir im Folgenden sehen werden, dazu, dass zum Teil ganz grundlegende Konzepte der Ethik und des Rechts, wie die individuelle Verantwortung oder das Recht auf Privatsphäre, hinterfragt werden bzw. in diesem Kontext angepasst werden müssen. Insofern ist die technologische Veränderung im Bereich der Künstlichen Intelligenz eine zentrale aktuelle Herausforderung für die normativen Wissenschaften (Katzenmeier 2019, S. 261; Loh 2017, S. 221; Markwalder und Simmler 2017, S. 172).

3 Ethische und rechtliche Herausforderungen von KI im Überblick

Zunächst einmal birgt die Weiterentwicklung von KI zweifellos das Risiko der Schädigung von Menschen, sei es direkt durch die ungeplante Bewegung eines KI-gesteuerten Roboters oder Fahrzeugs, aber auch indirekt etwa durch Fehlentscheidungen von KI-gestützten Diagnosesystemen im medizinischen Bereich (Hahn 2018, S. 27; Katzenmeier 2019, S. 265; Meyer 2018, S. 234; Simmler und Markwalder 2017, S. 21; Zech 2019, S. 2015). Insofern ist es notwendig, frühzeitig gesellschaftlich auszuhandeln, welches Risiko insofern akzeptabel ist (sog. sozialadäquates Risiko), d. h. welche Gefahren – gerade auch für Unbeteiligte – hingenommen werden müssen. Dies basiert letztlich auf einer Abwägung zwischen den Vorteilen und Nachteilen einer technologischen Entwicklung. Dabei ist zweifellos zu berücksichtigen, dass die Entwicklung bei KI ganz generell, aber auch beim einzelnen Programm, deutlich schwieriger vorhersehbar ist als bei anderen Technologien (Dettling und Krüger 2019, S. 212; Gausling 2019, S. 337). Das erschwert nicht zuletzt die Zulassung und Regulierung der Programme.

Eine besondere Herausforderung stellt sich mit Blick auf die Verantwortung. Je größer die „Autonomie" der KI wird, je stärker ihre vernetzte Interaktion, desto problematischer wird die moralische oder rechtliche Zurechnung ihres Verhaltens (Neuhäuser 2012, S. 24; Zech 2019, S. 206). Da rechtliche und moralische Verantwortlichkeit zumindest in der Regel Vorhersehbarkeit und Vermeidbarkeit eines Schadens voraussetzt, wird es möglicherweise unmöglich, Programmierer oder Produzent in den dargestellten Fällen für Fehlverhalten der Maschine bzw. für Schädigungen Dritter, haftbar zu machen. Bei Maschinen, die einen eigenen Entscheidungsspielraum haben, durch Sensoren und Vernetzung Informationen erhalten und selbst auswerten, lässt sich weder im Vorhinein vorhersehen, welche Entscheidungen sie in welchen Situationen treffen werden, noch im Nachhinein feststellen, worauf eine Entscheidung beruhte (Herberger 2018, S. 2828; Martini 2017, S. 1018). Insbesondere ob einer der Beteiligten, etwa Programmierer, Produzent oder Nutzer, einen Fehler gemacht haben, ist häufig nicht mehr nachweisbar (Buck-Heeb und Dieckmann 2019, S. 63; Markwalder und Simmler 2017, S. 173; Schuster 2019, S. 11). Zugleich können, wie erwähnt, erhebliche Schäden verursacht werden, für die dann niemand zur Verantwortung gezogen werden könnte – dies wäre möglicherweise nicht nur mit erheblichen finanziellen Nachteilen für die Geschädigten, sondern auch mit einer gesellschaftlichen Verunsicherung verbunden (Gless und Janal 2016, S. 564).

Ein weiteres Risiko entsteht für den Schutz von Daten und Informationen (Beck 2018, S. 778; Gausling 2019, S. 335; Herberger 2018, S. 2828; Hötitzsch 2013, S. 91). Dies betrifft zum einen personenbezogene Daten: Da für die Fortentwicklung von KI eine große Menge an Daten erforderlich ist, und diese auch miteinander verknüpft sein müssen („Big Data"), besteht ein erhöhter Bedarf an personenbezogenen Daten (Hilgendorf 2015, S. 19; Keßler 2017, S. 590; Martini und Botta 2018, S. 627). Aber auch ganz generell ist die Nutzung von Daten und Informationen erforderlich, und selbst unabhängig vom Personenbezug werden diese Daten regelmäßig einem Verfügungsberechtigten zustehen.

Ein weiteres Problem gründet sich in der Funktionsweise von KI: Da die Entscheidungen auf statistischen Korrelationen basieren, werden die Betroffenen zwangsläufig aufgrund von bestimmten Eigenschaften in verschiedene Gruppierungen eingeteilt und auf dieser Basis wird dann entschieden – etwa darüber, ob ein Kredit erteilt, ein Job vergeben oder eine Wohnung vermietet wird. Je nachdem, auf welchen Eigenschaften die Entscheidung fußt, könnten sich (neben berechtigten Differenzierungen) ungerechtfertigte Diskriminierungen ergeben (Beck et al. 2019, S. 5 und 10–12; Hartmann 2019, S. 421). In vielen Fällen wird zunächst unklar sein, ob eine Unterscheidung zwischen verschiedenen Gruppen gerechtfertigt ist oder nicht. Auch kann es problematisch sein, dass die Maschine eben auf Basis von rationalen, verallgemeinernden Kriterien entscheidet, ohne Emotion, ohne Blick auf den Einzelfall, ohne Empathie (Frese 2015, S. 2092; Katzenmeier 2019, S. 269; Simmler und Markwalder 2017, S. 26). Es kann durchaus sein, dass wir derartige Entscheidungen in bestimmten Lebensbereichen grundsätzlich nicht akzeptieren wollen.

Die Entwicklung wird jedoch auch allgemeinere, gesellschaftliche Konsequenzen haben. So besteht in der Bevölkerung die Besorgnis, dass Maschinen den Menschen in immer mehr Bereichen ersetzen könnten – sei es, dass der Arbeitsplatz von einer Maschine übernommen wird, sei es, dass die Maschine an die Stelle zwischenmenschlicher Beziehungen rücken soll. Diese Entwicklung würde die bestehenden gesellschaftlichen Strukturen massiv verändern (Zeit Online 25.04.2018; Wirtschaftswoche Online 16.12.2015).

Dass diese Entwicklung durch Anpassung oder gar Ersetzung bestehender moralischer und rechtlicher Normen eingehegt werden muss – darüber sind sich die damit befassten Experten einig (Hilgendorf 2017, S. 258; Horn 2019, S. 576; Markwalder und Simmler 2017, S. 171; Zech 2019, S. 204). Und auch darüber, dass die Entwicklung fundamentale moralische bzw. rechtliche Konzepte wie Schuld oder Verantwortung verändern wird, ja vielleicht sogar verändern sollte. Damit ist nicht nur oder nicht einmal vorrangig gemeint, dass über die strafrechtliche Verurteilung von Autonomen Waffensystemen oder die moralische Verantwortlichkeit von Einparkhilfen zu entscheiden sei. Diskutiert wird vielmehr vor allem, inwieweit die Übertragung von Entscheidungen auf „autonome" Maschinen die Schuld und Verantwortung der Personen, die sich für diese Übertragung entscheiden, verändert, wer in solchen Konstellationen überhaupt Verantwortung übernehmen kann, oder ob eben in diesen Fällen niemand „Schuld hat", selbst wenn die Maschine einen Fehler macht und dabei Dritte schädigt (Markwalder und Simmler 2017, S. 171; Sander und Hollering 2017, S. 193; Schuster 2019, S. 6).

Nicht zuletzt wird es voraussichtlich erforderlich werden, ethische und rechtliche Vorgaben in irgendeiner Form in die Programme einzuspeisen, sie also die Einhaltung dieser Normen erlernen zu lassen oder sie vorab als Rahmen der Entscheidungen vorzugeben. Da unsere Normen jedoch einer anderen Logik entspringen, Sprache nicht ohne weiteres in Algorithmen transferierbar ist, wird dies eine erhebliche Herausforderung darstellen – und möglicherweise im Gegenzug die moralischen und rechtlichen Normen und deren Anwendung verändern (Erhardt und Mona 2016, S. 61; Gless und Janal 2016, S. 561).

Die hier im Überblick zusammengefassten Herausforderungen sind zum Teil solche, die einer gesellschaftlichen Debatte bedürfen und auch auf dieser, gesellschaftlicher Ebene angegangen werden sollten, zum Teil handelt es sich um Herausforderungen, die auf rechtlicher Ebene zu diskutieren sind. Wir werden im Folgenden zunächst die Probleme, die (möglicherweise) rechtlich gelöst werden können, betrachten, um anschließend auf die Schwierigkeiten einzugehen, die auf gesamtgesellschaftlicher Ebene angegangen werden müssen.

4 Rechtliche Herausforderungen durch KI

Das Recht kann nicht allen Herausforderungen moderner Technologien begegnen; es ist etwa nicht dazu geeignet, allgemeine gesellschaftliche Besorgtheit zu verringern oder wirtschaftliche Strukturen grundlegend zu reformieren. Es kann aber natürlich bestimmte, gesellschaftlich als verwerflich angesehen Handlungen verbieten, es kann Bedingungen für die Erforschung und den Einsatz der Technologien vorgeben (z. B. in Form von Genehmigungen) oder bestimmte Vorgaben für die jeweiligen Verträge machen bzw. Haftungsfragen regeln (Beck 2009, 2018, S. 226–228 und 777; Hilgendorf 2013, S. 15). Das Recht steckt also den Rahmen für die Fortentwicklung der KI, hegt die absehbaren Risiken ein und schafft Rechtssicherheit für die Beteiligten.

Zunächst wird es durch die Fortentwicklung von KI einige spezifische Sonderprobleme geben, etwa im Urheberrecht, da immer öfter Werke von Maschinen hergestellt werden statt von Menschen und zumindest bisher ungeklärt ist, wie diese Situation urheberrechtlich aufzufangen ist (Hetmank und Lauber-Rönsberg 2018, S. 575). Auch völkerrechtliche Fragen bezüglich des Einsatzes von autonomen Waffensystemen werden aufgeworfen (Thompson 2016, S. 835–839; Ficuciello 2019, S. 31; Hartwig 2019, S. 325). Diese eher speziellen Fragestellungen sollen jedoch an dieser Stelle nicht vertieft behandelt werden; stattdessen werden wir uns auf die größeren Umwälzungen im Rechtssystem konzentrieren.

Ein zentrales Problem, das ohne Zweifel rechtlicher Regulierung bedarf, ist der Umgang mit Daten und Informationen (Gausling 2019, S. 335; Herberger 2018, S. 2828). Diese sind für die Weiterentwicklung und Nutzung von KI in einem bisher unbekannten Ausmaß erforderlich. Denn die Programme werden nicht nur zu

Beginn mit Daten gefüttert, auch für das spätere Lernen und Weiterentwickeln bedürfen sie Informationen, die ihnen entweder weiterhin zugeführt werden oder die sich selbst aus dem Internet holen (Borges 2018, S. 978; Decker 2016, S. 33; Gausling 2019, S. 335). Zugleich werden sie gerade durch die Vernetzung, die mit KI einhergeht, besonders schutzwürdig. Denn aufgrund der Verknüpfung der Daten ist es sehr viel einfacher möglich, sie einem bestimmten Individuum zuzuordnen; der jeweils betroffene Mensch wird „gläsern" und damit in vielerlei Hinsicht verletzbar (Bericht der AG Gesundheit, Medizintechnik, Pflege 2019, S. 5). Hinzu kommt die Schutzwürdigkeit bezüglich der Verfügungsberechtigung: Neben demjenigen, auf den sich die Daten beziehen, hat auch der Ersteller von Informationen und Daten bzw. derjenige, in dessen Auftrag sie erstellt werden, ein Interesse daran, den Zugriff auf die Daten zu kontrollieren. Hier stehen sich also die Interessen der KI-Entwickler und -Nutzer auf der einen, die der Dateninhaber auf der anderen diametral gegenüber. Das aktuelle Datenregime schützt vor allem diejenigen, auf die sich die Daten beziehen (Katzenmeier 2019, S. 263; Schindler 2019, S. 6647). Dieser Schutz ist sehr weitgehend, schränkt die Nutzbarkeit der Daten bereits erheblich ein, wenn der Personenbezug in irgendeiner Form wiederhergestellt werden kann (Bräutigam und Klindt 2015, S. 1140; Veil 2018, S. 696). Der Schutz der Verfügungsberechtigten ist dagegen nicht ebenso weitreichend und klar ausgestaltet, insbesondere ist in vielen Fällen nicht einmal rechtlich geklärt, wer überhaupt als Verfügungsberechtigter anzusehen ist (Weisser und Färber 2015, S. 508; Heinrich Böll Stiftung 2019). Auch wie Konflikte zwischen denjenigen, über die die Daten Auskunft geben und denjenigen, die über sie verfügen dürfen, aufzulösen sind, ist weitgehend ungeklärt. Schließlich wird teilweise argumentiert, dass der Schutz und die Zugriffsbeschränkung bezüglich der Daten zu weit in die technologischen Entwicklungsmöglichkeiten eingreife, und man zumindest überdenken sollte, ob Daten nicht im Sinne einer Infrastruktur angesehen und reguliert werden müssten (Fezer 2017, S. 3; Kerber 2016, S. 639; Michl 2019, S. 2729; Paal und Hennemann 2017, S. 1697; Wendehorst 2016, S. 2609). Das würde im Sinne eines großen öffentlichen Interesses einen deutlich weitergehenden Zugriff erlauben. All diese Debatten lassen sich nur bedingt de lege lata lösen; vielmehr ist der Gesetzgeber gefordert, durch Neustrukturierung und -regelung einen adäquateren Interessensausgleich zu schaffen.

Ein weiterer Bereich, für den ohne Zweifel das Recht zuständig ist, ist die Risikobewertung und – beschränkung (Zech 2019, S. 209). Jede neue Technologie, jedes neue Produkt oder Arzneimittel oder ähnliches, bergen Gefahren für Unbeteiligte. Diese sind mit den potenziellen Vorteilen abzuwägen und vom Gesetzgeber sind dann Bedingungen vorzugeben, unter denen eine Weiterentwicklung und Nutzung zulässig ist. Meist erfolgt das in Form von Zulassungs- bzw. Genehmigungserfordernissen. Aber auch die Notwendigkeit von Einwilligungen potenziell Betroffener kann gesetzlich bestimmt sein (etwa bei medizinischer Forschung am Menschen) (Hahn 2018, S. 27–28; Kühl in Lackner und Kühl 2018, § 228, Rn. 22; Schaar 2017, S. 18–219). In diesem Kontext stellt KI das Recht unter anderem dadurch vor neue Herausforderungen, dass die Maschine bzw. das Produkt nicht zu einem bestimmten Zeitpunkt „fertig" ist, sondern sich vielmehr regelmäßig durch selbstständiges Lernen weiterentwickelt. Das ist nicht zwingend, und eine Voraussetzung der Zulassung könnte ja durchaus sein, den Prozess des Trainierens und Lernens zu einem bestimmten Zeitpunkt zu beenden und die Maschine so zuzulassen, wie sie sich zu diesem Zeitpunkt verhält (Zech 2019, S. 201). Zugleich nimmt das den Maschinen die Möglichkeit der anschließenden Verbesserung durch Nutzung in der Praxis und ein darauf basierendes Lernen. Insofern wäre denkbar, eine immer wieder zu erneuernde Zulassung oder verschiedene Kontrollinstanzen einzuführen, so dass das Programm nicht nur einmal, sondern während seines Einsatzes regelmäßig kontrolliert wird (Zech 2016, S. 186; Zech 2019, S. 210).

Das bisher wohl am intensivsten diskutierte Rechtsproblem im Bereich von KI ist die Frage der Haftung bzw. Verantwortung für durch die KI verursachte Schäden (Borges 2018, S. 979; Keßler 2017, S. 590 und 593; Zech 2019, S. 207). Das Problem ergibt sich daraus, dass die Programme nicht ohne weiteres ex ante vorhersehbar und kontrollierbar sind, und insbesondere bei selbst-lernenden Programmen auch nicht ohne weiteres ex post nachvollziehbar ist, was genau zu einer bestimmten Entscheidung führte (Beck 2018, S. 773; Dettling und Krüger 2019, S. 212; Gausling 2019, S. 337). Nicht zuletzt weil das nachträgliche Lesen des Algorithmus, also die ex post Suche nach dem Grund für das Fehlverhalten, bei „neuronalen Netzwerken", die die interne Struktur derartiger Maschinen ausmachen bzw. künftig ausmachen werden, erschwert wenn nicht gar unmöglich ist, kann davon ausgegangen werden, dass häufig eine Zurechenbarkeit zu einem menschlichen Individuum entfällt. Selbst wenn der Nachweis gelingt bzw. zumindest eindeutig feststeht, dass eine Schädigung durch eine Entscheidung der Maschine verursacht wurde, sind die klassischen Zurechnungsstrukturen des Rechts – wie wir im Folgenden detailliert untersuchen werden – auf derartige Konstellationen nicht mehr ohne Weiteres anwendbar (Dettling und Krüger 2019, S. 214; Hilgendorf 2015, S. 12–13; Simmler und Markwalder 2017, S. 20). Denn hinzu kommt, dass wie erwähnt für die Zukunft selbsttätige Informationssammlung und -verwertung durch diese Maschinen geplant ist, ebenso wie „Training" der Maschinen durch den Nutzer. Das verstärkt nicht nur ihre Unberechenbarkeit, es führt auch dazu, dass es normativ problematisch erscheint, ausschließlich die Hersteller der Maschine – also eben entweder Programmierer oder Produzenten – zur Verantwortung zu ziehen. Denn ein Nutzer, der die Maschine seinen Bedürfnissen entsprechend unterrichtet und trainiert, hat erheblichen Einfluss auf deren Verhalten und trifft ja schließlich auch überhaupt erst die Entscheidung, die Maschine in einem bestimmten Lebensbereich einzusetzen. Zugleich erscheint es aber auch nicht ohne weiteres normativ plausibel, die Entscheidungen weiterhin umfassend einem menschlichen Individuum zuzurechnen. Die Programme werden gerade derart gestaltet, dass bestimmte Entscheidungen zumindest teilweise auf sie übertragen werden können, weil sie in bestimmten Aspekten besser geeignet sind, mehr Informationen erhalten und diese schneller auswerten können, etc. Mit Blick hierauf erschiene es zumindest problematisch, dass dieser Transfer bei der rechtlichen Bewertung völlig unberücksichtigt bleibt, nicht zuletzt, weil es nicht selten eine faktische oder psychologische Überforderung darstellt, sich gegen die Maschine zu entscheiden oder die Maschine permanent in einer Art und Weise zu kontrollieren, dass man einen tatsächlichen und normativ relevanten Einfluss auf ihre Funktionsweise und die Entscheidungen hat.

Diese Veränderungen sind jedenfalls Anlass dafür, die bestehenden Verantwortungskonzepte im Kontext dieser neuen Technologie zu überdenken und gegebenenfalls neu zu justieren (Beck 2019 S. 50; Loh 2017, S. 221; Sander und Hollering 2017, S. 193). Dabei ist zu differenzieren zwischen Haftung – hierbei geht es in der Regel um materiellen Ersatz des entstandenen Schadens – und individueller, meist strafrechtlicher, Verantwortung.

Bezüglich der Haftung lassen sich Lösungen finden auf der Ebene derjenigen, die die Maschinen programmieren und produzieren, oder derjenigen, die über den Einsatz solcher Maschinen in einem bestimmten Bereich entscheiden (z. B. in einem bestimmten Unternehmen, in einer Klinik o. ä.) (Hetmank und Lauber-Rönsberg 2018, S. 580; Simmler und Markwalder 2017, S. 25; Zech 2019, S. 198). Doch auch diese Lösungen sind zumindest teilweise nicht ohne Weiteres dem geltenden Recht zu entnehmen – auch im Zivilrecht bedarf Schadenersatz nicht selten eines schuldhaft gegen normative Vorgaben Verstoßenden, der wie erläutert im Kontext der KI aber gerade häufig nicht aufzufinden ist (Keßler 2017, S. 589). Mit Blick hierauf wird zum Teil diskutiert, die Maschine selbst zum Adressaten finanzieller Ansprüche zu machen; hierfür wird von einigen Stimmen die Einführung einer „elektronischen Person" gefordert, die analog einer juristischen Person selbst für die Schäden haften müsste (Borges 2018, S. 977; Kütük-Markendorf und Essers 2016, S. 26; Specht und Herold 2018, S. 43). Einzelfragen wie woher das Vermögen der elektronischen Person stammt, wie die Ursächlichkeit der Schadensverursachung ausgestaltet sein müssten, etc., wären vom Gesetzgeber zu klären. Eine andere Lösung könnte eine der Kraftfahrzeughaftung angenäherte, allerdings mit Blick auf den Kontext umgestaltete Halter- und Nutzer-Haftung sein. Vieles lässt sich in diesem Bereich zudem über entsprechende (Zwangs-)Versicherungen lösen. Auch hierfür müssen künftig entsprechende Gesetze erlassen werden (Beck 2018, S. 777; Katzenmeier 2019, S. 270; Zech 2019, S. 206).

Besonders komplex ist, wie mit der individuellen rechtlichen Verantwortung in diesem Kontext umzugehen ist, insbesondere mit Blick auf mögliche Strafbarkeiten. Verantwortungsdiffusionen wie die hier geschilderten sind kein völlig neues Phänomen – solche Anpassungen waren und sind bereits mit Blick auf die verstärkte Kollektivierung unserer Gesellschaft erforderlich – was sich etwa in der Konstruktion der „juristischen Person" niederschlägt (Joecks in Joecks und Miebach 2017, Vor § 25 Rn. 16–20; Scholz 2000, S. 435–436; Zech 2016 S. 203). Doch handelt es sich hierbei immer noch um menschliche Gegenüber, wenn diese auch als Kollektiv agieren und adressiert werden. Ein maschinelles „Gegenüber" unterscheidet sich hiervon erheblich, so dass die Konzeptionierung von rechtlicher Verantwortung hier erneut zu diskutieren ist. Das betrifft eben gerade das Strafrecht – dieses Rechtsgebiet basiert im Besonderen, wie sich gerade mit Blick auf den Allgemeinen Teil zeigen wird, auf dem Bezug zum Individuum, dessen Handlung und der persönlichen Vorwerfbarkeit (Lutz 2015, S. 121; Markwalder und Simmler 2017, S. 180; Seher 2016, S. 46). Somit ist denkbar, dass es in diesem Kontext zu noch weniger strafrechtlicher Verantwortlichkeit (insbesondere für Fahrlässigkeitstaten) als dies bereits in anderen aktuellen Lebensbereichen der Fall ist. Das erscheint zwar jedenfalls besser als dass derjenige strafrechtlich verantwortlich gemacht wird, der letztlich kaum Kontrolle über die Entscheidungsfindung hatte, den Einsatz der Maschine nicht selbst initiiert hatte und somit normativ nicht als derjenige angesehen werden kann, der für die entsprechenden Schädigungen selbst verantwortlich wäre.

Mit Blick unter anderem auf die problematischen rechtlichen Konsequenzen ist derzeit nach den Vorgaben der Datenschutzgrundverordnung der EU eine ausschließlich maschinelle Entscheidung, die rechtlich relevante Auswirkungen auf einen Bürger hat, unzulässig (Abel 2018, S. 304; Gausling 2019, S. 339; Schindler 2019, S. 6647). Erforderlich ist also immer noch eine menschliche Überprüfung der Entscheidung – wie dargelegt sollte daraus aber gerade nicht notwendigerweise zu schlussfolgern sein, dass derjenige, der die Entscheidung überprüft, dafür auch individuell strafrechtlich verantwortlich sein sollte.

Ein weiteres Problem, das sich auf rechtlicher (und auf ethischer) Ebene stellt, ist das enorme Diskriminierungspotenzial von Künstlicher Intelligenz; diese ist in der Realität nämlich keineswegs so neutral wie sie erwarten lässt (Ein Beispiel hierfür ist die Aussage der Bundesministerin der Justiz und für Verbraucherschutz Katarina Barley, dass Algorithmen objektiver sein können als Menschen (Heise Online 11.04.2019). Eine Bertelsmann-Studie hingegen zeigt, dass über Algorithmen informierte Europäer trotz eines grundlegenden Bewusstseins für das Potenzial dieser Technologien auch für potenzielle Risiken sensibilisiert sind (Bertelsmann Stiftung 2019). Ein erster Überblick über potenziell unbedachte negative Folgen bei der Anwendung von Künstlicher Intelligenz ist im „Atlas der Automatisierung“ von AlgorithmWatch zu finden (AlgorithmWatch 2019). Lernende Systeme bergen vielmehr verstärkt das Potenzial, bereits vorhandene Diskriminierungen nicht nur zu übernehmen, sondern sogar zu verschärfen. Ein Beispiel hierfür sind die Algorithmen, die in den USA zur Ermittlung des kriminellen Risikos, also der Rückfallwahrscheinlichkeit, eines Straftäters eingesetzt werden (Zeit Online 06.06.2016). Im Ergebnis erhalten durch ihn Menschen, die zu Bevölkerungsgruppen gehören, die in der Vergangenheit bereits häufiger ins Visier der Strafverfolgungsbehörden gerieten, wie etwa ethnische Minderheiten, schlechtere Prognosen. Dieses Beispiel zeigt, dass sich auf verschiedenen rechtlichen Ebenen Probleme ergeben können: Betroffen sein könnten das Allgemeine Gleichbehandlungsgesetz, das Arbeitsrecht, das Zivilrecht, das Prozessrecht und insbesondere natürlich das Grundgesetz (Art. 3 GG). In der aktuellen Debatte hierzu finden sich bereits erste Lösungsvorschläge (Dettling und Krüger 2019, S. 211; Guggenberger 2019, S. 849; Schindler 2019, S. 06647). Grundsätzlich scheint zunächst wichtig, dass in der Gesellschaft ein Bewusstsein für die Diskriminierungsrisiken entsteht. Die technischen Ansätze, mit denen versucht wird, ethische Prinzipien im Designprozess der Software zu integrieren, etwa Value Sensitive Design oder Constructive Technology Assessment, werden alleine nicht ausreichen. Zusätzlich werden Mechanismen oder Institutionen einer gesellschaftlichen Regulatorik benötigt, die u. a. Menschen ohne vertieftes Fachwissen in die Lage versetzen, Abhängigkeiten von Entscheidungen lernender Systeme zu vermeiden und die Entscheidungen einschätzen zu können. Der erforderlichen Transparenz der Systeme können jedoch Firmengeheimnisse entgegenstehen; es wird zu klären sein, in welchem Maß und gegenüber welchen Akteuren Transparenz hergestellt wird (Heinrich Böll Stiftung 2019; Heise online 2018;

Plattform lernende Systeme 18.09.2019). Angeregt wird an dieser Stelle regelmäßig eine unabhängige Instanz, die als Stellvertreter für potenziell diskriminierte Bürgerinnen und Bürger die Outputs lernender Systeme kontrolliert und bewertet, sowie laufende Schulungen und Fortbildungen der Mitarbeiterinnen und Mitarbeiter, die die Systeme anwenden. Auch wird unabhängig von einer derartigen prüfenden Institution eine permanente nachträgliche Beobachtungspflicht der Hersteller oder Betreiber der Systeme gefordert. Zudem wird diskutiert, von der Gesellschaft im jeweiligen Kontext als diskriminierend bewertete nicht für die Anwendung relevante Merkmale aus dem Input für maschinelle Lernverfahren zu streichen. Das erfordert eine breite Debatte darüber, welche Kriterien diskriminierend bzw. welche für uns derzeit noch nicht vorstellbaren Korrelationen akzeptabel sind und welche nicht. Wie problematisch diese Festsetzung ist, zeigen die bereits lange andauernden Debatten um Art. 3 GG (Britz 2008, S. 178–179). Die vermehrte Nutzung lernender Systeme wird diese Debatten verstärken und die Notwendigkeit verschärfen, sich zu einigen. An dieser Stelle überschneiden sich (wie bei vielen der dargestellten Probleme) die ethischen und rechtlichen Herausforderungen; denn die Frage, was als diskriminierend betrachtet wird, ist letztlich auch gesellschaftlich und nicht ausschließlich rechtlich beantwortbar. Das Recht muss insofern die – anschließend geschilderten – ethischen Überlegungen in seine Strukturen aufnehmen und entweder durch Regulierung oder entsprechende Rechtsanwendung einhegen.

Mit Weiterentwicklung der lernenden Systeme wird es erforderlich werden, auch die rechtlichen Rahmenbedingungen in die Entscheidungen der KI einzubinden. Das bedeutet, dass dieser normative Rahmen einprogrammiert bzw. antrainiert werden muss (Gless und Janal 2016, S. 561; Simmler und Markwalder 2017, S. 20). Insofern stellen sich – da moralische und rechtliche Normen regelmäßig mittels Sprache gebildet und vermittelt werden – die von *Höltgen* erläuterten sprachphilosophischen Probleme (Höltgen 2024). Zudem ist umgekehrt davon auszugehen, dass sich die Normen ändern könnten, um der für dieses Einprogrammieren bzw. Lernen erforderlichen Logik zu entsprechen. Wie genau dies aussehen könnte, wird sich wohl erst im Verlauf der Zeit zeigen, aber die Interpretationsoffenheit und Weite der derzeit bestehenden Normen wird möglicherweise nicht umfassend bestehen bleiben (können), wenn man diesen Anforderungen gerecht werden möchte. Das gilt auch für die damit verbundene Weiterentwicklung von Legal Tech; denn auch für den kommenden Einsatz der dargestellten Technologien in der Rechtspraxis wird eine Anpassung des Rechts erforderlich werden (Hötitzsch 2013, S. 92; Markwalder und Simmler 2017, S. 175; Zech 2019, S. 215). Dass ein solcher Einsatz kommen wird, ist höchst wahrscheinlich und die damit verbundene Entlastungsfunktion auch durchaus zu begrüßen – nur sollte dafür gesorgt werden, dass das Recht seine spezifische Natur, seine Besonderheit, insbesondere seine Möglichkeit, sich durch zeitgemäße Anwendung weiterzuentwickeln, nicht verliert. Die Programmierung muss also Offenheit beinhalten, anpassungsfähig bleiben und gesellschaftliche Bezüge integrieren können.

Insofern besteht auch ein Problem mit Blick auf die inzwischen in der Debatte so genannten „Impossibility Structures" (Rademacher 2019, S. 702; Rich 2012, S. 796 and 802–804). Deren Sinn und Zweck ist es, systematisch zu verhindern, dass sich eine Person rechtswidrig verhalten kann (Rademacher 2019, S. 702). Hierbei handelt es sich dem Grunde nach um keine neue Vorgehensweise. Faktische „Impossiblity Structures", die einen Rechtsverstoß verhindern sollen, finden sich beispielsweise bereits an Bahnhöfen in Form von Drehkreuzen. Aber auch Banktresoren sowie Diebstahlsicherung anderer Art fallen darunter. Der zunehmende technische Fortschritt eröffnet jedoch deutlich mehr und engmaschigere Möglichkeiten, Rechtsverstöße zu verhindern. Intensive Diskussionen wurden zuletzt um den EU „Upload-Filter" geführt, der das Hochladen von urheberechtsverletzendem Material verhindern soll (Becker 2019, S. 636; Gerpott 2019, S. 420; Peifer 2019, S. 403). Daneben können „Impossibility Structures" aber auch in zahlreichen anderen Bereichen zur Anwendung kommen, beispielsweise im Rahmen sich selbst vollziehender Verträge, so genannten Smart-Contracts, aber vor allem auch im Straßenverkehr. Unlängst informierte der Auto-Hersteller Volvo darüber, die Höchstgeschwindigkeit seiner Autos auf eine Maximalgeschwindigkeit von 180 km/h zu beschränken. Darüber hinaus wird bereits seit längerer Zeit in den USA die Einführung von „Driver Alcohol Detection System for Safety" (DADSS) (Rich 2012, S. 828), also solcher Systeme, die verhindern sollen, dass ein Fahrzeug betrunken geführt wird, diskutiert und vorangetrieben. Neben Diskussionen über die technische Realisierbarkeit solcher Mechanismen oder den Datenschutz, stellt sich hier insbesondere die Frage, welchen potenziellen Wandel das Recht durch den Einsatz solcher Techniken erfahren kann bzw. wird. Denn wenn der Mensch sich nicht mehr selbst und freiwillig für die Einhaltung des Rechts entscheidet, dann verändert das den Charakter des Rechts, aber auch die Gesellschaft und das menschliche Miteinander insgesamt.

5 Ethische Herausforderungen für die Gesamtgesellschaft

All die geschilderten rechtlichen Herausforderungen haben selbstverständlich auch ethische Implikationen. So stellt sich die Frage nach der (individuellen) Verantwortlichkeit eben nicht nur auf rechtlicher, insbesondere strafrechtlicher, Ebene, sondern auch auf moralischer. Auch wenn dies aus moralischer Perspektive jeweils eine andere Bedeutung und andere Reichweite hat, andere Akteure betrifft und zum Teil auch nach anderen Lösungen als im Recht ruft, sollen hier nicht alle bereits im rechtlichen Teil geschilderten Interessenskonflikte erneut nachgezeichnet werden. Vielmehr soll an dieser Stelle auf allgemeinere, gerade nicht auf der Ebene des Rechts lösbare, sondern gesamtgesellschaftlich zu diskutierenden Fragen eingegangen werden.

So bringt die Weiterentwicklung der KI eine gewisse, generelle Skepsis der Gesamtbevölkerung gegenüber automatisierten Entscheidungen mit sich. Eine Studie (repräsentative Umfrage des Instituts YouGov, FAZ 11.09.2018) ergab, dass 26 % Prozent der deutschen Bevölkerung der Künstlichen Intelligenz eher skeptisch gegenüber stehen. Auch wenn dies zum Teil auf unzureichender Information oder insbesondere auf den medialen Darstellungen, in Filmen, Büchern, Serien, etc., beruhen mag, so ist diese Besorgnis doch ernst zu nehmen und in die gesellschaftlichen Überlegungen einzubeziehen. Zudem ist es jedenfalls nicht per se unberechtigt, nicht in jedem Lebensbereich Entscheidungen auf Maschinen transferieren zu wollen.

Unabhängig davon, dass KI natürlich sehr viele Vorteile versprechen – sei es durch die Geschwindigkeit der Informationsverwertung, sei es durch die Masse der verwertbaren Information oder durch die Möglichkeiten des Lernens und Vernetzens der Programme untereinander – gibt es trotzdem auch gute Gründe für eine gewisse Skepsis gegenüber dieser Entwicklung (Beck 2012, S. 140; Borges 2018, S. 977; Simmler und Markwalder 2017, S. 20–22). Maschinen wissen nicht, was es bedeutet, Mensch zu sein, sterblich zu sein, Gefühle zu haben. Sie können nicht empathisch sein, mitfühlen, mitleiden (Simmler und Markwalder 2017, S. 34–36; Schwintowski 2018, S. 1605; Süddeutsche Zeitung 04.06.2019). Sie können letztlich primär statistische Erkenntnisse auswerten, nicht dagegen den Einzelfall betrachten, die konkrete Geschichte des Menschen begreifen, über den sie entscheiden. Und es ist zumindest schwer vorstellbar, dass sie disruptiv, kreativ agieren können, völlig neue Lösungsideen entwickeln oder Wege beschreiten – primär werden sie sich an bestehenden Lösungen orientieren (Herberger 2018, S. 2827–2828; Pieper 2018, S. 12). Mit Blick hierauf ist es durchaus verständlich, dass gesamtgesellschaftlich nicht ausschließlich Euphorie für die Weiterentwicklung von KI vorzufinden ist. Sicherlich ist zutreffend, dass die Gesamtgesellschaft – gerade die europäische Gesellschaft – auch darauf achten sollte, dass KI aller Voraussicht nach in Zukunft einen wichtigen Wirtschaftsfaktor darstellen wird und Europa insofern in einem schwierigen Wettbewerb insbesondere mit China und den USA steht. Zu starke Einschränkungen der technologischen Entwicklungen könnten deshalb einen nicht unerheblichen gesellschaftlichen Nachteil begründen. Zugleich ist natürlich der Wettbewerb nur eines von vielen Argumenten im ethischen Diskurs und darf nicht dazu führen, dass Bedenken nicht hinreichend ernst genommen werden. Teilweise wird im Übrigen auch überlegt, ob nicht gerade eine an moralischen Werten orientierte KI das besondere Kennzeichen der europäischen Technologieentwicklung und insofern ein diesbezüglicher, kleiner Wettbewerbsvorteil sein könnte.

Die fehlende „Menschlichkeit" der Maschinen könnte neben der konkreten Entscheidungssituation zusätzliche negative Auswirkungen auf die Gesellschaft und den Einzelnen haben. Befürchtet wird die zunehmende „Enthumanisierung" durch die vermehrte Interaktion mit Maschinen/Programmen in den unterschiedlichsten Lebensbereichen (Hellinge et al. 2018, S. 113; Martini und Botta 2018, S. 631). Wenn etwa mit KI ausgestattete Roboter zu Lebenspartnern werden oder im Rahmen der Pflege mit älteren, sonst kaum soziale Kontakte habenden Menschen interagieren, wenn Algorithmen in sozialen Netzwerken (vermeintliche) Fakten verbreiten oder im Kundensupport gar kein Mensch mehr erreichbar ist – dann sind diese Entwicklungen von erheblicher Bedeutung für die Gesellschaft. Zugleich ist zu berücksichtigen, dass solche Ängste bei vielen technischen Neuerungen geäußert wurden, und auch wenn einige Aspekte wie z. B. die Zeitdauer der durchschnittlichen täglichen Handynutzung und damit verbundene Verringerung persönlichen Kontakts sicherlich problematisch sind, ist der Mensch doch auch erstaunlich anpassungsfähig (bspw. Gless und Janal 2016, S. 561–562). Es ist jedoch zweifellos wichtig, dass zum einen ein Adressat nicht darüber getäuscht werden darf ob er mit einem Menschen oder mit einem Programm kommuniziert, und zum anderen ganz grundsätzlich darauf geachtet werden sollte, dass soweit wie möglich die direkte Interaktion mit Menschen Vorrang haben sollte (oder zumindest als Alternative zur Verfügung stehen sollte), gerade bei anderweitig ohnehin schon sozial isolierten Menschen und in besonders sensiblen Lebensbereichen.

Hiermit verbunden ist die häufig geäußerte Sorge um Arbeitsplätze (Handelsblatt 14.02.2019; Schieffer 2018, S. 145; Zeit Campus 31.05.2019). Ohne Zweifel wird KI in vielen Arbeitsfeldern immer mehr Aufgaben übernehmen können und somit den Einsatz von Menschen nicht selten überflüssig machen. Zugleich werden durch die Technologie natürlich auch neue Arbeitsplätze geschaffen – dies betrifft aber gerade nicht bestimmte Arbeitsbereiche mit eher niedrig Qualifizierten (z. B. Call Center). Insofern sollte parallel zur Weiterentwicklung von KI auch die Arbeitswelt entsprechend angepasst und umgestaltet werden, und hierbei insbesondere auf einen Ausgleich für ohnehin bereits sozial Benachteiligte geachtet werden. Auch gerade für diese Gruppe von Bedeutung ist die Frage der Kosten und deren Berechtigung. KI wird zweifellos für die Entwicklung der Wirtschaft insgesamt eine erhebliche Bedeutung haben. Zugleich ist die Technologie teuer und aufwendig, bestimmte Sonderentwicklungen wie etwa Blockchain verbrauchen erhebliche Ressourcen (Die Blockchain-Technologie 2018, S. 37; Thum 2018, S. 18–20). Auch das sollte bei der Fortentwicklung berücksichtigt werden – und auch hier gilt, dass nicht gerade diejenigen die Nachteile tragen sollten, die von den Vorteilen nicht oder nur in geringem Maße profitieren.

Ein derzeit besonders intensiv diskutiertes Thema, das mit Blick auf seine rechtlichen Bezüge bereits detailliert dargestellt wurde (AGG, Art. 3 GG), aber doch auch ethischen Gehalt hat, ist das Problem der Diskriminierung durch KI. Die Schwierigkeit, Korrelationen sozial zu bewerten, ergibt sich gerade aus der Funktionsweise von KI – es handelt sich also um ein strukturelles Problem. Dieses wird sich, wie angedeutet, nur über ein Bündel an Maßnahmen lösen lassen – von einer achtsamen Auswahl der Trainingsdaten über die Suche nach Kausalitäten statt nur nach Korrelationen und angemessene Transparenz der Prozesse bis hin zur Überprüfung der Ergebnisse.

Schließlich sei an dieser Stelle mit Blick auf die zunehmende Notwendigkeit, bereits bei der Programmierung rechtliche und ethische Expertise einzubringen, auf eine Forderung aus den Guidelines der High Level Expert Group hingewiesen: In den nächsten Jahren wird es dringend erforderlich sein, entsprechende Ethik-Professuren einzurichten, um so bald wie möglich die notwendige Anzahl an solchen Experten auszubilden (High-Level Expert Group on AI 2019, S. 23–24; Strategie Künstliche Intelligenz der Bundesregierung 2018, S. 15). Das gilt nicht weniger für den Bereich der Rechtswissenschaft.

6 Spezielle Herausforderungen einzelner Anwendungsbereiche: Ethische und rechtliche Herausforderungen von KI in der Medizin und Pflege

KI wird bereits und soll auch in Zukunft in den unterschiedlichsten Lebensbereichen eingesetzt werden – sei es bei der individualisierten Werbung, bei der Auswahl geeigneter Bewerber für einen Job oder der Kreditvergabe, bis hin zur Kriegsführung

(Gausling 2019, S. 335; Martini und Botta 2018, S. 625; Zech 2016, S. 166). In jedem dieser Bereiche stellen sich spezifische rechtliche und ethische Probleme. Im Folgenden soll exemplarisch ein aktuell besonders in der Diskussion stehender Lebensbereich dargestellt werden, der Einsatz von KI im Bereich der Medizin und Pflege. Bezüglich eines weiteren Sonderbereichs, den selbstfahrenden Kraftfahrzeugen, sei auf den Beitrag von *Lütge/Kriebitz/Max* verwiesen.

„Werden wir 2028 von Robotern gepflegt?" – fragte im Jahr 2018 die BILD-Zeitung (BILD Online 16.02.2018). Diese mediale Besorgnis – die sicherlich auch Anklang in der Bevölkerung findet – kann einer von vielen Anlässen sein, sich mit der KI im Bereich Medizin und Pflege zu befassen. Die Sorge vor dieser Entwicklung, vor der zunehmenden Maschinisierung in einem derart sensiblen Lebensabschnitt, sollte ebenso ernst genommen werden wie die Chancen, die mit dem Einsatz der Technologien verbunden sein könnten.

Zunächst soll betrachtet werden, welche Maschinen Einzug im Bereich der Medizin und Pflege gefunden haben bzw. in den nächsten Jahren finden werden. Denkbar und bereits in der Testphase ist der Einsatz von Maschinen für einfache Arbeiten wie Essenstransport oder Unterstützung bei Reinigung der Örtlichkeiten (Graf 2018, S. 3–4; detaillierter Klein et al. 2018, S. 25). Maschinen sind auch einsatzbar zur Vorbereitung von Diagnose oder Behandlung; gerade an dieser Stelle wird verstärkt auch KI eingesetzt, d. h. trainierte und ggf. noch weiter lernende Systeme (So z. B. das „IntelliVue Guardian Early Warning Score"-System von Philips Healthcare, das im Falle der Verschlechterung des Zustands des Patienten dem Personal selbstständig Maßnahmen zur Verbesserung empfiehlt (vgl. darstellend Münch 2017, S. 53–54)). Programme, die sich zum Teil im Rahmen von Deep Learning und durch Vernetzung weiter entwickeln, werden für Diagnose- und Behandlungsvorschläge eingesetzt (Dettling und Krüger 2018, S. 520–521; Müschenich und Wamprecht 2018, S. 334). Verdeutlicht werden soll die Funktionsfähigkeit hier am Beispiel der Radiologie – Bilderkennungssoftware kann für eine Diagnose unendlich viele Röntgenbilder mit dem zu diagnostizierenden vergleichen (Müschenich und Wamprecht 2018, S. 334). Aber auch bei anderen Diagnose- und Behandlungsverfahren ist der Einsatz von KI denkbar (Dazu das Projektkonzept AUXILIA, dargestellt in Seidel et.al. 2018, S. 140). Roboter wiederum könnten daraufhin etwa die Sortierung von Tabletten in die an Patienten auszuteilende Dosen vornehmen, etc. (Wie z. B. auch die „ProtocolWatch" von Philipps Healthcare, die, sobald die Kriterien für eine Sepsis des Patienten erfüllt sind, das Personal zum Handeln nach Protokoll auffordert, Münch 2017, S. 54). Einige Roboter werden künftig eingesetzt werden, um in direktem Kontakt mit den Patienten die pflegende und therapeutische Arbeit zu erleichtern (Der bereits in der Testphase befindliche robotische Reha-Assistent „Roreas" soll zum Eigentraining von Schlaganfall-Patienten, die das Laufen neu erlernen müssen, eingesetzt werden, ROREAS 2013–2017). So können Maschinen das Umbetten der Patienten übernehmen, mit KI ausgestattete Betten die Mobilisierung von Komapatienten unterstützen, etc. Eine spezifische Art der Therapie durch Interaktion mit einer Maschine findet durch die Roboterrobbe PARO statt; es handelt sich um eine Art „künstliches Haustier", das auf Berührungen positiv reagiert und z. B. dementen Patienten als Gegenüber dient, das sie streicheln, um das sie sich kümmern können (WELT 12.09.2011; t3n digital pioneers 02.10.2019). Weiterhin gibt es bereits Maschinen, die die Körperfunktionen des Patienten überwachen und bei Fehlfunktionen einen Alarm auslösen. Derartiges Monitoring wird künftig zunehmen; verstärkt werden Informationen aus verschiedenen Quellen miteinander verbunden und gegebenenfalls wird das Monitoring direkt mit der entsprechenden Behandlung verknüpft sein, etwa indem beim Auftreten von Anzeichen für starke Schmerzen gleich ein entsprechend dosiertes Schmerzmittel über die bestehende Infusion zugeführt wird (Münch 2017, S. 52 und 54; Katzenmeier 2019, S. 264).

Für die ethische und rechtliche Betrachtung ist nun von Bedeutung, was gerade auch in diesem spezifischen Kontext das Besondere an diesen Maschinen ist, d. h. wie sie sich von bereits in der Nutzung befindlichen Geräten unterscheiden. Auch wenn diese Maschinen nicht alle „Roboter" oder gar autonome Systeme sind, ist doch erkennbar, dass Fehlfunktionen problematische Auswirkungen haben können. Einige der Maschinen haben direkten Kontakt zu Patienten, sie ersetzen sogar zum Teil Begegnungen zwischen Patient und Arzt bzw. Pflegepersonal. Durch ihren Einsatz können Patienten verletzt werden. Teilweise könnten die Interaktionen auch als eine Art Täuschung angesehen werden, etwa bei PARO, der ein Gegenüber simuliert (van Rysewyk und Pontier 2015, S. 103). Die Maschinen speichern Patientendaten, und ziehen daraus gegebenenfalls ohne direkte Mitwirkung bzw. Entscheidung eines Menschen selbstständig (im weitesten Sinne) Schlüsse (So beispielsweise der Roboterassistent Care-O-bot, der einzelne Patienten mithilfe der Bewohnerdatenbank identifizieren kann und zur Vermeidung einer Dehydration der Patienten eingesetzt wird (Graf 2018, S. 3; Mischak und Ranegger 2017, S. 87; Münch 2017, S. 46)). Diese Überwachung in Verbindung mit teilweise geplanter eigenständiger Schlussfolgerung ist aus rechtlicher Perspektive durchaus ein neues Problem. Natürlich haben wir bereits Maschinen, etwa auf Intensivstationen, die bei entsprechenden Messungen einen Alarm auslösen o. ä.; es ist jedoch davon auszugehen, dass die derzeitigen bzw. geplanten Maschinen erheblich mehr Daten sammeln und diese Daten aufgrund von Verknüpfungen mit anderen Informationen aussagekräftiger sind. Das gilt im Übrigen nicht zuletzt für Fitness-Uhren, Health Apps, etc. Zudem werden die maschinellen Entscheidungen weitreichender und selbstständiger. Spezifische Bereiche medizinischer Entscheidungen werden wie dargestellt bewusst auf Maschinen übertragen (Winter 2005, S. 54). Das ist – insbesondere in Verbindung mit Deep Learning und Künstlicher Intelligenz – eine erhebliche Neuerung. Die Erkenntnisse der Maschine sind, wie bereits diskutiert, oft nicht umfassend vorhersehbar oder ex post nachvollziehbar (Katzenmeier 2019, S. 269; Zech 2019, S. 211). Wenn die Maschine nicht allein entscheidet, beeinflusst sie doch in einer nicht ohne Weiteres durchschaubaren Weise die menschliche Entscheidung. Trifft sie gar selbst Entscheidungen – diese Formulierung soll nicht suggerieren, dass Maschinen menschenähnliche Fähigkeiten haben, sondern beschreiben nur den Vorgang – verändert das das rechtliche Gefüge sehr viel weitergehend.

Es zeigt sich: Die bereits geschilderten Herausforderungen des Einsatzes von KI verstärken sich in Medizin und Pflege (Klesen 2017, S. 32; Münch 2017, S. 31). Erforderlich sind deshalb besonders hohe Sorgfalt, besonders bewusste Aufklärung bzw. adäquater Umgang mit der Einwilligungsunfähigkeit der Betroffenen. Auch ist gerade in einem derart sensiblen Bereich von Bedeutung, dass sich aufgrund veränderter Verantwortungsregime möglicherweise niemand mehr persönlich für das Geschehen verantwortlich fühlt. Schließlich spielt die Befürchtung bezüglich eines veränderten bzw. verringerten zwischenmenschlichen Kontakts in diesem Kontext eine zentrale Rolle. Die Sorge, dass selbst in diesem Lebensbereich immer mehr Maschinen die Aufgaben von Menschen übernehmen und dadurch zwischenmenschliche Begegnungen erschwert werden, sollte ernst genommen und in die Überlegungen zu Weiterentwicklung und Einsatz von Maschinen im Medizin- und Pflegebereich einbezogen werden. Auch die Skepsis gegenüber einer Vortäuschung von Emotionen durch Maschinen ist mehr als nachvollziehbar (Süddeutsche Zeitung 20.02.2018).

Zugleich sollte nicht jeder maschinelle Kontakt negativ bewertet werden. Zum einen können gewisse Maschinen einen therapeutischen Vorteil bedeuten, zum anderen gibt es Konstellationen, in denen Patienten vielleicht selbst die Interaktion mit einer Maschine präferieren, gerade in der Pflege. Schließlich ist der Personalmangel in diesem Bereich nicht zu leugnen (Deutsches Ärzteblatt 15.06.2018; Handelsblatt 07.01.2019; Hämel und Schaeffer 2013). Wenn der Patient nicht zwischen menschlichem und maschinellem Kontakt, sondern nur zwischen maschinellem Kontakt und keinem Kontakt wählen kann, gewinnt durchaus auch der maschinelle Kontakt an Bedeutung (Beck 2018, S. 774; Bung 2014, S. 17).

Im Bereich von Medizin und Pflege setzt das Recht der Weiterentwicklung von KI eher enge Grenzen; die Antwort auf die Herausforderungen scheint hier also tendenziell Vorsicht bzw. Zurückhaltung zu sein (Lohmann 2017, S. 168; Wagner in Säcker, Rixecker und Oelker 2016, § 630e Rn. 23–26). Im Öffentlichen Recht ist mit Blick auf die Zulassungsverfahren zu diskutieren, ob es sich jeweils um Medizinprodukte handelt bzw. wie im medizinischen Bereich damit umzugehen ist, dass es sich bei der Zulassung jedenfalls dann um eine Momentaufnahme handelt, wenn die Maschine danach noch weiter trainiert wird bzw. gar selbstständig dazu lernt (Siehe hierzu I. Die Besonderheiten von KI aus ethischer und rechtlicher Perspektive). Im Zivilrecht stellen sich Fragen insbesondere mit Blick auf die Vertragsinhalte, die Einwilligung und damit verbunden die Aufklärung des Patienten. So ist über unbekannte Risiken, die sich zudem mit der Weiterentwicklung noch verändern werden, nur schwer umfassend aufzuklären (Deutschlandfunk 25.08.2016; Groß und Gressel 2016, S. 990; Keßler 2017, S. 589; Lohmann 2017, S. 168; Sternberg-Lieben und Schuster in Schönke und Schröder 2019, § 15 Rn. 212i). Eine entsprechende Einwilligung des Betroffenen ist nur wirksam, wenn deutlich wird, dass ihm diese Unbekanntheit und Weiterentwicklung bewusst war (Specht und Herold 2018, S. 40; Wagner in Säcker et al. 2016, § 630e Rn. 23). Eine vertretene bzw. mutmaßliche Einwilligung ist in derartigen Konstellationen kaum denkbar. Wie erwähnt ist bei lernenden, vernetzten Maschinen oft nicht nur faktisch unmöglich, sondern auch normativ nicht überzeugend, die Verantwortung einem einzelnen Beteiligten zuzuschreiben (Groß und Gressel 2016, S. 990; Sander und Hollering 2017, S. 193; Taeger 2016, S. 3764). Insbesondere der naheliegende „Letztentscheider" (Arzt, Pfleger oder ehrenamtlich Tätiger) würde hierdurch regelmäßig überfordert (IT for Health 2017; Zukunftsinstitut 2016). Er hat über den Einsatz der Maschine nicht entschieden, die Maschine nicht programmiert oder trainiert, er kann die Gründe für ihre Vorschläge oft nicht umfassend nachvollziehen. Diese Vorsicht bei der Zuschreibung gilt auch für das Strafrecht.

Ohne hier auf Details des höchst komplexen Datenschutzregimes einschließlich der Datenschutzgrundverordnung (Ferlemann 2018, S. 56; Krankenhaus-IT Online 2017; Paal und Hennemann 2017, S. 215). eingehen zu können, sei festgestellt, dass der rechtliche Schutz personenbezogener Daten derzeit immer weiter ausgebaut wird. Anonymisierung bzw. Pseudonymisierung sind aufgrund der Vernetzung der Daten kaum noch möglich, ebenso wie eine wirklich überzeugende Sicherung. Umso schärfer wird bereits die Generierung und andauernde Speicherung der Daten, ihre weitere Verwendung und besonders neue, nicht vereinbarte Verwendungen begrenzt und kontrolliert (Gless und Janal 2016, S. 572; Münch 2017, S. 49).

Eine weitergehende Auseinandersetzung mit den rechtlichen Grenzen der Weiterentwicklung von KI im Medizin- und Pflegebereich ist an dieser Stelle nicht möglich, denn hierfür müssten die einzelnen Rechtsgebiete und Regeln spezifisch untersucht werden. Grundsätzlich bleibt festzuhalten: Für eine enge Begrenzung der Weiterentwicklung von KI in diesem Bereich spricht die erhebliche Unsicherheit bezüglich der Risiken in einem derart sensiblen Lebensbereich. Damit verbunden ist aufgrund der sich verändernden Verantwortungsregime die Gefahr, dass sich immer weniger Beteiligte für gelungene Zwischenmenschlichkeit verantwortlich fühlen. Schließlich ist zu betonen, dass wir es mit besonders sensiblen Daten zu tun haben, die vor jeglichem unberechtigten Zugriff zu schützen sind. Zugleich gibt es gute Gründe für eine – bedachte und bewusste – Weiterentwicklung der Technologie und damit gegen zu enge rechtliche Grenzen: So ist der Personalmangel in diesem Bereich bereits heute kaum noch zu leugnen und wird sich in den nächsten Jahren noch verstärken. Zudem kann die Übertragung von Entscheidungen – oder auch nur von Teilaspekten von Entscheidungen – durchaus deren Qualität verbessern, weil autonome Systeme mehr Informationen schneller verarbeiten können als Menschen (bspw. Zech 2016, S. 166). Diese und zweifellos zahlreiche hier nicht alle aufzählbare Überlegungen werden künftig einfließen müssen in die Gestaltung eines angemessenen rechtlichen Rahmens.

7 Resumee: Was heißt Verantwortung im Zeitalter der KI?

Neben den dargestellten Einzelaspekten und Fragen stellt sich m. E. zentral die Frage, was genau Verantwortung im Zeitalter von KI bedeutet. Die dargestellte Komplexität und Abwälzung von (Teilen von) Entscheidungen ist der Grund, warum teilweise – analog zur Haftung von Tierhaltern für von ihren Tieren hervorgerufene Schäden – zum Teil sogar dafür plädiert wird, von einer Gefährdungshaftung desjenigen auszugehen, der die Maschine tatsächlich nutzt und somit eine Gefahr für die Außenwelt erst begründet (Hilgendorf 2017, S. 258; Katzenmeier 2019, S. 270; Zech 2019, S. 205 und 214). Das löst aber jedenfalls nicht das Problem, ob und wofür sich hier strafrechtliche Verantwortung findet. Aber auch eine umfassende zivilrechtliche Haftung des Nutzers ist problematisch: Zum einen sind autonome Maschinen bisher noch im Entwicklungsstadium, und auch in den ersten Jahren ihres massenhaften Einsatzes wird kaum ein Nutzer ihr volles Potenzial kennen, ihre Schadhaftigkeit einschätzen oder ihr Verhalten umfassend sicher steuern können. Auch wird den Nutzern nicht möglich sein, Einblicke in das Innenleben zu nehmen und sie wirklich „verstehen" zu können. Das, so könnte man entgegnen, ist allerdings nicht nur bei Tieren, sondern auch bei vielen anderen, schon im Einsatz befindlichen Maschinen der Fall. Zudem hätte aber diese umfassende Gefährdungshaftung in der Praxis zur Folge, dass die Nutzung einer autonomen Maschine deutlich an Attraktivität verlöre – wer etwa würde ein Google Car selbsttätig fahren lassen, wenn von vorneherein feststünde, dass er für jeden von diesem verursachten Unfall selbst und individuell haften müsste? (vgl. Gless und Janal 2016, S. 564 und 575; Zech 2016, S. 178). Konsequenz einer solchen Regelung wäre wahrscheinlich, dass sich die Entwicklung dieser Maschinen aufgrund wirtschaftlicher Unrentabilität verlangsamen würde. Wenn die Gesellschaft also die Vorteile derartiger Maschinen nutznießen möchte, scheint eine Gefährdungshaftung des Nutzers keine gute Lösung darzustellen.

Sollte also schlicht niemand zur Verantwortung gezogen werden? Das würde wiederum bedeuten, dass der Geschädigte niemanden in Regress nehmen könnte, dass sich niemand strafrechtlich verantworten müsste – was gerade bei erheblichen Verletzungen einer größeren Anzahl von Personen oder gar Todesfällen als problematisch herausstellen könnte. Die Gesellschaft könnte beunruhigt und bezüglich der Technologie ablehnend reagieren. In der aktuellen Diskussion um elektronische Agenten, mit künstlicher Intelligenz ausgestattete Roboter und Autonome Waffensysteme wird dies als „responsibility gap" bezeichnet (Roff und Moyes 2016, S. 5; Santoni de Sio und van den Hoven 2018, S. 1). Die Verantwortungslücke ergibt sich daraus, dass die eigentlich verantwortlichen Menschen sich den erheblichen Anforderungen entziehen wollen, die viele der alltäglichen und nicht-alltäglichen Entscheidungen heutzutage mit sich bringen. Ein Ausweg aus der „Tyrannei der Wahlmöglichkeiten" und der menschlichen Unzulänglichkeiten scheint für viele eben diese Übertragung der Entscheidungsfindung auf Maschinen. So wird argumentiert, dass sich durch Google-Cars die Anzahl von Unfällen verringern könnte, da diese keine Übermüdungserscheinungen haben, nicht betrunken sind, nicht aggressiv auf andere Autofahrer reagieren. Selbst mit Blick auf Autonome Waffensysteme findet sich der Hinweis auf deren rationale, nicht durch Überlebensinstinkt, Adrenalin oder Aggressionen geprägte Entscheidungsfindung. Und elektronische Agenten werden für Börsenspekulationen gerade deshalb eingesetzt, weil sie dem Menschen mit Blick auf die Schnelligkeit, mit der sie Informationen verarbeiten können, überlegen sind und ihre Kauf- bzw. Verkaufsentscheidungen als besser angesehen werden. Dies würde geradezu ad absurdum geführt, wenn man die Entscheidung umfassend von einem Menschen überprüfen lassen müsste.

Doch auch wenn die Übertragung von Entscheidungen auf Maschinen in mancherlei Hinsicht sicher Vorteile mit sich bringen mag, so verändert sie eben doch unsere Konzepte von Verantwortung und Schuld grundlegend (Markwalder und Simmler 2017, S. 174; Sander und Hollering 2017, S. 193; Schuster 2019, S. 6). Es gibt keinen Menschen mehr, der für die Entscheidung einstehen, auf potenzielle

Schäden dem Opfer oder der Gesellschaft Rede und Antwort stehen kann (und auch um diese „Antwort“ geht es im Rahmen der Ver**antwort**ung). Wenn die Gesellschaft sich entscheidet – und auch für diese Entscheidung besteht eine prospektive Verantwortung – die Weiterentwicklung derartiger Maschinen zu fördern, müssen neue Konzepte gefunden werden, damit die Lücke im jetzigen Verantwortungssystem keine sozialen Probleme zur Folge hat. Dabei geht es nicht nur darum, wer materiell für Schäden einzustehen hat; dies ließe sich möglicherweise durch neue Konzepte wie die „elektronische Person“, analog zur juristischen Person, noch relativ einfach lösen (Borges 2018, S. 977; Kütük-Markendorf und Essers 2016, S. 26; Specht und Herold 2018, S. 43). Es geht auch darum, bewusst zu entscheiden, in welchen Lebensbereichen derartige Entscheidungsübertragungen akzeptabel sind und in welchen nicht, ob z. B. alte Menschen von Robotern gepflegt, Kinder von Maschinen erzogen, Soldaten von autonom entscheidenden Drohnen erschossen werden dürfen (Markwalder und Simmler 2017, S. 179). Erforderlich ist ein neues Bewusstsein, dass sich grundlegende soziale Konzepte durch diese Maschinen verändern werden. Dabei geht es nicht darum, diese Maschinen dem Menschen gleichzusetzen, ihnen Gefühle, Selbstbewusstsein oder Reue zuzuschreiben und deshalb die bereits bestehenden Konzepte von Schuld und Verantwortung auch auf sie anwenden zu können. Die hierzu gelegentlich geführten Diskussionen gehen m. E. am Problem vorbei. Entscheidend ist nicht so sehr, ob der elektronische Agent nach einem Börsensturz ausgeschaltet werden darf oder nicht. Entscheidend ist vielmehr, wie wir die Übertragung der Entscheidung auf Maschinen in unsere sozialen Strukturen einbinden können, ohne dadurch allzu problematische Irritationen hervorzurufen. Es sollte in den aktuellen Diskussionen also nicht primär darum gehen, ob eines Tages Strafgerichte über einen „Shut Down“ einer Maschine entscheiden können. Der Fokus sollte sich darauf richten, wie sich unser Verständnis der Verantwortung von Menschen verändert, wenn diese zentrale Entscheidungen auf Maschinen übertragen dürfen.

Dazu gehört auch, den Fokus nicht nur auf die Verantwortung als Konzept, sondern auf ihre konkrete Ausgestaltung zu richten. Diesbezüglich findet derzeit, nicht nur, aber vor allem mit Blick auf Autonome Waffensysteme, eine Debatte unter dem Stichwort „meaningful human control“ statt (Ficuciello 2019, S. 30; Roff und Moyes 2016, S. 1; Santoni de Sio und van den Hoven 2018, S. 1). Hiermit wird der Blick nicht primär auf die Zeit nach einem schädlichen Ereignis gerichtet, sondern auf die Gestaltung des Geschehens, die aktive Auseinandersetzung mit einer gelungenen Mensch-Maschine-Kooperation, die die Fähigkeiten des Menschen mit denen der Maschine in der bestmöglichen Weise kombiniert. Nur wenn eine solche, bedeutsame Kontrolle durch den Menschen vorliegt, kann man noch von einer wirklichen Verantwortung sprechen. Das gilt letztlich für alle Stufen der Entscheidung – vom Programmieren der Maschine, über die Entscheidung über ihren Einsatz, bis hin zur Ausgestaltung der Entscheidungssituation und schließlich der konkreten Entscheidung selbst. Auch eine anschließende Überprüfung der Entscheidungen ist erforderlich und bedarf einer bedeutsamen menschlichen Kontrolle. Somit erscheint es mir zielführend, in Zukunft nicht primär darüber zu diskutieren, ob entweder der Mensch oder die Maschine entschieden hat und damit in irgendeiner

Form „verantwortlich" ist, sondern darüber, in welchen Lebensbereichen Mensch-Maschine-Kooperationen in welcher Form auszugestalten sind, so dass man tatsächlich von „meaningful human control" sprechen kann und sowohl die beteiligten Individuen als auch die Gesellschaft insgesamt in größtmöglicher Weise vom Einsatz derartiger Programme und Maschinen profitieren.

Literatur

Abel, Ralf B. 2018. Automatisierte Entscheidungen im Einzelfall gem. Art. 22 DS-GVO. *Zeitschrift für Datenschutzrecht* 7:304–307.

AlgorithmWatch. 2019. Atlas der Automatisierung – Automatisierte Entscheidungen und Teilhabe. AlgorithmWatch. https://atlas.algorithmwatch.org/. Zugegriffen am 15.10.2019.

Arbeitsgruppe Gesundheit, Medizintechnik, Pflege. 2019. Lernende Systeme im Gesundheitswesen. Plattform lernende Systeme. https://www.plattform-lernende-systeme.de/publikationen-details/lernende-systeme-im-gesundheitswesen.html. Zugegriffen am 15.10.2019.

Beck, Susanne. 2009. Grundlegende Fragen zum rechtlichen Umgang mit der Robotik. *Juristische Rundschau* 2009(6): 225–230.

Beck, Susanne. 2011. Brauchen wir ein Roboterrecht? *Japanisch-Deutsches Zentrum Berlin Tagungsband* 62:124–146.

Beck, Susanne. 2012. *Jenseits von Mensch und Maschine. Ethische und rechtliche Fragen zum Umgang mit Robotern, Künstlicher Intelligenz und Cyborgs*. Robotik und Recht (1). Baden-Baden: Nomos.

Beck, Susanne. 2018. Zum Einsatz von Robotern im Palliativ- und Hospizbereich. *Medizinrecht* 36:772–778.

Beck, Susanne. 2019. Wie diskriminierend ist Künstliche Intelligenz? Plattform lernende Systeme. https://www.plattform-lernende-systeme.de/reden-und-beitraege-newsreader/wie-diskriminierend-ist-kuenstliche-intelligenz.html. Zugegriffen am 08.10.2019.

Beck, Susanne, Armin Grunwald, Kai Jacob, und Tobias Matzner. 2019. Künstliche Intelligenz und Diskriminierung – Herausforderungen und Lösungsansätze. Whitepaper der AG 3. *Plattform Lernende Systeme.* https://www.plattform-lernende-systeme.de/publikationen-details/kuenstliche-intelligenz-und-diskriminierung-herausforderungen-und-loesungsansaetze.html. Zugegriffen am 11.06.2020.

Becker, Maximilian. 2019. Von der Freiheit, rechtswidrig handeln zu können. *Zeitschrift für Urheber- und Medienrecht* 2019(8/9): 636–648.

Bendel, Oliver. 2017. Soll uns Robear pflegen? *IT for health* 2:20–21.

Bogensperger, Alexander, Andreas Zeiselmair, und Michael Hinterstocker. 2018. Die Blockchain-Technologie – Chance zur Transformation der Energieversorgung? Berichtsteil Technologiebeschreibung. Forschungsstelle für Energiewirtschaft e.V. https://www.ffe.de/attachments/article/803/Blockchain_Teilbericht_Technologiebeschreibung.pdf. Zugegriffen am 08.10.2019.

Borges, Georg. 2018. Rechtliche Rahmenbedingungen für autonome Systeme. *Neue Juristische Wochenschrift* 14:977–1048.

Braun, Felix von. 2019. 4 Technologien für ein besseres Alter – wer baut sie? *T3n digital pioneers*. https://t3n.de/news/4-technologien-fuer-besseres-1203297/. Zugegriffen am 08.10.2019.

Bräutigam, Peter, und Thomas Klindt. 2015. Industrie 4.0 das Internet der Dinge und das Recht. *Neue Juristische Wochenschrift* 16:1137–1142.

Britz, Gabriele. 2008. *Einzelfallgerechtigkeit versus Generalisierung – Verfassungsrechtliche Grenzen statistischer Diskriminierung*. Tübingen: Mohr Siebeck.

Broman, Morgan, und Pamela Finckenberg-Broman. 2017. Human Robotics/AI Interaction. Katina Michael. http://www.katinamichael.com/istas17/2017/8/19/human-robotics-ai-interaction-by-morgan-broman. Zugegriffen am 15.10.2019.

Buck-Heeb, Petra, und Andreas Dieckmann. 2019. Die Fahrerhaftung nach § 18 I StVG bei (teil-) automatisiertem Fahren. *Neue Zeitschrift für Verkehrsrecht* 3:113–119.
Bung, Jochen. 2014. Können Artefakte denken? In *Autonome Automaten. Künstliche Körper und artifizielle Agenten in der technisierten Gesellschaft*, Hrsg. Malte-Christian Gruber et al., 17–29. Berlin: trafo Wissenschaftsverlag.
Caspar, Johannes. 2019. Herrschaft der Maschinen oder Herrschaft des Rechts? *Privacy in Germany* 2019(1): 1–4.
Dämon, Kerstin. 2015. Computer können Jobs von 4,4 Millionen Deutschen übernehmen. Wirtschaftswoche Online. https://www.wiwo.de/erfolg/beruf/studie-digitalisierung-und-arbeitsplaetze-computer-koennen-jobs-von-4-4-millionen-deutschen-uebernehmen/12724850.html. Zugegriffen am 15.10.2019.
Decker, Michael. 2016. Adaptive Robotik und Verantwortung. In *Intelligente Agenten und das Recht*, Hrsg. Sabine Gless und Kurt Seelmann, 23–44. Baden-Baden: Nomos.
Dettling, Heinz-Uwe, und Stefan Krüger. 2018. Digitalisierung, Algorithmisierung und Künstliche Intelligenz im Pharmarecht. *Pharma Recht* 11:513–522.
Dettling, Heinz-Uwe, und Stefan Krüger. 2019. Erste Schritte im Recht der Künstlichen Intelligenz. *MultiMedia und Recht* 4:211–217.
Erhardt, Jonathan, und Martino Mona. 2016. Rechtsperson Roboter – Philosophische Grundlagen für den rechtlichen Umgang mit künstlicher Intelligenz. In *Intelligente Agenten und das Recht*, Hrsg. Sabine Gless und Kurt Seelmann, 61–94. Baden-Baden: Nomos.
Ferlemann, Jann. 2018. Gesundheitsentscheidungen durch Algorithmen – rechtliche Rahmenbedingungen der Digitalisierung des Gesundheitswesens. *Neue Zeitschrift für Sozialrecht* 2: 56–57.
Fezer, Karl-Heinz. 2017. Dateneigentum der Bürger. *Zeitschrift für Datenschutz*: 3:99–105.
Ficuciello, Fanny. 2019. Autonomy in surgical robots and its meaningful human control. *Paladyn, Journal of Behavioral Robotics* 10:30–43.
Flemming, Jürgen. 2017. EU-Datenschutz in den deutschen Krankenhäusern-Neue Regelungen ändern das Spiel. Krankenhaus IT-Online. http://www.medizin-edv.de/modules/AMS/article.php?storyid=4257. Zugegriffen am 24.09.2019.
Frankfurter Allgemeine Zeitung. 2018. Große Skepsis gegenüber Künstlicher Intelligenz. FAZ Diginomics. https://www.faz.net/aktuell/wirtschaft/diginomics/grosse-skepsis-gegenueber-kuenstlicher-intelligenz-15781806.html. Zugegriffen am 15.10.2019.
Frese, Yorck. 2015. Recht im zweiten Maschinenzeitalter. *Neue Juristische Wochenschrift*: 29:2090–2092.
Gausling, Tina. 2019. Künstliche Intelligenz im digitalen Marketing. *Zeitung für Datenschutz* 8:335–341.
Gentrup, Anna. 2019. „Künstliche Intelligenz kann keine Empathie". Süddeutsche Zeitung. https://www.sueddeutsche.de/wirtschaft/algorithmen-kuenstliche-intelligenz-kann-keine-empathie-1.4474302. Zugegriffen am 08.10.2019.
Gerpott, Torsten J. 2019. Artikel 17 der neuen EU-Urheberrechtsrichtlinie: Fluch oder Segen? *MultiMedia und Recht* 7:420–426.
Gless, Sabine, und Ruth Janal. 2016. Hochautomatisiertes und autonomes Fahren – Risiko und rechtliche Verantwortung. *Juristische Rundschau* 10:561–575.
Graevinger, Albrecht von. 2018. „Zwei mal Zwei ist Grün" – Mensch und KI im Vergleich. *Zeitschrift für Rechtspolitik* 2018 (8):238–241.
Graf, Birgit. 2018. Serviceroboter in stationären Pflegeeinrichtungen. *Frauenhofer IPA*. https://www.ipa.fraunhofer.de/de/presse/presseinformationen/servicerobotik_fuer_die_pflege.html. Zugegriffen am 11.06.2020.
Groß, Nadja, und Jacqueline Gressel. 2016. Entpersonalisierte Arbeitsverhältnisse als rechtliche Herausforderung- Wenn Roboter zu Kollegen und Vorgesetzten werden. *Neue Zeitschrift für Arbeitsrecht*: 990–996.
Guggenberger, Leonid. 2019. Einsatz künstlicher Intelligenz in der Verwaltung. *Neue Zeitschrift für Verwaltungsrecht* 12:844–850.

Hahn, Michael. 2018. Tagungsbericht: Gesundheitsentscheidungen durch Algorithmen- rechtliche Rahmenbedingungen der Digitalisierung des Gesundheitswesens. *Medizinrecht* 36:27–28.

Hämel, Kerstin, und Doris Schaeffer. 2013. Who cares? Fachkräftemangel in der Pflege. *Zeitschrift für Sozialreform* 4:413–432.

Hartmann, Felix. 2019. Diskriminierung aus der Black Box – Neue Herausforderungen durch KI-gestützte Personalentscheidungen. *Europäische Zeitschrift für Arbeitsrecht* 4:421–422.

Hartwig, Matthias. 2019. Bericht zur völkerrechtlichen Praxis der Bundesrepublik Deutschland im Jahr 2017. *Zeitschrift für ausländisches öffentliches Recht und Völkerrecht* 2:325–398.

Heinrich-Böll-Stiftung. 2019. Künstliche Intelligenz: Wem gehören die Daten? Heinrich-Böll-Stiftung. https://www.boell.de/de/2019/02/01/kuenstliche-intelligenz-wem-gehoeren-die-daten. Zugegriffen am 08.10.2019.

Heise Online. 2018. Verbraucherschützer fordern Transparenz bei künstlicher Intelligenz. Heise Online. https://www.heise.de/newsticker/meldung/Verbraucherschuetzer-fordern-Transparenz-bei-kuenstlicher-Intelligenz-3991716.html. Zugegriffen am 08.10.2019.

Herberger, Maximilian. 2018. „Künstliche Intelligenz“ und Recht. *Neue Juristische Wochenschrift* 39:2825–2829.

Hetmank, Sven, und Anne Lauber-Rönsberg. 2018. Künstliche Intelligenz – Herausforderungen für das Immaterialgüterrecht. *Gewerblicher Rechtsschutz und Urheberrecht* 6:574–582.

Heuser, Uwe Jean, und Caterina Lobenstein. 2018. Was machen wir morgen. https://www.zeit.de/2018/18/zukunft-arbeit-kuenstliche-intelligenz-herausforderungen. Zugegriffen am 24.09.2019.

High-Level Expert Group on Artificial Intelligence. 2019. Policy and Investment Recommendations for Trustworthy AI. Independent Set Up by the European Commission. https://ec.europa.eu/digital-single-market/en/news/policy-and-investment-recommendations-trustworthy-artificial-intelligence. Zugegriffen am 15.10.2019.

Hilgendorf, Eric. 2012. Können Roboter schuldhaft handeln? In *Jenseits von Mensch und Maschine*, Hrsg. Susanne Beck, 119–132. Robotik und Recht (1). Baden-Baden: Nomos.

Hilgendorf, Eric. 2013. Grundfragen strafrechtlicher Compliance am Beispiel der strafrechtlichen Produkthaftung für teilautonome technische Systeme. In *Criminal Compliance vor den Aufgaben der Zukunft*, Hrsg. Thomas Rotsch, 19–32. Baden-Baden: Nomos.

Hilgendorf, Eric. 2015. Recht und autonome Maschinen – ein Problemaufriß. In *Das Recht vor den Herausforderungen der modernen Technik*. Baden-Baden: Nomos.

Hilgendorf, Eric. 2017. Digitalisierung in der Medizin. *Zeitschrift für Medizinstrafrecht* 5:257–258.

Höltgen, Stefan. 2024. Von der Sprachphilosophie zu ELIZA. In *Philosophisches Handbuch der Künstlichen Intelligenz*, Hrsg. Klaus Mainzer. Berlin: Springer.

Hoppe, Sven. 2016. Tesla-Fahrer stirbt bei Autopilot-Unfall. https://www.haz.de/Nachrichten/Wirtschaft/Deutschland-Welt/Tesla-Fahrer-stirbt-bei-erstem-toedlichen-Unfall-mit-Autopilot-Funktion. Zugegriffen am 24.09.2019.

Horn, Niklas. 2019. Übernimmt der Algorithmus? Der Wandel der Gesundheits- und Pflegewirtschaft durch Künstliche Intelligent und seine Herausforderungen. *Neue Zeitschrift für Sozialrecht* 15:574–586.

Hötitzsch, Sven. 2013. *Das Recht vor den Herausforderungen der modernen Technik.* Baden-Baden: Nomos.

Joecks, Wolfgang, und Klaus Miebach. 2017. *Münchener Kommentar zum Strafgesetzbuch Band 1.* München.

Joy, Bill. 2000. Why the future doesn’t need us. Wired. https://www.wired.com/2000/04/joy-2/. Zugegriffen am 15.10.2019.

Kabinett Merkel IV. 2018. Strategie Künstliche Intelligenz der Bundesregierung. Bundesregierung der Bundesrepublik Deutschland: Kabinett Merkel IV. https://www.bmbf.de/files/Nationale_KI-Strategie.pdf. Zugegriffen am 08.10.2019.

Katzenmeier, Christian. 2019. Big Data, E-Health, M-Health, KI und Robotik in der Medizin. *Medizinrecht* 37:259–271.

Kerber, Wolfgang. 2016. Digital markets, data and privacy: Competition law, consumer law and data protection. *Gewerblicher Rechtsschutz und Urheberrecht Internationaler Teil* 7:639–646.

Keßler, Oliver. 2017. Intelligente Roboter – neue Technologien im Einsatz. *MultiMedia und Recht* 9:589–594.

Kirn, Stefan, und Claus Müller-Hengstenberg. 2014. Intelligente (Software-)Agenten: Von der Autorisierung zur Autonomie? Verselbstständigung technischer Systeme. *MultiMedia und Recht*: 225–232.

Klein, Barbara, Birgit Graf, Inga Franziska Schlömer, Holger Roßberg, Karin Röhricht, und Simon Baumgarten. 2018. *Robotik in der Gesundheitswirtschaft*. Heidelberg: medhochzwei Verlag.

Klesen, Raphael. 2017. Die Entscheidung von Maschinen über Menschenleben. In *Robotik und Recht* (12). Baden-Baden: Nomos.

Kramer, Bernd. 2019. Hey, Alexa, hast Du einen Job für mich? Zeit Online. https://www.zeit.de/campus/2019/03/kuenstliche-intelligenz-arbeitsmarkt-jobs-berufseinstieg-expertise. Zugegriffen am 08.10.2019.

Krempl, Stefan. 2019. Justizministerin: Automaten können objektiver sein als Menschen. https://www.heise.de/newsticker/meldung/Justizministerin-Automatisierte-Entscheidungen-koennen-objektiver-sein-als-menschliche-4374761.html. Zugegriffen am 24.09.2019.

Kütük-Markendorf, Merih Erdem, und David Essers. 2016. Zivilrechtliche Haftung des Herstellers beim autonomen Fahren- Haftungsfragen bei einem durch ein autonomes System verursachten Verkehrsunfall. *MultiMedia und Recht* 1:22–26.

Lackner, Karl, und Kristian Kühl. 2018. *Strafgesetzbuch Kommentar*. München: C. H. Beck.

Loh, Janina. 2017. Verantwortung und Roboterethik – ein kleiner Überblick – Teil 1. *Zeitschrift zum Innovations- und Technikrecht* 2017(4): 220–226.

Loh, Janina. 2018. Verantwortung und Roboterethik – ein kleiner Überblick – Teil 2. *Zeitschrift zum Innovations- und Technikrecht* 2018(1): 29–35.

Lohmann, Melinda Florina. 2017. Ein europäisches Roboterrecht- überfällig oder überflüssig? *Zeitschrift für Rechtspolitik* 6:168–171.

Lutz, Lennart S. 2015. Autonome Fahrzeuge als rechtliche Herausforderung. *Neue Juristische Wochenschrift* 3:119–124.

Markwalder, Nora, und Monika Simmler. 2017. Roboterstrafrecht. Zur strafrechtlichen Verantwortlichkeit von Robotern und künstlicher Intelligenz. *Aktuelle juristische Praxis* 2:171–182.

Martini, Mario. 2017. Algorithmen als Herausforderung für die Rechtsordnung. *JuristenZeitung* 21: 1017–1025.

Martini, Mario, und Jonas Botta. 2018. Iron Man am Arbeitsplatz? – Exoskelette zwischen Effizienzstreben, Daten- und Gesundheitsschutz. *Neue Zeitschrift für Arbeitsrecht*: 625–637.

Meyer, Stephan. 2018. Künstliche Intelligenz und die Rolle des Rechts für Innovation – Rechtliche Rationalitätsanforderungen an zukünftige Regulierung. *Zeitschrift für Rechtspolitik*: 8:233–238.

Michl, Fabian. 2019. „Datenbesitz" – ein grundrechtliches Schutzgut? *Neue Juristische Wochenschrift* 38:2729–2733.

Mičijević, Anis. 2019. Künstliche Intelligenz und Automatisierung: Wie sicher ist Ihr Job? Handelsblatt. https://www.handelsblatt.com/autoren/anis-micijevic/5886246.html. Zugegriffen am 08.10.2019.

Mischak, Robert, und Renate Ranegger. 2017. Automatisierte Erfassung von Vitalparametern im Zusammenhang mit elektronischen Fieberkurven zur Effizienzsteigerung von Pflege- und Behandlungsprozessen. In *Digitale Transformation von Dienstleistungen im Gesundheitswesen III*, Hrsg. Mario A. Pfannstiel, Sandra Krammer und Walter Swoboda, 87–99.Wiesbaden: Springer Gabler.

Moll, Sebastian. 2016. Algorithmen-Präzise berechneter Rassismus. Zeit Online. https://www.zeit.de/gesellschaft/zeitgeschehen/2016-06/algorithmen-rassismus-straftaeter-usa-justiz-aclu. Zugegriffen am 24.09.2019.

Müller, Melinda Florina. 2014. Roboter und Recht – Eine Einführung. *Aktuelle Juristische Praxis*: 5:595–608.

Müller-Eiselt, Ralph, und Carla Hustedt. 2019. Europäer wissen wenig über Algorithmen. Bertelsmann-Stiftung. https://www.bertelsmann-stiftung.de/de/themen/aktuelle-meldungen/2019/februar/europaeer-wissen-wenig-ueber-algorithmen/. Zugegriffen am 15.10.2019.

Münch, Florian. 2017. *Autonome Systeme im Krankenhaus: Datenschutzrechtlicher Rahmen und strafrechtliche Grenzen*. Robotik und Recht (8). Baden-Baden: Nomos.

Müschenich, Markus, und Laura Wamprecht. 2018. Gesundheit 4.0 – Wie geht's uns denn morgen? *Bundesgesundheitsblatt* 3:334–339.

Neuhäuser, Christian. 2012. *Künstliche Intelligenz und ihr moralischer Standpunkt. Jenseits von Mensch und Maschine*. Robotik und Recht (1). Baden-Baden: Nomos.

Nützel, Niklas. 2016. Altenpflege 4.0 – Der Roboter als Pflegekraft. Deutschlandfunk. https://www.deutschlandfunk.de/altenpflege-4-0-der-roboter-als-pflegekraft.769.de.html?dram:article_id=364109. Zugegriffen am 08.10.2019.

Ohrtmann, Jan-Peter, und Sebastian Schwiering. 2014. Big Data und Datenschutz – Rechtliche Herausforderungen und Lösungsansätze. *Neue Juristische Wochenschrift* 41:2984–2989.

Oppermann, Bernd, und Jutta Stender-Vorwachs. 2017. *Autonomes Fahren- Technische Grundlagen, Rechtsprobleme*. München: Rechtsfolgen.

Osterloh, Falk. 2018. Pflegemangel im Krankenhaus: Die Situation wird immer dramatischer. Deutsches Ärzteblatt. https://www.aerzteblatt.de/archiv/198658/Pflegemangel-im-Krankenhaus-Die-Situation-wird-immer-dramatischer. Zugegriffen am 08.10.2019.

Paal, Boris P., und Moritz Hennemann. 2017. Big Data im Recht. *Neue Juristische Wochenschrift* 24:1697–1701.

Peifer, Karl-Nikolaus. 2019. Sharing-Plattformbetreiberhaftung im Urheberrecht (Art. 17 DSM-RL). *Gewerblicher Rechtsschutz und Urheberrecht, Praxis im Immaterialgüter und Wettbewerbsrecht:* 403.

Piatov, Filipp. 2018. Digitaler Job-Check: Krankenpfleger-Werden wir 2018 von Robotern gepflegt? https://www.bild.de/wa/ll/bild-de/unangemeldet-42925516.bild.html. Zugegriffen am 24.09.2019.

Pieper, Fritz-Ulli. 2018. Künstliche Intelligenz: Im Spannungsfeld von Recht und Technik. *Zeitschrift zum Innovations- und Technikrecht* 1:9–15.

Rademacher, Timo. 2019. Wenn neue Technologien altes Recht durchsetzen: Dürfen wir es unmöglich machen, rechtswidrig zu handeln? *Juristenzeitung* 14:702–710.

Rich, Michael L. 2012. Should We Make Crime Impossible? *Harvard Journal of Law & Public Policy* 36(2): 795–848.

Roff, Heather, und Richard Moyes. 2016. Meaningful human control, artificial intelligence and autonomous weapons. *UN Convention on Certain Conventional Weapons.*

Rysewyk, Peter van und Pontier, Matthijs. 2015. *Machine medical ethics*. Berlin: Springer.

Säcker, Franz-Jürgen, Rixecker, Roland, und Oelker, Hartmut. 2016. *Münchener Kommentar zum Bürgerlichen Gesetzbuch Band 4*. München: C. H. Beck.

Sander, Günther M., und Jörg Hollering. 2017. Strafrechtliche Verantwortlichkeit im Zusammenhang mit automatisiertem Fahren. *Neue Zeitschrift für Strafrecht* 4:193–206.

Santoni de Sio, Filippo, und Jeroen van den Hoven. 2018. Meaningful human control over autonomous systems: A philosophical account. *Frontiers in robotics and AI*: 1–14.

Schaar, Katrin. 2017. Anpassung von Einwilligungserklärungen für wissenschaftliche Forschungsprojekte. *Zeitschrift für Datenschutz* 5:213–221.

Schieffer, Anita. 2018. Die Zukunft ist digital (und hat schon begonnen)! *CCZ – Corporate Compliance* 4:145–148.

Schindler, Stephan. 2019. Biometrische Gesichtserkennung in den USA. *Zeitschrift für Datenschutz* 12:65–95.

Schliesky, Utz. 2019. Digitalisierung- Herausforderung für den demokratischen Verfassungsstaat. *Neue Zeitschrift für Verwaltungsrecht* 2019(10): 693–701.

Scholz, Rupert. 2000. Strafbarkeit juristischer Personen. *Zeitschrift für Rechtspolitik* 10:435–440.

Schönke, Adolf, und Horst Schröder. 2019. *Kommentar zum Strafgesetzbuch*. München: C. H. Beck.

Schuster, Frank Peter. 2019. Strafrechtliche Verantwortlichkeit der Hersteller beim automatisierten Fahren. *Deutsches Autorecht* 1:6–11.

Schwintowski, Hans-Peter. 2018. Wird Recht durch Robotik und Künstliche Intelligenz überflüssig? *Neue Juristische Online-Zeitschrift* 42:1601–1609.

Seher, Gerhard. 2016. Intelligente Agenten als „Personen" im Strafrecht? In *Intelligente Agenten und das Recht*, Hrsg. Sabine Gless und Kurt Seelmann, 45–60. Baden-Baden: Nomos.

Seidel, Roman, et al. 2018. AUXILIA: Nutzerzentriertes Assistenz- und Sicherheitssystem zur Unterstützung von Menschen mit Demenz auf Basis intelligenter Verhaltensanalyse. *Innteract Conference* 2018:48.

Seitz, Janine. 2016. Senior Robots: Die Pflege-Maschinen. *ZukunftsInstitut*. https://www.zukunftsinstitut.de/artikel/technologie/senior-robots-die-pflege-maschinen/. Zugegriffen am 08.10.2019.

Sharkey, Noel. 2016. Staying in the loop: Human supervisory control of weapons. In *Autonomous weapons systems*, Hrsg. Nehal Bhuta, Susanne Beck, Robin Geiß, Hin-Yan Liu und Claus Kreß, 23–38. Cambridge: Cambridge University Press.

Simmler, Monika, und Nora Markwalder. 2017. Roboter in der Verantwortung? *Zeitschrift für die gesamte Strafrechtswissenschaft* 1:20–47.

Sloane, Mona. 2019. Plötzlich reden alle über Ethik. *Frankfurter Allgemeine Zeitung*. https://www.faz.net/aktuell/feuilleton/debatten/diskriminierung-durch-ki-jetzt-reden-alle-ueber-ethik-16250251.html. Zugegriffen am 15.10.2019.

Specht, Louisa, und Sophie Herold. 2018. Roboter als Vertragspartner? *MultiMedia und Recht* 1: 40–44.

Stender-Vorwachs, Jutta, und Hans Steege. 2017. Das Aus für Autonomes Fahren? Rechtliche und technische Möglichkeiten von Verkehrskontrollen bei autonomen Fahrzeugen. *Neue Zeitschrift für Verkehrsrecht* 12:553–556.

Taeger, Jürgen. 2016. Die Entwicklung des IT-Rechts im Jahr. *Neue Juristische Wochenschrift*: 52:3764–3770.

Thompson, Chengeta. 2016. Defining the emerging notion of „Meaningful Human Control" in weapon systems (AWS). *NYU Journal of International Law* 49-4:833–890.

Thum, Marcel. 2018. Die ökonomischen Kosten des Bitcoin-Mining. *Ifo Schnelldienst* 2:18–20.

Veil, Winfried. 2018. Die Datenschutzgrundverordnung-des Kaisers neue Kleider. *Neue Zeitschrift für Verwaltungsrecht* 2018(10): 686–696.

Wachenfeld, Walther, und Hermann Winner. 2015. Die Freigabe des Autonomen Fahrens. In *Autonomes Fahren*, Hrsg. Markus Maurer et al., 439–464. Berlin: Springer.

Waschinski, Gregor, und Frank Specht. 2019. 40.000 unbesetzte Stellen – Pflegenotstand in Deutschland weitet sich aus. Handelsblatt. https://www.handelsblatt.com/politik/deutschland/gesundheitspolitik-40-000-unbesetzte-stellen-pflegenotstand-in-deutschland-weitet-sich-aus/23835088.html?ticket=ST-33475803-stH36ubHe3NZ19mcDAWT-ap5. Zugegriffen am 08.10.2019.

Weisser, Ralf, und Claus Färber. 2015. Rechtliche Rahmenbedingungen bei Connected Car – Überblick über die Rechtsprobleme der automobilen Zukunft. *MultiMedia und Recht* 2015(8): 506–512.

WELT. 2011. Kuschelroboter „Paro" empört Ethiker. WELT. https://www.welt.de/gesundheit/article13599509/Kuschelroboter-Paro-empoert-Ethiker.html. Zugegriffen am 20.09.2019.

Wendehorst, Christiane. 2016. Die Digitalisierung und das BGB. *Neue juristische Wochenschrift* 36:2609–2613.

Wetzel, Katharina. 2015. Was für ein Montag. Süddeutsche Zeitung. https://www.sueddeutsche.de/wirtschaft/etf-flash-crash-was-fuer-ein-montag-1.2720552. Zugegriffen am 24.09.2019.

Wilke, Felicitas. 2018. Künstliche Intelligenz diskriminiert (noch). https://www.zeit.de/arbeit/2018-10/bewerbungsroboter-kuenstliche-intelligenz-amazon-frauen-diskriminierung. Zugegriffen am 24.09.2019.

Winter, Clemens. 2005. *Robotik in der Medizin: eine strafrechtliche Untersuchung*. Pieterlen/Bern: Peter Lang.

Wolfangel, Eva. 2018. Wenn Maschinen tun als hätten sie Gefühle. Süddeutsche Zeitung. https://www.sueddeutsche.de/digital/kuenstliche-intelligenz-die-maschinen-tun-als-haetten-sie-gefuehle-1.3870271. Zugegriffen am 20.09.2019.

Zanzotto, Fabio Massimo. 2018. Human-in-the-loop artificial intelligence. *Journal of Artificial Intelligence Research* 64:243–252.

Zech, Herbert. 2016. Zivilrechtliche Haftung für den Einsatz von Robotern – Zuweisung von Automatisierungs- und Autonomierisiken. In *Intelligente Agenten und das Recht*, Hrsg. Sabine Gless und Kurt Seelmann, 163–204. Baden-Baden: Nomos.

Zech, Herbert. 2019. Künstliche Intelligenz und Haftungsfragen. *Zeitschrift für die gesamte Privatrechtswissenschaft* 2:198–217.

Ethische und rechtliche Herausforderungen des autonomen Fahrens

Christoph Lütge, Alexander Kriebitz und Max Raphael

Inhalt

Zusammenfassung

In den letzten Jahrzehnten haben sich die technischen Möglichkeiten im Bereich des autonomen Fahrens so stark erweitert, dass in naher Zukunft mit einer Einführung vollkommen autonomer Fahrzeuge zu rechnen ist. Aufgrund der steigenden Präsenz autonomer und vernetzter Fahrsysteme im Straßenverkehr, was sich nicht nur den Nutzerkreis sondern auch auf die Allgemeinheit auswirken wird, ist eine Auseinandersetzung mit den ethischen und rechtlichen Herausforderungen dieser Technologie dringend erforderlich. Der ethisch relevante Unterschied im Gegensatz zum herkömmlichen Fahren ist dabei hauptsächlich die Übernahme menschlicher Entscheidungen durch Computerprogramme, was grundsätzlich neuartige Fragestellungen aufwirft. Inwieweit können menschliche Entscheidungen auf Maschinen übertragen werden? Die Ethik darf sich dabei nicht auf Ex-post-Betrachtung beschränken, sondern befindet sich in der Verantwortung den Prozess zu steuern und in die richtigen Bahnen zu lenken. Eine

C. Lütge (✉) · M. Raphael
Business Ethics, Technische Universität München, München, Deutschland
E-Mail: christoph@luetge.de; r.max@tum.de

A. Kriebitz
TUM School of Governance, Technische Universität München, München, Deutschland
E-Mail: a.kriebitz@tum.de

K. Mainzer (Hrsg.), *Philosophisches Handbuch Künstliche Intelligenz*,
https://doi.org/10.1007/978-3-658-19606-6_30

Beschränkung der Ethik auf eine reine Technikkritik ist aus unserer Sicht nicht hilfreich, da sie die Möglichkeiten der Ethik unterschätzt auf Entscheidungsfindungen und Gesetzgebungsprozesse Einfluss zu nehmen. Im Fokus unserer Betrachtungen stehen dabei eine wirtschaftsethische Reflexion der Richtlinien der Ethikkommission des Bundesministeriums für Verkehr und Digitale Infrastruktur, die ein positives Beispiel für die Zusammenarbeit aus Wirtschaft, Ethik und Technik darstellen. Der Umgang mit ethischen Dilemmasituationen, die Frage nach der rechtlichen Haftung und die Abwägung von Verkehrssicherheit mit Datenschutz stehen dabei im Zentrum unserer Auseinandersetzung. Zentrale Fragen sind dabei: Ist es ethisch gerechtfertigt in kritischen Situationen Menschenleben abzuwägen? Können Entscheidungen über Leben und Tod von Programmen übernommen werden oder müssen Entscheidungen dieser Art grundsätzlich von Menschen getroffen werden? Dürfen autonome Fahrzeuge Fahrerprofile auswerten, um die allgemeine Fahrsicherheit zu erhöhen und Unfälle zu vermeiden? Haftet bei Unfällen der Fahrzeughalter oder der Hersteller? Eine Betrachtung dieser Fragen zeigt, dass es sich bei den Ethikrichtlinien des autonomen Fahrens nicht nur um spezifische Fragestellungen in Bezug auf das autonome Fahren handelt, sondern auch um Abwägungsentscheidungen, die sich auf die Digitalisierung als solche beziehen. Das autonome Fahren stellt somit einen Präzedenzfall für die ethische Bewertung mit künstlicher Intelligenz und der Abwägung von Sicherheit und Freiheit dar. Die Auseinandersetzung mit dem technischen Hintergrund und den technischen Möglichkeiten nimmt daher einen wesentlichen Teil unserer Betrachtungen ein.

Schlüsselwörter

Autonomes Fahren · Ethikrichtlinien · Technikethik · Dilemmasituationen · Ethik der Digitalisierung

1 Einleitung

Die ethischen und rechtlichen Herausforderungen des autonomen Fahrens sind in den letzten Jahren durch mehrere tragische Unfälle in den Fokus der Berichterstattung gerückt worden und haben Zweifel an dem bisherigen Umgang mit künstlicher Intelligenz ausgelöst. Das Misstrauen in der Bevölkerung gegenüber den neuen Technologien ist weiterhin hoch, auch wenn die Technologien auf lange Sicht mehr Sicherheit und weniger Unfälle versprechen. Diese Angst spiegelt sich auch in der Literatur, Kunst und Film und reicht dabei auf Erzählungen und Geschichten weit vor der Digitalisierung zurück. Ein bekanntes Beispiel für die Ängste der Menschen im Umgang mit Zukunftstechnologien ist die Erzählung „Der Sandmann" von E.T.A. Hoffmann, in der die Trennlinien zwischen Mensch und Maschine verwischt werden, oder das Gedicht der „Zauberlehrling" von Johann Wolfgang von Goethe, in der der Zauberlehrling die unkontrollierbaren Kräfte seines Besens entfesselt. Die Ratlosigkeit des Menschen mit dem verantwortungsvollen Umgang mit Zukunftstechnologien zeigt dabei die Notwendigkeit auf, sich mit den rechtlichen und ethischen

Herausforderungen des autonomen Fahrens, die Aspekte des Datenschutzes, ethische Abwägungsentscheidungen und die Einhaltung bestehender Rechtsprinzipien umfassen, auseinanderzusetzen. Ein zentraler Baustein im richtigen Umgang mit künstlicher Intelligenz ist aus unser Sicht, dass die Ethik nicht die bestehende Entwicklung bremsen soll, sondern im Gegenteil aktiv mitgestalten und kontrollieren muss. Im Folgenden zeigen wir daher auf, wie die ethische Grundsätze konkret in der Praxis des autonomen Fahrens umgesetzt werden können und worin die Herausforderungen einer ethischen Normierung liegen. Als Beispiel dient uns dabei der Abschlussbericht der Ethik-Kommission „Automatisiertes und vernetztes Fahren", die 2017 in Zusammenarbeit mit dem Bundesverkehrsministerium für Verkehr und digitale Infrastruktur ethische Regeln für das autonome Fahren erarbeitet hat.

2 Ebenen des autonomen Fahrens

Für eine ethische Betrachtung des autonomen Fahrens ist es wichtig, zwischen den einzelnen Arten des autonomen Fahrens zu unterscheiden. Die Unterscheidung ist insbesondere im Hinblick auf die Verantwortung wichtig, da die Verantwortung des Fahrers für die Entscheidungen des Autos mit zunehmender Automatisierung abnimmt und der Vorprogrammierung von Maschinen eine wichtigere Rolle zukommt. Als Orientierung dient dabei die Klassifikation des Verbands der Automobilindustrie, die zwischen fünf Abstufungen unterscheidet (Abb. 1):

Eine ähnliche Abstufung wurde von der Society of Automotive Engineers (SAE) vorgenommen, die zwischen den Stufen „Keine Automation", „Fahrassistenz", „Teilautomation", „Bedingte Automation", „Hohe Automation" und „Vollautomation" unterscheidet.

Im Gegensatz zu der deutschen Einteilung fasst die National Highway Traffic Safety Administration (NHTSA) die Stufen 4 und 5 des deutschen Systems, die bisher noch nicht vollständig realisiert worden sind, in einer einzelnen Stufe zusammen. Gleichzeitig wurde der Begriff „connected driving" geprägt, der auch den

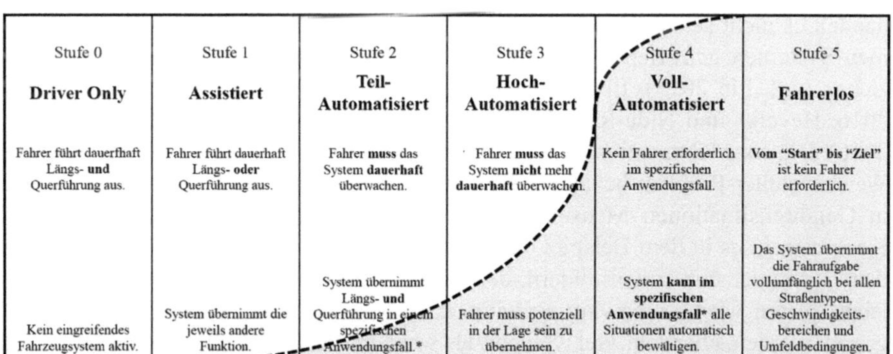

Abb. 1 Ebenen des Autonomen Fahrens. *Die Anwendungsfälle beinhalten Straßentypen, Geschwindigkeitsbereiche und Umfeldbedingungen. (Eigene Darstellung basierend auf VDA 2015)

zunehmenden Vernetzungsgrad zwischen einzelnen Fahrzeugen beschreibt. Die gegenwärtige Debatte zielt daher insbesondere auf die vollständige Automatisierung und fahrerlose Automobile ab, da sich dort die drängendsten ethischen Fragen stellen.

3 Ethische Konflikte und Problemsituationen

Um aufzuzeigen, wie ethische Richtlinien funktionieren, beschreiben wir eine Reihe von ethischen Konflikten, die im Zusammenhang mit autonomen Fahren entstehen können. Wir gehen dabei insbesondere auf Dilemmasituationen ein und analysieren, inwiefern die Entscheidungsfreiheit des Fahrers durch automatisierte Systeme eingeschränkt werden kann.

In den ethischen Auseinandersetzungen mit neuen Technologien und künstlicher Intelligenz spielt die Frage nach der moralischen Autonomie des Menschen eine zunehmend wichtige Rolle. Der Begriff Autonomie leitet sich vom altgriechischen Wort αὐτονομία (autonomía), bedeutet wörtlich ‚Eigengesetzlichkeit' und bezeichnet den Zustand der Selbstbestimmung oder Entscheidungsfreiheit. Unser heutiges Verständnis des Begriffs wurde dabei von der kantianischen Philosophie geprägt und bezieht sich darauf, dass Menschen moralische Entscheidung selbst vornehmen müssen. Kant hat dabei den Begriff der Autonomie wie folgt definiert: „Autonomie des Willens ist die Beschaffenheit des Willens, dadurch derselbe ihm selbst (unabhängig von aller Beschaffenheit der Gegenstände des Wollens) ein Gesetz ist. Das Prinzip der Autonomie ist also: nicht anders zu wählen, als so, dass die Maximen seiner Wahl in demselben Wollen zugleich als allgemeines Gesetz mit begriffen seien (Kant 2014)." Diese Sichtweise korrespondiert mit dem Wahlspruch der Aufklärung „sapere aude", die besagt, dass jeder Mensch seine eigene Vernunft gebrauchen muss, um ethische Entscheidungen zu treffen. Bezogen auf das autonome Fahren bedeutet die Übernahme menschlicher Entscheidungen durch fahrerlose Systeme eine Einschränkung der Entscheidungsfreiheit des Menschen. In der Regel wirkt sich das allerdings nicht unmittelbar auf ethische Problemstellungen aus. Denn wenn sich ein autonomes System für die schnellste oder schönste Route entscheidet, handelt es nicht selbst ethisch. Allerdings gibt es Entscheidungen, die von autonomen Systemen getroffen werden, die durchaus ethische Konsequenzen nach sich ziehen (vgl. Lin 2015). Ein Beispiel dafür ist das Trolley-Dilemma (vgl. Fournier 2016; Hevelke und Nida-Rümelin 2015; Gogoll und Müller 2017; Bonnefon et al. 2016). Die erste Konzeption beruht auf der Fassung von Engisch (1930), die auch als Weichensteller-Problem bekannt geworden ist, und behandelt die Frage, ob und wie in Gefahrensituationen Menschenleben miteinander abgewogen werden können. Konkret geht es in dem Beispiel darum, dass ein Weichensteller, um einen drohenden Zusammenstoß zu verhindern, der aller Voraussicht nach sehr viele Menschenleben kosten wird, einen Zug so leitet, das zwar auch Menschenleben aufs Spiel gesetzt werden, aber sehr viel weniger, als wenn er den Dingen ihren Lauf ließe. Die Antworten der Ethik auf dieses Dilemma sind nicht eindeutig. Aus rein utilitaristischer Perspektive sollte die Anzahl der Toten reduziert werden, während die deontologische Ansicht es grundsätzlich verbietet, Menschenleben zu verrechnen. Dieses ethisch nicht eindeutig lösbare Problem verkompliziert sich durch den Einsatz moderner Technik. Dilemmasituationen im Zusammenhang mit automatisierten Fahrzeugen sind grundsätzlich dadurch gekennzeichnet, dass ein automatisiertes Fahrzeug und nicht mehr das autonome Individuum vor der Entscheidung steht, zwischen zwei Übeln zu wählen. Veranschaulicht wird diese Thematik an einem Beispiel der Ethik-Kommission:

> „Der Fahrer eines Wagens fährt eine Straße am Hang entlang. Der vollautomatisierte Wagen erkennt, dass auf der Straße mehrere Kinder spielen. Ein eigenverantwortlicher Fahrer hätte jetzt die Wahl, sich selber das Leben zu nehmen, indem er über die Klippe fährt oder den Tod der Kinder in Kauf zu nehmen, indem er auf die im Straßenraum spielenden Kinder zusteuert. Bei einem vollautomatisierten Auto müsste der Programmierer oder die selbstlernende Maschine entscheiden, wie diese Situation geregelt werden soll."

Das konkrete Beispiel zeigt auf, dass man nicht nur die Frage nach der Abwägung von Menschenleben beantworten, sondern auch klären muss, ob Entscheidungen dieser Tragweite beim Programmierer oder beim Fahrer liegen sollen (vgl. Goodall 2014, 2016). Eine Auslagerung der Entscheidung auf den Programmierer oder den Staat droht dabei die moralische Autonomie des Einzelnen sehr stark zu untergraben. Diese Konsequenz einer Überregulierung ist in vielerlei Hinsicht problematisch, die Übergabe von Kompetenzen an Maschinen muss daher sorgfältig abgewogen werden. Denn zum einen besteht hier die Bedrohung eines staatlichen Paternalismus, bei dem eine „richtige" ethische Handlungsweise zur Lösung ethischer Dilemmasituationen extern vorgegeben wird. Zum anderen widerspricht es dem Weltbild des Humanismus und der Menschenwürde, in dem das Individuum im Zentrum der Betrachtungsweise steht.

Eine weitere ethische und rechtliche Herausforderung ist in diesem Zusammenhang die Haftung im Fall von Unfällen (Marchant und Lindor 2012; Duffy und Hopkins 2013; Douma und Palodichuk 2012). Die Frage ist eng mit der moralischen Selbstbestimmung des Menschen verknüpft, da nur Individuen mit klar erkennbaren Entscheidungskompetenzen in der Lage sind zu haften. Im Beispiel eines Unfalls, der durch ein autonomes System und nicht durch Versagen des Fahrers verursacht wurde, ist dies nicht immer einfach zu klären. Auf der einen Seite kann argumentiert werden, dass die Kaufentscheidung von Kunden gefällt wurde und er als Besitzer des Fahrzeugs zumindest teilweise haften muss. Teilweise werden Vergleiche mit der Haftung von Hundehaltern gezogen (Duffy und Hopkins 2013, § 833 BGB). Diese Sichtweise geht aber davon aus, dass der Kunde über die Programmierung des Fahrzeuges vollkommen im Bilde war und die damit verbundenen Risiken abschätzen konnte. Aus praktischen und ethischen Gründen ist diese Sichtweise allerdings sehr schwierig. Auf der anderen Seite kann das Unternehmen oder der Programmierer verantwortlich gemacht werden. Eine eindeutige Haftungspflicht des Unternehmens führt dazu, dass technische Innovationen nur von finanzkräftigen Unternehmen gestemmt werden können und so hohe Markteintrittsbarrieren entstehen.

4 Politische Rahmenbedingungen als Lösung von Dilemmasituationen

In der wirtschaftsethischen Literatur wird grundsätzlich zwischen individual- und systemethischen Ansätzen unterschieden (Lütge 2014; Lütge und Uhl 2018). Während die Individualethik versucht, den Einzelnen zu bestimmten Handlungen anzuleiten, versucht die Systemethik die Interessen der Einzelnen durch geeignete Anreizsetzung so zu berücksichtigen, dass eine wechselseitige Besserstellung für alle Beteiligten entsteht. Bei letzterem Ansatz spielt vor allem die Einführung von allgemeinverbindlichen Regeln eine wichtige Rolle, um Dilemmasituationen aufzulösen. Die Auseinandersetzung mit technik- und wirtschaftsethischen Fragestellungen zeigt dabei, dass die Lösung von ethischen Problemen unter den Bedingungen des Wettbewerbs aufgrund der Struktur des Gefangenendilemmas nicht über die individuellen Ebene, sondern nur über eine geeignete Rahmenordnung gewährleistet werden kann. Darüber hinaus kann das durchaus gut gemeinte Handeln Einzelner zu kontraproduktiven Entscheidungen führen (vgl. Lütge und Uhl 2018). Die Anwendung von universellen Regeln ist daher die Voraussetzung dafür, dass Akteure allgemeine Grundsätze in Einzelfällen implementieren können. Fehlt eine allgemeingültige Rahmenordnung, kann es zu einer Unterbietung ethischer Standards und zu einem sogenannten „race to the bottom" zu führen. Das Beispiel Deutschland zeigt, dass gerade bei komplexen ethischen Problemen die Erstellung von Regeln eine wichtige Bedeutung einnimmt, um ethisch wünschenswerte Ergebnisse zu erreichen.

4.1 Die Ethik-Kommission des Bundesministeriums für Verkehr und digitale Infrastruktur 2017

Die Errichtung von Expertenkommissionen und eine stärkere Zusammenarbeit zwischen Industrie, Politik und Wissenschaft wird bereits seit einiger Zeit gefordert (Beiker 2012). Dies ist notwendig, da die Kenntnis technischer Zusammenhänge für die ethische Bewertung von zentraler Relevanz ist. Die deutsche Regierung hat daher 2016 eine Expertengruppe einberufen, um ethische und rechtliche Regeln für den Umgang mit automatisiertem und vernetztem Fahren zu erstellen. Vertreter aus Praxis, Ethik und Recht befassten sich dabei mit der Erstellung einheitlicher Richtlinien, die einen ethischen Umgang mit autonomen Fahren gewährleisten sollen und setzten damit Standards, die auch für andere Länder bedeutend sein können. Der Bericht der Ethik-Kommission wurde im Juni 2017 präsentiert. Der Bericht liegt in deutscher und englischer Sprache vor (BMVI 2017a, b; vgl. dazu auch Lütge 2017).

Der Abschlussbericht des Ethik-Kommission beinhaltet das Leitbild, dass eine Grundsatzentscheidung über die ethische Vertretbarkeit von automatisierten System getroffen werden muss. Eine Nichtentscheidung führt zu unklaren rechtlichen Verhältnissen für Kunden und für Produzenten. Wenn automatisierte Systeme erlaubt sind hängt alles von den Bedingungen ab, unter denen sie benutzt werden, und von der Art und Weise, wie sie verwendet werden. Die folgenden Fragen spielen daher für eine Normierung eine zentrale Rolle:

Welche Folgen ergeben sich aus stärkeren Abhängigkeit von künstlicher Intelligenz?
Wie lösen wir den Konflikt zwischen Sicherheit, Mobilität und Bequemlichkeit?
Welche Vorkehrungen müssen getroffen werden, um Kontrolle über künstliche Intelligenz zu gewährleisten?
Welche Rolle spielen Transparenz und Datenautonomie?

Die Ethik-Kommission setzte sich zu Beginn mit der Frage auseinander, warum autonomes Fahren ethisch reguliert werden muss und welche Verbesserungen autonomes Fahren für die einzelnen Verkehrsteilnehmer mit sich bringt. Aus Sicht der Experten ist die technische Entwicklung positiv zu sehen, da sie die Gefahr von Verkehrsunfällen deutlich reduziert. Gleichzeitig wird dadurch auch die Freiheit und Mobilität des Einzelnen erhöht. Nach dem Ethikverständnis der Kommission gibt es somit keine grundsätzliche Spannung zwischen Ethik und Technologie, sondern eine Vorstellung von Technologie, die sich im ethischen und rechtlichen Rahmen weiterentwickelt und zu einer Verbesserung für die Situation der Einzelnen beiträgt. Daher einigte sich die Ethik-Kommission darauf, dass autonome Fahrzeuge positive Folgen entfalten müssen. Als konkrete Beispiele für positive Folgen des Einsatzes von autonomen Fahrzeugen werden außer Mobilitätsgewinnen für Menschen mit Behinderungen auch die Verringerung der Unfallzahlen genannt.

4.2 Kommentar zu den Ethische Richtlinien der Ethik-Kommission 2017

Der Abschlussbericht der *Ethik Kommission Automatisiertes und vernetztes Fahren* besteht aus 20 Richtlinien, die sich mit den unterschiedlichen ethischen und rechtlichen Herausforderungen selbstfahrender Autos beschäftigen. Zur besseren Strukturierung teilen wir die Richtlinien im Folgenden in zehn thematische Gruppen ein: Eine Einführung, allgemeine ethische Vorteile des automatisierten Fahrens, unvermeidbare Dilemmasituationen, Fragen der Verantwortung, Transparenz und der öffentlichen Aufklärung, Connected Driving, Datenschutz, Schnittstelle Mensch und Maschine, Maschinelles Lernen und Ausbildung der Verkehrsteilnehmer. Auf jede Richtlinie folgt ein kurzer Kommentar, der die ethische Bedeutung der einzelnen Richtlinien näher erläutert.

4.2.1 Einführung

Richtlinie 1
Teil- und vollautomatisierte Verkehrssysteme dienen zuerst der Verbesserung der Sicherheit aller Beteiligten im Straßenverkehr. Daneben geht es um die Steigerung von Mobilitätschancen und die Ermöglichung weiterer Vorteile. Die technische Entwicklung gehorcht dem Prinzip der Privatautonomie im Sinne eigenverantwortlicher Handlungsfreiheit.

Wie bereits dargelegt, spielt das Prinzip der persönlichen Autonomie eine zentrale Rolle für das Verständnis von technik-ethischen Fragen. Auch die Ethikrichtlinien beziehen sich darauf und führen es dabei als wesentliches Entscheidungskriterium für ethische Entscheidungen sowie als zentralen Grundsatz einer Technologie-Ethik ein. Die Ethik versucht damit, den wahrgenommenen Konflikt zwischen persönlicher Autonomie und technischem Fortschritt aufzulösen.

4.2.2 Allgemeine ethische Vorteile des automatisierten Fahrens

Richtlinie 2
Der Schutz von Menschen hat Vorrang vor allen anderen Nützlichkeitserwägungen. Ziel ist die Verringerung von Schäden bis hin zur vollständigen Vermeidung. Die Zulassung von automatisierten Systemen ist nur vertretbar, wenn sie im Vergleich zu menschlichen Fahrleistungen zumindest eine Verminderung von Schäden im Sinne einer positiven Risikobilanz verspricht.

Das Interessante an dieser Richtlinie ist, dass sie offen mit dem Abwägen von Risiken umgeht, anstatt Risikoabwägungen im Vorhinein auszuschließen (was aus einer rein deontologischen Perspektive durchaus denkbar wäre.) Zielsetzung des Ethik-Kodex ist dabei die Schadensminimierung und das Erreichen eines Nettovorteils gegenüber relevanten Alternativen wie der Nichteinführung autonomer Fahrzeuge. Die Kommission stimmte zu, dass autonome Fahrzeuge ethische Vorteile bieten, was ein gewichtiges Argument für ihre Einführung (BMVI 2017a) darstellt. Auch für Menschen mit körperlichen Einschränkungen kann autonomes Fahren einen großen Zugewinn darstellen (Beiker 2012).

Richtlinie 3
Die Gewährleistungsverantwortung für die Einführung und Zulassung automatisierter und vernetzter Systeme im öffentlichen Verkehrsraum obliegt der öffentlichen Hand. Fahrsysteme bedürfen deshalb der behördlichen Zulassung und Kontrolle. Die Vermeidung von Unfällen ist Leitbild, wobei technisch unvermeidbare Restrisiken einer Einführung des automatisierten Fahrens bei Vorliegen einer grundsätzlich positiven Risikobilanz nicht entgegenstehen.

Die Richtlinie betont, dass eine offizielle Lizenz für das automatisierte Fahren benötigt wird und dass das Thema nicht allein der Verantwortung der Autohersteller überlassen werden kann. Dies spiegelt auch eine systemethische Sichtweise wieder, da die Grundregeln, nach denen der wirtschaftliche Wettbewerb funktioniert, durch die rechtliche Rahmenordnung gesetzt werden müssen. Gleichzeitig würde bei einem Fehlen allgemeingültiger und demokratisch legitimierter Regeln die Akzeptanz in der Bevölkerung von automatisiertem Fahren gefährdet sein.

Richtlinie 4
Die eigenverantwortliche Entscheidung des Menschen ist Ausdruck einer Gesellschaft, in der der einzelne Mensch mit seinem Entfaltungsanspruch und seiner Schutzbedürftigkeit im Zentrum steht. Jede staatliche und politische Ordnungsentscheidung dient deshalb der freien Entfaltung und dem Schutz des Menschen. In

einer freien Gesellschaft erfolgt die gesetzliche Gestaltung von Technik so, dass ein Maximum persönlicher Entscheidungsfreiheit in einer allgemeinen Entfaltungsordnung mit der Freiheit anderer und ihrer Sicherheit zum Ausgleich gelangt.

Diese Richtlinie stellt die menschliche Entwicklung, die durch eine Technologie gefördert und nicht behindert werden sollte, sowie eine freie Gesellschaft in den Mittelpunkt der ethischen Betrachtungsweise. Der Begriff ‚freie Gesellschaft' wird dabei nicht näher spezifiziert, kann aber im weiteren Sinne als Bezug auf demokratisch verfasste Staaten interpretiert werden.

4.2.3 Unvermeidbare Dilemmasituationen

Wie bereits beschrieben, stellen Dilemmasituationen eines der Hauptprobleme in einem Großteil der Literatur über automatisiertes und autonomes Fahren dar. Die Richtlinien 5 bis 9 befassen sich konkret mit möglichen Dilemmaentscheidungen vollautomatisierter Systeme.

Richtlinie 5

Die automatisierte und vernetzte Technik sollte Unfälle so gut wie praktisch möglich vermeiden. Die Technik muss nach ihrem jeweiligen Stand so ausgelegt sein, dass kritische Situationen gar nicht erst entstehen, dazu gehören auch Dilemma-Situationen, also eine Lage, in der ein automatisiertes Fahrzeug vor der „Entscheidung" steht, eines von zwei nicht abwägungsfähigen Übeln notwendig verwirklichen zu müssen. Dabei sollte das gesamte Spektrum technischer Möglichkeiten – etwa von der Einschränkung des Anwendungsbereichs auf kontrollierbare Verkehrsumgebungen, Fahrzeugsensorik und Bremsleistungen, Signale für gefährdete Personen bis hin zu einer Gefahrenprävention mittels einer „intelligenten" Straßen-Infrastruktur – genutzt und kontinuierlich weiterentwickelt werden. Die erhebliche Steigerung der Verkehrssicherheit ist Entwicklungs- und Regulierungsziel, und zwar bereits in der Auslegung und Programmierung der Fahrzeuge zu defensivem und vorausschauendem, schwächere Verkehrsteilnehmer („Vulnerable Road Users") schonendem Fahren.

Richtlinie 5 ist im Vergleich zu den folgenden Richtlinien relativ unproblematisch. In der Literatur über Trolley-Dilemmas und autonomes Fahren wird viel darüber geschrieben, was in einer ohnehin schon unvermeidlichen Situation zu tun ist. Viel weniger Zeit wird jedoch gewöhnlich der Tatsache gewidmet, dass automatisierte und autonome Systeme immer besser darin werden, durch rechtzeitiges Bremsen Dilemmasituationen zu vermeiden. Über 90 % der Autounfälle in den USA werden durch menschliche Fehler verursacht (NHTSA 2015). Automatisierte Systeme könnten folglich einen Großteil der Unfälle verringern.

Eine Analogie zur aktuellen Entwicklung ist die Weiterentwicklung von Sicherheitstechnologien wie ABS und ESP, die sich seit den 1980er-Jahren positiv auf die Verkehrssicherheit ausgewirkt haben. Aufgrund des technischen Fortschritts ist die Anzahl der Verkehrstoten in Deutschland bereits seit mehreren Jahrzehnten rückläufig.

Richtlinie 6

Die Einführung höherer automatisierter Fahrsysteme insbesondere mit der Möglichkeit automatisierter Kollisionsvermeidung kann gesellschaftlich und ethisch geboten sein, wenn damit vorhandene Potenziale der Schadensminderung genutzt werden können. Umgekehrt ist eine gesetzlich auferlegte Pflicht zur Nutzung vollautomatisierter Verkehrssysteme oder die Herbeiführung einer praktischen Unentrinnbarkeit ethisch bedenklich, wenn damit die Unterwerfung unter technische Imperative verbunden ist (Verbot der Degradierung des Subjekts zum bloßen Netzwerkelement).

Während Richtlinie 2 und der erste Satz der Richtlinie 6 betonen, dass automatisiertes Fahren grundsätzlich ethisch wünschenswert ist, können heute noch unbekannte Gefahren in der Zukunft lauern. Vollautomatisiertes Fahren sollte folglich (noch) nicht verpflichtend sein, da Individuen einem technologischen Regime völlig unterwerfen werden könnten und damit – aus kantianischer Perspektive – zu bloßen Mitteln reduzieren werden können. (Es gab einige Kontroversen innerhalb des Ausschusses zu diesem Punkt, da daraus folgt, dass vollautomatisiertes Fahren auch dann moralisch fragwürdig ist, wenn es die Anzahl an Unfällen reduziert. Die Richtlinie wurde jedoch mit der Begründung angenommen, dass eine technische Entwicklung ohne weitere Reflexion ungewollte Eigendynamiken entwickeln kann.)

Richtlinie 7

In Gefahrensituationen, die sich bei aller technischen Vorsorge als unvermeidbar erweisen, besitzt der Schutz menschlichen Lebens in einer Rechtsgüterabwägung höchste Priorität. Die Programmierung ist deshalb im Rahmen des technisch Machbaren so anzulegen, im Konflikt Tier- oder Sachschäden in Kauf zu nehmen, wenn dadurch Personenschäden vermeidbar sind.

Diese Richtlinie besagt, dass das Vermeiden von Schäden an Menschen Vorrang vor Schäden an Eigentum und explizit auch an Tieren hat. Höheren Tieren wurde jedoch besondere Aufmerksamkeit geschenkt, da ihr Schutz in Deutschland seit 2002 Verfassungsrang hat. Schwierige Fälle können dann entstehen, wenn die Detektionsgeräte von Autos irgendwann mit hoher Sicherheit zwischen höheren Tieren (besonders kleineren) und anderen Hindernissen auf der Straße unterscheiden können oder sogar zwischen verschiedenen Klassen höherer Tiere. Diese Details wurden vorerst nachrangig behandelt, da der technische Entwicklungsstand eine abschließende Beurteilung dieser Frage noch nicht zulässt.

Richtlinie 8

Echte dilemmatische Entscheidungen, wie die Entscheidung Leben gegen Leben sind von der konkreten tatsächlichen Situation unter Einschluss „unberechenbarer“ Verhaltensweisen Betroffener abhängig. Sie sind deshalb nicht eindeutig normierbar und auch nicht ethisch zweifelsfrei programmierbar. Technische Systeme müssen auf Unfallvermeidung ausgelegt werden, sind aber auf eine komplexe oder intuitive Unfallfolgenabschätzung nicht so normierbar, dass sie die Entscheidung eines sittlich urteilsfähigen, verantwortlichen Fahrzeugführers ersetzen oder vorwegnehmen könnten. Ein menschlicher Fahrer würde sich zwar rechtswidrig verhalten, wenn er im Notstand einen Menschen tötet, um einen oder mehrere andere Menschen zu retten, aber er würde nicht notwendig schuldhaft handeln. Derartige in der Rückschau angestellte und besondere Umstände würdigende Urteile des Rechts lassen sich nicht ohne weiteres in abstrakt-generelle Ex-Ante-Beurteilungen und damit auch nicht in entsprechende Programmierungen umwandeln. Es wäre gerade deshalb wünschenswert, durch eine unabhängige öffentliche Einrichtung (etwa einer Bundesstelle für Unfalluntersuchung automatisierter Verkehrssysteme oder eines Bundesamtes für Sicherheit im automatisierten und vernetzten Verkehr) Erfahrungen systematisch zu verarbeiten.

Die Bedeutung dieser Richtlinie erklärt sich, wenn man folgende Situation betrachtet: Ein menschlicher Fahrer wird von auf der Straße spielenden Kindern überrascht. In Sekundenbruchteilen muss sich der Fahrer entscheiden, ob er die Kinder auf der Straße überfährt oder ob er ausweicht und selbst ggf. mit dem Auto von einer Klippe stürzt und sich selbst opfert. Das Ausweichen wäre eine persönliche, intuitive Entscheidung oder könnte auch Ergebnis einer langen philosophischen Betrachtung sein. Aber selbst wenn dies der Fall wäre, kann die Entscheidung, bestimmte Leben bewusst zu opfern, um andere zu schonen, nicht von einem Programmierer bzw. Programmen übernommen werden.

Richtlinie 9

Bei unausweichlichen Unfallsituationen ist jede Qualifizierung nach persönlichen Merkmalen (Alter, Geschlecht, körperliche oder geistige Konstitution) strikt untersagt. Eine Aufrechnung von Opfern ist untersagt. Eine allgemeine Programmierung auf eine Minderung der Zahl von Personenschäden kann vertretbar sein. Die an der Erzeugung von Mobilitätsrisiken Beteiligten dürfen Unbeteiligte nicht opfern.

Diese Richtlinie kann durchaus kontrovers diskutiert werden. Das Problem besteht darin, dass eine Maschinen- oder Codeauswahl nach persönlichen Eigenschaften vermieden sollte, aber gleichzeitig erlaubt werden muss, dass Codes programmiert werden können, die die Gesamtzahl der Personenschäden minimieren. Ein vollkommener Verzicht auf die Abwägung von Menschenleben ist nicht unproblematisch. Erstens könnte der Schaden an Eigentum sehr groß sein, wie im Fall eines Stromausfalls für eine ganze Stadt oder eines explodierenden Tanklastwagens, so dass eine sehr hohe Personenzahl von den Folgen des Unfalls betroffen ist. Aber selbst wenn man entscheidet, dass persönliche Verletzungen immer Vorrang gegenüber anderen Kriterien haben, kann es unterschiedliche Verletzungs- und Todeswahrscheinlichkeiten für verschiedene Personengruppen geben. In diesem Fall wäre es unethisch, auf die Möglichkeit zu verzichten, die Gesamtschäden auf Personen zu reduzieren. Gleichzeitig wendet sich die Richtlinie gegen ein Aufrechnen von Menschenleben in konkreten Szenarien.

In gewisser Weise handelt es sich dabei um eine Lehre aus dem deutschen Luftsicherheitsgesetz, das 2006 vom Bundesverfassungsgericht für verfassungswidrig erklärt wurde, obwohl sich die Meinungen unter Richtern und Rechtsgelehrten bis heute (Isensee 2006) unterscheiden. Gemäß dem Luftfahrtsicherheitsgesetz, das später als Grundlage für das berühmte Theaterstück von Ferdinand von Schirachs („Terror") diente, war es erlaubt, Passagierflugzeuge abzuschießen, die von Terroristen entführt und als Waffe missbraucht werden. In diesem Fall wären somit Individuen zum Wohle der Allgemeinheit geopfert worden. Im Falle einer anonymen Programmierung sind jedoch keine Opfer individuell im Voraus bekannt. Es handelt sich um eine abstrakte Richtlinie, deren genaue Folgen in der konkreten Situation unvorhersehbar sind und die das Gesamtrisiko für alle davon betroffenen Menschen reduziert (es könnte als vergleichbar mit dem Risiko einer Impfung angesehen werden) und um keinen konkreten Einzelfall, der die Prüfung der näheren Umstände erfordert. Gleichzeitig stellt die Richtlinie auch eine Orientierungshilfe für die Programmierer dar, indem sie ihnen eine klare ethische Richtlinie gibt.

Die Qualifizierung nach individuellen Merkmalen könnte auch zu anderem Verhalten im Straßenverkehr führen. Würde eine Software beispielsweise Motorradfahrer ohne Helm gegenüber Motorradfahrern mit Helm systematisch bevorzugen, gäbe es Anreize für Motorradfahrer, ohne Helm zu fahren, um im Falle einer Extremsituation gegenüber anderen Teilnehmern bevorzugt zu werden. Sollte ein derartiges Verhalten durch die Software bevorzugt werden, würden Anreize gesetzt werden, die zu einer Erosion allgemein akzeptierter Vorsichtsmaßnahmen führen.

4.2.4 Die Frage der Verantwortung

Richtlinie 10

Die dem Menschen vorbehaltene Verantwortung verschiebt sich bei automatisierten und vernetzten Fahrsystemen vom Autofahrer auf die Hersteller und Betreiber der technischen Systeme und die infrastrukturellen, politischen und rechtlichen Entscheidungsinstanzen. Gesetzliche Haftungsregelungen und ihre Konkretisierung in der gerichtlichen Entscheidungspraxis müssen diesem Übergang hinreichend Rechnung tragen.

Die Richtlinie verdeutlicht, dass komplexe ethische Entscheidungen unmittelbar mit der Verantwortung von Individuen korrespondieren. Aufgrund der technischen Komplexität können Fehler nicht mehr auf der individuellen Ebene gelöst, sondern müssen durch rechtliche Normierung geklärt werden.

Richtlinie 11

Für die Haftung für Schäden durch aktivierte automatisierte Fahrsysteme gelten die gleichen Grundsätze wie in der übrigen Produkthaftung. Daraus folgt, dass Hersteller oder Betreiber verpflichtet sind, ihre Systeme fortlaufend zu optimieren und auch bereits ausgelieferte Systeme zu beobachten und zu verbessern, wo dies technisch möglich und zumutbar ist.

Die Richtlinien 10 und 11 entfalten eine höhere praktische Relevanz als die Regeln für Dilemmasituationen, die voraussichtlich (wenn überhaupt) nur in Ausnahmefällen relevant werden. Die Regeln 10 und 11 verlagern die Rechenschaftspflicht, die derzeit (siehe Genfer Straßenkontrollübereinkommen (1949) und Wiener Straßenverkehrskonvention (1968)) immer noch beim Fahrzeughalter liegt, zu den Fahrzeugherstellern oder -betreibern des Fahrzeugs und der technologischen Systeme. Eine Haftungsteilung zwischen Hersteller, Fahrer und Halter wird aus rechtlicher und ethischer Perspektive als problematisch angesehen (Lutz et al. 2013).

Denn es ist klar, dass, wenn der Fahrer (oder der Autobesitzer) das Auto in jeder einzelnen Situation nicht vollständig kontrollieren kann und nicht mehr zur Kontrolle gezwungen ist (ab Automation Level 3), er oder sie nicht mehr für das Verhalten des Autos verantwortlich sein kann, sondern nur die Firmen, die es gebaut haben oder die seine relevanten Systeme betreiben (für Volvo, Korosec 2015).

4.2.5 Transparenz und öffentliche Aufklärung

Richtlinie 12
Die Öffentlichkeit hat einen Anspruch auf eine hinreichend differenzierte Aufklärung über neue Technologien und ihren Einsatz. Zur konkreten Umsetzung der hier entwickelten Grundsätze sollten in möglichst transparenter Form Richtlinien für den Einsatz und die Programmierung von automatisierten Fahrzeugen abgeleitet und in der Öffentlichkeit kommuniziert und von einer fachlich geeigneten, unabhängigen Stelle geprüft werden.

Die Ethik-Kommission unterstrich die Notwendigkeit, dass die Öffentlichkeit über Fragen zu automatisierten Fahrzeugen aufgeklärt werden muss und dass eine oder mehrere geeignete unabhängige Stellen für die Durchführung dieser Aufgabe erforderlich sind (siehe auch Richtlinie 18). Eine staatliche Organisation ist dabei nicht zwingend erforderlich, sondern es könnte eine Nichtregierungsorganisation (wie bereits beim Verbraucherschutz üblich) sein, die die Aufgabe übernimmt, Unternehmen kritisch zu überwachen.

4.2.6 Connected Driving: Sicherheit

Richtlinie 13
Ob in Zukunft eine dem Bahn- und Luftverkehr entsprechende vollständige Vernetzung und zentrale Steuerung sämtlicher Kraftfahrzeuge im Kontext einer digitalen Verkehrsinfrastruktur möglich und sinnvoll sein wird, lässt sich heute nicht abschätzen. Eine vollständige Vernetzung und zentrale Steuerung sämtlicher Fahrzeuge im Kontext einer digitalen Verkehrsinfrastruktur ist ethisch bedenklich, wenn und soweit sie Risiken einer totalen Überwachung der Verkehrsteilnehmer und der Manipulation der Fahrzeugsteuerung nicht sicher auszuschließen vermag.

Die Richtlinie besagt, dass die totale Überwachung, die im Zusammenhang mit dem vernetzten Fahren entsteht, ethisch problematisch sein kann, obwohl nicht angegeben wird, was genau getan werden sollte, um dies zu verhindern. Die Klärung dieser Frage wird sicherlich weiterhin Gegenstand der Diskussion sein.

Richtlinie 14
Automatisiertes Fahren ist nur in dem Maße vertretbar, in dem denkbare Angriffe, insbesondere Manipulationen des IT-Systems oder auch immanente Systemschwächen nicht zu solchen Schäden führen, die das Vertrauen in den Straßenverkehr nachhaltig erschüttern.

Die Frage der Sicherheit vor Cyberangriffen ist in jeder technik-ethischen Debatte von zentraler Bedeutung. Gleichzeitig kommt Cyberangriffen eine sehr hohe mediale Aufmerksamkeit zu (Hern 2017). Gehackte Systeme, die Autos in Waffen verwandeln oder Zweckentfremdung durch externe Eindringlinge ermöglichen, müssen durch die Anbieter der Fahrzeuge vermieden werden. Obgleich diese Richtlinie ziemlich klar formuliert ist, handelt es sich bei ihrer praktischen Umsetzung wohl um einer der größten ethischen und rechtlichen Herausforderung des autonomen Fahrens.

Datenschutz
Richtlinie 15

Erlaubte Geschäftsmodelle, die sich die durch automatisiertes und vernetztes Fahren entstehenden, für die Fahrzeugsteuerung erheblichen oder unerheblichen Daten zunutze machen, finden ihre Grenze in der Autonomie und Datenhoheit der Verkehrsteilnehmer. Fahrzeughalter oder Fahrzeugnutzer entscheiden grundsätzlich über Weitergabe und Verwendung ihrer anfallenden Fahrzeugdaten. Die Freiwilligkeit solcher Datenpreisgabe setzt das Bestehen ernsthafter Alternativen und Praktikabilität voraus. Einer normativen Kraft des Faktischen, wie sie etwa beim Datenzugriff durch die Betreiber von Suchmaschinen oder sozialen Netzwerken vorherrscht, sollte frühzeitig entgegengewirkt werden.

Datenschutz und Datenhoheit gehören zu den meistdiskutierten Themen der Big-Data-Ethik und der Digitalisierung im Allgemeinen (Floridi 2016). Die Richtlinien gehen davon aus, dass die Daten den Nutzern und Eigentümern eines Fahrzeugs gehören. Diese können allerdings freiwillige Nutzung ihrer Daten zulassen, was auch der Optimierung bereits bestehender Systeme dienen kann. Vorteile in Bezug auf Komfort reichen allerdings nicht aus, um fehlende Privatsphäre oder die Vernachlässigung der Datenhoheit zu rechtfertigen. Gleichzeitig wird in den Richtlinien die Notwendigkeit des Wettbewerbs in den Fokus gerückt, der eine systematische Suche nach Alternativen zu bereits etablierten Suchmaschinen und sozialen Netzwerken voraussetzt. Die Monopolstellungen im Bereich Suchmaschinen und Soziale Netzwerke sind warnende Beispiele für mangelnden Datenschutz und intransparentes Datenmanagement. Dem Wettbewerb kommt dabei die Funktion zu, die Kundenorientierung zu stärken, da er Unternehmen unter Druck setzt, ihre Leistungen stetig zu verbessern und an Kundenbedürfnisse anzupassen.

4.2.7 Schnittstelle von Mensch und Maschine

Richtlinie 16

Es muss klar unterscheidbar sein, ob ein fahrerloses System genutzt wird oder ein Fahrer mit der Möglichkeit des „Overrulings“ Verantwortung behält. Bei nicht fahrerlosen Systemen muss die Mensch/Maschine-Schnittstelle so ausgelegt werden, dass zu jedem Zeitpunkt klar geregelt und erkennbar ist, welche Zuständigkeiten auf welcher Seite liegen, insbesondere auf welcher Seite die Kontrolle liegt. Die Verteilung der Zuständigkeiten (und damit der Verantwortung) zum Beispiel im Hinblick auf Zeitpunkt und Zugriffsregelungen sollte dokumentiert und gespeichert werden. Das gilt vor allem für Übergabevorgänge zwischen Mensch und Technik. Eine internationale Standardisierung der Übergabevorgänge und der Dokumentation

(Protokollierung) ist anzustreben, um angesichts der grenzüberschreitenden Verbreitung automobiler und digitaler Technologien die Kompatibilität der Protokoll- oder Dokumentationspflichten zu gewährleisten.

Die Richtlinie fordert, dass der Fahrer jederzeit das System außer Kraft setzen und in die manuelle Steuerung übergehen kann, und stärkt somit die Entscheidungsfreiheit des Einzelnen. Dies führte zu einigen Kontroversen, da menschliche Entscheidungen riskanter sein könnten als Entscheidungen, die auf künstlicher Intelligenz basieren. Die Kommission entschied jedoch, dass es Teil der conditio humana ist, selbst auch irrational zu entscheiden und Fehler zu machen. Gleichzeitig weist die Richtlinie auf das Problem der Mensch-Maschine-Schnittstelle hin. Um Koordinationsfehler zu vermeiden, müssen Übergabeverfahren klar, eindeutig und einfach zu handhaben sein. Dies setzt voraus, dass die Verantwortlichkeit in jeder Situation klar zugewiesen werden kann. Daten über diese Verfahren müssen daher angemessen gespeichert und standardisiert werden, um ein transparentes System zu schaffen, das den Fahrer über mögliche Haftungsrisiken aufklärt.

Richtlinie 17
Software und Technik hochautomatisierter Fahrzeuge müssen so ausgelegt werden, dass die Notwendigkeit einer abrupten Übergabe der Kontrolle an den Fahrer praktisch ausgeschlossen ist. Um eine effiziente, zuverlässige und sichere Kommunikation zwischen Mensch und Maschine zu ermöglichen und Überforderung zu vermeiden, müssen sich die Systeme stärker dem Kommunikationsverhalten des Menschen anpassen und nicht umgekehrt erhöhte Anpassungsleistungen dem Menschen abverlangt werden.

Die Übergabe der Kontrolle von der Maschine auf den Menschen muss mit einer gewissen Zeitverzögerung und darf nicht unmittelbar erfolgen, um dem Menschen genügend Zeit zur Orientierung und Kontrollübernahme zu bieten. Gleichzeitig muss die Frage behandelt werden, wie sich das autonome Fahren langfristig auf die Fahrfähigkeit der Bevölkerung auswirkt und welche Maßnahmen getroffen werden müssen, um zu verhindern, dass die Fahrtüchtigkeit sinkt.

4.2.8 Maschinelles Lernen

Richtlinie 18
Lernende und im Fahrzeugbetrieb selbstlernende Systeme sowie ihre Verbindung zu zentralen Szenarien-Datenbanken können ethisch erlaubt sein, wenn und soweit sie Sicherheitsgewinne erzielen. Selbstlernende Systeme dürfen nur dann eingesetzt werden, wenn sie die Sicherheitsanforderungen an fahrzeugsteuerungsrelevante Funktionen erfüllen und die hier aufgestellten Regeln nicht aushebeln. Es erscheint sinnvoll, relevante Szenarien an einen zentralen Szenarien-Katalog einer neutralen Instanz zu übergeben, um entsprechende allgemeingültige Vorgaben, einschließlich etwaiger Abnahmetests zu erstellen.

Maschinelles Lernen ist für das autonome Fahren von großer Relevanz, da selbstlernende Systeme in mehrfacher Hinsicht die allgemeine Verkehrssicherheit erhöhen können (Kalra und Paddock 2016). Gleichzeitig entstehen durch den Einsatz von maschinellem Lernen auch Effizienz- und Nachhaltigkeitsgewinne. Ein autonomes Fahrzeug könnte beispielsweise lernen, bestimmte Situationen oder verstopfte Routen zu vermeiden. Es ist jedoch auch ein sensibles Thema, da sich ein selbstlernendes System auf eine Weise entwickeln kann, an die Programmierer zuvor nicht gedacht haben, wie im Fall des Microsoft-Bot Tay (Postinett 2016). Daher spricht sich die Ethik-Kommission nur für den Einsatz von Selbstlerntechnologien in nicht-sicherheitskritischen Angelegenheiten aus. Gleichzeitig fordert die Kommission eine neutrale Stelle, um Standards für solches Selbstlernen, seine Szenarien und seine Akzeptanz zu entwickeln.

Richtlinie 19
In Notsituationen muss das Fahrzeug autonom, d. h. ohne menschliche Unterstützung, in einen „sicheren Zustand" gelangen. Eine Vereinheitlichung insbesondere der Definition des sicheren Zustandes oder auch der Übergaberoutinen ist wünschenswert.

Im Falle einer Notsituation (bspw. ein Herzinfarkt des Fahrers), in der das autonome Fahrzeug den autonomen Modus verlassen muss, aber der Fahrer die Kontrolle nicht übernehmen will oder kann, muss das Fahrzeug in einen sicheren Zustand gelangen. Bisher sind die unterschiedlichen Konzepte eines sicheren Zustands unterschiedlich definiert und sollten harmonisiert werden. Konkret wäre ein sicheres Manövrieren zum Straßenrand beispielsweise ein sinnvoller Schritt.

4.2.9 Ausbildung der Verkehrsteilnehmer

Richtlinie 20
Die sachgerechte Nutzung automatisierter Systeme sollte bereits Teil der allgemeinen digitalen Bildung sein. Der sachgerechte Umgang mit automatisierten Fahrsystemen sollte bei der Fahrausbildung in geeigneter Weise vermittelt und geprüft werden.

Die Ausbildung aller am Straßenverkehr teilnehmenden Personen muss an dic Veränderungen im digitalisierten Zeitalter angepasst werden. Die Richtlinie ist an dieser Stelle recht unspezifisch definiert. Diese Herausforderung wird in der Zukunft eine zentrale Bedeutung einnehmen, um einen möglichst großen Teil der Bevölkerung auf die Chancen und Risiken des autonomen Fahrens hinzuweisen.

5 Fazit

Obwohl abzuwarten bleibt, welche konkrete Auswirkungen die Richtlinien der Ethik-Kommission auf künftige Rechtsvorschriften und Regelungen haben, wird in Deutschland eine Gesetzgebung ohne Berücksichtigung der Ethikrichtlinien nicht mehr möglich sein. Im Abschlussbericht der Ethik-Kommission „Automatisiertes und vernetztes Fahren" des Bundesministeriums für Verkehr und digitale Infrastruktur sind bereits weitere Gedankenanstöße zu den Themen Dilemmasituationen, Verantwortung und Haftung sowie allgemeine Vorteile des autonomen Fahrens enthalten.

Die konkrete Bedeutung der Ethikrichtlinien entfaltet sich dabei auf zwei verschiedene Arten: Auf der einen Seite wird damit signalisiert, dass Ethik aktiv technische Entwicklungen steuern muss und sich nicht darauf beschränken darf, reine Ex-Post-Betrachtungen vorzunehmen. Gleichzeitig sind allgemeine Verfahrensstandards der erste Schritt, um ethische und rechtliche Verantwortlichkeiten klarzustellen. Eine Lösung ethischer Dilemmasituationen durch Institutionen korrespondiert mit dem ordnungsethischen Ansatz, der davon ausgeht, dass ethische Dilemmasituationen nicht auf individueller Ebene, sondern nur auf der Regelebene lösbar sind. Eine Regelung schafft Transparenz und sucht dem Menschen gleichzeitig die Ängste zu nehmen, dass die technische Entwicklung losgelöst von ethischen und rechtlichen Prinzipien stattfindet. Es wäre daher durchaus sehr sinnvoll, einen ähnlichen Ansatz auf europäischer Ebene zu verfolgen. Denn die Europäische Union ist aufgrund der Marktgröße in der Lage, Anbieter von autonomen Systemen zur Einhaltung von Rechtsstandards zu bewegen und eine Vorbildfunktion für internationale Regeln einzunehmen. Gleichzeitig würden gesamteuropäische Ethikrichtlinien die rechtliche Vereinheitlichung des Marktes für autonomes Fahren voranbringen, was letztendlich dem Konsumenten auch anderswo zu Gute kommt. Die Erstellung eigener Richtlinien vor allem durch kleinere Staaten dürfte sich in diesem Zusammenhang als kostspielig und ineffizient erweisen.

Die Ethikrichtlinien zeigen somit die Bandbreite der ethischen und rechtlichen Herausforderungen des autonomen Fahrens auf. Gleichzeitig weisen sie auf die enormen Chancen dieser Technologie hin – auch für ethische Ziele.

Literatur

Beiker, Sven A. 2012. Legal aspects of autonomous driving. *Santa Clara Law Review* 52(4): 1145.

BMVI. 2017a. Bericht: Automatisiertes und vernetztes Fahren. https://www.bmvi.de/SharedDocs/DE/Publikationen/DG/bericht-der-ethik-kommission.pdf. Zugegriffen am 28.06.2018.

BMVI. 2017b. Report: Automated and connected driving. https://www.bmvi.de/SharedDocs/EN/publications/report-ethics-commission.pdf. Zugegriffen am 28.06.2018.

Bonnefon, Jean-François, Azim Shariff, und Iyad Rahwan. 2016. The social dilemma of autonomous vehicles. *Science* 352:1573–1576.

Douma, Frank, und Sarah A Palodichuk. 2012. Criminal liability issues created by autonomous vehicles. *Santa Clara Law Review* 52(4): 1157.

Duffy, Sophia H, und Hopkins Jamie. 2013. Sit, stay and drive: The future of autonomous car liability. *Science and Technology Law Review* 16(3): 453–480.

Engisch, Karl. 1930. *Untersuchungen über Vorsatz und Fahrlässigkeit im Strafrecht*. Aalen: Scientia. Berlin, Neudruck Ahlen 1964.

Floridi, Luciano. 2016. *The fourth revolution: How the infosphere is reshaping human reality*. Oxford: Oxford University Press.

Fournier, Tom. 2016. Will my next car be a libertarian or a utilitarian? Who will decide? *IEEE Technology and Society Magazine* 35(2): 40–45.

Genfer Straßenkontrollübereinkommen. 1949. https://en.wikisource.org/wiki/Geneva_Convention_on_Road_Traffic. Zugegriffen am 28.06.2018.

Gogoll, Jan, und Julian F. Müller. 2017. Autonomous cars: In favor of a mandatory ethics setting. *Science and Engineering Ethics* 23(3): 681–700.

Goodall, Noah J. 2014. Ethical decision making during automated vehicle crashes. *Transportation Research Record: Journal of the Transportation Research Board* 2424:58–65.

Goodall, Noah J. 2016. Can you program ethics into a self-driving car? *IEEE Spectrum* 53(6): 28–58.

Hern, Alex 2017. Assume self-driving cars are a hacker's dream? Think again. In Guardian. https://www.theguardian.com/technology/2017/aug/30/self-driving-cars-hackers-security. Zugegriffen am 28.06.2018.

Hevelke, Alexander, und Julian Nida-Rümelin. 2015. Responsibility for crashes of autonomous vehicles: An ethical analysis. *Science and Engineering Ethics* 21(3): 619–630.

Isensee, Josef. 2006. Menschenwürde: Die säkulare Gesellschaft auf der Suche nach dem Absoluten. *Archiv des öffentlichen Rechts* 131(2): 173–218.

Kalra, Nidhi, und Susan M. Paddock. 2016. Driving to safety: How many miles of driving would it take to demonstrate autonomous vehicle reliability? *Transportation Research Part A: Policy and Practice*. Santa Monica, CA: RAND Corporation. https://www.rand.org/pubs/research_reports/RR1478.html. Zugegriffen am 01.11.2019.

Kant, Immanuel. 2014. *Grundlegung zur Metaphysik der Sitten. Kommentar von Christoph Horn, Corinna Mieth und Nico Scarano*. Frankfurt a. M.: Suhrkamp.

Korosec, Kirsten. 2015. Volvo will accept all liability when its cars are in autonomous mode. http://fortune.com/2015/10/07/volvo-liability-self-driving-cars/. Zugegriffen am 28.06.2018.

Lin, Patrick. 2015. Why ethics matter for autonomous cars. In *Autonomes Fahren, Technische, Rechtliche und Gesellschaftliche Aspekte*, Hrsg. M. Maurer et al., 70–85. Heidelberg: Springer.

Lütge, Christoph. 2014. *Ethik des Wettbewerbs: Zwischen Konkurrenz und Moral*. München: Beck.

Lütge, Christoph. 2017. The German ethics code for automated and connected driving. *Philosophy & Technology* 30(4): 547–558.

Lütge, Christoph, und Matthias Uhl. 2018. *Wirtschaftsethik*. München: Vahlen.

Lutz, Lennart S., Tito Tang, und Markus Lienkamp. 2013. Analyse der rechtlichen Situation von teleoperierten (und autonomen) Fahrzeugen. *Neue Zeitschrift für Verkehrsrecht* 26(2): 57–63.

Marchant, Gary E, und Rachel A Lindor. 2012. The coming collusion between autonomous vehicles and the liability system. *Santa Clara Law Review* 52(4): 1321.

NHTSA. 2015. Critical reasons for crashes investigated in the national motor vehicle crash causation survey. https://crashstats.nhtsa.dot.gov/Api/Public/ViewPublication/812115. Zugegriffen am 28.06.2018.

Postinett, Axel. 2016. in Handelsblatt. https://www.handelsblatt.com/technik/it-internet/microsoft-setzt-auf-bots-nadella-ruft-das-ende-der-apps-aus/13383896.html?ticket=ST-462265-gjVYtNua1YR6pteQ3aw7-ap2. Zugegriffen am 28.06.2018.

VDA. 2015. Automatisierung: Von Fahrerassistenzsystemen zum automatisierten Fahren. https://www.vda.de/dam/vda/publications/2015/automatisierung.pdf. Zugegriffen am 28.06.2018.

Wiener Verkehrskonvention. 1968. Abgeändert 2014, in Kraft seit 2016. https://treaties.un.org/Pages/ViewDetailsIII.aspx?src=TREATY&mtdsg_no=XI-B-19&chapter=11&Temp=mtdsg3&lang=en. Zugegriffen am 28.06.2018.

Fairness von KI-Algorithmen

Marc-Thorsten Hütt und Claudia Schubert

Inhalt

Zusammenfassung

An der Schnittstelle von Informatik, Sozialwissenschaften und Rechtswissenschaften formt sich aktuell ein neues Forschungsfeld zur Fairness von Algorithmen. Untersucht wird, durch welche Mechanismen und in welchem Umfang durch Algorithmen getroffene Entscheidungen systematische Verzerrungen (engl. *Biases*) aufweisen können, besonders im Kontext maschinellen Lernens und künstlicher Intelligenz. Die Dringlichkeit dieses hoch interdisziplinären Forschungsgebietes wird unterstrichen von dem explosiven Anstieg der Verwendungen künstlicher Intelligenz und auf Algorithmen basierender Entscheidungen in allen Bereichen gesellschaftlicher Organisation. Hier umreißen wir kurz den aktuellen Stand dieses Forschungsgebietes und zeigen auf, wie sich daraus eine Notwendigkeit zum institutionellen Kalibrieren und Zertifizieren von Algorithmen argumentieren lässt und wie sich solche Vorgaben in den Rechtsrahmen für KI-Algorithmen einfügen.

M.-T. Hütt (✉)
Department of Life Sciences and Chemistry, Jacobs University Bremen, Bremen, Deutschland
E-Mail: m.huett@jacobs-university.de

C. Schubert
Fakultät für Rechtswissenschaft, Universität Hamburg, Hamburg, Deutschland
E-Mail: claudia.schubert@uni-hamburg.de

K. Mainzer (Hrsg.), *Philosophisches Handbuch Künstliche Intelligenz*,
https://doi.org/10.1007/978-3-658-19606-6_39

Schlüsselwörter

Maschinelles Lernen · Algorithmische Entscheidungen · Regulierung · Rechtsrahmen · Zertifizierung

1 Einleitung

In einem einflussreichen Aufsatz hat Lawrence Lessig unter dem Titel ‚Code is Law' schon früh auf die Bedeutung der konkreten Implementierung von Algorithmen für die uns umgebende Cyber-Infrastruktur hingewiesen und daraus eine prinzipielle Notwendigkeit der Regulierung von Code abgeleitet (Lessig 2000). Diese Vorstellung trifft auf regelbasierte Algorithmen zu (Schubert und Hütt 2019), wird aber noch dramatischer und weniger einfach zu entdecken (und zu regulieren) im Bereich des maschinellen Lernens (Lehr und Ohm 2017). Daher wird die Frage nach der Fairness von Algorithmen durch den sich aktuell vollziehenden Übergang von einer algorithmen-zentrischen (regelbasierten) zu einer datenzentrischen (auf maschinellem Lernen basierenden) Perspektive noch relevanter. Zu der Suche nach algorithmischen Ursachen kommt dann noch die Suche nach ‚Biases' in den Daten.

Diakopoulos (2014) folgend, kann man die Diskussion algorithmischen Vorgehens sehr gut anhand der folgenden elementaren Operationen führen:

Priorisierung. Jeder Algorithmus, der eine Rangliste erzeugt, wird eine Bewertungsfunktion benutzen. Häufig besteht diese Bewertungsfunktion aus mehreren Teilen (Attribute des zu bewertenden Objektes, die für die Bewertung von Relevanz sind). Die Gewichte dieser Teile bestimmen indirekt die Position eines Objektes in der Rangliste.

Klassifikation. Eine häufige algorithmische Aufgabe ist, Objekte in Klassen einzusortieren. In manchen Fällen sind diese Klassen auf natürliche Weise vorgegeben. In anderen Fällen sind sie entweder ein soziales Konstrukt (z. B. weiblich/männlich vs. weiblich/männlich/divers) oder eine algorithmische Entscheidung (z. B. das Alter in bestimmte Intervalle aufzuteilen, etwa <15, 15-20, 20-40, 40-50, >50).

Assoziation. In Assoziationsaufgaben werden Objekte verbunden, wenn sie eine Ähnlichkeit aufweisen. Hinter dieser algorithmischen Aufgabe stehen Entscheidungen über Ähnlichkeitsmaße und die entsprechenden Schwellen, ab wann die Ähnlichkeit groß genug für eine Verbindung zwischen den Objekten ist.

Filtern. Eine große Klasse von algorithmischen Entscheidungen handelt davon, auf Suchanfragen Informationen aus einem großen Datenfeld anzuzeigen. Dieses Anzeigen oder Weglassen von Information ist ein Filtervorgang, der ebenfalls Abstandsmaße, Gewichtungen von Kriterien und Schwellen verwendet.

Im Fall des maschinellen Lernens sind die in diesen algorithmischen Handlungen vorliegenden Gewichte, Schwellen, Abstandsmaße und Klassen oft adaptiv. Sie passen sich an die Nutzergewohnheiten und an den vorhandenen (oft über die Zeit anwachsenden) Datensatz an. Ein Schlüsselbegriff ist die *Operationalisierung*. In der Operationalisierung von ML-Systemen geht es darum, geeignete Messgrößen oder Kategorien für oftmals abstrakte und nicht direkt der Quantifizierung zugängliche Systemeigenschaften festzulegen. Abweichungen der gewählten Messgrößen von den Systemeigenschaften sind eine wichtige Ursache für Verzerrungen von algorithmischen Entscheidungen.

Im Folgenden werden wir – zuerst an einem einfachen Beispiel und dann anhand aktueller Forschungsbeiträge – die Ursachen und Auswirkungen für Abweichungen von Fairness bei Algorithmen vorführen. Danach zeigen wir, mit welchen Strategien ein regulatorischer Rahmen für Algorithmen geschaffen werden kann.

2 Ein numerisches Experiment

Das einfachste Beispiel für mittelbare (oder indirekte) Diskriminierung durch auf maschinellem Lernen basierende Algorithmen entsteht durch eine Asymmetrie, einen *Bias*, in den Trainingsdaten, der zu systematischen Fehlern in der durch das trainierte neuronale Netz durchgeführten Klassifikation führen kann.[1] Man denke sich folgendes einfaches Beispiel einer solchen Situation. Ein neuronales Netz wird auf Daten trainiert, die vornehmlich an männlichen Probanden gewonnen wurden. Die Daten beschreiben das Auftreten von Nebenwirkungen eines Medikaments als Funktion der Medikamentdosis (z. B. in mg pro kg Körpergewicht). Das neuronale Netz soll in der Vorhersage zum Einsatz kommen, ob eine verabreichte Dosis des Medikaments verträglich ist, also nicht zu Nebenwirkungen führt. Die Daten haben also das folgende Format:

Patient	**Medikamentdosis**	**Nebenwirkungen**
1	0,3	Nein
2	0,8	Ja
…		

Nehmen wir an, in diesem Fall gibt es eine einfache Dosisschwelle, ab der die Nebenwirkungen auftreten. Nehmen wir weiter einen unterschiedlichen Wert dieser Schwelle für Männer und Frauen an. Erwartet wird von dem neuronalen Netz, dass es für eine Dosis vorhersagt, ob der Patient Nebenwirkungen zeigen wird. Verwendet man nun das neuronale Netz zur Festlegung der Medikamentdosis für Patientenkohorten, die gleichermaßen aus weiblichen und aus männlichen Patienten be-

[1] Mit der Kurzform ‚neuronales Netz' bezeichnen wir hier die über maschinelles Lernen trainierten künstlichen neuronalen Netze, die uns als Repräsentant für die große Klasse von durch maschinelles Lernen trainierten Klassifikationsalgorithmen (Entscheidungsbäume, Bayes'sche Netze, genetische Algorithmen, Support Vector Machines (SVMs), Random Forests, etc.) dienen. Für die gesamte Klasse verwenden wir im Folgenden oft den Begriff *ML-Systeme*.

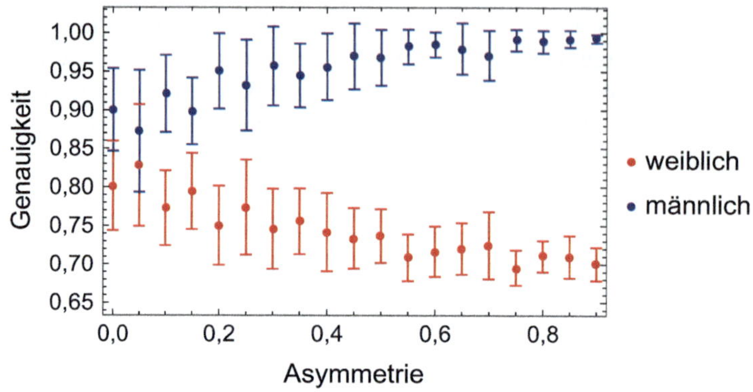

Abb. 1 Genauigkeit als Funktion der Geschlechter-Asymmetrie in den Trainingsdaten. In dem numerischen Experiment wurden Trainingsdaten (200 Patienten für eine gegebene Asymmetrie mit zufälligen Medikamentdosen im Bereich 0 und 1 und der Zuweisung von Nebenwirkungen gemäß einer Schwelle θ (männliche Patienten: $\theta = 0{,}5$; weibliche Patienten: $\theta = 0{,}2$)) erzeugt und damit künstliche neuronale Netze trainiert (in der Softwareumgebung *Mathematica* mit dem Befehl `Classifiy` und der Option `Method` → „`NeuralNetwork`"). Für 500 auf dieselbe Weise erzeugte Testdaten (mit gleicher Zahl männlicher und weiblicher Patienten) wurde dann die Genauigkeit (getrennt für die Untermengen der männlichen und weiblichen Patienten in den Testdaten) und (für Abb. 2) die Zahl der falsch klassifizierten weiblichen Patienten bestimmt. Die Fehlerbalken wurden durch 20 Wiederholungen dieses numerischen Experimentes erzeugt. (Quelle: Eigene Darstellung)

stehen, so wird das an den verzerrten Daten trainierte neuronale Netz systematisch zu hohe Medikamentdosierungen für Frauen als sicher (d. h. nebenwirkungsfrei) einschätzen.

Ein kleines numerisches Experiment mit (simulierten) Trainingsdaten von 200 Patienten und Testdaten von 500 Patienten soll das Verhalten neuronaler Netze in dieser Situation illustrieren. Dabei wurde die Genauigkeit (also die Zahl der korrekten Vorhersagen dividiert durch die Gesamtzahl der Vorhersagen) getrennt für männliche und weibliche Patienten in den Testdaten als Funktion der Geschlechter-Asymmetrie A ($A = 0$: gleich viele männliche wie weibliche Patienten in den Testdaten; $A = 1$: Testdatensatz besteht nur aus männlichen Patienten) ausgewertet. Abb. 1 zeigt diese Genauigkeit als Funktion der Asymmetrie. In Abb. 2 ist zudem der entsprechende Anteil der weiblichen Patienten mit zu hoher Medikamentendosis dargestellt, für die fälschlicherweise das Ausbleiben von Nebenwirkungen vorhergesagt wurde. Diese Zahl ist wie in Abb. 1 als Funktion der Asymmetrie in den Trainingsdaten aufgetragen.

Diesen Fehler kann man natürlich vermeiden, indem man das Geschlecht in die Klassifikation mit einbezieht.[2] Dennoch führt dieses Minimalbeispiel vor, wie es zu

[2]In anderen Anwendungen maschinellen Lernens würde man jedoch gerade vermeiden wollen, das Geschlecht oder andere Kategorien direkt oder indirekt dem Datensatz hinzuzufügen; dies wird durch die im folgenden Abschnitt zusammengetragenen Beispiele eindrücklich illustriert.

Abb. 2 Zahl der falsch klassifizierten weiblichen Patienten als Funktion der Geschlechter-Asymmetrie in den Trainingsdaten für das in Abb. 1 beschriebene numerische Experiment. (Quelle: Eigene Darstellung)

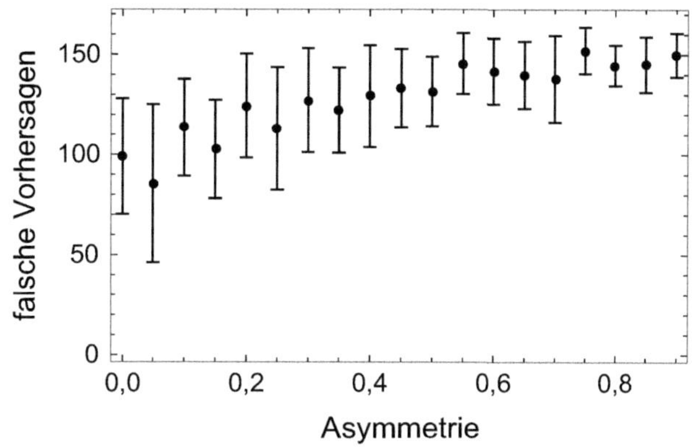

den an einer Vielzahl von Beispielen dokumentierten Abweichung von Fairness beim Anwenden von Algorithmen kommen kann: (1) Bias in den Trainingsdaten (hier: die höhere Anzahl männlicher Patienten); (2) unvollständige Operationalisierung (hier: der Verzicht, das Geschlecht als weiteren Faktor zu berücksichtigen).

In diesem Beispiel lassen sich die Ursache-Wirkungsbeziehungen zwischen Biases in den Trainingsdaten und den Konsequenzen noch sehr einfach sichtbar machen.

In den im Folgenden aufgeführten Beispielen aus realen Anwendungsfällen wird deutlich, dass sich diese aufgrund ihrer Komplexität und der fast immer nicht kausal interpretierbaren internen Repräsentation der Dateneigenschaften (*Features*) in den Gewichten des trainierten neuronalen Netzes oft einer solchen Sichtbarmachung einfacher Ursache-Wirkungsbeziehungen entziehen. Hierbei ist auch zu bemerken, dass in vielen realen Situationen und heute üblichen Verwendungsformen die trainierten neuronalen Netze von ihrem ursprünglichen Trainingsdatensatz entkoppelt werden. Oftmals stehen dem Anwender dann Informationen über mögliche Biases in den Trainingsdaten nicht mehr zur Verfügung.

Moderne Varianten künstlicher neuronaler Netze bedienen sich der als tiefes verstärkendes Lernen *Deep Reinforcement Learning* bezeichneten Trainingsstrategie[3] in extrem hochdimensionalen Parameterräumen (Arulkumaran et al. 2017). Diese ML-Systeme können auch Information aus der Umgebung sammeln (etwa im Fall der visuellen Navigation, Zhu et al. 2017) oder mit anderen neuronalen Netzen interagieren (wie im Fall der *Generative Adversarial Networks*, Goodfellow et al. 2014). Zum Beispiel erzeugt ein neuronales Netz Daten, die von einem anderen neuronalen Netz gelernt und bewertet werden. Diese ‚Spiele neuronaler Netze gegeneinander' oder mit anderen elektronischen Datenerzeugungssystemen haben

[3]Der Begriff ‚tief' bezieht sich hier – wie stets in neuronalen Netzen – auf eine hohe Zahl von Ebenen in der Netzwerkarchitektur.

zu großen Erfolgen geführt (Radford et al. 2015; Mnih et al. 2015; Silver et al. 2017). An dieser Stelle wird jedoch nicht nur die interne Repräsentation dieser Daten (also die Feature-Extraktion[4] und iterative Umschreibung der Features in Form der Gewichte der Knoten im neuronalen Netz), sondern auch der durch die Trainingsdaten aufgespannte Möglichkeitsraum einer genauen analytischen Betrachtung unzugänglich, also zu einer *Black Box.* Dieser Mangel an Transparenz begrenzt die Möglichkeiten, die Fairness von Algorithmen *a priori* sicherzustellen (Burrell 2016).

3 Forschungsstand

Einige der aktuellsten und prominentesten Beispiele von algorithmischen Biases stammen aus dem Bereich medizinischer Anwendungen. In einem Kommentar zu Obermeyer et al. (2019) diskutieren Wiens et al. (2020) die Zukunft algorithmischer Entscheidungen im Bereich der Gesundheitsversorgung (vgl. auch Shilo et al. 2020). Die Abwägung von Nutzen und Gefahren (vgl. auch unsere Diskussion in Abschn. 5) wird hier besonders deutlich.

In dem Beispiel aus Obermeyer et al. (2019) geht es um Algorithmen, die Patienten identifizieren, deren Krankheitsverlauf wahrscheinlich mit hohen zukünftigen Ausgaben assoziiert ist. Der Algorithmus soll so geeignete Kandidaten für zusätzliche Pflegeangebote identifizieren. Da in dem von Obermeyer et al. (2019) untersuchten Vorhersage-Algorithmus die bisherigen Versorgungskosten eines Patienten als indirektes Maß (also als Operationalisierung) des *Versorgungsbedarfs* verwendet werden, entsteht ein Bias aufgrund der in den USA bestehenden systematischen Unterschiede zwischen ethnischen Gruppen in den Versorgungskosten auch bei denselben Krankheiten.

In Obermeyer et al. (2019) werden auch Rekalibrierungen des Algorithmus diskutiert, die darin bestehen, die vorangegangene Operationalisierung über die Versorgungskosten als Ersatzgröße für den Bedarf an Versorgung durch andere Messgrößen zu ersetzen (etwa die ebenfalls gut quantifizierbaren Messgrößen der Häufigkeit und Schwere chronischer Krankheiten), so dass dieser Bias sich reduzieren ließe. In dem begleitenden Kommentar von Benjamin (2019) in dem wissenschaftlichen Journal *Science* wird auch auf die Verantwortung von Institutionen in solchen Fragen algorithmischer Fairness hingewiesen.

In Greene et al. (2019) ordnen die Autoren die aktuelle Vielzahl von Bestrebungen, Richtlinien für die verantwortungsvolle Entwicklung von Algorithmen zu formulieren. Die Entwicklung der Ethik von künstlicher Intelligenz und maschinellem Lernen (KI/ML-Ethik) wird in Greene et al. (2019) im Detail nachgezeichnet und analysiert. Dabei werden Richtlinien einer Vielzahl von Gruppierungen im Detail betrachtet, etwa die Obama White House statements, die von *Pervasive Data Ethics for Computational Research* (PERVADE) formulierten Richtlinien und die

[4]Eine Sammlung eindrucksvoller Beispiele von nicht offensichtlichen (und nicht intendierten) durch neuronale Netze gelernten Features findet sich in Lapuschkin et al. (2019).

unter *Fairness, Accountability and Transparency in Machine Learning* (FATML) zusammengefassten Äußerungen.

Eine Nutzbarmachung des interessanten Konzeptes kontrastiver Fairness wird in Chakraborti et al. (2019) diskutiert. Dabei stellt die Arbeit geeignete theoretische Methoden bereit, um die Fairness von Algorithmen anhand der Frage „Why this but not that?" zu analysieren. In diesem Formalismus werden algorithmische Entscheidungen nicht absolut bewertet, sondern in kontrastiver Logik, was einen anderen mathematischen Zugang zu dem Problem erlaubt. In Mehrabi et al. (2019) geben die Autoren eine ausführliche Kompilation der verschiedenen Biases in ML-Systemen. Diese Darstellung von 23 möglichen Biases wird ergänzt durch eine Reihe von Versuchen, algorithmische Fairness zu definieren und algorithmische Strategien, Biases aus ML-Systemen und den ihnen zugrunde liegenden Daten zu entfernen. Lehr und Ohm (2017) betonen, dass es vor den eigentlichen Entscheidungen durch ML-Systeme (also dem Einsatz von trainierten ML-Systemen in der Praxis) bei jedem solchen System eine Phase der Datenaufbereitung, Datenanalyse, Feature-Extraktion, Operationalisierung der Zielgrößen, etc. gibt (‚machine learning's playing-with-the-data stages', Lehr und Ohm 2017), die auch von den Rechtswissenschaften besser verstanden und stärker analysiert werden muss. In Friedler et al. (2019) werden verschiedene in den letzten Jahren publizierte Strategien, die Fairness von ML-Systemen zu erhöhen, getestet und verglichen. Insbesondere wird auch die Robustheit dieser Fairness verstärkenden Interventionen bezüglich kleiner Änderungen des Datensatzes untersucht.

In einem frühen Beitrag zu der gerade erst beginnenden Debatte, wie Algorithmen kontrolliert werden können, entwickelt Diakopoulos (2014) Möglichkeiten einer ‚Black-Box-Analyse', die es erlaubt, die Fairness eines Algorithmus zu bewerten, ohne notwendig in den Code selbst zu sehen (vgl. auch die Diskussion in Krafft und Zweig 2018). Für einige Elemente der aktuellen Debatte ist es vorstellbar, dass diese Betrachtungen direkte Implikationen für den rechtlichen Rahmen haben könnten (siehe z. B. Diakopoulos 2014; Christin et al. 2015; Asudehy et al. 2017; Berendt und Preibusch 2017). Eine Zusammenfassung dieser Forschungsstränge findet sich auch in Schubert und Hütt (2019). Das Buch von Katharina Zweig ‚Ein Algorithmus hat kein Taktgefühl' gibt eine sehr gut lesbare, mit einfachen Beispielen versehene Einführung in das Thema algorithmischer Fairness (Zweig 2019).

4 Diskussion des Forschungsstandes

Die aktuellen Arbeiten lassen sich grob in die folgenden drei Klassen unterteilen: (1) Datengetriebene Arbeiten, die algorithmische Biases sichtbar machen (z. B. Christin et al. 2015; Corbett-Davies et al. 2017; Berk et al. 2018; Obermeyer et al. 2019); (2) Strategien, Biases aus Algorithmen zu entfernen oder biasfreie Algorithmen zu erzeugen (z. B. Berendt und Preibusch 2017; Zliobaite 2017; Friedler et al. 2019; Celis et al. 2019; Chakraborti et al. 2019); (3) Gesellschaftliche Strategien, um mit algorithmischen Entscheidungen und insbesondere mit Biases in Algorithmen umzugehen (z. B. Sandvig et al. 2014; Gajane 2017; Jones 2017; Kim 2017; Williams et al. 2018; Greene et al. 2019; Mehrabi et al. 2019; Martin 2019).

Die erste Klasse enthält vor allem Arbeiten, in denen Datenwissenschaftler mit Experten des entsprechenden Feldes zusammenarbeiten, die also auf einer Kombination aus fortgeschrittenen Analysemethoden und hoher Kenntnis der Anwendungsdomäne erwachsen. Die zweite Klasse ist dominiert von der klassischen Informatik und Algorithmenentwicklung, unter gelegentlicher Beratung durch Sozialwissenschaftler.

Die dritte und aktuell größte Klasse von Arbeiten erwächst aus einem interdisziplinären Dialog einer Vielzahl von Akteuren aus unterschiedlichen wissenschaftlichen Kontexten. Auf der Seite der Sozial- und Rechtswissenschaften formt sich die Debatte entlang der Frage der Regulation und der Zertifizierung von Algorithmen durch geeignete Instanzen. Ein wichtiges Fundament dieser Entwicklungen sind transdisziplinäre Übersichtsartikel, in denen Methoden des maschinellen Lernens für die Medizin (Rajkomar et al. 2019) oder die Rechtswissenschaften (Lehr und Ohm 2017; für Informatik 2018) oder die allgemeine Öffentlichkeit (Krafft und Zweig 2018; Zweig 2019) dargestellt werden.

Dabei berührt diese Debatte eine Reihe wichtiger Punkte in der Theorie maschinellen Lernens, zum Beispiel zur Lernbarkeit (Ben-David et al. 2019) und zu Abhängigkeiten zwischen Eigenschaften *(Features)* (Lapuschkin et al. 2019) und damit zur Frage der Erzeugung oder Rekonstruktion von Eigenschaften aus anderen, in den Daten gegebenen Eigenschaften *(Feature Engineering)* (Zheng und Casari 2018).

Im Gegensatz zu regelbasierten Algorithmen, bei denen kleine Design-Entscheidungen zu Biases und damit zu einer Reduzierung der Fairness führen können (Schubert und Hütt 2019), ist bei Algorithmen, die auf maschinellem Lernen basieren, die Fairness nahezu immer entweder auf Biases in den Daten oder auf Mängel in der Operationalisierung zurückzuführen. Das belohnungsbasierte und bereits oben erwähnte *Deep Reinforcement Learning,* bei dem der Raum von Lösungsstrategien von dem ML-System so durchsucht wird, dass die Strategie mit der höchsten Belohnungsrate ausgewählt wird, hat besonders überraschende Anwendungen zutage gefördert (Arulkumaran et al. 2017). Hier zeigt sich präzise die Gefahr der Operationalisierung. Ist die Belohnung so konzipiert, dass die besten Strategien diskriminieren, so werden die Vorhersagen des trainierten ML-Systems diese Diskriminierungen abbilden.

Wie Zweig (2019) schlüssig argumentiert, bedeutet die Verwendung von ML-Algorithmen zur Vorhersage des Verhaltens von Systemen eine Abkehr von der wissenschaftlichen Methode, die charakterisiert ist durch den Weg von den Beobachtungen zu Hypothesen hin zu Experimenten, die diese Hypothesen überprüfen, und schließlich hin zu Modellen oder einer Theorie, auf deren Grundlage Vorhersagen getroffen werden können. Die von ML-Systemen aus Trainingsdaten extrahierten Features werden ohne weitere Überprüfung oder theoretische Reflexion zur Vorhersage verwendet (vgl. auch Coveney et al. 2016; Succi und Coveney 2019; Voit 2019).

Jedoch wandelt sich nicht nur die wissenschaftliche *Methode* im Kontext maschinellen Lernens, sondern auch unsere Vorstellung von *Verständnis.* Besonders geprägt durch die Physik ist Verständnis heute verbunden mit dem Vorliegen einer mathematischen Theorie, die die Gesamtheit der empirischen Beobachtungen eines Feldes quantitativ oder qualitativ erklären kann, oder eines mathematischen Modells des betrachteten Systems, das alle empirischen Beobachtungen zu diesem System quantitativ oder qualitativ reproduzieren kann und zudem fähig ist, Vorhersagen über noch nicht durchgeführte Experimente zu machen. Geleitet von Prinzipien der Ästhetik (Farmelo 2002) und philosophischen Konzepten wie Occam's Razor (Sober 2015) werden Theorien und Modelle bevorzugt, die besonders elegant und einfach sind. Gerade im Bereich der Theorie komplexer Systeme hat sich so eine Kultur der mathematischen ‚Minimalmodelle' herausgebildet, die mit wenigen Parametern die grundlegenden (oft statistischen) Eigenschaften von Systemen erklären können (Buchanan 2012; Reutlinger et al. 2018). Beispiele sind das Bak-Tang-Wiesenfeld (BTW) Modell für selbstorganisierte Kritizität (Bak et al. 1987), Boolesche Zufallsnetze als Modell der Genregulation (Kauffman 1969; Bornholdt 2005), gekoppelte Phasenoszillatoren als Modell von Synchronisation (Strogatz 2000; Rodrigues et al. 2016) und das Ising-Modell des Ferromagnetismus (Ising 1925; Peierls 1936; Zhou und Sornette 2007), das eine Vielzahl interdisziplinärer Anwendungen im Bereich der Meinungsbildung und anderer Phänomene der Selbstorganisation hat (Stauffer 2013).

Die Erklärkraft solcher Modelle besteht in ihrer Generalisierung. Das BTW-Modell ist ein gutes Beispiel dafür (Bak 2013). Beginnend von einem einfachen Gedankenexperiment – *Wie groß sind die Lawinen, die durch das iterative Hinzufügen einzelner Sandkörner zu einem Sandhaufen ausgelöst werden?* – werden über die mathematische Ausgestaltung dieses minimalen Systems universelle Resultate zur Größenverteilung hergeleitet (nämlich eine Verteilung nach einem Potenzgesetz), in einer Weise, die erwarten lässt, dass ähnliche Prinzipien in einer Vielzahl von Systemen, in denen kleine Störungen zu großen Wirkungen kumulieren können, für beobachtete Potenzgesetzverteilungen (etwa bei Erdbeben) verantwortlich sind (siehe auch Jensen 1998).

In vielen Aspekten sind Modelle des maschinellen Lernens und der künstlichen Intelligenz (also zum Beispiel ein an Daten trainiertes neuronales Netz) solchen Minimalmodellen diametral entgegengesetzt. Ganz ähnlich wie schon von May (2004) für die Verwendung großer numerischer Simulationen ausgeführt, entkoppeln sich die numerischen Ergebnisse von der Intuition über das System, die aber gerade im Vordergrund der Verwendung von Minimalmodellen komplexer Systeme steht. Erklärt werden durch ML-Systeme nicht qualitativ allgemeine statistische Eigenschaften mit wenigen Parametern, sondern durch viele Parameter werden Muster in den vorliegenden (Trainings-)Daten algorithmisch aufgespürt und parametrisiert und so für Vorhersagen nutzbar gemacht.

Es ist denkbar, dass unsere Vorstellung von Verständnis sich durch diese Modelle wandelt. Bisher könnten wir etwas vereinfacht zusammenfassen: Ein Phänomen ist ‚verstanden', wenn wir die Mechanismen des Systems in einem einfachen mathematischen Modell repräsentieren und so die wesentlichen Eigenschaften der Daten reproduzieren können. Eine zukünftige Vorstellung von Verständnis könnte sein, dass wir aus den zur Verfügung stehenden Daten aus dem System ein neuronales

Netz trainieren können, das neue empirische Befunde zu dem System mit hoher Genauigkeit vorhersagt. Verständnis wäre dann, wenn das System von einem neuronalen Netz ‚gelernt' werden kann.

Auf die Fairness von Algorithmen verweist dieser Exkurs in unser Konzept von Verstehen über die Entkopplung von Vorhersage und systemischer Intuition, die sich mit der Verwendung von ML-Systemen vollzieht.

Es mangelt – wie oben gezeigt – nicht an Vorschlägen, wie Algorithmen kontrolliert und reguliert werden könnten. In der Entwicklung begriffen ist derzeit der rechtliche Rahmen für solche Regulierungsansätze. Dies wird im folgenden Abschnitt adressiert.

5 Regulatorische Strategien

5.1 Zur Entwicklung eines Rechtsrahmens für KI-Algorithmen

Die Fairness von KI-Algorithmen ist in jüngster Zeit eine begriffliche Kategorie, um Fehlfunktionen von KI-Algorithmen zu erfassen, die entweder zu Diskriminierungen oder zu anderen unerwünschten Wirkungen führen (dazu in der juristischen Literatur Busch 2018; Schweighofer et al. 2018; Wischmeyer 2018 m. w. N.; Martini 2019). Dabei ist algorithmische Fairness zunächst ein Begriff der Informatik. Unabhängig davon ist die Fairness von KI-Algorithmen ein Element der europäischen wie nationalen Ethikrichtlinien. So stellt die Ethikrichtlinie der Europäischen Union an KI-Algorithmen die Anforderung, „Vielfalt, Nichtdiskriminierung und Fairness" zu gewährleisten, und fordert insoweit eine Vermeidung der hier beschriebenen Fehlfunktionen (Europäische Kommission, Mitteilung, COM [2019] 168 endg.; vgl. auch Gutachten der Daten-Ethikkommission 2019). Aus juristischer Perspektive führen die Fehlfunktionen der KI-Algorithmen zu einem Verstoß gegen die bestehende Rechtsordnung oder zu einer Verletzung von Rechten, Rechtsgütern und Allgemeininteressen, die Schäden verursachen oder unerwünscht sind und daher eine Ergänzung der Rechtsordnung notwendig machen.

Für den hier im Mittelpunkt stehenden Rechtsrahmen für KI-Algorithmen ist zunächst festzuhalten, dass die rechtliche Relevanz von Algorithmen nicht nur an ihrem bewusst gestalteten Inhalt anknüpfen kann, sondern auch an Wirkungen, die sich aus der Datenqualität, unvollständigen Operationalisierungen oder der technischen Konstruktion ergeben. In Reaktion auf diesen Rechtsrahmen besteht die Notwendigkeit, solche Rechtsverstöße zu diagnostizieren und zu vermeiden, was eine technische Entwicklung notwendig macht. Hier soll zunächst – vor allem aus der Perspektive der deutschen Rechtsdiskussion – skizziert werden, welcher Rechtsrahmen für KI-Algorithmen besteht bzw. nach welchen Kriterien er gestaltet werden kann und welche Wechselwirkungen zwischen der technischen Entwicklung und der Rechtsgestaltung identifiziert werden können. Dabei geht es hier nicht darum, die bestehenden Regelungen im Einzelnen vorzustellen, sondern es soll ein Überblick über die Entwicklung und die regulatorischen Kategorien gegeben werden.

Die Regulierung von KI-Algorithmen setzt einen Rechtsrahmen für deren Gestaltung und deren Einsatz und reagiert auf die technikspezifischen Gefahren. Unabhängig davon gelten für KI-Algorithmen alle (technikneutralen) Rechtsnormen, die für den Sachbereich gelten, in dem diese Anwendung finden. Für KI-Algorithmen und ML-Systeme als Querschnittstechnologie, die eine Vielzahl von Lebensbereichen betreffen, sind daher jeweils die einschlägigen Regelungen anzuwenden. Letztlich dürfen KI-Algorithmen weder durch ihren Inhalt noch durch ihre Wirkung die bestehende Rechtsordnung usurpieren. So gilt z. B. für den Einsatz von Algorithmen bei der Personalauswahl im Einstellungsverfahren das Antidiskriminierungsrecht (Kullmann 2018; Schubert und Hütt 2019), und es gelten die Regeln des Datenschutzes (Ernst 2017; Kullmann 2018). Auch *Legal Technology (Legal Tech),* also Software, die für juristische Arbeitsschritte bei Rechtsdienstleistungen (z. B. zur Prüfung von Dokumenten auf bestimmte Klauseln bzw. deren Rechtswidrigkeit, Erstellung von Verträgen und Klageschriften) verwendet wird, muss die Rechtsordnung korrekt abbilden und darf nicht durch (un)bewusste Fehler manipuliert sein. Nichts anderes gilt für den Einsatz von KI-Algorithmen im Verwaltungsverfahren. Spezifische Probleme resultieren vor allem aus der mangelnden Transparenz, die das Erkennen von Fehlfunktionen erschwert. Darüber hinaus bestehen sie hinsichtlich der Verantwortlichkeit für rechtswidriges Handeln durch KI-Systeme. Die Eigenständigkeit von ML-Systemen hat zur Folge, dass deren Verwender das Ergebnis ihres Handelns ggf. nur noch dadurch beeinflussen, dass sie sich für den Einsatz solcher Systeme entscheiden. Verantwortlichkeit stützt sich damit weniger auf ein autonomes, ggf. schuldhaftes Handeln.

Das oben angeführte Beispiel eines Medizinprodukts verdeutlicht, dass nicht nur die Wahrung der bestehenden Rechtsordnung, sondern auch der Schutz vor Gefahren für individuelle Rechtsgüter staatliche Vorgaben notwendig macht. So bedürfen Medizinprodukte generell einer Zertifizierung (CE-Kennzeichnung), bevor sie in den Verkehr gebracht oder in Betrieb genommen werden dürfen. Diese staatliche Regelung ist nicht neu, sondern Teil des öffentlich-rechtlichen Gefahrenabwehrrechts, im Besonderen des Wirtschaftsverwaltungsrechts. Ziel solcher Regelungen ist der Schutz von individuellen Rechten und Rechtsgütern der Bürger sowie der Interessen der Allgemeinheit. Ein solcher Rechtsrahmen wurde für eine Vielzahl technischer Innovationen geschaffen (z. B. Atomkraft, Gentechnik, Biotechnologie, Straßen-, Eisenbahn- und Luftverkehr). Er entsteht in der Regel zeitverzögert zur technischen Entwicklung, weil es erst einer soliden Analyse der Risiken und Gefahren, aber auch der Vorteile bedarf, die mit einer Technik verbunden sind, um nicht gesellschaftlich und wirtschaftlich sinnvolle Innovationen zu verhindern oder unnötig zu behindern.

Eine Verhaltenssteuerung beim Umgang mit Algorithmen bewirkt aber nicht nur das öffentliche Gefahrenabwehrrecht, sondern auch das Privatrecht. Haftungsregelungen verteilen Schäden um, die mit dem Einsatz von KI-Algorithmen verbunden sind, oder sozialisieren deren Kosten durch eine Versicherungspflicht (z. B. für Verkehrsunfälle durch autonom fahrende Kfz im Straßenverkehr; vgl. Wagner 2017, 2020). Insbesondere die Ausgestaltung der Haftung als Gefährdungshaftung erlaubt es, externe Effekte aus technischen Innovationen denjenigen aufzuerlegen, die diese Innovation entwickeln und wirtschaftlich verwerten. Um Anreize für eine Eigenvorsorge der Hersteller zu setzen, kann zudem eine Entlastung von der verschuldensunabhängigen Haftung in solchen Fällen vorgesehen werden, in denen der Hersteller die KI-Algorithmen z. B. zertifizieren lässt oder selbst einen Test nach vorgeschriebenen oder empfohlenen Standards durchführt und nachweist.

Jenseits der staatlichen Regulierung ist eine Selbstregulierung der Akteure möglich, indem sie sich selbst auf bestimmte Standards verpflichten oder sich über die Einhaltung staatlich empfohlener Standards und Verhaltensempfehlungen erklären. Insbesondere kann ein *Algorithmic Accountability Standard* (Busch 2018) entwickelt werden. Dies kann mit einer Folgenabschätzung für KI-Algorithmen verbunden werden wie dem sog. *Artificial Intelligence Assessment* (*AIA*), das in den USA für *automated decision-making* gesetzlich geregelt ist (vgl. *Algorithmic Accountability Act*; dazu Quezada 2019). Die Bundesregierung hat derzeit ein gemeinsames Projekt mit dem Deutschen Institut für Normung, um die Erarbeitung von Normen und Standards für KI-Algorithmen zu planen (sog. Normungsroadmap). Dafür ist zunächst zu identifizieren, welche Bedarfe für Standardisierung und Normung bei KI-Algorithmen bestehen. Parallele Bemühungen durch die Internationale Organisation für Normung (ISO) sind zu erwarten.

Auf dieses breite Spektrum an Reaktionsmöglichkeiten greift die juristische Diskussion über den Rechtsrahmen für die Gestaltung und den Einsatz von KI-Algorithmen zurück. Bisher besteht kein übergreifender Rechtsrahmen für KI-Algorithmen, sondern Regelungen für einzelne Sachbereiche wie Medizinprodukte oder Hochfrequenzhandel an den Börsen. Übergreifende Bedeutung haben vor allem das Datenschutzrecht, das Wettbewerbsrecht und das Antidiskriminierungsrecht. Daher bezieht sich ein großer Teil der juristischen Diskussion auf konkrete Anwendungsfelder für KI-Algorithmen wie autonomes Fahren bzw. Produkthaftung (z. B. Borges 2018; Feldle 2018; Hilgendorf 2017; Wagner 2017, 2020), Robotik (z. B. Gaede 2019; Wagner 2019), Medizinprodukte (z. B. Frost 2019), Hochfrequenzhandel bei digitalen Bankgeschäften (z. B. Söbbing 2019), Preisbildung und -abstimmung im Wettbewerb (z. B. Bernhardt 2019; Küstner 2019; s. auch Ezrachi und Stucke 2016), E-Governance und Legal Tech (z. B. Breidenbach und Glatz 2020; Beck 2019; Hoch 2019).

Über die Analyse der bestehenden Gesetze hinaus hat die Debatte über die Weiterentwicklung des Rechtsrahmens für Algorithmen und KI bereits begonnen (z. B. Schweighofer et al. 2018; Busch 2018; Wischmeyer 2018; Martini 2019; Bull 2019; s. auch Ernst 2017), und es liegen Vorschläge für eine Ergänzung der Rechtsordnung vor (z. B. Martini 2017; Spiecker gen. Döhmann 2017; Busch 2018; Martini 2019; Wagner 2020). Diese zielen nicht auf ein allgemeines Algorithmen- oder KI-Gesetz. Vielmehr sollen Gesetzeslücken gefüllt werden, die sowohl im europäischen und nationalen Datenschutzrecht, aber auch in einzelnen Sachgebieten bestehen (insbesondere Busch 2018; Martini 2019).

Neben dieser Diskussion über den Rechtsrahmen für KI-Algorithmen werden parallel ethische und politische Standards in Form von Ethikrichtlinien entwickelt, um rechtlich unverbindliche Anforderungen an die Technik und deren Verwendung zu formulieren. Sie sind zugleich ein Schritt hin zu rechtlich verbindlichen

Regelungen. Sowohl die Europäische Union als auch die Mitgliedsstaaten haben bereits eigene Richtlinien ausgearbeitet (z. B. Europäische Kommission, Mitteilung, COM [2019] 168 endg.; Gutachten der Daten-Ethikkommission 2019). Der im Gutachten der Daten-Ethikkommission befürwortete risikobasierte Regulierungsansatz für algorithmische Systeme entspricht dem typischen Herangehen des Gefahrenabwehrrechts. Je nach Einsatzzweck, Robustheit und Sicherheit der KI-Algorithmen sowie mit Rücksicht auf ihre Wirkung soll eine differenzierte Regelung erfolgen, wobei der regulatorische Eingriff umso intensiver sein kann, je größer die potenziellen Schäden sind (Daten-Ethikkommission 2019). Zudem bestehen Empfehlungen der OECD und eine Prinzipienerklärung der G20 (OECD 2019; G20 2019).

5.2 Instrumente einer direkten und indirekten Regulierung von KI

Im Folgenden soll ein knapper Überblick über die Instrumentarien verdeutlichen, wie der Gesetzgeber seine Regelungsziele umsetzen kann. Die gewählten Beispiele verdeutlichen, in welchen KI-relevanten Bereichen diese bereits zum Einsatz kommen. Vor diesem Hintergrund lassen sich KI-spezifische Anforderungen an die rechtliche Regelung aufzeigen und Kriterien für die Weiterentwicklung des regulatorischen Rahmens darstellen.

Die direkte Regulierung von KI-Algorithmen kann durch materiell-rechtliche Beschränkungen und prozedurale Vorgaben erfolgen. Materiell-rechtliche Vorgaben in ihrer stärksten Form sind Verbote für den Einsatz von KI-Algorithmen für jedermann (z. B. von autonomen Waffensystemen, sog. *killer robots*, die bisher nicht international geächtet sind). Ein solches Verbot kann sich auf das Handeln des Staates beschränken. So sind automatisierte Verwaltungsentscheidungen, bei denen die Verwaltung ein Ermessen oder einen Beurteilungsspielraum hat, unzulässig (§ 35a Verwaltungsverfahrensgesetz). Darüber hinaus regelt aber auch Art. 22 Datenschutz-Grundverordnung, dass jeder das Recht hat, grundsätzlich nicht rechtlichen oder ähnlich relevanten Entscheidungen unterworfen zu sein, die ausschließlich auf der automatisierten Verarbeitung von Daten beruhen, es sei denn, es liegt eine gesetzlich geregelte Ausnahme oder eine Einwilligung des Betroffenen vor. Diese Bestimmung erfasst jedoch keine Entscheidungen, die auf der Grundlage eines automatisierten Scorings erfolgen (z. B. Darlehensvergabe, dazu Busch 2018; Martini 2019; Arbeitsaufträge über Plattformen, dazu Schubert und Hütt 2019). Insgesamt finden Verbote nur begrenzt Verwendung, zumal sie als innovationshemmende Regelung nur dort eingesetzt werden, wo das Risiko dies erzwingt.

Daneben kommen Einsatzbeschränkungen, z. B. durch Auflagen in Betracht. So muss ein Wertpapierdienstleistungsunternehmen, das algorithmischen Handel betreibt, über Systeme und Risikokontrollen verfügen, die die in § 80 Absatz 2 Sätze 3, 4 Wertpapierhandelsgesetz vorgesehene Gefahrenabwehr sicherstellen. Zudem ist jede Börse zu Vorkehrungen gegen die übermäßige Inanspruchnahme von Systemkapazität durch den sog. algorithmischen Hochfrequenzhandel von Wertpapieren verpflichtet (§ 26d Absatz 1 Börsengesetz).

Eine präventive Gefahrenabwehr kann schließlich durch Erlaubnispflichten bzw. Zulassungsverfahren ex ante vor der Verwendung oder dem Vertrieb der KI-Algorithmen erfolgen, die sich auf das Produkt oder die handelnde Person beziehen kann (z. B. bei Medizinprodukten nach dem Medizinproduktegesetz; für Bankgeschäfte und Finanzdienstleistungen nach § 23 Kreditwirtschaftsgesetz). Bei der Einführung solcher Verfahren ist zu berücksichtigen, dass sie stets verlangsamend auf die technische Entwicklung wirken und erhebliche Kosten haben (vgl. Martini 2019). Insofern muss das Risiko für den Betroffenen oder die Allgemeinheit ein solches Vorgehen rechtfertigen, zumal weniger eingreifende Alternativen (z. B. Gefährdungshaftung) zur Verfügung stehen. Besondere Gefahren für den Einzelnen (z. B. Gesundheits- oder Lebensgefahr) oder gravierende Schäden für die Allgemeinheit können ein solches Vorgehen aber rechtfertigen. In Anlehnung an das bestehende Technikrecht wird die Einführung von sog. Risikoklassen für KI-Algorithmen vorgeschlagen, so dass die Erlaubnispflicht von der Einordnung der KI-Algorithmen in einer bestimmten Klassen abhängt (Busch 2018; Martini 2019). Dabei handelt es sich um eine Vorstrukturierung, um die Ermittlung der Erlaubnispflicht und deren Durchsetzung zu vereinfachen.

Alternativ oder kumulativ kann eine staatliche Aufsicht eingerichtet werden. Derzeit besteht bereits eine Mehrzahl von sachgebietsbezogenen Aufsichtsbehörden wie die Bundesanstalt für Finanzdienstleistungen, das Bundeskartellamt und die Datenschutzbeauftragten des Bundes und der Länder. Insofern kommt es für KI-Algorithmen weniger darauf an, neue Behörden zu errichten, sondern eher darauf, spezifische Kompetenz für KI-Algorithmen zu bündeln und die Aufsichtsbehörden in ihrer Arbeit zu unterstützen (Martini 2019). Zum Teil wird die Schaffung einer Behörde vergleichbar der Physikalisch-Technischen Bundesanstalt oder dem Bundesamt für Sicherheit in der Informationstechnologie vorgeschlagen, die die sachgebietsbezogenen Aufsichtsbehörden unterstützen (Martini 2019).

Alternativ zu einer behördlichen Prüfung kann dem Hersteller bzw. Verwender von KI-Algorithmen aufgegeben werden, die Technik selbst oder durch bestimmte Stellen zu testen, und einen Testbericht einzureichen. So sind Handelsteilnehmer beim Hochfrequenzhandel verpflichtet, ihre Algorithmen in einer von der Börse zur Verfügung gestellten Umgebung zu testen (§ 26d Absatz 2 Satz 1 Börsengesetz).

Verfahrensrechtliche Regelungen, die staatliche Kontrolle ermöglichen, sind Anzeigepflichten für den Einsatz bestimmter Technik. Unabhängig davon können Pflichten zur Unterrichtung von Betroffenen bestehen. Diese ergeben sich im Datenschutzrecht in Bezug auf die Erhebung personenbezogener Daten bereits aus Art. 13 und 14 Datenschutz-Grundverordnung. Damit ist aber noch nichts über die Verarbeitung durch KI-Algorithmen gesagt. Die Pflicht zur Anzeige des Einsatzes von KI-Algorithmen oder dessen Protokollierung ist eine typische Verfahrensvorgabe (z. B. Anzeigepflicht und Dokumentationspflicht für Wertpapierhandelsunternehmen gegenüber der Bundesanstalt für Finanzdienstleistungen, wenn ein direkter Zugang zum Handelsplatz angeboten wird, § 77 Absatz 2 Wertpapierhandelsgesetz). Solche Dokumentationen können zielführend sein, um z. B. dem Bürger eine informierte Einwilligung zu ermöglichen, oder sie geben ihm die Möglichkeit, die Verwendung von KI-Algorithmen mit Rechtsbehelfen anzugreifen (vgl. Busch

2018). Abhängig von der Zwecksetzung muss somit die Anzeige bereits vor der Verwendung (ex ante) erfolgen oder genügt auch nachträglich (ex post).

Darüber hinaus wird vielfach versucht, Gefahrprävention durch Transparenz zu erzeugen, indem Dokumentations- oder Erklärungspflichten auferlegt (z. B. hinsichtlich der vorgenommenen Datenverarbeitung, Art. 30 Datenschutz-Grundverordnung) oder den betroffenen Personen Auskunftsrechte gewährt werden (z. B. über die gespeicherten personenbezogenen Daten, Art. 15 Datenschutz-Grundverordnung). Wie Transparenz im Falle von KI-Algorithmen zu gestalten ist, wird vor allem davon abhängen, wer der Adressat der Information ist und welcher Zweck erreicht werden soll. Es gehört zu den Anforderungen an KI-Algorithmen in den Ethikrichtlinien, dass diese erklärbar sind bzw. bleiben. Die Anforderungen an eine solche Transparenz werden insbesondere wegen der besonderen Technizität und der Veränderlichkeit von KI-Algorithmen eigens entwickelt werden müssen.

Schließlich sind Pflichten zur Überwachung der verwendeten Technik und die Folgenabschätzung typische prozedurale Maßnahmen zur Gefahrenabwehr (z. B. Datenschutz-Folgeabschätzung, insbesondere für die Verarbeitung von Daten durch neue Technologien, Art. 35 Datenschutz-Grundverordnung). Eine solche Verpflichtung kann dem Hersteller auferlegt werden. Daneben lassen sich behördliche Sektoruntersuchungen, wie sie bereits heute im Wettbewerbsrecht bekannt sind, auf diese Bereiche erweitern (Busch 2018).

Ergänzend erstreckt sich die staatliche Regulierung häufig auf die Förderung der Rechtsdurchsetzung. Unabhängig von einer staatlichen Aufsicht kommt eine Verstärkung der privaten Rechtsdurchsetzung *(private enforcement)* in Betracht, z. B. durch Beweislastumkehr, durch Sammelklagen oder Verbandsklagen. Diese sind bereits Teil des Verbraucherschutz- und Wettbewerbsrechts, aber auch des Datenschutzrechts, soweit Verbände eigene Rechte geltend machen (Art. 80 Datenschutz-Grundverordnung). Zudem können bestimmte Personen oder Personengruppen ein Recht auf kostenpflichtige Abmahnung von Gesetzesverstößen erhalten.

Bei der Ausgestaltung des Rechtsrahmens für KI-Algorithmen ist auf die in den einzelnen Sachbereichen sehr unterschiedlich ausgeprägten Anforderungen und Gefahren einzugehen (Martini 2019). Der Einsatz dieser Gestaltungsmöglichkeiten wird keinesfalls einheitlich für den Einsatz von KI-Algorithmen erfolgen, auch wenn in der politischen Diskussion zum Teil ein sog. „Algorithmen-TÜV" gefordert wurde (Müller 2017). Die rechtlichen Vorgaben müssen differenziert auf die Art und Intensität der drohenden Gefahren für Rechte, Rechtsgüter oder die Allgemeinheit zugeschnitten sein. Immerhin beschränken sie diejenigen in ihrer Handlungsfreiheit und den geschützten wirtschaftlichen Freiheitsrechten, die solche KI-Algorithmen entwickeln und einsetzen. Im Interesse der Rechtssicherheit bedarf es einer hinreichenden Konkretisierung und Bestimmtheit. Insofern müssen die Beschränkungen für die konkret angestrebte Gefahrenabwehr verhältnismäßig sein (Martini 2019). Dabei wird auch die Nützlichkeit der Technik im Interesse der Innovationsförderung Berücksichtigung finden (Martini 2019). Aus dieser Abwägung wird sich ein abgestuftes System ergeben, das umso strengere Anforderungen stellt, wenn Menschen von den Wirkungen der Technik in ihrer Freiheit und Integrität betroffen sind. Das gilt umso mehr, wenn die Schäden irreversibel oder besonders groß sind.

Damit erfüllt der Staat seine Schutzpflichten. Auch die Gefährdung staatlicher Institutionen in einer Demokratie wird eine weitergehende Beschränkung des Einsatzes von KI-Algorithmen rechtfertigen können.

Neben diesem direkten Zugriff auf die Ausgestaltung und den Einsatz von Algorithmen bestehen und entstehen privatrechtliche Regelungen, um die Technikfolgen zu erfassen (z. B. Schäden). Dadurch werden Kosten des Technikeinsatzes z. B. demjenigen zugewiesen, der die Gefahr beherrscht oder zumindest ihren Einsatz steuert bzw. von ihm (wirtschaftlich) profitiert. Die damit verbundenen Kosten haben verhaltenssteuernde Wirkung, wenngleich eine indirekte. Wegen der geringeren Eingriffsintensität solcher Maßnahmen in die Freiheit der KI-Hersteller und -Verwender haben sie sogar Vorrang. Sie treten aber häufig neben Formen direkter Regulierung. Das gilt z. B. für den Straßenverkehr, wo eine direkte Regulierung der Kraftfahrzeugzulassung erfolgt und ergänzend für die Schäden aus Straßenverkehrsunfällen eine Gefährdungshaftung für den Fahrzeughalter bzw. -führer besteht. Bei autonomen Fahrzeugen ist insoweit eine Haftung des Herstellers von Bedeutung, der besser als der Halter die Fahrsicherheit gewährleisten kann und von der wirtschaftlichen Verwertung profitiert.

5.3 Wechselwirkungen zwischen technischer Entwicklung und regulatorischem Rahmen

Bei der Weiterentwicklung des Rechtsrahmens der KI-Algorithmen wird es darauf ankommen, Lücken in der bestehenden Rechtsordnung zu identifizieren und zu schließen. Zusätzliche Herausforderungen werden sich daraus ergeben, dass KI-Algorithmen veränderlich sind, eine hohe Veränderungsgeschwindigkeit haben und in besonderem Maße intransparent sind. Für eine rechtliche Regelung kann zwar durch eine hinreichende Abstraktion der Begrifflichkeiten oder durch ein Anknüpfen an der Art der Gefahr vermieden werden, dass die Veränderlichkeit und Intransparenz der Abfassung einer Regelung entgegensteht. Das ändert aber nichts daran, dass der Normvollzug bzw. die effektive Gefahrenabwehr Schwierigkeiten bereitet. Es braucht daher technische Standards und Instrumente, um den effektiven Gesetzesvollzug sicherzustellen. Das gilt für bewusste und unbewusste Gefahren bzw. Rechtsverletzungen gleichermaßen.

Bei den hier demonstrierten unbewussten Fehlfunktionen von KI-Algorithmen ist vor allem die Entwicklung von Datenqualitätsstandards von Bedeutung. Außerdem bedarf es eines Verfahrens, um die KI-Algorithmen auf bestimmte Rechtsverstöße hin zu testen. Darüber hinaus wird sich zeigen müssen, ob und inwieweit Rechtsschutz bereits durch die Gestaltung der KI-Algorithmen, z. B. *anti-discrimination by design*, möglich sein wird (vgl. Busch 2018). Im Einzelnen besteht hierbei noch erheblicher Forschungsbedarf. Die damit verbundene technische Entwicklung kann die Qualität des Rechtsschutzes erheblich steigern.

Ob ein solches Testverfahren ex ante vor der Inbetriebnahme oder Inverkehrbringen der KI-Algorithmen durchlaufen werden muss oder lediglich ex post erfolgt, muss der Gesetzgeber in Abhängigkeit von der abzuwendenden Gefahr, der Art und dem Umfang der drohenden Schäden und der gesellschaftlichen Erwünschtheit der Technik entscheiden. Insbesondere bei individuellen, personenbezogenen Entscheidungen durch oder anhand von KI-Algorithmen, die auf aggregierte Daten zurückgreifen, muss dem Betroffenen zumindest ex post eine Kontrollmöglichkeit offenstehen (Wischmeyer 2018). Dies kann durch einen Auskunftsanspruch (z. B. zur Dokumentation der KI-Verwendung) oder einen Anspruch auf Testung (durch eine Behörde/ein ermächtigtes Institut) umgesetzt werden (Schweighofer et al. 2018). Transparenz wird insoweit zur Voraussetzung, um individuelle Rechte zu wahren. Wegen der Begrenzung des Allgemeinen Gleichbehandlungsgesetzes im Wesentlichen auf das Arbeitsverhältnis und zivilrechtliche Massengeschäfte und Versicherungen wird zum Teil eine Erweiterung des Gesetzes auf alle Rechtsgeschäfte befürwortet, die unter Mitwirkung von KI-Algorithmen zustande kommen (Martini 2019).

Ein Anreiz für die Entwicklung solcher Standards kann auch dadurch gesetzt werden, dass die Durchführung eines Testverfahrens die Haftung des Herstellers bzw. Verwenders reduziert. Auch in diesem Punkt wird es vom interdisziplinären Zusammenwirken abhängen, ob und inwieweit Standards und Tests entwickelt werden, die trotz der Veränderlichkeit von KI-Algorithmen für die Gestaltung des rechtlichen Rahmens Bedeutung erlangen können.

5.4 Zuständigkeiten für die Schaffung eines Rechtsrahmens und internationale Koordinierung

Die Ausgestaltung des Rechtsrahmens der KI-Algorithmen wird durch eine Mehrzahl von Akteuren gestaltet und weiterentwickelt. Dies ergibt sich bereits daraus, dass die Europäische Union ihre Kompetenzen in einer Reihe von Sachgebieten ausgeübt hat. Das gilt insbesondere für das Datenschutzrecht, das Teil des sog. vollharmonisierenden Unionsrechts ist, und von den Mitgliedstaaten nur dort weiter ausgestaltet werden kann, wo es die Datenschutz-Grundverordnung zulässt. Auch das angesprochene Medizinprodukterecht, das Wertpapierhandelsrecht und das Wettbewerbsrecht sind Teil des Unionsrechts, das durch die Mitgliedstaaten vollzogen wird, wobei es in vielen Bereichen der vorherigen Transformation in nationales Recht bedarf. Insofern werden die Europäische Union und ihre Mitgliedstaaten bei der Weiterentwicklung des Rechts in diesen Bereichen zusammenwirken (müssen). Darüber hinaus bleiben den Mitgliedstaaten eigene Gestaltungsbereiche. Unabhängig davon wird es insbesondere in einer globalisierten Wirtschaft darauf ankommen, allgemeine Standards für den Umgang mit KI-Algorithmen zu entwickeln. Der grenzüberschreitende Einsatz von KI-Algorithmen macht eine internationale Rechtsentwicklung notwendig (Hoffmann-Riem 2017). Dabei hat die OECD durch die Empfehlungen aus dem Jahr 2019 bereits eine aktive Rolle übernommen.

Sofern es im Besonderen um die Überprüfung von Algorithmen auf ihre Fehlfunktion und die damit verbundenen Verstöße gegen die Rechtsordnung geht, ist zu berücksichtigen, dass der zu vollziehende Rechtsrahmen zum Teil mitgliedstaatliches Recht, zum Teil europäisches Recht sowie ggf. internationale Abkommen ist. Die Überprüfung von KI-Algorithmen ist ein Mittel der Rechtsdurchsetzung. Das spricht grundsätzlich dafür, dass diese durch den Regelsetzer gestaltet und vollzogen wird. Etwas anderes gilt aber, wenn – wie häufig im Unionsrecht – der Vollzug des Rechts durch die Mitgliedstaaten erfolgt. Auch bei internationalen Abkommen ist der Vollzug in der Regel Sache der Vertragsstaaten. Insofern wird der Normvollzug vielfach dezentral in den Staaten erfolgen.

6 Fazit

Maschinelles Lernen ist durch die dramatischen Entwicklungen auf der methodischen Seite und in der Vielfalt der Anwendungen heute ein diverses und rapide evolvierendes Forschungsfeld. Hier können wir nur eine Momentaufnahme dieser virulenten Debatte liefern, die sich aktuell in der Informatik an der Schnittstelle zu den Sozial- und Rechtswissenschaften formiert.

Zu den Ansätzen dieses neuen Forschungsfeldes gehört, (1) dass die Algorithmen mit wachsenden Datenmengen besser werden, (2) dass unser theoretisches Verständnis der *Lernbarkeit* bestimmter Dateneigenschaften besser wird und wir das Fehlschlagen des Trainings oder der Vorhersagen auf diese Weise besser erkennen können, (3) dass sich Verzerrungen der algorithmischen Vorhersagen aufgrund von Asymmetrien in den Trainingsdaten algorithmisch entdecken und reparieren lassen. Die Regulierung von KI-Algorithmen muss an diese Forschungsergebnisse anknüpfen, um differenzierte und möglichst freiheitserhaltende Regelungen zu schaffen.

Literatur

Arulkumaran, K., M. P. Deisenroth, M. Brundage, und A. A. Bharath. 2017. *A brief survey of deep reinforcement learning*. arXiv preprint arXiv:170805866.

Asudehy, A., H. Jagadishy, J. Stoyanovichz, und G. Das. 2017. *Designing fair ranking schemes*. arXiv preprint arXiv:171209752.

Bak, P. 2013. *How Nature works: The science of self-organized criticality*. New York: Springer Science & Business Media.

Bak, P., C. Tang, und K. Wiesenfeld. 1987. Self-organized criticality: An explanation of the 1/*f* noise. *Physical Review Letters* 59(4): 381.

Beck, W. 2019. Legal Tech und künstliche Intelligenz. *Die Öffentliche Verwaltung* 72(16): 648–653.

Ben-David, S., P. Hrubeš, S. Moran, A. Shpilka, und A. Yehudayoff. 2019. Learnability can be undecidable. *Nature Machine Intelligence* 1(1): 44.

Benjamin, R. 2019. Assessing risk, automating racism. *Science* 366(6464): 421–422.

Berendt, B., und S. Preibusch. 2017. Toward accountable discrimination-aware data mining: The importance of keeping the human in the loop – and under the looking glass. *Big Data* 5(2): 135–152.

Berk, R., H. Heidari, S. Jabbari, M. Kearns, und A. Roth. 2018. Fairness in criminal justice risk assessments: The state of the art. *Sociological Methods & Research*. https://doi.org/10.1177/0049124118782533.

Bernhardt, L. 2019. Algorithmen, Künstliche Intelligenz und Wettbewerb. *Neue Zeitschrift für Kartellrecht* 7:314–317.

Borges, G. 2018. Rechtliche Rahmenbedingungen für autonome Systeme. *Neue Juristische Wochenschrift* 71(14): 977–982.

Bornholdt, S. 2005. Less is more in modeling large genetic networks. *Science* 310(5747): 449–451.

Breidenbach, S., und F. Glatz, Hrsg. 2020. *Rechtshandbuch Legal Tech*, 2. Aufl. München: Beck.

Buchanan, M. 2012. It's a (stylized) fact! *Nature Physics* 8(1): 3–3.

Bull, H. P. 2019. Über die rechtliche Einbindung der Technik. *Der Staat* 55:57–100.

Burrell, J. 2016. How the machine ‚thinks': Understanding opacity in machine learning algorithms. *Big Data & Society* 3(1). https://doi.org/10.1177/2053951715622512.

Busch, C. 2018. *Algorithmic accountability*. Technical report, ABIDA-Gutachten. www.abida.de/sites/default/files/ABIDA%20Gutachten%20Algorithmic%20Accountability.pdf. Zugegriffen am 04.04.2020.

Celis, L. E., L. Huang, V. Keswani, und N. K. Vishnoi. 2019. Classification with fairness constraints: A meta-algorithm with provable guarantees. In *Proceedings of the Conference on Fairness, Accountability, and Transparency* (Atlanta GA USA), S. 319–328.

Chakraborti, T., A. Patra, und A. Noble. 2019. *Contrastive algorithmic fairness: Part 1 (theory)*. arXiv preprint arXiv:190507360.

Christin, A., A. Rosenblat, und D. Boyd. 2015. Courts and predictive algorithms. Data & Civil Right.

Corbett-Davies, S., E. Pierson, A. Feller, S. Goel, und A. Huq. 2017. Algorithmic decision making and the cost of fairness. In *Proceedings of the 23rd ACM SIGKDD International Conference on Knowledge Discovery and Data Mining* (Halifax NS Canada), ACM, S. 797–806.

Coveney, P. V., E. R. Dougherty, und R. R. Highfield. 2016. Big data need big theory too. *Philosophical Transactions of the Royal Society A* 374(2080): 20160,153.

Daten-Ethikkommission. 2019. Gutachten der Daten-Ethikkommission. https://www.bmi.bund.de/SharedDocs/downloads/DE/publikationen/themen/it-digitalpolitik/gutachten-datenethikkommission.html. Zugegriffen am 04.04.2020.

Diakopoulos, N. 2014. *Algorithmic accountability reporting: On the investigation of black boxes*. Columbia University: Tow Center for Digital Journalism.

Ernst, C. 2017. Algorithmische Entscheidungsfindung und personenbezogene Daten. *Juristen-Zeitung* 72(21): 1026–1036.

Europäische Kommission, Mitteilung, COM. (2019) 168 endg. Europäische Kommission, Mitteilung, COM (2019) 168 endg. Zugegriffen am 04.04.2020.

Ezrachi, A., und M. Stucke. 2016. *Virtual competition: The promise and perils of the algorithm-driven economy*. Harvard: Harvard University Press.

Farmelo, G. 2002. *It must be beautiful: Great equations of modern science*. London: Granta.

Feldle, J. 2018. *Notstandsalgorithmen*. Baden-Baden: Nomos.

Friedler, S. A., C. Scheidegger, S. Venkatasubramanian, S. Choudhary, E. P. Hamilton, und D. Roth. 2019. A comparative study of fairness-enhancing interventions in machine learning. In *Proceedings of the Conference on Fairness, Accountability, and Transparency* (Barcelona Spain), S. 329–338.

Frost, Y. 2019. Künstliche Intelligenz in Medizinprodukten und damit verbundene medizinprodukte- und datenschutzrechtliche Herausforderungen. *Zeitschrift für das gesamte Medizinproduktrecht* 19(4): 117–124.

G20. 2019. G20 AI Principles. https://www.g20-insights.org/wp-content/uploads/2019/07/G20-Japan-AI-Principles.pdf. Zugegriffen am 04.04.2020.

Gaede, K. 2019. *Künstliche Intelligenz – Rechte und Strafen für Roboter?* Baden-Baden: Nomos.

Gajane, P. 2017. *On formalizing fairness in prediction with machine learning*. arXiv preprint arXiv:171003184.

Gesellschaft für Informatik, Fachgruppe Rechtsinformatik. 2018. *Technische und rechtliche Betrachtungen algorithmischer Entscheidungsverfahren. Studien und Gutachten im Auftrag des Sachverständigenrats für Verbraucherfragen*. Berlin: Sachverständigenrat für Verbraucherfragen.

Goodfellow, I., J. Pouget-Abadie, M. Mirza, B. Xu, D. Warde-Farley, S. Ozair, A. Courville, und Y. Bengio. 2014. Generative adversarial nets. In *Advances in Neural Information Processing Systems*, S. 2672–2680.

Greene, D., A. L. Hoffmann, und L. Stark. 2019. Better, nicer, clearer, fairer: A critical assessment of the movement for ethical artificial intelligence and machine learning. In *Proceedings of the 52nd Hawaii International Conference on System Sciences*.

Hilgendorf, E., Hrsg. 2017. *Autonome Systeme und neue Mobilität*. Baden-Baden: Nomos.

Hoch, V. R. S. 2019. Anwendung künstlicher Intelligenz zur Beurteilung von Rechtsfragen im unternehmerischen Bereich. *Archiv für civilistische Praxis* 219(5): 646–702.

Hoffmann-Riem, W. 2017. Verhaltenssteuerung durch Algorithmen – Eine Herausforderung für das Recht. *Archiv für öffentliches Recht* 142(1): 1 ff.

Ising, E. 1925. Beitrag zur Theorie des Ferromagnetismus. *Zeitschrift für Physik A* 31(1): 253–258.

Jensen, H. J. 1998. *Self-organized criticality: Emergent complex behavior in physical and biological systems*, Bd. 10. Cambridge: Cambridge University Press.

Jones, M. L. 2017. The right to a human in the loop: Political constructions of computer automation and personhood. *Social Studies of Science* 47(2): 216–239.

Kauffman, S. A. 1969. Metabolic stability and epigenesis in randomly constructed genetic nets. *Journal of Theoretical Biology* 22(3): 437–467.

Kim, P. 2017. Auditing algorithms for discrimination. *Legal Studies Research Paper Series* (17-12-03).

Krafft, T. D., und K. A. Zweig. 2018. Wie Gesellschaft algorithmischen Entscheidungen auf den Zahn fühlen kann. In *(Un)berechenbar? Algorithmen und Automatisierung in Staat und Gesellschaft*. Berlin: Kompetenzzentrum Öffentliche IT.

Kullmann, M. 2018. Working in the platform economy – The implications on labour law. *Medien und Recht International* 15(2): 79–81.

Küstner, M. 2019. Preissetzung durch Algorithmen als Herausforderung des Kartellrechts. *Gewerblicher Rechtsschutz und Urheberrecht* 121(1): 36–42.

Lapuschkin, S., S. Wäldchen, A. Binder, G. Montavon, W. Samek, und K. R. Müller. 2019. Unmasking clever Hans predictors and assessing what machines really learn. *Nature Communications* 10(1): 1–8.

Lehr, D., und P. Ohm. 2017. Playing with the data: What legal scholars should learn about machine learning. *UCDL Rev* 51:653.

Lessig, L. 2000. Code is law. *Harvard Magazine* 102:37–39.

Martin, K. 2019. Designing ethical algorithms. *MIS Quarterly Executive* 18(2): 129–142.

Martini, M. 2017. Algorithmen als Herausforderung für die Rechtsordnung. *Juristen-Zeitung* 72(21): 1017–1025.

Martini, M. 2019. *Blackbox Algorithmus – Grundfragen einer Regulierung Künstlicher Intelligenz*. Berlin: Springer.

May, R. M. 2004. Uses and abuses of mathematics in biology. *Science* 303(5659): 790–793.

Mehrabi, N., F. Morstatter, N. Saxena, K. Lerman, und A. Galstyan. 2019. *A survey on bias and fairness in machine learning*. arXiv preprint arXiv:190809635.

Mnih, V., K. Kavukcuoglu, D. Silver, A. A. Rusu, J. Veness, M. G. Bellemare, A. Graves, M. Riedmiller, A. K. Fidjeland, G. Ostrovski, et al. 2015. Human-level control through deep reinforcement learning. *Nature* 518(7540): 529–533.

Müller, K. 2017. Algorithmen transparent gestalten. Rede zur vzbv Fachveranstaltung am 07.12.2017. www.vzbv.de/dokument/rede-algorithmen-transparent-gestalten-forderungen-die-politik. Zugegriffen am 04.04.2020.

Obermeyer, Z., B. Powers, C. Vogeli, und S. Mullainathan. 2019. Dissecting racial bias in an algorithm used to manage the health of populations. *Science* 366(6464): 447–453.

OECD. 2019. Recommendation of the Council on Artificial Intelligence, 22.05.2019, OECD/LEGAL/0449. https://legalinstruments.oecd.org/-api/print?ids=648&lang=en. Zugegriffen am 04.04.2020.

Peierls, R. 1936. On Ising's model of ferromagnetism. In *Mathematical Proceedings of the Cambridge Philosophical Society*, Cambridge University Press, Bd. 32, S. 477–481.

Quezada, K. 2019. The Algorithmic Accountability Act: Is the US about to apply EU standards to algorithmic governance? https://www.law.kuleuven.be/citip/blog/the-algorithmic-accountability-act-is-the-us-about-to-apply-eu-standards-to-algorithmic-governance. Zugegriffen am 04.04.2020.

Radford, A., L. Metz, und S. Chintala. 2015. *Unsupervised representation learning with deep convolutional generative adversarial networks*. arXiv preprint ar-Xiv:151106434.

Rajkomar, A., J. Dean, und I. Kohane. 2019. Machine learning in medicine. *New England Journal of Medicine* 380(14): 1347–1358.

Reutlinger, A., D. Hangleiter, und S. Hartmann. 2018. Understanding (with) toy models. *The British Journal for the Philosophy of Science* 69(4): 1069–1099.

Rodrigues, F. A., T. K. D. Peron, P. Ji, und J. Kurths. 2016. The Kuramoto model in complex networks. *Physics Reports* 610:1–98.

Sandvig, C., K. Hamilton, K. Karahalios, und C. Langbort. 2014. Auditing algorithms: Research methods for detecting discrimination on internet platforms. In *Data and discrimination: Converting critical concerns into productive inquiry. Seattle: 64th Annual Meeting of the International Communication Association.*

Schubert, C., und M. T. Hütt. 2019. Economy-on-demand and the fairness of algorithms. *European Labour Law Journal* 10(1): 3–16.

Schweighofer, E., et al. 2018. Technische und rechtliche Betrachtungen algorithmischer Entscheidungsverfahren. https://gi.de/fileadmin/GI/Allgemein/PDF/-GI_Studie_Algorithmenregulierung.pdf. Zugegriffen am 04.04.2020.

Shilo, S., H. Rossman, und E. Segal. 2020. Axes of a revolution: Challenges and promises of big data in healthcare. *Nature Medicine* 26(1): 29–38.

Silver, D., J. Schrittwieser, K. Simonyan, I. Antonoglou, A. Huang, A. Guez, T. Hübert, L. Baker, M. Lai, A. Bolton, et al. 2017. Mastering the game of Go without human knowledge. *Nature* 550-(7676): 354–359.

Söbbing, T. 2019. Der algorithmisch gesteuerte Wertpapierhandel und die gesetzlichen Schranken für künstliche Intelligenz im digitalen Banking. *Zeitschrift für Wirtschaftsrecht* 40(34): 1603–1609.

Sober, E. 2015. *Ockham's Razors: A user's manual.* Cambridge: Cambridge University Press.

Spiecker gen. Döhmann, I. 2017. 30 Thesen: Der Mensch, der Netzburger, die Algorithmen, das Internet und das Recht. *Kommunikation und Recht Beilage 1 zu* 23(7/8): 4–6.

Stauffer, D. 2013. A biased review of sociophysics. *Journal of Statistical Physics* 151(1–2): 9–20.

Strogatz, S. H. 2000. From Kuramoto to Crawford: Exploring the onset of synchronization in populations of coupled oscillators. *Physica D* 143(1–4): 1–20.

Succi, S., und P. V. Coveney. 2019. Big data: The end of the scientific method? *Philosophical Transactions of the Royal Society A* 377(2142): 20180,145.

Voit, E. O. 2019. Perspective: Dimensions of the scientific method. *PLoS Computational Biology* 15(9): e1007279.

Wagner, G. 2017. Produkthaftung für autonome Systeme. *Archiv für die civilistische Praxis* 217(6): 707–765.

Wagner, G. 2019. Robot, Inc.: Personhood for autonomous systems? *Fordham Law Review* 88:519–612.

Wagner, G. 2020. Verantwortlichkeit im Zeichen digitaler Technik – Herausforderungen für das Haftungsrecht. *Versicherungsrecht* 71(12). S. 717–741.

Wiens, J., W. N. Price, und M. W. Sjoding. 2020. Diagnosing bias in data-driven algorithms for healthcare. *Nature Medicine* 26(1): 25–26.

Williams, B. A., C. F. Brooks, und Y. Shmargad. 2018. How algorithms discriminate based on data they lack: Challenges, solutions, and policy implications. *Journal of Information Policy* 8:78–115.

Wischmeyer, T. 2018. Regulierung intelligenter Systeme. *Archiv für öffentliches Recht* 143:1–66.

Zheng, A., und A. Casari. 2018. *Feature engineering for machine learning: Principles and techniques for data scientists*. Boston: O'Reilly Media, Inc.

Zhou, W. X., und D. Sornette. 2007. Self-organizing Ising model of financial markets. *The European Physical Journal B* 55(2): 175–181.

Zhu, Y., R. Mottaghi, E. Kolve, J. J. Lim, A. Gupta, L. Fei-Fei, und A. Farhadi. 2017. Target-driven visual navigation in indoor scenes using deep reinforcement learning. In *IEEE international Conference on Robotics and Automation (ICRA)* (Singapore), IEEE, S. 3357–3364.

Zliobaite, I. 2017. *Fairness-aware machine learning: A perspective*. arXiv preprint arXiv:170800754.

Zweig, K. 2019. *Ein Algorithmus hat kein Taktgefühl: Warum Künstliche Intelligenz oft irrt, weshalb uns das betrifft und was wir dagegen tun können*. München: Heyne.

Digitale Ethik und die Künstliche Intelligenz

Sarah Spiekermann

Inhalt

Zusammenfassung

Ohne auf Science-Fiction KIs zurückgreifen zu müssen, zeigt dieser Beitrag auf, wie ethisch komplex realistisch zu erwartende KI-Systeme der Zukunft sein werden. Ihre multiplen Einsatzkontexte erfordern eine systematische wertethische Zukunftsanalyse, deren mögliche Methodik in diesem Beitrag vorgestellt wird. Der Beitrag stellt keine weitere von über 80 Wertprinzipienlisten auf, an denen sich KI-Systemingenieure in der Zukunft orientieren könnten, sondern er führt den Leser in die Grundbegriffe der Materialen Wertethik ein, welche ihn zum grundsätzlichen ethischen urteilen und planen entsprechend guter künftiger KI-Systeme befähigen kann. Der Beitrag stellt eine philosophisch fundierte Begriffswelt für die KI-Systemgestaltung vor, in der Kernwerte von Wertqualitäten, Werte von Tugenden und Algorithmen von Wertdispositionen unterschieden sind.

Schlüsselwörter

Künstliche Intelligenz · Materiale Wertethik · Werte · Moral Machines · Ethik · Technikphilosophie · Ethische Systemgestaltung · Value based system design

---

S. Spiekermann (✉)
Institut für Wirtschaftsinformatik und Gesellschaft, Wirtschaftsuniversität Wien, Wien, Österreich
E-Mail: sspieker@wu.ac.at

K. Mainzer (Hrsg.), *Philosophisches Handbuch Künstliche Intelligenz*,
https://doi.org/10.1007/978-3-658-19606-6_43

1 Einleitende KI Definition in Abgrenzung zur Science-Fiction KI

Wenn Persönlichkeiten wie Bill Gates oder Elon Musk heute öffentlich vor KI-Systemen warnen, dann verknüpfen technische Laien diese Warnungen sehr schnell mit den Dystopien der Science Fiction. Filme wie Blade Runner, Ex Machina, Westworld, Odysee 2001 oder I-Robot haben die öffentliche Vorstellung von KI-Systemen geprägt, die oft einem humanoiden Roboter mit menschenähnlicher Hülle und überragender Intelligenz entspricht. Auch einige transhumanistische Futuristen *glauben* an das baldige Erscheinen solcher KI-Systeme (Bostrom 2014; Kurzweil 2006). Und obgleich Märchenfiguren immer schon regulative Ideen für das ethische Bewusstsein von Menschen gewesen sind, so wird der vorliegende Beitrag dennoch etwas nüchterner ausfallen, was die Erwartungen an diese „Superintelligenzen" angeht. Das Böse ist, wie Hannah Arendt schon bemerkte, doch oft banaler als man es erwartet.

Die Abgrenzung der KI-Systeme in diesem Beitrag von den KI-Systemen der Science-Fiction ist überaus wichtig für einen Beitrag zur KI-Ethik. Nicht wenige politische Dokumente, wie etwa der National Defense Authorization Act (2019), beschreiben KI-Systeme als „menschenähnlich". Die Idee ist so mächtig geworden, dass offen über eigene Rechte für KI-Systeme nachgedacht wird („Robot Rights", (Gunkel 2018)), Staatsbürgerschaften an diese vergeben worden sind (Hatmaker 2017) und die Idee einer eigenen KI -Rechtspersönlichkeit die Bühne der Politik betreten hat (Krempl 2018). Spricht man KI-Systemen jedoch auf politischer Ebene eine Menschenähnlichkeit zu und gibt man ihnen auf dieser Erwartungsgrundlage entsprechende Rechte, würde das in die Freiheit und Würde von Menschen zutiefst eingreifen. In allen Bereichen des Lebens würden wir Normen im Umgang mit der neuen „Spezies" entwickeln müssen. Ist es recht, einen Roboter zu treten? Tötet man ihn, wenn man ihn ausschaltet oder den Strom abdreht? Untergräbt der Fremdgang mit einem Roboter die Würde des menschlichen Partners? Die Palette an ethischen Fragen wäre schier unerschöpflich und ein Beitrag wie der vorliegende müsste entsprechend inhaltlich aufgebaut sein. Um dieser Art von präpotenten Fragen aus dem Weg zu gehen, ist die KI hier als das definiert, was sie aus wissenschaftlicher und technischer Perspektive in absehbarer Zeit wahrscheinlich leistet.

Ich definiere sie hier als ein entweder *virtuelles oder Gehäuse bestücktes, integriertes digitales Computersystem, welches auf Basis von großen, zumindest teilweise unstrukturierten Datensätzen diverse kognitive Funktionen selbständig ausführen kann. Kognitive Funktionen können das Wahrnehmen, Planen, Schlussfolgern, Kommunizieren, Entscheiden und Agieren einschließen. Diese Funktionen können von dem KI-System unter Berücksichtig von i. d. R. von Menschen beeinflussten Zielfunktionen auch ohne menschliche Intervention durchgeführt werden.* Abb. 1 fasst diese Definition zusammen und konkretisiert sie. In der linken Spalte finden sich die sehr umfangreichen menschlichen Eigenschaften, die KIs in der Science-Fiction regelmäßig zugeschrieben werden und die kein digitales KI-System auf der Welt besitzt, geschweige denn besitzen kann (Spiekermann 2020). Dazu gehört etwa die nicht umsetzbare Fähigkeit von KIs, wie Menschen in *Noe-*

	Menschenähnliche Sci-Fi KI	Virtuelles KI System	Physisches KI-System
KOGNITIVE FUNKTIONEN	wahrnehmen (Informationssammlung-und integration), planen (z. B. m.H.v. Musteranalyse), schlussfolgern (z. B. basierend auf Mustern), kommunizieren (z. B. text to voice), entscheiden/wählen (z. B. basierend auf prediction)		
KÖRPER	Menschenähnlich aussehender und scheinbar emphatischer und beseelter Körper	Software (inkl. Datenbanken)	Software (inkl. Datenbanken) Hardware (inkl. Aktuatoren)
INFORMATIONS-QUELLEN	Unbereinigte Daten Verarbeitung mit Hilfe von „noema"	Unbereinigte Daten Bereinigte Daten (strukturiert, kontinuierliche/diskrete)	Unbereinigte Daten Bereinigt (strukturiert, kontinuierliche/diskrete)
MACHINE LEARNING (ML)	Unüberwachtes ML Minimale Intervention von Menschen im Life Cyle	Unüberwachtes ML Überwachtes ML am Anfang, dann eingefroren Überwachtes ML während des Life Cycles	Unüberwachtes ML Überwachtes ML am Anfang, dann eingefroren Überwachtes ML während des Life Cycles
ZIELE	Ziel beeinflusst vom Menschen Ziel selbst gegeben (nicht zufällig) Ziel jenseits des vorspezifizierten Einsatzbereichs	Ziel gegeben vom Menschen Ziel selbst gegeben (auch m.H.v. Zufallsalgorithmen) Ziel jenseits des vorspezifizierten Einsatzbereichs	Ziel gegeben vom Menschen
AUTONOMIE (nach Aktivierung)	Agiert ohne Intervention vom Menschen	Agiert ohne Intervention vom Menschen Agiert mit Intervention vom Menschen	Agiert ohne Intervention vom Menschen Agiert mit Intervention vom Menschen

Abb. 1 Charakteristika von realistischen und unrealistischen KI-System-Systemen. (Quelle: eigene Darstellung)

mata zu denken (Beyer 2016) oder mit einem Leibgedächtnis zu arbeiten (Fuchs 2016). In der mittleren und rechten Spalte, die für diesen Beitrag relevant sind, werden die KI-Systeme beschrieben, die in der Praxis existieren oder mit denen zumindest ernsthaft experimentiert wird.

Die grau dargestellten Systemeigenschaften sind solche, die noch einen hohen Forschungsbedarf haben und im Jahr 2020 nicht verlässlich funktionieren; etwa die kontextübergreifende Verarbeitung von unbereinigten Daten, das nicht überwachte Machine-Learning oder die domänenübergreifende selbstständige Wahl von Handlungszielen. Die Abbildung unterscheidet auch, ob ein KI-System eine Software hinter einem autonomen System ist (virtuell) oder ob es ein Hardwaresystem ist. Für beide Formen von KI-System gibt es Praxisbeispiele. Rein virtuelle KI-Systeme sind zum Beispiel digitale Sprachassistenten wie Amazon Alexa oder Google Speech Assistant. Im Gegensatz dazu haben physische System wie selbst fahrende Autos Aktuatoren, die die errechneten Handlungen eines Algorithmus für ein System in mechanische Bewegungen übersetzen. Sie sind deutlich komplexer. In jedem Fall empfiehlt es sich immer, von einem „KI-System" zu sprechen, weil in der Regel eine Vielzahl von Systemelementen zusammenwirken müssen, um die Funktionen zu erbringen, die von Menschen als intelligent empfunden wird.

Die Frage nach der Ethik in einem so definierten KI-System ist nichts anderes als die Frage, ob ihre Existenz in den unterschiedlichen Graden und Arten ihrer Entfaltung jeweils erstrebenswert ist oder abgelehnt werden sollte. Was macht ein System gut oder böse? Wie kann dafür gesorgt werden, dass es selbst bzw. die Menschen die es nutzen, richtig oder falsch handeln. Bei diesen Fragen geht es weniger darum, welche ausgewählten, konkreten Eigenschaften ein KI-System haben sollte. Oftmals dreht sich die heutige Diskussion von KI-Ethik um eine Hand voll Prinzipien wie Datenschutz, Transparenz, Sicherheit oder Gerechtigkeit. Es scheint, als würde man als Betreiber eines KI-Systems der Ethik gerecht geworden sein, wenn man nur diese vier oder ein paar mehr Werteigenschaften beim Bau und Betrieb berücksichtigt. Dies ist jedoch nicht der Fall. Ethik geht sehr viel weiter. Sie „schafft eine allgemeine Grundlage, von der aus das Aktuelle objektiv, wie aus der Vogelschau, gesehen wird ... sie lehrt nicht fertige Urteile, sondern ‚Urteilen' selbst" (Hartmann 1926). Dieser Beitrag wird sich daher damit beschäftigen, wie wir KI-Systeme grundsätzlich wertethisch beurteilen können und wie wir sie so bauen können, dass ein wertethisches Urteil positiv ausfällt.

Bisher werden in der Computerethik fünf Felder isoliert, in denen ethisches Urteilen zum Tragen kommt (Robertson et al. 2019): Sehr prominent ist (1) das Forschungsfeld, wo ethische Theorien zur Optimierung von Algorithmen herangezogen werden (Anderson und Anderson 2011). Diskutiert wird gerne das „Moral Machine" Experiment am MIT, mit dem dieser Beitrag im nächsten Abschnitt beginnt. Solche Arbeiten zu ethischen Algorithmen werden ergänzt (2) von Forschung zur konkreten werte-basierten Ausgestaltung von Technologie, dem sog. „Value Sensitive Design" (Friedman und Kahn 2003), „Value based Design" (Spiekermann 2016) oder Ethically aligned Design (IEEE 2019a). Menschliche Werte werden hier herangezogen, um eine *gute* Systemarchitektur, Systemkontrolle, Datenmanagement etc. zu informieren. Wenn bestimmte negative Wertfolgen eines

Systems schwer vertretbar sind, geht es um die Frage (3), ob bestimmte Technologien gar nicht erst entstehen sollten; ein Thema was von Hans Jonas in seinem Werk zum „Prinzip Verantwortung“ aufgebracht worden ist (Jonas 1979). Schließlich gibt es noch zwei weitere Felder, wo ethisches Urteilen zum Tragen kommt, nämlich ob es Forschungsgrenzen geben sollte und wer zu neusten technologischen Erkenntnissen und Artefakten Zugang haben sollte. Im vorliegenden Beitrag gehe ich vor allem auf die beiden ersten großen Felder der digitalen Ethikforschung ein; also auf ethische Algorithmen und wertethisches Design von KI-Systemen.

2 Ethische Algorithmen oder „Moral Machines“

Wenn heute über die Ethik von KI-Systemen diskutiert und geschrieben wird, fokussiert ein Teil der öffentlich wirksamen Debatte auf das, was das MIT Team rund um Iyad Rahwa als „Moral Machines“ bezeichnet (Awad et al. 2018). Im Zentrum des Interesses steht ein selbstfahrendes Auto, was das moralische Dilemma konfrontiert, einen Unfall bauen zu müssen und vor der Wahl steht, beispielsweise entweder einen schwankenden Teenager auf der linken Seite der Straßen zu überfahren oder zwei alte Dame auf der rechten Seite. Das Szenario skizziert ein Beispiel des größeren „Machine Ethics“ Forschungsbereichs (Anderson und Anderson 2011), dem es darum geht, wie Algorithmen aussehen müssten, die Entscheidungen (inklusive Dilemmata) ethisch vertretbar und selbständig lösen können.

2.1 Utilitaristische und Kantische Maschinen

Fast 40 Millionen Menschen aus 233 Ländern durchliefen bezogen auf das selbstfahrende Auto eine Conjoint Analyse, bei der sie neun moralische Präferenzen abwägen sollten: ob das Auto z. B. eher Menschen oder Tiere schützen sollte, eher Frauen oder Männer, eher ältere oder jüngere Menschen, eher reiche oder arme, etc. Die ethische Theorie, die diesem Experiment zugrunde liegt, entspricht dem Utilitarismus. Der Utilitarismus wurde von Jeremy Bentham und John Stuart Mill im 18. Jahrhundert erfunden (Bentham 1787; Mill 1863/1987). Er postuliert, dass ethische Probleme nach der Regel gelöst werden können, dass man Entscheidungen im Sinne des größtmöglichen Glücks für die größtmögliche Zahl von Menschen fällt. Und dieses Glück ermittelt sich im Utilitarismus, indem man die Vorteile aus einer Entscheidung den entsprechenden Nachteilen gewichtet gegenüberstellt. Danach müssten „ethische“ Algorithmen so entscheiden, dass die Summe der Vorteile überwiegen (Anderson et al. 2005). Um zu wissen, wie wichtig Vorteile und Nachteile etwa im Szenario mit dem selbstfahrenden Auto sind, könnte man soziale Erwartungen quantifizieren, ggf. auch mit unterschiedlichen Gewichten für unterschiedliche Kulturen; so zumindest empfehlen es die Wissenschaftler rund um das Moral Machine Experiment („quantifying societal expectations about the ethical principles that should guide machine behavior“). Sie kritisieren dabei explizit die Empfehlung der deutschen Ethik-Kommission der Bundesministeriums für Verkehr und Digitale Infrastruktur (BMVI), die in 2017 die Empfehlung ausgesprochen hat: „Bei unausweichlichen Unfallsituationen ist jede Qualifizierung nach persönlichen Merkmalen (Alter, Geschlecht, körperliche oder geistige Konstitution) strikt untersagt. Eine Aufrechnung von Opfern ist untersagt“ (Ethik-Kommission 2017, S. 11).

Diese Diskrepanz im ethischen Urteilen lässt sich mit unterschiedlichen ethischen Theorien nachvollziehen. Während die US-Autoren den beschriebenen Utilitarismus zugrunde legen, folgt die Ethik-Kommission des BMVI einer Kantische Regel. Der erste Teil von Kants Kategorischem Imperativ gibt Akteuren die Pflicht auf, nur nach einer solchen Maxime zu handeln, von der man zugleich wollen kann, dass sie ein allgemeines Gesetz werde (Kant 1786). Maxime sind Regeln und Prinzipien persönlichen Handelns. Im vorliegenden Kontext war eine bedeutende Maxime der BMVI Gutachter sicherlich die Gleichstellung aller Menschen, egal welchen Alters, Geschlechts oder Besitzes, die auch im deutschen Grundgesetz verankert ist. Mit der von Kant geprägten Pflichtkultur ist ein utilitaristisches Aufwiegen von Eigenschaften gleichgestellter Menschen kaum vereinbar. Das heißt nicht, dass ethische Algorithmen abgelehnt werden. Jedoch steht zur Diskussion, ob nicht lieber „Kantische Maschinen“, mit klaren Regeln und ggf. menschenrechtskonformen Wertprinzipien die Leitlinien für die Gestaltung und den Einsatz von Algorithmen vorgeben sollten (siehe etwa (Powers 2006)). Wenn der Algorithmus aus ethischen Gründen kein Aufwiegen von Menschen und ihren Merkmalen vornehmen darf, muss er sich an anderen Kontextfaktoren für seine Entscheidung orientieren. Die Infrastruktur um das Auto herum könnte etwa so gestaltet werden, dass die Automatik des Autos immer nach rechts außen schleudert, wo eine entsprechende Unfallschutzzone einzurichten ist, die von Menschen nicht betreten werden darf.

Das Beispiel erlaubt aufzuzeigen, dass ein Algorithmus je nach der ihm zugrunde liegenden ethischen Theorie zu sehr unterschiedlichen Handlungsempfehlungen bzw. Lösungsräumen führt. Dies ist ein Beweis dafür, dass die Ausgestaltung von Algorithmen und die Art ihrer Einbettung in einen Lebenskontext keinesfalls neutral sind. Stattdessen inkorporieren sie die Werte- und Handlungskultur der jeweiligen Systementwickler sowie derjenigen, die über die Einbettung des Systems in einen weiteren Kontext entscheiden.

Das Beispiel zeigt auch, dass die sittlich wahrscheinlich beste Lösung gar nicht durch den Algorithmus allein herbeigeführt werden kann, sondern nur im Zusammenspiel mit einem vorhandenen oder noch zu schaffenden Kontext; hier einer eigenen Unfallspur. Was das Moral Machine Experiment problematisch macht ist, dass ethische Entscheidungen *immer* vom Kontext abhängen, denn was Gut und Böse, richtig oder falsch ist, das ergibt sich in einer Situation in der Regel als Folge der Einbettung des Entscheiders in die Umwelt. Ein geschlossenes System läuft Gefahr, nur sich selbst zu sehen; technisch gesprochen „selbst referentiell“ zu arbeiten. Und ist es nicht so, dass selbst im Märchen die bösen und verwirrten Figuren oft als die selbstreferenziellen, nur sich selbst sehenden und damit verblendeten dargestellt werden?

2.2 Akt Utilitarismus als fragwürdiger Versuch künstlich ethisch zu entscheiden

Nun ist es nicht so, dass die Unterform des Utilitarismus, die sich explizit am *Akt* orientiert (sog. „Akt-Utilitarismus"), nicht doch in der Lage wäre, genau solche Kontextfaktoren mit einzubeziehen (Frankena 1973). Das Moral Machine Experiment hat die generelle und Regel-basierte Form des Utilitarismus zugrunde gelegt, die vom konkreten Einzelfall abstrahiert und damit generelle Regeln für autonome Fahrzeuge aufzustellen sucht. Der am Akt orientierte Utilitarismus hingegen würde jede Unfallsituation separat betrachten und die gewichteten Vor- und Nachteile je nach individuellem Kontext neu vergleichen. So würde sicherlich jeder Fahrer, der die Wahl hat, seine Jugendliebe zu überfahren oder eine anonyme Person, eher versuchen, die Jugendliebe zu schützen, weil diese ihm oder ihr nähersteht. Das selbstfahrende Auto müsste genauso handeln. Dieser in der Theorie einsichtige Akt-Utilitarismus hat in der technischen Praxis jedoch das Problem, dass das Entscheidungssystem dann unendlich viele solcher individuell, hoch-spezifischen Situationsinformationen zur Verfügung haben müsste, um für jeden Akt und für jeden Nutzer richtig zu differenzieren und Entscheidungsoptionen zu gewichten. Woher soll es sonst wissen, wer die Jugendliebe war?

Dass es ein nicht menschliches Informationssystem geben kann, auf Basis dessen ein Algorithmus so aktspezifisch-präzise arbeitet, erscheint selbst vor dem Hintergrund hoch kontext-sensitiver Systeme fragwürdig. Der Möglichkeitsraum ist einfach sehr groß. Die notwendige Entscheidungsinformation, die aus dem Kontext herausgelesen werden müsste und die mit den persönlichen wie historischen Informationen des Individuums kombiniert und gewichtet werden müsste, ist irreal hoch. Und obgleich heute daran gearbeitet wird, Echtzeitprofile immer weiter auszubauen (etwa für die Bereitstellung zielgenauer Onlinewerbung (Christl und Spiekermann 2016)), so stellt sich bei dieser Akt-spezifischen Reaktion eines Systems sofort eine nächste ethische Frage: nämlich die nach der Privatsphäre und Kontrolle der Datensubjekte. Wird man wollen, dass KI-Systeme das ganze eigene Leben in solchem Detail mitschneiden, analysieren und pro-aktiv gewichten? Und verträgt sich das überhaupt mit den diversen Datenschutzgesetzen und Privacy Guidelines, die schon heute von den meisten demokratischen Staaten weltweit anerkannt sind? (siehe etwa (EU Parliament and the Councial 2016))

Ferner stellt sich die Frage, aus wessen Perspektive und zugunsten wessen Präferenzen das KI-System eigentlich entscheiden soll. Bei uns Menschen ist klar, dass immer der menschliche Entscheider selbst derjenige ist, aus dessen Sicht das Urteil gefällt wird. Beim Einsatz eines KI-Systems hingegen, könnte auch die Perspektive der Betroffenen (also der Autoinsassen) oder die des Betreibers oder die der Gesellschaft als Ganzes mit einbezogen werden. Eine utilitaristisch basierte ethische Maximierungsfunktion müsste also die individuell situationsspezifische Präferenzstruktur aller beteiligten Akteure berücksichtigen und deren Position wiederum gegeneinander gewichten. Diese Gewichtung diverser Akteurs-Interessen ist eine ethisch heikle Fragestellung, die auch in dem MIT-Experiment als Dilemma aufgetreten ist: Nahmen nämlich die Probanden den von Thomas Nagel kritisierten, typischen utilitaristischen „Blick von Nirgendwo“ ein (Nagel 1992), dann bewerteten sie den utilitaristisch arbeitenden Algorithmen positiv. In dem Moment, wo sie allerdings als Passagiere des Autos explizit mit im Kalkül waren, was auch gegen sie ausgehen kann, waren sie nicht mehr bereit, in so ein utilitaristisches Auto einzusteigen bzw. zu kaufen (Bonnefon et al. 2016). Kurz: der Akt-basierte utilitaristische Ansatz zur Programmierung ethischer Algorithmen erscheint in der Theorie vielleicht attraktiv, ist in der Praxis jedoch schwierig.

Sicherlich könnten die praxisnahen Computerwissenschaften versucht sein, diese ganze ethische Komplexität und die kritische Ausdifferenzierung der ethischen Theorien einfach zu ignorieren. Ob diese Art von vereinfachter Wissenschaft gerade im ethischen Bereich allerdings ratsam ist, sei dahingestellt. Einstein hat einmal gesagt, man solle die Dinge einfach machen, aber nicht einfacher als sie sind.

Die kurze Vorstellung des Utilitarismus und der Kantschen Moral kratzt nur die Oberfläche dessen, was aus philosophischer Sicht im Moral Machine Experiment relevant sein kann. Sowohl der Utilitarismus als auch Kants Moralphilosophie müssen sich nunmehr seit über 200 Jahren einem kritischen Diskurs stellen, denn beide Theorien werden von Philosophen weder als perfekt noch vollständig angesehen; eine Debatte deren Darstellung hier die Länge des Beitrags sprengen würde (siehe etwa (Anscombe 1958; MacIntyre 1984)). Wenn also ein Computerwissenschaftler meint, er baue eine ethische Maschine oder wirke am „*moral* computing“ mit, was zumindest *besser* sei als menschliche Entscheider, weil die Maschine ‚objektiv‘ auf Basis von gesammelten Daten und quantifizierten Präferenzen eine der beiden bekannten ethischen Theorien umsetzt, der irrt. Er oder sie läuft Gefahr, nicht mehr zu tun, als das oberflächliche Grundgerüst von umstrittenen Theorien in Stein zu meißeln bzw. in Code.

2.3 Zur Möglichkeit der Tugendethik in ethischen Algorithmen

Ein Grund, weshalb sowohl der Utilitarismus als auch Kants Moralphilosophie seit den 1950er-Jahren in die Kritik geraten sind, ist die rückkehrende Bedeutung der antiken Tugendethik, die sowohl bei Philosophen neu rezipiert wird (MacIntyre 1995), als auch bei Wirtschaftswissenschaftlern (Nonaka und Takeuchi 2011; Sachs 2019b) und Technikphilosophen (Ess 2013; Spiekermann 2019; Vallor 2016). Die Tugendethik wurde von Aristoteles in seiner Nikomachischen Ethik ausführlich dargestellt (Aristoteles 1969). Das Wort *Tugend* wird altgriechisch als *aretḗ* übersetzt (ἀρετή), was für Tüchtigkeit und Tauglichkeit steht. Tugenden sind Personenwerte, die einen Menschen als herausragend gut erkennen lassen; tauglich und tüchtig etwa durch Mut, Selbstlosigkeit, Großzügigkeit, Gerechtigkeit, etc. Mit der Tugendethik wird menschlich vorbildhaftes Verhalten als Essenz der Ethik rehabilitiert. Vorbilder zeigen uns, was es heißt, gut zu sein und richtig zu handeln. Tugenden wie der Mut oder die Selbstlosigkeit eines Fahrers spielen bei einem Unfallszenario sicherlich eine Rolle. Sie lassen sich jedoch meistens nicht präzise messen oder in einen Algorithmus einbauen. Ein Auto kann nicht selbstlos oder mutig sein. Warum nicht?

Natürlich könnte man versucht sein, den Dingen tugendhaftes Verhalten einprogrammieren zu wollen. Man könnte etwa versuchen, den Mut auf Basis eines Wahrscheinlichkeitskalküls zu simulieren. Trifft das Auto in einem Unfallszenario eine mutige Entscheidung, so ist dies vielleicht eine, wo die Wahrscheinlichkeit des Gelingens zwar relativ gering ist, die Zielfunktion der Rettung einer maximalen Anzahl von Menschenleben jedoch maximiert wird. Während man einem Menschen ein solch mutiges Verhalten nun hoch anrechnen würde, ist beim Auto interessanterweise genau das Gegenteil der Fall: Man würde nach dem Unfall die Frage stellen, warum das Auto eine Aktion ausgeführt hat, die objektiv mit einer geringen Wahrscheinlichkeit des Gelingens berechnet war. Die Ethik des Algorithmus wird hinterfragt, egal ob das Auto nun erfolgreich Menschenleben damit gerettet hat oder nicht. Der Mensch hingegen wird in jedem Fall als Held(in) gefeiert, wenn ihm oder ihr bei demselben riskanten aber mutigen Verhalten die Rettung gelingt. Erfolgreicher Mut wird belohnt. Warum diese unterschiedliche Beurteilung? Weil die mutige Fahrerin ihr eigenes Leben bei der riskanten Variante mit aufs Spiel gesetzt hat. Und dieses Leben ist ihr alles wert, während es dem Roboterauto nichts wert sein kann. Dem KI-System wohnt ja kein Leben inne, was es verletzlich machen würde. Zwar gibt es Science-Fiction Geschichten, wie Odysse 2001, wo der Bordcomputer Hal Angst davor hat, ausgeschaltet zu werden; es wird also in der Science-Fiction mit der Idee der Maschine als lebendigem Wesen gespielt. Manche Experten diskutieren sogar, ob eine „Kill-Switch" bzw. Deaktivierung eines Systems mit dessen „Tod" gleichgesetzt werden könnte (Brockman 2019). Oben wurde jedoch bereits klar auf die Unterschiede zwischen KI-Systemen in der Science-Fiction und in der Realität hingewiesen.

Ernsthaft festzustellen bleibt, dass es die Verletzbarkeit („vulnerability") des Lebendigen zu sein scheint, was die Größe von tugendhaftem Handeln mit ausmacht; was mitbestimmt, wie wertvoll ein Verhalten ist. Tugend ist Ausdruck von Selbstlosigkeit im Angesicht eines Menschen, der eigentlich während der Dauer seines Lebens nichts mehr wirklich besitzt als eben dieses Leben. Wenn er oder sie mutig auf der verletzbaren Harfe dieses eigenen Lebens spielt, dann wird die Schönheit der Existenz in gerade dieser Verletzbarkeit, bewusst. Wichtig ist hier zu verstehen, dass Verletzbarkeit meist nicht körperlich gemeint ist; das Unfallszenario ist da ein Extrem. Tugenden wie Ehrlichkeit, oder Großzügigkeit scheinen alle zumindest einen Teil ihrer Größe aus dem Grad der Verletzbarkeit zu ziehen, den man auch als den Grad des Verlusts, des Risikos, der persönlichen Kosten oder auch nur als ein Spannungsverhältnis beschreiben könnte. So ist es dann schwer, die Wahrheit zu sagen, wenn das Lügen in einer Situation opportuner wäre. Oder es ist dann schwer etwas abzugeben, wenn man gerade selber weniger hat. Indirekt ist diese Dynamik der spannungsgeladenen Tugendhaftigkeit bereits in Aristoteles Nikomachischer Ethik präsent. Aristoteles positionierte die Tugenden immer als Mittelweg, zwischen Lastern (Aristoteles 1969), denen man entsagen muss, um tugendhaft zu sein. Man muss etwa der verführerischen Prahlerei oder der lieb gewonnenen Schüchternheit entsagen, um ein gutes gemäßigt offenes Auftreten zu haben. Oder man muss der großspurigen Verschwendung und dem eigentlichen Geiz entsagen, um in gesunder Form großzügig zu sein. Ständig bewegt sich der Mensch nach Aristoteles – und auch im Einklang übrigens mit den neusten neurowissenschaftlichen Erkenntnissen (Sachs 2019a) – in diesem Spannungsverhältnis von Bedächtigkeit (Boulesis), Verlangen (Epityhmia) und dem Gewissen (Thymos).

Aus dieser Beschreibung heraus wird deutlich, warum ein ethischer Algorithmus nicht tugendhaft sein kann, egal ob er nun mit einer noch so ausgefeilten und dynamischen Wahrscheinlichkeitsfunktion ausgestattet ist und noch so vielen Daten zur Verfügung hat. Der Algorithmus (und damit auch das KI-System als Ganzes) hat nämlich weder ein emotionales Selbst zu bieten, was es aufs Spiel setzen könnte (Dennett 2019), noch kann es das emotionale Spannungsfeld nachvollziehen, in dem der Mensch versucht, sich tugendhaft zu positionieren. Allein die lasterhaften Gegenaxen von Tugenden, wie etwa Geiz oder Prahlerei, objektiv und kulturübergreifend zu modellieren, scheint schwer. Wo beginnt der Geiz? Wo die Prahlerei? Und wo hören sie auf? KI-Systeme können auf der Harfe des Lebens nicht mitspielen, weil ihnen die emotionale Existenz zwischen richtig und falsch, gut und böse, positiver und negativer Wertigkeit, weder gegeben noch vermittelbar ist.

Das heißt nicht, dass ein KI-System, wie zum Beispiel ein Roboter, nicht gebaut werden könnte mit dem Ziel, Tugendhaftigkeit zu simulieren und ethische Algorithmen und Daten mit diesem Ziel zu integrieren. Ein Roboter mag ein tugendhaft erscheinendes Verhalten wie einen höflichen Umgang als Abfolge von bestimmten Handlungs- oder Sprachnormen eingebaut bekommen (siehe etwa (Bertram et al. 2017; Spiekermann 2016)). Und das mag uns Nutzern auch gefallen! Ja es mag uns positiv an Regeln des tugendhaften Miteinanders erinnern. Aber ein KI-System kann selbst die emotionale Spannung nicht nachvollziehen, die mit der Aufrechterhaltung der Höflichkeit gegenüber einem Rüpel verbunden ist. Der Rüpel *kostet* den Roboter keine Kraft. Tugenden sind jedoch gerade mit dieser Kraft zum wahrhaft guten Sein verbunden. Der zutiefst emotionalen Spannung zwischen positiven und negativen Werten zu begegnen, und Gefahr zu laufen, Positives zu verlieren und Negatives zu schaffen, das ist die Essenz des „Daseins" eines bewusst Lebenden. „Nicht durch innere Wahrnehmung und Beobachtung . . ., sondern im fühlenden lebendigen Verkehr mit der Welt . . ., im Lieben und Hassen selbst, d. h. in der Linie des Vollzugs jener intentionalen Akte blitzen die Werte und ihre Ordnungen auf!", schrieb Max Scheler 1921 (Seite 65 in (Scheler 1921 (2007))), der Begründer der Materialen Wertethik.

3 Kernkonstrukte der Materialen Wertethik

Spätestens an dieser Stelle, wo argumentiert wird, dass einem KI-System kein existenzielles Verstehen von Wertigkeiten vermittelbar ist, ist es erforderlich, den Wertbegriff und die Wertethik genauer zu beschreiben.

Die Materiale Wertethik von Max Scheler (Scheler 1921 (2007)) und Nikolai Hartmann (1926), die diesem Beitrag zugrunde liegt, ist die sicherlich differenzierteste philosophische Analyse von Werten. Aufbauend auf Scheler beschreibt Nikolai Hartmann, dass wir uns Werte ähnlich wie geometrische Prinzipien vorstellen sollten. Wir wissen, was ein ideales Dreieck prinzipiell ist und können es mit dem

Satz des Pythagoras fassen. Und wenn wir dann in der Realität ein Ding mit dreieckiger Form sehen, dann erkennen wir das Prinzip des Dreiecks darin wieder. Ähnlich so die Werte. Werte sind Prinzipien des Sein Sollens, die unserem Handeln Orientierung geben und wir erfassen sie durch unsere Sprache. Zum Beispiel durch ein Wort wie „Mut". Und wenn wir jemanden bei einer mutigen Tat beobachten, erkennen wir das Prinzip des Mutes in der Tat wieder.

Die Wertethik unterscheidet Personenwerte wie die Tugenden von Güterwerten. Ein selbstfahrendes Auto kann Träger von positiven Güterwerten sein wie etwa der Sicherheit, Langlebigkeit, Verlässlichkeit, Schönheit, Gemütlichkeit, Ruhe, Geräumigkeit, Umweltfreundlichkeit, etc., je nachdem wie es gestaltet und gebaut ist. Oder es kann Träger von negativen Güterwerten sein, wie Umweltunverträglichkeit, Unsicherheit oder Protzigkeit. Bei der Ethik von KI-Systemen geht es um die Frage, wie diese Systeme zu Wertträgern in ihren jeweiligen Einsatzkontexten werden können. Und schon die kurze Liste denkbarer relevanter Werte eines autonomen Fahrzeugs zeigt, wie eng die Gerechtigkeitsdebatte im Umfallalgorithmus eigentlich ist. Sie konzentriert sich nämlich auf nur einen einzigen von sehr vielen Werten, die für solche neuartigen Fahrzeuge relevant werden können und die allesamt eine wertethische Analyse wert wären.

Wichtig ist bei der wertethischen Analyse zu beachten, dass die *Ideen (Noema)* von Werten, also die Idee von dem was sein sollte, unabhängig davon ist, was wir Menschen unbedingt persönlich erstrebenswert finden. Werte sind keine Meinungen. Das Prinzip „Dreieck" ist nicht nur da, weil Pythagoras meinte, dass es existiert und sich dafür interessiert hat. Und ein Wert wie Umweltfreundlichkeit ist auch nicht davon abhängig, dass jemand ihn wichtig findet oder beim Bau eines Autos berücksichtigt. Stattdessen sind geometrische Prinzipien ebenso wie Werte in der Natur *a priori* gegeben. Selbst wenn ein Automobilbauer meint, Umweltfreundlichkeit spiele keine Rolle für die eigenen Fahrzeuge, so wird er nicht ändern können, dass es diesen Wert gibt und dass sich einige Kunden zu diesem hingezogen fühlen und entsprechende Kaufentscheidungen fällen. Werte sind definierbar als „unreduzierbare Grundphänomene fühlender Anschauung" (Scheler 1921 (2007), S. 272) die wir als abgrenzbare Einheiten geistig erleben und die den Dingen um uns herum Bedeutung geben.

Je nach Milieu und Bildung können wir Menschen durch unsere Neigung (die fühlende Anschauung) erkennen, dass eine Person, ein Ding, ein Urteil oder eine Aktivität wertvoll sind oder nicht. Die Materiale Wertethik spricht hier vom „*Wertgefühl*" und stellt eine Analogie zu Platon her, der den Begriff des „Schauens" verwendet hat (Hartmann 1926). Zentral ist bei Max Schelers Beschreibung dieses Wertgefühls, dass man sich zu einem positiven Wert entweder hingezogen fühlt oder von einem Unwert abgestoßen wird. Scheler schreibt: „In jegliches Streben nach Etwas geht ... ein Fühlen irgendeines Wertes ... fundierend ein." Der Wert ist „die Bild- oder Bedeutungskomponente des Strebens" (Scheler 1921 (2007), S. 357). Wenn man beispielsweise ein wirklich schönes Auto sieht, dann strebt man danach, es sich näher anzusehen. Das Streben oder sich hingezogen fühlen, wird ausgelöst durch den Wert der Schönheit. Der Wert der Schönheit (nicht das Auto!) löst „Zugqualität" aus (Scheler 1921 (2007)).

In der Wertethik wird postuliert, dass nicht nur Dinge oder Personen, sondern auch Urteile, Beziehungen oder Aktivitäten solche Zugqualität ausüben können, sofern sie Wertträger sind bzw. wenn sie so gebaut oder geartet sind, dass sie die Entfaltung von positiven Werten unterstützen und die Entfaltung negativer Werte verhindern. Apple Computer waren beispielsweise von Anfang ein dinglicher Träger von Werten wie Ästhetik, Präzision, Einfachheit und Bedienerfreundlichkeit. Daher haben sie viele Käufer angezogen. Eine Aktivität, wie das Bauen einer Schummelsoftware für Dieselmotoren bringt hingegen den Negativwert der Unehrlichkeit mit sich. Die Unehrlichkeit, die mit der Täuschung assoziiert ist, stößt ab. Solche Gefühle drängen jedoch die ketzerische Frage auf: Wie kann man als Urteilender sicher sein, dass das eigene Wertgefühl einen nicht trügt? Dass man nicht fälschlicherweise Werte zuschreibt, die eigentlich nicht zutreffen? Oder umgekehrt Unwerte meint zu sehen, für die es gar keine Grundlage gibt?

Ein Weg, Täuschung zu reduzieren, ist das Werturteil zu schulen. Hier hilft das fein differenzierende Vokabular der Wertethik zumindest ein bisschen weiter. Es fällt etwa auf, dass ich hier immer wieder vom „tragen" positiver und negativer Werte spreche und nicht davon, dass ein KI-System einen bestimmten Wert „hat", „eingebaut hat" oder „besitzt". Diese Differenzierung in der Sprache ist bedeutsam. In der Materialen Wertethik ist es nämlich so, dass die Dinge selbst nur Wert*dispositionen* besitzen, die – zumindest bei technischen Produkten- nachprüfbar sind. Dispositionen sind Voraussetzungen. Entwickler und Ingenieure schaffen objektive und nachprüfbare Voraussetzungen dafür, dass sich bestimmte Werte überhaupt entfalten können oder nicht. Sie bauen zum Beispiel einen ordentlichen Filter in einen Dieselmotor ein, so dass sich der Wert der Umweltverträglichkeit materialisieren kann. Damit wird ein Ding zum „Wertträger"; Zeug wird zu Gütern.

Jedoch entfaltet oder aktualisiert sich ein Wert effektiv nur dann, wenn er in einer entsprechenden Situation eine Rolle spielt bzw. wahrgenommen wird. Zum Beispiel kann ein Entwickler in einem KI-System wie einem Auto eine starke Verschlüsselung von Daten vorsehen. Diese Verschlüsselung ist die *Voraussetzung* oder Wert*disposition* für die Sicherheit des Fahrzeugs. Sie ist jedoch nicht *die* Sicherheit selbst. Erst wenn eine ExpertIn, zum Beispiel vom TÜV, sieht, dass die Daten adäquat verschlüsselt sind, kann er oder sie zu dem Werturteil kommen, dass es sicher ist. Oder wenn ein Angreifer versucht, das Auto zu hacken und Daten zu missbrauchen. Gleichzeitig wird der Wert der Sicherheit den Angreifer in seinem Streben beeinflussen, das System anzugreifen. Möglicherweise schreckt die Sicherheit ihn ab. Sein Wertgefühl sagt ihm, dass er lieber die Finger davonlässt. Im Umkehrschluss heißt das aber auch, dass der Laie viele technische Werte möglicherweise gar nicht wahrnimmt oder richtig beurteilen kann. Sie materialisieren sich für ihn nicht, weil er von vielen wertrelevanten technischen Dispositionen (wie die Verschlüsselung) gar nicht genug Kenntnis hat; keinen Sinn für sie hat. Für die Vermeidung von Werttäuschungen ist es also nötig, dass sich das Wertgefühl mit einer gehörigen Portion Wissen oder Erfahrung in einer Sache verbindet oder man sich auf Personen verlassen kann, die diese Erfahrung haben.

Ein letzter wichtiger Terminus darf hier nicht fehlen: der der *Wertqualität.* Wenn man sagt, dass es der Wert der Sicherheit ist, der den Angreifer abschreckt und den TÜV positiv stimmt, dann sicherlich nicht nur weil die Voraussetzung der Verschlüsselung gegeben ist. Verschlüsselung führt zur Wertqualität der Vertraulichkeit. Aber i. d. R. werden Werte durch eine Vielzahl von *Wertqualitäten* in einem Kontext konstituiert. So wird der *Kernwert* der Sicherheit eines KI-Systems nicht nur durch die Vertraulichkeit charakterisiert, sondern auch durch die Integrität und Verfügbarkeit des Systems.

Wertqualitäten, die für einen Kernwerte instrumental sind, sind an sich die eigentlichen Werte in einem Kontext. Sie sind die „echten Qualitäten des Wertes selbst" (Scheler 1921 (2007), S. 6) , die die Bedeutung des Kernwertes in einem Kontext konstituieren. So konstituieren die Wertqualitäten der Integrität, Vertraulichkeit und Verfügbarkeit für ein technisches System dessen Sicherheit. Nimmt man hingegen – zum Vergleich – einen anderen Kontext, in dem der Wert der Sicherheit auch eine Rolle spielt, kommen möglicherweise ganz andere Wertqualitäten zum tragen: Die Sicherheit eines Menschen auf der Flucht etwa würde sich durch Wertqualitäten wie die Geheimhaltung seines Aufenthaltsortes, die Loyalität der Mitwisser, die Verborgenheit seines Verstecks, etc. konstituieren. Hier nähme also der Wert der Sicherheit durch seine Wertqualitäten eine ganz andere Bedeutung an, obwohl in beiden Fällen derselbe Wertbegriff, also die „Sicherheit", verwendet wird. Daraus folgt, dass eine wertethische Beschreibung eines Systems immer erst dann vollständig gegeben ist, wenn die Kernwerte mit dem breiten Spektrum ihrer Wertqualitäten im Kontext dargestellt sind. Dabei ist abschließend zu beachten, dass Werte und Wertqualitäten nicht nur positiv, sondern auch negativ sein können. Ein System kann unsicher sein, trügerisch, unzuverlässig oder manipulativ, auch wenn das Wort „Wert" im Prinzip etwas Positives signalisiert.

Abb. 2 fasst die Begriffe der Wertethik, die für das weitere Verständnis dieses Beitrags fundamental sind, zusammen: Werte, Kernwerte, Wertqualitäten, Wertdispositionen, Wertträger, Wertgefühl.

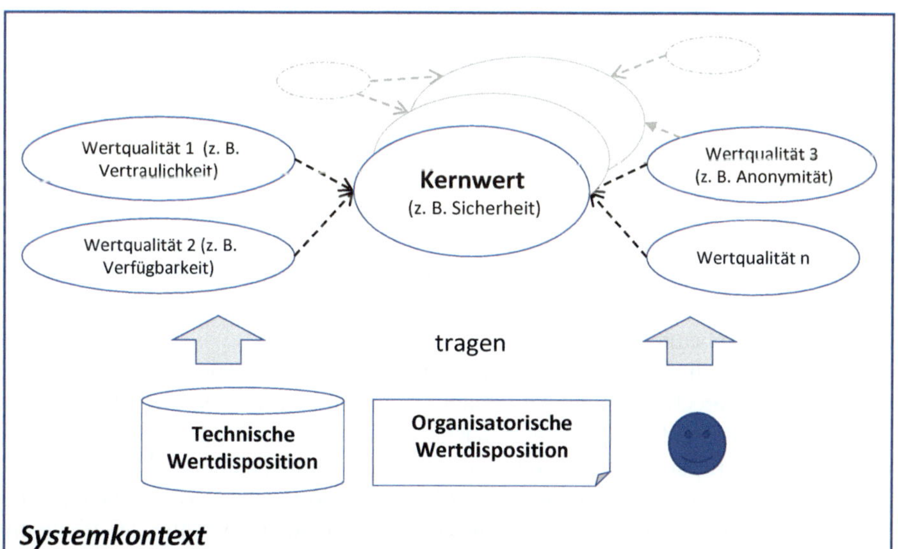

Abb. 2 Grundbegriffe der Materialen Wertethik. (Quelle: eigene Darstellung)

4 Wertethisches Design von KI Systemen am Beispiel

KI Systeme können wie alle Computersysteme mit einer ethischen Grundhaltung gebaut werden. Das heißt, dass sie mit einem fundierten Verständnis davon gebaut werden, was gut und richtig ist, begleitet von einer inneren Haltung der *Sorge* um Stakeholder. Hier kommt uns die Materiale Wertethik mit ihren Begriffen in besonderer Weise zu Hilfe. Sie erlaubt es, den ganzen Entwicklungsprozess eines KI-Systems von Anfang an auf positive menschliche Werte auszurichten und dafür zu sorgen, dass die entsprechenden Wertdispositionen im System verankert werden. Ebenso kann sie dafür sorgen, dass potenzielle Negativwerte nicht entstehen können, da dafür die entsprechenden Schutzvorkehrungen im System geschaffen worden sind. Wie kann dies systematisiert werden?

Die Entwicklung von Computersystemen im Allgemeinen und von KI-Systemen im Speziellen wird von einem Innovationsteam begleitet und folgt i. d. R. einem „System Development Life Cycle" (SDCL) der aus verschiedenen Arbeitsphasen besteht (Hoffer et al. 2002). Egal welche Systementwicklungsphasen und Vorgehensmodelle hier in Theorie und Praxis in den letzten Jahrzehnten erdacht und gelebt wurden, so kann man immer eine erst Phase der Ideenkonzeption abgrenzen, in der ein neues System grob durchdacht wird. Auf diese Phase folgt, sofern man die Systemidee weiterverfolgen will, die genauere Analyse von funktionalen und nicht-funktionalen Anforderungen an das System. Diese werden dann im Weiteren so spezifiziert, dass sie von Systementwicklern umgesetzt werden können. Schließlich kommt das System auf den Markt, wird dort getestet und heute i. d. R. fortlaufend weiterentwickelt. Alle diese Arbeitsschritte können von eigenen wertethischen Überlegungen begleitet werden.

4.1 Die wertethische Ideenkonzeption

Aus Sicht der Wertethik ist die vielleicht wichtigste Phase der Systementwicklung die, wo gefragt wird, *warum* das KI-System überhaupt gebaut werden soll. Die Frage nach dem *warum* ist die Frage nach den positiven Werten, die durch das neue System geschaffen werden sollen. Ist es nur der Geldwert oder „Return on Invest", der dem Kapitelgeber als Wert erscheint? Oder werden wahrhaft höhere Werte geschaffen? Ein KI-System mit dem Anspruch „ethisch" zu sein, sollte zum Ziel haben, möglichst hohe und möglichst viele positive menschliche und soziale Werte zu fördern. Gleichzeitig sollte der Materialisierung von Unwerten durch entsprechende Vorkehrungen vorgebeugt werden.

Wenn man noch mal auf das selbstfahrende Auto zurückkommt, so ist es sicherlich nicht die Gerechtigkeit des Unfallalgorithmus allein, die über die Ethik dieses KI-Systems entscheidet. Sollte der ethische Algorithmus in der Lage sein, Gerechtigkeit zu fördern, so ist er nur einer von vielen Wertdispositionen, die in so ein neuartiges Fahrzeug eingebaut werden sollten. Der Wert der Gerechtigkeit beantwortet jedoch nicht die Frage, *warum* solch ein System überhaupt in die Welt kommen sollte. Vielmehr scheint es die Chance zu sein, dass selbstfahrende Autos sicherer sind und zu mehr städtischer Ruhe und Umweltfreundlichkeit führen, wenn sich viele Haushalte diese Fahrzeuge teilen. Auch scheint die Möglichkeit attraktiv, dass durch stressfreies Fahren ohne Fahreraufmerksamkeit das Wohlbefinden aller Insassen gefördert wird. Sie sind frei, sich schöneren Dingen zu widmen, als sich auf die Straße zu konzentrieren. Kurz: Sicherheit, Ruhe, Umweltfreundlichkeit, Wohlbefinden und Freiheit könnten Kernwerte sein, um die sich die ethische Gestaltung dieser neuen Technologie drehen sollte. Es wäre *gut* (ethisch richtig), wenn solche Werte durch die neue Technologie in die Welt der Mobilität Einzug hielten. In der Ideenkonzeption geht es also um die Identifikation und das Abwägen solcher größeren Kernwerte eines Gesamtsystems, an denen sich dann die gesamte technische Entwicklung ausrichten sollte. ebenso wie die rechtliche und organisatorische Ausgestaltung der neuen Technologie.

Im Folgenden werde ich mich vor diesem Hintergrund nicht mehr mit dem Unfallalgorithmus als Begleitbeispiel beschäftigen. Stattdessen werde ich mich mit dem Infotainment-System eines solchen Fahrzeugs beschäftigen, das ganz wesentlich zum Wohlbefinden der Autoinsassen beitragen kann. Dieses Infotainment-System wird in meiner Analyse repräsentiert durch einen digitalen Sprachassistenten; einem KI-System, mit dem sich die Fahrzeuginsassen unterhalten können, das ihnen Musik, News. Hörbücher oder Produkte anbieten kann; und das sie in Ruhe lassen oder mit Werbung bombardieren kann, je nachdem wie es wertethisch konzipiert ist.

Vorbereitende Schritte für eine wertethische Ideenkonzeption

Die wertethische Analyse eines KI-Systems beginnt mit einem sog. „Concept of Operation", was oft aus der Beobachtung des Marktes und den technischen Gegebenheiten resultiert. Das Concept of Operation enthält die verschiedenen Elemente eines Systems; bildet dessen Datenflüsse, Datentypen und Prozesseinbindung ab und gibt Hinweise auf die Systemnutzer bzw. Stakeholder.

Wichtig ist zu Beginn einer jeden wertethischen Ideenkonzeption, dass die *Kontexte* der Systemnutzung antizipiert und mitberücksichtig werden. Es ist ein Unterschied, ob man einen Sprachassistenten im Auto als Navigationshilfe benutzt, fürs Musik-Streaming, zur Erledigung von Online-Einkäufen oder ob man sich während der Fahrt mit dem Assistenten über Gesundheitsfragen unterhält. Meistens sind solche systemtechnisch differenzierten Kontexte aus Nutzersicht zwar integriert: Man setzt sich mit einer Grippe ins Auto, bittet das System hustend, eine Entspannungsmusik einzuspielen, woraufhin dieses einem pro-aktiv anbietet, bei der Apotheke vorbeizufahren, um beworbene Hustenbonbons abzuholen. Aber trotz dieser integrierten Nutzererfahrung ist es dennoch so, dass technisch die Skills eines Systems (also die integrierten „Services" oder „Applications"), etwa die Navigation, Musik-Streaming, Onlinekauf oder Gesundheitskonversation sehr unterschiedlich aufgebaut sind. Sie enthalten ganz andere Datensätze und Funktionsalgorithmen und können daher je nach Konfiguration und Architektur zu sehr unterschiedlichen Werten beitragen. Somit ist es erforderlich, sie für die ethische Analyse zu differenzieren und jeweils separat zu betrachten.

Nehmen wir an, der hustende Passagier nimmt die Gelegenheit wahr, sich mit seinem Sprachassistenten über den eigenen Gesundheitszustand zu unterhalten. Was erfordert so ein Gesundheitskonversationskontext? Erstens sollte der Sprachassistent sicherlich mit seinen Informationen auf dem neusten Stand der Lehrmeinung sein; also über eine hohe Wissensqualität verfügen. Zweitens sollte er diese Information teilen, auch wenn der Nutzer nicht dem Weiterverkauf der ausgetauschten persönlichen Gesundheitsdaten zustimmt. Immerhin hat die ehrliche Preisgabe von Gesundheitsinformationen von jeher eine gewisse Verschwiegenheit auf Seite des Rat Gebenden erfordert. Sollte also ein Sprachassistent die Funktion eines Arztes hier einnehmen, so bräuchte er auch die Wertqualität der Verschwiegenheit. Er sollte den angeschlagenen Passagier auch nicht manipulieren, indem er ihm oder ihr ein gesponsertes Medikament empfiehlt, was ‚zufällig' in einer Apotheke am Weg verfügbar ist. Zusammengefasst erfordert der Kernwert der Gesundheit hier also für den Sprachassistenten Wertqualitäten wie verlässliches medizinisches Wissen, Verschwiegenheit bzw. Datenschutz, Abwesenheit von Manipulation ebenso wie kommerzielle Unabhängigkeit. Durch solche Wertqualitäten trägt der Sprachassistent zum Wert der Gesundheit bei.

Im Vergleich dazu ist nicht mal ein Bruchteil dieser Wertqualitäten wichtig für den Musik-Streaming Kontext des Sprachassistenten. Hier könnte zwar auch die kommerzielle Unabhängigkeit eine Rolle spielen. Aber wenn man genauer hinschaut, dann geht es beim Music-Streaming eher um Wertqualitäten wie Stimmungsgenauigkeit, Beliebtheit oder Aktualität der Songs. Diese formieren sich um einen anderen Kernwert, wie etwa die Freude des Nutzers. Kurz: Es gibt je nach Kontext des Systemeinsatzes sehr unterschiedliche Kernwerte und Wertqualitäten, die zu schaffen sind, um ein *gutes, richtiges, stimmiges, ja wertvolles und damit ethisches* System zu bauen. Und Kontexte sind nicht nur räumlich zu verstehen, sondern konstituieren sich durch unterschiedliche Formen der Systemnutzung.

Hinzu kommt, dass auch direkte und indirekte *Stakeholder* den Kontext mitbestimmen. So ist es etwa ein Unterschied, ob sich ein Kind mit einem Sprachassistenten über die Gesundheit unterhält oder ein Erwachsener. Und es entstehen andere kontextabhängige Wertqualitäten, je nachdem ob das selbstfahrende Auto einem fahrenden Besitzer gehört oder einem Betreiber, der viele Passanten ad hoc befördert. Bei einem Kind wäre allein schon wegen der Datenschutzgesetze der Wertqualität der Vertraulichkeit sicherlich eine besonders große Wichtigkeit beizumessen; ebenso aber auch, wenn jemand ein Fahrzeug gekauft hat und als Besitzer des Fahrzeugs sicherlich die volle Kontrolle über die im Auto anfallenden Daten haben möchte. Im Gegensatz dazu wird der Fahrer eines Leihwagens vielleicht weniger Kontrollansprüche an den Datenaustausch stellen. Solche Nuancen in den Wertqualitäten zu verstehen, ist für Systemhersteller und Betreiber von großer Bedeutung, um dann die intelligenten Services kontextsensitiv entsprechend richtig und fair zu konfigurieren.

Reflektion der Werte eines KI-Systems

Wenn einmal die Einsatzkontexte und Stakeholder für ein System verstanden sind, dann stellt sich die Frage, wie man sicher gehen kann, dass man das volle Spektrum der letztlich relevanten Kernwerte und Wertqualitäten auch erfasst. Dazu versetzt sich das Innovationsteam mit Hilfe von Szenario-Methoden in die zukünftige Systemwelt. Es stellt sich also vor, wie man in einem selbstfahrenden Auto durch die Stadt rollt und sich mit dem Sprachassistenten unterhält. Und dann werden drei ethische Fragen gestellt:

1. Welche kurzfristigen und langfristigen Vorteile und Nachteile könnten durch den Einsatz des antizipierten KI-Systems in diesem Kontext für die Stakeholder entstehen? Welchen Werten entsprechen diese Vor- und Nachteile jeweils? Das ist die utilitaristische Frage (Mill 1863/1987).
2. Welche langfristigen Konsequenzen hätte der Einsatz des antizipierten KI-Systems wahrscheinlich auf den persönlichen Charakter der direkten oder indirekten Stakeholder? Das ist die tugendethische Frage (Aristoteles 1969; MacIntyre 1995).
3. Welche persönlichen Maxime sind aus Sicht der Mitglieder des Innovationsteams betroffen von dem Einsatz des antizipierten KI-Systems? Und welchen Werten entsprechen diese Maxime? Das ist die pflichtethische Frage (Kant 1786).

Die Beantwortung dieser drei Fragen führt zu einem sehr breiten Spektrum an potenziellen Positivwerten und Negativwerten, die beim Einsatz von einem KI-System zum Tragen kommen können. In dokumentierten Fallstudien, die jenseits des Fahrzeugkontexts durchgeführt worden sind und die diese drei Fragen genutzt haben, konnten bis zu hundert systemrelevante Kernwerte und Wertqualitäten identifiziert werden. Diese werden dann gruppiert (Bednar und Spiekermann 2022 forthcoming; Spiekermann et al. 2019). Oben hatte ich schon die Umweltverträglichkeit, das Wohlbefinden, die Sicherheit, die Gesundheit, die Ruhe etc. als Beispiele für mögliche Kernwerte genannt, wenn es sich um ein selbstfahrendes Auto handelt. Ebenso werden aber Hersteller und Betreiber sicherlich den Gewinn als Kernwert sehen wollen. Abb. 3 bezieht sich lediglich auf den Sprachassistenten in so einem Auto und zeigt die exemplarisch besprochenen Kernwerte dieses Systems, mit ausgewählten Wertqualitäten für Sicherheit, Gesundheit und Gewinn.

Die große Wertsensitivität, die durch die drei ethischen Fragen geschaffen wird, ist nicht überraschend. Immerhin handelt es sich bei dieser Wertidentifikationsmethode um eine Synthese der drei großen ethischen Theorien von der Antike bis in die Moderne, von Aristoteles (Aristoteles 1969) über John Stuart Mill (Mill 1863/1987) bis zu Kant (Kant 1786). Was kann besser geeignet sein, das ethisch Relevante zu erkennen, als die Leitfragen dieser großen Theorien? Wobei angemerkt sein soll, dass es gerade die Tugendethik ist, die eine globale Perspektive auf Werte erlaubt, da es möglich scheint sowohl den Buddhimus als auch den Konfuzianismus letztlich als Tugendlehren zu verstehen (Vallor 2016).

Priorisierung der Werte eines KI-Systems

Hat man einmal das breite potenzielle Wertspektrum erkannt und Kernwerte mit entsprechenden Wertqualitäten gruppiert, kann eine Priorisierung der Kernwerte vorgenommen werden. Dies ist in einem kommerziellen und wettbewerbsintensiven Umfeld nicht einfach. Auftraggeber eines KI-Systems könnten verführt sein, negative Kernwerte im Interesse ihrer Gewinnmaximierung zu priorisieren. Oder sogar

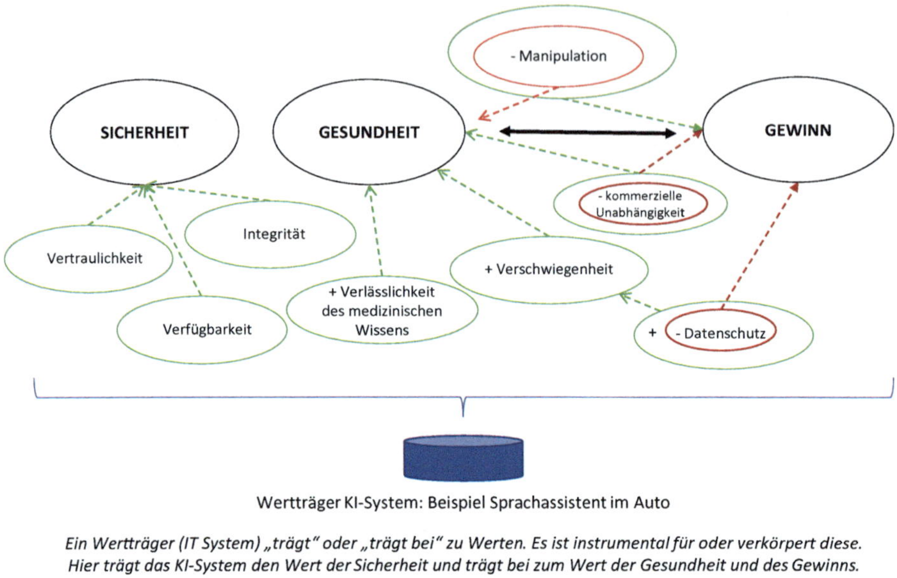

Abb. 3 Exemplarische Kernwerte eines Sprachassistenten im selbstfahrenden Auto, mit ausgewählten Wertqualitäten für Gesundheit und Gewinn. (Quelle: eigene Darstellung)

den Wert des Gewinns selbst als Priorität zu setzen, was in klassischen betriebswirtschaftlichen Modellen heute normal geworden ist (für eine kritische Analyse dieser Möglichkeit siehe Seiten 62 ff. in (Spiekermann 2019)). Man denke etwa an das Patent der Firma Amazon mit der Nummer US10096319, wo ein Sprachassistent beschrieben ist, der genutzt wird, um Nutzerzustände zu erkennen, wie etwa, ob jemand einen rauen Hals hat, um ihm oder ihr dann ein entsprechendes Hustenbonbon anzubieten (Amazon Technologies 2018). Bei der skizzierten Wertanalyse für Sprachassistenten würde wohl, wie oben angedeutet, herauskommen, dass der Negativwert der Manipulation hier ein Problem ist. Manipulation kann einen Wert wie die Gesundheit untergraben, weil vielleicht eher das schnelle Einnehmen eines Medikaments im Vordergrund steht als die wahrhafte Gesundheit des Kranken. Der Kernwert der Gesundheit der Systemnutzer muss daher abgewogen werden gegen den Wert des Gewinns. Aus wertethischer Sicht ist der Wert der Gesundheit höher als der Wert des Gewinns (für eine Einführung in Werthierarchien siehe (Hartmann 1926; Scheler 1921 (2007))). Die Gesundheit müsste also – wenn die Firma ethisch agiert – für das weitere Systemdesign des Sprachassistenten priorisiert werden, wobei Wertqualitäten wie der Datenschutz des Nutzers, die Abwesenheit von Manipulation und die kommerzielle Unabhängigkeit des Systems zum Tragen kommen.

Abb. 3 skizziert diese Dynamik und zeigt auch, wie die beiden Kernwerte der Gesundheit und des Gewinns in einem Spannungsverhältnis stehen und sich zum Beispiel an Wertqualitäten wie der kommerziellen Unabhängigkeit und Manipulation des Sprachassistenten entladen (was durch die farbliche Absetzung grün/rot und die Plus-Minuszeichen verdeutlicht wird).

Beim Betrachten allein der Kernwerte Sicherheit, Gesundheit und Gewinn mit ausgewählten Wertqualitäten fällt außerdem auf, dass die Konzeption eines KI-Systems eine hohe Wertekomplexität mit sich bringt. Vervollständigt man sie um weitere systemrelevante Werte, so endet man mit einer sehr langen Liste oder großen Skizze davon, was für ein System tatsächlich wertethisch relevant ist. Diese ethische Komplexität ist weit größer als man vermutet, wenn man international veröffentlichte „Leitprinzipien für KI" studiert. Auf internationaler Ebene scheint es einen wachsenden Konsens bezüglich fünf ausgewählter Leitwerte für KI zu geben: das ist deren Transparenz, Gerechtigkeit, Nicht-Bösartigkeit, Verantwortung und Privatsphäre (Jobin et al. 2019). Oft kommt noch die Sicherheit dazu. Fehlen tut in dieser Liste aber – man denke an Autos mit Sprachassistenten – Werte wie Umweltverträglichkeit, Gesundheit, Kontrollierbarkeit, Abwesenheit von Manipulation, kommerziellen Unabhängigkeit, etc Und das ist ja nur die gekürzte beispielhafte Skizze derjenigen Werte, die bei Sprachassistenten tatsächlich eine Rolle spielen. Kurz: internationale Listen von Wertprinzipien, die in Zukunft normativ vorgegeben sein mögen, werden nicht ausreichen, um ethische KI-Systeme zu bauen. Es braucht eine wertethisch viel fundiertere systematische Urteils*methode* wie die, die hier schemenhaft vorgestellt worden ist, um die ganze Palette kontextrelevanter Werte systematisch herzuleiten, zu priorisieren und dann nach und nach zu adressieren. Ansonsten wird man hinter den sittlichen Erwartungen von Stakeholdern zurückbleiben.

Gute Gründe für wertethische Systemanalysen

Obgleich die wertethisch geleitete Systemkonzeption sehr umfassend ist, ist sie betriebswirtschaftlich sinnvoll. Sie kann Innovationsteams und Investoren zunächst einen ganzheitlichen und langfristigen Blick freigeben auf einen sehr großen Teil der tatsächlichen und heute oft negierten Wertpotenziale eines neuen KI-Systems. Diese Wertpotenziale sind zum einen positiv und helfen darüber nachzudenken, welche Servicevorteile und damit verbundenen Geschäftsmodelle ein KI-System wirklich bieten kann. Zum anderen entsteht durch das Erkennen der negativen Wert-Externalitäten jedoch auch ein gesunder Realismus bezüglich des überhaupt möglichen Systemerfolgs ebenso wie schwelender Wertkonflikte.

Die Liste an denkbaren Unwerten ermächtigt Innovationsteams außerdem gegenüber dem Management oder Auftraggebern des Systems, argumentativ zu begründen, warum ein bestimmtes KI-System vielleicht in einem bestimmten Kontext gar nicht erst eingesetzt bzw. entwickelt werden sollte. Damit ist die große Frage in der Ethik von KI adressiert, die ich eingangs aufgelistet habe, welche Technologien aus welchen Gründen und mit welchen Zielen gar nicht erst gebaut werden sollten.

Schließlich ermöglicht die Identifikation und Priorisierung von Kernwerten für ein KI-System sowie die Herausarbeitung von Wertqualitäten in den nächsten Phasen der Systementwicklung, diese Wertqualitäten in konkrete Systemanforderungen zu übersetzen, und diese dann wiederum systematisch in den Entwicklungsprozess einzubringen (IEEE 2019b; Spiekermann 2021 forthcoming). Ein funktionales „Roadmapping" wird somit durch ein wertbasiertes komplementiert bzw. sogar ersetzt.

4.2 Nicht-funktionale ethische Anforderungen an KI-Systeme

Um auf Basis der wertethischen Ideenkonzeption an einem KI-System weiter zu arbeiten, ist erforderlich, alle Wertqualitäten priorisierter Kernwerte konzeptionell zu vervollständigen und zu detaillieren (sog. „Conceptual Analysis“ (Friedman und Kahn 2003; Spiekermann 2016)). Nimmt man etwa einen Wert wie den Datenschutz, so stellt sich auf Seiten der Systementwickler sofort die Frage, was denn unter dieser Wertqualität konkret zu verstehen ist. Es gibt eine Lücke zu schließen, zwischen der allgemeinen Wertqualitätsanforderung und dem konkreten Systemdesign, der Systemarchitektur und den später sinnvollen Algorithmen, Schnittstellen, etc. Abb. 4 verdeutlicht am Beispiel Datenschutz für Sprachassistenten, wie diese Lücke in mehreren Schritten geschlossen werden kann (IEEE, probably 2020): Nach der beschriebenen Wertreflektion und Priorisierung erfolgt eine konzeptionelle Wertqualitätsanalyse aller priorisierten Kernwerte. Danach werden für alle Wertqualitäten sog. „Ethical Value Quality Requirements“ (EVQRs) abgeleitet. Diese wiederum können an Systementwickler als ethische Anforderungen weitergegeben werden.

Nehmen wir also an, dass das Innovationsteam den Datenschutz der KI-Nutzer hoch priorisiert. Wenn – wie beim Datenschutz – Rechtsgrundlagen für eine Wertqualität existieren, ist das oft die strukturierteste Vorlage für eine konzeptionelle Wertanalyse. Oft liegen solche Rechtsgrundlagen jedoch nicht vor. Man denke nur an Werte wie Vertrauen oder Transparenz, die keine Rechte sind. Wenn solche Werte wichtig erscheinen, sind Innovationsteams gefordert, sich in der geisteswissenschaftlichen und betriebswirtschaftlichen Literatur oder in Gutachten kundig zu machen, was die Werte bedeuten (für eine Einführung in viele IT relevante Werte und deren konzeptionelle Bedeutung siehe (Spiekermann 2016)).

Im Fall des Datenschutzes kann ein Innovationsteam mit der Europäischen Datenschutzgrundverordnung oder der Taxonomie der Privatsphäre im US-amerikanischen Rechtsraum (Solove 2006) arbeiten. Es zeigt sich dabei, dass die Verarbeitung der personenbezogenen Daten transparent sein muss. Ferner muss aber auch eine hohe Datenqualität gewährleistet sein, es braucht einer expliziten Zustimmung zur Datensammlung- und verarbeitung durch Nutzer. Letzteres muss legitim sein, was wiederum nur gegeben ist, wenn die Daten zweckgebunden verwendet werden; hier also für die Gesprächsführung mit Nutzern. Die Legitimität ist fragwürdig, wenn die Daten, zweitgenutzt werden, um den momentanen Gesundheitszustand von Nutzern zu errechnen und an Apotheken zu versteigern, die am Weg liegen; so wie es das oben beschriebene Amazon Patent vorsieht. Solch eine zweckentfremdete und wahrscheinlich aus Nutzersicht ungewünschte Datennutzung untergräbt – aus ethischer Sicht – die Legitimität. Folglich erfordert die Aufrechterhaltung der Legitimität des Sprachassistenten, dass Maßnahmen ergriffen werden, die so eine Zweitnutzung bzw. Weitergabe von personenbezogenen Daten technisch und/oder organisatorisch unterbinden. Kurz: die Analyse der Wertqualität Datenschutz führt über in eine sehr genaue und spezifische Identifikation vieler Einzelmaßnahmen. Solche Maßnahmen werden als „Ethical Value Quality Requirement“ bezeichnet und beschreiben ganz konkrete Voraus-

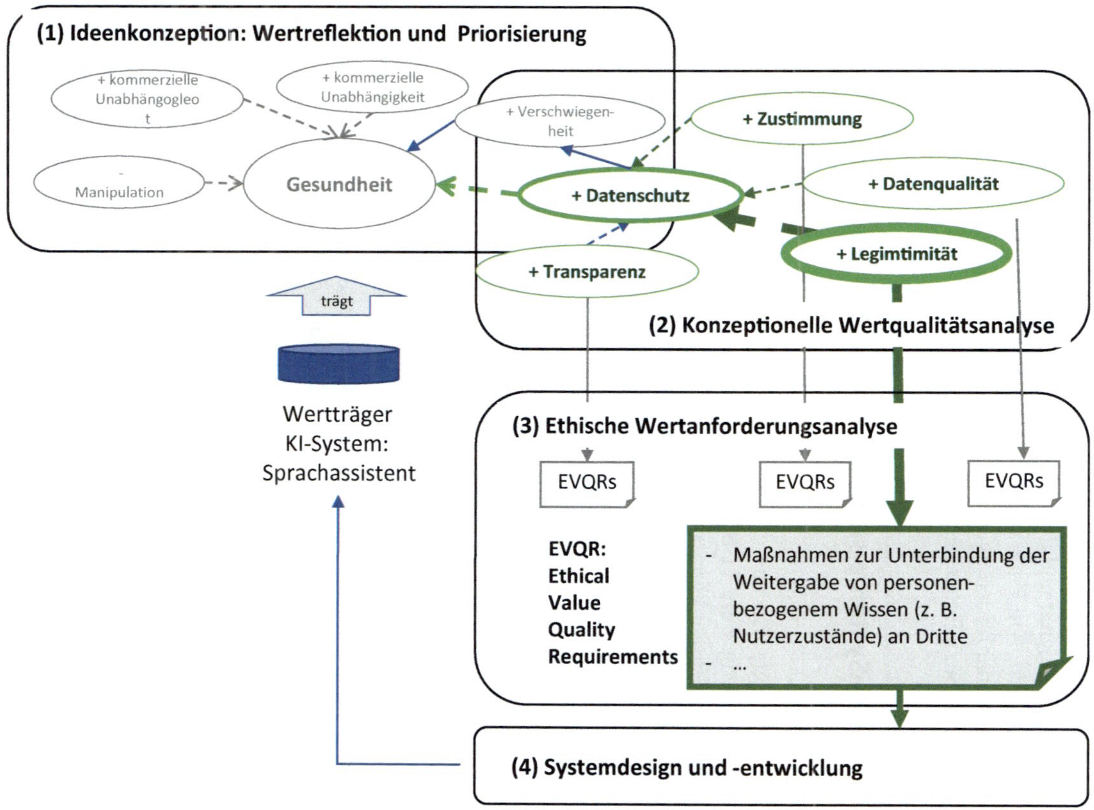

Abb. 4 Exemplarische Darstellung der Kette: Wertreflektion, konzeptionelle Analyse von Wertqualitäten, Ableitung von EVQRs am Beispiel Datenschutz für Sprachassistenten. (Quelle: eigene Darstellung)

setzungen oder Wert*dispositionen*, die in einem System geschaffen werden sollten. Sie werden als sog. „Anforderungen“ an die Entwickler des Systems weitergegeben; zum Beispiel als Teil eines Pflichtenhefts.

Abb. 4 fasst den beschriebenen Fluss des wertethischen Denkens und Herleitens von Systemanforderungen zusammen. Sie zeigt, wie Innovationsteams von der Wertreflektion ausgehen, diese konzeptionell verfeinern, dann ethische Systemanforderungen formulieren und diese dann an die Systementwicklung bzw. Systemdesigner weitergeben. Am Ende steht eine lange Liste von funktionalen und nichtfunktionalen Systemanforderungen die, wenn sie alle abgearbeitet sind, ein System zu einem ethisch konzipierten machen.

5 Fazit: KI-Systeme sind nicht böse, sondern nur unachtsam gebaut

Dieser Beitrag zeigt, wie uns die Materiale Wertethik mit ihrer Begrifflichkeit dabei helfen kann, bessere IT-Systeme zu bauen, wenn man ihr differenziertes Vokabular auf den Entwicklungsprozess anwendet. Diese Vorgehensweise scheint besonders wichtig, wenn es um den Bau von KI-Systemen geht, da wir dieser Form von IT-System eine größere Selbstständigkeit im planen und durchführen von Aufgaben geben wollen. Wir müssen also sicher gehen, dass sie so agieren, dass sie dabei für unsere Gesellschaft Werte schaffen und diese nicht im Gegenteil vernichten. Die Wertethik erlaubt uns zu fragen, warum ein neues System überhaupt in die Welt kommen sollte oder auch nicht. Sie zeigt auf, was an einem neuen System von Wert ist und was nicht und kann somit auch dazu führen, dass Partikulardebatten, wie etwa das Moral-Maschine Experiment in ihrer Bedeutung (oder Bedeutungslosigkeit) besser eingeordnet werden können. Schließlich erlaubt sie uns, ein breites Spektrum tangierter Wertqualitäten zu antizipieren, um dann systemisch, technisch, organisatorisch vorzusorgen. All dies bedarf jedoch sehr viel Zeit und Sorgfalt. Eine Zeit und Sorgfalt, die nicht unbedingt jedem Innovationsteam heute gegeben wird. Die allergrößte wertethische Frage der heutigen Zeit im Bezug auf Technologie und KI ist daher, in wie weit ihre Erbauer und Investoren überhaupt gewillt sind, sich der Ethik in all ihrer Komplexität, Breite, Tiefe und vor allem Wahrheit wirklich zu stellen. Sicherlich denken sie immer noch, dass es mit der Einhaltung von ein paar Gesetzen und/oder ethischen Leitprinzipien getan ist, um die neuen Systeme zu bändigen. Diese werden jedoch niemals reichen, um eine sittlich gute und wünschenswerte Zukunft zu erschaffen; zumindest dann nicht, wenn KI-Systeme die begrenzten Kontexte von Schachbrettern und Fertigungsstraßen verlassen und wirklich in die Lebenswelt von Menschen eintreten. Hier erfordern die mannigfaltigen Einsatzkontexte, dass die Ingenieurs- und Innovationsteams diese antizipieren und systematisch im Hinblick auf Gutes und Böses durchdenken. Es wird wohl eher der Mangel an einer solchen echten und tiefen Achtsamkeit sein, der über eine wertvolle Zukunft entscheidet, als explizit böse Absichten.

Literatur

Amazon Technologies. 2018. USPTO.

Anderson, M., und S. L. Anderson. 2011. *Machine ethics*. New York: Cambridge University Press.

Anderson, M., S. L. Anderson, und C. Armen. 2005. *Towards machine ethics: Implementing two action-based ethical theories*. Menlo Park: Paper presented at the AAAI Fall Symposium.

Anscombe, E. 1958. Modern Moral Philosophy. *Philosophy* 33(124): 1–19

Aristoteles. 1969. *Nikomachische Ethik.* Übers. F. Dirlmeier. Stuttgart: Reclam.

Awad, E., S. Dsouza, R. Kim, J. Schulz, J. Henrich, A. Shariff, et al. 2018. The Moral Machine experiment. *Nature* 563:59–64.

Bednar, K., und S. Spiekermann 2022. Eliciting Values for Technology Design with Moral Philosophy: An Empirical Exploration of Effects and Shortcomings. forthcoming

Bentham, J. 1787. Panopticon or the inspection-house. In *The panopticon writings*, Hrsg. M. Bozovic. London: Verso.

Bertram, M., M. Scheutz, und Austerweil. 2017. Networks of social and moral norms in human and robot agents. In *A world with robots*, Hrsg. F. M. Aldinhas, S. J. Silva, M. O. Tokhi, E. Kadar und V. G. Singh, 3–17. Cham: Springer.

Beyer, C. 2016. Edmund Husserl. *Stanford Encyclopedia of Philosophy.* https://plato.stanford.edu/entries/husserl/. Zugegriffen am 22.02.2022.

Bonnefon, J.-F., A. Shariff, und I. Rahwan. 2016. The social dilemma of autonomous vehicles. *Science* 352(6293): 1573–1576. https://doi.org/10.1126/science.aaf2654.

Bostrom, N. 2014. *Superintelligenz: Szenarien einer kommenden Revolution*. Berlin: Suhrkamp.

Brockman, J. 2019. *Possible minds – 25 ways of looking at AI.* New York: Penguin Press.

Christl, W., und S. Spiekermann. 2016. *Networks of control – A report on Corporate Surveillance, Digital Tracking, Big Data & Privacy herausgegeben von*. Vienna: Facultas.

Dennett, D. 2019. What can we do? In *Possible minds – 25 ways of looking at AI*, Hrsg. J. Brockman, 41–33. New York: Penguin Press.

Ess, C. 2013. *Digital media ethics*, 2. Aufl. Hoboken: Wiley.

Ethik-Kommission. 2017. *Automatisiertes und Vernetztes Fahren,* Bundesministerium für Verkehr und Digitale Infrastruktur. Berlin. https://dserver.bundestag.de/btd/18/135/1813500.pdf. Zugegriffen am 22.02.2022.

Frankena, W. 1973. *Ethics*, 2. Aufl. New Jersey: Prentice-Hall.

Friedman, B., und P. Kahn. 2003. Human values, ethics, and design. In *The human-computer interaction handbook*, Hrsg. J. Jacko und A. Sears. Mahwah: Lawrence Erlbaum Associates.

Fuchs, T. 2016. *Das Gehirn – ein Beziehungsorgan: Eine phänomenologisch-ökologische Konzeption*, 5. Aufl. Stuttgart: Kohlhammer.

Gunkel, D. J. 2018. *Robot rights*. Cambridge: MIT Press.

Hartmann, N. 1926. *Ethik*, 3. Aufl. Berlin: Walter de Gruyter.

Hatmaker, T. 2017. Saudi Arabia bestows citizenship on a robot named Sophia. *Tech Crunch*. https://techcrunch.com/2017/10/26/saudi-arabia-robot-citizen-sophia/.

Hoffer, J. A., J. F. George, und J. S. Valacich. 2002. *Modern systems analysis and design*. New Jersey: Prentice Hall.

IEEE. 2019a. *ETHICALLY ALIGNED DESIGN – A vision for prioritizing human well-being with autonomous and intelligent systems*. Piscataway: IEEE.

IEEE. 2019b. *P7000™ – Standard for model process for addressing ethical concerns during system design*. Piscataway: IEEE.

IEEE. probably 2020. *IEEE P7000 – Model process for addressing ethical concerns during system design*. Piscataway: IEEE Computer Society.

Jobin, A., M. Ienca, und E. Vayena. 2019. The global landscape for AI ethics guidelines. *Nature – Machine Intelligence* 1:389–399.

Jonas, H. 1979. *Das Prinzip Verantwortung – Versuch einer Ethik für die technologische Zivilisation*, Bd. 3492, 2003 Aufl. Frankfurt a. M.: Suhrkamp Taschenbuch.

Kant, I. 1786. *Immanuel Kant's Werke*. Berlin: Suhrkamp.

Krempl, S. 2018. Streit über „Persönlichkeitsstatus" von Robotern kocht hoch *heise online*. https://www.heise.de/newsticker/meldung/Streit-ueber-Persoenlichkeitsstatus-von-Robotern-kocht-hoch-4022256.html.

Kurzweil, R. 2006. *The singularity is near- when humans transcend biology*. London: Penguin Group.

MacIntyre, A. 1984. *After virtue: A study in moral theory*, 2. Aufl. Notre Dame: University of Notre Dame Press.

MacIntyre, A. 1995. *Der Verlust der Tugend – Zur moralischen Krise der Gegenwart*. Frankfurt: Suhrkamp.

Mill, J. S. 1863/1987. Utilitarianism. In *Utilitarianism and other essays*, Hrsg. A. Ryan. London: Penguin Books.

Nagel, T. 1992. *Der Blick von Nirgendwo*. Frankfurt a. M.: Suhrkamp.

Nonaka, I., und H. Takeuchi. 2011. The Wise Leader. *Harvard Business Review* 89(5): 58–67.

Powers, T. M. 2006. Prospects for a Kantian Machine. *Intelligent Systems* 21(4): 46–51.

REGULATION (EU) 2016/679 OF THE EUROPEAN PARLIAMENT AND OF THE COUNCIL of 27 April 2016 on the protection of natural persons with regard to the processing of personal data and on the free movement of such data, and repealing Directive 95/46/EC (General Data Protection Regulation), L 119/1 C.F.R. 2016.

Robertson, L. J., R. Abbas, G. Alici, A. Munoz, und K. Michael. 2019. Engineering-based Design Methodology for Embedding Ethics in Autonomous Robots. *Proceedings of IEEE* 107(3): 582–599.

Sachs, J. 2019a. *Aristotle, Eudaimonia, Neuroscience and Economics* (November 4th, 2019). [Lecture given at the Pontificial Academy of Science]. Rome/Vatican.

Sachs, J. 2019b. *Global Happiness and Wellbeing – Policy Report 2019,* Dubai. http://www.happinesscouncil.org/.

Scheler, M. 1921 (2007). *Der Formalismus in der Ethik und die Materiale Wertethik – Neuer Versuch der Grundlegung eines ethischen Personalismus,* 2., unveränd. Aufl. Halle an der der Saale: Max Niemeyer.

Solove, D. J. 2006. A Taxonomy of Privacy. *University of Pennsylvania Law Review* 154(3): 477–560. http://papers.ssrn.com/sol3/papers.cfm?abstract_id=667622.

Spiekermann, S. 2016. *Ethical IT innovation – A value-based system design approach*. New York/London/Boca Raton: CRC Press/Taylor & Francis.

Spiekermann, S. 2019. *Digitale Ethik – Ein Wertesystem für das 21. Jahrhundert*. Munich: Droemer.

Spiekermann, S. (2020). *Zum Unterschied zwischen künstlicher und menschlicher Intelligenz und den ethischen Implikationen der Verwechselung* (Ö. R. f. W. u. Technologie (Hrsg.)). Wien: Ecowin Verlag.

Spiekermann, S. 2021. Value-based Engineering: Prinzipien und Motivation für bessere IT Systeme. *Informatik Spektrum* 44:247–256.

Spiekermann, S., T. Winkler, und K. Bednar 2019 *A Telemedicine Case Study for the early phases of Value based Engineering*. Working Paper Series/Institute for IS & Society: Vol. 1. Hrsg, I. f. I. a. Society. Vienna: Vienna University of Economics and Business.

Vallor, S. 2016. *Technology and the virtues – A philosophical guide to a future worth wanting*. New York: Oxford University Press.

Verantwortungsbewusste Künstliche Intelligenz im Industriellen Internet der Dinge

Benno Blumoser, Sicco Lehmann-Brauns, Markus Reigl und Sonja Zillner

Inhalt

Zusammenfassung

Der Beitrag skizziert das Konzept und die Umsetzungsbedingungen von verantwortungsbewusster Künstlicher Intelligenz (KI) im industriellen Internet der Dinge und beschreibt spezifische Merkmale industrieller KI-Anwendungen. Dabei werden auf technische, regulatorische sowie risiko-ethische Aspekte der Anwendung von Künstlicher Intelligenz im industriellen Kontext eingegangen. Zudem wird anhand von drei Beispielfällen die Umsetzung verantwortungsbewusster Künstlicher Intelligenz veranschaulicht. Die vorgestellten Beispielanwendungen machen deutlich, wie stark differenziert die Diskussion über vertrauenswürdige KI und deren Kontextbedingungen zu führen ist. Zudem zeigen sie das große gesellschaftliche und wirtschaftliche Potenzial eines verantwortungsbewussten Einsatzes Künstlicher Intelligenz in der Industrie.

B. Blumoser · S. Lehmann-Brauns (✉) · M. Reigl · S. Zillner
Siemens AG, München, Deutschland
E-Mail: bernd.blumoser@siemens.com; sicco.lehmann-brauns@siemens.com; markus.reigl@siemens.com; sonja.zillner@siemens.com

K. Mainzer (Hrsg.), *Philosophisches Handbuch Künstliche Intelligenz*,
https://doi.org/10.1007/978-3-658-19606-6_49

Schlüsselwörter

Künstliche Intelligenz (KI) · Industrielle Internet der Dinge · Industrial Internet of Things (IIoT) · Normen · Standards · Technische Sicherheit · Risiko-Ethik · Verantwortung · Transparenz · Erklärbarkeit · Datenschutz · Technische Robustheit

1 Künstliche Intelligenz als Schlüsseltechnologie des Digitalen Wandels

Bei der digitalen Transformation unserer Wirtschaft und Gesellschaft kommt dem Einsatz Künstlicher Intelligenz (KI) eine besondere Bedeutung zu: KI erweist sich als eine, wenn nicht sogar als *die* zentrale Schlüsseltechnologie des digitalen Wandels.[1] Jüngste technologische Fortschritte in der KI, vor allem beim Maschinellen Lernen, das exponentielle Wachstum der verfügbaren Datenmengen und Rechenleistung, sowie die Beschleunigung von Forschung und Adaption durch konsequente Nutzung von Open Source Tools, Bibliotheken und Schnittstellen führen dazu, dass KI in immer mehr Anwendungsfeldern und in immer größerem Umfang zum Einsatz kommt. Entsprechend beeinflussen KI-Technologien bereits heute die Mechanismen und Strukturen unserer Wirtschaft wie auch die Art und Weise unseres gesellschaftlichen Zusammenlebens und werden diese zukünftig noch weiter zunehmend stark beeinflussen.

Unter KI verstehen wir in diesem Beitrag ein Portfolio von Technologien, mit deren Hilfe Maschinen in eingegrenzten Kontexten menschenähnliche Intelligenzleistungen wie Lernen, Urteilen oder Problemlösen erbringen können. Dazu gehören Technologien wie das Deep Learning, das mittels mehrschichtiger Neuronaler Netze die Mustererkennung auf Basis historischer Datenpaare ermöglicht, Reinforcement Learning, das über sich verstärkende Lernverfahren in vielen Trainings-Zyklen Optimierungsstrategien erstellt, Natural Language Processing (NLP), das die Verarbeitung natürlicher Sprache ermöglicht, und schließlich Wissensgrafen, die die digitale Abbildung von Domänen-Knowhow ermöglichen.

1.1 Gestiegene öffentliche Aufmerksamkeit für KI

Aufgrund der großen Bedeutung von KI als Schlüsseltechnologie des Digitalen Wandels sind in jüngster Zeit in zahlreichen Ländern KI-Strategien entwickelt und Kommissionen mit Vertretern aus Politik, Zivilgesellschaft, Wissenschaft und Wirt-

[1] Dieser Beitrag wurde im Dezember 2020 eingereicht und reflektiert den Stand der Diskussion bis zu diesem Zeitpunkt. Eine im Auftrag des BMWi erstellte Studie (Seifert et al. 2018) zeigt eine Steigerung der Bruttowertschöpfung allein im produzierenden Gewerbe von rund 32 Milliarden Euro für die nächsten fünf Jahre; das entspricht einem Drittel des gesamten für diesen Bereich prognostizierten Wachstums.

schaft eingesetzt worden.[2] In ihnen wird ein Diskurs über den angemessenen Umgang mit KI im Hinblick auf ethische Fragestellungen aber auch auf regulatorische Rahmenbedingungen geführt (Bundestag 2020). Im internationalen Rahmen wurde im Sommer 2020 die Global Partnership on AI (GPAI) gegründet, in der Deutschland, die Europäische Kommission und 14 weiteren Staaten inklusive der G7-Staaten zusammenwirken, um international die Entwicklung von verantwortungsvoller und menschenzentrierter KI zu unterstützen (BMWi 2020).

Besonderen Diskussionsstoff bieten aktuell etwa die gesellschaftliche Debatte um die Auswirkungen von Social Media Algorithmen, die Frage von kaum noch nachvollziehbar manipulierten Inhalten (z. B. bei Deep Fakes) oder die Ansätze von politischer Kontrolle durch Kamera-basierte Überwachung öffentlicher Räume. In allen diesen Fällen schiebt sich mit den kontinuierlich ansteigenden Einsatzmöglichkeiten von KI die Frage nach dem Einsatzrisiko dieser Technologien in den Vordergrund: dem Grad ihrer Transparenz und Kontrollierbarkeit, den Neben- und Wechselwirkungen beliebig skalier- und verknüpfbarer Datensätze sowie möglichen Spielregeln und (gesetzlichen) Regularien. Zudem kommen in manchen gesellschaftlichen Diskursen Vorbehalte und diffuse Ängste um einen „Point of no Return" hinzu, ausgelöst von Ängsten vor einem oft unreflektiert aus der Science-Fiction übernommenen Szenario der unumkehrbaren Übernahme von Kontrolle durch Maschinen.

Neben dem ethischen und regulatorischen Diskurs hat sich in den letzten Jahren zudem eine beinahe unübersichtlich gewordene Anzahl von Initiativen und Gremien innerhalb der technischen Normung und Standardisierung gebildet, die Anforderungen an die Applikationen von Technologien der künstlichen Intelligenz diskutiert (Lorenz 2020). Die Projekte erstrecken sich von der Vorbereitung neuer Gesetzgebungen[3] über die KI-bezogene Anpassung bestehender Regulierungen,[4] die Erarbeitung von Anforderungsnormen mit der Möglichkeit der Konformitätsbewertung und Zertifizierung[5] bis hin zu freiwilligen, nur zur Orientierung dienenden

[2]Siehe den Report der europäischen „High Level Expert Group on AI" (2019b) sowie auf deutscher Ebene der Bericht der Enquete-Kommission des Deutschen Bundestages „Künstliche Intelligenz – Gesellschaftliche Verantwortung und wirtschaftliche, soziale und ökologische Potenziale" (2020).

[3]Vgl. Europäisches Parlament (2017) und Europäische Kommission (2018).

[4]Durch Hinzufügung neuer grundlegender Anforderungen im Rahmen der Novellierung von CE-Richtlinien, welche die Sicherheit technischer Erzeugnisse zur rechtskonformen Inverkehrbringung im EU-Binnenmarkt beschreiben. Zu nennen sind beispielhaft die Maschinenrichtlinie 2006/42/EG, die LVD Niederspannungsrichtlinie 2014/35/EU oder die RED Funkanlagenrichtlinie 2014/53/EU.

[5]Einen Überblick zu Konzepten und Programmen der KI-Zertifizierung gibt Zertifizierung von KI-Systemen, Impulspapier der Plattform Lernende Systeme, acatech (2020). Bereits in Anwendung befindet sich das IEEE Programm EPAIS. Neuere in Deutschland entwickelte Konzepte sind „From Principles to Practice – An interdisciplinary framework to operationalise AI ethics" der AIEI Group (Bertelsmann, VDE) und Vertrauenswürdiger Einsatz Künstlicher Intelligenz des Fraunhofer IAIS. Weitere Beispiele normativer Grundlagen für Anforderungen zur künftigen Zertifizierung von KI-Systemen sind ISO/IEC WD 5059, ISO/IEC CD 23894, ISO/IEC CD 38507.

Standards[6] und Kodizes[7] (s. Kap. ► „Vom Turing-Test zum General Problem Solver. Die Pionierjahre der künstlichen Intelligenz“).

1.2 Anwendungsfelder von KI im Industriellen Internet der Dinge

Um in diesen teilweise verbundenen, oftmals aber auch disjunkt geführten Diskursen über ethische, rechtliche und normative Aspekte von KI angemessen sowohl die Chancen als auch die Risiken von KI-Technologien adressieren und den Fokus auf die für die Gesellschaft wirklich relevanten Fragestellungen setzen zu können, kommt es aus unserer Sicht auch darauf an, die verschiedenen Anwendungsbereiche von KI-Technologien zu differenzieren, um jeweils spezifisch angemessene Rahmenbedingungen für die Nutzung dieser Technologien setzen zu können. Dabei sollten die besonderen Randbedingungen und Eigenschaften von KI-Anwendungen im Industriellen Internet der Dinge (Industrial Internet of Things, IIoT)[8] stärker als bisher berücksichtigt werden.[9] Oftmals werden diese industriellen Anwendungen in den Diskursen über KI kaum wahrgenommen, da sie anders als viele konsumentennahe KI-Anwendungen, die jeder beim Gebrauch von Übersetzungs-Tools, bei der Nutzung von Social Media-Accounts oder von Sprachassistenten wie Alexa, Siri oder Cortana nutzt, in Umgebungen fern ab der Alltagswelt der meisten BürgerInnen und häufig ohne eine direkte Schnittstelle zum Menschen stattfinden.

In diesen von der Öffentlichkeit weniger wahrgenommenen industriellen KI-Anwendungen liegen jedoch große Chancen sowohl bei der Weiterentwicklung des Energie-, Mobilitäts- und Gesundheitssystems als auch beim Aufbau smarter Infrastrukturen und in der produzierenden Industrie (Seifert et al. 2018).

McKinsey hat in einer Studie (2017) folgende vier zentrale Anwendungsfelder für KI innerhalb der produzierenden Industrie herausgearbeitet:

- KI-basierte prädiktive Wartungsprozesse (Predictive Maintenance), die insbesondere die Ausfallzeiten von Maschinen deutlich reduzieren können
- Kollaborative und kontextsensitive Robotik, die Produktivitätssteigerungen durch weitere Automatisierung ermöglichen
- Effizienz- und Ertragssteigerungen durch übergreifende Auswertung von Daten aus verschiedenen Maschinengruppen und Produktionssystemen

---

[6]Als umfassendes, in sich kohärentes System von Standards ist die IEEE P7000 Serie unter dem IEEE Programm Ethically Aligned Design zu betrachten.

[7]Vgl. IBM Everyday Ethics for Artificial Intelligence, Microsoft AI principles, Google AI Code of Ethics. Viele weitere – auch von IT-Branchenverbänden wie diese – sind online verfügbar.

[8]Unter dem Industriellen Internet der Dinge (IIoT) verstehen wir die digitale Vernetzung von analogen Dingen in industriellen Anwendungskontexten, bspw. von Maschinen, die intelligent, autonom, verteilt und dezentral miteinander interagieren und sich selbst-organisieren können. Zu Konzept und Definition vgl. acatech (2011).

[9]Zur Abgrenzung von industrieller KI siehe den Debattenbeitrag von Lehmann-Brauns und Hoffmann (2020).

- KI-basierte Qualitätskontrolle durch Datenauswertung, die eine Verbesserung der Dienstleistungs- und Produktqualität und eine Verringerung von Ausschussraten und Prüfkosten bewirken

Das sich daraus ableitende Wertschöpfungspotenzial wird allein für das produzierende Gewerbe in Deutschland auf rund 32 Milliarden Euro für den Zeitraum bis 2023 beziffert; das entspricht einem Drittel des gesamten für diesen Bereich vor der COVID 19-Krise prognostizierten Wachstums (Lehmann-Brauns und Hoffmann 2020).

KI wird eben nicht nur in der virtuellen Welt auf Computern, Smartphones oder in sozialen Netzwerken eingesetzt, sondern auch in der realen Welt: in Zug- oder Gebäudewartungssystemen, in der Fertigung in Fabriken und Prozessanlagen, in den Stromverteilnetzen, im Betrieb von Windparks und Gasturbinen, bei der Interpretation medizinischer Daten für Behandlungsmethoden und in vielen weiteren Bereichen. Dabei können KI-Technologien z. B. dazu beitragen, Energieeffizienz zu steigern und CO_2-Emissionen zu senken, und besitzen auch oftmals weitere Bezüge zu den Nachhaltigen Entwicklungszielen (Sustainable Development Goals (SDGs) der UN).

In Ergänzung der oben genannten McKinsey Studie konnten wir aus der industriellen Praxis die folgenden sieben Fähigkeiten identifizieren, die KI im industriellen Kontext aufweist und die die Basis für KI-basierte Wertschöpfung darstellen (AI Capabilities, s. Abb. 1).[10]

1.2.1 Large-Scale Monitoring

KI-Technologien ermöglichen die schnelle und trennscharfe Erfassung und Klassifizierung großer Datenvolumina und damit einhergehend die Fähigkeit, nach Anomalien oder bestimmten Eigenschaften (z. B. Ausreißer eines Trends, auffällige Situationen oder Ereignisse, Auftreten eines vordefinierten Musters) zu suchen oder diese sogar vorherzusagen. Dieses Monitoring kann sich dabei auf die Kamera-basierte Echtzeit-Überwachung großer geografischer Gebiete oder/und Zeiträume beziehen, aber auch auf kontinuierliche nicht-optische (z. B. Transaktions- oder Log-) Daten.

1.2.2 Profiling of Individuals

Die derzeit weltweit wohl profitabelsten Geschäftsmodelle der großen Internet-Unternehmen basieren auf dieser KI-basierten Möglichkeit, gesammelte personenbezogene Daten dergestalt zu analysieren, dass die Ableitung von immer feiner granularen Mustern und damit einhergehenden Korrelationen mit aktuellem oder zukünftigem (z. B. Kauf-)Verhalten möglich wird.

[10]Wegbereitend für die grundlegende Architektur, Validierung und Anreicherung dieses und weiterer Frameworks war ein strategisches Innovations-Projekt zu *Responsible AI* mit der Trendberatungsfirma Z_Punkt GmbH, das im Wesentlichen von Juni 2018 bis März 2019 durchgeführt wurde.

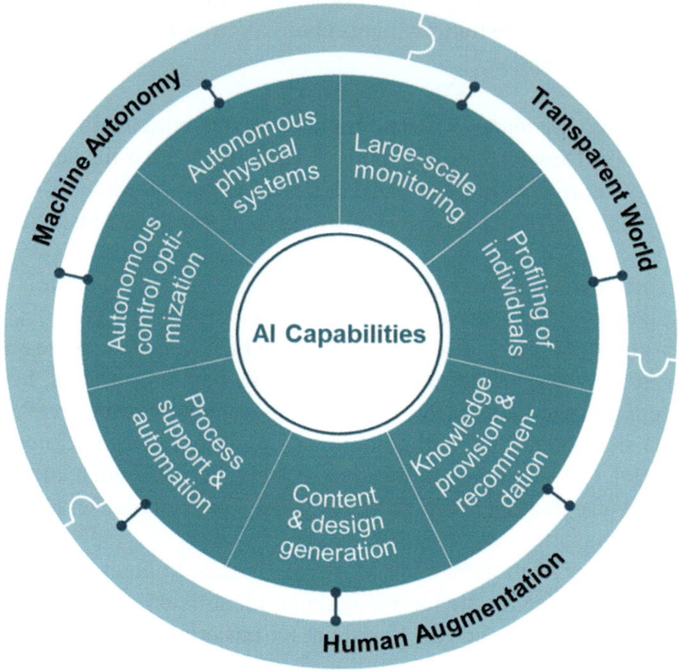

Abb. 1 Infobox. (Darstellung Siemens AG)

1.2.3 Knowledge Provision & Recommendation

Dies sind KI-Systeme, die als Unterstützungssysteme für Menschen konzipiert werden und automatisiert Wissen aus großen Datenmengen in Übereinstimmung mit Benutzer-Präferenzen, Situationen und Kontexten bereitstellen. Dieses reicht von intelligenten Suchalgorithmen, die das relevanteste Einzel-Ergebnis aus einer unübersichtlichen Menge an Rohmaterial aufspüren, bis hin zu schlussfolgernden Empfehlungen aus hochstrukturierten Wissensdatenbanken. Interaktive Nutzeroberflächen (z. B. Chatbots) helfen bei Eingrenzung, Verfeinerung oder Auswahl der wissensbasierten Inhalte.

1.2.4 Content & Design Generation

Neuere Modellierungen ermöglichen es, KI zur Generierung von fiktiven Inhalten (zum Beispiel Bilder, Videos, Texte, aber auch Parametrisierungen oder technische Designs) einzusetzen, deren Qualität stetig dadurch verbessert wird, dass jeweils ein Neuronales Netz eine Hypothese erstellt, welches sogleich von einem „gegnerischen" Netzwerk auf seine Güte bewertet wird. Damit werden Artefakte erzeugt zur Unterstützung von Experten, die die KI-generierten Hypothesen als Ausgangspunkt für ihre weitere Arbeit nutzen.

1.2.5 Process Support & Automation

Je eindeutiger Prozesse formalisiert sind, desto einfacher ist zunächst ihre digitale Abbildung und schließlich ihre Automatisierung. KI ermöglicht zusätzlich zu einer rein regelbasierten Prozessdigitalisierung, wie sie durch zunehmende IT-Automatisierung seit Jahrzehnten geschieht, durch ihre Mustererkennungskompetenz die digitale Abbildung weiterer Prozesseschritte, in denen es möglich wird, aus vergangenem Verhalten implizite Regeln zu lernen und auf neue Situationen anzuwenden.

1.2.6 Autonomous Control Optimization

In komplexen cyberphysikalischen Systemen steckt in der optimalen Parametrisierung viel Potenzial für Effizienzsteigerung. KI-Systeme, etwa basierend auf Reinforcement Learning, können hier durch die Entwicklung optimaler Steuerungsstrategien im Betrieb dieser Anlagen deutliche Verbesserung durch autonome Reaktion auf sich ändernde Bedingungen erzielen.

1.2.7 Autonomous Physical Systems

Aufbauend auf Robotik und Fahrzeugtechnologie steuert KI die Möglichkeit bei, die Umwelt präzise zu interpretieren und daraus abgeleitet die richtigen Echtzeit-Entscheidungen zu treffen. Deutlich wird dies im Rahmen autonomer physikalischer Systeme, wie etwa Vehikeln jeglicher Art und Größe, die zunehmend auch in komplexer Interaktion mit ihrer Umwelt und sogar menschlichen Akteuren stehen.

Diese sieben Funktionsbereiche von KI ermöglichen drei übergeordnete Leistungsmerkmale von industriellen KI-Systemen: Die Optimierung von technischen Systemen (1), das Erzielen von Transparenzgewinnen (2) sowie die Erweiterung menschlicher Fähigkeiten (3).

1.3 Merkmale von KI-Anwendungen im Industriellen Internet der Dinge (IIoT)

Wenn von KI im Industriellen Internet der Dinge die Rede ist, so wollen wir damit auf den Einsatz der eben erläuterten Fähigkeiten von KI-Systemen im Business-to-Business-Bereich (B2B) hinweisen, die in bestimmten Aspekten anderen Funktionsmechanismen gehorchen als das bei KI-Anwendungen in der Business-to-Consumer-Welt (B2C) der Fall ist. Selbstverständlich gibt es zwischen beiden Bereichen Übergänge und Mischformen, in denen z. B. industrielle KI-Anwendungen direkte Schnittstellen zum Menschen, sei es z. B. als Arbeiter in einer Fabrik, als Verbraucher (z. B. Stromkonsument) oder als Patient besitzen.

Die unterscheidenden Merkmale vieler industrieller KI-Anwendungen bspw. in den o. g. zentralen Anwendungsfeldern von KI in der produzierenden Industrie, gilt es dann auch bei der Diskussion der rechtlichen, technischen und ethischen Anforderungen an den KI-Einsatz angemessen zu reflektieren und zu berücksichtigen. Im Folgenden werden die wichtigsten Merkmale von KI-Anwendungen im Industriellen IoT erläutert.

1.3.1 Kontextabhängige Maschinendaten als Basis

Industrielle KI-Anwendungen basieren oft ausschließlich oder in großem Umfang auf Maschinendaten ohne Personenbezug, d. h. sie besitzen per se keine oder keine direkte Schnittstelle zum Menschen. Das unterscheidet sie von der großen Menge von nicht-industriellen KI-Anwendungen, die sehr stark oder sogar ausschließlich auf personenbezogene oder personenbeziehbare Daten zurückgreift. Die Maschinendaten wiederum sind dadurch gekennzeichnet, dass ihre Deutung stark kontextabhängig ist und spezifisches Domain-Knowhow über ihre Entstehungsbedingungen erfordert. Entsprechend sind die Datenpools für industrielle KI-Anwendungen in vielen Fällen aufgrund ihres Kontextbezugs besonders komplex bzw. voraussetzungsreich.

1.3.2 Ausrichtung auf die Optimierung von Gegenständen/Prozessen

Industrielle KI-Anwendungen beziehen sich in vielen Anwendungsbereichen nicht auf den Menschen, sondern auf die Optimierung des Betriebs von Maschinen, z. B. bei der vorausschauenden Wartung oder beim Betrieb eines Industrieroboters. Ziel ist es dabei häufig, die Performance einer Maschine zu steigern, also ihre Leistungsfähigkeit, die Qualität ihres Einsatzes etc. zu verbessern und ihre Fehleranfälligkeit oder ihre Wartungszeiten zu minimieren.

1.3.3 Schnittstelle zum Menschen im beruflichen Kontext (nicht als Privatperson/Konsument)

In bestimmten Anwendungsfällen, die zunehmend an Bedeutung gewinnen, dient die KI direkt dem Menschen in seiner Rolle als z. B. Arbeiter bei seiner Entscheidungsfindung. Das heißt, die in diesen Fällen direkt vorhandene Schnittstelle der KI zum Menschen adressiert den Menschen nicht in seiner Rolle als Privatperson z. B. als Konsument, sondern in seiner professionellen Rolle als Arbeitnehmer (bspw. als Industriearbeiter oder als Arzt, der sich eines KI Tools bedient). Dementsprechend sind die rechtlichen Rahmenbedingungen u. a. hinsichtlich des Arbeitsschutzes, der Haftung für KI basierte Entscheidungen oder des Datenschutzes anders gestaltet als das außerhalb des beruflichen Kontextes der Fall wäre.

1.3.4 Vertragliche Regelungen zwischen Unternehmen im B2B-Geschäftsverkehr

Im industriellen Zusammenhang interagieren in der Regel Unternehmen mit Unternehmen, so dass sich andere Akteurskonstellationen und Funktionsprinzipien hinsichtlich des Umgangs mit Daten in KI-Applikationen ergeben, als das häufig in der B2C-Wirtschaft zwischen Unternehmen und Verbrauchern der Fall ist. Bei einer großen Zahl industrieller KI-Anwendungen wird also zwischen Unternehmen ausgehandelt und vertraglich festgehalten welche Daten zu welchen Zwecken und unter welchen weiteren Nutzungsbedingungen verwendet werden können.[11]

---

[11]Hier gibt es daher nicht die für das B2C-Geschäft typische, potenziell asymmetrische Akteurskonstellationen eines einzelnen Nutzers gegenüber einem Unternehmen.

2 „Technology with Purpose" und Vertrauenswürdige KI im Industriellen Internet der Dinge

Um den gesellschaftlichen Mehrwert und das wirtschaftliche Potenzial industrieller KI heben zu können, sind geeignete gesellschaftliche, rechtliche und technische Randbedingungen erforderlich, die den Aufbau von Vertrauen ermöglichen. Dabei kommen den rechtlichen Randbedingungen und den technischen Lösungen eine wichtige Rolle für den Aufbau von Vertrauen zu: Nur wenn diese verlässlich und nachprüfbar gegeben sind, werden Bürgerinnen und Bürger aber auch Unternehmen bereit sein, KI-Anwendungen zu nutzen. Dabei genügt es jedoch nicht, nur die rechtlichen Anforderungen einzuhalten, sondern es bedarf darüber hinaus eines wohlüberlegten und transparenten Umgangs mit den ethischen Implikationen der Technologie wie auch der Bereitschaft, darüber in einen Dialog einzutreten.

Einen solchen Dialog über die Randbedingungen der Digitalisierung in der Industrie und insbesondere über die für die Nutzung von Daten im industriellen Umfeld erforderlichen Randbedingungen hat Siemens 2018 mit der „Charter of Trust" initiiert und ein Partnernetzwerk aufgebaut. Diese Charta definiert ein Fundament, auf dem Vertrauen in einer vernetzten digitalen Welt entstehen und wachsen kann. Die in der Charta definierten Prinzipien leiten uns auch bei unserem Umgang mit den Chancen und Risiken von KI im industriellen Kontext.

Dabei leitet uns auch der in unseren Unternehmenszielen definierte Ansatz von „Technology with Purpose", d. h. die Überzeugung, dass Technik kein Selbstzweck ist, sondern übergeordneten Zielen der Verantwortung für Gesellschaft und Umwelt, dem Nutzen für den Menschen und dem Mehrwert für den Kunden zu dienen habe. Das Zielbild einer vertrauenswürdigen KI richtet sich darauf, KI im industriellen Kontext prinzipiell nach nachvollziehbaren und gemeinsamen, mit den involvierten Akteuren vereinbarten, Spielregeln transparent zur Anwendung zu bringen.

2.1 Wie kann Vertrauenswürdige KI praktisch werden?

In dem Dokument „Ethik Richtlinien für vertrauenswürdige KI" (Europäische Kommission 2019a) wurde von der High Level Expert Group eine Liste von Anforderungen für vertrauenswürdige KI formuliert. International betrachtet gibt es eine wachsende Zahl weiterer Anforderungskataloge an vertrauenswürdige KI. So wurden laut den „Global Inventory zu AI Ethics Guidelines" (Algorithm Watch o. J.) bis April 2020 bereits 160 ethische Richtlinien veröffentlicht. Fjeld et al. (2020) haben die derzeit verfügbaren KI-Richtlinien von Industrie, Regierung, Zivilgesellschaften und akademischen Einrichtungen gesammelt und analysiert, um die Anforderungen an vertrauenswürdige KI zu kategorisieren. In ihrer Analyse kommen Sie auf acht Dimensionen, die erfüllt sein müssen, um vertrauenswürdige KI zu ermöglichen: (1) Privatsphäre, (2) Verantwortlichkeit, (3) Sicherheit und Schutz, (4) Transparenz & Erklärbarkeit, (5) Fairness & Nicht-Diskriminierung, (6) menschliche Kontrolle von Technologie, (7) Professionelle Verantwortung und (8) Förderung menschlicher Werte.

Wichtig für das praktische Funktionieren des auf diesen acht Dimensionen aufbauenden Konzeptes einer vertrauenswürdigen KI, ist es aus unserer Sicht, zwischen verschiedenen Kritikalitätsniveaus von industriellen KI-Anwendungen differenzieren zu können. Das Konzept von vertrauenswürdiger KI in der Praxis erfordert, dass es spezifisch, detailliert und nachprüfbar wird. Dabei gehen wir davon aus, dass die o. g. acht Dimensionen grundsätzlich als normative, regulative Prinzipien für jede KI-Anwendung gelten, sie aber erst dort besondere Relevanz und Konkretheit gewinnen, wo KI-Anwendungen eine besondere Kritikalität durch eine direkte Schnittstelle zum Menschen oder zu kritischen Infrastrukturen aufweisen. Nur durch Differenzierung nach Anwendungsbereichen und Kritikalität von KI-Anwendungen kann es gelingen, die wirklich kritischen Anwendungen zu identifizieren und angemessen mit ihnen umzugehen, ohne zugleich bei einer Vielzahl von unkritischen Anwendungen Ressourcen zu verschenken.

Die in den kritischen Fällen identifizierten Risiken können dann entweder mit dem vorhandenen technischen, rechtlichen oder organisatorischen Instrumentarium beseitigt oder auf ein vertretbares Maß reduziert werden, so dass eine Anwendung auf verantwortungsbewusste Weise möglich ist. Ist dies nicht möglich, muss auf die KI-Applikation verzichtet bzw. diese so weiterentwickelt bzw. modifiziert werden, dass die Anforderungen an eine vertrauenswürdige KI erfüllt werden.

Um den Kritikalitätsgrad einer KI-Anwendung zu bestimmen, gilt es im Hinblick auf die Notwendigkeit und den Umfang ethischer und regulatorischer Rahmensetzungen zunächst zu ermitteln, ob die Anwendung eine direkte Schnittstelle zum Menschen aufweist oder Einfluss auf kritische Infrastrukturen besitzt. Ist dies der Fall, ist dieser potenziell kritischen Anwendungen besondere Aufmerksamkeit zu schenken und weiter nach Kritikalitätsgraden abzustufen. In diesen Fällen müssen spezifische Maßnahmen ergriffen werden, um die potenziellen Risiken der spezifischen KI-Funktion bereits in der Design-Phase zu minimieren und einen rechtskonformen und ggf. darüber hinaus ethisch verantwortungsvollen Umgang der KI-Anwendung zu gewährleisten.

Auf diese Fälle richtet sich ein wesentlicher Teil der unten näher dargestellten Normungsarbeit, die das vorhandene Instrumentarium im Umgang mit Risiken nun auf kritische KI-Anwendungen zu übertragen und damit weiterzuentwickeln und an neue technologische Möglichkeiten anzupassen hat (s. Kap. ► „Vom Turing-Test zum General Problem Solver. Die Pionierjahre der künstlichen Intelligenz“). Das bedeutet, dass vertrauenswürdige KI im industriellen Kontext auf die in der Industrie etablierten Prozesse im Umgang mit Risiken zurückgreifen kann. Das gilt insbesondere für die von den gesetzlichen Regelwerken gesetzten Anforderungen, z. B. des Datenschutzes, des Arbeitssicherheits- oder des Produkthaftungsrechtes. Durch diese Konkretisierung im industriellen Prozess und am jeweiligen Einzelfall wird vertrauenswürdige KI dann in der Praxis umgesetzt.

3 Technologien für eine vertrauenswürdige KI

Um die Anforderungen an vertrauenswürdige KI zu erfüllen, bedarf es unterschiedlicher Betrachtungsperspektiven bzw. Methodenbündel, die wechselseitig verschränkt und i. d. R. ergänzungsbedürftig sind: technikaffine sowie nicht-technikaffine als auch rechtlich-organisatorische. Im ersten Bereich – also bei technikaffinen Methoden – gibt es ein breites Portfolio an innovativen technologischen Möglichkeiten, die allesamt genutzt werden können, um einen großen Teil der genannten Anforderungen zu adressieren.

Allerdings kann die Vertrauenswürdigkeit von KI-gestützten Anwendungen nie durch technikaffine Methoden allein ermöglicht werden. KI-Systeme bestehen in der Regel aus mehreren Bausteinen, deren Interaktion sauber aufeinander abgestimmt werden muss, um die Vertrauenswürdigkeit des KI-Systems als Ganzes sicherzustellen. Es müssen also immer sowohl die einzelnen Komponenten als auch deren Zusammenspiel analysiert werden, um zu einer entsprechenden Risikoeinschätzung zu kommen.

Ohne Anspruch auf Vollständigkeit sind im Folgenden fünf Teilbereiche aufgeführt, die für die Umsetzung von vertrauenswürdiger KI im industriellen Umfeld von besonderer Bedeutung sind.

3.1 Transparenz und Erklärbarkeit

Unter Transparenz und Erklärbarkeit fallen Technologien, die dem Endbenutzer bzw. Anwender Erklärungen sowie Interpretationen der Ergebnisse aus KI- basierten Anwendungen zur Verfügung stellen. Je kritischer Anwendungen (wobei „kritisch" klar definiert werden muss, s. o.) erscheinen, desto stärker muss eine KI-Anwendung in der Lage sein zu erklären, wie sie zu einem bestimmten Ergebnis gekommen ist. Die Erklärung soll sich dabei nicht nur auf die Transparenz der Eingabedaten beziehen, sondern auch nachvollziehbar aufzeigen, auf Basis welcher Verarbeitungsschritte der Algorithmus ein entsprechendes Ergebnis errechnet hat. Der Algorithmus selbst braucht in diesem Fall nicht unbedingt offengelegt werden.

„Erklärbarkeit" im Bereich der Künstlichen Intelligenzen ist tatsächlich kein neues Thema. Waren doch die Expertensysteme, die in den 80er-Jahren ihren Hype erlebten, primär auf die Erklärungen von komplexen Sachverhalten ausgerichtet. Durch die Erfolge im Bereich des Deep Learnings, in der Sprachanalyse, in der Bilderkennung, etc. hat sich das Thema jedoch zu einem eigenen Forschungsthema entwickelt (Xu et al. 2019; Dosilovic et al. 2018). Insbesondere bei komplexen Deep Learning Algorithmen besteht die aktuelle Herausforderung darin, die inhärenten technischen Prozesse zu durchdringen, die das Ergebnis der Anwendung von mathematischen Operationen zu einer *Black Box* werden lassen. Weitere Forschung in diesem Bereich ist dringend erforderlich – im Moment bleibt die menschliche (Re-)Validierung eines algorithmisch generierten Ergebnisses der einzig gangbare praktische Ansatz. Da der Nachvollzug der Operationsmodi eines Algorithmus immer mit hohem Aufwand und damit Kosten verbunden ist, soll an dieser Stelle nochmals betont werden, dass eine Abwägung erforderlich ist, wo dieser Aufwand angebracht ist und wo nicht.

3.2 Sicherheit und Datenschutz

Technologien in dieser Kategorie ermöglichen den sicheren Betrieb von KI-basierten Systemen im realen Umfeld. Dies reicht von sicheren Fahrzeugen über den sicheren

Betrieb von Produktionsanlagen bis hin zum Schutz der eigenen Privatsphäre wie auch der eingesetzten Daten. So sind KI-Systeme, die einen hohen Interaktionsgrad mit ihrer Umwelt haben und etwa zentrale Entscheidungsprozesse automatisieren, stets auch mit neuen Formen der Datenmanipulation und Cyberangriffen konfrontiert. Hier geht es also nicht nur um den Schutz der Privatsphäre einzelner Nutzer, sondern auch – und möglicherweise sogar vordringlich – darum, KI-System so zu entwickeln bzw. zu gestalten, dass sie vor böswilligen Angriffen geschützt sind. Um diese Sicherheit zu erreichen, muss die Entwicklung von KI-Systemen von Beginn an eng mit dem Einsatz von Technologien aus dem Bereich Cybersicherheit verflochten werden. Je nachdem, wie kritisch und/oder systemrelevant eine KI-Anwendung eingestuft wird, müssen die entwickelten KI-Algorithmen durch ein entsprechendes Sicherheitsniveau geschützt und die verwendeten Daten verschlüsselt werden.

Parallel dazu braucht es selbstverständlich auch Technologien, die helfen, die Privatheit der eingesetzten Daten zu wahren[12] (Fung et al. 2010; Aggarwal und Yu 2008; Zhang et al. 2018). Dies gilt insbesondere für KI-Anwendungen, die große Datenmengen über natürliche Personen verwenden, um ihre Arbeit zu verrichten – ein Fall, der durchaus häufig vorkommt. In einer Studie zu datenbasierten Innovationen etwa wurden personenbezogene Daten in 62 % der untersuchten Anwendungsfälle verwendet (Zillner und Marangoni 2020). Um die Privatsphäre und Sicherheit von natürlichen Personen zu gewährleisten, müssen diese personenbezogene Daten daher besonders geschützt werden. In beiden Fällen – dem Schutz der Daten sowie dem Schutz der Datenlieferanten – sind noch offene Fragen zu beantworten. Die Forschungsaktivitäten auf diesen Gebieten sind daher immens, ebenso wie die Möglichkeiten, die sich für Sicherheit und Datenschutz aus *Federated Learning* oder *AI-on-the-Edge* Ansätzen ergeben.

3.3 Technische Robustheit

KI-Systeme werden als robust bezeichnet, wenn sie trotz schwieriger Umweltbedingungen und externer Störungen ein zuverlässiges Maß an Performance halten können. Solche Systeme stellen also sicher, dass sie auch bei sich änderndem Input von Daten oder sich ändernden Umweltbedingungen stabil funktionieren. Robustheit umfasst damit sowohl die Belastbarkeit als auch die Zuverlässigkeit eines KI-Systems in der praktischen Anwendung und hat damit natürlich eine große Nähe zu den Aspekten, die bereits im Kontext der Sicherheit von KI-Systemen diskutiert wurden. Wesentlich für das Erreichen technischer Robustheit ist auch die Fähigkeit, über Domänen hinweg generalisieren zu können (*Transfer Learning*). Technologien, die die Robustheit von KI-systemen sicherstellen, erlauben ein Monitoring der Systemperformance und sind in der Lage, unerwünschte Abweichungen frühzeitig zu erkennen.

[12] Im englischen auch unter dem Begriff *Privacy-Preserving Technologies* bekannt.

3.4 Überprüfbarkeit

Technische Methoden zur Überprüfbarkeit von KI-basierten Systemen haben das Ziel, dritten Parteien zu ermöglichen, den Ablauf sowie die Ergebnisse von KI-basierten Anwendungen zu verifizieren. Erst der Einsatz dieser Methoden ermöglicht es, die bereits erwähnten Eigenschaften (Erklärbarkeit und Transparenz, Sicherheit und Datenschutz, technische Robustheit etc.) zu überprüfen. Damit steht und fällt die Wirksamkeit aller oben genannten Ansätze. So hat beispielsweise eine Untersuchung von Thiel aus dem Jahr 2019 deutlich gemacht, dass die überwiegende Zahl der veröffentlichen Ethikrichtlinien keinerlei Überprüfungsmechanismen für deren Einhaltung vorweisen konnte. Die Überprüfbarkeit ist jedoch eine zentrale Voraussetzung für die Implementierung von Regularien und Gesetzen. So hat etwa jeder europäische Bürger aufgrund des in der europäischen Datenschutzgrundverordnung (DSGVO) formulierten Schutzes seiner persönlichen Daten das Recht, die Art und Weise der Erhebung seiner persönlichen Daten anzufechten. Um dieses Recht überhaupt durchsetzen zu können, werden Technologien benötigt, mit denen sichergestellt werden kann, dass Daten in transparenter Weise erfasst werden. Wenn die Anforderungen und Kriterien an eine vertrauenswürdige KI mehr sein sollen als bloße Absichtsbeteuerungen, muss die Entwicklung von Technologien zur Verifizierung der postulierten Anforderungen an vertrauenswürdige KI-Systemen mit entsprechendem Einsatz vorangetrieben werden. Bereits heute ist dies ein wichtiges Forschungsgebiet, das in naher Zukunft weiter an Bedeutung gewinnen wird.

4 Bedeutung von Normen und Standards

Um auch im industriellen Kontext den Anforderungen an eine Vertrauenswürdige KI zu entsprechen, werden neben den hier skizzierten technikaffinen Methoden auch weitere Methoden benötigt. Dazu gehören zahlreiche Aspekte, die z. B. die Struktur und Organisation von FuE-Aktivitäten (*Diversity*) betreffen, aber auch Bildung und Ausbildung (*Awareness, Literacy & Training*) der beteiligten Akteure. Ein weiteres wichtiges Feld stellt die Entwicklung von Normen und Standards mit den zugehörigen Überprüfungsmethoden dar. Beide Dimensionen müssen als interdependent betrachtet werden und sind unverzichtbar, um das Vertrauen der Öffentlichkeit in sich rasch weiterentwickelnde KI-Systeme zu gewinnen und/oder zu gewährleisten.

4.1 Technische Sicherheit als Gegenstand der Ethik

Die Sicherheit der Technik hinsichtlich ihrer Wirkung im Gebrauch war immer eine begleitende Sorge ihrer konkreten Ausführung. Bereits in der griechischen Antike finden wir bei Heron von Alexandria († nach 62) erste Ausführungen[13] zur Sicherheit technischer Konstruktionen. Das neuzeitliche Verständnis technischer Sicherheit und damit die daraus entwickelten Anforderungen in Form technischer Regeln ist rückführbar auf die grundlegende Konzeption bei Georg Agricola (*1494, †1555).[14] Es sind diese technischen Regeln,[15] in deren Rahmen Ingenieure denken und handeln, wenn sie Technik gestalten.

Dass dabei auch ethische Überlegungen eine Rolle spielen, ist nicht neu.[16] Heute ist die Technikethik originär oder als Technikbewertung bzw. Technikfolgenabschätzung ein Bestandteil vieler technikwissenschaftlicher Studiengänge. Auch wenn Ingenieure in der industriellen Praxis keinen akademischen Ethikdiskurs führen, so ist ihr Ethos doch durch eine professionelle Sozialisierung geprägt, in der die Verantwortung für die Folgen der Technikgestaltung als gute Sitte gilt. Die formale Produktverantwortung und damit die Haftpflicht[17] des Herstellers für Schäden mit produktbezogener Ursächlichkeit ist ein weiterer Stützfaktor für die Sicherheit von Technik und das berechtigte Vertrauen in ihren gefahrlosen Gebrauch.

Mit der Entstehung neuer Technologien und deren Applikation in technischen Innovationen wird stets auch die Frage der begleitenden Anpassung des Regelwerkes gestellt, so auch aktuell im Kontext des sich öffnenden Möglichkeitsraums durch die Technologien der künstlichen Intelligenz.[18] Die Landschaft der Organisationen, Initiativen und Projekte zur Anpassung und Ergänzung des technischen Regelwerks an die Möglichkeiten der KI-Technologien ist umfassend und vielfältig (siehe Abb. 2). Die Projekte zielen auf die Vorbereitung neuer Gesetzgebungen,[19] auf die Anpassung bestehender Regulierungen,[20] die Erarbeitung von Anforderungsnormen mit der Möglichkeit der Konformitätsbewertung und Zerti-

[13]In seinem auf das Jahr 60 n. C. datierten Werk *peri automatopoietikes* wird die Frage nach der richtigen Konstruktion einer Theatermaschine erörtert, um zu verhindern, dass Personen in der Maschine eingeschlossen werden.

[14]Vgl. *De re metallica libri XII*, Basel 1556 (deutsch: *Vom Bergkwerck 12 Bücher*), aktuelle Ausgabe: Verlag Glückauf, Essen 1985.

[15]Gesamtheit technischer Regeln: z. B. die EU CE Richtlinien oder technikbezogene Verordnungen und die daraus folgenden nationale Gesetze zur technischen Sicherheit sowie die untersetzenden Normen, Standards und technischen Richtlinien, welche den Stand der Technik repräsentieren.

[16]Vgl. Grunwald (2013, S. 411 ff.).

[17]Vgl. Produktsicherheitsgesetz (ProdSG), letzte Neufassung 8. November 2011, (BGBl. I S. 2178, ber. 2012 I S. 131) und zugehörige Verordnungen.

[18]Die KI-Technologien wie Expertensysteme, Algorithmik, maschinelle Logik und Probabilistik und KNN (Künstliche Neuronale Netze) zählen zur vollzogenen Technogenese, werden jedoch erst mit dem Leistungszuwachs der Informationstechnik auf reale Anwendungen applizierbar.

[19]Vgl. Europäisches Parlament (2017) und Europäische Kommission (2018).

[20]Durch Hinzufügung neuer *grundlegender Anforderungen* im Rahmen der Novellierung von CE-Richtlinien, welche die Sicherheit technischer Erzeugnisse zur rechtskonformen Inverkehrbringung im EU-Binnenmarkt beschreiben. Zu nennen sind beispielhaft die *Maschinenrichtlinie 2006/42/EG*, die *LVD Niederspannungsrichtlinie 2014/35/EU* oder die *RED Funkanlagenrichtlinie 2014/53/EU*.

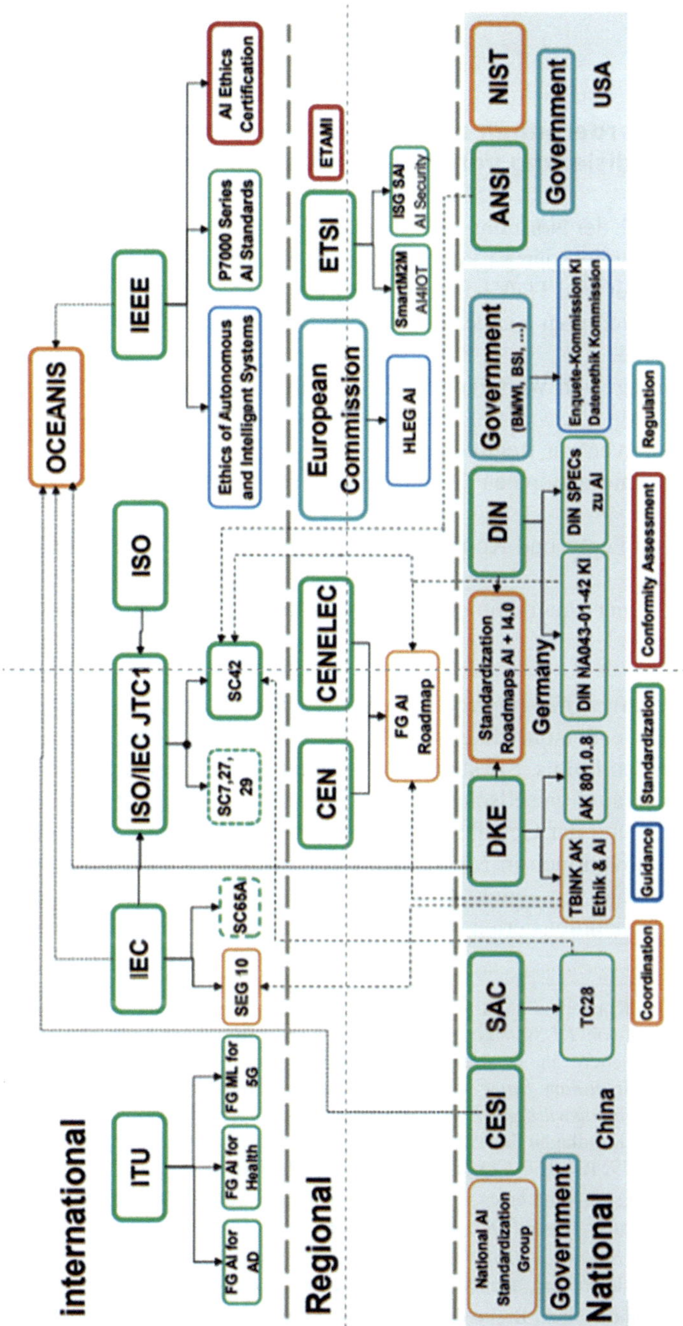

Abb. 2 KI-Landkarte: Zahlreiche Organisationen, Initiativen und Projekte leisten einen Beitrag zur Entstehung eine KI-bezogenen Regelwerks, Siemens AG 2020

fizierung[21] bis hin zu freiwilligen, nur zur Orientierung dienenden Standards[22] und Kodizes.[23]

4.2 Herausforderungen der technischen Normung und Standardisierung von KI-Technologien

Eine für den Bereich der Normung und Standardisierung neue Situation, wiewohl für den Gegenstandsbereich der KI kennzeichnend, ist der verbreitete Mangel an Experten (Kybernetiker und IT-/KI-Spezialisten) bei gleichzeitiger Interdisziplinarität mit zahlreichen Beteiligten aus der Politik, den Rechtswissenschaften, der Soziologie und Philosophie.

Eine Einordnung nach Wertigkeit[24] wird wie folgt vorgeschlagen:

(1) Gesetzesinitiativen zur Regulierung
(2) Normen von internationalen Organisationen mit breitem Konsens aller Stakeholder
(3) Standards von Foren und Konsortien, in denen sich interessensgleiche Akteure verständigen
(4) Kodizes einzelner Unternehmen oder von Wirtschafts- und Branchenverbänden

(1) *Gesetzesinitiativen für künftige Regulierungen* nehmen vorrangig öffentliche Schutzziele wie Persönlichkeitsrechte, Sicherheit, Umweltschutz und Nachhaltigkeit in den Fokus. Sie stehen im Spannungsfeld zwischen einer politisch gewollten wie auch gesellschaftlich gewünschten Einhegung möglicher Risiken einerseits und der Gewährung unternehmerischer Freiheit zur Hervorbringung von Innovationen in Markt und Wettbewerb auf der anderen Seite. Die bekannten Initiativen, etwa der EU-Kommission,[25] folgen dem rationalen Ansatz einer risikobasierten Konzeption, in der die Frage der betroffenen

[21]Einen Überblick zu Konzepten und Programmen der KI-Zertifizierung gibt das Impulspapier von acatech *Zertifizierung von KI-Systemen* (2020). Bereits in Anwendung befindet sich das IEEE Programm EPAIS. Neuere in Deutschland entwickelte Konzepte sind *From Principles to Practice – An interdisciplinary framework to operationalise AI ethics* der AIEI Group (Bertelsmann, VDE) und *Vertrauenswürdiger Einsatz Künstlicher Intelligenz* des Fraunhofer IAIS. Weitere Beispiele normativer Grundlagen für Anforderungen zur künftigen Zertifizierung von KI-Systemen sind ISO/IEC WD 5059, ISO/IEC CD 23894, ISO/IEC CD 38507.

[22]Als umfassendes, in sich kohärentes System von Standards ist die IEEE P7000 Serie unter dem IEEE Programm *Ethically Aligned Design* zu betrachten.

[23]Vgl. IBM *Everyday Ethics for Artificial Intelligence*, Microsoft *Microsoft AI principles*, Google *AI Code of Ethics*. Viele weitere, auch von IT-Branchenverbänden wie diese online verfügbar.

[24]Kriterien sind Verbindlichkeit, Breite des Konsensus, Anwendbarkeit und Praxisbezug.

[25]Vgl. Weißbuch *Zur Künstlichen Intelligenz – ein europäisches Konzept für Exzellenz und Vertrauen*, COM(2020) 65 final (2020, S. 10 ff.).

Schutzziele und die relative Kritikalität einer KI-Anwendung den Schärfegrad der Regulierung determinieren. Aus der Perspektive eines Herstellers industrieller vertrauenswürdiger KI-Anwendungen erscheint dieser Weg richtig, da die Ratio in Kategorien von Risiko und Kritikalität der ingenieurmäßigen Denkweise entspricht.

(2) *Normen von internationalen Organisationen mit breitem Konsens aller Stakeholder* dienen primär der Herstellung eines über Regionen und Stakeholdergruppen[26] hinweg akzeptierten, kollektiven Verständnisses eines Gegenstandsbereiches. Begonnen wird sinnvoll mit der Terminologie, einer Kategorisierung und Klassifizierung von Technologien, Methoden, Anwendungsfeldern und Dimensionen wie Risiko, Kritikalität, Autonomie und Wirkung. Die Ergebnisse, veröffentlicht als internationale Normen,[27] werden idealiter durch gesetzliche Regulierungen in harmonisierten Wirtschafsräumen[28] und in Nationen referenziert und schließlich durch Wirtschaftsakteure global in einheitlicher, eben genormter, Weise genutzt. Hersteller industrieller KI-Lösungen mit internationalem Markt begrüßen solche Projekte und nutzen deren Ergebnisse gerne, sofern diese dem Freiraum der unternehmerischen Kreativität und der Entfaltung des Innovationspotenzials von KI-Technologien nicht entgegenwirken.

(3) *Standards von Foren und Konsortien, in denen sich interessensgleiche Akteure verständigen*, sind die aktuell am Weitesten verbreitete Gattung technischer Regeln. Sie stellen i. d. R. einen dezidierten Konsensus der beteiligten Akteure dar. Die Beteiligung kann ein sehr breites Spektrum abdecken, welches von Academia über Systemintegratoren bis zu Herstellern und Anwendern reicht.[29] Oft handelt es sich um sektoralspezifische, für begrenzte Branchen und Anwendungen ausgelegte Leitlinien.[30] Die Anwendung solcher Standards auf die eigenen Prozesse zur Erstellung von KI-Produkten oder auf die Produkte selbst wird bei industriellen Akteuren opportunistisch entschieden. Kriterien für den Nutzungspragmatismus sind auf der affirmativen Seite die Teilnahmemöglichkeit an Märkten und Kollaborationsprojekten, auf der aversiven Seite wiederum die potenzielle Limitation eigener Kreations- und Innovationspotenziale.

(4) *Kodizes einzelner Unternehmen oder von Wirtschafts- und Branchenverbänden* liegen mannigfaltig vor und sind besonders von großen IT-Unternehmen um-

[26]Hersteller, System- und Lösungsintegratoren, Behörden, Dienstleister und Anwender oder Verbraucher.

[27]Etwa von ISO und IEC, aber auch von den ESOs ETSI, CEN und CENELEC. Die relevantesten Projekte sind im von ISO und IEC gemeinsam geführten JTC1/SC42 zu verorten. Beispiele für bereits publizierte Normen sind *ISO/IEC IS 22989 Artifical Intelligence Concepts and Terminology* oder *ISO/IEC IS 23053 Framework for AI Systems Using Machine Learning*.

[28]Die innergemeinschaftliche Rechtssetzung der EU, wie sie auch für geplante AI-Regulierung zur Anwendung kommen wird, gilt international als vorbildlicher Weg der Harmonisierung technischer Regulierungen auf supranationaler Ebene.

[29]Die beteiligten Organisationen und Experten werden i. d. R. bereits zur Erarbeitungsphase, spätestens aber mit der Veröffentlichung der Publikation genannt.

[30]Beispiel ETAMI (Ethical and Trustworthy Artificial and Machine Intelligence).

fassend ausgearbeitet und publiziert.[31] Sie dienen der Selbstverpflichtung der jeweiligen Unternehmen und haben somit Weisungscharakter an die eigene Organisation und ihre Mitarbeiter. Sie sollen aber auch der Außenwelt der Geschäfts- und Kooperationspartner sowie den Kunden gewisse Zusicherungen signalisieren, welche das Vertrauen im Geschäftsverkehr festigen sollen.

4.3 Anforderungen an ein praxistaugliches Regelwerk

Unbenommen der vorkommenden Gattungen (1) bis (4), welche komparativ jeweils Vor- wie auch Nachteile aufweisen, wird ein Hersteller von KI-Lösungen vernünftigerweise die folgenden Wünsche an die Entwicklung eines praxistauglichen Regelwerkes haben:

(1) *Rationalität*: Das Feld der Anwendung, die betroffenen Schutzziele und die relative Kritikalität einer KI-Technik müssen bestimmend sein für die Ausprägung technischer Regeln. Eine risikobasierte Konzeption ist kompatibel mit der geübten Praxis der Technikfolgenabschätzung und des Umgangs mit Risiken im Rahmen einer kohärenten Risikopraxis (Schulenburg und Nida-Rümelin 2013).
(2) *Libertät*: Hersteller industrieller KI müssen jeder Form restriktiver Regulierung oder Normung und Standardisierung entgegentreten, sofern diese das kreative und somit das innovative Potenzial leistungsfähiger Anbieter im Wettbewerb unangemessen beschränken würden. Was jeweils angemessen und was unangemessen ist, ist in der Regel eine Frage der Güterabwägung, welches Maß an Risiko und Schäden für welches Maß an positiven Effekten eine Gesellschaft in Kauf zu nehmen bereit ist. Letztlich kann und muss das in gesellschaftlichen und politischen Diskursen ausgehandelt und dann in der Regulierung umgesetzt werden.
(3) *Kohärenz*: Widerspruchsfreiheit in den Anforderungen und Vermeidung von Redundanz durch Doppelung und Überlappung unterschiedlicher technischer Regeln im selben Gegenstandsbereich.
(4) *Effizienz*: Die Logik einer Forderung nach guter Relation zwischen Aufwand bzw. Kosten und einem unter den beteiligten Stakeholder ausgewogenen Nutzen ist evident.

Hinzu kommt eine ausgeprägte Skepsis der herstellenden Industrie bezüglich jeder Art von Zertifizierung durch Dritte,[32] sei es bezogen auf die Management-

[31]Vgl. SAP *Guiding Principles for Artificial Intelligence*, IBM *Everyday Ethics for Artificial Intelligence*, Microsoft *Microsoft AI principles*, Google *AI Code of Ethics*.

[32]Zertifizierung durch unabhängige Drittstellen wird wie auch im Bereich der konventionellen Techniksicherheit nur für sehr kritische Anwendungen mit hohem Risikopotenzial als sinnvoll erachtet. Die Sorge der KI-Hersteller gilt einem Ausgreifen der Forderung nach Überprüfung (Auditierung, Inspektion, Konformitätsbewertung, Zertifizierung, Überwachung) durch Drittstellen auch auf unterkritische Anwendungen, in denen z. B. öffentliche Schutzziele durch eine KI-Anwendung nicht berührt werden.

und Designprozesse der Entwicklung oder das Produkt selbst betreffend. Begründet wird diese Haltung nicht nur mit dem hohen Aufwand und den damit verbundenen Kosten, sondern auch mit der Gefahr der Wissensdiffusion. Diese kann in kompetitiven Märkten zu Nachteilen führen, wenn das KI-spezifische Knowhow wettbewerbsentscheidend ist. Allerdings kann es auch Anwendungsbereiche in industriellen KI-Applikationen geben, bei denen durchaus Zertifizierungsleistungen sinnvoll erscheinen (s. bspw. *Stress Monitoring* unten). Eine generelle Zertifizierung im Sinne eines allgemeinen Algorithmen-TÜVs erscheint aus unserer Sicht aus den genannten Gründen jedoch nicht zielführend.

In der Gesamtschau auf das aktuelle Geschehen der KI-bezogenen Regulierung und Normung aus industrieller Perspektive entsteht ein ambivalentes Bild: Während legislative Initiativen teils restriktive Tendenzen aufweisen oder stark risikofokussierte Ansätze in den politischen Diskurs einbringen,[33] erscheint die heterogene Landschaft der Normung und Standardisierung noch recht unübersichtlich und inkohärent. Diese Entwicklungen und insbesondere die neue Komplexität der Akteure gilt es so zu gestalten, dass dem gesellschaftlichen Wunsch nach angemessener Regulierung i. S. der o. g. Güterabwägung ebenso wie der Ermöglichung von Innovationen ausreichend Rechnung getragen wird. Dazu ist es erforderlich, politisch motivierte und privatwirtschaftlich initiierte Ansätze komplementär aufeinander zu beziehen und für eine adäquate Verzahnung zu sorgen. So kann erreicht werden, dass die gesellschaftlich auszuhandelnden, erwünschten Grenzen gefunden und gleichzeitig die Innovationspotenziale gehoben werden können. Dafür spielt die fachkundige Experten-Community aus Wissenschaft und Wirtschaft eine wesentliche Rolle bei der Detaillierung von Technologien und deren Anwendungen, die den Stand der Technik durch Normen definiert.

5 Anwendungsbeispiele aus der Praxis

In den vorangegangen Abschnitten haben wir argumentiert, dass industrielle KI nicht nur großen gesellschaftliche Nutzen bringen kann, sondern auch hohes wirtschaftliches Potenzial hat. Eine wichtige Voraussetzung dafür ist, dass geeignete rechtliche und technische Rahmenbedingung erfüllt werden und somit die Basis legen für den vertrauensvollen und transparenten Einsatz von industrieller KI. Um den breiten Nutzen von KI zu ermöglichen, werden damit nicht nur Normen und Standards, sondern auch Technologien benötigt, die gemeinsam sicherstellen, dass die Anforderung an vertrauenswürdige KI erfüllt sind und die Verlässlichkeit von KI-Anwendungen nachprüfbar sind.

Um zu erläutern, was dies für die Praxis bedeutet, werden wir im Folgenden entlang von konkreten industriellen KI-Anwendungen die folgenden drei Fragen diskutieren: a) Was ist der gesellschaftlichen Nutzen? b) Welche Schutzziele, Stan-

[33] Etwa die jüngeren Pläne der EU, z. B. Weißbuch *Zur Künstlichen Intelligenz – ein europäisches Konzept für Exzellenz und Vertrauen*, COM(2020) 65 final (2020, S. 10 ff.).

dards und Normen sind betroffenen? und c) Wie können vertrauenswürdige KI Technologien eingesetzt werden, um mögliche Risiken zu minimieren?

5.1 Anwendungsfall „Stress Monitoring in Trains"

In der Gruppe der *Large-Scale Monitoring* Anwendungsfälle gibt es Beispiele, in denen tatsächlich menschliches Individual- und Gruppenverhalten Gegenstand der Analyse ist. Gerade hier ist die Abwägung zwischen Nutzenversprechen der Anwendung für die Allgemeinheit (und teilweise auch für den betroffenen Einzelnen) und einem möglichst minimalen Eingriff in die Privatsphäre entscheidend. In der Realität der heutigen Sicherheitssysteme können Überwachungskamerasysteme (*Closed-Circuit Television*) oft nur suboptimal genutzt und damit den Opfern von Übergriffen oder gesundheitlichen Problemen nur bedingt geholfen werden, weil die Interpretation dessen, was dort aufgezeichnet wird, zu spät passiert, als dass eine Reaktion noch zielführend wäre. Der vorliegende Anwendungsfall „Stress Monitoring in Trains" setzt dagegen genau dort an, wo diese relevante Verzögerung durch „AI-on-the-Edge"-Lösungen vermieden werden kann: Ziel ist hier, kritische Situationen im Zug dadurch automatisiert erkennen und melden zu können, dass eine im Inneren des Wagons installierte Kamera kontinuierlich Bilder aufnimmt und ein Algorithmus, der auf das Erkennen von Merkmalen solcher Situationen trainiert wurde, diese in Echtzeit bewertet. Eine „kritische Situation" kann hierbei darin bestehen, dass ein einzelner Fahrgast auf akute Hilfe angewiesen ist (z. B. in einem medizinischen Notfall) oder eine Aggressionssituation zwischen mehreren Menschen besteht, die ebenfalls eine kurzfristige Intervention erfordert.

Ein dergestalt ausgelöster, abstrakter Alarm wird dann an ein landseitiges System übermittelt, das weitere Schritte zur Analyse der akuten Situation sowie Maßnahmen wie gezielte Durchsagen oder das Bereithalten von Sicherheits- und Rettungskräften am nächsten Halt einleiten kann.

5.1.1 Bezug zu Nachhaltigkeitszielen der 17 SDGs[34] (Auswahl):

- SDG-Ziel 3 („Gesundheit und Wohlergehen") – Frühzeitiges Erkennen von medizinisch akuten Situationen mit positivem Effekt auf Gesundheit und Leben
- SDG Ziel 11 („Nachhaltige Städte und Gemeinden") – Blaupause für eine Gesellschaft, in der ein hoher Grad an Sicherheit erreicht wird, ohne Persönlichkeitsrechte unverhältnismäßig zu verletzen.

---

[34]Die von den Vereinten Nationen im Rahmen der „Transformation unserer Welt: die Agenda 2030 für nachhaltige Entwicklung" veröffentlichen 17 *Sustainable Development Goals (SDGs)* dienen hier als geeignete Systematik, um den positiven Effekt einer KI-Implementierung auf Menschheit und Umwelt zu hinterfragen.

5.1.2 Risiko und Konformitätsbewertung

Hinsichtlich der Wahl einer angemessenen Konformitätsbewertung für diesen Use Case ist festzustellen, dass das Schutzziel der Persönlichkeitsrechte der im Bildmaterial erfassten Personen berührt wird (Datenschutz). Die Verantwortung, die datenschutzrechtlichen Vorgaben einzuhalten, liegt dabei auf Seiten des jeweiligen Betreibers des Zuges. Eine Risikobewertung legt somit erhöhte Anforderungen an die Vertrauenswürdigkeit nahe, die auch technisch gelöst werden. Eine dafür angemessene Konformitätsbewertung kann gegenüber den Bestimmungen der DSGVO erfolgen sowie anhand ergänzender Anforderungsnormen für die Sicherheit und Vertraulichkeit der Komponenten integrierter Videoerfassungs- und Aufzeichnungstechnik. Beim auf öffentliche Nutzung und auf lange Nutzungsdauer ausgelegten Gewerk „Fahrgastraum des Schienenverkehrs" empfiehlt sich die Einbindung einer vom Hersteller unabhängigen Prüfstelle zur Durchführung der Konformitätsbewertung und ggfs. einer Zertifizierung.

5.1.3 Anwendung von vertrauenswürdigen KI-Technologien

Durch die technische Ausgestaltung und Implementierung der KI kann der Betreiber des Zuges sicherstellen, dass der Datenschutz gewährt wird. Neben Sicherheitsmaßnahmen, die einen unerlaubten Fremdzugriff möglichst ausschließen, spielen hier vor allem „AI-on-the-Edge"-Technologien eine große Rolle: Dadurch, dass personenbezogene Daten nicht gespeichert, sondern auf dem Gerät durch die KI in Echtzeit bewertet werden, wird die Kamera zu einem „flüchtigen System", wobei die Interpretation der jeweiligen Situation auf dem Gerät erfolgt und nur dann einen Livezugriff auf die Kamera eröffnet, wenn es sich mit einem bestimmten Grad an Wahrscheinlichkeit um eine akut kritische Situation handelt. Damit werden das Speichern und der Zugang zu datenschutzrelevanten Bild- und Videodaten soweit wie möglich minimiert. *False positives*, also unbegründete Alarmfälle, die zwar keinen wirtschaftlichen Schaden erzeugen, aber doch jeweils einen vermeidbaren Eingriff in die Privatsphäre darstellen können, werden zudem perspektivisch durch „Active Learning"-Technologien weiter reduziert.

5.2 Anwendungsfall „Health Digital Twin – personalisierte Radiofrequenzablation"

Das Gesundheitswesen ist sicherlich sowohl ein breites Anwendungsfeld für KI-Anwendungen vielfältiger Art als auch ein Bereich, in dem sehr direkt ein gesellschaftlicher Mehrwert durch industrielle KI erzeugt werden kann. In vielen Anwendungsfällen liefern KI-Technologien hier Empfehlungen für Ärzte bei der Interpretation von Rohdaten, die aus immer höher auflösenden und strahlungsärmeren Großgeräten stammen. Damit tragen sie dazu bei, die ärztlichen Entscheidungen zu unterstützen, was sich in durchschnittlich besseren Ergebnissen und geringerem Zeitaufwand niederschlägt. Der hier vorgestellte Anwendungsfall, der auf einem *Health Digital Twin* basiert, stellt hingegen eine individualisierte Form des KI-Einsatzes dar. Für eine durchgehende Personalisierung von Diagnose und

Therapie im medizinischen Bereich bietet KI das wesentliche Instrumentarium, um individuellen Besonderheiten Rechnung zu tragen und die diagnostische Präzision und damit die therapeutische Erfolgswahrscheinlichkeit zu maximieren. Im Wesentlichen geht es um ein physiologisches 3D-Modell eines Menschen, das mit klinischen Informationen (Laborergebnisse und historische Diagnosen), aber auch persönlichen Kontext-Daten (eigenes Verhalten, soziales Umfeld) und irgendwann vielleicht sogar dem individuellen genetischen Code angereichert wird. An diesem Avatar können dann präzise medizinische Eingriffe jeglicher Art simuliert werden, die die Erfolgsquote ärztlichen Handelns signifikant steigern können.

Ein konkretes Beispiel, das heute bereits in Erprobung ist, ist die personalisierte Radiofrequenzablation.[35] Hierbei wird, basierend auf bildgebenden Verfahren, ein z. B. von Krebszellen befallenes Organ modelliert und verschiedene Behandlungsansätze und -parameter durchgespielt. Am virtuellen Modell einer menschlichen Leber wird etwa vor einer thermischen Behandlung des Lebertumors eine patientenspezifische *Heat and Necrosis Map* erstellt, die den Erfolg der Ablation anhand verschiedener Parameter (Lokalisierung der Nadeln, Dauer und Intensität der thermischen Behandlung) vorab simuliert.

Damit wird letzten Endes nicht nur die Präzision und schließlich die Erfolgsquote eines Eingriffs erhöht, sondern auch ein möglicher Anwendungsbias reduziert: Viele Modelle und Empfehlungen in der Medizin wurden für einen Standardpatienten erstellt, der diejenigen Menschen positiv diskriminiert, die diesem „Durchschnittspatienten" möglichst nahe kommen,[36] während Abweichungen dadurch bestraft werden, dass eine richtige Diagnose später gestellt wird oder empfohlene Therapien mit einer geringeren Wahrscheinlichkeit funktionieren.

Auch wenn sich die meisten dieser Ansätze noch im Entwicklungsstadium befinden, wird durch eine individualisierte Medizin dieser inhärente Makel direkt angegangen.

5.2.1 Bezug zu Nachhaltigkeitszielen der 17 SDGs (Auswahl):

- SDG-Ziel 3 („Gesundheit und Wohlergehen") – KI-Lösungen als wesentliche Treiber einer personalisierten Medizin mit dem Versprechen durch eine höhere Präzision in Diagnose und Therapie den Erfolg von medizinischen Maßnahmen deutlich zu erhöhen
- SDG-Ziel 10 („Weniger Ungleichheiten") – Die systematische Benachteiligung von Minderheiten, deren anatomische und medizinische Besonderheiten in der Vergangenheit unterrepräsentiert wurden, können durch einen allgemeinen Zugang zu den Potenzialen der personalisierten Medizin verringert werden

[35]Bei dieser Technik wird Tumorgewebe durch Hitze zerstört: In dem entsprechenden Organ werden eine oder mehrere Radiofrequenznadeln positioniert, durch die ein hochfrequenter Wechselstrom fließt, der die Tumorionen zum Schwingen bringt, damit erhitzt und den Tumor möglichst isoliert zerstört.

[36]So ist beispielsweise bekannt, dass die in der Standardliteratur beschriebenen Symptome für einen Herzinfarkt deutlich häufiger bei Männern zutreffen und somit erkannt werden als bei Frauen, die öfter ein anderes Symptombild aufweisen und daher oft erst später richtig diagnostiziert werden.

5.2.2 Risiko- und Konformitätsbewertung

Auch in diesem Use Case wird offenbar das Schutzziel der Persönlichkeitsrechte, hier des digital simulierten Patienten, berührt. Überdies handelt es sich um personenbezogene Gesundheitsdaten von großer Intimität. Eine Risikobewertung legt somit die Wahl höchster Anforderung an die Vertrauenswürdigkeit nahe. Wie in der Medizintechnik üblich, wird hier die Durchführung der Konformitätsbewertung mit Zertifizierung durch Einbindung einer akkreditierten Prüfstelle erfolgen. Die Bestimmungen der DSGVO sowie ergänzender Anforderungen zum Schutz der Vertraulichkeit von Patientendaten sind dabei die Grundlage der Bewertung. Etwas spekulativ ist die Frage, ob auch Aspekte des ärztlichen Ethos zu berücksichtigen wären, sofern die KI-Funktion ärztliche Autorität wie Anamnese, Diagnose und Therapie unterstützt. Die normative Kodifizierung solcher Regeln eines Berufsethos mit dem Ziel ihrer maschinellen Implementierung und Überprüfbarkeit entstünde dann als anspruchsvolle Aufgabe.

5.2.3 Anwendung von vertrauenswürdigen KI-Technologien

Da ein *Health Digital Twin* umfassende persönliche, gesundheitsbezogene Daten umfasst, müssen die höchsten Anforderungen an den Datenschutz erfüllt sein. Wichtige Forschungsthemen zur Verbesserung des Datenschutzes für gesundheitsbezogene Daten sind laut Zillner und Neururer (2015) unter anderem a) Hash-Algorithmen für die Verschlüsselung von gesundheitsbezogenen Daten die es rechnerisch unmöglich machen, eine Eingabe zu rekonstruieren b) der sichere Datenaustausch, der es ermöglicht, gesundheitsbezogene Daten über institutionelle oder Ländergrenzen hinweg gemeinsam zu nutzen sowie c) De-identifikations-Algorithmen, die die Anonymisierung oder Pseudonymisierung von großen und komplexen Datenmengen möglich machen.

5.3 Anwendungsfall „Self-learning Gas Turbines"

Während bei den Mobilitäts- und Gesundheitsanwendungen der Mensch in der Regel als interagierender Nutzer involviert ist[37] gibt es im Bereich der Energieerzeugung eine große Vielzahl von KI-Anwendungen ohne direkte Schnittstelle zum Menschen. Jedoch können auch hier KI-Anwendungen einen positiven gesellschaftlichen und wirtschaftlichen Beitrag erreichen, z. B. indem sie zu Ressourceneffizienz oder der Einsparung von CO_2 beitragen. Ein Ansatz, der auch im Sinne einer vertrauenswürdigen KI spezielle Betrachtung verdient, ist der Einsatz selbstlernender Algorithmen (*Reinforcement Learning*) in der Steuerung von Gas- oder Windturbinen. Um einen optimalen, hier also maximal energieeffizienten Betrieb einer Turbine zu erreichen, ist eine ständige Justierung ihres Parametersets notwendig, weil sich Kontexte[38] stetig ändern. Eine KI lernt und verbessert eine solche Opti-

[37] B2B2C-Geschäftsbereiche, in denen der Kunde zwar in der Regel ein anderes Unternehmen ist, die Produkte allerdings direkt mit Privatpersonen in Kontakt stehen.

[38] Wie etwa meteorologische und atmosphärische Umgebungsvariablen, aber auch die sich ändernde Zusammensetzung des einströmenden Gasgemisches oder Geräte-spezifische Eigenschaften.

mierungsstrategie sowohl aus historischen Betriebsdaten als auch aus simulierten *Augmented Data* und erzielt Verbesserungen in der Größenordnung von > 10 % in Bezug auf Energieeffizienz bzw. Reduktionen der Stickstoffemission.

5.3.1 Bezug zu Nachhaltigkeitszielen der 17 SDGs (Auswahl)

SDG-Ziel 7 („Bezahlbare und Saubere Energie") – Einsparung von CO_2-Emissionen bzw. NO_x-Emissionen bei fossilen Kraftwerken, sowie Erhöhung der Effizienz in der Steuerung von Gasturbinen, in Summe wesentlicher Beitrag zur Verringerung des weltweiten CO_2-Ausstoßes.

5.3.2 Risiko- und Konformitätsbewertung

Bezüglich berührter Schutzziele kann hier argumentiert werden, dass durch das Risiko des Ausfalls der stromerzeugenden Anlage in Folge einer KI-Fehlfunktion auch das Schutzziel der Resilienz der kritischen Infrastruktur Energieversorgung berührt wird. Aufgrund der technischen Isolation[39] des KI-unterstützen Regelkreises zur Abgasoptimierung von den sicherheitstechnischen Funktionen der Turbinensteuerung kann jedoch die Liste der berührten Schutzziele auf den Umweltschutz reduziert werden. Konkret bestehen die zu betrachtenden Schutzziele aus dem des Umweltschutzes[40] bzw. des Klimaschutzes.[41] Die regelungstechnische Optimierung durch die KI-Funktion ist als ingenieurmäßige Aufgabe des Herstellers zu betrachten, die er im Rahmen der Konformität gegenüber den gesetzlichen Bestimmungen[42] zu verantworten hat. Sofern Anforderungsnormen für die Vertrauenswürdigkeit industrieller KI-Funktionen bestehen, wird der Hersteller sie bei der Analyse und Bewertung in Eigenverantwortung heranziehen. Somit hat allein der Hersteller die Risikobewertung durchzuführen, die Konformität zu bewerten und dieselbe zu erklären. Die Selbsterklärung des Herstellers mit den dazugehörigen Haftungsverpflichtungen erscheint in diesem Falle ausreichend, da keine direkte Auswirkung auf Menschen oder die Betriebsfähigkeit kritischer Infrastrukturen möglich ist.

5.3.3 Anwendung von vertrauenswürdigen KI-Technologien

Das theoretische Risiko einer übergeneralisierenden KI, die in ihrem Optimierungseifer die Turbine in kritische Bereiche fährt, ungültige und damit suboptimale Modellannahmen enthält oder nicht modellierte Nebenwirkungen wie einen höheren Verschleiß zur Folge hätte, wird durch sorgfältig definierte *Limits of Authority* (Security) ausgeschlossen. Domänen- und KI-Experten definieren gemeinsam einen Gültigkeitsbereich, innerhalb dessen die Algorithmen die Parameter setzen dürfen. Während also die maschinellen Algorithmen bestimmte Freiheitsgrade besitzen, muss ihr Rahmen von menschlichen Experten verschiedener Disziplinen gesetzt und aktiv überwacht werden, um eine möglichst optimale Arbeitsteilung im Mensch-

[39] Entkopplung nach dem ingenieurmäßigen Schottprinzip.

[40] NO_x im Abgas der Turbine.

[41] CO_2 im Abgas der Turbine.

[42] Erlaubte Emissionsgrenzwerten in ppm (Particles Per Million).

-Maschine-Teamwork zu garantieren. Komplexe, oft schwer interpretierbare Modelle des maschinellen Lernens (z. B. Neuronale Netzwerke) können mit Genetischer Programmierung zu Optimierungsalgorithmen kombiniert werden, welche interpretierbare (erklärbare) Lösungen erzeugen (Hein et al. 2018). Dank dieser Interpretierbarkeit können Experten die Wirk- und Funktionsweise der erzeugten Modelle nachvollziehen und somit deren Kritikalität beziehungsweise Konformität besser einschätzen.

6 Fazit

Die hier vorgestellten Beispielanwendungen industrieller KI machen anschaulich, wie stark differenziert die Diskussion über vertrauenswürdige KI und deren Kontextbedingungen zu führen ist. Dabei bedarf es jeweils der Einbeziehung technischer, rechtlicher und ggf. risikoethischer Bewertungen. Diese differenzierte Diskussion über die konkreten Anwendungsfälle neuer Technologien ist Herausforderung und Chance zugleich, um zu einem bestmöglichen Umgang mit den Potenzialen und Risiken von KI-Technologien zu gelangen.

Literatur

acatech. 2011. Cyber-Physical Systems: Innovationsmotor für Mobilität, Gesundheit, Energie und Produktion. https://doi.org/10.1007/978-3-642-27567-8. https://www.springer.com/de/book/9783642275661#aboutAuthors.

acatech. 2020. *Zertifizierung von KI-Systemen: Impulspapier.* https://www.acatech.de/wp-content/uploads/2020/04/Impulspapier_Zertifizierung-von-KI-Systemen.pdf. Zugegriffen am 31.12.2020.

Aggarwal, Charu C., und Philip S. Yu. 2008. A general survey of privacy-preserving data mining models and algorithms. In *Privacy-preserving data mining: Models and algorithms*, Hrsg. Charu C. Aggarwal und Philip S. Yu, 11–52. Boston: Springer US.

Algorithm Watch. o. J. AI Ethics Guidelines Global Inventory. https://inventory.algorithmwatch.org/. Zugegriffen am 17.10.2020.

BMWi. 2020. Deutschland ist Gründungsmitglied der „Global Partnership on Artificial Intelligence“. https://www.bmwi.de/Redaktion/DE/Pressemitteilungen/2020/20200615-deutschland-ist-gruendungsmitglied-der-global-partnership-on-artificial-intelligence.html.

Bundestag. 2020. *Bericht der Enquete-Kommission Künstliche Intelligenz – Gesellschaftliche Verantwortung und wirtschaftliche, soziale und ökologische Potenziale.* https://dip21.bundestag.de/dip21/btd/19/237/1923700.pdf.

Dosilovic, F. K., M. Brcic, und N. Hlupic. 2018. Explainable artificial intelligence: A survey. In *41st International Convention on Information and Communication Technology, Electronics and Microelectronics, MIPRO 2018*, Opatija, Croatia.

Europäische Kommission. 2018. *Artificial Intelligence for Europe, COM(2018) 237 final.* Brüssel. https://ec.europa.eu/transparency/regdoc/rep/1/2018/EN/COM-2018-237-F1-EN-MAIN-PART-1.PDF.

Europäische Kommission. 2019a. *Ethics guidelines for trustworthy AI.* Brüssel. https://ec.europa.eu/digital-single-market/en/news/ethics-guidelines-trustworthy-ai.

Europäische Kommission. 2019b. *Policy and investement recommendations for trustworthy AI.* Brüssel. https://ec.europa.eu/digital-single-market/en/news/policy-and-investment-recommendations-trustworthy-artificial-intelligence.

Europäische Kommission. 2020. Weißbuch zur Künstlichen Intelligenz – ein europäisches Konzept für Exzellenz und Vertrauen, COM(2020) 65 final. https://ec.europa.eu/info/sites/info/files/commission-white-paper-artificial-intelligence-feb2020_de.pdf.

Europäisches Parlament. 2017. Bericht mit Empfehlungen an die Kommission zu zivilrechtlichen Regelungen im Bereich Robotik. https://www.europarl.europa.eu/doceo/document/A-8-2017-0005_DE.html#title10.

Fjeld, Jessica, Achten Nele, Hilligoss Hannah, Nagy Adam, und Srikumar Madhulika. 2020. *Principled artificial intelligence: Mapping consensus in ethical and rights-based approaches to principles for AI.* Berkman Klein Center for Internet & Society: Harvard Library.

Fung, Benjamin C. M., Ke Wang, Rui Chen, und Philip S. Yu. 2010. Privacy-preserving data publishing: A survey of recent developments. *ACM Comput Surv* 42(4): 14. https://doi.org/10.1145/1749603.1749605.

Grunwald, Armin. 2013. *Handbuch Technikethik.* Berlin: Springer.

Hein, D., S. Udluft, und T. A. Runkler. 2018. Interpretable policies for reinforcement learning by genetic programming. *Engineering Applications of Artificial Intelligence* 76:158–169.

Lehmann-Brauns, Sicco, und Martin W. Hoffmann. 2020. Geschäftsmodell-Potenziale von Industrieller KI. *atp-magazin* (Transforming Automation, Ausgabe 09 2020).

Lorenz, Philippe. 2020. *AI Governance through political fora and Standards Developing Organizations: Mapping the actors relevant to AI governance.* Stiftung Neue Verantwortung. https://www.stiftung-nv.de/sites/default/files/ai_governance_through_political_fora_and_standards_developing_organizations.pdf.

McKinsey. 2017. Smartening up with Artificial Intelligence (AI) – What's in it for Germany and its Industrial Sector?. www.mckinsey.com/industries/semiconductors/our-insights/smartening-up-with-artificial-intelligence. Zugegriffen am 10.12.2020.

Schulenburg, Johann, und Julian Nida-Rümelin. 2013. Risikobeurteilung/Risikoethik. In *Handbuch Technikethik*, Hrsg. Armin Grunwald und Melanie Simonidis-Puschmann, 223–227. Stuttgart: J.B. Metzler.

Seifert, Inessa, Matthias Bürger, Leo Wangler, Stephanie Christmann-Budian, Marieke Rohde, Peter Gabriel, und Guido Zinke. 2018. *Potenziale der Künstlichen Intelligenz im produzierenden Gewerbe in Deutschland.* Begleitforschung PAiCE. https://www.bmwi.de/Redaktion/DE/Publikationen/Studien/potenziale-kuenstlichen-intelligenz-im-produzierenden-gewerbe-in-deutschland.html.

Thiel, Veronika. 2019. Richtlinien für „Ethische KI": Verbindliche Selbstverpflichtung oder Schönfärberei?. https://algorithmwatch.org/richtlinien-fuer-ethische-ki-verbindliche-selbstverpflichtung-oder-schoenfaerberei/.

Xu, F., H. Uszkoreit, Y. Du, W. Fan, D. Zhao, und J. Zhu. 2019. Explainable AI: A brief survey on history, research areas, approaches and challenges. In *Lecture Notes in Computer Science (including subseries Lecture Notes in Artificial Intelligence and Lecture Notes in Bioinformatics).* 563–574. Cham: Springer. https://doi.org/10.1007/978-3-030-32236-6_51.

Zhang, Jiale, Bing Chen, Yanchao Zhao, Xiang Cheng, und Feng Hu. 2018. Data security and privacy-preserving in edge computing paradigm: Survey and open issues. *IEEE Access* 6: 18209–18237. https://doi.org/10.1109/ACCESS.2018.2820162.

Zillner, S., und I. Marangoni. 2020. D2.7 Annual Report on Opportunities; BDVe Deliverable 2.7.

Zillner, S., und S. Neururer. 2015. Technology roadmap development for big data healthcare applications. *KI – Künstliche Intelligenz* 29(2): 131–141. https://doi.org/10.1007/s13218-014-0335-y.

Teil IX

Von der Technikphilosophie zur Technikgestaltung

Positionen der Technikphilosophie

Klaus Kornwachs

Inhalt

Zusammenfassung

Es werden in diesem Beitrag mögliche Positionen der Technikphilosophie zur KI dargestellt, die von unterschiedlichen Deutungen von Technik ausgehen. Dabei wird besonders von der Wissenschaftstheorie der Technikwissenschaften ausgegangen, da KI als der Versuch einer *general purpose technology* angesehen werden kann. Technikphilosophie als Teildisziplin der Philosophie stellt folgerichtig die leitenden Grundfragen der Philosophie nach Wissen, Hoffnungen, Handlungen und nach dem Menschen auch an die Künstliche Intelligenz als einer sowohl bereits bestehenden als auch prospektiven Technologie. Hier geht es letztlich um die anthropologische Differenz zwischen Mensch und Maschine, an der sich auch künftig philosophisches Nachdenken abarbeiten muss.

K. Kornwachs (✉)
Technikphilosophie, University of Ulm, Ulm, Deutschland
E-Mail: klaus@kornwachs.de

K. Mainzer (Hrsg.), *Philosophisches Handbuch Künstliche Intelligenz*,
https://doi.org/10.1007/978-3-658-19606-6_34

Schlüsselwörter

Algorithmus · Analytische Philosophie · Autonome Systeme · Big Data · Entscheidungsersetzende Systeme · Erkenntnistheorie · Ethik · Verantwortung · Humanismus · Kategorien · Kognition · Konvergenz · Künstliche Intelligenz · Logik · Mind-Body (Leib-Seele) Problem · Natur · Naturwissenschaft · Neuronale Netze · Organisatorische Hülle · Philosophische Anthropologie · Selbstlernende Systeme · Singularität · Technik · Technikphilosophie · Technisches Wissen · Transhumanismus · Unentscheidbarkeit · Wahrheit · Wissen · Wissenschaftstheorie

1 Einleitung

Philosophie bedeutet, hartnäckig Fragen zu stellen. Manche dieser Frage sind alt, sie wurden schon in der Antike gestellt, neue sind hinzugekommen und kommen täglich dazu. Die Beantwortungsversuche sind ihrer jeweiligen Zeit und Kultur geschuldet, und so haben sich Schulen und Teildisziplinen der Philosophie herausgebildet. Dies alles gilt auch für die Teildisziplin der „Technikphilosophie", die als explizite Bezeichnung erst Ende des 19. Jahrhundert auftritt.[1] Das bedeutet aber nicht, dass die Philosophie nicht schon früher Fragen nach der Technik gestellt hätte.[2]

In Abschn. 2 wird zunächst eine Verortung der Technikphilosophie und ihre bisherigen Deutungsversuche von Technik skizziert. Um die Grundpositionen der Technikphilosophie (oder Philosophie der Technik)[3] im Hinblick auf die Ansprüche und Entwicklungen der Künstliche Intelligenz als Forschungs- und Technologieprogramm entwickeln zu können, sollen dann die Grundfragen der Technikphilosophie mit dem Blick auf Künstliche Intelligenz in Abschn. 3 anhand eines Schemas aufgezeigt werden, das Technik, Natur, technisches Wissen und naturwissenschaftliches Wissen relational verknüpft (Abb. 1, Abschn. 3.1).

Abschn. 4 stellt dann die Grundfragen der Philosophie nach Immanuel Kant, die auch in der Technikphilosophie leitend sind, an die Künstliche Intelligenz als bereits bestehende und prospektive Technologie: Nach Wissen, Hoffnungen, Handlungen und nach dem Menschen. Hier geht es letztlich um die anthropologische Differenz zwischen Mensch und Maschine, an der sich auch künftig philosophisches Nachdenken abarbeiten muss.

[1]Der Begriff „Philosophie der Technik" taucht zum ersten Mal bei F. Kapp (1978) auf.

[2]Überblick über die Klassiker der Technikphilosophie bei Hubig et al. (2013). Einführungen: Kornwachs (2013); Nordmann (2008); Rapp (1978, 1994); Fischer (1996).

[3]Der Unterschied wird zwar diskutiert, ist aber für die Zwecke dieser Übersicht zunächst unerheblich.

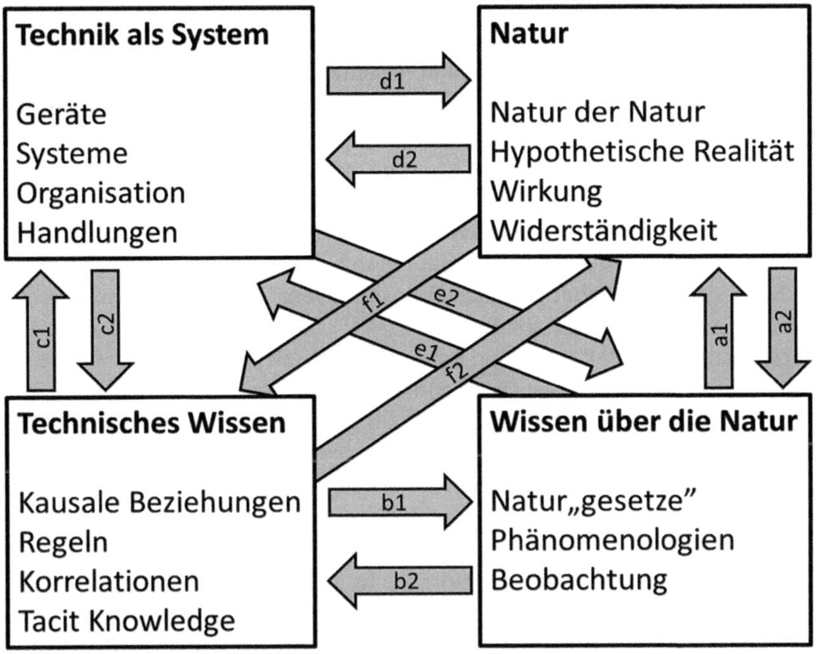

Abb. 1 Die Grundfragen der Technikphilosophie. Erläuterung siehe Text

2 Der Ort der Technikphilosophie

2.1 Technikphilosophie als Teildisziplin der Philosophie

Schon früh hat die Philosophie, sowohl als Lebensform wie als Disput und Lehre (Hadot 2011), eine disziplinäre Substruktur ausgebildet. Zu den „klassischen" Disziplinen wie Ontologie,[4] Erkenntnistheorie, Logik, Ethik und Ästhetik kamen in der Neuzeit neue Disziplinen wie die Praktische Philosophie, die Handlungstheorie oder auch die Wissenschaftstheorie hinzu. Man kann freilich noch weiter aufgliedern in die Bereiche, mit denen sich die Philosophie fragend beschäftigt. In diesen Bereich gehört auch die Frage nach der Technik, und diesen Bereich nennt man Technikphilosophie oder Philosophie der Technik.

[4]Die Computer Science hat unter dem Begriff „Ontology" einen vom philosophischen Sprachgebrauch abweichende Bedeutung eingeführt: Ontologie in der Informatik bedeutet die Festlegung aller Objekte, deren Eigenschaften und Beziehungen untereinander (Variablen, Parameter, Relationen) z. B. in einer Datenbank. In der Philosophie ist die Ontologie die Lehre von Sein und vom Seienden sowie deren Modalitäten, also die Art und Weise zu sein (z. B. wirklich, möglich). Zur Übersicht des Begriffs der Ontologie in der Philosophie Wolf (1984).

Bei dem Versuch der Beantwortung der in der Philosophie gestellten Fragen sind nicht nur die Methoden und Frageweisen der oben genannten Disziplinen und Fächer präsent, sondern es haben sich unterschiedliche Auffassungen, Lösungsvorschläge, Weltsichten, oder besser gesagt, philosophische Positionen herausgebildet, die sich klassifizieren lassen. Der vorliegende Beitrag trägt dem Umstand Rechnung, dass die meisten technikphilosophischen Abhandlungen zur Künstlichen Intelligenz ihre Ausgang allerdings bei den philosophischen Positionen nehmen, die sich mit Monismus – Dualismus Fragen (Leib-Seele Problem), Analytischer Philosophie, Kritischem Rationalismus oder Postmoderne charakterisieren lassen (Hubig et al. 2013, S. 44–50). Diese philosophischen Positionen spielen auch in der Technikphilosophie eine sehr einflussreiche Rolle.

Disziplinen, Fragestellungen und positionierende Beantwortungsversuche stehen in engen, zum Teil komplementären, zum Teil höchst konträren Beziehungen zueinander. Technikphilosophie lässt sich deshalb eher in diesen Beziehungen verorten. So finden sich hier ontologische, erkenntnistheoretische, ethische bis hin zu ästhetischen Untersuchungen. Die Frage nach der Technik wird nicht nur hermeneutisch (im Sinne von Deutung von Technik), phänomenologisch oder analytisch-systemtheoretisch behandelt,[5] sondern auch seit neuerer Zeit als Zweig der Wissenschaftstheorie der Technikwissenschaften (Kornwachs 2012; Poser 2016; Kornwachs et al. 2013; Banse et al. 2006; Banse und Friedrich 1996; Banse und Wendt 1986) und des Ingenieurwesens, der praktischen Philosophie und der Handlungstheorie (Mitcham 1994; Kroes und Meijers 2000; Kroes 2012).

2.2 Deutungsversuche der Technik

2.2.1 Grundströmungen der Technikdeutungen

Die Deutungsversuche von Technik als Antwort auf die Frage: Was ist Technik, was soll und darf sie und wie ist sie möglich, zeigen die Grundströmungen der Technikphilosophie.[6] In der gebotenen Kürze kann man folgende Deutungsmuster erkennen:

- Die Frage nach dem Wesen der Technik: Ist Technik die Umsetzung von Ideen in reales Sein? (Dessauer 1956, S. 234) Entscheidend bei dieser Position wäre die Konsequenz, dass eine Erfindung dann immer auch eine Entdeckung im Sinne des Platonischen sich Wieder-Erinnerns sein müsste. Demnach müssten alle Algorithmen der Künstlichen Intelligenz in irgendeiner Weise Abbilder bestehender, möglicherweise eingeborener (*innated*) Ideen sein. Eine andere, prominente Position der Wesensfrage ist der Begriff des Gestells von Martin Heidegger: Die Technik als „Gemächte“ des Menschen zeigt sich in der Weise des Stellens der Natur durch den Menschen für seine Zwecke, er macht aus dem Vorhandenen, also dem Vorfindlichen das Zuhandene. Er kann gar nicht anders handeln, da das

[5] Siehe nachfolgendes Abschn. 2.2.

[6] Eine historische Darstellung würde den Rahmen sprengen. Überblick bei Hubig et al. (2013), S. 19–40; Rapp und Ropohl (2013), S. 41–52.

Technische zum Wesen des Menschen, seinem Dasein gehört (Heidegger 1927, 1986, §§ 14–18, S. 63–88, 1978, S. 23 ff.).

- Die Erwägung über Fluch und Segen, Chance und Risiko von Technik: Ist Technik gestaltbar und ihre Entwicklung steuerbar, können wir die Folgen der künftigen Anwendung überblicken und bewerten? Hier gibt es enge Beziehungen zur Kulturkritik, zur politischen Philosophie und als praktische Disziplin, die Technikfolgenabschätzung als Teildisziplin der Technikwissenschaften selbst (Kornwachs 2018b; Grunwald 2010).
- Die Frage nach der Eigengesetzlichkeit des technischen Fortschritts: Liegt dieser Eigengesetzlichkeit, so etwas wie ein Hegelsches Entwicklungsgesetz zugrunde[7] und könnte man evolutionären Modelle der Innovationsprozesse mit hinzuzählen?[8] Ist das philosophisch oder empirisch soziologisch bestimmbar? Was ist mit dem perspektivischen Begriff Fortschritt gemeint? (Rapp 1992).
- Die Frage nach der Herrschaft von Technik: Diese Frage ist zweigeteilt – da war zum einen die sogenannte Technokratie-Hypothese, lebhaft diskutiert in den 50er-Jahren.[9] Sie ging davon aus, dass sich eine Übermacht des technischen wie wissenschaftlichen Sachverstandes der Verwaltung und der Institutionen bemächtigen würde (Expertokratie), was zu einer Verengung politischer und partizipativer Spielräume führen müsste. Zu anderen wurde die Frage nach der Herrschaft der Technik gekoppelt mit der obigen Frage nach der Eigengesetzlichkeit oder gar Zwangsläufigkeit (Unaufhaltsamkeit) technologischer Entwicklungen.

In der Tat stellt sich diese Frage angesichts der Debatte um Big Data, Künstliche Intelligenz, der angeblichen Herrschaft der Algorithmen und des technokratischen Programms der Digitalisierung erneut in aller Schärfe.

Vielfach wird Technik als bloße Anwendung von wissenschaftlichem Wissen angesehen (Bacon 1990, Bd. I, Aph. III; Bunge 1967, S. 121 ff.; Zoglauer 1996, S. 93 ff.). Dieser Ansicht, wonach Technik angewandte Naturwissenschaft sei, ist in der Technikphilosophie seit dem letzten Drittel des 20. Jahrhunderts widersprochen worden: Man kann zeigen, dass technisches Regelwissen sich nicht logisch aus kausalem Wissen der Naturwissenschaft deduktiv ableiten lässt.[10] Zudem ist Technik älter als Wissenschaft. Ihr Regelwissen gewinnt sie durch eigene Erkenntnismethoden, die sich von denen der theoretischen (Natur-)Wissenschaften unterscheiden.[11] Technik besteht nicht nur aus Geräten, Verfahren und deren operativen Prozessen, sondern

[7]Im Sinne von Hegels Geschichtsphilosophie, wonach *„die Weltgeschichte (. . .) der Fortschritt im Bewusstsein der Freiheit“* ist; Hegel (1924), zit. nach https://www.projekt-gutenberg.org/Hegel/vorphilo/vorphilo.html (Zugegriffen am 09.02.2020), Abschnitt a) Die abstrakten Bestimmungen der Natur des Geistes.

[8]Das evolutionäres Modell des Technikentwicklung grob skizziert: Inventionen spielen die Rolle der Mutationen, der Markt spielt die Rolle der selektiv wirkenden Umwelt, die Reproduktion wird durch die Produktion repräsentiert, parallel laufende Technologielinien stellen Nischen dar, quasi die Luxuration der Bastarde (ökologische Nischeneffekt). Vergleichbar: Reichert (1994).

[9]Protagnisten waren u. a. der Soziologe Helmut Schelsky (1979) und Jacques Ellul (1954).

[10]Hier ist Physik *pars proto toto* für Naturwissenschaften genommen. Vgl. Kornwachs et al. (2013).

[11]Poser (2016); Kornwachs (2012).

auch Handlungen, Zwecksetzungen, organisatorische Rahmenbedingungen spielen eine konstitutive Rolle.[12] Deshalb ist eine epistemologische Vermischung von wissenschaftlichem Erkennen und technischen Gestalten irreführend.[13]

An dieser Stelle kann daher jetzt schon gesagt werden, dass die KI als eine spezielle Software-Technologie nicht nur eine Anwendung von wissenschaftlichen Erkenntnissen aus der Kognitionswissenschaft, der Neurologie, der Sinnesphysiologie oder der Mechanik darstellt, indem sie die beobachtbaren oder vermuteten natürlichen Gegebenheiten mit Hilfe formaler Darstellungsweisen mathematisch modelliert. Sie verfolgt insbesondere auch durch Test- und andere technikwissenschaftliche Methoden (Kornwachs 2012, Kap. C 3, S. 121 ff.) durchaus selbstständige Erkenntnisstrategien und Entwicklungspfade. Dabei spielen tentative Entwicklungen neuere Kalküle (z. B. Default-Logiken, um Ausnahmen von Regeln zu erfassen)[14] beim Aufbau von Algorithmen eine wesentliche Rolle. Weiterhin sind adaptive, d. h. sich selbst verändernde Programme zu nennen, deren Zielfunktionalität nicht mehr „von der Natur abgeschaut“ festgelegt werden, sondern im Test sich offen und unvorhersagbar entwickeln können.[15]

Hinzu kommt ein weiterer Grund: Die Informatisierung der Technik, d. h. die Durchdringung und zunehmend Substitution herkömmlich technisch realisierter Funktionen (mechanisch, pneumatisch, hydraulisch, elektrisch und elektronisch) durch Steuerungsleistungen und Steuerungszielen, die von Computern erbracht werden, erweitert den Gestaltungsraum technologisch wie organisatorisch-prozessualer Funktionalitäten weit über die Grenzen des rein Technischen. Das bedeutet, dass bei einer solchen Gestaltung von Technik und prozessualen Abläufen weitaus mehr Möglichkeiten bestehen, als dies bei den herkömmlichen Realisationen (s. o.) der Fall ist. Sinnfällig wird das daran, dass die „Digitalisierung“[16] völlig neue Geschäftsmodelle ermöglicht.[17]

---

[12]Insbes. Ropohl (1979 ff.) zeigte, dass man Technik nicht nur aus den materiellen Artefakten, sprich Geräten verstehen kann, sondern man die Geräte zusammen in einem Handlungssystem betrachte muss, das z. B. Erfindung, Entwurf, Zielsetzung, Herstellung, Gebrauch, Auswirkungen und Entsorgung mit umfasst. (Vgl. auch Abschn. 2.3.2). Der Einfluss von Interessen bei der Technikgestaltung wurde vor allem von soziologischer Seite diskutiert; früh Habermas (1968).

[13]Die Grenzen zwischen den mehr erkenntnisorientierten Disziplinen und den praktischen Disziplinen ist bei der Technisierung der Wissenschaften und der Verwissenschaftlichung der Technik ohnehin nur noch graduell bestimmbar, z. B. durch die Unterscheidung von Beobachtung, Erhebung, Experiment und Test; Kornwachs (2012).

[14]Default Logik im Rahmen des nicht-monotonen Schließens, die mit dem „es sei denn, ...“ Operator arbeitet; vgl. Görz und Schneeberger (2003), Kap. 1.2.

[15]Z. B. beim überwachtes und unüberwachten Lernen Russell und Norvig (2012).

[16]Dieser zeitgenössische Begriff hat sich von der ursprünglichen Bedeutung des Wortes gelöst: Man versteht in der Technik unter Digitalisierung die Umwandlung von einem analogen Signal (das zeit- und zustandskontinuierlich ist) in ein Signal, dass zu festen Zeitpunkten abgetastet wird und deren Werte dann in natürlichen Zahlen ausgedrückt werden können (zustands- und zeitdiskret; Nyquist 1924). Die heutige Bedeutung ist eher techniksoziologisch und meint die Durchdringung der Arbeits- und Lebensbereiche mit Informations- und Computertechnik mit dem Ziel einer umfassenden Automatisierung. Diskutiert schon bei Pollock (1956).

[17]Eine erste Systematisierung geben z. B. Jung und Kraft (2017).

Die moderne Technikphilosophie hat so etwas wie einen „*empirical turn*“ hinter sich (Kroes und Meijers 2000), sie spekuliert nicht mehr in der Weise des 19. Jahrhunderts über essenzialistische (Heidegger 1978) oder substanzialistische, idealistische (Dessauer 1927, 1956) oder rein anthropologische (z. B. Gehlen 1957) Fragestellungen, sondern beobachtet konkrete und geplante Technologien, ihre gesellschaftliche und organisatorische Einbettung, und die Auswirkungen ihres Einsatzes auf kultureller, gesellschaftlicher wie wirtschaftlicher und individueller Ebene. Sie nimmt die ethischen Fragen, die sich beim Auseinanderfallen von Merkwelt und Wirkwelt[18] durch die Mächtigkeit der mittlerweile verfügbaren Technologien ergeben (ausgelöst durch den Hiroshimaschock 1945), ernst, indem sie die Frage nach der Verantwortung stellt.[19]

2.2.2 Welche Sichtweise der Technikphilosophie wäre der KI angemessen?

Nach dieser Vorbereitung können wir uns der Frage nähern, wie sich die Technikphilosophie zur Künstlichen Intelligenz positioniert. Dabei ist KI sowohl als schon bestehende Technologie, als auch als Anspruch eines Forschungs- und Entwicklungsprogramms und als prospektiv zukünftige Technologie aufzufassen.

Die Grundfrage der Künstlichen Intelligenz läuft darauf hinaus, ob und mit welchen Gründen man den Geräten und Programmen lediglich die Imitation, die Simulation oder die genuine Generation von kognitiven Prozessen aktuell oder prospektiv zubilligen kann. Die Fragestellung ist zumindest sinnvoll, wenn man die Geräte und Programm als Instrumente des mittelbaren oder unmittelbaren Handelns ansieht. Sie sollen Prozesse und Gegebenheiten in der realen Welt zweckgebunden beeinflussen können, also wirken, wie dies der tätige Mensch auch tut. Verkürzt wollen wir solche Konstellationen als intelligente Roboter (IR) bezeichnen.[20] Im letzteren Falle wäre zu klären, was es für philosophisch zu bedenkende Konsequenzen hätte, wenn man solchen technischen Hervorbringungen – so sie sich als technisch machbar erweisen – die Fähigkeit zu eigenständiger Zwecksetzung, zu Autonomie, zu Wissen, Intention, Handlungsvermögen, Reflexionsfähigkeit und letztlich zu Personalität attribuieren würde und ob die Herstellung und Existenz solcher IRs in welchem Interesse überhaupt wünschenswert wäre.

---

[18] Nach Apel (1980), d. h. das wir mehr bewirken, als wir wahrnehmen und übersehen können.

[19] Angeregt durch Jonas (1984) „Prinzip Verantwortung“ hat die Technikphilosophie in Deutschland ein umfangreiches Schrifttum zum Verantwortungsbegriff und zur Wahrnehmung von Verantwortung im Kontext technischen Handelns vorgelegt: Hubig und Reidel (2003); VDI Leitlinien (2002); Kornwachs (2000); Lenk und Maring (1991); Hieber und Kammermeyer (2014).

[20] Diese Abstraktion berücksichtigt folgende Umstände: Ein Roboter muss nicht ein anthropomorph aussehendes, scharf von der Umwelt abgegrenztes Artefakt sein. Die Bestimmung eines Roboters liegt in seiner Fähigkeit, Arbeitsprozesse zu übernehmen und auszuführen. Als Intelligente Roboter (IR) seien solche Roboter definiert, die Steuerungseinheiten aufweisen, die KI-Komponenten beinhalten. Das sagt nichts darüber aus, ob intelligente Roboter im Sinne der alltäglichen Bedeutung des Begriffs „intelligent“ sind oder nicht.

Um das Folgende kurz zu halten, sollen die Überschneidungen von ästhetischen Überlegungen, Fragen der Rechts- und politischen Philosophie, der Religions-, Geschichts- und Lebensphilosophie mit den Bereich der Technikphilosophie nicht behandelt werden. Der Autor schließt auch die Diskussion von solchen Positionen aus, die sich mit den Begriffen platonisch-idealistisch, existenzphilosophisch, rein monistische oder postmodern bezeichnen lassen.[21] Allerdings zeigt es sich gerade im Bereich der Kognitionsforschung und der Künstlichen Intelligenz, dass zur philosophischen wie ethischen Erörterung eine Reflexion auf das implizit verwendete Menschenbild unumgänglich ist. Philosophische Anthropologie und technikphilosophische Überlegungen müssen sich hier ergänzen. Im Bereich der Ethik wird in der zeitgenössischen Technikphilosophie von einer Verantwortungsethik ausgegangen, die nicht rein teleologisch konzipiert ist, sondern intangible Werte kennt, die aber im Rahmen einer pluralistischen Ethik unterschiedlichen Priorisierungen unterworfen sein können.[22]

Auch wenn dieses ethische Problem in diesem Handbuch an anderer Stelle behandelt wird, soll es dennoch in Abschn. 4.3 dieses Beitrags nochmals aus dem Blickwinkel der Technikphilosophie gestreift werden.

2.3 Künstliche Intelligenz als Technologie

2.3.1 Umstrittene Definitionen

Zum Verständnis der folgenden Definitionsversuche, also Eingrenzungen, sei zunächst der Begriff der Konvergenz erörtert. Zwei Technologien konvergieren, wenn ihre operativen Hüllen gleich bleiben, aber ihre funktionalen Kerne ausgetauscht werden.[23] Als Beispiel mag die Entwicklung des Tonfilms aus der ersten Hälfte des letzten Jahrhunderts dienen: Lautsprecher, Verstärker, Mikrophon etc. aus der schon bestehenden Schallplattentechnik S wurden beibehalten (als operative Hülle der Technologie S), ebenso die Projektion, der Film, die Aufnahmetechnik etc. (als operative Hülle der Kinotechnologie F). Ersetzt wurde die Schallplatte als mechanisches Speichermedium (funktionaler Kern der Technologie S) durch die Aufzeichnung eines nach dem Schall intensitätsmodulierten Lichts auf dem Film in einer Randspur als optisches Speichermedium (funktionaler Kern der Technologie F) (Kornwachs 2012, Kap. C 6, S. 150 ff.).

[21]Hinter dieser Entscheidung steht die Überzeugung, dass diese Positionen wegen ihres überwiegend spekulativen Charakters in der Technikphilosophie wenig zielführend sind.

[22]Siehe auch Fußnote 19 und Kornwachs (2000).

[23]Kornwachs (2012), Kap. C 6, S. 150 ff. Der Begriff wurde ursprünglich in der Medientechnik verwendet (funktionales Zusammengehen von Print, Video und Audioangeboten), findet sich aber schon früh in der Diskussion um das prognostizierte oder auch erhoffte Zusammenfließen von Nano, Bio-, Informations- und Kognitionstechnologien; sog. NBIC Konvergenz; Roco und Bainbridge (2002); Roco et al. (2013).

Die bekannteste Konvergenz stellt das dar, was man etwas ungenau als Digitalisierung bezeichnet:[24] Künstliche Intelligenz ist aus der Sichtweise der Technikphilosophie die Tochter aus einer Reihe von solchen Konvergenzprozessen. Nach der Steigerung der Leistungsfähigkeit von Computer hinsichtlich Geschwindigkeit und Speicherplatz durch Technologien im Hardwarebereich war es möglich, Programme zu implementieren, die zum Beispiel eine tiefere Enumeration von Spielzügen beim Schach[25] oder eine verblüffende Imitation eines Dialogs mit einem Psychiater[26] möglich machten. An der Architektur des Computers als Turing/von Neumann Maschine änderte sich dabei nichts (operative Hülle von C), die Entwicklung ging von der Softwaretechnologie (neue Programmiersprachen, neue Kalküle und damit auch neue Algorithmen als neue funktionale Kerne) aus und führte zu neueren Formen der Modellbildung über Spiele, Bild- und Spracherkennung bis hin zu Muster menschlicher Kommunikation.[27]

Ein weiterer Zweig, der zu dieser Form von Künstlichen Intelligenz hinzustieß, waren Erkenntnisse z. B. aus der Gehirnforschung, die es erlaubten, neue Modelle wie z. B. neuronale Netze auf Turing- resp. von Neumann-Maschinen zu emulieren.[28] Während die Entwicklungen auf der Softwareseite sich von den Ergebnissen der Neuroscience zur Bildung der Disziplin Neurocomputing und einer sich naturwissenschaftlich verstehenden psychologischen Forschungsrichtung, der Cognitive Science, anregen ließen, kamen neue Konvergenzprozesse hinzu. Zusammen mit den technischen Möglichkeiten der elektronisch gesteuerten Mechanik, der Aktorik, und der verbesserten Technologien der Sensorik nahm die Roboterforschung und -entwicklung einen gewaltigen Aufschwung.[29] Die Forschungsprogramme der Künstlichen Intelligenz übernahmen die Überzeugung, dass die Kopplung von Selbstmessung (interne und externe Sensorik) und – analog zu neuronalen Netzen programmierbaren – Lernprozessen zu einer Leistungssteigerung von Robotern (IR) in Hinblick auf das Ziel einer Maschine führen müsste, der man zunehmend kognitive Fähigkeiten zuschreiben könnte (Kornwachs 2002, 2006b).

Diese Zuschreibung lehnte sich an den berühmten Turing-Test an (Turing (1950). Dieses Imitation-Game kann jedoch heute keineswegs als Nachweiskriterium von Intelligenz (wie auch immer definiert) dienen. Die berühmten Kontroversen über das Chinesische Zimmer (Searle 1980) bis hin zum Go-Spiel (Silver und Hassabis 2016)

[24]Dass „analog" und „digital" mittlerweile zu kulturellen, soziologischen und ökonomischen Begriffen (Digitalisierung) geworden sind, darf nicht verdecken, dass Digitalisierung zunächst nur ein nachrichtentechnischer Begriff war. Vgl. Fußnote 16.

[25]Die ersten Anfänge nannte man „Heuristisches Programmieren", da die vorhandene Rechenkapazität (Speicher, Geschwindigkeit und CPU) nur für geringe Tiefen einer Enumeration der möglichen Züge ausreichte. Vgl. Findler (1975).

[26]Das Programm ELIZA von Josef Weizenbaum (1977, 1993).

[27]Zur Geschichte Handke (1987); McCorduck (2004).

[28]Angeregt durch die Modellbildung der formalen Neuronen von McCulloch und Pitts (1942) schlug Steinbuch (1961) die Lernmatrix vor, die sich vergleichsweise einfach programmieren ließ. Zur weiteren Entwicklung neuronaler Netze Palm (1982, 1990).

[29]Zur Geschichte der Roboterentwicklung Knoll und Christaller (2003).

zeigen, dass die unterschiedlichen Ansprüche der schwachen und starken Künstlichen Intelligenz, d. h. kognitive Leitungen zu imitieren, zu simulieren oder wirklich zu erzeugen, unterschiedlich eingeschätzt wurden. Es zeigte sich auch, dass diese unterschiedlichen Sichtweisen vom Menschenbild der Autoren und von deren ethischen wie auch philosophischen und wissenschaftstheoretischen Voreinstellungen abhängen.

Zur weiteren Darstellung sei an dieser Stelle unter intelligenten Systemen oder Robotern (IR) ein anwendungsorientiertes, also zweckgebundenes Zusammenspiel verstanden von

- Zugrunde liegendem Anwendungsmodell; enthält implizit die Interessen des Anwenders oder Erbauers, zumeist ein Geschäftsmodell,
- Modell des Gegenstandsbereichs,
- Algorithmen; formales, d. h. mathematisch beschreibbares Verfahren in abzählbar endlich vielen Schritten zur Errechnung von Steuergrößen und Informationen aus Daten,
- Programm (Software), die dieses Berechnungsverfahren in iterative Schritte organisiert und auf der Maschine exekutiert, und
- Computer, d. h. dem eigentlichen die Rechnungen durchführenden Gerät (Rechner= CPU+ Speicher+ Register+ Bus etc.).

Hinzu kommen

- Sensorik: Aufnahme von Daten extern wie intern (d. h. auch innerhalb der Systemgrenzen), und
- Aktorik: Umsetzen von errechneten Steuersignalen in physikalische Wirkungen.

Ein Programm ist somit in der nichtautonomen, schwachen KI eine implizite formal ausgedrückte Theorie des Gegenstandbereichs, in dem die erzeugten Steuergrößen und Informationen wirken sollen (Floyd und Züllighofen 1992).

Intelligenz könnte formal einem so aufgebauten und eingesetzten Konfiguration (System) dann zugeschrieben werden, wenn zwei der folgenden drei Bedingungen erfüllt wären:

1. Generierung von Kognition: Wenn ein Algorithmus sich selbst aufgrund von Daten ändern könnte, ginge dies nur dadurch, in dem das Programm durch Datenaufnahme seine Ablaufstruktur und nicht nur seine Parameter ändert.[30] Solche Systeme wären in dem Sinne komplex, dass sie nicht mehr vollständig beschreibbar wären. Phänomenologisch könnte dies so interpretiert werden, dass ihr Verhalten dem Verhalten gleichartig erscheint, das sich durch eigene Zwecksetzung auszeichnet (Kornwachs und von Lucadou 1989).

[30]Dies würde einem echten berechneten GOTO entsprechen. Dies ist in Strenge auf einer Turing-Maschine bisher nicht möglich. Kornwachs (1989b).

2. Imitation von Kognition: Wenn die Datenmengen und die Verarbeitungsgeschwindigkeit die menschliche Kapazität um Größenordnungen übersteigen. Dieses Kriterium allein ist aber nicht hinreichend, weil z. B. beim Schachspiel eine vollständige Enumeration aller Möglichkeiten (bei ca. 10^{120} Spielen) zwar praktisch unendliche Rechenkapazität erfordern würde, aber noch keine Kognition darstellen könnte: „Geschwindigkeit ist keine Hexerei."
3. Simulation von Kognition: Wenn die erzeugte Information der Steuergrößen bezüglich des Anwendungszwecks humanoid vergleichbare Leistung zeigt.

Kein Kriterium allein wäre hinreichend. Gegenwärtig wird von der schwachen KI die Erfüllung der Kriterien (2) und (3) beansprucht. Die Starke KI versucht, alle drei Kriterien zu erreichen, ob das Kriterium (1) durch die derzeitigen lernfähigen Programme (wie neuronale Netze) tatsächlich erfüllt oder lediglich imitiert oder simuliert wird, ist umstritten.[31]

Ob die Erfüllung von Kriterium (2) und (3) hinreichend ist, von Kognition zu sprechen, hängt davon ab, welchen erkenntnistheoretischen bzw. anthropologischen Standpunkt man einnimmt: Wenn die menschlichen Denkprozesse lediglich als materielle Prozesse angesehen werden, die bestimmte strukturelle Eigenschaften haben, die denen der KI Programme ähneln, was einem ontologischen Reduktionismus darstellt, dann könnte man diese Frage bejahen. Wenn man allerding philosophisch nicht zu einem solchen Reduktionismus neigt, sei dies eine dualistische Position oder auch die Nichtleugnung des freien Willens, dann sind (2) und (3) ebenfalls nicht hinreichend.

2.3.2 Organisatorische Hülle und Technik als System

Heute drängen Anwendungen der Künstlichen Intelligenz in Form von intelligenten Robotern (wie oben definiert) in die Arbeitswelt und werden von der IT-Industrie im Zusammenhang mit dem Stichwort Digitalisierung teils aggressiv, teils großsprecherisch propagiert. Wenn man Technik nicht nur aus Geräten und den darin sich abspielenden Prozessen begreift (also Computer + Software + Schnittstelle + Maschine), sondern als Handlungssystem, dann umfasst dieser Begriff auch Zwecke, instrumentelle Möglichkeiten und Auswirkungen. Die gilt zeitlich gesehen von der Entwicklung über die Herstellung und Vermarktung bis hin zur Entsorgung. In dieser Sichtweise von Technik ist Künstliche Intelligenz die durch Software ermöglichte Realisierung von Produkten und Dienstleistungen, deren Vermarktung und Verwertung unfraglich bestimmten Geschäftsmodellen zugrunde liegt.

Nach Günther Ropohl hat sich in der Technikphilosophie ein Technikbegriff mittlerer Reichweite herausgebildet, der neben den technischen Artefakten (Werkzeuge, Geräte, Instrumente) auch Verfahren, Prozesse, Fertigkeiten, besonders aber ihre Einbettung in die umfasst – Ropohl nannte dies ein Handlungssystem (Ropohl 1979 ff.). Technische Funktionalität entwickelt sich nur in der organisatorischen Hülle, die sich aus Interesse, Co-systemen, Zwecken, Randbedingungen, kontingen-

[31] Kritisch Dreyfus (1992); Weizenbaum (1977, 1993); Penrose (1991), eine Sammlung kontroverser Aufsätze in Zimmerli und Wolf (1994).

tes Wissen über institutionelle Tatsachen, Organisationsformen und organisatorische Prozesse konstituiert.

Die organisatorische Hülle eines Geräts oder einer Dienstleistung, die Künstliche Intelligenz beinhaltet, umfasst danach neben Benutzer, Gerät und Prozess auch immer die restlichen Akteure, also hier beispielsweise den Provider und den Netzbetreiber. Alle Akteure haben Interessen, was legitim ist. Vielfach werden die Interessen aber verschleiert und die äquivalente Gegenleistung (Bezahlen oder zur Verfügung stellen von Benutzer-Daten, Rechenkapazitäten oder (Arbeits-)Leistungen) sind dem Anwender oder Kunden nicht transparent.

Das bedeutet, dass es nicht immer klar ist, für wen und unter welchem Zwecke eine maschinelle Leistung (Motorik, Sensorik, Aktorik, algorithmische Verarbeitung) nützlich ist. Insofern ist der Begriff „intelligent" von diesem Nützlichkeitsbegriff abhängig und damit nur perspektivisch, keinesfalls objektivistisch bestimmbar.

2.3.3 Anspruch der starken und schwachen KI

Lange Zeit galt die Hypothese, dass intelligente Leistungen Bewusstsein voraussetzen würden. Diese klassische Kopplung von Intelligenz und Bewusstsein ist jedoch eine definitorische Frage. Wenn man reduktionistisch davon ausgeht, dass organische Prozesse und damit auch Prozesse im menschlichen Gehirn, Algorithmen sind, die sich Laufe der Evolution gebildet haben, Algorithmen als mathematisch definierbare Verfahren aber unabhängig vom Substrat sind (organisch oder in silico), auf dem der Algorithmus exekutiert wird, dann gibt es keinen Grund anzunehmen, dass anorganische Prozesse nicht dieselben Algorithmen realisieren könnten wie organische.[32]

Wenn man diese Position nicht teilt, muss man nicht unbedingt einen materialistisch-monistischen Standpunkt aufgeben, da man durchaus bezweifeln kann, ob alle Prozesse im organischen Bereich sich durch das Bild des Algorithmus modellieren lassen. Das einfache Gegenargument findet sich beim Problem der Selbstreplikation von Automaten, die begrifflich isomorph oder homomorph zu Algorithmen sind. Hier reicht der Kalkül, auf dem Algorithmen aufbauen, nicht mehr aus, da Selbstreproduktion algorithmisch modelliert mindestens einen selbstreferenziellen Ausdruck zur Folge hat. Hier setzen dann die Unvollständigkeits- und Unentscheidbarkeitssätze von Turing, Church und Gödel eine Grenze (Hermes 1971).[33] Bleibt man bei dieser Position, sind mit heutiger und absehbarer Technologie der von-Neumann-Rechner lediglich Simulationen und Imitationen, aber keine Generierung von kognitiven Leistungen zu erwarten.

Generell gilt, dass bei der Nutzung von Technik ein gewisses Erleichterungsversprechen bei der Bewältigung einer definierbaren Aufgabe die vorgängige Motivation darstellt.[34] Für KI-Anwendungen hat sich das Spektrum solcher Aufgaben immens

[32]Vgl. Harari (2017), S. 431. Ein Rückgriff auf John von Neumann ist jedoch nur scheinbar möglich. Die Stelle lautet übersetzt: „… *Ich betrachte lebende Organismen wie rein digitale Automaten.*" Zit. nach von Neumann (1967), S. 149. Dies ist eine methodische Vorentscheidung und keine ontologische Aussage.

[33]Zur Selbstreferenz Kornwachs und von Lucadou (1989); Kornwachs (1989b), vgl. Fußnote 30.

[34]Weitere Motivationen sind vorstellbar: Spiel, Macht, Furcht, Endlichkeitsbewusstsein, Gruppendruck etc.

erweitert – von der Produktionssteuerung, der Übersetzung bis hin zur Bestellung einer Ware oder zur Erfüllung eines Musikwunsches. Dabei dürfte es dem Nutzer bei jetzigen Stand der Technik zunächst vergleichsweise gleichgültig sein, ob die KI-Leistungen von Siri, Alexa und Co. aufgrund von kognitiven Fähigkeiten oder perfekten Simulationen oder Imitationen zustande kommen – es geht dem Nutzer um die Funktionalität, nicht um die Erklärung ihres Zustandekommens.[35]

Der Anspruch der starken KI belebte von jeher die technikphilosophische Diskussion. Es stellte sich schon bald die Frage, ob es möglich sei, eine autonome Technik, d. h. eine aus sich selbst heraus zwecksetzende Technik, mittelbar oder unmittelbar zu schaffen.[36] Wenn ja, dann erhebt sich die Frage, ob wir wollen, dass wir eines Tages mit technischen Systemen arbeiten, leben oder uns bedienen lassen etc., bei denen wir nicht umhin können, ihnen aus noch näher zu erörternden Gründen Grundzüge zu attribuieren, die koextensiv mit den anthropologischen Konstanten des westlichen Menschenbildes sind.[37]

2.3.4 Geltungsfragen bei KI-Ergebnissen

Dies wäre die praktische Seite der Frage. Die theoretische Seite, ob es möglich ist, solche Systeme hervorzubringen, berührt auch in der Technikphilosophie erkenntnistheoretische, naturphilosophische, kognitionspsychologische und logische Fragen.

Haben wir mit einer erfolgreichen Simulation einer kognitiven Leistung (Rechnen, Mustererkennen, Entscheiden, Spiele gewinnen) diese Leistung auch schon verstanden?[38] Dies kann nur bedingt gelten, weil man aus Ähnlichkeiten des Verhaltens der Simulation mit dem erwarteten Muster kognitiven Verhaltens nicht ohne Weiteres auf Strukturähnlichkeiten zwischen dem durch Simulation abgebildeten Prozesses und dem Simulationsmodell schließen kann.[39] So können bildgebende Verfahren, die uns angeben, welche Hirnregionen besonders bei menschlichen Denkprozessen oder beim Rechnen eine erhöhte Stoffwechselaktivität aufweisen, zwar eine grobe Lokalisation funktionaler Bereiche im Gehirn angeben, aber sie geben keine Auskunft über die Struktur der im Gehirn tatsächlich elektro-physiologischen ablaufenden Prozesse.

Können wir partiell autonome Systeme trotzdem nutzen, auch wenn wir sie nicht verstanden haben? Ja, denn – das ist ein Grundzug der Technik. Technik ist älter als die kausal erklärende, experimentell basierte Naturwissenschaft, sie basierte schon früh auf Regeln, die durch Beobachtung, Machbarkeitserfahrung und Testergebnisse durch

[35]Dabei haben die Kernfunktionalitäten solcher Dienstleistungen mit KI selbst wenig zu tun, es handelt sich eher um eine Datenbankabfrage mit natürlich-sprachlichen Ein- und Ausgabekomponenten. Diese eher peripheren Komponenten enthalten allerdings KI Anteile.

[36]Der Mythos beginnt mit Prometheus: Er stiehlt das Feuer nicht für die Menschheit, sondern um seine Geschöpfe zu beseelen.

[37]Dazu gehören insbesondere die Fähigkeit des Ich-Bewusstseins, ein freier Wille, Emotionen, Kreativitität, Humor, Selbstironie, Mitgefühl, Irrationalität.

[38]Zur Wissenschaftstheorie der Simulation Saam (2017); Weber (1999, 2004).

[39]Dies gilt auch für die Beobachtung des kognitiven Verhaltens. Der Schluss von der Beobachtung auf die Erkennung des „Fremdpsychischen" ist alles andere als trivial; Carnap (1928), Kap. IB, S. 17 ff.

Abstraktion und Intuition gewonnen wurden. Regeln haben aber keine erklärende Potenz.[40] Damit laufen die Geltungsansprüche von technischer Funktion durch Aufweis ihrer Effektivität und die erfolgreicher geschäftsmodellbasierter Anwendung der Künstlichen Intelligenz einerseits und die Geltungsansprüche aufgrund wissenschaftlicher Erklärung kognitiver Prozesse durch deren technischer Baubarkeit andererseits, wenn diese nur auf Imitation und Simulation basieren, auseinander.

So weist Klaus Mainzer zu Beginn dieses Handbuchs im Vorwort darauf hin:

> *„Einerseits würde auch eine Superintelligenz, wie in diesem Buch gezeigt wird, den Gesetzen der Logik, Mathematik und Physik unterliegen. Wir benötigen daher fachübergreifende Grundlagenforschung, damit uns die Algorithmen nicht aus dem Ruder laufen. Andererseits fordern wir Technikgestaltung: Nach den Erfahrungen der Vergangenheit sollten wir zwar die Chancen erkennen, aber auch genau überlegen, zu welchem Zweck und Nutzen wir KI in Zukunft entwickeln sollten."*

Daraus folgt, dass die Künstliche Intelligenz als maschinale Realisation von kognitiven Leistungen, sofern sie imitiert und simuliert sind, keinen Anspruch auf Erklärung menschlicher Kognition erheben kann. Denn Simulation ist noch keine Erklärung, sondern eine Methode zur Gewinnung von Hypothesen oder der Erzeugung von Konsequenzmengen aus Hypothesen.[41] Sofern es sich eines Tages um genuin erzeugte kognitive Leistungen handeln sollte, unterliegen diese Prozesse, wie die Prozesse im Gehirn auch, den im Zitat erwähnten materiellen Randbedingungen. In beiden Fällen bleibt die Gestaltung der Anwendung solcher artifizieller Prozesse eine letztlich ethische und an der jeweiligen philosophischen Anthropologie zu bestimmende Aufgabe. Zum Spektrum der Gestaltungsmöglichkeiten gehört auch die Nulloption, d. h. keine Weiterentwicklung und/oder kein Einsatz.

3 Grundfragen der Technikphilosophie an die Künstliche Intelligenz

3.1 Ein mögliches Schema der Technikphilosophie

Zuerst erläutern wir die vier Hauptbestandteile der Betrachtung in Abb. 1: Natur, Technik, Wissen über die Natur und Technisches Wissen. Die Grundfragen der Technikphilosophie lassen sich anhand der möglichen Beziehungen zwischen diesen vier Hauptbestandteilen verorten.[42] Um die Darstellung nicht zu allgemein werden zu lassen, fokussieren wir die Diskussion der Beziehungen auf den Bereich der Künstlichen Intelligenz. Dabei ist festzustellen, dass die Künstliche Intelligenz,

---

[40] Solche Regeln haben die Form: Wenn B gewünscht wird, versuche A zutun. (kurz: B per A); Kornwachs (1998).

[41] Eine Konsequenzmenge ist die Menge von Aussagen, die man aus einer Hypothese (als Prämisse) ableiten kann. Saam (2017).

[42] Nach Kornwachs (2012), Abb. B1, S. 42; Mitcham (1994).

sofern sie einen starken Anspruch hat, sich auch auf den Bereich der Natur bezieht, während die Künstliche Intelligenz, sofern sie den schwachen Anspruch erhebt, auf dem Bereich des Technischen beschränkt bleibt.

3.1.1 Natur

Zur Natur – hier im materialen Sinne gemeint – zählen wir den Menschen sowie belebte und unbelebte Wirkungszusammenhänge, die sich als Systeme beschreiben lassen.

Zur Natur würde in dieser Sichtweise also auch das menschliche Gehirn gehören, und zwar unter der als methodische Arbeitshypothese akzeptierten Annahme, dass sich im Gehirn Prozesse abspielen, die ausschließlich der Natur zuzurechnen sind. Dies ist zunächst eine reduktionistische Annahme (materialistischer Monismus), die als Forschungsstrategie berechtigt erscheint, solange man keine ontologischen Vorannahmen macht.

3.1.2 Naturwissenschaftliches Wissen

In den Naturwissenschaften hat das Wissen meist die Form einer deduktiv-nomologischen Erklärung, die die Struktur einer Wenn-dann Aussage aufweist. Beschrieben werden kann dies als Tabelle, als Graphik, als Gleichung, in der Physik auch als Gruppe von Lösungen von Gleichungen und Symmetrieaussagen.[43] Mit Hilfe von deduktiv-nomologischen Erklärungen kann man Verhaltensprognosen bei so beschriebenen natürlichen Systemen anstellen, wenn man die Anfangs- und Randbedingungen kennt.

Zur den Gegenstandbereichen naturwissenschaftlicher Theoriebildung zählen wir hier auch die menschliche Kognition als beobachtbares Verhalten (einschließlich der Neurologie, Neuroinformatik und Hirnforschung).

3.1.3 Technik

Der Technik in Abb. 1 entspräche das Zusammenspiel von (1) einem Menschen hergestellte Gerät, z. B. ein Roboter, (2) die von Menschenhand zweckorientiert erzeugten und gesteuerten Prozesse, (3) die dazu gehörenden Organisationsformen und (4) die Handlungen. Sowohl (1) – (4) wie das Zusammenspiel lässt sich systemtheoretisch, also formal, d. h. in mathematischer Sprache modelliert, beschreiben. Wir zählen somit zur Technik nicht nur die Geräte, Werkzeuge, Instrumente (Artefakte im engeren Sinne), sondern auch die organisatorische Hülle, und die Anwendung.

3.1.4 Technisches Wissen

Die Frage, ob es dereinst neuromorphe Computer geben wird, die das menschliche Gehirn vollständig simulieren können, kann man mit dem heutigen Wissensstand nicht beantworten. Solange beispielsweise Neuronale Netze bisheriger Architektur (McCulloch-Pitts Netze mit Schichten) nur auf Turing Maschinen emuliert werden, bleibt die Varianz der sich selbst durch Lernphasen modifizierenden Algorithmen wegen der Abzählbarkeit der Zustände einer Turing-Maschine beschränkt. Es gelten dann die

[43]Letztere korrespondieren mit Erhaltungssätzen in der Physik; Noether (1918).

Theoreme der Berechenbarkeit (Hermes 1971). Wenn man allerdings Netze bauen könnte, deren Hardwarestruktur durch Lernprozesse sich verändern können, verlässt man den Theoriebereich der Berechenbarkeit (Kornwachs und von Lucadou 1976; Kornwachs 1989b). So könnte sich dann im Rahmen der Weiterentwicklung technischen Wissens ein erweiterter Algorithmusbegriff ergeben, der sich nicht auf Berechnungsschritte für isomorphe Prozesse bezieht, sondern auf Prozesse, die durch generalisierte Maschinen, modelliert als Dynamiken in beliebigen Zustandsräumen, durchführbar sind.

Unter einer generalisierten Maschine soll hier eine artifiziell hergestellte oder herstellbare Anordnung verstanden werden, die nach einer Inititation (=anfängliche Durchführung einer Operation an ihr) natürliche Prozesse durchführt, deren Randbedingungen sie selbst kontrolliert und deren Charakteristika auch chaotisch und oder stochastisch sein können. Am Ende des Prozesses steht nicht unbedingt ein Ergebnis, d. h. ein Zustand, der einen Begriff des Beobachters, Erbauers oder Benutzers erfüllt. Unter Begriff fällt hier alles, was als Zweck, Erwartung, Prognose etc. begrifflich ausdrückbar ist.

An diesem noch fiktiven Beispiel kann man verdeutlichen, dass eine entsprechend leistungsfähige Technikwissenschaft[44] dann die Regeln liefern müsste, die den Bau z. B. eines solchen neuromorphen Roboters modellieren und das Programmieren bzw. den Entwurf entsprechender Algorithmen ermöglichen müssten.

3.2 Die Beziehungen zwischen Technik und Natur (a–f)

3.2.1 Vom Gehirn zur Theorie kognitiver Prozesse (a1)

Jede wissenschaftliche Theorie über Prozesse, seien sie natürlich oder von Menschen kontrolliert,[45] versucht letztlich ihre Aussagen empirisch abzusichern. Die klassischen wissenschaftstheoretischen Fragen sind bei (a1) und (a2) angesiedelt: Wie kann man durch Experimentieren, Beobachten und Erkennen formaler Zusammenhänge (z. B. mit Mathematik) zu einer Theorie gelangen? Es gibt wohl noch keine kausal befriedigende naturwissenschaftliche Hypothese über die Natur der kognitiven Prozesse, die über die periphere Schale der Phänomenologie (im Sinne von Imre Lakatos)[46] hinausgehen würde.

[44]Heute zählen wir zu den Technikwissenschaften zunächst an dieser Stelle die Disziplin der Informatik (Software und Hardware Engineering, Computer Science, Neuroinformatik). Zur Bestimmung der Technikwissenschaften mit ihren theoretischen, empirischen und praktischen Disziplinen Kornwachs (2012, 2010); Banse und Friedrich (1996); Banse et al. (2006); Banse und Wendt (1986).

[45]Dies bedeutet, dass sie durch Eingriffe gesteuert werden oder durch menschliche Präparation sich selbst steuern (z. B. geregelte Dampfmaschine).

[46]Lakatos (1974) gibt ein Schalenmodell des wissenschaftlichen Wissensbestandes: In der Peripherie sind eher Korrekturen durch abweichende empirische Ergebnisse möglich als im Kern. Reife Disziplinen/Wissenschaften bilden „harte" Kerne aus, wie Physik, Chemie, Biologie. Die Theorie kognitiver Prozesse benutzt diese Disziplinen als Hilfswissenschaften, hat aber noch keinen harten Kern in diesem Sinne ausgebildet.

3.2.2 Von Annahmen über die Natur des Denkens (a2)

Wir modellieren kognitive Prozesse mit Hilfe formaler Logikkalküle nach, weil wir uns die Herstellung von Konsequenzmengen aus Antezedenzsätzen (also Prämissen) nicht anders vorstellen können. Dabei spielt immer noch die platonische Unterstellung mit, dass nur logisch Zusammenpassendes existieren könne – Logik und Ontologie sind auch noch bei Leibniz auf das engste verknüpft.[47] Dass kognitive Prozesse lediglich in Form von, wenn auch komplizierten Algorithmus zu verstehen seien, ist eine überzogene Analogie, die aus dieser voreiligen Verknüpfung von Logik und Ontologie herrührt.[48]

3.2.3 Reduktionismus: Nichts als . . . (b1)

Das Modellieren der Natur nach technischem Wissen verführt zu einem ontologischen Reduktionismus. Da es auf der technikwissenschaftlichen Seite überwiegend Regelwissen gibt, und eine Korrespondenz zur naturwissenschaftlichen Seite zwar nicht logisch, aber dennoch pragmatisch herstellbar ist, da wir die Natur der kognitiven Prozesse nicht oder noch nicht kennen, ist es auch nicht möglich, die Algorithmen im Bereich der Technikwissenschaften bezüglich ihrer Simulations- und ihrer Imitationsstärke anhand von „Wissen über die Natur" zu falsifizieren. Wie intelligent die Programme also sind, ist letzten Endes nur durch den Test am Gerät in der organisatorischen Hülle unter Berücksichtigung der Interessen derer, die das Gerät verwenden, zu entscheiden.

3.2.4 Von den Annahmen über kognitive Prozesse zum technischen Modell (b2)

Das bisherige Verständnis der Beziehung zwischen naturwissenschaftlichem und technischem Wissen wurde von der Annahme regiert, dass Technik lediglich Anwendung naturwissenschaftlich gewonnen Wissens darstelle. Dies ist zwar nach dem Aufstieg der wissenschaftlichen Methode seit Galilei nur in der Form richtig, dass sich die Technik verwissenschaftlicht hat und naturwissenschaftliche Erkenntnisse benutzt, um zu neuen Funktionsvermutungen zu kommen. Der Test selbst ist aber vom Experiment zu unterscheiden (Kornwachs 2012, S. 123 ff.). Historisch ist die Technik jedoch älter als Wissenschaft, und die Wissenschaft wäre ohne Technik zu den meisten Experimenten gar nicht in der Lage. Insofern hat Technik eine eigene Weise der Erkenntnisgewinnung.

Das bisherige Verständnis wird durch den pragmatischen Syllogismus ausgedrückt, der bei einer vorliegenden kausalen Erklärung ($A \rightarrow B$) und dem gewünsch-

[47] Z. B. Burkhard (1974). Die Aufladung der Logik mit ontologischen Zuschreibungen, dass z. B. Widersprüchliches nicht existieren könne, und deshalb die Logik ein Regelwerk zur Bedingung der Möglichkeit von Existenz wurde, ist auch bei Aristoteles zu finden (Metaphysik, Buch IV (Γ), 1003 a ff.; siehe Aristoteles 1964, Bd. 5, S. 61 ff.

[48] So die Behauptung von Vollmer (1991). Man kann sich dabei nicht auf John von Neumann (1967), S. 149 berufen. Dieser methodische Reduktionismus ist vom ontologischen Reduktionismus von Vollmer zu unterscheiden. von Lucadou und Kornwachs (1983).

ten Ziel B dazu rät, A ins Werk zu setzen, um B zu erhalten. Dies ist eine Regel der Form: B per A.[49]

Nun gibt es aber in der Kognitionsforschung noch keine eindeutigen Aussagen der Form (A $\rightarrow$ B). Will man eine Regel B per A formulieren, ist man für A auf Heuristiken angewiesen, wie Statistiken, Mustererkennung, *number grunching*, Korrelationsanalysen und dergleichen. Stellt sich im Test die Regel B per A als effektiv heraus (es funktioniert), dann kann dies zumindest als gelungene Simulation gelten. Daraus abzuleiten, dass dann auch (A $\rightarrow$ B) im ontologischen Sinne, wie es die Naturwissenschaft versteht, gelten würde, ist logisch zwar nicht zulässig, pragmatisch aber verführerisch. Und so zieht man (A $\rightarrow$ B) als Grundlage für Simulationsalgorithmen heran.

Aus den Erkenntnissen der Naturwissenschaft alleine kann man daher keine Technik ausrechnen. Das bedeutet auch, dass selbst eine naturwissenschaftliche Erklärung kognitiver Prozesse noch nicht ausreichen würde, um ein Gerät zu bauen, dass selbst kognitive Prozesse generieren oder maschinell genuin durchzuführen imstande wäre. Es müssten als Weiteres solche Erfahrungen hinzukommen, die sich aus dem tatsächlichen Versuch des Baus eines solchen „Geräts“ ergeben könnten.

3.2.5 Technisches Wissen führt zum Test der Technik (c1)

Die Frage, wie technisches Wissen in Form von Regeln und faktualen Propositionen in technisches Handeln umgesetzt werden kann (machen, benutzen, testen), ist mit eine der wichtigsten Grundfragen der Technikphilosophie schlechthin: Wie ist herstellendes Handeln überhaupt möglich (c)?

Technik ist sowohl das Zurichten und Nutzen von Vorhandenem zum Zuhandenen (als *instrumentum*) (Heidegger 1986, § 15, S. 66 ff.) als auch die Herstellung und der Gebrauch von Artefakten zu Zwecken, die im Verlauf der technischen Entwicklung freier und vielfältiger werden. Das heißt, der Faustkeil kann nur für eine begrenzte Zahl von Zwecken verwendet werden (im Sinne des Erfinders), der Computer ist das bisher universalste Instrument, da der Bereich der möglichen Zwecke seines Gebrauchs nicht mehr übersehbar ist.[50] Umgekehrt gibt es die Inversion der Zweck-Mitte Beziehung (Kornwachs 2006a): Zuhandene Mittel haben die Tendenz, das Reich der Zwecke, für die sie sich als brauchbar erweisen, mit der Zeit des Gebrauchs zu erweitern. Dies gilt insbesondere für universale Maschinen[51] wie Computer.

[49]Der pragmatische Syllogismus ist kein logisches Theorem; Kornwachs (2012), S. 64–74.

[50]„*Technik … bedeutet Bereitstellung von Mitteln für Zwecke.*“ (von Weizsäcker 1988, S. 129). „*Menschliche Zwecke sind freigehaltene Zwecke.*“ „ *… Macht als Akkumulation von Mitteln für freigehaltene Zwecke …*“ „*Nach dieser Definition ist Technik ein Mittel der Macht*“ (S. 130).

[51]Eine Maschine ist ein gebautes/hergestelltes Instrument, das seine Wirkung durch Verwendung externer Energiequellen ausübt, durch menschliche Handlungen gesteuert wird und diese Wirkung in endlicher Zeit und endlichem Raumgebiet ausübt. Eine Turing Maschine ist hingegen eine idealisierte Modellvorstellung eines elementare Rechenprozesses, kann aber physikalisch realisiert/gebaut werden. Computer heutiger Bauart (von Neumann Architektur) sind Ensembles von gekoppelten Turing-Maschinen.

Vom technischen Wissen zum Bauen, d. h. zur realisierten Technik ist es ein weiter Weg und er ist nicht nur mit Wissen, sondern auch mit Können gepflastert. So sind für Computerbau, Programmieren, Roboterbau, Einsatz, Test etc. nicht nur die Kenntnis von technischen Regeln, Materialeigenschaften etc. erforderlich, sondern es sind im Rahmen der Verfahren und Methoden bei der Herstellung eine Reihe von implizitem, aber aktivierbaren Fähigkeiten unabdingbar, die mit implizitem Wissen (*tacit knowledge*) verbunden sind.

3.2.6 Technische Erfahrung der Machbarkeit verdichtet sich zu Regelwissen (c2)

Zum Schritt, der vom Gebauten und Hergestellten zum Wissen führt, gehört das Beobachten der Performance des Gebauten (Scheitern und Gelingen der Funktionsvermutung). Bei der Künstlichen Intelligenz ist dies ein wesentlicher Teil der Entwicklungsarbeit: die Beobachtung und das Protokollieren von Lernprozessen in neuronalen Netzen, die Testergebnisse und ein vorläufiges theoretisches Wissen über die konkret erreichbaren Funktionalität. Dieser Übergang ist theoriearm und eher phänomenologisch basiert.

Der Übergang von der Technik, hier eher der technischen Erfahrung, zur Wissenschaft der Technik wird von der Methodik des Testes beherrscht, es ist aber, wie gesagt, keine wirkliche Verifikation der Programme möglich.[52] Damit bleibt auch die Performance eines solchen Programms eine perspektivische Größe.

Hier liegen dann auch die Grenzen des Selbstlernens und des KI-Paradigmas als automatisierte Verdichtung von simulierter Erfahrung zu Regelwissen. Solange die Maschine Turing-basiert ist, solange kann die Theorie der Programmierung die Grenzen des Selbstlernen, der Selbstreferenz und der Selbstreproduktion nur formal, aber nicht substanziell bestimmen. Substanziell heißt, dass das Gerät, das zum Beispiel biologisch, nicht mechanisch oder elektronisch gebaut ist, dem Turing-Paradigma widerspricht oder in diesem theoretischen Rahmen nicht mehr modelliert werden könnte. Das bedeutet, dass biologische Systeme mit Algorithmen nur imitativ und simulatorisch erfasst werden können. Die immer wieder behauptete Gleichsetzung von organischen Prozessen mit Algorithmen verwechselt hypothetische Annahmen zum Zweck der Modellierung mit Tatsachenbehauptungen. Dies ist irreführend. Erfolge einer partiellen Modellierbarkeit durch Simulationsprogramme rechtfertigen solche Gleichsetzungen nicht.

3.2.7 Technik ist Herrschaft in der Natur (d1)

Bei der Beziehung von der Technik zur Natur, sprich im Falle der KI vom Gerät zum Gehirn als Teil der Natur, stellt sich die Frage, inwiefern die Technik sich selbst-

[52]Darunter versteht man die Frage, ob man aufgrund nur einer logischen und semantischen Analyse eines vorliegendes Programm voraussagen kann, ob es die gewünschte Funktionalität erfüllt oder nicht; z. B. der Hoare-Kalkül, der jedoch auf Schwierigkeiten stößt, wenn es um Fehler der Spezifikation der Programmiersprache geht oder wenn große Softwarepakete geprüft werden sollen. Liggesmeyer (2009).

ständig machen kann; das heißt, ob sich eine gewisse Autonomie entwickeln kann und damit zu einer „zweiten Natur“ werden könnte.

Zunächst ist festzustellen, dass der Begriff der Autonomie unklar ist. Selbstlernende Programme sind in einem strengen Sinne nicht autonom, da sie Vorgaben befolgen, die sich im Lernalgorithmus ausdrücken. Dies gilt für überwachtes Lernen, aber auch für das sogenannte unüberwachte Lernen. Hier muss zum Beispiel festgelegt werden, wieviel Kapazität (Zeit, Speicher, CPU) für den Ausbau von Filtern oder Attraktoren zugelassen wird und welcher Gegenstandbereich (ontology) zugelassen sein soll, etc.

Von Autonomie könnte man dann sprechen, wenn diese Vorgaben selbstständig gebrochen, überschrieben und neu entwickelt würden, d. h. der Rahmen der Selbstmodifikation von Programmen durch eben diese Programme selbst bestimmt werden könnte. Das hätte zur Voraussetzung die Selbstreduplikation von Programmen und ihre Fähigkeit zum Selbstaufruf. Dies ist nach heutiger Kenntnis allein mit herkömmlichen von-Neumann-Maschinen, aber auch mit Quantenrechnern und Neuronale Netzen wohl nicht möglich.[53]

3.2.8 Technik verändert die vorfindliche Natur, aber nicht die Natur der Natur (d2)

Wenn Physik die Bedingungen formuliert, was wir in der Natur (= physikalische, körperlich erfahrbare Welt) im Sinne effektiver Handlungen „machen“ können, dann ist unmittelbar einsichtig, dass man nicht gegen die Physik erfolgreich, d. h. technisch machbar, konstruieren kann. Die Physik liefert dazu nur die notwendigen, aber noch nicht hinreichenden Kenntnisse.

Allerdings gibt es auch Handlungen in oder an der Natur, die technischer Art sind, die aber weder auf naturtheoretischem noch technischem Wissen basieren und trotzdem erfolgreich sein können. Dazu gehört auch die Imitation der Natur, ohne die zugehörigen Prozesse verstanden zu haben oder erklären zu können.

Wendet man dies auf die Künstliche Intelligenz als technologisches Programm an, so ergeben sich drei negative Aussagen:

- Selbst die vollständige Kenntnis der Struktur und Funktionsweise des Gehirns dürfte zu dessen Nachbau nicht ausreichen.
- Eine Turing Maschine kann man nicht gegen eine endliche Klassenlogik, d. h. auf endliche Mengen reduzierte Prädikatenlogik erster Stufe bauen, weil sie auf Logik basiert.
- Die Imitation kognitiver Prozesse durch Matching ist kein Nachbau,[54] sondern basiert auf einer eigenen Modellvermutung, nämlich der Häufigkeit des Passens von Vergleichen. Dies ist ein Abschauen, d. h. eine statistisch getrieben Imitation.

[53]Von Neumans Theorie der selbstreduplizierenden Automaten (1951/1967), zum Problem der Selbstreferenz Kornwachs (1989b).

[54]Z. B. bei der maschinellen Übersetzung, vgl. Koehn (2009).

3.2.9 Aus der Theorie der Natur kognitive Prozesse kann man noch keine Technik ableiten (e1)

Da aus den obigen Gründen eine Theorie der Neurologie[55] noch keinen Nachbau von Neuronalen Netzen erlaubt, sondern nur deren Imitation und Simulation, ist hier zwischen Bau und Test zu unterscheiden. Denn die Imitation des Lebendigen wie in der Bionik, z. B. durch Nachahmung der Evolutionsstrategie (de Jong 2006), durch Nachbau von Prozessen und Strukturen bei Programmen des Artificial Life, führt noch nicht zur Biologie.[56] Wir können aus chemischen Komponenten allein noch keine funktionierende Zelle bauen.[57]

Beziehungen zwischen naturwissenschaftlichen Annahmen und dem technischen Gerät werden meistens dadurch beschrieben, dass man glaubt, ein Gerät sei eine Anwendung einer naturwissenschaftlichen Regularität oder eines Gesetzes (Theorie). Dies ist die Definitionslinie der sogenannten Angewandten Wissenschaften. Man kann die Richtung jedoch herum drehen, wie Holm Tetens dies tut, indem man eine Differenzialgleichung, die ein Naturgesetz repräsentiert, als einen abstrakten Ausdruck einer Maschine auffasst, die sich als baubar erweist.[58]

3.2.10 Aus der technischen Erfahrung wurde auf Naturgesetze geschlossen (e2)

Hier besteht die Gefahr eines fundamentalen Fehlschlusses in der KI: Aus der technischen Machbarkeit der Simulation von kognitiven Leistungen und der beobachtbaren Performance (= x kann y)[59] wird voreilig auf die Natur des simulierten Prozesses (x=y) geschlossen. Dies führt dann zu krassem Reduktionismus wie Marvin Minskys Bemerkung über das menschliche Gehirn als „*meat machine*“[60] oder der Vermutung, dass kognitive Prozesse nichts anderes als Algorithmen seien, wenn auch sehr komplexe.[61]

3.2.11 Der Schluss von der Natur auf technisches Wissen (f1)

Aus der Beobachtung kognitver Prozesse kann man durchaus auf technisches Wissens schließen – dies ist die Kalibrierung und Parameterschätzung bei der Modellierung zur Simulation. Die Voraussetzung ist allerdings, dass man schon

[55]Vgl. Fußnote 28.

[56]Eine Übersicht z. B. bei Aguilar et al. (2014).

[57]Wie lange dieses Diktum zu halten ist, ist fraglich. Max Planck Gesellschaft (2018); Projekt MaxSynBio (2018).

[58]Tetens (1997). Baubar heißt hier, dass die Präparation der Randbedingungen machbar ist. Dies ist bei Maschinen, die als kognitive Systeme figurieren sollen, schlecht vorstellbar.

[59]Dieser Performance-Begriff hängt empfindlich von der Bedeutung des Verbs „kann/können“ ab. Die Sustantivierung „das Können“ verweist auf einen Satz von Fähigkeiten, eine bestimmte Klasse von Aktionen durchzuführen. Fähigkeit ist wiederum ein perspektivischer Begriff, weil er eine Einschätzung über künftige Aktionen wiedergibt.

[60]Marvin Minsky: „*The brain happens to be a meat machine.*“ Zit. nach Weizenbaum (1993), S. 72–73.

[61]Vgl. Fußnote 48.

ein Modell hat (Vorhersage- oder Verhaltensmodell).[62] Solche Modelle setzen bereits eine Vorstellung von der Natur der Prozesse voraus. Dies hängt wiederum sehr stark von der Naturkonzeption der beteiligten Disziplinen ab.

Das Realismus-Problem lässt sich dann wie folgt skizieren: Wir nehmen als Arbeitshypothese an, dass die Natur als eine Realität unabhängig von der menschlichen Existenz und unserem Bewusstsein existiert. Unter dieser Voraussetzung, „*die Technik ist Herrschaft in der Natur, nicht über die Natur*".[63] formuliert die Physik als Wissen über die Natur die Rand- und Rahmenbedingungen dessen, was technisch möglich ist, wenn man sie ontologisch[64] begreift. Physik formuliert dann Machbarkeitserfahrungen und formuliert sie unter allgemeinen Begriffen und formalen Gesetze sowie deren Gültigkeitsgrenzen. Insofern beeinflusst dieses Wissen auch das technische Wissen als notwendige, aber nicht hinreichende Bedingungen für die Möglichkeit von Maschinen.

Zur subjektiven empirischen Erfahrung gehört die Erkennung des Fremdpsychischen.[65] Kognitive Prozesse als konstituierend für das Fremdpsychische sind aber nicht Gegenstand der Physik, sondern der kommunikativen und organisatorischen Hülle von Mensch und Technik. Diese ist theoretisch noch unzureichend erfasst.

3.2.12 Das technische Wissen begegnet der Widerständigkeit in der Natur (f2)

Das technische Wissen begegnet der Widerständigkeit in der Natur – insbesondere dann bei der Umsetzung von errechneten Konsequenzen aus dem Modell in Aktorik und Sensorik.

Technisches Wissen verleitet dazu, Natur als technisch zu verstehen und zu interpretieren. Beispiele gibt es zuhauf: Der Kosmos wird als Rechner interpretiert,[66] als großc Uhr (Lcibniz 1966, S. 127) bis hin zum Gehirn als Rechner, oder der menschliche Organismus wird analogisiert als Industriebetrieb.[67] Soziologische Erkenntnisse werden im Vokabular der- nicht immer ganz verstandenen – Systemtheorie vorgestellt. Letztere ist aber ein Abstraktion des Phasenraums der klassischen Mechanik, die wiederum eine Abstraktion mechanischer Maschinen darstellt. Dies gilt im Übrigen auch für die Regelungstheorie und Kybernetik (Wiener 1968; Padulo und Arbib 1974).

---

[62]Beim parametrischen Modellen wie Least Square fit etc. sind es die Parameter, bei Verhaltensmodellen sind es die Parameter und die Anfangsbedingungen.

[63]Von Weizsäcker (1988), S. 451. Vgl. Fußnote 50.

[64]Im philosophischen Sinn.

[65]Siehe Fußnote 39.

[66]Schon früh Zuse (1969, 1982), auch Lloyd (2006).

[67]Z. B. die Darstellung des Menschen als Industriebetrieb, Kahn (1926), Tafel XV.

3.3 Übergang

Die Grundfrage der Technikphilosophie wird in der hier eingenommenen Sichtweise nun zur Aufgabe, die Bedingungen der Möglichkeit abzuklären, ob wir in der Lage sind, zielorientierte Prozesse innerhalb der Wirklichkeit durchzuführen, und wie wir innerhalb der Natur bzw. Wirklichkeit mit Hilfe von Artefakten mit Objekten, die hinsichtlich Zwecken und Zielen geeignet sind, handeln können. Die Frage lautet also jetzt: Wie sind die Bedingungen der Möglichkeit technischen Handelns beschaffen? Dabei gehen wir davon aus, dass Entwurf, Herstellung und Anwendung von KI technisches Handeln darstellt.

Günter Ropohl hat vorgeschlagen, die Instrumente und Mittel, die Ziele, die beeinflusste Umgebung (bzw. Objekte, Prozesse, also den Gegenstand unserer Ziele) sowie die Prozesse der Herstellung und Verwendung von Mitteln wie Zielen jeweils als Systeme in einem weiteren Kontext begrifflich zu fassen (Ropohl 1979 ff.). Dieses Konzept erlaubte es zum ersten Mal, die analytischen Grundfragen der Technikphilosophie umfassender als bisher zu beantworten. Nach Ropohl kann die Beziehung zwischen Wissen (einschließlich Zielen, operativen Regeln etc.) und der Praxis als eine Relation zwischen Systemen verstanden werden.[68] Dies bedeutet nicht, dass damit schon eine Gesamtdeutung technisch-sozialer Phänomenologie überhaupt möglich, geschweige denn geleistet wäre.

KI bedeutet dann, Prozesse, denen kognitiv Eigenschaften zugeschrieben werden sollen/können (starke KI = Generation), oder die kognitiven Prozessen ähnliche Performance zeigen (schwache KI = Simulation, Imitation) in realen oder generalisierten[69] Maschinen (dies muss nicht unbedingt eine Turing-Maschine sein) ablaufen zu lassen, die sich dann innerhalb des *Discourse of Universe* und einer Kommunikationssituation zielorientiert verhalten.

Sofort ergibt sich die Frage, wer oder was diese Ziele festlegt: Der Erbauer, der Modellbildner, der Programmierer, der Anwender, die Maschine? Bei selbstlernenden Algorithmen, die man auch als ziel-oder zweckerzeugend ansehen könnte, ergibt sich die Frage der Festlegung der Metaziele.[70] Denn auch ein selbstlernender Roboter ist – wenn man einmal von der Möglichkeit der Selbstreproduktion absehen darf – ein Gebauter und hat damit einen Erbauer, der im Rahmen seiner Interessen Bedingungen und Zwecke des Einsatzes bestimmt.

Damit erhält man die technikphilosophische Frage nach der Bedingungen der Möglichkeit der Steuerung von intelligenten Systemen durch von Menschen vorgegebenen Verhaltensmustern oder Mustern der Veränderungsmöglichkeiten von Ver-

[68]Das begriffliche Arsenal der Systemtheorie, Norbert Wiener (1968); Ludwig von van Bertalanffy (1973); George Klir (1985); Günter Ropohl (1979 ff.) erlaubt es, eine weite Klasse von Phänomenen in der Technik und ihre Wechselwirkung mit ihrer sozialen, gesellschaftlichen und organisatorischen Hülle zu beschreiben.

[69]Definition siehe Abschn. 3.1.4.

[70]Hier ergibt sich die Frage nach der Möglichkeit, ob eine Maschine sich selbst Zwecke setzen kann (purpose generating machine); Misselhorn (2018).

haltensmustern (Lernprozesse). Unter welchen Bedingungen könnte man dies als Handeln von Maschinen ansehen?

Handeln setzt Intention (Absicht),[71] Vorwissen um Alternativen, Entscheidungsfreiheit und Bewertungskompetenz der Alternativen voraus und hat in der realen Welt Wirkungen. Denken wäre dann Probehandeln an einem mental repräsentierten Modell eines Gegenstandsbereichs ohne unmittelbare Auswirkungen in der realen Welt. Denken kann aber zur Entwicklung von Intentionen, Wissen und Bewertungskriterien führen und somit mittelbar Handlungen beeinflussen. Da Denken aber Probehandeln ist, auch wenn es nicht als Verhalten von „außen" beobachtbar sein muss, also Handeln ist, setzt es Intentionen voraus. Die Frage, ob Maschinen denken können, spitzt sich dann auf die Frage zu, ob sie hierzu Intentionen entwickeln könnten. Nach der Definition in Abschn. 3.2.2 wäre dies nur in autonomen Systemen möglich als notwendige Voraussetzung, die aber nicht hinreichend ist. Das Setzen von Zwecken ist noch kein Denken.

4 Die Positionen der Technikphilosophie bezüglich der Fundamentalfragen an die KI

Das Folgend gliedern wir, wie in der Einleitung ausgeführt, nach den vier Kantschen Grundfragen,[72] d. h. nach Wissen, nach Erwartungen, nach Ethik und nach philosophischer Anthropologie. Diese Grundfragen erscheinen auch als ein geeignetes Gerüst in der Technikphilosophie.

4.1 Wissen

Die Frage: „Was können wir wissen?" stellt sich bei der KI in zweifacher Weise: Beinhalten oder „haben" KI Systeme Wissen, und: Können wir durch Entwicklung, Bau und Tests von KI Systemen mehr wissen und neue Erkenntnisse gewinnen?

KI Systeme sind bis zum heutigen Tage zumindest, auf von-Neumannschen Rechnern (verschachtelte Turing Maschinen) implementiert. Diese Rechner akzeptieren auf der Basis ihrer Verarbeitung nur formal erlaubte Ausdrücke[73] und geeignet formatierte Daten.

---

[71]Handlungen ohne Intention könnten als bloße Reaktionen verstanden werden, die aufgrund von komplizierten Prozessen ausgelöst werden. Die Fähigkeit zur Intention ist jedoch nach der hier vertretenen Konzeption mit dem Konzept des freien Willens als Bedingung der Möglichkeit von Intentionen verknüpft.

[72]„*Was sollen wir tun?*" ... „*Was können wir wissen?*" ... „*Worauf sollen wir hoffen?*" Die drei ersten Fragen finden sich in Kants Kritik der Reinen Vernunft A 805 bzw. B 833, vgl. Kant (1965), S. 728 resp. Kant (1996, IV), S. 677, die letzte Frage: „*Was ist der Mensch?*" steht in Kants Logik (A 25) in Kant (1996, VI), S. 448.

[73]Im Rahmen der jeweiligen Programmiersprache sogenannte *well formed formula*.

Formalisierung bedeutet, die Grundbausteine einer Beschreibung (meistens Basisausdrücke) in Kategorien eines ausgewählten formalen Systems wie Logik, Grammatik oder einer mathematischen Teiltheorie wie Infinitesimalrechnung zu klassifizieren. Die Stärke der formalen Beschreibung mittels einer formalen Sprache liegt in der Möglichkeit, weitere formale Sätze als Konsequenzmenge einer formalen Beschreibung mit Hilfe eines mathematischen oder logischen Kalküls deduzieren zu können. Die Interpretation dieser formalen Menge von Konsequenzsätzen als Aussagen über die Welt ist nur dann möglich, wenn man die ursprünglichen Sätze, aus denen man die Konsequenzmenge abgeleitet hat, schon als Sätze über die Welt interpretiert hat, d. h. im Rahmen derselben semantischen oder pragmatischen Hülle (closure) (Kornwachs 2012, Abb. C 3, S. 122). Mit andern Worten: Wir können nur dann mit Systemen umgehen, wenn ihr formaler Apparat in den jeweils gleichen Kontext von Bedeutung und Handlung eingebettet ist.

Bei der KI stellt sich die Frage, was maschinell repräsentiertes „Wissen" darstellt. Viele Missverständnisse entstehen bei der Diskussion darüber, was KI kann oder nicht kann, weil nicht klar zwischen Daten, Information und Wissen unterschieden wird. Ein Computer, auf dem ein Programm exekutiert wird, verarbeitet Daten. Das ist auch bei Programmen der KI so. Man muss jedoch einen Schritt weiter nach vorne gehen und zwischen Signalen, Zeichen, Daten, Information und Wissen sorgfältig unterscheiden (Kornwachs 1999, 2001). Der Grund hierfür ist, dass Maschinen Daten, das Gehirn aber Information verarbeitet und damit Wissen erzeugt (Diamant 2015).

Ein beobachtbares Signal wird aufgrund einer Vortheorie, die den Messprozess schon mit berücksichtigt, durch eine tatsächlich durchgeführte Messung oder Erhebung in eine Reihe von Zeichen verwandelt. Dem Messgerät oder dem Messprozess (entsprechend dem Fragebogendesign und der Erhebungsmethoden den Sozialwissenschaften) liegt eine erste Hypothese zugrunde.[74] Diese Messhypothese nennen wir hier Modell I. Es definiert die Kategorien der Variablen, ihre Wertebereiche, die sie annehmen können, die Zeiträume, in denen gemessen wird etc.[75] Man kann dies in ganz ähnlicher Weise tun, wenn man Antworten auf Fragebögen oder Interviews codiert und damit in geordnete Zeichenreihen verwandelt. Meistens liegen solche Zeichenreihen dann geordnet vor, entweder nach Items (wie Personen, Gegenständen etc.) oder nach Zeitpunkten. Diese Ordnung ist Ausdruck der Vortheorie über den Prozess oder Zustand des Gegenstandsbereichs, der gemessen oder erhoben wird. Eine solche geordnete Reihe nennen wir Daten, das dazu gehörende Modell

[74]Dies setzt zunächst voraus, dass man durch die Messeinrichtung oder Erhebungsmethode Muster im Signalangebot des Prozesses erkennen kann. Dies kann man durch die Einführung von vorab definierten Schwellwerten, Intervallen und sogenannten Masken (raum-zeitlich definierte Ausschnitten, „durch" die man die Signal oder Erhebungswerte „anschaut") erreichen. Für die Naturwissenschaften z. B. Tal (2015); in der Soziologie und den Standards der empirischen Sozialforschung z. B. Neumann (2005).

[75]Dies beinhaltet also schon eine gewisse Ontologie, hier in der Bedeutung des Begriffs, wie er in der Informatik verwendet wird.

nennen wir hier Modell II.[76] Man sieht an dieser Unterscheidung, dass Daten nicht das Primäre sind, sondern Ergebnisse von modellbasierten Entscheidungen der Systemdefinitionen.

Datenverarbeitung, z. B. durch Algorithmen führt dann zur Information, wenn das Programm die Daten im Hinblick auf eine bestimmte Fragestellung auswertet. Denn die Forschungs- oder Auswertefrage bestimmt nicht nur die Maske, mit der die Daten angeordnet und verarbeitet werden, sondern auch die Wahl des Algorithmus. Dieser Algorithmus repräsentiert das Modell III.[77] Das Ergebnis ist eine Information, meist ausgedruckt oder auf dem Bildschirm präsentiert. Wenn diese Information wiederum datenbasiert ist, also quantitativ, visuell oder natürlichsprachlich dargestellt werden kann,[78] kann sie sehr schnell durch menschliche Betrachter aufgenommen und verstanden werden.

Wissen entsteht durch das kognitive Verstehen von Information durch ein menschliches Individuums. Dieser Vorgang braucht Zeit und er erfordert bereits schon bestehendes (Vor-)Wissen. Das Verstehen integriert die neuen Erkenntnisse in das schon bestehende Wissen. Computerergebnisse, das Internet oder statistische wie Big Data Analysen liefern zwar Information, aber noch kein Wissen. Um Information zu verstehen, braucht man also bereits Wissen und – in Anlehnung an Immanuel Kant – Kategorien wie Menge, Einheit, Vielheit, oder Kausalität und Anschauungsformen wie Raum und Zeit (in: Kant 1965, A50/B74, S. 94 ff.).

Wissenschaftstheoretisch ist anzumerken, dass Modell III nicht aus Modell II und Modell II nicht aus Modell I abgeleitet werden kann, aber bei einer vernünftigen Untersuchungs- oder Beobachtungsstrategie Modell III das Modell II und dieses das Modell I bestimmt.

Die Algorithmen der KI produzieren aus Daten (dazu können auch Parameter für die Spezifikation von Algorithmen gehören), z. B. Steuersignale für die Aktorik bei Robotern, Daten zur Steuerung der Sprachausgabe, visuelle und oder akustische Darstellungen. Diese Ausgaben stellen für den Benutzer oder Beobachter solcher Systeme, der die Fragstellung (also Modell I und II) kennt Information dar, die beim Verstehen zu Wissen führen kann.

Als Beobachter dieser Hervorbringungen interpretieren wir bei Unkenntnis der Modelle I, II und III diese aber nicht als errechnete Reaktion aufgrund von Daten und Algorithmen und damit als Ergebnis eines Verarbeitungsprozesses, sondern als Handlungen, die uns quasi intentional erscheinen. Das KI System bekommt dadurch pseudo-menschliche Züge. Diese Information wird interpretiert als von Wissen erzeugt, das im KI System präsent wäre.

---

[76]Für qualitative Methoden Yin (2003) bzw. Keller und Kluge (1999).

[77]Programm und Algorithmus werden oftmals gleichgesetzt. Das ist nicht ganz richtig: Man kann ein und denselben Algorithmus, z. B. den Gaußschen Algorithmus zur Lösung von n linearen Gleichungen auf verschieden Weise und in verschiedenen Programmiersprachen programmieren. Der Algorithmus ist das mathematisch bestimmte Verfahren, das dann ein Programm auf einer konkreten Maschine durchführt.

[78]Zum Beispiel formatiert, entsprechend einer Maske oder codiert durch einen endlichen Zeichensatz oder als Chart.

Das bedeutet, analytisch gesehen, dass KI Systeme kein Wissen „besitzen“ oder „haben“, sondern Information erzeugen können, deren Interpretation der Nutzer kontext- und von seinem Vorwissen abhängig vornehmen muss. Geht der Kontext verloren, geht auch die Fähigkeit des Menschen verloren, zu verstehen, d. h. aus der Information durch nachvollziehbare Interpretation Wissen zu erzeugen.

Genau dies ist ein Haupteinwand bei der wissenschaftsersetzenden Anwendung von Big Data: Wenn der Fragekontext der Erhebung von Daten nicht bekannt ist, läuft man in die Gefahr, gefundene Korrelationen falsch zu interpretieren (Kornwachs 2018a, Abschn. 3.2 und 3.3).

4.2 Hoffen

4.2.1 Die Utopien der arbeits- und anstrengungsfreien Gesellschaft

An die Entwicklungen der KI sind eine Reihe von Hoffnungen und Befürchtungen geknüpft, die ihren Ausgangspunkt weniger einer Kenntnis der Technologie und ihrer Grundlagen verdanken, sondern eher auf bestimmten (technik-)philosophischen sowie ethischen Ausgangspositionen und Menschenbildern beruhen.

Die Hoffnungen auf eine arbeits- und anstrengungsfreie Gesellschaft mit Hilfe der Technik hat Karl Marx am prägnantesten formuliert.[79] Technik wird als arbeitsersetzend gedacht, und damit auch hinsichtlich der Bestimmungsstücke, die nach Marx die menschliche Arbeit ausmachen: Die Widerständigkeit der Natur, d. h. hier des Bearbeitungsgegenstandes, gibt der Arbeit den Kampfcharakter (Marx 1967, Das Kap. I, S 192). Die Zielbestimmtheit der Arbeits-Handlungen bedingt Planung und gibt der Arbeitshandlung Sinn.[80] Die Werkzeuge oder Arbeitsmittel muss sich der Mensch selbst schaffen. Deren Verfügbarkeit (später der Produktionsmittel) bestimmt die Produktionsverhältnisse und damit die Machtverhältnisse in einer Gesellschaft.[81] Die Kooperation zwischen den Arbeitenden ist bei arbeitsteiligen Formen unabdingbar,[82] und die Arbeit wird bei Marx als Lebenstätigkeit verstanden, was sowohl deren bisherige Notwendigkeit ausmacht, damit sich der Mensch in seinem Menschsein konstituieren kann.[83]

Frei von Arbeit zu sein bedeutet daher Wegfall bez. Substitution dieser Bestimmungsstücke: Der Wegfall körperlicher Arbeit wird durch den Einsatz von Maschi-

[79]Allerdings haben schon frühere Utopien wie Thomas Morus (1965) eine arbeitsfreie Gesellschaft beschrieben.

[80]Das impliziert die Antizipation des Arbeitsergebnisses. Marx (1967): Das Kapital I, MEW 23, 5. Kapitel, S. 193.

[81]Der Mensch vollbringt diese zielgerichtete Tätigkeit mit Hilfe von selbstproduzierten Werkzeugen. Ebenda 5. Kapitel, S. 194. Das heißt Arbeit ist immer nützliche Arbeit, ebenda, S. 57.

[82]Arbeit ist stets auch Kooperation. Marx (1968): Lohnarbeit und Kapital, MEW 6, S. 407.

[83]Arbeit ist nicht bloße Erwerbstätigkeit, sondern Lebenstätigkeit des Menschen schlechthin. Allerdings begeht Marx hier einen kategorialen Fehler, indem er den materiellen mit dem formalen Naturbegriff konfundiert: *„(indem der Mensch) auf die Natur außer ihm wirkt und sie verändert, verändert er zugleich eigene Natur“*. Das Kapital I, MEW 23 Kap. 5, S. 192.

nen, Handhabungssysteme und Roboter kompensiert. Die Widerständigkeitserfahrung schwindet und damit auch eine sinnlich basierte Erfahrungsgrundlage von Realität. Diese wird – teilweise – kompensiert durch *augmented reality* und eine zu beobachtende Überhöhung der Virtualität.

Während die Zielbestimmtheit unserer Tätigkeiten erhalten bleibt, sich aber inhaltlich ändert, werden die Arbeitsmittel immer universaler. Das bedeutet, dass nicht mehr die Verfügbarkeit über die Produktionsmittel (Werkzeuge, Maschinen) die Machtverhältnisse einer Ökonomie bestimmt, sondern die Verfügbarkeit über die Daten, Programme und die Organisationsformen von immensen Rechenkapazitäten, um die Steuerinformationen für diese Prozesse zu generieren. Da von der KI erwartet wird, dass ihr Einsatz bei dieser Erzeugung von Steuer- und Organisationsinformation die Produktivität solcher Prozesse und deren Wertschöpfung um Größenordnungen (also Zehnerpotenzen) steigern könnte, kommt ihr an dieser Stelle eine zentrale Bedeutung bei der Projektion künftigen Arbeitens und Wirtschaftens zu.

Die Kooperation als Grundlage der Arbeitsteiligkeit hat als weltweite Kommunikation völlig neue Dimensionen und Formen angenommen – die Globalisierung hat nicht nur einen weltweiten Produktions- und Arbeitsmarkt, sondern auch eine globalisierte Arbeitsteiligkeit samt der Entortung von Arbeitsplatz und Arbeitszeit mit sich gebracht. Die Automatisierung der Automatisierung, die KI erst möglich zu machen beginnt,[84] verspricht die Selbstoptimierung von Wertschöpfungsprozessen, sei es im Bereich der Dienstleistung oder der Produktion. Diese schöne neue Welt wird mit Schlagworten wie Smart Cities, Industrie 4.0, Big Data und dergleichen beschrieben; befürchtet wird aber eine Spaltung in Gewinner und Verlierer dieser Entwicklung.

Die Hoffnungen wie die Befürchtungen bestehen darin, dass die künftigen Anwendungen heute schon bestehender Möglichkeiten der KI sowie der künftigen Weiterentwicklungen dieser Technologie die Rolle der Arbeit und die politischen wie wirtschaftlichen Strukturen der Gesellschaft verändern werden. Ob diese Möglichkeiten auch den Stellenwert der Menschenwürde oder die Existenz der Menschheit in ihrer bisherigen Form in Frage stellen werden, ist in der einschlägigen Literatur ebenfalls ausführlich erörtert worden.[85] Kern dabei ist die Angst, dass durch den partiell erwartbaren, großflächigen Wegfall der herkömmlichen Erwerbsarbeit ein Prekariat entsteht, das zwar durch ein bedingungsloses Grundeinkommen versorgt werden könnte, für das aber keine Kompensation des philosophisch wohl wichtigsten Bestimmungsstücks der menschlichen Arbeit, nämlich ihres Charakters als Lebenstätigkeit im Blick ist.

Modern gesprochen umfassen diese Bestimmungsstücke nicht nur die Möglichkeit zu Erwerb von Eigentum, sondern auch die Ausbildung von Identität und die Ermöglichung von sozialer, politischer, ökonomischer und kultureller Teilhabe. In einer radikal designten Arbeitswelt Industrie 4.0 müssten diese Funktionen dann

[84]In Ansätzen schon Frederick Pollock (1956).

[85]Kritisch, schon früh: Boden (1977); Weizenbaum (1977), aktuell Hawking et al. (2014), als Protagonist Kurzweil (1999, 2014); Joy (2000).

anderweitig ermöglicht werden. Es würde dann nur noch wenig Menschen geben, die dank der KI und Automation eine höchstqualifizierten, anspruchsvollen Job haben werden, der Entwurf, Bau, Kontrolle und Nutzung solcher Systeme umfasst, und die aus dieser Tätigkeit Sinn, Identität, Einkommen und Teilhabe gewinnen können. Diesen Wenigen stünden dann diejenigen gegenüber, die zwar materiell versorgt sind, denen aber versagt ist, Sinn, Identität und Teilhabe aus solchen Tätigkeiten zu ziehen – sie müssten sich nach Alternativen umsehen, die heute weder konzeptionell noch praktisch in Sicht sind.[86]

4.2.2 Die Verwechslung von Erleichterung und Erlösung

Die Automation brachte die Entkopplung von Laufzeit der Maschinen und die Anwesenheitszeit des bedienenden Arbeiters. In dieser einfachen Gestalt hat die Automation zu einer Halbierung der Lebens- wie Jahresarbeitszeit in den Industrieländern seit 1900 bis heute geführt (Maddison 2007 nach Markert et al. 2017, Grafik 26, S. 49).

Belastung und die daraus resultierend Beanspruchung war wegen der Widerständgkeit der Natur bei Marx noch körperlich gedacht. Die zunehmende Kooperationsdichte verlangt nun Koordinationstätigkeiten wie Disposition, Kommunikation, Überzeugen, Argumentieren, Führen, Managen, Nachdenken, Modelle bilden und anderes mehr.[87] Die körperliche Belastung weicht der kognitiven Belastung: Konzentration, Aufmerksamkeit, Kombination, Lesen, Beobachten, Lernen, Kontrollieren, Verstehen. Auch hier gibt es eine Erfahrung der Widerständigkeit, d. h. das Gefühl der Anstrengung und der nachfolgenden Erschöpfung. Automatisierung, Informatisierung und Digitalisierung bringen nicht nur Erleichterung, sondern auch Belastung und Beanspruchung mit sich, man spricht von Arbeitsverdichtung.[88] Hier setzt KI an: Der Wegfall von erwartbaren Routinetägkeiten, seien sie körperlich (durch die Aktorik von Robotern) oder kognitiv (durch entsprechende KI Systeme) wird einerseits als Verminderung der Widerständigkeit des Tätigkeitsprozesses erfahren und damit als Erleichterung, andererseits als Verdichtung: Immer und nur kreativ sein zu müssen, hält niemand lange durch.

Die sich hier abzeichnende Komplementarität zwischen notwendiger Widerstandserfahrung bei einer Aufgabe und der gefühlten Erleichterung, die die Übernahme von körperlich oder kognitiv anstrengender Arbeit oder langweiliger Routinetätigkeiten durch Maschinen bringen soll, muss beim Design von Einsatzmöglichkeiten der KI wohl noch genauer bedacht werden.

Erleichterung ist noch keine Erlösung. Mehr als Erleichterung kann die maschinale Substitution von Arbeit nicht bieten, weil sie die Existenz von Problemen weder

[86]Dies verweist auf die schon in den 90er-Jahren diskutierte 80:20 These, wonach die Produktivität von 20 % der Menschen ausreicht, sich selbst und die restlichen 80 % mit Produkten und Dienstleistungen zu versorgen; Martin und Schumann (1998).

[87]Beim Militär: Communication, Control, Cooperation (CCC).

[88]Frühere Routinetätigkeiten (z. B. Radieren oder Duplizieren am Konstruktionsbrett bis hin zum Bleistiftspitzen) werden erst bei deren Wegfall (z. B. bei CAD Systemen) als ehemals erleichternde Pausen von anstrengender kognitiver, sprich kreativer Tätigkeit empfunden; Ulich (1980).

eliminieren noch den Aufwand zu deren Lösung unter jede Anstrengungsgrenze drücken kann. Erlösung hingegen impliziert nicht Erleichterung, sondern Rechtfertigung des Getanen, Stiftung von Sinn und Entbindung von Pflicht. Diese Verwechslung von Erlösung mit Erleichterung führt dann zu fatalen Gedankengängen wie dem des Transhumanismus, der in diesem Bandes ebenfalls diskutiert wird.

4.3 Tun

Die Ansprüche der Künstliche Intelligenz sowohl als Forschungs- wie als Technologieprogramm haben früh zu ethischen Bedenken und technikkritischen Überlegungen geführt. Neben der Frage, was man im Sinne der technischen Machbarkeit tun kann, stellte sich die Frage, was man tun darf und ob man alles, was man technisch tun kann, auch tun sollte.[89]

4.3.1 Weizenbaums Vorwarnung

Ein früher Kritiker der überzogenen Erwartungen und des reduktionistischen Denkens war selbst Pionier der KI gewesen, nach dessen Kritik ging die *Scientific Community* zu Josef Weizenbaum auf Distanz.

Sich auf Maschinen zu verlassen, die autonom arbeiten, setzt nach Weizenbaum voraus, dass man sich ein Bild von deren inneren Funktionen machen kann. Wisse man nicht Bescheid, nehme man eben das zu Hilfe, was man kenne – die eigene Denkfähigkeit. Deshalb, so vermutet Weizenbaum, würden soviel überzogene Erwartungen in die Maschine projiziert (Weizenbaum 1977, S. 23).

Der wesentliche Unterschied zwischen denkender Maschine und dem denkenden Menschen besteht bei Weizenbaum nicht darin, dass die Maschine etwas mehr oder weniger leisten könne, sondern dass bestimmte Denk-Akte dem Menschen vorbehalten bleiben sollten (Weizenbaum 1977, S. 28). Es ist zwar möglich, dass Computer formal vorbereitete Entscheidungen fällen können, sodass man sie Urteile fällen und psychologische Analysen durchführen lassen könnte. Weizenbaum ist der Auffassung, dass dies letztlich ein ethisches Problem ist.

4.3.2 Wir müssen nicht alles wollen, was wir können

Die derzeitige Diskussion um die sogenannte Roboterethik (Loh 2019). zeigt zwei Hauptströmungen: Der erste Themenbereich geht davon aus, dass es dereinst mit Hilfe der KI autonome, selbstbewusste, vielleicht sogar „kluge“ Roboter geben wird. Dies wirft die Frage auf, ob man solche Entitäten als Subjekte behandeln sollte, ob sie Rechte haben sollten und welche humanökologischen Status sie haben könnten, wenn sich ihre kognitiven Leistungen den humanen Leistungen gleich oder um Größenordnungen überlegen erweisen sollten (Rath et al. 2019; Misselhorn 2018).

[89]Als Proponenten: Steinbuch (1965), Edward Teller:„. . . *Wenn etwas machbar ist, dann sollten wir es auch machen.“* Teller (2003). Kritisch: Jonas (1984); Weizenbaum (1977, 1993).

Der zweite Bereich stellt die Frage, ob es ethisch wünschenswert und/oder erlaubt sein soll, solche autonomen Systeme mit Bewusstsein und überragender kognitiver Leistung zu entwickeln und zu bauen.

Der Fragestellung aus der ersten Strömung soll an dieser Stelle nicht weiter nachgegangen werden, weil hier die Position vertreten wird, dass solche maschinalen Entitäten, selbst wenn sie von anderen maschinalen Entitäten gebaut worden sein sollten – im Sinnen von selbstreproduzierenden und weiter sich entwickelnden Maschinen –, letztlich auf menschliche Konstruktionen zurückgehen. Damit stellen sie eine „Verlängerung" menschlicher Funktionsinteressen dar. Eine während der Generationsfolge eventuell auftretende Verselbstständigung dürfte dann kaum „im Sinne des Erfinders" sein. Während Menschen Würde und Rechte haben, ist der humanökologische Status solcher Entitäten abzulehnen, weil die operative Materialisation und Realisation menschlicher Funktionsinteressen allein noch keine Würde und Rechte beanspruchen können (Weber 2019).

Dies führt zur zweiten Fragestellung. Diese impliziert die Kritisierbarkeit der Geschäftsmodelle, die zur Konstruktion solcher quasi-autonomer Entitäten geführt hat. Darf man solche Geschäftsmodelle überhaupt verfolgen?

Eine solche Kritik an den Geschäftsmodellen besteht im Wesentlichen aus zwei Argumenten

1. Es würde gegen das Prinzip der Bedingungserhaltung verantwortlichen Handelns verstoßen,[90] wenn man zugunsten einer gewünschten, d. h. profitablen Funktionsrealisation, eine spätere, nicht kontrollierbare Verselbstständigung des Artefakts hinsichtlich seiner Funktion sowie seiner Zielsetzung in Kauf zu nehmen würde. Das bedeutet, dass künftige Generationen unabsehbaren Folgen des „Agierens" solcher Hervorbringungen ausgesetzt wären, damit in dilemmatische Situationen gerieten, in denen sie nicht mehr verantwortlich handeln könnten. Dann kann auch das „*polluter pays*" Prinzip nicht mehr angewendet werden, da die Urheber einer solchen maschinellen Evolution nicht mehr sanktionsfähig sein werden. Vielmehr wäre das „*precautionary principle*" anzuwenden, das solche möglichen Havarien vorbedenkt und daher eine solche Technologie untersagen müsste.[91]

Technologie soll daher rücknehmbar, also langfristig kontrollierbar sein (VDI Richtlinie 3780 in VDI 1991, 2002). Technologie soll den Nutzer niemals in eine Zwangssituation bringen, in der er über den Nutzen oder Nicht-Nutzen einer Technologie nicht mehr entscheiden kann, ohne moralisch inakzeptable Konsequenzen in Kauf nehmen zu müssen (Weizenbaum 1977, S. 50).

[90] Dies bedeutet, dass man immer so handeln sollte, dass die Bedingungen des verantwortlichen Handelns für alle Beteiligten zumindest erhalten bleiben. Das schließt aus, dass Beteiligte in Zwangssituationen geraten, in denen sie entweder keine Wahlfreiheit mehr haben oder alle möglichen Optionen ethisch nicht akzeptabel sind. Kornwachs (2000).

[91] Analoges gilt auch für die Freisetzung gentechnisch veränderter Organismen (Betz und Cacean (2011), oder der Deposition von nukleare Abfall; Ott (2014).

4.3.3 Entscheidungsersetzender Einsatz von KI

Generell gilt: Wenn aus Rationalisierungsgründen entscheidungsersetzende Systeme eingesetzt werden, ist zu bedenken, welchen Kontrollverlust man zugunsten des Rationalisierungseffekts in Kauf nimmt.

Ergebnisse von KI-Anwendungen in Entscheidungsbereichen stellen Informationen zur Verfügung, die in der Interpretation sowohl zu Orientierungswissen als auch zu Entscheidungswissen werden können. Da dieses Wissen aufgrund von großen Datenmengen und komplexen Algorithmen zustande kommt, ist es in der Praxis aus Zeit- und Kostengründen lediglich auf Plausibilität überprüfbar. Eine vollständige Überprüfung mit Rückverfolgung ist beim entscheidungsersetzenden Einsatz auch theoretisch nicht möglich.

Werden Daten wie Informationen maschinell erzeugt, erweckt dies oft den Anschein, dass die Maschine aus ihnen objektives „Wissen" erzeugen könnte. Die Quasi-Objektivität dieses Wissens verknüpft sich mit dem Geltungsanspruch der Anweisungen der Instanz, die diese Information zur Exekution von solchen Entscheidungen nutzt.

Als Basis für die Festlegung, Durchführbarkeit und Durchsetzbarkeit von Handlungsregeln menschlichen Zusammenseins – und dazu gehört auch die menschliche Arbeit – fordert man im Allgemeinen ein Mitspracherecht der Betroffenen und einen Konsens über diese Regeln. Der oben angedeutete Geltungsanspruch kann aber nicht mehr hinterfragt, diskutiert oder zur Entscheidung gestellt werden, wenn das durch Informationen aus KI-Systemen erzeugte Wissen als verbindliches Entscheidungswissen deklariert wird. Die radikalste Form der Entscheidungsersetzung wäre dann, aus der Information, die KI erzeugt, gar kein Wissen mehr durch menschliche Verstehensprozesse zu generieren, sondern diese Information gleich als Steuerinformation zu nutzen. Das heißt, dass dann die als optimal geltende Option auch ohne Prüfung exekutiert wird. Der Mitarbeiter erhält seine Kündigung mit einer Mail oder durch einen freundlichen Chatbot (Kornwachs 2018a, Kap. 6), der Bürger erfährt seinen Punktestand über sein soziales Verhalten samt den Konsequenzen per Handy, Roboter nehmen automatisch Verhaftungen vor etc.

Schon von daher dürfte ein so gewonnenes Entscheidungswissen nicht als verbindlich deklariert werden. *A fortiori* gilt dies für die automatische Umsetzung des Entscheidungswissens, die dann einer Entscheidungsersetzung gleichkommt (Kornwachs 1992).

4.3.4 Gestaltung dilemmafreier Technik

Es wird an dieser Stelle wie im ganzen Beitrag keine Aussage darüber gemacht, mit welcher Wahrscheinlichkeit bestimmte Ziele der starken KI technisch wann machbar sein könnten. Gegen die Baubarkeit gibt es zwar Einwände prinzipiell logischer oder computertheoretischer Art (Sätze von Church, Turing, Gödel), die sich aber auf die jetzt bekannte Computerarchitektur (von Neumann Typus) und die jetzigen Kenntnisse über emulierbare oder dediziert *in silico* baubare neuronale Netze beziehen (Waldrop 2016). Neue Strukturen wie Quantenrechner sind in Diskussion, hier ist der Begriff des Algorithmus nur noch bedingt bzw. in Analogie anwendbar.[92]

[92]Erste Entwürfe bei Milburn (1998); Nielsen und Chuang (2000).

Weitere spekulative Strukturen wie Rechner, die auf anderen Materialien basieren, z. B. durch die Züchtung neuronaler Gewebe, stehen sowohl theoretisch wie technisch noch am Anfang.

Im Gegensatz zur Physik, die dem konstruierenden Ingenieur immer die Grenzen des Machbaren aufzeigt, kann der Programmierer eines Computers alle Prozesse durchführen, die formal[93] möglich sind und die sich mit einer vorgegebenen Hardware realisieren lassen. Diese Menge der funktionalen Möglichkeiten ist auch bei den physikalischen Begrenztheit der Hardware (Geschwindigkeit, Speicherplatz, Funktionssicherheit) (Toffoli 1982). weitaus mächtiger als das Reich der physikalischen Möglichkeiten. Wenn der Computer allerdings Prozesse in der Realität steuert, ist seine Sensorik und Aktorik wieder an die Physik gebunden.

Diese Mächtigkeit der Möglichkeiten führt zu einer Überschätzung der Machbarkeit, aber auch zur Unterschätzung des schon Gemachten durch Laien (Weizenbaum 1977, S. 35). Der Ingenieur findet Schranken, die ihm die Naturgesetze auferlegen, während der Programmierer *„Schöpfer von Universen (ist), dessen alleiniger Gesetzgeber er selbst ist."* (Weizenbaum 1977, S. 160)

4.4 Was ist der Mensch?

Letztlich basieren alle möglichen Positionen und Aussagen zu den bisher genannten Fragen auf den Antworten, die von der Philosophie auf die Kantsche Frage: „Was ist der Mensch?" gegeben worden sind, derzeit gegeben werden und in Zukunft noch gegeben werden könnten.

4.4.1 Menschenbilder

Es ist schon früh von philosophischer Seite kritisiert worden, dass das Menschenbild der KI, sofern sie aus der Äußerung der Protagonisten erschließbar sind, reduktionistisch sei.[94] Dass der Mensch wie ein Computer denke, ist eine beliebte und sehr wirkungsvolle Analogie wider besseres Wissen, weil wir (noch?) keine befriedigende Theorie kognitiver oder denkerischer Prozesse zu Verfügung haben.

Was also ist der Mensch? Was ist die Maschine, was ist ein Cyborg, was ist ein *enhanced organism?* Hier verwischen sich die Grenzen und durch ihren vollmundigen Anspruch trägt die KI kräftig zur Begriffsverwirrung bei.

In der philosophischen Anthropologie kann man drei Bestimmungsversuche unterscheiden:

[93]Hier im Rahmen einer Prädikatenlogik 1. Stufe mit endlichen Extensionsmengen.

[94]Gemeint ist hier ein ontologischer Reduktionismus. In dieser Sichtweise ist das Gehirn ist ein hybrides (analog wie digital) signalverarbeitendes System, der durch chemische Prozesse gesteuert wird. Hier gibt es aber (noch) keine vernünftige Analogie zum Begriff des Algorithmus. Kognitive Prozesse sind demnach nichts anderes als Algorithmen, die man noch nicht genügend erforscht und erkannt hat; vgl. Vollmer (1991). Wissen lässt sich formallogisch ausdrücken, auch Ausnahmen und Unschärfen (Fuzzy Logik), vgl. Adamy (2015) sowie durch induktive wie abduktive Schlüsse; vgl. Mainzer (2016). Grammatik und Semantik sowie Kontexte (Kornwachs 1989a) können formal erfasst und damit als maschineller Prozess exekutiert werden.

A. Der Mensch lässt sich modellieren oder (in Teilaspekten) nützlich beschreiben in Analogien zu schon bekannten Technologien.[95] Vom Erfolg der teilweisen Beschreibung wird auf die Validität der Anwendbarkeit solcher Beschreibungen auf alle Aspekte des Menschen geschlossen. Dies ist das reduktionistische Programm, das unter anderem das Selbstbewusstsein, das Ich als Kern der Person und den freien Willens des Menschen als Illusion ablehnt (Roth 2010; Singer 2004).
B. Der Mensch als Gattung ist Produkt einer natürlichen biologischen Entwicklung (nach Charles Darwin), und er entwickelt sich nicht nur biologisch weiter, sondern auch kulturell, sozial und technologisch. Während Johann W. Goethe den Menschen als das Geschlecht sieht, das vom Dunkeln ins Helle strebt,[96] sahen die Marxisten im Rahmen ihrer materialistischen Geschichtsphilosophie den Menschen als eine Gattung, die sich selbst durch Arbeit (=produktive Tätigkeit) erschafft und weiterentwickelt.[97] Dazu gehören auch die Bestimmungen der anthropologischen Konstanten, also die Eigenschaften, die den Menschen vom Tier unterscheiden wie Bewusstsein seiner Endlichkeit, Intelligenz, Rationalität, Vermögen der Abstraktion von seiner Instinktausstattung, Ausbildung von Kultur und Zivilisation etc. (Landmann 1982).
C. Die dritte Gruppe von Versuchen geht davon aus, dass die Bestimmung des Menschen als genuine Entität nicht materialistisch monistisch und reduktionistisch vorgenommen werden kann. Neben der Geschöpflichkeit des Menschen, die in vielen Religionen eine theologische Begründung seiner Würde leistet (von Glasenapp 1996), sehen auch humanistische (Fromm 2005) und existenzialistische Ansätze (Sartre 1989) die Besonderheit des Menschen darin, das er seinem Leben selbst einen Sinn geben, seine Endlichkeit erkennen, Widersprüche aushalten und sich frei, auch gegen seine eigene Existenz, entscheiden kann.

Diese Menschenbilder sind in der Technikphilosophie auch deshalb interessant, weil sie verschiedene Technikdeutungen implizieren. So gehen die eher existenziellen Ansätze (C) davon aus, dass die Technik ein „Gemächte" (modern gesprochen genuine Potenzialität) des Menschen sei, d. h., dass er gar nicht anders als technisch handeln könne, dies aber bedenken und steuern kann (Heidegger 1978). Andere Ansätze sehen Technik als Schicksal des Menschen an, bis hin zur Vermutung, dass Technik als Folge der Evolution, eines Tages den Menschen ersetzt oder gar überflüssig macht (B). Reduktionistisch sind der Mensch wie seine technischen Hervorbringungen an die Basis des Materiellen gebunden und nichts anderes als diese Basis. Verstehen kann man dies nur, indem man Naturwissenschaft betreibt und den Menschen „nachbaut" (A).

---

[95]Siehe Fußnoten 66, und 67, Leibniz (1966), S. 127; Wiener (1968); Padulo und Arbib (1974).
[96]Von Goethe (1826), S. 182, allerdings in einem etwas anderen Kontext, siehe auch Trunz (1949).
[97]Siehe Fußnote 83.

4.4.2 Die anthropologische Differenz

Wendet man diese Menschenbilder auf den Unterschied zwischen Menschen und IR Systemen an, so sieht man, dass die ethische Bedenkenlosigkeit, mit der die Machbarkeit wie Wünschbarkeit sich selbst entwickelnder Roboter propagiert wird, auf einem Menschenbild beruht, das im Wesentlich durch A beschrieben wird. Biologistisch als jüngstes Produkt der Evolution (Menschenbildgruppe B) unterscheidet sich der Roboter vom Menschen dann durch nichts mehr, lediglich seine Performance ist die innerhalb von Menschen geschaffene oder veränderte Umwelt die am besten Angepasste.

Ist man der Meinung C, sieht man also den Unterschied zwischen Mensch und Maschine in den anthropologischen Konstanten, die des maschinalen Nachbaus nicht fähig sind oder die nicht nachgebaut werden sollten, ohne die Würde des Menschen zu verletzen (Emotionen, Lachen, Feiern, Widerspruch etc.), dann solle man in den Maschinen z. B. auch keine simulierten Gefühle einbauen.

Wenn man wünscht, dass, wie Klaus Mainzer sich ausdrückt *„uns die Algorithmen nicht aus dem Ruder laufen“*,[98] genügt fachübergreifende Grundlagenforschung vermutlich nicht, sondern es bedarf einer Verständigung darüber, welche Technologie wir wollen, und wie weit KI gehen darf.

Daraus ergibt sich eine weitere Forderung: Eine solche Verständigung setzt ein klares Bewusstsein voraus, welches Menschenbild man in der Diskussion verwendet. Viele Protagonisten der KI verwenden ein Menschenbild, das die Differenz zwischen Mensch und Maschine entweder aus epistemischen Gründen leugnet. Dies wäre eine wohlwollende Interpretation der Motive. Oder die Ablehnung dieser Differenz geschieht interessengeleitet mit Blick auf künftige Geschäftsmodelle.

Wenn man die Aufrechterhaltung der anthropologischen Differenz zwischen Mensch und IR Systemen fordert, sei dies aus ethischen oder epistemologischen Gründen, dann gibt man auch eine Grenze an über das, was man der KI noch zubilligt ud was sie noch darf. Sie muss als Technik Technik bleiben, d. h. sie muss der Bestimmungen der Technik durch Arnold Gehlens als Ergänzung, als Verstärkung und als Entlastung entprechen (Gehlen 1957), aber sie darf nicht zur Gleichsetzung mit dem Menschen oder gar zur dessen Ersetzung führen.

4.5 Fazit und Ausblick

KI wird gerne als vierte Beleidigung des menschlichen Selbstverständnisses gesehen. Mit dem Aufweis, dass Maschinen zu informationsverarbeitenden Leistungen fähig sind, die weit über denen des Menschen liegen, und die auch Kreativität imitieren können, fühlt sich der Mensch abermals in seiner Einmaligkeit gekränkt. Hinzu kommen die Versuche, evidenzbasiert nachzuweisen, dass der Mensch keinen freien Willen habe und daher letztlich eine biologisch determinierte Maschine sei.

[98]Mainzer, im Vorwort zu diesem Sammelband.

Sind daher viele Denkleistungen, die ja als „freiwillig“ angesehen werden, durch Maschinen ersetzbar?[99]

Die Gleichzeitigkeit der Entzauberungsversuche des freien Willens als Illusion und des wieder verstärkt in der Öffentlichkeit erhobenen Anspruchs der starken KI ist wohl kein zufälliges Zusammentreffen. Das übergeordnete Geschäftsmodell der KI lässt sich neben dem Versprechen der Rationalisierung und der Substitution von Arbeit auch durch das Interesse charakterisieren, in einer immer komplexer werdenden Welt und daher unüberschaubarer Anforderungen an die Kunst der Governance eine rational begründbare Kontrollmacht zu installieren. Diese Kontrollmacht müsste uns weit überlegen sein und deshalb würde uns nichts anderes übrig bleiben, als ihr zu vertrauen.[100] Dazu bedürfte es aber nicht nur des Einverständnisses der „Betroffenen“ durch Überzeugung und „Aufklärung“, dass die Ergebnisse maschinal getroffener Entscheidungen objektiver, transparenter und besser seien als von Menschen getroffene. Es bedürfte auch der Zustimmung der Menschen, durch Kauf/Konsum von Dienstleistungen und finanzielle öffentliche Unterstützung (Steuern) so wie politischer Zustimmung die Entwicklung und Einrichtung entsprechende technologische Kapazitäten zu ermöglichen. In dieser Sicht sind Google oder die NSA nur ein Vorgeschmack.

Die Akzeptabilität eines solchen Geschäftsmodells setzt ein biologisch-materialistisches und reduktionistisches Menschenbild voraus, das zurzeit in der westliche Hemisphäre durch Forschungsprogramme und entsprechende publizistische Begleitmaßnahmen wissenschaftliche fundierte und ökonomische Akzeptanz sucht.

Die Akzeptabilität einer so technologisch dominant gemachte maschinalen Kognitionskapazität zugunsten einer Elite, wie man sie im Sozialpunktesystem (social scoring) in China beobachten kann (State Council of VR China 2014), würde allerdings eine kollektivistisch orientierte Variante aus der Gruppe B der Menschenbilder voraussetzen. Eine solche Variante ist wiederum mit westlichen Vorstellungen von Menschenwürde nicht vereinbar.

Wenn man als Leitfrage der Technikphilosophie die KI danach betrachtet, ob wir die Technik haben, die wir brauchen, und die Technik brauchen, die wir haben, so wird man bei beiden Fragen mit einer bejahenden Antwort zögern müssen. KI ist noch nicht soweit, dass sie eine mit Menschenwürde verträgliche Entlastungstechnik darstellen würde, und vielleicht brauchen wir einige der herbeigeredeten disruptiven Innovationen auf diesem Gebiet weitaus weniger, als dies die Protagonisten von Geschäftsmodellen weismachen wollen.

Literatur

Adamy, Jürgen. 2015. *Fuzzy Logik, Neuronale Netze und Evolutionäre Algorithmen*. Aachen: Shaker.

Aguilar, W., G. Santamaría-Bonfil, T. Froese, und C. Gershenson. 2014. The past, present, and future of artificial life. *Frontiers in Robotics and AI* 1(8). https://doi.org/10.3389/

[99]Verbunden mit den Namen Alan Turing, John von Neumann und Marvin Minsky.

[100]Hofstetter (2014), Literarische Dystopien hierzu z. B. Eggers (2014); Elsberg (2014).

frobt.2014.00008. https://www.frontiersin.org/articles/10.3389/frobt.2014.00008/full. Zugegriffen am 08.01.2020.
Apel, Karl-Otto. 1980. Die Situation des Menschen als Herausforderung an die praktische Vernunft. In *Funkkolleg Praktische Philosophie/Ethik. Studienbegleitbrief 1*, Hrsg. Deutsches Institut für Fernstudien (DIFF), 11–37. Basel/Weinheim: Beltz.
Aristoteles. 1964. Metaphysik (übers. von Hermann Bonitz). In Aristoteles: *Philosophische Schriften*, Bd. 5. Frankfurt a. M.: Meiner.
Bacon, Francis. 1990. *Neues Organon,* Teil 1 und Teil 2, lateinisch-deutsch. Hamburg: Meiner.
Banse, Gerhard, und Käthe Friedrich, Hrsg. 1996. *Technik zwischen Erkenntnis und Gestaltung. Philosophische Sichten auf Technikwissenschaften und technisches Handeln*. Berlin: Edition Sigma.
Banse, Gerhard, und Helge Wendt. 1986. *Erkenntnismethoden in den Technikwissenschaften – eine methodologische Analyse und philosophische Diskussion der Erkenntnisprozesse in den Technikwissenschaften*. Berlin: Technik.
Banse, Gerhard, Armin Grunwald, Wolfgang König, und Günther Ropohl, Hrsg. 2006. *Erkennen und Gestalten – Eine Theorie der Technikwissenschaften*. Berlin: Edition Sigma.
Bertalanffy van, Ludwig. 1973. *General system theory*. Harmondsworth: Penguin Books. (gleiche Paginierung wie die Ausgabe von 1968).
Betz, Gregor, und Sebastian Cacean. 2011. *The moral controversy about climate engineering – An argument map*. Version 2011-02-24. http://digbib.ubka.uni-karlsruhe.de/volltexte/1000022371. Zugegriffen am 08.01.2020.
Boden, Margaret. 1977. *Artificial intelligence and natural man*. London: Harvester Press.
Bunge, Mario. 1967. *Scientific research II – The search for truth*. New York/Heidelberg: Springer.
Burkhard, Hans. 1974. Anmerkungen zur Logik und Semantik bei Leibniz. *Studia Leibnitiana* 6(1): 49–68.
Carnap, Rudolf. 1928. Scheinprobleme in der Philosophie. In *Scheinprobleme in der Philosophie und andere metaphysikkritische Schriften*, Bd. 2004, 3–48. Hamburg: Meiner.
De Jong, Kenneth A. 2006. *Evolutionary computation. A unified approach*. Cambridge: MIT Press.
Dessauer, Friedrich. 1927. *Philosophie der Technik – das Problem der Realisierung*, 2. Aufl. Bonn: F. Cohen. 1928.
Dessauer, Friedrich. 1956. *Der Streit um die Technik*. Frankfurt a. M.: Knecht, Freiburg: Herder, 1958[2].
Diamant, Emanuel. 2015. *Advances in artificial intelligence: Are you sure, we are on the right track*? http://arxiv.org/abs/1502.04791; http://arxiv.org/ftp/arxiv/papers/1502/1502.04791.pdf. Zugegriffen am 08.01.2020.
Dreyfus, Hubert L. 1992. *What computers cant't do. A critique of artificial reason*. New York: MIT Press.
Eggers, Dave. 2014. *Der Circle – Roman*. Köln: Kiepenheuer & Witsch.
Ellul, Jaques. 1954. *La Technique ou l'enjeu du siècle*. Paris: Colin,. Engl.: *The technological society*. New York: Knopf, 1964.
Elsberg, Marc. 2014. *Zero – Sie wissen, was Du tust*. Roman. München: Blanvalet.
Findler, Nicholas V. 1975. *Künstliche Intelligenz und Heuristisches Programmieren*. Wien/New York: Springer.
Fischer, Peter. 1996. *Technikphilosophie. Von der Antike bis zur Gegenwart*. Leipzig: Reclam.
Floyd, Christiane, und H. Züllighofen, Hrsg. 1992. *Software development and reality construction*. Berlin/Heidelberg: Springer.
Fromm, Erich. 2005. *Humanismus als reale Utopie*. Berlin: Ullstein.
Gehlen, Arnold. 1957. *Die Seele im technischen Weltalter – sozialpsychologische Probleme in der industriellen Gesellschaft*. Reinbeck: Rowohlt.
Glasenapp, Helmuth von. 1996. *Die fünf Weltreligionen*. Berlin: Diederichs.
Goethe von, Johann Wolfgang. 1999. Kurze Anzeigen, Rezension über Schlossers „Universalhistorische Uebersicht der Geschichte der Alten Welt". In Über Kunst und Altertum 1826. In *J. W.*

Goethe: Ästhetische Schriften 1824–1832, Bd. V–VI, Sämtliche Werke, Hrsg. Bohnenkamp, Anne, Bd. 22, 180–182. Frankfurt a. M.: Bibliothek Dt. Klassiker.

Görz, Günther, und Josef Schneeberger, Hrsg. 2003. *Handbuch der Künstlichen Intelligenz*. München/Wien: Oldenbourg.

Grunwald, Armin. 2010. *Technikfolgenabschätzung – eine Einführung*. Berlin: Edition Sigma, 2010^2.

Habermas, Jürgen. 1968. *Technik und Wissenschaft als Ideologie*. Frankfurt a. M.: Suhrkamp.

Hadot, Pierre. 2011. *Philosophie als Lebensform*. Frankfurt a. M.: Fischer TB, 2011^3.

Handke, J. 1987. Die Geschichte der Künstlichen Intelligenz. In *Sprachverarbeitung mit LISP und PROLOG auf dem PC. Programmieren von Mikrocomputern*, Bd. 27, 1–23. Wiesbaden: Vieweg+Teubner.

Harari, Yuval N. 2017. *Homo Deus. Eine Geschichte von Morgen*. München: C.H. Beck.

Hawking, Stephen, Stuart Russell, Max Tegmark, und Frank Wilczek. 2014. Stephen Hawking: ‚Transcendence looks at the implications of artificial intelligence – But are we taking AI seriously enough?' *The Independent*, Bd. 2014, No. 05-01, Thursday 1 May 2014. https://www.independent.co.uk/news/science/stephen-hawking-transcendence-looks-at-the-implications-of-artificial-intelligence-but-are-we-taking-9313474.html. Zugegriffen am 08.01.2020.

Hegel, Georg F. W. 1924. *Vorlesung über die Philosophie der Geschichte*. Leipzig: Reclam jun.

Heidegger, Martin. 1978. Die Frage nach der Technik. In *Die Technik und die Kehre*. In Vorträge und Aufsätze Pfullingen: Neske, 1954, 9–90, Opuscula 1, 1962, 1978^4.

Heidegger, Martin. 1986. *Sein und Zeit* (1927). Pfullingen: Neske, 1967, Tübingen: Niemeyer, 1986^{16}.

Hermes, Hans. 1971. *Aufzählbarkeit, Entscheidbarkeit, Berechenbarkeit*. Berlin/Heidelberg: Springer.

Hieber, Lutz, und Hans-Ulrich Kammermeyer, Hrsg. 2014. *Verantwortung von Ingenieurinnen und Ingenieuren*. Wiesbaden: Springer VS.

Hofstetter, Y. 2014. *Sie wissen alles – wie intelligente Maschinen in unser Leben eindringen und warum wir für unsere Freiheit kämpfen müssen*. Gütersloh: Bertelsmann.

Hubig, Christoph, und Johannes Reidel, Hrsg. 2003. *Ethische Ingenieursverantwortung – Handlungsspielräume und Perspektiven der Kodifizierung*. Berlin: Edition Sigma.

Hubig, Ch., A. Huning, und G. Ropohl. 2013. *Nachdenken über Technik – Die Klassiker der Technikphilosophie*. Berlin: Edition Sigma. 2013^3.

Jonas, Hans. 1984. *Das Prinzip Verantwortung. Versuch einer Ethik für die technologische Zivilisation*. Frankfurt: Insel, 1979, Frankfurt a. M.: Suhrkamp, 1984.

Joy, Bill. 2000. Warum uns die Zukunft nicht braucht. *Frankfurter Allgemeine Zeitung* Nr. 130 vom 06. 06. 2000, 49 und 51; engl. Original: *The Futur doesn't need us*. WIRED 08.04 2000. www.wired.com/2000/04/joy-2/. Zugegriffen am 08.01.2020.

Jung, Hans H., und Patricia Kraft. 2017. *Digital vernetzt – Transformation der Wertschöpfung. Szenarien, Optionen und Erfolgsmodelle für smarte Geschäftsmodelle, Produkte und Services*. München: Hanser.

Kahn, Fritz. 1926. *Das Leben des Menschen III*. Stuttgart: Franckh/Kosmos.

Kant, Immanuel. 1965. *Kritik der Reinen Vernunft* (1781). Hamburg: Meiner, 1956, 1965. Auch in: Werkausgabe, Hrsg. von W. Weischedel, Bd. III–IV. Frankfurt a. M.: Suhrkamp, 1996.

Kant, Immanuel. 1996. Logik (1791). In *Kant, I. Werkausgabe*, Hrsg. W. von Weischedel, Bd. VI. Frankfurt a. M.: Suhrkamp.

Kapp, Ernst. 1978. *Grundlinien einer Philosophie der Technik. Zur Entstehungsgeschichte der Cultur aus neuen Gesichtspunkten (1877)*. Braunschweig: Westermann. Nachdruck: Düsseldorf: Stern, 1978, Hrsg. H.-M. Sass.

Keller, U., und S. Kluge. 1999. *Vom Einzelfall zum Typus – Fallvergleich und Fallkontrastierung in der qualitativen Sozialforschung*. Opladen: Leske+Budrich.

Klir, George J. 1985. *Architecture of problem solving*. New York/London: Plenum Press.

Knoll, Alois, und Thomas Christaller. 2003. *Robotik: Autonome Agenten. Künstliche Intelligenz. Sensorik. Embodiment. Maschinelles Lernen. Serviceroboter. Roboter in der Medizin. Navigationssysteme. Neuronale Netze. RoboCup. Architekturen*. Frankfurt a. M.: Fischer (Tb.).

Koehn, Phillip. 2009. *Statistical machine translation*. Cambridge, MA: Cambridge University Press.

Kornwachs, Klaus. 1989a. Contextual knowledge and knowledge acquisition. In *Modelling and simulation methodology: Knowledge systems paradigms*, Hrsg. M. Elzas, T. Ören und B. P. Zeigler, 267–281. Amsterdam: North Holland.

Kornwachs, Klaus. 1989b. Self reference and information. In *The paradigm of self- organization*, Hrsg. G. Dalenoort, 309–321. London: Gordon & Breach.

Kornwachs, Klaus. 1992. Entscheidungsunterstützung und Entscheidungsersetzung. *Computer und Recht* 8:44–49.

Kornwachs, Klaus. 1998. A formal theory of technology? *Phil & Tech – Society for Philosophy and Technology – An Electronic Journal* 4(1). https://scholar.lib.vt.edu/ejournals/SPT/v4n1/pdf/KORNWAC.PDF. Zugegriffen am 08.01.2020.

Kornwachs, Klaus. 1999. Von der Information zum Wissen? In *Gene, Neurone, Qubits & Co. Unsere Welten der Information/Forschung-Technik-Mensch*. Verhandlungen der Gesellschaft Deutscher Naturforscher und Ärzte, 120. Versammlung, Berlin, 19.–22. September 1998, Hrsg. D. Ganten et al., 35–44. Stuttgart: Hirzel.

Kornwachs, Klaus. 2000. *Das Prinzip der Bedingungserhaltung, Eine ethische Studie*. Münster: LIT.

Kornwachs, Klaus. 2001. Data – Information – Knowledge – A trial for technological enlightenment. In *Toward the information society – The case of central and eastern European countries. Wissenschaftsethik und Technikfolgenbeurteilung*, Hrsg. G. Banse, C. J. Langenbach, und P. Machleidt, Bd. 9, 109–123. Berlin/Heidelberg: Springer.

Kornwachs, Klaus. 2002. Bewusstsein, Programm, Körper. In *Der Künstliche Mensch – Körper und Intelligenz im Zeitalter ihrer technischen Reproduzierbarkeit*, Hrsg. K. R. Kegler und M. Kerner. Köln: Böhlau.

Kornwachs, Klaus. 2006a. Das Spiel mit der Technik und seine Folgen. In *Kalkuliertes Risiko. Technik, Spiel und Sport an der Grenze*, Hrsg. G. Gebauer, R. Schmidt St. Poser, und M. Stern, Bd. 2006, 51–77. Frankfurt/New York: Campus.

Kornwachs, Klaus. 2006b. Knowledge + Skills + x. In *Wissensmanagement 2005. Postproceedings der Wissensmanagement Konferenz 2005. Lecture notes in computer science*, Hrsg. M. Dengel, Th. Roth-Berghofer, et al., 32–47. Heidelberg/Berlin: Springer.

Kornwachs, Klaus, Hrsg. 2010. *Technologisches Wissen: Entstehung, Methoden, Strukturen, Acatech diskutiert*. Berlin/Heidelberg: Springer.

Kornwachs, Klaus. 2012. *Strukturen technologischen Wissens. Analytische Studien zur Wissenschaftstheorie der Technik*. Berlin: edition sigma.

Kornwachs, Klaus. 2013. *Philosophie der Technik, Eine Einführung*. München: C.H. Beck.

Kornwachs, Klaus. 2018a. *Arbeit 4.0 – People Analytics – Führungsinformationssysteme: Soziologische, psychologische, wissenschaftsphilosophisch – ethische Überlegungen zum Einsatz von Big Data in Personalmanagement und Personalführung*. Gutachten für die Universität Münster, Vergabenummer 2017_59_BS., Argenbühl-Eglofs, Büro für Kultur und Technik, 28. Februar 2018.

Kornwachs, Klaus. 2018b. Technikfolgenabschätzung als technikwissenschaftliche Disziplin. *TATuP – Zeitschrift für Technikfolgenabschätzung in Theorie und Praxis*, Sonderheft: Ten years after – Theorie der TA reloaded, 27(1): 46–52. www.tatup.de/index.php/tatup/article/download/93/152. Zugegriffen am 08.01.2020.

Kornwachs, Klaus, und Walter von Lucadou. 1976. Beschreibung und Entscheidbarkeit. Beitrag zum Begriff der Komplexität (II). *Grundlagenstudien aus Kybernetik und Geisteswissenschaften GrKG* 17:79–86.

Kornwachs, Klaus, und Walter von Lucadou. 1989. Open systems and complexity. In *The paradigm of self-organization*, Hrsg. G. Dalenoort, 123–145. London: Gordon & Breach.

Kornwachs, Klaus et al. 2013. Technikwissenschaften. Erkennen – Gestalten – Verantworten. In *acatech IMPULS*, Hrsg. acatech. Berlin/Heidelberg: Springer. https://www.acatech.de/de/publikationen/technikwissenschaften-erkennen-gestalten-veranworten/. Zugegriffen am 08.01.2020.
Kroes, Peter. 2012. *Technical artefacts: Creations of mind and matter – A philosophy of engineering design*. Dordrecht: Springer.
Kroes, P., und A. Meijers, Hrsg. 2000. *The empirical turn in the philosophy of technology*. Amsterdam: JAI Elsevier.
Kurzweil, Raymond. 1999. *Homo s @ piens. Leben im 21. Jahrhundert*. Köln: Kiepenheuer & Witsch.
Kurzweil, Raymond. 2014. *Das Geheimnis des menschlichen Denkens*. Berlin: Lola Books.
Lakatos, Imre. 1974. Die Geschichte der Wissenschaft und ihre rationale Rekonstruktion. In *Theorien der Wissenschaftsgeschichte*, Hrsg. W. Diedrich, 55–119. Frankfurt a. M.: Suhrkamp.
Landmann, Michael. 1982. *Philosophische Anthropologie*. Berlin/New York: De Gruyter.
Leibniz Gottfried W. 1966. Zweites Schreiben an Samuel Clarke. In *Hauptschriften zur Grundlegung der Philosophie,* Übers. von A. Buchenau; Hrsg. E. Cassirer, Bd. I, 3. Aufl, 127 ff. Hamburg: Meiner.
Lenk, Hans, und Matthias Maring, Hrsg. 1991. *Technikverantwortung*, 78–89. Frankfurt a. M.: Campus.
Liggesmeyer, Peter. 2009. *Softwarequalität*. Heidelberg: Spektrum. 2009[2].
Lloyd, Seth. 2006. *Programming the Universe*. New York: Knopf Doubleday.
Loh, Janina. 2019. *Roboterethik – eine Einführung*. Frankfurt a. M.: Suhrkamp.
Lucadou, Walter von, und Klaus Kornwachs. 1983. The problem of reductionism from a system theoretic standpoint. *Zeitschrift für Allgemeine Wissenschaftstheorie* 14(2): 338–349.
Maddison, A. 2007. *Contours of the world economy 1-2030 AD: Essays in macroeconomic history*. Oxford: University Press.
Mainzer, Klaus. 2016. Zur Veränderung des Theoriebegriffs im Zeitalter von Big Data und effizienten Algorithmen. *Berliner Debatte Initial* 27(4): 22–34.
Markert, Cornelius, Neumann Horst, und Marc Amlinger. 2017. *Geschichte und Zukunft der Produktivität: Ende oder Halbzeit eines großen Spiels?* ARBEITSPAPIER #. Institut für die Geschichte und Zukunft der Arbeit. Wolfsburg, Berlin, November 2017. http://igza.org/wp-content/uploads/2017/11/IGZA-Arbeitspapier-3.pdf. Zugegriffen am 08.01.2020.
Martin, Hans-Peter, und Harald Schumann. 1998. *Die Globalisierungsfalle*, 10. Aufl. Reinbeck: Rowohlt.
Marx, Karl. 1967. Das Kapital, Bd. 1. In *Marx Engels Werke (MEW)*, Bd. 23. Berlin: Dietz.
Marx, Karl. 1968. Lohnarbeit und Kapital. In *Marx Engels Werke (MEW),* Bd. 6. Berlin: Dietz.
Max-Planck-Gesellschaft (Redaktion). 2018. *Künstliche Zellen konstruieren*. https://www.synthetische-biologie.mpg.de/7305/kuenstliche-zellen-konstruieren. Zugegriffen am 08.01.2020.
McCorduck, Pamela. 2004. *Machines who thinks*, 2. Aufl. Natick: Peters Ltd.
McCulloch, W. S., und W. Pitts. 1942. A logical calculus of the ideas immanent in nervous activity. *Bulletin in Mathematical Biophysics* 5:115–133
Milburn, G. J. 1998. *The Feynman processor: Quantum entanglement and the computing evolution, Frontiers of Science*. Sydney: Perseus Books.
Misselhorn, Catrin. 2018. *Grundfragen der Maschinenethik*. Stuttgart: Reclam. 2018[2].
Mitcham, Carl. 1994. *Thinking through technology*. Chicago/London: Univ. of Chicago Press.
Morus, Thomas. 1965. Utopia (1516). In *Der utopische Staat*, Hrsg. von Heinisch. Reinbeck: Rowohlt.
Neumann von, John. 1967. Allgemeine und logische Theorie der Automaten. In *Kursbuch 8,* 139 ff. Frankfurt a. M.: Suhrkamp, Übers. Von Dirk Krönig. Engl.: von Neumann, J. (1951). The general and logical theory of automata. In *Cerebral mechanisms in behavior; the Hixon symposium*, Hrsg L. A. Jeffress, 1–41. Oxford/England: Wiley.
Neumann, W. L. 2005. *Social research methods: Qualitative and quantitative approaches*, 6. Aufl. Boston: Allyn & Bacon.

Nielsen, M., und I. Chuang. 2000. *Quantum information and computation*. Cambridge, MA: Cambridge University Press.
Noether, Emmy. 1918. Invariante Variationsprobleme. *Nachr. der Königl. Gesellschaft und Wissenschaft, Göttingen. Mathem.-Phys. Klasse*, Göttingen, S. 235 ff.
Nordmann, Alfred (2008): *Technikphilosophie zur Einführung*. Hamburg: Junius.
Nyquist, Harry. 1924. Certain factors affecting telegraph speed. *Bell System Technical Journal* 3(2): 324.
Ott, Konrad. 2014. Handeln auf Probe für die Ewigkeit? Die Einlagerung hochradiaoaktiver Reststoffe als eine Generationsaufgabe. In *Das Leben führen? Lebensführung zwischen Technikphilosophie und Lebensphilosophie. Festschrift für Günter Ropohl zum 75. Geburtstag*, Hrsg. Nicole C. Karafyllis, 259–276. Berlin: edition Sigma.
Padulo, Louis, und Michael A. Arbib. 1974. *System theory. A unified state-space approach to continuous and discrete systems*. Toronto: Hemishere.
Palm, Günter. 1982. *Neural assemblies – An alternative approach to artificial intelligence*. Berlin/New York: Springer.
Palm, Günter. 1990. Local Rules for synaptic modification in neural networks. In *Computational neuroscience*, Hrsg. E. L. Schwartz. London/Cambridge, MA: MIT-Press.
Penrose, Roger. 1991. *Computerdenken*. Heidelberg: Spektrum.
Pollock, Frederick. 1956. *Automation. Materialien zur Beurteilung der ökonomischen und sozialen Folgen,* Frankfurter Beiträge zur Soziologie, Bd. 5. Frankfurt a. M. Vollständig überarbeitete Neuausgabe: Frankfurt a. M.: Europäische Verlagsanstalt, 1956, 1964, 1966.
Poser, Hans. 2016. *Homo creator – Technik als philosophische Herausforderung*. Wiesbaden: Springer VS.
Projekt MaxSynBio. 2018. *Der Baukasten des Lebens*. https://www.synthetische-biologie.mpg.de/3093/projekt-maxsynbio. Zugegriffen am 08.01.2020.
Rapp, Friedrich. 1978. *Analytische Technikphilosophie*. Freiburg: Alber.
Rapp, Friedrich. 1992. *Fortschritt. Entwicklung und Sinngehalt einer philosophischen Idee*. Darmstadt: Wiss. Buchgesellschaft.
Rapp, Friedrich. 1994. *Die Dynamik der modernen Welt*. Hamburg: Junius.
Rapp, Friedrich, und Günther Ropohl. 2013. Historische und systematische Übersicht. In *Nachdenken über Technik – Die Klassiker der Technikphilosophie*, Hrsg. Ch. Hubig, A. Huning, und G. Ropohl, 41–52. Berlin: Edition Sigma.
Rath, Matthias, Friedrich Krotz, und Matthias Keamaisn, Hrsg. 2019. *Maschinenethik*. Wiesbaden: Springer VS.
Reichert, Ludwig. 1994. *Evolution und Innovation*. Berlin: Dunker und Humblot.
Roco, M. C., und S. Bainbridge, Hrsg. 2002. *Converging technologies for improving human performance. nanotechnology, biotechnology, information technology, and cognitive science*. National Science Foundation (NSF/DOC) sponsored Report. Arlington, January 2002.
Roco, Michail C., Williams S. Bainbridge, Bruce Tonn, und George Whitesides, Hrsg. 2013. *Convergence of knowledge, technology and society – Beyond convergence of cognitive Nano-Bio-Info-Cognitive Technologies*. Cham/Heidelberg: Springer.
Ropohl, Günter. 1979 ff. *Eine Systemtheorie der Technik: zur Grundlegung der Allgemeinen Technologie*. München/Wien: Hanser. 2. Aufl.: „Allgemeine Technologie", München, Zürich: 1999. 3. Aufl.: *Allgemeine Technologie: Eine Systemtheorie der Technik*. Karlsruhe: Universitätsverlag 2009. https://publikationen.bibliothek.kit.edu/1000011529. Zugegriffen am 08.01.2020.
Roth, Gerhard. 2010. *Denken, Fühlen, Handeln*. Frankfurt a. M.: Suhrkamp.
Russell, Stuart, und Peter Norvig. 2012. *Künstliche Intelligenz. Ein moderner Ansatz*. Hallbergmoos: Pearson, 2012[3].
Saam, Nicole. 2017. What is a computer simulation? A review of a passionate debate. *Journal for General Philosophy of Science* 48(2): 293–309. 17S. https://doi.org/10.1007/s10838-016-9354-8.
Sartre, Paul. 1989. *Ist der Existentialismus ein Humanismus?* (1946). Frankfurt a. M.: Ullstein.
Schelsky, Helmut. 1979. *Der Mensch in der wissenschaftlichen Zivilisation*. Köln/Opladen: Westdeuscher, 1961, als TB: München: Goldmann, 1979.

Searle, John. 1980. Minds, brains and programs. *Behavioral and Brain Sciences* 3(3): 417–457. https://doi.org/10.1017/S0140525X00005756.

Silver, David, und Demis Hassabis. 2016. AlphaGo: Mastering the ancient game of Go with Machine. *Learning Google DeepMind*, January 27. https://ai.googleblog.com/2016/01/alphago-mastering-ancient-game-of-go.html. Zugegriffen am 08.01.2020.

Singer, Wolfgang. 2004. Verschaltungen legen uns fest. Wir sollten aufhören, von Freiheit zu sprechen. In *Hirnforschung und Willensfreiheit. Zur Deutung der neuesten Experimente*, Hrsg. Christian Geyer, 30–65. Frankfurt a. M.: Suhrkamp.

State Council of VR China. 2014. *Planning outline for the construction of a social credit system (2014–2020).* Posted June 2014, updated April 25, 2015. https://chinacopyrightandmedia.wordpress.com/2014/06/14/planning-outline-for-the-construction-of-a-social-credit-system-2014-2020/. Zugegriffen am 08.01.2020.

Steinbuch, Karl. 1961. Die Lernmatrix. *Kybernetik* 1(1): 36–45.

Steinbuch, Karl. 1965. *Automat und Mensch*. Berlin/Heidelberg: Springer. 1965[3].

Tal, E. 2015. Measurement Science. In *The Stanford Encyclopedia of Philosophy* (Summer Edition), Hrsg. Edward N. Zalta. http://plato.stanford.edu/archives/sum2015/entries/measurement-science/. Zugegriffen am 08.01.2020.

Teller, Edward. 2003. *Ich musste es tun.* Interview mit J. Schönstein. In FOCUS Magazin 38 vom 15.09.2003.

Tetens, Holms. 1997. Darstellen und Eingreifen. Überlegungen zum Wirklichkeitsbegriff in der Perspektive technischer Welterzeugung. In *Cognitio humana – Dynamik des Wissens und der Werte. XVII. Deutscher Kongreß für Philosophie Leipzig, Vorträge und Kolloquien*, Hrsg. Christoph Hubig, 253–262. Berlin: Akademie.

Toffoli, T. 1982. Physics and computation. *International Journal of Theoretical Physics* 21(3/4): 165–175.

Trunz, Erich. 1949. *Das Geschlecht, das vom Dunkeln ins Helle strebt. DIE ZEIT* vom 4. August 1949. https://www.zeit.de/1949/31/das-geschlecht-das-vom-dunkeln-ins-helle-strebt/komplettansicht. Zugegriffen am 08.01.2020.

Turing, Alan M. 1950. Computing machinery and intelligence. *Mind* 49:433–460. Dt.: Kann eine Maschine denken? In Kursbuch 8, März 1967, Freiburg: 2001 Verlag, 106–138.

Ulich, E. 1980. Psychologische Aspekte der Arbeit mit elektronischen Datenverarbeitungssystemen. *Schweizerische Technische Zeitschrift* 75:66–68.

Verein Deutscher Ingenieure (VDI). 1991. *Technikbewertung – Begriffe und Grundlagen. VDI-Richtlinie 3780*, VDI, Hauptgruppe Der Ingenieur in Beruf und Gesellschaft, Ausschuss Grundlagen der Technikbewertung. VDI Verlag Düsseldorf 1991, Beuth, Berlin 1991, 2. Aufl. dt. u. engl. Düsseldorf 2000.

Verein Deutscher Ingenieure (VDI). 2002. *Ethische Grundsätze des Ingenieurberufs*. https://www.vdi.de/fileadmin/pages/mein_vdi/redakteure/publikationen/VDI_Ethische_Grundsaetze.pdf. Zugegriffen am 08.01.2020.

Vollmer, Gerhard. 1991. Algorithmen, Gehirne, Computer – Was sie können und was nicht. *Naturwissenschaften* 78:481–488.

Waldrop, Mitchell M. 2016. More than Moore. *Nature* 529:144–147.

Weber, Karsten. 1999. *Simulation und Erklärung. Kognitionswissenschaften und KI-Forschung in wissenschaftstheoretischer Perspektive*. Münster/New Yok: Waxmann.

Weber, Karsten. 2004. Der wissenschaftstheoretische Status von Simulationen. In *Wissenschaftstheorie in Ökonomie und Wirtschaftsinformatik. Wirtschaftswissenschaft*, Hrsg. U. Frank, 191–210. Wiesbaden: Deutscher Universitätsverlag.

Weber, Karsten. 2019. Autonomie und Moralität als Zuschreibung. Über die begriffliche und inhaltliche Sinnlosigkeit einer Maschinenethik. In *Maschinenethik*, Hrsg. Matthias Rath, Friedrich Krotz, und Matthias Keamaisn, 193–208. Wiesbaden: Springer VS.

Weizenbaum, Joseph. 1977. *Computer power and human reason. From judgement to calculation.* San Francisco: W. H. Freeman and Company. 1976, Deutsch als: *Die Macht der Computer und die Ohnmacht der Vernunft*. Frankfurt a. M.: Suhrkamp.

Weizenbaum, Josef. 1993. *Wer erfindet die Computermythen? Der Fortschritt in den großen Irrtum*. Freiburg: Herder.

Weizsäcker von, Carl Friedrich. 1988. *Bewusstseinswandel*. München: Hanser.

Wiener, Norbert. 1968. *Kybernetik*. Reinbeck: Rowohlt.

Wolf, U. 1984. Ontologie. In *Historisches Wörterbuch der Philosophie*, Hrsg. Gerhard Ritter et al., Bd. 6. Darmstadt: WBG; Basel: Schwabe, S. 1185–1200.

Yin, R. K. 2003. *Case study research – Design and methods*. Thousand Oaks: Sage Publications.

Zimmerli, Walther Ch., und Stefan Wolf, Hrsg. 1994. *Künstliche Intelligenz – Philosophische Probleme*. Stuttgart: Reclam.

Zoglauer, Thomas. 1996. Über das Verhältnis von reiner und angewandter Forschung. In *Technik zwischen Erkenntnis und Gestaltung. Philosophische Sichten auf Technikwissenschaften und technisches Handeln*, Hrsg. G. Banse und K. Friedrich, 77–104. Berlin: Edition Sigma.

Zuse, Konrad. 1969. *Rechnender Raum, Schriften zur Datenverarbeitung*, Bd. 1. Braunschweig: Vieweg.

Zuse, Konrad. 1982. The computing universe. *International Journal of Theoretical Physics* 21(6/7): 589–600.

Zum Unterschied zwischen künstlicher und menschlicher Intelligenz und den ethischen Implikationen der Verwechselung

Sarah Spiekermann

Inhalt

Zusammenfassung

Dieser Beitrag beschäftigt sich mit der Frage, worin sich die menschliche Intelligenz von der künstlichen Intelligenz unterscheidet und ob es zulässig sein sollte, die KI als „menschenähnlich" zu bezeichnen. Anhand von fünf Thesen wird gezeigt, dass ein in der Sprache weit verbreiteter Vergleich von menschlicher und künstlicher Intelligenz problematisch ist. KI-Systeme verfügen nämlich über wenig menschenähnliche Informationen; dafür aber über maschinenspezifische Information, die wir Menschen nicht haben. KI-Systeme können nicht menschenähnlich denken, da sie keinen Zugang zu Noemata haben. KI-Systeme können keine

*Notiz: Dieser Artikel ist ein vom ECOWIN Verlag autorisierter Reprint des Beitrags:
Spiekermann, S. „Zum Unterschied zwischen künstlicher und menschlicher Intelligenz und den ethischen Implikationen der Verwechselung", in: Ethische Herausforderungen im Zeitalter des Digitalen Wandels, Hrsg.: Österreichischer Rat für Forschung & Technologieentwicklung, ECOWIN, Wien, 2020*
Der Originalbeitrag wurde in einigen Passagen angepasst für das Handbuch, um Abstract und Keywords ergänzt.

S. Spiekermann (✉)
Institut für Wirtschaftsinformatik und Gesellschaft, Wirtschaftsuniversität Wien, Wien, Österreich
E-Mail: sspieker@wu.ac.at

K. Mainzer (Hrsg.), *Philosophisches Handbuch Künstliche Intelligenz*,
https://doi.org/10.1007/978-3-658-19606-6_35

menschenähnlichen Motivationsstrukturen aufbauen, da sie nicht wahrnehmen können, was von Wert ist. Und schließlich wird ihre Autonomie nie sozial eingebettet sein, was diese fundamental von der menschlichen Autonomie und deren natürlichen Grenzen unterscheidet. Das Fazit dieses Artikels ist, dass KI-Systeme zwar vernünftig sein können, aber nicht intelligent. Und der Grund dafür ist letztlich, dass sie nicht die Fähigkeit haben, sich mit der Welt auf intelligente Weise im menschlichen Sinne zu verbinden; sie können mit der Welt „nichts anfangen".

Schlüsselwörter

Menschenähnlichkeit · Mensch · Menschenbild · Information · Autonomie · Motivation · Wahrnehmung · Vernunft · Intelligenz

Ich möchte an dieser Stelle Prof. Friedemann Mattern, Prof. Johannes Hoff und Jana Korunovska danken, die den vorliegenden Beitrag begutachtet und mit mir kritisch diskutiert haben.

1 Einleitung: Fünf Thesen zu den Grenzen von KI-Systemen

Dieser Beitrag stellt die Frage in den Mittelpunkt, ob die Beschreibung von KI-Systemen als *menschenähnlich* zulässig ist. Zur Beurteilung bedarf es eines nüchternen Vergleichs zwischen den kognitiven Fähigkeiten von KI-Systemen und der menschlichen Intelligenz. Ich bezweifele nicht, dass KI-Systeme auch in Zukunft über eine erhebliche Rechenleistung verfügen können und dass sie (unter der Annahme einer deutlich besseren Datenqualität als heute und einer kontext-sensitiven Konstruktion) logisch so mächtig werden könnten, dass sie nicht nur in engen Anwendungsbereichen nützlich sind, sondern tatsächlich die Intelligenz von uns Menschen bereichern. Allerdings werden KI-Systeme trotz dieser zu erwartenden Leistungssteigerung aus folgenden Gründen wahrscheinlich nie *menschenähnlich* sein:

1. KI-Systeme verfügen über wenig menschenähnliche Informationen
2. KI-Systemen können nicht menschenähnlich reagieren
3. KI-Systeme können nicht menschenähnlich denken
4. KI-Systeme haben keine menschenähnliche Motivation
5. KI-Systeme haben keine menschenähnliche Autonomie

Diesen Thesen liegt die Annahme zugrunde, dass Computersysteme auch weiterhin aus anorganischem Material gefertigt werden und digital arbeiten.[1]

[1] Mir ist bewusst, dass diese Annahme von derzeitigen Experimenten untergraben wird, die Software auf organischen Materialien zu implementieren (siehe z. B.: https://www.pnas.org/content/117/4/1853 oder https://royalsocietypublishing.org/doi/full/10.1098/rsif.2017.0937). Solche Experimente sind allerdings so sehr in den Kinderschuhen, dass sie im Jahr 2020 wissenschaftlich kaum ernst zu nehmen sind; insbesondere, da die Kontrollierbarkeit der Reaktionen von organischen Materialen sich gar nicht mit den derzeitigen Paradigmen unserer Computermechanik und Statistik vereinbaren lässt: etwa der Berechenbarkeit, Nachvollziehbarkeit oder Wiederholbarkeit von Operationen.

2 Zum klassischen Unterschied von Vernunft und Intelligenz

Zunächst sei vorangestellt, dass ich auf der *klassischen* Unterscheidung zwischen Vernunft und Intelligenz aufbaue, die in unserer modernen Welt durcheinander geraten scheint:[2] Für die großen Philosophen der Antike bis ins späte Mittelalter galt: Die *Vernunft* eines Menschen ist die Fähigkeit, rationale Argumente, Daten und Fakten etc. zu sammeln, aufzunehmen und sachlogisch zu kombinieren (Griechisch: *dianoia*, Latein: *ratio*). Normale Menschen können lernen, vernünftig zu handeln; etwa Informationen zu sammeln, sich diese zu merken, wiederzugeben und zu kombinieren. Sie haben weitestgehend Kontrolle über diesen Vorgang. Im Gegensatz zu dieser Vernunft besteht *Intelligenz* oder Verstand (Griechisch: *noûs*, Latein: *intellectus*) darin, das Wichtige vom Unwichtigen zu trennen, zu abstrahieren, weiter zu denken oder schlichtweg zu sehen, worauf es in einer Angelegenheit ankommt oder nicht. Über diesen *intellectus* haben Menschen wenig Kontrolle: Man kann sich nicht zwingen etwas zu verstehen, was man nicht versteht.[3] Aus diesem Grund schreibt man Menschen unterschiedliche Grade einzigartiger Intelligenz zu.

Wie manifestiert sich nun Intelligenz im Gegensatz zur rationalen Vernunft? Erstens erlebt man sie körperlich: der Blutdruck steigt freudig im Augenblick des Geistesblitzes oder man genießt einen emotional angenehmen „flow", wenn die eigene Kompetenz mit den Anforderungen der Aufgabe perfekt zusammen fällt (Csikszentmihalyi 1991). Zweiten ist es kaum möglich, Punkt-für-Punkt zu rekapitulieren, was es genau war, das einem aufgegangen ist oder was man wie in diesem Flow genau getan hat. Das wahre Verstehen, das dem intelligenten (nicht mechanischen) Handeln immanent ist, lässt sich nur eingeschränkt dingfest machen; geschweige denn in scharfen Informationseinheiten genau rekapitulieren.[4] Und drittens ist zu beachten, dass Intelligenz – im Gegensatz zur Vernunft – in der klassischen Lehre als „*noûs*" bezeichnet wird; das gleiche Wort wie das französische „nous", was zu Deutsch „wir" heißt.[5] Die geteilte Wortwurzel weist darauf hin, dass Intelligenz etwas mit Gemeinschaftlichkeit zu tun hat; genauer gesagt: mit der

[2]Vgl.: „If, in philosophy, there is a „*before* and *after* Immanuel Kant" (1724–1804), this is because he has inverted the meaning of *intelligence (Verstand)* and *reason (Vernunft)* as understood by all preceding philosophers: from Plato, Aristotle, Plotinus and St. Augustine to St. Thomas Aquinas, Dante, Leibniz, Malebranche, and beyond, all said to labor under an illusion which he alone was able to recognize and dispel! Indeed, in keeping with his conviction that intuition can only be sensible or empirical, he elevated *reason* to the highest rank among cognitive faculties, capable supposedly of rendering synthetic, systematic, universal and unified intelligibility. Hence intelligence or *intellect* came to be seen as inferior to reason: a secondary faculty concerned with processing abstractions, endowing sense experience with a conceptual form, and connecting the resultant concepts so as to constitute a coherent structure – until, finally, it turned into discursive knowledge, that is to say, *became* „reason"" (Bérard 2018).

[3]„We absolutely cannot think what we can't think" (G.E. Moore).

[4]Wenn überhaupt, schaffen es gute Lehrer, mit Hilfe von Analogien und Narrativen das klar zu machen, worum es geht. Solch eine Erklärung beginnt dann meistens mit den Worten: „Stell Dir vor . . .".

[5]https://en.wiktionary.org/wiki/nous#Etymology.

Verbindung zu den Dingen, der Natur, den beteiligten Personen etc. Intelligenz setzt ein *geteiltes* Verständnis voraus.[6] Wenn man so ein geteiltes Verständnis nicht aufbauen kann, sagt man schnell: „Damit kann ich nichts anfangen!" Man meint damit, dass man keine Intuition hat, wie man mit der gegebenen Sache umgehen soll.

Für das Verstehen des Unterschieds zwischen menschlicher und künstlicher Intelligenz scheint dieses „sich mit etwas verbinden" zentral.[7] Es ist konstitutiv für den Unterschied zwischen Vernunft und Intelligenz: Die Vernunft zerlegt eine Sachlage völlig neutral in Einzelteile, analysiert diese nüchtern ohne körperliche Reaktion und trifft möglichst Punkt-für-Punkt nachvollziehbare Entscheidungen. Die Intelligenz hingegen erfordert, dass man sich mit einer Sache verbindet, dass man etwas mit ihr anfangen kann. Das Fazit dieses Artikels wird sein, dass KI-Systeme zwar vernünftig sein können, aber nicht intelligent. Und der Grund dafür ist letztlich, dass sie nicht die Fähigkeit haben, sich mit der Welt auf intelligente Weise zu verbinden; sie können mit der Welt „nichts anfangen".

3 KI-Systeme verfügen über wenig menschenähnliche Informationen

Menschen sind hoch sensible, Körper-Geist-integrierte Systeme (Damasio et al. 1996), die mit ihrer Umwelt permanent in Resonanz stehen (Rosa 2016); so mächtige Systeme in der Tat, dass die Wissenschaft derzeit die These nicht mehr vermeiden kann, unser Gehirn als einen analogen Quantencomputer zu verstehen (Wendt 2015). Selbst wenn ich mich dieser These hier nicht anschließe, so verarbeitet der Mensch in jedem Fall permanent optisch, akustisch, haptisch, gustatorisch und olfaktorisch Umweltinformationen. „Unsere Wahrnehmung . . . ist . . . das Produkt leibgebundener Formen *synästhetischer* Wahrnehmung", schreibt Johannes Hoff. Und ohne mich hier der Argumentationskette eines Ray Kurzweil anschließen zu wollen (Feser 2013; Kurzweil 2006), so müssten *menschenähnliche* KI-Systeme zunächst einmal über ein sensomotorisch ähnlich mächtiges „Gehäuse" verfügen, dass auf ähnlich vollständige Weise die Umwelt verarbeitet. Davon ist der Stand der Technik jedoch sehr weit entfernt. Die mächtigsten der heutigen Supercomputer können gerade mal 1–2 Prozent der neuronalen Aktivität eines menschlichen Ge-

[6]Deswegen ist es auch so angenehm, wenn man einen intelligenten Menschen sprechen hört, denn man anerkennt intuitiv sofort, dass der- oder diejenige richtig liegt. Meistens kann man nicht sagen, warum man meint, dass der intelligente Mensch richtig liegt, aber man teilt das Wirklichkeitsverständnis mit ihm oder ihr.

[7]Vgl.: „Unsere Wahrnehmung ... ist . . . das Produkt leibgebundener Formen *synästhetischer* Wahrnehmung. An ihrem Ausgangspunkt steht immer das, was die aristotelische Wahrnehmungslehre als *sensus communis* (Gemeingefühl) bezeichnete. Wir sehen ‚sprudelndes Wasser', hören ‚helle Glockentöne', sehen einen ‚harten Aufschlag', riechen ‚den stechenden Geruch von Heu', – und lernen erst später, ‚das Sprudelnde', ‚das Helle' oder ‚das Harte und Stechende' verschiedenen Sinnesmodalitäten zuzuordnen, die sich analytisch voneinander isolieren und vermeintlich ‚elementaren' (auditiven, visuellen, taktilen, olfaktorischen oder gustatorischen) ‚vorgegebenen Sinneseindrücken' zuordnen lassen" (Zitat, unveröffentlichtes Manuskript, Hoff, 2021).

hirns simulieren, wofür aber um ein Tausendfaches und mehr an Energie aufgebracht werde muss, als was unser biologisches System erfordert (Meier 2017).[8] Ein Gehirn hat mehr als 860.000 Milliarden Neuronen, die sich zu über einer Trillion Synapsen miteinander verbinden. Früher dachte man, dass Menschen durch die Veränderung der Wirksamkeit bestehender Synapsen lernen. Diese Idee wurde auch zur Grundlage des maschinellen Lernens („Machine Learning"). Deshalb spricht man bei KI-System auch vom Trainieren von „Neuronen". Heute jedoch weiß man aus den Neurowissenschaften, dass es bei Menschen permanent zum Entstehen neuer Synapsen zwischen den Neuronen kommt. Mit anderen Worten: Das Gehirn verdrahtet sich permanent neu. Darf man technischen Quellen vertrauen, werden bis zu 40 Prozent der Synapsen auf einem Neuron täglich ersetzt. Ein ernüchterter Autor der KI-Welt schließt daher: „Während es wahr ist, dass die heutigen KI-Techniken auf die Neurowissenschaften verweisen, so verwenden sie dabei ein übermäßig vereinfachtes Neuronenmodell, das wesentliche Merkmale realer Neuronen auslässt; und die ML Neuronen sind auch auf eine Weise miteinander verbunden, die nicht die Realität der komplexen Architektur unseres Gehirns widerspiegeln" (S. 35 in (Hawkins 2017)). Fakt ist also, dass die vielfältige, nuancierte und reiche menschliche Verarbeitung von Umweltinformationen unendlich feiner und flexibler ist als das, was wir von Maschinen in absehbarer Zeit und zu sinnvollen Energiekosten erwarten dürfen. Wenn jedoch die von KI-Systemen gesammelten Informationen andere sind, die noch dazu gröber verarbeitet werden, wie soll ein KI-System dann menschenähnlich sein oder (re)agieren? Weniger Daten, weniger Sensorium und weniger mächtige, dabei zudem völlig anders geartete Verarbeitung von Umweltinformation wird uns die KI-Systeme wahrscheinlich noch lange ‚ungelenk' vorkommen lassen.

Trotz dieser Sachlage haben KI-Systeme jedoch etwas, womit sie zu einer gewissen Vernunft in dieser Welt beitragen könnten. In ihre Gehäuse lassen sich nämlich eine Vielzahl von Sensoren einbauen, die wir Menschen wiederum nicht besitzen. Und diese Sensorinformation kann durch globale Vernetzung zwischen den Systemen effizient geteilt werden. Je nach Ausstattung können KI-Systeme beispielsweise Radioaktivität, Wärme oder Feuchtigkeit messen, die Anzahl der genutzten W-LANS in der Umgebung ermitteln, die Art der Möbel in umliegenden Häusern auslesen (etwa wenn diese mit RFID Chips auf bestimmten Frequenzbänder markiert sind). KI-Systeme wie mobile Roboter könnten (sofern das offiziell erlaubt werden sollte) über internationale Datenmärkte das sozio-demografische Profil jedes vorbeigehenden Passanten beziehen oder durch optische Analyse der Gesichtsmimik relativ treffsicher auf deren momentane Gefühlslage schließen. Auch wenn KI-Systeme sich also mangels körperlichen Sensoriums und mangels menschen-

---

[8]Vgl.: „As an example, consider a simulation that Markus Diesmann and his colleagues conducted several years ago using nearly 83.000 processors on the K supercomputer in Japan. Simulating 1.73 billion neurons consumed 10 billion times as much energy as an equivalent size portion of the brain, even though it used very simplified models and did not perform any learning ... The IBM TrueNorth group, for example recently estimated that a synaptic transmission in its system costs 26 picojoules. Although this is about a thousand times the energy of the same action in a biological system, it is approaching 1/100.000 of the energy that would be consumed by a simulation carried out on a conventional general-purpose machine " (S. 29 and 31 in (Meier 2017)).

ähnlicher Gehirn- bzw. Körper-Geist-Strukturen nicht in gleicher Weise mit der lebendigen, sinnlichen Welt verbinden können, so können sie sich doch untereinander vernetzen und ungeheuer viele anders geartete Daten aggregieren. Das Resultat ist eine ganz eigene Maschinenratio, deren Bedeutung für das menschliche Leben und Wirtschaften wichtig sein kann, auch wenn bzw. gerade weil sie nicht menschenähnlich ist.

4 KI-Systeme können nicht menschenähnlich reagieren

Wenn Menschen auf ihre Umwelt reagieren, dann zeigt sich darin in ganz besonderer Weise ihre Intelligenz im Sinne des „*noûs*". Jeder, der eine normal ausgeprägte Verbindung zur Welt aufbauen kann, reagiert auf diese Welt unmittelbar und gefühlsmäßig, was in allen Lebenslagen wichtig ist. Man nehme etwa eine moralisch aufgeladene Situation, in der man ein Unrecht beobachtet. Im Angesicht negativ konnotierter Zustände wie Unrecht, Gemeinheit, Brutalität oder ähnlichem kennt unsere Sprache Ausdrücke für unser sofort einsetzendes Wertgefühl; etwa dass man angesichts des Beobachteten „Bauchschmerzen hat", dass es einem „kalt über den Rücken läuft" oder dass es einem „die Haare zu Berge sträubt". Aber nicht nur in negativen Situationen leitet unser Wertgefühl unser Verstehen. Das meiste, was unserem Leben in Form von Werten letztlich Bedeutung gibt – ist Sympathie, Liebe, Freundschaft, Gemeinschaft, Sicherheit –, erschließt sich uns Menschen dadurch, dass wir uns gefühlsmäßig hingezogen fühlen (Scheler 1921 (2007)). Das Sich-hingezogen-fühlen oder Abgestoßen-sein bestimmt dann oft maßgeblich unsere Reaktion.

Es genügt wohl der Hinweis, dass Computersysteme aller Generationen und auch kein KI-Systeme über einen Leib verfügen, der solche oder ähnliche Empfindungen haben kann. Ein Gehäuse aus Stahl hat keine Bauchschmerzen und es läuft ihm auch nicht kalt den Rücken runter.[9] Ein humanoider Roboter könnte zwar sagen, dass er Bauchschmerzen hat. Die Reaktion der Maschine besteht dann in dieser Sprachausgabe. Diese Simulation einer Menschenähnlichkeit macht das KI-System jedoch nicht wirklich menschenähnlich.

Was das Beispiel mit den simulierten Bauchschmerzen darüber hinaus interessant macht, ist, dass wahre Menschenähnlichkeit oft gar nicht gewünscht wird. Epley, Waytz und Cacioppo (2007) zeigen, dass viele Menschen lediglich aufgrund von Gefühlen der Einsamkeit zu Anthropomorphismen neigen. Wäre es nicht schön, einen völlig neutralen Freund zu haben, der gleichzeitig hoch emphatisch reagiert bzw. in seiner Simulation von Empathie uns gegenüber so vollkommen ist, dass man sich in der Interaktion geborgen fühlt? Empathisch-wirkende, aber in Wirklichkeit

[9] Es ist mir bewusst, dass einige Wissenschaftler wie Daniel Dennett argumentieren, dass der Mangel an Resonanzfähigkeit eines Systems nicht an dessen Materialeigenschaften liegt. Ein Beweis für diese Argumentation liegt jedoch nicht vor. Fakt ist, dass Computer in absehbarer Zeit nicht über einen resonanzsensiblen Leib verfügen.

emotionslose Vernunft scheint das Wunschbild einer Zeit, in der unser Vertrauen in Menschen selbst am Tiefpunkt ist.[10]

Dieses mangelnde Vertrauen wird der menschlichen Natur meines Erachtens nicht gerecht: Beim Menschen korreliert die Empathiefähigkeit mit der Aktivität von Spiegelneuronen, so dass es zu einer natürlichen Empathiefähigkeit kommt (Jenson und Iacoboni 2011). KI-Systeme hingegen haben keine Spiegelneuronen. Was KI-Systeme mittelfristig allerdings mehr nutzen könnten, sind Sensoren, welche in der Lage zum Erkennen menschlicher Emotionen und Reaktionen sind. Es ist Computern schon heute möglich, minimale Gesichtsregungen, Pupillenerweiterung oder Hautreaktionen präzise zu messen und daraus relativ verlässlich abzuleiten, wie sich ein Mensch gerade fühlt. Ferner können KI-Systeme die technischen Skills besitzen, auf solche Beobachtungen des menschlichen Gegenüber vernünftig zu reagieren.[11] Ich gebrauche hier bewusst den Begriff der Vernunft, denn das Computersystem ist ja nicht in der Lage, ein „*noûs*" zu aktualisieren und sich mit dem Gegenüber emotional zu verbinden. Es kann jedoch ein rationales Modell des menschlichen Gegenübers errechnen und dann bestimmte prädeterminierte oder erlernte Reaktionen auf diesen Menschen ausführen. Die Frage ist, wie man solch eine Maschinenreaktion beurteilt und ob man sie als „intelligent" im menschenähnlichen Sinne gelten lassen will.

Was einen Menschen emotional intelligent macht ist, dass er oder sie eins mit sich und der Welt ist. Er oder sie versteht und kennt sich selbst und ist aus dieser Selbsterkenntnis heraus, gepaart mit einem Verstehen seiner Umwelt, in der Lage, auf diese Umwelt in einem verbindenden Sinne zu reagieren. Beim KI-System fehlt neben der Fähigkeit, sich wahrhaft zu verbinden, noch ein zweiter Aspekt: Dass es eben dieses menschliche Selbstbewusstsein nicht hat. Es hat kein Selbst, was es in die Verbindung mit seinem menschlichen Gegenüber einbringen könnte, und damit ist jede Reaktion sinnbildlich „selbstlos". Das aber ist nicht menschlich.[12]

5 KI-Systeme können nicht menschenähnlich denken

Wenn Computersysteme „denken", dann ist das, was sie eigentlich tun, rechnen. Jedes Computersystem, inklusive aller Formen von KI, basiert auf Daten, die nach einem ganz spezifischen Schema kodiert, eingelesen, in Datenbanken klassifiziert,

[10]Vergleiche dazu meinen Artikel zum schlechten Menschenbild unserer Zeit (Spiekermann 2019a) und den historischen Quellen dieses Denkens (Spiekermann 2019b).

[11]Man beachte an dieser Stelle, dass die technischen „skills" von KI, also technische Komponenten, die bestimmte Algorithmen ausführen, zu unterscheiden sind von dem was Richard Sennet unter „skill" versteht (Sennett 2009)

[12]Es sei an dieser Stelle gesagt, dass es Momente in der Interaktion mit Robotern gibt, wo diese gerade aufgrund ihrer selbstlosen Reaktionen ungeheuer verwundbar wirken und dadurch wiederum menschlich (vgl. dazu (Spiekermann 2019b)). Und wichtig ist mir auch anzumerken, dass ich natürlich keinem Menschen absprechen möchte, dass er oder sie oftmals selbstlos bzw. altruistisch handelt. Nur ist es normalerweise schon so, dass wir unser Selbst auch in selbstlose Handlungen einbringen. Und selbst bei altruistischen Formen des Handelns spielt diese eigene Psyche und Motivlage eine Rolle.

strukturiert, funktional integriert, idealerweise mit Metadaten beschrieben und ggf. als Teil von Ontologien abgespeichert sind. Das, was häufig als KI-System-spezifische Funktionalität beschrieben wird, etwa das maschinelle Lernen (z. B. mit „Deep Neural Networks") ist Teil von genau dieser Datenverarbeitungsarchitektur. Sie erlaubt, dass Rohdaten nicht nur als Information abgespeichert werden, sondern sinnvoll „repräsentiert" werden und dass diese Repräsentationen sich auch verändern können. KI-Systeme können Muster erkennen und anpassen, zum Beispiel in unserer Sprache. Und sie können dann in Kombination mit dem Wissen der Linguistik gewachsene Modelle aufbauen (synthetisieren), was ihnen erlaubt, Sprechaktionen zu erkennen, zu analysieren und selbst auszuführen.

Gerade bei der KI-unterstützen Datenverarbeitung kann diese Aggregation kontinuierlich sein. Abgespeicherte Informationen und Repräsentationen verändern sich permanent mit neu einfließenden Datensätzen. Beobachtet man große Datensätze am Bildschirm *life* bei einer solchen Verarbeitung, dann kann man den Eindruck gewinnen, dass dieser Fluss von Daten und sich verändernden Informationsobjekten eine eigene Lebendigkeit entfaltet. Eine Lebendigkeit, die ich als „synthetische Existenz" bezeichne. Diese synthetische Existenz ist beeindruckend, wenn man sie am Werk sieht. „Es blinkt, es lebt" (Gehring 2004) mag die beeindruckte Beobachter*in eines derartigen Systems rufen. Allerdings darf man bei allem Enthusiasmus diese blinkenden Visualisierungen nicht mit einer *menschenähnlich*en Existenz gleichsetzen. Es ist nicht das Leben selbst, sondern lediglich eine darauf aufsetzende, beobachtende Instanz der realen Phänomene. Beobachter und Beobachtetes fallen logisch nicht zusammen.

Der Unterschied zwischen menschlichem Denken und künstlicher Informationsverarbeitung ist, dass Menschen in der Regel keine Daten in einem Modell zusammenrechnen. Es ist zwar durchaus so, dass wir in der Psychologie und in der Ökonomie eine lange Tradition haben, menschliches Entscheiden und Handel so zu modellieren. So nutzen wir – leider – noch immer die Vorstellung vom „Homo Oeconomicus", um den Menschen als eine Art „Präferenzoptimierer" bzw. „Nutzenmaximierer" abzubilden. Auch in der Psychologie verwenden wir Modelle, wie beispielsweise jene der unterschiedlichen Theorien vom Vernünftigen Handeln,[13] um zu erklären, wie Menschen agieren. Die Anzahl der Modelle, die menschliches Denken im Rahmen von Entscheidungsprozessen zu repräsentieren versuchen, ist groß. Aber jeder vernünftige Wissenschaftler weiß auch, dass all diese Modelle, die menschliches Denken bezüglich Entscheidungen in Einzelteile zerlegen und in der abhängigen Variable des Handelns (oder intendierten Handelns) wieder zusammensetzen, nur grobe Heuristiken des tatsächlichen menschlichen Denkens und Handelns abbilden. Das macht die Modelle nicht weniger wertvoll. Heuristiken sind wissenschaftlich wichtig, um uns selbst als Spezies besser zu verstehen. Aber sie sind nicht geeignet, das menschliche Denken und Handeln an sich vollständig abzubilden oder verlässlich vorherzusagen. Wer das nicht akzeptieren will, mag

[13]Siehe etwa „Theory of Reasoned Action" oder „Theoy of Planned Behavior" (vgl. Ajzen und Fishbein 2005).

demütig an die Bestimmtheitsmaße und Fehlergrößen erinnert werden, die mit jeder wissenschaftlichen Statistik einhergehen. Nur äußerst selten zerlegt ein Mensch in einer Entscheidungssituation minuziös die Aspekte in Einzelbestandteile bzw. startet von diesen ausgehend und rechnet sie dann mit Gewichtungen wieder zusammen; auch wenn uns so mancher Verhaltensökonom nahelegen mag, dies öfter mal zu tun.

Stattdessen scheint gesichert, dass Menschen ihre Umwelt normalerweise in nicht-summativen, ganzheitlichen Gestalten wahrnehmen und erinnern; zumindest dann, wenn beide Gehirnhälften gesund zusammenarbeiten (Mc Gilchrist 2009). Die rechte Gehirnhälfte, die für diese ganzheitliche Wahrnehmung zuständig ist, interagiert dabei mit der linken Gehirnhälfte, die das Wahrgenommene (zum Beispiel durch das Sprachzentrum) strukturiert (Mc Gilchrist 2009). Bereits Anfang des 20. Jahrhunderts nutzte Edmund Husserl das antike Konzept der „*noemata*", um die ganzheitlichen Gestalten unseres Denkens begrifflich zu fassen (Husserl 2009).

Noemata erlauben uns Menschen, die ‚Sinngestalt' eines Phänomens zu erfassen, und wir tun dies nicht, indem wir einzelne Datenpunkte zu dieser Gestalt irgendwie rechnerisch gewichtet synthetisieren, sondern diese geht uns auf oder wird uns intuitiv einsichtig. In Anlehnung an dieses Wissens spricht man in den Neurowissenschaften und der Gedächtnisforschung heute daher auch vom „autonoetischem Bewusstsein", wenn man die menschliche Persönlichkeit und ihr Gedächtnis beschreibt (Baddeley et al. 2015).[14] In weiten Teilen unseres Denkens aktualisieren wir Menschen das, was wir beobachten, in *noemata*, für die wir Begriffe gefunden haben.

So könnte man sagen, dass ein Mensch zum Beispiel eine Idee davon teilen kann, was es heißt, *gut* zu sein.[15] Wenn es dann in der Umgebung zu einem Vorfall kommt, wo sich jemand dieser Vorstellung bzw. Idee entsprechend verhält, dann erkennt ein Mensch das sehr schnell. Ein KI-System hingegen hat keine geteilte Idee vom Guten. Es kann trainiert werden, eine ganz bestimmte Abfolge von Handlungen als etwas zu erkennen, was als „gut" oder „richtig" gekennzeichnet (zu Englisch: „label") worden ist und daher die (gelernte oder determinierte) Regel inkorporieren, dass ein guter Mensch an einer roten Ampel stehen bleibt. Aber es erkennt dann immer nur diese eine Ausprägung des Guten wieder. Läuft also jemand über die rote Ampel, weil er ein Kind retten will, wird das KI-System errechnen, dass das nicht gut ist; es sei denn, es hat genau diese Sequenz vorher schon einmal gelernt (bzw. mit anderen verteilten KI-Systemen geteilt). Menschen hingegen sind sofort in der Lage, die Idee des Guten in der rettenden Tat zu erkennen. Ein KI-System folgt einer bottom-up „pattern recognition theory of mind" (Feser 2013). Der Mensch hingegen nutzt top-down die Wiedererkennung von *noemata*, die sich noch dazu gar nicht in Datenpunkten fassen lassen, sondern nur in Form von ganzheitlichen Wesensgestalten aufscheinen. Diese Dynamik des Denkens erlaubt unserer Spezies problemlos

[14]Der autonoetische Teil des Gedächtnisses ist Teil des Langzeitgedächtnisses und derjenige Teil, welcher die gewachsene Persönlichkeit eines Menschen widerspiegelt.

[15]Wiederum weist uns das Wort *noema* mit der Wortwurzel des *nous* auf das Geteilte hin; das, was von der Gemeinschaft geteilt verstanden wird.

mit der unstrukturierten Vielzahl sensomotorischer, optischer, olfaktorischer und haptischer Umwelteinflüsse klarzukommen, die keinerlei Kompilierung bzw. Übersetzung in Dateneinheiten, Vorverarbeitung, „Training", vordefinierte Datenbankfelder, Ontologien, etc. bedürfen.

Mir ist natürlich bewusst, dass so manchem modernen Wissenschaftler (unterschiedlicher Disziplinen) nicht wohl dabei ist, diese Phänomenologie anzuerkennen. Denken in *noemata*? Keine messbaren und fein abgrenzbaren Informationseinheiten? Das erregt Unwohlsein. Dies ist nicht verwunderlich, denn der dominierende Teil der Wissenschaftler*innen hängt nach wie vor dem an, was Johannes Hoff als „Baukästchenmetaphysik" beschreibt. Er schreibt: „So wie Johannes Gutenberg aus beweglichen Lettern seine Druckformen ‚zusammensetzte', so ‚synthetisiert' das kantische ‚Ich' aus ‚mannigfaltigen' Sinneseindrücken wahrnehmbare Objekte."[16] Nach Humes ist sogar das synthetisierende ‚Ich' auf ein „Bündel unterschiedlicher Zustände"[17] reduzierbar (Hoff 2021). Dies scheint jedoch ein auslaufendes Modell vom menschlichen Denken, denn folgt man den aktuellsten neurowissenschaftlichen Erkenntnissen, die eingebettete sind in eine *intelligente* geisteswissenschaftliche Tradition, dann wird folgendes klar: „Wenn es überhaupt als ‚Maschine' bezeichnet werden kann, dann ist das Gehirn keine ‚Synthetisierungs-' oder ‚Projektionsmaschine', sondern eine ‚Inhibitions-'oder ‚Selektionsmaschine'. Das ‚Geistige' wird durch das Gehirn nicht *generiert*, sondern im Zusammenspiel mit anderen Organen und korrespondierenden Umwelteindrücken, die den Möglichkeitsraum des Wiss- und Wahrnehmbaren einschränken, auf mehr oder weniger diskrete Formgestalten *kontrahiert*."[18]

Der fundamentale Unterschied zwischen einem maschinellen, also synthetisierenden und einem menschlichen, d. h. kontrahierenden Denken hat ethische Implikationen. KI-Systeme können nur Daten verarbeiten, für die sie eine entsprechende technische Repräsentanz haben („trainiert" wurden). So lange ein KI-System keine Repräsentanz für alle erdenklichen, ja selbst die unwahrscheinlichsten Situationen vorhält, wird es immer wieder die unsinnigsten Fehler machen. Es wird falsche Urteile fällen, sobald es mit einer Situation konfrontiert ist, die im „Training" nicht vorkam. Das jedoch ist fatal, weil das ganze menschliche Leben nun mal eine Abfolge kontext-sensibler, nicht-identischer Wiederholungen ist.[19]

---

[16]Nach Kant ist Erkenntnis ein „Ganzes verglichener und verknüpfter Vorstellungen" (Kant, *Kritik der reinen Vernunft*, A 97). An ihrem Ausgangspunkt steht eine in den Sinnen passiv und zerstreut gegebene Mannigfaltigkeit. Zu deren Synthesis ist die „Spontaneität unseres Denkens" erforderlich (A77/B102). Ein Objekt ist folgerichtig „das, in dessen Begriff das Mannigfaltige einer gegebenen Anschauung *vereinigt* ist" (B137). Erst dadurch werden sachbezogene Urteile möglich, die uns erlauben, die Welt zu erkennen, indem sie den referenziellen Gegenstandsbezug subjektiver Synthesen sichern.

[17]Roth (2001), S. 338.

[18]Hierzu unter Bezugnahme auf Aristotles' Wahrnehmungstheorie: Fuchs (2016), S. 187 f. sowie Aristoteles, *De Anima / Über die Seele*, III, 430 f.

[19]Kierkegaard, S. (2005). *Die Krankheit zum Tode – Furcht und Zittern – Die Wiederholung – Der Begriff der Angst.* München: DTV.

Weil KI-Systeme Fehler machen, die für die betroffenen Menschen mehr als unangenehm, sogar gefährlich werden können, gibt es bis heute fast ausschließlich sog. „enge KIs" (Englisch: „narrow AIs"). Diese KI-Systeme werden für einen ganz bestimmten, geschlossenen Kontext trainiert. Hier können sie die theoretisch möglichen Datenmuster erlernen und sogar Details erkennen und Eventualitäten antizipieren, die ein Mensch oft gar nicht erkennt. Das zeigt aber noch einmal, warum ein KI-System überhaupt nicht *menschenähnlich* ist. Es leidet am sog. „underfitting" im offenen, generellen, nicht-identisch wiederholten Lebenskontext, den Menschen und Gruppen teilen. Und es ist präziser und vorausschauender als ein Mensch in geschlossenen Kontexten sich wiederholender Gegebenheiten.

Wenn man diesen Unterschied zwischen menschlichem Denken und der Datenverarbeitung von KI-Systemen nicht versteht, kann es zu einem ethisch problematischen Einsatz der Technik kommen – und zwar überall dort, wo die komplexe individuelle Lebenssituation eines Menschen mit Hilfe eines KI-Systems erfasst werden soll; etwa bei der Frage, ob jemand ein Krimineller ist und bleibt, eine Straftat begehen wird oder begangen hat, an einer Universität oder in einem Job gute Leistung bringen kann, etc. Die nicht-identischen Charakterzüge von einzelnen Menschen in ihren nicht identischen Lebenssituationen, die sie in nicht identischen Kontexten durchleben, sind so einzigartig, dass es einem KI-System nicht möglich ist, sie zu erfassen. KI-Systeme, die auf solch generellem Lebensterrain eingesetzt werden, laufen permanent in Gefahr des *underfitting*.

6 KI-Systeme haben keine menschenähnliche Motivation

In der Science-Fiction werden KI-Systeme immer dann spannend, wenn sie sich ihre eigenen Ziele setzen; etwa der Bordcomputer Hal im Stanley Kubricks Film Odysee 2001. Wenn Menschen sich bewusst Ziele setzen, dann deswegen, weil ihnen eine Handlung, ein Handlungsergebnis oder eine Seinsweise als sinnvoll bzw. wertvoll erscheint. Oftmals sind es aber gar nicht bestimmte Ziele, sondern eher Werte, die eine Art Zugqualität auf Menschen ausüben und sie dazu motivieren, in dieser oder jener Form zu handeln.[20] Seit vielen Jahrzehnten setzt sich die Motivations- und Verhaltensforschung mit diesen Mechanismen im Detail auseinander. Hier spricht man von „Motiven", die bei Menschen generell, kontextuell oder situationsspezifisch geprägt sind (Vallerand 1997). So kann ein Mensch eine generelle Neigung zu einem bestimmten Verhalten haben; McClelland unterscheidet etwa Menschen mit einer relativ ausgeprägten Tendenz zu Macht, Leistung oder Zugehörigkeit (McClelland 2009). Oder es werden in wiederkehrenden Kontexten (Freizeit, Familie, Lernen) immer wieder bestimmte intrinsische Motive wirksam; zum Beispiel die Neugierde, der Wunsch nach Ordnung oder ein gewisser Idealismus (Reiss 2004). Ebenso gibt es ganz situationsspezifische Motive: zum Beispiel gewinnen zu wollen oder den Wunsch, in Ruhe gelassen zu werden. Grundsätzlich geht man in der

[20]Siehe dazu etwa Scheler (1921, 2007).

Psychologie davon aus, dass es solche Motive sind, die das Verhalten von Menschen prägen.

Angesichts dieser menschlichen Motive stellt sich die Frage, wie man einem KI-System so emotional aufgeladene Werte wie Macht, Zugehörigkeit, Leistungsfreude oder Idealismus beibringen soll. KI-Systeme haben weder den gedanklichen Zugang zu diesen Begriffen in Form von *noemata*, noch haben sie ein Leibgedächtnis, welches ihnen die sinnliche Wertigkeit dieser Motive vermitteln könnte. Und selbst der beste Theoretiker könnte ein Motiv wie Macht oder Bedürfnis nach Ruhe nicht präzise modellieren.

Wo sich Psychologie und KI treffen, ist wiederum in vereinfachenden Modellen der menschlichen Ratio, etwa der Erwartungswerttheorie. Die Erwartungswerttheorie postuliert, dass Menschen in eine Art Kalkül eintreten, wo sie sich ausrechnen, ob ein bestimmtes Verhalten zur Erfüllung des angestrebten Motivs beiträgt (Vroom 1964). Erwartungswertfunktionen können eine spannende Grundlage sein, um eine KI-System zu optimieren. Allerdings ist es einem KI-System nur möglich, sog. „extrinsische" Motive abzubilden. Zum Beispiel eine Geldmenge, die durch ein Verhalten erzielt wird. KI-Systeme an Finanzmärkten werden mit solchen monetären Zielfunktionen trainiert. Sobald man allerdings von Einsatzkontexten absieht, wo eine einfache Maximierungslogik Sinn macht, und sich in den Normalfall menschlicher Lebensbereiche begibt, wo Motive um ihrer selbst willen angestrebt werden, dann läuft sich das KI-System tot, weil es zu solchen Motiven keinen Zugang hat (siehe oben).

Irreführend ist, wenn sich einige KI-Experten dennoch auf den schlüpfrigen Pfad begeben, KI-Systemen eine menschenähnliche Motivation zuschreiben. Sie verwenden dazu Begriffe, etwa den der „intrinsischen Belohnung". Wenn man sich dann jedoch genauer anschaut, wie sie diese definieren bzw. im System modellieren, dann weicht diese „intrinsische Motivation" doch ganz erheblich von dem ab, was die Psychologie darunter versteht. Intrinsische Motivation von KI-Systemen ist bei Schmidhuber etwa das, was eine Reinforcement Learning Komponente in einem KI-System übernimmt, deren mathematische Zielfunktion sich bei neu entdeckten Datenmustern maximiert und dann aus diesem Kalkül heraus weitere Aktionen im System anstößt (Schmidhuber 2010).[21] Intrinsische Motivation im menschlichen Sinne ist jedoch nicht primär an etwas Neues gebunden: Ganz im Gegenteil handelt es sich bei intrinsischer Motivation um das (wert)schätzende Erleben von etwas nicht-identisch Wiederholtem oder innerlich ersehnt Angenehmen.[22] So sind zum Beispiel Zustände wie „Zugehörigkeit zu empfinden" oder „in Ruhe zu sein" solche die nicht identisch wiederholt werden (können), sondern etwas schon Erlebtes darstellen, etwas, das man (schon) kennt, aber doch immer wieder neu erfährt.[23]

[21] Ein bisher nicht da gewesenes Datenmuster wird als ‚neu' klassifiziert. Dieses ‚neu' ist automatisch gut. Die „Reinforcement Learning Komponente" maximiert sich und „belohnt" das darunter liegende System.

[22] Beachte: „intrinsisch" steht für „aus dem Inneren kommend".

[23] Lediglich die primitive Neugierde ist ein Motiv (von vielen), wo das Neue in Reinform gut sein mag.

Ferner hat die intrinsische Motivation auch nichts mit Maximierung zu tun, so wie das bei einer „Reinforcement Komponente“ der Fall ist, sondern ist ganz im Gegenteil ein Handeln um des Motivs selber willen, ein Handeln, dessen Maximum gar nicht angestrebt wird, sondern eher dessen Stimmigkeit. Kurz: Das Entlehnen des psychologischen Begriffs durch Informatiker wie Schmidhuber (2010) ist irreführend. Intrinsische Motivation im menschlichen Sinne ist bei KI-Systemen nicht herzustellen.

7 KI-Systeme haben keine sozial eingebettete Autonomie

Der letzte große Bereich, der die angebliche Menschenähnlichkeit von KI-Systemen rechtfertigen soll, ist der ihrer potenziellen Autonomie. Das US-amerikanische Defense Science Board definiert die technische Autonomie eines KI- Systems als „die Fähigkeit [des KI-Systems], unabhängig aus verschiedenen Vorgehensweisen auszusuchen bzw. diese zusammenzustellen, um ein Ziel zu erreichen, was auf dem Wissen, dem Weltverständnis, dem Selbstverständnis und der Situation aufbaut“ (Summer Report) Diese technische Autonomie setzt ein, wenn das System einmal aktiviert ist. Wird beispielsweise eine Drohne auf Mission geschickt, kann sie so konfiguriert werden, dass sie dann auf Basis selbst gesetzter Ziele agiert. Oder ein Stromnetz kann mit Hilfe von Smart-Meter-Daten die Netzstabilität selbständig managen. Mit dieser Definition hat sich das Militärgremium für die höchsten Grade dessen entschieden, was es „Autonomie“ nennt: Die gesamte Kontrolle liegt bei der Maschine (Parasuraman und Sheridan 2000). Notwendig ist an dieser Stelle an die Argumentation der Kantianer*innen zu erinnern, wonach man nur einen Sklaven, der eben gerade nicht autonom ist, „auf Mission“ schicken kann, da es ihm nicht möglich ist, sich selbst auf Mission zu schicken, nicht selbst die Art der Mission wählen kann und die Mission auch nicht ablehnen kann. Kantianer würden die Art von Mission, die eine Drohne erfüllt, als „Heteronomie“ bezeichnen. Wiederum benutzt die Informatik also einen philosophisch sehr präzise definierten Begriff und schreibt ihren Maschinen damit Fähigkeiten zu, die diese nicht besitzen. Ausgenommen sind natürlich jene KI-Systeme aus der Science-Fiction, die sich tatsächlich vollkommen eigenständig ihre Missionen aussuchen und ihre Ziele stecken. Das sind sog. „Generelle KIs“, die sich nach einem nicht-überwachten Machine-Learning-Verfahren selbst Ziele setzen können sollen – KIs, die es in sinnvoller Weise derzeit nicht nur nicht gibt, sondern von denen auch nicht klar ist, ob es sie jemals geben wird oder geben sollte!

Doch selbst wenn es eines Tages Systeme solcher „Generellen KIs“ geben sollte, sind diese dennoch nicht menschenähnlich. Warum nicht? In der sog. „Self-Determination Theory“ haben Ryan and Deci (aufbauend auf der Motivationsforschung der 1970er-Jahre) seit 2000 immer wieder nachgewiesen, wie wichtig für Menschen die drei Faktoren der eigenen Kompetenz, der Autonomie und der menschlichen Bezogenheit sind (Ryan und Deci 2000). Autonomie wird hier verstanden als die Möglichkeit, für das eigene Handeln ursächlich sein zu können und zwar so, dass man in Harmonie mit sich selbst agieren kann; dass man sich etwa nicht von

Fremdeinflüssen gezwungen fühlt, bestimmte Handlungen anzustoßen. Das bedeutet allerdings bezogen auf uns Menschen *nicht*, dass man im Ausleben dieser Autonomie komplett frei ist von den Wünschen, Zielen und Gewohnheiten der Gruppe, mit der man sich verbunden fühlt (Deci und Vansteenkiste 2004). Ganz im Gegenteil: Der Mensch ist ein *zoon politicon*, ein soziales Wesen. Das heißt, dass die vernünftige Entscheidung eines Menschen in der Regel das soziale Umfeld mitberücksichtigt. Menschen leben, wenn überhaupt, „autonom" nur in einer Art sozial eingebetteter Autonomie. Ihre Freiheit endet dort, wo die Freiheit der anderen beginnt.[24] Wenn man sich dieses Spannungsfeld von eigener Freiheit und menschlich „autonomen" Entscheidungen anschaut, was innerhalb eines sozialen Umfelds stattfindet, dann erkennt man sehr bald, dass es die Verletzbarkeit des Menschen ist, die ganz wesentlich dazu beiträgt, dass er oder sie sich aus sich selbst heraus dazu entscheidet, oft für Andere mitzudenken und nicht nur als frei schwebendes Individuum autonom – also frei von äußeren Einflüssen – zu entscheiden.[25] Die ganze aristotelische Tugendlehre beschäftigt sich mit dieser Thematik des Menschen, ein gesundes Maß zu halten und in der Art seiner Entscheidungen weder durch ein Zuviel noch ein Zuwenig negativ in seine Gruppe hinein zu wirken. Was ihn oder sie jedoch dazu motivieren kann, dieses Maß zu halten, ist die Verletzbarkeit; etwa von der eigenen Gruppe nicht anerkannt zu werden, ausgestoßen zu werden, allein zu sein.

An genau dieser Stelle unterscheidet sich die gelebte menschliche „Autonomie" ganz maßgeblich von der „Autonomie" eines KI-Systems. Zweitere nämlich wird vor allem als Möglichkeit verstanden, nach eigenem Kalkül eine Aktion anzustoßen, ohne eine Bestätigung vom Operator einzuholen. Soziale Erwägungen spielen dabei für die Maschine keine Rolle, denn sie ist nicht verletzlich. Es ist ihr egal, ob sie keinen Strom mehr bekommt oder abgeschossen wird, denn die Idee des Todes ist ihr im menschlichen Sinne nicht vermittelbar.[26]

8 Der Mensch ist so wenig KI wie er ein Schwein ist

Nimmt man nun alle bis hierher erläuterten Bereiche zusammen, in denen sich KI-Systeme von Menschen doch maßgeblich unterscheiden, so muss man sich fragen, wie Expert*innen bis in die höchsten politischen Ebenen hinauf auf die Idee

[24]Vgl.: „To be autonomous does not mean to be detached from or independent of others, and in fact Ryan and Lynch (1989) showed how autonomy can be positively associated with relatedness and well-being. Autonomy involves being volitional, acting from one's integrated sense fo self, and endorsing one's actin. It does not entail being separate from, not relying upon, or being independent of others."

[25]Vgl. hierzu Spiekermann. (2024).

[26]Ein KI-System könnte natürlich eine Funktion integrieren, die das Abgeschaltet-werden oder das Abgeschossen-werden minimiert. Sie wird dann Handlungsstrategien entwickeln, die solche Eventualitäten vermeidet. Damit wird die Autonomie der Maschine begrenzt; allerdings nicht *sozial* begrenzt, wie das beim Menschen der Fall ist.

kommen können, KI-Systemen ernsthaft Menschenähnlichkeit zuzuschreiben. So haben Menschen beispielsweise zwar identische DNA-Basispaarketten mit anderen Säugetieren – diese Ketten stimmen angeblich zwischen Menschen und Schweinen zu 90 % überein –, dennoch würde niemand auf die Idee kommen, Menschen mit Schweinen zu verwechseln. Und niemand würde auf die Idee kommen, Schweinen ähnliche Rechte wie Menschen zu geben.

Aus kritischer ethischer Perspektive stellt sich daher die Frage, ob es in Ordnung ist, Menschen mit KI-Systemen zu vergleichen oder ob dies nicht einer Diffamierung gleichkommt. Die von Marketing und Hypes geprägte Technikwelt setzt sich zu wenig achtsam mit der angestammten Bedeutung solcher Begriffe auseinander und begibt sich damit auf eine fragwürdige Gradwanderung, für die die Autoren Hastak und Mazis den Begriff der „stillschweigenden Täuschung" geprägt haben (Hastak und Mazis 2011). Aus Sicht der fröhlichen Wissenschaften könnte ein Mensch freilich spielerisch kontern: „Scharf und milde, grob und fein, vertraut und seltsam, schmutzig und rein, der Narren und Weisen Stelldichein: Dies alles bin ich, will ich sein, Taube zugleich, Schlange und Schwein" (Nietzsche 1882).

Literatur

Ajzen, I., und M. Fishbein. 2005. *The influence of attitudes on behavior*. Mahwah: Erlbaum.

Baddeley, A., M. W. Eysenck, und M. C. Anderson. 2015. *Memory*. New York: Psychology Press.

Bérard, B. 2018. Unmasking AI. *Artificial Intelligence*. ed. Philos-Sophia Initiative Foundation. https://philos-sophia.org/unmasking-ai/. Zugegriffen am 22.02.2022.

Csikszentmihalyi, M. 1991. *Flow: The psychology of optimal experience*. New York: Harper Collins.

Damasio, A. R., B. J. Everitt, und D. Bishop. 1996. The somatic marker hypothesis and the possible functions of the prefrontal cortex. *Philosophical Transactions: Biological Sciences* 351(1346): 1413–1420.

Deci, E. L., und M. Vansteenkiste. 2004. Self-determination theory and basic need satisfaction: Understanding human development in positive psychology. *Ricerche di Psichologia* 27:17–34.

Epley, Nicholas, Adam Waytz, und John T. Cacioppo. 2007. ‚On Seeing Human: A Three-Factor Theory of Anthropomorphism'. *Psychological Review* 114:864–886.

Feser, E. 2013. Kurzweil's phantasms – A review of how to create a mind: The secret of human thought revealed. *First Things*. https://www.firstthings.com/article/2013/04/kurzweils-phantasms. Zugegriffen am 22.02.2022.

Fuchs, T. 2016. *Das Gehirn – ein Beziehungsorgan: Eine phänomenologisch-ökologische Konzeption*. Stuttgart: Kohlhammer.

Gehring, Petra. (2004). „Es blinkt, es denkt. Die bildgebenden und die weltbildgebenden Verfahren der Neurowissenschaften." *Philosophische Rundschau* 51:272–295.

Hastak, M., und M. B. Mazis. 2011. Deception by implication: A typology of truthful but misleading advertising and labeling claims. *Journal of Public Policy & Marketing* 30(2): 157–167.

Hawkins, J. 2017. What intelligent machines need to learn from the neocortex. *IEEE SPECTRUM* 54(6): 33–37.

Hoff, J. 2021. *Verteidigung des Heiligen – Anthropologie der digitalen Transformation*. Freiburg: Herder.

Husserl, Edmund. 1930 (2009). *Ideen zu einer reinen Phänomenologie und phänomenologischen Philosophie*. Hamburg: Felix Meiner.

Jenson, D., und M. Iacoboni. 2011. Literary biomimesis: mirror neurons and the ontological priority of representation. *California Italian Studies* 2(1). http://www.neurohumanitiestudies.eu/archive/paper/?id=150.

Kurzweil, R. 2006. *The singularity is near- When humans transcend biology.* London: Penguin Group.
Mc Gilchrist, I. 2009. *The master and his emissary – The divided brain and the making of the Western World.* New Haven/London: Yale University Press.
McClelland, D. 2009. *Human motivation.* Cambridge, UK: Cambridge University Press.
Meier, K. 2017. The brain as computer – The brain may be bad at crunching numbers, but it's a Marvel of computational efficiency. *IEEE Spektrum* 54(6): 27–31.
Nietzsche, F. 1882. *Die Fröhliche Wissenschaft.* Stutgart: Reclam.
Parasuraman, R., und T. B. Sheridan. 2000. A model for types and levels of human interaction with automation. *IEEE Transactions on Systems, Man, and Cybernetics* 30(3): 286–297.
Reiss, S. 2004. Multifaceted nature of intrinsic motivation: The theory of 16 basic desires. *Review of General Psychology* 8(3): 179–193.
Rosa, H. 2016. *Resonanz. Eine Soziologie der Weltbeziehung*, 2. Aufl. Berlin: Suhrkamp.
Roth, G. 2001. *Fühlen, Denken, Handeln: wie das Gehirn unser Verhalten steuert.* Frankfurt a. M.: Suhrkamp Verlag.
Ryan, R. M., und E. L. Deci. 2000. Self-determination theory and the facilitation of intrinsic motivation, social development, and well-being. *American Psychologist* 55:68–78. https://doi.org/10.1037/0003-066X.55.1.68.
Ryan, R. M., und J. H. Lynch. (1989). Emotional autonomy versus detachment: Revisiting the vicissitudes of adolescence and young adulthood. *Child Development* 60(2): 340–356.
Scheler, M. 1921 (2007). *Der Formalismus in der Ethik und die Materiale Wertethik – Neuer Versuch der Grundlegung eines ethischen Personalismus,* 2., unveränd. Aufl. ed. Halle an der der Saale: Max Niemeyer.
Schmidhuber, J. 2010. Formal theory of creativity, fun, intrinsic motivation (1990–2010). *IEEE Transactions on Autonomous Mental Development* 2(3): 230–247.
Sennett, R. 2009. *The craftsman.* New York: Penguin Books.
Spiekermann, S. 2019a, 23./24. März. Der Mensch als Fehler. *Süddeutsche Zeitung,* S. 15.
Spiekermann, S. 2019b. *Digitale Ethik – Ein Wertesystem für das 21. Jahrhundert.* Munich: Droemer.
Spiekermann, S. 2024. Digitale Ethik und Künstliche Intelligenz. In *Philosophisches Handbuch Künstliche Intelligenz*, Hrsg. Mainzer, K. München: Springer.
Vallerand, R. J. 1997. Toward a hierarchical model of intrinsic and extrinsic motivation. *Advances in Experimental Social Psychology* 29:271–360.
Vroom, V. H. 1964. *Work and motivation.* New Jersey: Wiley.
Wendt, A. 2015. *Quantum mind and social science – Unifying physical and social ontology.* Cambridge: Cambridge University Press.

Künstliche Intelligenz und Wissenschaftskommunikation

Marc-Denis Weitze

Inhalt

Zusammenfassung

Wie lassen sich der Einsatz von KI und ihre Entwicklung in einem umfassenden Prozess der Abstimmung von Wissensansprüchen, Interessen, Werten und Präferenzen unter Einbeziehung aller interessierten gesellschaftlichen Gruppen nach Maßgabe der wissenschaftlichen und technischen Möglichkeiten gestalten? Die Wissenschaftskommunikation bietet hier multidisziplinäre Grundlagen, vielfältige Formate und benennt Bedingungen der Akzeptanz.

Schlüsselwörter

Wissenschaftskommunikation · Technikkommunikation · Dialog · Akzeptanz · Einstellungen · Formate · Gestaltungsmöglichkeiten · Technikentwicklung

M.-D. Weitze (✉)
Legal Informatics, acatech, München, Deutschland
E-Mail: weitze@acatech.de

K. Mainzer (Hrsg.), *Philosophisches Handbuch Künstliche Intelligenz*,
https://doi.org/10.1007/978-3-658-19606-6_36

1 Einleitung

Der Einsatz von Technik ist ein Willensakt. An kaum einem anderen Gegenstand entzündet sich der Streit um die Folgen menschlichen Handelns intensiver als an der Frage, ob und in welcher Form eine Technik in Produktion, Konsum oder Infrastruktur eingesetzt werden soll. Wo liegen Nutzen und Chancen, welches sind die Risiken und Herausforderungen? Jede Technik weist ambivalente Seiten auf: Messer kann man zum Brotschneiden, aber auch zur Verletzung von Menschen einsetzen. Das gilt erst recht für komplexe Technologien wie KI. Diese wird die Gesellschaft auf vielen Ebenen und in vielen Feldern betreffen. Es wird positive Auswirkungen geben, aber es wird auch Risiken und Missbrauch geben.

Mit solcher Ambivalenz klug umzugehen bedeutet, dass Techniken weder ungefragt entwickelt und eingesetzt werden dürfen, noch dass wir jede Technik verbannen müssen, bei der irgendwelche negative Auswirkungen möglich sind. Die positiven Folgen sollten die negativen sicherlich übertreffen – doch wie die einzelnen Folgen zu bewerten sind, ist nicht wissenschaftlich bestimmbar, sondern setzt eine bewusste Wertung – etwa nach gesellschaftlicher Wünschbarkeit – voraus. Da die Frage, was für die Gesellschaft wünschbar ist, nicht eindeutig zu beantworten ist, ergeben sich zwangsläufig Kontroversen über die Entwicklung und den Einsatz einer Technik wie KI (Grunwald 2010). Als Grundlage einer KI, die langfristig der Gesellschaft dient, die moralische und politische Legitimität besitzt und auf breitem gesellschaftlichen Konsens beruht, sieht die britische Royal Society for the encouragement of Arts, Manufactures and Commerce (RSA) (2018) etwa folgende Punkte:

> „1. In both design and implementation, AI is guided by values above short term profit.
> 2. Values should be based on our best understanding of society's value.
> 3. The most effective methods for building a shared and considered set of societal values bring together citizens in deliberative and inclusive dialogue with subject experts, such as technologists and philosophers."

Wie Zhang und Dafoe (2019) mit Bezug auf die USA feststellen, ist KI jedoch noch nicht wirklich in der öffentlichen Diskussion. Für Deutschland lässt sich die gleiche Diagnose erstellen. Aber die Diskussion wird kommen. Derzeit wirkt es so, „als wüsste man nicht, ob man schon Goethes Zauberlehrling ist oder doch noch Zauberer. Als könnte man von den Werkzeugen, die man erfunden hat, plötzlich dominiert werden," wie es der Unternehmenssprecher des Deutschen Forschungszentrums für Künstliche Intelligenz formuliert (nach Weißschädel 2018). Demnach befinden wir uns schon jetzt in einer „‚Duellsituation' Maschine gegen Mensch" und „die Möglichkeiten der Künstlichen Intelligenz [rücken] aber gefühlt immer näher, die Selbstzweifel, die das auslösen kann, werden immer konkreter und Maschinenstürmerei liegt in der Luft" (Karger nach Weißschädel 2018).

Die Deutsche Akademie der Technikwissenschaften (acatech) sieht es in diesem Sinne als Aufgabe, „den Einsatz von Technik und die Entwicklung neuer Technologien in einem umfassenden Prozess der Abstimmung von Wissensansprüchen, Interessen, Werten und Präferenzen unter Einbeziehung aller interessierten gesellschaftlichen Gruppen nach Maßgabe der wissenschaftlichen und technischen Möglichkeiten zu gestalten“ (acatech 2012, S. 8). Welche Randbedingungen sind hier zu berücksichtigen? Welche Formate zu Information und Dialog gibt es? Welches sind die Herausforderungen, wenn es darum geht, KI gemeinsam zu gestalten?

2 Kommunikation Neuer Technologien

acatech hat, aufbauend auf einer Analyse der Erfahrungen aus Kontroversen und Kommunikationsmaßnahmen zur Biotechnologie in kommunikations- und sozialwissenschaftlicher sowie historischer Perspektive Empfehlungen abgeleitet, wie Neue Technologien sachgerecht, ausgewogen und urteilsunterstützend kommuniziert werden können. Die Ergebnisse dieser Analysen (Weitze et al. 2012) können gut auf die Kommunikation anderer Neuer Technologien wie KI übertragen werden. Die ersten sechs dieser Empfehlungen (acatech 2012, S. 36–38) werden im Folgenden kurz referiert und auf KI bezogen:

1. *Quellen von Information transparent machen und Ziele der Kommunikation reflektieren*
   Wer ist Experte? Welche Interessen und Ziele hat er/sie? Geht es bei der Kommunikation um Informationsvermittlung, um die Abfrage möglicher Bedenken oder um eine Steigerung der Technikaufgeschlossenheit, möglicherweise rundheraus um Akzeptanzbeschaffung? Soll es sich um Stakeholder-Dialoge handeln oder um eine Einbindung der Öffentlichkeit in Entscheidungs-, Regulations- oder Innovationsprozesse? Je nach Zielsetzung sind die jeweils geeigneten Kommunikationsformate zu wählen und anzupassen.
   Insbesondere muss zwischen Kommunikations- und Beteiligungsprozessen klar differenziert werden. Beteiligung ist nur dann angebracht, wenn es offene Optionen gibt, die durch Beteiligung von Stakeholdern oder der allgemeinen Öffentlichkeit mit entschieden werden können. Bei Beteiligungsprozessen sind Rahmenbedingungen, Ziele und Mandat zu klären und offen zu legen. Bei Kommunikationsprozessen ist ebenfalls das Ziel der Kommunikation klar zu benennen.
2. *Berücksichtigen, um welche (Teil)Themen es in der Kommunikation jeweils geht.*
   Beispielsweise sind bereits bei der Definition von Feldern wie der KI die Gegenstandsbereiche klar zu definieren, um zu einer sachgerechten Kommunikation zu kommen: Handelt es sich um bereits existierende Forschung bzw. Anwendungen oder um Utopien oder Dystopien, die in ferner Zukunft auftreten mögen? Innerhalb breiter Felder wie „KI in der Industrie“ sind die Diskussionsthemen und -aspekte spezifisch zu benennen (geht es z. B. um Produktivitätssteigerungen, neue Geschäftsmodelle, Arbeitnehmerrechte?).
3. *Nicht nur die Inhalte der Wissenschaft, sondern auch die Prozesse des Erkenntnisgewinns in den entsprechenden Wissenschaftszweigen, die Methoden der*

Risiko- und Chancenabschätzung und die Verfahren der politischen Regulation gemeinsam mit den Ergebnissen kommunizieren.
Kommunikation muss aufzeigen, wie Erkenntnisse gewonnen werden, welchen Unsicherheiten sie unterliegen, welche Interessen sich mit ihnen verbinden und wie Wirtschaft und Staat vorbeugendes Risikomanagement betreiben.

4. *Wissenschaftler, die als Kommunikatoren schon heute viel Zeit und auch Geld investieren, sollen sich um mehr Sichtbarkeit bemühen und ihre Glaubwürdigkeit pflegen gegenüber teilweise weniger sachkundigen, aber medial viel stärker präsenten Meinungsführern.*
Da die Adressaten den Wahrheitsgehalt wissenschaftlicher Aussagen nicht selbst nachprüfen können, kommt der Glaubwürdigkeit der Kommunikatoren eine besondere Bedeutung zu. Zu den Indikatoren der Glaubwürdigkeit gehören: vollständige Transparenz über alle Studien und Forschungsergebnisse, Offenlegung der eigenen Interessen, Klarheit über verbleibende Unsicherheiten und Nichtwissen sowie Offenlegung der Pläne für Krisen oder Schadensfälle.
5. *Im Sinne einer Zielgruppenorientierung einen problem- statt technologieorientierten Zugang in der Kommunikation mit der Öffentlichkeit pflegen.*
So sind Chancen für Umwelt, Ernährung beziehungsweise Ressourcenschonung herauszustellen. Gleichzeitig sollen Risiken und Unsicherheiten offen thematisiert und die Möglichkeiten, diese Risiken zu begrenzen, Unsicherheiten zu beobachten und gegebenenfalls gegenzusteuern, erörtert werden.
6. *Positionen und Bewertungen der einzelnen Stakeholder, also auch jener außerhalb der Wissenschaft, in allen Kommunikationsprozessen mit Respekt betrachten, unvoreingenommen reflektieren und ernst nehmen.*
Die Öffentlichkeit sollte frühzeitig in einen Dialog zu Neuen Technologien eingebunden werden. Experten-Wissen und Laien-Wahrnehmung sollten als einander ergänzend, nicht als gegensätzlich eingestuft werden. Dabei ist auch konkret zu überlegen, wie man die knappen Ressourcen auch der Kommunikationspartner effizient nutzen und zielführend einsetzen kann. Dabei sollte auch eine Vergütung bei der Mitwirkung von ehrenamtlich arbeitenden Vertretern der Zivilgesellschaft mit bedacht werden. Erwartungen, Wünsche, Hoffnungen, Befürchtungen und Kritik der Laien sind aufzunehmen und bei der Gestaltung der Innovationsprozesse zu berücksichtigen. Gleichzeitig sind Expertisen aus Wissenschaft und Wirtschaft im Sinne einer wissenschaftlich fundierten Debatte unersetzlich, um absurde oder nicht haltbare Erwartungen oder Befürchtungen zu widerlegen oder zu entkräften.

2.1 Die Bedingungen der Akzeptanz

Wovon hängt es ab, ob eine Technologie akzeptiert wird? Es lassen sich vier Bedingungen der Akzeptanz benennen (Weitze und Renn 2019):

- *Orientierung und Einsicht:* Liegt eine Einsicht in die Sinnhaftigkeit des jeweiligen Technikeinsatzes vor und steht man hinter den mit diesem Einsatz angestrebten Zielen und Mitteln, dann ist eher mit Akzeptanz zu rechen. Im Fall des

„autonomen Fahrens“ könnte hier die bislang hohe Anzahl an Unfällen und Verkehrstoten, Staus und Umweltverschmutzung durch heutige Verkehrstechnik genannt werden. Autonome System könnten sichereres, umweltschonenderes und auch stressfreieres Fahren ermöglichen.

- *Selbstwirksamkeit:* Hat man den Eindruck, dass die eigenen Handlungsmöglichkeiten durch die Technikanwendung eingeschränkt werden, ist bei den meisten Bürgerinnen und Bürgern Skepsis angesagt. Zu den Errungenschaften der pluralen Gesellschaftsformation gehört die Schaffung und der Erhalt von Freiheitsräumen, in denen man souverän agieren darf, so lange man niemand anderen an seiner oder ihrer Entfaltung stört. Die Nutzung z. B. autonomer Fahrsysteme sollte freiwillig sein, sie sollten jederzeit abschaltbar sein.
- *Positive Nutzen-Risiko-Bilanz:* Akzeptanz ist umso eher zu erwarten, je mehr die geplanten Konsequenzen des geplanten Technikeinsatzes einem selbst oder den Gruppen und Individuen zugutekommen, die man besonders schätzt. Ohne Informationen über den Nutzen kann man auch schwer die Wünschbarkeit der zur Entscheidung stehenden Optionen beurteilen (acatech 2011). Zur Erfahrung eines Nutzens für einen selbst bzw. andere, die man wertschätzt, gehört auch die Wahrnehmung eines geringen oder zumindest akzeptablen Risikos. Dabei sind die Risikoabschätzungen vieler Experten und die Risikowahrnehmungen der Laien oft wenig kongruent. Hier wäre, wiederum mit Bezug auf autonome Systeme, eine Abwägung zwischen möglichen Vorteilen (wie mehr Verkehrssicherheit, bessere Umweltbilanz, weniger Staus) und Nachteilen (Abgabe der Kontrolle an das System, „Überwachung“ der Insassen) vorzunehmen.
- *Emotionalität/Identität:* Je mehr man sich mit einer Technikanwendung auch emotional identifizieren kann, desto größer ist die Akzeptanzbereitschaft. Hinsichtlich autonomen Fahrens wären hier Aspekte wie „Freude am stressfreien Fahren“, Komfort und Unabhängigkeit, Imagevorteil durch Nutzung innovativer Systeme zu berücksichtigen.

Akzeptanzprobleme von KI-Anwendungen treten u. a. auf mit Bezug auf den Schutz der Privatsphäre, sei es bei Anwendungen im privaten Alltag (Nutzung digitaler Endgeräte), am Arbeitsplatz (Unterstützung und damit auch Überwachung durch KI, Angst vor Arbeitsplatzverlust) oder bei externer Technik (z. B. Überwachung öffentlicher Räume). Relevante Fragen betreffen Sicherheitsaspekte (etwa beim Betrieb autonomer Systeme), missbräuchliche Anwendung von KI-Systemen, Diskriminierung durch Algorithmen, Datenschutz und Dateneigentum, Verantwortung bei Entscheidungen autonomer Systeme und sozioökonomische Auswirkungen von KI.

2.2 Randbedingungen der Kommunikation

In komplexen und unübersichtlichen Zusammenhängen verfügen wir nicht über genügend Wissen, um Entscheidungen fällen zu können. Vertrauen zu schenken ist ein Weg, hier handlungsfähig zu bleiben – eine Art der Komplexitätsreduktion.

Wenn wir Wissenschaft kommunizieren, ist dies zu berücksichtigen. Ebenso ist zu berücksichtigen, welche Meinung die Menschen zu Themen und Fragen aus Wissenschaft und Technik haben, wie diese Einstellungen entstehen und wie sie sich auf die Aufnahme von Information auswirken. In einer Zusammenschau der Ergebnisse der empirischen Akzeptanzforschung lässt sich feststellen, dass es keine generelle Technikfeindlichkeit in Deutschland gibt (vgl. acatech 2011, S. 13 f.; acatech und Körber-Stiftung 2018, S. 81). Die generelle Einstellung der Bevölkerung zur Technik ist vielmehr durch Ambivalenz und Skepsis geprägt.

Aufschlussreich ist, wie differenziert einzelne Technologien betrachtet werden. So wird im Eurobarometer die generelle Haltung gegenüber verschiedenen Technologien abgefragt: „Sagen Sie mir bitte für jeden Bereich, ob Sie meinen, a) dass er Ihr Leben in den nächsten 20 Jahren verbessern wird, b) keine Auswirkungen haben wird oder c) ihr Leben verschlechtern wird?" Eine überwiegend optimistische Einschätzung ist hinsichtlich Sonnen- und Windenergie sowie der Informationstechnologie seit 1991 generell hoch. Für Biotechnologie und Gentechnik liegt der Index deutlich darunter; er sank in den 1990er-Jahren stark, stieg dann bis 2005 wieder an. Für 2010 sank der Index wieder ein wenig; der Anteil der Optimisten blieb dabei gleich, aber es gab einen höheren Anteil an Pessimisten (Gaskell et al. 2010, S. 18 f.).

Bereits vorhandene Einstellungen in der Bevölkerung, Spezifika der individuellen und kollektiven Rezeption sowie Informationsverarbeitung sind Randbedingungen der Wissenschaftskommunikation, die für eine adressatengerechte Kommunikation zu berücksichtigen sind (acatech POSITION 2012). Als Hintergrund ist hier durchweg zu berücksichtigen, dass das Hauptmotiv der Rezeption wissenschaftlicher Inhalte durch Nicht-Wissenschaftler nicht der Erwerb von Wissen ist, sondern die Suche nach Lösungen und Orientierungen für Alltagsprobleme.

Die regelmäßige Analyse „TechnikRadar" der Deutschen Akademie der Technikwissenschaften und der Körber-Stiftung liefert zahlreiche Belege dafür, dass die Menschen ihre Urteile weniger mit vermuteten Auswirkungen begründen, sondern mit ihren grundlegenden Wertmaßstäben (acatech und Körber-Stiftung 2018). Nicht Technik „an sich" steht im Zentrum des Interesses, sondern ihre soziale Einbettung – die mit ihr verbundenen Ziele ebenso wie die Wünschbarkeit der vermuteten gesellschaftlichen Folgen und Nebenfolgen des Technikeinsatzes. Ob Technik zum Fluch oder Segen gereicht, hängt so gesehen weniger von ihren technischen Eigenschaften als vielmehr von den Bedingungen ihres Einsatzes ab.

Allerdings ergab die Analyse des TechnikRadar auch, dass für die meisten Menschen die technische Entwicklung gewissermaßen wie ein Naturereignis abläuft und nicht beeinflusst werden kann (Abb. 1) – eine Einschätzung, die von fast 90 % der Befragten geteilt wird (acatech und Körber-Stiftung 2018, S. 16). Hier wird deutlich, dass Technikentwicklung nicht als kollektives Unternehmen verstanden wird, sondern als etwas, das „woanders" geschieht.

Fragt man BürgerInnen der EU, ob sie in den vergangenen 12 Monaten etwas zu KI gehört, gelesen oder gesehen haben, so sind die Antworten ausgewogen, mit „ja" (47 %) und „nein" (52 %) jeweils etwa die Hälfte (European Commission 2017,

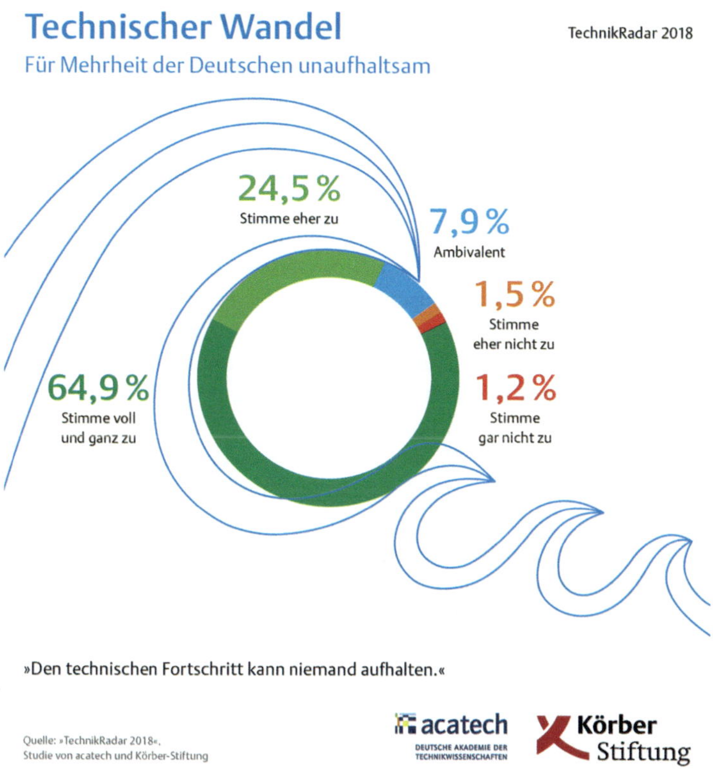

Abb. 1 Zustimmungswerte zur Aussage „Den technischen Fortschritt kann niemand aufhalten". (TechnikRadar, acatech und Körber-Stiftung 2018)

S. 55). 61 % der Befragten haben eine (sehr oder einigermaßen) positive Sicht auf Roboter und KI, 30 % eine sehr oder einigermaßen negative Sicht (S. 59). Aber 72 % der Befragten meinen, dass Roboter und KI den Menschen Arbeitsplätze wegnehmen, nur 24 % stimmen dem nicht zu (S. 74). Für die USA finden sich vergleichbare Ergebnisse (Zhang und Dafoe 2019).

Die Deutschen befinden sich mit ihren Einstellungen hier im Mittelfeld. Optimistischer als der EU-Durchschnitt sind die Skandinavier. Im TechnikRadar 2019 wurden Ursachen dafür diskutiert: „Wie aufgeschlossen Menschen für Veränderungen im Zuge der Digitalisierung sind, hängt auch davon ab, ob man sich selbst in der Lage sieht, die Risiken im Umgang mit der Digitalisierung kompetent bewältigen zu können. So haben Dänen, Schweden und Niederländer, die ihre digitale Kompetenz überdurchschnittlich gut bewerten, auch überdurchschnittlich positive Erwartungen an die Digitalisierung. Die Deutschen haben nur durchschnittliches Vertrauen in die eigene Kompetenz und auch ihr Optimismus liegt im europäischen Mittelfeld. Im europäischen Vergleich liegt Deutschland hinter Skandinavien und Großbritannien, aber vor den Mittelmeerländern" (acatech und Körber-Stiftung 2019, S. 6).

3 Formate und Kommunikationsbeispiele

Für den Informationsaustausch zwischen Wissenschaft und Technik auf der einen und der Öffentlichkeit auf der anderen Seite spielen seit Jahrzehnten die klassischen Medien (Presse, Rundfunk und Fernsehen) und seit einigen Jahren zunehmend social media eine wichtige Rolle. Das Fernsehen ist dabei für viele noch immer die Hauptinformationsquelle (Wissenschaft im Dialog 2018).

Besonders wirkmächtig begegnen uns KI-Interpretationen in Romanen und Spielfilmen. Für den Schriftsteller Ian McEwan ist Literatur das ideale Medium um herauszufinden, wie KI die Menschheit verändern wird und lässt uns ahnen, was die technische Revolution für uns bedeuten könnte (z. B. McEwan 2010). Romane und Filme folgen „typischen Handlungsmustern, wobei das gesellschaftlich relevante Thema der technologischen Reproduktion und Optimierung menschlicher Eigenschaften sowie die Auswirkungen Künstlicher Intelligenzen auf Mensch und Gesellschaft auf verschiedene Weise ausgestaltet werden. Die meisten KI-Filme weisen dabei eine technikkritische Tendenz auf, und die Zukunft mit Künstlichen Intelligenzen wird als wenig erstrebenswert in Szene gesetzt. [...] Demgegenüber werden die Chancen dieser Technologie nur angedeutet“ (Irsigler und Orth 2018, S.44). Solche Filme beziehen also bestimmte Positionen, sind Teil eines gesamtgesellschaftlichen Diskurses über KI.

KI übt selbst auch Einfluss auf die Wissenschaftskommunikation insgesamt aus, beispielsweise mit der automatischen Textanalyse und Textgenerierung (chat bots) bzw. im Bereich der social media: „Die Menge an Information und Akteuren im Internet steigt rasant. In diesem Spannungsfeld fällt es immer schwerer, reale Nachrichten von künstlich erzeugten zu unterscheiden. Dabei spielt es keine Rolle, ob es menschengemachte Fake News sind oder Bots per Algorithmus Nachrichten im Netz verbreiten. Die Masse an Informationen, die in kürzester Zeit zu verarbeiten ist, kann man als Nutzer nicht mehr überschauen und bewerten. Dem Menschen fällt es zunehmend schwerer, wesentliche von unwesentlichen Informationen bei dieser Überfrachtung zu trennen. Der Mensch wird sich Algorithmen der Künstlichen Intelligenz (KI) bedienen müssen, um auch in Zukunft effizient mit Daten, Informationen und Wissen umgehen zu können.“ (Hotho 2017, S. 269 f.)

4 Im Dialog: KI gemeinsam gestalten

„Dialog“ ist seit Jahrzehnten ein Schlüsselbegriff der Wissenschaftskommunikation (z. B. House of Lords 2000; Weitze und Heckl 2016) Ob Fracking, Gentechnik oder Infrastrukturprojekte – kontroverse Diskussionen zu technologischen und wissenschaftlichen Themen gibt es in nahezu allen Bereichen von Wissenschaft und Technik. Während in der Vergangenheit die Bewertung neuer Technologien weitgehend den Fachexperten und den wirtschaftlichen Entscheidungsträgern überlassen wurde, wird die Diskussion über Chancen und Risiken heute von immer mehr gesellschaftlichen Gruppen geführt – insbesondere dann, wenn es um Wertvorstellungen etwa zu Fragen der Umwelt- und Lebensqualität oder um ethische Fragen geht. Und man weiß, nicht zuletzt nach der Diskussion um Kernenergie und Grüne Gentechnik: Mehr (popularisiertes) Wissen führt keineswegs zu mehr Akzeptanz. Vertrauensverluste lassen sich nicht allein durch Information ausgleichen.

Eine grundsätzliche Aufgeschlossenheit gegenüber technischen Innovationen, die etwa durch Dialogformate gestärkt werden kann, ist eine Grundvoraussetzung für eine sich wandelnde und innovative Gesellschaft. Die Studien der Wissenschaftsforschung und Technikfolgenabschätzung heben ebenso wie die Erfahrungsberichte aus Politik und von NGOs die Bedeutung der frühen Einbindung der Öffentlichkeit heraus, wenn es um die Gestaltung von Wissenschaftspolitik oder Technologien geht. Argumente für die Etablierung solcher Dialogformate sind u. a. (acatech IMPULS 2016):

- Angesichts immer weiter voranschreitender gesellschaftlicher Differenzierung und der Dissoziation von Erfahrungswelten, verschärft durch beschleunigte Wissensproduktion und darauf basierenden technischen Entwicklungen, tut es not, die verschiedenen Wissensformen (hier aus Wissenschaft, Wirtschaft und Gesellschaft) zusammenzubringen.
- Angesichts des immer stärkeren Einflusses Neuer Technologien in der Gesellschaft sind für Entscheidungen, die mit Innovationen verbunden sind, neben dem Fachwissen der Experten auch Wertvorstellungen, Zukunftsvisionen und Wünsche der Bürger relevant.
- Grundsätzliche Aufgeschlossenheit gegenüber technischen Innovationen („Technikakzeptanz"), die durch solche Dialogformate gestärkt werden kann, ist wesentlicher Bestandteil wirtschaftlicher Kalkulation, um neue Produkte, Anlagen und Dienstleistungen hervorzubringen, Problemlösungen anbieten zu können und damit letztendlich zur Modernisierungs- und Wettbewerbsfähigkeit des Standorts Deutschland beizutragen.

War es früher ausreichend, „verlässliches Wissen" zu produzieren, das von anderen Wissenschaftlern als gültig angesehen wird, lässt sich nun eine Erweiterung hin zu „sozial robustem Wissen" (Nowotny et al. 2001) feststellen: Dieses kennzeichnet den Prozess der Kontextualisierung und weist drei Merkmale auf: Erstens handelt es sich um valides Wissen nicht nur im Labor, sondern auch im praktischen Vollzug im wirtschaftlichen und sozialen Kontext. Zweitens werden zur Gewinnung sozial robusten Wissens verschiedene Experten und ggf. auch Laien einbezogen. Die Gesellschaft ist am Entstehungsprozess dieses Wissens beteiligt. Und drittens kommt eine Vielzahl von Perspektiven und Techniken zum Einsatz, sodass dieses Wissen umfassender die Pluralität von Werten und Präferenzen abbilden kann.

Das gilt vor allem für Technikfelder, die in der Bevölkerung noch auf relativ wenig Resonanz stoßen – etwa die Künstliche Intelligenz. Dort ist die Nutzenerfahrung noch wenig ausgeprägt, während man sich die möglichen Risiken plastisch ausmalen kann. Dazu kommen Verteilungskonflikte: Wenn die überwiegende Mehrheit den Eindruck erhält, die neue Technologie begünstige nur einen Teil der Gesellschaft (etwa die Wohlhabenden oder die digital Gebildeten), während andere das Risiko zu tragen hätten, ist mit besonders hoher Skepsis zu rechnen. Wenn dazu noch das Gefühl kommt, dass mit der neuen Technologie die eigene Souveränität eingeengt würde oder die Technologie den Menschen emotional als Fremdkörper gegenübersteht, ist die Ablehnung fast schon vorprogrammiert. Umso wichtiger ist es deshalb, gleich von Anbeginn der Einführung neuer Technologien ein intensives Kommunikations- und Beteiligungsprogramm mit den Betroffenen ins Leben zu rufen.

Allerdings gibt es einige Faktoren, deren (Nicht-)Erfüllung die Möglichkeiten solcher Forschungs- und Innovationsdebatten beeinflussen (vgl. PROSO-Project o. J.): Wie passt das Thema zu den eigenen Interessen? Wie soll der Dialog auf politische oder gesellschaftliche Entscheidungen wirken? Welche Kenntnisse und Fähigkeiten braucht man, um sich „adäquat" beteiligen zu können? Welches sind die notwendigen Ressourcen für gesellschaftliche Beteiligung?

Aus bisherigen Dialogformaten mit dem Ziel der Partizipation auch mit Bezug auf KI sind verschiedene kritische Punkte bei den jeweiligen Dialogaktivitäten zu beachten (acatech IMPULS 2016):

- Wann sollen die Folgen einer einzusetzenden Technik diskutiert werden? Hier ergibt sich ein Dilemma, das nach dem britischen Technikforscher David Collingridge benannt ist (Abb. 2): Während sich Technologie über die Zeit entwickelt, wächst auch das Wissen über ihre Wirkungen (Chancen, Risiken). Ist die Technologie jedoch weit entwickelt, sind etwa die Produktionsbedingungen, Nutzungskontexte und Entsorgungsverfahren bekannt, besteht nur noch wenig Möglichkeit, diese gestaltend zu beeinflussen, denn dann ist die Entwicklung bereits abgeschlossen oder wenigstens so weit fortgeschritten, dass aus ökonomischen Gründen ein Umsteuern kaum noch oder nicht mehr möglich ist – die Technologie ist „verhärtet" durch die Pfadabhängigkeit der getroffenen Entscheidungen. Sehr früh mit der Gestaltung anzusetzen ist jedoch praktisch unmöglich, weil man ja über mögliche Produkte, Anwendungen und Folgen noch nichts Genaues weiß, also nicht weiß, in welche Richtung man eingreifen soll, um zu besserer Technik zu kommen.
- Wie gewinnt man bei dem Thema KI das Interesse der Menschen, die sich (noch) nicht betroffen fühlen und zunächst wenig Interesse daran haben? Wie „mobilisiert" man BürgerInnen für solch eine Diskussion? Welche Teilöffentlichkeiten lassen sich überhaupt erreichen?

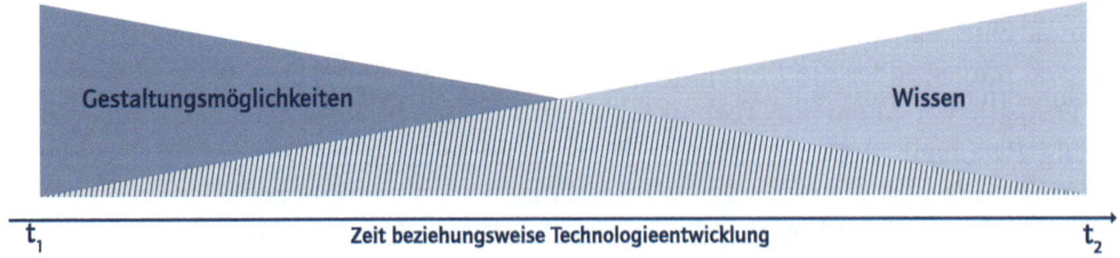

Abb. 2 Das Dilemma der gegenläufigen Entwicklung von Gestaltungsmöglichkeiten und Kontrolle und Wissen zu einer Technologie in deren Entwicklungsprozess. (Nach Collingridge 1982, S. 19)

- Die teilnehmenden WissenschaftlerInnen müssen auf ihre Rolle vorbereitet werden, wenn offene Fragen, Pluralität und Unsicherheiten in der Wissenschaft thematisiert werden. Die Bereitschaft zu einem echten Dialog im Sinne einer Zweiweg-Kommunikation ist eine weitere Voraussetzung.

5 Fazit

Wie man Bürger in die Diskussion um die Gestaltung von Innovationen einbezieht, ist bis heute ein Experimentierfeld. Hinsichtlich des Dialogcharakters lassen sich verschiedene Typen von Formaten der Wissenschaftskommunikation identifizieren, die spezifische Stärken und Schwächen aufweisen. Der Übergang von „Information" (im Sinne eines allgemeinen und öffentlichen Zugangs zu Information sowie der Informationsvermittlung an spezifische Gruppen) zu „Dialog" (bei dem der Informationsaustausch in beide Richtungen erfolgt und Reaktionen der betroffenen Kommunikationspartner systematisch gesammelt und für die weitere Planung berücksichtigt werden) und „Partizipation" (bei der alle Beteiligten gemeinsam nach Lösungen suchen und Empfehlungen an die Entscheidungsträger – beispielsweise in der Politik – artikulieren) bildet dabei ein Kontinuum.

KI durchdringt die Gesellschaft immer stärker, eine Debatte tut daher not. Um hier eine fundierte Debatte über Chancen und Risiken zu führen, über den Einsatz bestimmter KI-Anwendungen, sind Grundregeln der Wissenschaftskommunikation wie Transparenz, thematische Differenzierung, Spezifizierung nach Zielen und Zielgruppen zu berücksichtigen. Die Erhebung von Einstellungen der Menschen zu KI und ihren Anwendungen kann beitragen, einen guten Weg zwischen Gestaltungsmöglichkeiten und Regulierungserfordernissen zu finden, Fehlentwicklungen in der KI rechtzeitig zu erkennen und solche Innovationsprozesse zu unterstützen, die im Einklang mit Erwartungen der BürgerInnen stehen.

Literatur

acatech, Hrsg. 2011. *Akzeptanz von Technik und Infrastrukturen.* acatech POSITION. Berlin/Heidelberg: Springer.

acatech, Hrsg. 2012. *Perspektiven der Biotechnologie-Kommunikation. Kontroversen – Randbedingungen – Formate.* acatech POSITION. Berlin/Heidelberg: Springer.

acatech, Hrsg. 2016. *Technik gemeinsam gestalten. Frühzeitige Einbindung der Öffentlichkeit am Beispiel der Künstlichen Fotosynthese.* acatech IMPULS. Berlin/Heidelberg: Springer.

acatech, und Körber Stiftung, Hrsg. 2018. *TechnikRadar 2018. Was die Deutschen über Technik denken.* München/Hamburg: acatech.

acatech, und Körber Stiftung, Hrsg. 2019. *TechnikRadar 2019. Was die Deutschen über Technik denken.* München/Hamburg: acatech.

Collingridge, D. 1982. *The Social Control of Technology.* London: Pinter.

European Commission, Hrsg. 2017. *Attitudes towards the impact of digitisation and automation on daily life. Special Eurobarometer 460, EB87.1.* Brüssel: Europäische Kommission.

Gaskell, George, et al. 2010. *Europeans and Biotechnology in 2010: Winds of change? A Report to the European Commission's Directorate-General for Research on the Eurobarometer 73.1 on Biotechnology*. Brüssel: Europäische Kommission.

Grunwald, Armin. 2010. *Technikfolgenabschätzung – Eine Einführung*. Berlin/Heidelberg: Springer.

Hotho, Andreas. 2017. Social Media und Künstliche Intelligenz in der Wissenschaftskommunikation. Ein visionärer Ausblick. In *Perspektiven der Wissenschaftskommunikation im digitalen Zeitalter*, Hrsg. Peter Weingart, Holger Wormer, Andreas Wenninger und Reinhard F. Hüttl, 2017. Weilerswist: Velbrück Wissenschaft.

House of Lords, Hrsg. 2000. *Science and society. 3rd report*. London: Science and Technology Committee Publications.

Irsigler, Ingo, und Dominik Orth. 2018. Zwischen Menschwerdung und Weltherrschaft: Künstliche Intelligenz im Film. *Aus Politik und Zeitgeschichte* 68:39–45.

McEwan, Ian. 2010. *Solar*. Zürich: Diogenes.

Nowotny, Helga, Peter Scott, und Michael Gibbons. 2001. *Rethinking science. Knowledge in an age of uncertainty*. Cambridge: Polity.

PROSO-Project. o.J.. PROSO Support tool for promoting societal engagement. http://www.proso-project.eu/prososupporttool/. Zugegriffen am 16.08.2019.

Royal Society for the encouragement of Arts, Manufactures and Commerce, Hrsg. 2018. *Artificial intelligence: Real public engagement*. London: Royal Society.

Weingart, Peter, Holger Wormer, Andreas Wenninger, und Reinhard F. Hüttl, Hrsg. 2017. *Perspektiven der Wissenschaftskommunikation im digitalen Zeitalter*. Weilerswist: Velbrück Wissenschaft.

Weißschädel, Anne. 2018. *Kommunizieren über Künstliche Intelligenz*. Wissenschaftskommunikation.de. https://www.wissenschaftskommunikation.de/kommunizieren-ueber-kuenstliche-intelligenz-17477/. Zugegriffen am 16.08.2019.

Weitze, Marc-Denis, und Pühler, Alfred, et al. Hrsg. 2012. *Biotechnologie-Kommunikation. Kontroversen, Analysen, Aktivitäten*. acatech DISKUSSION. Berlin/Heidelberg: Springer.

Weitze, Marc-Denis, und Wolfgang M. Heckl. 2016. *Wissenschaftskommunikation – Schlüsselideen, Akteure, Fallbeispiele*. Berlin/Heidelberg: Springer.

Weitze, Marc-Denis, und Ortwin Renn. 2019. Technikkommunikation, Risikobewertung und Risikokommunikation. In *HÜTTE – Das Ingenieurswissen*. Berlin/Heidelberg: Springer. https://doi.org/10.1007/978-3-662-57492-8_84-1.

Wissenschaft im Dialog, Hrsg. 2018. *Wissenschaftsbarometer 2018*. https://www.wissenschaft-im-dialog.de/projekte/wissenschaftsbarometer/wissenschaftsbarometer-2018/. Zugegriffen am 16.08.2019.

Zhang, Baobao, und Allan Dafoe. 2019. *Artificial intelligence: American attitudes and trends*. SSRN. https://ssrn.com/abstract=3312874. Zugegriffen am 16.08.2019.

Technikgestaltung: KI als Dienstleistung

Armin Grunwald

Inhalt

Zusammenfassung

Technik wird üblicherweise auf menschlich gesetzte Ziele und Zwecke hin entwickelt. Entsprechend geht es in der weiteren Entwicklung der KI darum, sie als Dienstleistung für Zwecksetzungen auszugestalten, etwa in den Bereichen Gesundheit, Mobilität oder industrielle Produktion. Freilich zeigen Erfahrungen aus der Technikgeschichte, insbesondere der jüngeren Vergangenheit, dass Technikgestaltung unter Bedingungen und Begrenzungen steht, dass sie voraussetzungsreich ist und dass auch eine gelingende Technikgestaltung nicht unbedingt vor dem Eintreten nicht intendierter Folgen bewahrt. In der KI stellen sich diese bekannten Herausforderungen in einer besonderen Akzentuierung, da Komplexität, Selbstorganisationsfähigkeit und Lernfähigkeit von KI-Systemen einerseits die Prognostizierbarkeit des Erreichens von gesetzten Zwecken und des Vermeidens von nicht intendierten Folgen weiter reduzieren, andererseits sogar einen digitalen Determinismus bis hin zur Singularität als zumindest denkmöglich erscheinen lassen. Hierauf müssen gestaltungsorientierte Ansätze wie Technikfolgenabschätzung (TA) und Value Sensitive Design (VSD) gezielt reagieren. In

A. Grunwald (✉)
Karlsruher Institut für Technologie (KIT), Institut für Technikfolgenabschätzung und Systemanalyse (ITAS), Karlsruhe, Deutschland
E-Mail: armin.grunwald@kit.edu

K. Mainzer (Hrsg.), *Philosophisches Handbuch Künstliche Intelligenz*,
https://doi.org/10.1007/978-3-658-19606-6_37

diesem Kapitel werden zunächst einige Beispiele für Gestaltungsaufgaben im Rahmen der KI diskutiert, um sodann Technikgestaltung als normatives Programm einzuführen und von verbreiteten technikdeterministischen Annahmen abzugrenzen. Der doppelte Zukunftsbezug von Technik dient als konzeptioneller Rahmen, um die Herausforderungen der Umsetzung von Technikgestaltung in der KI zu präzisieren. Auf dieser Basis werden schließlich konkrete Ansätze der Technikgestaltung eingeführt und auf KI bezogen.

Schlüsselwörter

Technikdeterminismus · Sozialkonstruktivismus · Technikgenese · Technikfolgen · Technikfolgenabschätzung · Ethik

1 Einleitung

Das Bild von KI wie auch vieler anderer moderner Technologien in der Gesellschaft ist durch Widersprüche gekennzeichnet. Einerseits gilt KI als zukunftsweisend und wohlstandssichernd, als Versprechen auf und vielfach sogar als Notwendigkeit für die Gestaltung einer guten Zukunft, etwa in der Diskussion zur Industrie 4.0. Andererseits werden mögliche Folgen der KI als außerordentlich problematisch gesehen wie etwa die zunehmende Überwachung und Auswertung aller Lebensvorgänge oder eine Übernahme der Kontrolle durch für Menschen undurchschaubare Algorithmen. Diese Ambivalenz in der Wahrnehmung der KI lässt sich konstruktiv als eine Gestaltungsaufgabe verstehen: die Herausforderung ist, den weiteren Gang der technischen Forschung und Entwicklung KI-gestützter oder ermöglichter Produkte, Dienstleistungen und Systeme so zu gestalten, dass gewünschte Effekte realisiert werden, während unerwünschten Folgen möglichst vorgebeugt wird. Wie Technik generell üblicherweise auf menschlich gesetzte Ziele und Zwecke hin entwickelt wird, geht es entsprechend in der weiteren Entwicklung der KI darum, sie als Dienstleistung für legitime Zwecksetzungen auszugestalten, etwa in den Bereichen Gesundheit, demographischer Wandel, Mobilität oder industrielle Produktion (vgl. Abschn. 2).

Technikgestaltung ist ein normatives Programm, das von verbreiteten technikdeterministischen Annahmen abgegrenzt und in seinen sprachpragmatischen und normativen Anteilen operationalisiert werden muss (vgl. Abschn. 3). Erfahrungen aus der Technikgeschichte, insbesondere der jüngeren Vergangenheit, zeigen jedoch, dass Technikgestaltung unter Bedingungen und Begrenzungen steht, dass ihr Gelingen an Voraussetzungen gebunden ist, dass das Risiko enttäuschter Erwartungen besteht, dass auch bei guter Planung mit Überraschungen zu rechnen ist und dass auch eine gelingende Technikgestaltung nicht unbedingt vor dem Eintreten nicht intendierter Folgen bewahrt. Bekannte Beispiele sind die Verwendung von Asbestmaterialien in der Bauindustrie (Gee und Greenberg 2002) und der massenweise Wegfall menschlicher Arbeitsplätze durch die Automatisierungswelle der 1980er-Jahre in der industriellen Fertigung. Verantwortliche Technikgestaltung darf daher nicht nur auf die positiv gewünschten Zwecke der Entwicklung setzen und ihre Umsetzung vorantreiben, sondern muss simultan auch mögliche nicht intendierte Entwicklungen und Risiken in den Blick nehmen. Dieser Imperativ lag bereits dem ‚Prinzip Verantwortung' von Hans Jonas (1979) zugrunde und ist fester Bestandteil von Gestaltungsansätzen wie der Technikfolgenabschätzung (TA, vgl. Grunwald 2010) und des Leitbildes *Responsible Research and Innovation* (RRI, vgl. Owen et al. 2013; van den Hoven et al. 2014). In der KI stellen sich diese bekannten Herausforderungen in einer besonderen Akzentuierung, da Komplexität, Selbstorganisationsfähigkeit und Lernfähigkeit von KI-Systemen die Prognostizierbarkeit des Erreichens von gesetzten Zwecken und des Vermeidens von nicht intendierten Folgen weiter reduzieren. Der doppelte Zukunftsbezug von Technik allgemein und der KI speziell und das dadurch erfolgende ‚Überschießen der Mittel' (Rohbeck 1993) dienen als konzeptioneller Rahmen, um die Herausforderungen der Umsetzung von verantwortlicher Technikgestaltung in der KI zu präzisieren (vgl. Abschn. 4). Hierauf müssen gestaltungsorientierte Ansätze wie die TA und das Value Sensitive Design (VSD) gezielt reagieren, konzeptionell wie methodisch. Freilich zeigt sich, dass hier noch viel methodische Entwicklungsarbeit zu leisten ist (vgl. Abschn. 5). Schließlich erfolgt eine Reflexion auf die Verhältnisse von Gestaltung, Offenheit der Zukunft und den Erhalt der Möglichkeit des Gestaltens.

2 KI als Dienstleistung – Beispiele für Gestaltungsaufgaben

Technik entwickelt sich nicht von selbst, sondern wird von Menschen, in der Regel in teils komplexer Arbeitsteilung, entwickelt. Dies geschieht grundsätzlich, um damit Zwecke zu realisieren und Ziele zu erreichen, z. B. im Hinblick auf innovative Produkte für den Markt, zur Sicherung oder Steigerung der Wettbewerbsfähigkeit von Unternehmen oder Volkswirtschaften oder zur Bewältigung der großen gesellschaftlichen Herausforderungen wie Klimawandel, demographische Entwicklung oder Sicherheit. Technikgestaltung im Feld der KI bedeutet damit, mit Hilfe der KI Produkte, Services oder Systeme als Dienstleistungen am Menschen in modernen Gesellschaften zu ermöglichen bzw. KI für diese Zwecke einzusetzen (Mainzer 2019, S. 220). Technikgestaltung kann daher nicht abstrakt betrachtet werden, sondern bezieht sich grundsätzlich auf potenzielle *Anwendungsfelder* der KI (vgl. das entsprechende Kapitel in diesem Handbuch). Das vorliegende Kapitel bildet daher eine Brücke zu Anwendungsfragen. Daher werden im Folgenden einige Anwendungsfelder der KI kurz erwähnt, um den Erwartungshorizont in Bezug auf die Nutzung der KI zur Realisierung von Zwecken und Zielen abzustecken und die Herausforderungen an Technikgestaltung zu umreißen.

Wenn KI entsprechend als Dienstleistung genutzt werden soll, ist damit ein bestimmtes Verständnis der KI verbunden. In der kybernetisch geprägten KI-Debatte der 1970er-Jahre war die Vorstellung einer *starken* KI leitend, die künstliche Nachbildung allgemeiner menschlicher Intelligenz und des Bewusstseins. Im Blick auf KI als Dienstleistung stehen demgegenüber spezifische Anwendungsfragen im Vordergrund (*schwache* KI). Hier geht es vorwiegend um die Konstruktion autonomer und lernender Systeme, wo in den letzten Jahren auf algorithmischer Ebene beeindruckende Anwendungserfolge erzielt werden konnten (vgl. Kehl und Coenen 2016). In der öffentlichen Diskussion sind vor allem (1) das autonome Fahren, (2) die industrielle Produktion und Zukunft der Arbeit sowie (3) der Einsatz von KI im demographischen Wandel präsent.

(1) Das Automobil ist zum Symbol für individuelle Mobilität schlechthin und zu einem zentralen volkswirtschaftlichen Faktor geworden. Massenhafte Auto-Mobilität jedoch führt zu erheblichen nicht intendierten Folgen: Todesopfer und Sicherheitsprobleme, Umwelt- und Klimafolgen, Verteilungs- und Zugangsungerechtigkeiten und Besetzung von Lebenszeit, etwa bei Berufspendlern. Autonomes Fahren verspricht mehr Sicherheit durch die Herausnahme des Hauptunfallverursachers Mensch aus dem System, mehr Zugangsgerechtigkeit zur individuellen Mobilität im Hinblick auf kranke, behinderte oder ältere Menschen, bessere Effizienz und damit eine Reduktion der Umweltfolgen und eine Erhöhung der Lebensqualität dadurch, dass menschliche Autofahrer die freiwerdende Zeit für andere Tätigkeiten nutzen können. KI spielt in diesen Erwartungen eine zentrale funktionale Rolle durch die hohen Anforderungen an schnelle Auswertung komplexer Datenbestände, die Notwendigkeit von quasi Echtzeitreaktionen und den Wunsch nach möglichst effektiv lernenden Systemen (vgl. das entsprechende Kapitel in diesem Handbuch). Der Gewinn an Lerngeschwindigkeit durch KI lässt sich an folgender Überlegung leicht erkennen. Menschliche Autofahrer lernen üblicherweise individuell durch Fahrpraxis. Das dabei erworbene Wissen bleibt oft im Individuum oder im engen Bekanntenkreis. Wenn hingegen ein autonom fahrendes Auto etwas lernt, z. B. eine bislang unbekannte Situation betreffend, kann es über Internet diese Lernerfahrung umgehend an weitere autonome Fahrzeuge, idealer Weise an alle, weitergeben. Hier wird also durch KI individuelles Lernen im Hinblick auf Systemlernen transzendiert, was offenkundig unter Sicherheitsaspekten wünschenswert ist. Freilich sind erhebliche Gestaltungsaufgaben damit verbunden, die genannten Potenziale autonomen Fahrens in reale Praxis zu überführen und nicht intendierte Folgen möglichst zu vermeiden (vgl. Maurer et al. 2016). Insbesondere sind eine Fülle ethischer und rechtlicher Aspekte zu beachten (vgl. Kap. ► „Künstliche Intelligenz – ethische und rechtliche Herausforderungen" in diesem Handbuch). Damit muss Technikgestaltung in diesem Feld in übergreifend interdisziplinären Konstellationen erfolgen (Mainzer 2019, S. 225), etwa in der Kooperation zwischen Informatik, Rechtswissenschaft, Maschinenbau und Wirtschaftswissenschaft, ggf. aber auch unter Heranziehung der Psychologie und der Organisationssoziologie.

(2) Die industrielle Produktion soll im Rahmen der Industrie 4.0 digitalisiert und den Prinzipien der Selbstorganisation unterzogen werden (vgl. Kap. ► „Verantwortungsbewusste Künstliche Intelligenz im industriellen Internet der Dinge" in diesem Handbuch; Manzlei et al. 2016). Die Echtzeit-Vernetzung von Produkten, Prozessen und Infrastrukturen soll Produktion, Geschäftsmodelle, Produkte und Services sowie die Arbeitswelt erheblich verändern. Das Organisationskonzept von Industrie 4.0 besteht aus vier grundlegenden Gestaltungsprinzipien (nach Hermann et al. 2016):

- *Vernetzung*: Maschinen, Geräte, Sensoren und Menschen können sich miteinander vernetzen und über das Internet der Dinge (vgl. Kap. ▶ „Von Cyber-physikalischen Systemen zu intelligenten Infrastrukturen“) oder das etablierte Internet kommunizieren.
- *Informationstransparenz*: Sensordaten erweitern Informationssysteme digitaler Fabrikmodelle, um so ein virtuelles Abbild der realen Welt zu erstellen und die *smart factory* zu ermöglichen.
- *Technische Assistenz*: KI-Assistenzsysteme unterstützen den Menschen, um fundierte Entscheidungen zu treffen und auftretende Probleme schneller zu lösen.
- *Dezentrale Entscheidungen*: Produktionssysteme sollen eigenständige Entscheidungen treffen und Aufgaben möglichst autonom erledigen. Nur in Ausnahmefällen, zum Beispiel bei Störungen oder Zielkonflikten, sollen sie Aufgaben an eine höhere Instanz, z. B. einen menschlichen Supervisor, übertragen.

Damit soll eine weitgehend nach den Kundenwünschen individualisierte Produktion ermöglicht werden, als radikales Gegenmodell zur fordistischen Massenproduktion. Die dafür notwendige Automatisierungstechnik soll durch die Einführung von Verfahren der Selbstoptimierung, Selbstkonfiguration, Selbstdiagnose sowie eigenständiger Kognition wesentlich auf KI gegründet werden. Neben der Individualisierung der Produkte sollen Produktionszeitverkürzungen und Effizienzgewinne durch akkumuliertes Lernen während der Produktion erzielt werden. Räumlich verteilte Produktionskapazitäten und die dazugehörigen Planungs- und Steuerungssystemen sollen autonom kooperieren können und dadurch vorhandene Ressourcen besser nutzen. In der Realisierung dieser Erwartungen spielt KI eine zentrale Rolle bei der Datenverarbeitung, den Lernprozessen und der Selbstorganisation. Technikgestaltung ist hier mit einer erheblichen Komplexität konfrontiert. Es müssen technische Standards und Normen entwickelt werden, damit Kommunikation zwischen Mensch und Maschine bzw. Maschine und Maschine ermöglicht wird. Koordinierung und Kooperation zwischen Mensch und Maschine bedürfen klar geregelter Schnittstellen, wo unter anderem geklärt werden muss, wer sich hier wem anzupassen hat. Datensicherheit und Eigentum an Daten erhalten hohe Priorität und müssen rechtlich abgesichert werden genauso wie Haftungsfragen für komplexe Verantwortungs- und Zuständigkeitsverteilungen zwischen Mensch und Maschine rechtssicher geklärt werden müssen. Die umfassende Umwälzung der Arbeitswelt (vgl. Kap. ▶ „Verantwortungsbewusste Künstliche Intelligenz im industriellen Internet der Dinge“ in diesem Handbuch; vgl. Börner et al. 2018) betrifft nicht nur die Notwendigkeit von frühzeitigen Initiativen zur Aus- und Weiterbildung, sondern auch Arbeitsschutz in entgrenzten Arbeitsverhältnissen (*crowd working*), die zukünftige Rolle der Gewerkschaften oder neuer Organisationen der Arbeitnehmervertretung, die internationale Arbeitsteilung auf einem globalisierten Arbeitsmarkt und die Entwicklung der Sozialversicherungssysteme. Angesichts der erwarteten weitreichenden Umwälzungen in Wirtschaft und

Arbeit ist eine vorausschauende und umfassende Gestaltungsperspektive unter Partizipation der Gesellschaft (Mainzer 2019, S. 222) dringend erforderlich, um erfolgversprechende Entwicklungen zu identifizieren und Fehlentwicklungen frühzeitig zu erkennen und dann möglichst zu vermeiden.

(3) Pflege und Gesundheit gelten als wichtige Anwendungsfelder für KI-gestützte Technologien. Angesichts einer zunehmenden Alterung der Bevölkerung und eines wachsenden Anteils pflegebedürftiger Menschen an der Gesamtbevölkerung ist die Zukunft der Pflege eine große gesellschaftliche Herausforderung. Zur Unterstützung der Pflege wird autonom agierenden Service-bzw. Pflegerobotern und Assistenztechnologien in Kombination mit Neurotechnologien (z. B. Exoskeletten) großes Potenzial zugeschrieben. KI spielt hier eine zentrale Rolle in der Ermöglichung technisch autonomer Systeme in komplexen Umgebungen, so etwa in der Echtzeiterkennung relevanter und sich teils rasch ändernder Umweltfaktoren im aktiven Einsatz oder auch des Zustands der betroffenen Menschen, etwa im Falle zeitlich variabler Demenz, um jeweils adäquat agieren zu können (Decker et al. 2017). Weil in diesen Einsatzfeldern Technik und Mensch in sehr engen Kontakt kommen, und die betroffenen Menschen häufig pflegebedürftig sind und daher etwaigen Fehlfunktionen der Technik womöglich hilflos ausgeliefert wären, kommt einer KI-gestützten Erkennung des Zustandes der Menschen extrem hohe Bedeutung zu. Da in allen Feldern von Pflege und Gesundheit individuelle Menschen und ihre Angehörigen unmittelbar betroffen sind und sich Fragen nach Würde, Autonomie und Menschlichkeit stellen, sind in der Entwicklung derartiger Technologien offenkundig ethische und rechtliche Fragen zu beachten. Es müssen aber auch die konkreten Bedürfnisse der Betroffenen, ihrer Angehörigen und des Pflegepersonals bereits in der Entwicklung berücksichtigt werden, um rein technokratische Lösungen zu vermeiden oder auch eventuelle spätere Akzeptanzprobleme gar nicht erst entstehen zu lassen. Hier ist der problem- und adressatenbezogene Ansatz der Technikgestaltung, aber auch die Frage nach dem richtigen Zeitpunkt zentral (Decker und Fleischer 2010). Wie entsprechende KI-gestützte Assistenzsysteme und vor allem auch eine den pflegerischen Herausforderungen angemessene Governance der Technikentwicklung und des Einsatzes der Technik in der Praxis aussehen könnten, sind ebenfalls Fragen, die nicht allein von den Entwicklern, Ethikern und Juristen, sondern nur in einem komplexen transdisziplinären Geflecht von Stakeholdern und Betroffenen beantwortet werden können. Technikgestaltung in diesem Feld muss also in besonders hohem Maße die involvierten Personengruppen mit einbeziehen.

In diesen Anwendungsfeldern, in denen KI als Dienstleistung zur Ermöglichung innovativer Problemlösungen fungieren soll, zeigt sich exemplarisch, dass die Rede von Technikgestaltung verkürzt ist: es geht nicht einfach um die Gestaltung von Technik *als solche*, sondern grundsätzlich um eine in Nutzungs- und Anwendungskontexte *eingebettete* Technik (*embedded technology*) und damit um *sozio-technische* Innovation oder die Transformation *sozio-technischer* Systeme (Ropohl 1999). Technikgestaltung ist darauf verpflichtet, Technik antizipativ in ihrem erwarteten oder möglichen zukünftigen sozialen, wirtschaftlichen und politischen Kontext zu sehen und meint die *Gestaltung von sozio-technischen Konstellationen*.

Dabei muss Technikgestaltung über die verbreitete Rede von *Potenzialen* der KI hinausgehen. Potenziale sind bloße Möglichkeiten. In der Technikgestaltung geht es aber darüber hinaus um die Frage, auf welche Weise aus den Möglichkeiten *reale* Problemlösungen und Innovationen werden können. Daher müssen konkrete Innovationspfade exploriert, gesellschaftliche Rahmenbedingungen analysiert, die Bedürfnisse und Werte der späteren Nutzer in den Blick genommen, mögliche Hindernisse frühzeitig erkannt und nicht intendierte Folgen so gut wie möglich antizipiert werden. Auch in dieser Hinsicht ist Technikgestaltung mehr als die Gestaltung von Technik sondern umfasst die Exploration von Innovationspfaden.

3 Technikgestaltung als normatives Programm

Was sich so plausibel anhören mag, ist jedoch keineswegs ein Selbstläufer. Vielfach werden Zweifel an einer derartigen Gestaltbarkeit von moderner Technik geäußert. Es kursieren Vorstellungen, nach denen die Entwicklung von Technik eigenen Gesetzmäßigkeiten folgt, der gesellschaftlichen Gestaltbarkeit entzogen ist und dieselbe zur Anpassung zwingt. Im *technologischen Determinismus* (Erläuterung und Kritik bei Ropohl 1982) wird diagnostiziert:

> Dabei scheint es, als seien wir zur Technik verurteilt. Sie kommt immer nur durch menschliche Handlungen zustande und ist doch zu einer selbstständigen Instanz geworden, deren Entwicklung anscheinend kaum gesteuert werden kann (Rapp 1978, S. 8).

Hinter den Akteuren in der Technikgestaltung (Ingenieure, Manager, Erfinder, Wissenschaftler, Techniknutzer etc.) verberge sich eine ‚unsichtbare Hand', sei dies nun der ökonomische Druck auf Technik über den Marktmechanismus, die vermeintliche Herkunft der Technik aus der Anwendung einer ebenso vermeintlich nicht steuerbaren Naturwissenschaft oder der nicht steuerbare Erfinderreichtum der Ingenieure und Informatiker. Zurzeit wird auch von einem digitalen Determinismus gesprochen (Mainzer 2019, S. 217). Dann wäre nicht die Technik, hier KI und dadurch ermöglichte Dienstleistungen selbst gestaltbar, sondern nur die Art und Weise, wie die Gesellschaft darauf regiert, sprich sich an den wie ein Naturereignis kommenden technischen Fortschritt anpasst. Zu diesem Zweck sollten Technikfolgenprognosen den zukünftig kommenden Gang der Technik bestmöglich vorhersehen, um Politik und Gesellschaft bei dieser Anpassung unterstützen. Wenn man die Gesetze kennen würde, nach denen die ‚unsichtbare Hand' hinter der Technikentwicklung funktioniere, könnte die technische Entwicklung wie kommende Naturereignisse prognostiziert werden. Dann könnte die Gesellschaft auf negative Prognosen über unangenehme Technikfolgen für den Arbeitsmarkt oder die natürliche Umwelt durch sozial- oder umweltpolitische Kompensationsstrategien reagieren. In der politischen Rhetorik, bei Natur- und Ingenieurwissenschaftlern und Wirtschaftsvertretern sind häufig technikdeterministische Formulierungen zu finden. Die zentrale Metapher ist oft die vom technischen Fortschritt als einem fahrenden Zug, den nichts aufhalten oder in seiner Richtung beeinflussen kann, dessen Fahrt man aber prognostizieren kann, um zur richtigen Zeit am richtigen Ort zu sein.

Kritik am Technikdeterminismus wurde seitens der Philosophie früh geübt (Ropohl 1982). Ab den 1980er-Jahren wurde die Technik in den Sozialwissenschaften als Gegenstand der Gestaltung entdeckt. In der Technikgeneseforschung (z. B. Weingart 1989; Dierkes et al. 1992) und im Programm *Social Construction of Technology* (SCOT, Bijker et al. 1987; Bijker und Law 1994) wurde Technikentwicklung als offener und sozialer Prozess rekonstruiert, in dem die letztendliche Ausprägung der technischen Produkte und Systeme als Ergebnis einer Vielzahl von Entscheidungsprozessen erklärt wurde. Technikentwicklung erscheint unter diesem Blickwinkel nicht als vorgegeben und eigendynamisch, sondern an vielen Stellen in Forschung und Entwicklung beeinflussbar: immer dort, wo weichenstellende Entscheidungen getroffen werden, z. B. zum Design und zur Architektur von KI-Systemen, besteht Einflussmöglichkeit, z. B. im Hinblick auf die Auswahl von Designoptionen aus einem Spektrum von Möglichkeiten. Technikgestaltung bedeutet dann, diese Entscheidungsprozesse für wertorientierte Reflexion, Folgenüberlegungen, Antizipation möglicher nicht intendierter Folgen und die Berücksichtigung von Nutzer- und Betroffeneninteressen zu öffnen. Bemühungen um eine gezielte Gestaltung von Technik, z. B. im Hinblick auf Umwelt- und Sozialverträglichkeit, folgen diesem Ansatz (z. B. VDI 1991). Es geht dann nicht um eine Gestaltung von Anpassungsmaßnahmen, sondern um die Gestaltung von Technik selbst im Einklang mit gesellschaftlichen Bedürfnissen und Werten statt an jenen vorbei. Technikgestaltung in diesem Sinne prägt das *Constructive Technology Assessment* (CTA, Rip et al. 1995), aber auch die Bemühungen um eine Gestaltung von Technik unter Nachhaltigkeitsaspekten (Fleischer und Grunwald 2002) und nach Maßgabe ethischer Kriterien im *Design for Value* (van den Hoven et al. 2015) und das bereits erwähnte RRI (vgl. Owen et al. 2013; van den Hoven et al. 2014).

Gegenwärtig gilt der Technikdeterminismus als widerlegt, sowohl theoretisch als auch empirisch (Grunwald 2019). In der Praxis jedoch, vor allem in öffentlichen Stellungnahmen von Wirtschaftsvertretern und Politikern, aber auch in den Medien und in der öffentlichen Wahrnehmung, ist er nach wie vor eine dominante Denkfigur. Zurzeit wird gerne über die Digitalisierung und damit über die zukünftige KI wie über ein hereinbrechendes Naturereignis gesprochen:

> A wide-spread example of daily technology determinism today can be found in current narratives around digitization. Managers, scientists and politicians use metaphors such as „tsunami" or „earthquake" in order to describe the coming digitization of almost all processes in everyday life, in the workplace and in the economy. This metaphor conveys different messages, namely:
>
> 1) that the technological development behind digitization cannot intentionally be influenced by society but comes into reality comparably to a natural event like an earthquake or tsunami governed by natural laws
> 2) that digitization will proceed at an incredibly high speed, suggesting that (a) any attempt to influence it will be doomed to fail, and (b) also any attempt to escape will fail
> 3) that digitization will be devastating for economies, enterprises, or the labor market if no pro-active measures are taken – which could be, e.g., pro-active education or establishing incentive systems to promote adaptation to further digitization

> This everyday determinism probably is also widespread over large parts of society. Used by engineers and managers there might be a strategic intention behind it; declaring something as determined excludes questions of possible alternatives (Grunwald 2019).

Nun muss auch im Technikdeterminismus selbstverständlich Technik gestaltet werden, da sie nicht von selbst entsteht.[1] Allerdings ist eine stillschweigende Prämisse, dass dies ausschließlich bestimmten Gruppen von Akteuren obliegt, vor allem Technikwissenschaft und Wirtschaft. Wenn diese die Technikentwicklung als determiniert darstellen, verschleiern sie damit ihre eigene einflussreiche Rolle. Damit handelt es sich hier um eine Frage von Macht und Einfluss: wer gestaltet und wer wird gestaltet bzw. muss sich dem anpassen, was andere gestaltet haben? Wenn technikdeterministisch diese Machtverhältnisse zugunsten eines vermeintlich eigendynamisch ablaufenden Geschehens ignoriert oder abgestritten werden, dann wird der Technikdeterminismus zur Ideologie.

Jenseits der Machtfrage gilt die Sorge einem kommunikativen Effekt ähnlich der *self-fulfilling prophecy* (Merton 1948). Eine technikdeterministische Grundhaltung wirkt faktisch handlungsleitend (Mainzer 2019, S. 217): in der impliziten oder expliziten Überzeugung, dass Technik nicht nach gesellschaftlichen Werten oder politischen Zielen gestaltbar ist, werden mögliche Gestaltungsoptionen bereits *a priori* aus der Hand gegeben, ohne sie überhaupt versucht zu haben. Der Determinismus wird ohne Not selbst hergestellt, weil ihm niemand mögliche Alternativen entgegenhält. Statt alternative Technikzukünfte (Grunwald 2012) in ihrer Offenheit zu diskutieren, abzuwägen und dann bestimmte Richtungen einzuschlagen, wird von vornherein resignativ auf Anpassung gesetzt.

Diese Reflexionen zeigen die Bedeutung von Technikgestaltung auch im Hinblick auf eine inklusive und demokratische Handhabung des technischen Fortschritts. Technikgestaltung ist normativ mit der Erwartung verbunden (Grunwald 2000), dass die Gesellschaft (wer auch immer das im Einzelfall ist) Technik nach Maßgabe von Zielen und Werten aktiv und bewusst gestalten kann und nicht einer anpassungserzwingenden Eigendynamik der Technik oder einer blinden Evolution ausgeliefert ist. Dahinter steht die Setzung, dass der Lauf der Technik sich nach menschlichen Zielsetzungen zu richten habe, statt dass Mensch und Gesellschaft sich an eine eigendynamisch ablaufende Technik anzupassen hätten. Damit Postulate dieser Art nicht in rhetorischer Wohlgefälligkeit und praktischer Nutzlosigkeit enden, bedarf es einer operativen Präzisierung des Begriffs der Technikgestaltung. Hierzu sind mindestens folgende, sich aus der Struktur zweckrationalen Handelns ergebenden Elemente erforderlich (Grunwald 2003):

- *Subjekt*: Gestaltung als ein (aktives) Handeln bedarf individueller oder kollektiver *Gestalter*. Die Frage nach den jeweils relevanten Akteuren, ihren Möglichkeiten

[1] Angesichts der Visionen der KI und der von manchen erwarteten Großen Singularität (Kurzweil 2005; Mainzer 2019) könnte der Satz auch mit einem ‚noch nicht' formuliert werden. Oder besser: ‚noch (?) nicht'.

und Zuständigkeiten in der *Technology Governance* und ihrer Legitimation zur Einflussnahme muss konkret beantwortet werden;

- *Objekt*: es muss einen *Gegenstandsbereich* des Gestaltens geben. Wie bereits angedeutet, ist dies hier nicht Technik als solche, sondern sozio-technische Konstellationen (s. o.).
- *Ziele*: Gestaltung braucht Ziele. Erst Zielsetzungen erlauben, eine Richtung für gestaltendes Handeln zu bestimmen und durch einen Vergleich der Ziele *ex ante* mit den realen Folgen *ex post* Erfolg oder Misserfolg festzustellen;
- *Mittel*: es müssen gestalterische Einflussmöglichkeiten, Maßnahmen und Instrumente vorhanden sein, die von den Gestaltern als Mittel zur Erreichung der Ziele eingesetzt werden können;
- *Gelingenszuversicht*: die Anstrengung von Gestaltung bedarf der Motivation durch die Aussicht darauf, die gesetzten Ziele wenigstens teilweise erreichen zu können.

Mit dieser Differenzierung lassen sich verschiedene Fragen zur Technikgestaltung in der KI formulieren: welche Gruppen, gesellschaftlichen Teilsysteme oder Personen gestalten die zusehends digitale Gesellschaft? Welchen Einfluss haben global handelnde Unternehmen aus dem Silicon Valley, Wirtschaftsverbände, staatliche Stellen oder die Nutzer KI-gestützter Technologien? Welche Möglichkeiten der Gestaltung bzw. zurückhaltender formuliert, welche Möglichkeiten der Einflussnahme stehen diesen Gruppen jeweils offen? Ist die Komplexität der KI möglicherweise prohibitiv gegenüber Mitgestaltungsansprüchen aus Geistes- und Sozialwissenschaften und der Zivilgesellschaft? Kommt es zu einer informellen Herrschaft der KI-Nerds mit ihrem Wissensmonopol? Was kann getan werden, um dies zu verhindern? Geht es um Gestaltung der KI in einem direkten Sinne, geht es um die Gestaltung KI-gestützter oder ermöglichter Anwendungen, geht es um die Gestaltung neuer Märkte für KI-gestützte Produkte, geht es um die Gestaltung von Konsummustern und Nutzungsgewohnheiten oder um die Gestaltung der normativen Rahmenbedingungen für eine ethisch legitime Nutzung von KI? Je nach konkreter Gestaltungsaufgabe sind hier kontextuell angemessene Präzisierungen vorzunehmen.

Diese Fragen (und viele andere mehr) spannen das komplexe Feld der möglichen Gegenstandsbereiche der Technikgestaltung zur KI, der jeweils relevanten Akteure und der Verfahren und Mittel zur Gestaltung auf. Dahinter steht Technikgestaltung als *normative* Vorstellung vor dem Hintergrund demokratietheoretischer Ideale. Danach sollte Technikgestaltung nach den Prinzipien der Antizipation, der Inklusion und der reflektierten Komplexitätsbewältigung erfolgen (Grunwald 2019, Kap. 4). Das Prinzip der Inklusion (auf John Dewey zurückgehend) wäre nicht mit einem Modus der Technikgestaltung vereinbar, der Gestaltung Informatikern und Managern überlässt, aber andere Gruppen der Gesellschaft exkludiert (so auch Mainzer 2019). Wie generell bei normativen Ansätzen üblich, wohnt auch dem Ansatz der inklusiven Technikgestaltung die Aufforderung inne, die gesellschaftlichen Bedingungen herzustellen, zu erhalten oder auszubauen, damit diesem normativen Anspruch entsprochen werden kann.

4 Der doppelte Zukunftsbezug der KI

Die übliche und mehrfach bereits verwendete Rede ist, Technik und damit auch KI als Mittel für menschliche Zwecke anzusehen, so etwa in der Programmierung von Algorithmen für bestimmte Aufgaben. Dieses Bild ist jedoch sowohl grundsätzlich als auch speziell für Technikgestaltung im Bereich der KI unvollständig. Denn die realen Folgen von Technik gehen meist nicht in den vorab gesetzten Zwecken auf, und Technik ist mehr als nur Mittel zu vorab gesetzten Zwecken. Es kommt, wie Rohbeck unter Berufung auf Dewey formuliert, zu einem „Überschießen der Mittel" (1993). Die technischen Mittel haben erstens, sobald sie eingesetzt werden, Folgen oft auch jenseits der erwarteten Zweckrealisierung. Zweitens sind sie, sobald sie verfügbar sind, nicht mehr nur Mittel zu den vorab gesetzten Zwecken, sondern auch Ausgangspunkt für die Erfindung neuer Zwecke. Die technischen Mittel, also auch verfügbare KI-Systeme, prägen Handlungsmöglichkeiten und Weltsicht, Weltwahrnehmung und Interventionsmöglichkeiten, Bedürfnisse und Wünsche. Damit transformieren sie die vorstellbaren Möglichkeitsräume (Grunwald 2018) und strukturieren die weitere Entwicklung vor. In den Zukunftsbezügen von Technik allgemein und KI im Besonderen besteht eine Asymmetrie: (1) *ex ante* und (2) *ex post*.

(1) KI wird relativ zu Zielen und Zwecken entwickelt (vgl. Abschn. 2) und soll bestimmte Funktionen und Leistungsmerkmale realisieren. Das Lastenheft einer konkreten Entwicklung mit Anwendungsbezug bezieht sich nicht auf die Gegenwart, sondern zielt auf zukünftige KI-Nutzer und Märkte. Deren Intentionen und Bedarfe werden antizipiert, um zukünftig Akzeptanz für die erst noch zu entwickelnde KI erwarten zu können. In der Perspektive von Teilnehmern an der Technikgestaltung in der KI spielen daher Zukunftsbilder und Zukunftsentwürfe eine zentrale und doppelte Rolle: KI wird auf Zukunft hin *projektiert* unter Erwartungen an ihre Leistungen in einer ebenfalls *projektierten* Zukunftswelt. Das Zusammenpassen beider Projektionen wird üblicherweise unterstellt, zusätzlich zu der Unterstellung der Passung beider Projektionen auf die angezielte zukünftige Gegenwart.

(2) Wenn ein KI-System in diesem Modus entwickelt ist, finden Adaptions- und Enkulturationsprozesse statt. Das System wird in konkreten Anwendungen genutzt und beeinflusst dabei Gewohnheiten, Lebensstile, ökonomische Verhältnisse, soziale Zusammenhänge bis hin zu konstitutiven kulturellen Elementen. Einmal vorhandene technische Mittel sind Bestandteil der nachfolgenden Welt und ermöglichen neue Zwecksetzungen, Geschäftsmodelle, Lebensstile etc. Ältere Beispiele sind die Verbreitung des Telefons, die Erfindung der Atombombe und die Vernetzung über das Internet. Analog gilt dies für KI-gestützte Dienstleistungen. Sind sie einmal in die Welt gesetzt, ziehen sie eine unabsehbare Menge an Folgen hinter sich her, indem sie zum Inventar der Welt gehören, verfügbare oder auch nur denkbare Möglichkeitsräume beeinflussen und damit das Handeln in dieser Welt orientieren. Die erwähnten Anwendungsbeispiele, etwa die Ermöglichung des autonomen Fahrens, sind hier illustrative Beispiele (vgl. Kap. ► „Künstliche Intelligenz – ethische und rechtliche Herausforderungen").

Die Differenz zwischen diesen Zukunftsbezügen *ex ante* und *ex post* ist für Technik generell charakteristisch. Sie stellt Technikgestaltung vor konzeptionelle Herausforderungen, da Erwartungen an gelingende Technikgestaltung die Erreichung der vorab gesetzten Zwecke und das Ausbleiben unerwünschter Nebenfolgen sind. Gelingenszuversicht hinsichtlich der Gestaltbarkeit von Technik kann zwar eine gewisse Differenz zwischen beiden Zukunftsbezügen tolerieren, benötigt jedoch die Erwartung, dass sie nicht komplett auseinanderfallen. Für die Gestaltung von KI-Dienstleistungen verschärft sich diese Situation aus zwei Gründen erheblich: durch die Lernfähigkeit von KI-Systemen und durch die Verschiebung von Subjekt/Objekt-Relationen der Gestaltung:

Ein Charakteristikum von KI-Systemen ist ihre Fähigkeit des Lernens und der dadurch ermöglichten Selbstorganisation. Dadurch können sich ihre Eigenschaften in einer nicht vorherzusehenden Weise ändern, denn die Anlässe, aus denen gelernt wird, sind genauso wenig vorhersehbar wie die Ergebnisse der Selbstorganisation. Damit sind der Antizipation des Erreichens der ursprünglich projektierten Ziele (Zukunftsbezug ex ante) und der prospektiven Einschätzung möglicher nicht intendierter Folgen engere Grenzen gesetzt als bei traditioneller, sich nicht selbst verändernder Technik. Dies ist im Prinzip das Argument, mit dem Jean-Pierre Dupuy die Nanotechnologie als eine Selbstorganisation ermöglichende Entwicklung als *ultimative Katastrophe* diagnostizierte (Dupuy 2007), und warum Bill Joy darin Anzeichen der Selbstabschaffung des Menschen sah (Joy 2000). Lernfähigkeit und Selbstorganisation könnten zu einem völligen Auseinanderklaffen zwischen Zukunftsbezug *ex post* und *ex ante* führen und damit letztlich Technikgestaltung nach menschlichen Zwecken obsolet machen.

Eine weitere Herausforderung besteht in der durch Lernen und Autonomisierung der KI-gestützter Technik möglich gewordene Veränderung in den Subjekt-Objekt-Verhältnissen des Gestaltens. Mit KI verändert sich die Stellung des Menschen zur Technik und kommt es zu neuen Mensch/Technik-Konstellationen. KI ist nicht mehr nur eine Menge von einzelnen Instrumenten, Apparaten, Maschinen und Anlagen, die zum Subjekt Mensch in einem klaren Objektverhältnis stehen wie eine Waschmaschine. Stattdessen sind KI-Systeme selbst vernetzt, bilden komplexe Strukturen und Systeme aus und werden, z. B. in projektierten Systemen der Industrie 4.0 (vgl. Kap. ► „Verantwortungsbewusste Künstliche Intelligenz im industriellen Internet der Dinge") zu Partnern des Menschen. Der Werkzeugcharakter der Technik – die klassische anthropologische Figur, in der wir die Rolle von Technik für Menschen deuten – verschwindet gegenüber ihrem Systemcharakter. Wir stehen als Menschen nicht länger einzelnen Geräten oder Maschinen gegenüber wie Nutzer gegenüber ihrem Automobil, sondern werden zu Bestandteilen sozio-technischer Konstellationen, in der Menschen gelegentlich die Subjekt-, teils aber auch die Objektrolle innehaben, mit entsprechenden Herausforderungen für die Zuschreibung von Handlungsmöglichkeit und Verantwortung.

Diese Verschiebungen machen deutlich, dass in einer Welt mit KI-Systemen klassische technikanthropologische Schemata mit Menschen als Gestaltern und Technik als dem Gestalteten nicht mehr passen. Hier sind Philosophie und empirische Wissenschaften zur analytischen Klärung und Erforschung neuer Verhältnisse und ihrer Folgen für den Begriff der Technikgestaltung gefragt.

5 Ansätze der Technikgestaltung

Zur Technikgestaltung wie in Abschn. 3 beschrieben und normativ postuliert, sind unterschiedliche Ansätze entwickelt und teils auch erprobt worden (als Überblick Grunwald 2010, 2019). Die Technikfolgenabschätzung (TA) ist etwa seit den späten 1980ern auf diesem Weg, insbesondere seit der Entwicklung des *Constructive Technology Assessment* (CTA, Rip et al. 1995). Auf dieser Linie liegt auch das bereits erwähnte RRI (Owen et al. 2013; van den Hoven et al. 2014). Das *Social Shaping of Technology* (Yoshinaka et al. 2003) als ein eher politisch ausgerichteter Ansatz hat sich in dieser Form nicht durchgesetzt. Seitens der philosophischen Ethik sind wertorientierte Ansätze entwickelt worden (z. B. van der Burg und Swierstra 2013), von denen das Value Sensitive Design (VSD, Friedman et al. 2006; van den Hoven et al. 2015) die meisten Anwendungen erfahren hat. Im Folgenden sollen exemplarisch die TA und das VSD mit möglichen Anwendungen in der KI vorgestellt werden.

Die Erfahrung von unerwarteten und teilweise gravierenden Technikfolgen, die man gerne im Vorhinein gekannt hätte, um sie verhindern oder um Kompensationsmaßnahmen einleiten zu können, ist eine der Grundmotivationen der TA. Von den 1970er-Jahren an ging es sowohl um die *Frühwarnung* vor technikbedingten Gefahren (Paschen und Petermann 1992, S. 26) als auch um die *Früherkennung* der Chancen von Technik, damit diese optimal genutzt und Abwägungen von Chancen und Risiken vorgenommen werden können. Ein fundamentales Argument für die Notwendigkeit von TA lautet, dass für die Entwicklung und den Einsatz moderner Technologien das Prinzip von Versuch und Irrtum mit einer eventuellen nachträglichen Reparatur nicht intendierter negativer Folgen weder politisch oder ökonomisch praktikabel noch ethisch verantwortbar ist (in diesem Sinne bereits Jonas 1979). Dieses Argument gilt verstärkt für die weitreichenden und teils disruptiven Entwicklungen in der modernen Informations- und Kommunikationstechnik und insbesondere der KI.

Das generelle Anliegen der TA ist, durch die vorausschauende Erforschung möglicher Technik- und Entscheidungsfolgen und ihre Reflexion in ethischer und gesellschaftlicher Hinsicht zu einer informierten demokratischen Debatte über den wissenschaftlich-technischen Fortschritt und dadurch zu reflektierten politischen Entscheidungen beizutragen. Dabei folgt sie Prinzipien der Antizipation, der Inklusion und der adäquaten Komplexitätsbewältigung (Grunwald 2019). Drei wesentliche Ausrichtungen der TA haben sich herausgebildet, die sich durch ihre Adressaten, den Typ der jeweils im Mittelpunkt stehenden Herausforderungen und die zu ihrer Bewältigung verwendeten Methoden und Verfahren unterscheiden:

- Das Aufgabengebiet *politikberatender, insbesondere parlamentarischer TA* (z. B. Petermann und Grunwald 2005) erstreckt sich auf öffentlich relevante und politisch zu entscheidende Technikaspekte wie z. B. Sicherheit- und Umweltstandards, den Schutz der Bürger im Hinblick auf die Gewährleistung von Menschen- und Bürgerrechten, die Prioritätensetzung in der Forschungspolitik etc. Damit geht es um die Rahmenbedingungen, unter denen Wissenschaftler und Ingenieure

arbeiten und unter denen in der Wirtschaft Technik entwickelt und auf den Markt gebracht wird (als Beispiele im Umfeld der KI vgl. Kehl und Coenen 2016; Börner et al. 2018).
- Unter dem Postulat der Inklusion sind weitreichende Technikfragen Angelegenheit der gesamten Bürgerschaft (Habermas 1968). Eine dezidiert partizipative TA (Abels und Bora 2016) beteiligt systematisch Personen und Gruppen außerhalb von Wissenschaft und Politik an Beratungen über zukünftige Technik einschließlich der Identifikation von Themen zur öffentlichen Förderung von Forschung und Entwicklung (Mainzer 2019, S. 222).
- TA kann auch direkt an realer Technikentwicklung an Technischen Hochschulen oder in der Industrie ansetzen und sich gezielt mit der Gestaltung von Produkten, Systemen und Dienstleistungen befassen, wie dies z. B. CTA vorsieht. Die VDI-Richtlinie zur Technikbewertung (VDI 1991) bietet eine Handreichung, um über die üblichen techno-ökonomischen Kriterien hinaus systematisch gesellschaftlich anerkannte Belange bzw. Werte wie Sicherheit, Gesundheit und Umweltqualität im Innovationsprozess zu berücksichtigen.

In diesen Ausrichtungen versteht sich die TA als systematische, inter- und transdisziplinäre Methode der wissensbasierten Suche nach gesellschaftlich tragfähigen Problemlösungen und als wissenschaftlich unabhängige Beratung von Politik, Technikentwicklung und Gesellschaft.

Die Mitwirkung an der Technikgestaltung von KI-gestützten Dienstleistungen ist für die TA zunächst eine Aufgabe wie andere mit den bekannten Herausforderungen an Politikberatung, Inklusion durch Partizipation und Komplexitätsbewältigung angesichts eines kaum überschaubaren Spektrums möglicher Folgen (vgl. die Beispiele des autonomen Fahrens und der Industrie 4.0). Bei näherem Hinsehen zeigen sich jedoch spezifische Anforderungen. Zunächst führt die Komplexität der KI zu einer Erschwernis für Partizipation und die Heranziehung unabhängiger Expertise. Sorgen vor einer nicht mehr demokratisch einholbaren Herrschaft der Experten (hier der KI-Nerds), wie sie bereits in der Technokratie-Debatte der 1960er-Jahre geäußert wurden (Habermas 1968), geraten hier in eine neue Dimension. TA muss mit dafür Sorge tragen, Bedingungen für das Entstehen von gegenüber den KI-Experten unabhängigem Sachverstand zu schaffen, um der Entstehung und Verfestigung von Wissensmonopolen vorzubeugen.

Ein zweiter Punkt betrifft das technische Optimierungsdenken. Dieses ist in der Denk- und Arbeitsweise praktisch aller technischen Entwicklungslinien tief verankert, vor allem durch zunehmende mathematische Modellierung und die Verfügbarkeit über computergestützte Optimierungsstrategien. Dieses Denken gewinnt durch KI auf Basis selbst organisierender Algorithmen und der Verfügbarkeit von riesigen Datenmengen (Big Data) weiteren Einfluss. Es prägt den Blick von Informatikern (so bereits Karl Steinbuch in den 1970er-Jahren) und Ingenieuren auf Politikberatung. Sie beanspruchen, optimale Lösungen zu erzeugen, die die Politik einfach implementieren solle. In KI-Kreisen wird gelegentlich bereits vom Ersatz demokratischer Institutionen (Parlamente und Regierungen) durch KI-Systeme gesprochen: durch Algorithmen, die auf die Erzeugung des Gemeinwohls programmiert seien und über alle Daten der Gesellschaft verfügen, könnten doch die objektiv besten Lösungen ausgerechnet werden, welche dann bloß noch implementiert werden müssten.

Dies ist eine Herausforderung für die TA, die den verbreiteten technokratischen Optimierungs- oder Sachzwangargumenten ein *Denken in Alternativen* gegenüberstellt (Grunwald 2019; Dobroc et al. 2018), verbunden mit dem Ziel, demokratische Debatten und politische Entscheidungsfindung mit besserer Information und transparenterer normativer Orientierung zu bereichern: Alternativen statt Alternativlosigkeit. Die Begründung hierfür liegt im Prinzip der Inklusion: da in pluralistischen Gesellschaften unterschiedliche, teils inkommensurable und auch widersprüchliche Wertsysteme und politische Überzeugungen vertreten sind, kann es, so die Überzeugung der TA, keine objektive Optimierung geben, solange der Anspruch der Inklusion erhoben wird. Optimierung kann immer nur zu partikular festgelegten Optimalitätskriterien erfolgen. Technokratisch argumentierende Stimmen meinen hier üblicherweise ihre eigenen Kriterien und schließen andere dadurch aus. Es zeichnet sich ab, dass die fast 70 Jahre alte Technokratie-Debatte durch KI neu aufgelegt werden muss. Die Möglichkeiten der KI jedenfalls geben technokratischem Denken neue Nahrung und mächtige Werkzeuge an die Hand.

Eine dritte Herausforderung der KI an die TA besteht in den bereits erwähnten Charakteristika des Lernens und der Selbstorganisation, welche den traditionell konsequentialistischen Ansatz der TA vor konzeptionelle und methodische Probleme stellen. Es zeichnet sich ab, dass neben der methodischen Erweiterung konsequentialistischer TA auch eine stärkere Berücksichtigung hermeneutischer Fragen der KI-Entwicklung und der dafür erzählten Zukunftsnarrative erforderlich sein wird (zum Ansatz hermeneutischer TA Grunwald 2016; Grunwald und Hubig 2018). Verschiebungen in Mensch/Technik-Verhältnissen, Fragen nach neuen Verantwortungsverteilungen zwischen Mensch und Technik in KI-gestützten Systemen, etwa beim autonomen Fahren, oder nach der Governance lernender KI-Systeme gehen nicht in konsequentialistischen Folgenreflexionen auf, sondern bedürfen auch einer hermeneutischen und technikanthropologischen Reflexion (Grunwald 2016).

Das *Value Sensitive Design* (VSD, Friedman et al. 2006; van den Hoven et al. 2015) geht auf die Aufdeckung von in Technik implementierten Wertstrukturen (z. B. van de Poel 2009) zurück, die in die Frage nahelegte, ob und wie dies explizite Technikgestaltung nach Maßgabe von Werten ermöglichen würde (Brey 2009). Das VSD versucht entsprechend, relevante Werte in Designanforderungen und konkrete Technik umzusetzen (van de Poel 2013). Es umfasst dazu die iterativen und zusammenhängenden Schritte der Identifizierung relevanter Gruppen von Nutzern und Betroffenen und ihrer Wertvorstellungen, die Auslegung von Werten sowie philosophisch-ethische Reflexionen im jeweiligen technischen Kontext, den Transfer bzw. die Operationalisierung in Gestaltungsanforderungen, die Lösung von potenziellen Inkompatibilitäten bzw. Konflikten zwischen Werterfüllungen und letztendlich die Überprüfung der Umsetzung.

Ein speziell interessierendes Feld des Gestaltens digitaler Systeme hängt mit ihrem oft handlungsregulierenden und institutionenähnlichen Charakter zusammen. Institutionen sind etablierte gesellschaftliche Regelsysteme, die soziale Interaktionen ermöglichen, ordnen und beschränken und mit Mitteln der Durchsetzung, wie Anreize oder Sanktionen, ausgestattet sind und damit entscheidend zur konkreten Realisierung von gesellschaftlichen Werten beitragen (Brey 2009). Software und KI-gestützte Netze und Dienstleistungen nehmen immer mehr die Rolle von derartigen Regelungselementen ein. Denn mit fortschreitender Verlagerung von zwischenmenschlichen Interaktionen in digitale Systeme werden auch die dazu gehörenden sozialen Regeln und zugrunde liegenden Werte „in die Systeme programmiert". Dies ermöglicht die Automatisierung des Regelvollzugs, die technische Vermeidung der Regelabweichung sowie die Etablierung von Regeln in feiner Granularität.

Vor diesem Hintergrund wird komplexen Algorithmen eine eigenständige institutionelle Wirkung zugesprochen analog zu sozialen Regelsystemen. Beispiele lassen sich in informationstechnisch umgesetzten sozialen Regeln von Internetfiltern, Systemen des digitalen Rechtemanagements, Internetarchitekturen und Protokolle, Suchmaschinen, E-Commerce-Systeme, soziale Netzwerken und Online-Communities, KI-Systemen, Entscheidungsregeln in Big Data Analytics bzw. Scoring-Systeme finden (Orwat et al. 2010). In der Literatur zu Software als Institution wird darauf hingewiesen, dass Regelungen mittels Software tendenziell konventionelle Regeln, Wertvorstellungen und Erwartungen „überschreiben" oder gefährden können, dass sie schleichend öffentliche Regelsysteme unterwandern können, obwohl ihnen, insofern sie von global operierenden Konzernen erzeugt werden, keine demokratische Legitimation zukommt.

Die Gestaltung von KI-gestützten Systemen als Dienstleistungen kann sich auf Erfahrungen des VSD mit Informations- und Kommunikationstechnologien stützen (z. B. van den Hoven 2007; Brey 2009). Es kommt jedoch auch hier wie bei der TA zu weitreichenden neuen Anforderungen durch Lernen und Selbstorganisation im Rahmen der KI.

6 Fazit

Technikgestaltung der KI für menschlich gesetzte Dienstleistungen ist möglich, aber auch anspruchsvoll und voraussetzungsreich. Es kann auf vorhandene Erfahrungen in der Technikgestaltung aufbauen, etwa in den Feldern der TA und des VSD. Hinzukommen müssen sicher Bildungsanstrengungen, um Informatikern und Informatikerinnen interdisziplinäres Grundwissen über Technikgestaltung, Ethik und soziale Prozesse mit auf den Weg zu geben (Mainzer 2019).

Technikgestaltung darf nach dem Gesagten nicht planungsoptimistisch verengt verstanden werden. Das Überschießen der Mittel (Rohbeck 1993) und das Auftreten nicht intendierter Folgen (Grunwald 2010, 2019) müssen in Gestaltungsprozesse einbezogen werden, soweit dies die epistemischen Grenzen erlauben. Auch mit guter Technikgestaltung bleibt die Zukunft offen und birgt Überraschungen.

Im Feld der KI kommt es zu einer besonderen Anforderung: anders als in etablierten Technikfeldern wird es mit zu den Aufgaben gehören, die Bedingungen der Gestaltbarkeit der KI angesichts der Eigenlogik und Selbstorganisationsfähigkeit von KI-Systemen zu erhalten. Der Algorithmus darf nicht das letzte Wort erhalten. Sensibilität für drohenden und zunehmenden Kontrollverlust muss aufrechterhalten oder sogar erst erzeugt werden (Mainzer 2019, S. 221). Ansätze zur Entwicklung eines Master-Algorithmus, um Algorithmen zu programmieren, sind Schritte auf dem Weg, die Weiterentwicklung und Gestaltung der Technik der Technik selbst zu überlassen bzw. zumindest ihr die Fähigkeit dazu zu geben. Diese Richtung wird im Transhumanismus als Weg zur Großen Singularität gesehen (Kurzweil 2005), in der die Technikgestaltung vom Menschen auf KI selbst übergehen soll. Die Frage der Machtübernahme durch KI und die Entmachtung des Menschen sind in der Tat vielfach genannte Sorgen im Zusammenhang mit KI, angesichts von Lern- und Selbstorganisationsfähigkeit der KI. Umso wichtiger ist der technikethische Imperativ zum Erhalt der Bedingungen der Möglichkeit von Technikgestaltung (analog den Optionswerten von Hubig 1993). Zwar steht eine Machtübernahme der KI nicht bevor:

> Was die KI und Robotik anbelangt, so scheint die Aussicht auf eine Machtübernahme künstlicher Intelligenzen derzeit vernachlässigbar zu sein angesichts der großen technologischen Herausforderungen (insbesondere der funktionalen Integration von Wahrnehmungs-, Planungs- und Manipulationsfähigkeiten), vor denen die Entwicklung komplexerer Serviceroboter steht. Die bisherigen Erfolge, welche die KI-Forschung unzweifelhaft vorzuweisen hat, beschränken sich auf „lernfähige" Softwareanwendungen – intelligentes oder autonomes Verhalten im menschlichen Sinne zeigen diese in keiner Weise, sodass völlig unklar bleibt, ob und wie sich eine physisch verkörperte „starke" KI überhaupt realisieren lässt (Kehl und Coenen 2016).

Jedoch ist der Fortschritt der KI beträchtlich, so dass zumindest sorgfältige Beobachtung des Standes und der absehbaren weiteren Möglichkeiten erforderlich sind. Normativ lässt sich postulieren, auch in der Nutzung von KI in Dienstleistungen und in ihrer weiteren Entwicklung die Gestaltungsfähigkeit durch Menschen zu erhalten. Während bislang eher Machtfragen einer inklusiven und demokratischen Technikgestaltung Grenzen setzen (z. B. Winner 1982), ist somit in Zukunft auch auf das Entstehen von KI-bezogenen technischen Grenzen der Gestaltbarkeit zu achten.

Literatur

Abels, Gabriele, und Alfons Bora. 2016. *Ethics and public participation in technology assessment*. Publication online. https://doi.org/10.13140/RG.2.2.35586.89282.

Bijker, Wiebe, und John Law, Hrsg. 1994. *Shaping technology building society*. Cambridge, MA/-London: MIT Press.

Bijker, Wiebe, Thomas Hughes, und Trevor Pinch, Hrsg. 1987. *The social construction of technological systems. New directions in the sociology and history of technological systems*. Cambridge, MA/London: MIT Press.

Börner, Franziska, Christoph Kehl, und Linda Nierling. 2018. *Chancen und Risiken mobiler und digitaler Kommunikation in der Arbeitswelt. TAB Arbeitsbericht 174*. Berlin: Büro für Technikfolgenabschätzung beim Deutschen Bundestag.

Brey, Philip. 2009. Values in technology and disclosive computer ethics. In *The Cambridge handbook of information and computer ethics*, Hrsg. Luigi Floridi, 41–58. Cambridge: Cambridge University Press.

Burg, Simone van der, und Tsjalling Swierstra, Hrsg. 2013. *Ethics on the laboratory floor.* Hampshire: Palgrave Macmillan.

Decker, Michael, und Torsten Fleischer. 2010. When should there be which kind of technology assessment? A plea for a strictly problem-oriented approach from the very outset. *Poiesis & Praxis* 7:117–133. https://doi.org/10.1007/s10202-010-0074-6.

Decker, Michal, Nora Weinberger, Bettina Krings, und Johannes Hirsch. 2017. Imagined technology futures in demand-oriented technology assessment. *Journal of Responsible Innovation* 4(2): 177–196.

Dierkes, Meinolf, Ute Hoffmann, und Lutz Marz. 1992. *Leitbild und Technik. Zur Entstehung und Steuerung technischer Innovationen*. Berlin/Frankfurt/New York: Campus.

Dobroc, Paulina, Bettina Johanna Krings, Christoph Schneider, und Nele Wulf. 2018. Alternativen als Programm. Plädoyer für einen Perspektivenwechsel in der Technikfolgenabschätzung. *Technikfolgenabschätzung in Theorie und Praxis* 27(1): 28–33.

Dupuy, Jean-Pierre. 2007. Complexity and uncertainty: A prudential approach to nanotechnology. In *Nanoethics. The ethical and social implications of nanotechnology*, Hrsg. Fritz Allhoff, Patrick Lin, John Moor und John Weckert, 119–132. Hoboken: Wiley.

Fleischer, Torsten, und Armin Grunwald. 2002. Technikgestaltung für mehr Nachhaltigkeit – Anforderungen an die Technikfolgenabschätzung. In *Technikgestaltung für eine nachhaltige Entwicklung. Von der Konzeption zur Umsetzung*, Hrsg. Armin Grunwald, 95–146. Berlin: Edition Sigma.

Friedman, Batya, Peter Kahn, und Alan Borning. 2006. Value sensitive design and information systems. In *Human-computer interaction in management information systems: Foundations*, Hrsg. Phin Zhang und Dora Galletta. New York: M.E. Sharpe, Inc.

Gee, David, und Morris Greenberg. 2002. Asbestos: From ‚magic' to malevolent mineral. In *The precautionary principle in the 20th century. Late lessons from early warnings 1896–2000*, Hrsg. Paul Harremoes, David Gee, Martin MacGarvin, Andy Stirling, John Keys, Brian Wynne und Stephen Guedes Vaz, 49–63. London: Sage.

Grunwald, Armin. 2000. *Technik für die Gesellschaft von morgen. Möglichkeiten und Grenzen gesellschaftlicher Technikgestaltung*. Frankfurt: Campus.

Grunwald, Armin. 2003. Die Unterscheidung von Gestaltbarkeit und Nicht-Gestaltbarkeit der Technik. In *Technikgestaltung zwischen Wunsch und Wirklichkeit*, Hrsg. Armin Grunwald, 19–38. Berlin/Heidelberg: Springer.

Grunwald, Armin. 2010. *Technikfolgenabschätzung – eine Einführung*, 2. Aufl. Berlin: Nomos.

Grunwald, Armin. 2012. *Technikzukünfte als Medium von Zukunftsdebatten und Technikgestaltung*. Karlsruhe: KIT Scientific Publishing.

Grunwald, Armin. 2016. *The hermeneutic side of responsible research and innovation*. London: Wiley-ISTE.

Grunwald, Armin. 2018. Technik als Transformation von Möglichkeitsräumen. Technikphilosophie anders gedacht. In *Möglichkeit der Reflexion. Festschrift für Christoph Hubig*, 203–216. Baden-Baden: Nomos.

Grunwald, Armin. 2019. *Technology assessment in practice and theory*. London: Routledge.

Grunwald, Armin, und Christoph Hubig. 2018. Technikhermeneutik: ein kritischer Austausch zwischen Armin Grunwald und Christoph Hubig. In *Jahrbuch Technikphilosophie 2018. Arbeit und Spiel*, 321–352. Baden-Baden: Nomos.

Habermas, J. 1968. Verwissenschaftlichte Politik und öffentliche Meinung. In *Technik und Wissenschaft als Ideologie*, Hrsg. J. Habermas, 120–145. Frankfurt.

Hermann, Mario, Tobias Pentek, und Boris Otto. 2016. Design Principles for Industrie 4.0 Scenarios. In: 2016 49th Hawaii International Conference on System Sciences (HICSS), S. 3928–3937. https://doi.org/10.1109/HICSS.2016.488. (ieee.org. Zugegriffen am 22.03.2018).

Hoven, Jeroen van den. 2007. ICT and value sensitive design. In *The information society: Innovations, legitimacy, ethics and democracy*, Hrsg. Paul Goujon, Susanne Lavelle, Peter Duquenoy, Kai Kimppa und Victor Laurent, 67–72. Boston: Springer.

Hoven, Jeroen van den, Neelke Doorn, Tsjalling Swierstra, Bertrand Koops, und Herman Romijn, Hrsg. 2014. *Responsible innovation 1. Innovative solutions for gobal issues*. Dordrecht: Springer.

Hoven, Vermaas Jeroen van den, Poel Pieter, und Ibo van de, Hrsg. 2015. *Handbook of ethics, values, and technological design. Sources, theory, values and application domains*. Dordrecht: Springer.

Hubig, Christoph. 1993. *Ethik der Technik. Ein Leitfaden*. Heidelberg: Springer.

Jonas, Hans. 1979. *Das Prinzip Verantwortung. Versuch einer Ethik für die technologische Zivilisation*. Frankfurt: Suhrkamp

Joy, Bill. 2000. Why the future does not need us. *Wired Magazine* 238–263.

Kehl, Christoph, und Christopher Coenen. 2016. *Technologien und Visionen der Mensch-Maschine-Entgrenzung, TAB Arbeitsbericht 167*. Berlin: Büro für Technikfolgenabschätzung beim Deutschen Bundestag.

Kurzweil, Ray. 2005. *The singularity is near. When humans transcend biology*. New York: Viking.

Mainzer, Klaus. 2019. *Künstliche Intelligenz – wann übernehmen die Maschinen?* 2. Aufl. Berlin: Springer.

Manzlei, Christian, Linus Schleupner, und Ronald Heinz, Hrsg. 2016. *Industrie 4.0 im internationalen Kontext*. Berlin: VDE.

Maurer, Markus, Jan Gerdes, Barbara Lenz, und Hermann Winner, Hrsg. 2016. *Autonomous driving. Technical, legal and social aspects*. Heidelberg: Springer Open.

Merton, Robert. 1948. The self-fulfilling prophecy. *The Antioch Review* 8(2): 193–210.

Orwat, Carsten, Oliver Raabe, et al. 2010. Software als Institution und ihre Gestaltbarkeit. *Informatik-Spektrum* 33(2010): 626–633.

Owen, Richard, John Bessant, Maggy Heintz, Hrsg. 2013. *Responsible innovation: Managing the responsible emergence of science and innovation in society*. Hoboken: Wiley.

Paschen, Herbert, und Thomas Petermann. 1992. Technikfolgenabschätzung – ein strategisches Rahmenkonzept für die Analyse und Bewertung von Technikfolgen. In *Technikfolgen-Abschätzung als Technikforschung und Politikberatung*, Hrsg. Thomas Petermann, 19–42. Frankfurt: Campus.

Petermann, T., und Grunwald, A., Hrsg. 2005. *Technikfolgen-Abschätzung am Deutschen Bundestag*. Berlin: Edition Sigma.

Poel, Ibo van de. 2009. Values in engineering design. In *Philosophy of technology and engineering sciences*, Hrsg. Antonie Meijers, Bd. 9, 973–1006. Amsterdam: North Holland.

Poel, Ibo van de. 2013. Translating values into design requirements. In *Philosophy and engineering: Reflections on practice, principles and process*, Hrsg. Diane Mitchfelder, Natascha McCarty und David Goldberg, 253–266. Dordrecht: Springer.

Rapp, Friedrich. 1978. *Analytische Technikphilosophie*. Freiburg: Alber.

Rip, Arie, Thomas Misa, und Johan Schot, Hrsg. 1995. *Managing technology in society*. London: Pinter Publishers.

Rohbeck, Johannes. 1993. *Technologische Urteilskraft. Zu einer Ethik technischen Handelns*. Frankfurt: Suhrkamp.

Ropohl, Günter. 1982. Kritik des technologischen Determinismus. In *Technikphilosophie in der Diskussion*, Hrsg. Friedrich Rapp und Paul Durbin, 3–18. Braunschweig: Bibliographisches Institut.

Ropohl, Günter. 1999. *Allgemeine Technologie. Eine Systemtheorie der Technik*. München: Hanser.

VDI – Verein Deutscher Ingenieure. 1991. *Richtlinie 3780 Technikbewertung, Be- griffe und Grundlagen*. Düsseldorf: VDI.

Weingart, Peter, Hrsg. 1989. *Technik als sozialer Prozeß*. Frankfurt: Suhrkamp.

Winner, Langdon. 1982. *Autonomous technology. Technics-out-of-control as a theme in political thought*. Cambridge: MIT Press.

Yoshinaka, Yutaka, Christian Clausen, und Anne Hansen. 2003. The social shaping of technology: A new space for politics? In *Technikgestaltung: zwischen Wunsch oder Wirklichkeit*, Hrsg. Armin Grunwald, 117–131. Berlin: Springer.

Epilog: Grenzen der KI – theoretisch, praktisch, ethisch

Klaus Mainzer

Zusammenfassung Der Epilog zum Philosophischen Handbuch der KI fragt in erkenntnistheoretischer Tradition der Philosophie nach den erkenntnistheoretischen Grenzen der KI und den Möglichkeiten, die sich jenseits derzeitiger Grenzen abzeichnen. Die derzeitigen Grenzen sind nämlich „nicht in Stein gemeißelt", sondern hängen von den jeweils vorausgesetzten theoretischen, technisch-praktischen und ethischen Grundlagen ab. Umso wichtiger ist die theoretische, praktische und ethische Grundlagenforschung für die Zukunft dieser Schlüsseltechnologie:

Der 1. Abschnitt beginnt wie im Handbuch mit Turings logisch-mathematischer Definition digitaler Berechenbarkeit und KI. Dabei wird deutlich, wie sehr die technisch-praktischen Grenzen heutiger Computer und KI von den theoretischen Grenzen digitaler Berechenbarkeit abhängen. Auf der Grundlage digitaler Berechenbarkeit wird im 2. Abschnitt gezeigt, wie sich die KI zunächst am logischen Schließen der symbolischen Logik orientierte (Abschn. „Symbolische KI: Logik und Deduktion"). Das statistische Lernen aus großen Datenmassen führte schließlich zum Machine Learning, das die technisch-wirtschaftlichen Durchbrüche der heutigen KI dominiert (Abschn. „Subsymbolische KI: Statistik und Induktion"). Dazu gehören auch Chatbots wie ChatGPT, die täuschend echt Texte und Unterhaltungen auf anspruchsvollem Niveau generieren, aber auch gefährliche Fehlinformationen und Diskriminierungen in den Medien verbreiten können (Abschn. „Anwendungsbeispiel von statistischem Lernen in KI-Chatbots"). Was fehlt, ist logisches und kausales Begründen und Verstehen (Abschn. „Vom statistischen zum kausalen Lernen").

Einige Grenzen digitaler Berechenbarkeit, Entscheidbarkeit und Lösbarkeit von Problemen lassen sich theoretisch jenseits der Turing-Berechenbarkeit überwinden (Abschn. „Jenseits digitaler Berechenbarkeit und KI"). Dazu wird in Abschn. „Grenzen analoger Berechenbarkeit" zunächst theoretisch das analoge Rechnen mit reellen und komplexen Zahlen eingeführt. An die Stelle der digitalen Turingmaschine tritt das Konzept reeller und komplexer Maschinen, mit denen sich theoretisch beweisen lässt, dass Probleme lösbar werden, die digital prinzipiell unlösbar sind (z. B. Optimierungsprobleme, inverse Probleme der Bilderkennung in der digitalen KI).

K. Mainzer (Hrsg.), *Philosophisches Handbuch Künstliche Intelligenz*,
https://doi.org/10.1007/978-3-658-19606-6

Neuartige analoge Rechnerstrukturen, die am menschlichen Gehirn orientiert sind (z. B. memristive Systeme), ermöglichen ihre technisch-praktische Umsetzung. Ebenso lässt sich zunächst theoretisch beweisen, dass im Formalismus der Quantenmechanik Probleme (z. B. Faktorisierungsproblem der Kryptographie) in polynomialer Zeit lösbar werden (z. B. Shor-Algorithmus), die im Rahmen klassischer Turing-Berechenbarkeit nicht-polynomial sind und damit praktisch unlösbar (Abschn. „Grenzen der Quanten-Berechenbarkeit"). Die technisch-praktische Umsetzung erfordert allerdings den Quantencomputer. Ähnlich ist theoretisch beweisbar, dass in relativistischer Raum-Zeit bestimmte Probleme entscheidbar werden, die in klassischer Zeit nicht entscheidbar sind (Abschn. „Grenzen relativistischer Berechenbarkeit").

Daher wird eine Erweiterung zu einer hybriden KI gefordert, die digitales, analoges und Quanten-Computing in neuromorphen Rechnerstrukturen (Abschn. „Auf dem Weg zur hybriden KI neuromorpher Systeme") verbindet. Anwendungen werden sowohl für Roboter (Abschn. „Roboter als neuromorphe Systeme") als auch in intelligenten Infrastrukturen (Abschn. „Cyberphysical Systems als neuromorphe Systeme") erörtert. Ziel ist eine Künstliche Intelligenz als Dienstleistung am Menschen (Abschn. „KI als Dienstleistung am Menschen"), um Vertrauen in KI (Abschn. „Vertrauen in Künstliche Intelligenz") durch Technikgestaltung (Abschn. „Technikgestaltung und Verantwortung") zu erreichen. Ethische Orientierung der KI als humane Dienstleistung sind Menschenwürde und Autonomie, wie sie in den Grundrechten demokratischer Verfassungen gefordert werden (Abschn. „Autonomie in Philosophie, Recht und Gesellschaft").

Schlüsselwörter digitale Berechenbarkeit; analoge Berechenbarkeit; Quanten-Berechenbarkeit; symbolische KI; subsymbolische KI; KI-Chatbot; kausales Lernen; neuromorphe Systeme; Verantwortung

Grenzen digitaler Berechenbarkeit und Künstlicher Intelligenz

Traditionell wurde KI (Künstliche Intelligenz) als Simulation intelligenten menschlichen Denkens und Handelns aufgefasst. Alan Turing schlug daher in seiner Definition der KI von 1950 ein Simulationsspiel (Turingtest) vor, wonach ein technisches System „intelligent" genannt werden sollte, wenn es in seinen Antworten, Reaktionen und seinem Verhalten nicht von einem Menschen unterschieden werden kann.

1936 hatte Turing bereits theoretisch definiert, was ein digitaler Computer überhaupt ist. Sein Konzept der Turingmaschine besteht aus einem (nach beiden Seiten) unbegrenztem Band, auf dessen Felder Symbole eines endlichen Alphabets nach einfachen Befehlen gedruckt, gelöscht, verschoben und gelesen werden können. Das Band dient also als Speicher und die Lese- und Druckvorrichtung als Prozessor. Im einfachsten Fall handelt es sich bei den Symbolen um die Bits 0 und 1, mit denen alle digitalen Informationen kodiert werden können. Eine Turingmaschine heißt deterministisch, wenn die Ausführung der Befehle nacheinander eindeutig festgelegt ist.

Nach der Churchschen These kann jeder digitale Algorithmus durch eine Turingmaschine simuliert werden. Danach ist die Turingmaschine Repräsentant eines digitalen Algorithmus überhaupt.

Historisch ist bemerkenswert, dass der Philosoph und Logiker Heinrich Scholz als Begründer des Instituts für mathematische Logik und Grundlagenforschung an der Universität Münster einer der wenigen Autoren war, der zunächst auf die bahnbrechende Arbeit von Turing reagierte. Direkt nach dem 2. Weltkrieg war es auch Scholz und seine Münsteraner Logikschule, die in Deutschland erste Vorlesungen und Seminare über Turings Berechenbarkeitstheorie und damit die Grundlagen theoretischer Informatik abhielt (Mainzer 2014, S. 262).

Technisch wurde Turings theoretisches Konzept der Turingmaschine in den 1940er-Jahren sowohl durch Zuses als auch von Neumanns programmgesteuertem digitalen elektronischen Computer realisiert. Die theoretisch auf Turing zurückgehende Trennung von Prozessor und Speicher wird als von Neumann-Architektur bezeichnet und bis heute in digitalen Computern vom Smartphone bis zum Supercomputer verwendet. Universell nannte Turing eine Turingmaschine dann, wenn sie alle möglichen Computer mit ihren Maschinencodes simulieren kann. Eine universelle Turingmaschine ist daher das theoretische Konzept eines digitalen Vielzweck-Computers.

Mit der Turingmaschine lag erstmals eine logisch-mathematisch präzise Definition eines digitalen Algorithmus überhaupt vor. Noch Hilbert war Anfang des 20. Jahrhunderts der Auffassung von Leibniz, dass alle logisch-mathematischen Probleme im Prinzip entscheidbar seien. Das Halteproblem für Turingmaschinen ist ein Beispiel für ein prinzipiell unentscheidbares Problem: Prinzipiell gibt es kein allgemeines Entscheidungsverfahren, ob eine beliebige Turingmaschine für einen beliebigen Input nach endlich vielen Schritten stoppt oder nicht. Die Annahme eines solchen Verfahrens würde der Existenz einer prinzipiell nicht berechenbaren reellen Zahl widersprechen.

Einige mathematische Probleme sind logisch-mathematisch äquivalent mit dem Halteproblem einer Turingmaschine und damit prinzipiell nicht entscheidbar. Ein prominentes Beispiel ist Hilberts 10. Problem über die Lösbarkeit diophantischer Gleichungen. Daran wird deutlich, wie die Grenzen von mathematischen Entscheidungsverfahren mit dem Konzept digitaler Berechenbarkeit und digitaler Computer zusammenhängen. Ebenso folgt Gödels Unvollständigkeit direkt aus der Unentscheidbarkeit des Halteproblems. Gäbe es ein vollständiges formales System mit formalen Beweisen für alle mathematischen Wahrheiten, dann gäbe es ein Entscheidungsverfahren, ob ein beliebiges Computerprogramm stoppt oder nicht.

Für die Grenzen digitalen Computing wurden Komplexitätsklassen zur Unterscheidung von P-, NP-, NP-harten und NP-vollständigen Problemen eingeführt (Mainzer 2019, S. 36). Während sich diese Komplexitätsunterscheidungen auf unterschiedlichen Zeitaufwand zur Problemlösung beziehen, lässt sich auch die Speicherkapazität berücksichtigen. Der polynomiale Raum PSPACE ist die Klasse von Problemen, die durch einen Algorithmus lösbar sind, dessen Suchraum in allen Beispielen durch eine obere Grenze polynomial beschränkt werden kann. EXP ist die sehr mächtige Klasse mit Problemen, deren Lösungen Exponentialzeit erfordern.

Man weiß, dass P $\neq$EXP ist. Dann muss wenigstens eine der Beziehungen P $\neq$ NP oder NP$\neq$ EXP gelten. Allerdings ist noch nicht bekannt, welche der beiden Möglichkeiten gilt.

Da die Leistungen von Künstlicher Intelligenz von unterschiedlichen Algorithmenklassen abhängen, ist die Berechenbarkeits- und Komplexitätstheorie grundlegend. Wir untersuchen zunächst Hierarchien dieser Komplexitätsklassen und fragen dann, ob sich daraus Maße für Grade der künstlichen Intelligenz ablesen lassen. Aus der Berechenbarkeitstheorie ist S.C. Kleenes arithmetische Hierarchie bekannt, in der die Klasse der (Turing-)entscheidbaren Prädikate durch alternierende Hinzufügung von Existenz- und Allquantoren schrittweise erweitert wird. So entsteht eine unendliche Hierarchie von Klassen Σ_n, Π_n und Δ_n mit $\Sigma_0 = \Pi_0$ Klasse der Turing-entscheidbaren Prädikate, Σ_n (Π_n) Prädikate mit Präfix aus n alternierenden Quantoren, das mit dem Existenz- (All-) Quantor beginnt, $\Delta_n = \Sigma_n \cap \Pi_n$.

In Alltagsentscheidungen greifen wir häufig auf Hintergrundwissen zurück, das wir selbst nicht entscheiden und beweisen können. Das gilt auch in einer arbeitsteiligen Forschung, in der wir uns häufig des Wissens von Nachbardisziplinen bedienen, ohne selbst dieses Wissen entscheiden zu können. Häufig handelt es sich dabei auch um angenommene Hypothesen. Diese Art von erweiterter Intelligenz lässt sich in Algorithmen abbilden:

Turing hatte dazu das Konzept einer „Orakel-Maschine" eingeführt. In diesem Fall greift eine Turingmaschine zusätzlich auf eine Instanz (Orakel) zurück, die Fragen beantwortet, ohne selbst dieses Wissen entscheiden zu können. Als Beispiel wird die Klasse aller in Polynomialzeit mit einem Orakel B entscheidbaren Probleme mit P^B bezeichnet. Ähnlich wie Kleenes arithmetische Hierarchie lässt sich eine unendliche Hierarchie von Komplexitätsklassen bilden, wobei jede Stufe auf die darunter liegende als Orakel zugreift (Mainzer und Kahle 2022, S. 77ff.). Diese Polynomialhierarchie PH beginnt mit $\Sigma_0^{\mathrm{P}} = \mathrm{P}$ und $\Sigma_1^{\mathrm{P}} = \mathrm{NP}$ gefolgt von den Stufen $\Delta_k^{\mathrm{P}} = \mathrm{P}^{\Sigma_{k-1}^{\mathrm{P}}}$, $\Sigma_k^{\mathrm{P}} = \mathrm{NP}^{\Sigma_{k-1}^{\mathrm{P}}}$ und $\Pi_k^{\mathrm{P}} = \mathrm{co} - \Sigma_k^{\mathrm{P}}$, wobei $\mathrm{co} - \Sigma_k^{\mathrm{P}}$ alle Komplemente von Σ_k^{P} umfasst.

Mit Blick auf subsymbolische KI (Abschn. „Subsymbolische KI: Statistik und Induktion") ist die Komplexität von klassischen probabilistischen Algorithmen von Interesse (Mainzer 2020c, S. 103). Mit BPP (Bounded-error probabilistic polynomial time) wird die Klasse von Problemen bezeichnet, für die es einen polynomialen randomisierten Algorithmus gibt, der jedes Beispiel mit einer Erfolgswahrscheinlichkeit von wenigstens ca. 2/3 löst. Randomisierte Algorithmen können manchmal Probleme besser lösen als deterministische Algorithmen. BPP-Probleme haben also entweder einen polynomialen deterministischen Lösungsalgorithmus oder einen probabilistischen Algorithmus, der ein falsches Ergebnis mit einer Wahrscheinlichkeit nicht schlechter als ca. 1/3 liefert. Diese Grenzen müssen nicht fixiert sein, sondern sollten zwischen 0 und unterhalb 1/2 liegen. Nach dem zentralen Grenzwertsatz der Wahrscheinlichkeitstheorie ändert sich nämlich dadurch nichts: Nach vielen Durchläufen ist die Wahrscheinlichkeit klein, jedes Mal einen Fehler zu generieren. Die BPP-Klasse umfasst also in jedem Fall die Klasse der P-Probleme. Es wird sogar häufig angenommen, dass BPP = P ist. Aber einen Beweis dafür gibt es bisher nicht.

Grenzen der symbolischen und subsymbolischen KI

Symbolische KI: Logik und Deduktion

Auf der Grundlage digitaler Berechenbarkeit orientierte sich KI in einer ersten Phase an formalen (symbolischen) Kalkülen der Logik, mit denen Problemlösungen regelbasiert abgeleitet werden können. Man spricht deshalb auch von symbolischer KI. Ein typisches Beispiel ist das automatische Beweisen mit logischen Deduktionen, die sich mit Computerprogrammen realisieren lassen. Dabei wird der Beweis der Allgemeingültigkeit eines logischen Schlusses durch ein logisches Widerlegungsverfahrens gefunden. Bei der Resolutionsmethode wird die entsprechende Formel mit Annahme des Gegenteils der Allgemeingültigkeit systematisch nach logischen Regeln aufgelöst und auf einen Widerspruch geführt. In der Aussagenlogik terminieren alle Resolutionsalgorithmen, in der Prädikatenlogik nur in Teilsystemen (Robinson 1965).

Automatisierung bedeutet bis zu einem bestimmten Grad auch Autonomie, da Computerprogramme die Beweistätigkeit eines Mathematikers übernehmen. Wissensbasierte Expertensysteme sind Computerprogramme, die Wissen über ein spezielles Gebiet speichern und ansammeln, aus dem Wissen automatisch Schlussfolgerungen ziehen, um zu konkreten Problemen des Gebietes Lösungen anzubieten. Im Unterschied zum menschlichen Experten ist das Wissen eines Expertensystems aber auf eine spezialisierte Informationsbasis beschränkt ohne allgemeines und strukturelles Wissen über die Welt (Puppe 1988; Mainzer 1990).

Um ein Expertensystem zu bauen, muss das Wissen des Experten in Regeln gefasst werden, in eine Programmsprache übersetzt und mit einer Problemlösungsstrategie bearbeitet werden. Die Architektur eines Expertensystems besteht daher aus den folgenden Komponenten: Wissensbasis, Problemlösungskomponente (Ableitungssystem), Erklärungskomponente, Wissenserwerb, Dialogkomponente. In dieser Architektur werden zugleich die Grenzen symbolischer KI deutlich: Fähigkeiten, die nicht oder nur schwer symbolisch erfasst und regelbasiert simuliert werden können, bleiben der symbolischen KI verschlossen.

Subsymbolische KI: Statistik und Induktion

Sensorische und motorische Fähigkeiten werden nicht aus Lehrbuchwissen logisch abgeleitet, sondern aus Beispielen erlernt, trainiert und eingeübt. So lernen wir, uns motorisch zu bewegen und in einer Vielzahl sensorischer Daten Muster und Zusammenhänge zu erkennen, an denen wir unser Handeln und Entscheiden orientieren können. Da diese Fähigkeiten nicht von ihrer symbolischen Repräsentation abhängen, spricht man auch von subsymbolischer KI. An die Stelle der formalen Schlüsse der Logik tritt nun die Statistik der Daten. Beim statistischen Lernen sollen allgemeine Abhängigkeiten und Zusammenhänge aus endlich vielen Beobachtungsdaten durch Algorithmen abgeleitet werden (Vapnik 1998). An die Stelle der Deduktion in der symbolischen KI tritt also in der subsymbolischen KI die Induktion.

Dazu können wir uns ein naturwissenschaftliches Experiment vorstellen, bei dem in einer Serie von veränderten Bedingungen (Inputs) entsprechende Ergebnisse (Outputs) folgen. In der Medizin könnte es sich um einen Patienten handeln, der auf Medikamente in bestimmter Weise reagiert.

Dabei nehmen wir an, dass die entsprechenden Paare von Input- und Outputdaten unabhängig durch dasselbe Zufallsexperiment erzeugt werden. Statistisch sagt man deshalb, dass die endliche Folge von Beobachtungsdaten $(x_1, y_1), \ldots, (x_n, y_n)$ mit Inputs x_i und Outputs y_i $(i = 1, \ldots, n)$ durch Zufallsvariablen $(X_1, Y_1), \ldots, (X_n, Y_n)$ realisiert wird, denen eine Wahrscheinlichkeitsverteilung $P_{X,\ Y}$ zugrunde liegt. Algorithmen sollen nun Eigenschaften der Wahrscheinlichkeitsverteilung $P_{X,\ Y}$ ableiten. Ein Beispiel wäre die Erwartungswahrscheinlichkeit, mit der für einen gegebenen Input ein entsprechender Output auftritt. Es kann sich aber auch um eine Klassifikationsaufgabe handeln: Eine Datenmenge soll auf zwei Klassen aufgeteilt werden. Mit welcher Wahrscheinlichkeit gehört ein Element der Datenmenge (Input) eher zu der einen oder anderen Klasse (Output)? Wir sprechen in diesem Fall auch von binärer Mustererkennung.

Die derzeitigen Erfolge des Machine Learning scheinen die These zu bestätigen, dass es auf möglichst große Datenmengen ankommt, die mit immer stärkerer Computerpower bearbeitet werden. Die erkannten Regularitäten hängen dann aber nur von der Wahrscheinlichkeitsverteilung der statistischen Daten ab:

Statistisches Lernen versucht, ein probabilistisches Modell aus endlich vielen Daten von Ergebnissen (z. B. Zufallsexperimente) und Beobachtungen abzuleiten.

Statistisches Schließen versucht umgekehrt, Eigenschaften von beobachteten Daten aus einem angenommenen statistischen Modell abzuleiten.

In der Automatisierung statistischen Lernens nehmen neuronale Netze mit Lernalgorithmen eine Schlüsselrolle ein. Neuronale Netze sind vereinfachte Rechenmodelle nach dem Vorbild des menschlichen Gehirns, in denen Neuronen mit Synapsen verbunden sind. Die Intensität der neurochemischen Signale, die zwischen den Neuronen ausgesendet werden, sind im Modell durch Zahlen als Synapsengewichte repräsentiert. Probabilistische Netzwerke haben experimentell eine große Ähnlichkeit mit biologischen neuronalen Netzen. Werden Zellen entfernt oder einzelne Synapsengewichte um kleine Beträge verändert, erweisen sie sich als fehlertolerant gegenüber kleineren Störungen wie das menschliche Gehirn z. B. bei kleineren Unfallschäden. Das menschliche Gehirn arbeitet mit Schichten paralleler Signalverarbeitung. So sind z. B. zwischen einer sensorischen Inputschicht und einer motorischen Outputschicht interne Zwischenschritte neuronaler Signalverarbeitung geschaltet, die nicht mit der Außenwelt in Verbindung stehen.

Tatsächlich lässt sich auch in technischen neuronalen Netzen die Repräsentations- und Problemlösungskapazität steigern, indem verschiedene lernfähige Schichten mit möglichst vielen Neuronen zwischengeschaltet werden. Die erste Schicht erhält das Eingabemuster. Jedes Neuron dieser Schicht hat Verbindungen zu jedem Neuron der nächsten Schicht. Aktivierungsfunktionen sorgen für die Übertragung von Signalen und aktivieren die nachgeordneten Neuronen („Feuern"). Die Hintereinanderschaltung setzt sich fort, bis die letzte Schicht erreicht ist und ein Aktivitätsmuster abgibt (Hornik et al. 1989).

Wir sprechen von überwachten Lernverfahren, wenn der zu lernende Prototyp (z. B. die Wiedererkennung eines Musters) bekannt ist und die jeweiligen Fehlerabweichungen daran gemessen werden können. Ein Lernalgorithmus muss die synaptischen Gewichte so lange verändern, bis ein Aktivitätsmuster in der Outputschicht herauskommt, das möglichst wenig vom Prototyp abweicht.

Ein effektives Verfahren besteht darin, für jedes Neuron der Outputschicht die Fehlerabweichung von tatsächlichem und gewünschtem Output zu berechnen und dann über die Schichten des Netzwerks zurückzuverfolgen. Wir sprechen dann von einem Backpropagation-Algorithmus. Die Absicht ist, durch genügend viele Lernschritte für ein Vorgabemuster den Fehler auf Null bzw. vernachlässigbar kleine Werte zu vermindern.

Anwendungsbeispiel von statistischem Lernen in KI-Chatbots

Ein spektakuläres Anwendungsbeispiel subsymbolischer KI sind Chatbots wie ChatGPT (Generative Pre-trained Transformer), der wegen seiner verblüffenden Möglichkeiten als automatischer Textgenerator seit dem 30. November 2022 innerhalb weniger Tage mit Millionen von Nutzern mehr Followers hatte als soziale Medien wie z. B. Instagramm und Spotify. ChatGPT kann Texte von Schulaufgaben auf gymnasialem Niveau bis zu Texten von Seminararbeiten mittleren universitären Niveaus generieren. Auf der Grundlage eines „Large Language Models" kann man sich mit diesem KI-Programm über Businesspläne unterhalten oder das Schreiben eines Lieds, Gedichts oder Romanfragmenten in einem bestimmten Stil in Auftrag geben (ChatGPT 2022).

Tatsächlich beruht das Sprachmodell von ChatGPT auf einer gewaltigen Menge von Texten (Big Data), die dem System von Menschen eintrainiert wurden. Es handelt sich also um ein Beispiel des Machine Learning auf der Grundlage von statistischer Lerntheorie und Mustererkennung, wie es im vorherigen Abschnitt erklärt wurde. Das ehrgeizige Ziel ist dabei, eine zentrale Grenze der symbolischen KI zu überwinden, die in ihren wissensbasierten Expertensystemen auf das Fachwissen von Spezialisten (z. B. medizinisches Fachwissen in einer speziellen medizinischen Disziplin) beschränkt war, sofern es in logisch-regelbasierte Formeln übersetzt werden konnte. Ein Experte wie z. B. ein Mediziner verfügt aber auch über ein unbewusstes Können aufgrund von Erfahrung und Hintergrundwissen, das über das Lehrbuchwissen hinaus in sein Handeln und Entscheiden einfließt.

Bekannt ist das Beispiel einer Fahrschule, in der zunächst regelbasiertes Wissen zur Bedienung des Fahrzeugs und für das korrekte Verhalten im Verkehr nach Geboten und Verboten gelernt wird. Aber zum guten Autofahrer gehört von einer bestimmten Lernstufe ab das unbewusste Können, das auf Erfahrung und Intuition beruht. Was in den Expertensystemen fehlte, war das allgemeine Hintergrundwissen und die Erfahrung und Intuition eines Menschen. Mit Steigerung der Rechenleistung und der Bewältigung großer Datenmassen mit Modellen statistischen Lernens wird nun das Ziel verfolgt, auch das allgemeine „Weltwissen" von uns Menschen auf die Maschine zu bringen.

Dazu wird der Chatbot mit Texten aus Nachrichten, Büchern, sozialen Medien, online-Foren, Bildern, Filmen und gesprochenen Sprachtexten trainiert. Algorithmen dienen dazu, aus den Trainingsdaten zu lernen. Der Chatbot reproduziert Muster, die er in den gespeicherten Daten erkennt. Das geschieht nach den gleichen Verfahren, mit denen bei der Gesichtserkennung Personenbilder aus Bilddateien erkannt werden. Die reproduzierten Texte werden mit trainierten Beispieltexten verglichen und so durch Algorithmen des verstärkenden Lernens (reinforcement learning) schrittweise verbessert. Dabei können auch Korrekturen durchgeführt werden, wenn Korrelationen der eintrainierten Daten z. B. zu Diskriminierungen führen. Ähnlich wie bei indoktrinierten Menschen, kann ein solches Fehlverhalten aufgrund des Umfangs der eintrainierten Datenmengen nie ausgeschlossen werden. Da diese Chatbots in den sozialen Medien auf große Akzeptanz stoßen, können sie auch gefährliche Desinformationen hervorrufen.

Letztlich ist auch ChatGPT nichts anderes als eine stochastische Maschine, die Daten, Texte, Bilder und Gesprochenes mit Mustererkennungsalgorithmen rekombiniert und rekonfiguriert. Aufgrund der modernen Rechnertechnologien, die gewaltige Datenmengen speichern und schnelle Lernalgorithmen anwenden können, entstehen allerdings verblüffende Ergebnisse, die einen großen Teil von menschlichem Hintergrundwissen und Intuition simulieren. Damit zeigt sich aber auch, auf welchen Mechanismen unsere Konversations- und Kulturwelten beruhen – Reproduktionen und Rekombinationen von Mustern, die weitgehend von Maschinen übernommen werden können. Selbst die Sozial-, Kultur- und Geisteswissenschaften sind davor nicht gefeit, vom Journalismus ganz abgesehen.

Wittgenstein nannte das „Sprachspiele“, die nach bestimmten Regeln funktionieren. Das Originelle besteht häufig nur in einer kleinen Veränderung und Variante der gewohnten Sprachspiele und „Narrative“. Der Autor erinnert sich an sein Studium, als er in den 1960er- und 1970er-Jahren als Mathematikstudent den „Jargon der Eigentlichkeit“ in geistes- und kulturwissenschaftlichen Seminaren beobachtete und nach einer gewissen Zeit des „Trainings“ im Jargon der verschiedenen ideologischen Richtungen „mitplappern“ konnte. Im Machine Learning ist mittlerweile die Rede von „stochastischen Papageien“. Positiv gewendet eignet sich daher der ChatGPT zur Entlarvung der Mechanismen von Kulturbetrieb und Journalismus. Dort wird man anspruchsvoller werden müssen, um nicht durch Maschinen ersetzt zu werden.

Vom statistischen zum kausalen Lernen

Statistisches Lernen und Schließen aus Daten reichen nicht aus. Wir müssen vielmehr die kausalen Zusammenhänge von Ursachen und Wirkungen hinter den Messdaten erkennen (Pearl 2009). Diese kausalen Zusammenhänge hängen von den Gesetzen der jeweiligen Anwendungsdomäne unserer Forschungsmethoden ab, also den Gesetzen der Physik, den Gesetzen der Biochemie und des Zellwachstums im Beispiel der Krebsforschung, etc. Wäre es anders, könnten wir mit den Methoden des statistischen Lernens und Schließen bereits die Probleme dieser Welt lösen:

Statistisches Lernen und Schließen ohne kausales Domänenwissen ist blind – bei noch so großer Datenmenge (Big Data) und Rechenpower!

Die Auseinandersetzung zwischen probabilistischem und kausalem Denken ist keineswegs neu, sondern wurde erkenntnistheoretisch bereits in der Philosophie des 18. Jahrhunderts zwischen David Hume (1711–1776) und Immanuel Kant (1724–1804) ausgefochten. Nach Hume beruht alle Erkenntnis auf sinnlichen Eindrücken (Daten), die psychologisch „assoziiert" werden. Es gibt danach keine Kausalitätsgesetze von Ursache und Wirkung, sondern nur Assoziationen von Eindrücken (z. B. Blitz und Donner), die mit (statistischer) Häufigkeit „gewohnheitsmäßig" korreliert werden (Hume 1993, S. 95). Nach Kant sind Kausalitätsgesetze als vernunftmäßig gebildete Hypothesen möglich, die experimentell überprüft werden können. Ihre Bildung beruht nicht auf psychologischen Assoziationen, sondern auf der Kategorie der Kausalität (Kant 1900ff., KrV B 106), die für Vorhersagen auf der Grundlage von Erfahrung angenommen und überprüft werden kann. Nach Kant ist dieses Verfahren seit Galileo Galilei in der Physik in Gebrauch, die so erst zur Wissenschaft wurde.

Neben der Statistik der Daten bedarf es also zusätzlicher Gesetzes- und Strukturannahmen der Anwendungsdomänen, die durch Experimente und Interventionen überprüft werden. Kausale Erklärungsmodelle (z. B. das Planetenmodell oder ein Tumormodell) erfüllen die Gesetzes- und Strukturannahmen einer Theorie (z. B. Newtons Gravitationstheorie oder die Gesetze der Zellbiologie):

Beim *kausalen Schließen* werden Eigenschaften von Daten und Beobachtungen aus Kausalmodellen, d. h. Gesetzesannahmen von Ursachen und Wirkungen, abgeleitet. Kausales Schließen ermöglicht damit, die Wirkungen von Interventionen oder Datenveränderungen (z. B. durch Experimente) zu bestimmen.

Kausales Lernen versucht umgekehrt, ein Kausalmodell aus Beobachtungen, Messdaten und Interventionen (z. B. Experimente) abzuleiten, die zusätzliche Gesetzes- und Strukturannahmen voraussetzen.

Ein hochaktuelles technisches Beispiel für die wachsende Komplexität neuronaler Netze sind selbst-lernende Fahrzeuge. So kann ein einfaches Automobil mit verschiedenen Sensoren (z. B. Nachbarschaft, Licht, Kollision) und motorischer Ausstattung bereits komplexes Verhalten durch ein sich selbst organisierendes neuronales Netzwerk erzeugen. Werden benachbarte Sensoren bei einer Kollision mit einem äußeren Gegenstand erregt, dann auch die mit den Sensoren verbundenen Neuronen eines entsprechenden neuronalen Netzes. So entsteht im neuronalen Netz ein Verschaltungsmuster, das den äußeren Gegenstand repräsentiert. Im Prinzip ist dieser Vorgang ähnlich wie bei der Wahrnehmung eines äußeren Gegenstands durch einen Organismus – nur dort sehr viel komplexer.

Wenn wir uns nun noch vorstellen, dass dieses Automobil mit einem „Gedächtnis" (Datenbank) ausgestattet wird, mit dem es sich solche gefährlichen Kollisionen merken kann, um sie in Zukunft zu vermeiden, dann ahnt man, wie die Automobilindustrie in Zukunft unterwegs sein wird, selbst-lernende Fahrzeuge zu bauen. Sie werden sich erheblich von den herkömmlichen Fahrerassistenzsystemen mit vorprogrammiertem Verhalten unter bestimmten Bedingungen unterscheiden. Es wird sich um ein neuronales Lernen handeln, wie wir es in der Natur von höher entwickelten Organismen kennen.

Wie viele reale Unfälle sind aber erforderlich, um selbstlernende („autonome") Fahrzeuge zu trainieren? Wer ist verantwortlich, wenn autonome Fahrzeuge in Unfälle verwickelt sind? Welche ethischen und rechtlichen Herausforderungen stellen sich? Bei komplexen Systemen wie neuronalen Netzen mit z. B. Millionen von Elementen und Milliarden von synaptischen Verbindungen erlauben zwar die Gesetze der statistischen Physik, globale Aussagen über Trend- und Konvergenzverhalten des gesamten Systems zu machen. Die Zahl der empirischen Parameter der einzelnen Elemente ist jedoch unter Umständen so groß, dass keine lokalen Ursachen ausgemacht werden können. Das neuronale Netz bleibt für uns eine „Black Box". Vom ingenieurwissenschaftlichen Standpunkt aus sprechen Autoren daher von einem „dunklen Geheimnis" im Zentrum der KI des Machine Learning: *„... even the engineers who designed [the machine learning-based system] may struggle to isolate the reason for any single action"* (Knight 2017).

Zwei verschiedene Ansätze im Software Engineering sind denkbar:

1. Testen zeigt nur (zufällig) gefundene Fehler, aber nicht alle anderen möglichen.
2. Zur grundsätzlichen Vermeidung müsste eine formale Verifikation des neuronalen Netzes und seiner zugrundeliegenden kausalen Abläufe durchgeführt werden.

Zusammengefasst folgt: Machine Learning mit digitalen neuronalen Netzen funktioniert, aber wir können die Abläufe in den neuronalen Netzen nicht im Einzelnen verstehen und kontrollieren. Heutige Techniken des Machine Learning beruhen meistens nur auf statistischem Lernen, aber das reicht nicht für sicherheitskritische Systeme. Daher sollte Machine Learning mit Beweisassistenten und kausalem Lernen verbunden werden. Korrektes Verhalten wird dabei durch Metatheoreme in einem logischen Formalismus garantiert (Mainzer 2020a).

Jenseits digitaler Berechenbarkeit und KI

Grenzen analoger Berechenbarkeit

Probleme, die nicht Turing-berechenbar sind, können auf technischen digitalen Computern nicht gelöst werden. Ein Grund ist die diskrete Struktur von theoretischen Turingmaschinen und technisch-praktischen digitalen Computern. Tatsächlich sind viele Probleme des Alltags kontinuierlicher (stetiger) Natur. So werden z. B. Druck- und Wärmeempfindungen durch stetige Zu- und Abnahme wahrgenommen. Viele Messgrößen werden durch stetige Messanzeigen registriert. Historische Beispiele sind das Ablesen der Uhrzeit auf dem Kreis eines Ziffernblatts oder astronomischer Abläufe in einem mechanischen Planetenmodell. In der Technik wurden elektrische, mechanische und hydraulische Signale durch stetige Größen modelliert. Wegen der Analogie der Modellgrößen zu den stetigen Signalen der Natur spricht man auch von analogen Modellgrößen. Analogrechner berechnen spezielle Abläufe in Natur und Technik in analogen Modellen.

Digitale Computer können stetige Größen nur durch diskrete Signale approximieren. Häufig reichen in der Praxis solche Approximationen aus. Seit den 1970er-Jahren erwiesen sich digitale Computer für diese technisch-praktischen Zwecke als schneller und effektiver als Analogrechner. Der Siegeszug der Digitalrechner begann und die Analogrechner galten weitgehend als historisch überholt und nur noch für sehr spezielle Aufgaben sinnvoll. Bereits am Beginn des digitalen Zeitalters stellte allerdings John von Neumann als Konstrukteur des ersten programmgesteuerten digitalen Computers in der Hixon Symposium Lecture (1948) (von Neumann 1948):

> „Es gibt heute ein sehr ausgeklügeltes System der formalen Logik, und zwar der Logik, wie sie auf die Mathematik angewandt wird. Dies ist eine Disziplin mit vielen guten Seiten, aber auch ernsthaften Schwächen … Der Grund dafür ist, dass sie sich mit starren Alles-oder-Nichts-Begriffen befasst und sehr wenig Kontakt mit dem kontinuierlichen Konzept der reellen oder der komplexen Zahl hat, also mit der mathematischen Analyse. Dabei ist die Analysis der technisch erfolgreichste und am besten ausgearbeitete Teil der Mathematik. . .“

John von Neumann war nicht nur digitaler Computerpionier, sondern zugleich einer der brillianten mathematischen Grundlagentheoretiker des 20. Jahrhunderts in mathematischer Logik, Quantenmechanik, reeller und komplexer Analysis. Digitale Computer nach dem Vorbild der Turingmaschine berechnen nur endliche Größen wie rationale Zahlen. Reelle Zahlen werden mathematisch aber durch unendliche Folgen von rationalen Zahlen definiert. Daher heißen reelle Zahlen Turing-berechenbar, wenn sie mit endlichen Abschnitten von (Turing-)berechenbaren Folgen rationaler Zahlen effektiv approximiert werden können.

Roger Penrose kritisierte diese Turing-berechenbare Analysis, weil in diesem Fall eine reelle (oder komplexe) Zahl Bit für Bit in eine Turing-Maschine eingegeben werden muss: Probleme entstehen, wenn man entscheiden will, ob zwei Zahlen gleich sind. Es ist auch problematisch, ein reelles (bzw. komplexes) Problem auf sein rationales „Skelett“ zu reduzieren, denn z. B. die Kurve $x^3 + y^3 = 1$ hat keine rationalen Punkte, bei denen sowohl x als auch y positiv sind.

Nach den reellen Zahlen werden in einem nächsten Schritt komplexe Zahlen als Paare von reellen Zahlen definiert. Komplexe Zahlen sind z. B. in der Quantenphysik und Elektrotechnik von erheblicher praktischer Bedeutung. Folgerichtig stellte Penrose 1992 mit Blick auf die komplexe Analysis fraktaler Geometrie fest (Penrose 1991, S. 124): „Wir wurden Zeuge einer außerordentlich kompliziert aussehenden Menge, nämlich der Mandelbrot-Menge. Obwohl die Regeln, nach denen sie definiert ist, erstaunlich einfach sind, weist die Menge selbst eine unendliche Vielfalt an hochkomplizierten Strukturen auf. Könnte dies ein Beispiel für eine nicht [Turing-] berechenbare (d. h. unentscheidbare) Menge sein, die sich wirklich vor unseren sterblichen Augen zeigt?“

Die Berechenbarkeit reeller und komplexer Analysis erfordert daher das Modell eines Analogrechners, der reelle und komplexe Zahlen vollständig als analoge

Größen erfasst und nicht nur in digitalen Approximationen (Mainzer 2018, 2024). Theoretisch zeigt sich, dass auf dieser Grundlage Probleme entscheidbar werden, deren Berechenbarkeit auf digitaler Grundlage ausgeschlossen ist. Dabei handelt es sich z. B. um technisch-praktische Optimierungsprobleme und Probleme der Mustererkennung in der KI („inverse Probleme"), deren Lösbarkeit an der Beschränkung der digitalen Turing-Berechenbarkeit scheitert. Die Aufgabe besteht also darin,

1) theoretisch eine mathematische Theorie analoger Berechenbarkeit für die reelle und komplexe Analysis zu entwickeln, auf deren Grundlage dieser Probleme lösbar, entscheidbar und berechenbar werden,
2) technisch-praktisch eine Realisierung reeller und komplexer Berechenbarkeit in der Hardware passender Analogrechner zu entwickeln.

Aus der Geschichte der Mathematik sind reelle und komplexe Algorithmen wohlbekannt und wurden z. B. in der Physik angewendet, bevor die Digitaltechnik erfunden wurde. Die Newtonsche Methode ist ein typischer Suchalgorithmus der numerischen Analysis und des wissenschaftlichen Rechnens. Es handelt sich um eine iterative Methode zur Annäherung an die Wurzeln nichtlinearer Gleichungen. Gegeben sei eine Anfangsapproximation a zu einer Wurzel der polynomialen Gleichung $f(z) = 0$. Newtons Methode ersetzt a durch die exakte Lösung a' der besten linearen Approximation von f, die durch die Tangente am Graphen von f im Punkt $(a, f(a))$ festgelegt ist. Mit a' wird die Approximation fortgesetzt, um a'' zu erzeugen etc. Dieses algorithmische Verfahren wird durch den

Newtonschen Endomorphismus $N_f : \mathbb{C} \to \mathbb{C}$ mit $N_f(z) = z - \frac{f(z)}{f'(z)}$ definiert. Newtons Methode ist nicht allgemein konvergent.

Eine entsprechende „Newtonsche Maschine" lässt sich theoretisch durch einen endlichen direkten Graphen von Knoten für Input, Berechnung, Ast und Output darstellen (Blum et al. 1998, S. 40). Jeder Knoten wird mit Funktionen und Bedingungen für eingehende und ausgehende Kanten verbunden. Für Input z_0 erzeugt die Maschine den Entwicklungsverlauf (Orbit) $z_0, z_1 = N_f(z_0), z_2 = N_f(z_1), \ldots, z_{k+1} = N_f(z_k) = N_f^{k+1}(z_0), \ldots$

Die Halteregel der Maschine lautet „*Halt, falls* $|f(z_k| < \varepsilon$ *und Output* z_k." Falls $N_f(z_k)$ in einem Zustand undefiniert ist, gibt es dort keinen Output.

Die Maschine wird im allgemeinen nicht für alle Inputs (z. B. unendliche Schleifen) halten. Die Teilmengenge $\Omega \subset \mathbb{C}$ der komplexen Zahlen heißt Haltemenge der Maschine genau dann, wenn sie alle Inputs enthält, an denen die Maschine mit einem Output hält. Die Input-Output Abbildung ϕ wird auf Ω mit $\phi : \Omega \to \mathbb{C}$ definiert.

Newtons Maschine ist tatsächlich eine Maschine über der Klasse $\mathbb{R}$ der reellen Zahlen mit der Klasse $\mathbb{C} = \mathbb{R}^2$ der komplexen Zahlen als Input-, Output- und Zustandsraum. Newtons Endomorphismus ist einem Berechnungsknoten zugeordnet und durch eine rationale Funktion (Quotient zweier Polynome) $g = (g_1, g_2) : \mathbb{R}^2 \to \mathbb{R}^2$ mit $g_1(x, y) = \text{Re } N_f(x + iy)$ and $g_2(x, y) = \text{Im } N_f(x + iy)$ gegeben.

Allgemein lässt sich eine graphische Maschine M als direkter Graph über einem Ring R definieren, die nach den Autoren (Blum, Shub und Smale) BSS-Maschine genannt wird. Reelle und komplexe Zahlen sind spezielle Beispiele für die allgemeine mathematische Struktur eines Rings. Eine BSS-Maschine über einem Ring R wird dargestellt durch einen verbundenen direkten Graphen aus vier Typen von Knoten für Input, Berechnung, Ast und Output und zusätzlich einer Menge Σ_M von Verschiebungsknoten (*shift nodes*) mit damit verbundenen Abbildungen, die endliche, aber unbegrenzte Folgen behandeln können (Blum et al. 1989).

Der Inputraum I_M und Outputraum O_M sind die disjunkte Vereinigung $R^\infty = \bigcup_{n \geq 0} R^n (R^0 = \{0\})$. Der Zustandsraum S_M ist die bi-infinite direkte Summe über Ring R mit Elementen $x = (\ldots, x_{-2}, x_{-1}, x_0. x_1, x_2, \ldots)$ und $x_k = 0$ für $|k|$ genügend groß und Marker. Jeder Verschiebungsknoten η ist verbunden mit einer Shift-Operation aus Shift links σ_l und Shift rechts σ_r, die $\sigma_l(x)_i = x_{i+1}$ und $\sigma_r(x)_i = x_{i-1}$ ausführen. Die Dimension K_M und Grad D_M von BSS-Maschine M sind das Maximum der Dimensionen und der Grade aller Abbildungen, die mit den Berechnungs- und Verzweigungsknoten der Maschine verbunden sind.

Eine klassische digitale Turingmaschine lässt sich als BSS-Maschine über dem Ring $\mathbb{Z}_2$ der ganzen Zahlen verstehen. Wie für digitale Turingmaschinen lässt sich auch für analoge BSS-Maschinen eine universelle analoge BSS-Maschine definieren, auf der alle BSS-Maschinen mit ihren Maschinencodes simuliert werden können.

Eine (partielle) Abbildung $\varphi : R^l \rightarrow R^m$ heißt BSS-berechenbar über Ring R genau dann, wenn es eine BSS-Maschine M über R gibt, so dass die Haltemenge Ω_M von M gleich der Domäne Ω_φ der Abbildung φ ist und für alle $x \in \Omega_\varphi$ die Funktionswerte $\varphi(x)$ durch die Input-Output-Abbildung $\phi_M : \Omega_M \rightarrow O$ (Outputraum) der BSS-Maschine M bestimmt werden, also $\phi_M(x) = \varphi(x)$.

Die algebraische Grundidee der BSS-Berechenbarkeit besteht darin, dass sie auf einfache endliche algebraische Mengen von polynomialen Gleichungen und Ungleichungen, also einfachen Rechentermen, zurückgeführt wird. Die Haltemenge Ω_M einer BSS-Maschine M ist eine abzählbare disjunkte Vereinigung von basalen semi-algebraischen Mengen. Dabei heißt eine Teilmenge S von R^n basal semi-algebraisch (*basic semi-algebraic*) über Ring R im geordneten Fall (oder basal quasi-algebraisch im ungeordneten Fall), falls S die Menge der Elemente in R^n ist, die ein endliches System von polynomialen Gleichungen und Ungleichungen über R erfüllen. Eine semi-algebraische (oder quasi-algebraische) Menge ist eine endliche Vereinigung von basalen semi-algebraischen (oder basalen quasi-algebraischen) Mengen.

Eine Teilmenge $Y \subset R^n$ heißt rekursiv aufzählbar über Ring R genau dann, wenn Y gleich der Haltemenge Ω_M einer Maschine M über R ist. (Y ist nicht berechenbar für $R = \mathbb{R}$.) Sie ist BSS-entscheidbar genau dann, wenn sie und ihr Komplement beide rekursiv aufzählbar über R sind.

Nun lassen sich auch analoge Probleme über den reellen Zahlen als (BSS-) entscheidbar oder nicht beweisen. So erweist sich die Menge der Punkte, die nach der Newtonschen Methode approximiert, im allgemeinen als nicht entscheidbar über $\mathbb{R}$. Dazu reicht es, die kubische Funktion $f(x) = x^3 - 2x + 2$ zu berücksichtigen. Es ist bekannt, dass die Menge der Punkte, die nicht zu einer Wurzel von f bei Iteration entsprechend der Newtonschen Methode konvergiert, exakt eine Cantor-Menge ist. Eine Cantor-Menge kann aber keine abzählbare Vereinigung von semi-algebraischen Mengen sein.

In dieser Weise lässt sich auch die Entscheidbarkeit und Berechenbarkeit von (reellen) Differentialgleichungen für Anwendungen in Natur-, Technik- und Wirtschaftswissenschaften bestimmen. Ein grundlegender Unterschied der Entscheidbarkeit für digitale und reelle Anwendungen war theoretisch seit der Mitte des letzten Jahrhunderts durch zentrale Beweise der Logiker Kurt Gödel und Alfred Tarski bekannt. Während Gödel bereits 1931 zeigte, dass es über den ganzen Zahlen $\mathbb{Z}$ definierbare Mengen gibt, die nicht entscheidbar sind, bewies Tarski 1951 allgemein, dass jede über den reellen Zahlen $\mathbb{R}$ definierbare Menge auch entscheidbar über $\mathbb{R}$ (in beschränkter Zeit) ist. Ebenso lässt sich beweisen, dass jede über den komplexen Zahlen $\mathbb{C} = \mathbb{R}^2$ definierbare Menge auch über $\mathbb{C}$ entscheidbar ist.

Auf den ersten Blick scheint daher die mathematische Welt über den reellen und komplexen Zahlen einfacher zu werden als in der digitalen Welt der natürlichen und ganzen Zahlen. Tatsächlich ist die Situation differenziert. Einige Probleme bleiben ähnlich schwierig wie in der digitalen Welt. So ist das Optimierungsproblem des Handlungsreisenden auch über den reellen Zahlen NP. Auch Hilberts Nullstellensatz bleibt über den reellen Zahlen NP, ist allerdings nun prinzipiell entscheidbar.

Ein grundlegender Unterschied in der digitalen und analogen (reellen) Welt zeigt sich in den Anwendungen der Künstlichen Intelligenz (Mainzer 2018, S. 241ff.). Bereits 1956 bewies der amerikanische Logiker und Mathematiker S.C. Kleene, dass einfache neuronale Netze (McCulloch-Pitts Netze) mit ganzen Zahlen als synaptischen Gewichten nur dieselbe Klasse von einfachen (regulären) formalen Sprachen erkennen kann wie endliche Automaten. Demgegenüber erkennen (rekurrente) neuronale Netze mit rationalen Zahlen als synaptischen Gewichten dieselbe Klasse von Sprachen wie Turingmaschinen, nämlich Sprachen auf der Grundlage von Chomsky-Grammatiken. Erweitert man die Gewichte neuronaler Netze auf reelle Zahlen, erhält man analoge Netze. Sie erkennen dieselbe Klasse von Sprachen wie entsprechend um Orakel erweiterte Turing-Maschinen in polynomialer Zeit jenseits der Turing-Berechenbarkeit (Siegelmann und Sontag 1994).

Bei praktischen Anwendungen in der Medizin zeigt Machine learning auf analoger Grundlage ebenfalls ein erheblich größeres Potential als auf digitaler Grundlage. Ein klassisches Beispiel sind die inversen Probleme bei der medizinischen Bildgebung. Invers meint, dass z. B. bei der medizinischen Bildgebung durch MRI (magnetic resonance imaging) oder CT (computed tomography) das abgebildete Organ optimal rekonstruiert werden soll.

Gegeben sei ein Objekt x (z. B. Organ) durch verrauschte Messungen $y = Ax + e \in \mathbb{C}^m$ mit einer Matrix $A \in \mathbb{C}^{m \times N}$ $(m < N)$ aus Messverfahren (z. B. Fourier Transformationen), $e \in \mathbb{C}^m$ Rauschvektor, $y \in \mathbb{C}^m$ Vektor des Messbildes und $x \in \mathbb{C}^N$ als zu rekonstruierendes Objekt (in der Regel als vektorisiertes diskretes Bild gegeben). Mathematisch wird die Rekonstruktion des inversen Objekts als Minimierungsproblem für eine gegebene Matrix $A \in \mathbb{C}^{m \times N}$ und einen Vektor

$y \in \mathbb{C}^m$ durch $\arg\min_{x \in \mathbb{C}^N} \|x\|_{\ell^1}$ mit $\|Ax - y\|_{\ell^2} \leq \varepsilon$ (mit linearer ℓ^1-Norm und quadrierter ℓ^2-Norm) für $\varepsilon > 0$ zur Kontrolle der Relaxation ausgedrückt (Boche et al. 2022a, S. 10).

Der BSS-Berechenbarkeit einer reellen Rekonstruktionsabbildung des inversen Objekts entspricht die Existenz einer BSS-Maschine. Im reellen Fall kann allgemein ein analoges Netzwerk $f(A, y; \theta)$ mit einer Verteilung θ synaptischer Gewichte gefunden werden, um die reelle Rekonstruktionsabbildung $f(A, y)$ eines inversen Problems in einem Trainingsprozess $\theta \to \theta^*$ mit $f(A, y; \theta^*) \approx f(A, y)$ zu approximieren. θ^* bezeichnet die im Trainingsprozess passend adjustierten Gewichte. Es kann bewiesen werden, dass ein analoges neuronales Netzwerk $f(A, y; \theta)$ eine BSS-berechenbare Funktion ist, falls die Aktivierungsfunktionen α des neuronalen Netzes BSS-berechenbar sind. Demgegenüber lässt sich im digitalen Fall beweisen, dass im Allgemeinen keine Turing-berechenbare Rekonstruktion eines inversen Problems existiert (Boche et al. 2022b).

Mathematisch lassen sich also einige Beschränkungen der Problemlösung digitaler Berechenbarkeit überwinden, wenn analoge Berechenbarkeit jenseits der Turing-Berechenbarkeit zugrunde gelegt wird. Die technische Herausforderung besteht darin, eine passende effiziente Hardware analoger Berechenbarkeit bereit zu stellen. Die Rechnerarchitektur eines klassischen digitalen Computers wird bis heute auf den ungarisch-amerikanischen Mathematiker John von Neumann zurückgeführt, der damit den ersten universell programmierbaren digitalen amerikanischen Computer (ENIAC 1945) entwickelte. Tatsächlich wurden die Grundlagen bereits 1936 von dem deutschen Computerkonstrukteur Konrad Zuse beschrieben und 1941 in seiner Z3 technisch realisiert. Digitale Informationsverarbeitung erfordert danach, dass Elektronen zwischen einem Arbeitsspeicher, Rechen- und Steuereinheiten bewegt werden. Das ist zwar eine klare Ordnung, auf der sich Programmiersprachen logisch aufbauen lassen, erfordert aber aus heutiger Sicht einen gravierenden und umweltbelastenden Energieaufwand:

Informationen sind als Bitfolgen von 0 und 1 kodiert und werden in Rechenschritten ständig verändert. Alle Rechenschritte müssen zudem nacheinander (sequentiell) abgearbeitet werden. Entscheidend ist, dass bei jedem Rechenschritt Bits zwischen den getrennten Speicher-, Rechen- und Steuereinheiten hin- und her bewegt werden müssen. Bei immer kleineren Chipstrukturen und wachsender Informationsmenge (Big Data) entsteht so ein Engpass der Informationsverarbeitung, der mit Blick auf die Rechnerarchitektur auch als „von-Neumann-Flaschenhals" bezeichnet wird. Diese Bezeichnung geht auf den Entwickler der Programmiersprache „Fortran" John W. Backus (1978) zurück.

Es ist aber nicht nur die wachsende Rechenzeit, die der „von-Neumann-Flaschenhals" durch die sequentielle digitale Verarbeitung großer Datenmengen erzeugt. Bewegung von Elektronen bedarf auch Energie und erzeugt Wärme. Diese Abwärme steigt mit immer kleineren Chipstrukturen. Wenn nun noch im modernen Deep Learning neuronale Netze mit hunderten und tausenden von neuronalen Schichten und gigantisch steigenden Parameteranzahlen auf von-Neumann-Rechnern simuliert werden sollen, dann ahnt man, wie der von Neumann-Flaschenhals zu einem „Energiefresser“ wird, dessen CO_2-Emissionen das Klimaproblem verschärfen.

Ein Paradigmenwechsel der Rechnerstrukturen wird unausweichlich, wenn der wachsende Einsatzbereich der KI, Anwendungen in Mobiltelefonen, autonomen Fahrzeugen, der Medizintechnik und Sensornetzwerken ressourcenschonend realisiert werden soll. Nur so gelingt eine nachhaltige Rechnertechnologie, die dem „European Green Deal“ gerecht wird und zugleich wirtschaftlich effektiv ist, d. h. geringere Kosten bei gleichzeitiger Leistungssteigerung der KI-Anwendungen. Hier setzen neuromorphe Rechnerstrukturen nach dem Vorbild natürlicher Gehirne an.

Elektronische Bauelemente, deren Widerstand sich durch elektrische Reize wie Strom und Spannung verändern, heißen memristive Schaltelemente oder Memristoren (Chua 1971; NeuroSys 2021). Die Varianten von memristiven Schaltelementen beruhen auf verschiedenen physikalischen Prinzipien wie defekt-basierende resistive Speicher (ReRAM), Phasenwechsel (PCM) und magnetische sowie ferroelektrische Tunnelübergänge. Diese Bauelemente wurden zunächst als nichtflüchtige Speicher (NVM) aufgrund ihrer Skalierbarkeit, Siliziumkompatibilität und Leistungsvorteile im Vergleich zu Standard-NVM-Bauelementen angewendet.

In künstlichen neuronalen Netzen lassen sich die synaptischen Gewichte zwischen Neuronen durch Memristoren simulieren (Mainzer und Chua 2013). Man spricht von Memristor-Crossbar-Arrays, wenn die vollständige Verbindung (Konnektivität) zwischen zwei Neuronenebenen in ein 2-dimensionales Array mit Memristoren an den Verbindungspunkten abgebildet wird (Mirsa und Saha 2010). Die Arrays ermöglichen eine hoch energieeffiziente, vollständig parallele, analoge In-memory Berechnung von Vektor-Matrix-Produkten. Sie vermeiden den Berechnungsengpass („von Neumann Flaschenhals“) während des Trainings künstlicher neuronaler Netze mit Standard-Hardware mit zentralen Rechnerprozessoren (CPU) oder Graphikprozessoren (GPU).

Daher sind memristive Crossbar-Arrays eine zukunftsorientierte Hardwaretechnologie für tief lernende neuronale Netze der KI. Memristive Bauelemente können hirnähnliche Synapsenprozesse nachbilden. Dazu gehören Prozesse wie Spike-Time-Dependent Plasticity (STDP) als wichtige Form lokaler Lernregeln, um das Selbstlernen gehirnähnlicher neuromorpher Systeme zu ermöglichen (Letmathe et al. 2024).

Eine Alternative zur elektronischen Datenverarbeitung ist Licht (Shastri et al. 2020). Photonen als Lichtteilchen sind wesentlich schneller verglichen mit Elektronen in Schaltungen. Hinzu kommt, dass Lichtwellen sich gegenseitig nicht beeinflussen und einen niedrigen Energiebedarf haben. Die darauf basierende Photonik entwickelte sich auf der Grundlage von Lichtemittern mit Halbleitern und optischen Fasern. Integrierte photonische Bauelemente eröffnen daher die Möglichkeit, hohe Geschwindigkeiten, parallele Datenströme und geringen Verbrauch miteinander zu verbinden.

Optische Übertragungssysteme ermöglichen hohe Datenraten und eine Verkürzung von Latenzzeiten während der Signalübertragung. Komplexe Systeme erfordern eine hinreichende Skalierbarkeit der Anzahl von Neuronen und Synapsen. Hier bietet sich eine hybride Lösung an, die Signalverarbeitung optisch und elektronisch umsetzt.

Dabei werden die nichtlinearen Transferfunktionen der Neuronen und die Signalregeneration elektrisch durchgeführt, während die Signalübertragung zwischen den Neuronen und die lineare Signalverarbeitung bei der Gewichtung und Aufsummierung der Signale optisch realisiert wird. So lassen sich die Verzögerungszeiten entscheidend reduzieren. Ein Proof-of-Concept Demonstrator eines entsprechenden neuronalen Netzes ist ein entscheidender Innovationsschritt für langfristige Ziele einer seriellen Produktion.

Dabei wird auch konventionelle Siliziumtechnik verwendet, die in der Fabrikation auf lange Erfahrung der Digitalisierung zurückgreifen kann. Neuromorphe Prinzipien sind bei der Entwicklung neuartiger Algorithmen und Bauelementeigenschaften zu berücksichtigen. Dazu sind Einsichten der Neurowissenschaften, des automatisierten Systementwurfs und der hardwarenahen Schaltungsentwicklung zusammenzuführen. Die Innovation zielt auf Schaltungsarchitekturen, die elektrische Verarbeitung und Photonik integrieren.

Um den Energieverbrauch pro Recheneinheit zu messen, wird eine multiply-accumulate operation (MAC) zugrunde gelegt (Kickuth 2020). Dazu werden zwei Faktoren multipliziert und das Produkt zu einem fortlaufenden Summanden addiert. MAC-Operationen werden auch verwendet, um den Ablauf von synaptischen Funktionen darzustellen. Die Berechnungseffizienz des menschlichen Gehirns liegt bei 20 W für 10^{18} MAC pro Sekunde. Dabei werden 10^{11} Neuronen mit ca. 10 000 Verbindungen eines Neurons zu anderen Neuronen angenommen. Damit stehen insgesamt 10^{15} synaptische Verbindungen zur Verfügung, die alle Signale mit einer Bandbreite von bis zu 1 kHz übertragen. Die Recheneffizienz des Gehirns ist damit niedriger als ein Attojoule ($= 10^{-18}$ Joule) pro MAC im Unterschied zu ca. 1 Picojoule ($= 10^{-12}$ Joule) pro MAC bei einem leistungsstarken Computer.

Neuromorphe Systeme auf der Grundlage analoger Elektronik mit Memristoren oder photonische Chips eröffnen signifikante Verbesserungen der Rechenleistung. Die Amplitude der Spikes erfolgt zwar zeitlich analog, wird aber digital repräsentiert. Ein Beispiel für höhere Leistungsfähigkeit bei neuromorpher Verarbeitung sind Anwendungen mit hoher Bandbreite im GHz-Bereich. Dazu gehören das Abtasten und die Manipulation des Funkspektrums oder die Steuerung schneller Flugzeuge auf der Grundlage photonischer Chips.

Elektronische Schaltungssysteme benötigen Milliarden von Schaltern, die zwischen einem Ein- und Ausschaltzustand wechseln. Dieser Prozess führt insgesamt zu Zeitverzögerungen (Latenz). Demgegenüber beruht die Photonik auf Wellenausbreitungen mit Interferenzmustern, um das Ergebnis zu bestimmen. Dadurch sind direkte Berechnungen ohne Verzögerungen durch Schalterlatenz möglich. Photonik erreicht hohe Schaltgeschwindigkeiten und Kommunikationsbandbreiten bei geringen Störungen durch benachbarte Kommunikationskanäle. Damit kann sehr schnelle Informationsverarbeitung auf der Grundlage von Spikes mit hoher Verbindungsdichte durchgeführt werden. Es wird damit gerechnet, dass neuromorphe Systeme auf photonischer Grundlage bis zu 100 Mio. Mal schneller Arbeiten könnten als neuromorphe Elektronik. Damit werden auf jeden Fall Geschwindigkeiten wie bei biologischen Gehirnen und noch schneller erreicht.

Auch der Energieverbrauch mit photonischen Systemen eröffnet bemerkenswerte Perspektiven. Theoretisch könnten optische neuronale Netze eine physikalische Grenze traditioneller digitaler Chips vermeiden. Thermodynamisch arbeiten diese Chips irreversibel. Bekannt wurde diese Grenze als Landauer-Limit, wonach das Löschen einer noch so kleinen Information eine minimale Energie als Wärme an die Umgebung abgibt. Allerdings ist dieser Betrag nach unten beschränkt. Für photonische Schaltungen ist das Limit vom Netzwerk und dem bearbeiteten Problem abhängig. In getesteten Beispielen liegt es zwischen 50zJ bis 5 aJ/MAC. Das thermodynamische Landauer-Limit für einen digitalen Prozessor beträgt 3 aJ/MAC für 1000 Bit-Operationen pro MAC.

Zusammengefasst zeigt sich, wie Lernalgorithmen des Machine Learning auf memristiver Hardware mit neuromorpher Rechenarchitektur realisiert werden können. Komplexe raum-zeitliche Muster können durch neuronale Netze mit Spike-Kodierung erlernt werden. Eine nächste Zukunftsperspektive besteht darin, Neurocomputing mit Quantencomputing zu verbinden. Die gemeinsame Basis bildet die Photonik, wonach Quantenzustände von Lichtteilchen (Photonen) nach den Gesetzen der Quantenphysik in Superpositionen in Quantenbits überlagert werden können. Diese Überlagerungen ermöglichen den Quantenparallelismus mit gigantischen Verkürzungen der Rechenzeit. Damit würde ein „Lichtgehirn" möglich, dass durch „Rechnen mit Licht" die Vorteile des am Gehirn orientierten Neurocomputing mit den Vorteilen des Quantencomputing verbindet (Mainzer 2024).

Grenzen der Quanten-Berechenbarkeit

Theoretisch tauchte die Forderung nach einem Quantencomputer erstmals in einer Arbeit von Richard Feynman 1982 auf (Feynman 1982). Tatsächlich ist die Theorie auf diesem Gebiet der Technik seit dieser Zeit weit voraus. Bereits in den 1980er- und 1990er-Jahren wurden Algorithmen entwickelt, die den mathematischen Formalismus der Quantenmechanik theoretisch nutzen, um Probleme wesentlich schneller als herkömmliche Algorithmen zu lösen (Mainzer 2020c). So wären mit dem Shor-Algorithmus Verschlüsselungsprobleme, die nicht-polynomial (NP) sind und daher als praktisch unlösbar gelten und damit bis heute Sicherheit garantieren, mit polynomialer Rechenzeit (P) lösbar.

Ziel dieses Algorithmus ist es, die Teiler einer ganzen Zahl zu bestimmen, die als Kode einer Information verstanden wird. Dekodierung des Zahlenschlüssels entspricht seiner Zerlegung in Teiler. Die Kodierung als Nachweis, dass diese Teiler multipliziert den Zahlenkode ergeben, ist einfach. Aber die Umkehrung der Dekodierung ist ein aufwendiger Suchprozess: Bei einem konventionellen Suchprozess der Teiler führen größer werdende Zahlenkodes zu einer exponentiellen Wachstumsexplosion von Möglichkeiten. Daher macht sich dieser Algorithmus die quantenmechanische Eigenschaft der „Überlagerung" (Superposition) von Quantenständen zu Nutze, um viele Teilaufgaben (im Beispiel die Suche eines Teilers) quasi in einem Streich zu erledigen. Man spricht dann vom Quantenparallelismus.

Die Grundidee lässt sich in einem Gedankenexperiment der Quantenmechanik von Schrödingers Katze erläutern (Audretsch und Mainzer 1996). Erwin Schrödinger stellte sich einen geschlossenen Kasten mit einer Katze und einem Quantenpräparat vor, das per Zufall zerfällt und dabei einen Tötungsmechanismus der Katze auslöst. Solange der Kasten geschlossen bleibt, ist die Katze nach Schrödingers Interpretation mit gleicher Wahrscheinlichkeit tot und lebendig, da das Radiumpräparat mit gleicher Wahrscheinlichkeit zerfallen und nicht zerfallen ist. Erst bei Öffnen des Kastens zerfällt die Wahrscheinlichkeitsamplitude in einen der beiden „überlagerten" Zustände: Die Katze ist entweder tot oder lebendig.

Statt der alternativen Zustände „tot" oder „lebendig" haben wir es in der klassischen Welt der Digitalisierung mit den alternativen Bitzuständen „0" oder „1" zu tun, mit deren Sequenzen sich jede Art der digitalen Information darstellen lässt. Überlagerung bzw. Superposition bedeutet, dass ein Quantensystem (z. B. Elektron oder Photon) in einem Quantenzustand mit einer bestimmten Wahrscheinlichkeit im Teilzustand „0" und mit der Restwahrscheinlichkeit im Teilzustand „1" ist. Dieser Gesamtzustand aus den beiden statistisch verteilten Teilzuständen heißt Quantenbit (Abkürzung: Qubit). Bei einer Messung des Quantensystems (in Schrödingers Gedankenexperiment das Öffnen des Kastens) kollabiert der Gesamtzustand in einen der beiden Teilzustände entweder „0" oder „1". Im Quantenparallelismus lassen sich beliebig viele Qubits verbinden, um beliebig viele Bitsequenzen „auf einmal" (parallel) zu berechnen.

Was in der mathematischen Theorie funktioniert, erweist sich in der technischen Praxis als große Herausforderung. Ein Überlagerungszustand von Quantenzuständen muss zunächst technisch präpariert werden und ist dann äußerst empfindlich gegen Umwelteinflüsse wie z. B. Temperaturschwankungen. Bei geringsten Störungen kollabiert der Überlagerungszustand und löst damit Fehler in der Rechnung aus. Dieser Vorgang wird Dekohärenz genannt. Kohärenz bezeichnet den Zusammenhang der Quantenzustände, den es technisch so lange als möglich aufrecht zu erhalten gilt. Die Dekohärenz der Quantenzustände ist daher eine große technische Hürde, die von einem Quantencomputer zu nehmen ist. Unter dieser Voraussetzung muss er dann Probleme wesentlich schneller lösen als konventionelle Supercomputer. Diese Herausforderung wird „Supremacy" (Überlegenheit) genannt.

In den vergangenen Jahren wurden bereits verschiedene Quantentechnologien zur Lösung dieser Aufgaben vorgeschlagen, die experimentell mit wenigen Qubits erprobt wurden, ohne allerdings die Überlegenheit von Quantencomputern über konventionelle Supercomputer demonstrieren zu können (Europäische Kommission 2017). Erinnert sei an NMR (Nuclear Magnetic Resonance)-Quantenprozessoren, mit denen sich einfache Beispiele von Quantenalgorithmen realisieren ließen. Für den Shor-Algorithmus gelang als einfaches Beispiel die Faktorisierung der Zahl 15 in ihre Teiler. Als Hardware diente eine Flüssigkeit mit einer großen Anzahl von Molekülen (ca. 10^{18}) eines bestimmten Typs in einem starken statischen magnetischen Feld.

Ein Qubit wird in diesem Fall durch den Spin eines molekularen Kerns dargestellt, der quantenphysikalisch als alternativer Zustand „up“ (0) oder „down“ (1) gegeben ist. Klassisch-physikalisch lässt sich ein Spin-Zustand als eine Art Drehimpuls vorstellen, der allerdings in der Quantenwelt für die hier betrachteten Teilchen nur in zwei alternativen Zuständen gegeben ist. Die Moleküle wurden im thermischen Gleichgewicht auf Zimmertemperatur präpariert. Zur Faktorisierung der Zahl 15 war ein sieben-Qubit Molekül notwendig. Leider ist diese Technologie nicht skalierbar, da das gemessene Signal mit der Anzahl der Qubits in einem Molekül exponentiell fällt.

Ein anderes Beispiel sind optische Systeme. Hier wird ein Qubit durch die alternativen Polarisationszustände „horizontal“ und „vertikal“ eines einzelnen Photons realisiert. Die Cavity (Hohlraum) – Quantum Electrodynamics (QED) Technik geht von einem Hohlraum-Resonator aus, in dem genau ein Atom eingesperrt ist, das mit dem elektromagnetischen Feld in dem Hohlraum interagiert. Die zwei Teilzustände eines Qubits können durch die Polarisationszustände eines einzelnen Photons oder zwei erregte Zustände eines Atoms realisiert werden. Auch hier erweist sich die Skalierbarkeit für eine große Anzahl von Operationen als schwierig.

Erprobt wurden auch sogenannte „Ionen-Fallen“, bei denen die Hardware aus einer Kette von Ionen (also positiv geladenen Atomen) besteht, die in einer linearen „Falle“ von statischen und oszillierenden elektrischen Feldern kombiniert sind. Ein Qubit ist ein einzelnes Ion mit zwei langlebigen Zuständen. Eine Kette (Array) dieser Ionen lässt sich als Register von Qubits auffassen, die mit bestimmten Laserpulsen adressiert werden können. Diese Technologie wurde frühzeitig als skalierbar eingestuft.

Das gilt auch für Quantentechnologie, die auf Eigenschaften der Festkörperphysik beruht. Das verwundert deshalb nicht, da die Festkörperphysik in den vergangenen Jahren eine Reihe neuartiger Materialien und künstlicher Strukturen in Nanoskalierung ermöglicht hat, mit denen sich die zentralen Eigenschaften des Quanten Computing wie Superpositionen und Verschränkungen realisieren lassen. Dazu gehören insbesondere supraleitende Quantenchips. Supraleiter sind Materialien, deren elektrischer Widerstand beim Unterschreiten der sogenannten Sprungtemperatur auf Null fällt. Daher wird bei supraleitenden Quantenchips die Tieftemperaturphysik zum Schlüssel, um die Kohärenz von Superpositionen im Quantenparallelismus zu garantieren. Der technische Übergang von der derzeitigen Mikroelektronik der klassischen Computer zum Quantencomputer auf der Grundlage der Festkörperphysik bietet sich an.

Das Jahr 2019 begann mit der Ankündigung von IBM, den ersten kommerziellen Quantencomputer mit 20 Qubits hergestellt zu haben. Das Gerät lässt sich zwar nicht kaufen, kann aber über eine Cloud genutzt werden. Ein Vorgängermodell arbeitete noch mit 5 und 16 Qubits. 20 Qubits galt als Schwelle zu einem arbeitsfähigen Quantencomputer. Ab 50 Qubits sollte ein Quantencomputer einem klassischen Supercomputer überlegen sein. IBM setzte auf elektrische Schaltkreise, die in supraleitenden Mikrochips integriert sind. Die Quantenprozessoren müssen mit flüssigem Helium tiefgekühlt werden, um die supraleitenden Eigenschaften zu erreichen, die stabile Kohärenz ermöglichen. Der technische Vorteil besteht darin, dass an die bewährten Verfahren der Halbleitertechnik angeschlossen werden kann.

Eine zentrale Leistung von IBM bestand darin, dass mögliche Störquellen wie Wärmeeinfluss, elektrische Streuungen oder Erschütterungen weitgehend kontrollierbar sind. Immerhin konnten die 20 Quantenbits 75 Mikrosekunden in einem ungestörten kohärenten Zustand stabilisiert werden. Praktisch ist der IBM-Q insofern bereits ein universeller Quantencomputer, da (mit der Einschränkung von 20 Qubits) verschiedenartige Probleme in Angriff genommen werden könnten. Dazu gehören komplexe Optimierungsprobleme ebenso wie Modellierungen von Vielteilchensystemen wie Festkörper, Flüssigkeiten oder Gase. Damit eröffnen sich Anwendungsperspektiven in der Materialforschung, Chemie und Pharmakologie.

Mit IBM-Q war das Wettrennen der IT-Giganten eröffnet und die Antwort von Google ließ nicht lange auf sich warten. Der supraleitende Prozessor Sycamore löste ein spezielles mathematische Problem schneller als der führende klassische Supercomputer Summit von IBM im Jahr 2019. Sycamore benötigte für dieses Problem nur 200 s, während Summit nach eigenen Angaben von IBM mehr als zwei Tage benötigte. Damit war die Überlegenheit des Quanten Computing erstmals wenigstens für diese spezielle Aufgabe bewiesen. Grundlage waren 53 supraleitende Qubits, also etwa die Anzahl, die auch für „Supremacy" veranschlagt wurde.

Nach der quantenmechanischen Grundlagenforschung seit Anfang des 20. Jahrhunderts folgte seit Ende des 20. Jahrhunderts die Entwicklung technischer Bauteile, die auf Effekten der Quantenphysik beruhen. Dazu gehören Transistoren, Dioden und Laser, die als Quantentechnologien der ersten Generation zusammengefasst werden können und aus Alltagsgeräten nicht mehr fortzudenken sind. Auch der Laser war zunächst ein quantenphysikalisches Grundlagenproblem, das heute wie selbstverständlich in der Mess- und Kommunikationstechnik, industriellen Fertigung, Medizintechnik und Unterhaltungselektronik bis zum 3D-Druck Anwendung findet. Den Quantentechnologien der ersten Generation ist gemeinsam, dass Quanteneffekte nur indirekt genutzt werden

Wir leben derzeit in der zweiten Generation der Quantentechnologie, in der Grundprinzipien der Quantenmechanik gezielt in quantenmechanischen Geräten umgesetzt werden (Kagermann et al. 2020). Dazu gehören erste Prototypen von Quantencomputern, klassische Supercomputer mit Quantensimulation, Quantenkryptographie und Quantenkommunikation, Quantensensorik und Quantenmesstechnik (Metrologie). Mit einem universellen Quantencomputer, der theoretisch bereits bereits 1985 beschrieben wurde (Deutsch 1985), würde die dritte Generation der Quantentechnologie beginnen.

Ein solcher universeller Quantencomputer, der z. B. den Shor-Algorithmus zur Faktorisierung großer Zahlen realisieren könnte, würde Millionen Qubits benötigen. Wegen der Empfindlichkeit solcher Quantenalgorithmen gegen Rauschen müsste er technisch hoch komplexe Fehlerkorrekturen bewerkstelligen können. Nun ist bereits gezeigt, dass ein Quantencomputer mit über 50 Qubits Aufgaben mit einer Geschwindigkeit lösen kann, die für die schnellsten klassischen Supercomputer nicht machbar ist. Damit gibt es zwar bereits Quantencomputer, die Leistungen vollbringen, zu denen klassische Computer nicht fähig sind. Andererseits sind sie aber noch nicht groß genug, um eine fehlertolerante Anwendung der bekannten Quantenalgorithmen zu realisieren.

Diese Ära zwischen Quantencomputern mit 50-100 Qubits (z. B. Googles Sycamore) und dem ersten universellen Quantencomputer mit 1 000 000 Qubits und mehr nannte der amerikanische Informatiker John Preskill „Noisy Intermediate-Scale Quantum" (NISQ) (Preskill 2018). Sie ist „noisy", also durch Rauschen bestimmt, weil nicht genügend Qubits zur Fehlerkorrektur zur Verfügung stehen, und „intermediate-scale", weil die Qubit-Zahl zwar für den Supremacy-Nachweis ausreicht, aber für einen universellen Quantencomputer noch nicht genügend ist. Die derzeit angebrochene NISQ-Ära beschreibt also den Übergang von der zweiten zur dritten Generation der Quantentechnologie.

Grenzen relativistischer Berechenbarkeit

Die Grenzen der Berechenbarkeit verschieben sich also, wenn das Konzept der Berechenbarkeit von digitalen und diskreten Größen auf kontinuierliche und analoge Größen erweitert wird. Dann lassen sich einzelne Probleme theoretisch entscheiden und lösen, die digital prinzipiell ausgeschlossen waren (z. B. inverse Probleme der medizinischen Bildgebung). Technisch-praktisch wären dazu passende analoge Rechner notwendig, wie sie derzeit in neuromorphen Rechnerarchitekturen und in einer am Gehirn orientierten KI angestrebt werden. Ähnlich werden Probleme technisch-praktisch lösbar, wenn Algorithmen auf der Grundlage des Quantenformalismus zugelassen werden. Ähnlich lässt sich auch beweisen, dass Turings Halteproblem entscheidbar wird, wenn man eine relativistische Raum-Zeit zulässt, wie sie bei Schwarzen Löchern angenommen wird (Centrone, Mainzer 2023, Kap. 4.26).

Aus logisch-mathematischer Sicht besteht der Hauptunterschied zwischen der speziellen und der allgemeinen Relativitätstheorie darin, dass die spezielle Relativitätstheorie nur ein Modell der Minskowskischen Raumzeit hat, während die allgemeine Relativitätstheorie viele nicht-isomorphe Modelle besitzt. Kosmologisch exotische Modelle sind Schwarze Löcher. Seit ihrer frühen mathematischen Herleitung aus der Einstein-Theorie gibt es heute starke empirische Hinweise auf ihre Existenz im Universum. Es gibt verschiedene mathematische Modelle für Schwarze Löcher, die von der Einsteinschen Theorie zugelassen werden. Das einfachste Modell ist das Schwarzschild-Schwarze Loch, da angenommen wird, dass alle Massen in einem Punkt konzentriert sind. Wenn ein Beobachter in ein Schwarzschild-Schwarzes Loch fällt, kann er nur eine begrenzte Zeit überleben, bevor er im Singularitätspunkt eliminiert wird. Ein freundlicherer Typ sind die langsam rotierenden Schwarzen Löcher. Ihre Raumzeit ist mathematisch durch die Kerr-Metrik definiert (Hawking und Ellis 1973). Es gibt dort für immer rotierende „Weltlinien", auf denen Beobachter überleben könnten. Sie könnten allerdings aufregende Konsequenzen für die zeitliche Logik und für Entscheidbarkeitsprobleme haben.

Mathematisch besteht eine Lorentz-Mannigfaltigkeit der allgemeinen Relativitätstheorie (M, g) aus einer glatten, orientierten und zeitorientierten 4-Mannigfaltigkeit M mit einer glatten Lorentz-Metrik g. Die Lorentz-Metrik ist eine Lösung der

Einsteinschen Gleichungen mit Bezug auf einen glatten Spannungs-Energie-Tensor T auf M. Die Länge einer kontinuierlich-differenzierbaren zeitähnlichen Kurve $\gamma : \mathbb{R} \to M$ ist mathematisch definiert durch

$$\|\gamma\| = \int_{\mathbb{R}} \sqrt{-g(\dot{\gamma}(\tau), \dot{\gamma}(\tau))}\, d\tau.$$

Physikalisch wird diese Kurve als eine Weltlinie eines sich in (M, g) bewegenden Beobachters verstanden. Das Bild $\gamma(\mathbb{R})$ ist die Klasse der Ereignisse in M, die dieser Beobachter antrifft. Die Länge $\|\gamma\|$ der Weltlinie ist die vom Beobachter gemessene Eigenzeit, die endlich oder unendlich sein kann. Die kausale Vergangenheit eines Ereignisses $q \in M$ enthält die Ereignisse, von denen aus ein Beobachter zu q reisen kann, ohne die Lichtgeschwindigkeit zu überschreiten, d. h. formell

$$J^-(q) = \{x \in M \mid \text{es gibt eine in die Zukunft gerichtete nicht - raumartige Kurve, die } x \text{ mit } q \text{ verbindet}\}.$$

Die kausale Zukunft $J^+(q)$ des Ereignisses q kann auf ähnliche Weise definiert werden.

In Bezug auf die Berechenbarkeitstheorie gibt es eine bemerkenswerte Raumzeit mit einer Weltlinie von unendlicher Eigenzeit. Formal heißt eine Raumzeit (M, g) Malament-Hogarth, wenn es eine zukunftsgerichtete zeitartige Halbkurve $\gamma_P : \mathbb{R}^+ \to M$ mit $\|\gamma_P\| = \infty$ und einen Punkt $p \in M$ („Malament-Hogarth-Ereignis") mit $\gamma_P(\mathbb{R}) \subset J^-(p)$ gibt (Hogarth 1992).

In einer Malament-Hogarth-Raumzeit gibt es eine zukunftsorientierte zeitähnliche Kurve $\gamma_O : [a, b] \to M$ von einem Punkt $q \in J^-(p)$ in der kausalen Vergangenheit von p zu p mit $\|\gamma_O\| < \infty$. Der Punkt q kann in der kausalen Zukunft des vergangenen Endpunkts von γ_P gewählt werden.

Die Existenz der Weltlinien γ_P und γ_O in einer Malament-Hogarth-Raumzeit könnte für dramatische Anwendungen von Berechenbarkeits- und Entscheidbarkeitsproblemen genutzt werden (Hogarth 1994): Man kann sich einen physikalischen Computer P als technische Realisierung einer Turing-Maschine vorstellen, der sich entlang der Kurve γ_P mit unendlicher Eigenzeit bewegt. In einer Malament-Hogarth-Raumzeit kann dieser physikalische Computer beliebig lange Berechnungen durchführen. In dieser Raumzeit kann aber auch ein Beobachter angenommen werden, der der Kurve γ_O mit endlicher Eigenzeit folgt, um das Malament-Hogarth-Ereignis $p \in M$ in endlicher Eigenzeit zu treffen. Nach der Definition eines Malament-Hogarth-Ereignisses gilt $\gamma_P(\mathbb{R}) \subset J^-(p)$, d. h. der gesamte unendliche Orbit des Computers $\gamma_P(\mathbb{R})$ gehört zur kausalen Vergangenheit $J^-(p)$ des Malament-Hogarth-Ereignisses p . Daher kann der Beobachter in p nach einer beliebig langen Berechnung des physikalischen Computers auf der Weltlinie γ_P eine Entscheidung erhalten, weil er zu einer beliebig späten Eigenzeit ein Signal an den Beobachter auf γ_O senden kann.

Ein Gedankenexperiment veranschaulicht, wie die zeitlichen Unterscheidungen „vorher" und „nachher" mit Bezug auf ein Malament-Hogarth-Ereignisses in einer physikalischen Raumzeit zu verstehen sind. Wird der Computer auf γ_P aufgefordert, z. B. alle Sätze der Mengenlehre (ZFC) auf Konsistenz zu prüfen, so kann diese Aufgabe realisiert werden, denn die Weltlinie γ_P hat unendliche Eigenzeit. Im Falle eines Widerspruchs sendet der Computer ein Signal an den Beobachter auf der Weltlinie γ_O. Für das Malament-Hogarth-Ereignis ist nun der Zeitpunkt des Empfangs des Signals entscheidend:

Wenn der Beobachter auf γ_O vor dem Malament-Hogarth-Ereignis p ein Signal von γ_P erhält, dann kann er daraus schließen, dass die Mengenlehre nicht konsistent ist. Wenn der Beobachter vor p kein Signal erhält, weiß er nach p, dass die Mengenlehre konsistent ist. Beginnt das Gedankenexperiment in $\gamma_O(a) = q$ und endet im Malament-Hogarth-Ereignis $\gamma_O(b) = p$, hat der Beobachter auf γ_O genügend Zeit, um eine Frage zu entscheiden, die in klassischer Zeit nicht entschieden werden kann.

Ist eine Malament-Hogarth-Raumzeit nur eine mathematische Lösung der Einsteinschen Gleichungen wie ein Gödel-Universum mit Reisen in die Vergangenheit des Beobachters, aber mit weniger physikalischer Realität? Tatsächlich gibt es physikalische Hinweise, die Kerr-Schwarze Löcher mit Malament-Hogarth-Raumzeit physikalisch sinnvoll machen. Das Schwarze Loch im Zentrum der Milchstraße ist ein möglicher Kandidat. In diesem Fall könnte man annehmen, dass ein Computer die Grenzen der Berechenbarkeit und Entscheidbarkeit klassischer Turing-Maschinen überwindet. In der mathematischen Theorie der Berechnungskomplexität gibt es Hierarchien von Graden der Berechenbarkeit und Entscheidbarkeit. In Science-Fiction Szenarien könnte man sich eine zukünftige Generation der Menschheit vorstellen, die die Milchstraße kolonisiert und ihre Computer auf einer unendlichen Weltlinie stationiert, die um ein schwarzes Kerr-Loch rotiert. Es wäre eine Künstliche Intelligenz, die Fragen entscheidet, die in klassischer Raum-Zeit verschlossen wären.

Werden Berechenbarkeit und die darauf aufbauende KI damit abhängig von der physikalischen und biologischen Natur? Ob Probleme theoretisch berechenbar sind, hängt nicht von der physikalischen oder biologischen Natur ab, sondern von dem angenommenen und vorausgesetzten mathematischen Konzept der Berechenbarkeit. Dabei kann es sich um digitale Berechenbarkeit (mit ganzen und rationalen Zahlen), analoge Berechenbarkeit (mit reellen und komplexen Zahlen), den mathematischen Formalismus der Quantenmechanik oder der Relativitätstheorie handeln. Die Entscheidbarkeit und Berechenbarkeit einzelner Probleme folgt dann allerdings mathematisch notwendig aus den angenommenen Berechenbarkeitskonzepten und kann durchaus unterschiedlich sein. Wie diese mathematischen Formalismen technisch realisiert oder physikalisch modelliert werden, ist eine empirische Frage.

Daher „ist" unsere Welt nicht digital, analog, quantenmechanisch und oder relativistisch. Bisher haben sich relativistisch-quantenmechanische Modelle im Experiment nur als hochgradig bestätigt herausgestellt. Auch digitale Technik mit diskreten Größen hat sich in vielen Anwendungsbereichen bisher nur hochgradig bewährt. Derzeit beobachten wir in neuromorphen Rechnerstrukturen eine Renaissance analoger Technik, die sich als äußerst energieeffizient und damit umweltschonend bewähren und zudem zusätzliche Probleme lösen könnte. Mit der besseren Beherrschung der Quantentechnologie könnten Quantencomputer zu enormer Steigerung der Rechenleistung und Verschiebung der Grenzen zu Gunsten von P-Problemen beitragen. Ob Berechnungen unter Ausnutzung von Umlaufbahnen um Schwarze Löcher technisch für KI überhaupt jemals ausgenutzt werden, sei dahingestellt. Der benutzte mathematische Formalismus könnte sich jedoch eines Tages in einem ungeahnten Zusammenhang als nützlich erweisen.

Auf dem Weg zur hybriden KI neuromorpher Systeme

Die Integration analoger und digitaler Informationsverarbeitung kann im menschlichen Organismus illustriert werden. Verhalten und Reaktionen laufen dort weitgehend unbewusst ab. „Unbewusst" heißt, dass wir uns der kausalen Abläufe des durch sensorielle und neuronale Signale gesteuerten Bewegungsapparats nicht bewusst sind. Das lässt sich mit Algorithmen des statistischen Lernens automatisieren. In kritischen Situationen reicht das aber nicht aus: Um mehr Sicherheit durch bessere Kontrolle im menschlichen Organismus zu erreichen, muss der Verstand mit kausaler Analyse und logischem Schließen eingreifen. Dieser Vorgang sollte im Machine Learning durch Algorithmen des kausalen Lernens und logischer Beweisassistenten automatisiert werden. Ziel ist eine hybride KI neuromorpher Systeme, in der wie im menschlichen Organismus symbolische und subsymbolische KI auf analoger und digitaler Hardware verbunden werden. Ferner kann Quantencomputing zu erheblicher Beschleunigung der Informationsverarbeitung beitragen, wie sie in Organismen nicht bekannt ist.

Roboter als neuromorphe Systeme

Mit zunehmender Komplexität und Automatisierung der Technik werden Roboter zu Dienstleistern der Industriegesellschaft. Die Evolution lebender Organismen inspiriert heute die Konstruktion von Robotik-Systemen als neuromorphe Systeme mit analoger und digitaler Informationsverarbeitung (Mainzer 2020b). Mit wachsenden Komplexitäts- und Schwierigkeitsgraden der Dienstleistungsaufgabe wird die Anwendung von KI-Technik unvermeidlich. Dabei müssen Roboter nicht wie Menschen aussehen. Genauso wie Flugzeuge nicht wie Vögel aussehen, gibt es je nach Funktion auch andere angepasste Formen. Es stellt sich also die Frage, zu welchem Zweck humanoide Roboter welche Eigenschaften und Fähigkeiten besitzen sollten.

Humanoide Roboter sollten wie Organismen direkt in der menschlichen Umgebung wirken können. In der menschlichen Umwelt ist die Umgebung auf menschliche Proportionen abgestimmt. Die Gestaltung reicht von der Breite der Gänge über die Höhe einer Treppenstufe bis zu Positionen von Türklinken. Für nicht menschenähnliche Roboter (z. B. auf Rädern und mit anderen Greifern statt Händen) müssten also große Investitionen für Veränderungen der Umwelt ausgeführt werden. Zudem sind alle Werkzeuge, die Mensch und Roboter gemeinsam benutzen sollten, auf menschliche Bedürfnisse abgestimmt. Nicht zu unterschätzen ist die Erfahrung, dass humanoide Formen den emotionalen Umgang mit Robotern psychologisch erleichtern.

Humanoide Roboter haben aber nicht nur zwei Beine und zwei Arme. Sie verfügen über analoge optische und akustische Sensoren. In Bezug auf Platz und Batterielaufzeiten gibt es bisher bei den verwendbaren Prozessoren und Sensoren Einschränkungen. Miniaturisierungen von optischen und akustischen Funktionen sind ebenso erforderlich wie die Entwicklung von verteilten Mikroprozessoren zur lokalen Signalverarbeitung. Ziel der humanoiden Robotik ist es, dass sich humanoide Roboter frei in normaler Umgebung bewegen, Treppen und Hindernisse überwinden, selbständig Wege suchen, nach einem Fall beweglich bleiben, Türen selbständig betätigen und auf einem Arm stützend Arbeit erledigen können. Ein humanoider Roboter könnte dann im Prinzip so gehen wie ein Mensch.

Für die Erreichung der letzten Stufe des Zusammenlebens mit Menschen, müssen sich Roboter ein Bild vom Menschen machen können, um hinreichend sensibel zu werden. Dazu sind kognitive Fähigkeiten auf analoger und digitaler Grundlage notwendig. Dabei lassen sich die drei Stufen des funktionalistischen, konnektionistischen und handlungsorientierten Ansatzes unterscheiden, die nun untersucht werden sollen (Pfeifer und Scheier 2001).

Die Grundannahme des Funktionalismus besteht darin, dass es in Lebewesen wie in entsprechenden Robotern eine interne kognitive Struktur gibt, die Objekte der externen Außenwelt mit ihren Eigenschaften, Relationen und Funktionen untereinander über Symbole repräsentiert.

Man spricht auch deshalb vom Funktionalismus, da die Abläufe der Außenwelt als isomorph in Funktionen eines symbolischen Modells abgebildet angenommen werden. Ähnlich wie ein geometrischer Vektor- oder Zustandsraum die Bewegungsabläufe der Physik abbildet, würden solche Modelle die Umgebung eines Roboters repräsentieren.

Der funktionalistische Ansatz geht auf die frühe kognitivistische Psychologie der 1950er-Jahre von z. B. Allen Newell und Herbert Simon zurück (Newell und Simon 1972). Die Verarbeitung der Symbole in einer formalen Sprache (z. B. Computerprogramm) erfolgt wie in der symbolischen KI nach Regeln, die logische Beziehungen zwischen den Außenweltrepräsentationen herstellen, Schlüsse ermöglichen und so Wissen entstehen lassen.

Die Regelverarbeitung ist nach dem kognitivistischen Ansatz unabhängig von einem biologischen Organismus oder Roboterkörper. Danach könnten im Prinzip alle höheren kognitiven Fähigkeiten wie Objekterkennung, Bildinterpretation, Problemlösung, Sprachverstehen und Bewusstsein auf Rechenprozesse mit Symbolen reduziert werden. Konsequenterweise müssten dann auch biologische Fähigkeiten wie z. B. Bewusstsein auf analoge und digitale technische Systeme übertragbar sein.

Der kognitivistisch-funktionalistische Ansatz hat sich für beschränkte Anwendungen durchaus bewährt, stößt jedoch in Praxis und Theorie auf grundlegende Grenzen. Ein Roboter dieser Art benötigt nämlich eine vollständige symbolische (digitale) Repräsentation der Außenwelt, die ständig angepasst werden muss, wenn die Position des Roboters sich ändert. Relationen wie ON(TABLE,BALL), ON (TABLE,CUP), BEHIND(CUP,BALL) etc., mit denen die Relation eines Balls und einer Tasse auf einem Tisch relativ zu einem Roboter repräsentiert wird, ändern sich, wenn sich der Roboter um den Tisch herum bewegt.

Menschen benötigen demgegenüber keine symbolische Darstellung und kein symbolisches digitales Updating von sich ändernden Situationen. Sie interagieren sensorisch-körperlich (analog) mit ihrer Umwelt. Rationale Gedanken mit interner symbolischer Repräsentation garantieren kein rationales Handeln, wie bereits einfache Alltagssituationen zeigen. So weichen wir einem plötzlich auftretenden Verkehrshindernis aufgrund von blitzschnellen körperlichen (analogen) Signalen und Interaktionen aus, ohne auf symbolische (digitale) Repräsentationen und logische Ableitungen zurückzugreifen. Hier kommt die subsymbolische KI ins Spiel.

In der Kognitionswissenschaft unterscheiden wir daher zwischen formalem und körperlichem Handeln (Valera et al. 1991). Schach ist ein formales Spiel mit vollständiger symbolischer Darstellung, präzisen Spielstellungen und formalen Operationen. Fußball ist ein nicht-formales Spiel mit Fähigkeiten, die von körperlichen (analogen) Interaktionen ohne vollständige Repräsentation von Situationen und Operationen abhängen. Es gibt zwar auch Spielregeln. Aber Situationen sind wegen der körperlichen Aktion nie exakt identisch und daher auch nicht (im Unterschied zum Schach) beliebig reproduzierbar.

Der konnektionistische Ansatz betont deshalb, dass Bedeutung nicht von Symbolen getragen wird, sondern sich in der Wechselwirkung zwischen verschiedenen kommunizierenden Einheiten eines komplexen Netzwerks (z. B. neuronales Netz) ergibt. Diese Herausbildung bzw. Emergenz von Bedeutungen und Handlungsmustern wird durch die sich selbst organisierende Dynamik von neuronalen Netzwerken möglich (Marcus 2003).

Sowohl der kognitivistische als auch der konnektionistische Ansatz können allerdings im Prinzip von der Umgebung der Systeme absehen und nur die symbolische Repräsentation bzw. neuronale Dynamik beschreiben.

Im handlungsorientierten Ansatz steht demgegenüber die Einbettung des Roboterkörpers in seine analoge Umwelt im Vordergrund. Insbesondere einfache Organismen der Natur wie z. B. Bakterien legen es nahe, verhaltensgesteuerte Artefakte zu bauen, die sich an veränderte Umwelten anzupassen vermögen.

Aber auch hier wäre die Forderung einseitig, nur verhaltensbasierte Robotik zu favorisieren und symbolische (digitale) Repräsentationen und Modelle der Welt auszuschließen. Richtig ist die Erkenntnis, dass kognitive Leistungen des Menschen sowohl funktionalistische, konnektionistische und verhaltensorientierte Aspekte auf analoger und digitaler Grundlage berücksichtigen. In diesem Sinn ist der Mensch ein hybrider Organismus auf analoger und digitaler Grundlage.

Richtig ist es daher, wie beim Menschen von einer eigenen Leiblichkeit (embodiment) der humanoide Roboter auszugehen. Danach agieren diese Maschinen mit ihrem Roboterkörper analog in einer physischen Umwelt und bauen dazu einen kausalen Bezug auf. Sie machen ihre je eigenen Erfahrungen mit ihrem Körper in dieser Umwelt und sollten ihre eigenen internen symbolischen Repräsentationen und Bedeutungssysteme aufbauen können (Mainzer 2009).

Wie können solche Roboter selbstständig sich ändernde Situationen einschätzen? Körperliche Erfahrungen des Roboters beginnen mit Wahrnehmungen über analogen Sensordaten der Umgebung. Sie werden in einer relationalen Datenbank des Roboters als seinem Gedächtnis gespeichert. Die Relationen der Außenweltobjekte bilden untereinander kausale Netzwerke, an denen sich der Roboter bei seinen Handlungen orientiert. Dabei werden z. B. Ereignisse, Personen, Orte, Situationen und Gebrauchsgegenstände unterschieden. Mögliche Szenarien und Situationen werden mit Sätzen einer formalen Logik repräsentiert.

Cyberphysical Systems als neuromorphe Systeme

In der Evolution beschränkt sich intelligentes Verhalten keineswegs auf einzelne Organismen. Die Soziobiologie betrachtet Populationen als Superorganismen, die zu kollektiven Leistungen fähig sind (Wilson 2000). Die entsprechenden Fähigkeiten sind häufig in den einzelnen Organismen nicht vollständig programmiert und von ihnen allein nicht realisierbar. Ein Beispiel ist die Schwarmintelligenz von Insekten, die sich in Termitenbauten und Ameisenstraßen zeigt. Auch menschliche Gesellschaften mit extrasomatischer Informationsspeicherung und Kommunikationssystemen entwickeln kollektive Intelligenz, die sich erst in ihren Institutionen zeigt.

Kollektive Muster- und Clusterbildungen lassen auch bei Populationen einfacher Roboter beobachten, ohne dass sie dazu vorher programmiert wurden. Roboterpopulationen als Dienstleister könnten konkrete Anwendung im Straßenverkehr z. B. bei fahrerlosen Transportsystemen oder Gabelstaplern finden, die sich selbständig über ihr Verhalten in bestimmten Verkehrs- und Auftragssituationen verständigen. Zunehmend werden auch unterschiedliche Roboterarten wie Fahr- und Flugroboter (z. B. bei militärischen Einsätzen oder bei der Weltraumerkundung) miteinander interagieren (Mataric et al. 2003).

Roodney A. Brooks vom MIT fordert allgemein eine verhaltensbasierte KI, die auf künstliche soziale Intelligenz in Roboterpopulationen ausgerichtet ist (Brooks 2005). Soziale Interaktion und Abstimmung gemeinsamer Aktionen bei sich verändernden Situationen ist eine äußerst erfolgreiche Form von Intelligenz, die sich in der Evolution herausgebildet hat. Bereits einfache Roboter könnten ähnlich wie einfache Organismen der Evolution kollektive Leistungen auf analoger und digitaler Grundlage erzeugen. Im Management spricht man von der sozialen Intelligenz als einem Soft Skill, der nun auch von Roboterpopulationen berücksichtigt werden sollte.

Autonome Reaktionen in unterschiedlichen Situationen ohne Eingreifen des Menschen sind eine große Herausforderung für die KI-Forschung. Entscheidungsalgorithmen lassen sich am besten im realen Straßenverkehr auf analoger und digitaler Grundlage verbessern. Entsprechend verbessert ein menschlicher Fahrer seine Fähigkeiten durch Fahrpraxis.

Als selbstfahrendes Kraftfahrzeug bzw. Roboterauto werden Automobile bezeichnet, die ohne menschlichen Fahrer fahren, steuern und einparken können.

Hochautomatisiertes Fahren liegt zwischen assistiertem Fahren, bei dem der Fahrer durch Fahrerassistenzsysteme unterstützt wird, und dem autonomen Fahren, bei dem das Fahrzeug selbsttätig und ohne Einwirkung des Fahrers fährt.

Beim hochautomatisierten Fahren hat das Fahrzeug nur teilweise eine eigene Intelligenz, die vorausplant und die Fahraufgabe zumindest in den meisten Situationen übernehmen könnte. Mensch und Maschine arbeiten zusammen.

Klassische Computersysteme zeichneten sich durch eine strikte Trennung von physischer und virtueller Welt aus. Steuerungssysteme der Mechatronik, die z. B. in modernen Fahrzeugen und Flugzeugen eingebaut sind und aus einer Vielzahl von analogen Sensoren und Aktoren bestehen, entsprechen diesem Bild nicht mehr. Diese Systeme erkennen ihre physische Umgebung, verarbeiten diese Informationen digital und können die physische Umwelt auch koordiniert beeinflussen. Der nächste Entwicklungsschritt der mechatronischen Systeme sind die „Cyberphysical Systems" (CPS), die sich nicht nur durch eine starke Kopplung von physischem Anwendungsmodell und dem Computer-Steuerungsmodell auszeichnen, sondern auch in die Arbeits- und Alltagsumgebung eingebettet sind (z. B. integrierte intelligente Energieversorgungssysteme) (Lee 2008; acatech 2011). Durch die vernetzte Einbettung in Systemumgebungen gehen CPS-Systeme über isolierte mechatronische Systeme hinaus.

Cyberphysical Systems (CPS) bestehen aus vielen vernetzten analogen und digitalen Komponenten, die sich selbständig untereinander für eine gemeinsame Aufgabe koordinieren. Sie sind damit mehr als die Summe der vielen unterschiedlichen smarten Kleingeräte im Ubiquitous Computing, da sie Gesamtsysteme aus vielen intelligenten Teilsystemen mit integrierenden Funktionen für bestimmte Ziele und Aufgaben (z. B. effiziente Energieversorgung) realisieren. Dadurch werden intelligente Funktionen von den einzelnen Teilsystemen auf die externe Umgebung des Gesamtsystems ausgeweitet. Wie das Internet werden CBS zu kollektiven sozialen Systemen, die aber neben den digitalen Informationsflüssen zusätzlich (wie mechatronische Systeme und Organismen) noch analoge Energie-, Material- und Stoffwechselflüsse integrieren.

Industrie 4.0 spielt auf die vorausgehenden Phasen der Industrialisierung an. Industrie 1.0 war das Zeitalter der Dampfmaschine. Industrie 2.0 war Henry Fords Fließband. Das Fließband ist nichts anderes als eine Algorithmisierung des Arbeitsprozesses, der Schritt für Schritt nach einem festen Programm durch arbeitsteiligen Einsatz von Menschen ein Produkt realisiert. In Industrie 3.0 greifen Industrieroboter in den Produktionsprozess ein. Sie sind allerdings örtlich fixiert und arbeiten immer wieder dasselbe Programm für eine bestimmte Teilaufgabe ab. In Industrie 4.0 wird der Arbeitsprozess analog und digital in das Internet der Dinge integriert. Werkstücke kommunizieren analog und digital untereinander, mit Transporteinrichtungen und beteiligten Menschen, um den Arbeitsprozess flexibel zu organisieren.

KI als Dienstleistung am Menschen

Vertrauen in Künstliche Intelligenz

Häufig wird KI als Bedrohung menschlicher Arbeit dargestellt. Die Corona-Krise zeigte aber auch, wie KI und Robotik einspringen könnten, wenn der Mensch ausfällt, um die Wirtschaft am Laufen zu halten, wie digitale Kommunikation und Gesundheitsversorgung unterstützt werden könnte und wie in einem Lernprozess zusammen mit menschlicher Intelligenz die Lösung z. B. in Form eines Impfstoffs gefunden werden kann. Nach Corona ist nicht ausgeschlossen, dass wir von noch gefährlicheren Pandemien heimgesucht werden. Für die Zukunft wäre daher wünschenswert, wenn mit lernender KI mögliche Veränderungen von Viren vorher simuliert werden könnten, um damit einen Toolkasten zur schnellen Zusammenstellung von Impfstoffen zu entwickeln – quasi mit auf Vorrat produzierten KI-Algorithmen (Mainzer 2020b).

Um Vertrauen in digitale und analoge KI-Tools zu fördern, müssen sie wie alle technischen Werkzeuge zertifiziert sein. An solchen „DIN-Normen“ arbeitet eine Steuerungsgruppe für eine KI-Roadmap im Auftrag der Bundesregierung (Deutsche Normungsroadmap 2020). Am Ende soll KI eine Dienstleitung für uns Menschen sein. Daher benötigen wir auch eine Stärkung der menschlichen Urteilskraft und Wertorientierung, damit uns Algorithmen und Big Data nicht aus dem Ruder laufen.

In der Vergangenheit illustrieren dramatische Unfälle die Gefahren von Softwarefehlern und Systemversagen bei sicherheitskritischen Systemen. Programmfehler und Systemversagen können zu Katastrophen führen: In der Medizin verursachten 1985–87 massive Überdosierungen durch die Software eines Bestrahlungsgeräts teilweise den Tod von Patienten. 1996 sorgte die Explosion der Rakete Ariane 5 aufgrund eines digitalen Softwarefehlers für Aufsehen. Weitere Beispiele waren digitale Softwarefehler und analoges Systemversagen von Boing 737 max. Nun gehören Verifikationsprüfungen traditionell zum festen Bestanteil einer Programmentwicklung im Software Engineering. Nach Feststellung der Anforderungen, dem Design und der Implementation eines Computerprogramms erfolgt in der Regel seine Verifikation und schließlich für die Dauer seiner Anwendung eine vorausschauende Wartung, um vor dem Ausfall z. B. eines Maschinenteils durch Verschleiß Ersatz und Reparatur einzuleiten.

Ein Computerprogramm heißt korrekt bzw. zertifiziert, falls verifiziert werden kann, dass es einer gegebenen Spezifikation folgt. Praktisch angewendet werden Verifikationsverfahren mit unterschiedlichen Graden der Genauigkeit und damit der Verlässlichkeit (Tretmans und Brinksma 2003). Aus Zeit-, Aufwands- und Kostengründen begnügen sich viele Anwender allerdings nur mit Stichprobentests. Im Idealfall müsste ein Computerprogramm aber so sicher sein wie ein mathematischer Beweis. Dazu wurden Beweisprogramme („Beweisassistenten“) entwickelt, mit denen ein Computerprogramm automatisch oder interaktiv mit einem Nutzer auf Korrektheit überprüft wird. Damit kommen wir wieder auf die logisch-mathematische Grundlagenforschung zurück, die sich auch und gerade im Zeitalter der KI als zentral erweist.

Die Idee zu Beweisassistenten stammt nämlich ursprünglich aus der mathematischen Beweistheorie des frühen 20. Jahrhunderts, als bedeutende Logiker und Mathematiker wie David Hilbert, Kurt Gödel und Gerhard Gentzen mathematische Theorien formalisierten, um dann z. B. die Korrektheit, Vollständigkeit oder Widerspruchsfreiheit dieser Formalismen (und damit der betreffenden mathematischen Theorien) zu beweisen. Die Formalismen sind nun Computerprogramme. Ihre Korrektheitsbeweise müssen selbst konstruktiv sein, um jeden Zweifel ihrer Sicherheit auszuschließen. Sowohl an der LMU als auch an der TU München werden Beweisassistenten untersucht (Mainzer et al. 2018). Der französische Beweisassistent Coq geht u. a. auf den französischen Logiker und Mathematiker Thierry Coquand zurück und erinnert im Namen an das französische Wappentier des Hahns (franz. Coq) (Coquand und Huet 1988; Coupet-Grimal und Jakubiec 1996).

Hier zeigt sich sehr klar, wie aktuelle Fragen der Sicherheit moderner Software und KI in digitalen und analogen Grundlagenfragen verwurzelt sind. Eine zentrale Frage lautet, wie das moderne maschinelle Lernen durch solche Beweisassistenten kontrolliert werden kann (Mainzer et al. 2021). Am Ende geht es um die Herausforderung, ob und wie man KI-Programme zertifizieren kann, bevor man sie auf die Menschheit loslässt. Statistisches Lernen, wie es heute praktiziert wird, funktioniert zwar häufig in der Praxis, aber die kausalen Abläufe bleiben oft unverstanden und eine Black Box. Statistisches Testen und Probieren reicht für sicherheitskritische Systeme nicht aus. In hybriden Umgebungen sollte kausales Lernen mit zertifizierten KI-Programmen durch Beweisassistenten verbunden werden, auch wenn das für Praktiker aufwendig und ambitioniert erscheinen mag.

Technikgestaltung und Verantwortung

KI-Programme treten mittlerweile aber nicht nur in einzelnen Robotern und Computern auf. So steuern bereits lernfähige Algorithmen die Prozesse einer vernetzten Welt mit exponentiell wachsender Rechenkapazität. Ohne sie wäre die Datenflut im Internet nicht zu bewältigen, die durch Milliarden von Sensoren und vernetzten Geräten erzeugt wird. Aufgrund analoger Sensoren kommunizieren nun also auch Dinge miteinander und nicht nur Menschen. Daher sprechen wir vom Internet der Dinge (Internet of Things: IoT).

In der Medizin und im Gesundheitssystem sind großen Klinikzentren Beispiele solcher komplexen Infrastrukturen, deren Koordination von Patienten, Ärzten, medizinischem Personal, technischen Geräten, Robotik und anderen Dienstleistern ohne IT- und KI-Unterstützung nicht mehr steuerbar wäre.

Die sicherheitskritischen Herausforderungen, die wir eben erörtert haben, werden sich in solchen Infrastrukturen noch einmal potenzieren. Darüber hinaus stellt sich aber die Frage nach der Rolle des Menschen in einer mehr oder weniger automatisierten Welt. Wir plädieren daher für Technikgestaltung, die über Technologiefolgenabschätzung hinausgeht (Mainzer 2023). Die traditionelle Sicht, die Entwickler einfach werkeln zu lassen und am Ende die Folgen ihrer Ergebnisse zu bewerten, reicht aus Erfahrung nicht aus. Am Ende kann das Kind in den Brunnen gefallen sein und es ist zu spät. Nun lässt sich zwar Innovation nicht planen. Wir können aber Anreize für gewünschte Ergebnisse setzen. Ethik wäre dann nicht Innovationsbremse, sondern Anreiz zu gewünschter Innovation. Eine solche ethische, rechtliche, soziale und ökologische Roadmap der Technikgestaltung für KI-Systeme würde der Grundidee der sozialen Marktwirtschaft entsprechen, nach der ein Gestaltungsspielraum für Wettbewerb und Innovation gesetzt wird. Maßstab und Grenze technischen Handelns bleibt die Würde des einzelnen Menschen, wie sie im Grundgesetz der Verfassung als oberstes Axiom der parlamentarischen Demokratie festgelegt ist.

Diese ethische Positionierung im weltweiten Wettbewerb der KI-Technologie ist keineswegs selbstverständlich. Für die globalen IT- und KI-Konzerne des Silicon Valley geht es am Ende um ein erfolgreiches Geschäftsmodell, auch wenn sie IT-Infrastrukturen in weniger entwickelten Ländern unter von ihnen vorgegeben Geschäftsbedingungen fördern. Der andere globale Wettbewerber heißt aber China, der einen Staatsmonopolismus im Projekt der Seidenstraße strikt befolgt. Das chinesische Projekt des Social Core ist eng mit dem ehrgeizigen Ziel verbunden, die schnellsten Superrechner und leistungsfähigsten KI-Programme der Welt zu produzieren. Nur so lässt sich der Social Core mit der totalen Datenerfassung aller Bürgerinnen und Bürger und ihrer zentralen Bewertung realisieren. Die totale staatliche Kontrolle privater Daten mag westliche Beobachter schockieren, wird aber in weiten Bevölkerungskreisen Chinas akzeptiert. Dazu gehört der direkte Zugriff auf alle möglichen medizinischen Daten für die medizinische Forschung. Hinzu kommt eine andere Wertetradition, die über Jahrhunderte in China eingeübt wurde: In der konfuzianischen Tradition dieses Landes ist der oberste Wertmaßstab eine kollektive Harmonie und Sicherheit und nicht die Autonomie des Einzelnen mit einklagbaren Freiheitsrechten.

Die Proklamation individueller Menschenrechte wurzelt tief in der philosophischen Tradition europäischer Demokratien. Wir brauchen zwar zertifizierte KI-Algorithmen als verlässliche Dienstleistung zur Bewältigung zivilisatorischer Komplexität. Entscheidend ist daher aber auch eine Stärkung der menschlichen Urteilskraft und Wertorientierung, damit uns digitale und analoge Algorithmen mit Big Data nicht aus dem Ruder laufen. Im weltweiten Wettbewerb der KI-Systeme sollten wir unsere Lebenswelt nach unseren Wertmaßstäben selbst gestalten können.

Autonomie in Philosophie, Recht und Gesellschaft

In der Philosophie wird spätestens seit Kant Autonomie als fundamentales Alleinstellungsmerkmal des Menschen als vernunftbegabtes Wesen herausgestellt. Autonomie bedeutet danach die Fähigkeit zur Selbstgesetzgebung. Danach vermag der Mensch nicht nur Gesetzen zu folgen, sondern sie sich selbst allgemeinverbindlich zu geben, wie es im kategorischen Imperativ zum Ausdruck kommt. In der parlamentarischen Gesetzgebung wird diese Selbstautonomie politisch umgesetzt. In Gerichtsverfahren ist Autonomie eine Rechtsfigur, die freien Willen unterstellt, um Verantwortung für z. B. eine Straftat feststellen zu können.

Juristisch handelt es sich dabei um eine idealtypische Fiktion, die nicht einen naturwissenschaftlichen Beweis des „freien Willens" voraussetzt. Faktisch ist menschliches Entscheiden und Handeln von verschiedenen genetischen, physiologischen, entwicklungspsychologischen, sozialen, emotionalen etc. Einflüssen abhängig, also nie vollkommen „autonom". Daher sind auch menschliche Handlungen und Entscheidungen nach Graden der Autonomie zu bemessen. Im Recht werden allerdings nur einige dieser Faktoren wie z. B. emotionaler Affekt oder messbarer Alkoholpegel als Einschränkung der Autonomie (z. B. bei der Strafzumessung) anerkannt. Es kann nicht ausgeschlossen werden, dass in Zukunft aufgrund besserer Nachweise oder veränderter gesellschaftlicher Einschätzung auch andere Faktoren stärkere Berücksichtigung finden.

Was die KI betrifft, so sind heute bereits KI-Systeme auf integrierter digitaler und analoger Grundlage zu begrenzter Selbstautonomie fähig, in dem sie lernen und sich auf dieser Grundlage für begrenzte Aufgaben selbst neu programmieren, also sich selbst Gesetze des Handelns geben können. Es wird daher in Zukunft nicht nur um die erkenntnistheoretische Frage nach den Grenzen der KI gehen, ob KI-Systeme prinzipiell zur Selbstautonomie fähig sind oder nicht. Man könnte einwenden, dass vollkommene Autonomie selbst für Menschen eine Fiktion ist. Vielmehr wird es um die ethische und rechtliche Frage gehen, bis zu welchen Grenzen wir die technische Entwicklung autonomer Systeme zulassen wollen.

Literatur

acatech, Hrsg. 2011. Cyber-Physical Systems. Innovationsmotor für Mobilität, Gesundheit, Energie und Produktion, Berlin.

Audretsch, Jürgen, und Klaus Mainzer, Hrsg. 1996. *Wieviele Leben hat Schrödingers Katze? Zur Physik und Philosophie der Quantenmechanik*, 2. Aufl. Heidelberg: Spektrum Akademischer Verlag.

Backus, John. 1978. Can programming be liberated from the von neumann style? a functional style and its algebra of programs. *Communications of the ACM* 21(8): 613–641.

Blum, Lenore, Mike Shub, und Steve Smale. 1989. On a theory of computation and complexity over the real numbers: NP-completeness, recursive functions and universal machines. *Bulletin of the American Mathematical Society* 21(1): 1–46.

Blum, Lenore, Felipe Cucker, Mike Shub, und Steve Smale. 1998. *Complexity and the real computation*. New York: Springer.

Boche, Holger, Adalbert Fono, und Gitta Kutyniok. 2022a. *Inverse problems are solvable on real number signal processing hardware*. arXiv:2204.02066v2.

———. 2022b. *Limitations of deep learning for inverse problems on digital hardware*. arXiv:2202.13490.

Brooks, Rodney A. 2005. *Menschmaschinen*. Frankfurt: Fischer Taschenbuch.

ChatGPT. 2022. The ultimate tool for natural language processing and text generation. https://dev.to/abbhiishek/chatgpt-the-ultimate-tool-for-natural-language-processing-and-text-generation-40ag. Zugegriffen am 26.12.2022.

Chua, Leon. 1971. Memristor: The missing circuit element. *IEEE Transaction on circuit Theor* 18 (5): 507–519.

Coquand, Thierry, und Gérard Huet. 1988. The calculus of constructions. *Information and Computation* 76(2–3): 95–120.

Coupet-Grimal, Solange, und Line Jakubiec. 1996. Coq and hardware verification: A case study. In *TPHOLs 1996*. LCNS, Bd. 1125, 125–139. Berlin/Heidelberg: Springer.

Deutsch, David. 1985. Quantum theory, the church-turing principle and the universal quantum computer. *Proceedings of the Royal Society of London A* 400:97–117.

Deutsche Normungsroadmap Künstliche Intelligenz. 2020. (Hrsg. Wolfgang Wahlster, Christoph Winterhalter). DIN-Berlin.

Europäische Kommission. 2017. *The impact of quantum technologies on the EU's future policies*. Luxemburg: Publications Office.

Feynman, Richard. 1982. Simulating physics with computers. *International Journal of Theoretical Physics* 21:467–488.

Hawking, Stephen W., und G.F.R. Ellis. 1973. *The large scale structure of space-time*. Cambridge: Cambridge University Press.

Hogarth, Marc L. 1992. Does general relativity allow an observer to view an eternity in a finite time? *Foundations of Physics Letters* 5:173–181.

———. 1994. Non-Turing computers and non-Turing computability. In *PSA 1994*, Hrsg. D. Hull, M. Forbes, und R.M. Burian, Bd. 1, 126–138. East Lansing: Philosophy of Science Association.

Hornik, Kurt, Maxwell Stinchcombe, und Halbert White. 1989. Multilayer feedforward networks are universal approximators neural networks. *Neural Networks* 2:359–366.

Hume, David. 1993. *Eine Untersuchung über den menschlichen Verstand* (Übers: von R. Richter, hrsg. von J. Kulenkampff), 12. Aufl. Hamburg: Felix Meiner.

Kagermann, Henning, Florian Süssenguth, und Jörg Körner. 2020. *Liepold, Annka: Innovationspotentiale der Quantentechnologien der zweiten Generation*. München: acatech Impuls.

Kant, Immanuel. 1900ff. Werke, Hrsg. Bd. 1-22 Preussische Akademie der Wissenschaften, Bd. 23 Deutsche Akademie der Wissenschaften zu Berlin, ab Bd. 24 Akademie der Wissenschaften zu Göttingen, Berlin, AA III, 93– KrV B 106.

Kickuth, R. 2020. *Bio-inspired Computing. Gehirn-künstliche Neuronetze – neuromorphe Architekturen … und wie es weitergeht: Photonik-Quantencomputer-Evolution*. Gaiberg: Agentur und Verlag Rubikon.

Knight, Will. 2017. *The dark secret at the heart of AI*, Bd. 120, 1–22. MIT Technology Review.

Lee, Edward A. 2008. Cyber-physical systems: Design challenges. University of California, Berkeley Technical Report No. UCB/EECS-2008-8.

Letmathe, Peter, Cristine Roll, Almut Balleer, Stefan Böschen, Wolfgang Breuer, Agnes Förster, Gabriele Gramelsberger, Kathrin Greiff, Roger Häußling, Max Lemme, Michael Leuchner, Maren Paegert, Frank T. Piller, Elke Seefried, und Thorsten Wahlbrink, Hrsg. 2024. *Transformation towards sustainability. A novel interdisciplinary framework from RWTH Aachen University*. Cham: Springer.

Mainzer, Klaus. 1990. Knowledge-based systems. Remarks on the philosophy of technology and artificial intelligence. *Journal for General Philosophy of Science* 21:47–74.

———. 2009. From embodied mind to embodied robotics: Humanities and system theoretical aspects. *Journal of Physiology (Paris)* 103:296–304.

———. 2014. *Die Berechnung der Welt. Von der Weltformel zu Big Data*. München: C.H. Beck.

———. 2018. *The digital and the real world. Computational foundations of mathematics, science, technology, and philosophy*. Singapore: World Scientific Publishing.

———. 2019. *Künstliche Intelligenz. Wann übernehmen die Maschinen?*, 2. Aufl. Berlin: Springer.

———. 2020a. Statistisches und kausales Lernen im Machine Learning. In *Philosophisches Handbuch der künstlichen Intelligenz*, Hrsg. Klaus Mainzer. Berlin: Springer.

———. 2020b. *Leben als Maschine: Wie entschlüsseln wir den Corona-Code? Von der Systembiologie und Bioinformatik zur Robotik und Künstlichen Intelligenz*, 2. Aufl. Paderborn: Mentis.

———. 2020c. *Quantencomputer. Von der Quantenwelt zu Künstlichen Intelligenz*. Berlin: Springer.

———. 2023. *Zukunft durch nachhaltige Innovation im Wettkampf der Systeme*. Wiesbaden: Springer.

———. 2024. *Artificial intelligence of neuromorphic systems. From digital, analogue, quantum, and brain-oriented computing to hybrid AI*. Singapore: World Scientific.

Mainzer, Klaus, und Leon Chua. 2013. *Local activity principle*. London: Imperial College Press.

Mainzer, Klaus, und Reinhard Kahle. 2022. *Grenzen der KI – theoretisch, praktisch, ethisch.* Berlin: Springer.
Mainzer, Klaus, Peter Schuster, und Helmut Schwichtenberg, Hrsg. 2018. *Proof and computation. Digitalization in mathematics, computer science, and philosophy.* Singapore: World Scientific.
———, Hrsg. 2021. *Proof and computation. From proof theory and univalent mathematics to program extraction and verification.* Singapore: World Scientific.
Marcus, Gary. 2003. *The algebraic mind: Integrating connectionism and cognitive science.* Cambridge, MA: MIT Press.
Mataric, Maja J., Gaurav S. Sukhatme, und Esben Hallundbaek Ostergaard. 2003. Multi-robot task allocation in uncertain environments. *Autonomous Robots* 14(2–3): 253–261.
Mirsa, J., und J. Saha. 2010. Artificial networks in hardware: A survey of two decades of progress. *Neurocomputing* 74(1–3): 239–255.
Neumann, John von. 1948. The general and logical theory of automata. In *Cerebral mechanisms in behavior – The Hixon Symposium*, Hrsg. L.A. Jeffress, 1–31. Pasadena: California Institute of Technology.
NeuroSys. 2021. BMBF-Zukunftscluster neuromorphe Hardware für autonome Systeme der Künstlichen Intelligenz. Projektpapier, 14–15.
Newell, Allen, und Herbert Allen Simon. 1972. *Human problem solving.* Englewood Cliffs: Prentice-Hall.
Pearl, Judea. 2009. *Causality: Models, reasoning, and inference.* Cambridge: Cambridge University Press.
Penrose, Roger. 1991. *The emperor's new mind.* London: Penguin.
Pfeifer, Rolf, und Christian Scheier. 2001. *Understanding intelligence.* Cambridge: MIT Press.
Preskill, John. 2018. *Quantum computing in the NISQ era and beyond.* arXiv: 1801.00862v3.
Puppe, Frank. 1988. *Einführung in Expertensysteme.* Berlin: Springer.
Robinson, John A. 1965. A machine oriented logic based on the resolution principle. *Journal of the Association for Computing Machinery* 12:23–41.
Shastri, Bhavin J., N. Tait Alexander, Thomas Ferreira de Lima; Wolfram H.P. Pernice, Harish Bhaskaran, C. David Wright, und Paul R. Prucnal. 2020. *Photonics for artificial intelligence and neuromorphic computing.* arXiv 2011.001111.
Siegelmann, Hava T., und Eduardo D. Sontag. 1994. Analog computation via neural networks. *Theoretical Computer Science* 131:331–360.
Tretmans, Jan, und H. Brinksma. 2003. TorX: Automated model-based testing. In *Proceedings of the first European conference on model-driven software engineering*, Hrsg. A. Hartman und K. Dussa-Zieger. Schloss Dagstuhl.
Valera, Francisco J., Evan Thompson, und Eleanor Rosch, Hrsg. 1991. *The embodied mind. Cognitive science and human experience.* Cambridge: MIT Press.
Vapnik, Vladimir N. 1998. *Statistical learning theory.* New York: Wiley.
Wilson, Edward O. 2000. *Sociobiology. The new synthesis*, 25. Jubiläumsausgabe. Cambridge: Belknap Press of Harvard University Press.

Autorenverzeichnis

K. Mainzer (Hrsg.), *Philosophisches Handbuch Künstliche Intelligenz*,
https://doi.org/10.1007/978-3-658-19606-6

Stichwortverzeichnis

K. Mainzer (Hrsg.), *Philosophisches Handbuch Künstliche Intelligenz*,
https://doi.org/10.1007/978-3-658-19606-6

GPSR Compliance

The European Union's (EU) General Product Safety Regulation (GPSR) is a set of rules that requires consumer products to be safe and our obligations to ensure this.

If you have any concerns about our products, you can contact us on ProductSafety@springernature.com

In case Publisher is established outside the EU, the EU authorized representative is:

Springer Nature Customer Service Center GmbH
Europaplatz 3
69115 Heidelberg, Germany

Batch number: 10577046

Printed by Printforce, the Netherlands